Keppel – Pieber – Weiss

unter der Mitarbeit von Mazelle, Modl, Muster, Filipp, Spornberger,
mit einem Beitrag von Hiebler, Wiesenhofer

Inklusive Verarbeitung

Obstbau

Biologisch und integriert

3., völlig neu bearbeitete Auflage des Buchs „Obstbau"

Leopold Stocker Verlag
Graz – Stuttgart

Umschlaggestaltung:
DSR Werbeagentur Rypka GmbH, 8143 Dobl/Graz, www.rypka.at
Titelbild: KEPPEL

Die Bilder und Grafiken im Buch stammen, so nicht anders angegeben, von den Autoren.

Der Inhalt dieses Buches wurde von den Autoren und vom Verlag nach bestem Gewissen geprüft, eine Garantie kann jedoch nicht übernommen werden. Die juristische Haftung ist ausgeschlossen.

Bibliografische Information der Deutschen Nationalbibliothek
Die Deutsche Nationalbibliothek verzeichnet diese Publikation in der Deutschen Nationalbibliografie; detaillierte bibliografische Daten sind im Internet unter http://dnb.d-nb.de abrufbar.

Hinweis: Dieses Buch wurde auf chlorfrei gebleichtem Papier gedruckt. Die zum Schutz vor Verschmutzung verwendete Einschweißfolie ist aus Polyethylen chlor- und schwefelfrei hergestellt. Diese umweltfreundliche Folie verhält sich grundwasserneutral, ist voll recyclingfähig und verbrennt in Müllverbrennungsanlagen völlig ungiftig.

Auf Wunsch senden wir Ihnen gerne kostenlos unser Verlagsverzeichnis zu:
Leopold Stocker Verlag GmbH
Hofgasse 5/Postfach 438
A-8011 Graz
Tel.: +43 (0)316/82 16 36
Fax: +43 (0)316/83 56 12
E-Mail: stocker-verlag@stocker-verlag.com
www.stocker-verlag.com

ISBN 978-3-7020-1567-1

Layout und Repro: DSR Werbeagentur Rypka GmbH, 8143 Dobl/Graz
Druck: Gorenjski tisk, Kranj – Slowenien

INHALT

DIE AUTOREN

Univ.-Prof. Dipl.-Ing. Dr. **Herbert Keppel**, geboren 1948; Studium an der Universität für Bodenkultur (Landwirtschaft) in Wien; ehem. Versuchsleiter am Landw. Versuchszentrum Steiermark, Versuchsstation für Obst- und Weinbau Haidegg, Graz; Lehrtätigkeit an der Universität für Bodenkultur, Wien, Studienrichtung Agrarwissenschaften und Nutzpflanzenwissenschaften sowie an der Universität Graz, Institut für Botanik.

Em. Univ.-Prof. Dipl.-Ing. Dr. **Karl Pieber**, geboren 1939; Studium an der Universität für Bodenkultur (Landwirtschaft) in Wien; ehemaliger Vorstand des Institutes für Obst- und Gartenbau der Universität für Bodenkultur in Wien; Lehrtätigkeit an der Universität für Bodenkultur, Wien.

Hofrat, em. Univ.-Prof. Dipl.-Ing. Dr. **Josef Weiss**, geboren 1937; Studium an der Universität für Bodenkultur (Lebensmittel- und Biotechnologie) Wien; ehemaliger Direktor der Höheren Bundeslehranstalt und des Bundesamtes für Wein- und Obstbau Klosterneuburg; Lehrtätigkeit an der Universität für Bodenkultur (Fachrichtung Lebensmittel- und Biotechnologie) und der Universität Wien.

UNTER DER MITARBEIT VON

Dr. **Wolfgang MAZELLE**: geboren 1955; Studium an der Universität Graz (Biologie); Leiter der Obstbauabteilung der Landeskammer für Land- und Forstwirtschaft Steiermark, Graz
DI **Peter MODL**: geboren 1948; pensioniert, war am Institut für Garten-, Obst- und Weinbau der Universität für Bodenkultur, Wien, als Leiter des Versuchsgartens tätig
DI **Herbert MUSTER**: geboren 1968; Studium an der Universität für Bodenkultur, Wien, Leiter des und Berater im Kernteam (Kern- und Steinobstberatung) der Landeskammer für Land- und Forstwirtschaft Steiermark
DI **Martin FILIPP**: geboren 1982; Studium an der Universität für Bodenkultur, Wien, derzeit am Institut für Garten-, Obst- und Weinbau der Universität für Bodenkultur, Bereich Biologischer Obstbau, tätig
Ass. Prof. Dipl.-Ing. Dr. **Andreas SPORNBERGER**: geboren 1967; Matura am Franziskanergymnasium in Bozen, Studium an der Universität für Bodenkultur, Wien, am Institut für Garten-, Obst- und Weinbau der Universität für Bodenkultur, Wien, im Bereich Biologischer Obstbau und Alte Sorten tätig

MIT BEITRÄGEN VON

Ing. **Adolf HIEBLER**: geboren 1962; Absolvierung der Höheren Bundeslehr- und Versuchsanstalt für Wein- und Obstbau in Klosterneuburg; ehemaliger Pflanzenschutzberater in der Landeskammer für Land- und Fortwirtschaft Steiermark, seit 1995 Inhaber eines Technischen Büros für Landwirtschaft
Dipl.-Pädagoge Ing. **Manfred WIESENHOFER**: Absolvent der HBLVA Klosterneuburg, arbeitet seit 2004 als Beerenobstberater im Kernteam der Landeskammer für Land- und Forstwirtschaft Steiermark

DANK

Ferner danken wir allen Personen, die für die erste und zweite Auflage wertvolle Beiträge geleistet haben und für die dritte Auflage Beiträge und Fotos zur Verfügung stellten.

Die Verfasser
Graz – Wien – Klosterneuburg
Sommer 2017

VORWORT

Dieses Buch entstand, um die breit gestreuten Fragen zu behandeln, die immer wieder aus der obstbaulichen Berufspraxis und dem schulischen Interessentenkreis, aber auch von Obstliebhabern (Siedlerobstbau) an uns gestellt werden.

Damit ist gleichzeitig der Nutzungsrahmen dieses Buches umrissen: Es soll sowohl dem Praktiker im Obstbau als auch den Liebhaberobstbauern Hilfestellung bei Produktionsfragen und gleichzeitig eine Anleitung zum Aufbau einer qualitätsbetonten bäuerlichen Obstverarbeitung und des Bioobstbaus bieten.

Daneben soll das Buch noch weiteren Zielen dienen: Es soll einerseits dem Leserkreis die heute geltenden Obstbauphilosophien des „Integrierten Obstbaues" (naturnaher Obstbau) und des Bioobstbaus vermitteln und andererseits dazu beitragen, dass die Familienbetriebsstruktur des heimischen Obstbaues gesichert wird.

Die obstbauliche Praxis ist ein zu umfangreiches Gebiet, als dass im vorliegenden Buch alle Fragen erschöpfend beantwortet werden könnten. Wir haben uns aber sehr bewusst darum bemüht, die einzelnen Kapitel so zu gestalten, dass sie dem suchenden Leser einen Leitfaden zur Beantwortung spezieller Fragen bieten.

Da die gebietsbezogenen Baumschnittmaßnahmen sehr unterschiedlich sind, möge der Intensivobstbauer die gebietsspezifischen und sortenabhängigen Schnittmaßnahmen mit der örtlichen Obstbauberatung abgleichen.

Darüber hinaus wird der Leser in seiner Eigenverantwortlichkeit angehalten, sich vor der Anwendung aller Produktionsmittel bzw. Produktionsmethoden über die Zulassungs- und Anwendungsbedingungen der entsprechenden Präparate und Anbaumethoden bei der zuständigen Fachberatung und im Internet (in Österreich z. B.: www.ages.at) zu informieren.

Die Verfasser
Graz – Wien – Klosterneuburg
Frühjahr 2016

WAS VERSTEHT MAN UNTER DEM BEGRIFF OBST?

Obst umfasst alle frisch und/oder verarbeitet (getrocknet) verzehrbaren Früchte von mehrjährigen Bäumen, Sträuchern und Stauden.

Kernobst	Steinobst	Beerenobst		Schalenobst
Apfel	Süßkirsche	Rote, Schwarze	Taybeere	Walnuss
Birne	Weichsel (Sauerkirsche)	und Weiße	Boysenbeere	Haselnuss
Quitte	Pfirsich	Ribisel (Johan-	Loganbeere	Edelkastanie
Asienbirne	Nektarine	nisbeere)	Heidelbeere	Mandel
Eberesche	Marille (Aprikose)	Stachelbeere	Preiselbeere	
Speierling	Zwetschke (Pflaume)	Jostabeere	Erdbeere	
Mispel	Reneclaude (Ringlotte)	Himbeere	Holunder	
	Mirabelle (Kriecherl)	Brombeere	Apfelrose	

Kernobst
Apfel, Birne, Quitte, Asienbirne, Eberesche und Speierling zählen im Obstbau zum Baumobst, während Quitte und Mispel als Wildform strauchartig auftreten.

Steinobst
Das Steinobst umfasst Baumobstarten.

Beerenobst
Der Begriff Beerenobst enthält landläufig sämtliche Obstarten von Sträuchern und Stauden.

Schalenobst
Als Baumobst gelten hier die Walnuss, die Edelkastanie und die Mandel, als Strauchobst die Haselnuss.

Lateinische Bezeichnungen der Obstarten (nach SILBEREISEN)

Apfel	*Malus pumila* var. *domestica*, oft nur *Malus domestica* genannt
Birne	*Pyrus communis* var. *domestica*
Asienbirne	*Pyrus pyrifolia*
Quitte	*Cydonia oblonga*
Mispel	*Mespilus germanica*
Eberesche	*Sorbus aucuparia*
Speierling	*Sorbus domestica*
Süßkirsche	*Prunus avium*
Weichsel	*Prunus cerasus*
Pfirsich	*Prunus persica*
Pflaume	*Prunus domestica*, Hauspflaume Pflaumen im eigentlichen Sinne = *Prunus dom.* subsp. *insititia;* Edelpflaumen = *Prunus dom.* subsp. *italica*; Zwetschke = *Prunus dom.* subsp. *oeconomica*; Reneclaude = *Prunus dom.* subsp. *italica* var. *claudiana*; Mirabelle = *Prunus dom.* subsp. *syriaca*
Erdbeere	*Fragaria ananassa* Monatserdbeere = *Fragaria an.* var. *semperflorens*
Himbeere	*Rubus idaeus*
Brombeere	*Rubus fruticosus*
Ribisel	Rote und Weiße Ribisel, *Ribes sylvestre, R. spicatum, R. petraeum, R. multiflorum;* Schwarze Ribisel, *Ribes nigrum, R. odoratum*
Stachelbeere	*Ribes uva-crispa*
Holunder	*Sambucus nigra, S. nigra albida, S. racemosa*
Heidelbeere	*Vaccinium corymbosum*
Preiselbeere	*Vaccinium macrocarbon*
Kiwi	*Actinidia chinensis*
Walnuss	*Juglans regia*
Haselnuss	*Corylus avellana*
Edelkastanie	*Castanea vesca*
Mandel	*Prunus amygdalus*

ABSTAMMUNG DES OBSTES

Alle Kulturobstsorten und -arten stammen von Wildformen ab.

Es war ein nicht allzu langer Weg, den der Mensch zurücklegen musste, um zu erkennen, dass viele der wild wachsenden Bäume und Sträucher essbare Früchte tragen. Ob der Mensch sich in der Umgebung essbarer Früchte angesiedelt oder diese Früchte zu seinen Behausungen getragen hat, ist heute noch nicht gänzlich erforscht. Es war jedenfalls ein großer Fortschritt in der Kultur des Menschen, dass er das Obst zu kultivieren verstand.

Der Kulturapfel stammt zum Beispiel nicht aus unserer Gegend. Russische Forscher wiesen darauf hin, dass die Herkunftszentren des Apfels (Genzentren) an den südlichen Hängen des Kaukasusgebirges standen. Die Stadt Alma-Ata wird als „Stadt der Äpfel" übersetzt. Dies dürfte ein Hinweis für die Bedeutung des Apfels im Frühaltertum sein. Im Rahmen der indogermanischen Völkerwanderung könnte somit der Apfelsamen aus dem Kaukasus nach Europa gekommen sein. Aus natürlichen Bestäubungsvorgängen hervorgegangene Kreuzungsprodukte des im Kaukasus wild wachsenden Zwerg- und Holzapfels entstanden vielfältige neue Individuen, die keinen Wildapfelcharakter mehr hatten und so für die Menschen als Nahrungsmittel begehrenswert wurden. Durch Funde von Samen, im speziellen Fall von Apfelkernen, ist bewiesen, dass die Menschen der Pfahlbaukultur (ca. 5.000 v. Chr.) bereits Äpfel als Nahrungsmittel benutzt haben und sich wahrscheinlich auch schon damals die Kultur der Apfelbäume aneigneten, um auch im Winter Früchte essen zu können. Aufgrund der Größe der Apfelkerne, die in den Pfahlbauten gefunden wurden, nimmt man an, dass schon eine geregelte Apfelkultur geherrscht haben musste. So weist auch der althochdeutsche Name für Apfel „Aphul" darauf hin, dass der Apfel die einzige Obstgattung mit deutscher Namensgebung ist.

Mit der Entdeckung der Veredelung war es nun möglich, die Sorteneigenschaften auf neue Bäume zu übertragen. Dies war ein grundlegender Fortschritt in der Obstvermehrung. Der griechische Arzt Hippokrates berichtete im 5. Jh. v. Chr., wie das Veredeln der Obstbäume durch Okulieren geschieht.

Auch Karl der Große, der segensbringend die Drei-Felder-Kultur einführte, gab Anweisungen zur Obstkultur.

Im Mittelalter lag der Schwerpunkt der Obstvermehrung und auch bereits der Obstzüchtung in Europa bei den Klöstern. Es entstanden dabei die Spalierobstzucht sowie das Auffinden von Unterlagen mit geringem Wuchs, um die Bäume auf Spalier ziehen zu können. Im Jahre 1752 hat Arnold von Andillo unter dem Namen Legendre, Pfarrer von Honoville, die Kunst, Spalierobstbäume an Mauern zu ziehen, vorgestellt. Im Schutz von Mauern war es möglich, Obst auch in ungünstigen Lagen zu ziehen.

WESENTLICHE ABSCHNITTE IN DER GESCHICHTE DES OBSTBAUS

BIS 1.000 V. CHR.: WILD WACHSENDE FRUCHTBÄUME

Bis dahin ist keine geregelte Obstkultur nachweisbar.

BIS 100 N. CHR.: HERANZUCHT DER OBSTGEHÖLZE AUS SAMEN UND VERPFLANZEN DER OBSTBÄUME

Nach Rodung alter Bäume und primitiver Bodenbearbeitung erfolgte das Aussäen von Kernen und nach Heranzucht der Obstbäume das Umpflanzen jugendlicher Obstbäume. Infolge der Kolonisation an den griechischen Küsten kam die europäische Urbevölkerung in Kontakt mit Obst- und Weinkulturen. In Griechenland gab es zur Zeit Homers (800 v. Chr.) bereits einen kulturmäßigen Obstbau. Das Okulieren war um 400 v. Chr. von Hippokrates beschrieben worden. Theophrastus beschrieb im 4. Jh. v. Chr. den Weinstock, den Ölbaum, den Feigen-, den Granat-, den Apfel- (mit guten Sorten) und den Birnbaum, die Quitten, die Mispel, den Speierling, die Vogelkirschen, die Mandel, Wal- und Haselnüsse sowie Kastanien und Maulbeeren. Um 800 v. Chr. brachten griechische Einwanderer Obstbäume und Rebstöcke nach Italien. Gegen 100 v. Chr. sammelten die Römer die Obstsamen vom Tisch, um diese Samen auszupflanzen und auf neue Sorten zu beobachten. Obstbäume wurden sogar eingetopft, die sogenannte Topfbaumkultur begann, und ein reger Handel wurde mit Edelreisern betrieben. Vergil (70 bis 19 v. Chr.) erwähnte erstmals Kirschen. Plinius (23 bis 79 n. Chr.) führte die Namen von 25 Apfel-, 41 Birnen-, sechs Kastanien-, acht Kirschen-, vier Mandel-, zwei Walnuss-, sechs Quitten-, drei Speierling- und drei Mispelsorten an. Pflaumen waren damals auch bereits bekannt. Columella (60 n. Chr.) bezeichnete zuerst Marillen als armenische Äpfel und Pfirsiche als persische Äpfel.

Nach der Verbreitung der Obst- und Weingehölze in den Kolonien durch die seefahrenden Völker der Griechen, Phönizier und Karthager förderten die Römer die Kultur des Obstes und der Reben. Im Zuge der römischen Besatzung pflanzte Kaiser Probus, ein Gärtnersohn, gegen Mitte des 2. Jh.s die ersten Obstbäume und Reben an der Donau und am Rhein. (Diese Verdienste werden in neuerer Zeit dem Kaiser Probus abgesprochen. Es wird gemeint, dass die Obst- und Rebgehölze bereits vor Probus in unseren Breiten planmäßig angebaut wurden.)

LÖSCHNIG nimmt an, dass die in Traismauer noch vereinzelt auffindbare „Augustbirne" (nach Augustiner = die Kaiserliche oder die Augustolische = nach Kaiser Augustus) entweder zur Zeit der Herrschaft des Augustus (27 v. Chr. bis 14 n. Chr.) oder zu Probus' Zeiten dort eingeführt wurde.

BIS 800 N. CHR.: VEREDELUNGSÄRA

Die Veredelungsmethoden wurden durch die Römer in unseren Breiten bekanntgemacht. Die Schaffung des Grundeigentums ließ eine planmäßige Obstkultur entstehen.

Bereits 480 n. Chr. wurden die salischen und bayrischen Gesetze zum Schutz der Kulturen (gegen Beschädigungen und Diebstähle) verlautbart. Die Langobarden förderten in Oberitalien, die Angelsachsen in England die Verbreitung der Obstgehölze. Aus den Berichten des Schülers des heiligen Severin, Eugippius, erkennen wir, dass die Obstkultur gegen 480 n. Chr. bereits fester Bestandteil der Landwirtschaft in unseren Gegenden war. Severin bewanderte die Gebiete südlich der Donau von Wien bis Tirol. Selbst die Namen der Wiener Vororte „Ober- und Untersievering" werden von ihm abgeleitet. Mit der Christianisierung kam auch der Obstbau bis in die entlegensten Täler der Alpen, da die Klöster eigene Baumschulen führten. Es wird berichtet, dass bereits 587 die Adeligen Wein bzw. Cider bei Tische tranken.

BIS 1650 N. CHR.: BODENSTÄNDIGER OBSTBAU

Die aus Urformen gezogenen Obstgehölze (Holzapfel, Mostbirne, Vogelkirsche) wurden um die Gehöfte herum angepflanzt. Karl der Große (747–814) legte in Mustergütern Baumschulen an und regelte den Obstbau durch Vorschriften. Während des 30-jährigen Krieges (1618–1648) fand die Obstkultur ein jähes Ende. In Deutschland wurde durch Verordnungen der regierenden Fürsten die Auspflanzung von Obstgehölzen der Bevölkerung aufgetragen (z. B.: Friedrich Wilhelm, Kurfürst von Brandenburg [1620–1688], hat verordnet, dass anlässlich jeder Eheschließung sechs Obstbäume gepflanzt werden müssen). Aus der Pflanzpflicht entwickelte sich eine bäuerliche Pflanzkultur, welche sich im Brauch äußert, bei Taufen, Firmungen, Großjährigkeit, Lebensjubiläen usw. Obstbäume zu pflanzen.

BIS 1880 N. CHR.: ZWERGOBST-BAUMZUCHT

Von Frankreich aus verbreiteten sich die Spalierkunst und die Sortenzüchtung über ganz Europa. Kaiser Franz I. von Österreich gilt als Mäzen des österreichischen Obstbaues. Nicht nur Erzherzog Johann, von dem nachstehend berichtet wird, hatte seinen eigenen Obstgarten in Schönbrunn, sondern auch der Kaiser führte dort einen vier Joch großen Obstgarten, eine ca. 400 Sorten umfassende Baumschule, die den Obstsorteninteressenten unentgeltlich Edelreiser abgab, sowie eine Sortensammlung mit Novitäten aus Frankreich, England, Holland und Belgien. Neben dem kleinen Privatobstgarten nahe der Hofburg war der an der heutigen Wiener Landstraße gelegene Obstgarten der bedeutendere; später wurde dieser Garten von der Wiener Landwirtschaftsgesellschaft übernommen. Eine nach heutigen Arbeitsaufträgen organisierte obstbauliche Versuchsstation gab es damals noch nicht.

Erzherzog Johann

Er errichtete am Gelände des heutigen Grazer Hauptbahnhofs eine Musterbaumschule und stellte neue anbauwürdige Obstsorten den Interessenten zur Verfügung. Auf seine Initiative geht die Obstsortenneuordnung und Sortenbereinigung in der

Steiermark nach 1800 zurück. Eine große Anzahl nicht anbauwürdiger Sorten wurde ausgeschieden und ausländische Sortenneuheiten wurden zuerst erprobt und anschließend verbreitet.

BIS ENDE DES ZWEITEN WELTKRIEGES – ERWERBSOBSTANBAU MIT GROSSKRONIGEN BAUMFORMEN

Die planmäßige Auspflanzung von Obstbäumen für den Erwerb geschah mit großkronigen Erziehungsformen. Es entstanden der europäische Obstbau und die Obstverkaufszentren (z. B. Südtirol, Oststeiermark, das Mostviertel in Ober- und Niederösterreich, die Untersteiermark, das heutige Slowenien und das Gebiet um Görz).

PHASE DES WIEDERAUFBAUES NACH DEM ZWEITEN WELTKRIEG

Es wurden die bodennahen, arbeitszeitsparenden Baumformen mit hohen Baumdichten pro ha ausgepflanzt (nähere Erläuterung dazu im Kapitel Pflanzsysteme).

Obstbaupioniere

Zu den bekanntesten und bedeutendsten Obstbaupionieren seit dem Barock zählen:

Jean-Baptiste de la Quintinie, 1626–1688, Frankreich, Gartendirektor König Ludwigs XIV., Urheber des exakten Baumschnittes und der Hohlkrone.

Henri-Louis Duhamel du Monceau, 1700–1782, gibt das erste pomologische Werk heraus.

Johann Kraft, Wien, veröffentlichte im Jahr 1792 „Pomona Austriaca".

Dr. August Friedrich Adrian Diel, 1756–1839; nach ihm wurde die Diels Butterbirne benannt.

Josef Schmidberger, 1773–1844, Stift St. Florian, OÖ, Pionier des OÖ Obstbaues (Schmidberger Renette, ihm zu Ehren so benannt).

Dr. Eduard Lucas, 1816–1882, Gründer des pomologischen Institutes Reutlingen bei Stuttgart. Lehrbuch „Lucas' Anleitung zum Obstbau" von ihm erstmals herausgegeben.

Josef Löschnig, 1872–1949, Wein-, Obst- und Gartenbaudirektor in NÖ, stammte aus der Steiermark. Er hat sich um die Jahrhundertwende bis in die 40er-Jahre wesentlich um den österreichischen Obstbau verdient gemacht. Er ist Autor verschiedener Obstbaulehrbücher und Sortenbücher.

Ök.-Rat Ing. Fritz König, Ök.-Rat Othmar Tödling, Ök.-Rat Franz Sommerbauer, Ök.-Rat DI Dieter Fattinger, die Obstbaudirektoren DI Anton Katschner und DI Herbert Oswald sowie Ing. Engelbert Katschner sind die Wegbereiter der Obstbauexpansion des Intensivobstanbaues in der Steiermark. In die Phase der obstbaulichen Intensivierung der 70er-Jahre fällt die Errichtung der Obstbaufachschule Wetzawinkel bei Gleisdorf. Schon 1966 begann der Aufbau der damaligen Obstbauversuchsstation Haidegg, welche 1968 die Dichtpflanzung erstmals nach Österreich brachte.

Die Auspflanzung einer neuen Anlage stellt jeweils eine große Herausforderung für den Obstbauern dar, diese Anlage pflegerisch bestens zu betreuen, seine persönliche Erfahrung und seine erlernten Kenntnisse in der Praxis anzuwenden und sich steter Weiterbildung zu unterwerfen, um die in der Neuanlage manifestierten praktischen Verbesserungen zu seinem eigenen und zum Wohle des Obstgenießers voll ausnützen zu können.

PRODUKTIONSBEEINFLUSSENDE FAKTOREN IM OBSTBAU

1. MENSCH

Der Mensch ist im Obstbau ein wesentlicher Faktor, wenn nicht überhaupt auf die Lebenszeit einer Anlage bezogen der am meisten beeinflussende.

Boden + Klima + Standort	← Mensch →	Düngung + Schnitt + Pflanzenschutz + Versuchswesen
natürliche Produktionsfaktoren	koordinierender Produktionsfaktor	unterstützende Faktoren

Der Mensch wirkt auf die Quantität und Qualität des Ertrages seiner Anlage direkt ein, wobei er über die Wahl des Pflanzsystems die späteren Arbeitsaufwendungen festlegt und über die Beachtung des Menge-Güte-Gesetzes seinen finanziellen Erfolg sichern kann.

Die wichtigste Eigenschaft des Menschen als koordinierender Produktionsfaktor im Obstbau ist seine Weiterbildungswilligkeit, denn dadurch trägt er dazu bei, dass neue Erkenntnisse rasch in die Praxis umgesetzt werden können und so seinem Betrieb zugute kommen.

Vom Menschen teilweise beeinflussbar sind der Nährstoffgehalt des Bodens, die geplante Unterlage der neuen Anlage, das erwartete Wachstum einer Anlage, die Erziehungsform, die Pflanzabstände, das Pflanzsystem, die Bodenbedeckung, der Erntetermin und das Auftreten von Krankheiten bzw. Schädlingen.

Zur Gänze beeinflussbar durch den Menschen sind der Baumschnitt, die Düngung, das Ausdünnen, der Ertrag (sofern es die vorgenannten Produktionsfaktoren in ihrer gewählten Abstimmung zulassen und nicht genetische Einflüsse es verhindern), die Fruchtgröße, die Lokalisation der Früchte am Ast bzw. am Baum und die Bestäubung (Einbringung von Bienen).

Zum Produktionsfaktor Mensch wird auch die EDV (elektronische Datenverarbeitung) anzuführen sein. Dabei ist danach zu trachten, dass der Mensch den Computer als raschen Datenverarbeiter schätzen lernt. Der Obstbauer sollte, trotz EDV-Einsatzes, täglich weiterhin seinen Obstgarten aufsuchen. Die EDV-Horrorvision ist: Wenn am Morgen der Wecker abgeht, greift der Obstbauer auf sein Computermanual, bedient es und schaut auf den Bildschirm, ob es sich lohnt, aufzustehen. Die naturverbundene Beobachtungsgabe darf nicht durch den Computer ersetzt werden.

2. BODEN

Die Bodenbestandteile trennt man in mineralische und organische Komponenten. Die mineralischen Komponenten sind die Verwitterungsprodukte der obersten Gesteinsschicht der Erde und enthalten die Pflanzennährstoffe.

Die organischen Anteile sind die Reste abgestorbener pflanzlicher und tierischer Lebewesen sowie deren lebende Massen (Bodenlebewesen). Die organische Komponente wird auch in Bodenlebewesen und Humusstoffe unterteilt. Der Vorrat an Pflanzennährstoffen und deren Löslichkeit hängt eng von der Zusammensetzung des bodenbildenden Ausgangsgesteins ab. So tritt in den aus Urgestein hervorgegangenen Böden meist ein

Mangel an Kalzium auf. Umgekehrt kann es in kalkreichen Böden zu Kalimangelerscheinungen bzw. zur Eisen- und Manganfixierung (Chlorose) kommen. Die Pflanzen nehmen die Nährstoffe in Ionenform auf. Die Pflanzenwurzel löst aus dem Bodenkomplex Nährstoffionen heraus. Aus der Bodenlösung werden zur Erhaltung des Ionengleichgewichts im Boden wiederum andere Ionen in den Kolloidkomplex des Bodens eingebaut, sodass ein Gleichgewichtszustand an Ionen herrscht.

Bei der chemischen Bodenuntersuchung wird der „pflanzenverfügbare" Anteil der Nährstoffe bestimmt. Eine wesentliche Rolle im Ionenaustausch in der Pflanzenernährung stellt der Humuskomplex dar. Der Aufbau des Humus hängt von der Anzahl der Bodenlebewesen und vom Angebot an organischer Masse ab. Der Humusgehalt kann durch stete Anreicherung von organischer Masse (z. B. Mulchrasen) in kurzen Zeiträumen relativ stark angehoben werden. Ein zu hoher Humusgehalt kann im Rahmen eines kräftigen Bodenlebens und der kräftigen Nährstoffumsetzung und damit Nährstofffreisetzung zur unerwünschten Abgabe von Nährstoffen (z. B. Stickstoffauswaschung ins Grundwasser) führen.

Reine Humusböden (z. B. Moor- oder Torfböden) sind wegen ihres relativ hohen und wechselnden Wassergehaltes zur Anpflanzung von Obstbäumen ungeeignet. Kalkböden haben einen besonders hohen Gehalt an kohlensaurem Kalk, der für den Aufbau der Zellwand, deren Stabilität und in weiterer Folge für die Lagerfähigkeit des Kernobstes wesentlich ist. Lehmböden bestehen aus einem Gemisch aus Sand, Kalk und Ton und gehören zu den besser geeigneten obstbaulichen Bodenarten, sofern diese tiefgründig genug sind. Es können praktisch alle Obstarten auf Lehmböden angebaut werden. Mergelböden sind ein Gemenge aus Kalk und Ton und diversen mineralischen Beimengungen. Lössböden gehören zu den Sandmergelböden und bedürfen meist einer Beregnung, um die sich im Boden manifestierten guten Nährstoffrücklieferungsverhältnisse den Pflanzen voll dienlich zu machen. Tonböden sind im feuchten Zustand oft schmierig und werden im trockenen Zustand fest und rissig. Je nach Tongehalt unterscheidet man sandige oder lehmige Tonböden. Tonböden können durch Drainierung (Wasserabfuhr) und Bodenverbesserung (Humuseinbringung) zu guten Obstböden für Äpfel, Zwetschken und Pflaumen hergerichtet werden. Sandböden sind humusarme, trockene Böden. Bei Bewässerung und ausreichender Düngung sind sie für Obst geeignet. Ist der C-Horizont (Unterboden) aus schottrigem bzw. kiesigem Ausgangsmaterial, besteht bei Trockenheit, ohne zusätzliche Bewässerung, die Gefahr des Vertrocknens der Obstbäume, da durch den kiesigen Untergrund die kapillare Wassernachlieferung aus dem Unterboden unterbleibt. Für den Obstbauern ist wichtig:

Je schwerer der Boden, desto später tritt die Holzreife ein. Schwere Böden leiden nicht unter großer Kahlfrostgefahr, da das Bodenwasser in Eis verwandelt wird und die dabei entstehende Erstarrungswärme an die Umgebung abgegeben wird. Diese Erstarrungswärme vermindert die Eindringungsgeschwindigkeit der Kälte in den Boden. Je leichter der Boden ist, umso rascher dringt die Kälte bei Kahlfrost in den Boden ein. Leichte Böden schließen die Holzreife früher ab.

3. WASSER

Das Wasser stellt einen wesentlichen Produktionsfaktor im Obstbau dar, besteht doch Obst zu rund 85 % aus Wasser. Obstbau ohne zusätzliche Bewässerung ist in Gebieten mit mehr als 700 mm Niederschlägen pro Jahr möglich. Dies entspricht den Gebieten Österreichs außerhalb des Weinviertels und des nördlichen Burgenlandes. In trockeneren Gebieten muss durch Beregnung Wasser zugeführt werden. Als Untergrenze wird bei den Obstgehölzen eine Niederschlagsmenge während der Vegetation von 600 mm (= 600 l pro m^2) verlangt. Der Produktionsfaktor Wasser ist heute allein nicht mehr der anbaubegrenzende Parameter im Obstbau, denn durch zusätzliche Wassergaben in Form von Überkronenberegnung oder wassersparend mittels Tröpfchenbewässerung kann das standortbedingte Wasserdefizit leicht ausgeglichen werden (siehe Kapitel Beregnung).

Es ist jedoch wichtig, dass die Pflanzen genug Wasser abgeben können. Dies geschieht über die Spaltöffnungen (Stomata), die offen oder geschlossen sind und damit den Wasserhaushalt regeln. Bei großer Hitze werden die Spaltöffnungen geschlossen, wodurch der zur Assimilation notwendige Gasaustausch mit der Luft verhindert wird; daher hat ein Wassermangel auch eine verminderte Assimilation zur Folge.

Obstarten, die einen hohen Wasserbedarf haben, sind Apfel, Zwetschke, Pflaume, Birne und Pfirsich. Kirschbäume danken einem Boden mit hohem Wasserangebot während der Reifezeit durch geringeres Platzen der Früchte.

Über die Unterlagen kann jedoch eine gewisse Standortadaptation an die Wasserverhältnisse erreicht werden.

Fehlt das Wasser, so reagiert der Baum mit drei Schadbildern:

- Anfangs durch **Erschlaffen der Blätter** (dies ist häufig in der Mittagshitze zu beobachten). Solange die Blätter nicht vertrocknet sind, kann dieser Vorgang rückgängig gemacht werden, denn die Blätter verdunsten mehr Wasser (Transpiration), als die Wurzeln nachliefern können.
- **Ermattete und leicht umgebogene unverholzte Spitzen** von Trieben. Tritt dieses Merkmal auf, so müsste sofort bewässert werden.
- Erkennbares **Schrumpfen der Früchte**. Wird dies sichtbar, muss mit dem Abstoßen der Früchte gerechnet werden. Danach kommt es zum irreversiblen Verwelken der Blätter. Bei Jungpflanzungen, frisch gesetzten Bäumen und flach wurzelnden Obstarten ist auf die Wasserversorgung besonders zu achten.

In schweren Böden kann es durch zu langen und zu starken Niederschlag, wegen Verstopfung der Luftkapillaren im Boden, zu Luftmangel kommen. Durch dieses Stauwasser kommt es zu gleichzeitigem Sauerstoffmangel, und die Blätter reagieren mit einer temporären (vorübergehenden) gelben Verfärbung.

4. KLIMA

Am Standort wirkt als nicht beeinflussbarer Parameter der meteorologische Einfluss (das Klima) auf die Obstgehölze ein. Dieses Klima ändert sich nach der geografischen Lage, die durch den Breiten- und Längengrad, durch die Topografie (Beschreibung der geografischen Örtlichkeit) des Landes und durch die Seehöhe definiert wird.

Zur einheitlichen Charakterisierung des Obstbauklimas werden folgende Bezeichnungen gewählt:

4.1 Warmes Obstbauklima – entspricht dem Wein-Mais-Klima

Dieses befindet sich auf einer Seehöhe von unter 250 m. Hier wird eine durchschnittliche Jahrestemperatur von ca. +10 °C gemessen. In Österreich wären dies in etwa die Gebiete der Südsteiermark, der südlichen Oststeiermark sowie das nördliche Burgenland und das Weinviertel in Niederösterreich. Dort gedeihen die wärmeliebenden Obstarten. Im Hinblick auf die Marktstruktur bzw. die Absatzchancen würden in diesem Gebiet folgende Obstarten auszupflanzen sein: frühreifende, spätblühende, winterkältefeste Apfelsorten, Birnensorten, Marillen (Aprikose), Pfirsiche, Nektarinen, Mandeln, Edelkastanien, Walnüsse, Haselnüsse, Quitten. Grundsätzlich können in diesem Klima alle Obstarten ausgepflanzt werden.

4.2 Kühles Obstbaugebiet – Winterweizenklima bzw. gemäßigte Lagen

Im Anschluss an das warme Obstbauklima reicht das kühle Obstbaugebiet bis zu einer Seehöhe von ca. 800 m. Die durchschnittliche Jahrestemperatur wird mit ca. +6,3 bis +9,0 °C ausgezeichnet. Neben dem Wintergetreideanbau gedeihen hier alle Apfelsorten, Pflaumen und Kirschen sowie alle jene Sorten der anderen Obstarten, die nicht zu kälteempfindlich sind. Dazu zählen die kühleren (nördlichen) Obstbaulagen der Steiermark (Bezirk Weiz) sowie alle anderen Obstbaugebiete Österreichs, die sich in dieser Höhenlage befinden.

4.3 Kaltes Obstbaugebiet

Es reicht bis 1.400 m Seehöhe und wird überwiegend durch den Sommergetreideanbau und Grünland beschrieben. Die durchschnittliche Jahrestemperatur reicht bis knapp unter +5 °C. Es gedeihen hier hauptsächlich Winterroggen und Hafer sowie anspruchslose Apfelsorten, vorwiegend Mostbirnen, lokale Süßkirschensorten und kleinfruchtige Weichseln. Für das Beerenobst (außer dem planmäßigen plantagenartigen Anbau der Schwarzen Johannisbeere und des Höhenanbaues der Erdbeeren – zwecks Ernteverspätung) ist die Lage für Intensivobstanlagen zu hoch.

Im Übergangsbereich zwischen dem warmen Obstbauklima und dem gemäßigten Obstbauklima bzw. kühlem Obstbauklima liegt auf der Südseite des Alpenhauptkammes im Alpenvorland der sogenannte Apfelgürtel Mitteleuropas. Hier liegen die wesentlichsten Apfelzentren Mitteleuropas, so z. B. das Bodensee-Obstbaugebiet am schweizerischen und am deutschen Bodenseeufer (durch die klimatische Randlage nördlich des Alpenhauptkammes wird es in den Apfelgürtel miteinbezogen), der Vintschgau, die gesamte Steiermark, die heute noch als Steiermark bezeichnete Region von Slowenien als auch das südliche Burgenland. Durch die herrschenden herbstlichen hohen Tages- und tiefen Nachttemperaturen kommt es in der Nacht kaum zu einer Veratmung der am Tag eingelagerten Assimilate, sodass es in diesen Gebieten zu hervorragenden Aroma- und Zucker-Säurekomponenten in der Frucht kommt. Dies äußert sich in dem ausgezeichneten Flavour der Früchte aus diesen Gebieten (besonders auf Lagen aus bodenständigen Mutterböden mit spurenelementreichem Ausgangsmaterial), die auf den europäischen Märkten Spitzenpreise erzielen.

5. STANDORT

Vom Menschen nicht beeinflussbar ist der Standort, der sich aus den Faktoren Witterung, Bodenaufbau und Geländeform zusammensetzt. Der Bodenaufbau ist ein gegebenes Element des Betriebes und kann, wenn überhaupt, nur durch aufwendige finanzielle Maßnahmen (z. B. Rigolen, Geländekorrekturen) teilweise und in der Oberstruktur beeinflusst werden. Die Geländeform kann wenig beeinflusst werden, da Steillagen durch Sanierungen zwar etwas eingeebnet werden können, also etwas flacher werden, aber ein Betrieb am Hang kann nie mit den Produktionsgrundlagen eines Betriebes in der Ebene konkurrieren.

Im Rahmen der „Integrierten Produktion" erhält, um eine hohe Fruchtqualität zu erzielen, der Standort wieder größere Bedeutung, da durch eine entsprechende Standortanlage und Sortenwahl verschiedene vorbeugende Pflanzenschutzmaßnahmen unterbleiben können. Dazu zählen z. B.:

- bei 'Golden Delicious': keine berostungsgefährdeten Standorte (das sind Lagen mit lang andauernder hoher Luftfeuchtigkeit, Nebellagen, = Vermeiden von Kosmetikspritzungen)
- bei 'Jonathan', 'Idared': keine heißen Kessellagen (Mehltaugefahr)
- bei 'Gloster', 'Golden Delicious', 'Arlet': keine windstillen kühlfeuchten Gebiete (Schorfgefahr)
- bei 'Jonagold': sonnige Hügellagen mit warmer Tageswitterung und kühlen Nächten (bessere natürliche Ausfärbung)
- Bei Mehrreihensystemen gibt es in den inneren Reihen verstärktes Auftreten von „Roter Spinne".

Durch das derzeitige Streben der Produzenten danach, sofort Neuheiten ohne vorausgegangene Standorttauglichkeitstestung durch heimische Versuchsansteller in ihren Betrieben auszupflanzen, erhöht sich das Anbaurisiko bei neuen Sorten stark, da ausländische Erfahrungen nicht unbedingt auf das gegebene Produktionsgebiet zutreffen müssen, beispielsweise färbt 'Royal Gala' in Südtirol etwa gleich aus wie 'Gala Standard' in der Steiermark. Vom Geschmack her entspricht 'Gala' der Steiermark besser als 'Royal Gala'.

5.1 Lage

Bei der Lage unterscheidet man hügelige, geneigte oder ebene Lagen. Auf ebenen Lagen ist der Obstbau bezüglich der Mechanisierung kaum gehemmt, in solchen Lagen besteht lediglich meist die Gefahr von Frostschäden durch Kaltluftstauseen, wenn diese Kaltluft nicht abfließen kann. Auf eine pflanzliche Bodenbedeckung kann in ebenen Lagen verzichtet werden. Bei mäßig geneigten bzw. hügeligen Lagen (Oststeiermark) wird eine Bodenbedeckung durch Rasen notwendig, um bei schweren Regenfällen keine Bodenerosion (Bodenabtragung durch Wasser) auszulösen. Die geneigten bzw. hügeligen Lagen stellen jedoch für die Mechanisierungen und den Menschen große Herausforderungen dar, da die Steilheit in der Falllinie des Geländes oft die Grenze der Traktorbefahrbarkeit darstellt. Hier müssen meist teure Traktoren mit Allradantrieb verwendet werden. Steilstlagen, die einen Traktorbetrieb nicht mehr zulassen, werden heute aus der Produktion ausgeschieden.

5.2 Himmelsrichtung

Zur Lage zählt auch die Himmelsrichtung. Im Rahmen des organoleptischen Qualitätsstrebens werden vielfach Meinungen dahingehend geäußert, Anlagen, die offen zur nördlichen Himmelsrichtung liegen, also kaum direkte Sonnenbestrahlung aufweisen, im Rahmen der Rotation auslaufen zu lassen und nicht mehr zu bepflanzen. Reine Ostlagen unterliegen der Gefahr von Winterkälteschäden, da die Sonne frühzeitig (ausgehender Winter) die Anlagen bescheint und die Bäume vorzeitig in Saft gehen können. Nächtliche Fröste führen anschließend zum Gefrieren des Wassers in den Leitungsbahnen. Anlagen, die in südliche Richtung geneigt sind, zählen zu den günstigsten Lagen und werden betriebswirtschaftlich und auch finanztechnisch (im Rahmen der Einheitswertbewertung) am besten bewertet. Reine Westlagen sind späte Lagen und wären für frostempfindliche, frühblühende Obstarten (Walnüsse, Haselnüsse, Pfirsiche, Nektarinen) geeignet. Von der Bodenfeuchtigkeit her werden südliche und östliche Lagen meist als trocken, westliche und nördliche Lagen meist als feucht eingestuft.

5.3 Wind

Der Wind stellt in manchen flachen Gegenden Österreichs (z. B. Marchfeld) eine große produktionsbeeinflussende Größe dar. Die Baumkronen können sich unter Windbeeinflussung nicht vollständig ausbilden, der Wind drückt sie immer wieder in die der einwirkenden Windrichtung abgewandten Lage. Ein einseitiger Kronenaufbau ist die Folge, aber nicht nur die Kronenausbildung wird durch den Wind gestört, sondern auch die Gefahr des vorzeitigen Fruchtfalles durch Windeinwirkung wird enorm erhöht. Neben der direkten Windeinwirkung auf den Baum vermindert eine ständige Windeinwirkung den Wassergehalt des Oberbodens, da eine laufende Windtranspiration (Windverdunstung) in Gang gesetzt wird und eine eventuelle Dürrewirkung verschärft werden kann. Sogenannte Windschutzpflanzungen mit hohen Bäumen (z. B. Pappeln) können den Wind in seiner Geschwindigkeit bremsen, wobei jedoch zu beachten ist, dass in unmittelbarer Nähe solcher Windschutzpflanzungen auch Beeinflussungen durch Schattenwirkung auf die unmittelbar danebenstehenden Obstbäume auftreten können. Starker Wind hält auch den Insektenflug ab, was vor allem für die selbststerilen Obstarten beim Ansatz Probleme bedeuten kann. Eine dauernde Luftbewegung senkt jedoch auch die Gefahr des epidemischen Auftretens von Pilzerkrankungen (z. B. Schorf), da das Laubwerk rascher abgetrocknet wird.

5.4 Licht

Das Licht ist der Energieträger für die Assimilation (Photosynthese), also für die Stoffumsetzung von CO_2 und Wasser unter Lichteinwirkung (Energie) zu Zucker und Sauerstoff. Die volle Ausnützung der Assimilationsleistung der Blätter geschieht nur unter voller Lichteinwirkung. Aber nicht alle Blätter assimilieren unter Besonnung voll, sondern nur jene Blätter, die in der Nähe von Früchten hängen, weisen eine hohe positive Energiebilanz auf (durch den hohen Assimilatebedarf der Früchte tritt kein Assimilatestau auf). Deswegen besteht in der heutigen Pflanztheorie die Forderung, die Baumkrone so klein wie möglich zu halten (also Schnurbäume zu erziehen, die nur ganz kurze Äste aufweisen), um alle Blätter gänzlich dem Sonnenlicht aussetzen zu können. Als Vorteil wird zudem genannt, dass die an der Sonne hängenden Früchte auch besser ausgefärbt sind und einen höheren Flavourwert erreichen. Wie hoch die Nettoassimilationsrate des Chlorophylles im Blattwerk wirklich ist, ist bis heute noch nicht eindeutig erforscht worden. Kleine Blätter sowie wachsende Triebe verzehren relativ viel Assimilate. Im Schatten der Krone assimilieren die Blätter weniger, obwohl diese Schattenblätter das schwache Licht besser ausnützen als die an der Sonne hängenden Blätter. Bei den heute zur Diskussion stehenden Superspindeln wird der Triebwuchs auf einen Stummelwuchs verkürzt, sodass die Äpfel einen sehr hohen Anteil an Assimilaten erhalten. Das physiologische Gleichgewicht wird also zugunsten der Früchte verändert. Der Baumwuchs soll hypothetisch durch den Ertrag gänzlich gebremst werden, sodass nach der **Wuchs-Ertragsgleichung** die an und für sich schwachen und kleinen Bäume einen relativ hohen Ertrag erbringen können.

NÜBERLIN führt aus, dass solche Superspindelbäume bis zu 6 kg pro Einzelbaum tragen können. Infolge der Ertragsgleichung

Flächenertrag = Einzelbaumertrag x Baumzahl pro Fläche (ha)

wird der kleine Einzelbaumertrag durch die hohe Baumzahl von ca. 10.000 bis 15.000 pro ha kompensiert, sodass ein normal hoher Flächenertrag erreicht werden könnte (Näheres dazu unter Pflanzsysteme).

Die Lichtintensität, die mit zunehmenden Breitengraden (also nach Norden hin) abnimmt, beeinflusst in gewissem Sinn über die Assimilationsleistung auch die Fruchtgröße. So sind die Früchte des Bodensee-Obstbaugebietes im Durchschnitt um eine Größenklasse kleiner als die in der Steiermark und die Früchte aus der Steiermark sind im Durchschnitt gesehen um eine Größenklasse kleiner als die Früchte aus Oberitalien (Winter). Um die negative Assimilationsbilanz ausgleichen zu können, begannen die nördlichen Obstbauländer (Niederlande und Belgien) mit dem Anbau kleinerer Baumformen (Spindel) mit höheren Baumzahlen pro ha, um ebenso auf entsprechende Flächenerträge zu kommen.

Die Auswirkung des Lichtes auf die Pflanze nennt man **Fotoperiodismus**. Die wichtigste Auswirkung des Fotoperiodismus auf den Obstbau betrifft die Blüte. Alle Obstgehölze (außer der Erdbeere) sind tagneutral, das heißt, die Blütenanlage findet in jenen Wochen statt, in denen Tag- und Nachtlänge ungefähr gleich sind. Nur die Erdbeeren sind Kurztagspflanzen, die Blütenstimulierung in der Pflanze findet nur im Kurztag (Tageslänge unter 12 Stunden) statt.

LENZ weist auf eine Licht- und Dunkelatmung hin. Bei der Lichtatmung (Fotorespiration) können sich O_2 und CO_2 an ein Enzym anlagern. Der Sauerstoff kann zur Einleitung einer Aufspaltung von Assimilaten führen, bei der CO_2 frei wird. Die Lichtatmung steigt mit zunehmender Temperatur und es kommt zur Abgabe bis zur halben Menge an CO_2, die am Tag aufgenommen wird. Die geringe Assimilationsleistung der Obstgehölze könnte so erklärt werden. Unter Dunkelatmung (Dissimilation) versteht man den nächtlichen Abbau von tagsüber produzierten Assimilaten, dadurch gewinnt die Pflanze Energie. Zwischen 5 und 15 % des aufgenommenen CO_2 können die Obstgehölze bei der Dunkelatmung wieder abgeben. Die Licht- und Dunkelatmungsvorgänge werden bei höheren Temperaturen gesteigert, sodass die geringeren Flavourwerte der Früchte aus südlichen Anbaugebieten erklärt werden können.

5.5 Temperatur

Mit dem Licht kann in einem Atemzug die Temperatur als Umwelteinfluss auf das Obstgehölz genannt werden. Die Pflanze passt sich den Temperaturverhältnissen an. So existiert im Winter, wenn das Temperaturoptimum unterschritten ist, wenn also ein Wärmedefizit bzw. das Wärmeminimum herrscht, ein Stadium der vollständigen Wachstumsruhe. Mit langsam ansteigender Temperatur (Frühling) beginnt die Pflanze ihre Lebensvorgänge und erreicht bei höheren Temperaturen (Mai und Juni) ihr Wachstumsoptimum. Steigt die Temperatur im Sommer (Juli und August) zu Mittag zu hoch an und wird das Temperaturmaximum überschritten, stellt die Pflanze die Transpiration und damit die Assimilation weitestgehend ein.

Die Temperatur für hohe Assimilationsleistungen beim Obst liegt zwischen **+16 und +20 °C**.

Die Temperatur hat nicht nur Auswirkung auf das Wachstum, sondern auf alle Organe und Entwicklungsstadien des Obstbaumes (z. B. Blüte, Befruchtung, Reifezeit). Fällt die Temperatur zur Blütezeit unter gewisse Schwellenwerte, kommt es zu mangelnder Befruchtung. Dies ist nicht allein auf zu geringe Temperatur zurückzuführen, sondern auch auf das Ausbleiben von ausreichendem Insektenflug.

Tritt zur Blütezeit Frost ein, kann der Frost im empfindlichsten Blütenstadium (Durchwachsen des Pollenkeimschlauches durch den Griffel) zu einer Verhinderung der Befruchtung führen, obwohl die Blütenkronblätter noch nicht geschädigt sind. Auch auf die Ausbildung der Fruchtgröße bzw. der Fruchtform hat die Temperatur Einfluss. Je kühler das Klima, desto länger werden die Apfelformen bei insgesamt verminderter Fruchtgröße. Die größte Auswirkung der Temperatur auf die Früchte ist beim Stadium der Fruchtreife zu vermerken. So können Sorten mit hohen Wärmeansprüchen (z. B. 'Granny Smith') nicht in Gebieten mit kurzer Vegetationszeit angebaut werden. Pfirsiche und Nektarinen haben relativ hohe Ansprüche an die Wärme, aber auch die geschmacksbildenden Inhaltsstoffe, wie Aroma, Zucker und Säure, und verhalten sich im warmen Klima bei derselben Sorte gänzlich anders als im kühlen Obstbauklima. Bei der Lagerung von Früchten aus Gebieten mit hohen Temperaturen wird die Säure rascher abgebaut als von Früchten aus kühleren Klimaten. Auch die Fruchtfleischfestigkeit und die Haltbarkeit sind geringer.

Beim Kernobst wirkt sich die Temperatur auch auf die Deckfarbenausbildung aus. Gebiete mit sonnigen Tagen und kühlen Nächten (z. B. Steiermark) begünstigen die Anhäufung des roten Fruchtfarbstoffs (Anthocyan) an der Sonnenseite der Fruchtschale, aber auch auf das Auftreten von Schädlingen und Krankheiten wirkt sich die Temperatur aus. So ist z. B. die Sorte 'Jonathan' auf Standorten in warmen Kessellagen enorm durch Mehltau gefährdet.

Schwerer und intensiver Sonnenbrand (Foto: KEPPEL)

Bei hohen Herbsttemperaturen und direkter Sonnenbestrahlung kann es zum sogenannten Sonnenbrand bei Äpfeln kommen. Es handelt sich hierbei um abgestorbene Fruchtfleischpartien knapp unter der Fruchtschale.

5.6 Frost

Bei der Frostgefahr unterscheiden wir drei große Möglichkeiten:

- den Strahlungsfrost
- den Windfrost (Advektionsfrost)
- den Verdunstungsfrost

Strahlungsfrost

Dieser entsteht, wenn der Boden und die Pflanze nachts ihre Wärme abgeben und diese Abstrahlungswärme nicht ersetzt wird. In klaren, kühlen Nächten tritt eine besondere Frostgefahr auf, da die vom Boden und den Pflanzen abgegebene Wärme ungehindert in das Weltall abströmen kann. Sind jedoch Wolken oder Nebel vorhanden, so reflektieren diese die Abstrahlungswärme wieder an die Erde zurück. Herrscht Windeinfluss an Strahlungsfrosttagen, so werden durch den Wind die untersten bodennahen Luftschichten mit darüberliegender warmer Luft durchmischt und hemmen so die Temperaturabsenkung unter die Null-Grad-Grenze. Die Strahlungsfrostgefahr ist am größten, wenn klare Winternächte ohne Wind auftreten.

Die Strahlungsfröste werden in den sogenannten Kaltluftstauseen verschärft. Diese sind Tallagen mit geringer Abflussmöglichkeit für die von den Hängen einströmenden Kaltluftstrombewegungen. In den Beckenlagen wird die einströmende Kaltluft gesammelt, dadurch entstehen Kältepole. Solche Kältepole sind in Österreich das Tamsweger Becken, das Gebiet um Zeltweg und das Gebiet um Lunz am See.

Advektionsfrost

Dieser Frost wird bei uns meist als Windfrost bezeichnet und kommt durch den Einbruch kalter

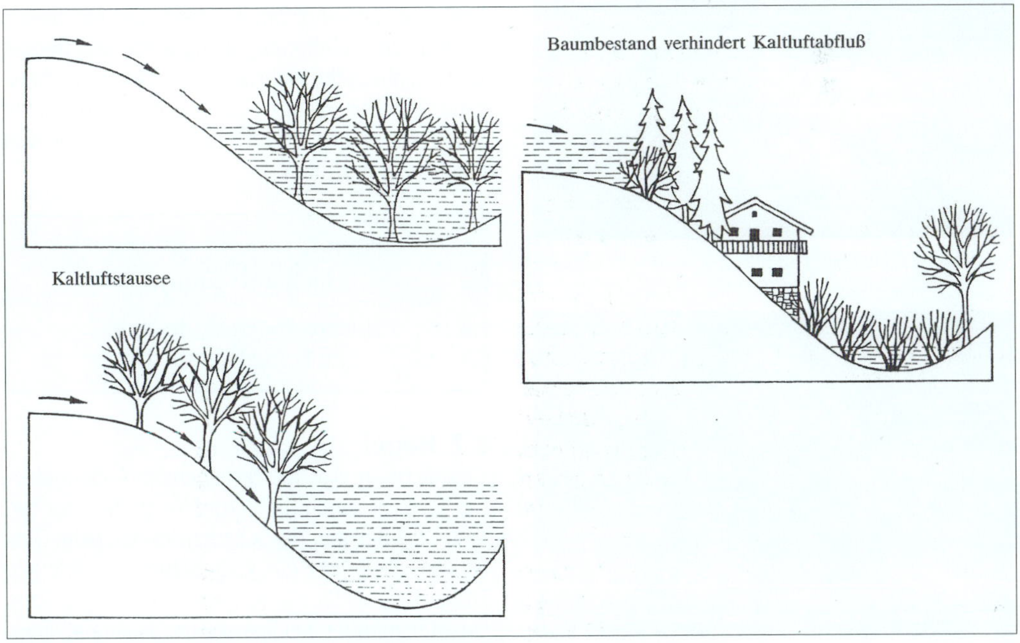

Kaltluftzonen (Quelle: WASSERMANN, Heimischer Obstbau)

polarer Luft aus Norden bzw. Nordwesten zustande. Diese Kaltluft kann sich durch die nächtliche Bodenausstrahlung noch stärker abkühlen als nebelige Luft. In diesem Fall ist die Luft kälter als die Temperatur der Pflanzen. In unseren Gebieten werden durch Advektionsfröste meist Obstanlagen auf Bergkuppen schwer geschädigt, während durch Strahlungsfröste meist Obstanlagen am Hangfuß bzw. in Tallagen beeinträchtigt werden.

Verdunstungsfrost

Der Verdunstungsfrost entsteht, wenn nach Regen oder Schneefall trockene Luft über die nassen Pflanzen streicht. Dadurch entsteht eine raschere Verdunstung und eine schnelle und tiefe Abkühlung der Pflanzen, wodurch Frostschäden entstehen können, auch wenn Temperaturen über dem Null-Grad-Punkt herrschen. Winterkälteschäden sind ebenfalls Frostschäden, die aber meist durch Vertrocknung in Erscheinung treten. Herrscht ein schöner warmer Herbst mit hohen Nachttemperaturen bis weit in den November hinein und treten dann Nächte mit tiefen Temperaturen (z. B. tiefer als –10 °C) auf, so kommt es durch die noch herrschenden Lebensvorgänge zum Gefrieren des in der Pflanze transportierten Wassers, somit zum Aufreißen von Leitungsbahnen und zum partiellen Austrocknen von Pflanzenteilen. Da über den Winter hin kein Wasser nachgeführt wird, trocknen diese beschädigten Pflanzenteile (meist der Stamm) bzw. die ganzen Pflanzen durch die mit freiem Auge kaum sichtbaren Frostrisse aus und treiben im Frühjahr nicht mehr aus. Zu spät abgeschlossenes Wachstum kann einerseits durch zu feuchte Standorte und/oder durch hohes Düngerangebot (Stickstoff) auftreten.

Winterfrostschäden am Stamm, die Frostrisse müssen mit einem scharfen Messer bis in gesunde (grüne) Bereiche ausgeschnitten, anschließend verschmiert und verbunden werden. (Foto: KEPPEL)

Spätfrost an Blüten (Foto: KEPPEL)

Frostringe durch Spätfrostwirkung (Foto: KEPPEL)

Frühfrost = Frost, der früh im Herbst eintritt

Spätfrost = Frost, der spät im Frühjahr eintritt

5.7 Hagel

Gerade bei im Apfelgürtel liegenden Anbaugebieten herrscht durch die Bergnähe große Hagelgefahr. Die Intensität der Schadensformen beim Obst ist vom Zeitpunkt des Hagelschlages abhängig. Frühe Hagelschläge lassen bei Frühsorten schwere Qualitätsmängel, bei Spätsorten „leichtere" Qualitätsmängel entstehen. Je nach Dauer und Dichte

Verheilter schwerer Hagelschlag an Früchten ...

... und Blättern (Fotos: KEPPEL)

des Hagelschlages kann ein Schaden von zumindest einer Vegetation auftreten, und zwar durch Abschlagen von jungen Früchten, Beschädigung von Ästen, Abschälen der Rinde, Verletzungen des Fruchtholzes, schwer verheilbare Einschläge in den Früchten (bis zur Unverwertbarkeit der Ernte).

Beobachtungen haben ergeben, dass meistens Hagelkörner mit einem Durchmesser bis 60 mm, die eine Dichte von 0,88 g/cm³ aufweisen, auftreten. Die Auftreffgeschwindigkeit der Hagelkörner liegt bei 50–120 km/h. Bis zu 150 Hagelschloßen können je m² und Minute fallen.

5.8 Umwelteinflüsse (Emissionen, Straßenverkehr)

Zur exakten Erklärung solcher Schadensursachen ist es aber unbedingt notwendig, jeweils die **Gesamtschadstoffbelastung** (Menge und Zusammensetzung) sowie die räumliche Verteilung, unter Bedachtnahme der vorliegenden Klimaverhältnisse des betroffenen Gebietes, zu untersuchen. Nach KLOKE (1983) sind direkte Schäden an der Vegetation allerdings nur in einem Umkreis von 3 km um einen Emittenten bzw. innerhalb eines 50 m breiten Streifens entlang größerer Straßenzüge zu erwarten (siehe Zeichnung auf Seite 36).

Nitrose-Gase (NO_x, hauptsächlich aber das NO_2) sind ebenfalls zu den sauren Gasen zu rechnen.

Die Schäden sind im Obstbau als gering anzusehen und durch entsprechende gezielte mineralische Düngung leicht abzuwehren. Die in der Landwirtschaft bereits seit mehr als 50 Jahren praktizierte Methode, den Nährstoffentzug der Produktion sowie die Festlegung und Ausschwemmung in Form angemessener Düngergaben wieder auszugleichen, hat insgesamt sicher eine nachhaltige Verbesserung der Bodenfruchtbarkeit bewirkt, die auch durch verschiedene negative Einflüsse nicht so leicht verändert werden kann. In der Forstwirtschaft sieht die Nährstoffbilanz der Böden dagegen weitaus schlechter aus, zumal durch Forcierung der Monokulturen (Fichte) die Bodenversauerung noch eine zusätzliche Beschleunigung erfahren hat.

Erhöhte Schadstoffkonzentrationen, ganz gleich welcher Art auch immer, werden hier viel eher zum Tragen kommen und weit stärker schädigen, als es bei sonstigen landwirtschaftlich genutzten Flächen der Fall wäre.

Auch die **Abgase von Kraftfahrzeugen** enthalten eine große Menge an Stoffen (Kohlenmonoxid, Kohlenwasserstoffe, nitrose Verbindungen, Ethylen sowie verschiedene Schwermetalle, wie Blei, Cadmium, Zink, sowie Feinstaub in verschiedenen Fraktionen, z. B. PM 10, PM 1, und andere), deren Wirkungen und chemische Veränderbarkeit unter unterschiedlichen klimatischen Bedingungen auf die verschiedenen Nutzpflanzen noch nicht ausreichend bekannt sind. Mögliche Schäden können daher nur schwer abgeschätzt werden.

Die bisher in diesem Zusammenhang erfolgten Messungen an stark befahrenen Straßen in Stadtgebieten, an Bundesstraßen und Autobahnen haben vor allem eine hohe Anreicherung mit Blei, Kadmium, Zink und polyzyklischen, aromatischen Kohlenwasserstoffen (einige davon sind krebserregend) sowie verschiedenen Stickstoffoxiden (NO_x) auf angrenzenden Flächen/in Böden ergeben. Solche Emissionen können sich durch Windverfrachtung ungehindert über größere Flächen ausbreiten. Der höchstzulässige Wert bei Blei in landwirtschaftlichen Böden beträgt in der EU drei ppm, für Futterpflanzen beträgt er zehn ppm. In

I = Emittent mit einem 3 km breiten Randgürtel bzw. ein 50 m breiter Streifen beiderseits stark frequentierter Straßenzüge. In diesem Bereich können die Schadstoffgehalte in Boden und Pflanze deutlich erhöht sein und Schäden auftreten.

II = Gürtel von etwa 7 km Breite (zwischen 3 und 10 km vom Emittenten) bzw. ein Band von 50 bis 100 m Entfernung beiderseits der Straße. Geringfügige Anhebung der Schadstoffgehalte.

III = Gebiete außerhalb der Reichweite akuter Immissionen. Praktisch keine Anreicherung von schädlichen Stoffen.

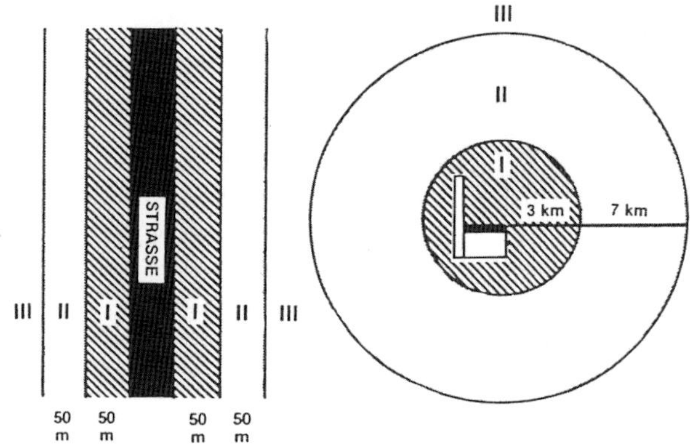

Schematische Darstellung der Schadstoffverteilung (ohne Berücksichtigung der Windverhältnisse) nach KLOKE, abgeändert

straßennahen Gebieten werden diese Werte bei Weitem überschritten. Ein zu nahes Herangehen mit Obstkulturen an stärker frequentierte Straßen, wie man es verschiedentlich doch beobachten kann, muss daher in jedem Fall als problematisch angesehen werden. Hier sollte zumindest versucht werden, den negativen Direkteinfluss mithilfe von abschirmenden Schutzpflanzen (dichtere Hecken, Lärmschutzwände) etwas zu mindern.

Von etwas größerer Bedeutung, im Zusammenhang mit dem eher noch steigenden Verkehrsaufkommen, könnte zukünftig auch das bodennah gebildete **Ozon** sein. Auslöser für die Bildung sind wiederum die zum größten Teil vom Autoverkehr stammenden Stickoxide.

Ozon (O_3) ist eines der stärksten Zellgifte. Aufgrund der schweren Wasserlöslichkeit gelangt es relativ rasch bis weit in das feinste Lungengewebe hinein. Es kommt dabei zu Reizungen der Atemwege und fallweise auch zu Zerstörungen von Zellpartien. Auch bei den Pflanzen, die eher noch sensibler reagieren, kommt es zu Beeinträchtigungen, vor allem im stomatären Bereich, die bis zu Absterbeerscheinungen an den Blättern führen können. Ob eventuell auch verstärkte Fruchtberostungen auf Ozoneinwirkung zurückzuführen sind, muss wohl noch genauer untersucht werden.

Die Obstgehölze verhalten sich, ähnlich wie andere Pflanzenarten, gegenüber den einzelnen Schadstoffen recht unterschiedlich. Es wird daher auch der Frage der Resistenz einzelner Arten und Sorten zukünftig sicher mehr Bedeutung beizumessen sein. Einen sehr großen Einfluss auf die jeweilige Schadensgröße besitzen aber ohne Zweifel auch Faktoren, wie die Wasser- und Nährstoffversorgung und eine nachhaltige Pflege.

6. DAS VERSUCHSWESEN IM OBSTBAU

Für das Versuchswesen ist der Stand von heute Vergangenheit, die Probleme von morgen sind die aktuellen Aufträge.

Das obstbauliche Versuchswesen soll Varianten beobachten und Beweise liefern, ob etwas Neues schlechter, gleich gut oder besser ist als das Herkömmliche.

Ein altes Sprichwort sagt: „Das Bessere ist der Feind des Guten." Jedoch wird die Entscheidung „Was ist gut?" oder „Was ist besser?" meist sehr subjektiv getroffen.

Die Erfahrung gibt einem Gedanken Schopenhauers recht, der meint, eine Idee durchläuft drei Stadien: Im ersten wird sie belacht, im zweiten bekämpft und im dritten ist sie selbstverständlich. Grundsätzlich ist zu erwähnen, dass das Versuchswesen für alle Betriebe eines Anbaugebietes gleiche Ergebnisse liefern soll.

So groß der Hunger der Praxis nach neuen Versuchsergebnissen auch ist, so sollte zumindest ein Ergebniszeitraum von mindestens fünf Ertragsjahren abgewartet werden, um halbwegs sichere Versuchsergebnisse zum Wohle der Obstbauern erstellen zu können.

Objektive Bearbeitung der Versuche und statistische Verrechnung der Ergebnisse sind unabdingbar. „Geschönte" Ergebnisse, bei denen so lange verrechnet wird, bis passende (erwünschte oder erwartete) Ergebnisse entstehen, sollten der Vergangenheit angehören. Auch ein negatives Versuchsergebnis ist ein Ergebnis und stellt die Basis für neue Versuchsstrategien dar! Das Versuchsdesign von sechs Wiederholungen zu je fünf Bäumen lässt eine gute statistische Auswertung zu, wird aber heute aus Platzmangel, arbeitswirtschaftlichen und Kostengründen vermindert.

DIE BEDEUTENDSTEN OBSTARTEN

Die Obstgewächse werden, wie bereits geschildert, in folgende Gruppen eingeteilt:

- **Kernobst:** Apfel, Birne, Quitte, Asienbirne, Mispel, Eberesche, Speierling
- **Steinobst:** Pfirsich, Nektarine, Marille (Aprikose), Kirsche, Weichsel, Pflaume, Mandel
- **Beerenobst:** Rote, Weiße und Schwarze Ribisel (Johannisbeere), Stachelbeere, Himbeere, Brombeere, Taybeere, Boysenbeere, Loganbeere, Heidelbeere (Schwarzbeere), Preiselbeere, Erdbeere, Holunder, Apfelrose
- **Schalenobst:** Walnuss, Haselnuss, Edelkastanie

Die Obstgehölze gehören botanisch zur Ordnung Rosales. Zur Familie der Rosengewächse (Rosaceae) zählt die Unterfamilie Maloideae, zu der als Gattung der Apfel (*Malus*) und die Birne (*Pyrus*) gehören. Weitere Gattungen der Maloideae sind Quitte, Mispel, Weißdorn und Eberesche.

Zur Familie der Rosaceae zählen zudem noch die Prunoideae; darunter versteht man im weitesten Sinne die Pflaumen (*Prunus*). Die Gattung der Pflaumen unterteilt sich in die Art des Pfirsichs, in die Untergattung *Cerasus*, daraus entwickelt sich die Art der Süß- und Sauerkirschen. Eine weitere Untergattung der Pflaumen sind die *Prunophora*, die in die Arten Schlehe und Kirschpflaume gegliedert sind. Aus beiden gemeinsam entstand die Hauspflaume (*Prunus domestica*).

Die Unterfamilie Rosoideae der Rosengewächse wird untergliedert in die Erdbeere (*Fragaria*) und in die Brombeere bzw. Himbeere (*Rubus*).

Zur Ordnung Rosales zählen die Steinbrechgewächse (Saxiphragaceae), zu denen die Gattung Johannisbeere (*Ribes*) zählt. Die Gattung *Ribes* wird unterteilt in die Rote und Weiße Johannisbeere (*Ribesia*), in die Art der Schwarzen Johannisbeere (*Coreosma*) und in die Stachelbeere (*Grossularia*).

1. KERNOBST

1.1 Der Kulturapfel (*Malus communis domestica*)

Der Apfel gehört zur Familie der Rosengewächse (Rosazeen) und zur Familie der Kernobstgewächse (Pomoideen). Der Kulturapfel stammt von Wildformen ab.

Zu diesen Wildformen zählen:

- Der **Holzapfel** (*Malus communis sylvestris*)
  Er ist in Europa verbreitet. Die Triebe sind in der Jugend dornig, locker behaart oder ganz kahl. Die Knospen können kahl oder wenig behaart ausgestattet sein. Im Jugendstadium (juvenile Phase) sind die Blattnerven behaart.

- Der **filzblättrige Apfel** oder **Zwergapfel** (*Malus communis pumila*)
  Die Blätter bleiben über die Vegetation filzig, die Triebe nur am Beginn der Vegetation. Die Knospen sind behaart, die Kelchbecher, Kelchblätter und Blütenstiele sind mit weißen Haaren besetzt. Dieser Apfel dürfte aus Vorderasien stammen. Ob es sich dabei um eine echte Wildform oder um natürliche Kreuzungsprodukte bzw. verwilderte Abkömmlinge von Kultursorten des Apfels handelt, ist in der Literatur nicht eindeutig auffindbar. In diese Gruppe gehört der Blutapfel (rote Früchte und Blätter und rotes Holz).

- Der **pflaumenblättrige Apfel** (*Malus prunifolia*)
  Die Früchte sind kugelig gelb, kirschrot und sonnseitig angerötet. Dieser Apfel soll aus Sibirien stammen.

- Der **Beerenapfel** (*Malus baccata*)
  Während des Fruchtwachstums verschwindet die Kelchnarbe. Die Mittelnerven der Blätter sind mit zahlreichen Drüsen ausgestattet, die Heimat des Beerenapfels liegt im Fernen Osten, in Sibirien, der Mandschurei bzw. in China.

Verwendung

Frischkonsum; Apfelwein (artrein oder als Mischmost mit Birne), Saft, Branntwein, Kompott, Strudelfülle, Mehlspeisen, Trockenobst, Marmelade, Gelee, Nektar; Furnierholz.

Standortansprüche

Die flachwurzelnde Obstart Apfel erfordert für einen erfolgreichen Anbau an den Produktionsfaktor Boden folgende Voraussetzungen: humusreich, tiefgründig, gut durchlüftet, gutes Wasserhaltevermögen.

Der Klimafaktor soll bei Tag eine Hauptvegetationstemperatur von +25 °C bei Niederschlägen von mindestens 500 mm erreichen, wobei eine durchschnittliche Gesamtjahresniederschlagsmenge von rund 800 mm gegeben sein soll. Unter 600 mm jährlichem Gesamtniederschlag wird bereits eine Zusatzmenge Wasser benötigt. Die Temperaturen bei Wachstumsruhe müssen für eine frostausfallslose nachfolgende Produktionsperiode einen Schwellenwert von –20 °C aufweisen. Als ertragsbeeinflussender Witterungsfaktor muss zudem auch noch die Spätfrostgefahr (= Frühjahrsfrost, kann die Blüte beschädigen) genannt werden. Frühfröste (= Herbstfröste, können die reif werdenden Früchte am Baum schädigen) dürfen nicht zu früh auftreten. An zu warmen Standorten leidet die Lagerfähigkeit und der Geschmack der Wintersorten; in zu heißen Klimaten werfen einige Apfelsorten vorzeitig ihre Früchte ab.

Neue Sorten können sich erst nach langjähriger Standortadaptationsphase an die klimatischen Standortverhältnisse anpassen.

Veredelte, großkronige, hochstämmige Apfelbäume werden in der Lebensdauer mit ca. 60 Jahren taxiert. Die landschaftsgestaltenden, großkronigen, hochstämmigen Obstbäume auf Sämlingsunterlagen können auch älter werden. Alte Apfelsorten auf Sämlingsunterlagen beginnen mit dem Ertrag ungefähr mit dem achten bis 15. Standjahr und erzielen ihre volle Ertragskapazität erst mit 20. bis 30. Standjahr. Hohlkronenanlagen auf mittelstarken Unterlagen setzen mit dem Ertrag bereits im dritten Standjahr ein und erreichen ihre volle Ertragskapazität in der Anlage ungefähr mit dem 12. Standjahr. Dichtpflanzungen mit rund 2.000 Bäumen/ha können im fünften oder sechsten Standjahr ihre volle Ertragskapazität erreichen, wobei betriebswirtschaftlich eine Lebensdauer von 15 bis 20 Jahren angenommen wird. Superspindelanlagen sagt man eine Vollertragskapazität im zweiten oder dritten Standjahr bei einer Gesamtlebensdauer von ca. acht Jahren nach. (Weitreichende Erfahrungen fehlen jedoch noch, da die Pilotanlagen zu jung sind.)

Wirtschaftliche Aspekte

Der Apfel ist die bedeutendste Obstart in Österreich. 2014 betrug die Apfelfläche in Österreich (nach Angaben des Grünen Berichts 2015 des BMfLuF) 6.765 ha mit dem Schwerpunkt Steiermark. Die Vollversorgung des heimischen Marktes mit inländischen Äpfeln ist gesichert. Im Rahmen der Flächenrotation und der sukzessiven Flächenausweitung ist gesamtösterreichisch mit einer Überproduktion zu rechnen.

Die bestehenden Obstlagerhäuser für Tafeläpfel mit den Einrichtungen für mittel- und längerfristige Lagerkapazitäten (Kühllager, CA-Lager) gewähren eine kontinuierliche Marktversorgung mit Frischobst über den ganzen Jahresverlauf hinweg. Große Bedeutung weist auch der Industrieapfelanbau für die Safterzeugung auf. Die Produktion dieser Äpfel wird extensiv im Streuobstanbau durchgeführt. Intensivmostobstanlagen könnten wegen ungünstiger und instabiler Verhältnisse zwischen Sachaufwand für Errichtung und finanziellen Erlösen nicht Fuß fassen.

Berostung

Unter Berostung versteht man braune, raue Stellen auf der Fruchtschale. Die **Berostung** kann sortentypisch ('Kanadarenette') sein oder:

- durch falsch gewählten Standort (Tallagen mit lang anhaltendem Nebel),
- Reibestellen an der Frucht (die Frucht hängt zu knapp am Trieb und scheuert durch Windbewegungen am Ast),
- die Rostmilbe oder durch Mehltau,
- Frosteinwirkungen zur bzw. nach der Blütezeit (Frostringe),
- falsche Spritzmittel (Kupferpräparate) und/oder Blattdünger,
- aggressives Beregnungswasser (bei Überkronenberegnung),
- zu intensive Sonnenbestrahlung,
- zu spätes Spritzen am Vormittag oder durch
- Ernte bei zu nassen Früchten (Schäden sind erst nach der Erntearbeit erkennbar!) hervorgerufen werden.

Die empfindlichsten Fruchtstadien für das Berosten sind: die Blüte, die Wachstumsphase zwischen Befruchtung und Walnussgröße sowie die Zeit von der Erntereife bis zur Genussreife.

Die Berostung ist sortenabhängig sowie lageabhängig und tritt besonders bei glattschaligen Sorten störend auf (z. B. 'Golden', 'Arlet'). Sie entsteht durch Verletzungen der äußersten Gewebsschichten, die im Rahmen der Wundheilung verkorken (= raue, braune Schicht = Berostung).

Sortentypische Berostung bei 'Elstar' (Foto: KEPPEL)

Bewurzelter Jungbaum (Foto: KEPPEL)

Die Berostung kann vermindert (verhindert) werden durch folgende **Maßnahmen**:

- Ausscheiden von berostungsanfälligen Standorten (nebelanfällige und spätfrostgefährdete Grundstücke)
- Auspflanzung berostungsunempfindlicher Sorten
- In spätfrostgefährdeten Gebieten Anwendung einer Frostschutzberegnung
- Richtiges Ausdünnen (Entfernen vorgeschädigter Früchte oder jener, die unmittelbar in aufscheuergefährdeten Triebbereichen stehen – beim händischen Ausdünnen können der Fruchtzuwachs und damit der freie Platz leicht abgeschätzt werden!)
- Rechtzeitiges Bekämpfen der Rostmilbe
- Keine Überdosierung von Spritzmitteln und Blattdüngern
- Verwendung von nicht berostungsfördernden Spritzmitteln
- Überprüfung des Brühenwassers auf natürliche aggressive Inhaltsstoffe (chemische Wasseranalysen, Auftreten von rötlichen Bakterienschleimen in den Wasserleitungen)
- Die Schädlingsbekämpfungsmaßnahmen am Abend durchführen
- Vorsicht bei Mischung von Schädlingsbekämpfungsmitteln mit Blattdünger
- Genaues Einhalten der Konzentrationen bei Gibberellinanwendung
- Nur bei trockenem Wetter ernten

Unterlagen

Was versteht man unter dem Begriff Unterlage? Die Unterlage ist der Wurzelteil und der Wurzelhals eines veredelten Baumes.

Im heutigen Fachsprachgebrauch kennt man bei den Unterlagen Eigenschaften, die auf den Wuchs und den Ertragseintritt hinweisen:

- **Juvenil:** Jugendphase, Unterlagen bewurzeln und vermehren sich gut, Triebe sind bedornt und tragen kleine, helle, schlanke, scharf gezähnte Blätter (Burgmer 511, 751, 984, Nicolai 29, Fleuren 56, Pajam 2)
- **Übergangsform:** Unterlagen zeigen Eigenschaften der vor- und nachgenannten Lebensphasen (Burgmer 1, 751, 984, Fleuren 4, 59, Nicolai 19, Pajam 1, M 9/T 337)
- **Adult:** Ertragsphase, Unterlagen bewurzeln sich schlecht, Triebe tragen keine Dornen mehr und zeigen mittelgroße, dunkelgrüne Blätter mit stumpfer Blattrandzahnung, das Jugendwachstum in der Anlage ist gebremst (Burgmer 2, 528, EMLA, T 338, 339, 340) (siehe auch Seite 243).

Unterlagenarten

Sämlingsunterlagen

Sie entstehen im Rahmen der generativen = geschlechtlichen Vermehrung.

Diese Vermehrungsart ist die älteste. Werden Sämlingsunterlagen (Wildlinge) nicht veredelt, sind die Eigenschaften des kommenden Obstbaumes und jene der darauf wachsenden Äpfel nicht bekannt. Deswegen veredelt man die Obstwildlinge, um die Sorteneigenschaften einer bekannten Sorte erbrein auf hohen Baumformen weitervermehren zu können. Als Sämlingsunterlagen werden von den Baumschulen meistens die Sorten 'Grahams Jubiläumsapfel' und 'Bittenfelder Sämling' angeboten, da diese beiden in ihren Eigenschaften kaum aufspalten und so einheitliche Unterlagenware liefern. Aus 1 kg Apfelsamen wachsen unter 40 % Auskeimquote ca. 8.000 bis 10.000 Sämlinge aus. Die Samen zur Heranzucht der Obstwildlinge werden in eigenen Baumschulen ausgesät, pikiert und jährlich in immer weiter werdenden Pflanzabständen in der Reihe mehrmals aufgeschult. Für die Okulation sollten die Wildlinge bei der Aufschulung im Frühjahr einen Durchmesser von 7–9 mm aufweisen.

Sämlingsunterlagen werden heute kaum in Intensivobstanlagen eingesetzt. Sie gewinnen aber zunehmend an Bedeutung für die Heranzucht von großkronigen, hochstämmigen, landschaftsgestaltenden Obstbäumen. Verschiedentlich wird jedoch mündlich (unter subjektiven organoleptischen Geschmackseindrücken) berichtet, dass die gleiche Sorte auf gleichem Standort auf Sämlingsunterlage geschmacklich viel bessere und haltbarere Früchte als auf schwachen Unterlagen trägt.

Wurzelkörper eines Apfelsämlings (Sämlingsunterlage). Der große Wurzelkörper bedingt ein starkes Wachstum. (Foto: KEPPEL)

Wurzelkörper der vegetativ vermehrten schwachwüchsigen Apfelunterlage M 9 (wenig Wurzeln, schwaches Wachstum) (Foto: KEPPEL)

Im Rahmen des Mostobstsortenvergleichs der LVA Haidegg wurden bei der Lokalsorte 'Wüchse 15' folgende Erfahrungen getätigt:

Unterlage M 25: gestreifte Deckfarbe, leuchtenderes Rot, gelbgrüne Grundfarbe, bitterer Geschmack, trockenes Fruchtfleisch, Befall mit Roter Spinne, um eine Boniturstufe schlechter als beim Sämling, einige Mehltaukerzen auffindbar.

Unterlage Sämling: kaum gestreifte, stumpfrote Deckfarbe, blassgrüne Grundfarbe, saftiges, säuerliches Fruchtfleisch.

Vegetativ vermehrte Unterlagen (= ungeschlechtl. Vermehrungsgang)

Die vegetativen Unterlagen finden heute zur Heranzucht von Intensivobstbäumen praktisch ausschließliche Bedeutung. Sie werden eingeteilt in:

- schwachwüchsige,
- mittelstarkwüchsige und
- starkwüchsige Unterlagen.

Aufgrund der Wüchsigkeit und unter Beachtung der Baumparameter Stammdurchmesser, Baumhöhe und Kronendurchmesser konnte an der Landesversuchsanlage Haidegg für steirische Anbaubedingungen folgende Wuchsstärkenreihung vorgenommen werden:

- **schwachwüchsige Unterlagen**
  M 9 relative Wuchsstärke 100
  M 26 relative Wuchsstärke 117
- **mittelstarke Unterlagen**
  M 7 relative Wuchsstärke 155
  M 4 relative Wuchsstärke 169
  MM 106 relative Wuchsstärke 172

Für steirische Verhältnisse kann daher die Unterlage M 26 eindeutig als schwachwüchsige Unterlage, die Unterlagen M 7, M 4 und MM 106 können als mittelstarke Unterlagen klassifiziert werden.

In Niederösterreich hat STRAUSS folgende Wuchsklasseneinteilung festgelegt:

- **schwachwüchsig**
  M 9
- **mittelstarkwüchsig**
  M 7, MM 106, M 26, M 4, MM 111

Es ist aus diesem Vergleich deutlich herauszulesen, dass für jedes Anbaugebiet extra eine neue Wuchsstärkenklassifizierung vorzunehmen ist, da die Unterlagen unterschiedlich auf die Standortverhältnisse und auf die aufveredelte Edelsorte reagieren.

Kurzbesprechung der Apfelunterlagen und ihrer Eigenschaften

Anmerkung: Um 1970 wurde von East Malling (Englische Unterlagenselektions- bzw. Zuchtstation) die Bezeichnung von EM (East Malling) auf M verkürzt und die ursprünglichen römischen Ziffern in arabische Zahlen umgeschrieben.

Wuchsverhalten neuer Unterlagen im Vergleich zu M 9

(aus der Literatur zusammengestellt)

Schwächer als M 9 wachsend:
Burgmer 528, 719, 984, CG 10, Fleuren 56, 59, CG 65, Nicolai 19, P 16, P 22, Pajam 1, Supporter 1, 3, T 337, 338, V 3

M-9-ähnlicher Wuchs:
CG 16, J-TE-F, J-TE-H, J-OH-A, P 2, Supporter 2, V 1

Stärker als M 9:
Bemali, Budakowski 9, Burgmer 511, 751, EMLA, G 11, J 9, MAC 9, Nicolai 29, O 3, Pajam 2, Patul, Pi 80, Supporter 4, Geneva 202, CG 935, Geneva 30

Mittelstarkwüchsig:
V 2, V 7

Starkwüchsig:
J-TE-B, J-TE-C

Feuerbrandresistente Unterlagen

(nach der Wuchsstärke gereiht, nach FISCHER, 2007)

- Geneva 65 (M 27 x Beauty Crab)
  Wie M 27 wüchsig, resistent gegen Feuerbrand und Krebs, aber anfällig für Blutlaus, hoher spezifischer Ertrag bei geringerer Fruchtgröße als bei M 9. Für großfruchtige Sorten bei bester Pflege.
- Geneva 16 (Ottawa 3 x *Malus floribunda*)
  Krebstolerant, im Wuchs ähnlich wie Pajam 2, krebstolerant, blutlausanfällig, virusempfindlich, nachwuchsgeeignet, anfänglich starker Jugendwuchs
- Geneva 41 (CG 3041, M 27 x *Malus robusta* 5)
  Feuerbrand- und krebsresistent, blutlausanfällig, winterfrostresistent, gute Fruchtgröße, Abrisse stark bedornt
- Geneva 11 (M 26 x *Malus robusta* 5)
  Wuchsstärke ähnlich M 26, krebs- und feuerbrandresistent, blutlausanfällig, gute Fruchtgröße
- Geneva 202 (M 27 x *Malus robusta* 5)
  Etwas stärker wüchsig als M 26, blutlaus-, feuerbrand- und phytophthoraresistent
- Geneva 935 (CG 5935, Ottawa 3 x *Malus robusta* 5)
  Etwas stärker wüchsig als M 26, feuerbrand-, phytophthora- und winterfrostresistent, blutlausanfällig
- Geneva 30 (*Malus robusta* 5 x M 9)
  Ähnlich M 7 wüchsig, feuerbrand-, phytophthora-, winterfrostresistent, nachbaugeeignet, hoch produktiv

Schwachwüchsige Unterlagen

M 27

M 27 ist eine Klonunterlage, die in East Malling durch Kreuzung von M 9 x M 13 gezüchtet wurde. Der Wuchs ist wesentlich schwächer als bei M 9. Der Ertrag setzt früher ein als bei M 9, doch muss durch den frühen Ertragseintritt eine gewisse Alternanzneigung zugesprochen werden. Aufgrund der geringen Baumvolumina sind die Einzelbaumerträge wesentlich geringer als bei M 9. In Folge der wesentlich dichteren Auspflanzungsmöglichkeit von M 27 im Gegensatz zu M 9 wird ein ansprechender Hektarertrag erreicht. An der Landesversuchsanlage Haidegg sind mit M 27 folgende Erfahrungen getätigt: geringere Standfestigkeit; bei trockenem, heißem Sommer untypische (flachere) Fruchtform bei verminderter Fruchtgröße, deutlich schwächerer und schlanker Baumwuchs bei Nachpflanzung im Rahmen der Rotation, bei zu gutem Behang schlechte Fruchtausfärbung (insbesondere bei Jonagold). Die von manchen Autoren angeführte stärkere Berostungsneigung konnte statistisch nicht nachgewiesen werden. M 27 könnte als Standardunterlage für triploide Sorten Bedeutung finden, wenn eine dauernde Wassergabe (Tröpfchenberegnung) sichergestellt wird.

M 20

Wächst schwächer als M 27, ertragreicher bei großen, glattschaligen und gut ausgefärbten Früchten.

Als Nachteil wird die hohe Neigung von Wurzelausschlägen zu nennen sein. M 20 wird derzeit kaum verwendet.

M 9 (Gelber Metzer Paradies)

Die Herkunft ist nicht eindeutig feststellbar, M 9 wurde vermutlich 1879 in Frankreich als Zufallssämling gefunden. M 9 ist momentan „die" Unterlage für die modernen Pflanzsysteme schlechthin. Der schwache Wuchs und die frühe Fruchtbarkeit ließen M 9 einen Siegeszug um die Welt antreten, da er als Unterlage für dichte Pflanzungen (Engpflanzungen) bis hin zur Superspindel prädestiniert ist. M 9 ist unter österreichischen Klimabedingungen widerstandsfähig gegen Kragenfäule. Als Nachteile wären zu nennen: mittlere Bodenansprüche, nicht standfest, benötigt daher wie M 27 zeitlebens Pfahlunterstützung. Bei schlechter Ausdünnung neigt M 9 rasch zum Erschöpfen. Im Mutterbeet weist M 9 eine mindere Neigung zur Bildung von Austrieben auf. Die Mutterstöcke zeigen einen mittelhohen Wuchs. M 9 hat mit den bekannten Sorten eine gute Veredelungsaffinität. Empfindlichkeit gegen Kaltfröste ist überliefert, eine gewisse Anfälligkeit für Feuerbrand und Blutlaus wird nachgesagt. Die Reifezeit auf M 9 beginnt einige Tage vor der auf mittelstarken Unterlagen.

Die vermeintlich relativ kurze Lebensdauer von M 9 wird durch ca. 60 Jahre alte M-9-Anlagen in Deutschland widerlegt. Da M 9 in der Baumschule eine schlechte Ausbeute an Abrissen aufweist, wird von verschiedenen Baumschulen durch Eigenselektionen versucht, Mutterstöcke zu finden, die eine bessere Ausbeute, eine bessere Bewurzelung und dadurch etwas stärkeres Wachstum zeigen. Dazu zählt:

- Supporter 1: (M 9 x *Malus baccata*) Wuchsstärke ähnlich wie bei M 9, bessere Fruchtqualität und Alternanz senkend

J 9

J = Versuchsstation Jork, Altes Land (liegt im Obstbaugebiet südwestlich von Hamburg), wurde aus frei abgeblühtem M 9 gezüchtet.

Hinsichtlich der Wuchsstärke innerhalb der M-9-Gruppe weist Jork 9 bzw. J 9 einen eher mittelstarken Wuchs (also stärker als Standard M 9) auf. Von deutschen Kollegen wird er als gut für feuchte Standorte klassifiziert. Aufgrund der stärkeren Bewurzelung ist er auch standfester als der Standard M 9.

MAC 9

MAC 9 ist ein Sämling von M 9, mittelstarker Wuchs, standfest und hat auf die Fruchtqualität gute Einflüsse. MAC steht für „Michigan Apple Clones", gezüchtet von Professor Carlson. Der virusfreie Typ von MAC 9 wird als MARK verkauft. Die MAC-Unterlagenserie soll so standfest sein, dass sie zeitlebens keinen Pfahl benötigt.

Weitere Erfahrungen zur Standfestigkeit fehlen derzeit unter europäischen Verhältnissen noch.

Zeigt keine Wurzelschosse und bessere Ausfärbung der Früchte (dies dürfte durch die höhere spezifische Blattzahl beeinflusst werden).

MAC 9 Standard zeigt nach Laimburger Erfahrungen eine flache Garnierung (= Astansatz) bei gleichen Wuchs- und Ertragseigenschaften wie bei M 9. 'Jonagold' und 'Elstar' seien auf dieser Unterlage etwas besser gefärbt.

Weitere MAC-Unterlagen:

- MAC 39 ähnlich dem M 27
- MAC 10 zwischen M 9 und M 26
- MAC 46 entspricht dem M 26
- MAC 1 und 4 sind ähnlich wie M 7

B 9 (B = Budakowski)

In Russland entstanden. Die Wuchsstärke steht zwischen M 9 und M 26. Die Unterlagen zeigen rote Blätter, sollen frosthart sein und als Zwischenveredelungen wuchsbremsend wirken. Weitere Erfahrungen unter österreichischen Verhältnissen fehlen derzeit. Wegen zu spätem Vegetationsabschluss kann es zu Frostproblemen in der Baumschule kommen.

P-Serie

Die P-Serie stammt aus Polen und ist durch Kreuzungen von M 9 x Antonowka entstanden. Selektionsziele waren Frosthärte und Kragenfäuleresistenz. P-Unterlagen sind im Wuchs stärker als Standard M 9 und standfester. Der Wuchs von P 2 und P 22 ist wie bei M 9. Neueren Erfahrungen nach schließt die P-Serie in unseren Klimaten relativ spät ab, sodass sehr wohl Frostschäden entstehen können. Nach Laimburger Erfahrungen fällt die Unterlage P 1 ab dem dritten Standjahr aus.

M 9 EMLA

EMLA = East Malling + Long Asthon, zwei Versuchsstationen in England. Von der Wuchsstärke her wird M 9 EMLA schwächer als die deutschen

Baumschulselektionen eingestuft, etwas frostempfindlicher als Standard M 9, aber virusfrei.

M 9–19 A, 29 C

Diese Unterlagen stammen aus Belgien und wachsen stärker als die Burgmerklone (Burgmer = deutscher Unterlagenvermehrer). Die Blätter sind groß. Gute Bewurzelungseignung.

PAJAM 1 (M 9 G), LANCEP genannt

Zeigt mittelgroße Blätter bei etwas stärkerem Wuchs als der Standard M 9 und hat gute Bewurzelung. Virusfrei. Wird in Frankreich von den Baumschulen vermehrt angepflanzt, weil die Bewurzelungsleistung höher ist.

PAJAM 2 (M 9 F), auch Cepiland genannt

Weist kleine Blätter und einen etwas stärkeren Wuchs als Pajam 1 auf. Pajam 1 und Pajam 2 werden von CTIFL (Centre Technique Interprofessionnel des Fruits et Légumes) und dem CEM (Centre d'Expérimentation de Pépinières) gezüchtet und unter Züchterschutz vertrieben.

Weitere Typen von M 9:

- B 719: mittelstarker, steiler Wuchs
- B 751: ein schwachwüchsiger M-9-Typ, geeignet für jungfräuliche Böden
- B 984: mittelstarker Wuchs, für Nachbau geeignet
- H 757: starker Wuchs
- M 9–657: wächst schwächer als B 984
- T 337: mittelstarker Wuchs, für Nachbau geeignet (T-Serie umfasst die Nummern 337–340)
- Weitere M-9-Klone, die derzeit in Deutschland geprüft werden, sind z. B. (ohne Anspruch auf Vollständigkeit und Wertung der einzelnen Unterlagen): Nicolai 13, 19, 29.
- „Pillnitzer Supporter"-Apfelunterlagen entstammen aus Kreuzungen von M 9 x *Malus baccata* var. *himalaica* (Supporter 1) und M 9 x *Malus micromalus* (Supporter 2 und 3). Supporter ist eine Auslese von Pi 80 (M 9 x M 4). Die Supporter-Unterlagen induzieren einen flachen Astansatzwinkel, eine frühe Fruchtbarkeit sowie bessere Fruchtausfärbung.

STEINBORN berichtet, dass zwischen den einzelnen Klonen große Leistungsunterschiede bestehen, virusfreie Unterlagen sind überlegen. Vor einer Anbauempfehlung bedürfen die neuen Klone einer umfangreichen Prüfung.

Unterlagenzüchtung wird nun auch in England (AR-Typen), Deutschland (Pi- und Supporter-Serie), Polen (P-Serie), Russland (Budakowski), Schweden (Bemali), USA (CG, G, MAC-Serie), Kanada (Ottawa-, C- und Vineland- sowie KSC-Serie), Israel (Hashabi) und Tschechien (J-TE-Serie: J = tschechische Abkürzung für Apfel, TE = Abkürzung für Techobuzice, J-OH-Unterlage stammt aus Olomouc-Holice), Japan (Morioka 1–10, Aomori 1–5), Rumänien (Patul), getätigt. Praxiserfahrungen dazu fehlen noch.

M 26

M 26 stammt aus einer Kreuzung von M 16 x M 9 von East Malling. Erstmals 1958 von englischen Baumschulen zur Praxisverwendung freigegeben. Als Vorteile von M 26 wären die geringeren Bodenansprüche, eine etwas bessere Standfestigkeit als bei M 9 sowie gute Ertragseigenschaften anzuführen. An Nachteilen könnten angeführt werden: etwas stärkerer Wuchs als Standard M 9, windempfindliche Veredelungsstelle in der Baumschule, benötigt wie M 9 zeitlebens Pfahlunterstützung.

Pi 80/Supporter 4

Diese Unterlage stammt aus der ostdeutschen Versuchsstation Pillnitz bei Dresden. Die Wuchsstärke ist wie M 26, etwas bessere Frosthärte, soll jedoch für Feuerbrand anfällig sein.

Mittelstarkwüchsige Apfelunterlagen

M 2 (Echter Doucin, Englischer Doucin)

M 2 ist in England schon seit ca. 200 Jahren bekannt und war im Hohlkronen- und Pyramidenkronenanbau eine stark verwendete Unterlage. Gut geeignet für mittelschwere Böden. Die Standfestigkeit ist gering und entspricht etwa der Standfestigkeit von M 4. Im Rahmen des Integrierten Obstbaues muss auf eine gewisse Blutlausempfindlichkeit hingewiesen werden, ebenso auf die Gefahr von Frostschäden.

M 4 (Holsteiner Doucin, Gelber Doucin, Dutch Doucin)

M 4 ist für Intensivanlagen mit größeren Kronen geeignet. In der Steiermark liegen jedoch Erfahrungen vor, wonach diese Unterlage infolge Fehlens von starken Haltewurzeln nicht standfest genug ist, um zur Herbstzeit starke Winde ohne stabilen Baumpfahl auszuhalten. Die Bäume werden relativ leicht umgeworfen, können aber mit dem Frontlader des Traktors rasch aufgestellt und wieder befestigt werden. M 4 verträgt weder trockene noch wechselfeuchte bzw. nasse Böden. Bei widrigen Bodenverhältnissen (Luft- und Wassermangel) reagiert M 4 rasch mit dem Einstellen des Blatt- und Triebwachstumes bzw. Gelbverfärben von Blättern. Das Wurzelsystem von M 4 dringt nicht tief in den Boden ein. Mittlere Frosthärte!

M 7

M 7 kann auch für Spindeln verwendet werden, z. B. als Nachfolgeunterlage auf bodenmüden Rotationsflächen. Bei 'Golden Delicious' wirkt sich M 7 positiv aus, und zwar so, dass die Früchte in warmen Herbsten sonnseitig eine schöne, rötliche Deckfarbenausbildung erhalten. M 7 wäre eine Standardunterlage sowohl für Kronenanlagen als auch für Spindelanlagen im österreichischen Obstbau. Sie ist gut geeignet für schwere, nasse Böden, zeigt bei widrigen Standort- und Vegetationsverhältnissen noch immer ansehnliche Wuchs- und Ertragsleistungen. Bei der Spindelkultur ist eine Pfahlunterstützung notwendig, bei Hohlkronen aufgrund der höheren Einzelbaumertragskapazität empfohlen. Mittlere Frosthärte und Resistenz gegen Kragenfäule.

Nach Erfahrungen der LVA Haidegg kann auf jungfräulichen Böden bei M 7 ein Pflanzabstand von maximal 4,0 x 1,5 m bei Spindelerziehung mit 'Golden Delicious', virusgetestet, angewendet werden. M 7 soll nach steirischen Erfahrungen von RÜHMER (2009) feuerbrandtolerant sein.

MM-Unterlagen

MM steht für die Anfangsbuchstaben der Versuchsstation Merton Malling (England). Dort wurde als blutlausresistenter Elternteil „Northern Spy", als zweiter Elternteil jeweils verschiedene M-Typen ausgewählt. Das Zuchtziel betraf das Schaffen und eine gute Bewurzelung blutlausresistenter Apfelunterlagen. Nur 0,4 % der Kreuzungsnachkommenschaft erfüllte das Zuchtziel und wies eine gute Affinität auf.

MM 104 (M 2 x Northern Spy)

Auf Sandböden entspricht die Wuchsstärke dieser Unterlage der Unterlage M 4. Die Wurzeln von MM 104 sind sehr nässeempfindlich und anfällig für Trockenheitsschäden. Steirische Erfahrungen zeigten, dass für Mulchrasen und für die hohen Niederschläge (850 mm pro Jahr) eine enorme Anfälligkeit gegenüber *Phytophthora cactorum* (Kragenfäule) besteht. So war der Befallsgrad in der Landesversuchsanlage Haidegg mit 98 % zu hoch, um diese Unterlage weiter zu prüfen.

MM 106 (Northern Spy x M 1)

MM 106 wächst in der Steiermark um ca. 17 % stärker als M 7. STRAUSS setzt diese Unterlagen in der Wuchsstärke für Niederösterreich als schwachwüchsig an. MM 106 setzt früh mit guten Erträgen ein, benötigt aber aufgrund der hohen Ertragskapazität zeitlebens Pfahlunterstützung. Die Frosthärte ist als mittelmäßig zu bezeichnen. 'Golden' auf MM 106 zeigte in der Steiermark Phytophthora-Anfälligkeit.

Starkwüchsige Unterlagen

M 1 (Breitblättriger englischer Paradies)

M 1 ist eine um 1860 selektierte Sämlingsunterlage. Sie fand in den Baumschulen großen Anklang, da sie eine gute Affinität aufweist. M 1 reagiert auf Bodenunterschiede relativ stark mit unterschiedlichem Wuchs und zeigt auf mittelschweren Böden eine gute Standfestigkeit und für starkwüchsige Unterlagen einen frühen Ertragsbeginn. Als nachteilig kann die Frostanfälligkeit angeführt werden.

M 11 (Grüner Doucin)

M 11 weist wie M 1 gute Affinität auf und die Krone wird durch M 11 breitwüchsiger als hoch. Negativ muss die Anfälligkeit gegenüber Wurzelkropf (*Agrobacterium tumefaciens*) vorgebracht werden. M 11 wurde wegen der positiven Beeinflussung der Fruchtqualität im Intensivobstbau häufig verwendet (besonders im Bodensee-Obstbaugebiet und in Norddeutschland). M 11 stellt keine besonderen Ansprüche an den Boden.

M 25 (Northern Spy x M 2)

Stammt aus der Kreuzungsserie der EM-Unterlagen, weist aber keine Blutlausresistenz auf. M 25 stand im Mostobstsortenvergleich der Landesversuchsanlage Haidegg. Die Erfahrungen daraus sind, dass M 25 die Fruchtqualität und den Ertragsbeginn positiv beeinflusst, aber am Hang zu wenig standfest ist. M 25 braucht daher zumindest in den ersten zehn Standjahren eine starke Stammunterstützung.

MM 109 (M 2 x Northern Spy)

Sie verträgt keine stagnierende Feuchtigkeit, ist aber relativ dürreresistent. Die Frosthärte ist mittel, die Resistenz gegen Kragenfäule aber hoch.

Die Standfestigkeit ist für ganz große Baumformen nicht ganz ausreichend. Die Erträge setzen trotz der starken Wüchsigkeit relativ früh ein. Die Fruchtfärbung ist wie bei den meisten starkwüchsigen Unterlagen nur als mittelgut (z. B. 'Starking Delicious') anzusehen, die Fruchtqualität befriedigt dagegen. Ihre Empfindlichkeit gegen Nässe und die nur mittlere Frosthärte schränken ihre Verwendungsfähigkeit ein. Vermutlich dürfte sie sich für leichtere und schwächere Böden besonders gut eignen.

MM 111 (Northern Spy x Merton 793)

Gegen Trockenheit ist sie ziemlich widerstandsfähig. Die Standfestigkeit ist gut. Die Wuchsleistung liegt zwischen MM 106 und MM 109. Durch ihre Trockenheitsresistenz ist sie für leichte Böden, vor allem im pannonischen Gebiet Niederösterreichs, die geeignete Unterlage.

Sie besitzt eine ausreichende Frosthärte und weist auch eine gute Resistenz gegen die Kragenfäule auf.

Die Ertragsleistung beginnt früh und liegt hoch bis sehr hoch. Die Fruchtqualität wird als besonders günstig beurteilt. Die Haltbarkeit der Früchte im Lager ist mittelgut bis gut. Diese mittelstark bis stark wachsende Unterlage verdient vor allen Dingen für leichtere Böden Beachtung.

A 2

A 2 wurde 1920 in Alnarp (Schweden) aus Sämlingen französischer Herkunft selektiert und Mitte der 40er-Jahre zur Vermehrung an schwedische Baumschulen weitergegeben. Bildet gut bewurzelte Abrisse. Auch Steckholz- oder Stecklingsvermehrung ist möglich. In heimischen Lagen ist die Unterlage A 2 ausreichend frosthart. Trotz der Starkwüchsigkeit beginnt A 2 früh mit dem Ertrag. Deswegen war die Unterlage in der Aufbauphase des Intensivobstbaues mit „Hohlkronen auf starkwüchsigen Unterlagen" relativ stark vertreten.

Sämlingsunterlagen

Die Sämlingsunterlagen gewinnen heute im Zuge der Auspflanzung von großkronigen, hochstämmigen, landschaftsgestaltenden Obstbäumen wieder an Bedeutung. Die Sämlingsunterlagen sollen nur aus Samen von erprobten Samenmutterbäumen verwendet werden ('Bittenfelder Sämling', 'Grahams Jubiläumsapfel'), denn nur durch erprobte Samenspendermutterbäume ist man in der Lage, eine relativ einheitliche Baumgröße bzw. bekannte Fruchtbarkeitseigenschaften weitervermehren zu können.

Würden beliebige Sämlingsunterlagen verwendet, deren Eltern unbekannt sind, besteht die Gefahr, dass schon in der Baumschule ein uneinheitlicher Wuchs herrscht und auch die Fruchtbarkeit verschieden früh bzw. spät bis sehr spät einsetzt. Sämlingsunterlagen haben den Vorteil, dass diese sehr anpassungsfähig an Boden und Umwelt sind, wenig Affinitätsprobleme beim Veredeln und in der Baumschule zeigen und auch ausreichende Frosthärte aufweisen. Nachteilig muss das späte Einsetzen der Ertragsphase (ab achtem Standjahr) vermerkt werden sowie das für den Plantagenobstbau große Problem der uneinheitlichen Wuchsstärke.

Befruchtungsverhältnisse

Die Apfelsorten sind selbstunfruchtbar. Deswegen sollen zur planmäßigen Auspflanzung auf engerem Raum mindestens zwei Sorten angebaut werden, um eine gegenseitige Befruchtung (= ausreichender Ertrag) sicherzustellen. Die meisten Apfelsorten haben einen diploiden Chromosomensatz (2 n = 34). Die diploiden Sorten können sich gegenseitig befruchten. Jedoch kann auch bei diploiden Apfelsorten der Befruchtungserfolg in Frage gestellt sein, wenn z. B. aus genetischer Entwicklung Apfelsorten eine mangelhafte Pollenbildung aufweisen oder durch geringe Temperaturen zur Blütezeit ein geringer Insektenflug herrscht, der den Pollen der beiden diploiden Apfelsorten verbreitet.

Bei der **Auswahl der Befruchtersorten** ist auf folgende Punkte Bedacht zu nehmen:

- Diploidie der Vatersorte = Befruchtersorte
- Gleiche Aufblühzeit der Befruchter- mit der Muttersorte
- Gleiche Blühdauer der Befruchter- mit der Muttersorte
- Gute Pollenkeimschlauchkeimung, damit auch die Befruchtung sichergestellt ist
- Gleiche Ansprechbarkeit auf Schädlingsbekämpfungsmittel
- Nach Möglichkeit gleicher Erntezeitraum

Die gleichen Blühtermine haben in Jahren mit kurzer Blühzeit weniger Auswirkung als in Jahren mit kühler Blühwitterung und langer Blühdauer. Bei langer Blühdauer kann es zu unterschiedlichen Blühzeitpunkten kommen, sodass beispielsweise

Apfelblüte mit den arttypischen fünf Blütenblättern (oben); doppelte Blütenblätteranzahl (unten) (Fotos: KEPPEL)

die Muttersorte bereits abgeblüht hat, wenn die Vatersorte erst aufblüht (oder umgekehrt). Somit ist eine Bestäubung und Befruchtung beider Sorten nicht möglich.

In einer Anlage sollten ca. 3 bis 5 % der Bäume Pollenspender sein.

Die Pollenspender können gepflanzt werden:

- **In Blockform**
  Drei Reihen Ertragssorten, daneben stehen drei Reihen Pollenspendersorten (wenn letztere auch Intensivsorten sind) oder drei Reihen Ertragssorten und daneben eine Reihe Pollenspender und wieder drei Reihen Ertragssorten.
- **Aufveredeln von Pollenspendern in Ästen von Ertragsbäumen**
  Dies funktioniert bestens, wenn man z. B. rotfruchtige Pollenspendersorten in gelbe Ertragssorten einveredelt, da ungelernte Pflücker die roten Befruchtersortenfrüchte und die gelben Ertragssortenfrüchte leicht auseinanderhalten und diese getrennt ernten bzw. abtransportieren können. So kann das Qualitätsklassengesetz mit der Forderung der Sortenreinheit leicht eingehalten werden.
- **In den Reihen versetzt**
  Jeder 20. Baum ist ein Pollenspenderbaum oder es werden in diesen 20. Baum Pollenspenderäste einveredelt.

Die Frage der Unbedingtheit der Pollenspendersorte in der Anlage ist differenziert zu sehen, denn im Rahmen des Ausdünnens werden ja rund 40 bis 50 % des Fruchtansatzes entfernt. Die Ertragssicherheit kann durch Pollenspender auf alle Fälle gesichert werden. Als Pollenspendersorten werden auch Wildapfelarten oder Zierapfelsorten verwendet. Diese müssen nicht unbedingt in die Mutterbäume einveredelt werden, sie können auch in Form von Topfbäumen in die Anlage eingestellt werden oder man schneidet von Befruchtersorten blühende Triebe ab, frischt diese in mit Wasser gefüllte Vasen (oder ähnliche Behälter) ein und hängt diese in die Anlage. Bei der Verwendung von Zier- oder Wildapfelsorten als Befruchter braucht auf die Pflege und Ernte dieser kein Bedacht genommen zu werden, außer man will die kleinfruchtigen Befruchtersorten für das Einlegen in Essig extra ernten.

Apfelblüte mit weißen Blütenkronblättern, den männlichen (Staubgefäße, Antheren) und den weiblichen Blütenorganen (Narbe, Griffel sind sichtbar, der Fruchtknoten befindet sich im Blütenboden eingesenkt = unterständiger Fruchtknoten; s. S. 201) (Foto: KEPPEL)

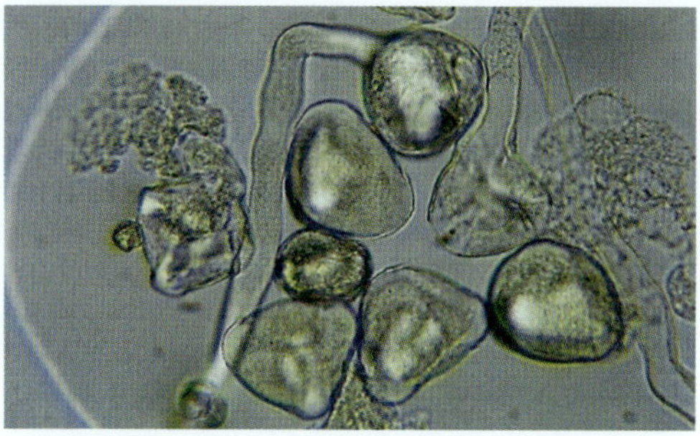

Aus dem Pollenkorn auswachsende Pollenkeimschläuche (Foto: KEPPEL)

Triploide Apfelsorten

Diese Sorten weisen den dreifachen Chromosomensatz (n = 51) auf. Generell kann man sagen, dass starkwüchsige und großfruchtige Sorten meist einen triploiden Chromosomensatz besitzen. Triploide Sorten sind nicht als Befruchter geeignet, da sich bei der Zellteilung im Rahmen der Befruchtung die ungerade Chromosomenzahl nicht gänzlich teilt. Es wird vermutet, dass bei der Triploidie der mütterliche Chromosomenanteil verdoppelt wird, der vom Vater (= vom Pollen) stammende Chromosomenanteil bleibt einfach. Bestätigt wird diese Vermutung dadurch, dass triploide Sorten mehr muttersortenähnliche Einflüsse zeigen als Vatereigenschaften. In Anlagen mit triploiden Sorten und diploiden Befruchtersorten benötigt man für einen guten Befruchtungserfolg zumindest zwei Bestäubersorten. Dies ist deswegen notwendig, damit die erste Befruchtersorte von der zweiten Befruchtersorte befruchtet werden kann, da triploide Sorten als Pollenspendersorten ausscheiden. Der Grund der Nichtverwendbarkeit als Pollenspendersorten liegt darin, dass der Pollen schlechte Keimfähigkeit aufweist oder auch auf der zu bestäubenden Narbe rasch abstirbt. Die Apfelsorten sind hochgradig heterozygot (gemischterbig). Dies äußert sich dahingehend, dass beim Aussäen von Apfelsamen jeder aus einem auskeimenden Apfelkern entstehende Obstbaum (= Wildling, sofern dieser nicht veredelt wird) andere Eigenschaften zeigt als die Elternsorten. Daher können Apfelsorten nur über die vegetative Vermehrung (= Veredelung) erbgleich (= sortenecht) weitervermehrt werden.

Intersterilität

Unter Intersterilität versteht man die Unfruchtbarkeit zwischen eng verwandten Sorten. Für die Praxis ist es bedeutsam, dass meist eine Intersterilität zwischen der Tochtersorte und einer der Elternsorten herrscht. So ist z. B. 'Golden Delicious' für 'Jonagold' ein schlechter Befruchter. Mangelnde Befruchtungsergebnisse zeigt 'Golden Delicious' noch bei 'Mutsu' und 'Charden', bei denen er jeweils eine Elternsorte darstellt.

Die Intersterilität hat beim Kernobst jedoch nicht so große Bedeutung wie beim Steinobst.

Bemerkungen zur Blühdauer

Die durchschnittliche Blühdauer schwankt in Jahres- und Sortenabhängigkeit zwischen neun und 25 Tagen. Auch der Aufblühtermin schwankt vegetationsbedingt. Blühbeobachtungen der Jahre 1987 bis 1990 haben ergeben, dass im Jahre 1987 der späteste Aufblühtermin im Jahre 1990 der früheste Aufblühtermin war (um mehr als dreieinhalb Wochen vorher). Die früheren Blühtermine werden mit hohen Luft- und Bodentemperaturen in den Monaten Jänner, Februar und März in Zusammenhang gebracht. Man rechnet, dass ab 1. Jänner gerechnet 150 bis 175 Gradstunden für die Lufttemperatur und 100 bis 140 Gradstunden für die Bodentemperatur notwendig sind, um die Kältephase beim Apfel zu beenden. Je tiefer der Ruhestand des Obstbaumes ist, desto länger müssen wärmere Temperaturen einwirken, um einen normalen Austrieb und eine normale Blüte zu ermöglichen. Beobachtungen haben gezeigt, dass hohe Temperaturen im Juni und Juli die Blütenbildung verzögern bzw. hemmen. Bei einigen Apfelsorten wirken auch hohe Niederschläge im vorher genannten Zeitraum hemmend. Zur Besprechung der Fachbereiche Schnitt, Pflanzenschutz und Ernte bitte bei den betreffenden Fachkapiteln nachschlagen.

Apfelfruchtgröße 14 Tage nach Vollblüte 2015. Die zuerst aufblühende Zentralblüte (Königsblüte) hat einen Wachstumsvorsprung und ist daher am größten. (Foto: KEPPEL)

Apfelsorten

Die Apfelsorten in heimischen Gefilden sind im Jahresdurchschnitt von Mitte Juli bis Anfang November zu ernten. Die Frühapfelsorten haben praktisch keine Lagerfähigkeit, die Spätapfelsorten, erntefähig von Ende September bis November, können bis zum nächsten Sommer gelagert werden. Durch spezielle Lagerverfahren ist es möglich, Lagersorten auch mehr als 12 Monate zu lagern. Da dies aber wirtschaftlich nicht vertretbar ist, wird es auch in der Praxis nicht angewendet.

Wegen klimatischer Temperaturvorteile sind frühe bzw. wärmebedürftige Spätapfelsorten (z. B.: 'Granny Smith') im Wein-/Maisklima vorzuziehen. Für die Erntegruppe „Frühäpfel" sind Sorten mit früher Reifezeit (Juli und August) und für die späte Reifezeit Sorten mit hohem Wärmebedarf ('Charden', 'Cloden', 'Mutsu', 'Granny Smith', 'Braeburn', 'Fuji') in Betracht zu ziehen.

Als produktionserschwerend kann eine Vorerntewitterung mit großen Temperaturschwankungen angeführt werden, da die sortentypische, einheitlich gelbe Fruchtfarbe einiger oben angeführter Sorten wegen sehr warmer Tage und kühler Nächte sonnseitig durch eine rötliche Deckfarbe verfälscht wird (was unter Umständen von bestimmten Konsumentenkreisen sogar erwünscht wäre). Für die Auspflanzung im Wein-/Maisklima muss zur Heranzucht der produktionskostenarmen, arbeitssparenden, bodennahen Pflanz- und Erziehungssysteme der Dichtpflanzungen eine gleichmäßige vegetationsbezogene Wasserversorgung von mindestens 600 mm sichergestellt werden. Die mittelstarken bzw. starkwüchsigen Unterlagen bedingen die Erziehungsform der Hecke oder einer Kronenform, stellen aber an eine termingemäße Wasserversorgung geringere Ansprüche als die schwachwüchsigen Unterlagen.

Die Sortenpalette beim Apfel unterliegt einem steten Wandel. Dieser hat einerseits im Angebot von Neuzüchtungen, andererseits in Veränderungen des Käufergeschmacks (im Laufe von ca. zehn Jahren) seine Ursachen.

Aus der Fülle der jährlich angebotenen Sortenneuheiten entsprechen auch nur wenige den heimischen Standortbedingungen. Im Durchschnitt der Versuchsjahre ergibt sich eine Trefferquote von 1 : 60, das heißt, aus ungefähr 60 Sortenneuheiten wird eine Sorte in die engere Wahl zur Aufnahme in das Landessortiment aufgenommen. Für die Versuchstechnik bedeutet dies, einen enormen Ballast an ungeeigneten Sorten mitschleppen zu müssen.

Der Käufergeschmack ändert sich ungefähr im Zeitraum eines Dezenniums. In den 50er-Jahren war der gelbe, süße Apfel beliebt, in den 70er-Jahren der rot gefärbte, säuerliche ('Gloster'). Anfang der 80er-Jahre gewann der rot gestreifte, süß-säuerliche Apfel ('Elstar') an Bedeutung, während zurzeit der rot gestreifte, süße Apfel ('Gala', 'Braeburn', 'Fuji') an Bedeutung gewinnt.

Diese ständigen Änderungen der Käufernachfrage stellen hohe Anforderungen an den Betriebsleiter, an die Betriebsstruktur sowie die Betriebsplanung. Die heutige Auspflanzung mit bodennahen Baumformen in engen Pflanzsystemen mit frühem Ertragsbeginn und schnell erreichter Phase des Vollertrages helfen den Betriebsführern, die durch die Rotation eintretende einkommenslose Phase zu verkürzen und sich dem Nachfragetrend rascher anzupassen. Um rasch hohe Preise (Primeurpreise einer Sortenneuheit entstehen durch geringes Mengenangebot) einer Sortenneuheit auszunützen, erfolgt eine risikoreiche Auspflanzungswelle ohne entsprechende Prüfung auf Standorttauglichkeit.

„Das Pflanzen neuer Sorten ohne vorangegangene Prüfung ist mittelfristig falsch" (ZECH, mündlich, 1990).

Das nachstehend angeführte Apfelsortiment zeigt die Erfahrung aus der Praxis und dem Versuchsanbau auf bzw. stellt neue Sorten ohne weitere Anbauempfehlung vor.

Die EU-Produktion beträgt beim Apfel zwischen sechs und neun Millionen Tonnen pro Jahr. Die Ernte von 7,5 Millionen Tonnen Äpfel überschreitet das Marktgleichgewicht um 500.000 Tonnen. Schwanken die Erntemengen um ca. 10 %, ändern sich die Preise um rund 30 bis 40 % (WINTER). In der Marktlehre spricht man dabei von einer geringen Elastizität des Obstmarktes.

In Österreich liegt die volle Marktversorgung bei 100.000 Tonnen/Jahr. Hinsichtlich der weiteren Sortenplanung sollte auch überlegt werden (siehe auch Kapitel Pflanzung und Rotation, Überlegungen zur Sortenwahl), dass in der „Alten Welt" kaum zusätzliche Absatzchancen für Obst entstehen, da die Bevölkerungszahlen eher stagnieren, wenn nicht einen rückläufigen Trend verzeichnen. Daraus lassen sich nur verringerte Absatzchancen für Obst ablesen, wenn nicht verstärkt und massiv entsprechende Werbemaßnahmen einsetzen. Ein Export nach Übersee erscheint vom momentanen Standpunkt aus in größeren Mengen kaum durchführbar, da auch die Überseegebiete in zunehmendem Ausmaß Obst produzieren und bald eine volle Marktversorgung erreicht haben werden. Für den Obstbauern ergibt sich damit die Produktionsforderung, dass die eigenen Kosten gesenkt werden müssen oder so niedrig wie möglich zu halten sind, um entsprechende Erlöse bzw. Gewinne aus seiner Tätigkeit zu erzielen. Steigende Flächenerträge ohne Flächenreduzierung führen zu Absatz- und Erlösproblemen.

Das nachstehend angeführte Apfelsortiment ist reifezeitmäßig geordnet und stellt keine Sortenempfehlung dar. Die Pflückzeit bezieht sich auf den Standort der Landesversuchsanlage Haidegg bei Graz, Steiermark; die Lagerfähigkeit bzw. Lagerungseignung ist auf das Kühllager bezogen.

Ein * hinter dem Sortennamen weist auf die Lizenzpflicht hin.

Sorten-/Züchterschutz und Markenrecht

Neuerdings werden die meisten Neuzüchtungen, Mutanten bzw. Klone mit Züchterschutz und/oder Markenrecht (unter anderem ist dem Sortennamen ein ® nachgestellt) versehen. Dies bedeutet, dass die Praktiker in Abhängigkeit des jeweiligen Vertrages diese Sorten z. B. nicht mehr für ihren Betrieb frei veredeln dürfen und beim Bezug bzw. Kauf von Pflanzmaterial müssen eigene Bedingungen eingehalten und Lizenzgebühren bezahlt werden. Nur der Sortenschutzinhaber ist berechtigt, geschützte Sorten (Pflanzmaterial) in Verkehr zu bringen. Im praktischen Geschäftsverkehr vergibt der Sortenschutzinhaber sogenannte Lizenzen, mit denen Subvermehrer die Sorten vermehren und in Verkehr bringen dürfen.

Einige Baumschulen (Sortenschutzinhaber) gehen auch den Weg des Gebietsschutzes für eine Sortenneuheit, wobei nur ein bestimmtes Anbaugebiet exklusiv für einen Staat oder ein Gebiet der EU die Vermehrungs-/Auspflanzungsrechte erhält. Auch der Verkauf der Ernte dieser Sorte(n) ist damit über eine einzige Stelle geregelt (z. B.: Greenery: Exklusivrechte für die Sorte 'Goldblush', Starfruit für 'Pink Lady' usw.). Damit ist das „Farmers Privileg" (Vermehrungsrechte einer Sorte für den eigenen Gebrauch) aufgehoben. Die Neuregelung der Züchter-/Vermehrungsrechte („UPOV"-Vertrag für 74 Staaten) gilt als internationaler Schutz der Züchtungsprodukte. Die für den Züchterschutz eingehobenen Entgelte (Lizenzgebühren) gehören dem Züchter, der damit seine Aufwendungen für die Neuzüchtung und Prüfung neuer Sorten decken kann. Nur der Hausgärtner kann für seinen Eigengebrauch noch selbst vermehren. Der Sortenschutz gibt an, dass nur der Sorten(schutz)inhaber berechtigt ist, Pflanzmaterial der betreffenden Sorte zu erzeugen. Er erstreckt sich im Obstbau nur auf das Pflanzmaterial (Vermehrungsmaterial). Bei sortengeschützten Sorten ist das eigenmächtige Ändern des Sortennamens nicht möglich. Der Sortenschutz ist ein staatlich garantiertes, auf 30 Jahre befristetes Recht (HRON, 1996). Das gemeinschaftliche Sortenamt hat seinen Sitz in Angers (F) und prüft nur die Erfüllung der Voraussetzungen zur Erteilung des Sortenschutzes für neue Sorten. Die feldbezogenen Sortenprüfungen werden weiter von den nationalen Sortenämtern durchgeführt.

Auch Warenschutz (Markenrecht, Markenschutz) kennzeichnet den Ursprung und die Güte der Ware. Er ist durch ein dem Sortennamen nachgesetztes ® gekennzeichnet. Der Markenschutz ist nur für die Marke maßgeblich und drückt nur aus, dass die betreffende Ware einer definierten Herkunft entstammt (z. B.: 'Rubinette' – 'Rafzubin'®).

'Alkmene', durch den sehr frühen Blühtermin können bei Spätfrost Frostrisse um die Kelchbucht entstehen, die am Lager zu Fäulnis führen können. (Foto: KEPPEL)

'Vista Bella' (Foto: KEPPEL)

'Summerred' (Foto: PIEBER)

'Elstar' (Foto: KEPPEL)

'Arlet' (Foto: KEPPEL)

'Rubinette' (Foto: KEPPEL)

'Golden Delicious' (Foto: KEPPEL)

'Idared' (Foto: KEPPEL)

'Granny Smith' (Foto: PIEBER)

'Braeburn' (Foto: PIEBER)

'Fuji Standard' (Foto: KEPPEL)

'Pilot' (Foto: PIEBER)

'Pinova' (Foto: PIEBER)

'Piros' (Foto: PIEBER)

Sorte	Kreuzung	Herkunft	Reifezeit	Blüte	Wuchs	Klimaansprüche	Ertrag
'Vista Bella'	Sämling 77349 x 'Julyred'	USA	ab Mitte Juli	mittelfrüh	mittelstark	mittel	mittel
'Summerred'	'McIntosh' x 'Golden Delicious'	Kanada	Anfang August	früh	mittelstark	mittel	mittel
'Early Golden'	Mutation von 'Golden Delicious'	USA	Anfang August	mittel	mittelstark	mittel	mittel
'Piros'*	'Helios' x 'Apollo'	Deutschland	Anfang August	mittelfrüh	mittel	gering	mittel
'Delcorf' * ('Delbarestivale')	'Golden Delicious' x 'Stark Jongrimes'	Frankreich	2. Augustwoche	früh	mittelstark	mittel	mittel
'Elstar'	'Golden Delicious' x 'Ingrid Marie'	Niederlande	Anfang September	mittelspät	stark	hoch	hoch
'Cox Orange'	Sämling von 'Ripston Pepping'	England	Anfang September	mittelspät	mittelstark	hoch	mittel
'Gala'	'Kidds Orangenrenette' x 'Golden Delicious'	Neuseeland	Anfang September	mittelspät	mittelstark	hoch	sehr hoch
'Roter Boskoop'	Mutation von 'Schöner aus Boskoop'	Deutschland	Anfang September	mittelfrüh	stark	mittel	mittel bis hoch
'Rafzubin'* ('Rubinette')	'Golden Delicious' frei abgeblüht	Schweiz	ab Mitte September	mittelspät	mittelstark	hoch	mittel
'Roter Delicious'	Zufallssämling	USA	ab Mitte September	mittelspät	stark	hoch	hoch
'Kronprinz Rudolf'	Zufallssämling	Österreich	Ende September	früh	mittelstark	gering	mittel
'Pinova'*	'Clivia' x 'Golden Delicious'	Deutschland	Ende September	mittelspät	schwach bis mittel	mittel	sehr hoch
'Arlet'	'Golden Delicious' x 'Idared'	Schweiz	Ende September	mittelfrüh	mittelstark	hoch	hoch
'Jonagold'	'Golden Delicious' x 'Jonathan'	USA	Ende September	mittelspät	stark	mittel bis hoch	sehr hoch
'Golden Delicious'	Zufallssämling	USA	Anfang Oktober	mittelspät	mittelstark	mittel	hoch
'Gloster'	'Richared Delicious' x 'Glockenapfel'	Deutschland	1. Oktoberhälfte	spät	stark	mittel	sehr hoch
'Idared'	'Jonathan' x 'Wagener Apfel'	USA	1. Oktoberhälfte	früh	mittelstark	mittel	hoch
'Pilot'*	'Clivia' x 'Undine'	Deutschland	1. Oktoberhälfte	mittelspät	mittel	gering	hoch
'Granny Smith'	Zufallssämling	Australien	ab Mitte Oktober	spät	mittelstark	hoch	mittel bis hoch
'Braeburn'	'Lady Hamilton' frei abgeblüht	Neuseeland	ab Mitte Oktober	mittelspät	mittel	hoch	hoch
'Fuji'	'Ralls Janet' x 'Golden Delicious'	Japan	ab Mitte Oktober	mittelspät	schwach bis mittel	hoch	mittel

Tabelle: Die wichtigsten Apfelsorten

* Sortenschutz

Fruchtgröße	Fruchtform	Schale	Ausfärbung	Fleisch	Geschmack	Alternanzneigung	Anmerkungen
mittel	abgeplattet, gerippt	glatt, wachsartig	rotviolett	weiß, feinzellig	fein säuerlich, etwas parfümiert	mittel	schorfanfällig
mittelgroß	hoch gebaut, regelmäßig	glatt, mittelfest	dunkelrot	cremefarben, feinzellig	erfrischend säuerlich	hoch	schorf- und mehltauanfällig
mittelgroß	hoch gebaut	glatt	keine	gelblich, cremefarben	süß, wenig Säure	gering	für Golden-Delicious-Liebhaber
mittel	rundlich	glatt und fest	streifig, leuchtend rot	feinzellig, knackig	süß-säuerlich, etwas Aroma	gering	interessante Sommersorte
mittelgroß	länglich, leicht gerippt	glatt, leicht wachsartig	streifig, karminrot	gelblich, feinzellig	angenehme Säure, aromatisch	mittel	reift folgeartig
mittelgroß	flachrundlich	feinstrau	leuchtend karminrot	gelblich, feinzellig	angenehmes Zucker-Säure-Verhältnis	hoch	nur mehr Anbau von Rotmutanten
mittelgroß	rundlich bis abgeplattet	netzartige Berostung	deckfärbig braunrot	gelblich, mittelfest	feinwürzig, edel, aromatisch	mittel	neigt zur Stippe, nur für beste Apfellagen
mittel	hoch gebaut, rippig	glatt, wachsartig	streifig bis deckfärbig	feinzellig, knackig	vorwiegend süß, leicht aromatisch	gering	Anbau von Rotmutanten
groß	sehr unregelmäßig	rau, trocken	deckfärbig, karmin- bis dunkrelrot	gelblich, mittelfest bis fest	intensiv säuerlich, etwas gewürzt	hoch	schlechter Pollenspender
mittelgroß	rundlich	feinstrau, trocken	orangerot	mittelfest, feinzellig, sehr saftig	kräftig süßsäuerlich, aromatisch	hoch	Vatersorte dürfte 'Cox Orange' sein
mittelgroß	glockenförmig mit Rippen	glatt	deckfärbig rot	grünlich-weiß, fest, knackig	süß, parfümiert, schwaches Aroma	mittel	viele deckfärbige Rotmutationen
klein bis mittel	flachrundlich	glatt	braun- bis leuchtend rot	weißlich, feinzellig	weißlich, mittelfest, zart	gering	druckempfindlich, schorfanfällig
mittel	kegelstumpfförmig	glatt, wachsartig	deckfärbig orangerot	gelblich, fest	vorherrschend süß, schwach säuerlich	gering	rote Mutante 'Evelina', nur im Vertragsanbau
mittelgroß	hoch gebaut	glatt, fein berostet	deckfärbig leuchtend rot	weißlich, feinzellig	süßlich, mit feiner Säure	mittel	Vorerntefruchtfall
sehr groß	länglich rund, leichte Rippen	glatt, fettig	streifig bis deckfärbig rot	knackig, mittelfest	süß-säuerlich, feines Aroma	mittel bis gering	schlechter Pollenspender, durchpflücken
mittelgroß	länglich, leicht gerippt	glatt mit vielen Lentizellen	orangerot angehaucht	gelblich, feinzellig, saftig	süß, fein aromatisch, wenig Säure	gering	schorf- und etwas mehltauanfällig
groß	glockenförmig mit Rippe	glatt und ziemlich zäh	deckfärbig hell- bis dunkelrot	grünlich-weiß, mittelfest, saftig	fein säuerlich mit etwas Aroma	gering	Glasigkeit und Kernhausschimmel
sehr groß	flach-rund, leicht gerippt	glatt	braunrot bis leuchtend rot	gelblich, feinzellig, knackig	mild säuerlich, schwaches Aroma	gering	Mehltaubefall, Jonathan Spots
mittel	flach-rundlich, leicht rippig	rau, trocken	gelborange bis kräftig rot	fest, grobzellig, mäßig saftig	süß-säuerlich, spritzig	gering	für alle Apfelanbaulagen geeignet
mittelgroß	kugelig	glatt, wachsartig, fettig	selten orange bis braunrot	grünlich-weiß, fest, sehr saftig	wässrig, säuerlich, kaum aromatisch	mittel	keine späten Apfellagen
mittel	länglich, leicht gerippt	glatt	deckfärbig bräunlich-rot	fest, saftig	süß, schwach säuerlich, aromatisch	mittel	lange Vegetationszeit
mittel	flachrundlich	glatt, bereift	hell- bis purpurrot	grünlich, fest, saftig	süßlich, geringer Säuregehalt	hoch	rote Mutanten interessant, winterkälteempfindlich

Club-Sorten

Obstbauern kaufen eine vertragsgemäß gebundene neue Sorte, die unter einem „Club-Vertriebssystem" steht. Darunter wird verstanden, dass eine Sorte nur einem exklusiven Produzentenkreis im Anbau- und Abnehmervertrag zum Anbau zur Verfügung gestellt wird. Ebenso ist der Absatz dieser Sorte an den Club gebunden.

Sortenname	Markenname	Kreuzung	Herkunft	Reifezeit	Blüte	Wuchs	Ertrag	Fruchtgröße
'Fresco'*	'Wellant'®	('Elstar' x unbek. Selek.-Nr.) x 'Elise'	Niederlande	Anfang September	mittelfrüh	mittelstark	mittel	mittelgroß
'Brava'*	'Early Brae'®	'Braeburn' x 'Cox Orangenrenette'	Neuseeland	Anfang September	mittel	stark	mittel	groß
'Civni'*	'Rubens'®	'Gala' x 'Elstar'	Italien	Mitte September	mittelfrüh	mittelstark	hoch	groß
'Milwa'*	'Junami'®	'Idared' x 'Maigold'	Schweiz	ab Mitte September	mittelfrüh	schwach	mittel	mittelgroß
'Roho 3615'*	'Evelina'®	'Pinova'-Mutation	Deutschland	Ende September	mittelspät	schwach bis mittel	hoch	groß
'Nicoter'*	'Kanzi'®	'Gala' x 'Hidala'	Belgien	Ende September	mittel	mittelstark	hoch	klein bis mittel
'La Flamboyante'*	'Mairac'®	'Gala' x 'Maigold'	Schweiz	Ende September	mittelspät	mittelstark	hoch	mittelgroß
'Caudle'*	'Cameo'®	'Golden Delicious' x 'Red Delicious'	USA	Anfang Oktober	mittelspät	sehr stark	hoch	mittelgroß
'Nicogreen'*	'Greenstar'®	'Delcorf' x 'Granny Smith'	Belgien	Anfang Oktober	mittelspät	mittelstark	hoch	mittelgroß
'Scifresh'*	'Jazz'®	'Royal Gala' x 'Braeburn'	Neuseeland	Anfang Oktober	mittelfrüh	mittelstark	hoch	mittelgroß
'Cripps Pink'*	'Pink Lady'®	'Lady Williams' x 'Golden Delicious'	Australien	Ende Oktober	mittelfrüh	mittelstark	mittel bis hoch	groß

Tabelle: Clubsorten für apfelholde Anbaugebiete

* Sortenschutz

Fruchtform	Schale	Ausfärbung	Fleisch	Geschmack	Alternanzneigung	anfällig für	Anmerkungen
stumpf kegelförmig	glatt	deckfärbig braunrot	weißlich, mittelfest	süßlich, aromatisch	gering	Schorf	große Früchte stippig
flachrundlich	glatt, leicht bereift	streifig bis deckfärbig braunrot	cremefarben, mittelfest	süßlich, aromatisch	nein	Schorf, Mehltau	Alternative für spät reifende Standorte
hoch gebaut	glatt	streifig bis deckfärbig orangerot	saftig, knackig	süßlich, angenehmes Aroma	ja	Schorf, Feuerbrand	unbedingt ausdünnen
flachrundlich	matt glänzend	deckfärbig leuchtend rot	grünlich-weiß, fest, sehr saftig	süß-säuerlich, fein aromatisch	ja	Schorf, Mehltau	Anbau in den Beneluxstaaten
hoch gebaut	glatt, leicht wachsartig	ganze Frucht deckfärbig leuchtend rot	gelblich, fest, knackig	süß, schwach säurerlich, etwas Aroma	gering	Mehltau	Fruchtfarbe und Geschmack sehr ansprechend
stumpf kegelförmig	glatt, glänzend	hell bis leuchtend rot	gelblich, fest	angenehm süß-säuerlich, aromatisch	nein	Schorf, Krebs	Ausdünnung notwendig
kugelig, konisch	etwas rau	deckfärbig rötlich-braun	fest knackig	ansprechend süß-säuerlich	ja	etwas Schorf und Mehltau	erst vereinzelt im Anbau
flachrundlich	glatt, etwas bereift	karminrot gestreift	sehr fest, saftig	süß, mit kräftigem Aroma	ja	Feuerbrand, Sonnenbrand	färbt erst spät aus
leicht hoch gebaut	glatt, leicht fettig	orange angehaucht	fest, knackig, saftig	süß, wenig Säure, leichtes Aroma	ja	Sonnenbrand	gesundes Laub
hoch gebaut	glatt, matt	marmoriert orangerot	gelb, sehr saftig	süß-säuerlich, aromatisch	nein	Schorf, Feuerbrand	zeigt gute Lagereigenschaften
kugelig	glatt	deckfärbig rosa	cremefarben, fest	süß-säuerlich, aromatisch	nein	Schorf, Feuerbrand	bereits weltweite Verbreitung

Sorte	Herkunft	Blüte	Wuchs	Pflückreife	Ertrag	Frucht-größe	Schale
'Weißer Klarapfel'	Lettland	früh	mittel	Mitte Juli	mittel	klein bis mittel	glatt
'Stark Earliest'	USA	früh	mittel bis stark	Mitte Juli	mittel	mittel	glatt
'James Grieve'	Schottland	früh	schwach bis mittel	Mitte bis Ende Juli	sehr hoch	mittelgroß	glatt, fettend
'Gravensteiner'	Dänemark	mittelfrüh	sehr stark	Ende Aug. bis Anfang Sept.	mittel bis hoch	mittelgroß	glatt, fettig
'Lavantt. Bananenapfel'	Österreich	mittelfrüh	mittelstark	Anfang bis Mitte Sept.	mittel	mittel	glatt, wachsartig
'Goldparmäne'	Frankreich	mittelspät	schwach bis mittel	Mitte Sept.	hoch	mittel	glatt
'Berner Rosenapfel'	Schweiz	mittelfrüh	mittelstark	Mitte bis Ende Sept.	hoch	klein	glatt, bereift
'Freiherr v. Berlepsch'	Deutschland	spät	mittel	Mitte bis Ende Sept.	mittel	klein bis mittel	feinstrau, trocken
'Oldenburg'	Deutschland	mittelfrüh	schwach bis mittel	Mitte bis Ende Sept.	sehr hoch	klein	glatt, fettig
'McIntosh'	Kanada	mittelfrüh	mittelstark	Mitte bis Ende Sept.	hoch	mittelgroß	glatt, bereift
'Kanadarenette'	Frankreich	mittelfrüh	sehr stark	Mitte bis Ende Sept.	mittelhoch	groß	rau, trocken
'Schöner aus Boskoop'	Niederlande	mittelfrüh	sehr stark	Mitte bis Ende Sept.	hoch	groß	feinstrau, trocken
'Rhein. Krummstiel'	Deutschland	mittelspät	sehr stark	Ende Sept. bis Anfang Okt.	mittel	mittelgroß	dünn, fest
'Jonathan'	USA	mittelspät	schwach bis mittel	Ende Sept. bis Anfang Okt.	mittelhoch	mittel	glatt, leicht bereift
'Ilzer Rosenapfel'	Österreich	mittelspät	stark	Anfang Okt.		klein bis mittel	glatt, matt bereift
'Glockenapfel'	Deutschland	mittel	mittelstark	Anfang bis Mitte Okt.	mittel	mittelgroß	glatt, schwach wachsartig
'London Pepping'	England	spät	mittelstark	Anfang bis Mitte Okt.	mittelhoch	mittel	glatt, fettig
'Steirischer Maschanzker'	Österreich	mittelspät	mittelstark	Anfang bis Mitte Okt.	mittelhoch	klein bis mittel	glatt, wachsartig bereift
'Champagner Renette'	Frankreich	sehr spät	mittel	Anfang bis Mitte Okt.	mittelhoch	klein bis mittel	zart, druckempfindlich
'Ontario'	Kanada	mittelspät	schwach bis mittel	Mitte Okt.	mittel bis hoch	mittel bis groß	glatt, wachsartig
'Rhein. Bohnapfel'	Deutschland	mittel	mittelstark	Anfang bis Mitte Okt.	mittel bis hoch	klein	fest, stumpf glänzend
'Welschbrunner'	Österreich	mittel	stark	Anfang bis Mitte Okt.	hoch	mittelgroß	glatt, fest und derb

Tabelle: Fruchteigenschaften älterer Apfelsorten

Ausfärbung	Geschmack	Lagerdauer		Anmerkungen
		Keller	Kühlzelle	
keine	säuerlich	bis Anfang Aug.	kurz	im Alter alternierend
streifig gerötet	säuerlich, schwaches Aroma	bis Anfang Aug.	kurz	schorfanfällig
streifig gerötet	fruchtig, aromatisch	bis Sept.	bis Okt.	druckempfindlich
streifig bis deckfärbig	intensives Aroma	bis Ende Sept.	bis Ende Okt.	alternierend, triploid
deckfärbig gerötet	bananenartig	bis Mitte Okt.	bis Ende Nov.	in den USA als Mother bekannt
orangerot	saftig, süß-säuerlich	bis Nov.	bis Jänner	universeller Pollenspender
deckfärbig dunkles Karminrot	saftig, würziges Aroma	bis Ende Nov.	bis Ende Dez.	schorfanfällig, auch für höhere Lagen
streifig bis deckfärbig	süß-säuerlich, sehr aromatisch	bis Dez.	bis Februar	krebsanfällig
streifig karminrot	süßlich, etwas aromatisch	bis Anfang Dez.	bis Jänner	Liebhabersorte
deckfärbig violett	süßlich, leicht aromatisch	bis Anfang Dez.	bis März	krebsanfällig
orangerot	saftig, vorherrschend säuerlich	bis Dez.	bis Februar	schlechter Pollenspender, welkt am Lager
orange- bis braunrot	saftig, säuerlich	bis Dez.	bis Februar	schlechter Pollenspender, welkt am Lager
streifig, deckfärbig	saftig, mäßig süß, körnig	bis Jänner	bis April	Selbstversorger
deckfärbig leutchend rot	aromatisch, leicht parfümiert	bis Jänner	bis März	mehltauanfällig, gute Apfellagen
streifig-deckfärbig dunkelrot	erfrischend süß-säuerlich	bis Jänner	bis April	als Krampusapfel bekannt
bräunlich bis lichtrot	fein säuerlich, schwaches Aroma	bis Jänner	bis April	alternierend, anfällig für Schorf
sonnseitig orange	süß-säuerlich, kaum gewürzt	bis Februar	bis April	Liebhabersorte
leicht bräunlich-rot	süß-säuerlich, typisches Aroma	bis Februar	bis Mai	lokale Bedeutung, schorfanfällig, alterniert
orangerot angehaucht	saftig, vorherrschend säuerlich	bis Februar	bis Mai	Tafel- und Mostapfel
deckfärbig braunrot	vorherrschend säuerlich	bis März	bis Mai	mehltauanfällig, stark alternierend, winterkälteempfindlich
streifig bis deckfärbig	fest, derb, mäßig süß, kaum gewürzt	bis Februar	bis April	schlechter Pollenspender, für die Verarbeitung
deckfärbig braun- bis karminrot	säuerlich, saftig bis trocken	bis Jänner	bis März	schlechter Pollenspender, Verarbeitungsfrucht

'Weißer Klarapfel' (Foto: PIEBER)

'James Grieve' (Foto: PIEBER)

'Gravensteiner' (Foto: PIEBER)

'Lavanttaler Bananenapfel' (F.: PIEBER)

'McIntosh Rogers' (Foto: PIEBER)

'London Pepping' (Foto: PIEBER)

'Berner Rosenapfel' (Foto: PIEBER)

'Ontario' (Foto: PIEBER)

'Goldparmäne' (Foto: PIEBER)

Mutanten der wichtigsten Apfelsorten

Mutanten zeichnen sich bei 'Golden Delicious' durch eine geringe Berostung, bei 'Gala', 'Elstar', 'Pinova', 'Jonagold', 'Braeburn' und 'Fuji' durch eine intensivere streifige oder deckfärbige Rötung aus. Nicht immer haben sie sich, aufgrund der gegebenen Klima- und Bodenbedingungen, überall bewährt. Laufend kommen neue Mutanten auf den Markt, die aber nicht immer eine Verbesserung bringen.

'Braeburn': 'Redfield', 'Helena', 'Braebrite', 'Mariri Red', 'Hillwell', 'Lochbuie', 'Royal Braeburn', 'Billard'

'Elstar': 'Elista', 'Red Elstar', 'Elshof', 'Red Flame', 'Kressbronn', 'Elanared', 'Elnica', 'Red Star', 'Armhold', 'Elswout', 'Van Vliet'

'Fuji': 'Yataka', 'Beni Shogun' (sollen etwas früher reifen), 'Fubrax', 'Kiku 8', 'Fuji Jubilé', 'AKI-FU', 'NAGA-FU'

'Gala': 'Royal Gala', 'Mondial Gala', 'Gala King', 'Red Gala', 'Annaglo', 'Brookfield', 'Obrogala', 'Schniga'

'Golden Delicious': 'Golden Reinders', 'Smoothee', 'Klon B', 'Crielaard', 'Belgolden', 'Golden Parsi da Rosa' (aus Klon B hervorgegangen)

Durch Bestrahlung entstanden 'Lysgolden' (Frankreich), 'F6A Golden' (Österreich).

Zufällige kurztriebige Mutanten (Spur-Typen) aus den USA: 'Goldspur', 'Sundale Sturdeespur', 'Yellowspur'

'Elstar Standard' (Foto: KEPPEL)

'Red Elstar' (Foto: PIEBER)

'Roter Gala' (Typ) (Foto: KEPPEL)

'Golden Del. Standard' (Foto: KEPPEL)

'Golden Del. Klon B' (Foto: KEPPEL)

'Smoothee' (Foto: PIEBER)

'Schöner von Boskoop' (Foto: PIEBER)

'Roter Boskoop' (Foto: PIEBER)

'Pinova': 'Evelina' (Clubsorte), 'Dalinip', 'Dalirail'

'Jonagold': 'Dacosta', 'New Jonagold', 'Jonica', 'Rubinstar', 'Novajo', 'Red Jonaprince', 'Early Queen', 'Jonagored'

'Schöner von Boskoop': 'Roter Boskoop'

Rotfleischige Apfelsorten für den Frischmarkt und die Verarbeitung

Apfelsorten mit rotem Fruchtfleisch haben in den letzten Jahren an Bedeutung gewonnen, vor allem aufgrund ihres bis zu 40 Mal höheren Anthocyangehaltes (Flavonoide, Antioxidantien) gegenüber den herkömmlichen Apfelsorten. Sie haben ein hohes antioxidatives Potential, gelten deshalb als sehr gesund und sollen gegen (Krebs-)Erkrankungen vorbeugend helfen.

'Redlove® Era'®, 'Redlove® Calypso'®: Diese Sorten wurden von Markus Kobelt in der Schweiz gezüchtet. Sie wachsen schwach, blühen rot, sind sehr fruchtbar und schorfresistent. Das Fruchtfleisch ist saftig, fest und knackig. Die Früchte sind mittelgroß. 'Redlove® Era®' ist Anfang September pflück- und genussreif. 'Redlove® Calypso®' reift 14 Tage später und sollte, damit sich das volle Aroma entwickeln kann, drei bis vier Wochen gelagert werden.

'Redlove® Circe®', 'Redlove® Sirena®' und 'Redlove® Odysso®' sind ebenfalls rotfleischig und schorfresistent.

Weirougeblüte (Foto: KEPPEL)

Weirougefrucht (Foto: KEPPEL)

Bei der Apfelsorte 'Weirouge'®, die von MITSCHURIN in Russland gezüchtet und von Deutschland aus verbreitet wurde, handelt es sich um eine reine Verarbeitungssorte. Der Baum wächst mittelstark und blüht mittelfrüh. Sie Blütenblätter sind rot, die Triebe und Blätter rotbraun. Die mittelgroßen, rotschaligen, sehr sauren Früchte haben ein intensiv rot gefärbtes Fruchtfleisch und werden Ende August geerntet. Für die Verarbeitung müssen die Früchte vollreif sein. Der Saft dieser Früchte bleibt auch nach der Verarbeitung rot.

'Baya® Marisa': Ging aus einer Kreuzung von 'Weirouge'® und einem Zuchtklon hervor. Diese vom Bayrischen Obstzentrum gezüchtete Sorte reift Ende September. Sie ist für den Frischmarkt bestimmt. Die Früchte sind bis Jänner lagerfähig und zeichnen sich durch ein harmonisches Zucker-Säure-Verhältnis aus. Diese Sorte ist aber nur über einen Nutzungsvertrag, der mit dem Bayrischen Obstzentrum abzuschließen ist, zu beziehen.

Rotfleischige Sorten bringen neue Richtungen in der Obstverarbeitung, denn diese liefern einen säuerlichen, roten Fruchtsaft und sollen gewisse Resistenzen in der Produktion aufweisen. Weitreichende Erfahrungen fehlen noch.

Züchtungsvorhaben

PFR: Plant and Food Research: NZ, 'Gala' gentechnisch zur Biosynthese der Anthocyane verändert

PRI: Plant Research International, Wageningen, NL, cisgene Zuchtlinien von 'Gala' mit rotem Fruchtfleisch

IFO: Vereinigung der Baumschulen Valois und Davodeau Ligonnière, entwickeln rotfleischige Sorten mit gelben Schalen

IFORED: 11 Partner aus verschiedenen Ländern erproben und selektieren die Züchtungen des IFO [IFO, NovaMela (VOG, VI.P, Melinda, La Trentina, Rivoira), Nufri (E), AMG (Gerfruit und Mesfruit, F), Fenaco (CH), Empire World Trade und Worldwide Fruit (GB), Montague (AZ), Mono Azul (RA), Unifrutti (RCH), Dutoit (ZA), Next Big Thing (USA und CDN)]

Università degli Studi della Tuscia (I) vertreibt 'Italian Red Passion' (vier rote Sorten) und 'Pelingo'

McWijcik-Bäume (Säulenbäume)

Aus Kanada stammen die sogenannten „Säulenbäume", scherzhaft auch „Schlafzimmerbäume" genannt. Dies sind die aus dem McIntosh-Mutanten 'McWijcik' hervorgegangenen, kaum verzweigenden Züchtungen 'Telamon' ('McWijcik' x 'Golden'), 'Trajan' ('Golden' x 'McWijcik') und 'Tuscan' ('McWijcik' x 'Greensleeves'). Nach bisherigen ausländischen Erfahrungen brauchen diese Mutanten nicht geschnitten zu werden.

CATS-Bäume (Columnar Apple Tree System)

Durch den engen Internodien-(Zwischenblatt-)Abstand und die geringe Verzweigungsneigung brauchen diese Bäume kaum geschnitten zu werden. Die Bäume stehen auf mittelstarken oder schwachen Unterlagen.

Von der Forschungsanstalt Geisenheim werden die Sorten 'Pompink', 'Pomforyou' und 'Pomfital' (rotfleischig) für den Hausgarten, für den Marktanbau unter dem Sammelnamen „Proficats" die Sorten 'Goldcats', 'Starcats', 'Redcats', 'Suncats', 'Greencats' angeboten.

Durch Kreuzungen mit 'Golden Delicious', 'Elstar' und resistenten Sorten wurde eine neue Serie dieses Baumtyps herangezogen. Nachteile für diese neue Generation sind Alternanz-, Krebs- und Schorfanfälligkeit. (Foto: KEPPEL)

Resistente Apfelsorten

Die häufigste Krankheit im Kernobstanbau ist der Schorf. Mit den (vorwiegend) gegen Schorf resistenten Sorten kann auf die Schorfbekämpfung verzichtet werden. Da die Schorfinfektion bereits mit Knospenaustrieb beginnt und über die gesamte Vegetation andauert, haben solche schorfresistenten Sorten eine große wirtschaftliche Bedeutung. Sie können einen wesentlichen Verzicht auf chemische Bekämpfungsmaßnahmen bedeuten.

Gleich eingangs eine Fragestellung zum Titel: „Was versteht man unter dem Begriff Resistenz?"

Dieser Begriff stammt aus dem lateinischen Sprachgebrauch und bedeutet: Widerstand, Gegenwehr. In Bezug auf das Obst heißt Resistenz Widerstandsfähigkeit gegen das Eindringen bzw. Ausbrechen von bestimmten bakteriellen und Pilzkrankheiten.

Der Begriff „Resistenz" ist auch aus der Zeit des Zweiten Weltkrieges aus Frankreich unter „Résistance" bekannt. Hier ist der französische Widerstand in politischer und militärischer Hinsicht gemeint, wobei aber nicht die geistige „Résistance" (Sartre, Camus) vergessen werden sollte.

Auch im medizinischen Bereich ist „Resistenz" ein bekannter Begriff. So wird ein säurestabiles Antibiotikum aus Actinomyceten Resistomycin genannt.

Im pomologischen (obstsortenkundlichen) Bereich verstand man anfangs unter „resistenten Apfelsorten" jene, die gegen Apfelschorf (*Venturia inaequalis*) widerstandsfähig waren. Bald kam die „Mehltaufestigkeit" (Widerstandsfähigkeit gegenüber Mehltau = [*Podosphaera leucotricha*]) als positive genetische Eigenschaft hinzu. (Beide vorgenannten Krankheiten sind durch pilzliche Erreger verursacht.) Im Rahmen der derzeitigen Sortenzüchtung wird großes Augenmerk auf eine Feuerbrandresistenz (*Erwinia amylovora*, eine gegenwärtig chemisch kaum bekämpfbare Bakterienkrankheit) gelegt.

Die Problematik bei den resistenten Sorten liegt darin, dass diese überwiegend in den USA gezüchtet wurden und dort wirklich widerstandsfähig, z. B. gegen Schorf, sind. Eigentlich muss es richtigerweise heißen, widerstandsfähig gegenüber im Züchterland ortsüblichen Schorf-, Mehltau- und Feuerbrandrassen. Wenn nun resistente Sorten in andere Orte (Länder) gebracht werden, kann es ohne Weiteres passieren, dass die Vollresistenz in eine Teilresistenz (z. B. es werden nur Blätter oder nur Früchte befallen oder gegen Schorf vollresistent, gegen Mehltau teilresistent) umgewandelt wird, da die Resistenz nur gegenüber den im Zuchtland auftretenden Erregerrassen voll wirksam ist. Zusätzlich kann sich eine Rasse der Erreger in der Genetik so verändern, dass die Vollresistenz nicht mehr gegeben ist. (So wird z. B. 'Prima' in Russland von Schorf befallen!) Und hier liegt ein wunder Punkt in der Züchtungsarbeit, dass es gegen Erregerveränderungen (neues Auftreten von Krankheiten, genetische Rassenveränderungen usw.) derzeit zu wenig breitspektrale, resistente Zuchtlinien gibt. Denn die Züchtungsarbeit ist, bis auf die Sorte 'Nova Easygro', nur auf einem einzigen Gen, dem Resistenzgen V_f (4), aufgebaut.

Züchtung resistenter Apfelsorten

Die Züchtung resistenter Apfelsorten begann bereits vor 1910 in den USA. Die unter anderem in Südtirol angebaute Apfelsorte 'Morgenduft' ('Rome Beauty') wurde mit dem monogenen Resistenzträger gegen Schorf, der Wildart *Malus floribunda* 821, gekreuzt. Der F_2-Hybrid (zweite Tochtergeneration) aus diesem Zuchtgang trug die Zuchtnummer 268 29-2-2 und stellt die Ausgangsbasis einer von drei amerikanischen Universitäten

(COOP = Universitäten von Purde, Rutgers und Illinois) begonnenen Züchtungsarbeit zur Erziehung von schorfresistenten Apfelsorten dar.

Bereits 1943 begannen in den USA gerichtete Kreuzungsversuche. Als Ausgangsmaterial dienten 'Rome Beauty' x *Malus floribunda*. Von den 350.000 aufgegangenen Sämlingen wurden 7.500 als schorffeste in der ersten Selektionsstufe ausgewählt. Die weiteren Prüfungsjahre ergaben eine Eingrenzung der Individuenzahl von 950 auf 22 resistente Pflanzen.

Es wird also der Geschmack einer Tafelapfelsorte ('Morgenduft') mit der positiven gesundheitlichen Eigenschaft einer Wildapfelsorte (*Malus floribunda*) gekreuzt. Das Kreuzungsprodukt (also die Tochtersorte = F_1, Filialgeneration) aus solchen Kreuzungen zeigt überwiegend einen minderen, wildapfelartigen, herb-bitter-sauren Geschmack.

Dieser nicht marktkonforme Geschmack muss durch Rückkreuzungen (Einkreuzungen) mit der gleichen (oder mit einer anderen) Tafelapfelsorte im Rahmen einer Verdrängungskreuzung aufgebessert bzw. verdrängt werden. Leider kann die erwünschte Resistenzeigenschaft darunter leiden.

Einige der am Markt angebotenen resistenten Apfelsorten haben auch tatsächlich eine mindere Geschmacksausprägung. Die derzeitigen Zuchtziele in der gesamten Obstzüchtung lauten: Züchtung von resistenten Sorten gegen ein breites Erregerspektrum, bei gleichzeitigem Erreichen

Sorte	Abstammung	Herkunft	Ernte	Genussreife	Wuchs	Blüte	Ertrag	Fruchtgröße
'Retina'*	'Apollo' x BX 44,2	Deutschland	Mitte August	bis Mitte Sept.	mittelstark	mittelfrüh	mittel	mittel
'Reglindis'*	'James Grieve' x BX 44,18	Deutschland	Anfang September	Ende Oktober	mittelstark	mittelfrüh	mittel bis hoch	mittel
'Rubinola'*	'Prima' x 'Rubin'	Tschechien	Anfang September	Ende Oktober	mittelstark	mittelfrüh	gering	mittel bis groß
'Teser'	MFK unter anderem mit 'Golden Delicious' x 'Gravensteiner'	USA	2. Septemberwoche	ab Mitte Oktober	stark	mittelfrüh	hoch	mittel bis groß
'Ecolette'*	'Elstar' x 'Prima'	Niederlande	2. Septemberwoche	ab Mitte Oktober	mittelstark	mittel bis spät	mittel	klein bis mittel
'Dalinbel'* ('Antares'**)	'Elstar' x 3191	Frankreich	2. Septemberwoche	ab Mitte Oktober	mittelstark	mittelfrüh	mittel	mittelgroß
'Otava'*	'Shampion' x 'Jolana'	Tschechien	Mitte September	ab Mitte Oktober	mittelstark	mittel	mittel	mittelgroß
'Selena'*	'Britemac' x 'Prima'	Tschechien	Mitte September	ab Mitte Oktober	mittelstark	mittelspät	mittel, regelm.	mittel bis groß
'Santana'*	'Elstar' x 'Priscilla'	Niederlande	Mitte September	ab Mitte Oktober	stark	mittelspät	mittelhoch	groß
'Querina'* 'Florina'	MFK *floribunda* 821 x 'R. Beauty'	Frankreich	Mitte September	Mitte November	stark	mittelspät	hoch	mittelgroß
'Ariwa'*	'Golden Delicious' x A 849/5	Schweiz	Mitte September	Mitte November	mittelstark	mittelspät	mittel bis hoch	mittelgroß
'Enterprise'*	MFK 'Golden'	USA	Letzte Septemberwo.	Anfang November	mittelstark	spät	mittelhoch	mittel bis groß
'Topaz'*	'Rubin' x 'Vanda'	Tschechien	Letzte Septemberwo.	Ende November	mittelstark	mittelspät	mittel bis hoch	mittel bis groß
'Delorina'*	'Blushing Golden' x 'Florina'	Frankreich	Ende September	Ende November	stark	mittelspät	hoch	mittel bis groß
'Opal'*	'Golden Delicious' x 'Topaz'	Tschechien	Ende September	Ende November	schwach	mittelfrüh	mittel	mittelgroß
'COOP 38'* 'Goldrush'	Coop 17 x 'Golden Delicious', (COOP 38, PRI 2750-6)	USA	Mitte Oktober	Ende November	mittelstark	mittelspät	hoch	mittelgroß
'Baujade'*	P5 R42 A52 x 'Granny Smith'	Frankreich	2. Oktoberhälfte	Ende November	mittel	mittel bis spät	mittel bis hoch	mittelgroß

* Sortenschutz ** Antares ist der Markenname MFK = Mehrfachkreuzungen

Tabelle: Resistente Apfelsorten

von Tafelapfelqualitäten und gleichzeitiger, breiter, standortspezifischer Anpassung.

Die Zentren der Resistenzzüchtung liegen beim Apfel zurzeit in Amerika sowie in Europa in Deutschland (Ahrensburg, Dresden-Pillnitz), Frankreich (Angers), Italien (Bologna, Laimburg), Tschechien (Strizovice, Holovousy) und der Schweiz (Wädenswil). Das heutige Zuchtziel umfasst Mehrfachresistenzen (Apfelschorf, Mehltau, Feuerbrand), um eine bessere Resistenzeigenschaft zu erzielen. Für diese Auflage hat der Verfasser bereits 104 resistente Apfelsorten bzw. beschriebene Zuchtnummern verzeichnet. Und die Züchtung geht rasch weiter. Eine Sortenneuheit, die nicht resistent ist, wird es in Zukunft schwer haben, große Chancen für ihre breite Praxisvermehrung zu erhalten, da durch die Verringerung des Pflanzenschutzes die Produktionskosten gesenkt werden können.

Gegenwärtig kennt man bereits fünf resistenzbrechende Schorfrassen, die in verschiedenen Anbaugebieten vorhanden sind und zum Schorfbefall (im Züchtungsland resistenter Sorten) führen können. Die meisten resistenten Sorten weisen eine monogene Resistenz auf, das heißt, die Schorfbeständigkeit ist nur auf einem Gen lokalisiert und daher leicht überwindbar.

Als monogene Resistenzträger gelten die resistenten Züchtungspartner *Malus floribunda* 821, *M. micromalus* Typ 3, *M. prunifolia* und andere.

Form	Schale	Fleisch	Deckfarbe	Geschmack	Kühllagerung	resistent gegen	anfällig für
länglich-rund	glatt	feinzellig, mittelfest	hell- bis dunkelrot	saftig, süß-säuerlich	4 Wochen	Schorf, Spinnmilben	etwas Mehltau, etwas Feuerbrand
kugelig	fein, glatt	feinzellig	leuchtend rot	süß-säuerlich, angenehmes Aroma	3 Monate	Schorf, Spinnmilben	etwas Mehltau, etwas Feuerbrand
abgeplattet	glatt, leicht fettig	feinzellig, fest	orangerot	säuerlich-süß, aromatisch	3 Monate	Schorf	etwas Mehltau
länglich	fein, glatt	feinzellig, mittelfest	hellrot	süß-säuerlich, wenig aromatisch	2 Monate	Schorf	stark Mehltau
rundlich	glatt	fest, saftig	leuchtend rot	säuerlich-süß, aromatisch	5 Monate	Schorf	etwas Mehltau, Blattläuse
flach-rundlich	glatt, matt	saftig, mittelfest	ziegelrot	angenehmes Aroma	5 Monate	Schorf	stark Mehltau
rundlich	glatt	feinzellig, fest	leicht rötlich	saftig, süß-säuerlich	6 Monate	Schorf	Alternanz, Fruchtwelke
kugelig	glatt, dick	saftig, feinzellig	deckfärbig rot	vorherrschend süß, wenig Aroma	4 Monate	Schorf	etwas Mehltau
rundlich, rippig	glatt	saftig, mittelfest	deckfärbig karminrot	süßlich, aromatisch	4 Monate	Schorf	stark Mehltau
hoch gebaut	glatt	mittelfest	lila	saftig, süßlich, wenig Aroma	3 Monate	Schorf	mittelstark Mehltau
kugelig	glatt	sehr fest, saftig	orangerot	süß-säuerlich, etwas aromatisch	6 Monate	Schorf, Mehltau	etwas Blattläuse
kugelig	fest, bereift	knackig	braunrot	süßlich, aromatisch, etwas trocken	4 Monate	Schorf	Mehlige Apfelblattlaus
flach-rundlich	glatt, lettig fettig	feinzellig	leuchtend rot	erfrischend säuerlich, viel Vitamin C	8 Monate	Schorf	etwas Mehltau, Mehlige Apfelblattlaus
hoch gebaut	glatt, zäh	feinzellig, fest	orangerot	süßlich, wenig Aroma	4 Monate	Schorf	stark Mehltau
kugelförmig	leicht rau	gelb, mittelfest	streifig orangerot	harmonisch süß, etwas Säure	6 Monate	Schorf	Mehltau, Blattläuse
hoch gebaut	glatt, hart	fest, feinzellig	leicht gerötet	ausgeglichenes Zucker-Säure-Verhältnis	6 Monate	Schorf	Mehltau, Mehlige Apfelblattlaus
kugelig	glatt, fettig	fest, feinzellig	leicht orange	mäßig süß-säuerlich	6 Monate	Schorf	mäßig Mehltau, Fleischbräune

'Enterprice' (Foto: KEPPEL)

'Goldrush' nach kühlen Vorerntenächten (Foto: KEPPEL)

'Santana' (Foto: KEPPEL)

Die monogenen Resistenzträger sind als V_f, V_a (Antonowka-Auslese), V_b (*Hansens baccata*), V_{bj} (*M. baccata jackii*) und V_r (*M. pumila* R 12740–7A) bezeichnet (V_f bedeutet: V = *Venturia inaequalis* = lateinische Bezeichnung für den Apfelschorf; der beigefügte tiefergesetzte Buchstabe bezeichnet den Resistenzträger = hier $_f$ = *Malus floribunda*).

Zu den polygenen Resistenzträgern (die Resistenzeigenschaften sind auf mehrere Gene verteilt) zählen *Malus-baccata*-Familien, *M. Sargenti* (843), *M. sieboldii*, *M. toringe* (852), *M. zumi calocarpa*, Antonowka und diverse alte, europäische Landsorten. Gegenwärtig wird die Resistenzzüchtung auch mittels Gentechnik durch das Einpflanzen von Resistenzgenen in die Erbmasse der zur Verbesserung oder zur Erzielung resistenter Eigenschaften gewählten Sorte(n) angewendet.

Nicht zu den resistenten Sorten zählen die CRAB- (Zier-, Befruchter-)Äpfel, die F_1-Sämlinge aus Kreuzungen asiatischer Arten x amerikanischen bzw. europäischen Sorten sind.

Beschreibung einiger Resistenzbegriffe:

Resistente Sorten (englisch = *immune*): Sind resistent gegen eine (oder mehrere) wirtschaftlich wichtige Krankheit(en), (künftig auch Schädlinge), z. B.: die Re-Sorten aus Dresden-Pillnitz und die anderen resistenten Neuzüchtungen.

Echte (absolute) Resistenz: Diese Pflanzen weisen unter vergleichbaren Bedingungen (vergleichbare Standorte) keine Schäden auf.

Tolerante, robuste Sorten (englisch = *resistent*): Sie zeigen nur geringen oder keinen Krankheitsbefall bzw. weniger schädliche Symptome. Dabei wird ein geringer, wirtschaftlich nicht schadender Krankheitsbefall geduldet (= Feldresistenz), um Rassenauslesen bzw. ein Durchbrechen der Resistenzen durch Mutationen der Krankheitserreger möglichst zu verhindern (FISCHER). Dem entsprechen die Pi-Sorten aus Dresden-Pillnitz, wie z. B. 'Pia', 'Piflora', 'Pikant', 'Pikkolo', 'Pilot', 'Pimona', 'Pinova', 'Pirol', 'Piros'.

Scheinresistenz: Die Pflanzen wachsen schneller, als sich die Krankheit manifestieren kann, sodass es zu keinem oder nur geringem Befall kommt.

Teilresistenz: Nur bestimmte Pflanzenteile (z. B. nur Blätter oder nur die Früchte) bleiben krankheitsfrei.

Anfällige Pflanzen (englisch = *susceptible*) werden von der (den) Krankheit(en) befallen.

Multiple Resistenz: Sorten sind gegen mehrere Krankheitserreger bzw. Schädlinge resistent.

Der großkronige, landschaftsgestaltende Obstbaum

Bedeutung und **Chancen** in der heutigen Zeit:

- Der großkronige Obstbaum stellt ein unverzichtbares landschaftsgestaltendes Element in der Kulturlandschaft dar. Er wirkt als kleinklimaregulierender Faktor.
- Seine Früchte sind hochwertiges Verarbeitungsobst.
- Er dient als Lärmschutz.
- Durch Herabsetzen der Windgeschwindigkeit verursacht er ein Ausfallen der Luftverunreinigungspartikelchen.
- Seine nicht geernteten Früchte dienen als Winterfutter für Vögel und Wild.

Natürliche Rutschhangsicherung durch Obstbäume (Foto: KEPPEL)

Der großkronige, landschaftsgestaltende Obstbaum hat heute wieder Chancen.

Er hat Chancen, weil durch die Bevölkerungsstagnation der Landbedarf für Bauzwecke geringer werden wird.

In Einzelhausgärten ist er wegen seiner großen Krone weniger geeignet (Beschattung der Nachbarn), er könnte jedoch im Rahmen des verdichteten Flachbaus als Hofbepflanzung Bedeutung finden. Vor der Pflanzung sollte jedoch beachtet werden, dass die maximale Baumhöhe nicht die Haushöhe und nur den halben Hofdurchmesser erreicht (weniger Schattenwirkung auf Parterrewohnungen). Im Siedlungsbereich könnte der großkronige Obstbaum auch als Grenzlinie von Siedlungsteilungen und als Hinweiser auf Geländestufen verwendet werden.

Weitere Chancen

- Als Staub- und Lärmfilter am Rand von Gewerbegebieten.
- An Straßenkreuzungen als Blendschutz im SOO und SWW ausgepflanzt. Mindestabstand zum Straßenrand sollte 5 m betragen.
- In Verbindung mit Bildstöcken.
- Als Streuobstwiese im Rahmen der Kulturbrache bei Flächenstilllegungen in der Landwirtschaft.
- Bei Grundstückszusammenlegungen und Feldwegeneubau als Grenzmarkierungen.
- Bei der Naturalisierung von Flussbettänderungen und bei der Bepflanzung von Hochwasserrückhaltebecken, wobei die Bäume nicht auf Dammschüttungen gesetzt werden dürfen.
- Als Furnierholz im Rahmen einer Zweizwecknutzung (Frucht und Holz). Diese Zweizwecknutzung muss wegen der Mindeststammlänge der Furnierstämme bereits bei der Pflanzung berücksichtigt werden (Stammlänge ca. 2,2 m, mindestens 30 cm Durchmesser). Um entsprechende Preisnachlässe beim Furnierschneiden zu erreichen, sollten mehrere Anbieter gemeinsam eine Holzlieferung furnieren lassen.

  An Holzarten werden astreine, gesunde Stämme von Nuss, Edelkastanie, Birne, Apfel, Zwetschke und Vogelkirsche gesucht.

Legistische Richtlinien, die die Auspflanzung reglementieren können, sind unter anderem:

- das Bundesstraßengesetz, die „RVS zur Grünraumverbauung" von Straßen und Autobahnen,
- die Straßenverkehrsordnung (spricht nur in dieser Angelegenheit allgemein von einem nicht wirksamen Sichthindernis),
- Landesgesetze zum Schutze landwirtschaftlicher Nutzflächen (zuständig sind die Bezirkshauptmannschaften) und eventuell
- örtliche Bau- oder Baumschutzvorschriften.

Mittels Einsatz von Schüttelgeräten und Auflesemaschinen kann die Ernte heute vollmechanisiert werden. Aus Kostengründen ist an den überbetrieblichen Einsatz zu denken. Zwei Personen könnten bis zu 5.000 kg Früchte je Stunde ernten (MOSER). Siehe auch Kapitel Ernte.

Pflanzplanung

Hochstämme können bis zu 800 m Seehöhe freistehend, bis 1.000 m in geschützter Lage, gute Erträge bringen. In den inneralpinen Tälern sind Obstbäume auch noch höher anzutreffen. Vor der Pflanzung sollte in der Umgebung der Altobstbaumbestand beobachtet werden und daraus sollten Richtlinien für eine Neuauspflanzung abgeleitet werden. Sonnige Hänge mit einer Abflussmöglichkeit der Kaltluft sind vorzuziehen. Schattenlagen, Mulden und Windlagen sind auszuscheiden.

Der Boden soll eine Tiefgründigkeit von bis zu 70 cm aufweisen. Bei Baumhöhen von über 10 m Höhe wird die Sämlingsunterlage verwendet, ebenso bei Stammlängen von 2 m und darüber. Bei der Pflanzung soll der Baumdurchmesser 1 m über dem Boden mindestens 1 cm Durchmesser aufweisen.

Pflanzabstände

Die Reihenabstände bewegen sich um 15 m, die Mindestbaumabstände beim Apfel betragen 10 m, bei Birnen und Süßkirschen 12 m, bei Wasserbirnen 14 m und bei der Zwetschke 8 m. Baumwiesen werden 20 x 8 m, mit großkronigen Bäumen und Sorten mindestens 30 x 10 m gepflanzt.

Bei der Kombinationsnutzung mit Viehweiden soll auf die Weideviehart Rücksicht genommen werden, damit über die Sortenwahl eine Fruchtgröße ohne wesentliche Vieherstickungsgefahr (beim Verschlingen von Früchten durch das Weidevieh) gewählt wird.

Pflanztermin

In normalen Obstbaulagen ohne Wühlmausgefahr wird der Herbsttermin vorzuziehen sein. In Hö-

Mangelnde Pflege: Efeu überwuchert den Baum und bringt ihn zum Absterben. (Foto: KEPPEL)

Großkroniger landschaftsgestaltender Birnbaum im Herbst (Foto: KEPPEL)

Ein Auffangschirm fängt die geschüttelten Früchte auf. (Foto: KEPPEL)

Selbstfahrende Obstauflesemaschine deutscher Provenienz (Foto: KEPPEL)

'Ilzer Rosenapfel' in der Vollblüte ...

... und vor der Ernte (Fotos: KEPPEL)

henlagen und bei hoher Wühlmausgefahr sowie Wildverbissgefährdung wird im Frühjahr gepflanzt.

Pflanzhilfsmittel

Ein 2,5 m langer Baumpfahl mit einer Zopfstärke von 8–10 cm Durchmesser wird 50 cm tief in den Boden gerammt. Ein Pflanzloch von ca. 1 m Durchmesser und ca. 50 cm Tiefe wird umgestochen und in der Größe des Wurzelballens ausgehoben. Die abgehobenen Rasenziegel werden nach der Pflanzarbeit verkehrt auf den Boden gelegt. Ragt der Baumpfahl bis in die Krone, so muss er mindestens 5 cm darunter abgeschnitten werden. Baumpfahl und Baum erhalten eine lockere, aber haltbietende Achterschlinge. Zweckmäßigerweise legt man um die Bäume eine nicht am Stamm anliegende engmaschige Drahtgitterhose, um Vieh- und Wildverbissschäden hintanzuhalten.

Kronenpflege

Eine stabile, lockere und ertragswillige Drei- oder Vierastkrone wird erzogen. Die Leitäste werden auf einen Winkel von 45° formiert und unter Berücksichtigung der Saftwaage auf halbe Trieblänge auf nach außen gerichtete Augen angeschnitten. Auf der Trieboberseite erfolgt das Blenden der der Schnittstelle naheliegenden zwei bis drei Augen. Ist ein Mitteltrieb vorhanden, wird dieser etwas höher angeschnitten. Frühestens 50 cm vom Stamm entfernt legt man die erste Fruchtastetage leicht ansteigend an, die zweite nach ca. 80–100 cm. Im Sommer werden im Jugendstadium zu starke Triebe pinziert oder weggeschnitten. Stammauswüchse und Unterlagenausschläge werden vor dem Triebabschluss entfernt.

In weiterer Folge wird in Abständen von zwei bis drei Jahren bei Äpfeln, bei Birnen von drei, vier Jahren, bei Zwetschken jährlich das abgetragene Holz ausgelichtet und das Fruchtholz auf junges, stehendes Fruchtholz abgesetzt. Entstehende größere Wunden sind gleich zu verschmieren.

Der Verzicht auf den großkronigen, landschaftsgestaltenden Obstbaum bedeutet einen Verlust von Landeskultur!

Erhaltung alter Apfelsorten durch die Genbank

Der Ruf zur Bewahrung (Erhaltung) alter Apfelsorten wird immer wieder laut, wobei diese Mahnung meist von Städtern stammt und weniger häufig von Fachleuten geäußert wird. Das Verschwinden „alter Sorten" vom Markt hat verschiedene produktionsrelevante, für den Städter rational schwer verständliche (vielleicht zu wenig bewusste) Gründe. Bereits Erzherzog Johann hat nach 1800 versucht, in die Fülle der Landsorten Ordnung zu bringen, indem er am Gelände des heutigen Grazer Hauptbahnhofes einen „Reisergarten" anlegte, der

- nur die damals geschmacklich und ertraglich besten Sorten zur Verteilung und Vermehrung bereitstellte und
- neue Sorten unter die Leute brachte.

Dies ist ein Hinweis dafür, dass es bereits vor 200 Jahren mindere (!!) Sorten gab.

Nostalgie kontra Mode

Unbewusst spielt hier beim Städter der „Nostalgiegedanke" eine sehr große Rolle, nämlich der, dass die „alten Sorten" keine „Alltagsfrucht" sind, sondern als subjektive Spezialität herausgestellt werden.

Wenn man bedenkt, dass bis Anfang der 50er-Jahre eine Vielfalt an Sorten, bis auf einige Ausnahmen, mit mehr oder weniger oft einseitig saurem, minderem Geschmack vorherrschte, scheint der Siegeszug der neuen Sorten mit der süßlichen Geschmacksrichtung (und besserer Produktivität) leicht verständlich. Dass durch die Flächenkonzentrierung der chemische Pflanzenschutz notwendig wurde, steht auf einem anderen Blatt. Auch mit jenem Argument, dass verschiedene Sorten ausschließlich steirische bzw. heimische Spezialitäten seien, muss aufgeräumt werden.

So ist z. B. der 'Maschanzker' nach „National Apple Register of the United Kingdom" (M. W. G. SMITH, 1971) ein Abkömmling einer Sorte aus Borsdorf bei Meissen (bei Leipzig) und wurde bereits im 15. Jahrhundert erprobt. An Synonymen sind mehr als 150 europäische Namen verzeichnet. Dies weist auf die besonders weite Verbreitung hin.

Bedeutung der alten Sorten

Die alten Sorten werden in Zukunft wieder mehr Bedeutung als Züchtungspartner erhalten, da sie gewisse Resistenz bzw. Geschmackseigenschaften aufweisen. Damit diese Gen-(Erbmerkmal-)Substanz nicht verloren geht, haben sich verschiedene Institute im Rahmen der FAO zur IBPGR (= Internationale Genbank) zusammengeschlossen und sich verpflichtet, alte Sorten zu erhalten sowie diese staatlichen Institutionen für Züchtungszwecke zur Verfügung zu stellen. Diese Genbank umfasst praktisch alle landwirtschaftlichen Nutzpflanzen.

Die alten Sorten „bauen" ab, das heißt, die ureigene Sorteneigentümlichkeit kann sich verändern, die Ertragsfähigkeit sinken. Kurz gesagt, das zunehmende (in Jahrhunderten) genetische Alter senkt die Vitalität der Sorte. Dies wird aber durch neue Sorten und Mutationen teilweise ausgeglichen. In den steten Kreislauf der Natur – Werden und Vergehen – ist somit auch das Sortenwesen integriert. Eine Genbank hat die Aufgabe, die Vielfalt der Gene für die Zukunft zu bewahren.

Die alten, meist am Ende des Ertragsstadiums stehenden, großkronigen Baumformen (oft auf Sämlingsunterlagen) sind von der Genetik und von der Sämlingsunterlage her für eine Alternanz prädestiniert.

Vom Baumvolumen und von der Standfestigkeit her eignet sich der Sämling für eine reichliche Produktion als Unterlage gut; allerdings müssen für die Unterlagenproduktion geeignete Samenspendermutterbäume verwendet werden, z. B. 'Grahams Jubiläum', 'Bittenfelder Sämling' oder 'Holzapfel'.

Auch die regelmäßige Ernte kann bei erprobten Samenmutterbäumen annähernd erreicht werden.

Für die kostensparende, industrielle Ernte nach dem Schüttelarmprinzip eignen sich nur höhere Baumformen. Der Einsatz der selbstfahrenden Überkronenschüttler für den Intensivindustrieobstbau mit kleinen Baumformen dürfte aus Kostengründen scheitern. Als nächste Forderung, die jedoch hauptsächlich vom Produzenten her zu beachten ist, sei der Reifezustand genannt. So weist Univ.-Prof. Dr. WEISS darauf hin, dass in der bäuerlichen Obstverwertung nur **reifes**, **gesundes** (kein angefaultes) und **gereinigtes Obst** verwendet werden soll, denn nur über einen ausreichenden Reifezustand kann das „Sortentypi-

Streuobstwiese in der Blüte (Foto: KEPPEL)

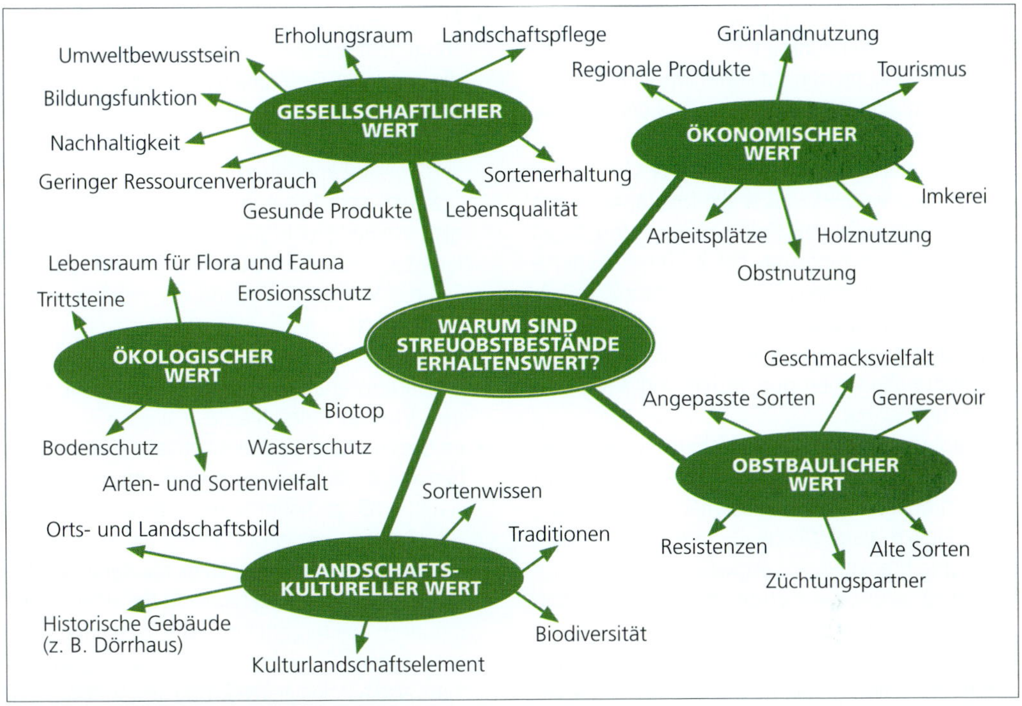

Streuobstbäume (Grafik: FOITH, 2012, verändert)

sche" der Frucht für die Produktion hochwertiger Saftprodukte ausgenützt werden.

Zum Reifetermin sei noch erwähnt, dass die Frühsorten einen zu geringen Säure-, Zucker- und Extraktgehalt aufweisen, daher sind die aus Apfelfrühsorten produzierten Säfte im Geschmack leer.

„Mein letzter Trost – ein Glas'l Most!" – Dieser Spruch soll auf die steigende Beliebtheit des Mostes als heimisches Alternativgetränk hinweisen. Liebt der Steirer eher den reinen Apfelmost, so sind beispielsweise im Mostviertel Verschnitte zwischen Apfel- und Birnensaft zur Mosterzeugung beliebter.

Für die Erhaltung und Wiederbelebung der **Mostobstsorten** in der Steiermark hat sich landesweit Herr Ing. VÖTSCH von der Obstbauabteilung der Landeskammer große Verdienste erworben, die erst in den letzten Jahren mit der steigenden Bedeutung des Mostes gänzlich erkannt wurden. Unmittelbar für die Sortensammlung der Landesversuchsanlage Haidegg half auch der pensionierte Baumwärter der Bezirkskammer Leibnitz, Herr WUCHSE, tatkräftig mit. Die von ihm ausgesuchten Sorten, von denen man oft nicht mehr den ursprünglichen Sortennamen kennt, tragen zur Unterscheidung im Haidegger Quartier seinen Namen mit der Vermehrungsnummer.

Die Geschmacksbeurteilung der Mostobstsorten ist subjektiv beeinflusst. Die Fruchtgrößenausbildung hängt vom jährlichen Ertrag, vom Baumalter und vom Standort ab.

Weiters werden vom **Standort** beeinflusst:

- die Fruchtfarbe (zusätzlich noch abhängig von Boden und Wuchs)
- der Geschmack (zusätzlich noch abhängig von Boden und Wuchs)
- der Wuchs (zusätzlich noch abhängig vom Boden)

So werden z. B. die schönsten und geschmacksvollsten 'Kronprinz Rudolf' auf relativ trockenen, sandigen (also wenig wüchsigen) Standorten gepflückt. Auf schwereren, feuchten Böden (in gewissen Lagen östlich der Landeshauptstadt Graz) konnten keine sortentypischen Kronprinzfrüchte bonitiert werden.

Über diesen fruchtbeeinflussenden Faktoren steht noch die vom Menschen unbeeinflussbare Witterung.

Der Umstand, dass die „alten Sorten" immer mehr aus dem Intensivobstanbau verschwunden sind, findet vom Verfasser unter anderem seine Erklärung in folgenden Punkten:

- Zu intensiver, meist nicht sortentypischer Schnitt. STRAUSS und WEISS meinen, dass ein erhöhter Schnittaufwand nur zur stabileren Kronenerziehung notwendig ist. Aus der Sicht des Verfassers wird dazu vermerkt, dass die Mostapfelbäume neuerdings meist auf starkwüchsigen Unterlagen stehen. Diese reagieren bei kräftigen Schnitteingriffen mit starkem Folgewachstum, sodass aus wuchsphysiologischen Gründen und zur Erziehung eines raschen Ertragsbeginnes die Schnittmaßnahmen nur gezielt und sanft einzusetzen wären.
- Düngergaben bedingen stärkeres vegetatives Wachstum, größere Früchte, schlechtere Fruchtausfärbung, mindere Geschmacksausprägung, verringerte Lagerfähigkeit, unter Umständen erhöhte Krankheitsanfälligkeit.
- Zu geringe Erträge je Ernte (im Vergleich zu den Intensivapfelsorten).
- Unregelmäßige Erträge = genetisch (innere) und schnitttechnisch bedingte (äußere) Alternanz sowie Witterungseinflüsse. Beim Sortiment der „alten Sorten" kommt es durch den Siedleranbau für den Intensivobstbauern zu großen Marktschwankungen. Hat der Liebhaberobstbau zu geringe Mengen, erhält der Obstbauer mit jährlich annähernd gleichem Mengenangebot Spitzenpreise. In Jahren mit guten Liebhaberobstmengen fällt der Preis durch das leicht erhöhte Angebot an alten Sorten gleich tief hinab – daher gibt es für den Intensivobstbauern zu große finanzielle Ertragsrisiken.
- Intensive Bodenpflege durch Mulch (mehr oder weniger unkontrollierte Stickstoffzufuhr).
- Alte Sorten sind auf „magere" Böden eingestellt.
- Genetischer Abbau der Sorteneigenschaften durch Überalterung (sinkende Ertragsmenge mit zunehmendem Sortenalter sowie verstärkter Krankheitsbefall, da neue Erregerrassen auftreten).
- Veränderter Käufergeschmack – hier wirkt der Nostalgiegedanke ziemlich stark mit, denn jeder erinnert sich gerne an die Jugendzeit und an die Früchte, die er damals gerne gegessen hat. Er nimmt dann diese Sorten nicht als „Alltagsfrucht", sondern als Spezialität wahr. Dadurch kommt es für diese alten Sorten zu einem Absatzstau. Außerdem ist die „besser schmeckende" neue Sorte immer beliebter als die gute, alte Sorte.
- Nicht genügende Fruchtgröße – der heutige Trend geht leider zu größeren Fruchtpartien (für die optimale Geschmacksausbildung benötigt jede Sorte ihre optimale Fruchtgröße – übergroße Früchte sind aromaärmer und weisen eine verringerte Lagerfähigkeit auf).

  So ist nach unseren Erfahrungen 'Jonathan' bis zu einer Fruchtgröße von 70 mm bestens lagerbar und zeigt sortentypisches Aroma.
- Für die Vermarktung sind die Früchte oft zu empfindlich.
- Vom Markt her (Handel) gibt es die Bestrebung, die Sortenvielfalt einzuschränken und nur wenige Sorten zu verkaufen.
- Im Gegensatz zu den heutigen Intensivsorten haben alte Sorten meist ein minder attraktives Aussehen (z. B. zu hoher Berostungsanteil, dumpfe Farbabstimmung der Deckfarbe). Bei Auflistungen alter Sorten treten immer wieder Sortenverwechslungen auf, da der Sortenname des Baumes nur mündlich weitergegeben wird oder die Sorte bereits beim Baumkauf verwechselt wurde. Es muss also auf den ersten Ertrag gewartet werden, um mit Sicherheit eine Sortenbestimmung durchführen zu können. Und hier liegt die Gefahr bei privaten Sortensammlern: Sorten werden unter falschem Namen weitergegeben!

Parameter zum großkronigen, landschaftsgestaltenden Obstbaum

In ihrer Dissertation (Doktorarbeit) hat Theresa FOITH (2012) ihre Ergebnisse der umfangreichen Betriebserhebungen vorgelegt und dabei nachstehende Parameter bewertet:

Unterwuchs: Die meisten der befragten Betriebe zeigen an einem Unterwuchs der Streuobstbestände wenig Interesse. Durch den Rückgang der Viehhaltung erfolgt nun ein Mulchen der Bestände.

Kronenzustand: Für eine lange Lebensdauer der Anlagen, für alternanzarme Ertragsjahre und für eine hochwertige Fruchtqualität sind fachgemäße Schnittmaßnahmen in einem Zeitraum von drei bis fünf Jahren notwendig und unumgänglich.

Tritt- und Verbissschäden durch Weidevieh: Diese Zweifachnutzung der Streuobstbestände war in der Landwirtschaft immer gegeben. Die Bäume sind aber vor Beschädigung durch das Weidevieh zu schützen.

Viereckiger Stammschutz im Jugendstadium (Foto: KEPPEL)

Dreieckiger Stammschutz (Foto: KEPPEL)

Vitalität der Obstbäume: Eine extensive, auf das Erscheinungsbild und die Erträge der Bäume abgestimmte Düngung, wenn möglich mit Biodüngern, in Parallelität mit den Schnittmaßnahmen und der Kronenverjüngung verringern oft den Krankheits- und Schädlingsbefall der Bäume.

Nachpflanzungen zur Bestandssicherung: Unbedingt notwendig, um einen möglichst homogenen Bestand zu erhalten. Die Bestände sind besonders im Jugendstadium auf Wühlmausbefall zu beobachten und nach dem Ausfall von Bäumen wäre rasch nachzupflanzen. Eine Baumscheibe hilft, über die Jugendprobleme hinwegzukommen. Größere Probleme sind durch falsch etikettierte Jungbäume und minderwertige Baumqualitäten zu erwarten.

Obstarten- und Obstsortenreichtum: Je nach Anbaugebiet dominieren die Obstarten verschiedentlich. Sind beispielsweise im Mostviertel überwiegend Birnenbäume aufzufinden, überwiegen in der Ost- und Weststeiermark sowie in Kärnten die Apfelbäume. Alle Obstarten haben ihre Anbauberechtigung.

Bestandsalter: Im Rahmen einer langfristigen Nutzung von Streuobstbeständen ist auf eine ausgeglichene Altersstruktur der Bäume/Obstarten zu achten.

Bestandshöhe: Für die Mehrfachnutzung der Streuobstbestände hinsichtlich der Bearbeitung des Unterwuchses, des Einsatzes von maschinellen Erntehilfen und der Fauna wären Baumhöhen von 8 m ideal.

Verhältnis Fläche : Baumzahl: Bei zu dichter Pflanzung leiden durch die eintretende Beschattung die Bäume und die Fruchtqualität. Ein erhöhter phytosanitärer Aufwand ist die Folge.

Anbindung an andere Streuobstflächen: Im Rahmen von Biotopverbundsystemen können sich fremdenverkehrsfördernde und neue, landschaftsgestaltende Elemente in der Landschaft ergeben.

Anbindung an Nachbarstrukturen: Einstiegswege und -hilfen für wechselnde Tiere und Verhinderung von sterilen Insellagen werten die Bestände auf.

Existenz von Kleinstlebensräumen: Die Existenz solcher Lebensräume gibt Zeugnis für Artenreichtum und Altersabgewogenheit ab.

Typisierung der Nutzungsintensität: Wirtschaftliche und extensive Nutzung der Bestände sollten im Gleichgewicht bleiben.

Streuobst mit Unternutzung durch Beweidung. Hier noch durch Handbeweidung durch den Betriebsübergeber. Die Bäume sind 'Ilzer Rosenäpfel'. (Foto: DUHAN aus den 50er Jahren)

Gehöft im Winterschnee (Foto: KEPPEL)

Bestandssicherheit: Persönliches Empfinden und positiver Gesamteindruck fördern das Überleben der Bestände.

Die Bewertung landschaftsgestaltender Elemente, Vermarktungsstrategien, innovativer Produktentwicklungen sowie die Gesamteindrücke der Betriebe bieten weitere Bewertungskriterien.

Daraus konnten folgende Schlüsse für die Streuobstbestände gezogen werden (Original FOITH, 2012):

- **Einzelbetriebliche Übermechanisierung** und in der Folge hohe fixe Spezialkosten (Brenngerät!) – „Vermietung" bzw. überbetriebliche Nutzung, Auslagerung von Arbeitsschritten, gemeinsame Anschaffung von Maschinen und Geräten
- Oft nur geringe Ausnutzung der **Obstressourcen** – Erhöhung der Verarbeitungsmengen bei Absatzchancen und Produktbewerbung – bessere Maschinenauslastung, geringere Kosten, höhere Erlöse
- Ermittlung der **Verkaufspreise** durch Orientierung an anderen Betrieben – Kostenrechnung notwendig
- Mechanisierung von Arbeitsschritten
- **ÖPUL-Förderungen** beeinflussen nicht die Weiterbewirtschaftung von Streuobstflächen – die Auflagen sollten nicht nur den Naturschutz fokussieren, sondern mehr Wert auf Obstproduktion und Verarbeitung sowie Arten- und Sortenreichtum legen
- Abgeltung der **„soziokulturellen" Leistungen** bzw. signifikante Förderungserhöhung

„Zum Abschluss dieser Arbeit kann folgendes Resümee gezogen werden: Eine Sicherung und Erhaltung von Streuobstbeständen kann nach Analyse der 14 untersuchten Bestände nur durch Nutzung und ein gewisses Maß an ökologischer Bewirtschaftung gegeben sein. Weder ein Fokus auf rein ökonomische Interessen noch ein einseitiger ökologischer Gedanke im Sinne eines Sich-Selbst-Überlassens würden Streuobstbestände für die Zukunft ‚überlebensfähig' machen. Daher kann nur die Kombination von ökologischem Wert und ökonomischen Interessen dem Streuobstbau eine Chance geben, sich gegen andere Kulturarten durchzusetzen und nicht durch diese ersetzt zu werden." (FOITH, 2012)

Die sehr druckempfindliche, im Meraner Anbaugebiet zur Zeit der Jahrhundertwende um 1900 angebaute, beim Versand einzelfruchtweise mit Papier umwickelte Sorte 'Weißer Winterkalvill' (Foto: DUHAN)

Beschreibung alter Mostapfelsorten aus der Steiermark

Im Genarchiv der Obstbaumversuchsstation Haidegg werden hauptsächlich bodenständige Lokalsorten unter anderem nach folgenden Gesichtspunkten untersucht:

- Erhaltung alter Landsorten
- Sichtung auf Krankheits- und Schädlingsresistenz
- Grundlagen für eine Ernteschätzung nach der Methode Winter
- Alternanzverhalten
- Erhebung der Fruchtgrößenverteilung
- Feststellung verschiedener Fruchtinhaltsstoffe
- Sortenidentität
- Virusfreiheit

Die Erziehung erfolgt als Dreiast-Hohlkrone mit einem Kronenansatzwinkel von 45–60° unter naturnahen, sortentypischen Bedingungen. Da die Unterlage M 25 in Hanglagen zu wenig standfest ist, soll in Zukunft auf A 2 und Sämlingsunterlagen mit früheinsetzenden Sorten zurückgegriffen werden.

Die in den Tabellen ab Seite 78 angeführten Apfelsorten wurden 1974 bzw. 1976, grundsätzlich auf der Unterlage M 25, im Abstand von 7 x 6 m gepflanzt.

Der Pflanz- und Erziehungsschnitt erfolgte als Dreiast-Hohlkrone.

Pflege: Der für alte Sorten typische steile Leitastansatz wurde durch die starkwüchsige Unterlage M 25 zusätzlich gefördert. Die Aststellung musste daher im Jahr nach dem Kronenanschnitt durch Spreizhölzer auf einen Winkel von etwa 45° korrigiert werden. Im Sinne eines naturnahen, sortenbedingten und arbeitsextensiven Kronenaufbaues wurden während der ersten drei Standjahre nur leichte Schnitt- und Bindemaßnahmen zum Aufbau einer regelmäßigen Krone mit je einem Nebenleitast zum Hauptleitast durchgeführt.

Die einzige Schädlingsbekämpfungsmaßnahme während des ganzen Jahres betraf den Apfelblütenstecher.

Die Schnittmaßnahmen in der Phase des ansteigenden Ertrages beschränkten sich auf das Auslichten der Krone und das Entfernen von steilen Kammtrieben.

Sortenmerkmale

Im Folgenden werden die in den Tabellen zusammengefassten Merkmale erläutert (ab Seite 78).

Sorte: Nach dem ehemaligen Baumwärter der Landeskammer für Land- und Forstwirtschaft Steiermark, Herrn WUCHSE, sind großkronige Lokalsorten benannt, deren Bezeichnungen nicht mehr eindeutig festzustellen waren. Sie stammen aus dem Bezirk Leibnitz und sind im Schorfjahr 1972 von Herrn WUCHSE auf der Suche nach

'Champagner Renette' (Foto: PIEBER)

'Rheinischer Bohnapfel' (Foto: PIEBER)

'Kronprinz Rudolf' (Foto: KEPPEL)

'Geheimrat Oldenburg' (Foto: PIEBER)

'Welschbrunner' (Foto: PIEBER)

'Kanadarenette' (Foto: PIEBER)

schorfresistenten Bäumen ausgewählt worden. In dieser Gruppe dürften die Sorten 'Butterapfel', 'Gewürzluiken', 'Großer Holzapfel', 'Roter Holzapfel', 'Großer Strudelapfel', 'Roter Mostapfel', 'Öhringer Blutstreifling', 'Siebenburger', 'Spitzlederer', 'Signe Tillisch', 'Alter Weißbriacher' und 'Großer Winterapfel' zu finden sein.

Blühbeginn: f = früh, m = mittel, s = spät, ssp = sehr spät

Reifezeit: A = Anfang, M = Mitte, E = Ende der in römischen Ziffern angegebenen Monate. Der Schwerpunkt der Erhebungen lag in den Jahren 1985–1987.

Kumulierter Ertrag: Die Ertragssumme vom jeweiligen Pflanzjahr bis einschließlich 1981 soll das Ertragsverhalten im Jugendstadium aufzeigen; die Summe von 1982 bis 1987 gibt Aufschluss über die Phase des „ansteigenden Ertrages".

Ertragsklasse:
1 = < 92 kg je Baum
2 = > 92 ≤ 184 kg je Baum
3 = > 184 ≤ 276 kg je Baum
4 = > 276 ≤ 368 kg je Baum
5 = > 368 ≤ 460 kg je Baum
6 = > 460 ≤ 552 kg je Baum
7 = > 552 ≤ 664 kg je Baum
8 = > 664 ≤ 736 kg je Baum
9 = > 736 ≤ 828 kg je Baum
10 = > 828 ≤ 920 kg je Baum

Die Einteilung hat den höchsten kumulierten Ertrag von 920 kg je Baum bei der Sorte 'Engelshofer' zur Grundlage.

Kronenvolumen: Berechnet nach SILBEREISEN für Hohlkronen:

$$V = \frac{a \times b \times h \times \pi}{2}$$

Ertragskapazität: Berechnet nach WINTER, mittlere Kronenlänge x mittlere Kronenstärke

Alternanzneigung: Als Maß werden die Ertragsunterschiede zweier aufeinanderfolgender Jahre (1985–1987) herangezogen:
Unterschied < 25 % = geringe Alternanzneigung (g)

Überreicher Fruchtansatz eines Streuobstbaums im Tragejahr (oben). Die Folge ist im nächsten das Rastjahr mit geringem Ertrag (unten). (Fotos: KEPPEL)

> 25 % < 50 % = mittlere Alternanzneigung (m)
> 50 % = starke Alternanzneigung (st)

Größenklassenmaximum (GKLM) = Größenklasse mit dem höchsten Fruchtanteil. Schätzmaß für die Arbeitsleistung beim Handauflesen; da diese von der Fruchtgröße abhängig ist, steigt mit dem Größenklassenmaximum auch die Leistung.

Fruchtformenindex (FFI):

$$FFI = \frac{h^2}{a \times b}$$

a = max. Fruchtdurchmesser
b = min. Fruchtdurchmesser
h = Fruchthöhe von Stielbuchtrand bis Kelchbuchtrand

Herber Geschmack:
3 = stark 2 = mittel
1 = schwach – = keiner

Fruchtfarbe: Es wird nur die Ausbildung der Deckfarbe angeführt:
d = deckfärbig rot g = gelb
f = geflammt s = gestreift

Trockensubstanz- und Säuregehaltswerte sowie pH-Werte: Durchschnittswerte aus den Jahren 1981–1986

Mehltau, Schorf und Rote Spinne:
0 = kein Befall
5 = sehr starker Befall
F = Fruchtschorf
B = Blattschorf
Keine Unterscheidung in F und B bedeutet gleichmäßiger Befall an Blatt und Frucht.

Aus produktionstechnischen, technologischen, sensorischen und wirtschaftlichen Gründen sind an Mostäpfel bestimmte Anforderungen zu stellen.

Hoher Säuregehalt
Ein Grenzwert von 12 g x l–1 (= ‰, berechnet als Weinsäure) sollte nicht unterschritten werden.

Hohe Saftausbeute
Im Rahmen der modernen Presstechnik kommt diesem Punkt eine etwas geringere Bedeutung zu. Für die bäuerliche Obstverarbeitung ist dieses Merkmal jedoch weiterhin sehr wichtig. Die Unterschiede zwischen den untersuchten Sorten sind relativ gering. Der Zeitpunkt der „optimalen Reife" (optimales Zucker-Säure-Verhältnis) fällt mit dem der „optimalen Ausbeute" jedoch nicht immer zusammen. Beispielsweise hat der 'Klarapfel' zum Zeitpunkt der „optimalen Ausbeute" einen hohen Gehalt an titrierbarer Säure und geringen Zuckergehalt. Bei optimalem Zucker-Säure-Verhältnis hat die Sorte einen geringeren Texturwert (mehlig), was sich in einer verminderten Ausbeute niederschlägt. Die Untersuchungen zeigten, dass Reifegrad bzw. Wert der Textur einen bedeutend größeren Einfluss ausüben als die einzelnen Sorten.

Geringe Krankheitsanfälligkeit
Die im Hinblick auf eine kosten- und arbeitszeitsparende Produktion wichtigen Eigenschaften Mehltau- und Schorffreiheit sowie geringer Befall mit Roter Spinne wurden beobachtet.

Früheinsetzende Ertragsphase
Die produktionstechnischen Bedingungen eines früh einsetzenden Ertrages und damit einer kurzen rohertragslosen Phase wird mit Erträgen unter 45 kg je Baum in den ersten acht Standjahren erfüllt.

Geringe genetische Alternanzneigung
Das Brechen der Alternanz kann bei Altobstbäumen durch Schnittmaßnahmen erreicht werden. Da der Mostobstbau infolge der kleinbäuerlichen Betriebsstruktur extensiv geführt wird und im Streuobstbau überalterte, großkronige Baumformen überwiegen, wird keine regelmäßige Pflege (Schnitt) durchgeführt. Zurzeit reift die Überlegung heran, den Mostobstbau in extensivster Form, jedoch mit minimalen Schnittmaßnahmen (Auslichten zur Vergreisungsvorbeugung jedes dritte Jahr) als Kulturbrache bei stillzulegenden Flächen (für maschinelle Bearbeitung nicht geeignete Hangflächen) einzuführen. Um auf solchen Flächen Erträge zu erzielen, sind Alternanz verhindernde Maßnahmen, wie chemische Fruchtausdünnung und periodischer Schnitt, unerlässlich. Sorten- und Unterlagenwahl bzw. bestimmte Pflanz- und Erziehungssysteme allein genügen nämlich hierfür nicht, da auch Witterungseinflüsse (Spätfröste) und Schorfbefall Alternanz auslösend wirken.

Harmonisches Zucker-Säure-Verhältnis (10 bis 12 : 1)
Der Forderung eines Zucker-Säure-Verhältnisses von 10 bis 12 : 1 entsprechen die Sorten: '759', 'Berry-Apfel', 'Börtlinger Weinapfel', 'Champagner Renette', 'Engelsberger', 'Heimenhofer', Mostäpfel 'Dennig' und 'Wiedner', 'Odenwälder', 'Silberschneider', 'Thurgauer Weinapfel', Wuchse 1, 3, 4, 6, 17, 24, 29, 30, 'Ananasrenette', 'Roter Berlepsch', 'Sternrenette'.

Problem der Sortenechtheit im Genarchiv
Beim Suchen und Sichten von Genarchivsorten trifft man auf regionale Synonyme. Meist beharren Besitzer von interessanten Altobstbäumen auf die über Generationen hinweg überlieferte (oft unrichtige) Sortenbezeichnung, obwohl erfahrene Pomologen diese Sorten einwandfrei identifizieren können. Häufig gibt es auch unterschiedliche

Sortennamen von Gemeinde zu Gemeinde (z. B. 'Jakob Lebel' bzw. 'Jakob Level'). Weiters führen Schreibfehler auf Edelreiseretiketten dazu, dass ein Sortenname unabsichtlich verändert wird. Aus diesen Gründen unterbleibt eine pomologische Zuordnung der einzelnen Vermehrungsnummern von Obstbaumeister WUCHSE bis zur Identifizierung der Sorten mithilfe einschlägiger Literatur. Sollten in den Tabellen Sortennamen unrichtig geschrieben sein, bittet der Verfasser um klärende Hinweise.

Überlegungen zur Erziehung

Im Test der Landesversuchsanlage Haidegg steht als einheitliche Baumform die Dreiast-Hohlkrone. Im Jugendstadium wurde bei der Hauptleitaststellung darauf geachtet, einen Astansatzwinkel von 45° zu erreichen. Ab dem dritten Standjahr erfolgte der Kronenaufbau sortenindividuell. Dadurch und infolge fototroper Einflüsse entwickelten sich lockere Kronen mit mehr oder weniger steilen Leitästen, die auch bei hohen Erträgen kaum jemals gestützt werden müssen. Dies wirkt sich sehr positiv auch im Hinblick auf einen ungehinderten Einsatz von Schüttel- und Auflesemaschinen aus.

Überlegungen zur Unterlagenwahl

WIDMER stellt als Veredelungspartner M 25 in den Vordergrund, wobei er auf die Spindelhecke bzw. freie Hecke hinweist. Nach unseren Erfahrungen ist M 25 am Hang ohne Pfahlunterstützung beim Viertelstamm im Ertragsalter zu wenig standfest. Deshalb und auch wegen seines Nährstoffaufschließungsvermögens sollte bei Verwendung von juvenil ertragsreichen Sorten der Sämling nicht außer Acht gelassen werden.

Virusstatus

Als Pflanzmaterial sollten in der Anfangsphase einer Mostobstflächenrotation nur virusfreie Bäume verwendet werden. Im Zuge der Sortendiskussion ist primär eine Virusbefreiung der interessanten Mostobstsorten, später aller Genarchivsorten durchzuführen. Schwer zu bewältigen, aber dringend notwendig ist eine Klonprüfung der Genarchivsorten, welche die äußeren und inneren Fruchteigenschaften umschließen müsste. Die Weitervermehrung einer Sorte sollte nur von einwandfrei identifizierten Bäumen aus kontrollierten Reisergärten erfolgen, um nicht diverse Krankheiten und falsche Namen weiterzuschleppen.

Allergene

Ein Allergen (griechisch: das Allergieerzeugende) ist eine Substanz, die über Vermittlung des Immunsystems Überempfindlichkeitsreaktionen auslöst.

Ein Allergen ist ein Antigen. Die von ihm verursachte Überempfindlichkeitsreaktion des Immunsystems heißt allergische Reaktion. Allergene haben keine chemischen Gemeinsamkeiten. Deswegen ist es nicht möglich, eine Chemikalie zu entwickeln, die Allergene zerstört. Die meisten Allergene sind Eiweiße oder Eiweißverbindungen. Das Immunsystem allergischer Patienten reagiert mit der Bildung von IgE (Immunglobulin E) – Antikörpern – auf den Kontakt mit Allergenen. „Pseudoallergene" sind demgegenüber Stoffe, bei denen das Immunsystem nicht beteiligt ist, wohl aber Mediatoren, wie z. B. die Histamine. Von einer **Kreuzallergie** (Kreuzreaktion) wird dann gesprochen, wenn Immunglobulin-E-Antikörper, die gegen ein bestimmtes Allergen in einer bestimmten Allergenquelle gerichtet sind, auch andere Allergene in anderen Allergenquellen erkennen und somit auch bei Kontakt mit diesen anderen Allergenquellen eine allergische Reaktion auslösen können. (Quelle: Wikipedia, abgerufen am 20. 04. 2012, 10:23)

Eine Kreuzallergie wird oft fälschlich mit der Nahrungsmittelunverträglichkeit/-intoleranz verwechselt. Dabei sind die Auslöser biogene Amine, wie beispielsweise Histamine (beispielsweise in Erdbeeren, Rotwein, Sekt), Serotonin (auch in Ananas, Bananen und Walnüssen enthalten) und andere Stoffe der Lebensmittel.

<u>Kreuzallergie von Obst (nach HÖRNER, 2012)</u>
Birke: gegen Apfel (grüner), Erdnuss, Haselnuss, Kirsche, Marille (Aprikose), Mandel, Nektarine, Pfirsich, Walnuss, Zwetschke

Der Apfel unterliegt der Kreuzallergie. Apfelpollen ist z. B. kreuzallergisch mit dem Birkenpollen. Birkenpollenallergiker können beim Essen von Äpfeln dieselben Allergiesymptome erleiden, wie diese vom Birkenpollen ausgelöst werden (Schwellungen, Juckreiz und Rötung der Schleimhaut des Mundes), obwohl die Esser gegen den Apfel nicht allergisch sind.

Gegenwärtig kennt man vier Allergene beim Apfel:

- Mal d 1 ist das wichtigste Allergen im Apfel und speziell in Nord- und Zentraleuropa verbreitet.
- Mal d 2 ist bekannt, aber noch kaum wissenschaftlich bearbeitet.
- Mal d 3 ist vorwiegend in Südeuropa beheimatet und dort bedeutendstes Allergen.
- Mal d 4 ist zurzeit wenig wirksam.

Die Allergene sind im Auftreten nicht speziell sortentypisch, sondern sind auch abhängig von abiotischen und biotischen Faktoren. Dazu zählen Klima, Boden, Standort, Pflanzmaterial, Erziehungsform, Schnitt, Düngung, Pflanzenschutz, Erntezeitpunkt, Lagerung, Reifegrad, Zubereitungsart und andere. Der Gehalt an Allergenen bleibt nicht stabil. Dieser kann innerhalb einer Sorte und in Abhängigkeit der Vegetation sowie des Lagerverfahrens und der Lagerdauer schwanken. Eine wirklich allergenfreie Sorte ist derzeit nicht bekannt (SCHMITZ-EIBERGER, 2011). Neueste Beobachtungen zeigen, dass Apfelallergiker frische Äpfel durchaus vertragen

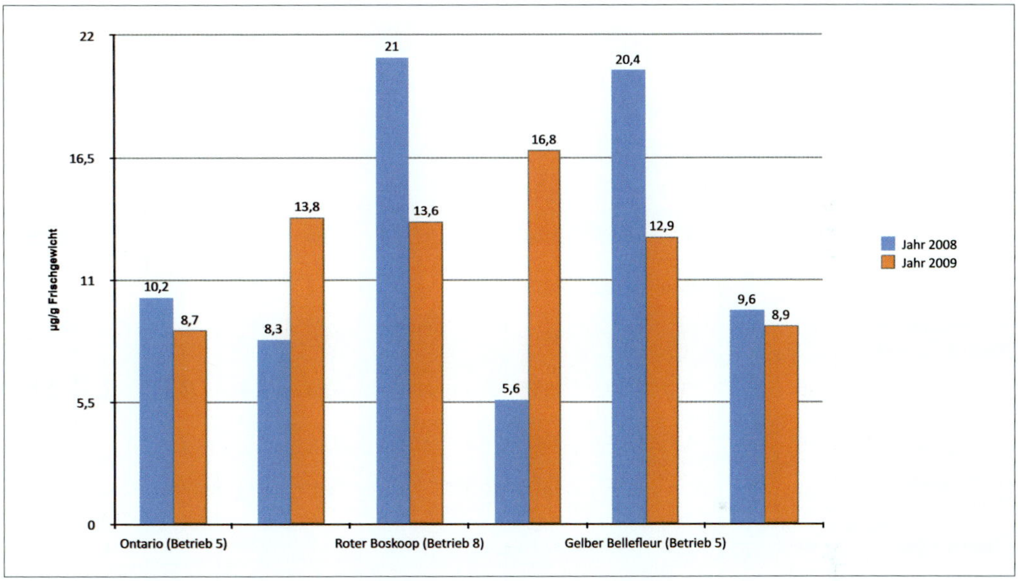

Mal-d-1-Gehalte in den Jahren 2008 und 2009 (Grafik: FOITH, 2012), verändert

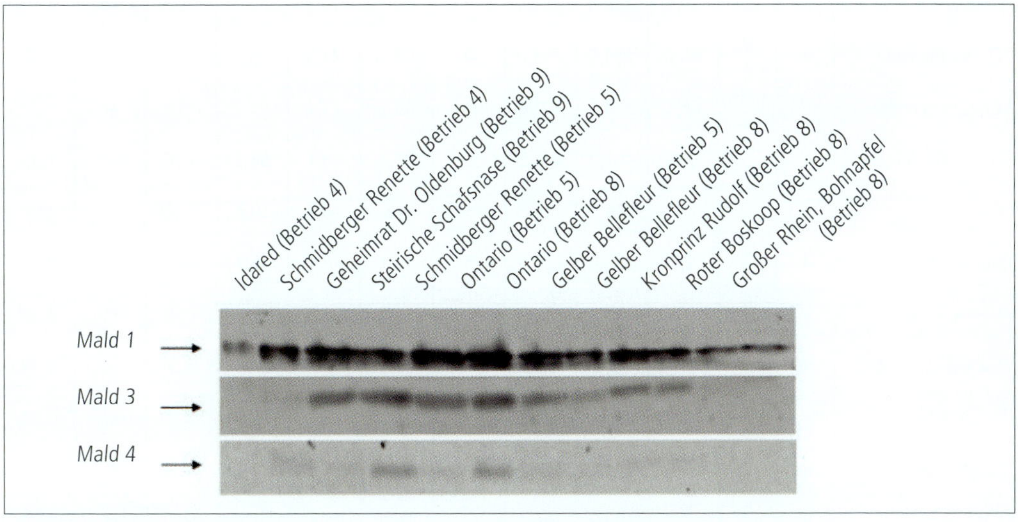

Qualitativer Allergennachweis von Mal d 1, Mal d 3 und Mal d 4 (Grafik: FOITH, 2012), verändert

Übersicht über verschiedene Sortenmerkmale und Fruchteigenschaften

Sorte	Blühbeginn	Reifezeit	Kumulierter Ertrag 74–81	Kumulierter Ertrag 82–87	Kumulierter Ertrag 74–87	Ertrags-klasse	Kronen-volumen in m^3	Ertrag in kg/m^3 Kronenvolumen	Ertrags-kapazität in m:	Ertrags-kapazität in kg/m^2	Alternanz-neigung	Ertrag in kg/cm^2 Stammquer-schnitt
'759'	m	A X	1,0	37,0	38,0	1	6,5	5,9	7,6	5,0	m	0.60
'Beffert'	m	M X	6,0	184,3	190,3	3	18,3	10,4	23,4	8,1	st	1,43
'Bernecker'	m	E IX	13,0	225,2	238,2	3	17,0	15,8	21,7	12,4	st	1,57
'Berner Rosen'	sp	E IX	75,5	514,8	590,2	7	11,3	52,3	14,4	41,0	m	2,94
'Berry-Apfel'	ssp	E IX	-	51,0	51,0	1	19,8	2,6	25,2	2,0	-	0,19
'Bittenfelder'	m	M X	32,5	268,0	300,5	4	21,4	14,0	27,2	11,0	st	1,70
'Blauacher'	m	E IX	-	69,5	69,5	1	9,4	7,4	12,0	5,8	-	0,49
'Börtlinger Weimpfel'	m	A X	18,0	198,0	216,0	3	15,9	13,6	20,2	10,7	m	1,63
'Bramleys Seedling'	m	A X	102.0	720,0	822,0	9	26,8	30,7	34,2	24,0	m	2,37
'Champagner Renette'	sp	A X	47,0	307,5	354,5	4	26,3	13,5	33,6	10,6	m	1,56
'Chüsenrainer'	sp	M X	29,0	127,5	156,5	2	5,0	31,3	6,4	24,5	st	2,21
'Danziger Kantapfel'	m	E IX	4,5	261,0	265,5	3	15,2	17,5	19,3	13,8	g	1,32
'Dr. Friedrich Rotholz'	m	A X	-	191,0	191,0	3	19,4	9,9	24,8	7,7	st	0,95
'Engelsberger'	ssp	A X	26,5	294,0	320,5	4	17,6	18,2	22,4	14,3	st	0,93
'Engelshofer'	m	M X	74,0	846,0	920,0	10	20,7	44,4	26,4	34,8	g	3,25
'Heslacher Luiken'	sp	E IX	12,5	438,0	450,5	5	23,3	19,3	29,7	15,2	st	1,77
'Gelber Rambour'	m	M X	66,0	687,0	753,0	9	18,1	41,6	23,1	32,6	st	2,66
'Gr. Brünnerling'	m	M X	16,5	374,5	391,0	5	18,2	21,4	23,2	16,9	st	2,07
'Gr. Hordapfel'	m	M X	2,5	455,0	457,5	5	30,4	15,1	38,7	11,8	st	1,80
'Grenadier'	f	A X	11,0	215,8	226,8	3	8,5	26,7	10,8	21,0	st	1,06
'Hauxapfel'	f	M X	9,5	228,0	237,5	3	13,1	18,1	16,7	14,2	m	0,88
'Heimenhofer'	m	A X	9,0	243,0	252,0	3	9,5	26,5	12,1	20,8	m	2,65
'Hubers Mostapfel'	m		-	51,5	51,5	1	17,5	2.9	22,3	2,3	-	0,33
'Ilzer Rosen'	m	M X	18,0	235,2	253,2	3	23,7	10,7	30,2	8,4	st	0,89
'Jakob Lebel'	m	A X	56,0	501,0	557,0	7	25,9	21,5	33,0	18,9	st	1,77
'Lord Derby'	m	A X	3,5	190,9	194,4	3	16,8	11,6	21,5	9,0	m	1,58

älterer (Most-)Apfelsorten aus der Steiermark – Pflanzjahr 1974

Größenklassen-verteilung	GKLM	Frucht-gewicht Ø	FF1	herber Geschm.	Fruchtfarbe	relative Dichte	Trocken-substanzgehalt OBrix	Säuregehalt g x 1^{-1} als Weinsäure	pH-Wert	Z:S-Verhältnis	Mehltau	Schorf	Rote Spinne
60–85	85	188	0,721	3	s	0,833	12,2 ± 0,4	10,1 ± 1,2	2,88 ± 0,42	10 : 1	0	0	3
55–80	65	124	0,733	1	s	0,834	13,7 ± 2,1	5,3 ± 2,0	3,37 ± 0,19	19 : 1	1	0	4
55–90	70	93	0,781	3	s	0,778	10,9 ± 0,6	15,1 ± 1,1	2,93 ± 0,18	7 : 1	0	0	1
55–85	60	127	0,898	-	d	0,770	10,2 ± 1,3	7,4 ± 1,5	3,31 ± 0,40	13 : 1	1	0	1
55–80	60	102	0,839	1	s	0,770	12,1 ± 0,5	8,5 ± 0,7	3,41 ± 0,24	12 : 1	0	0	5
55–80	70	108	0,770	2	d	0,831	14,8 ± 1,3	14,0 ± 1,5	3,06 ± 0,20	9 : 1	1	0	3,5
60–90	80	196	0,697	2	d	0,844	13,2 ± 0,8	9,71 ± 2,0	3,35 ± 0,15	13 : 1	3	1,5	3,5
55–80	65	122	0,790	1	g	0,818	10,7 ± 1,5	11,5 ± 1,7	3,21 ± 0,14	10 : 1	0	0	4,5
55–90+	85	155	0.637	1	g	0,855	11,1 ± 1,4	12,9 ± 1,7	3,11 ± 0,19	8 : 1	1	0	0
55–90	75	122	0,579	1	g	0,832	11,7 ± 1,0	10,9 ± 0,2	3,09 ± 0,24	10 : 1	0	F 2 B 4	2,5
55–85	60	77	0,585	2	s	0,888	11,1 ± 1,6	8,21 ± 2,0	3,18 ± 0,11	13 : 1	3	0	2,5
55–85	70	127	0,705	-	d	0,799	12,1 ± 0,7	7,9 ± 0,5	3,20 ± 0,24	14 : 1	1	-	2
55–80	65	101	0,779	-	g	0,703	10,2 ± 0,6	5,9 ± 0,9	3.25 ± 0,15	16 : 1	3	B 1 F 4	2,5
55–75	65	120	0,861	-	g	0,792	11,2 ± 0,9	10,9 ± 1,6	2,94 ± 0,28	10 : 1	0	0	0
55–75	65	66	0,622	3	d	0,767	12,6 ± 2,5	14,1 ± 2,0	2,93 ± 0,12	8 : 1	0	1	1,5
55–85	60	129	0,562	2	s	0,779	11,1 ± 1,2	12,1 ± 2,0	3,11 ± 0,17	8 : 1	2,5	1	0
55–90+	75	153	0,924	3	f	0,839	11,3 ± 1,0	11,9 ± 3,0	3,01 ± 0,11	9 : 1	3	F 1	3
55–90+	75	147	0,784	1	d	0,837	12,1 ± 0,8	8,6 ± 1,0	3,13 ± 0,27	13 : 1	1	B 2	3,5
55–80	65	87	0,691	3	s	0,745	12,1 ± 0,6	11,1 ± 1,9	3,05 ± 0,27	9 : 1	0	0	0
-	-	-	0,633	2	g	-	9,6 ± 0,3	13,2 ± 1,6	3,04 ± 0,06	7 : 1	2	0	3
55–90+	85	148	0,734	2	s	0,812	11,1 ± 1,2	14,5 ± 1,2	3,06 ± 0,21	8 : 1	0	0	0
55–85	75	123	0,708	2	f	0,810	12,2 ± 1,1	10,2 ± 0,8	3,15 ± 0,12	12 : 1	0	0	2
-	-	-	0,743	3	g	-	12,9	-	2,96				
55–75	65	97	0,797	-	s	0,820	12,4 ± 1,4	8,9 ± 1,4	3,30 ± 0,13	13 : 1	2	0	2
60–85	80	158	0,612	2	s	0,825	11,1 ± 1,8	9,21 ± 2,6	3,16 ± 0,20	11 : 1	0	3,5	2
60–85	85	209	0,759	1	g	0,761	10,6 ± 2,6	6,91 ± 0,3	3,14 ± 0,44	15 : 1	3	B 3,5	3,5

Übersicht über verschiedene Sortenmerkmale und Fruchteigenschaften

Sorte	Blühbeginn	Reifezeit	Kumulierter Ertrag 74–81	Kumulierter Ertrag 82–87	Kumulierter Ertrag 74–87	Ertrags-klasse	Kronen-volumen in m^3	Ertrag in kg/m^3 Kronenvolumen	Ertrags-kapazität in m:	Ertrags-kapazität in kg/m^2	Alternanz-neigung	Ertrag in kg/cm^2 Stammquer-schnitt
'Mauks Hybrid'	m	A X	130,0	418,3	548,3	6	16,5	33,2	21,0	26,1	g	2,57
'Mauthausner Limoni'	sp	M X	6,5	289,0	295,5	4	25,9	11,4	33,0	8,9	st	1,67
'Miller's Seedling'	m	M IX	-	171,0	171,0	2	23,3	7,3	29,7	5.8	st	0,45
'Morgenduft'	m	M X	10,0	59,2	69,2	1	7,5	9,2	9,7	7,1	st	0.73
'Mostapfel Dennig'	sp	E IX	21,0	249,5	270,5	3	20,7	13,9	26,4	10,2	m	1,13
'Mostapfel Wiedner'	m	E IX	3,0	9,5	12,5	1	1,8	6.9	2,3	5,4	-	0,38
'Odenwälder'	m	E IX	48,0	229,0	277,0	4	6,8	40,7	8,6	32,2	m	2,09
'Pressapfel LH'	m	M X	3,0	213,0	216,0	3	22,0	9,8	28,1	7,7	st	1,01
'Quitten-maschanzker'	sp	M X	24,0	172,5	196,5	3	22,4	8,8	28,5	6,9	st	0,77
'Rapid'	m	A X	15,0	299,7	314,7	4	21,5	14,6	28,6	11,0	st	2,20
'Rote Schafnase'	sp	E IX	49,0	239,7	288,7	4	20,2	14,3	25,7	11,2	st	1,63
'Sauergrauech'	sp	A X	11,5	110,7	122,2	2	14,4	8,5	18,4	6,6	m	0,92
'Silberschneider'	m	M X	1,0	213,0	214,0	3	18,1	11,8	23,1	9,3	st	0,84
'Södliapfel'	m	A X	15,5	146,8	162,3	2	19,8	8,2	25,3	6,4	st	1.71
'Spätblühender Taffetapfel'	ssp	E IX	13.0	272,8	285,8	4	19,7	14,5	25,0	11,4	m	1,26
'Thurgauer Weinapfel'	m	A X	28,0	100,5	128,5	2	18,9	6,8	24,1	5,3	m	0,84
'Tobiasler'	f	M X	33,0	292,5	325,5	4	10,7	30,4	13,7	23,8	m	2,54
'Welschbrunner'	m	M X	18,0	213,0	231.0	3	20,7	11,2	26,4	8,8	st	0,91
'Willerrot'	m	A X	9,5	252,8	262,3	3	18,9	13,9	24,1	10,9	st	1,09
'Worcester Pearmain'	m	E IX	11,5	65.0	76,5	1	9,8	7,8	12,4	6,2	st	0,58
'Wuchse 1'	m	A X	-	207.0	207,0	3	65,8	3,2	83,6	2,5	st	0,46
'Wuchse 2'	m	E IX	9,0	166,0	173,0	2	15,5	11,2	19,8	8,7	st	0.98
'Wuchse 3'	m	M X	-	103,5	103,5	2	33,8	3,1	43,0	2,4	st	0,25
'Wuchse 4'	m	E X	7,0	292,0	299,0	4	20,3	14,7	25,9	11,5	st	1.49
'Wuchse 5'	m	M X	1.0	463,0	464,0	6	20,7	22,4	26,4	17,6	st	1,64
'Wuchse 6'	m	A X	-	12,0	12,0	1	5,5	2,2	7,0	1,7	-	0,15

älterer (Most-)Apfelsorten aus der Steiermark – Pflanzjahr 1974

Größenklassen-verteilung	GKLM	Frucht-gewicht Ø	FF1	herber Geschm.	Fruchtfarbe	relative Dichte	Trocken-substanzgehalt OBrix	Säuregehalt g x 1^{-1} als Weinsäure	pH-Wert	Z:S-Verhältnis	Mehltau	Schorf	Rote Spinne
55–90+	75	149	0,687	1	d	0,776	12,2 ± 2,3	7,8 ± 1,0	3,20 ± 0,32	14 : 1	3	F 1,5	0
55–85	70	129	0,822	1	f	0,750	12,8 ± 1,3	9,6 ± 2,6	3,12 ± 0,29	14 : 1	1	1	2
55–75	60	112	0,794	-	s	0,732	10,0 ± 0,7	6,2 ± 1,7	3,46 ± 0,15	22 : 1	-	-	-
55–90+	75	202	0,717	1	f	0,821	11,9 ± 0,9	6,1 ± 0,7	3,22 ± 0,21	18 : 1	5	4	,1
55–80	60	97	0,724	2	g	0,830	11,6 ± 0,9	11,5 ± 0,9	3,14 ± 0,19	10 : 1	0	F 2,5	2,5
–60	60	-	0,720	3	s	-	10,7 ± 1,1	8,4 ± 1,4	3,17 ± 0,16	12 : 1	1	0	4
55–80	75	122	0,854	1	s	0,734	11,3 ± 1,1	9,5 ± 0,3	3,09 ± 0,14	12 : 1	3	0	2
55–85	60	-	0,785	3	s	-	13,5 ± 0,9	12,6	3,02 ± 0,25	-	0	4,5	0
55–75	65	97	0,955	1	g	0,844	11,9 ± 1,1	7,6 ± 0,6	3,17 ± 0,29	13 : 1	-	-	-
55–85	70	123	0,687	2	s	0,774	15,3 ± 0,9	3,4 ± 0,1	3,84 ± 0,36	38 : 1	0	0	1
55–75	60	94	1,323	1	d	0,831	11,5 ± 0,1	8,6 ± 0,4	3,20 ± 0,16	13 : 1	2	FO B 2	5
55–90	70	112	0,775	1	d	0,777	12,3 ± 1,3	9,2 ± 1,9	3,31 ± 0,25	13 : 1	1	0	1
55–80	60	-	0,758	3	g	-	13,0 ± 0,4	8,0 ± 2,1	3,26 ± 0,30	11 : 1	4,5	1	3
55–90	65	73	0,794	1	d	0,780	12,3 ± 1,2	7,5 ± 0,8	3,46 ± 0,12	15 : 1	1	0	2
55–85	70	90	0,855	-	f	0,742	11,1 ± 1,2	12,5 ± 0,9	3,14 ± 0,09	9 : 1	1	0	2
55–85	60	83	0,730	3	f	0,818	13,0 ± 1,1	8,5 ± 2,0	3,24 ± 0,47	12 : 1	4	0	4
55–70	60	-	0,742	2	f	-	11,7 ± 1,0	6,1 ± 0,1	3,21 ± 0,27	16 : 1	2	1	4
55–85	70	124	0,725	2	d	0,830	11,8 ± 2,1	14,1 ± 2,2	2,82 ± 0,27	8 : 1	2,5	2	3
55–90+	70	107	0.659	2	d	0,819	11,5 ± 1,2	8,8 ± 1,5	3,11 ± 0,37	13 : 1	2	0	1,5
55–80	70	127	0,783	-	s	0,792	13,7 ± 1,4	5,1 ± 0,6	3,65 ± 0,19	29 : 1	-	-	-
55–75	65	121	0,827	2	d	0,783	11,6 ± 1,6	9,5 ± 1,4	2,97 ± 0,21	12 : 1	0	0	0
55–80	65	113	0,672	2	g	0,773	11,5 ± 0,9	12,0 ± 0,9	3.08 ± 0,38	8 : 1	0	0	1
55–75	65	-	0,979	3	g	-	11,6 ± 0,4	11,0 ± 0,9	3,07 ± 0,03	10 : 1	2	0	1
55–70	65	182	-	-	g	0,766	12,3 ± 1,4	10,1 ± 3,3	3,11 ± 0,19	11 : 1	2	1	0
55–70	60	88	0,744	3	g	0,800	11,9 ± 1,0	11,7 ± 0,6	3,14 ± 0,18	9 : 1	1,5	0	0
55–75	60	101	0,669	-	g	0,754	14,5	13,3	2,89	10 : 1	0	0	0

Übersicht über verschiedene Sortenmerkmale und Fruchteigenschaften

Sorte	Blühbeginn	Reifezeit	Kumulierter Ertrag 74–81	Kumulierter Ertrag 82–87	Kumulierter Ertrag 74–87	Ertrags-klasse	Kronen-volumen in m^3	Ertrag in kg/m^3 Kronenvolumen	Ertrags-kapazität in m:	Ertrags-kapazität in kg/m^2	Alternanz-neigung	Ertrag in kg/cm^2 Stammquer-schnitt
'Wuchse 7'	m	M X	-	704,0	704,0	8	29,1	24,2	37,1	19,0	m	2,24
'Wuchse 8'	sp	E IX	116,0	536,0	652,0	29,1	22,2	37,1	17,6	st	st	2,30
'Wuchse 9'	ssp	M X	-	227,0	227,0	3	29,8	7,6	38,0	6,0	m	0.66
'Wuchse 10'	m	E IX	15,0	253,5	268,5	3	18,3	14,7	23,3	11,5	st	1,06
'Wuchse 11'	sp	M IX	-	95,7	95,7	2	15,9	6,0	20,2	4.7	st	0,51
'Wuchse 12'	sp	E IX	35,0	137,0	172.0	2	12,6	13,7	16,1	10,7	g	1,30
'Wuchse 15'	ssp	M X	4,0	214,3	218,3	3	18,4	11,9	29,9	7,3	m	1,72
'Wuchse 16'	m	E X	17,0	207,5	224,5	3	18,1	12,4	23,1	9,7	st	1,27
'Wuchse 17'	m	M X	16,0	195,0	211,0	3	6,6	32,0	8,4	25,1	st	2,22
'Wuchse 18'	m	A X	35,0	213,0	248,0	3	5,3	46,8	6,8	36,5	st	3,90
'Wuchse 19'	m	E IX	49,0	310,0	359,0	4	12,8	28,1	16,3	22,0	m	1,58
'Wuchse 22'	m	A X	18,0	241,0	259,0	3	17,6	14,7	22,4	11,6	st	1.02
'Wuchse 23'	m	A X	4,0	62,0	66,0	1	8,2	8,1	10,5	6,3	st	0,58
'Wuchse 24'	sp	A X	19,0	308,7	327,7	4	11,7	28,0	14,9	22,0	st	2,90
'Wuchse 28'	m	E X	4,0	81,2	85,2	1	9,3	9,2	11,9	7,2	st	1,70
'Wuchse 29'	m	E X	11,0	178,5	189,5	3	15,2	12,5	19,4	9,8	st	1,43

älterer (Most-)Apfelsorten aus der Steiermark – Pflanzjahr 1974

Größenklassen-verteilung	GKLM	Frucht-gewicht Ø	FF1	herber Geschm.	Fruchtfarbe	relative Dichte	Trocken-substanzgehalt OBrix	Säuregehalt g x l^{-1} als Weinsäure	pH-Wert	Z:S-Verhältnis	Mehltau	Schorf	Rote Spinne
55–85	60	62	0,865	3	f	0,772	10,4 ± 0,5	25,6 ± 0,6	2,85 ± 0,25	4 : 1	0	2,5	0
55–75	70	99	0,778	3	f	0,793	10,1 ± 1,4	16,0 ± 6,5	3,08 ± 0,17	9 : 1	0	4	0
55–90+	85	168	0,613	2	g	0,833	12,4 ± 1,0	9,0 ± 1,1	2,96 ± 0,25	12 : 1	5	0	2,5
55–90+	85	-	0,715	-	d	-	10,4 ± 0,8	5,4	3,19 ± 0,13	16 : 1	5	-	2,5
55–75	65	-	0,553	-	s	-	11,8 ± 0,2	13,1	2,87 ± 0,09	8 : 1	3	B 3	5
55–85	70	148	0,699	1	g	0,797	11,4 ± 1,6	6,5 ± 0,8	3,08 ± 0,34	17 : 1	2,5	0	3,5
55–75	60	102	0,792	3	s	0,758	12,7 ± 0,3	14,0 ± 1,6	2,99 ± 0,04	9 : 1	0	1	2,5
60–80	70	83	0,834	2	s	0,794	12,1 ± 0,8	10,2 ± 4,8	3,14 ± 0,33	13 : 1	4	0	3,5
55–90	65	106	0,646	1	g	0,876	11,7 ± 2,5	8,3 ± 1,2	3,01 ± 0,20	12 : 1	2,5	0	3,5
55–85	75	117	0,728	3	f	0,839	11,6 ± 13	13,8 ± 4,0	3,02 ± 0,1524	8 : 1	5	0	5
55–65	60	-	0,775	3	s	-	12,4 ± 0,8	12,5 ± 2,6	3,08 ± 0,27	7 : 1	1,5	1	2
55–90+	75	145	0,630	2	f	0,802	12,4 ± 1,0	9,2 ± 1,9	3,24 ± 0,26	13 : 1	1,5	0	1
55–75	65	109	0,639	-	d	0,830	12,7 ± 0,2	9,0 ± 2,0	3,40 ± 0,16	15 : 1	1	0	2
55–90	70	117	0,670	1	d	0,810	12,4 ± 1,6	10,9 ± 3,2	3,23 ± 0,30	11 : 1	0	0	1
55–80	70	-	0,764	1	f	-	12,4 ± 0,7	6,6	3,27 ± 0,26	-	2	0	4
55–75	60	-	0,756	2	d	-	11,0 ± 0,6	7,7 ± 0,4	3,22 ± 0,26	12 : 1	2,5	0	3,5

können, aber mit zunehmender Lagerdauer Allergenprobleme erleiden können.

Da in der gegenwärtigen Sortenzüchtung der Phenolgehalt der Früchte wegen der störenden Eigenschaft des Verbräunens nach dem Anbeißen oder Anschneiden herausgezüchtet wird, sind auch die natürlichen Gegenspieler der Apfelallergene, die Polyphenole, die einen säuerlichen, oft bitteren bis adstringierenden (zusammenziehenden) Geschmack und die Verbräunung der Bissflächen eines Apfels induzieren, in den neuen Sorten minimiert.

„Ähnlich wie bei den Inhaltsstoffen variieren die Allergengehalte von Jahr zu Jahr und von Standort zu Standort und lassen daher nur bedingt Rückschlüsse bzw. Empfehlungen für den Verzehr von Äpfeln zu. Da unter anderem vielfältige biotische und abiotische Faktoren die Menge an Allergenen im Apfel beeinflussen, kann nicht unbedingt von einer sortentypischen Eigenschaft – was die Höhe an detektierten (untersuchten) Allergenen betrifft – gesprochen werden." (FOITH, 2012)

1.2 Die Birne (Kulturbirne – *Pyrus communis*)

Wie der Apfel so lässt sich auch die Holzbirne auf mehrere **Wildformen** zurückführen:

- **Holzbirne** (*Pyrus communis*)
  In Europa wild vorkommend, rundliche bis eiförmige, nur in der Jugend behaarte Blätter. Blattlänge und -stiel weisen die gleiche Länge auf, die Früchte sind birnförmig oder rundlich.
- **Leder-** oder **Schneebirne**
  (*Pyrus communis* subsp. *nivalis*)
  Die Blätter weisen eine verkehrt eiförmige Blattform auf, der Blattstiel misst nur ca. ein Viertel der Blattlänge. Die Früchte zeigen eine kugelige Fruchtform bei gelblicher Farbe. Diese Urform ist in der Steiermark, in Kärnten, in Niederösterreich, im Donauraum sowie in Südosteuropa verbreitet.
- **Chinesische** oder **ussurische Birne**
  (*Pyrus sinensis*)
  Die in Japan, Nordafrika und China beheimatete Birnenurform weist an der auslaufenden Blattzahnung fadenartige Verlängerungen auf.

Wirtschaftliche Aspekte

Der Birnenanbau umfasst nur ein Drittel der Apfelfläche, wobei ein sehr hoher Anteil auf die Mostfrucht entfällt. Der Birnenanbau wurde in Italien auf den warmen, wenig apfelholden Standorten stark ausgeweitet. Die Birne steht wegen der kurzen Genusszeit der Früchte, dem vorzeitig einsetzenden Sättigungsgefühl, der begrenzten Lagerfähigkeit und der minderen Anbautauglichkeit bei schweren Böden unter starker Konkurrenz des Apfels, hinsichtlich des Genusszeitraums auch der Tafeltrauben.

Vermerkt werden muss unbedingt, dass Birnen feuerbrandanfällig sind.

Birnenanbau lohnt sich meist nur langfristig und auf birnenholden Standorten.

Der Befall mit *Pseudomonas syringae*, der besonders nach Winter- und Blütenfrostschäden und nach nassem Wetter nach der Blüte auftritt, kann mit Feuerbrand verwechselt werden. Gefährdet sind schwache Bestände unter sechs Jahren.

Verwendung

Frischkonsum, Kompott, Nektar, Trockenobst, Birnenwein (reiner Birnenmost oder als Mischmost mit Apfel), Branntwein, Likör, Garnierung von Mehlspeisen, Furnierholz.

Standortansprüche

Die Birne stellt während der Produktionszeit hohe Wärmeansprüche (mindestens 8 °C Ø Jahrestemperatur), die für eine qualitativ hochwertige Frucht Voraussetzung sind. Schwere Böden mit seichten Stauhorizonten erbringen mindere Fruchtqualitäten. Auf kalkreichen Böden und/oder bei langandauernden Niederschlägen tritt bei der Unterlage Quitte oft Chlorose auf. Durch die frühe Blütezeit besteht eine gewisse Spätfrostgefahr. Die Winterfrosthärte ist geringer als beim Apfel.

Optimale Birnenstandorte sind mit einem tiefgründigen, humosen, nährstoffreichen, sandigen Lehmboden ausgestattet. Es darf jedoch keine stauende Nässe auf Birnböden auftreten. Frühsorten stellen geringere Standortansprüche als spät reifende Birnensorten. Der Wasserbedarf der Birne ist nicht so hoch wie der des Apfels. Trotzdem muss zumindest aus dem Unterboden ständig Feuchtigkeit nachgeführt werden können, sonst reagiert die Birne mit dem Ausbilden von Steinzellen rund um das Kernhaus.

Um der Gefahr des Auftretens von Birnenschorf vorzubeugen, sollten Birnpflanzorte nur geringe Luftfeuchtigkeit aufweisen. Dies umso eher, je später die Reifezeit der Birnensorte ist. Die heute sogenannten Mostbirnen gedeihen auch in rauen Lagen (z. B. im Vorgebirge). Tafelbirnen werden

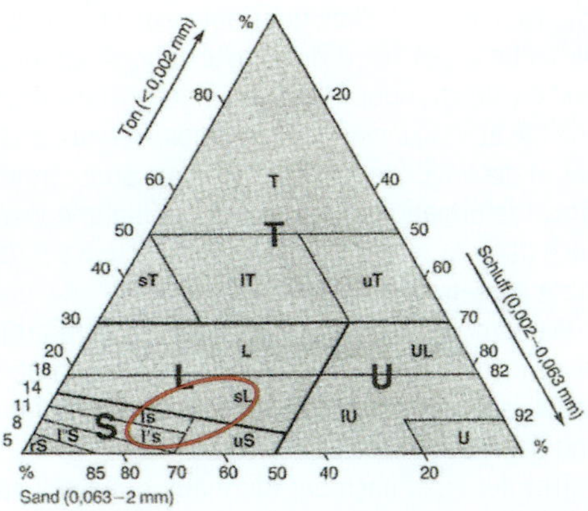

Mit Hilfe der Korngrößenanalyse kann die Qualität des Bodens für den intensiven Birnenanbau bestimmt werden. Optimal sind die Bodenarten „lehmiger Sand" bis „sandiger Lehm" (rot markiert). (L = Lehm; S = Sand; T = Ton; U = Schluff)

Die Korngrößenanalyse wird von Bodenuntersuchungslabors durchgeführt. (nach STEINBAUER, 2011)

auch in sehr warmen Klimaten (z. B. Poebene, Süditalien, Südfrankreich), wo für den Apfel bereits ungünstige Temperaturbedingungen herrschen, ausgepflanzt. Somit ist das Verbreitungsgebiet der Birnen größer als das des Apfels.

Merke: Je edler eine Birnensorte ist, desto höhere Ansprüche stellt sie an den Boden und den Standort.

Der Birnenanbau tritt in Österreich gegenüber der Apfelproduktion in den Hintergrund. Die Gründe liegen in den klimatisch höheren Ansprüchen, der kurzen Genusszeit, dem derzeitigen Sortenspiegel und der kurzfristigen Lagerdauer. Die Blüte der Birne weist weniger Bienenlockstoffe auf, sodass die Ertragsmenge durch mangelnden Bienenbeflug oft geringer ausfällt als beim Apfel. Bei Birnen, deren Blüten wenig bienenlockend duften, werden die Birnbäume mit einer Anisöllösung (0,02 %) benetzt und einige der blühenden und mit Anisöl bespritzten Triebe dann vor dem Bienenstock eingefrischt aufgehängt. Die Arbeitsbienen nehmen so den Anisöllockstoff auf, fliegen zu den Birnbäumen und stellen eine bessere Befruchtung sicher. Bei Blütenschäden durch Spätfröste kann ein mäßiger Birnenertrag im selben Jahr durch Spritzungen mit Gibberellinsäurepräparaten (z. B. Berelex – zwei Tabletten pro 100 l bei 1.000 l Brühenaufwand/ha) erzielt werden (Gibberellin = Pflanzenhormon). Dies geht aber auf Kosten des Blütenbesatzes für das nächste Jahr. Außerdem sind die durch Gibberellinspritzungen produzierten Früchte etwas kleiner und samenlos. Berelex sollte nur in die Vollblüte gespritzt werden, sonst treten Fruchtdeformationen auf. Diese Maßnahme wäre auch dann zu setzen, wenn der Frost schon vor der Blüte aufgetreten ist.

Weitere Gibberelline, die die Parthenokarpie fördern, sind GA 3 und GA 4/7. Es können aber negative Erscheinungen hinsichtlich der Fruchtform und der Fruchtgröße auftreten.

Tritt der Frost nach der Blüte auf, dann soll am selben Tag der Frosteinwirkung gespritzt werden. Zu beachten ist, dass Berelexspritzungen gut bei 'Trevoux', 'Conference', 'Triumph de Vienne' und 'Gute Luise' wirken. Negative Erfahrungen wurden bei der 'Vereinsdechantsbirne' gemacht. Solche Frostauswirkungsbehandlungen sollten nur in Ausnahmefällen ausgeführt werden.

Unterlagen

Die Quittenunterlagen beeinflussen die aufveredelten Birnensorten dahingehend, dass die Fruchtform kürzer, aber dafür dicker wird.

Durch die Verwendung von Quittenunterlagen kann man größere Birnenfrüchte als auf Sämlingsunterlagen produzieren.

Die Quittenunterlagen bringen für den Praktiker zwei **Problemschwerpunkte**:

- Affinitätsprobleme mit verschiedenen Sorten
- chlorotische Erscheinungen bei Standorten mit zu hohem Aktivkalkgehalt im Boden

Affinitätsprobleme

Zur Überwindung von Affinitätsproblemen bei der Birnenveredelung wurde auch das Nicolieren angewendet (siehe Veredelungsmethoden).

Die Unverträglichkeit der Birnenunterlage Quitte mit verschiedenen Sorten hatte früher, als noch kein virusfreies Unterlagen- und virusfreies Sortenmaterial zur Verfügung stand, große wirtschaftliche Auswirkungen.

Mit Quitte als „Standardpflanzmaterial" nicht verträglich sind die Birnensorten:

'Boscs Flaschenbirne', 'Clapps Liebling', 'Gute Luise', 'Dr. Jules Guyot', 'Alexander Lukas', 'Frühe aus Trevoux' und 'Williamsbirne'.

Seit der Verwendung von virusfreiem Veredelungsmaterial (v_f-Unterlage und v_f-Edelsorte) hat die Bedeutung der Unverträglichkeit stark abgenommen. So sind nach 14-jährigen Erfahrungen der LVA Haidegg alle bislang bekannten Birnensorten, die mit der Quitte Unverträglichkeit im Standardmaterial zeigten, noch immer ohne wesentliche Wuchs- bzw. Ertragsdepressionen voll im Ertrag. Ergänzend muss ausgeführt werden, dass der Boden ein schottriger, leichter und warmer Boden ist. Probleme gibt es nur im Pflanzstadium. Wenn die Bäume mit virusfreien Sorten, deren Affinitätsprobleme bekannt sind, mit Pflanzballen versetzt und die Bäume nicht an der Unterlage getragen werden, können die Quittenunterlagen durch das Gewicht der Erdballen ausbrechen. Daher ergeht der Rat, virusfreie Birnenbäume generell an der

Birnenblüten in Vollblüte. Die roten Antheren (männliche Blütenorgane) sind deutlich sichtbar. (Foto: KEPPEL)

Unterlage anzugreifen und nicht am Sortenteil des pflanzfertigen Baumes. Gute Verträglichkeit mit Quittenunterlagen zeigen die Sorten 'Gellerts Butterbirne', 'Pastorenbirne' und 'Vereinsdechantsbirne'.

Als Stammbildner wurden bis jetzt die 'Gellerts Butterbirne' und die 'Pastorenbirne' verwendet. Die quittenempfindlichen Edelsorten wurden dann in Form einer Gerüst- bzw. Kronenveredelung aufveredelt.

Chloroseerscheinungen

Die Chlorose tritt bei Birnbäumen in Jahren mit sehr hohen Niederschlägen bzw. auf Standorten mit zu hohem Kalkgehalt auf. Deshalb soll vor der Verwendung von Quittenunterlagen der Boden dahingehend kontrolliert werden, ob er die vorgenannten Erscheinungen bei Altbirnenbäumen zeigt.

Bodenuntersuchungen geben Aufschluss über den Gehalt an freiem Bodenkalk, der für das Auftreten der Chlorose mitverantwortlich ist.

Sollte Chlorose trotz guter Bodenvorbereitungsmaßnahmen auftreten (z. B. nach längeren trockenen Hitzeperioden), besteht noch die Möglichkeit der Spritzung von Eisengelatpräparaten, die über das Blatt aufgenommen werden können und so die Gelbblättrigkeit der Chlorose überwinden helfen.

Im Rahmen der Integrierten Produktion sollte die Auspflanzung von Birnen auf nicht birnenholden Standorten unterbleiben.

Birnensämlinge

Als Sämlingsunterlage wird meist die 'Kirchensalier Mostbirne' verwendet, die gegen Holzfrost Widerstandsfähigkeit zeigt. Auf ungünstigen Standorten kann eine mindere Fruchtqualität auftreten. Bei der Verwendung von Sämlingsunterlagen sind unbedingt Stammbildner notwendig, da die Birnensorten keinen aufrechten Stammwuchs im Baumschulstadium zuwegebringen. Solche Stammbildnersorten wären die 'Gellerts Butterbirne', die 'Gute Graue' und die 'Pastorenbirne'.

Pyrus betulifolia

Von dieser Unterlagenart gibt es Sämlinge und auch vegetativ vermehrte Abrisse im Handel. Die *Pyrus betulifolia* ist für trockene Standorte geeignet sowie zur Veredelung der Asienbirne und zeigt bessere Affinitätseigenschaften als Quitte oder Birnensämling.

'Pfänderquitte'

Heute kaum mehr im Baumschulquartier verwendet. Verschiedene Autoren haben der 'Pfänderquitte' einen besseren Ertrag als der Quitte A nachgewiesen.

Schwachwüchsige Birnenunterlagen

Die in der Überschrift angeführte Bezeichnung „Schwachwüchsige Birnenunterlagen" bezieht sich auf die relative Wuchsstärke der Birnen. Schwachwüchsig deswegen, weil Sämlinge weit stärker wachsen als Quitten.

Die Quittenunterlagen sind in ihrer Wuchsstärke standortspezifisch zwischen schwach- und mittelstarkwüchsig einzustufen, je nach Art und Boden des Endstandortes.

Quitte A (Quitte von Angers)

Diese ist relativ weit verbreitet. Sie wächst in der Baumschule kräftig. Mit Einsetzen des Ertrages wird der Wuchs rasch gebremst, sodass kleinere Baumformen auf Quitte erzogen werden können. Quitte A hat auch eine positive Beeinflussung hinsichtlich Reifeverfrühung, Fruchtgröße und Fruchtqualität.

Aus der Vielfalt der Quittenunterlagen haben sich die Quitte C, Quitte Adams und Quitte P (Provence) in der Praxis durchgesetzt.

Quitte Adams

Das ist derzeit die schwachwüchsigste bekannte Quittenunterlage, sie stammt aus Belgien. Die Quitte Adams kann nach Haidegger Erfahrungen auch für Spindelerziehung verwendet werden.

Quitte C
Sie gilt als schwachwüchsige Birnenunterlage, wird als M 9 der Birnenunterlagen bezeichnet. Quitte C zeigt sich jedoch unter heimischen Standorten als winterfrostempfindlich und es gibt bei verschiedenen Sorten ('Williams', 'Boscs') große Affinitätsprobleme. Schnellste Anfangserträge, aber rasches Vergreisen und dann kleinfruchtig, für Spindelerziehung geeignet.

Quitte P (Quitte Provence)
Quitte P ist eine starkwüchsige Quittenunterlage, die eine gewisse Kalkverträglichkeit aufweist. Als Nachteil muss genannt werden, dass Quitte Provence keine feuchten Standorte verträgt.

Neue Birnen- und Quittenunterlagen
BP 1, 2, 3: Stärker wachsend als Quitte A, stammen aus Südafrika

BU-Unterlagenserie: Daraus ging auch die nachstehend beschriebene Pyrodwarf hervor, Kreuzungen von 'Old Home' x 'Gute Luise' in Geisenheim, von JAKOB vorgestellte Nummern: BU 2–33, BU 4–33, BU 4–42, BU 5–46, BU 6–63, BU 6–104, BU 7–39 A.

C 132, Quitte 132: In England aus kaukasischen Quitten selektiert, soll schwächer als 'Quitte C' wachsen und fruchtbar sein

C 332: Aus Quitte A selektierter Klon

CTS 212 und 214: Italienische Selektionen

Dayre (Farold 282): Wächst etwas stärker als Quitte C.

Daynir (Farold 69), Daygon (Farold 40) und Daytor (Farold 87) wachsen stärker als Quitte A
Fox 11: Neuzüchtung der Universität Bologna, 1996 vorgestellt, ähnlich der neuen Birnenunterlage Pyrodwarf.

GB-1-60, GS-4-62: In Rumänien selektiert

Melitapolskaya, Severnaya: Russische Klone

OHF-Serie (40, 51, 333): Stammen von zwei amerikanischen, feuerbrandresistenten Birnensorten aus den Ortschaften Old Home und Farmingdale ab; sind auch gegen das Birnensterben (*Pear decline*) beständig. 51 und 333 wachsen stärker als BA 29. Nach JAKOB sind die OHF-Unterlagen trotz einer gewissen Wuchsreduktion in ihrer Ertragsleistung unbefriedigend.

Pyrodwarf (BU 5–18): In Geisenheim aus einer 850 Sämlinge umfassenden Kreuzungsserie von 'Old Home' x 'Gute Luise' entstanden (1980), leicht vegetativ vermehrbar, mittel feuerbrandanfällig, wenig chloroseanfällig, kaum Wurzelausläufer bildend, zum nationalen und EU-Sortenschutz angemeldet. Konkurrenziert sich mit Fox 11.

Quitte BA 29: Selektion aus Quitte Provence, starkwüchsig

QR 193: EM-Selektionen aus der Quitte Provence (frei abgeblüht)

Quitte SYDO: Etwas stärker als Quitte A wachsend, über bessere Standortadaptation hinsichtlich Kalkgehalt und Affinität wird berichtet (MANTINGER)

PiR 4 und PiR 21 C: Stammen aus Dresden-Pillnitz

Reduziere: Züchtungsserie der INRA Angers aus frei abgeblühten Sämlingen von 'Old Home', 'Kirchensaller', 'Gellerts Butterbirne' und einem unbekannten Birnensämling

RV 139: Aus Sämlingen einer Lokalsorte der Normandie selektiert, schwächer wachsend als Quitte A

SIGWA 1, 2: In Polen selektiert

W2 und W4: In Amerika (Oregon) aus Quitte D selektiert

Wuchsreihung der Unterlagen (nach WEBER, 1996, Auweiler, Wuchsstärkenverhalten >): Sämling, Farold 69, OHF 333, Farold 40, BA 29, Quitte A, Quitte Sydow, Quitte Adams, Quitte C.

Das Bayrische Obstzentrum in Hallbergmoos im Landkreis Freising, Deutschland, hat aus der Felsenbirne neue Birnenunterlagen selektiert. Interspezifische Hybriden, die in-vitro vermehrt wurden, zeigen einen vergleichsweise schwachen Wuchs (ähnlich des M 9 beim Apfel) auf. An bisherigen Vorteilen sind nach NEUMÜLLER (2013) zu nennen: Frosthärte, Chlorosetoleranz, da wenig pH-Wert-empfindlich, Schwachwüchsigkeit.

Befruchtungsverhältnisse
Die Birne ist ebenso stark heterozygot wie der Apfel. Als Kernobstart ist sie selbststeril (selbstunfruchtbar). Der diploide Chromosomensatz weist 34 Chromosomen auf. Die Sorte 'Alexander Lukas' ist triploid (n = 51).

Intersterilitätsprobleme treten zwischen den Sorten 'Williams', 'Gute Luise' und 'Frühe aus Trevoux' auf.

Besonderheiten des Birnenschnitts
Mittels Winterschnitt kann bei schwachwüchsigen und vergreisten Bäumen der Wuchs angeregt werden. Zu beachten ist, dass die Temperatur beim Bir-

nenwinterschnitt –8 °C nicht unterschreiten darf. Schnittreaktionen sind insbesondere die eminente Spitzen- und Scheitelpunktförderung. Da die Birne besonders gerne auf zweijährigem Fruchtholz und an kurzem Holz trägt, ist auf eine entsprechende Fruchtholzrotation zu achten. Birnentriebe weisen einen steilen und starken Wuchs auf. Trotz dieser Steilwüchsigkeit setzen die Triebe gerne Fruchtknospen an.

'Frühe von Trevoux': Mittelstarker, aufrechter Wuchs, benötigt scharfe Schnittmaßnahmen und ständige Verjüngung.

'Clapps Liebling': Je nach Standort mittelstark bis starkwüchsig und aufrecht wachsend. Die Langtriebe neigen zum Verkahlen.

'Williams Christ': Schwach- bis mittelstarkwüchsig, weist im Jugendstadium viele Langtriebe auf, an denen kurzes Fruchtholz gezogen werden kann. Im Ertragsstadium sind die Fruchtäste vielfach durch den hohen Ertrag überfordert, sodass das Aufhängen bzw. Hochhängen der Triebe anzuraten ist.

'Gute Luise': Aufrechte und schlank wachsende Bäume mit mittelstarkem Wuchs, bringt die geringsten Probleme beim Schnitt bzw. beim Formieren.

'Boscs Flaschenbirne': Dünntriebiger, mittelstarker Wuchscharakter. Benötigt gezielte Schnittmaßnahmen, um nicht zum Überbauen zu neigen.

'Alexander Lucas': Trägt auch auf schwachen, dünntriebigen Ästen bei mittelstarkem Wuchs. Im Ertragsstadium ist auf das Unterstützen bzw. Aufhängen von Fruchtästen sehr zu achten.

'Abbé Fétel': Mittelstarkwüchsig, auch auf Langtrieben tragend. Die steilen Äste brechen leicht aus.

'Packhams Triumph': Schwachwüchsig, spät einsetzender Ertrag, auf Fruchtholzrotation achten.

Birnenschnitt (nach BAAB et al., 2011)

Grundsätzlich gilt beim Birnenschnitt ein späterer Termin als beim Winterschnitt, bei dem man bereits die Knospendifferenzierung leichter erkennen kann. Im Jugendstadium ist es besser, die Bäume nicht stark zu schneiden. Das Formieren der Äste bewährt sich in der Jugend gut. Im Vollertragsstadium kann bei ertragssicheren Anlagen leicht wachstumsanreizend etwas früher geschnitten werden, damit viele Kurztriebe wachsen.

BAAB et al. (2011) berichten von einem Fruchtansatzmodell bei Birnen nach SANSAVINI und MUSACCHI (2002), die eine 5er-Gruppierung der Sorten vorsahen, und zwar: 'Williams'-Gruppe, 'Vereinsdechantsbirne', 'Conference', 'Boscs Flaschenbirne' und 'Passe Crassane'.

BAAB et al. verkleinerten das vorgenannte Modell auf eine 3er-Gruppe:

- Erste Gruppe: Sie trägt in den ersten vier Standjahren überwiegend am einjährigen Holz, mit zunehmendem Alter verlagert sich die Hauptertragszone ins mehrjährige Holz. Der Ertrag verteilt sich gleichmäßig bis ins Alter auf ein-, zwei-, drei- und vierjähriges Holz. Dazu zählen die Sorten: 'Alexander Lucas' und 'Williams'.
- Zweite Gruppe: Ab dem vierten Standjahr verlagert sich hier der Ertrag vorwiegend auf das zweijährige Holz. Daher ist ausreichend Jungholz nachzuziehen, auf das bei Frostschäden oder auch bei mangelndem Anteil zweijährigen Fruchtholzes zurückgegriffen werden kann. Diese Gruppe bedarf großer Beobachtungsgabe.
- Dritte Gruppe: Der Fruchtansatz verlagert sich während der Baumalterung vom einjährigen zum zwei-, drei- und vierjährigen Holz. Gezielte Schnittmaßnahmen sind hier notwendig, um genügend einjähriges Fruchtholz zu erziehen. Bei den modernen Vierasthecken spielt dieser Fruchtholzaltersbereich aus Lichtgründen eine herausragende Rolle (BAAB, 2011). Hierzu sind die Sorten 'Condo', 'Conference', 'Gellerts Butterbirne' und 'Verdi' zu zählen.

Beim Birnenschnitt sind wesentlich mehr beeinflussende Faktoren zu beachten als beim Apfel.

Konsequenzen des modernen Birnenschnitts nach BAAB et al. (2011)

Am einjährigen Holz entwickeln sich vorwiegend wenige, dafür aber große Früchte. Dies ist bei genetisch großfruchtigen Sorten ein unwillkommener Zustand. Beim Ansatz an den Fruchtspießen des zweijährigen Fruchtholzes sind die Fruchtqualitäten gleichmäßig und gut. Ein Teil dieses Fruchtholzes soll auf sechs bis zehn Blütenknospen eingekürzt werden, um den Fruchtansatz zu fördern. Am mehrjährigen Holz gibt es meist schwächeren Ansatz bei gleichzeitig verminderter Qualität.

1-2-3-Schnitt: Hier wird ein hoher Anteil an zweijährigem Fruchtholz angestrebt. Je nach Ertragsschätzung wird ein Teil des zweijährigen Holzes eingekürzt, um den Fruchtansatz an verbleibenden Knospen zu stimulieren. Dreijähriges, meist abgetragenes Holz wird entweder vollständig auf Zapfen zurückgeschnitten oder auf jüngeres Holz abgeleitet. Das daraus resultierende einjährige Holz wird als Ertragsgrundlage für das folgende Jahr belassen. Nicht benötigte Langtriebe setzt man auf kurze Zapfen zurück und bildet so das Fruchtholz für das übernächste Jahr.

Übertragen auf die 3-Gruppeneinteilung ergeben sich beim Birnenschnitt folgende **Merksätze**:

- Bei der ersten Gruppe ist das Fruchtholz regelmäßig zu erneuern, wobei abgetragenes drei- oder vierjähriges Holz entfernt oder abgeleitet wird. Auch überzähliges einjähriges Fruchtholz wird entfernt. Zweijähriges Fruchtholz wird teilweise eingekürzt, um den Ansatz zu fördern.
- Bei der zweiten Gruppe wird ähnlich wie bei der ersten Gruppe geschnitten, aber mit größerer Sorgfalt. Das zweijährige Fruchtholz wird beim Winterschnitt großteils erhalten und teilweise eingekürzt. Einjähriges Holz muss jährlich nacherzogen werden, gut besonnte Partien mit überwiegendem Kurzholz sollen am Baum verbleiben. Dreijähriges Holz wird zugunsten des einjährigen ausgewechselt oder auf zwei- bzw. dreijähriges Holz abgeleitet.
- In der dritten Gruppe soll wenig Fruchtansatz am mehrjährigen Holz vorhanden sein. Die Heranzucht von ausreichendem zweijährigen Fruchtholz ist sorgfältig zu veranlassen und dieses entsprechend einzukürzen.

Neue Erziehungsmethoden

Nach Erfahrungen von QUAST hat sich die Auspflanzung eines Birnen-V-Systems mit vier Seitenästen (Mikado) bewährt, wobei zu beachten ist, dass dieses System dann seine Vorteile bietet, wenn das zweijährige Pflanzmaterial aus der Baumschule bereits mit den geforderten vier Seitenästen bezogen werden kann. Die bei der Birne problematische Höhenbegrenzung der Bäume kann durch dieses Pflanzsystem leichter bewerkstelligt werden (siehe auch Mikadosystem).

Hingegen werden in einem Informationsblatt der Baumschule Vivai Mazzoni (1997) die Voraussetzungen für einen Birnenintensivanbau beschrieben:

Pflanzabstände: 3 bis 3,50 x 0,60 m

Erziehungssysteme: Spindel, vertikaler Schnurbaum (Super-Spindel), V-System

Baumhöhen zwischen 2,3 und 2,5 m

Reduzierung des Baumschnitts auf ein Minimum, Beibehaltung des Wipfels, Entfernen zu starker Seitentriebe, eventuelles Drehen oder vorübergehendes Biegen der Achse (Mitteltrieb), optimale Ernährung für einen schnellen Ertragsbeginn (Wasser, Nährelemente, Bio-Stimulatoren)

Um zu den angegebenen Erfolgen zu kommen, bedarf das Pflanzmaterial besonderer Qualität, wie beispielsweise virusfreie Pflanzen mit vorzeitigen Trieben aus der Baumschule, quittenholde Böden und Bewässerungsmöglichkeiten.

Sortengruppen

Im 4. Jahrhundert v. Chr. sind bereits zwei gute Sorten bei den Griechen bekannt gewesen. Heute lassen sich die Birnensorten in folgende Formenkreise einteilen:

Butterbirnen

Birnförmige Früchte, quadratisches bis meist längeres als breites Fruchtformprofil, gegen den Stiel hin verjüngt.

Halbbutterbirnen

Weisen ein nur halb schmelzendes Fruchtfleisch auf. Die weiteren Eigenschaften entsprechen denen der Butterbirnen.

Bergamotten

Platte bis rundliche Fruchtform, die Stielregion ist abgeplattet, das Fruchtfleisch ist ganz schmelzend.

Halbbergamotten

Halb schmelzend.

Grüne Langbirnen

Schmelzend bis halb schmelzend, grüne Fruchtfarbe und längliche Birnenfruchtform.

Flaschenbirnen

Schmelzendes oder halb schmelzendes Fruchtfleisch, lange Fruchtform mit schmaler Stielregion, zimtfarbiger Rost meist über die gesamte Fruchtoberfläche.

Russeletten
Kleine bis mittelgroße Fruchtgröße, schmelzendes oder halb schmelzendes Fruchtfleisch mit zimtartig würzigem Geschmack, längliche Fruchtform.

Muskatellerbirnen
Kleine bis mittelgroße Früchte, vom Sommer bis zum Herbst reifend, längliche Fruchtform mit Muskatgeschmack, wird vom Kernhaus ausgehend teigig.

Apothekerbirnen
Unregelmäßige, höckerige Fruchtform. Schmelzendes oder halb schmelzendes Fruchtfleisch.

Wein- und Mostbirnen, Bratbirnen
Grobkörniges weißes bis grünes Fruchtfleisch mit schwach herbem Geschmack. Die Fruchtform reicht von Bergamotten bis zur runden Birnenform.

Schmalzbirnen
Mittelgroße bis großfruchtige Tafelbirnen, halb schmelzendes, trockenes Fruchtfleisch mit länglicher Fruchtform.

'Abbé Fétel' (Foto: PIEBER)

'Vereinsdechantsbirne' (Foto: PIEBER)

'Boscs Flaschenbirne' (Foto: PIEBER)

'Clapps Liebling' (Foto: PIEBER)

'Alexander Lucas' (Foto: PIEBER)

'Williams Christbirne' (Foto: PIEBER)

'Harrow Delight' (Foto: PIEBER)

'Harrow Sweet' (Foto: PIEBER)

'Concorde' (Foto: PIEBER)

Sorte	Kreuzung	Herkunft	Blüte	Pflückreife	Wuchs
'Grüne Sommermagdalene'	Sämling	Frankreich	mittelspät	Anfang Juli	stark
'Bunte Julibirne'	unbekannt	Frankreich	früh	Mitte Juli	schwach bis mittel
'Clapps Liebling'	Sämling	USA	spät	Anfang August	mittelstark
'Frühe aus Trevoux'	unbekannt	Frankreich	mittelfrüh	Anfang bis Mitte Aug.	mittelstark
'Dr. Jules Guyot'	Sämling	Frankreich	mittel	Mitte August	schwach bis mittel
'Williams Christ'	unbekannt	England	mittelspät	Mitte bis Ende Aug.	mittelstark
'Triumph de Vienne'	unbekannt	Frankreich	mittelspät	Ende August	mittelstark
'Highland'*	'W. Christ' x 'Vereinsdechantsbirne'	USA	mittelspät	Ende August	mittelstark
'Gellerts Butterbirne'	Sämling	Frankreich	mittelfrüh	Ende August	stark
'Harrow Sweet'*	'Williams Christ' x 'Purdue 80–51'	Kanada	mittelspät	Anf. September	schwach bis mittel

Tabelle: Sommerbirnen

* Sortenschutz 'Purdue 80–51' = 'Early Sweet' x 'Old Home'; Zv = Zwischenveredelung

Sorte	Kreuzung	Herkunft	Blüte	Pflückreife	Wuchs
'Gute Luise'	aus Samen gezogen	Frankreich	mittelfrüh	Anfang September	mittel
'Conference'	Sämling von 'Leon Leclerc de Laval'	England	früh	Anfang bis Mitte September	mittelstark
'Boscs Flaschenbirne' ('Kaiser Alexander')	aus Samen gezogen	Belgien o. Frankreich	spät	Mitte September	stark
'Packhams Triumph'	'Uvedale St. Germain' x 'Williams Christ'	Australien	mittelfrüh	Mitte September	mittelstark
'Abbé Fétel'	Zufallssämling	Frankreich	mittelfrüh	Mitte bis Ende September	mittel
'Vereinsdechantsbirne'	Zufallssämling	Frankreich	mittel	Mitte bis Ende September	stark
'Alexander Lucas'	Zufallssämling	Frankreich	mittelfrüh	Ende September	mittel bis stark
'Concorde'	'Vereinsdechantsbirne' x 'Conference'	England	mittelspät	Ende September	mittelstark
'Uta'*	'Madame Verte' x 'Boscs Flaschenbirne'	Deutschland	mittelfrüh	Ende September	schwach bis mittel
'Diels Butterbirne'	Zufallssämling	Belgien	mittelfrüh	Anfang Oktober	stark
'Nordhäuser Winterforellenbirne'	Zufallssämling	Deutschland	mittelfrüh	Anfang Oktober	schwach bis mittel
'Winterdechantsbirne'	Zufallssämling	Belgien	mittelfrüh	Mitte Oktober	mittelstark
'Esperens Bergamotte'	aus Samen gezogen	Belgien	mittelspät	Mitte Oktober	mittelstark
'Olivier de Serres'	Samen der 'S. Fortunée Supérieure'	Frankreich	mittelspät	Mitte Oktober	schwach bis mittel
'Gräfin von Paris'	aus Samen gezogen	Frankreich	früh	Mitte Oktober	mittelstark
'Edelcrassane'	aus Samen gezogen	Frankreich	früh	Mitte Oktober	mittel

Tabelle: Herbst- und Winterbirnen

* Sortenschutz Zv = Zwischenveredelung

Ertrag	Fruchtgröße	Geschmack	Ansprüche	Quitten-verträglichkeit	Feuer-brandan-fälligkeit	Anmerkungen
mittel	klein	süßlich	mittel	bedingt, Zv	gering	robust
hoch	klein	süßlich	mittel	bedingt, Zv	gering	geg. Winterfr. empf.
mittel bis hoch	groß	süßlich, aromatisch	mittel	schlecht	gering	windempfindlich
hoch	klein	würzig, saftig	gering	gut	hoch	frosthart
mittel bis hoch	mittelgroß	süßlich, aromatisch	gering	schlecht	mittel	frühe Lagen
hoch	mittel bis groß	schmelzend, würzig	mittel bis hoch	schlecht	hoch	schorfanfällig
mittel bis hoch	groß bis sehr groß	süß, würzig	mittel bis hoch	gut	hoch	windanfällig
mittel bis hoch	mittel bis groß	schmelzend, aromatisch	mittel bis hoch	gut	hoch	schorfanfällig
mittel bis hoch	mittelgroß	süß	gering	gut	hoch	robuste Sorte
hoch	klein bis mittel	süß, würzig	mittel bis hoch	bedingt, Zv	resistent	etwas Schorf

Ertrag	Fruchtgröße	Geschmack	Ansprüche	Quitten-verträglichkeit	Feuer-brandan-fälligkeit	Anmerkungen
hoch	klein bis mittel	würzig, saftig	mittel	gut	hoch	Schorf, Holzfrost
mittel	mittel bis groß	süßlich, saftig	hoch	gut	mittel bis hoch	robust gegen Schorf
hoch	groß bis sehr groß	aromatisch, gewürzt	hoch	schlecht, Zv	mittel	transportfest
mittel bis hoch	mittel bis groß	saftig, leicht gewürzt	mittel bis hoch	schlecht, Zv	hoch	etwas schorfempfindlich
mittel	groß	mild, süß	mittel bis hoch	gut	hoch	transportfest
schwach bis mittel	groß bis sehr groß	aromatisch, saftig	hoch	gut	mittel	schwach im Ertrag
mittel bis hoch	groß	süß, gehaltreich	gering	gut	gering	schlechte Befruchtersorte
mittel bis hoch	groß	saftig, leicht gewürzt	hoch	gut	mittel	neuere Sorte
hoch	mittel bis groß	aromatisch, saftig	mittel	gut	gering	für Bioanbau
mittel bis hoch	groß	süßlich, herb	gering	gut	mittel	viele Steinzellen
mittel	mittel bis groß	saftig, wässrig	mittel	schlecht, Zv	gering	wenig schorfanfällig
mittel	mittelgroß	weinsäuerlich, saftig	mittel, hoch	gut	mittel	trockenempfindlich
mittel	mittelgroß	aromatisch, saftig	hoch	gut	gering	warme Standorte
mittel bis hoch	mittelgroß	saftig, süß	hoch	gut	gering	anspruchsvoll
mittel	mittelgroß	saftig, würzig	hoch	schlecht, Zv	gering	beste Lagen
mittel	groß	süß bis säuerlich	hoch	schlecht, Zv	gering	birnenholde Lagen

Gewürzbirnen
Kleine Früchte mit länglicher bis runder Fruchtform.

Ländlerbirnen
Aus dem körnigen Fruchtfleisch läuft reichlich Fruchtsaft.

Längliche Kochbirnen
Schmecken süß und fad.

Rundliche Kochbirnen
Ebenfalls süß und fad schmeckend.

Landlbirnen
Feinkörniges Fruchtfleisch mit herbem Geschmack.

Bedingt feuerbrandresistente Sorten
'Dawne', 'Harrow Delight' und 'Harrow Sweet' (großfruchtig), 'Harrow Sweet' (siehe oben), 'Moonglow', 'Kieffer', 'Monterey', 'Orient', 'Tyson', 'Oracs'.

Weitere neue Birnensorten
Conference-Mutanten: 'Dikke Saels', 'Vroege Saels', 'Novi Conference', 'Super Conference' sollen geringere Erträge als die Muttersorte aufweisen.

'Delbuena' und 'Dolacomi': Ähnlich wie 'Vereinsdechantsbirne' und 'Conference'

'Delete' ('Delbardelice'): Feuerbrandanfällig

'Harrow Sweet' ('Williams' x ('Old Home' x 'Early Sweet')), Harrow, Kanada, 1975: Feuer-

Je feiner, größer und spätreifender die Birnensorte ist, desto höhere Ansprüche stellt sie.

Sorte	Kreuzung	Herkunft	Blüte	Wuchs
'Isolda'*	'Jules Guyot' x 'Bunte Julibirne'	Deutschland	mittelfrüh	schwach bis mittel
'Frühe Morettini+'	'Coscia' x 'Williams Christ'	Italien	früh	stark
'Harrow Delight'*	'Williams Christ' x 'Purdue 80 bis 51'	Kanada	mittelfrüh	sehr schwach
'Schöne Helene'*	'Conference' x 'Gute Luise'	Deutschland	früh	mittelstark bis stark
'Hortensia'*	'Winterforelle' x 'Clapps Liebling'	Deutschland	mittel	mittelstark bis stark
'Condo'*	'Conference' x 'Vereinsdechantsbirne'	Niederlande	mittelfrüh	mittel
'Rafzas'* ('Benita')	'General Leclerc' x 'Hosui'	Schweiz	mittelfrüh	mittel
'David'*	'Jules Guyot' x 'Vereinsdechantsbirne'	Deutschland	mittel	schwach bis mittel
'Erika'*	'Boscs' x 'Präsident Drouard'	Tschechien	mittelfrüh	stark
+ 'Frühe Morettini' = 'Butirra Precoce Morettini'				

Tabelle: Neue Birnensorten in Testung

* Sortenschutz

Sorte	Kreuzung	Herkunft	Blüte	Wuchs
'Starkrimson'	'Rote Clapps', Knospenmutation	USA	früh	stark
'Rote Williams'	Mutation von 'Weiße Williams'	USA	früh bis mittelfrüh	mittel
'Canal Red'*	'Rote Williams' x 'Forellenbirne'	USA	früh	mittelstark
'Reimer Red'*	'Comice' x 'Rote Williams'	USA	mittelspät	mittelstark
'Cascade'*	'Rote Williams' x 'Comice'	USA	mittelspät	stark

Tabelle: Rotgefärbte (streifig bis deckfärbig) Birnensorten

* Sortenschutz

brandresistent, schwachwüchsig, Mitte September reifend, mittelgroß, sonnseitig etwas rötlich, ansonsten gelb, saftig, süß

'Merton Pride': Triploid, schorfanfällig, blütenfrostempfindlich

'Navara': Gute Erträge

'Präsident Heron': Starkwüchsig, schorfanfällig, Ende September reifend, feuerbrandbeständig, mittelgroß, braunschalig, saftig

'Santa Maria': Wenig schorfanfällig

'Verdi' (CPRO-Kreuzung): Schwachwüchsig, zur Alternanz neigend, festfruchtig, im Jänner genussreif

Rot gefärbte (streifig bis deckfärbig) Birnensorten

'Canal Red' (Foto: PIEBER)

'Cascade' (Foto: PIEBER)

'Rote Starkrimson' (Foto: PIEBER)

Ertrag	Pflückreife	Geschmack	Feuerbrand-anfälligkeit	Anmerkungen
mittel	Ende Juli	süß-säuerlich	hoch	interessante Frühsorte
mittel	Ende Juli bis Anfang August	saftig, süß, schmelzend	mittel	blütenfrostempfindlich
mittel	Ende Juli bis Anfang August	saftig, süß, aromatisch	resistent	Fruchtfall vor Pflücke
mittel	Ende August bis Anfang September	halbschmelzend	wenig Erkenntnisse	optimale Birnenlagen
hoch	Anfang September	harmonisches Aroma	hoch	attraktive Herbstbirne
mittel	Mitte September	saftig, kaum Aroma	wenig bekannt	zu wenig attraktiv
mittel	Mitte August	sehr saftig, ohne Würze	wenig bekannt	Liebhaberobstbau
hoch	Ende September	saftig, süßlich	hoch	geringer Schnitt
mittel	Ende September	saftig, gewürzt	gering	gute Lagereigenschaften

Erntezeitpunkt	Ertrag	Fruchtgröße	Anmerkungen
Mitte bis Ende August	mittel	mittel	robust
Mitte bis Ende August	gut	mittel	wenig Schorf
Ende August bis Anfang September	mittel	groß	sehr anfällig für Feuerbrand
Mitte bis Ende September	mittel	mittel	mittel anfällig für Feuerbrand
Mitte bis Ende September	mittel	groß	geschmacklich bescheiden

1.3 Asienbirne (*Pyrus pyrifolia*)

Sie stellt für Europa eine relativ neue Vermarktungsfrucht der Birne dar. In Baumschulkatalogen oft fälschlich als Birnen- x Apfelkreuzungen bezeichnet, da die Früchte einen hohen Anteil an süßlichem Saft mit apfelaromaähnlichen Flavourwerten zeigen. Derzeit werden die Früchte stückweise zu überhöhten Preisen verkauft.

Herkunft

Die Asienbirne stammt aus China. In die Asienbirne wurde die *Pyrus ussuriensis* eingekreuzt. Sie wird in klimatisch begünstigten Zonen von Japan, Südkorea, China und Neuseeland angebaut.

Heute wird sie in Europa fälschlich unter der Bezeichnung „Nashi" angeboten und vertrieben. Die Asienbirne wurde im 19. Jahrhundert von einem Österreicher nach Neuseeland gebracht und dort ausgepflanzt.

Verwendung

Sie ist mit den derzeit bekannten und ausgepflanzten Sorten eher eine Verwertungs- als eine Frischgenussfrucht, stellt eine ideale Birnenart für Fruchtsalate dar. Für die Saftverwertung ist die Asienbirne nicht geeignet.

Standortansprüche

Die Asienbirne benötigt beste, humusreiche Böden in warmen Lagen (Wein-/Maisklima). Der Standort muss unbedingt windgeschützt sein, da die Früchte sehr empfindliche Schalen haben und diese durch Windeinwirkung leicht aufgescheuert werden. Die Winterhärte der Asienbirne liegt bei –15 °C.

Unterlagen

Die Quitte zeigt als Unterlage Affinitätsprobleme. Sämlinge der *Pyrus pyrifolia* können nur auf relativ trockenem Boden ausgesetzt werden, Sämlinge von *Pyrus betulifola* erbringen einen stärkeren Wuchs bei verfrühter Reife. Birnensämlinge zeigen wie die Quitte Affinitätsprobleme.

Befruchtungsverhältnisse

Wegen der sehr früh einsetzenden Blühperiode ist die Asienbirne in unserem Klimabereich von auftretenden Spätfrösten sehr gefährdet. Die Asienbirne ist selbststeril, benötigt 10 % Befruchteranteil, wobei dieser aus mindestens fünf Sorten bestehen sollte. In der Literatur wird verschiedentlich Williams als geeigneter Befruchter vorgeschlagen. Ausdünnen ist zwei- bis dreimal ab 14 Tage nach der Vollblüte per Hand notwendig. Dabei werden kleine, unregelmäßige Früchte entfernt. Auf Pergola rechnet man mit 13 bis 20 Früchten/m² Pergolafläche.

Pflanzabstand

Der Pflanzabstand sollte aufgrund des starken Jugendwuchses ca. 5 x 3 m betragen. An Erziehungssystemen können eingesetzt werden: die Pergola, die Hohlkrone und unter Umständen die Spindel bzw. die Hecke.

Schnitt

Da die Asienbirne steil aufrecht und starkwüchsig wächst, garniert sie schlecht, wobei sie aber auf einjährigen Kurztrieben fruchtet.

Pflanzenschutz

Von den abiotischen fruchtbeeinflussenden Faktoren müssen die Berostung und der Wind genannt werden, daher auf berostungsfreie Standorte achten! Die Asienbirne ist sehr anfällig für Bakterienkrankheiten, wie z. B. Feuerbrand und Rindenbrand. Auch von Schorf und Mehltau wird sie befallen. Von den tierischen Schädlingen tritt sehr stark der Formenkreis der Spinnmilben, der Blattläuse und auch der Apfelwickler sowie der Birnblattsauger auf. Auch auf eine Vogelabwehr ist zu achten.

Ernte

Sie geschieht folgeartig. Die Frucht ist am Baum essreif, dies entspricht einem Mindesttrockensubstanzgehalt von 14 Grad Brix. Der Erntetermin wird meist dann festgesetzt, wenn Vögel die Früchte anzufressen beginnen. Bei der Erntearbeit muss sehr sorgfältig vorgegangen werden, da die Früchte wegen der empfindlichen Schale sehr druckempfindlich sind. Meist werden die Früchte extra in Papier eingewickelt und in Nestpack abgelegt. Unter normalen Lagerbedingungen ist die Asienbirne nur bedingt lagerfähig. Wird bei der Lagerung eine Temperatur von 0 °C gewählt, können verschiedene Sorten zwischen zwei und fünf Monate lang gelagert werden.

Die apfelähnlichen Fruchtformen schmecken besser. Sie werden meist in Japan angebaut. Mit den birnenförmigen Sorten hat man zurzeit in unseren Gebieten zu wenig Erfahrung. Die Früchte sind

'Hosui' (Foto: DUHAN)

neben ihrer extrem hohen Anfälligkeit gegenüber exogenen Einflussfaktoren auch anfällig gegen Glasigkeit. In Japan werden Asienbirnfrüchte geschält, das Kernhaus entfernt und dann gegessen, wobei nach japanischem Geschmack die Früchte als mild und sauer-süßlich eingestuft werden. Für den europäischen Geschmack wirken die Früchte fad und geschmacksleer. Früchte der heimischen Weinbirnen übertreffen im Geschmack die Asienbirnen bei Weitem.

Es gibt weit über 100 Sorten. Die Endsilbe „seiki" steht für Glattschaligkeit, die Wortendsilbe „sui" drückt eine raue Schale aus. Von den bekanntesten Sorten seien auszugsweise genannt:

Sorten

'Shinseiki', 'Shinko', 'Niitaka', 'Kikusui', 'Ya-Li', 'Tsu-Li', 'Seuri', 'Okusankichi', 'Ichiban', 'Nashi', 'Shinsui', 'Yoi-Nashi', 'Daisui Li', 'Shin Li', 'Olympic' (AA-Ri-Rang), 'Red Types'

(Li bedeutet, dass es sich hier um chinesische Birnen handelt, die wie asiatische Birnen schmecken, aber wie die europäischen Birnen aussehen.)

Weitere Anbauprobleme

Aus der Literatur kann entnommen werden, dass die Asienbirne sehr anfällig für Viruserkrankungen ist. Infolge der frühen Blühperiode (ungefähr zugleich wie die Marille/Aprikose) sind sie gegen Blütenfrost sehr empfindlich. Der hohe Saftgehalt der Frucht und die empfindliche Schale bedingen eine hohe Transportempfindlichkeit. Unter ungünstigen Standortbedingungen können die Asienbirnen auch herb schmecken.

Nachstehende Kernobstarten könnten neben dem Schalenobst als Kulturbranche breitere Verwendung finden.

Unter Kulturbranche versteht man eine extensive, bodenschonende, landwirtschaftliche Flächennutzung.

1.4 Quitte (*Cydonia oblonga*)

Der botanische Name *Cydonia* soll von der Stadt Cydon auf Kreta stammen. Die Quitte hat in unseren Breiten kaum produktionstechnische Bedeutung, da die Früchte in rohem Zustand nicht genießbar sind. Vorderasiatische Länder verwenden die Quitten zum sogenannten Quittenkäse, einer Konfitürenart. Heute gewinnt die Quitte als Nektargrundfrucht und als Schnapsfrucht wieder Bedeutung. Nicht vergessen werden darf, dass die Quitte auch als Duftfrucht Bedeutung erlangen könnte. Eine Quittenfrucht, nach der Ernte ins Zimmer gelegt, lässt das Zimmer bis zu drei Wochen nach natürlichem Aroma duften. Die Quitte kann noch als Dörrfrucht, Schnaps, Nektar, Marmelade, Gelee und Kompott verwertet werden. Nicht zu vergessen ist bei der Quitte die schöne Blüte, die als Ziergehölz bzw. als Zierblume während der Blütezeit Absatz fände. Die Quitte blüht spät. Es wäre somit zu überlegen, den Quittenstrauch bzw. Quittenbusch erst während der aufgehenden Blüte zu schneiden und dann das Schnittholz als Blütenholz zu verkaufen.

Vom Standort her benötigt die Quitte Wein-/Maisklima, nicht zu trockene, kalkarme Böden und frostgeschützte Lagen. Die Kalkempfindlichkeit der Quitte ist bereits bei den Birnenunterlagen hinreichend beschrieben worden. EDER berichtet von großen Affinitätsproblemen von Quittenveredelungen auf Birnsämlingen.

An Reihenabständen können jene der Heckenkultur verwendet werden (5 x 4 m). Um Winterfrostschäden zu vermeiden, sollte die Frühjahrspflanzung vorgezogen werden. Die Quitten sollten nicht zu lange lagern, da ansonsten Fäulnis auftritt.

Quittenarten

Die Quittenfrüchte sind gelbfleischig. Die Reifezeit der Quittensorten ist relativ spät und die Ernte wird ungefähr Ende Oktober durchgeführt. Man unterscheidet zwei Fruchtformen:

- **Apfelförmige Quitten:** Sie zeigen ein hartes, trockenes Fruchtfleisch mit typischem Quittenaroma.
- **Birnenförmige Quitten:** Sie sind weicher als die apfelförmigen Quitten und haben im Fruchtfleisch weniger Steinzellen.
- **Rundquitten:** Annähernd runde mittelbauchige Quittenfruchtformen

Sorte	Herkunft	Wuchs	Form	Ertrag	Fruchtgröße	Fruchtfarbe	Fruchtfleisch	Geschmack	selbstfruchtbar	Anmerkungen
'Bereczki'	Ungarn	stark	birnenförmig	hoch	sehr groß	zitronengelb	gelblich	süß-säuerlich, aromatisch	ja	holzfrostempfindlich
'Champion'	USA	mittelstark	birnenförmig	hoch	mittel groß	grünlichgelb	hellgelb	fest, saftig, aromatisch	teilweise	sehr robust
'Konstantinopler'	wahrscheinlich Orient	mittelstark	apfelförmig	hoch	groß	gelb	hellgelb	saftreich, aromatisch	ja	auch für höhere Lagen
'Leskovac'	Serbien	mittelstark	apfelförmig	hoch	mittelgroß	gelbgrün bis gelb	weißgelb	sehr saftig, gewürzt	ja	krankheitsanfällig
'Radonia'	Deutschland	mittelstark	birnenförmig	mittelhoch	groß bis sehr groß	gelb	weißlichgelb	saftig, süßsäuerlich	ja	gut geeignet für Most
'Ronda'	Schweiz	stark	birnenförmig	hoch	groß	goldgelb	gelblich	herb, süßsäuerlich	ja	universelle Verarbeitung
'Vranja'	Serbien	stark	birnenförmig	hoch	sehr groß	goldgelb	feinkörnig, hellgelb	leicht süßsäuerlich	ja	holzfrostempfindlich

Tabelle: Quittensortiment

Apfelförmige Quittensorte 'Leskovac' (Foto: KEPPEL)

Birnenförmige Quittensorte 'Vranja' (Foto: KEPPEL)

Übersicht über verschiedene innere Fruchteigenschaften von Quittensorten unter steirischen Klimabedingungen:

Sorten	Brixgrade in Grad	ø Fruchtgew. in g	Saft	
			Ausbeute	pH-Wert
'Quitte Leskovac'	12,1	263	48 %	3,24
'Quitte Haidegg'	11,8	366	59 %	3,01
Apfelquitte 'Selektion YU'	11,2	162	46 %	3,22
Quitte 'Silberberg'	11,4	525	37 %	3,26
'Maliforme Villanova'	12,4	418	48 %	3,06
'Vranja' (nicht selbst fruchtbar)	12,1	348	45 %	3,12
'Quitte Angers'	11,2	211	50 %	3,26

Anmerkung zum durchschnittlichen Fruchtgewicht:
Das Stadium des ansteigenden Baumertrages lässt noch keine eindeutigen Aussagen über das Fruchtgewicht zu (Abhängigkeit des durchschnittlichen Fruchtgewichtes vom Baumertrag; geringe Erträge ergeben hohe Einzelfruchtgewichte).

Zur Sicherung des Ertrages sollte man trotz der Selbstfruchtbarkeit der verschiedenen Quittensorten zwei Sorten nebeneinander pflanzen. Quitten können in Pflanzabständen von 4–5 m Reihenabstand x 3–4 m in der Reihe gepflanzt werden, je nach Verwendungszweck als Busch mit niedrigem oder höherem Stamm. Sie stellt an den Schnitt keine besonderen Ansprüche. Die Schnittart ist gleich wie beim Kernobst. Beim Pflanzenschutz können die beim Kernobst üblichen Methoden und Mittel angewendet werden, sind aber meist nicht notwendig. Von der Düngung her stellt die Quitte keine besonderen Ansprüche.

Im Rahmen der „Integrierten Produktion" wäre es günstig, eine natürliche Düngung mit Kompost oder Stallmist durchzuführen. Werden die Quittenfrüchte im Haushalt für Gelee bzw. für Kompott verwertet, dürfen die Früchte nicht zu spät gepflückt werden. Optimaler Pflückzeitpunkt dazu wäre der Umschlag der Fruchtfarbe von hellgrün auf gelb. Für die Saft-, Schnaps- bzw. Nektarbereitung können Quittenfrüchte länger als zur Haushaltsverwendung am Baum bleiben, um höhere Aromawerte zu erreichen. Bei der Nektarerzeugung bringen die Quitten wegen des hohen Gehaltes an großen Steinzellen Probleme, da die Korundmühle die Steinzellen nicht vollständig zermahlt und deswegen auch im Nektar steinige Nektarbestandteile anzutreffen sind. Quitten werden entweder auf Quitten oder auch auf Weißdorn veredelt. Die Veredelung auf Weißdorn hat derzeit keine praktische Bedeutung.

Feuerbrandempfindlichkeit von Quitten (auszugsweise nach GÖDING und SCHRAMM, 2012, sechs Beobachtungsjahre, D)

Totalausfall: 'Champion', 'Cydora', 'De Mosna', 'Gutui de Husui', 'Izobilnaja', 'Konstantinopler', 'Maliforme Aurii', 'Plovdivskaja', 'Wudonia'

30 bis 70 % Ausfall, hoher Kontrollaufwand: 'Adamsova', 'Aurelia', 'Brna', 'Cydopom', 'Cydora Robusta', 'Hemus', 'Leskovaca', 'Matador', 'Mukatnaj', 'Pear Shaped', 'Portugieser', 'Quitte EM-H', 'Quitte von Angers' (Quitte A), 'Radonia', 'Turkey Nr. 4', 'Uspech'

Gesund, weitgehend mit geschlossener Laubwand erhalten, geringer Kontrollaufwand: 'Bencikli', 'Bereczki', 'Limon Ayvasi', 'Pinter', 'Portugieser', Ronda', 'Triumph', 'Vranja'

In neue Versuche aufgenommen: 'Ispolinskaja', 'Cydora Robusta', 'Cydopom', 'Portugieser', 'Uspech', 'Limon Ayvasi' (sehr spät reifend)

1.5 Echte Mispel (*Mespilus germanica*)

Die Mispel stammt aus dem Gebiet des Kaspischen Meeres. Sie wurde von Griechen und Römern in unsere Breiten gebracht, ist eine anspruchslose Gehölzart und wächst am besten auf leichten kalkreichen Lehmböden in windgeschützten besonnten Lagen bis Halbschattenlagen. Feuchte Böden sind für den Mispelanbau ungeeignet, weil dadurch der ohnehin schon späte Triebabschluss im Herbst noch verzögert wird und es zu Holzfrostschäden kommen kann. Auch zu trockene Böden sind ungeeignet, da das langsame Wachstum zu sehr gebremst wird. Die Mispel blüht später als die Quitte. Die Blüten sind duftlos und selbstfruchtbar. Die Reife setzt gegen Ende Oktober ein. Je nach Sorte können die Früchte 2 bis 7 cm lang werden. Wie bei der Quitte spricht man von apfel- und birnenförmigen Sorten. Die Früchte der Mispel werden erst nach Einwirken von Frost genussreif. Sie weisen dann ein teigiges Fruchtfleisch auf. Früher wurden die Mispelfrüchte zur Reifeförderung nach

Mispelfrüchte (Foto: SPORNBERGER)

der Ernte mit Stroh abgedeckt, um ein rascheres Weichwerden und eine Fermentierung der Frucht zu erzielen. Dadurch wurden die Früchte milder und aromatischer. Die Früchte können auch roh gegessen werden. Vor dem Zweiten Weltkrieg wurden Mispelfrüchte auch als natürliches Stabilisationsmittel bei der Mosterzeugung verwendet, da sie durch den hohen Gehalt an Gerbsäure den Most klar und haltbar machten. In der Steiermark werden heute noch Mispeln für die Marmeladeerzeugung und auch als Beimengung zu Tee (zwecks Geschmacksverbesserung) verwendet. Mispeln können auf Quitten und auf Weißdorn veredelt werden. Auf letzterer Unterlage treten Affinitätsprobleme auf.

1.6 Eberesche (*Sorbus aucuparia*)

Die Eberesche dürfte ihren Beinamen (Vogelbeere) deswegen erhalten haben, weil früher ihre langen fruchttragenden Äste mit Leim beschmiert bzw. auf diesen Haarschlingen zum Fangen von Vögeln angebracht wurden.

Sie stellt an den Standort hohe Lichtansprüche, man findet sie auch immer an Waldrändern bzw. in lichten Wäldern. Sie steigt in Tirol auf Höhen bis 2.000 m an, braucht aber als Kernobstart mäßige Wasserversorgung. Die Bäume werden bis zu 100 Jahre alt und bis zu 20 m hoch. Ebereschen können als Sämling oder auf arteigener Unterlage als veredelte Bäume (auch Weißdorn als Unterlage möglich) gepflanzt werden.

Verwendung

In heimischen Gebieten werden die Vogelbeeren zu (sehr teurem) Schnaps gebrannt (geringe Ausbeute). In manchen Gegenden ist auch die Verwendung als Wildfutter möglich. Haushaltsmäßig kann die Vogelbeere noch zu Gelee und Kompott verwendet werden. Das Holz wird von holzverarbeitenden Berufen gesucht.

Neuerdings werden für den Anbau wieder Abkömmlinge der 'Süßen Mährischen Eberesche' angebaut, deren Früchte nicht so bitter sind wie die Wildformen.

Ebereschensorten

'Süße Mährische Eberesche': Verbreitetste Sorte, bereits 1810 bekannt.
'Carola Beauty': schwachwüchsig
'Granatova': Aus einer Kreuzung von Weißdorn x Eberesche entstanden
'Konzentra': kleinfruchtig, schmalkronig

Vergleich der Eigenschaften von Edelebereschen und deren Wildform (nach EDER):

Eigenschaften	Edel-Ebereschen	Ebereschen-Wildlinge
Kronenform	alle Sorten höher als breit	überwiegend breit, kugelig
Wuchsverhalten	kräftig, steil, aufrecht	schwach, buschiger, wegen der Aufspaltung unterschiedlich
Triebstellung	dick, konisch, stabil	dünn, geschmeidig flach
Leitastansatz	ca. 10° bis 20° zur Lotrechten	ca. 30° bis 40° zur Lotrechten
Rindenfarbe	dunkelrindig	hellrindig
Knospengröße	1 bis 2 cm	0,5 bis 1 cm
Blütenausbildung	groß, flach, ausgebreitet	klein, kugelig
Fruchteigenschaften	über 1 cm Durchmesser, nicht bitter, süß-säuerlich	meist unter 1 cm Durchmesser, bitter und sauer

Blüte der Eberesche (Foto: MODL)

Vollreife Ebereschenfrüchte an der Grenze zur Überreife (Fotos: KEPPEL)

1.7 Speierling (*Sorbus domestica*)

Der Speierling war schon vor Christus bekannt. Seine Bodenansprüche sind dahingehend, dass er kalkreiche Böden mit viel Lichteinfall bevorzugt. Durch seine Faserwurzeln kann er die Bodenfeuchtigkeit auch in tieferen Schichten ausnützen. Die Früchte sind klein, gelb, sonnseitig meist rot, apfel- oder birnenförmig. Die Früchte werden im September bzw. Oktober geerntet und erst durch längeres Lagern bzw. durch Frost weich und können wie die Mispel im teigigen Zustand roh genossen werden. Vor dem Zweiten Weltkrieg waren Speierlingfrüchte (wie die Mispeln) dem Apfelmost zwecks Geschmacksverbesserung und Hebung der Haltbarkeit zugesetzt. Die Früchte weisen ein Einzelfruchtgewicht um 9 g auf, wobei die apfelförmige Frucht größer wächst. Das Holz des Speierlings wird wie das der Eberesche in den holzverarbeitenden Gewerbebetrieben verwendet.

Verschiedene Fruchtformen und -ausfärbungen bei Speierling (Fotos: SPORNBERGER)

2. STEINOBST

2.1 Kirsche

2.1.1 Süßkirsche (*Prunus avium*)

Die anbaumäßige Bedeutung der Süßkirsche hat in Österreich erst in den letzten Jahren wieder etwas zugenommen, da sowohl von der Frischmarktseite her als auch vonseiten der Verarbeitung eine stärkere Nachfrage gegeben ist. Derzeit muss noch ein größerer Teil des Bedarfs durch Import gedeckt werden. Allerdings fällt ein Teil der Einfuhren in jenen Zeitraum, in dem der Markt durch die eigene Produktion nicht beliefert werden kann. Der Markt verlangt unbedingt madenfreie Ware, die aber von den bisherigen großen, kaum pflegefähigen, oft virusverseuchten Bäumen nicht produziert werden konnte. Auch die oft vorliegende Streulage machte eine gezielte Pflege fast nicht möglich.

Voraussetzung für einen rentablen Tafelkirschenanbau sind die Verwendung von gesundem (virusfreiem) Pflanzmaterial und die Erziehung niedriger, pflegeleichter Baumformen.

Derzeit ist bereits eine größere Anzahl an mehr oder weniger schwächer wachsenden Unterlagen, die teilweise auch bereits in den Baumschulen verfügbar sind, im Umlauf, allerdings fehlt es in einigen Fällen noch an der praktischen Prüfung auf die Gebietstauglichkeit in den einzelnen Anbaugebieten. Derzeit stehen Neuzüchtungen aus Deutschland, Belgien, Frankreich, Ungarn, Tschechien und England in der Praxis bereits im Einsatz.

Der Versuch, über Kompaktsorten (spurartiges Wuchsverhalten) zu kleinkronigen Anlagen zu kommen, scheiterte am zu kleinen Sortiment.

Es besteht heute neben den für den Frischmarkt geeigneten Sorten auch der Bedarf an geeigneten Sorten für die Verarbeitung (Kompott, Tiefgefrieren, Nektar, Edelbrand usw.), der ohne Weiteres mit der heimischen Produktion gedeckt werden könnte. Solche Vorhaben verlangen aber Intensivkulturen mit ausschließlich kleineren Baumformen und auch dafür geeignete Sorten. Dadurch wären ein früherer Ertragseinsatz und höhere Ertragsleistungen bei gleichzeitig auch bedeutend höherer Pflückleistung zu erreichen. Die geringe Platzfestigkeit der heute im Einsatz stehenden Kirschensorten (meist Knorpelkirschen) hat verschiedentlich zu einer Überdachung mit Folienmaterial angeregt. Die Ergebnisse und Aussagen darüber sind allerdings etwas differenziert. Als weitere Gegenmaßnahmen werden auch Spritzungen mit Ca-Lösungen (Ca-Hydroxid oder -Chlorid in Konzentrationen von 0,5 bis 1 %), versuchsweise aber auch mit GA3, NAA oder wachsartigen Präparaten eingesetzt. Bei Gefahr größerer Vogelschäden sind natürlich ebenfalls geeignete Schutzmaßnahmen zu ergreifen.

Gegen die Kirschfruchtfliege (Verursacher der Verwurmung) und die Kirschessigfliege (Maden fressen in kurzer Zeit die Früchte) werden Einnetzungen der Bäume bzw. Anlage(n) getestet. Die Angaben zur Netzlückengröße differieren von 0,4 über 0,8 x 0,8 mm bis 1,4 mm. Jedenfalls ist zu beachten, dass bei kleiner Netzlückengröße in windreichen Gegenden das Netz eine große Angriffsfläche für den Wind darstellt und damit das Gerüst als auch die Netzfläche selbst großen Belastungen ausgesetzt sind. Hagelnetze können den Befall mit diesen tierischen Schädlingen um ungefähr 50 % mindern. Der Insektizideinsatz könnte damit vermindert (oder verhindert) werden.

Verwendung

Frischkonsum; Kompott, Nektar, Mehlspeisen, Sirup, Branntwein; Furnierholz

Standortansprüche

Die Süßkirsche besitzt, ähnlich wie der Apfel, eine relativ große ökologische Anbaubreite. Sie ge-

Kirschenüberdachung am Versuchsgarten der Universität für Bodenkultur, Institut für Garten-, Obst- und Weinbau, Wien (Foto: MODL)

Buketttrieb, Blütenknospen vor dem Aufblühen (Foto: KEPPEL)

deiht bis in mittlere Hochlagen, sofern das Klima ausgeglichen warm und eher trocken ist, daher ist sie eigentlich in ganz Europa, ausgenommen vielleicht die meeresnahen Gebiete, anzutreffen. Gegenden mit höheren Niederschlagswerten und hoher Luftfeuchtigkeit sind für die Kirsche wegen erhöhter Platz- und Krankheitsanfälligkeit weniger geeignet. Gesunde und ertragssichere Intensivanlagen sind heute eher an wärmere, lufttrockene Klimate mit einiger Luftbewegung gebunden. Als Frühblüher sind Süßkirschen auch spätfrostgefährdet. Wintertemperaturen unter –20 °C verursachen in der Regel Schäden am Holz und an den Blütenknospen. Auch die Gefahr von Stammrissen ist bei Strahlungswetterlagen im Winter bei Kirschen besonders groß. Es wäre daher ein Weißigen der Stämme bereits zeitig im Winter anzuraten.

Der Boden selbst soll eher warm, tiefgründig, gut durchlüftet, einigermaßen humos und nährstoffreich sein und auch eine entsprechende Wasserspeicherkapazität besitzen, damit etwa während der Fruchtentwicklung keine Störungen auftreten. Ansonsten ist der Wasserbedarf eher mäßig, sodass auch mittlere Böden ohne Weiteres für eine Anlage herangezogen werden können. Auf wechselfeuchten Böden kann sowohl das Wachstum als auch die Fruchtentwicklung beeinträchtigt werden. Außerdem wird die Anfälligkeit für weitere Schäden im Holz (Gummifluss, Erfrieren usw.) deutlich verstärkt. Überstauungen bzw. Überflutungen (auch nur kurzzeitig) werden von der Kirsche nicht vertragen und es kommt meist zu einem Totalausfall der Bäume. In den letzten Jahren hat sich der Einsatz der Tropfbewässerung (Unterkronenbewässerung) in Intensivanlagen sehr gut bewährt. Auch Überdachungssysteme werden im intensiven Anbau immer wichtiger.

Befruchtungsverhältnisse

Alle Kirschensorten sind mit Ausnahme einiger Neuzüchtungen (Kombinationskreuzungen mit der Sorte 'Stella') selbststeril (autosteril) und deshalb auf die Bestäubung mit sortenfremden Pollen angewiesen.

In der Regel besitzen die Sorten alle diploide Pollen und können somit auch als Befruchter eingesetzt werden. Die Pollenübertragung sollte durch Insekten erfolgen, da der Wind in der Regel nicht ausreicht. Für ein entsprechendes Fruchtwachstum ist, wie beim Steinobst allgemein, eine Befruchtung erforderlich, da ja der Fruchtknoten an der Fruchtbildung direkt beteiligt ist.

Sterilitätsgene

Ein besonderes Problem bei der Süßkirsche stellt aber die hier sehr weit verbreitete Gruppensterilität (Intersterilität) dar. Die den einzelnen Gruppen zugehörigen Sorten können sich dabei nicht gegenseitig befruchten und sind auf Pollen anderer Sorten angewiesen. Als Ursache werden verschiedene Sterilitätsgene angenommen (S_1 bis S_6), die ein Weiterwachsen der Pollenschläuche bei Vorhandensein gleicher Sterilitätsgene (z. B. S_2S_4 x S_2S_4) bei beiden Elternteilen verhindern und sie

Kirschenblüte (Foto: KEPPEL)

zum Absterben bringen. Eine entsprechende Befruchtung ist daher nur dann sichergestellt, wenn diese Gruppenpaare bei den beiden Partnern verschieden (heterolog) sind, wie beispielsweise S_2S_4 x S_1S_5, oder zumindest zur Hälfte verschieden, wie z. B. S_2S_3 x S_5S_3. Selbstverständlich sind auch bei der Süßkirsche die Blühzeiten der Sorten zu beachten. Nicht passende Blühzeiten können sich vor allem bei Schlechtwetter äußerst negativ auf die Befruchtung auswirken. Um hier Schwierigkeiten zu entgehen, sollten möglichst breite Sortimente (bis zehn Sorten) gewählt werden. Nur dann kann auch mit dem für einen Vollertrag notwendigen Fruchtansatz von 30 bis 50 % gerechnet werden.

Behangdichtenregulierung

Vor allem bei Sorten, die zum Überbehang neigen, muss eine Behangdichtenregulierung auch bei den Kirschen überlegt werden (siehe auch Kapitel Ausdünnen).

Unterlagen

Unterlage	Wuchsstärke	Verwendung für	Mindestabstand	Anmerkungen Ertragsbeginn
Kirschensämlinge ('Harzer Hellrindige', 'Limburger Vogelkirsche')	sehr stark	Kirsche, Weichsel	7 x 5 m, 6 x 4 m 5 x 5 m, 5 x 4 m	spätmittel
F 12/1 (*Prunus avium*)	stark	Kirsche, Weichsel	5 x 4 m 5 x 3 m, 4,5 x 4 m	mittelfrüh bis mittel
St. Lucie 64 (*Prunus mahaleb*)	stark	Kirsche, Weichsel	6 x 5 m 4 x 4 m	mittel bis spätmittel
Maxma 14 (*Prunus avium* x *Prunus mahaleb*)	mittel bis stark	Kirsche, Weichsel	5 x 5 m 4 x 3 m	mittelfrüh bis mittel
Weiroot 10, 13, 14 (*Prunus cerasus*)	mittel bis stark	Kirsche, Weichsel	5 x 4 m 3,5 x 3 m	mittelfrüh bis mittel
Weiroot 53, 72 (*Prunus cerasus*)	mittel bis schwach	Kirsche, Weichsel	4,5 x 4 m, 4 x 2,5 m	früh bis mittelfrüh
Gisela 5 (*Prunus Hybriden*)	schwach bis mittel	Kirsche	4,5 x 2 m	früh
Gisela 6	mittel	Kirsche	5 x 3 m, 4,5 x 3 m	früh
Gisela 4	mittel bis schwach	Kirsche	4 x 2 m	früh
Tabel Edabriz (*Prunus cerasus*)	mittel bis schwach	Kirsche	4 x 2 m, 3,5 x 2 m	mittel bis früh
Piku 1,3 (Pillnitzer Kirschenunterlagen)	mittel bis schwach	Kirsche	4,5 x 2 m, 3,5 x 2 m	mittel bis früh

Sämlingsunterlagen

Aufgrund der Stagnation im Süßkirschenanbau und des Wartens auf schwachwüchsige Unterlagen für die Erziehung kleinerer Baumformen haben die zahlreichen, bisher verwendeten, starkwüchsigen Sämlings- und Klonunterlagen ihre Bedeutung fast völlig verloren.

Vogelkirschensämlinge (*Prunus avium*)

Die größte Verbreitung erfuhr der 'Harzer hellrindige Vogelkirschensämling'. Aus ihm wurden durch Auslese der 'Limburger Vogelkirschensämling' und in der Folge der Bastard Hüttner 170 x 53 entwickelt. Alle Herkünfte sind starkwüchsig und entwickeln große Kronen.

Steinweichselsämlinge (*Prunus mahaleb*)

Sie sind etwas unterschiedlich im Wuchs- und Affinitätsverhalten und zeigen in der Regel ein etwas schwächeres Wuchsverhalten. Steinweichselsämlinge sind besonders für leichtere, trockenere Standorte, nicht jedoch für dichte, schlecht durchlüftete Böden geeignet. Durch die oft nicht zufriedenstellende Affinität der beiden Partner muss laufend mit Ausfällen gerechnet werden. Auch als Unterlage für Sauerkirschen verwendet.

Die seit geraumer Zeit auch von *P. mahaleb* vorliegenden Klonunterlagen (St. Lucie 64, Harzer Selekta, Klone aus dem Bonner Obstbauinstitut usw.) besitzen etwas bessere Affinitätseigenschaften. Steinweichselsämlinge entwickeln relativ großkronige Bäume und müssen als mindestens mittelstark wachsend eingestuft werden.

Klonunterlagen

Prunus avium – F 12/1

Diese erste Klonunterlage wurde von den Baumschulen relativ rasch verbreitet. Sie stammt aus East Malling (England). Diese Unterlage ist aber fast ebenso starkwüchsig wie der Sämling, außerdem ist sie frostempfindlich und zeigt eine mehr oder weniger deutliche Neigung zum Gummifluss und zur Schosserbildung. Die Affinität zu den Edelsorten ist sehr gut, allerdings schlitzen die Äste, aufgrund des engen Abgangswinkels, leicht aus (Frostabwehr). In der Schweiz wurde der Klon W 101 bis 103, in Pillnitz/Dresden der Klon Prunave selektiert.

Colt (*Prunus avium* x *Prunus pseudocerasus*)

Die ebenfalls in England gezüchtete Unterlage besitzt eine ähnliche Wuchskraft wie F 12/1. Allerdings ist das Wuchsverhalten insgesamt deutlich günstiger. Eigene Erfahrungen haben bisher ein nicht immer günstiges Ertragsverhalten ausgewiesen. Diese Unterlage dürfte entgegen anders lautenden Aussagen aber ausreichend frosthart sein, obwohl sie im Herbst ihr Wachstum erst spät abschließt. Sie ist in der Praxis bereits eingeführt.

Sauerkirschen-Klone (*Prunus cerasus*)

Seit einiger Zeit sind auch vom Lehrstuhl für Obstbau in Weihenstephan entwickelte Unterlagen unter der Bezeichnung Landauer W 1–18, neuerdings unter dem Namen Weiroot, im Handel erhältlich. Bisher haben aber nur die Klonnummern 10, 11, 12, 13 und 14 etwas stärkere Verbreitung erfahren. Die Klone 10, 13 und 14 sind besser als Süßkirschenunterlage, die beiden anderen besser für Sauerkirschen geeignet.

Aus jüngeren Selektionsarbeiten stammen die Weiroot-Klone 53, 72, 154 und 158, die schwach bis mittelstark wachsend sind, aber ein deutlich besseres Affinitätsverhalten zeigen. Sie müssen allerdings noch weiter geprüft werden.

Weitere Klonunterlagen, Gisela-Unterlagen

Diese Unterlagen wurden in Gießen/Deutschland am dortigen Obstinstitut gezüchtet und anschließend selektiert und befinden sich derzeit in vielen Versuchsstellen in Prüfung. Drei Klone mit den Bezeichnungen Gisela 3, 4, 5 und 6 sind bereits bei einzelnen Baumschulen erhältlich. Es handelt sich bei diesen Unterlagen um wechselseitige Kreuzungen verschiedenster *Prunus*-Formen (wie z. B. *P. avium*, *P. cerasus*, *P. pseudocerasus*, *P. fruticosa* und einige weitere Zierkirschenformen). Bisher haben sich vor allem Gisela 5 und 6 in der Praxis bewährt.

Gembloux-Kirschenunterlagen

Auch hier wurden für die Kreuzungen und Auslesen Zierkirschenformen herangezogen. Von den Selektionen haben sich bisher drei Klone (GM 9, GM 61/1 und GM 79) als besonders günstig erwiesen. Die Lizenz für die Vermehrung und Verbreitung dieser Unterlagen wurde der Baumschule Jo Nicolai, St. Truiden (Belgien), übergeben.

Steppenkirschen (*Prunus fruticosa*)

Sie neigen zur Bildung von Stockausschlägen. Aufgrund von Affinitätsproblemen nicht weiterverbreitet.

MaxMa Delbard 14, 97

Kreuzungen aus Vogelkirschsämlingen und *P.-mahaleb*-Unterlagen. Sie stammen aus den USA (Lyle Brooks) und sind von Frankreich aus weiterverbreitet worden. Mittelstarkwüchsig, ziemlich anspruchslos. Alle weiteren MaxMa-Selektionen haben sich als zu starkwüchsig erwiesen.

Tabel EDABRIZ

Eine aus dem Iran stammende Unterlage, die durch den CTIFL in Frankreich züchterisch bearbeitet wurde. Sie wächst etwa halb so stark wie F 12/1, besitzt eine gute Standfestigkeit und eine gute Anpassungsfähigkeit an verschiedene Bodentypen. Zu hohe pH-Werte (um pH-Wert 8) können aber Chlorosen verursachen.

Schwach wachsende Kirschenunterlagen zeigen meist eine geringe Vitalität, neigen zur Kleinfruchtigkeit und sind auf trockenen, ungünstigen Standorten wenig geeignet. Eine Bewässerungsmöglichkeit ist für eine Qualitätsproduktion unbedingt erforderlich.

Erziehungsformen

Aufgrund der bisher zur Verfügung stehenden, ausschließlich starkwüchsigen Unterlagen und den meist ebenfalls kräftig wachsenden Edelsorten war an die Erziehung niedriger Baumformen nicht zu denken. Alle Versuche, diese Kombinationen in Heckenformen zu pressen, mussten mit hohem Schnitt- und Formieraufwand erkauft werden. Mithilfe der jetzt zur Verfügung stehenden schwächerwüchsigen Unterlagen können aber bereits relativ leicht Spindelkronen oder Heckenformen erzogen werden. Die Baumanzahl/ha wird zukünftig etwa zwischen 600 und 1.000 Stück bzw. auch darüber liegen. Bei den starkwüchsigen Unterlagen waren

Junge Kirschspindel in der Vollblüte (Foto: KEPPEL)

120 bis maximal 200 Bäume/ha möglich. Im Liebhaberanbau (auch in Streuobstwiesen) überwiegen großkronige Bäume auf stark wachsenden Unterlagen, meist als Halb- oder Hochstämme erzogen. Solche Bäume benötigen dann Mindeststandflächen von 50–100 m². Auch andere Kronenformen wie die Hohlkrone oder die Zweiast-Längskrone, die schräge Hecke oder die Tatura-Form sind möglich, spielen aber heute im Intensivanbau nur eine geringe Rolle. In den Erwerbsanlagen dominiert die Spindelerziehung, wobei mithilfe verschiedener Formierarbeiten (Flachformieren der Fruchtäste (System T. VOGEL) oder durch den Einsatz bestimmter Schnitttechniken (z. B. Methode F. G. ZAHN: Ableiten der Fruchtäste über flachere Triebe über einen lebenden Zapfen) die Kronen niedrig und im Gleichgewicht gehalten werden.

Dieser Zapfenschnitt ist insgesamt besonders schonend und fördert die Baumgesundheit. In beiden Fällen erfolgt der Schnitt aststärkenbezogen, das heißt, dass die im Verhältnis zur Stammverlängerung zu starken Seitenäste (Fruchtäste) stärker zurückgeschnitten werden. Damit soll das Gleichgewicht innerhalb der Spindelkrone sichergestellt und ein Austrocknen der Aststummel bis in den Stamm zurück verhindert werden. Je dicker die zurückgeschnittenen Äste sind, desto länger bleibt der zurückbleibende Zapfen!

Stärkerer Ast auf lebenden Zapfen geschnitten (nach links unten abgehend zurückgeschnitten) (Foto: KEPPEL)

Lebender Zapfen in der Vegetation (Foto: KEPPEL)

Kirschspindel im Winter (Foto: KEPPEL)

Neue Erziehungsformen in Erprobung

Im Hinblick auf den maschinellen Schnitt werden in Deutschland neue Baumformen erprobt:

- Oppenheim: Die Jungbäume werden im Winkel von 45° schräg in den Boden ausgepflanzt, die aus der Stammverlängerung auswachsenden Triebe, die die Fruchtäste darstellen und vertikal austreiben, mittels Bindezangen an horizontale Drähte angeheftet. Der Abstand dieser Fruchttriebe soll ungefähr einen Viertelmeter betragen.
- In Karlsruhe erprobt man Kirschbäume, die vertikal gepflanzt sind und bei denen zwei horizontal wachsende Triebe jeweils in die Reihenrichtung formiert werden, aus denen die vertikal austreibenden Fruchttriebe wachsen.

Sorten

Bei den Süßkirschen ist im Laufe der Zeit eine kaum mehr überschaubare Anzahl an Sorten entstanden, die in der Regel Zufallssämlinge darstellen. Erst nach dem Zweiten Weltkrieg hat man auch mit gezielten Kombinationskreuzungen begonnen, neue Sorten zu züchten. Es waren vor allem die Versuchsstationen Jork in Norddeutschland, Summerland in Kanada, Wädenswil in der Schweiz und das John Innes Institut in London/England, die sich mit intensiver Züchtungsarbeit beschäftigten und aus deren Arbeiten zahlreiche, heute zum Teil bereits eingeführte Sorten stammen. Für österreichische Verhältnisse wären dabei vor allem auch verschiedene, weniger platzempfindliche Sortenneuzüchtungen aus York interessant. Hervorzuheben wären dabei besonders die Sorten 'Johanna', ca. dritte Ki. Wo. (Kirschenwoche), 'Valeska', vierte Ki. Wo., 'Oktavia', ca. sechste Ki. Wo. 'Viola', ca. sechste bis siebente Ki. Wo., und 'Regina', siebente bis achte Kirschenwoche reifend, wobei nur die letztgenannte Sorte eine größere Bedeutung erlangte. Die Kirschensorten besitzen alle durchwegs eine dunkelrote Färbung und sind reichtragend.

Seit einigen Jahren gibt es auch bereits einige selbstfertile Sorten, wie z. B. 'Stella' und 'Stella Compact', 'Sunburst' und weitere, die in Zukunft, sofern die Qualität entspricht, ebenfalls im Intensivanbau Bedeutung erlangen können.

Zur leichteren Charakterisierung ist man dazu übergegangen, eine systematische **Einteilung nach Reifewochen** durchzuführen. Weiters ist auch zwischen **Fruchtfarbe** (schwarz, rot, bunt, gelb) und **Fruchtfleischfestigkeit** (Knorpelkirschen, Herzkirschen) zu unterscheiden. Eine weitere Unterteilung erfolgt nach der **Saftfarbe** in nicht färbend, färbend und stark färbend. Selbstverständlich gibt es auch Übergänge, sodass die Zuordnung nicht immer leicht fällt.

Der überwiegende Teil der Sorten ist den Reifewochen 1 bis 6 zuzuordnen, sodass derzeit eher ein Mangel an spät reifenden Sorten (Reife ab

'Bigarreau Burlat' (Foto: PIEBER)

'Celeste' (Foto: PIEBER)

'Merchant' (Foto: PIEBER)

'Blaze Star' (Foto: MODL)

'Canada Giant' (Foto: PIEBER)

'Techlovan' (Foto: MODL)

Sorte	Kreuzung	Herkunft	Reife, Kirschwoche	Blüte	Wuchs
'Bigarreau Moreau'	Zufallssämling	Frankreich	1. bis 2.	früh	sehr stark
'Bigarreau Burlat'	Zufallssämling	Frankreich	2. bis 3.	mittelfrüh	stark
'Celeste* Sumpaca'	'Van' x 'New Star'	Kanada	3.	mittelfrüh	mittelstark
'Merchant'	freie Abblüte von 'Merton Glory'	England	3.	mittelfrüh	mittelstark
'Giorgia'*	'ISF 123' x 'Caccianese'	Italien	3.	mittelfrüh	mittelstark
'Blaze Star'*	'Lapins' x 'Duroni 3'	Italien	3. bis 4.	mittelfrüh	stark
'Samba* Sumste'	'Stella 35 A' x 'Stella 16 A 7'	Kanada	3. bis 4.	mittelfrüh	mittelstark
'Canada Giant* Sumgita'	'Van' x 'Sam'	Kanada	4.	mittel	stark
'Summit'	'Van' x 'Sam'	Kanada	4.	mittelspät	stark
'Techlovan'*	'Van' x 'Kordia'	Tschechien	4.	mittelspät	schwach
'Van'	freie Abblüte v. 'Empress Eugenie'	Kanada	4. bis 5.	mittelfrüh	mittel
'Kordia'	Zufallssämling	Tschechien	5.	mittelspät	mittelstark
'Starking H. Giant'	Zufallssämling	USA	5.	mittelfrüh	mittelstark
'Oktavia'	'Schneiders Späte' x 'Rube'	Deutschland	5. bis 6.	spät	mittelstark
'Lapins'*	'Van' x 'Stella'	Kanada	5. bis 6.	mittelspät	mittelstark
'Karina'*	'Schneiders Späte' x 'Rube'	Deutschland	5. bis 6.	spät	mittelstark
'Regina'	'Schneiders Späte' x 'Rube'	Deutschland	6.	spät	mittelstark
'Sweetheart* Sumtare'	'Van' x 'Newstar'	Kanada	6. bis 7.	mittelfrüh	mittelstark

Tabelle: Kirschensorten des aktuellen Sortiments

* Sortenschutz , 1. Kirschenwoche = 4. Woche im Mai

Sorte	Kreuzung	Herkunft	Reife, Kirschw.	Blüte	Wuchs
'Rita'*	'Trusenszkaja 2'	Ungarn	1.	sehr früh	schwach
'Sweet Early* Panaro 1'	'Burlat' x 'Sunburst'	Italien	2.	mittelfrüh	stark
'Early Star* Panaro 2'	'Burlat' x 'Stella Compact'	Italien	3.	mittelfrüh	stark
'Grace Star'*	freie Abblüte von 'Burlat'	Italien	3. bis 4.	mittel	mittelstark
'Lala Star'*	'Lambert Compact' x 'Lapins'	Italien	5.	mittelspät	mittelstark
'Skeena* 13S 43–48'	'2N 61N–18' x '2S 28–30'	Kanada	5. bis 6.	mittel	mittel

Tabelle: Neue Kirschensorten in Testung

* Sortenschutz , 1. Kirschenwoche = 4. Woche im Mai

Sorte	Herkunft	Reife, Kirschw.	Wuchs	Ertrag	Frucht Größe	Frucht, Typ/Farbe	Platzfestigkeit	Anmerkungen
'Prinzessinkirsche'	unbekannt	3. bis 4.	mittelstark	hoch	mittel	Knorpelkirsche, orangegelb	gering	für gute Böden
'Große Germersdorfer'	Deutschland	4.	stark	hoch	groß	Knorpelkirsche, dunkelrot	gering	gute Frosthärte
'Große Schwarze Knorpelkirsche'	Deutschland	4. bis 5.	stark	hoch	mittel	Knorpelkirsche, schwarzrot	gering	für Ab-Hof-Verkauf
'Hedelfinger'	Deutschland	5.	mittelstark, hängend	hoch	mittel	Knorpelkirsche, dunkelbraun	gering	empfindlich gegen Winterfrost
'Schneiders Späte Knorpelkirsche'	Deutschland	5. bis 6.	stark	mittel	sehr groß	Knorpelkirsche, schwarzbraun	gering	in trockenen Jahren bitter
Bastardkirschen								
'Rote Maikirsche'	Frankreich	3.	stark	mittel	klein	rötlich-braun	gering	mehrmaliges Durchpflücken
'Königin Hortense'	Frankreich	3. bis 4.	stark	gering	mittel	orangrot	gering	weichfleischig, druckempfindlich

Tabelle: Anbauwürdige ältere, ausländische Süß- und Sauerkirschenbastarde

1. Kirschenwoche = 4. Woche im Mai

Ertrags-beginn	Ertrag	Frucht-größe	Typ/Farbe	Platz-festigkeit	Befruchtungs-verhältnisse
mittel	mittel	groß	Herzkirsche bis Knorpelkirsche, dunkelrot	mittel	selbststeril
früh	hoch	groß	Herzkirsche bis Knorpelkirsche, rot	mittel	selbststeril
früh	mittelhoch	sehr groß	Knorpelkirsche, dunkelrot	mittel	selbstfertil
mittel	hoch	groß	Knorpelkirsche, dunkelrot	mittel	selbststeril
früh	mittel	groß	Knorpelkirsche, leuchtend rot	mittel	selbststeril
früh	hoch	mittelgroß	Knorpelkirsche, dunkelrot	mittel	selbststeril
früh	hoch	groß	Knorpelkirsche, leuchtend rot	mittel	teilweise selbstfertil
früh	mittel	sehr groß	Knorpelkirsche, dunkelrot	mittel	selbststeril
mittel	hoch	groß	Herzkirsche bis KK, leuchtend rot	sehr gering	selbststeril
früh	mittel	sehr groß	Knorpelkirsche, leuchtend rot	gering	selbststeril
früh	hoch	mittelgroß	Knorpelkirsche, leuchtend rot	gering	selbststeril
früh	hoch	groß	Knorpelkirsche, dunkelrot	mittel	selbststeril
früh	hoch	groß	Knorpelkirsche, dunkelrot	mittel	selbststeril
früh	hoch	groß	Knorpelkirsche, dunkelrot	mittel	selbststeril
mittelfrüh	hoch	mittelgroß	Knorpelkirsche, leuchtend rot	mittel	selbstfertil
mittelfrüh	hoch	groß	Knorpelkirsche, leuchtend rot	mittel	selbststeril
mittelfrüh	mittel	sehr groß	Knorpelkirsche, leuchtend rot	hoch	selbststeril
früh	hoch	groß	Knorpelkirsche, leuchtend rot	gering	selbstfertil

Ertrag	Ertrags-beginn	Frucht Größe	Frucht, Typ/Farbe	Platz-festigkeit	Befruch-tung	Anmerkungen
mittel	mittelfrüh	mittel	Herzkirsche, dunkelrot	mittel	selbststeril	glzt. mit 'Big. Moreau'
mittel	mittelfrüh	groß	Herzkirsche, dunkelbraun	mittel	selbstfertil	2 bis 4 Tage vor 'Burlat'
mittel	spät	sehr groß	Herzkirsche bis Knorpelkirsche, dunkelrot	gering	selbstfertil	Sommerschnitt
hoch	früh	groß	Knorpelkirsche, purpurrot	mittel	selbstfertil	attraktive Früchte
hoch	früh	mittel	Knorpelkirsche, braunrot	mittel	selbstfertil	spurartiger Wuchs
hoch	früh	mittel	Knorpelkirsche, dunkelrot	mittel	selbstfertil	gut lagerfähig

der siebenten bis achten Reifewoche) herrscht. Das Ziel einer neuen Süßkirschenproduktion sollte eine zehnwöchige Saison sein. Das kann nur durch entsprechende Sortenwahl und durch Ausnützung passender Standorte (frühe, späte Lagen) erreicht werden. Darüber hinaus wären zukünftig vor allem Sorten mit guter Regenbeständigkeit (geringerer Platzneigung) bei der Neuanlage von Intensivanlagen zu bevorzugen. Die derzeit im österreichischen Anbau verbreiteten Sorten in- und ausländischer Herkunft sind in den vorliegenden Tabellen zusammengefasst und kurz charakterisiert.

'Prinzessinkirsche' (Foto: PIEBER)

'Große Germersdorfer' (Foto: PIEBER)

'Hedelfinger' (Foto: KEPPEL)

'Primavera' (Foto: MODL)

'Kritzendorfer Einsiedekirsche' (Foto: PIEBER)

'Kassins Frühe' (Foto: MODL)

Sorte	Verbreitung	Reife, Kirschw.	Wuchs	Größe	Typ/Farbe	Platzfestigkeit	Ertrag	Anmerkungen
'Früheste der Mark'	B, NÖ, St, T	1.	mittel	klein	Herzkirsche, dunkelrot	gering	gering	winterkälteempfindlich
'Primavera'	B, W	1.	mittel	klein bis mittel	Herzkirsche, dunkelrot	sehr gering	gering	anspruchslos
'Frühe Kremser'	NÖ, W	1. bis 2.	mittel	mittel	Herzkirsche, dunkelrot	mittel	mittel	unregelmäßige Größe
'Kassins Frühe'	NÖ, OÖ, St, T, W	2.	stark	mittel	Herzkirsche, schwarzrot	mittel	mittel	warme, leichte Böden
'Marzer Kirsche'	B	3.	stark	klein bis mittel	Herzkirsche, dunkelrot	mittel	hoch	anspruchslos
'Fromms Herzkirsche'	NÖ, OÖ, St, T	3.	stark	klein	Herzkirsche, braunrot	mittel	mittel	anspruchslos
'Joiser Einsiedekirsche'	B	3. bis 4.	stark	mittel bis groß	Herzkirsche, schwarzrot	mittel	hoch	anspruchslos
'St. Veiter Pfelzkirsche'	S	4.	stark	mittel	Herzkirsche, schwarzrot	mittel	mittel	lokale Bedeutung
'Kritzendorfer Einsiedekirsche'	NÖ, W	4. bis 5.	stark	klein bis mittel	Herzkirsche, schwarzrot	mittel	hoch	dünnt sich selbst aus
'Oggauer Pfarrkirsche'	B	4. bis 5.	stark	groß	Knorpelkirsche, leuchtend rot	gering	mittel	gut ausreifen lassen
'Melker Riesenkirsche'	B	4. bis 5.	stark	sehr groß	Knorpelkirsche, braunrot	sehr gering	hoch	relativ anspruchslos
'Horitschoner Herzkirsche'	B	5.	mittel	groß	Knorpelkirsche, dunkelrot	gering	gering	rötelt stark
'Fraxner Kirsche'	V	5. bis 6.	stark	klein bis mittel	Knorpelkirsche, dunkelrot	mittel	hoch	lokale Bedeutung
'Dönissens Gelbe Knorpelkirsche'	NÖ, OÖ	6.	stark	groß	Knorpelkirsche, gelb	gering	hoch	anspruchslos
Weitere Lokalsorten: 'Frühe' und 'Späte Purbacher', 'Donnerskirchner Blaukirsche' (Burgenland), 'Braunauer Kirsche', 'Schartner Rainkirsche' (Oberösterreich)								

Tabelle: Alte Kirschensorten mit lokaler Bedeutung

1. Kirschenwoche = 4. Woche im Mai

2.1.2 Sauerkirschen oder Weichseln (*Prunus cerasus*)

Der Weichselanbau hat im Gegensatz zum Süßkirschenanbau, laut 1994 durchgeführter Intensivobstbau-Erhebung, weiter abgenommen. Der Grund dafür dürfte wohl in der niedrigen Preisgestaltung, vor allem für die Verarbeitungsware, liegen. Aufgrund der Änderung der agrarischen Strukturen auch im Osten könnte aber zukünftig wieder eine Änderung erwartet werden. Die zurzeit vorhandene Fläche scheint für die derzeitige Produktion für den Frischmarkt ausreichend zu sein. Im Gegensatz zur Süßkirsche wächst die Sauerkirsche schwächer und deutlich dünntriebiger und zählt zu den genügsamsten und anspruchslosesten Obstarten.

Die Systematik unterscheidet zwischen Weichseln mit färbendem und Amarellen mit kaum oder nicht färbendem Saft. Daneben gibt es noch die Gruppe der Bastardkirschen mit weichselähnlichem

Wuchs, aber Trieben und Blättern, die eher denen der Süßkirsche ähnlich sind. Die Früchte besitzen einen sehr feinen, süß-säuerlichen Geschmack und werden in die Süßweichseln (färbender Saft) und die sogenannten Glaskirschen (klarer Saft) unterteilt. Für den Erwerbsanbau werden fast ausschließlich echte Weichseln verwendet, während die Bastardformen eher Liebhaberwert besitzen.

Verwendung

Frischkonsum; Kompott, Marmelade und Konfitüre, trinkfertig gemachter Saft, Sirup, Mehlspeisen, Wein, Likör, Branntwein.

Standortansprüche

Die Weichseln stellen weitaus geringere Ansprüche an den Standort, sie sind anpassungsfähiger, weniger frostempfindlich in Holz und Blütenknospe und wegen der etwas späteren Blüte auch weniger blütenfrostgefährdet. Hohe Leistungen erbringt sie aber nur auf einigermaßen guten und nährstoffreichen Böden. Sie gedeiht auch noch gut in etwas raueren Höhenlagen, allerdings sollten die Niederschläge nicht zu hoch sein. Einzelne Sorten wie die 'Köröser Weichsel' oder 'Mailot' können allerdings nur im Weinklima voll befriedigen. Die vor allem bei Erstgenannter nicht ganz zufriedenstellenden Erträge sind in erster Linie auf nicht ausreichende Befruchtung oder mangelnde Befruchtungsfähigkeit zurückzuführen.

Der Boden sollte eher leicht sein; schwere, nasse und schlecht durchlüftete Böden sind ungeeignet und führen zu ungenügenden Erträgen und Fruchtqualitäten. Auch die Anfälligkeit für Krankheiten und nichtparasitäre Schäden zeigt sich deutlich erhöht. Aufgrund ihrer hervorragenden Winterfrosthärte ist die Sauerkirsche auch noch in sehr rauen Klimaten vielfach als Wandspalier anzutreffen.

Bei trockenen Jahresbedingungen lohnt sich eine Bewässerung, um das Platzen der Früchte zu minimieren, bei der die Mikrosprinkler besser abschneiden. Bei Kirschen unter Dach sind Bewässerungsmöglichkeiten unbedingt einzuplanen, da die Baumwurzeln oft nicht außerhalb der Bedachung anzufinden sind.

Befruchtungsverhältnisse

Innerhalb der sehr formenreichen Art der Sauerkirschen kommen sowohl selbstfruchtbare als auch selbststerile Sorten vor. Die meisten der für den Intensivanbau wichtigen Sorten gehören der ersten Gruppe an, sodass das Ertragsrisiko deutlich niedriger einzustufen ist als bei der Süßkirsche. Obwohl Windbestäubung bis zu einem gewissen Ausmaß möglich ist, können hohe Baumerträge kaum ohne die Mithilfe von Bienen erreicht werden. Bei den selbstunfruchtbaren Sorten, wie z. B. 'Köröser Weichsel' oder 'Ostheimer Weichsel', sind die Bestäubungsverhältnisse noch nicht zweifelsfrei geklärt. Viele dieser tetraploiden Sorten haben einen nicht ausreichend keimfähigen Pollen und sind als Pollenspender ziemlich wertlos. Bei Auspflanzungen mit selbststerilen Sorten ist daher darauf zu achten, dass die beiden Partner nicht zu weit voneinander entfernt stehen. Eine Befruchtung zwischen Süß- und Sauerkirschen ist in der Regel möglich, wenn die Blühzeiten der Sorten sich einigermaßen überschneiden.

Unterlagen

Die starke Wüchsigkeit der Vogelkirschsämlinge tritt bei Verwendung als Weichselunterlage bei den doch deutlich schwächer wachsenden Weichselsorten viel weniger in Erscheinung. Allgemein wurde früher auch die vegetativ vermehrte Klonunterlage F 12/1 mit gutem Erfolg eingesetzt. Daneben haben nach wie vor *P.-manaleb*-Formen eine gewisse Bedeutung. In den letzten Jahren wurden auch die in Weihenstephan ausgelesenen *P.-cerasus*-Klone 11 und 12 mit gutem Erfolg eingesetzt (siehe Unterlagentabelle bei der Süßkirsche).

Erziehungsformen

Die geringere Wüchsigkeit der Sauerkirschsorten ermöglicht auch bei stärker wüchsigen Unterlagen bereits Kronenformen, die leichter zu pflegen und zu beernten sind. Bei einigen Sorten hat sich auch die Erziehung von Längskronen sehr gut bewährt. Allerdings ist der Wuchscharakter der einzelnen Sorten teilweise sehr unterschiedlich; so zeigt beispielsweise die 'Schattenmorelle' einen deutlich hängigen, trauerweidenartigen Wuchs und neigt sehr stark von innen her zur Verkahlung. Die Sorten 'Mailot' und 'Köröser' zeigen dagegen einen etwas aufstrebenderen Wuchs. Für ein gleichmäßiges Fruchten sind daher zeitgerecht Verjüngungsmaßnahmen durchzuführen.

Sorten

Die Zahl an für den intensiven Anbau brauchbaren Sauerkirschensorten ist deutlich geringer als bei den Süßkirschen. Im österreichischen Anbau spielt

Sorte	Kreuzung	Herkunft	Reife, Kirschw.	Wuchs	Blüte
'Köröser II'	'Köröser'-Klon	Ungarn	3.	mittelstark bis stark	mittelfrüh
'Erdi bötermö'	'Pandy'[1] x 'Nagy Angol'	Ungarn	3.	stark	früh
'Heimanns Rubin'	Sämling	Deutschland	3. bis 4.	mittelstark	mittelfrüh
'Köröser/Pandy'	Auslese	Ungarn	4. bis 5.	stark	mittelspät
'Korund'*	'Köröser' x 'Schattenmorelle'	Deutschland	4. bis 5.	sehr stark	mittelfrüh
'Achat'*	'Köröser' x 'Klon 2,40'[2]	Deutschland	4. bis 5.	stark	mittelfrüh
'Morellenfeuer' ('Kelleriis 16')	'Osth. Weichsel' x 'Früheste der Mark'	Dänemark	5.	mittel bis stark	mittelfrüh
'Gerema'*	freie Abblüte v. 'Kelleriis 14'	Deutschland	5. bis 6.	schw. bis mittel	sehr spät
'Morina'*	'Köröser' x 'Reinhardts Ostheimer'	Deutschland	5. bis 6.	mittelstark	mittelfrüh
'Ungarische Traubige'	Sämling	Ungarn	5. bis 6.	stark	früh
'Safir'*	'Schattenmorelle' x 'Fanal'	Deutschland	5. bis 6.	mittelstark	spät
'Karneol'*	'Köröser' x 'Schattenmorelle'	Deutschland	6.	stark	mittelfrüh
'Schattenmorelle'	Sämling	Frankreich	6. bis 7.	mittelstark	spät
[1] Pandy = Auslesen von Köröser [2] Klon 2,40 = Fanal x Kelleriis 16					

Tabelle: Sauerkirschensorten des aktuellen Sortiments

1. Kirschenwoche = 4. Woche im Mai

sicher die 'Schattenmorelle' aufgrund ihrer hohen Ertragsleistung, ihrer Fruchtqualität und ihrer Widerstandsfähigkeit gegenüber Bakterienbrand eine sehr große Rolle. Einige von der 'Schattenmorelle' abstammende Klone haben in bisherigen Anbauversuchen recht gut abgeschnitten. Vor allem die Sorte 'Kelleriis 16', auch 'Morellenfeuer' genannt, hat sich ebenfalls als sehr ertragreich erwiesen. Die aus der Selbstung von 'Schattenmorelle' hervorgegangenen Sorten 'Cerella', 'Nabella' und 'Successa' reichen allerdings nicht an die Leistung der Ausgangssorte heran. Die Heimanns-Züchtungen 'Rubin' und 'Konservenweichsel' sowie auch die Sorte 'Beutelsbacher Rexelle' haben sich hinsichtlich Fruchtertrag und Fruchtgröße vor allem auf trockeneren Standorten und bei niedriger Luftfeuchte bewährt. Die in manchen Jahren stark schädigende Monilia-Spitzendürre bzw. diverse Viruserkrankungen führten dazu, dass bei der Selektion neuer Sorten vor allem auch auf diesen Umstand Bedacht genommen wurde. Vor allem die 'Schattenmorelle' und ihre Typen sind davon besonders betroffen. Die Sorte 'Vowi', ein Zufallssämling, der in der Gegend von Halle/Deutschland gefunden und auch unter der Bezeichnung 'Schattenmorelle Typ Vogt' vermehrt wurde, ist von Natur aus virusfrei und resistent gegenüber Monilia-Schäden. Auch die neue Sorte 'Gerema' (Herkunft Geisenheim) und andere besitzen ähnlich günstige Eigenschaften. Züchtungs- bzw. Selektionsarbeiten bei Sauerkirschen werden derzeit in den ehemaligen jugoslawischen Staaten, in Rumänien, Ungarn, Dänemark und den USA durchgeführt. Auch die Weichselsorten wurden zur besseren Identifikation in Reifewochen gegliedert.

'Heimanns Rubin' (Foto: MODL)

'Schattenmorelle' (Foto: PIEBER)

'Kelleriis 16' ('Morellenfeuer') (Foto: KEPPEL)

Ertrag	Fruchtgröße	Farbe	Befruchtung	Anmerkungen
mittel	groß	dunkelrot	selbststeril	für Frischmarkt
mittel	mittelgroß	braunrot	teilweilse selbstfertil	moniliaanfällig
hoch	mittelgroß	schwarzbraun	selbstfertil	rötelt leicht
mittel	groß	rötlich-braun	selbststeril	Tafelfrucht
mittel	mittelgroß	dunkelrot	teilweise selbstfertil	Liebhaberanbau
mittel	mittelgroß	dunkelrot	selbstfertil	vielseitig verwendbar
hoch	klein bis mittel	braunrot	selbstfertil	saftet beim Pflücken
hoch	klein bis mittel	dunkelrot	selbstfertil	neigt nicht zur Verkahlung
hoch	mittel	braunrot	teilweise selbstfertil	für Spindelerziehung
mittel	mittelgroß	rotviolett	teilweise selbstfertil	blütenfrostempfindlich
mittel	groß	schwarzrot	selbstfertil	geschützte Lagen
mittel	groß	dunkel braunrot	teilweise selbstfertil	für Selbstversorger
sehr hoch	mittelgroß	braunrot	selbstfertil	verschiedene Herkünfte

2.2 Pflaumen (Rundpflaumen, Renekloden, Zwetschken, Zwetschgen, Zwetschen, Mirabellen) – *Prunus domestica*

Der Anbau von Pflaumen als Abkömmlinge der Hauspflaume spielt in Gesamteuropa und auch in Österreich seit jeher eine sehr große Rolle. Die Erstellung einer Systematik ist allerdings recht schwierig, da über die Entstehung und Herkunft sowie über die exakte Bezeichnung der Arten keine einheitliche Meinung besteht und durch die zahlreich aufgetretenen Übergänge eine Einordnung zusätzlich erschwert wird. In Österreich sind Zwetschkenformen eine wirtschaftlich wichtige Art, gefolgt von den Pflaumen in engerem Sinn, den Renekloden und den Mirabellen, die aber im Alternativanbau in Marktnähe und für den Liebhaber interessant sein können. Der Anbau hat sich in den letzten Jahren wieder stabilisiert und zeigt steigende Tendenz.

Die Schwerpunkte des Anbaues in Europa liegen derzeit in Deutschland und Frankreich. In den Ländern Rumänien, der Tschechischen Republik, Ungarn und Bulgarien ist man bemüht, wieder eine entsprechende Produktion aufzubauen. In den Nachfolgestaaten Jugoslawiens ist der Pflaumenanbau derzeit von geringerer Bedeutung.

Die Auspflanzungen bzw. Erneuerungen von Zwetschkenbeständen haben in den letzten Jahren etwas stagniert. Ursache dafür dürfte die auch in unseren Anbaugebieten bereits weitverbreitete Scharka-Krankheit, eine sehr gefährliche Pflaumen-Virose, sein. Ein weiteres Problem stellt die in den letzten Jahren stärker auftretende „Halswelke" der Früchte dar, die erst am Lager erkennbar wird und derzeit noch nicht sicher bekämpfbar ist.

Pomologisch (obstsortenkundlich) kann man vier Fruchtformkreise unterscheiden:

Zwetschken

Nach Sorten unterschiedlich groß, länglich, blau bis etwa violettblau gefärbt, festfleischig mit gelbem Fleisch, steinlösend und eine gewisse Zeit lagerfähig (spätreife Sorten). Man unterscheidet zwischen Früh- und Spätzwetschken, wobei erstere rundlichere Formen und eine geringere Fruchtfleischfestigkeit aufweisen. Auch die Steinlöslichkeit ist erst bei später reifenden Sorten voll entsprechend.

Frühzwetschken haben in erster Linie für die Marktproduktion eine gewisse Bedeutung. In entsprechender Aufbereitung und Verpackung wären sie vor allem in den Hauptferienmonaten auch in den Fremdenverkehrsgebieten gut abzusetzen.

Am stärksten verbreitet ist sicher die **Hauszwetschke**, eine sich in vielen Formen präsentierende Population, deren Früchte sehr vielseitig verwendbar sind (Frischverzehr, Dörren, Brennen, Nasskonserven, Nektar, Saftherstellung usw.). Sie zeigt außerdem eine bemerkenswerte ökologische Anpassungsfähigkeit und eine große Anbaubreite. In Neupflanzungen sollten allerdings nur die wertvollsten Typen Verwendung finden. In wärmeklimatisch bevorzugten Gebieten haben neben der Hauszwetschke auch noch andere großfruchtigere Sorten (wie z. B. 'Stanley', 'Elbetaler', 'Bosnische', 'President' und weitere) vor allem für den Frischmarkt zunehmende Bedeutung.

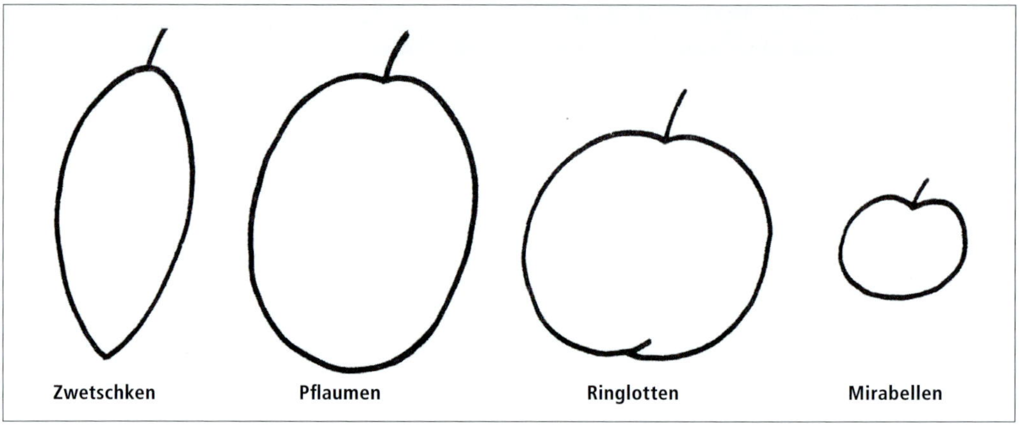

Zwetschkenformen (Quelle: HALLAMA, Obstbau (Schulbuch)

Pflaumen im engeren Sinn

Sie sind meist großfruchtig, eirund bis rundlich geformt und besitzen ein eher weiches Fruchtfleisch. In der Fruchtfarbe sind sie gelb, blauviolett oder rötlich, aber wegen ihrer Weichfleischigkeit für einen Anbau nur in Marktnähe zu empfehlen. Die Vielzahl an Sorten ist daher eher nur für den Klein- und Liebhaberanbau zu empfehlen. Edelpflaumen verlangen, wenn eine ausreichende Qualität erreicht werden soll, bessere und wärmere Standorte, da sich die Reifezeiten über vier Monate erstrecken können, nämlich von Anfang Juli bis Mitte Oktober. Diese Mannigfaltigkeit, die natürlich auch die inneren Fruchteigenschaften mit einschließt, ist das Ergebnis der Hybridisierung aufgrund der vorliegenden mischerbigen Pflaumensorten.

Renekloden – (auch Reneclauden, Ringlotten)

Sie haben sowohl für den Frischverzehr als auch für die Verarbeitung wegen des in der Regel guten Aromas und ihrer Fruchtqualität eine gewisse Bedeutung. Die Früchte dieser Gruppe sind rundlich, meist mittelgroß bis groß und können ebenfalls verschieden gefärbt sein. Von Grün über Grüngelb bis zu Rot und Blau (mit allen Übergängen) und mit mehr oder weniger Bereifung sind alle Farben vertreten. Renekloden benötigen ebenfalls einen etwas besseren Standort.

Mirabellen

Sie sind relativ kleinfruchtig, besitzen eine kugelige Fruchtform, sind ziemlich festfleischig, gut steinlösend und besitzen eine ausgezeichnete Fruchtqualität mit einem ausgeprägten Aroma. Das Hauptanbaugebiet liegt heute noch in Frankreich (Lothringen) und von dort stammen auch die beiden wichtigsten Sorten: die 'Mirabelle von Nancy' und die 'Mirabelle von Metz'. Von beiden Sorten wurden, aufgrund des auch hier vorliegenden großen Formenreichtums, bereits verschiedene Typen ausgelesen. In Österreich wird die Mirabelle derzeit nicht erwerbsmäßig angebaut, es bestehen aber gewisse Überlegungen, einige Anlagen ausschließlich für Verarbeitungszwecke anzulegen. 'Aprimira' ist eine festfleischige, süße, würzige, mit Marillen-(Aprikosen-)Aroma ausgestattete, ab Mitte August reifende großfrüchtige Mirabellensorte.

Verwendung

Frischkonsum, Kompott, Marmelade und Konfitüre, Röster, Dörrobst, Branntwein; Furnierholz.

Standortansprüche

Wie bereits eingangs betont, zeichnet gerade die Hauszwetschken-Population eine große ökologische Anbaubreite aus. Die gute Anpassungsfähigkeit ermöglicht auch noch in gemäßigt-kühlen Gebieten und höheren Lagen (Zamser Anbaugebiet in der Gegend von Landeck/Tirol) einen wirtschaftlichen Anbau. In Gebieten mit bereits kürzerer Vegetationsdauer kann die später reifende Hauszwetschke vollwertig durch die Wangenheims Frühzwetschke ersetzt werden. Die Pflaumen bevorzugen insgesamt einen eher feuchten, schwereren Boden, sodass es auf trockenen Standorten bei ungenügender Wasserversorgung durchaus auch zu vorzeitigem Fruchtfall oder zur Notreife kommen kann. Im Vergleich zu den übrigen Obstarten reagieren die Vertreter der Pflaumengruppe am wenigsten nachteilig auf mangelnde Durchlüftung im Boden und zeigen bei Schwankungen einen viel geringeren Leistungsabfall als die anderen Obstarten. Gegen strengere Winterfröste sind alle Arten und Sorten mehr oder weniger empfindlich, sodass in kalten Wintern Frostschäden nicht ausgeschlossen sind. Einige Zwetschkensorten reagieren sehr empfindlich auf feuchtkühle Witterung während und nach der Blüte. Dabei kann es zu starkem Fruchtfall kommen. Je edler die Pflaumen-, Zwetschken- oder Reneklodensorten sind, desto eher sind aber warme, lufttrockene Gebiete sowie warme, gut wasserversorgte Böden erwünscht. Gerade für Frühsorten wären aus Gründen früherer Fruchtreife und damit verbundener hoher Primeurpreise wärmeklimatisch günstige Voraussetzungen anzustreben.

Befruchtungsverhältnisse

Bei den Pflaumen kommen sowohl hochgradig selbstfertile als auch vollkommen selbstunfruchtbare Sorten vor, dazwischen gibt es aber auch alle Übergangsstufen, das heißt Sorten, die teils mehr, teils weniger selbstfruchtbar sind. Um einen ausreichenden Fruchtansatz sicherzustellen, ist bei diesen Übergangsformen für geeignete Pollenspender zu sorgen. Dabei sollte nicht übersehen werden, dass einzelne Sorten, wie etwa 'Ersinger' oder 'Zimmers Frühzwetschke', aufgrund mangelnder Pollenkeimfähigkeit, als Befruchtersorten ungeeignet sind. Intersterilität ist innerhalb der Pflaumengruppe noch nicht aufgetreten. Interessant ist auch der Hinweis, dass Sorten der Hauszwetschken-Gruppe auch durch *Prunus spinosa* (Schlehe) und die Kirschpflaume (*Prunus cerasifera)* befruchtet werden können. Das mag auch mit der botanischen Abstammung zusammenhängen.

Behangregulierung

Aus schweizerischen Erfahrungen (STADLER et al., 2004) liegt der optimale Fruchtbehang bei Zwetschken bei 1,0–1,2 kg/Ast oder 20 bis 25 Früchten/m Ast bei großfruchtigen Sorten und 25 bis 30 Früchten/m Ast bei kleinfruchtigen Sorten (siehe auch Kapitel Ausdünnen).

Unterlagen

Bei dieser Obstart vollzieht sich derzeit ein ähnlicher Wandel bei den Unterlagen wie bei den Kirschen. Auch hier ist das Ziel aller Bestrebungen, schwächer wüchsige Unterlagen zu erhalten, die es ermöglichen sollen, kleinkronige Baumformen zu erziehen.

Bisher steht eine große Anzahl an Sämlings- und Klonunterlagen zur Verfügung, die eher mittelstark bis stark wachsende Kombinationen ergeben. Sämlingsunterlagen von Zwetschke, Myrobalane und von St.-Julien-Pflaumen weisen meist einen uneinheitlichen Wuchs auf, auch die Frosthärte und die Affinität mit den Edelsorten kann je nach Herkunft sehr verschieden sein. Durch Reinsaaten konnten allerdings in den letzten Jahren deutliche Verbesserungen erzielt werden. Vegetativ vermehrte Unterlagen zeichnen sich durch einheitliche Ei-

Unterlage	Wuchsstärke	Neigung zur Ausläuferbildung	Affinitätsverhalten	Anmerkungen
Mariana INRA GF 8/1	stark bis sehr stark	gering	gut	widerstandsfähig gegen Wurzelersticken
Myrobalane GF 31	stark	gering	mittel bis gut	nicht für verdichtete Böden geeignet
St. Julien A	mittelstark bis stark	gering bis wenig	gut	
St. Julien INRA 655/2	mittelstark	gering	gut	für schwere Böden geeignet
St. Julien INRA Nr. 2	mittelstark	gering	mittel bis gut	für kalkhaltige Böden geeignet
Jaspy fereley	mittelstark	gering	mittel bis gut	wenig virusanfällig
ISHTARA fericana	mittelstark	gering	gut	auf nassen Böden chloroseanfällig
JULIOR ferdor	mittelstark	gut	für höhere pH-Werte geeignet	
Wangenheims (MaxMa), generativ vermehrt	mittelstark	keine	gut bis sehr gut	früher Ertragsbeginn
Ackermanns Pflaume	mittelstark	stark bis sehr stark	mittel	wenig geeignet
Brompton Pflaume	mittelstark	mittel bis gering	gut	gute Standfestigkeit
Weito 6 und 26 (*Prunus tomentosa*)	schwach bis mittelstark	gering	mittel bis schlecht	früher Ertragseintritt, trockenresistent, Scharkaresistent

Zwetschkenblüte (Foto: KEPPEL)

genschaften aus und sollten womöglich bevorzugt verwendet werden. In den letzten Jahren wurde eine autovegetative Vermehrung auch bei verschiedenen ausläuferbildenden Sorten mit Erfolg durchgeführt. Bei der Unterlagengewinnung wird diese Art der Vermehrung bereits seit Langem genutzt. Am günstigsten hat sich dabei die Vermehrung unter Sprühnebel gezeigt. Aufgrund der Virusfreimachung sind auch altbewährte Klonunterlagen, wie 'Ackermann' und 'Brompton', wieder gesund verfügbar.

Erziehungsformen

Der überwiegende Teil der älteren Bestände sind Halbstamm-Anlagen mit Rundkronen. Für die Erwerbsanlagen haben sich aber inzwischen der Viertelstamm (Tellerkrone), die Erziehung als Spindel und auch die Heckenerziehung (unregelmäßige, schräge Hecke, Zweiast-Hecke) bereits ebenfalls bewährt. Stärker wachsende Kombinationen erfordern allerdings einen höheren Aufwand an Formierarbeit. Für die Hecken- und Spindelerziehung scheint die Unterlage GF 655/2 nach bisherigen Erfahrungen sehr günstig zu sein.

Sorten

Die Sortenvielfalt ist gerade bei der Pflaumengruppe ziemlich groß. Man hat sich daher laufend bemüht, ein Sortiment zu erstellen, das sowohl auf die Belange des Marktes (ertragreiche, ansprechende Sorten) als auch auf Sorten für die Verarbeitung Bedacht nimmt. Für den Liebhaberanbau kann das Sortiment einen viel größeren Umfang aufweisen.

In den letzten Jahren war man vor allem in Deutschland bemüht, aus der großen Formenvielfalt der Hauszwetschke großfruchtige, regelmäßig fruchtende Typen auszulesen, die sich teilweise auch bereits im breiteren Anbau bewährt haben.

Für eine Qualitätsproduktion im Intensivanbau und für jährliche, gleichmäßige Ernten ist vor allem bei den Zwetschken ebenfalls eine entsprechende Behangregulierung erforderlich. Für einen optimalen Fruchtbehang sind ca. 1,5 kg Früchte pro lfm Ast/Trieb anzustreben. Das bedeutet ein Blatt-Frucht-Verhältnis von etwa 2 bis 4 : 1. Neben der Handausdünnung und dem mechanischen Schütteln wurden in den bisherigen Versuchen auch ätzende Präparate (Kalksulfat, Harnstoff, Netzschwefel) und Wuchsstoffmittel (NAA und Ethephon) mit unterschiedlichen Erfolgen eingesetzt.

Japanische Pflaumen

Hierunter sind Hybride aus amerikanischen und chinesischen Sorten zu verstehen, die Ende des 19. Jahrhunderts in Kalifornien gezüchtet wurden. Da die chinesischen Sorten aus Japan importiert wurden, erfolgte die Bezeichnung der neuen Sortengruppe nach dem Herkunftsland.

Diese Sortengruppe erfreut sich in letzter Zeit in südlichen Anbaugebieten wegen der Fruchtgröße, des Aussehens und des hohen Zuckergehalts eines steigenden Interesses. Die Schalenfarbe kann sortenspezifisch eine blaue, violette, gelbe oder auch fast schwarze Farbe aufweisen. Daneben gibt es auch dunkelrote, orangerote oder gelbe Fruchtfleischvarianten. Frühreife Sorten könnten für unser Anbaugebiet von Interesse sein.

Sortenübersicht

'Rebecca Blood': Großfruchtig (Fruchtgewicht knapp unter 100 g)

'TC Sun': Hohe Flächenerträge bei gutem Geschmack, Fruchtgewicht um 75 g (= Fruchtgröße 55 mm, 16 °Bx) frühe Blütezeit, bei vorzeitiger Ernte geschmackslos

'Ruby Crunch' ('Florence', 'Alpha'): Dunkelblaue Schale, rotes Fruchtfleisch, starkwüchsig, mittelstarker Ertrag, Befruchtersorten notwendig ('October Sun', 'TC Sun'), optimaler Erntezeitpunkt schwierig festzustellen. blauschalig, Schale rissanfällig, daher auch moniliaanfällig

'Kiyo': Frühsorte, großfruchtig, Fruchtgewicht über 100 g, rosafarbige Schale, guter Geschmack.

'Ersinger Frühzwetschke' (Foto: PIEBER)

'Zimmers Frühzwetschke' (Foto: PIEBER)

'Große Grüne Renekode' (Green Gage) (Foto: KEPPEL)

'Herman' (Foto: PIEBER)

'Jojo' (Foto: PIEBER)

'Topper' (Foto: PIEBER)

'Mirabelle von Nancy' (Foto: KEPPEL)

'Ozark Plum' (Foto: www.michigan-plum.org; 28.04.2016, 15:16 Uhr)

'Methley Plum' (Foto: www.chestnut-hilltreefarm.com/store/p/37-Methley-Plum.aspx; 29.10.2017, 16:30 Uhr)

Scharkatests

ELISA-Test

Über virusspezifische Antikörper können Scharkaviren in den Proben erkannt werden. Der sichere Test bis zum Ergebnis dauert zwei Tage.

PPV-Agristrip

Der seit 2007 angewendete Schnelltest (Fa. Bioreba) kann am Feld angewendet werden und ist in der Zuverlässigkeit mit dem ELISA-Test vergleichbar. Testdauer ungefähr eine Viertel- bis eine halbe Stunde.

Blue-LAMP-Test

Mit dem neuen Blue-LAMP-Test kann man innerhalb von zwei Stunden Pflanzenproben auf ver-

Fruchtmumien auf dem Baum zu belassen bringt eine Gefährdung des Holzes, da die Fäulniserreger auf das Holz übergreifen können. (Foto: KEPPEL)

Sorten	Kreuzung	Herkunft	Blüte	Reife Zwetschken-Woche	Wuchs
'Lützelsachser'	Zufallssämling	Deutschland	mittelfrüh	2. bis 3.	mittelstark
'Ersinger Frühzwetschke'	Zufallssämling	Deutschland	mittelfrüh	3. bis 4.	stark
'Ontariopflaume'	unbekannt	USA	mittelfrüh	3. bis 4.	stark
'The Czar'	'Prinz Engelbert' x 'Rivers Early Profilic'	England	mittelfrüh	4. bis 5.	stark
'Bühler Frühzwetschke'	Zufallssämling	Deutschland	mittelspät	4. bis 5.	stark
'Zimmers Frühzwetschke'	Zufallssämling	Deutschland	mittelfrüh	5.	stark
'Schöne aus Löwen'	unbekannt	Deutschland	mittelfrüh	5. bis 6.	stark
'Wangenheims Frühzwetschke'	Zufallssämling	Deutschland	spät	6. bis 7.	mittelstark
'Mirabelle von Nancy'	unbekannt	Frankreich	mittelspät	6. bis 7.	mittel
'Graf Althans'	Sämling von 'Große Grüne Reneklode'	Tschechien	mittelfrüh	7.	stark
'Große Grüne Reneklode'	Selektion aus verschiedenen Typen	Frankreich	mittelfrüh	7.	stark
'Kirkes Pflaume'	aus Samen gezogen	England	mittelspät	7. bis 8.	stark
'Königin Viktoria'	unbekannt	England	mittelfrüh	8.	mittelstark
'Anna Späth'	aus Samen gezogen	Ungarn	mittelspät	10. bis 11.	mittelstark

Tabelle: Altes Zwetschken-, Pflaumen-, Renekloden- und Mirabellensortiment

1. Zwetschkenwoche = 2. Juliwoche

Sorten	Kreuzung	Herkunft	Blüte	Reife Zwetschken-Woche	Wuchs
'Ruth Gerstetter'	'The Czar' x 'Bonne de Bry'	Deutschland	mittelfrüh	1.	mittelstark
'Herman'	'The Czar' x 'Ruth Gerstetter'	Schweden		2.	mittel
'Katinka'*	'Ortenauer' x 'Ruth Gerstetter'	Deutschland	mittelfrüh	2. bis 3.	mittelstark
'Cacaks Frühe'	'Wangenheims' x 'Pocegaca'	Serbien	früh	3.	stark
'Topfive'*	'Cacaks Beste' x 'Bühler Frühzwetschke'	Deutschland	mittelspät	4. bis 5.	mittelstark
'Cacaks Schöne'	'Wangenheims' x 'Pocegaca'	Serbien	mittelfrüh	4. bis 5.	stark
'Hanita'*	'President' x 'Auerbacher'	Deutschland	mittelfrüh	5.	stark
'Bellamira'*	'Cacaks Beste' x 'Mirabelle von Nancy'	Deutschland	mittelspät	5. bis 6.	mittelstark
'Topking'*	'Cacaks Beste' x 'Italienische Zwetschke'	Deutschland	mittelspät	6.	mittelstark
'Toptaste'*	'Valor' x 'Hauszwetschke'	Deutschland	mittelspät	6. bis 7.	mittelstark
'Italienische Zwetschke'	unbekannt	Italien	spät	7. bis 8.	mittelstark
'Topper'*	'Cacaks Beste' x 'Auerbacher'	Deutschland	mittelspät	7. bis 8.	mittel
'Jojo'*	'Ortenauer' x 'Stanley'	Deutschland	mittelfrüh	8.	mittelstark
'Valjevka'	'Prune d'Ente' x 'Stanley'	Serbien	spät	8. bis 9.	mittelstark bis stark
'President'	unbekannt	England	mittelfrüh	9.	mittelstark
'Stanley'	'Prune d'Agen' x 'Grand Duke'	USA	mittelspät	9. bis 10.	stark
'Plumtastic Top 2000'*	'Stanley' x 'NN verbesserte Top'	Deutschland	mittelspät	9. bis 10.	mittel
'Hauszwetschke'	verschiedene Sämlinge	versch. Herkünfte	spät	9. bis 10.	stark
'Haganta'*	'Cacaks Beste' x 'Valor'	Deutschland	mittelfrüh	10. bis 11.	mittelstark
'Elena'*	'Fellenberg' x 'Stanley'	Deutschland	mittelfrüh	11. bis 12.	stark
'Presenta'*	'Ortenauer' x 'President'	Deutschland	mittelfrüh	12.	mittelstark

Tabelle: Aktuelles Zwetschken- und Pflaumensortensortiment

1. Zwetschenwoche = 1. Juliwoche * Sortenschutz

Fruchtgröße	Frucht, Typ/Farbe	Ertrag	Geschmack	Frucht-Scharka-anfälligkeit	Bemerkungen
klein	Hauszwetschke/dunkelblau	mittel	süß, schwach säuerlich	ja	anspruchslos
mittel bis groß	Zwetschke/blau, bereift	hoch	süßlich, leicht gewürzt	ja	platzt leicht
groß	Pflaume/gelb	mittel	saftig, kaum säuerlich	tolerant	alternierend
mittelgroß	Pflaume/dunkelblau	mittel	mäßig süß, schwach gewürzt	ja	schlecht steinlösend
klein	Zwetschke/dunkelblau	hoch	saftig, gehaltreich süß	ja	alternierend
groß	Zwetschke/dunkelblau	mittel	mäßig säuerlich, fein gewürzt	ja	alternierend
groß	Pflaume/violett	hoch	saftig, wässrig	ja	weich, wässrig
mittel	Zwetschke/dunkelviolett	hoch	gehaltreich, süß-säuerlich	ja	frosthart
klein	Mirabelle/gelbrot	hoch	süß und gut gewürzt	tolerant	robust
groß	Reneklode/lila	mittel	saftig, süß, wenig gewürzt	teilw. tolerant	Liebhabersorte
mittelgroß	Reneklode/grüngelb	mittel	saftig, würzig	gering	anspruchsvoll
groß	Pflaume/dunkelviolett	schwach	gehaltreich süß, edel gewürzt	gering	weichfleischig
groß	Pflaume/rotviolett	hoch	mäßig saftig, vorherr. säuerlich	ja	durchpflücken
mittelgroß	Hauszwetschke/rotblau	mittel	saftig süß, kaum säuerlich	ja	für warme Lagen

Typ/Farbe	Ertrag	Fruchtgröße	Befruchtungs-eigenschaften	Frucht-Scharka-anfälligkeit	Anmerkungen
Pflaume/blau	mittel	groß	selbststeril	tolerant	durchpflücken
Pflaume/blau	mittel	groß	selbstfertil	tolerant	durchpflücken
Zwetschke/blau	hoch	klein bis mittel	selbstfertil	tolerant	ausdünnen, durchpflücken
Pflaume/rotblau	hoch	groß	selbststeril	ja	durchpflücken
Zwetschke/dunkelblau	hoch	groß	selbstfertil	tolerant	ausdünnen
Zwetschke/blau	hoch	groß	selbstfertil	ja	Hauptsorte
Zwetschke/blau	hoch	groß	selbstfertil	gering	aufrechter Wuchs
Mirabelle/gelb	mittelhoch	mittel	selbstfertil	tolerant	Früchte sind platzfest
Zwetschke/stahlblau	hoch	groß	selbstfertil	tolerant	keine Alternanz
Zwetschke/dunkelblau	sehr hoch	groß	selbstfertil	resistent	einheitliche Reife
Zwetschke/dunkelblau	mittel	groß	teilweise selbststeril	ja	verschiedene Typen
Zwetschke/dunkelblau	hoch	mittel	selbstfertil	gering	ziemlich frostfest
Zwetschke/dunkelviolett	hoch	groß	selbstfertil	immun	lange am Baum haltbar
Zwetschke/dunkelblau	hoch	mittel	selbstfertil	gering	Ersatz für Hauszwetschke
Zwetschke/rotblau	hoch	groß	selbststeril	tolerant	anfällig auf Fruchtfäule
Zwetschke/dunkelblau	hoch	groß	selbstfertil	tolerant	Weinbauklima
Zwetschke/dunkelblau	hoch	groß	selbstfertil	resistent	robust und frosthart
Zwetschke/dunkelblau	hoch	mittel	selbstfertil	ja	später Ertragsbeginn
Zwetschke/dunkelblau	hoch	groß	teilweise selbstfertil	tolerant	große Tafelzwetschke
Zwetschke/dunkelblau	hoch	mittel bis groß	selbstfertil	fruchttolerant	löst nicht gut vom Stein
Zwetschke/dunkelblau	hoch	mittel bis groß	selbstfertil	tolerant	ähnlich Hauszwetschke

schiedene Viren (z. B. Scharkavirus-Befall) testen und ist damit wesentlich schneller als mit dem bisher angewendeten PCR-(ELISA)-Test.

Die zwei bis vier Blattproben werden in einen mit wenig Wasser gefüllten Plastikbeutel gegeben. Anschließend erfolgt die Zerreibung der Blätter im Sack. Danach erfolgt die Zugabe von Farbindikator, Primer und Enzymen. Nach Erwärmung der Probe auf ca. 63 °C erfolgt nach einer Wartezeit die Belichtung mit der Blue-LAMP. Ist die Probe mit einem Virus befallen, verändert sich die Serumfarbe virusspezifisch.

Auch für Feuerbrandidentifizierung gibt es einen Blue-LAMP-Test.

2.3 Pfirsich und Nektarine (*Prunus persica* L.)

Der Pfirsichanbau war in China entsprechend den dortigen geschichtlichen Überlieferungen bereits vor rund 3.000 Jahren bekannt. Er ist später über Persien in den Mittelmeerraum gekommen und dort von den Römern weiterverbreitet worden. Heute ist diese Obstart in Europa besonders in den südlichen Ländern (Spanien, Italien, Frankreich, Griechenland und in den Balkanländern in größerem Ausmaß vertreten. In Österreich hat sich erst in den Nachkriegsjahren in den klimatisch begünstigten Gebieten der Steiermark, des Burgenlands und Niederösterreichs ein wirtschaftlich bedeutender Anbau (um 1970 rund 750 ha) entwickelt.

Mit dem EU-Beitritt Österreichs und der damit verbundenen Öffnung der Grenzen (Liberalisierung der Importe) war in vielen Gebieten eine wirtschaftliche Pfirsichproduktion nicht mehr möglich. Ein Großteil der Anlagen musste gerodet werden. In den letzten Jahren hat sich aber durch die Zunahme der Direktvermarktung die Situation deutlich gebessert. Durch den Einsatz neuer, vor allem robusterer Sorten und das wieder gestiegene Interesse der Produzenten und Konsumenten ist die Anbaufläche wieder auf ca. 300 ha gestiegen.

Man unterscheidet zwei Gruppen von Pfirsichen:

- Behaarte, echte Pfirsiche (*Prunus persica*)
- Unbehaarte, glatte Nacktpfirsiche oder Nektarinen (*Prunus nucipersica*)

Plattpfirsich (Foto: KEPPEL)

Zusätzlich erfolgt heute oft eine **weitere Unterteilung** in verschiedene Sortengruppen, vor allem im Hinblick auf

- die Reifezeit,
- die Steinlöslichkeit (schlecht lösende = Kernspalter als frühreifende, gut lösende = Kerngeher als spätreifende Vertreter),
- die Fruchtfleischfarbe (weißfleischig = robuster, gelbfleischig empfindlicher) oder
- die Blütenformen (trichterförmig, glockenförmig),

die eine Zuordnung in der Praxis erleichtern.

Neuerdings sind die nur in Frankreich angebauten Pfirsichhybriden (Nektarine x Lyoner Weinbergpfirsich) Nectavigne im Anbau.

Ebenfalls neu im Anbau in wärmeren Anbaugebieten sind die vollreif aromatischen Plattpfirsiche, die oft als Wildpfirsich oder Bergpfirsich oder auch fälschlicherweise als „frühe, flache Weingartenpfirsiche" angeboten werden, sowie die Plattnektarinen.

Pavies- oder Clingstones Peaches sind neuere Verarbeitungspfirsiche.

Die Nektarinenproduktion ist in den letzten Jahren eher rückläufig, da die Früchte aufgrund der fehlenden Behaarung sehr gerne von Insekten angegangen werden. Dadurch ist es in manchen Anbaugebieten zu starken Ernteeinbußen gekommen. Durch den Einsatz neuer Sorten konnten aber gewisse Verbesserungen erreicht werden.

Pfirsiche zählen mit zu den beliebtesten Obstfrüchten und sind wegen ihres Geschmacks und des saftigen Fruchtfleisches für den menschlichen Genuss als frische Frucht, aber auch nach der Verarbeitung zu Kompott, Cocktailfrüchten oder Nektar gut geeignet. Aufgrund der nicht ausreichenden eigenen Produktion werden alljährlich größere Mengen, vor allem an Früh- und Spätpfirsichen, importiert, da die heimische Produktion

Wachsende Pfisichfrüchte „hosen" drei Wochen nach der Abblüte. (Foto: KEPPEL)

erst ab der vierten Reifewoche (Ende Juli) in der Lage ist, den Markt einigermaßen zu versorgen. Spätreifende Sorten besitzen mehr Aroma als frühreifende; aus diesem Grund sind sie auch für die Nasskonservierung besser geeignet. Auch durch die bessere Kühllagerfähigkeit der später reifenden Sorten könnte die Verkaufssaison noch um einige Wochen verlängert werden. Typisch für die Frühsorten ist ihre meist fehlende oder schlechte Steinlösbarkeit. Solche Sorten werden als „Härtlinge" bezeichnet. Bei später reifenden Sorten verliert sich diese störende Eigenschaft zunehmend. Neuere Frühpfirsichsorten zeigen diesen Nachteil bei Weitem nicht mehr in dem Ausmaß.

Pfirsiche und Nektarinen sind gegenüber Druck und Stoß sehr empfindlich. Sie müssen daher für den Transport in hartem Zustand geerntet werden. Leider reifen die verschiedenen Sorten nicht immer vollkommen nach, sodass eine sortentypische Aromabildung später meist nicht mehr erreicht wird. Die meisten der heute verwendeten Sorten zeigen eine gute Fruchtbarkeit. Um marktfähige Ware zu erhalten, muss deshalb auch beim Pfirsich (bei der Nektarine) rechtzeitig ausgedünnt, das heißt, der Fruchtansatz verringert werden. Deshalb ist auch jährlich ein kräftiger Fruchtholzschnitt erforderlich. Größere Schnitteingriffe sollten jedoch unbedingt in der Vegetationszeit durchgeführt werden, da sie zu diesem Zeitpunkt vom Baum leichter verkraftet werden.

Verwendung

Frischkonsum, Kompott, Marmelade und Konfitüre, Nektar, Säfte, Branntwein.

Standortansprüche

Der Pfirsich zählt zu den wärmeliebenden Obstgehölzen, eine Marktproduktion sollte daher nur in dafür geeigneten Gebieten durchgeführt werden. Auch windärmere, gut besonnte Standorte mit eher trockenerer Luft tragen sicherlich zur optimalen Fruchtausbildung bei. Für Neupflanzungen ist daher eine kritische Standortwahl durchaus angebracht, da besonders in eher kühlen Jahren die Qualitätsausbildung stark leiden kann. Die Früchte bleiben dann kleiner, zäh und saftarm und bilden wenig Aroma aus. Strenge Winter mit tiefen Temperaturen können Frostschäden an Holz und Knospen verursachen und die Lebenserwartung der Bäume empfindlich herabsetzen. Aufgrund der hohen Blütenfrostempfindlichkeit des Pfirsichs ist auch für geeignete Frostschutzmaßnahmen Sorge zu tragen. Junge Früchtchen sind im Gegensatz zur Blüte etwas weniger gefährdet, da sie durch umhüllende Kelchblätter geschützt werden. Die **Bodenansprüche** sind weniger hoch, als am geeignetsten haben sich warme, nicht zu schwere Böden (sandiger Lehm bis lehmiger Sand) mit guter Durchlüftung und ausreichender Wasserspeicherkapazität erwiesen. Auf schweren Böden mit schlechter Durchlüftung ist die Gefahr des Auftretens von Gummifluss und mangelhafter Holzreife sehr groß. Sehr leichte Böden verlangen aber unbedingt eine Bewässerung, um eine ausreichende Qualitätsproduktion sicherzustellen. Auf Böden mit stark alkalischer Reaktion (Wiener Becken) kann bei Verwendung von Pfirsichsämling als Unterlage auch verstärkt Chlorose (Gelbblättrigkeit) auftreten.

Bei Nachpflanzungen von Pfirsichanlagen, aber auch bei verschiedenen anderen Steinobstarten sollte außerdem auf die Gefahr des Auftretens von Bodenmüdigkeit nicht vergessen werden.

Befruchtungsverhältnisse

Die in Österreich verwendeten Pfirsichsorten sind in der Regel fast alle selbstfruchtbar, das heißt, sie können daher auch reinsortig angepflanzt werden. Einige Sorten, wie beispielsweise 'I. H. Hale' und die Gruppe der 'Elberta'-Sorten, haben sich aber als weitgehend pollensteril erwiesen. Für diese Sorten, die heute eher noch in den südlicheren Anbaugebieten größere Bedeutung besitzen, müssen bei Auspflanzungen auch ausreichende Befruchter eingeplant werden. Die Befruchtungsfähigkeit kann durch eine ausgeglichene Düngung und Bewässerung ebenfalls verbessert werden.

Unterlagen

Empfehlenswerte Unterlagen

Auf pfirsichholden Standorten mit warmen und nicht zu schweren Böden sind die arteigenen Sämlinge noch immer die geeignetsten Unterlagen. Die Unterlagen werden meist aus sortenreinem Saatgut, das aufgrund der Selbstfertilität für diesen Zweck ja kaum aufspaltet, herangezogen. Zur Saatgutgewinnung werden meist robuste Formen unterschiedlicher Weingartenpfirsiche verwendet. An Sorten wurden dabei der 'Kernechte vom Vorgebirge', der 'Rote Ellerstädter' oder auch 'Mamie Ross' verwendet. In den USA werden auch bereits nematodenresistente Unterlagen (z. B. 'Nemaguard') eingesetzt. Die heute am häufigsten verwendeten Pfirsichsämlinge BVA, INRA GF 305 und 'Montclar' sind starkwüchsig und bringen Bäume mit großer Wüchsigkeit hervor. Sie sind allerdings empfindlich gegenüber Winterfrösten (Wurzelhals), Viruserkrankungen und Wurzelkropf.

Für trockene Böden mit zum Teil höheren, freien Kalkwerten werden, vor allem in den östlichen Produktionsgebieten, Pfirsich-Mandelbastarde und Mandeln verschiedener Provenienz (Herkunft) verwendet. Pfirsich-Mandelbastarde sowie auch der Hybrid „Avimag Cadaman" (*Prunus persica* x *Prunus davidiana*) zeigen meist einen kräftigen und gesunden Wuchs und haben sich auch im Nachbau im pannonischen Gebiet bisher recht gut bewährt. Eine relativ stark wachsende Alternative für kalkreiche, schwere Böden stellt die Unterlage 'Julio Ferdor', ein Hybrid aus St. Julien d'Orléans x Pershon dar. Die Affinität dieser Unterlage mit Pfirsich- und Nektarinensorten ist gut. Für die Spindelerziehung werden heute vielfach die mittelstark wachsenden Unterlagen GF 655/2 ('St.-Julien-Pflaume') und der Pfirsichsämling 'Rubira' verwendet. Letzterer besitzt eine hohe Widerstandsfähigkeit gegenüber Wurzelkropf und Nematoden. Aufgrund seiner Rotblättrigkeit wird er auch als Zierstrauch verwendet. Weitere schwächer wachsende Unterlagen aus der Gruppe der Pflaumen sind aufgrund mangelhafter Affinität und höherer Baumausfälle nicht zu empfehlen.

Die gängige Vermehrungsart bei Pfirsichen und Nektarinen ist die im Sommer durchgeführte Okulation bzw. auch die Spanveredelung (Chip-Budding). Die Veredelungsarbeiten sollten aber aufgrund des relativ starken Wachstums der Unterlagen zeitlich nicht zu früh durchgeführt werden (Mitte bis Ende der Okulationsperiode).

Erziehungsformen

Die gebräuchlichste Erziehungsform im Intensivanbau ist der Hochbusch mit Hohlkrone, wobei etwa Stammhöhen zwischen 50 und 100 cm eingesetzt werden. Diese Kronen benötigen keine Unterstützung. Als Pflanzabstände werden dabei

Unterlagen	Affinitätsverhalten	Wuchsstärke	Erziehungsform	Neigung zur Bildung von Wurzelausläufern	Geeignet für die Bodenverhältnisse	Chloroseempfindlichkeit	Pflanzabstand
Pfirsichsämling GF 305, 'Montclar'	sehr gut	stark	Hohlkrone Spindel	gering	leicht bis mittel	hoch	4 x 1,8 m bei Spindel 5 x 4 m bei Hohlkrone bis 6 x 4 m
Pfirsich-Mandelbastard GF 677, Kando, GF 557	gut	sehr stark	Hohlkrone Spindel	gering	leicht bis mittel	sehr gering	4 x 1,8 m bei Spindel 5 x 4 m bei Hohlkrone bis 6 x 4 m
Pfirsichsämling 'RUBIRA'	sehr gut	mittel bis stark	Spindel	gering	leicht bis mittel	hoch	
Zwetschke Julior Ferdor	gut	stark	Spindel	gering	mittel bis schwer	gering	
St. Julien A GF 655/3	gut	mittel bis stark	Spindel	gering	mittel bis schwer	gering bis mittel	
Pfirsichhybride (Pfirsich-Bastard) Cadaman	gut	stark	Hohlkrone Spindel	gering	leicht bis mittel	gering bis mittel	
Mandelsämling	mittel	mittel bis schwach	Spindel	gering	leicht bis mittel	gering	3,5 x 1,5 m

Tabelle: Empfehlenswerte Unterlagen

Pfirsichspindel im vierten Standjahr vor und nach dem Schnitt (Fotos: PIEBER)

etwa 6 x 4 m bis 7 x 5 m (je nach Wuchsstärke) gewählt. Durch die größeren Abstände kann auch die Wuchskraft der Bäume besser kontrolliert werden.

In den letzten Jahren ist in den Anbaugebieten die Pfirsichspindel bereits mehr und mehr anzutreffen, wobei die Erziehung dieser pyramidalen Baumform in ähnlicher Weise wie bei der Apfelspindel erfolgen kann. Aufgrund dieser Erziehungsform sind auch beim Pfirsich deutlich höhere Bepflanzungsdichten möglich als bisher. Da die Obstart Pfirsich/Nektarine eher starkwüchsig ist, sollte der Pflanzabstand in der Reihe mindestens 2,5 m betragen.

Insgesamt verlangt der Baum aber eine hohe Pflegeintensität und ausreichende Düngergaben (vor allem N- und K-Gaben), die in erster Linie im intensiven Schnitt und im doch relativ hohen Ertrag begründet sind. Zur Erreichung und Sicherstellung einer ausreichenden Fruchtqualität (Größe, Ausfärbung, Geschmack) sind auch Fruchtausdünnungsarbeiten bzw. rechtzeitiger Grünschnitt unbedingt erforderlich. Über- bzw. Unterkronenbewässerung, besonders während der Fruchtentwicklung und Reifezeit, sind für eine gleichmäßige Entwicklung unerlässlich. Wassermangel führt zu schlechtem Zuwachs, Kleinfruchtigkeit und stärkerer Behaarung der Früchte.

Der Ansatz der Pfirsichknospen erfolgt beim Pfirsich am jeweils einjährigen Holz (wahre Fruchttriebe). Deshalb kommt einem regelmäßigen Schnitt große Bedeutung zu. Besonders auf eine exakte Baumhöhenbegrenzung (ca. 2,5 bis 3,0 m) sollte unbedingt geachtet werden, da ein unkontrolliertes Höhenwachstum unweigerlich zur Überbauung des Baumes und damit zur Verkahlung der untersten Kronenpartien führt. Durch die Erziehung einer etwas breiteren Basis (die unteren Fruchtäste werden etwas länger belassen) kann dieser Kopflastigkeit etwas entgegengesteuert werden. Stamm- und Gerüstbildner sind beim Pfirsich nicht erforderlich.

Sorten

Insgesamt ist die Zahl der Pfirsichsorten aufgrund der vorherrschenden Selbstfertilität sehr groß. Ein Großteil der neueren Züchtungen ist aber das Ergebnis planmäßiger Züchtungsarbeit vorwiegend amerikanischer, französischer und italienischer Forschungsstationen. In den USA sind vom Register of New Fruit and Nut Varieties insgesamt bereits weit über 1.000 Pfirsich- und Nektarinensorten sowie Mutanten registriert.

Neben den aus kontrollierter Kreuzung entstandenen Sorten sind naturgemäß noch **zahlreiche Zufallssämlinge** im Anbau, deren spezielle Eigenschaften (Toleranz gegenüber Kräuselkrankheit, Frosthärte, verbessertes Aroma und andere) heute besonders in der Direktvermarktung von Bedeutung sind. Trotz Selbstfruchtbarkeit ist eine Aufspaltung dieser Sämlinge nicht ausgeschlossen. Um diese störende Eigenschaft zu umgehen, werden solche Sorten ebenfalls vegetativ vermehrt. In der Regel werden günstig erscheinende Sämlinge für die Weitervermehrung ausgelesen.

Durch die große Ähnlichkeit der verschiedenen gelb- und weißfleischigen Sorten war es notwendig, die Pfirsichsorten ebenfalls in etwa zehn Reifewochen einzuteilen. Die erste Reifewoche wurde mit der Ernte der Sorte 'Mayflower' festgelegt,

Sorten	Kreuzung	Herkunft	Blühform	Blüte	Reifewochen**
'Dixired'	Selbstung von 'Halehaven'	USA	glockenförmig	mittelspät	3. bis 4.
'Nerine'	Selbstung von 'Fairhaven'	USA	glockenförmig	mittelfrüh	3. bis 4.
'Red Haven'	'Halehaven' x 'Kalhaven'	USA	glockenförmig	mittelfrüh	4.
'Helene'			rosenförmig	früh	4.
'Redwing'	'Babcock' x 'Stensgaard July Alberta'	USA	rosenförmig	früh	4. bis 5.
'Mamie Ross'	Zufallssämling	USA	rosenförmig	mittel	5. bis 6.
'Nectared 6'		**USA**	**glockenförmig**	**mittel**	**6.**
'Suncrest'	'Almar' x 'Gold Dust'	USA	glockenförmig	früh	6.
'Benedicte'		Frankreich	rosenförmig	mittelspät	7.
'Mireille* Meystar'			rosenförmig	früh	7. bis 8.
'Stark Redgold'		**USA**	**glockenförmig**	**mittelfrüh**	**7. bis 8.**
'Redcal'			glockenförmig	mittelfrüh	8.
'Weingartenpfirsich'	Sämling	versch.	rosenförmig	mittelspät	8. bis 9.
Interessante Sorten für den Bioanbau: 'Early Devil' 3. Woche, gelbfleischig; 'Royal Gem' 3. bis 4. Woche, gelbfleischig					

Tabelle: Aktuelle Sorten für den Pfirsich- und Nektarinenanbau in Österreich

während die zehnte Reifewoche mit der gelbfleischigen Sorte 'I. H. Hale' festgesetzt wurde, die etwa gegen Ende September reif wird. Beide Sorten sind heute nur mehr für den Liebhaberanbau interessant. Neben den zum Teil noch verwendeten alten Sorten, allen voran 'Redhaven' als wichtigste, werden in der Praxis bereits eine Anzahl neuer gelbfleischiger, meist weniger behaarter Sorten eingesetzt. Bisher haben sich neben den bereits bekannten Sorten die Sorten 'Springlady', 'Royal Gem', 'Royal Glory', 'Princess', 'Royal Majestic' und 'Symphony' als am interessantesten erwiesen. Weißfleischige Sorten wie 'Marielle' oder 'Benedicte' spielen im Erwerbsanbau nur eine geringe Rolle. Der Markt verlangt glattschalige, möglichst wenig behaarte, gelbfleischige, gut ausgefärbte, kernlösende Sorten mit Tendenz zur früheren Ausfärbung, entsprechender Nachreifefähigkeit und guter Transportfähigkeit.

Wahrer Fruchttrieb – zwischen zwei Blütenknospen befindet sich eine Blattknospe. (Foto: SPORNBERGER)

Ein falscher Fruchttrieb weist überwiegend nur Blütenknospen auf. (Foto: PIEBER)

Weitere Kriterien der Unterscheidung und Einteilung waren die **Behaarung der Sorten** (Pelz- und Nacktpfirsiche), die **Steinlöslichkeit** (Härtlinge und echte Pfirsiche) und die **Fleischfarbe** (weiß-, gelb- und rotfleischige Sorten), wobei letztere die geringste wirtschaftliche Bedeutung erlangten.

Die Tendenz im Intensivanbau ist derzeit eher wieder auf etwas früher reifende Sorten ausgerichtet, um den Angebotszeitraum, der heute etwa die Zeit ab Ende Juli/Anfang August bis Anfang September umfasst, etwas nach vorne zu verlängern. Über die Chance spätreifer Sorten wird nachgedacht. Um hier aber in größerem Umfang aktiv werden zu können, bedarf es einerseits geeigneter Sorten, andererseits bringt jede Verfrühung auch ein höheres Risiko (vor allem durch die mit großer Wahrscheinlichkeit auftretenden Blütenfröste) mit sich. Von den bisherigen Frühsorten (etwa zweite bis vierte Pfirsich-Reifewoche) entspricht bisher einzig die Sorte 'Dixired' einigermaßen. Von den derzeit in Prüfung stehenden Frühsorten haben bis

Wuchs	Ertrag	Fruchtgröße	Fleischfarbe	steinlösend/Anmerkungen
stark	hoch	klein bis mittel	gelb	schlecht/sehr aromatisch
stark	hoch	mittel	gelb	mäßig/wärmere Lagen
mittelstark	hoch	mittel bis groß	gelb	ja/hohe Qualität
stark	hoch	mittel	weiß	mäßig/für Bioanbau
mittel	hoch	mittel	weiß	ja/intensiv gerötet
stark	hoch	mittel bis groß	weiß	ja/stark behaart
mittelstark	**mittel**	**mittel**	**gelb**	**ja/transportfest**
stark	hoch	groß	gelb	ja/stärkere Behaarung
stark	mittel	groß	weiß	ja/für Bioanbau
mittelstark	hoch	mittel	weiß	ja/widerstandsfähig
stark	**mittel bis stark**	**groß**	**gelb**	**ja/gute Lagereigenschaften**
stark	sehr hoch	mittel bis groß	gelb	ja/gute Qualität, leuchtend rot
mittelstark	mittel	mittelgroß	weiß	ja/aromatisch, wenig behaart

* Sortenschutz, ** (1. = Ende Juni bis Anfang Juli), **Fett gedruckt:** Nektarinen

jetzt die Sorten 'Starcrest', 'Springerest', 'Primerose', 'Early Red Haven', 'Nerine' und 'Stark Early Glo' einigermaßen entsprochen. Ob die Vorteile der frühen Sorten aber immer richtig ausgenützt werden können, wird auch von der richtigen Standortwahl abhängen.

'Red Haven' (Foto: PIEBER)

'Stark Red Gold' (Foto: PIEBER)

'Redwing' (Foto: PIEBER)

2.4 Marille = Aprikose (*Prunus armeniaca* L.)

Die Aprikose oder Marille zählt wie der Pfirsich zu den ältesten Obstarten und stammt aus Nordchina. Von dort kommen mit großer Wahrscheinlichkeit die meisten der heute in Europa vorkommenden Sorten, die großteils von der wichtigsten Art *Prunus armeniaca* abstammen. Daneben werden noch die Arten *Prunus sibirica* (Sibirische Marille), *Prunus mandshurica* (Mandschurische Marille), *Prunus mume* (Japanische Marille), *Prunus brigantina* (Briançon-Marille) und *Prunus* x *dasycarpa* (Pflaumen-Marille) unterschieden, die in Europa kaum Bedeutung erlangt haben.

Von der derzeitigen Weltproduktion von rund 1,3 bis 1,4 Millionen Tonnen entfällt etwa die Hälfte auf Europa. In der Weltobstproduktion spielt die Marille allerdings nur eine untergeordnete Rolle.

Obwohl der Markt für diese Obstart durchaus aufnahmefähig ist, sind einer Ausweitung der Produktion doch Grenzen gesetzt. Die Aprikose verlangt passende Standorte mit entsprechend günstigen Temperaturen und mäßigen Niederschlägen (pannonisches Klima). Nur dann ist es möglich, die Regelmäßigkeit der Erträge zu sichern und die Lebenserwartung der Bäume zu erhöhen.

Neben der Frischmarktversorgung ist die Marille besonders für die Verarbeitung von großer Wichtigkeit. In Österreich müssen, da eine Bedarfsdeckung nicht gegeben ist, jährlich noch immer große Mengen dieser Früchte importiert werden. Die Frucht erfreut sich aber insgesamt hoher Wertschätzung und ist wegen ihres einmaligen Geschmacks aus den heimischen Küchen nicht wegzudenken. Diese Nachfrage der österreichischen Verbraucher hat schließlich dazu geführt, dass in den letzten Jahren in dafür geeigneten Gebieten in Niederösterreich (vor allem im Weinviertel) wieder Neuauspflanzungen durchgeführt worden sind.

Verwendung

Frischkonsum; Kompott, Marmelade und Konfitüre, Trockenobst, Nektar oder Dicksaft; Einfrieren, Branntwein.

Standortansprüche

Die Marille benötigt als wärmeliebende Obstart vor allem warme, trockene Lagen, wie sie in den pannonischen Weinbaugebieten vorliegen. Sie steht hinsichtlich ihrer Klimaansprüche eindeutig an der Spitze der wärmeliebenden Obstarten. Sie benötigt deshalb mindestens Jahrestemperaturmittelwerte von über 9 °C, und da diese Voraussetzungen innerhalb eines größeren Anbaugebietes sehr stark schwanken können, muss beim Auspflanzen von Neuanlagen unbedingt auf die jeweiligen mikroklimatischen Bedingungen Rücksicht genommen werden. Die besten Marillenanbauflächen sind dort, wo an leicht nördlich ausgerichteten, aber geschützten Hängen ein späteres Austreiben und Blühen gewährleistet ist und wo eventuell von Westen nach Osten verlaufende Höhenzüge den Einfluss nördlicher Winde abhalten. Staulagen sind absolut abzulehnen, da naturgemäß auch länger anhaltende Kälteperioden im Winter bereits zu Knospenerfrierungen führen können. Günstigere Temperaturverhältnisse im Umfeld größerer Ansiedlungen oder Gewässer könnten auch ausgenützt werden. Auch in jedem Garten könnten durch gezielte Standortwahl ebenfalls günstige klimatische Bedingungen geschaffen werden.

Die Ansprüche an den Boden hängen in erster Linie von der verwendeten Unterlage ab. Schwere, feuchte Böden sind aber von vornherein abzulehnen. Sie sind neben verschiedenen Pilzerkrankungen, Holz- und Rindenkälteschäden mit eine Ursache für das verstärkte Auftreten von Apoplexie (dem Schlagtreffen). Wärmere, gut durchlüftete, lockere, lehmige Böden oder Lössböden sind für die Marille besser geeignet. Wichtig sind entsprechend den vorhandenen Bodenbedingungen angepasste Veredelungsunterlagen, die längerfristig gesündere und leistungsfähigere Bäume sicherstellen.

In der letzten Zeit treten vermehrt Pseudomonas-Befälle der Bäume auf, bei denen die Bäume nach einigen Jahren absterben. Unterscheidbar sind die abgestorbenen Bäume (bzw. -partien) bei Pseudomonasinfektionen von dem 'Schlagtreffen' (Apoplexie) der Bäume, da bei letzterer Erscheinung die Bäume abgestorben bleiben, während bei Pseudomonasbefall ein neuer Austrieb aus den untersten Baumregionen bzw. der Unterlage erfolgt.

Befruchtungsverhältnisse

Die meisten der europäischen Aprikosensorten sind selbstfruchtbar, die Frühsorten (beispielsweise 'Frühmarille Kittsee' und 'Frühe Ungarische Gelbe') benötigen allerdings einen Befruchtungspartner. Untersuchungen an ungarischen Versuchsanstalten haben aber auch gezeigt, dass die Selbstunfruchtbarkeit von Aprikosen auch durch eine erblich bedingte, ungleiche Ausbildung der männlichen und weiblichen Blütenteile verursacht werden kann. Durch die sehr frühe Blüte ist eine ausreichende Befruchtung durch Wind und Insekten jedoch nicht immer gewährleistet, da der Bienenflug bei kühlfeuchter Witterung stark behindert ist. Der Fruchtansatz kann daher witterungsbedingt stark unterschiedlich sein. Zusätzlich muss fast immer mit Schäden durch Blütenfröste gerechnet werden, sodass bei der Aprikose in der Regel keine gleichbleibenden jährlichen Ernten erwartet werden können. Zur Risikominderung würden vor allem später blühende Sorten und Typen benötigt.

Unterlagen

Der Einsatz der bei der Marille verwendeten Unterlagen ist naturgemäß von den vorliegenden Bodenverhältnissen abhängig. Gleichzeitig wird mit dieser Entscheidung aber auch über Baumgröße, Fruchtbarkeit und nicht zuletzt über die Bestandessicherheit entschieden, es kommt daher vor allem dem aktuellen Gesundheitszustand des verwendeten Pflanzmaterials größte Bedeutung zu. Für leichtere, wärmere Böden und für größere Baumformen ist der arteigene Sämling von Knödelmarillen sicher am geeignetsten. Besonders geeignet sind dabei Sämlinge der 'Millionärsmarille', die allerdings fast vollständig aus den Baumschulen verschwunden ist. Sämlingsunterlagen verankern sich sehr gut im Boden, zeigen aber eine erhöhte

Unterlage	Wuchsstärke	Affinitätsverhalten	Neigung zur Bildung v. Wurzelausläufern	Bodenverhältnisse
Marillensämling	stark	sehr gut	gering	mittel bis leicht
Myrobalanen	stark	mittel	mittel	leicht bis schwer
Brompton	stark	gut	mittel	mittel bis schwer
Mariannenpflaume	stark	mittel bis gut	mittel	mittel bis schwer
Pfirsichsämling	mittel bis stark	mittel	gering	mittel bis leicht
GF 655/2	mittel	mittel	hoch	mittel bis schwer
Torinel	mittel	gut	mittel	mittel bis schwer
Isthara	mittel	gut	gering	mittel bis schwer
Citation	schwach	gut	gering	
Zwetschke Wangenheims (WaxWa, WaVit)	mittel bis schwach	gut	gering	mittel bis schwer

Tabelle: Empfehlenswerte Unterlagen

Anfälligkeit gegenüber Verticilliose (Welkekrankheit). Die frühere Bedeutung der Myrobalanen und ihrer Selektionen (z. B. GF 31) hat aufgrund ihres sehr starken Wuchses und der schlechten Affinität sehr stark nachgelassen. Auf sehr trockenen, kargen und flachgründigen Böden ist der Einsatz aber noch gerechtfertigt. Ähnliches gilt für die ebenfalls starkwüchsige Mariannenpflaume GF 8–1. Für mittelschwere, frischere bis feuchtere Böden eignen sich am besten pflaumenartige Unterlagen. Dabei haben sich vorwiegend verschiedene Hauszwetschkentypen und Vertreter der St.-Julien-Pflaumen (St. Julien A, Nr. 2 oder GF 655/2 für kleinere Baumformen) als geeignet erwiesen. Diese Unterlagsformen sind in der Regel gegenüber Verticilliose resistent sowie auch **Ishtara**, **Ferciana**, **Julior Ferdor**, **Jaspi Fereley** und die Reneclodenunterlage **TORINEL Avifel** (alle mittelstarkwüchsig), die in den letzten Jahren ebenfalls zum Einsatz kamen. In Frankreich wird fallweise (vor allem bei sandigen Böden) auch der Pfirsichsämling als Unterlage eingesetzt.

Erziehungsformen

Derzeit ist die Rundkronen-Erziehung noch immer vorherrschend, die in den ersten drei, vier Jahren nach der Pflanzung einen Erziehungs- oder Aufbauschnitt notwendig macht. Um eine bessere Pflege und eine leichtere Beerntbarkeit der Bäume sicherzustellen, hat man versucht, auch bei der Marille über die Längskronen bzw. niedrigeren Spindelbuschformen kleinere und niedrigere Kronen zu erreichen. Die Verwendung setzt aber, da die Kronen sehr weit nach unten rutschen, bestgeeignete Standorte voraus. Ist das nicht gegeben, wäre es anzuraten, die Stammhöhen wieder anzuheben.

Nicht ausgedünnte Marillenpartien bringen nur geschmacksschwache Früchte. (Fotos: KEPPEL)

Sorte	Kreuzung	Herkunft	Blüte	Reife	Wuchs
'Frühmarille aus Kittsee'	Auslese aus 'Frühe Ungarische Gelbe'	Österreich	früh	früh (Anfang Juli)	mittelstark
'Luizet'	Sämling	Frankreich	mittelspät	mittelfrüh	mittelstark
'Aprikose von Nancy'	Zufallssämling	Frankreich	mittelfrüh	mittelfrüh	sehr stark
'Ananasmarille'	Sortenpopulation, verschiedene Herkünfte	Österreich	mittelfrüh	mittelfrüh	mittelstark
'Ungarische Beste'	Selektion	Ungarn	mittelspät	mittelspät	stark
'Klosterneuburger'	Selektion aus 'Ungarische Beste'	Herkunft aus Ungarische Beste			
'Kremser Rosenmarille'	verschiedene Sorten	Österreich	mittelspät	spät	mittelstark
'Kecskeméter'	Zufallssämling	Ungarn	spät	spät	mittelstark

Tabelle: Altes, bekanntes Marillensortiment

Sorte	Kreuzung	Herkunft	Blüte	Reife	Wuchs
'Aurora* Early Blush'*	unbekannt	USA	sehr früh	sehr früh	stark
'Sylvercot* Versyl+'	Kreuzungseltern nicht bekannt	Frankreich	früh	früh	stark
'Pinkcot* Copty+'	Kreuzungseltern nicht bekannt	Frankreich	mittel	früh	stark
'Orangered* Bhart'	NJA 2 x 'Lasgersi Mashhad'	USA	mittelspät	früh	stark
'Rouge de Fournes'	Zufallssämling	Frankreich	früh	mittelfrüh	mittelstark
'Goldrich* Sungiant'	'Perfection' x 'Sunglo'	USA	früh	mittelfrüh	sehr stark
'Kuresia'*	aus unbekannter Sorte ausgelesen	Deutschland	mittelspät	mittel	mittelstark
'Hargrand'	NJA 1 x V51092	Kanada	mittelfrüh	mittel	mittelstark
'Polonais'	Zufallssämling	Frankreich	mittelspät	mittelspät	mittelstark
'Bergarouge* Avirine'	'Orange Red' x 'Bergeron'	Frankreich	mittelspät	mittelspät	stark
'Harlayne'	V51092 x 'Sun Glo'	Kanada	mittelspät	mittelspät	stark
'Bergeron'	Zufallssämling	Frankreich	mittelspät	spät	stark
'Tardif de Tain'	Zufallssämling	Frankreich	spät	spät	mittelstark
+ Sylvercot und Pinkcot stammen von den gleichen Eltern ab; Goldrich = Goldrich Jumbo Cot					

Tabelle: Neues Marillensortiment

* Sortenschutz

Doch die Spindelerziehung mit Pflanzweiten von 4 x 2,0 bis 2,5 m hat sich in der Praxis noch nicht durchgesetzt.

Bei den Hecken-Erziehungsformen haben sich bisher vor allem die Y-Hecke (nicht zu weit gestaltet) und die unregelmäßige, schräge Hecke (Pflanzabstand 4 x 4 m) am besten in der Praxis bewährt. Die Baumhöhen bleiben dabei unter 2,5 m, Pflegemaßnahmen und Ernte sind daher relativ einfach durchführbar.

Sorten

Ähnlich wie beim Pfirsich führte die Selbstfertilität auch bei der Aprikose zu einem überaus großen Formengemisch. Die Intensivierung des österreichischen Marillenanbaues hat erst um die

'Klosterneuburger Marille' (Foto: PIEBER)

'Ungarische Beste' (Foto: PIEBER)

'Kecskeméter' (Foto: PIEBER)

Ertrag	Fruchtgröße	Fruchtfarbe	Geschmack	selbstfruchtbar	Anmerkungen
mittelhoch	klein	rot angehaucht	feines Marillen-aroma	nein	durchpflücken
hoch	groß	orangerot	süß, marillenartig	ja	verträgt Winterfrost
hoch	mittelgroß	punktförmig gerötet	süß-säuerlich, aromatisch	ja	Marillenlagen
mittel	mittelgroß	rot punktiert	saftig, fein gewürzt	ja	weichfleischig
sehr hoch	groß	deckfärbig rot	hervorragendes Marillenaroma	ja	Alternanzneigung
mittel		karminrot	saftig, wenig Würze	ja	Lokalsorte
mittel bis hoch	mittelgroß	leuchtend rot	fest, wenig Säure	ja	robust

Ertrag	Fruchtgröße	Fruchtfarbe	Geschmack	selbst-fruchtbar	Anmerkungen
mittelhoch	mittelgroß	orange, sonnseitig rot	erfrischend säuerlich	nein	interessante Frühsorte
hoch	groß	leuchtend orangerot	festfleischig, saftig	teilweise	transportfest
hoch	groß	orangerot	saftig, wenig Aroma	teilweise	schöne Tafelfrucht
hoch	mittelgroß	leuchtend orangerot	feines Marillenaroma	nein	attraktive Früchte
sehr hoch	klein bis mittel	orange, schwache Rötung	wenig aromatisch	ja	Knödelmarille
sehr hoch	sehr groß	kräftig orange	saftig, Marillenaroma	teilweise	Vollreife am Baum
mittel	mittelgroß	sonnseitig orangerot	harm. Marillenaroma	ja	Scharkaimmun
hoch	sehr groß	deckfärbig orange	süß, feines Aroma	teilweise	apoplexieanfällig
hoch	mittelgroß	düsteres Rot	süßlich, Marillenaroma	ja	reift ungleichhälftig
sehr hoch	groß	dunkel orangerot	feines Marillenaroma	nein	attraktive Tafelmarille
hoch	klein bis mittel	leuchtend orange	süß, schw. aromatisch	ja	für Knödel und Kompott
hoch	mittelgroß	karminrot	gutes Marillenaroma	ja	transportfest
mittelhoch	groß	sprenkelig karminrot	saftig, aromatisch	ja	als späte Sorte interessant

Jahrhundertwende begonnen, und ebenfalls zu diesem Zeitpunkt wurde auch mit intensiveren Sortenselektionen begonnen. Da in späterer Folge fast jeder Vermehrungsbetrieb auch seine eigenen Marillenselektionen verwendete, ist es sehr schwierig, hier exakte Unterscheidungen zu treffen. In den beiden Anbaugebieten Wachau (Niederösterreich) und Kittsee (Nordburgenland) werden nach wie vor die beiden eingeführten Sorten 'Ungarische Beste' und 'Klosterneuburger Marille' forciert. In den neu entstandenen Anbaugebieten Österreichs (vor allem im Weinviertel) werden verstärkt für den Frischmarkt geeignete Sorten französischer Herkunft angepflanzt.

Die Marille befindet sich hinsichtlich ihrer Kulturansprüche in Österreich bereits in einer Grenzlage,

'Bergeron' (Foto: PIEBER)

'Tardif de Tain' (Foto: PIEBER)

'Goldrich' (Foto: PIEBER)

und aufgrund ihrer frühen Blüte (Ende März bis Mitte April) muss fast immer mit Schäden durch Blütenfröste gerechnet werden. Zur Risikominderung würden später blühende Sorten und Typen benötigt werden. Von den derzeitigen älteren Sorten ist eine einzige, nämlich die Sorte 'Kecskeméter-Mautern', deutlich später blühend und daher auch ertragssicherer. Es wäre durchaus möglich, aus den heute in den nationalen Anbaugebieten vorhandenen Marillenpopulationen später blühende Typen auszulesen. Auch die Marillenzüchtung geht ansatzweise in dieselbe Richtung. In Österreich wurde nach dem Zweiten Weltkrieg mit einer größeren Selektionsarbeit begonnen, die schließlich fünf anbauwürdige Sorten herausbrachte. Diese Sorten haben sich sowohl im Weinbauklima als auch in etwas raueren Gebieten am besten bewährt. Die zum Teil noch in den österreichischen Anbaugebieten eingesetzten Sorten sind in der Tabelle auf Seite 128 oben zusammengefasst. Darüber hinaus wurden in den letzten Jahren auch verstärkt **französische** und **ungarische**, auch **amerikanische** und **kanadische Sorten** in den Neuanlagen ausgepflanzt. Diese Sorten zeichnen sich bisher durch besondere Blühfreudigkeit aus; allerdings liegt der Blühbeginn dieser Formen weit vor den einheimischen Sorten. Erste Ergebnisse sind ebenfalls aus den Tabellen ersichtlich.

Die neueren, tschechischen Sorten aus Lednice haben in den österreichischen Anbaugebieten noch keine Verbreitung gefunden. Sie erreichen teilweise eine gute Ausfärbung, doch die Früchte besitzen meist nur Mittelgröße.

Neuheiten ohne Praxiserfahrung

Aus einer interspezifischen Kreuzung von Marille x Kirsche stammt die 'Aprikyra'®: Die rundlichen Früchte sind dunkelrot mit einem Farbstich von Lila gefärbt. Schwachwüchsig, selbstfruchtbar, reift mit mittelfrühen Marillen mit kirschartigem Aroma. Sollte ausgedünnt werden, frosthart.

'Cherrykose'® (Kirschpflaume x Aprikose): Ab August reifend, winterhart, bis 2,5 m hoch wachsend, saftig, widerstandsfähig gegen Pilzerkrankungen, selbstfruchtbar.

SS-System

Für den Marillenanbau hat die niederösterreichische Baumschule Schreiber aus Poysdorf das SSS (Schreiber Slim System) entwickelt, welches auf eine teilmechanische Pflege der Marillenbäume

Optimaler Schnittzeitpunkt für den Maschinenschnitt (Foto: SCHREIBER)

Schlanke Marillenbäume maschinell geschnitten (Fotos: SCHREIBER)

abzielt, wobei viel auf den Einsatz herkömmlicher Maschinen und Geräte Wert gelegt wird.

Der Pflanzabstand beträgt 3,50 x 2,00 m – die maximale Baumhöhe 3,50 m. Der Pflanzschnitt umfasst eine Triebverkürzung um mindestens 50 %. Damit soll möglichst rasch eine Fruchtwand erzogen werden. Der maschinelle Schnitt setzt dann ab dem dritten Standjahr ein. Sorten, die am einjährigen Langtrieb fruchten, sind in diesem System zu bevorzugen. Ältere Sorten (z. B. 'Ungarische Beste') sind oft am Langtrieb nicht sehr fruchtbar. Der maschinelle Schnitt erfolgt zur „weißen Knospe" (siehe Foto) bis zur Vollblüte, da hier die beste Wundheilung vonstatten geht. Im Rahmen einer hochwertigen Marillenproduktion sollte trotzdem ein händischer Schnitt erfolgen. Durch den lockeren Kronenaufbau kann sich der händische Schnitt in mehrjährige Jahresintervalle aufteilen. Auch hier wird auf Zapfen (10 cm lang) geschnitten und ausgelichtet.

Infolge der erzogenen SSS-Fruchtwand ist das Tree-Darwin-Ausdünngerät zu bevorzugen. Der Ausdünnungsaufwand sinkt somit auf nur mehr 20 %. Das mechanische Ausdünnen in der Blüte bringt auch pflanzenphysiologische Vorteile, da das frühe Ausdünnen den Baumstress vermindert und die Fruchtqualität gesteigert wird. Außerdem wirken solche Marillenbäume nach einer Frosteinwirkung robuster als kurz vor dem Frost händisch ausgedünnte Bäume (SCHREIBER, 2015). Begründet kann dies werden, da während der Blüte ausgedünnte Bäume noch keine verletzbare Blattmasse aufweisen und nach dem maschinellen Ausdünnen zügig Blattmasse ausgebildet wird.

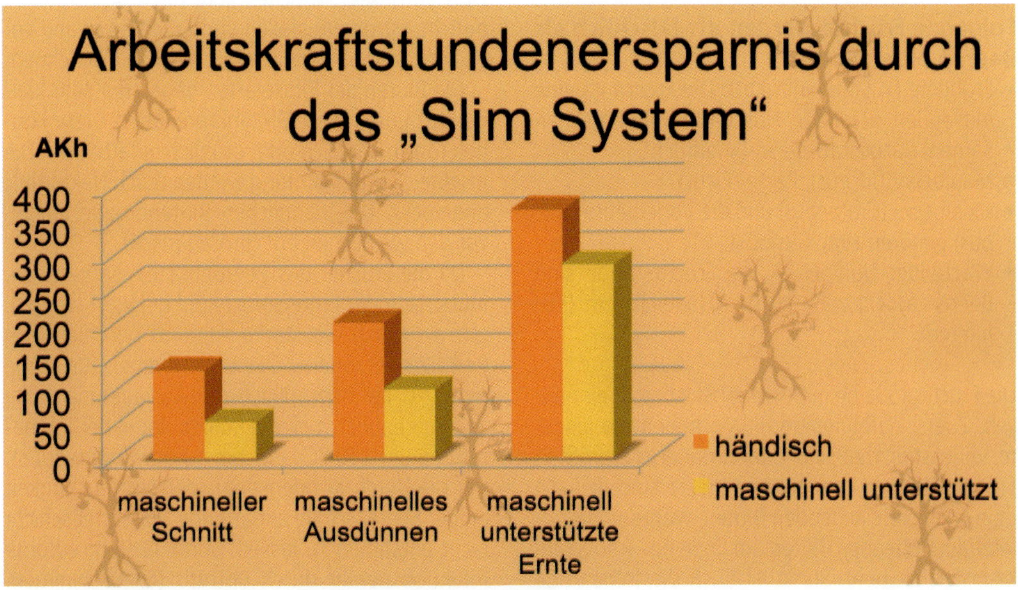

(Grafik: SCHREIBER)

3. BEERENOBST

Einteilung des Beerenobstes (nach KEIPERT):

- **Beeren im botanischen Sinn** (außer Reben): Ribiseln (Johannisbeeren), Stachelbeeren, Heidelbeeren, Preiselbeeren, Cranberrys (Moosbeeren), Berberitzen.
- **Zum Beerenobst zählende Obstarten** (botanisch eigentlich Steinfrüchte): Himbeeren, Brombeeren, Holunder.
- **Beerenformen mit strauchartigem Wuchs** Sanddorn, Wildrose, Hagebutte, Schlehe. Im botanischen Sinn sind weiterhin Beerenfrüchte: Beerenartiges Gemüse: Aubergine, Gurke, Kürbis, Melone, Paprika, Tomate.

  Südfrüchte und exotische Früchte: Dattel, Granatapfel, Kakao, Kaki, Kiwi, Papaya und alle Zitrusarten.

Folgende Früchte werden oft fälschlich als Beeren bezeichnet:

- Erdbeere (= Staudenfrucht): Die Frucht ist eine mit außen sitzenden Nüssen (die eigentlichen Samen) ausgestattete Sammelfrucht.
- Maulbeere (*Morus*), Feige (*Ficus*)
- Mehlbeere (*Crataegus*) und die Vogelbeere (*Sorbus*) gehören zum Kernobst.
- Wacholder (*Juniperus*), die Fruchtstände sind Beerenzapfen; zählt zu den Nadelhölzern (*Koniferen*).

Die Fruchtgröße beim Beerenobst ist nicht einheitlich. Zuerst aufblühende Blüten haben die längste Vegetationszeit und tragen daher die größten Früchte (z. B. bei der Johannisbeere sind dies die dem Trieb nahestehenden Blüten, während die zuletzt aufblühenden Blüten am Ende der Traube am kleinsten bleiben). Somit ist auch die folgeartige Reife und die abnehmende Fruchtgröße erklärbar. Aus der langen, folgeartigen Blütezeit der Beerentrauben resultiert auch eine folgeartige Reifezeit, sodass man bei Himbeeren, Brombeeren und Heidelbeeren öfter durchpflücken muss.

Grundsätzlich dankt das Beerenobst für eine zusätzliche Wassergabe in Form einer Tropfbewässerung zwischen Blüte- und Reifezeit. Überkronenberegnungen haben sich aus Gründen der verminderten Fruchtqualität (Weichwerden der Früchte, erhöhter Krankheitsdruck durch Grauschimmel) nicht bewährt. Je nach Jahreswitterung schwanken der Gehalt an Inhaltsstoffen, die Lagerfähigkeit und die Transportfestigkeit der Früchte. Grundsätzlich ist zu sagen, dass Früchte, die während einer Schönwetterperiode geerntet werden, die höchste Qualität aufweisen, während bei kühler Vorerntewitterung leerer bis saurer Geschmack vorherrscht und die Fruchtfleischfestigkeit vermindert ist. Ertragsmindernd wirkt sich auch das Verrieseln der Trauben aus. Darunter versteht man das Ausfallen (Verrieseln) von Blüten nach der Blütezeit. Dies kann einerseits durch ungünstiges (kühles, nasses oder zu trockenes) Blühwetter bzw. Frosteinwirkung oder durch Bormangel hervorgerufen werden. Durch umfangreiche Selektionsarbeit bei der vegetativen Vermehrung verliert die genetische Anlage zum Verrieseln immer mehr an Bedeutung. Auf Verrieseln zeigt auch die Blütenbotrytis eine gewisse Einwirkung. Im Gegensatz zum Verrieseln, welches kurz nach der Blütezeit auftritt, ist das Ausfallen von Früchten knapp vor der Reifezeit als Vorerntefruchtfall zu bezeichnen.

Die Blüten der Ribiselarten haben nur sehr kleine, fast unsichtbare Blütenkronblätter. Diese können rötlich, gelblich oder grünlich gefärbt sein. Die Insekten zur Befruchtung werden durch Nektarduft angelockt. Die männlichen Blütenorgane blühen vor den weiblichen auf (protandrisch).

Da die Früchte des Beerenobstes stark atmen, muss nach der Ernte sofort kühl gelagert werden, um die durch die starke Atmung beschleunigte Reife zu verzögern. Die Lagertemperatur möge um 0 °C betragen. Nach der Auslagerung sollte das Beerenobst in einem kühlen Raum bei Temperaturen um +10 °C langsam aufgewärmt werden, um die durch Kondensation der Luftfeuchtigkeit an der Beerenschale anhaftende Wasserreifschicht nicht entstehen zu lassen. Sonst besteht erhöhte Infektionsgefahr durch Botrytis (Grauschimmel). Für die Frischvermarktung genügt eine Zwischenlagerungstemperatur von 8 bis 15 °C bei hoher relativer Luftfeuchtigkeit.

Am besten wäre es, wenn das Beerenobst am Vormittag geerntet wird und bei der Ernte sofort in die Verkaufsbehälter abgelegt wird. Danach sollte gleich der Transport zu den Verkaufsmärkten erfolgen, sodass der Konsument am nächsten Tag die Früchte kaufen und anschließend verzehren kann. Für längere Transportwege empfiehlt sich eine Zusatzkühlung mit Trockeneis. Dies geschieht so, dass die vollen Paletten mit einer Plastikfolie umhüllt werden und in bzw. unter den Paletten Trockeneis ausgestreut wird. Das auftauende und verdunstende Trockeneis kühlt den Stapel etwas ab und hat durch das freiwerdende CO_2 eine Zusatzwirkung zur Bekämpfung von Grauschimmel. Somit kann das Weichobst über längere Strecken krankheits- und rückstandsfrei transportiert werden. Je kg rechnet man mit ca. 6 g Trockeneis, wobei der in der Luft geringe Anteil von 0,03 % CO_2 auf über 20 % CO_2 angehoben wird. Die Lagerungsdauer der Früchte erweitert sich somit auf ca. fünf Tage. Bei der Manipulation mit CO_2 ist darauf zu achten, dass Kohlendioxid schwerer als Luft ist und in geschlossenen Räumen Vergiftungsgefahr herrscht. Die Vorsichtsmaßnahmen sind ähnlich jenen bei CA-Lagern anzuwenden.

Hinsichtlich der Lagerung sind Brombeeren, Erdbeeren und Himbeeren am sensibelsten. Beerenobst bleibt trotz aller technischen Hilfsmittel eine leicht verderbliche Handelsware (HENZE).

Das Tiefgefrieren von reinen, gesunden und vollreifen Beerenobstfrüchten bietet die Möglichkeit, die Verkaufsdauer von erntefrischem Beerenobst fast das gesamte Jahr über sicherzustellen. Dies kann in der haushaltseigenen Tiefkühltruhe oder durch industrielle Großanlagen sichergestellt werden.

Im Rahmen der hochwertigen Fruchtverarbeitung wird es unumgänglich sein, Schockgefrieranlagen mit entsprechender Leistung in Österreich aufzubauen, um auch diesem Produktzweig im Rahmen einer Marktentlastung zum Aufschwung zu verhelfen. Als logistische Maßnahme zur Absatzsicherung wäre dazu notwendig, dass ein genaues Verteilernetz mit täglichem Linienfahrplan und zeitlich genau abgestimmten Verteilerpunkten in einzelnen Ortschaften aufgebaut werden müsste, um den Abnehmern (Bäckereien, Konditoreien, Hausfrauen, Hoteliers) eine genaue Speiseplanung zu ermöglichen. Als Investitionen dazu wären eine Schockgefrieranlage, ein Tiefkühllager und die entsprechende Anzahl von Tiefkühltransportwägen zu nennen. Auf der betriebswirtschaftlichen Seite solcher Innovationsprojekte wäre abzuklären, inwieweit die heimische, hochqualitative Ware mit Billigprodukten aus dem ehemaligen Ostblock konkurrieren könnte.

Beim Frischmarktverkauf muss immer mehr Augenmerk auf eine fruchtadäquate, transportsichere und konsumentenfreundliche (umweltfreundliche) Verpackung Wert gelegt werden. Die Größe der Verpackung richtet sich nach der Fruchtgröße (z. B. Becher zu 250 oder 500 g). Im Rahmen der Produktwahrheit werden vom Konsumenten zunehmend undurchsichtige Plastikverpackungen abgelehnt. Nach dem Motto „oben hui, unten pfui" will der Konsument die gesamte Ware überblicken. Es liegt daher an der Verpackungsindustrie, entsprechende frucht-, umwelt- und konsumentenfreundliche Verpackungen zu entwickeln.

Aus Lagerungsversuchen mit geschüttelten (zum Nachvollziehen langer Transportwege) und nichtgeschüttelten Erdbeerfrüchten der Sorten 'Elsanta' und 'Korona' wurde nachgewiesen, dass Holzschliffschälchen die wenigsten verletzten Früchte aufwiesen. Jedoch waren die Verdunstungsverluste der Früchte am höchsten. Elsantafrüchte wiesen höhere Befallsgrade an Fäulnis auf als jene von 'Korona'. Auf den Fäulnisbefall hatten die verschiedenen Verpackungsarten keinen Einfluss (NAWRATH et al.).

Die Selbsternte bei Beerenobst nimmt durch die handarbeitsaufwendige Ernte und damit durch den erhöhten Kostenfaktor der benötigten Zusatz-Arbeitskräfte in den letzten Jahren zu.

Für die **Selbstpflücke** sind jedoch folgende Organisationspunkte zu überlegen:

- Marktnähe
- Zahl und Größe der Verkaufsstände
- Zur Verfügung stehendes Ernte- bzw. Transportgeschirr
- Toiletten und Waschmöglichkeit für die Selbsternter
- Eventuell eine betriebliche Haftpflichtversicherung, zum Schutz vor Verletzungsansprüchen
- Eine genügend große Zahl von Parkplätzen, die auch bei aufgeweichtem Boden zu befahren sind
- Eine eventuelle Möglichkeit von Zusatzverkauf von Eigenprodukten
- Die Werbemöglichkeiten im lokalen Radio bzw. in den Zeitungen oder Flugzettel
- Eine ruhige, verkehrsferne Lage der Anbauflächen
- Ständig zur Verfügung stehendes Verkaufspersonal, gepflegte Umgebung bzw. ansprechender Standard der Verkaufsstände

Der Konsument will die Selbstpflücke mit dem Erfolgserlebnis, selbst Nahrung zu ernten, vereinen.

Er verbindet dies mit einem Ausflug und vergisst dabei den Alltagsstress und die Monotonie der Wohnsilos. Daneben locken noch das kostenlose Naschen des pflückfrischen Obstes und der im Verhältnis geringere Preis.

Da die Selbstpflücke nicht von heute auf morgen zu organisieren ist, bedarf diese Betriebsform langer und sorgfältiger Vorbereitungen, besonders auf dem Werbesektor. Und hier beginnen die Probleme, z. B. dass der Erntezeitpunkt nicht lange vorausbestimmt werden kann, da die Witterung unberechenbar ist.

Als Faustregel für die Größe von Beerenobstflächen eines kleinen Familienbetriebes hinsichtlich der qualitativ hochwertigen Ernteprodukte gilt, dass bei Kleinbeerenobst ohne zusätzliche Erntekräfte eine Anbaufläche von 0,25 ha nicht überschritten werden sollte.

3.1 Ribisel (Johannisbeere)

Zu den Ribiseln zählen Rote und Weiße Ribisel, Schwarze Ribisel, Stachelbeeren und der Arthybrid Jostabeere.

Der Wortstamm *Ribes* dürfte aus dem Arabischen stammen. Die Ribiseln zählen zu den Steinbrechgewächsen. Die Kultivierung der Ribiseln wurde von den Klöstern erst Ende des 14. Jahrhunderts begonnen.

Im Winter können Rote und Schwarze Ribiselstöcke leicht auseinandergehalten werden. Die Roten Ribiselstöcke haben ein dunkles Holz, die schwarzen Ribiselstöcke ein helles. Rote Ribiseltriebe riechen kaum nach Ribiseln, während Schwarze Ribiseltriebe intensiv fuchsig riechen.

Wildformen

Ribes multiflorum

Traubenlänge bis 12 cm, dies bringt höhere Erträge bei verminderten Geschmackseigenschaften. Die Vermehrung der Multiflorum-Abkömmlinge geschieht besser über Absenker als durch Stecklinge. Sorten, die zu dieser botanischen Art gehören, sind 'Herbstzauber', 'Rondom' und 'Stanza'.

Ribes rubrum (Gartenjohannisbeere)

Hat lange und lockere Trauben (z. B.: 'Heros' – große Beeren, sehr guter Geschmack).

Ribes petraeum (Felsenjohannisbeere)

Der Blattstiel ist gleich lang wie das Blatt. Die Trauben sind kurz und die Beeren sitzen dicht, die Früchte schmecken sauer (z. B.: 'Rote Holländische').

3.1.1 Rote Ribisel (*Ribes spec.*)

Die Rote Ribisel ist durch die attraktive rote Fruchtfarbe eine beliebte Frucht im Haushalt. Der Geschmack reicht von säuerlich bis sehr sauer. Durch den hohen Säuregehalt weist die Rote Ribisel eine gute Haltbarkeit auf. Sie ist für den Frischverzehr als auch für die Verarbeitung geeignet.

Verwendung

Frischkonsum; Marmelade und Konfitüre, Gelee, trinkfertig gemachter Saft, Wein (Dessertwein, Ribiselwein), Branntwein, Tiefkühlware. Durch den hohen Säuregehalt kann die Ribisel Bedeutung in der Ernährung bei Diabetikern gewinnen. Durch den Frischgenuss kann das Zahnfleisch gestärkt werden.

Standortansprüche

Sie gedeihen am besten auf tiefgründigen, mittelschweren, nährstoffreichen, mäßig feuchten Böden und guter Sonnenbestrahlung. Auf windgeschützte und frostgeschützte Standorte ist zu achten. Vor der Pflanzung ist eine Bodenuntersuchung notwendig, insbesondere auf den Hauptnährstoff Kali ist zu achten, um nicht Kalimangelerscheinungen auftreten zu lassen (braune Blattränder).

Blüten der Roten Ribisel (Unterhalb der weißen Blütenblätter sind die wachsenden Beeren ersichtlich.) (Foto: SPORNBERGER)

Blüte der Schwarzen Ribisel (Foto: DUHAN)

Pflanzung

Die Ribisel kann bereits im Herbst nach dem Laubfall gesetzt werden, so kann sie sich am Standort noch im Herbst einwurzeln und bildet im neuen Jahr einen kräftigen Austrieb. Bei der Frühjahrspflanzung muss auf eine ausreichende Bewässerung der Jungpflanzen geachtet werden. Rote Ribiseln werden gleich tief wie in der Baumschule gesetzt.

Pflanzmaterial

Die Jungpflanzen sollen zum Aufbau kräftiger Stöcke mindestens drei, aber höchstens fünf Triebe aufweisen, die bei der Pflanzung zurückgeschnitten werden.

Pflanzabstand

Der Reihenabstand richtet sich nach den im Betrieb vorhandenen Pflegemaschinen (Mäher oder Traktor mit Mulcher). In der Praxis hat sich ein Reihenabstand von 3,0 m bei Pflege mit Normalspurtraktoren eingebürgert. Die Pflanzabstände in der Reihe bei der Buschkultur sind von der Wuchsstärke der Sorten abhängig. Sie schwanken zwischen 1,0 m für schwächer wüchsige Sorten bis zu 1,5 m bei sehr starkwüchsigen Sorten. Für andere Erziehungsformen, wie z. B. Hecke, verwendet man Pflanzabstände in der Reihe von 0,8 m, bei Spindeln 0,5 m.

Gerüstschnitt

Er wird vorwiegend beim Ribiselbusch durchgeführt, wobei zu berücksichtigen ist, dass die Roten Ribiseln erst im dritten Standjahr zu fruchten beginnen, das heißt, dass die Triebe erst im dritten Jahr ihres Lebens Früchte tragen. Der Schnitt der Roten Ribisel ist beim Gerüstaufbau nicht so streng wie bei der Schwarzen Ribisel. In der Praxis hat sich das Stehenlassen von vier, fünf Gerüstästen eingebürgert. Zu alte Gerüstäste mit zu viel Bukettholz tragen zu kleine Beeren und sind daher von der Produktion auszuscheiden. Im Rahmen einer Ribiselkultur könnte im Siedleranbau auch eine Astverteilung nach der Viertel-Formel stattfinden (= ein Viertel der Äste soll einjährig sein, ein Viertel zweijährig, ein Viertel dreijährig und ein Viertel vierjährig = acht Triebe). Im Intensivanbau ist eine kräftige und zügige Verjüngung des Roten Ribiselstrauches durch eine sechsjährige Rotation der Gerüstäste gewährleistet, die beim Aufbau zwecks besserer Verzweigung angeschnitten werden. Schwachwüchsige Sorten benötigen einen starken Rückschnitt.

Düngung

Die Düngung sollte, wenn möglich, reichlich bis gänzlich organisch, durch Mulch bzw. Kompost, erfolgen. Wird Handelsdünger verwendet, so sollte bei Frühjahrsgaben auf Chloridfreiheit geachtet werden. Optimale pH-Werte für den Ribiselanbau liegen zwischen 5,5 und 6,0. Wird eine Zusatzdüngung mit mineralischem Stickstoff gegeben, so sollte unter steirischen Bedingungen eine Stickstoffmenge von 50 kg Reinstickstoff/ha nicht überschritten werden, wovon zwei Drittel im frühen Frühjahr und das letzte Drittel dann ausgestreut wird, wenn der Behang abgeschätzt werden kann (diese Gabe unterbleibt bei geringem Behang).

Befruchtungsverhältnisse

Die Roten Ribiseln sind selbstfruchtbar, trotzdem danken sie einer Zusatzbestäubung durch Bienen. Werden mehrere Sorten zusammen ausgesetzt (im Hausgarten leicht möglich), ist durch einen besseren Ansatz eine Erntesteigerung möglich.

Erziehungsformen

Ribiselbusch

Herkömmliche Erziehungsart, vorstehend beim Gerüstschnitt besprochen.

Ribiselhecke

Pflanzmaterial: Zweijährige Sträucher mit drei 60 bis 100 cm langen, einjährigen Trieben, die nicht angeschnitten werden. Ist die Trieblänge kürzer

(30 bis 40 cm), wird davon noch ein Drittel weggeschnitten.

Schnitt ab dem zweiten Standjahr: Die Leitäste werden nicht eingekürzt. Dicke Seitentriebe sehr kurz (auf 1 cm lange Stummel) schneiden. 30 bis 50 cm lange Seitentriebe werden angestrebt, da diese gut belichtet sind. Kurze und dünne Seitentriebe werden nicht geschnitten. Bei der Gerüstkultur (Hecke bzw. Spindel) wird ca. sieben bis 14 Tage vor der Beerenreife ein sogenannter **Fruchtholzschnitt** durchgeführt. Dieser hat den Zweck, ein rasches Abtrocknen der Blätter und Beeren vor der Reife zu gewährleisten, durch eine bessere Besonnung der Früchte ein gleichmäßigeres Ausreifen zu ermöglichen und dem Pflückpersonal ein schnelleres Pflücken zu ermöglichen. Die Nachteile sind, dass durch die Freistellung der Trauben knapp vor der Ernte die Gefahr des Sonnenbrandes entsteht und ein etwas geminderter Ertrag eintritt. Beim Fruchtholzschnitt werden die Seitentriebe auf zwei bis vier Augen eingekürzt. Dieser Fruchtholzschnitt kann auch vollmechanisch mithilfe von Heckenscheren durchgeführt werden. Die Heckenhöhe ist mit 2 m begrenzt und sollte im dritten Jahr erreicht werden.

Der Schnittzeitpunkt für den **Gerüstschnitt** bei den Heckenkulturen ist Ende Jänner/Anfang Februar. Zur Unterstützung werden je nach gewähltem Pflanzabstand ungefähr alle 6 m Pfähle in einer Zopfstärke von ca. 8–12 cm eingerammt. Drei Drähte im Abstand von jeweils 60 cm bilden das Bindegerüst für die Gerüstäste. Je nach

Frei erzogene Ribiselhecke (Foto: KEPPEL)

Ertragsfähigkeit und Gerüstastzustand muss mit rechtzeitiger Gerüstastverjüngung begonnen werden. Bei der Pflege ist stets darauf zu achten, dass außer dem zu den als Gerüstastersatz verwendeten Jungtrieben keine Jungtriebe stehen bleiben. Beim mehrmals durchzuführenden Sommerschnitt werden die Reitertriebe zuerst entfernt. Ab Anfang Mai bis Mitte Juni sollte ein Herabbiegen von krautigen Jungtrieben im nassen Zustand erfolgen, da diese in dieser Stellung verbleiben (VERWIJS).

Ribiselhecke: Zweiasthecke 0,6 bis 0,8 m, Dreiasthecke 0,9 bis 1,2 m Stockabstand, wobei

Sorte	Kreuzung	Herkunft	Blüte	Reife
'Jonkheer van Tets'	'Fays Fruchtbare', frei abgeblüht	Niederlande	früh	früh (Ende Juni)
'Red Lake'	unbekannt	USA	früh	früh
'Heros'	Auslese von 'Laxton's Perfection'	Deutschland	früh	mittelfrüh
'Rote Vierländer'	vermutlich aus 'Roter Holländischen' entstanden	England	mittelspät	mittelfrüh
'Stanza'	unbekannt	Niederlande	mittelfrüh	mittel
'Detvan'	'Jonkheer v. Tets' x 'Heinemanns Rote Spätlese'	Slowakei	mittelfrüh	mittel
'Rolan'	'Jonkheer v. Tets' x 'Rosetta'	Niederlande	mittelspät	mittel
'Rotet'	'Jonkheer v. Tets' x 'Heinemanns Rote Spätlese'	Niederlande	früh	mittelspät (Mitte Juli)
'Rovada'	'Fays Fruchtbare' x 'Heinemanns Rote Spätlese'	Niederlande	spät	mittelspät
'Rosetta'	'Jonkheer v. Tets' x 'Heinemanns Rote Spätlese'	Niederlande	spät	mittelspät
'Rondom'	'Rote Versailler' x 'Niederländische Landsorte'	Niederlande	spät	mittelspät
'Augustus'*	'Jonkheer v. Tets' x *Ribes multiflorum*	Niederlande	mittelfrüh	spät (Anfang August)
'Heinemanns Rote Spätlese'	'Rote Holländische' x 'Andenken an Lorgus'	Deutschland	spät	spät

Tabelle: Rote Ribiselsorten im Anbau

* Sortenschutz

der jeweils niedrigere Abstandswert bei Sorten mit schwachem Fruchtholz und die höheren Abstandswerte für Sorten mit langem, unter Umständen hängendem Fruchtholz gelten. Die Fruchttrieblänge ist sortenabhängig und sollte bei 'Jonkheer van Tets' und 'Red Lake' nicht über 20 cm, bei 'Rolan' nicht über 30 cm hinausgehen, da ansonsten die Blühwilligkeit auf den Fruchttrieben rasch abnimmt. Bei der Erziehung achtet man bis zur Erreichung der gerüstbedingten Triebhöhe darauf, dass die Haupttriebe jährlich um ein Drittel ihrer aktuellen Länge eingekürzt werden. Bis zur Gerüsthöhe von ca. 40 cm erfolgt zweckmäßigerweise das Aufasten. Die Sorten 'Rovada', 'Rotet', 'Rondom' und 'Heinemann' vertragen ein langes Fruchtholz und entsprechen der Forderung einer optimalen Ribiselspindelerziehung.

Ribiselspindel

Pflanzmaterial: Die Ribiseljungpflanzen werden auf einen Trieb vereinzelt und auf 50 cm Trieblänge zugeschnitten. Die am Wurzelstock hängenden Beiaugen bzw. wurzelbürtigen Sprossprimordien (weiße Triebknospen) werden entfernt. Der verbleibende Trieb wird nicht angeschnitten.

Stockabstand: 50 cm.

Pflege im ersten Standjahr: Der eine verbleibende Trieb soll sich gut garnieren und eine optimale Verzweigungslänge von 20 bis 30 cm aufweisen. Die Düngung wird extensivst betrieben.

'Jonkheer van Tets' (Foto: PIEBER)

Bei zu starkem Wuchs kann auch ein später Sommerschnitt eingesetzt werden. Entfernt werden steile Konkurrenztriebe.

Pflege im zweiten Standjahr: Es erfolgt wiederum kein genereller Rückschnitt. Alle Terminalknospen, auch jene der Seitentriebe, sollen durchtreiben und zu einer guten Seitenholzentwicklung führen. Bei Bedarf kann der Mitteltrieb etwas angeschnitten werden.

Pflege im dritten Standjahr: Zu starke Seitentriebe werden mittels waagrechter Schnittführung als Zapfenschnitt entfernt, garnierte Triebe abgeleitet. Die Pflege in den folgenden Standjahren wird stockkonform nach den vorher genannten Anleitungen durchgeführt. Ribiselspindeln

Wuchs	Ertrag	Traubenlänge	Beerengröße	Geschmack	Anmerkungen
stark	hoch	mittellang	mittel	saftig, aromatisch	hohe Ansprüche an Standort
mittelstark	mittel	lang	mittel bis groß	mild, säuerlich	ideal für Heckenerziehung
schwach bis mittel	hoch	kurz bis mittelang	groß	saftig, säuerlich	nicht transportfest
stark	mittel	mittellang	klein bis mittel	säuerlich, kein Aroma	ziemlich robust
mittelstark	sehr hoch	mittellang	mittel bis groß	sauer, etwas aromatisch	ständiger Auslichtungsschnitt
stark	sehr hoch	lang	mittel bis groß	erfrischend säuerlich	sehr gut für Heckenerziehung
stark	hoch	lang	groß	säuerlich, kein Aroma	anfällig auf Mehltau
stark	sehr hoch	mittellang	groß	aromatisch	gut transportfähig
stark	hoch	lang	groß	säuerlich, aromatisch	hervorr. für Frischmarkt
stark	hoch	mittellang	groß	säuerlich, mit Aroma	für häusliche Verwertung
sehr stark	hoch	mittelang	klein bis mittel	säuerlich	für Heckenerziehung
mittelstark	hoch	lang	mittel	mild, säuerlich	verrieselt stark
stark	hoch	lang	mittel	sauer	windbruchempfindlich

'Rovada' (Foto: PIEBER)

'Rosetta' (Foto: PIEBER)

'Red Lake' (Foto: KEPPEL)

haben eine geringere Lebenserwartung als die Ribiselhecke, bei der man mit ca. 12 Jahren rechnen kann.

Die Kultur der Ribiselhecken und Ribiselspindeln ist in unserem Land noch zu wenig praxisreif erprobt. Weitere Erfahrungen fehlen daher.

Ernte

Ernteleistung (nach KEIPERT):
Die Ernteleistung steigt mit der Länge der Blütentrauben und mit der Größe der Ribiselpflanzen. So werden bei der Buschkultur 4,5 kg/AKh geerntet (WEINZETTL mündlich: für den Frischmarkt mit Tassenware 7–8 kg/AKh, freifallend bis 10 kg/AKh). Bei der Hecke kann die Arbeitsleistung auf bis zu 20 kg/AKh steigen. Man rechnet, dass der Erntebedarf bei der Buschkultur mit 1.500 AKh/ha angesetzt wird.

Als Faustregel kann angenommen werden, dass 1 cm Traubenlänge der Ernteleistung von 1 kg Ribisel/AKh entspricht. **Lebenserwartung von Ribiselstöcken:** ca. 12 bis 15 Jahre.

Sorten

Neue Sorten ohne längere Praxiserfahrung:
'Lissil', 'Nina Ostrava', 'Precanda', 'Rolan', 'Rovada', 'Phönix'.

3.1.2 Weiße Ribisel

Weiße Ribiseln zählen von der Produktion her zu den Roten Ribiseln, haben nur eine andere Fruchtfarbe. *Sorten siehe Tabelle: Weiße und Schwarze Johannisbeeren*

	Kreuzung	Herkunft	Blüte	Reife
Weiße Sorten				
'Zitavia'	Zufallssämling	Deutschland	früh	früh (Anfang Juli)
'Werdavia'	Auslese aus 'Weiße Holländische'	Deutschland	früh	früh
'Weiße Versailler'	unbekannte Abstammung	Frankreich	mittelfrüh	mittelfrüh
'Blanka'	'Heinemanns Spätlese' x 'Red Lake'	Slowakei	mittelfrüh	spät
Schwarze Sorten				
'Silvergieters'	aus 'Boskoop Giant' hervorgegangen	Niederlande	früh	früh (Anfang Juli)
'Langtraubige Schwarze'	Auslese aus 'Boskoop Giant'	Deutschland	früh	früh
'Andega'*	'Noir de Bourgogne' x 'Öjebyn'	Frankreich	mittel	früh
'Wellington XXX'	'Giant Boskoop' x 'Baldwin'	England	früh	früh
'Titania'*	'Altaskaja Desertnaja' x ('Consort' x 'Kajaanin Musta')	Schweden	mittelfrüh	mittelfrüh
'Ometa'*	'Westra' x resistenter Zuchtstamm	Schweiz	mittelfrüh	mittelfrüh
'Daniels September'	Mutation von 'Baldwin'	England	mittelspät	spät
'Ben Tirran'*	('Seabroke Black' x 'Amos Black') x ('Seabroke Black' x *Ribes* spec.)	Schottland	spät	spät
'Jostabeere'[1]*	Schwarze Johannisbeere x Stachelbeere	Deutschland	früh	mittelspät

[1] eine tretraploide Arthybride aus einer Kreuzung [(Silvergieteres Schwarze x Weiße Triumphbeere) x (Schwarze Langtraubige x *Ribes divaricatum*)] x frei abgeblüht

* Sortenschutz

Tabelle: Weiße und Schwarze Ribiselsorten

'Weiße Versailler' (Foto: KEPPEL)

'Titania' (Foto: KEPPEL)

'Silvergieters' (Foto: PIEBER)

'Wellington' (li.); 'Daniel September' (re.) (Foto: KEPPEL)

3.1.3 Schwarze Ribisel (*Ribes nigrum*)

Die Blätter und rohen Früchte der Schwarzen Ribisel haben einen oft als unangenehm empfundenen wanzenartigen (fuchsigen) Geruch, der sich bei der Verarbeitung verflüchtigt. Die Früchte sind schwarz und sortenabhängig süß-säuerlich bis säuerlich-saftig bis trocken. Sie werden vorwiegend für die Verarbeitung verwendet.

Verwendung

Trinkfertig gemachter Saft, Sirup, Marmelade und Konfitüre, Gelee, Likör (Cassis), Wein (Dessertwein, schwarzer Ribiselwein).

Standortansprüche

Der Standort der Schwarzen Ribisel entspricht dem der Roten Ribisel (nährstoffreiche, mittelschwere, frische Böden in sonniger Lage). Die Standorte müssen unbedingt frei von Spätfrostgefährdung sein.

Wuchs	Ertrag	Traubenlänge	Beerengröße	Geschmack	Anmerkungen
stark	hoch	lang	mittelgroß	säuerlich, mild	für alle Böden
stark	mittel	mittellang	mittelgroß	mild, aromatisch	spätfrostgefährdet
mittel	mittel	lang	mittelgroß	mild, aromatisch	Liebhabersorte
stark	hoch	lang	mittelgroß	kräft. Aroma, süßlich	transportfest
stark	mittel	mittellang	groß	aromatisch	intensive Farbe
sehr stark	mittel bis hoch	lang	mittelgroß	säuerlich, starkes Aroma	hoher Vit.-C-Gehalt
stark	mittel bis hoch	mittellang	klein bis mittel	aromatisch, würzig	verrieselt kaum
sehr stark	mittel bis hoch	mittellang	mittelgroß	herb, aromatisch	für frostsichere Lagen
sehr stark	hoch	mittellang	groß	säuerlich, leichtes Aroma	regelmäßiger Schnitt
stark	hoch	mittelang	groß	kräftiges Aroma	gallmilbenresistent
stark	hoch	lang	mittelgroß	säuerlich, aromatisch	hoher Vit.-C-Gehalt
mittelstark	hoch	mittellang	mittelgroß	säuerlich, etwas Aroma	neigt zum Verrieseln
stark	mittelhoch	mittellang	mittelgroß	säuerlich, schw. aromatisch	spätfrostgefährdet

Pflanzung
Zeitpunkt wie bei der Roten Ribisel, jedoch ist die Pflanztiefe um bis zu 10 cm tiefer, als die Pflanzen in der Baumschule standen.

Pflanzabstände und Erziehungsmöglichkeiten
Der Reihenabstand richtet sich nach dem sortentypischen Wuchs und der maschinellen Bearbeitung. In der Reihe werden Abstände von ca. 1,3–1,6 m angewendet.

Schnitt
Schwarze Ribiseln beginnen bereits im zweiten Jahr zu tragen.

Grundsätzlich ist als Schnittregel zu nennen: Auseinanderfallende Büsche werden auf aufwärtsstehende Triebe geschnitten (also abwärtshängende Triebe werden auf einen aufwärtsstehenden Trieb abgesetzt), steile Büsche werden nach auswärts geschnitten und ausgelichtet.

Je nach Wuchsstärke der Sorten und Buschgröße werden jährlich fünf bis acht neue Bodentriebe stehengelassen. In der weiteren Schnittfolge sollte der Drittel-Schnitt eingehalten werden (ein Drittel einjährige, ein Drittel zweijährige, ein Drittel dreijährige Triebe bleiben stehen). Der Schnittzeitpunkt richtet sich nach dem Arbeitskraftangebot, kann entweder nach der Ernte oder auch im Winter durchgeführt werden. Weitere Pflege- und Düngungsmaßnahmen, siehe Rote Ribisel!

Beim Schnitt ist auch der Befall mit Johannisbeermilben zu berücksichtigen.

Befruchtungsverhältnisse
Das Einbringen von vier bis sechs Bienenvölkern/ha Ribiselanlage hat sich bewährt. Zur Befruchtungssicherung wäre das blockweise Aussetzen verschiedener Sorten zu empfehlen, wobei ein Sortenblock nicht mehr als vier Reihen umfassen sollte (KEIPERT).

Ernte
Der Vitamin-C-Gehalt und der Trockensubstanzgehalt nehmen vom Reifebeginn bis zur Ernte wegen des zunehmenden Beerengewichtes um ca. 30 % ab. Für die Marmeladeerzeugung wäre der optimale Erntetermin, wenn die ersten Früchte zu schrumpfen beginnen. Bei Sorten mit langer Blühdauer (mehr als drei Wochen) bzw. bei schlechtem Blühwetter ist der optimale Erntetermin relativ schwer festzustellen, da die Basisbeeren vollreif, doch die Spitzenbeeren noch grün sind.

Die **Pflückleistungen per Hand** sind bei kurztraubigen Sorten mit ca. 3 kg/AKh, bei mittellangtraubigen Sorten mit 5–6,5 kg/AKh und bei langtraubigen Sorten mit ca. 8–10 kg/AKh einzusetzen (KEIPERT). Werden Schüttelpistolen zur reinen Pflückleistung (nur Ernte, kein Entfernen von Blättern) verwendet, kann man mit 20 kg/AKh Stunde und Schüttelpistole rechnen. Hierbei

Schwarzer Ribiselbusch vor bzw. nach dem Schnitt (Fotos: BÖCK)

Links gesunder (nicht befallener) Trieb, rechts Trieb mit von der Johannisbeergallmilbe befallenen Knospen (Rundknospen) (Foto: KEPPEL)

werden besondere Pflückbehälter verwendet, die an der Vorderseite eine niedrige Rückwand und an der Rückseite (an der Personenseite) eine hohe Rückwand zeigen. Die niedere Seite der Schüttelwanne wird zum Stock hingeführt, einige Triebe mit der linken Hand umfasst und in die Schüttelwanne hineingebogen. Die Schüttelpistole wird jetzt im Stockinneren angesetzt und langsam nach außen geführt; dadurch fallen die Früchte in die Schüttelwanne hinein. Würde vom Triebende ins Stockinnere gerüttelt, würden die Beeren von der Triebspitze ins Stockinnere geschüttelt, die abfallenden Beeren könnten an den Ästen ins Stockinnere rollen und so die Auffangverluste stark erhöhen. Bei Schüttelpistolen wird mit einem Ernteverlust von 10 bis 20 %, bei Vollerntemaschinen mit 20 %, unter Umständen auch 30 % gerechnet, wobei eine Arbeitsleistung der Vollernte-Maschine von 0,3 ha/Arbeitsstunde zugrunde gelegt werden kann.

Für die **vollmechanische Ribiselernte** sind an die Kultur verschiedene Forderungen zu stellen:

Die Auspflanzung der Ribiseln in Form einer Buschkultur ist für die maschinelle Ribiselernte ungeeignet, da die Triebe während des Erntevorganges zu weit in die Ernterichtung (Reihenverlauf) ausweichen können. Dadurch können Triebe auch unter die Maschine gedrückt werden und ungeerntet bleiben. Da die Erntemaschinen einen schmalen Triebeinzugskanal aufweisen, dürfen die Ribiselpflanzen an der Basis nur bis 20 cm Durchmesser aufweisen, daher ist beim Schnitt darauf zu achten, dass eine durchlaufende Reihenkultur und keine Buschkultur mit zu großem Durchmesser entsteht. Der Leerraum zwischen den Stöcken in der Reihenkultur kann leicht durch Stecklingspflanzung geschlossen werden, daher wird aus der herkömmlichen Buschkultur für die maschinelle Ribiselernte eine Reihenkultur.

Für kleinbetriebliche Verhältnisse müssen auch an die Erntemaschine verschiedene Forderungen gestellt werden:

- Die Maschine muss eine Mehrfachnutzungsmöglichkeit aufweisen, das heißt, sie soll zur Ernte im Ribiselanbau als auch in anderen Kulturen (Weinbau) eingesetzt werden können, um die Maschinenkosten auf mehrere Obstarten bzw. mehrere Betriebszweige aufteilen zu können.
- Auf die Hangtauglichkeit in der Falllinie wird großes Augenmerk zu legen sein. Die Hangtauglichkeit wird meist durch die Traktorbefahrbarkeit in der Falllinie begrenzt. Hinsichtlich der Mehrfachverwendung der Vollernter im Weinbau muss auf die Stützgerüsthöhe ebenfalls geachtet werden. Bei gezogenen Vollerntern wird auf eine entsprechende Traktormotorleistung von mindestens 60 PS zu achten sein, da sämtliche Arbeitsaggregate über eine Zapfwelle und den daran angehängten Öldruckmotor angetrieben werden. Bezüglich der Hangtauglichkeit ist noch zu sagen, dass jedes Rad des Vollernters (gezogen oder selbstfahrend) angetrieben werden soll, um am Hang keinen Schlupf zu erzeugen bzw. hangabwärts eine eigene Bremswirkung zu erreichen. Auch der Erntekopf muss beweglich sein, um bei Bodenunebenheiten keine Stockbeschädigungen zu verursachen.
- Als dritte Forderung an die Maschine wird die frucht- und strauchschonende Erntetätigkeit vorgeschrieben. Die Schüttelfinger müssen der Strauchhöhe angepasst und der Höhe nach rasch verstellbar sein. Zur optimalen Einstellung der Schüttelfingerfrequenz an den herrschenden Erntegrad der Früchte soll die Schüttelfingergeschwindigkeit stufenlos eingestellt werden können. Zu hohe Schüttelfrequenzen können Beeren und Triebe beschädigen. Als abschließende Forderung muss noch die selbsttätige Abfüllung in vorhandene Transportkisten genannt werden. Dies kann unterbleiben, wenn ein Verarbeitungsbetrieb in der Nähe ist und die Früchte mittels

Ernte der Schwarzen Ribisel mittels Schüttelpistolen (Foto: KEPPEL)

Tank oder Großwannenbehälter angeliefert werden könnten. Somit werden die an der Maschine angebrachten Trauben-Auffangbehälter aus Nirosta ohne Umbauten sofort einsetzbar. Die beim Ernten mitabgerissenen Blätter und Triebteile werden durch einen an der Maschine angebrachten Exhaustor (Windgebläse) abgesaugt. Aus der Literatur werden Leistungen von 500–1.000 kg Ribisel/Arbeitskraftstunde Maschinenleistung gerechnet, also gegenüber der Handernte eine bis zu 200-fach gesteigerte Ernteleistung. Anbaumaschinen können sich ab einer jährlichen Erntefläche von 10 ha rentieren. Jedoch wird aus der Sicht der Praxis damit gegen den Einsatz von mechanischen Erntehilfen argumentiert, dass der Einsatz von menschlichen Arbeitskräften (Kinder, ungelernte Arbeitskräfte, Grenzgänger usw.) derzeit wesentlich billiger kommt als der Maschineneinsatz. Man muss jedoch dazu sagen, dass derzeit das Arbeitslohnniveau einem steigenden Trend unterliegt und die Rentabilitätsschwelle einer solchen Maschine rascher erreicht werden könnte als geplant. Auch das niedrige Lohnniveau im Ausland kann sich sehr rasch ändern und somit eine Rentabilitätsverschiebung hinsichtlich der maschinellen Ribiselernte herbeiführen.

Für die vollmechanische Ernte wurde auch die Ribiselstämmchenkultur (System Auweiler, Rüger) entwickelt. Die in der Versuchsstation Auweiler bei Köln verwendete Abstandsweite beträgt mindestens 1,8 m Reihenabstand x 0,5–1,0 m in der Reihe, um die für dieses System entwickelte Vollerntemaschine optimal einsetzen zu können. Verwendet werden veredelte Ribiselpflanzen mit einem 50 cm hohen, aufgeputzten Stamm und einer Krone mit fünf Gerüstästen. Der jährliche Auslichtungsschnitt verhindert die Überalterung der Krone. Knapp unter der Krone verläuft ein Stützdraht, dessen Anhängung jährlich überprüft werden muss, damit der Befestigungsdraht nicht am Stamm einschneidet.

Sorten

Siehe Tabelle auf Seite 138.

Neue Sorten ohne Praxiserfahrung

'Tenah': Gegen Mitte Juli reifend, langtraubig, großbeerig, starkwüchsig, hängender Wuchscharakter, 60–80 cm lange Triebe, blattfall- und mehltauanfällig.

'Ometa': Wie 'Tenah' reifend, langtraubig, großbeerig, guter Geschmack und Ertrag, zur Verrieselung neigend, beständig gegenüber Mehltau und Gallmilben.

Weitere botanische Arten der Schwarzen Ribisel

Blutjohannisbeere (*Ribes sanguineum*): Blutrote, rosa oder weiße Blüten. Die ungenießbaren Früchte sind blauschwarz und bereift.

Goldjohannisbeere (*Ribes aureum*): Blüht im April mit goldgelbem Kelch. Die essbaren Früchte sind rotbraun bis schwarz. Die Johannisbeere stellt eine Unterlage für Stämmchen bei Ribiseln und Stachelbeeren dar.

3.2 Josta

Josta = Kreuzung zwischen Schwarzer Ribisel x Stachelbeere. Die Zuchtziele von R. BAUER waren Stachellosigkeit der Büsche und Rostresistenz der Blätter. Als zusätzliche Eigenschaften wurden im Rahmen der Züchtungsgänge erreicht: die Mehltaufreiheit, die Blattfallfestigkeit und eine gewisse Gallmilbenresistenz. Die Josta ist tetraploid, das heißt sehr starkwüchsig. Die Beeren der Josta ähneln hinsichtlich Fruchtfarbe und Fruchtform mehr der Schwarzen Ribisel, hinsichtlich des Geschmackes aber der Stachelbeere. Die Früchte sind größer, glattschalig und geruchlos.

Verwendung
Frischkonsum, (erfrischend säuerlich und feinaromatisch ohne fuchsigen Nachgeschmack); trinkfertig gemachter Saft, Tiefkühlware.

Standortansprüche
Wie Schwarze Ribisel.

Pflanzung
Vor der Pflanzung erscheint ein Wurzelschnitt sinnvoll. Der Wurzelhals der Jungpflanze soll über dem Boden bleiben.

Erziehung
Busch: Die pflanzfähige Jungpflanze muss mindestens zwei Triebe aufweisen.
Heckenerziehung: Mit drei Leitästen.
Stämmchenkultur: Der stärkste Trieb bleibt beim Triebvereinzeln vor der Pflanzung über und wird auf 50 cm angeschnitten. Der Pflanzabstand bei der Stämmchenkultur soll mindestens 1,3 m betragen. Auf ein starkes Stützgerüst ist Bedacht zu nehmen.

Schnitt
Ein Pflanz(rück)schnitt ist nicht notwendig. In den folgenden Jahren werden steile Triebe und Wasserschosser geschnitten, überhängende Äste werden abgesetzt. Die Josta trägt am besten an zwei- und dreijährigem Holz.

Pflanzabstand
Der durch die Tetraploidie hervorgerufene sehr starke Wuchs benötigt Pflanzabstände von mindestens 2 m in der Reihe (Trieblängen bis zu 2 m sind keine Seltenheit). Die Triebe sind stachellos.

Jostabeeren (Foto: KEPPEL)

Düngung
Durch den starken Wuchs keine Düngung notwendig.

Befruchtung
Selbstfruchtbar.

Frucht
Die Beerengröße der Josta übertrifft die der Schwarzen Ribisel, die Früchte sind elliptisch-oval und weisen einen Beerenstiel wie die Stachelbeere auf. Die Früchte hängen auch bei Vollreife fest am Strauch und bringen derzeit bei der maschinellen Ernte Probleme, da die Früchte verletzt werden. Bei der Ernte ist auf die folgeartige Reife der Früchte Bedacht zu nehmen. Die Reifezeit liegt nach der der Schwarzen Ribisel. Hinsichtlich der Ertragsfähigkeit sind die Josta-Nachfolgesorten, 'Jostine', 'Jogranda' und 'Jochelbeere', visuell ertragreicher als die Ausgangssorte.

3.3 Stachelbeere (*Ribes grossularia, Ribes uva-crispa*)
Die Kultur der Stachelbeere verlor im Garten ihre Bedeutung, da der Amerikanische Stachelbeermehltau schwere Schäden an den Sträuchern verursachte. Vielleicht kann über die heute bereits angebotenen stachelbeermehltauresistenten Sorten ein Wiederaufschwung dieser Kulturart ausgelöst werden.

Die Kultur der Stachelbeere war im 17. Jahrhundert schon ausgeprägt. Um 1800 wurde von mehr als 200 englischen und acht deutschen Stachelbeersorten berichtet. Die Züchtung der Stachelbeere kam durch die Einschleppung des Amerikanischen Stachelbeermehltaus völlig zum Erliegen.

Fruchtfarben
Rote, grüne (weiße) und gelbe Beeren.

Verwendung
Frischgenuss, Kompott, Kuchenbeläge, Marmelade und Konfitüre, Gelee, Saft, Dessertwein, Schnaps (bei platzenden Sorten werden unreife Früchte, bei nicht platzenden Sorten können reifende Früchte dazu verwendet werden).

Bei der Verarbeitung bräunen 'Green Walnut', 'White Lion' und 'Grüne Kugel' kaum nach. Hinsichtlich der Farbstabilität bei der Verarbeitung (bräunen stark) sind die Sorten 'London', 'Weißer

Sorte	Kreuzung	Herkunft	Blütezeit	Reife	Wuchs	Ertrag
'Remarka'*	['Keepsake' x ('Goldkugel' x *Ribes divaricatum*)] x 'Mauks Frühe Rote'	Deutschland	früh	sehr früh	mittel	mittel
'Rocula'*	'Mauks Frühe Rote' x mehltauttol. Klon	Deutschland	früh	früh	mittel	hoch
'Xenia'*	'Invicta' x unbekannte tschechische Sorte	Schweiz	mittelspät	früh	mittelstark	hoch
'Invicta'*	('Resistenta' x 'Rote Triumph') x 'Keepsake'	England	früh	mittelfrüh	mittelstark	sehr hoch
'Rexrot'*	Zufallssämling	Deutschland	früh	mittelfrüh	schwach	mittel
'Bekay'	Züchtung Peter Hauenstein entdeckt in England	England	früh	mittel	mittelstark	hoch
'Rafzicta'* ('Tixia')	'Invicta' x mehltautoleranter Klon	Schweiz	mittel früh	mittel	stark	hoch
'Reflamba'*	['Keepsake' x ('Goldkugel' x *Ribes divaric.*)] x frei abgeblüht	Deutschland	spät	mittelspät	sehr stark	sehr hoch
'Achilles'	Unbekannt	unbekannt	früh	spät	mittelstark	hoch
'Rolonda'*	'London', frei abgeblüht	Deutschland	mittel	spät	schwach	hoch

Tabelle: Stachelbeersorten

* Sortenschutz

Sorte	Kreuzung	Herkunft	Blüte	Reife	Wuchs
'Hönigs Frühe'	Sämling von 'Früheste Gelbe'	Deutschland	früh	sehr früh (Anfang Juli)	stark
'Maiherzog'	unbekannt	England	früh	früh	sehr stark
'Grüne Kugel'	Sämling von 'Hönigs Früheste'	Deutschland	mittelfrüh	mittelfrüh	stark
'Grüne Flaschenbeere'	unbekannt	Deutschland	mittelfrüh	mittelfrüh	stark
'Rote Triumphbeere'	aus Samen gezogen	England	mittelfrüh	mittelfrüh	stark
'Weiße Triumphbeere'	unbekannt	England	mittelspät	mittelfrüh	stark
'Rote Preisbeere'	unbekannt	unbekannt	mittelfrüh	sehr spät	mittelstark

Tabelle: Eigenschaften einiger älterer Stachelbeersorten

Triumpf', 'White Smith' und 'Alice Marie' schlecht geeignet. Bei der Lagerung der Stachelbeerkonserven ist unbedingt darauf zu achten, dass die Lagertemperatur unter 4 bis 5 °C liegt sowie nur vollgefüllte Gläser gelagert werden (KEIPERT).

Standortansprüche

Die Standortansprüche der Stachelbeeren ähneln denen der Ribisel, jedoch haben sie einen höheren Feuchtigkeitsbedarf. Stachelbeeren wachsen günstig auf mittelschweren, nährstoffreichen, frischen Böden. Bei intensiver Sonneneinstrahlung wäre das Schattieren der Büsche von Vorteil, um Sonnenbrandschäden an den Früchten zu vermeiden. Wie bei Beerenobst üblich, sind frost- und windgeschützte Standorte vorzuziehen. Im Winter kann es zu Knospenfraß durch Vögel kommen.

Pflanzung

Um die Winterfeuchtigkeit des Bodens für das kräftige Anwachsen ausnützen zu können, ist die Herbstpflanzung vorzuziehen. Die Pflanzen werden gleich tief wie in der Baumschule gesetzt.

Pflanzmaterial, Pflanzabstände, Erziehungsmöglichkeiten und Schnitt

Die einjährigen bewurzelten Steckhölzer bzw. bewurzelten Ableger sollten eine Mindesttrieblänge von 40 cm aufweisen. Zwei- und dreijährige Stachelbeerjungpflanzen haben drei Triebe mit mindestens 35 cm aufzuweisen.

Bei Stachelbeeren sind aufgrund der Fruchtholzbesonderheiten (bestes Fruchtholz wächst in Haupttriebnähe) die Spindel- und Zweiastheckenerziehung vorzuziehen. Ein Sommerschnitt mit der Heckenschere kann die Fruchtqualität fördern.

Der Reihenabstand richtet sich wieder nach den Bearbeitungsgeräten, sollte jedoch 2 m nicht unterschreiten. Der Pflanzabstand in der Reihe beträgt bei Büschen unter heimischen Wuchsbedingungen ca. 1,0 m, bei der Hecke 0,8 m und beim Hochstamm ebenfalls 1,0 m. Auch Stachelbeeren

Frucht-größe	Frucht-farbe	Geschmack	Bestachelung	Mehltau-anfälligkeit	Anmerkungen
groß	purpur	Stachelbeeraroma	einfach, lang, Spitzen frei	relativ gering	platzt leicht
groß	schwarzrot	sehr gutes Aroma	einfach, mittellang	gering	zweimal pflücken
groß	braunrot	leicht aromatisch	einfach gering	mittel	Triebschäden
groß	grünlich	aromatisch	einfach, Triebspitzen frei	sehr gering	zweimal pflücken
groß	dunkel-braunrot	feines Aroma	kurz, mittelstark	mittel	nicht für Heckenanbau
groß	braunrot	säuerlich-süß, schw. Aroma	einfach, dünn, kurz	hoch	zweimal pflücken
groß	mittelrot	erfrischend aromatisch	einfach, Spitzen frei	hoch	dünne Haut
mittel	weißgrün	wenig Aroma, sauer	große, zwei- bis dreiteilig	sehr gering	überwiegend säuerlich
groß	braunrot	süß, mittleres Aroma	einfach, lang, Spitzen frei	mittel	für Heckenanbau
mittel	dunkelrot	süß-säuerlich, aromatisch	gering	sehr gering	platzt kaum

Ertrag	Geschmack	Fruchtfarbe	Bestache-lung	Mehltau-befall	Anmerkungen
gering bis mittel	süß, aromatisch	gelb	stark	mittel	winterfrostanfällig
mittel	süß, säuerlich	purpurrot	gering	mittelstark	sonnenbrandempfindlich
mittel	mild, säuerlich	grünlich-weiß	mittel	mittel	Winterkälteschäden
hoch	angenehm süß-säuerlich	dunkelgrün	mittel	mittel	gut verwertbar
sehr hoch	aromatisch, säuerlich	dunkelrot	sehr stark	mittel	robuste Sorte
sehr hoch	süß-säuerlich	grünlich-weiß	sehr stark	mittelstark	zweimal pflücken
mittel	aromatisch	dunkelrot	gering	mittel	für die Verarbeitung

danken nach der Pflanzung für eine Bodenbedeckung mit organischem Material (Mulch, Kompost, verrotteter Stallmist). Optimale Fruchtqualitäten sind von Ästen, die im Vorjahr gewachsen sind, zu ernten. Das Seitenholz sollte nicht länger als 20–30 cm lang sein. Zu beachten ist, dass die Stachelbeererziehung locker erfolgt, sodass Licht, Luft und Sonne in das Buschinnere eindringen können. Durch die lockere Erziehung kann eine Ernte ohne Verletzungen an den Händen erfolgen. Lang- und Seitentriebe werden nach heutiger Schnitt-Theorie nicht eingekürzt. Der Stachelbeermehltau sollte zweckmäßigerweise durch Schnitt bekämpft werden, wobei die Schnittstelle mindestens 1 cm unterhalb der letzten Stachelbeermehltauschadbilder (Mehltaukerzen) geführt werden muss. Herabhängende Triebe werden auf aufwärtsstehende abgesetzt. Bei der Buscherziehung können je nach Wuchsstärke der Sorten sechs bis acht, bei Stämmchen drei bis fünf und bei Hecken vier bis fünf Gerüstäste verschiedenen Alters aufgebaut werden (KEIPERT). Die Gerüstäste sollen in der Jugend angeschnitten werden. Zu beachten ist, dass die Gerüstäste nicht aus dem Boden herangezogen werden, sondern aus dem unteren Pflanzendrittel. Der Schnittzeitpunkt ähnelt jenem der Schwarzen Ribisel, nämlich nach der Ernte oder im Winter. Die Heckenerziehung bedarf einiger Fingerfertigkeit und sollte nur bei entsprechender Übung und Erfahrung des Beerenobstschnittes angewendet werden. Es werden so schnell wie möglich drei bis vier Leitäste bis auf eine Höhe von 1,8 m erzogen. Äste, die tiefer als 50 cm über dem Boden auswachsen, sind wegzuschneiden, da sie nur minderwertige (verschmutzte und verfaulte) Früchte bringen. Im Jugendstadium der Heckenerziehung wird im oberen Drittel das Seitenholz entfernt. Starke Verzweigungen wegschneiden, schwache Verzweigungen nur auslichten. Bodentriebe werden entfernt, außer man benötigt sie zum Ersatz von Gerüstästen. Der erste Gerüstdraht verläuft ca. 50 cm über dem Boden. Darüber werden auf dem

Gerüst im Abstand von jeweils 40 cm zusätzlich drei Drähte im Abstand von 40 cm gezogen, an die dann die einzelnen Stachelbeergerüstäste als auch punktuell das Fruchtholz angebunden werden. Im Erprobungsstadium befindet sich derzeit eine Stachelbeerspindelkultur, die aus Stecklingen herangezogen wurde. Da veredelte Stämmchen zu teuer sind, hofft man nun darauf, dass über die Stecklingskultur (Anwuchs nur ca. 30 %) die teuren Anzuchtkosten gesenkt werden können. Zum gegenwärtigen Zeitpunkt sind Wildschäden bei Stachelbeeranlagen nur hinsichtlich teilweise beobachtetem Fruchtfraß vorhanden. Schäden an den Stachelbeerstämmen bzw. Trieben wurden bis jetzt noch nicht beobachtet. Auf eine Einzäunung der Stachelbeerkulturen kann hinsichtlich Wildschutz voraussichtlich verzichtet werden.

Schnittzeitpunkt

Dezember bis Mitte Februar.

Bemerkungen zur Eigenvermehrung von Ribiseln und Stachelbeerstöcken

Bei der Eigenvermehrung von Ribiseln und Stachelbeeren muss unbedingt Selektion betrieben werden. Selektionskriterien (Auswahlkriterien) sind:

- Mehrjährige Beobachtung der Stöcke und dann Auswahl der besten, hinsichtlich hoher Erträge
- Gesundheit der Stöcke (keine Gallmilben, keine Krankheiten, keine Nährstoffmangelerscheinungen)
- Lange Trauben
- Gleichmäßige Reife der Beeren
- Frosthärte
- Annähernd aufrechter Wuchs
- Geringes Auseinanderfallen des Strauches
- Eventuell leichte Schüttelfähigkeit
- Kaum blutende Beeren bei der Handernte

Düngung

Auf eine organische Düngung ist besonderer Wert zu legen. Bei Kalimangelerscheinungen (dürren Blatträndern) ist chloridfreier Kalidünger (Patentkali) vorsichtig einzusetzen. Der Einsatz von kalireichen Naturdüngern ist noch zu wenig erprobt.

Nach steirischen Erfahrungen (ZMUGG) soll die Stickstoffdüngung nicht wesentlich über 80 kg RN/ha ausgebracht werden, da sonst der Stachelbeermehltau sehr stark auftritt. Im Hausgarten ist die mineralische Düngung weitestgehend durch Kompost zu ersetzen.

Ernte

Sie wird meist händisch durchgeführt, wobei auf lockere Erziehung zwecks Verminderung von Kratzschäden an den Händen Wert zu legen ist. Die Erntemengen sind nicht jedes Jahr gleich, da die Stachelbeere sehr früh blüht und daher spätfrostempfindlich ist. Die Ernte dauert im Hausgarten ca. drei Wochen, wobei als Erntekriterium eine einheitliche Fruchtgröße und eine gleichmäßige Fleischfestigkeit einzuhalten ist. Die Angaben über die Ernteleistungen je AKh schwanken stark. Im Durchschnitt rechnet man mit 4–18 kg/AKh. Die Erntezeit kann Ende Mai/Anfang Juni beginnen, wenn für platzanfällige Sorten eine Konservenverwertung vorgesehen ist, das heißt, die Früchte werden unreif und klein geerntet (Ernteleistung ca. 3,5 kg/AKh). Für die Marmelade verwendet man hartreife Früchte, die sortenweise verschieden gegen Ende Juni geerntet werden (Ernteleistung 8–10 und mehr kg/AKh). Für den Frischgenuss verwendet man vollreife Früchte (Ernteleistung ca. 6–8 kg/AKh Stunde). Bei der Ernte ist darauf zu achten, dass die Stachelbeerfrüchte auch nach der Ernte nachreifen. Auch Stachelbeeren werden sofort in die kleinen Verkaufsbehälter (ca. 250 oder 500 g Inhalt) geerntet und gleich geliefert.

Stachelbeerspindel (Foto: KEPPEL)

Erträge
Die Ertragsrisiken der Stachelbeeren sind Blütenfröste (unter –3 °C), bei feuchter und warmer Witterung das Platzen der Früchte, bei Hitze und Trockenheit eine Notreife, bei Trockenheit zusätzlich ein vorzeitiger Fruchtfall und zu kleine Früchte.

Befruchtung
Trotz Selbstbestäubung der Stachelbeeren kann die Fremdbefruchtung gefördert werden, da die Blüten nur zwischen zehn und 16 Uhr MEZ offen sind. Wie bei allen Selbstbestäubern ist zu beachten, dass mehrere Sorten nebeneinander ausgesetzt werden sollen.

Neuzüchtungen weisen auch rote Fruchtfarben auf. (Foto: KEPPEL)

Sorten
Siehe Tabellen auf Seite 144.

Resistente Sorten
Die Resistenz bei Stachelbeeren bezieht sich überwiegend auf die Resistenz gegenüber dem Amerikanischen Stachelbeermehltau. Bei den resistenten Sorten ist zu beachten, dass die Früchte nicht sehr groß und schön gefärbt sind, aber einen relativ guten Geschmack aufweisen. Da der Mehltau die Früchte sofort befällt, zeigen stachelbeermehltaubefallene Pflanzen auch minderwertige Fruchtqualität bzw. die Früchte sind unverkäuflich.

3.4 Himbeere (*Rubus idaeus*)
Dass die Himbeere eine vom kretischen Berg Ida abstammende Heilpflanze sei, wird von Plinius abgeleitet.

Die deutsche Bezeichnung Himbeere kommt vom althochdeutschen und indogermanischen Wort „Hintperi" (= Beere der Hirschkuh).

Verwendung
Frischkonsum, Marmelade und Konfitüre, Saft, Gelee, Sirup, Dessertwein, Einlegefrüchte in arteigenem Destillat, Branntwein, Tiefkühlware.

Standortansprüche
Himbeeren verlangen sonnige, windgeschützte, warme und feuchte Böden. Es darf jedoch keine Staunässe vorhanden sein. Der Boden sollte tiefgründig, locker bis mittelschwer und humusreich sein. Der pH-Wert sollte zwischen 5,5 und 6,0 liegen.

Bodenvorbereitung
Da die Himbeerpflanzen zu den Humussuchern gerechnet werden, muss bei der Bodenvorbereitung auf ein entsprechendes Humusangebot geachtet werden. Dies kann durch Einarbeitung von organischem Mulchmaterial oder von Torf geschehen. Bei Torf ist darauf zu achten, dass eine stete Wasserversorgung gewährleistet ist, da bei Trockenheit und zu viel Torfangebot im Boden der Torf die Feuchtigkeit aus den Pflanzenwurzeln ausziehen kann und somit die Himbeeren unter der Trocken-

Himbeerjungpflanzung auf niedrigen Erddämmen mit aufliegender Tröpfchenbewässerung (Foto: KEPPEL)

heit rascher zu leiden beginnen als ohne Torf. Vor dem Auffräsen des Pflanzstreifens werden auf ca. 50 cm Breite und auf je 10 m Länge ein achtel Ballen Torfmull oder zwei Kübel gut verrotteter Kompost aufgebracht.

Pflanzung

Da die Himbeerwurzeln sehr empfindlich gegen Austrocknen sind, sollte man entweder Topfmaterial (in Kleintöpfen eingetopfte Pflanzen) oder nur gut bewurzelte Jungpflanzen aussetzen. Nach dem Setzen sind die Pflanzen sofort zu gießen.

Angetrocknete Himbeerpflanzen wachsen schlecht an. Sind Himbeerjungpflanzen angetrocknet, so sollen sie in einem Kübel mit Wasser und einem Erde-Kompost-Gemisch eingeweicht werden. Himbeerjungpflanzen ohne Erde transportiert man in feuchtem Zeitungspapier eingewickelt. Gepflanzt werden nur gut bewurzelte Pflanzen, deren Triebe auf 30–50 cm Länge eingekürzt werden. Bei schwachen, eintriebigen Jungpflanzen schneidet man die Triebe auf 10 cm Länge zurück. Die Pflanztiefe soll so sein, dass die obersten Wurzelhalsknospen ca. 3–5 cm tief in die Erde kommen. Topfballenpflanzen setzt man ca. 4 cm tief in die Erde ein. Nach dem Setzen wird sofort gegossen und der Pflanzstreifen mit organischem Material abgedeckt.

Die Pflanzung kann entweder im Herbst oder im Frühjahr erfolgen, wobei bei der Frühjahrspflanzung auf ausreichende Bewässerung zu achten ist.

Werden Himbeerpflanzen auf Erddämmen gezogen, verbleibt der Hauptanteil der Wurzeln innerhalb der Dämme. Nur ungefähr 20 % der Wurzelmasse wächst in die Erde hinein. Je günstiger die Wasserversorgung der Wurzeln auf den Erddämmen ist, desto mehr Wurzeln bleiben oberhalb des Erdbodens in den Dämmen.

Pflanzenarten

Grünpflanzen: Meist 10–15 cm hohe, ca. acht Wochen alte (v_f) Pflanzen, die oft aus Meristemvermehrung stammen und in 6-x-6-cm-Plastiktöpfen abgehärtet geliefert werden.

Verholzte/überwinterte Grünpflanzen: Können im Spätherbst bzw. früh in der neuen Pflanzsaison gepflanzt werden.

Diese Kulturart zeigt ein kräftigeres Wachstum bei einem bereits im ersten Standjahr einsetzenden Ertrag. Die Jungpflanzen werden sofort nach Lieferung auf Folie gepflanzt, wobei keine Wurzeln

Grünpflanze (Foto: WEISS)

außerhalb des Substrattopfs zu liegen kommen sollen. Bei schweren Böden empfiehlt es sich, auf „Erdbeer"-dämmen zu pflanzen!

Zur Pflanzung wird das Pflanzloch eingedrückt, der Pflanztopf eingestellt und 1 cm hoch Erde nachgehäufelt (nicht andrücken!). Danach erfolgt das Eingießen mit ca. ¼ l Wasser je Pflanze. Herrscht bei der Pflanzung Hitze, dann soll eine Handvoll Erde aufs/ums Pflanzloch gelegt werden. Die Pflanzzeit beginnt nach den Spätfrösten bis spätestens Mitte April. Pflanzabstand: Vier Ruten/lfm ohne Pinzieren. Drei Wochen nach der Pflanzung helfen ein- bis zweimal Harnstoff 0,2 % oder Flüssigdünger 0,5 % zu einem guten Anwuchserfolg.

Düngung im Pflanzjahr (nach FRÜH, 2009): Im Juni erfolgt eine Düngergabe mit 15 kg RN/ha, im Juli mit 25 kg RN/ha und im August mit 40 kg RN/ha (eine Hälfte fertigiert, eine Hälfte breitflächig). **Bewässert** wird im August ab einem Tensiometerwert von –150 bis –200 auf –100 (bis kurzzeitig 0). Der EC-Wert (Leitfähigkeitsmesswert für Dünger-Lösungen) beträgt 1,3 bis 1,5.

An **Pflanzenschutzmaßnahmen** fallen an: Schneckenbefallsbeobachtungen und Spinnmilbenkontrolle. Die Rutenkrankheitsgefahr ist im Frühjahr gering, im Sommer sind dagegen Fungizide notwendig.

Topfpflanzen: Im 12er-Topf gelieferte, 30–50 cm hohe Pflanzen.

Ruten A: Kräftige, einjährige Ruten mit zwei bis vier Basisknospen.
Ruten B: Dünnere Ruten mit ein bis zwei Basisknospen.

Pflanzabstand

Der Pflanzabstand richtet sich nach dem gewählten Erziehungssystem. Bei der senkrechten Einreihenkultur kann man den Reihenabstand auf bis zu 2 m verengen, sofern dies der Mechanisierung keine Hindernisse in den Weg stellt. Beim V-System und bei Traktorpflege wird ein Reihenabstand von 2,5 bis 3 m gewählt werden müssen. Der Abstand in der Reihe beträgt 0,5 m/Stock.

Schnitt

Der Schnitt der abgetragenen Himbeerruten kann nach der Ernte oder vor dem Austrieb im Frühjahr erfolgen. Der Schnitt nach der Ernte hat den Vorteil, dass die brüchigen, dunklen, abgetragenen Ruten leicht von den helleren Jungruten unterschieden werden können. Bei den einmaltragenden Himbeersorten hängen die Himbeerfrüchte auf den vorjährig gewachsenen Ruten. Bei zweimaltragenden Sorten sind die Erträge der Himbeerruten, die im gleichen Jahr gewachsen sind, ab Herbst und auch im Sommer des darauffolgenden Jahres zu erwarten. Bei den zweimaltragenden Himbeersorten sind die Trageruten viel kürzer (ca. 1 m, im Gegensatz zu den normalen Himbeerruten, die 1,8 bis 2,0 m Länge erreichen können). Meist hat man mit den zweimaltragenden Sorten nur die Herbsternte geplant, sodass die Ruten der zweimaltragenden Sorten nach der Ernte über dem Boden glatt abgeschnitten werden.

Die Himbeerruten werden im Frühjahr auf Gerüsthöhe zurückgenommen. Beim Himbeerschnitt rechnet man mit „Ruten je Laufmeter", die belassen werden. So werden bei der senkrechten Himbeerkultur (I-Kultur) ca. acht bis zehn Pflanzen/Laufmeter bei Sorten mit normalem Wuchs, bei starkwüchsigen Sorten nur sechs bis acht Ruten/Laufmeter, bei der V-Kultur unter wüchsigen Standortbedingungen nur ca. zehn bis 12, maximal bis zu 14 Ruten/Laufmeter belassen. Würden mehr Ruten je Laufmeter stehen bleiben, leiden die Fruchtgröße und auch der Ertrag.

Die Fruchtgröße der Himbeeren kann jedoch durch Tröpfchenberegnung vergrößert werden, wobei zu beachten ist, dass die Bewässerung nicht 24 Stunden durchlaufen sollte, da die Himbeerfrüchte sonst zu weich werden und nicht transportfähig sind.

Herbsttragende Himbeeren

Werden oft nach der Ernte sofort oder im Frühjahr danach am Boden abgeschnitten und liefern im darauffolgenden Herbst wiederum eine Herbsternte (z. B. Rutenschnitt Frühjahr 2016, nächste Ernte bereits wieder im Herbst 2016).

Da diese Sortengruppe schwach wächst, benötigt sie nur ein einfaches Gerüst (Nelkengitter).

Herbsthimbeeren

Durch Vliesabdeckung (P 17) ist bei den Herbsthimbeeren eine Ernteverfrühung um ca. 14 Tage erreichbar. Wirtschaftlich dürften nur Sorten sein, die unmittelbar an die Ernte der Hauptsorten der Sommerhimbeeren anschließen und die Haupterträge vor den Frühfrösten erbringen. Kaltes Wetter bedeutet kleine Früchte, schlechten Geschmack und schlechte Fruchtlösung und damit ebenfalls schlechte Pflückbarkeit (FABY, 1996). Die überzähligen Triebe sind bei 'Autumn Bliss' eher von Hand zu entfernen als mithilfe von Herbiziden (NEUWEILER, 1996). Ausgelichtete Parzellen (Verringerung der Jungtriebzahl von 30 auf 20/Laufmeter Ende

Senkrechte Himbeererziehung mit Eindrahtsystem. Die Himbeerjungruten stören bei der Ernte und werden dabei oft verletzt. (Foto: KEPPEL)

Mai) zeigten weniger Botrytisbefall, höhere Erträge und früheren Reifebeginn. Mit Stickstoff ist zu sparen.

Himbeererntevrspätung: Langes und kräftiges Pflanzmaterial wird in eigenen Vermehrungsquartieren auf weitem Standraum herangezogen und ins Frühjahr hinein wie Erdbeerfrigopflanzen behandeltes, kühlgelagertes Pflanzmaterial ab Mitte Mai auf 33 cm gepflanzt (FABY). Gegen Anfang August beginnt die Ernte, die ca. zwei Monate andauert. Warme Nachpflanzungswitterung birgt die Gefahr von Pflanzenausfällen. Die Fruchtgrößen sind bei dieser Kultur etwas kleiner, die jährliche Neupflanzung dürfte unrentabel sein.

Erziehungssysteme

Wie bereits erwähnt, werden bei der Himbeere im Wesentlichen drei Erziehungssysteme unterschieden:

- Senkrechte Erziehung (I-Kultur)
- V-System (aus Südoldenburg, Deutschland)
- Stützgerüstfreie Erziehung

Senkrechte Erziehung

Bei der „senkrechten Erziehung" stehen die Himbeerpflanzen reihenmäßig ausgepflanzt und werden senkrecht an ein Drahtgerüst angebunden. Dieses Drahtgerüst kann in Form eines Eindrahtgerüstes, als Doppeldrahtsystem oder auch als Drahtgitterkultur erfolgen. Bei der Eindrahterziehung wird auf 0,8 und 1,6 m Höhe jeweils nur ein Draht gespannt und die Himbeerruten werden jeweils an diesen einen Draht angebunden. Dies bedingt einen erhöhten Bindeaufwand.

Um das Anbinden von Himbeerruten zu erleichtern bzw. zu ersparen, wurde die Doppeldrahtmethode erfunden. Auf einem Querjoch an jeder Säule verläuft links und rechts der Säule je ein Draht. Es entsteht also eine schmale Gasse zwischen den Drähten. Der Drahtabstand beträgt ca. 20–30 cm. Die Himbeerjungruten müssen ständig zwischen den Drähten eingeordnet (eingefädelt) werden. Dies bedeutet einen zusätzlichen Arbeitsaufwand. Da sich die Himbeerruten bei Wind zwischen den Drahtpaaren leicht bewegen, muss man entweder die Himbeerruten am oberen Drahtpaar anhängen oder man schließt in kurzen Abständen die Drahtpaare durch einen Querdraht ab, sodass die Himbeerruten in der Reihe nicht weit ausweichen können. Wird der erste Himbeerjungrutenwuchs nicht gänzlich entfernt, kommt es zur Erntezeit zu einem starken Trieb- und Blattdickicht, sodass die Ausreife und die Ernte der Früchte etwas behindert ist. Außerdem ist durch das große Dickicht eine erhöhte Botrytis-Gefahr zu vermerken.

Ein weiteres Erziehungssystem, das meist nur im zweijährigen Rhythmus angewendet wird, ist die **Drahtgitterkultur**. Unter zweijährigem Tragerhythmus versteht man: Im ersten Jahr wachsen die Himbeerruten heran, im zweiten Jahr tragen sie und danach werden sämtliche Ruten abgemäht. Im darauffolgenden Jahr (drittes Jahr) wachsen die Himbeerjungruten wieder aus, die im vierten Standjahr wieder zum Ertrag kommen. Man hat also hier nur jedes zweite Jahr einen Ertrag. Bei der Drahtgitterkultur verwendet man enge Chrysanthemen- oder Nelkengitter, wobei die erste Drahtetage auf fixer Höhe bleibt und die zweite

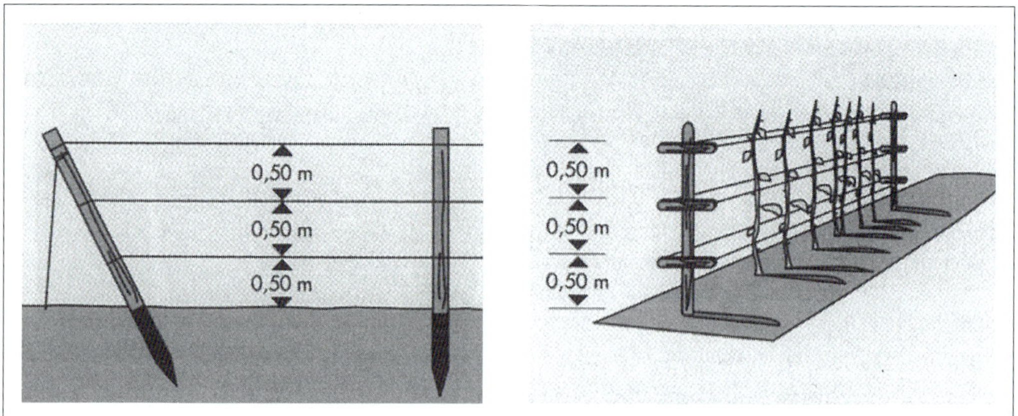

I-Kultur ohne und mit Querjoch

Drahtgitterkultur (Foto: PIEBER)

Drahtetage mit dem Wachstum der Himbeerruten höhenmäßig mit aufgezogen wird.

Die Himbeerruten haben somit auf zwei Punkten ihrer Länge eine Unterstützung. In windreichen Gegenden ist dieses System ein Nachteil, da die Himbeerruten nicht am Drahtgitter befestigt sind, sondern sich innerhalb einer Drahtgitteröffnung frei bewegen können. Durch stete Windbewegungen reiben die Himbeerruten am Draht, werden aufgerieben und bieten so Eintrittspforten für Sekundärschädlinge.

V-System

Beim V-System sind die Himbeerruten ebenfalls in einer Reihe hintereinander ausgepflanzt. Das Stützgerüst hat nicht eine, sondern zwei Säulen, die schräg stehen, wobei die weite Öffnung des Gerüstes am oberen Ende der Säule ist. Die Säulen sind im Boden schräg verankert. Man kann das V-System auch durch eine senkrechte Säule und einen oben liegenden Querjoch erziehen. Das V-System bietet den Vorteil, dass die Jungruten ungestört in der Mitte aufwachsen können, die Trageruten hängen seitlich am Drahtgerüst. Nach der Ernte werden die Trageruten vom Gerüst abgeschnitten und die stehengelassenen Jungruten seitlich an das Gerüst angeheftet. Derzeit experimentiert man mit verschiedenen Formen des V-Gerüstes. Aus Platzgründen versucht man das Baugerüst bis kurz vor der Ernte als Doppeldrahtkultur senkrecht stehen zu lassen und bei Blühbeginn am Querjoch auseinanderzuhängen (Gjerde-System). Ein Vorteil dabei ist, dass der Standraum besser ausgenützt und auch die Reihenweite enger gehalten werden kann. Als Nachteil muss vermerkt werden, dass mit diesem System eine Traktorpflege zwischen Blühbeginn und Ernte kaum möglich ist.

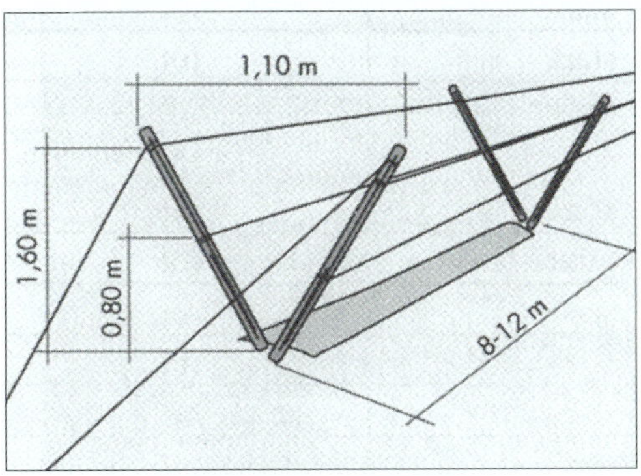

Drahtgerüste für Himbeerkulturen/V-System

Stützgerüstfreie Erziehung

Die abgetragenen Ruten werden bis zur Hälfte eingekürzt und dienen den Folgeruten als Stütze. Diese Möglichkeit befindet sich im Erprobungsstadium.

Himbeeren unter dem Folientunnel

Unter einem begehbaren Folientunnel werden Himbeerreihen in engen Reihenabständen gepflanzt. Der Folientunnel kann über das gesamte Jahr stehen bleiben oder er wird erst im Frühjahr aufgestellt. Die Ernteperiode kann um ca. sieben bis 14 Tage früher einsetzen. Vor dem Aufstellen der Folientunnel müssen die Bestände absolut schädlings- und krankheitsfrei sein, damit sich Krankheitserreger beim warmfeuchten Kleinklima unter der Folie nicht explosionsartig vermehren. Neben einer Ernteverfrühung bleiben die Früchte durch die Überdachung bei Regen trocken.

Auf eine gute Belüftung (beide Stirnseiten offen, Seitenwände können bei Bedarf vom Boden her aufgerollt sein) ist zu achten, um keinen Hitzekollaps der Himbeerpflanzen hervorzurufen. Neuerdings werden Freilandhimbeeren unter Regenüberdeckungen gepflanzt, um die Botrytis-Gefahr zu senken.

Erziehungsformen

An Erziehungsformen haben sich bis jetzt drei Arten in der Praxis manifestiert.

- Die **durchgehende Reihe**: Hier werden die Jungruten hintereinanderstehend in einer Reihe aufgeteilt.

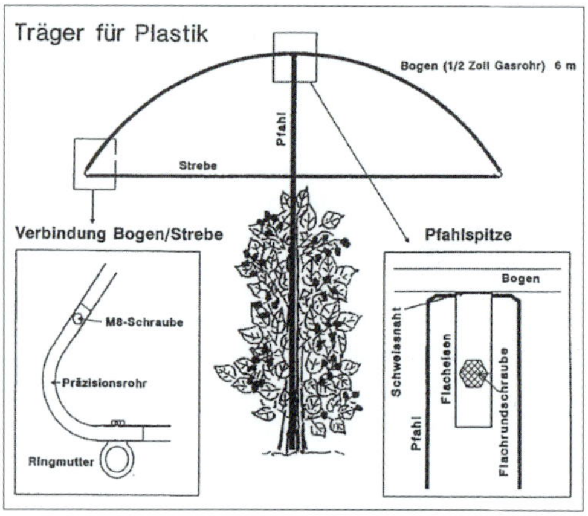

Himbeeren unter Regendach (nach NEUWEILER)

- **Horstkultur:** Bei der Horstkultur versucht man aus jedem in einer Reihe gepflanzten Himbeerstock (der im Abstand von jeweils 50 cm steht) horstweise (stockweise) die Himbeerruten heranzuziehen und sie nebeneinander am Draht zu befestigen.
- **Bündelkultur:** Die Bündelkultur ist eigentlich eine Horstkultur, bei der vier Triebe eines Stockes auf ein Bündel zusammengebunden werden. Innerhalb des Bündels gibt es fast keine Himbeerfrüchte, da alle Himbeertriebe nach außen gedrängt werden.

Rutenbefestigung

Die Himbeerruten können entweder mittels dünnem Draht, Schnüren (arbeitsaufwendig) oder mittels Plastikklammern am Stützdraht befestigt werden.

Die Verwendung von grobmaschigen Gittergeflechten (Chrysanthemen-, Nelkengitter) ist möglich. In windreichen Gegenden ist auf die Möglichkeit des Aufscheuerns nicht befestigter Ruten zu achten.

Pflege

Die Trageruten werden bei Vegetationsbeginn auf 1,8 m eingekürzt, austreibende Jungpflanzen bei einer Höhe von ca. 30 cm ausgerissen (abgeschnitten) oder abgespritzt.

Zu beachten ist, dass beim Entfernen der Jungpflanzen als auch beim Schnitt der Altruten diese unmittelbar mit einem waagrechten Schnitt über dem Boden weggeschnitten werden sollten, um die Schnittwunde so klein wie möglich zu halten. Dadurch wird verhindert, dass Schädlinge in die Schnittwunde eindringen können. Die Jungpflanzen werden bei 30 cm Höhe auch deswegen weggeschnitten (ausgerissen), um der Rutengallmücke keine Vermehrungsmöglichkeit zu bieten (biologische Schädlingsbekämpfung!).

In der Praxis wird verschiedentlich versucht, neben der ersten Jungpflanzengeneration auch die zweite Jungpflanzengeneration wegzuschneiden, um die Trageruten während der Ernte vollkommen frei von Standraumkonkurrenz und Belichtungsproblemen zu halten. Erste Versuche verlaufen erfolgversprechend, wenn dazu auch bemerkt werden muss, dass dies für den Hausgarten wegen der kaum vorhandenen unterstützenden mineralischen Düngung schwieriger durchzuführen sein wird als in Erwerbsanlagen. Für die Praxis müssen erst Erfahrungen gesammelt werden.

Gegenwärtig ist man der fachlichen Ansicht, dass die Himbeerjungruten ein- bis zweimal bei einer Höhe von ca. 10–15 cm aus den Reihenaußenseiten entfernt werden sollen, um eine qualitativ hochwertige Ernte zu erzielen. Bleiben die Jungruten stehen, wird der Bestand zu dicht und die Fruchtqualität leidet.

Der Mulchrasen zwischen den Reihen wird, um Wasserverdunstungskonkurrenz auszuschalten, gemäht. Zwischen Blüte und Ernte sollte unbedingt eine zusätzliche Wassergabe in Form von Tröpfchenbewässerung erfolgen.

Auf leichten Böden versickert bei einer einreihigen Bewässerung, die unmittelbar im Stockbereich ausgelegt ist, das Wasser ovalförmig mit einer geringen Breitenausdehnung unterhalb der Bewässerungsleitung im Boden. Die seitlich auswachsenden Wurzeln werden besonders im Wurzelspitzenbereich nicht genug bewässert. Daher ist eine zweireihige Bewässerung in breiterem Abstand zu den Stöcken bei leichten Böden auszulegen.

Auf schweren Böden ist die Wasserverteilung auch bei einreihigen Bewässerungssystemen breitflächiger, wobei man schätzt, dass ungefähr 50 % der Wurzeln mit Wasser versorgt werden können.

Düngung

Wie bereits mehrmals geschildert, ist für Beerenobst organische Düngung effizient. Wird zusätzlich mineralischer Stickstoff gegeben, so soll dieser unter unseren Wuchsbedingungen 50 kg Reinstickstoff/ha nicht überschreiten und in zwei Gaben gegeben werden, wovon man ca. 30 kg Reinstickstoff/ha beim Austrieb und die restliche Menge im Vollblütenstadium gibt. Es soll darauf geachtet werden, dass keine chloridhaltigen Mineraldünger verwendet werden.

Ernte

Die Früchte werden sofort in kleine Verkaufsbehälter abgelegt. Die Himbeerfrüchte sollen nicht zu lang sein, da sie beim Ernten an der Handinnenfläche anstehen und somit unbewusst und ungewollt beschädigt werden. Die Früchte sollen leicht vom Zapfen gehen und ihre Form behalten. Wird zu viel Stickstoff gedüngt und/oder zu viel bewässert, sind die Früchte zu weich, um längere Transportwege schadlos zu überstehen. Für eine eventuelle Tiefkühlverwertung (TK-Ware) ist darauf zu achten, dass die Frucht der ausgewählten Sorte nach der Ernte nicht in sich zusammenbricht und mehrere Früchte zusammenpacken. Die tiefgefrorenen Himbeeren müssen auch nach dem Auftauen ihre Form bewahren. Himbeerfrüchte sollten auch einzelfruchtweise eingefroren werden (rolliernde TK-Ware). Diesen Anforderungen entsprechen derzeit nach steirischen Erfahrungen die Sorten 'Schönemann', 'Meeker' und auch 'Himbostar'. Beschädigte und angefaulte Früchte mögen nach Möglichkeit in eigene Erntegefäße eingelegt und anschließend vernichtet werden, um sie vom Strauch zu entfernen, da sie Infektionsherde für andere Früchte darstellen. Nach der Ernte soll die Abkühlung der Früchte rasch erfolgen. Nach Erfahrungen von KEIPERT liegt die durchschnittliche Ernteleistung bei großfruchtigen Sorten bei 4–6 kg je AKh (3–4 kg/AKh bei Tassenware, WEINZETTL, mündlich). In Erwerbsanlagen muss zumindest zweimal pro Woche durchgepflückt werden. Zu beachten ist auch, dass die Früchte bei der Ernte trocken sein müssen. Die Lebenserwartung einer Anlage liegt bei zehn bis zwölf Jahren.

Bei Himbeerfrüchten löst sich im Gegensatz zu Brombeeren bei der Ernte die Frucht vom Zapfen. (Foto: KEPPEL)

Für eine hochqualitative Vermarktung sind

- Großfruchtigkeit,
- leuchtendes, attraktives Rot,
- nicht zu lange Frucht, um sie beim Ernten nicht zu beschädigen,
- mühelos vom Zapfen gehende,
- nach der Ernte und auch bei der Tiefkühlverarbeitung formstabile Früchte,
- Transportfestigkeit über längere Strecken hinweg und
- eine gewisse Lagerfähigkeit

gefordert.

Um eine mangelnde Fruchtformstabilität ausgleichen zu können, werden Himbeeren mit Zapfen geerntet, indem der Zapfenstiel mit den Fingern oder einer Ausdünnschere ca. 1 cm vor der Frucht abgetrennt wird. Bei Herbsthimbeeren bürgert sich diese Erntemethode immer stärker ein.

Vom Anbau her wäre auch erwünscht, dass die Sorten botrytis-, rutensterbe- und himbeerblattlausresistent wären. Entsprechende Zuchtprogramme laufen, einige Sorten sind bereits erwerbbar (siehe Himbeersorten).

Vollmechanische Himbeerernte

Die vollmechanische Himbeerernte ist zurzeit aus der Sicht der Sortenkunde noch nicht praktikabel. Die reifen (weichen) Früchte werden von den Schüttelfingern stark beschädigt. Auch unreife Früchte befinden sich in den Erntepartien. Die vollmechanisch geernteten Früchte sind nur in der Verarbeitungsindustrie absetzbar. Es müssten Sorten gezüchtet werden, welche nur einen einzigen Erntegang benötigen.

Versuche mit neigbaren Gerüsten und dazu angepassten Auffang- und Transportbehältern laufen. Die Arbeitszeitersparnis der vollmechanischen Ernte kann bis zu 90 %, die Erntemengenverluste bis zu 40 % betragen (HOLFELD).

Es werden rotfruchtige und gelbfruchtige Himbeeren angeboten. Vom Ertragsrhythmus her sind die Himbeeren in einmal- und zweimaltragende Sorten einzuteilen, wobei letztere auch nur für die Herbsternte eingesetzt werden.

Zurzeit läuft an der TU Freising-Weihenstephan (Deutschland) ein Züchtungsprogramm auf Phytophthoraresistenz.

Auch bei den Himbeeren muss man auf virusfreies Pflanzmaterial achten, da die Viren des Himbeermosaiks zu hohen Ertragsausfällen führen können. Auch bei den Ribiseln muss man auf virusfreies Pflanzmaterial achten. Sorten, die gegen den Überträger (Vektor) der Virosen (= Große Himbeerblattlaus) wenig anfällig sind (FABY, 1997): 'Schönemann', 'Rutrago', 'Meeker', 'Willamette', 'Nootka', 'Chilcotin', 'Rusilva', 'Glen Moy', 'Chilliwack', 'Comox', 'Skeena'.

Zurzeit treten Fruchtdeformationen (Krümelfrüchte) und Zwillingsfruchtigkeit bei den Himbeerfrüchten auf, die auf Sortenempfindlichkeiten gegenüber dem pollenübertragbaren Himbeerzwergbusch-Virus (RBDV-Virus) zurückzuführen sind. Die Früchte reifen bei Befall nicht gleichmäßig aus, die Fruchtform variiert und die Früchte sind nicht gleichmäßig gefärbt. Beim Lösen vom Zapfen fallen die Früchte auseinander.

Wurzelfäule

Sie äußert sich in schwachen, absterbenden Beständen, deren Krankheitsherde in feuchten Zonen des Bestandes beginnen. Der Haupterreger ist nicht eindeutig identifiziert, gehört aber zur Art *Phytophthora*. Die Verschleppung der Krankheitserreger erfolgt durch Pflanzmaterial, Schuhwerk und Bodenbearbeitungsgeräte. Die Krankheit ist derzeit nicht bekämpfbar. Eine Fruchtfolge von mindestens 12 bis 15 Jahren ist prophylaktisch einzuhalten.

Sorten

Herbsttragende Himbeersorten

'Autumn Bliss': ab Mitte bis Ende August reifend, groß- und weichfruchtig, rote Beeren
'Heritage': September, festfleischig

Gelbe Himbeersorten

Diese haben nur Liebhaberwert. Neben der bereits vorstehend besprochenen 'Golden Queen' sind noch die 'Gelbe Antwerpener' und die 'Shaffer's Colossal' im Handel.

Zweimaltragende Himbeersorten

Zweimaltragende Himbeeren können bereits im Herbst des Wuchsjahres der Ruten und im darauffolgenden Sommer Früchte tragen. Vorwiegend werden die zweimaltragenden Sorten für die Herbsternte eingesetzt. Die Herbsternte ist in kühlen Klimaten problematisch, da

- der Frühfrost die Erntezeit begrenzt und
- die Früchte nur einen minderwertigen, sehr sauren Geschmack aufweisen.

An Sorten gibt es 'Korbfüller' (Synonym: 'Himimba') und 'Zeva 3' (Zeva Herbsternte).

Anmerkung: Bei den Himbeersorten 'Zeva' können drei verschiedene Schreibweisen gelesen werden:

- ZEWA = Züchtung eidgenössischer Wissenschaftsanstalten
- ZEVA = Züchtung eidgenössischer Versuchsanstalten

Sorte	Kreuzung	Herkunft	Reife	Wuchs
'Malling Exploit'	Mehrfachkreuzung	England	sehr früh	mittelstarke Ruten
'Rafzmach'* ('Elida')	'Malling Admiral' x 'Chilcoti'	Schweiz	früh	hängend
'Glen Ample'*	'Glen Prosen' x 'Meeker'	Schottland	mittelrüh	kräftige, lange Ruten
'Rutrago'* ('Rucanta')	Resistenzklon 4a x 'Tragilo'	Deutschland	mittelfrüh	kräftige, aufrechte Ruten
'Meeker'	'Willamette' x 'Cuthbert'	USA	mittelfrüh	stark wachsend
'Rafzelsa'* ('Himbostar')	entstanden aus 'Roter Wädenswiler'	Schweiz	mittelfrüh	starke Ruten
'Tulameen'	'Nootka' x 'Glen Prosen'	Kanada	mittelfrüh	starke, aufrechte Ruten
'Rubaca'* ('Niniane')	'Rutrago' x 'Latham'	Deutschland	mittelspät	mittelstarke Ruten
'Schönemann'	'Lloyd George' x 'Preußen'	Deutschland	spät	starke, aufrechte Ruten
Herbsthimbeeren				
'Blissy'* ('Autumn Bliss')	mehrere Kultursorten	England	sehr früh	aufrechte Ruten
'Zeva 3'	('Romy' x 'Indian Summer') x 'Romy'	Schweiz	mittelfrüh	mittelstarke Ruten
'Polka'*	'Autumn Bliss' x 'Rubus crataegifolius'	Polen	mittelspät	aufrechte Ruten
'Korbfüller'	unbekannt	Deutschland	mittelspät	mittelstarke Ruten
'Rafzaqu'* ('Himbo Top')	'Autumn Bliss' x 'Himboqueen'	Schweiz	spät	starke Ruten
Mehrfachkreuzung: 'Newburgh' x 'M. 30/8' x 'Lloyd George' x 'Pynes Royal', 'Nootka' = 'Carnival' x 'Williamette' Gelbfrüchtige Sorten für den Hausgarten: 'Hauensteins Gelbe', 'Surprise d'Automne' (für Sommer- und Herbsternte)				

Tabelle: Himbeersorten

* Sortenschutz

Befallsgrad				
leicht	**leicht bis mittel**	**mittel**	**mittel bis stark**	**stark**
'Winklers Zeva 1' 'Camenzind' 'Glen Clova' 'Malling Admiral' 'Norma'	'Zeva 2' 'Radboud' 'Malling Exploit'	'Veten' 'Willamette' 'Schönemann'	'Malling Orion' 'Malling Gigant' 'Malling Promise'	'Phyllis King' 'Multiraspa' 'Jochesm Roem' 'Himbostar' 'Glen Isla' 'Golden Queen'

Tabelle: Überblick über die Befallsgrade an Wurzelfäule (sandiger Lehmboden)

- ZEFA = Züchtung eidgenössischer Forschungsanstalten

Alle drei Ausdrücke sind gleich sinngemäß.

Heute sind die Schweizer landwirtschaftlichen Versuchsanstalten unter dem Begriff AGROSCOPE zusammengefasst.

Resistente Himbeersorten

Sie sollen gegen Himbeerkrankheiten wie Wurzelsterben, Rutenkrankheit und Blattläuse resistent sein. Die freigegebenen Sorten sind: 'Rucanta' und 'Rumiloba'.

'Himbostar' (Foto: PIEBER)

'Schönemann' (Foto: KEPPEL)

Ertrag	Fruchtfarbe	Bestachelung	Geschmack	Anmerkungen
mittel	hellrot, matt	gering	süßlich, geringes Aroma	winterfrostfest
hoch	mittel bis dunkelrot	gering	süß, schwach aromatisch	sommertragend
hoch	karminrot, glänzend	keine	säuerlich	lange Ernteperiode
sehr hoch	karminrot, glänzend	gering	süß-säuerliches Aroma	läuseresistent
hoch	glänzend rot	stark	intensives Aroma	brüchige Seitentriebe
hoch	leuchtend rot	gering	sehr gutes Aroma	windgeschützte Lagen
hoch	mittelrot, glänzend	gering	harmonisch süß-säuerlich	kurze Ernteperiode
hoch	dunkelrot glänzend	stark	intensives Himbeeraroma	für naturnahe Produktion
sehr hoch	stumpf dunkelrot	mittelstark	säuerlich aromatisch	transportfest
hoch	dunkelrot	mittelstark	süß-säuerliches Aroma	löst gut vom Zapfen
hoch	leuchtend rot	gering	süß-säuerliches Aroma	robuste Sorte
hoch	dunkelrot, glänzend	stark	ausgeprägtes Aroma	ideal für Frischmarkt
mittel	rot, glänzend	gering	aromatisch	lange Ernteperiode
hoch	karminrot, glänzend	mittelstark	hervorragender Geschmack	Feldresistenz gegen Wurzelfäule

3.5 Brombeere (*Rubus fruticosus*)

Das Wort Brombeere dürfte sich aus dem althochdeutschen Wort „Brambeere" ableiten. Im Wesentlichen entsprechen die Eigenschaften und Ansprüche der Brombeere denen der Himbeere.

Verwendung

Frischkonsum, Marmelade und Konfitüre, Gelee, trinkfertig gemachter Saft, Dessertwein, Likör, Branntwein, Tiefkühlware.

Standortansprüche

Brombeeren lieben tiefgründige, frische, vollbesonnte, windgeschützte Standorte ohne Staunässe und ohne Frühfröste. Der pH-Wert kann im Gegensatz zur Himbeere bis 6,5 ansteigen. Für den erwerbsmäßigen Anbau gilt eine Anbaugrenze von 500 m Seehöhe. Darüber bleiben die Früchte wegen der zu geringen Temperaturen im Geschmack minderwertig. Brombeerruten sind sehr stark frostgefährdet. Gegen den Frost kann man die Brombeerruten am Boden auflegen und mit organischem Material abdecken, muss aber dann damit rechnen, dass die Ruten am Boden anwurzeln. Für den Erwerbsanbau ist es problemloser, die Altruten nach der Ernte abzuschneiden und am Gerüst hängen zu lassen. Das eingetrocknete Laub und die Ruten bilden so einen natürlichen Frostschutz.

Pflanzung

Um Winterausfälle bei Brombeeren zu vermeiden, wird die Frühjahrspflanzung vorzuziehen sein. Angetrocknete Pflanzen sind unbedingt in einem Wasserbad zu wässern. Das oberste Triebauge des Wurzelstockes soll 5 cm tief in der Erde eingepflanzt sein. Nach der Pflanzung werden die Ruten auf 20–30 cm Länge eingekürzt und stark angegossen. Nach der Pflanzung wird der Pflanzstreifen mit organischem Mulchmaterial abgedeckt. Um einen entsprechenden Austrieb und eine entsprechende Pflanzenstärke im Anwuchsjahr zu gewährleisten, ist zweijähriges Pflanzmaterial mit mindestens einer Triebknospe am Wurzelhals vorzuziehen.

Pflanzabstände

Die Reihenabstände richten sich, wie bereits öfters erwähnt, nach den verwendeten Traktoren, sollten jedoch 2 ½ m nicht unterschreiten. In der Reihe trifft man je nach Erziehungssystem, Sorte und Bodenverhältnissen auf einen Pflanzabstand von 2–4 m in der Reihe. Bei schwächer wüchsigen Sorten kann der Pflanzabstand in der Reihe auf 1,5 m verringert werden.

Düngung

Auf organische Düngerbeschaffenheit achten!

Trotz des stärkeren vegetativen Wachstums sollte die Stickstoffmenge nicht wesentlich über 50 kg/ha Reinstickstoff gesteigert werden. Wird mineralischer Stickstoff ausgebracht, so wird dieser zu einem Drittel beim Austrieb und der Rest nach der Vollblüte gestreut. Eine hohe Stickstoffgabe vermindert die Ausreife der Triebe und steigert die Winterfrostgefahr der Brombeerruten. Im Hausgarten kann auf eine mineralische Düngung bei allen Beerenobstarten weitgehend verzichtet werden.

Erziehungssysteme

Doppeldrahtsystem

Beim Doppeldrahtsystem wird das gleiche Gerüst wie bei der Himbeere (senkrecht stehender Pfahl mit Querjoch, 1 = 20–30 cm) verwendet, wo-

Sorte	Kreuzung	Herkunft	Reifebeginn	Wuchs
'Loch Ness'* ('Nessy')	SCRI7513D1 x SCRI74126RAB	Schottland	sehr früh (Mitte Juli)	sehr stark
'Wilsons Frühe'	Zufallssämling	USA	früh	mittelstark
'Black Satin'	(US 1482 x 'Darrow') x 'Thornfree'	USA	früh	sehr stark
'Theodor Reimers'	Auslese aus Sandbrombeere	Deutschland	früh	sehr stark
'Navaho'	Mehrfachkreuzungen Ark 583 x Ark 631	USA	früh	stark
'Chester Thornless'	SIUS 47 x 'Thornfree'	USA	mittel	mittelstark
'Redhead'*	'Loch Ness' x ('Thornfree' x 'Thornl. Evergreen')	USA	mittel	sehr stark
'Thornless Evergreen'	stachellose Mutante von 'Oregon Evergreen'	USA	mittelspät	stark
'Thornfree'	Mehrfachkreuzung	USA	spät	stark
Mehrfachkreuzung ('Merton Thornless' x 'Brainerd') x ('Eldorado' x 'Merton Thornless')				

Tabelle: Beschreibung aktueller Brombeersorten

* Sortenschutz

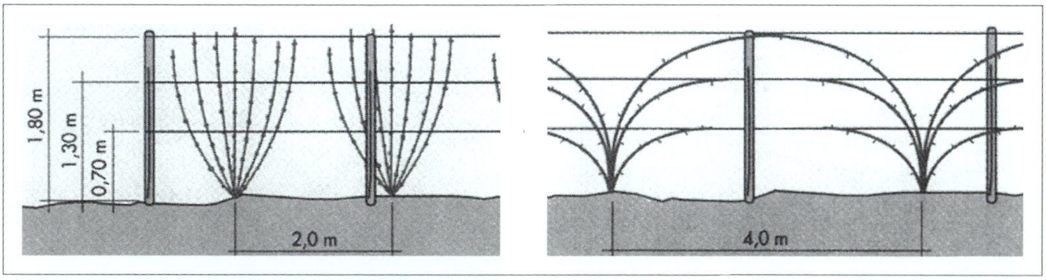

Aufrecht wachsende Sorte (links) und rankende Sorte (rechts)

bei auf der einen Seite nach der Jungpflanzung die benötigten Jungruten aufgezogen werden. Im darauffolgenden Jahr bleibt die Seite mit den angehefteten Jungruten unberührt und bildet die Ertragszone. Die im zweiten Standjahr austreibenden Jungruten werden auf die zweite, noch freie Seite des Drahtgerüstes gehängt. Somit bildet sich ein zweijähriger Rhythmus, wobei jeweils auf der einen Seite die Jungruten, auf der anderen Seite die Ertragsruten hängen.

Freie Fächererziehung (Foto: KEPPEL)

Fächererziehung

Hier werden die für den Ertrag notwendigen Ruten auf die Reihe verteilt mehr oder weniger senkrecht auf die Drähte angebunden. In der Mitte des Stockes bleibt ein Freiraum für nachwachsende Jungruten, die sofort nach dem Austrieb auf das Gerüst angeheftet werden und bei zu großer Länge am letzten Draht oben quer liegen.

Palmettenerziehung

Hier wird ähnlich dem Doppeldrahtsystem eine Trennung zwischen Trageruten und Jungruten durchgeführt. Die Trageruten werden auf die eine (linke) Seite des Stockes verlegt und an die übereinanderliegenden Drähte angeheftet, während die Jungruten auf der anderen freien (rechten) Seite des Stockes abgelegt werden. Nach der Ernte werden die auf der einen Seite abgetragenen Ruten weggeschnitten und stellen somit für die Jungruten im nächsten Jahr den frei werdenden Standraum dar.

Ertrag	Geschmack	Fruchtfarbe	Bestachelung	Anmerkungen
mittelhoch	kräftiges Aroma	schwarz, glänzend	nein	empfehlenswert
mittelhoch	süß, mäßiges Aroma	schwarzrot bis schwarz	ja	frosthart
mittel bis hoch	saftig, säuerlich	schwarz, glänzend	nein	weichfleischig
hoch	süß, sehr aromatisch	schwarz, matt glänzend	ja, stark	winterfrostempfindlich
hoch	aromatisch	schwarz, glänzend	nein	sehr robust
mittel bis hoch	süßlich, aromatisch	schwarz, glänzend	nein	keine bes. Bodenansprüche
mittel	wenig säuerlich, aromatisch	schwarz, leicht beduftet	nein	soll frosthart sein
hoch	süß-säuerlich, ohne Aroma	schwarz, glänzend	nein	transportfest
hoch	aromatisch	schwarz, glänzend	nein	für geschützte Lagen

Klosterneuburger ungeschnittene Brombeerhecke

Als Rainbewachsung bzw. Zaunsicherung könnte die Klosterneuburger ungeschnittene Brombeerhecke Bedeutung finden. Hier wird je Brombeerstock ein Stab in der Länge von 1 m in die Erde eingerammt und die austreibenden Jungruten beim Stockende angeheftet. Die alten Triebe werden nicht weggeschnitten, diese brechen dürr zusammen und die jungen Ruten können sich über die alten legen und finden so ein Stützgerüst. Dieses System könnte bei nicht bestachelten Sorten wieder größere Bedeutung finden.

Ungeschnittene Brombeerhecke mit bestachelten Pflanzen als Zaunersatz gegen Niederwild (ähnlich der ungeschnittenen Klosterneuburger Brombeerhecke) (Foto: KEPPEL)

Aufbau des Stützgerüstes

In steirischen Betrieben wird bei der Brombeererziehung ein Stützgerüst in der Höhe von ca. 2 m angewendet. Die Pfähle haben eine Länge von ca. 2,75 m und eine Zopfstärke von ca. 8–10 cm. Die Reihenpfähle werden in der Reihe auf 50–70 cm Tiefe eingerammt. Die Endsäulen stecken ca. 80 cm tief. Die Reihenpfähle sind in einer Entfernung von 4,5–5 m in der Reihe ausgesetzt. Um platzsparend arbeiten zu können, wird die Reihe mittels Anker nicht nach außen verspannt, sondern die zweite Säule einer Reihe wird von oben an die Erdgrenze der ersten End-(Ort-)Säule mittels Ankerdraht abgespannt. Die Drahtstärke für den Stützgerüstdraht sollte mindestens 3,2 mm Durchmesser aufweisen.

Schnitt

Nachwinterschnitt

Dieser wird bei ausgehender Kälte im Frühjahr (ca. Anfang bis Mitte März durchgeführt). Die zu entfernenden Trageruten und überschüssigen Jungruten werden direkt am Boden abgeschnitten, die abgeschnittenen Ruten in der Mitte der Gasse abgelegt und nach Beendigung der Arbeit mittels Traktorfrontlader aus der Anlage hinausgeführt. Bei schwachwüchsigen Sorten können bis zu sechs Ruten/Laufmeter, bei starkwüchsigen Sorten bis zu vier Ruten/Laufmeter verbleiben. Bei günstigen Witterungsverhältnissen sind alle Seitentriebe der Jungruten bis auf die letzten beiden Augen an der Triebbasis zurückzuschneiden.

Sommerschnitt

Bereits beim Sommerschnitt werden überzählige Jungruten weggenommen. Sind durch Ereignisse (z. B. Hagel) zu wenig Jungruten vorhanden, können auch vorzeitige Seitentriebe an den Jungtrie-

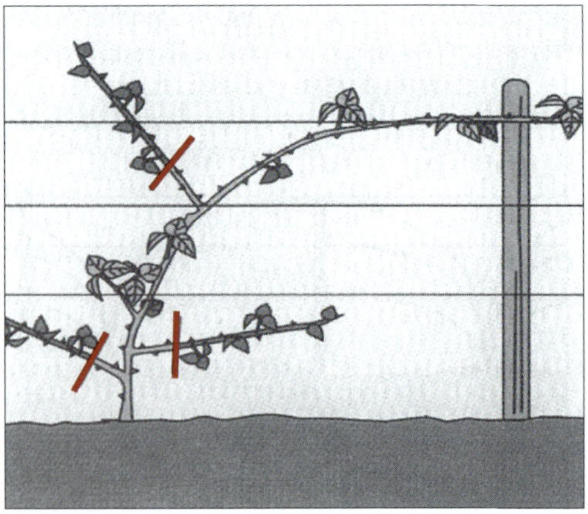

Der überaus wichtige Sommerschnitt der Brombeerranken

Seitentriebe im Sommer zurückschneiden

Folgeartige Reife der Brombeerfrüchte. Die Beschädigungen an den Einzelfrüchtchen bzw. an der unreifen Mittelfrucht stammen von einem Hagelschlag. (Foto: KEPPEL)

'Thornfree' (Foto: KEPPEL)

ben belassen werden, um noch einen ansehnlichen Ertrag sicherzustellen. Um die Früchte gut ausreifen zu lassen, werden alle vorzeitigen Triebe (Geiztriebe) auf zwei bis vier Augen zurückgeschnitten. Dieser Schnitt sollte nicht zu früh durchgeführt werden, um ein vorzeitiges Austreiben zu verhindern.

Ernte

Es sollten für unsere Gebiete nur jene Sorten verwendet werden, deren Reifezeit Ende August bis Mitte September liegt. Danach reifen die Brombeerfrüchte nicht mehr aus. Brombeeren müssen bis zur geschmacklichen Vollreife am Strauch hängen bleiben, da sie in gepflücktem Zustand nicht nachreifen. Je Woche sollte zumindest zweimal geerntet werden.

Die Früchte müssen wie die Himbeeren vollkommen trocken geerntet werden, da sie ansonsten von Botrytis befallen werden. Bei der hochwertigen qualitativen Erntearbeit kann man mit Ernteleistungen bis maximal 5 kg/AKh rechnen. Früchte, die auch im vollreifen Zustand rot und hart bleiben, schmecken sauer und sind für den Frischmarkt nicht geeignet, da sie von der Brombeergallmilbe befallen sind.

Je Laufmeter Reihe ist mit Erträgen von bis zu 5 kg/Laufmeter zu rechnen. Die Lebensdauer einer Anlage beträgt ca. zehn bis zwölf Jahre.

Sorten

Siehe Tabellen auf Seite 156.

3.6 Erdbeere (*Fragaria* sp.)

Hier gibt es zwei Unterarten:

- Die Europäische Walderdbeere (*Fragaria vesca*)
- Die Ananaserdbeere (*Fragaria grandiflora*)

Die Erdbeere gehört nicht zum eigentlichen Beerenobst, wird aber aufgrund der niedrigen Pflanzen (Stauden) und der weichen, kleinen Früchte zum Beerenobst gerechnet. Die Frucht ist eine Sammelnussfrucht, bei der auf dem fleischig gewordenen Blütenboden die Samen außen aufsitzen. Bei manchen Sorten können die Samen beim Essen durch die harte Schale stören. Die außen aufsitzenden Samen bedingen auch, dass Erdbeeren auch nach der Ernte sofort in den Schatten gestellt werden müssen, ansonsten springt durch die starke Hitze der Samen auf und das flüssig gewordene Samenfett rinnt über die Frucht. Das ausrinnende Samenfett wird sehr rasch ranzig und dieser Beigeschmack verdirbt jedes Verarbeitungsprodukt.

Durch Selektionsarbeit bei der Europäischen Walderdbeere sind rankenlose Erdbeeren entstanden, die als Monatserdbeeren erhältlich sind. Deswegen kann man „Monatserdbeeren" nicht über Ranken weitervermehren, sondern muss Beerensamen kaufen und die Jungpflanzen immer wieder frisch heranziehen. Den Namen Monats-

Erdbeerpflanzen in Gefäßen. Im Vordergrund durch Rankenwachstum entstandene Erdbeerjungpflanzen („Kindel"), die sich wegen fehlendem Kultursubstrat nicht weiter bewurzeln. (Foto: KEPPEL)

erdbeeren haben sie deswegen erhalten, weil sie mehrere Monate (vom Mai bis zum Herbst) tragen. Die Früchte sind nur wenig größer als die Walderdbeeren und ähnlich im Geschmack. Die großfruchtigen Erdbeersorten werden vorwiegend im Burgenland Ananaserdbeere genannt (von ihrem lateinischen Namen *Fragaria ananassa* abgeleitet). Sie sind aus der Chileerdbeere (zweihäusig) und der Virginiaerdbeere entstanden. Die Vermehrung innerhalb einer Anlage mit Ananaserdbeeren geschieht über Ranken, die sich an den Knoten mit Jungpflanzen bewurzeln und so eine rasche, sortenechte Vermehrung im Rahmen des vegetativen Vermehrungsganges einleiten. Für den Anbau sind jedoch einhäusige, zwittrige Blüten notwendig, damit sie sich selbst befruchten können. Auch im Erdbeeranbau erscheint die Auspflanzung zumindest zweier Sorten (bei 'Pandora' ist eine Partnersorte notwendig) zwecks Bestäubungs- und Befruchtungssicherung sinnvoll, ebenso das Einbringen von Bienenvölkern zur Blütezeit.

Die Reifezeit der Erdbeeren beginnt sortenabhängig und je nach Lage des Standortes gegen Ende Mai und reicht bis Mitte Juli. Durch gestaffelten Anbau in verschiedenen Höhen (wobei je 100 m Höhenunterschied eine Woche Reifeverzögerung gerechnet wird), kann man die Reifezeit der Erdbeeren praktisch verlängern. Immertragende (remontierende) Sorten tragen den gesamten Sommer hinweg oder haben einen zweiten Ernteschub im Sommer bzw. Frühherbst.

Verwendung

Frischkonsum; Marmelade und Konfitüre, Nektar, Wein, Likör, Tiefkühlware.

Standortansprüche

Erdbeeren benötigen gute, lockere, humose und feuchte, nährstoffreiche Böden. Spätfrostgefährdete Lagen sind auszuscheiden. Bei trockenen Standorten sollte zwischen Blüte und Ernte die Wasserversorgung durch Tröpfchenbewässerung sichergestellt werden.

Pflanzung

Der häufigste Fehler, der beim Erdbeerpflanzen gemacht wird, ist jener, dass bei der eigentlichen Pflanzarbeit die Erdbeerpflanze so tief gesetzt wird, dass auch das „Herz" unter die Erde kommt. Damit liegt der Vegetationskegel unter der Erde und die Pflanze stirbt ab. Als Pflanzvorbereitung sollte die früher unmittelbar vor der Pflanzung gebräuchliche Bodenvorbereitung mittels Stallmist

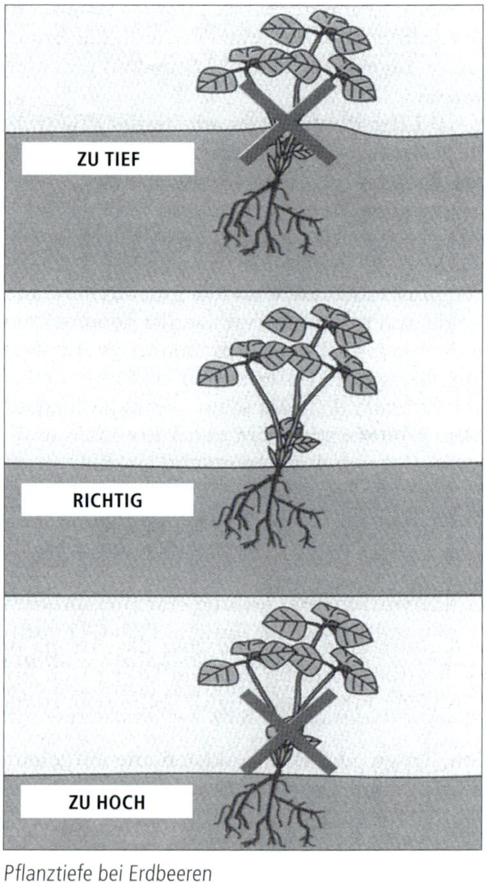

Pflanztiefe bei Erdbeeren

wegen verstärkter Befallsneigung durch die Rote Wurzelfäule unterbleiben.

Elitepflanzen (Vermehrungsmutterpflanzen): sollen nicht vor Mitte September auf leichtesten, durchlässigen, humusreichen Böden gepflanzt werden.
Topfgrünpflanzen: Aus Pikierlingen einer diesjährigen Vermehrung ohne direkten Bodenkontakt, pflanzbereit.
Teenies: Aus Pikierlingen einer diesjährigen Vermehrung ohne direkten Bodenkontakt, noch nicht pflanzbereit, müssen in den Trägerplatten noch 14 Tage gepflegt werden.
Pikierlinge: Unbewurzelte Ausläufer aus einer diesjährigen Vermehrung ohne Bodenkontakt, müssen nach der Lieferung pikiert werden.

Frühe Pflanzung fördert die Blüten-/Fruchtbildung, späte die Ranken-/Jungpflanzenbildung.

In Gebieten mit ungünstigen Wachstumsbedingungen pflanzt man früher, starkwüchsige Sorten in Frühgebieten später.

Wegen der Gefahr des Auftretens und der Verbreitung von Wurzelkrankheiten sollen zur Pflanzung nur Erdbeerpflanzen aus wurzelkrankheitsfreien Böden verwendet werden!

FABY vermutet, dass Erdbeerpflanzen, die in sehr südlichen Regionen vermehrt werden, durchaus über mehr Blütenstände verfügen können, was besonders für sehr starke Pflanzen gilt.

Nach Wädenswiler Erfahrungen sollen auch bei Erdbeeren nur kleine N-Gaben verwendet werden, da bei steigender N-Menge die Haltbarkeit und die Transportfestigkeit leiden. Eine Harnstoffblattdüngung zeigt nur bei schwachen Beständen und bei schwachwüchsigen Sorten kleine Erfolge.

Bato-Container

Das Bato-System besteht aus drei Teilen:
Tray: Vermehrungs- und Transportbehälter in den Abmaßen: 60 x 20 x 11,2 cm mit neun Pflanzlöchern, einer Tiefe von 9 cm und einem Fassungsraum von 250 cm³. Nach der Pflanzenentnahme stapelbar.
Kulturcontainer: Gleiches Herstellungsmaterial (Polypropylen) wie der Tray. Hitzebeständig (dämpfbar), 40 x 20 x 15 cm groß, enthält zwei Pflanzen. Die an den schmalen Enden angebrachten Halbschalen ermöglichen das Aufhängen der Container auf den Kulturrohren. Die abgerundeten Kanten vermindern das Abknicken der Fruchtstände weitestgehend. Unter dem Boden werden die Rohre zur Rückführung der Düngerlösung angebracht.
Bewässerungssystem: Je Kulturcontainer werden zwei Tropfer angebracht. Eigene Steckstifte halten die Tropfer fest im Kultursubstrat (Torf, Leca, Steinwolle).

Grünpflanzen

Diese werden ab Mitte Juli bis Anfang August gesetzt und können relativ leicht selbst herangezogen werden, da sie aus Ranken herauswachsen. Zu beachten ist, dass, wenn Grünpflanzen aus

Erdbeergrünpflanze vor der Pflanzung. Das „Herz" der Pflanze (der Vegetationskegel oberhalb des Wurzelansatzes) muss dabei oberhalb der Erdoberfläche bleiben. (Foto: DUHAN)

Ertragsanlagen gewonnen werden, nur das erste und zweite Kindel (Jungpflanze) verwendet werden sollte, da diese am besten blütenstimuliert sind und die beste Versorgung von der Mutterpflanze haben. Sind eigene Grünpflanzenvermehrungsanlagen angelegt, werden die Blüten meist weggezwickt, um die Jungpflanzen zu kräftigen und um mehr Jungpflanzen produzieren zu können.

Topfgrünpflanzen: Pikierte Erdbeerkleinstpflanzen von Elitepflanzen werden in kleine Töpfe mit Kultursubstrat gepflanzt. Wachsen nach dem Auspflanzen besser und stärker an. Gut geeignet für intensive Kulturen, z. B. Wandertunnel, Preisklasse ca. 25 % höher als bei Grünpflanzen.

Frigopflanzen

Frigopflanzen sind in der Vegetationsruhe (also ab November) gerodete und entblätterte Erdbeerpflanzen, die bei Temperaturen unter 0 °C (ca. –2 °C) und hoher Luftfeuchtigkeit gelagert werden. Die Auspflanzung der Frigopflanzen geschieht ab Mitte April. Wichtig ist, dass die Pflanzen vor dem Setzen langsam aufgetaut werden. Frigopflanzen brauchen außer einer sorgfältigen Pflanzarbeit und, wenn im Pflanzjahr keine Ernte erwünscht wird, dem Entranken und Entblüten keine wesentliche Pflege. Die Frigopflanzen haben den Vorteil, dass sie hohe Anwuchserfolge verzeichnen, dass sie ab Mitte April beliebig gesetzt werden können, dass sie durch eine größere Pflanzenausbeute im Heranzuchtbeet billiger verkauft werden können und dass nach der Pflanzung im Frühjahr keine Bewässerung notwendig ist.

Frigopflanzen sind bis Mitte Juli zu pflanzen.

Frigopflanzen im Transportbehälter (Foto: KEPPEL)

Sortierung

A	Wurzelhalsdurchmesser 6–7 mm
A 7	Wurzelhalsdurchmesser 7–10 mm (meist verwendete Pflanzqualität, von März bis Mitte Juli in direkte Freilandpflanzung, hohe Anwuchsquote)
A 5	Wurzelhalsdurchmesser 10–14 mm (gute Frigoqualität, von März bis Mitte Juli pflanzbar, geeignet für Terminkulturen in Gewächshaus, Tunnel oder Freiland)
A +	Wurzelhalsdurchmesser über 14 mm
WABE 1	eine stark ausgebildete Krone (4–5 Blütenstiele pro Pflanze, Folgejahresernte möglich, benötigt hohen Pflegeaufwand)
WABE 2	zwei stark ausgebildete Kronen (5–7 Blütenstiele je Pflanze, Pflanztermin Februar–Juli)
Tray	im Spezialtopf kultivierte WABE-Pflanze (Pflanzung Februar bis Juli, für Terminkulturen unter Glas, Folie oder im Freiland, gute Fruchtqualität und höhere Erträge als Wartebeetpflanzen, hoher Pflegebedarf)
Tray +	im Spezialtopf kultivierte, extra starke WABE-Pflanze
ABZ F1 Hybride	Hybride, tagneutrale Sorten, Jungpflanzen aus Samen erzogen, starkwüchsig, 20.000–30.000 Pflanzen/ha, Pflanzung Mitte bis Ende April, Haupternte im Juli und August, 1–2 x Entranken notwendig, nur die größten Früchte der 4–7 Blütenstände pflücken, Rest entfernen. Hoher Dünger- und Wasserbedarf, nach bisherigen Erfahrungen einjährige Kultur, z. B.: Aussaat: 17. 01., Pflanzung: 20. 04., Pflanzdichte: 2 Pflanzen/m^2, Ernte: 23. 06. bis 07. 09.

Belgische Erfahrungen (W. LIETEN, Meerle) zeigten, dass Pflanzen erst im Dezember nach dem Einwirken von 480 Stunden unter +6 °C doppelt so hohe Erträge brachten als im November gerodete Pflanzen.

Jungpflanzenqualitätsklassen von Frigopflanzen (KRAEGE) unter Berücksichtigung des Rhizomdurchmessers:

- B-Pflanzen (6–8 mm): Zum Eintopfen verwendet.
- schwache A-Pflanzen (8–12 mm): Auspflanzung dieser Pflanzen auf leichten bis mittelschweren Böden bei bester Pflege.
- Standard-A-Pflanzen (10–15 mm): Am häufigsten ausgepflanzt; die Ernte ist im Pflanzjahr möglich, verringert aber den Ertrag im Folgejahr.
- Starke A-Pflanzen (12–15 mm): Bei gutem Boden und optimaler Pflege kann bereits im Pflanzjahr geerntet werden, mögliche Alternative zur A+-Sortierung.
- A+-Pflanzen (über 15 mm): 8–12 Wochen vor dem geplanten Erntetermin zu pflanzen, daher sind Terminernten möglich.

- A++-Pflanzen (über 18 mm): Beste Frigopflanzensortierung.

Traypflanzen: Frigopflanzen werden in Töpfen mit Substrat gepflanzt, im folgenden Winter werden die Blätter entfernt und die Pflanzen in Kisten abgepackt. Kulturführung ähnlich den Wartebeetpflanzen, nur in Substratkultur. Höchste Ertragskapazität, aber am teuersten.

Wartebeetkultur

Wartebeetkulturpflanzen sind verschulte Erdbeerpflanzen, die im August mit engen Standweiten ausgesetzt und im Dezember gerodet werden. Sie erreichen dadurch die Blütenknospendifferenzierung, die bei der Erdbeere im Kurztag (= Tageslänge unter 12 Stunden) geschieht. Die weitere Manipulierung erfolgt wie bei den Frigopflanzen. Hier handelt es sich um Frigopflanzen, die zum gewünschten Pflanztermin ausgelagert werden und nach der Auspflanzung stets entrankt werden sollten. Bei der Frühjahrspflanzung beträgt die Wartezeit zwischen Pflanzung und Ertrag ca. zehn Wochen, bei Sommerpflanzung mit Normaltemperaturen ca. acht Wochen und bei heißen Sommern nur ca. sieben Wochen. Sie haben sich bei uns weniger bewährt, da zu hohe Sommertemperaturen herrschen. Dadurch wird die Phase zwischen Pflanzung und Ertragsbeginn verkürzt, wodurch die Fruchtqualität leidet.

WB = Wartebeetpflanzen: Die Sortierung erfolgt auf Basis der Knospenzahl der Pflanzen nach der Entnahme aus dem Boden.
WB 1: Pflanzen mit einer Knospe = mittlere Produktivität, günstiges Verhältnis zwischen Wurzelausbildung und Blütenzahl, gut geeignet für Erntezeiträume mit hohen Temperaturen.
WB 2: Pflanzen mit zwei Knospen, bessere Produktivität, für die Sommerernte in Berggebieten und die Herbsternte in nördlichen und südlichen Gebieten geeignet.
WB 3: Pflanzen mit drei Knospen und hoher Produktivität, für die Frühjahrsernte in jedem Anbaugebiet bzw. Herbst- und Winterernte im mediterranen Klima geeignet.

Eimerkultur

Im Glashaus oder Folientunnel werden in 8- bis 10-l-Plastikeimer mit steriler Pflanzerde (80 % Weißtorf) je vier Erdbeerpflanzen eingesetzt. Die Kübel mit breitem Rand werden anschließend in 1 m Höhe aufgehängt oder auf Etagentischen abgestellt. Die Nährstoffversorgung erfolgt über Fertigation.

Vorteile: Es ist kein Erdboden notwendig, daher kann eine Bodenentseuchung entfallen und die Anwendung von Herbiziden erübrigt sich. Es treten kaum Wurzelkrankheiten auf. Die Schädlingsbehandlung kann durch die Glashauskultur extensiv betrieben werden. Die Pflanz- und Pflückarbeit wird erleichtert, ein höherer Ertrag ist erzielbar. Für die Eimerkultur können leerstehende Hallen verwendet werden.

Nachteile: Hohe Investitionskosten (für Eimer, Topferde, Fertigation und Folientunnel = 30 bis 40 Euro je m^2 Fläche). Kostenaufwendige Aufhänge- bzw. Stellsysteme für die Eimer. Statt einer Ernteverfrühung wird eher eine spätere Ernte erreicht. Notwendige Schädlingsbekämpfungsmaßnahmen sind nur schwierig durchzuführen. Insgesamt höherer Arbeitszeitaufwand.

Polsterkultur (Topfballenkultur)

In vorbereiteten mit Potgrond-Substratpolstern (ähnlich den Blumenerdeverkaufssäckchen in kleinen Gewichtsklassen) werden sechs bis acht Stück Frigopflanzen oder sechs Stück Sommerpflanzen eingepflanzt. Diese Polsterkultur ist auch für das Wartebeet geeignet. Die mit den eingesetzten Pflanzen auslegbaren Pflanzerdenpolster können gleich auf dem Boden aufgelegt werden. Die Nährstoffversorgung der Polster erfolgt durch Fertigation. Die Polster können auch wie Eimerkulturen etagenartig aufgelegt werden. Die Vor- und Nachteile sind denen der Eimerkultur ähnlich (Probleme: Was geschieht mit den Pflanzerdensubstraten aus der Polsterkultur, wenn die Erdbeerkultur gerodet wird und wie erfolgt die Wiederverwertung der Plastiksäcke?).

Hügelpflanzung

Das Verlegen der Pflanzfolie und die Pflanzung der Erdbeerjungpflanzen erfolgt auf ca. 12 cm hohen, breiten Hügeln. Dadurch treten weniger Wurzelkrankheiten auf, die Früchte sind leichter zu pflücken und hohe Erträge sowie eine frühere Ernte können möglich sein. An Nachteilen sind eine höhere Winterfrostgefahr, breitere Folien und eine notwendige Zusatzbewässerung zu nennen.

Erdbeerhügelpflanzung auf Spargeldamm (Foto: URBANIETZ)

Freilandernteverspätung (Durchführung zum Austriebszeitpunkt)

- Durch Abdecken mit weißer Mulchfolie (anstatt schwarzer) und
- mittels Strohabdeckung der Pflanzen und anschließendem Durchwachsen der Erdbeerpflanzen durch das Stroh (Strohmenge ca. 80 dag/m², Ertragsausfälle bis zu 30 %). Ernteverspätung bis zu acht Tage möglich, da sich der Boden später erwärmt.

Minitunnel

Diese konnten bereits in den 70er-Jahren erfolgreich eingesetzt werden, sind heute jedoch meist nur mehr im Hausgarten anzutreffen. Im Abstand von ca. 2 m stecken die kleinbogigen Federstahldrähte in der Erde und stützen den 1 m breiten und 90 cm hohen Kleintunnel. Kostenschätzung etwa 0,4 €/m², Folien-Lebensdauer zwei bis drei Jahre. Meist erfolgt die Pflanzung auf Dämmen mit Fertigation und Mulchfolie im Doppelreihensystem. Je enger der verwendete Pflanzabstand ist, desto schneller werden die Pflanzen stressbelastet und von Krankheiten befallen bzw. umso später tritt die Ernte ein, sodass ein gewollter Verfrühungseffekt gesenkt wird. Die Schließung der Minitunnel geschieht zwischen Anfang Februar und Anfang März.

Die Lüftung muss sorgsam erfolgen, da durch den geringen Luftraum im Tunnel rasch Temperaturen über 30 °C entstehen können. Ab dem Erkennen der Blütenstände erfolgt die Lüftung des Tunnels bei über 25 °C, die nächtens aber ausgesetzt ist. Ab Blühbeginn wird die Folie nur mehr bei Nachtfrösten übergezogen.

Wandertunnel

Die Breite der Wandertunnel liegt je nach System zwischen 5,5 und 8,0 m. Schmälere Tunnelvarianten sind leichter transportierbar und manipulierbar. Kostenschätzung ca. 4 €/m².

Die folientragenden, aus Stahl erzeugten Rohrbögen stehen im Abstand von 2 m und sind auf Erdanker versetzt. Die Randreihen reifen um ca. eine Woche später als die in der Tunnelmitte liegenden Reihen. Der Verfrühungseffekt steigt mit zunehmender Sonnenscheindauer ab Ende Februar bis Mitte April.

Die Auspflanzung erfolgt auf einer Dammkultur mit Fertigation unter der Mulchfolie. Als Pflanzsystem wird das Einzelreihensystem mit fünf bis sieben Reihen oder das Doppelreihensystem mit drei bis fünf Doppelreihen verwendet. Der Pflanzenabstand beträgt in etwa 20 cm. Für einen ansprechenden Ertrag sollte ein früher Pflanztermin gewählt werden.

Das Verschließen der Tunnel frontseitig erfolgt um den 20. Februar, um die durch die stärker werdende Wintersonne und die länger werdenden Tage entstehende Wärme besser ausnutzen zu können. Bei Spätherbstverschluss der Tunnels muss an frostfreien Tagen im Winter belüftet werden. Sinken die Wintertemperaturen tief ab, so ist eine zusätzliche Vliesschicht als Frostschutz unumgänglich, wobei sich eine zusätzliche Ernteverfrühung ergeben kann, wenn dieses Vlies bis zum Blühbeginn auf den Pflanzen liegen bleibt.

Die Optimaltemperatur im Tunnel liegt bei 22 °C, höhere Temperaturen bis 28 °C wirken sich nicht negativ aus.

Solange die Nachttemperaturen unter +10 °C sinken, muss der Tunnel in der Nacht geschlossen bleiben. Ab Erntebeginn bleiben die Frontwände der Tunnel offen, um kompakte Früchte zu induzieren. Sollten Spätfröste auftreten, sind die Pflanzen mit einem Vlies abzudecken. Damit kann eine Temperatur bis –6 °C abgepuffert werden.

Zur Bestäubungs-/Befruchtungsförderung werden Hummelvölker (ein Volk für 1.000 m²) eingesetzt.

Spezielle Düngungs- und Bewässerungsmaßnahmen im Erdbeerintensivanbau
(nach HOFFELNER, 2009)

Gründüngung von Erdbeerpflanzen
In Oberösterreich wird im Herbst vor der Frigopflanzung eine Gründüngung mit Winterroggen angebaut, der im Frühjahr gemulcht und eingearbeitet wird. Es finden aber auch einjähriges Weidelgras, Ölrettich und Ackersenf Verwendung. Da Sommerraps den nachfolgenden Ertrag negativ beeinflusst und Phacelia den Befall mit *Phytophthora cactorum* fördert, sind diese beiden vorgenannten Pflanzen aus dem Erdbeeranbau verschwunden. Die eingebrachten organischen Pflanzenernährungsstoffe sind bei ausreichender Bodenfeuchtigkeit nach vier bis sechs Wochen pflanzenverfügbar.

Herkömmliche praxisbezogene Erdbeerdüngung im Freilandanbau
Volldünger vereinfachen die Nährstoffsicherung der wachsenden und erntebringenden Pflanzen. Die RN-Menge sollte insgesamt maximal 100 kg RN betragen und in Teilgaben verabreicht werden. Zum Austrieb werden ca. 25 kg RN (Reinstickstoff), zur Blüte wiederum 25 kg und im August ca. 40 kg RN zur besseren Blütenversorgung ausgebracht.

Jungpflanzen danken vier Wochen nach der Pflanzung für eine Düngergabe von ca. 40 kg RN mit einem kräftigeren Wuchs und einem gesichertem Ertrag.

Im Tunnelanbau
Ab Vegetationsbeginn können wasserlösliche Volldünger oder Einzeldünger (Kaliumnitrat, Magnesiumnitrat, Kalksalpeter) in wöchentlichen Mengen von 4–8 kg RN bis zu einer Gesamtmenge von ca. 60 kg RN bis knapp vor der einsetzenden Fruchtreife gedüngt werden. Danach verbessert erfahrungsgemäß eine höhere Kalimenge die Fruchtqualität.

Im Sinne einer hochwertigen Qualitätsproduktion sollte nur bei kühler Frühjahrswitterung und einer damit verbundenen langsameren Nährstoffaufnahme und dem anschließenden Auftreten von Nährstoffmangelerscheinungen Blattdünger verwendet werden. Für eine ausgewogene Nährstoffgabe eignen sich dazu Mehrnährstoffblattdünger.

Bewässerung
Diese wird im Sinne einer krankheitsminimierenden Kulturführung durch Tröpfchenbewässerung bewerkstelligt, die unter der Mulchfolie verlegt ist. Die Wasserauslassstellen sollen zwischen 30 und 50 cm Abstand und eine stündliche Wassermenge von 3 l/Austrittsstelle aufweisen.

Nachstehende Wasserbedarfstabelle nach LIETEN, Philipp: Spargel und Erdbeerprofi, 1/06, 2009, S. 67, zitiert in HOFFLENER, 2009:

Kulturtechnik	Wasserverbrauch l/m² & Jahr
Substratkultur	200–250 pro Kultur
im Gewächshaus	700–900
im Folientunnel	500–750
Freilandkultur	Normalkultur einjährig
auf Lehmboden	130
auf Sandboden	220
Traypflanzen	Herbstaufzucht
mit Beregnung	400
mit Tropfbewässerung	200

Schadbilder an Erdbeerpflanzen im Freilandanbau
(siehe auch Pflanzenschutz, ab S. 448)

Sonnenbrandschäden
Wie beim Kernobst kann es bei direkter Sonnenbestrahlung und hohen Temperaturen zu bräunlichen Schalenverfärbungen auf der Fruchtschale kom-

Erdbeeren im Folientunnel (Foto: URBANIETZ)

Abflammgerät im Betrieb (Foto: RALFS)

Abflammgerät im Detail (Foto: RALFS)

men. Blätter erleiden nur Hitzeschäden, wenn die Wasserversorgung unterbleibt.

Wasserstauschäden

Bei Starkregenfällen (über 25 l Niederschlag/m² innerhalb kurzer Zeit) und schlechter Wasserableitungsfähigkeit des Bodens bzw. auf staunassen Mikrostandorten können Früchte partiell und kleinflächig weich und nachfolgend faul werden. Zusätzlich treten bei suboptimalen Standorten die Rote und Schwarze Wurzelfäule verstärkt auf (siehe auch Pflanzenschutz).

Hagelschlag

Vom Blühbeginn bis zum Ernteende ist die empfindlichste Zeit für diese Beerenobstart. Meist werden die reifenden Früchte durch den Hagelschlag am Feld fast vollständig vernichtet = Ernteausfall, oder die Früchte werden teilgeschädigt und sind somit nicht mehr verkaufsfähig. Aber auch die Knospenanlagen für das nächste Erntejahr können geschädigt werden. Dies führt zu einem Ernteausfall oder zu einer Erntemengenverminderung für das folgende Vegetationsjahr.

Frostschäden

Bei Temperaturen unter –5 °C können die Rosettenblätter absterben, wenn keine schützende Schneedecke liegt. Sinken die Temperaturen auf unter –15 °C, ist mit einem letalen Pflanzenschaden zu rechnen. Spätfrostschäden treffen meist die Erdbeerblüte. Die Blüten bzw. die kleinen, wachsenden Erdbeerfrüchte erleiden Frostschäden bis hin zum Absterben. Bei frostgeschädigten Blüten unterbleibt meist die Bestäubung und somit die Befruchtung.

Bei-(Un-)Krautbekämpfung in den Reihengassen durch Abflammen

Um die Herbizidausbringung im Erdbeeranbau einzudämmen, wird versucht, das Un-(Bei-)Kraut durch Abflammen zu vernichten. Mehrere Gasbrenner richten die austretenden Flammen auf die zu entfernenden Pflanzen.

Anzucht

Die älteste und gebräuchlichste Art ist die normale Heranzucht des Erdbeerjungpflänzchens durch **Bewurzelung der von der Mutterpflanze auswachsenden Rankenknoten**.

Meristemvermehrung

Bei Erdbeeren und Zierpflanzenkulturen hat sich die sogenannte Meristemvermehrung sehr stark durchgesetzt. Darunter versteht man die Sprossspitzenkultur oder, vereinfacht ausgedrückt, die Pflanzen aus dem Reagenzglas.

Ein Meristem ist ein Bildungsgewebe, das zur Bildung neuer Zellen befähigt ist.

Dies ist z. B. der Vegetationskegel einer Pflanze. Der Vegetationskegel ist weitestgehend krankheitsfrei und nur 0,2–0,4 mm groß. Er wird von den Mutterpflanzen unter dem Stereomikroskop isoliert und auf einem Nährboden aufgebracht. Auf dem Nährboden entwickelt sich aus dem Vegetationskegel ein Zellhaufen und bildet Seitenknospen. Durch die Zugabe von pflanzlichen Hormonen wird die Seitenknospenbildung des Vegetationskegels angeregt, aber die Differenzierung in Blatt und

Wurzel verhindert. Wenn nun diese Seitenknospen am Vegetationskegel groß genug sind, werden sie entnommen und auf neue Vermehrungsnährböden überbracht.

Nach der Vermehrungsphase beginnt die ebenfalls hormonell gesteuerte Differenzierungsphase, bei der langsam die Wurzel- und die Sprossbildung einsetzen. Die kleinen, fertigen Jungpflanzen werden aus den sterilen Behältern entnommen, pikiert und zum Abhärten ins Gewächshaus gegeben. Nach ca. acht Wochen im Gewächshaus sind die Pflanzen aussetzfertig. Ein simplifiziertes Beispiel mag die Meristemvermehrung stark vereinfacht darstellen.

Beispiel Meristemvermehrung

2016	
Juni	Selektion der Mutterpflanzen
Juli	Die Meristeme werden entnommen (Isolationsphase)
September	Beginn der Vermehrungsphase im Brutschrank; Seitenknospen wachsen heran
Oktober	Zehn Seitenknospen vorhanden
November	Die zehn Knospen werden neuerlich geteilt und weitervermehrt, sodass aus den zehn Seitenknospen wieder je zehn Jungknospen entstehen. Insgesamt hat man also schon 100 Jungknospen.
Dezember	Zweite Vermehrungsstufe, 1.000 Knospen
2017	
Januar	10.000 Knospen
Februar	100.000 Knospen
März	Es beginnt die Differenzierungsphase mit dem Wurzel- und Sprosswachstum
Mai	100.000 Pikierlinge
August	Pflanzfertige Vermehrungspflanzen
2018	
August	Aus den 100.000 Mutterpflanzen sind nach einem Jahr im Freilandbeet ca. zwei Millionen Stück Vermehrungspflanzen durch die nachfolgende Grünpflanzenvermehrung entstanden.

Mit der Meristemvermehrung kann man also in kürzester Zeit Pflanzen heranziehen. Ein großes Problem bei der Meristemvermehrung ist die genetische Identität (Sortenechtheit des Vermehrungsmaterials). Da in der ersten Vermehrungsphase aus einem Vegetationskegel oft zu viele Generationen (zehn und mehr) gezogen werden, kann es zu Mutationen (= sprunghafte Änderung des Erbgutes) kommen. Diese Mutationen sind genauso problematisch wie Fehler in der Zusammensetzung der Nährstoffböden und der Zelldifferenzierungs- bzw. Vermehrungshormone. Bei der Meristemvermehrung werden solche Fehler oft leider erst beim Ertrag bemerkt (meist minderer Ertrag oder überhaupt keiner), und deswegen ist die Meristemvermehrung für obstbauliche Ertragspflanzen noch etwas umstritten. Für den Zierpflanzenbau ist diese Art heute die meistverwendete (weil rasch und billig) Vermehrungsmethode.

Weitere Kulturarten

Monatserdbeeren

Monatserdbeeren müssen aus Samen vermehrt werden, da die Mutterpflanzen keine Ranken bilden. Als Monatserdbeersorten sind 'Alexandria', 'Baron Solemacher' und 'Rügen' am bekanntesten, deren Ernte von Juli bis Oktober dauert.

Walderdbeeren ('Forstina')

Eine rankenbildende, kleinfruchtige Erdbeersorte mit dem Geschmack der Walderdbeeren. Bildet rasch dichten Bestand, sodass kein Unkraut aufkommt. Die Erntezeit beginnt im Juni und endet Ende Juli. Die Früchte sind klein und länglich. Zum Setzen wird je Quadratmeter ein Besatz von sechs Stück Pflanzen benötigt.

Erdbeerwiese

Die Erdbeerwiesenpflanzen sind aus einer Kreuzung von Walderdbeeren x Gartenerdbeeren entstanden. Die Früchte sind wesentlich kleiner als jene der Kultursorten, besitzen aber das Aroma von Walderdbeeren. Die Ausläufer werden nicht weggeschnitten, dadurch entsteht sehr rasch eine bodendeckende Erdbeerwiese. Die Ernte beginnt Mitte Juni und dauert bis Anfang Juli. Mitte August sollten die Blätter abgeschnitten werden.

Die Fruchtstände befinden sich oberhalb des Laubes, dadurch trocknen die Früchte rasch ab und sind nur wenig botrytisgefährdet. Anbau nur auf phytophthorafreien Böden zweckmäßig. Zwei bis vier Pflanzen/m^2 im April/Mai pflanzen. Danach sorgsame laufende Unkrautentfernung notwendig. Das Laub erst nach den ersten Frösten im Herbst mähen und einige Tage liegen lassen, danach entfernen. Bekannte Sorten: 'Florika', 'Spadeka' und verschiedene Zuchtnummern.

Hängeerdbeeren

Als Pflanzgefäße dienen hier Schalen, Tröge oder Blumenkisten, die aufgehängt werden können, da die Pflanzen abwärts ranken und trotzdem Früchte

Erdbeerkultur mit Strohauflage (Foto: KEPPEL)

Befallsherde mit „Phythophthora fragariae" bei 'Tago' (Foto: KEPPEL)

bringen. Der Pflanzabstand beträgt im Hängegefäß 20–30 cm. Gesetzt werden die Pflanzen in Blumenerde oder in einem Torf-Gartenerde-Gemisch im August oder September. Die Düngung erfolgt mit Gießwasser. Die Blüten sollten bis zum 1. Juni ausgebrochen werden, damit sich die Pflanzen kräftig entwickeln. Die Ranken hängen frei herab. Wichtig ist, dass kein scharfer Gefäßrand vorhanden ist, da sich sonst durch Windbewegungen die Ranken von selbst abscheuern.

Spaliererdbeeren

Diese benötigen einen guten, gelockerten, humusreichen Boden, der vor der Pflanzung 14 Tage absitzen kann und vor der Pflanzung angefeuchtet wird. Im Winter muss auf eine stete Bodenfeuchtigkeit geachtet werden, da die Wurzeln sonst austrocknen. Die Pflanzen werden im Abstand von 30–40 cm in die Erde eingesetzt. Der Stützpfahl soll mindestens 1,5 m über den Boden hinausragen. An den Stützpfahl werden die langen, aufwärtswachsenden Ranken angebunden. Anstatt einzelner Pfähle kann man auch einen Maschendrahtzaun als Stützelement verwenden. Gepflanzt wird von August bis September. Die Blüten werden bis Juni entfernt, dadurch entsteht eine verstärkte Rankenbildung.

Remontierende Erdbeeren

Eine nicht nur für den Hausgarten geeignete Erdbeerkultur. Das ständige Entfernen von Ranken erhöht den Handarbeitsaufwand auf ungefähr das Doppelte. Pflanzabstand: 25 x 35 cm.

Pflanzabstände

Ohne Mulchfolie

Im Praxisdurchschnitt werden bei Einzelreihen ohne Mulchfolie Reihenabstände von 70 cm und in der Reihe von ca. 35 cm angewendet (= 40.816 Pflanzen/ha). Bei der Doppelreihe geht der Trend zu 70 cm Reihenabstand (plus 30 x 40 cm Abstände der beiden Reihen innerhalb der Folie). Dieser gibt 50.000 Pflanzen/ha.

Wird Stroh unter die Erdbeerpflanzen auf die Mulchfolie bzw. auf die Reihenzwischenräume gelegt, sollte dies vor der Blüte erfolgen, um einerseits Blüten beim Stroheinbringen nicht abzureißen und andererseits die Blüten vor aufspritzenden Erdteilen zu schützen (= Infektionsgefahr durch pilzliche Krankheitserreger).

Mit schwarzer Mulchfolie

Hier wird in der Einzelreihe ein Reihenabstand von 1,4 m x 17,5 cm Pflanzabstand in der Reihe gewählt (= 40.816 Pflanzen/ha). Für die Doppelreihen werden bei einem Reihenabstand von 1,4 m in der Reihe im Doppelreihensystem 15 x 35 cm im Dreiecksverband gesetzt. Im Hausgarten werden bei einreihigen Pflanzungen Reihenabstände von 60–90 cm, bei Pflanzenabständen in der Reihe von 25–35 cm bzw. bei Doppelreihen Reihenabstände von 80–100 cm und 20 cm Reihenabstand zwischen den beiden Doppelreihen und 30 cm Pflanzabstand der Pflanzen innerhalb der Reihe ausgewählt.

Pflege

Ertragsanlagen werden laufend entrankt, um die Mutterpflanzen zu stärken und größere Früchte zu erzielen. Wird bei Frigopflanzen im Pflanzjahr kein Ertrag angestrebt, werden diese nach der Pflanzung laufend entblütet und entrankt. Für die „Integrierte Produktion" hat es sich bei Erdbeeren als sinnvoll erwiesen, die Reihen im Frühjahr durchzuputzen, das heißt, die dürren Blätter zu entfernen und die Pflanzen zu entranken. Das Stroh zum Schutz der Früchte vor Verschmutzungen und Schutz der Blüten sollte vor der Blüte unterlegt werden. Im Rahmen der in der Landwirtschaft üblichen Fruchtfolge sollte wegen der Gefahr von Wurzelfäulen und Wurzelnematoden ein Zeitraum von mindestens drei Jahren zwischen den einzelnen Erdbeerkulturen erfolgen (Fruchtfolge ohne Hackfrüchte). Zu beachten ist noch, dass sich die Rote Wurzelfäule der Erdbeeren (*Phytophthora fragariae*) in Sporenform bis zu 15 Jahre und länger im Boden aufhalten kann.

Zum Schutz der Erdbeeren gibt es neuerdings für Erdbeerkulturen geeignete Hagelschutznetze.

Ernteverfrühung durch Vliesabdeckung und Folientunnel

Eine Erdbeerreifezeitverfrühung durch Verwendung von **Vliesabdeckung** sollte nur in Frühlagen Verwendung finden. Rationell ist bei der Vliesabdeckung, dass sie nur in einjährigen Kulturen mit starken Stöcken finanzielle Erfolge bringt. Wird die Vliesabdeckung bis zu einem Blütenknospenbesatz von mehr als 10 % eingesetzt, sind Befruchtungsprobleme zu erwarten. Die Anlagen sollten nicht vor Ende März abgedeckt werden. Die Vliesabdeckung kann in nassen Frühjahren zu einem erhöhten Infektionsdruck durch Botrytis führen. Bei Spätfrösten bis –4 °C wirkt das Vlies als Frostschutz.

In den letzten Jahren trat zur Erdbeerreifezeit meist Trockenheit auf, sodass zur Sicherung einer entsprechenden Fruchtgröße eine zusätzliche Bewässerung von 5 mm (= 51 l/m²) pro Tag den Erdbeeren angeboten werden sollte. Ist jedoch eine Tropfbewässerung ausgelegt, so braucht diese zusätzliche Beregnungsmenge nicht berücksichtigt werden.

Vergleich von Abdeckvlies und Lochfolie

Nach den Erfahrungen von LUTZ (1981) erbrachten beide Abdeckvarianten eine Ernteverfrühung von 14 Tagen. Das Vlies hat ein pflanzenfreundlicheres Mikroklima. Es verursachte überdies kaum windbedingte Schäden an den Pflanzen. Tau und Niederschläge bleiben im Vlies hängen und verursachen dadurch eine gewisse Manipulationsempfindlichkeit. Vliesfasern können sich jedoch auch an den Früchten verfangen und stören beim Genuss. Die Wasserverteilung ist beim Vlies besser als bei der Lochfolie.

Zur Ernteverfrühung werden sowohl niedere als auch begehbare Folientunnel angewendet. Die Folientunnel sind im Gegensatz zum Vlies teurer, jedoch über mehrere Vegetationen hinweg anwendbar. Besonders im spanischen Erdbeeranbau sind die Folientunnelkulturen anzutreffen.

Tunnelkultur (Erdbeerterminkultur unter Folie) Auf Dämmen mit schwarzer Mulchfolie liegt eine Tropfschlauchfertigation. Gepflanzt werden im Sommer ca. 65.000 A+-Frigopflanzen/ha (Kühlberegnung notwendig). Nach acht Wochen tritt bereits die erste Ernte ein. Im Herbst wird dann die Tunnelschutzfolie entfernt und erst wieder im Februar zur Ernteverfrühung aufgezogen. Die zweite Ernte beginnt Anfang Mai. Bei allen Arten der

Reihenbürste (oben) sowie Erdbeerrankenschneider (unten) (Fotos: MASCHINENBAU HEULING)

Glashauskultur im November (Foto: KEPPEL)

Folientunnelkultur bei der Ernte (Foto: PIEBER)

Mulchfolienkultur mit nicht entfernten Ranken, die Kindel (Jungpflanzen) bilden. (Foto: PIEBER)

Tunnelkultur ist bei der Bestäubung auf eine optimale Temperatur von 15 bis 25 °C zu achten. Bei tieferen Temperaturen treten Pollenkeimprobleme, bei höheren Bienenaggressivität auf.

Glashauskultur

Je wärmer die Winter, je billiger die Heizmittel (Heizöl, Gas, Fernwärme, Industrieabwärme) sind, umso eher rentiert sich ein Glashaus für die Erdbeerernte außerhalb der normalen Erdbeerernteszeiten. Die Kulturführung ist hier auf eine zweimalige Ernte ausgelegt, wobei die Pflanzung als Traypflanzen im Kultursubstrat mit Fertigation, unter Verwendung von aus Plastik bestehenden, ungefähr einen Meter langen und traytiefen Kulturgefäßen im Sommer erfolgt. Nach ungefähr acht Wochen beginnt die Ernte, die aber im Herbst nur ein Viertel der Ertragskapazität der Pflanzen ausmacht. Die Haupternteperiode liegt im Frühjahr vor der Freilandernte, bei der die Ertragskapazität auf drei Viertel der Gesamterntemenge ansteigt.

Vorteil dieser Kulturführung ist die chemiearme Produktion, da infolge der Überdachung der Krankheitsbefallsdruck minimiert wird, und eine erweiterte Erntesaison, wobei die zweite Ernte im Frühjahr mindestens zwei Monate vor der Freilandernte beginnt und daher einen höheren Erlös erbringt. An chemischen Pflanzenschutzmaßnahmen brauchen bei geringem Befallsdruck lediglich zweimal eine Mehltaubekämpfung und einmal eine gegen Rote Spinne durchgeführt werden. Weitere Schädlinge können durch das Einbringen von Nützlingen in Schach gehalten werden.

Die Bestäubung der Pflanzen erfolgt mittels in die Glashäuser eingebrachter Hummelvölker.

Kritiker dieser Kulturführung sprechen von einer verminderten geschmacklichen Qualität, da die Früchte säuerlicher als im Freiland sein sollen, Befürworter berichten mündlich von einer höheren Fruchtfleischfestigkeit. Wissenschaftliche Beweise zu diesen Argumenten fehlen derzeit noch.

Mulchfolienkultur

Es hat sich eingebürgert, Jungpflanzen auf einer 0,06 mm dicken, schwarzen Mulchfolie zu pflanzen, um die Unkrautbekämpfung so gering wie möglich zu halten und um die Früchte bei der Erntesaison bei regnerischem Wetter nicht verschmutzen zu lassen. Diese Mulchfolie sollte drei Wochen vor der Pflanzung auf die Erde aufgebracht werden, nachdem der Pflanzstreifen aufgefräst wurde. Die Aufbringung drei Wochen vor dem Auspflanzen hat den Sinn, dass sich die feingekrümelte, gefräste Erde bis zum Pflanzzeitpunkt setzen kann. Wird unmittelbar vor der Pflanzung gefräst, ist der Boden zu locker und es passiert immer wieder, dass der Boden um die Wurzeln zusammensackt und die Wurzeln im bodenfreien Raum hängenbleiben und dadurch vertrocknen.

Ernte

Die Ernte der Erdbeerfrüchte muss sorgsam erfolgen, die Früchte dürfen nicht mit den Fingern vom Zapfen abgezogen werden, sondern die Erdbeerfrüchte sollten mittels Durchtrennung des Stiels hinter den Kelchblättern geerntet werden. Sorgsame Kontrolle der Hände des Pflückpersonales hilft den Anteil der beschädigten Früchte drastisch zu reduzieren. Für die Industrie werden entrappte (vom Zapfen gezogene) Früchte bevorzugt. Da jedoch Industrieerdbeeren ein zu niedriges Preisniveau haben, kommt diese Ernteform zurzeit nicht in Frage. Nach der Ernte, die am frühen Morgen stattfindet, sollen die Erdbeerfrüchte sofort kühlgestellt werden. Bleiben Erdbeerfrüchte auf ca. 20 °C und werden nicht abgekühlt, haben sie nur ein Drittel der Lebensfähigkeit gegenüber einer Ware, die rasch auf +10 °C abgekühlt wird. Die Erdbeerpflücke braucht vorsorgliche Planung, um tageweise Überangebote am Markt zu verhindern (z. B. an Montagen). Verkauft werden dürfen nur unbeschädigte, schön ausgefärbte und erntereife Früchte. Für die Erzielung eines angemessenen Preisniveaus ist es notwendig, die Erdbeeren beim Ernten zu sortieren, wobei man sich zur Größensortierung eines Lochblattes bedienen kann.

Erdbeerfrüchte unter 2 cm Durchmesser müssen vom Verkauf ausgeschieden und sollten einer hochwertigen Verwertung zugeführt werden.

Derzeit muss eine Mindestgröße von 28 mm Querdurchmesser für die Tassenware und bei loser Ware von 18 mm eingehalten werden.

Zur Bekämpfung der Roten Wurzelfäule bei Erdbeeren ist es leider notwendig, die Erdbeerpflanzen vor dem Setzen in spezifische Spritzmittellösungen einzutauchen, um diese Krankheit zu bekämpfen. Solange das Spritzmittel wirkt, bricht die Krankheit in der Pflanze nicht aus bzw. wird ein Eindringen von Sporen verhindert.

Vergleich der Ernteergebnisse (auszugsweise) nach HOFFELNER (2009):

	Wandertunnel	Minitunnel	Vlies	Vergleichsfläche
Kg/ha	17.364	14.818	13.200	10.600
In %	164	140	125	100
Erntebeginn	21. Mai	26. Mai	29. Mai	5. Juni
Erntemitte	4. Juni	7. Juni	11. Juni	17. Juni
Ernteende	19. Juni	20. Juni	25. Juni	30. Juni
Erntedauer	29 Tage	25 Tage	27 Tage	25 Tage

Maschinelle Ernte

In der spanischen Provinz Huelva, einem europäischen Hauptanbaugebiet von Erdbeeren, wurde 2011 ein Prototyp einer Erdbeervollerntemaschine von der Fa. Agrobot vorgestellt. Der 2 m hohe, 7 m lange und 2,5 m breite Prototyp ist mit 24 Greifarmen ausgestattet, die von Kameras und Sensoren gesteuert werden, die Erdbeeren nach Fruchtfarbe, Fruchtgröße und pflanzengesundheitlichen Qualitäten identifizieren, selektieren und die Sammelwege berechnen. Die geernteten Erdbeeren werden anschließend auf Transportbändern abgelegt und zum vorderen Maschinenteil befördert, wo sie dann von Hand sortiert und verpackt werden.

Die Maschinenleistung umfasst eine Flächengröße von 10 ha in drei Tagen. Vier Personen sortieren und verpacken die geernteten Früchte, weitere vier Personen sind als Nachpflücker nach der Maschine tätig. Die Einsparung beträgt 0,20 €/kg geerntete Früchte. Der Ernteroboter erntet nur Früchte, die seitlich auf 35 cm hohen Dämmen hängen und hat dann eine Trefferquote von 80 %. Die Sorten sollen hinsichtlich der Blütenstängellänge und der Fruchtpositionen für den Maschineneinsatz adaptiert sein. Der angestrebte Maschinenpreis sollte zwischen 100.000 und 200.000 € liegen, wobei die Erntegeschwindigkeit auf 1 km/h gesteigert werden soll.

Sorten

Siehe Tabellen ab Seite 172.

Neue Sorten ohne ausreichende Praxiserfahrung

Für die Eimerkultur: **'Pegasus'**, **'Cesena'**, **'Parker'**, **Kent'**

'Darline': Vor 'Elsanta' reifend, hohe Qualitäten liefernd, als Frigo-Pflanzen früh pflanzen, großfruchtig, guter Geschmack

'Marascor': Gegen Botrytis weitgehend unempfindlich, daher für den biologischen Anbau empfohlen

'Marmolada': Großfruchtig, dunkelrot, benötigt für einen guten Geschmack mediterranes Klima, fruchtfäuleanfällig

'Mars': Mittelfrüh reifend, sehr großfruchtig, pilzkrankheitswiderstandsfähig, guter Geschmack

'Gerida': Mittelspät reifend, starkwüchsig, glänzende Früchte, geschmacklich nicht voll befriedigend, mehltauanfällig, Wurzelkrankheiten können auftreten

Sorte	Kreuzung	Herkunft	Reifezeit	Fruchtfarbe
'Honeoye'	'Vibrant' x 'Holiday'	USA	sehr früh	leuchtend rot
'Clery'*	'Sweet Charlie' x 'Onebor'	Italien	früh	orangerot, glänzend
'Dobdoel'* ('Marianna')	'Elsanta' x 'Douglas'	Schweiz	früh	orangerot, glänzend
'Elvira'*	'Gorella' x 'Vola'	Niederlande	früh	dunkel, glänzend
'Alice'*	Komplex aus mehreren Sorten	England	mittelfrüh	orangerot
'Fraroma'* ('Kristall')	'Senga Sengana' x 'Honeoye'	Deutschland	mittelfrüh	dunkelrot
'Korona'*	'Tamella' x 'Induka'	Niederlande	mittelfrüh	orangerot
'Darselect'	'Elsanta' x 'Parker'	Frankreich	mittelfrüh	rot
'Polka'*	'Induka' x 'Sivetta'	Niederlande	mittelfrüh	dunkelrot
'Tenira'*	'Red Gauntlet' x 'Gorella'	Niederlande	mittelfrüh	leuchtend rot
'Florence'*	nicht bekannt	England	spät	glänzend rot
'Gorella'	'Juspa' x US 3763	Niederlande	mittel	dunkelrot
'Elsanta'*	'Gorella' x 'Holiday'	Niederlande	mittel	glänzend rot
'Thuriga'*	'Belruby' x 'Maxim'	Schweiz	mittelspät	dunkelrot
'Sonata'*	'Elsanta' x 'Polka'	Niederlande	mittelspät	orangerot, glänzend
'Symphonie'*	'Rhapsody' x 'Holiday'	Frankreich	spät	orange bis dunkelrot
'Yamaska'*	'Malling Pandora' x 'Bogota'	Kanada	spät	karminrot
'Malling Pandora'*	('v. Humboldt' x 'Redstar') x 'Merton Dawn'	England	sehr spät	glänzend dunkelrot

Tabelle: Anbauwürdige Erdbeersorten

* Sortenschutz

Sorte	Kreuzung	Herkunft	Reifezeit	Fruchtfarbe
'Macherauchs Frühe'	Amerikanischer Sämling II (Geneva) x 'Deutsch Evern'	Deutschland	sehr früh	karminrot
'Regina'	Amerikanischer Sämling II (Geneva) x 'Deutsch Evern'	Deutschland	sehr früh	ziegelrot, glänzend
'Jubilae'	'Mieze Schindler' x 'Regina'	Österreich	früh	dunkelrot
'Induka'*	'Puget Beauty' x 'Senga Sengana'	Niederlande	mittelfrüh	dunkelrot, glänzend
'Senga Sengana'*	'Sieger' x Amerikanischer Sämling	Deutschland	mittel	ziegelrot
'Madame Moutot'	'Dr. Morère Royal Sovereign'	Frankreich	mittel	hellrot
'Red Gauntlet'	'Climax' x New Jersey 1051	England	mittelspät	karminrot
'Mieze Schindler'	'Lucida Perfecta' x 'Johannes Müller'	Deutschland	mittelspät	dunkelrot bis schwarz
'Tago'*	'Gorella' x 'Talisman'	Niederlande	spät	dunkelrot
'Bogota'*	('Climax' x Oregon 2074) x 'Tago'	Niederlande	spät	orangerot

Ältere, nur mehr im Liebhaberobstbau zu findende Erdbeersorten

* Sortenschutz

'Moaal': Mittelspät, ziemlich anspruchslos, ertragreich, großfruchtig, längliche, feste Früchte, aromatisch
'Thuriga': Mittelspät reifend, als Frigo gepflanzt kann sie ertraglich voll befriedigen, großfruchtig, transportfest
'Rhapsody': Wie 'Bogota' reifend, bei guter Fruchtqualität robust

Neuere remontierende Sorten

'Evita': Hellrote, feste Früchte, wenig Ausläufer bildend
'Mara des Bois': Kleine Früchte, sehr gutes Aroma
'Mrak': Mittelgroß bis groß, gute Herbsterträge, mittlere Botrytisanfälligkeit
'Muir': Großfruchtig, mehltauanfällig
'Ostara': Mittelgroß, mittelmäßig anfällig für Botrytis, Rote Wurzelfäule, Verticillium
'Rapella': Großfruchtig, anfällig wie 'Ostara'
'Rimona': Mittelgroß, robust
'Selva': Großfruchtig, wenig anfällig
'Seascape': Besser als 'Selva', zu dunkle Früchte
'Tribute' und 'Tristar': Resistent gegen Botrytis, Verticillium und Rote Wurzelfäule

Festigkeit	Ertrag	Früchte	Geschmack	Anmerkungen
mittelfest	hoch	mittelgroß	säurebetont, aromatisch	erfolgreiche Frühsorte
mittelfest	mittelhoch	groß	guter Geschmack	Frischverzehr, Verarbeitung
mittelfest	sehr hoch	groß	harmonisch süß-säuerlich	anfällig für Grauschimmel
mittelfest	hoch	groß	säuerlich, aromatisch	robuste Sorte
mittelfest bis fest	mittel	groß	erfrischend, etwas Aroma	gut haltbar
mittelfest	mittel	mittelgroß	feinzellig, saftig	robuste Sorte
mittelfest	hoch	groß	ausgewogen süß-säuerlich	geringe Ansprüche
fest	mittel	groß	gute Aromabildung	widerstandsfähig
mittelfest	mittel	mittel	süß-säuerlich	leichtes Walderdbeeraroma
fest	mittelhoch	mittel	saftig, gutes Aroma	kräftiges Aroma
mittelfest	hoch	groß	mittlere Qualität	robuste Sorte
mittelfest	sehr hoch	mittelgroß	süß, mit feiner Säure	sehr ertragreiche Sorte
fest	sehr hoch	groß	säuerlich, von feinem Aroma	Hauptsorte
weich bis mittelfest	sehr hoch	groß	intensives Aroma	gesunde Sorte
mittelfest	hoch	groß	süßlich, leicht aromatisch	gut transportfähig
fest	hoch	groß	betont säuerlich	robuste Sorte
mittel	sehr hoch	groß	harmonisch säuerlich-süß	benötigt Befruchtersorte
weich bis mittelfest	hoch	groß	süß bis schwach säuerlich	benötigt Befruchtersorte

Fruchtfestigkeit	Fruchtgröße	Ertrag	Geschmack	Anmerkungen
mittelfest	klein	gering	süß, aromatisch	mehltauanfällig
mittelfest	klein bis mittel	mittel	süß-säuerlich	widerstandsfähig
weich bis mittelfest	mittel	mittel	Walderdbeeraroma	ziemlich robust
fest	groß	mittel	gutes Aroma	botrytisanfällig
fest	mittelgroß	sehr hoch	intensives Aroma	früher wichtigste Sorte
weich bis mittelfest	sehr groß	mittel	süß-säuerlich, etwas Aroma	Fruchtspitze bleibt grün
fest	groß	hoch	säuerlich, wenig Aroma	blüht im Sommer ein 2. Mal
weich	mittelgroß	mittel	Walderdbeeraroma	braucht Befruchtersorte
sehr fest	groß	mittel	erfrischend sauer	für Frischverzehr
fest	groß	hoch	feines Erdbeeraroma	mehltauanfällig

'Senga Sengana'
(Foto: PIEBER)

3.7 Holunder (*Sambucus nigra*)

Der Holunder zählt zu den Geißblattgewächsen. Er ist ca. 60 Millionen Jahre alt und wurde in Braunkohlelagern gefunden. Man kennt den Holunder seit dem 5. Jahrhundert v. Chr. als Heilpflanze. Im 1. Jahrhundert n. Chr. wird er erstmals als *Sambucus* benannt. Um die Intensivierung der Holunderkultur in Österreich haben sich STRAUSS und NOVAK (HBLVA Klosterneuburg) verdient gemacht.

Verwendung

Trinkfertig gemachter Saft, Fruchtwein, Gelee, Marmelade und Konfitüre, Nektar, Kuchenfüllung, Destillat, Tee (Blüten), lebensmittelechter Farbstoff.

Standortansprüche

Der Holunder benötigt frische, nährstoffreiche, mittelschwere bis sandige Lehmböden, eine Niederschlagsmenge von mindestens 700 mm/Jahr und staunässefreie Böden. Der optimale pH-Wert liegt zwischen 5,5 und 6,5. Windgeschützte Lagen werden beim Anbau bevorzugt. Wird der Holunder auf einer Höhe von mehr als 700 m angebaut, werden die Fruchtruten immer kürzer.

Pflanzung

Der Holunder ist wie die Himbeere und Brombeere gegen das Austrocknen sehr empfindlich. Daher ist der Pflanzentransport besonders sorgsam durchzuführen. Die Pflanzen werden gleich tief gesetzt, wie sie in der Baumschule standen.

Holunderjungpflanzen werden als Kurzheister gesetzt. Die unterhalb der angeschnittenen Krone befindlichen und nicht benötigten Austriebe werden geräubert (entfernt), um einen triebfreien Stamm zu erhalten. (Foto: KEPPEL)

Da die Holunderwurzeln sehr stark von Mäusen angefressen werden, ist es ratsam, den Holunder auf mäusebesetzten Standorten erst im Frühjahr zu setzen. Zur Pflanzung im Hausgarten werden zweijährige Jungbäume mit starkem Stamm und Kronentrieben verwendet. Zur Pflanzvorbereitung werden die Böden gepflügt, gefräst und anschließend wird gesetzt.

Holunderblüten und deren Zusammensetzung sind erst in letzter Zeit näher untersucht worden (INNERHOFER, SIEGMUND, 2011). Über eine HS-SPME-Analyse an der TU Graz konnten über 100 flüchtige Aromastoffe nachgewiesen werden. Die einzelnen Sorten weisen unterschiedliche Aromaprofile auf, wobei die Terpene Ocimen, Linalool, Linalooloxid und Epoxylinalool-Verbindungen in verschiedenen Mengen vorhanden sind. Über diese Untersuchungen konnte aufgezeigt werden, dass sich die Wildformen von den Kultursorten wesentlich, die Sorten 'Haschberg' und 'Rubin' aber deutlich voneinander unterscheiden.

Düngung

Holunder dankt für organische Dünger, wobei, wenn vorhanden, fünf Fuhren verrotteter Stallmist/ha ausgebracht werden sollten. Die mineralische Stickstoffgabe sei mit maximal 100 kg RN/ha begrenzt, sonst kommt es sehr leicht zum Auftreten von Stiellähme. Im Mulchrasensystem muss darauf geachtet werden, dass zur Mineralstickstoffdüngergabe auch viel natürliche Stickstoffrücklieferung aus dem Boden zur Verfügung (1 % Humus = 50 kg RN/ha) steht und dadurch leicht ein Überangebot von Stickstoff entsteht, das eventuell ein Auftreten von Stiellähme begünstigt. An den Hauptnährstoffen Phosphor kann 50 kg/ha, an Kali bis zu 120 kg/ha gedüngt werden.

Pflanzabstand

In der Steiermark hat sich ein Pflanzabstand von 6 x 4 m eingebürgert. 6 m Reihenabstand deswegen, da die Fruchtäste zur Reifezeit durch die schweren Dolden weit in die Gasse hängen und somit den freien Gassenraum stark vermindern.

Erziehung und Schnitt

Holunder wird in nördlichen Gebieten Europas und auch in Amerika als Buschkultur ausgesetzt. Bei der Buschkultur ist als Nachteil anzumerken, dass die Triebe in Bodennähe leicht von Pilzkrankheiten

Holunderkurzheister in der ersten Blüte (Foto: KEPPEL)

Blühende Holunderdolde mit verschiedenen Aufblühstadien (Foto: KEPPEL)

befallen werden. Deshalb scheint die Holunderkultur als Stammkultur vorteilhafter.

Stammkultur

Heranzucht der Holunderjungpflanzen: Im Winter werden Stecklinge von einjährigen Trieben mit zwei Knoten Länge (= meist 20 cm) geschnitten und im Frühjahr gesteckt (1 m Reihenabstand und 20 bis 30 cm in der Reihe). Die Holunderstecklinge können natürlich auch in ein Pflanzsubstrat gesteckt werden, das zweckmäßigerweise zur Hälfte aus Sand und zur Hälfte aus Torf besteht. Die Anwendung von Bewurzelungspulver zeigt beim Holunder wenig Erfolg.

Im Herbst des Steckjahres wird der kräftigste Trieb des Stecklings ganz kurz angeschnitten, alle anderen Triebe werden entfernt. Der verbleibende Trieb dient nun als Stammbildner. Im darauffolgenden Juli (bei schwachen Bäumen erst im Frühling des nachfolgenden Jahres) wird der Stammbildner zwecks Kronenbildung auf eine Höhe von 1 m plus zwei Knoten angeschnitten. Alle darunterliegenden Äste werden entfernt (= aufasten).

Pflanzschnitt und Pflege

Nach der Pflanzung erfolgt der **Pflanzschnitt**, bei dem vier bis fünf gleichmäßig angesetzte Kronentriebe auf einen Zapfen von zwei Augen zurückgeschnitten werden.

Nach dem ersten Standjahr erfolgt der **Aufbauschnitt**, bei dem sieben Stück einjährige Triebe auf der Krone übrig bleiben sollen. Durch die Scheitelpunktförderung der herabhängenden Trageruten entstehen laufend neue Triebe. Das Kronengrundgerüst wird möglichst waagrecht mit drei bis fünf verbleibenden Ästen und darauf ansetzenden Ertragsruten erzogen. Der Stamm sollte jährlich aufgeputzt werden (austreibende Äste werden immer wieder ausgebrochen). Beim Kronenschnitt des Holunders ist immer darauf zu achten, dass man versucht, die Altäste auf Zapfen zu schneiden. Die Zapfenlänge ist kurz zu halten. Der Holunderschnitt ähnelt also im Wesentlichen dem Rebschnitt.

Beim **Erhaltungsschnitt** wird darauf geachtet, dass ca. zehn bis 15 kräftige und gesunde, basisnahe, einjährige Triebe ausgewählt werden. Größere Kronen können auch mehr als 15 Ertragsruten tragen. Das alte Holz wird auf ganz kurze Zapfen abgeleitet, die überzähligen und zu schwachen Triebe werden weggeschnitten. Das im Winter anfallende Schnittholz soll im Frühjahr mit dem Traktorfrontlader aus der Anlage entfernt werden, da Holunder aus den Knoten rasch Wurzeln schlägt und sich das Schnittholz im Boden schnell festwurzeln könnte.

Sorte 'Haschberg' in blühender Anlage (Foto: KEPPEL)

Vor dem Winterschnitt (li.). Beim Winterschnitt verbleiben ab dem 4. Standjahr 8–12 Ruten am Baum (re.). (Foto: KEPPEL)

Beim Sommerschnitt erhält die Kronenmitte eine Auslichtung, überstarke Jungtriebe sollten nach Möglichkeit reduziert oder entfernt werden, um die verbleibenden Trageruten zu fördern.

Auf eine Mäusebekämpfung durch Fallenstellen bzw. Einleiten von Auspuffen oder CO_2 in die Mäusegänge ist zu achten. Mäusegänge können in Holunderanlagen 40 und mehr Meter lang sein. Das Verrieseln von Holunderblüten kann durch Bestäubungsprobleme oder durch Blütenbotrytis hervorgerufen werden. Bei Mulchanlagen kann Stiellähme auftreten. Die Ursache der Stiellähme ist derzeit noch ungeklärt. Entsprechende Untersuchungen laufen. Ob die Stiellähme durch Nährstoffdisharmonie, einen Nährstoffüberschuss, durch Befall von Gloeosporium, zu lang einwirkende Feuchtigkeit oder durch zu niederen bzw. zu hohen Ertrag hervorgerufen wird, ist bis dato nicht restlos geklärt. Es wäre durch Versuche auszuloten, ob nicht durch zu schwere Böden, zu viele Trageruten in der Intensivkultur, zu hohe mineralische Stickstoffdüngung (die N-Rücklieferung aus dem Mulchrasen und der N-Eintrag durch die Niederschläge wird in der Düngebilanz nicht be-

Gesundes und vitales Laub des Holunderstrauchs mit heranwachsenden Früchten (Foto: KEPPEL)

Welke Blätter (durch Staunässe) verhindern die vollständige Ausreife der Beeren. (Foto: KEPPEL)

rücksichtigt!) und ein unpassender Standort die „Stiellähme" auslösen.

Ernte

Die Holunderdolden werden mittels Baum- oder Ausdünnschere am Doldenstiel vom Busch abgeschnitten. Bevor der Ernter die Holunderdolden in die Transportkiste ablegt, werden die Dolden knapp unter ihrer Verzweigung vom Stiel abgeschnitten. Die Erntearbeitsleistung je AKh beträgt dabei 30 kg. Werden ganze Dolden am Stiel geerntet, steigt die Arbeitsleistung auf 45 kg/AKh. An Erträgen rechnet man im Landesdurchschnitt im zweiten Standjahr 3 kg, im dritten ca. 11 kg, im vierten 18 kg und im fünften und folgenden Standjahr ca. 20 kg/Strauch.

Sorten

In der Holunderzüchtung gibt es drei Zentren:
In Nordamerika, in Dänemark und an der HBLVA Klosterneuburg in Österreich. Weit verbreitet sind die österreichischen Neuzüchtungen.

'Haschberg': 1965 aus den Donauauen von Klosterneuburg (STRAUSS, NOVAK) selektiert. Reift folgeartig ab Anfang September. Starkwüchsig.
'Donau': Beginnt Ende August mit der Reife, etwas schwächeres Wachstum, bildet wenige, aber lange Triebe. Das Holz ist windempfindlich, die Dolden von Donau werden oft durch Vogelfraß geschädigt.

Vergleich reifer Dolden von wildwachsendem Holunder mit Kulturholunder (Foto: KEPPEL)

'Hamburg' ('Schwarzer Diamant'): Starker, aufrechter Wuchs, trägt große Dolden bei minderen Erträgen.
'Dänische Herkunft': 'Alesøe': Herkunft Dänemark. Mittelstarker Wuchs und mittelfrühe Reifezeit.
'Korsør': Mittelstarker, aufrechter Wuchs, mittelfrühe Reifezeit, heller Saft.

Weitere Holunderarten

Weißer Holunder (*Sambucus nigra albida*)
Hellgrüne Beeren, reift gegen Ende September, Verarbeitungseignung wie Schwarzer Holunder, nicht färbender Saft.

Roter Holunder (*Sambucus racemosa*)
Dieser findet in der Heilmittelkunde Verwendung.

3.8 Heidelbeere (*Vaccinium corymbosum*)

Die Kulturheidelbeeren (Familie der Heidekrautgewächse) stammen aus Nordamerika. Die diploiden **Wildformen** der Heidelbeeren (Schwarzbeeren) sind in unseren Wäldern als kleinwüchsige Stauden heimisch. Die Früchte der Wildbeeren erreichen meist nur die Größe einer Erbse und reifen je nach Standort im Juli bzw. August. Das Laub wird im Herbst abgeworfen. Die Wildformen der Heidelbeere weisen einen stark färbenden Saft auf.

Die **Kulturheidelbeersträucher** werden mannshoch, haben bis zu 0,5 cm Dicke, aromaarme, weißfleischige Früchte mit einem farblosen Saft. Wild- und Kulturbeeren sind Flachwurzler.

Verwendung

Frischkonsum; Kompott, trinkfertig gemachter Saft, Marmelade, Fruchtwein, Likör, Branntwein, Tiefkühlware.

Standortansprüche

Heidelbeeren benötigen einen sauren Boden mit pH-Werten um 4,5. Der Boden soll sehr humusreich und mäßig feucht sein. Die Feuchtigkeit wird aber über die gesamte Vegetationsperiode benötigt, sodass es notwendig ist, bei Trockenheit das Wasserdefizit mittels Tröpfchenbewässerung auszugleichen. Zur Ausreifung ist eine ausreichende Besonnung der Früchte notwendig. Wichtig ist auch eine windgeschützte Lage.

Der ideale Heidelbeerboden wäre ein Moorboden mit einem Grundwasserstand von 60 cm bis 1 m und einem pH-Wert von 4 bis 5 (GÖSCH).

Pflanzung

Je Einzelpflanze wird der Mutterboden ca. spatentief (20 cm) und 1 m im Durchmesser ausgehoben und entfernt. In das ausgegrabene Pflanzloch wird nun feuchter Torf eingefüllt und mit Sand, wenn möglich auch mit saurer Erde, durchmischt. Ist der Mutterboden mit einem relativ hohen pH-Wert ausgestattet, sollte nicht zu viel Standortserde zum Torfgemisch zugefügt werden. Wird auf humusarmen Böden, bei denen der pH-Wert annähernd für die Pflanzung passt, gepflanzt, wird vor der Bodenvorbereitung eine 20 cm hohe Rindenschicht aufgebracht. Danach den Boden pflügen und fräsen. Nach der Markierung des Reihenverlaufs wird für eine Intensivanlage mittels Häufelpflug eine Pflanzfurche in der Breite von ca. 1 m und 20 cm Tiefe gezogen.

Die Furche anschließend mit Rohrtorf füllen und die seitlich abgelagerte Aushuberde gleichmäßig verteilen. Danach die Reihe neuerlich mit der Fräse bearbeiten. Nach dem Setzen erscheint es zweckmäßig, die Reihen mit Sägespänen abzudecken. Innerhalb von vier Jahren haben die Wurzeln den mit Torf vorbereiteten Pflanzstreifen durchwurzelt. Ein neuerliches Aufbringen von Humus in Form von ca. 30 cm Rindendecke (billiger als Torf) muss durchgeführt werden. Will man in den Hausgarten nur einen oder zwei Heidelbeerstöcke pflanzen, so genügt es, einen Ballen Torf in der Mitte auseinanderzuschneiden und die beiden Hälften mit dem verschweißten Sackende nach unten einzugraben (vorher sticht man in das Sackende einige Löcher, um das eindringende Regenwasser abfließen lassen zu können). Nach dem Schlagen eines Stockes wird nun eine Pflanze in einen eingegrabenen halben Torfballen eingesetzt und der Jungstrauch daran befestigt.

Die Pflanzen sollen ca. 5 cm tiefer in den Standort gesetzt werden, als die Pflanzen in der Baumschule standen. Nach der Pflanzung ist auf eine ausreichende, stets den Boden feucht haltende Bewässerung zu achten. Das Pflanzmaterial ist zumindest zwei- oder besser dreijährig und gut bewurzelt.

Pflanzabstände

Reihenabstand je nach Traktor- und Mulcherbreite 2,5 bis 3,0 m, Pflanzabstand in der Reihe je nach Wuchs der Sorte zwischen 1,0 und 1,5 m.

Pflege

Eine ausreichende und dauernde Bodenfeuchtigkeit ist sicherzustellen. Durch das Abdecken der frisch gepflanzten Heidelbeerstöcke mit Sägespänen wird der Unkrautwuchs hintangehalten. Gegen den Herbst hin soll man vorsichtig die Bewässerung auslaufen lassen, um den Triebabschluss und die Holzreife zu fördern. Die Heidelbeeren haben ein extrem flaches Wurzelsystem, sind daher gegen eine chemische Unkrautbekämpfung empfindlich. In der Gasse lohnt sich daher die Aussaat von Mulchrasen, während innerhalb der Reihen und unterhalb der Stöcke eine dauernde Bodenbedeckung mit Sägespänen oder Rinde die beste Vorsorge gegen Austrocknen und Unkrautwuchs darstellt. Im Intensivanbau bereitet der Vogelfraß etliche Probleme. Im Hausgarten können Einzelstöcke leicht mit Vogelschutznetzen umkleidet werden. In der Intensivanlage ist dies problematischer. Ertragsanlagen in Waldnähe erleiden durch Vogelfraß

Links unbehandelt; in der Mitte durchgeführter Verjüngungsschnitt (nicht tief genug); rechts der Aufwuchs innerhalb von sechs Jahren nach dem Verjüngungsschnitt (Foto: A.-P. ENTROP)

Verjüngungsschnitt (Absetzen auf 30–40 cm) (Foto: A.-P. ENTROP)

oft große Schäden. Einzig und allein die Überspannung mit Vogelschutznetzen bietet jedoch Schutz davor.

Die Blütenfrostempfindlichkeit beginnt mit –5 °C und darunter. Pinzieren fördert die Seitentriebbildung.

Düngung

Wenn Handelsdünger gegeben wird, muss unbedingt auf Chlorid- und Kalkfreiheit der Dünger geachtet werden. Bei Volldünger können 6 dag/m^2 im Frühjahr und 3 dag/m^2 Anfang Juni ausgebracht werden. Auch verrotteter Stallmist reicht in der Menge von 2–3 kg/m^2 völlig aus.

Schnitt

Je nach Wüchsigkeit der Sorte und der Bodenbeschaffenheit wird mit dem Schnitt ab dem fünften Standjahr in Form des Auslichtungsschnittes begonnen, und zwar werden am Boden aufliegende, weiters kranke Triebe und altes, abgetragenes Holz weggeschnitten. Im Hausgarten genügt der Schnitt in vier- bis fünfjährigen Intervallen, während für den Erwerbsanbau zu beachten ist, dass bei zu reichem Fruchtansatz und Wassermangel die Früchte klein bleiben und die Ernteperiode verlängert wird. Im Rahmen der Holzrotation wird darauf geachtet, dass der Stock jeweils sechs bis acht Stück drei- bis vierjährige Äste aufweisen sollte. Abgetragene Triebe müssen nicht gänzlich weggeschnitten werden, sie können auch auf einen passenden Seitentrieb abgesetzt werden. Überschüssige Bodenausschläge werden entfernt. Im deutschen Anbaugebiet wird nach dem zehnten Standjahr ein radikaler Rückschnitt bis auf den Boden bei allen Trieben des Strauches durchgeführt. Der neuerliche Ertrag setzt drei Jahre nach dem Rückschnitt ein. Die Heidelbeersträucher können 1–1,5 m hoch werden. Als Schnittwerkzeug wäre wegen des spröden, harten Holzes eine pneumatische Schere vorzuziehen. Zum Schutz vor Hautwunden ist das Tragen von Lederhandschuhen empfohlen. Der Schnitt kann im beginnenden Frühling oder nach der Ernte durchgeführt werden. In schneedruckgefährdeten Lagen wäre der Frühjahrsschnitt vorzuziehen.

'Bluecrop' (Foto: WEISS)

Ernte

Die Reifezeit beginnt sortenabhängig im Juli und endet bei den späten Sorten bzw. Standorten im September. Die Ernte verläuft stark folgeartig. Die Früchte sind dann erntereif, wenn die Fruchtfarbe von grün auf violettblau umschlägt bzw. wenn der Stielansatz sortentypisch dunkelblau gefärbt ist. Innerhalb einer Traube sind mehrere Beeren reif, der Rest bleibt unreif, sodass ein mehrmaliges Durchpflücken des gleichen Fruchtstandes notwendig ist. Die Beeren werden bei der Erntearbeit mit dem Daumen von der Traube abgerollt und mit der geöffneten Hand aufgefangen. Nach einer Einarbeitungszeit können bis 5 kg Heidelbeerfrüchte/AKh geerntet werden. Nach dem fünften Standjahr beträgt die Erntemenge 4 kg/Strauch.

Sorten

Anfang Juli reifend: **'Earlyblue'**, **'Spartan'**, **'Bluetta'**, **'Duke'**
Ende Juli bis Mitte August tragend: **'Bluecrop'**, **'Berkeley'**, **'Elisabeth'**
Im letzten Augustdrittel reifend: **'Darrow'**, **'Elliot'**
Weitere Sorten: **'Idaho'**.

3.9 Cranberry (*Vaccinium macrocarbon*)

Wird als Cranberry (Großfruchtige Moosbeere) im Norden der USA und Kanada angebaut. Verschiedentlich **irrtümlich als Kulturpreiselbeere** benannt.

Verwendung

Marmelade und Konfitüre, Gelee, Kompott, trinkfertiger Saft, Likör, Tiefkühlware.

Standortansprüche

Cranberrys bevorzugen wie die Heidelbeeren humusreiche, fast moorige Böden. Der Grundwasserstau kann bis 25 cm unter die Erdoberfläche reichen, um den hohen Feuchtigkeitsbedarf abdecken zu können. Die Wurzeln der Cranberrys sind aber staunässeempfindlich. Die Kultur der Cranberry braucht eine volle Besonnung, damit Blüten angelegt werden können. Die Sommer sollten nicht zu warm und trocken sein, die Wintertemperaturen sollten nicht unter –18 °C sinken. Bei tiefen Temperaturen muss eine geschlossene Schneedecke herrschen oder die Pflanzen sind mit Wasser zu überstauen. Zu beachten ist, dass unter Umständen flache Altteichanlagen zur Cranberrykultur verwendet werden könnten, bei denen jedoch auf eine entsprechende Bodenvorbereitung geachtet werden muss. Bei den Teichanlagen muss das Wasser rasch zufließen, sodass es innerhalb weniger Stunden 7–10 cm über den Pflanzen stehen kann, aber ebenso rasch muss es von den Pflanzen wieder abrinnen können (KEIPERT). Der optimale pH-Wert liegt zwischen 4 und 5. Insgesamt sind kühlere Lagen mit feuchtsumpfigen bis sandig lehmigen Böden für die Cranberrykultur geeignet. Im Hausgarten kann auf eine Überstauung verzichtet werden, wenn genügend organisches Abdeckmaterial vorhanden ist. Für genauere Frostschutzmaßnahmen fehlen in Europa derzeit die Erfahrungen.

Cranberrytestbeet (Foto: KEPPEL)

Pflanzung

Die Frühjahrspflanzung wird vorgezogen, um das Ausfrieren der Jungpflanzen zu vermeiden. Vor der Pflanzung wird eine dünne Sandschicht (5 cm) im Spätsommer aufgebracht. Die ca. 5 cm langen Stecklinge werden so tief gesetzt, dass diese ca. 2–3 cm in den torfigen Untergrund gesteckt werden können.

Pflanzabstände

Über Pflanzabstände gibt es noch keine ausreichenden heimischen Erfahrungen. Reihenabstände zwischen 25 und 40 cm und Pflanzabstände in der Reihe mit den gleichen Abständen werden genannt. In Amerika setzt man bei der Handpflanzung bis zu drei unbewurzelte Stecklinge/Pflanzloch. Je dichter die Cranberrys stehen, umso rascher bewurzeln sich die Pflanzen. Nach ca. drei, vier Jahren ist das Beet vollkommen verwachsen. Das Pflanzmaterial ist in der Vegetationsperiode immergrün. Im Winter sind die Blätter rot gefärbt. Cranberrys sind wie die Heidelbeeren flachwurzelnd und vermehren sich über rankende, verholzende Triebe. Die Vermehrung verholzender Ständer kann in einem Torf-Sand-Gemisch (3 : 1) erfolgen, wenn schattiert wird und die Jungpflanzen mittels Sprühnebelanlage stets feucht gehalten werden. Nach der Abhärtung eintopfen und als Topfballenpflanzen aussetzen.

Pflege

Die Unkrautbekämpfung wird händisch durchgeführt. Chemische Pflanzenschutzmaßnahmen sind wie bei der Heidelbeere nicht notwendig.

Ernte

Nach der Anfang Juni bis Anfang Juli stattfindenden Blüte können die Früchte ab Anfang September bis Oktober geerntet werden. Gefrorene Früchte sind für den Marktverkauf untauglich. Verwendet werden Riffeln (Kammschaufeln), die Arbeitsleistungen von rund 300 kg/Tag erreichen lassen.

In den USA sind die Pflanzen meist in seichten Bodeneinsenkungen gepflanzt und werden zur Erntezeit mit Wasser überstaut. Das aufstauende und steigende Wasser trennt die reifen Beeren von den Pflanzen ab. Die schwimmenden Beeren sammelt man mit Netzen und schwemmt diese zum Mönch (Teichausfluss), wo sie ausgefischt werden (Nassernte).

Die Nassernte ist die rationellste und häufigste Erntemethode in Amerika. (Foto: WEISS)

Sorten

(nach KEIPERT)
Selektionen von Wildpflanzen: **'Early Black'**, **'Hoves'**
Zuchtsorten: **'Ben Lear'**, **'Bergmann'**

Erfolgversprechende Versuche laufen, die bei uns heimische Cranberry in Form von Intensivanlagen auszupflanzen.

3.10 Kiwi (*Actinidia chinensis*)

Die Kiwi hat in den letzten Jahren, nicht zuletzt durch intensive Bewerbung, hohe Marktanteile erworben. In Südfrankreich wurden verschiedentlich Weinlagen nicht mehr mit Weinreben bepflanzt, sondern die Weingärten durch Kiwigärten ersetzt.

Verwendung

Frischkonsum; Marmelade und Konfitüre, Wein.

Standortansprüche

Kiwi setzen für einen optimalen Anbau ein Wein-/Maisklima voraus. Kulturkiwipflanzen sind besonders im Jugendstadium gegen Winterkälte empfindlich und frieren immer wieder bis zur Bodengrenze ab. Stecklingsvermehrte Pflanzen treiben nach dem Frost wieder aus. Für die Kiwikultur sind windgeschützte, sonnige Lagen vorzuziehen. Im Hausgarten werden Kiwis gerne an Hausmauern als Spalierobst angesetzt und bringen auch in ungünstigen Klimaten bis zu einer Seehöhe von rund 450 m ansehnliche Erträge, wenn auch die Fruchtgröße darunter leidet und die Genussfähigkeit der Früchte erst im Spätnovember beginnt.

Pflanzung

Die Kiwipflanze ist getrenntgeschlechtlich. Für eine Vaterpflanze rechnet man maximal acht Mutterpflanzen. Die Pflanzen werden gleich tief wie in der Baumschule gesetzt.

Pflanzabstände

Je nach gewählter Erziehungsform (Drahtgerüst oder Pergola).

Drahtgerüst: Das Drahtgerüst der Kiwi ähnelt jenem der Him- bzw. Brombeeren. In der Höhe von jeweils 70 cm, 1,2 und 1,7 m über dem Boden wird ein mindestens 3,2 mm starker, verzinkter Eisendraht gespannt. Alle 5 m werden 2,5 m lange Stützgerüstsäulen eingeschlagen. Zur Vergrößerung der Tragezone für die Kiwipflanzen wird vorgeschlagen, am oberen Ende der Säulen ein ca. 2 m breites Querjoch anzubringen. Da der letzte Spanndraht am oberen Ende der Säule verläuft und zusätzlich zwei Spanndrähte jeweils am Ende des Querjochs verlaufen, können die Fruchtäste der Kiwi vom Hauptleitast seitlich bis zu den auf dem Querjoch verspannten Drähten wachsen. Die Kiwifrüchte erzielen so ihre optimale Standraumfor-

Kiwifrüchte (Foto: KEPPEL)

derung, dass nämlich wohl die Blätter voll besonnt sein sollten, die Früchte aber nach unten geschützt im Schatten hängen. Zur Erleichterung der Erziehung kann auch die in Südtirol im Weinbau angewandte Pergola als Stützgerüst ausgesetzt werden.

Schnitt

Bei der Kiwi sind jeweils die erste bis vierte Knospe eines Fruchttriebes nach der Verzweigung vom Leittrieb Blütenknospen. Der Winterschnitt wird in der frostfreien Zeit (ab Mitte März) durchgeführt. Ein eventueller Sommerschnitt hilft, das starke Wachstum zu vermindern und kann im August durchgeführt werden. Für wärmere Klimate empfiehlt ZECH (mündlich):

Im ersten und zweiten Standjahr am Gerüst frei wachsen lassen. Die Fruchttriebe in der zweiten Augusthälfte ab dem dritten Standjahr auf sieben bis neun Augen einkürzen und Schlingtriebe entfernen. Die abgetragenen Ruten im Spätwinter schneiden.

Der Hauptertrag hängt am einjährigen (im Vorjahr gewachsenen) Holz. Triebe, die einmal gefruchtet haben, blühen nicht mehr. Somit soll das fruchttragende Holz alle zwei bis drei Jahre kräftig zurückgeschnitten werden. Es muss beim Winterschnitt darauf geachtet werden, nicht zu viel einjähriges Holz abzuschneiden, um auch im nächsten Jahr genügend Früchte zu haben.

Düngung

Die Kiwipflanze ist starkwüchsig. Im Hausgarten braucht man sich wegen der Düngung keine Gedanken zu machen. Wenn gedüngt werden soll, sind organische Dünger vorzuziehen. Wird ein mineralischer Stickstoffdünger gegeben, ist darauf zu achten, dass dieser im Frühjahr gegeben wird, um die Holzausreife im Herbst zu gewährleisten.

Ernte

Die Ernte wird ab Mitte Oktober bis Mitte November durchgeführt. Sie sollte jedoch vor dem Einsetzen von Frösten unter –2 °C beendet sein. Die Früchte werden mit der Gartenschere vom Stock getrennt, wobei ein bis zu 2 cm langer Stiel auf der Pflanze bleiben kann. Die Kiwifrüchte werden dann bei Kellertemperaturen gelagert. Vor der Genussreife sind sie auf Zimmertemperatur zu bringen. Kiwis muss man längere Zeit nachreifen lassen.

Sorten

'Abbott', 'Bruno', 'Hayward', 'Matua'

Die Kiwikultur hat in unseren Breiten mit den gegenwärtig angebotenen Sorten wegen der problematischen Jugendphase wenig Bedeutung im Intensivanbau.

Es gibt im Testanbau aber bereits kleinfruchtige, frostharte Formen (z. B. 'Weiki', glattschalig).

4. SCHALENOBST

4.1 Walnuss (*Juglans regia*)

Die Walnuss ist in den warmen Gebieten Südosteuropas und von Kleinasien bis China heimisch.

Verwendung

Frischgenuss; Mehlspeisen, Mitverwendung bei der Herstellung von Likör (grüne Früchte); Furnierholz.

Standortansprüche

Die Walnuss benötigt humusreiche, tiefgründige, frische, warme, lockere Böden. Der Boden soll keine Staunässe aufweisen. Aufgrund der frühen Blütezeit wird ein frostsicherer und windstiller Standort im Wein-/Maisklima vorgezogen.

Unterlagen

Der Walnusssämling (*Juglans regia*) wird für trockene Böden, die Schwarznuss (*Juglans nigra*) für feuchte, schwere Böden und schwächeren Wuchs gewählt.

Veredelung

Die in Frankreich bei der Walnussveredelung angewendete Plattenokkulation zeigt nur in warmen Gebieten entsprechende Anwuchserfolge. Die Lamellenschnittmethode nach DUHAN basiert darauf, dass die Unterlagen als Tischveredelung mit einer speziellen Veredelungsmaschine (mit Lamellenschnitt) im April veredelt werden. An der Unterlage und am Edelreis werden gegensinnig angeordnete Lamellen eingeschnitten, sodass mehrere Nutschlitze und Federn entstehen (siehe auch Veredelungsmethoden). Unterlage und Edelreis werden zusammengefügt, in warmes Rebveredelungswachs getaucht und anschließend bei Temperaturen um 28 °C und später unter Zuhilfenahme von künstlichem Licht vorgetrieben. Nach dem Abhärten wird ab Ende Mai aufgeschult.

Befruchtungsverhältnisse

Die Walnuss ist einhäusig und zweigeschlechtlich, das heißt, Männchen und Weibchen stehen getrennt auf einem Baum. Die 6–12 cm langen Kätzchen (männliche Blütenorgane) tragen Millionen von Pollenkörnern. Zur Bestäubung sind die Walnüsse auf den Wind angewiesen. Die männlichen und weiblichen Blütenorgane können verschieden früh aufblühen, das heißt, die Blüten sind dichogam. Unter **protandrisch** versteht man, dass die männlichen Blütenorgane vor den weiblichen Blütenorganen aufblühen, unter **protogyn**, dass die weiblichen Blütenorgane vor den männlichen aufblühen. Bei den Walnüssen kommt es auch zur Apomixis (= Fruchtbildung ohne Befruchtung, wobei die Samen nicht keimfähig sind). Diese Eigenschaft ist besonders wichtig, da Nüsse nach Frosteinwirkung neuerlich Blüten schieben und diese wegen der Apomixiseigenschaft wieder Früchte ohne Befruchtung bringen können.

Weibliche Blütenorgane der Walnuss (links) und männliche (Kätzchen) (rechts) (Fotos: KEPPEL)

Austreibender Walnusssämling: Der neue Trieb wächst aufwärts in Richtung Sonne, die Pfahlwurzel abwärts in die Erde. (Foto: KEPPEL)

Bei der Reife sollen die Nussfrüchte auf dem Baum aus der Schale fallen. (Foto: KEPPEL)

Pflanzabstände und Pflanzmaterial

8 x 8 bis 10 x 10 m

Bei den Walnüssen verwendet man Heister (= unverzweigte hohe, einjährige Triebe). Die Pflanzzeit ist im Frühjahr, wobei eventuell auftretende Schnittwunden sofort verschmiert werden.

Schnitt

Dieser kann im Februar durchgeführt werden. Ein „Ausrinnen" des Baumes durch das nachfolgende starke Bluten ist nicht zu befürchten. Der Wundverschluss braucht erst nach ca. zwei- bis dreitägigem Bluten aufgebracht werden (davor würde dieser abgewaschen).

Ernte

Im vollreifen Zustand fallen die Walnüsse von selbst aus der grünen Schale. Die Reifezeit ist folgeartig und dauert ca. zwei bis drei Wochen. Walnüsse soll

Sorte	Kreuzung	Herkunft	Austrieb	Blüte
'Killlinger Sauerbrunn'	Sämling, Sauerbrunn	Österreich	mittelfrüh	homogam bis protogyn
'Aufhauser Baden'	Sämling, Baden/Wien	Österreich	früh	protogyn
'Mars'	Selektion, Mähren	Tschechien	mittelspät	protogyn
'Jupiter'	Selektion Valtice	Tschechien	mittelspät	protanrisch
'Geisenheim 120'	Sämling, Güls/Mosel	Deutschland	mittelspät	protandrisch
'Geisenheim 139'	Sämling, Weinheim	Deutschland	mittelspät	homogam bis protogyn
'Geisenheim 26'	Sämling, Rüdesheim	Deutschland	sehr spät	homogam bis protogyn
'Geisenheim 1239'	Sämling, Ybbs/Donau	Österreich	mittelfrüh	protandrisch
'Seifersdorfer'	Selektion, Dresden	Deutschland	früh	homogam bis protogyn
'Weinsberg I'	Sämling	Deutschland	mittelfrüh	protandrisch
'Esterhazy II'	Sämling	Ungarn	mittelfrüh	protandrisch
'Parisienne'	Sämling	Frankreich	sehr spät	protogyn
Nüsse: weibliche (unscheinbar) und männliche Blüten (Kätzchen) getrennt auf einem Baum				
protogyn = weibliche Blüten bereits offen, bevor Kätzchen stäuben protandrisch = Kätzchen stäuben bereits, bevor weibliche Blüten offen sind				

Tabelle: Walnuss-Sortiment

Walnuss-Sorte 'Geisenheim 120'
(Foto: KEPPEL)

man nicht vom Baum abschlagen, da Äste als auch Früchte Beschädigungen erleiden könnten. Sind die Walnüsse bei der Ernte noch unreif, trocknet der Kern ein und die Früchte bleiben wertlos. Im unreifen Zustand (Ende Juni/Anfang Juli) können Walnüsse für Likör geerntet werden.

Nach der Ernte werden die Früchte aus der grünen Schale gelöst, wobei zu beachten ist, dass dies unbedingt mit einem Handschutz (Gummihandschuh) durchgeführt wird, weil die Hände ansonsten braun werden. Die Walnüsse werden anschließend gewaschen und zum Trocknen auf einen Lattenrost mit Kaltluftzufuhr aufgelegt. Warmluft soll zum Trocknen nicht verwendet werden, da die Kerne ansonsten ranzig werden oder sogar schrumpfen können. In Amerika wird die Walnussfrucht vor dem Trocknen noch in schwefeliger Säure gebadet, um die Schale rein und hell werden zu lassen.

Die Forderungen an eine qualitativ hochwertige Walnuss sind: Mitteldicke Schale, mittelfeste Naht, Glattschaligkeit, leichtes Auslösen des Samens aus der Schale. Das Kern-/Schalenverhältnis soll zumindest 50 : 50 betragen (derzeit liegt es bei einigen Sorten um 30 : 70).

Sorten

Siehe Tabelle unten.

4.2 Haselnuss (*Corylus avellana*)

Die Haselnuss ist seit 8.000 v. Chr. in Mitteleuropa, Syrien, Algerien, dem Iran und der Türkei bekannt.

Verwendung

Frischgenuss, Mehlspeisen, Holzkohle aus Haselnuss ist eine gesuchte Zeichenkohle. Das Holz der Haselnuss findet auch in Drechsler-, Tischler- und Schnitzerwerkstätten Verarbeitung.

Standortansprüche

Sie verlangt frostfreie, windgeschützte und später im Frühjahr austreibende Nordost- bis Nordwestlagen, die von der Sonne später beschienen werden. Von der Seehöhe her ist die Haselnuss mit ca. 900 m begrenzt.

Blüte

Einhäusig und zweigeschlechtlich, 6–10 cm lange Kätzchen, die Ende Februar/Anfang März aufblühen (= am frühesten blühende Obstart). Die weiblichen Blüten sitzen an kurzen Seitentrieben.

Reife	Ertrag	Geschmack	Kerngehalt	Anmerkungen
Mitte September	hoch	gut	49 %	Schale brüchig
Mitte bis Ende September	gering bis mittel	gut	30 %	rotschalig, sehr groß
Mitte bis Ende September	mittel	gut	49 %	feste Schale
Mitte bis Ende September	hoch	gut	46 %	eiförmige Nüsse
Ende September	hoch	gut	42 %	wichtigste Sorte
Ende September	hoch	sehr gut	46 %	günstige Lagen
Ende September	mittel	gut	49 %	keine Spätfrostgefahr
Ende September	mittel	gut	45 %	rotschalig, Blutnuss
Ende September	hoch	gut	47 %	Nüsse klein
Ende September	mittelhoch	sehr gut	40 %	Ertrag früh einsetzend
Ende September	mittel	sehr gut	40 %	krankheitsanfällig
Anfang Oktober	mittel	gut	42 %	später Triebabschluss

Lange männliche Blütenorgane (Kätzchen) (1) und kleine, rotgefärbte weibliche Blütenorgane (2) nahe der Kätzchenbasis (Foto: KEPPEL)

Pflanzung und Pflanzabstand

Pflanzmaterial

Zwei- bis dreijähriger Busch oder einjähriger Ableger. Die Triebe werden bei der Buscherziehung auf ca. 30 cm Länge eingekürzt. Will man eine Stammerziehung, lässt man den stärksten Trieb, schneidet ihn zurück und alle anderen Triebe werden weggeschnitten. Pflanzabstand: 5 x 4 bis 5 x 5 m.

Erziehung

Strauch: Hier tritt eine natürlich laufende Erneuerung des Strauches ein, wobei die Bodenpflege durch den auswuchernden Triebwuchs schwierig wird.

Stämmchen: Bei einer Stämmchenkultur ist die Bodenpflege einfacher, nur die Erneuerung der Krone birgt einige Probleme.

Schnitt

Beim **Strauch** rechnet man vom sechsten bis ca. 20. Standjahr, dass jeweils sechs bis acht Haupttriebe belassen werden. Der Schnitt ähnelt dem der Ribisel, wobei von der Strauchmitte aus begonnen wird.

In der **Stämmchenkultur** werden 30 bis 50 cm lange Stämmchen herangezogen, auf denen eine Hohlkrone mit fünf bis sechs Hauptästen ansetzt.

Fruchtholzschnitt

Die starken Fruchttriebe werden auf zwei bis drei Knospen oberhalb der letzten weiblichen Blütenknospe auf eine außenstehende Knospe abgeschnitten. Alte, abgetragene Triebe werden auf mindestens die Hälfte zurückgeschnitten.

Da die Haselnuss die am frühsten blühende Obstart ist, gilt sie als ertragsunsicher. Die Haselnuss ist eine Fremdbefruchterobstart, bei der nach Möglichkeit vier Sorten zusammengesetzt werden sollten. Zur Befruchtung haben sich besonders die Sorten 'Hallesche Riesen' und 'Webbs Preisnuss' als geeignet herausgestellt.

Ernte

Die Ernte ist sorten- und standortabhängig, im August beginnend und reicht bis Oktober. (Die Früchte des Haselnussstrauches sind genießbar, die der Baumhasel ungenießbar.)

Sortengruppen

Zellernuss

Diese haben eine harte Schale, die Kernhaut ist rau und die Fruchthülle kürzer als die Nuss. Bei der Ernte werden die Sträucher geschüttelt und die Nüsse fallen aus der Hülle zu Boden.

Lambertsnuss

Hier handelt es sich um eine längliche Nuss mit einem kuppenförmigen Schild und glatter Kernhaut. Die Fruchthülle ist röhrenförmig und lang. Die Nuss muss aus der Hülle gezogen werden. Meist fallen die Nüsse mit der Hülle gemeinsam ab.

Unter **Lambertshybriden** versteht man Kreuzungen zwischen Lambertsnuss x Zellernuss. Daraus resultiert die Sorte **'Römische Zeller'**.

Neuerdings werden großfruchtige veredelte Haselnusssorten auf Stammformen angeboten, die geringen Wurzelaustrieb aufweisen.

Zierform der Haselnuss: Bluthasel (dunkelrote Blätter).

Lambert- und Zeller-Type (Foto: PIEBER)

4.3 Edelkastanie (*Castanea vesca*)

Die Edelkastanie stammt aus dem Kaukasus und kam vor ca. 2.000 Jahren nach Südeuropa. Die Römer förderten die Verbreitung und Veredelung, die Germanen brachten sie nach Nordeuropa.

Verwendung

Frischkonsum (gebraten), Mehlspeisen; Furnierholz.

Standortansprüche

Die Kastanie bevorzugt saure Böden mit einem pH-Wert von 4,5 bis 5,5. Kalktolerante Typen sind vorhanden. Idealböden sind Urgesteins- und Schieferböden bis 800 m Seehöhe und 700–800 mm jährliche Niederschläge. Die Kastanie bevorzugt sonnige, frostfreie Herbstlagen ohne Kaltluftstau.

Die Kastanie geht mit Mykorrhizapilzen eine Wurzelsymbiose ein, sodass auch in armen, kargen Böden ein gutes Wachstum gesichert ist.

Blüte

Spätblühend, ungefähr Mitte Juni bei Temperaturen von 15 bis 18 °C. Um eine optimale Befruchtung sicherzustellen, sollten mindestens drei verschiedene Klone zusammengesetzt oder die Pflanzung nicht weiter als 60 m von Altkastanienbeständen entfernt durchgeführt werden.

Die Kastanienblüten sind selbstunfruchtbar. Die männlichen Kätzchen können bis zu 30 cm Länge erreichen. Die zwittrigen Blüten haben die männlichen Blütenorgane an der Spitze und die weiblichen an der Basis. Bei der Bestäubung helfen hauptsächlich der Wind und die Insekten. Die Aufblühdauer zwischen männlichen und weiblichen Blütenorganen kann sich um bis zu zwei Wochen unterscheiden.

Reifer Edelkastanienklon 'Laimburg K1' (Foto: KEPPEL)

Kugelförmige, blühende Edelkastanienbaumkrone, Schattauberg, Stmk. (Foto: KEPPEL)

Nicht aufgeblühte (1) und aufgeblühte (2) männliche sowie weibliche Blütenorgane (3) der Edelkastanie (Foto: KEPPEL)

Pflanzung

Da Sämlinge erst nach 15 bis 20 Jahren zu tragen beginnen, sollten veredelte Kastaniensetzlinge gewählt werden. Die Veredelungsmethoden im Sommer sind Okulieren oder Kopulieren. Nach SZENTIVANYI (mündlich) gibt es mehr als 100 verschiedene botanische Arten, wobei nur die engst verwandten sich untereinander veredeln lassen. Die Kastanienheister werden gleich tief wie in der Baumschule gesetzt.

Pflanzabstand

10 x 10 bis 12 x 12 m

Kastanienbäume können im Alter sehr groß werden. Die Maximalgröße ist mit 30 m Höhe und bis zu 50 m Kronendurchmesser gegeben.

Schnitt

Im Intensivanbau soll bei der Kastanie auf eine lockere Krone geachtet werden, wobei das Auslichten spätestens nach dem 20. Standjahr einsetzen muss. Weggeschnitten werden beschädigte und zu tief hängende sowie abgetragene Äste.

Ernte

Die optimalen Kastanienklone sind jene, bei denen die Schale (stacheliger Pelz) am Baum aufgeht und die Früchte allein herabfallen. Die Früchte sollten gleichmäßig groß, aber nicht zu groß sein, damit sie beim Braten gleichmäßig fertig sind. Kastanienfrüchte werden auch gekocht und anschließend zerkleinert und tiefgefroren. So halten sie über einen längeren Zeitraum und können für Mehlspeisen und Kastanienreis verwertet werden. Die aufgelesenen Kastanienfrüchte werden dünnschichtig auf Kaltluftrosten oder in der Sonne getrocknet.

Auch Edelkastanien können mechanisch geerntet werden. Wie bei Oliven sind auch hier Auffangnetze in Gebrauch. Die abgefallenen Früchte sollen möglichst schnell aufgelesen und entpelzt werden. Bleiben die Früchte zu lange am Boden oder unbearbeitet liegen, setzt die Austrocknung ein, worunter die Geschmacksqualität leidet. Erntemaschinenprototypen, die die Edelkastanien mittels Vakuum oder im Bürstenprinzip auflesen, entpelzen und absacken, sind in Erprobung.

In den Edelkastanienanbauzentren (z. B. Cuneo, Italien) werden die Früchte nach der Ernte ungefähr 45 Minuten in ein 45 °C warmes Wasserbad eingetaucht (warme Hydrotherapie, Thermohydrotherapie) und danach über einem Heißluftrost sanft oder nach einem Kaltwasserbad (kalte Hydrotherapie) acht Tage bei Lufttemperatur getrocknet. Um den Früchten einen erntefrischen Glanz zu verleihen, erfolgt eine Bürstung in drehenden Trommeln, die mit kleinen Bürsten ausgestattet sind. Die Lagerung findet in herkömmlichen Kühllagern bei Temperaturen von 0 bis 3 °C statt. Dabei verringert sich der Gehalt an Stärke, der Zucker-(Saccharose-)Gehalt

Erste Befallssymptome von Kastanienrindenkrebs an einem jungen Kastanienbaum (Foto: KEPPEL)

Von Kastanienrindenkrebs befallener Baum mit geringer Überlebenschance (Foto: KEPPEL)

nimmt zu. Dies lässt die Kastanien besser munden. Nach der Ernte warm behandelte Früchte verlieren während der Lagerung etwas mehr an Gewicht. Unter steter Beobachtung des Schimmelauftretens kann die Lagerung ungefähr 90 Tage betragen.

Vermahlene, trockene Edelkastanien waren früher das Mehl der armen Leute.

Fruchttypen

Die **Maronen** sind großfruchtig, einsamig, glattschalig und im Geschmack leicht süßlich, sie benötigen warmes Klima.

Die **Kastanien** sind meist kleinfruchtig und mehrsamig.

Bei der Klonenselektion sollte auch für den Praktiker der Grundsatz gelten, dass nach Möglichkeit nur solche Bäume selektiert werden, deren Früchte nur ein- oder zweisamig sowie großfruchtig sind und deren Mutterbäume nicht vom **Kastanienkrebs** befallen sind. Der Kastanienkrebs (vielfach auch Kastanienpest – *Endothia parasitica* – genannt) stellt ein großes Problem der Kastanienkultur dar. Dieser kam von Japan nach Nordamerika, über Italien und das ehemalige Jugoslawien nach Mitteleuropa. Die Erreger dringen durch Rindenverletzungen ein und bringen durch Verstopfen der Leitungsbahnen den Baum zum Absterben. Der Kastanienkrebs tritt auch auf anderen Schalenobstsorten auf. Durch Kreuzung mit japanischen Kastanienarten hat man resistente (besser gesagt, tolerante) Sorten gezüchtet. Diese werden in unserem heimischen Klimagebiet geprüft und man hofft, dass diese Sorten dem Kastanienkrebs Widerstand bieten, um die heimische Kastanie vor dem Aussterben zu retten. Da es zurzeit auch keine chemische Bekämpfungsmöglichkeit gibt, wird verstärkt auf eine Positivselektion im Bestand wertgelegt (das heißt, in einem befallenen Bestand werden Edelreiser nur von nicht befallenen Bäumen ausgewählt, die den normalen Selektionskriterien entsprechen).

4.4 Mandel (*Prunus dulcis, Prunus amygdalus*)

Die Mandel gehört botanisch zum Steinobst und nicht zum Schalenobst; da aber der genießbare Teil wie beim Schalenobst der Kern ist, wird sie als Handelsware dieser Fruchtgruppe zugeordnet. Sie ist eine nahe Verwandte des Pfirsichs und wird daher auf sehr kalkhaltigen, trockenen Böden auch als Pfirsichunterlage verwendet. In Österreich hat der Mandelanbau keine wirtschaftliche Bedeutung, der Anbau ist heute praktisch auf die Liebhabergärten beschränkt. Auch die 1985/86 im Burgenland ausgepflanzten Neuanlagen sind praktisch aufgrund der hohen Baumausfälle nur mehr in Ansätzen vorhanden. Die früher neben dem Weingartenpfirsich in den Rebkulturen vorhandenen Bäume haben heute ihre an und für sich geringe Bedeutung vollständig verloren. Die Mandel kann aber aufgrund ihrer sehr frühen Blüte zur Verschönerung der Landschaftsgebiete einer Region (z. B. der Thermenregion) und damit zur Förderung des Fremdenverkehrs beitragen. Die Heimat des Mandelbaumes liegt in Turkestan, Nordpersien, Mesopotamien und in Nordafrika. Er kommt als Wildform, aber auch auf vielen Inseln des Mittelmeeres und in Italien vor. Heute ist der Mandelanbau vor allem in den Mittelmeerländern, in Südafrika, Chile, Südaustralien und in Kalifornien von wirtschaftlicher Bedeutung. Die Mandel kann sowohl über Italien als auch über die Balkanländer nach Österreich gekommen sein. Nach dem Krieg haben sich vor allem ungarische Züchter um die Verbesserung der Sorten bemüht.

Verwendung

Frischkonsum, Mehlspeisen, Mitverwendung bei Likörerzeugung (grüne Früchte)

Standortansprüche

Der natürliche Standort des wild vorkommenden Mandelbaumes ist durch das Kontinentalklima geprägt. Die Entwicklung der Bäume ist auch nur dort normal, wo durch Winterkälteeinfluss ein vollständiger Laubabwurf erfolgt und damit eine Ruhepause eintritt. In subtropischen und tropischen Gebieten ist daher eine Kultur nur auf höher gelegenen Standorten (500 bis 1.000 m über NN oder auch höher) möglich.

Mandelbäume schließen ihr Wachstum relativ zeitig ab. Sie besitzen daher in der Regel ein gut ausgereiftes Holz und vertragen im Ruhestadium Temperaturen bis –20 °C ohne Schaden. Mit zunehmender Entwicklung werden die Blütenknospen jedoch immer empfindlicher. Während geschlossene Blütenknospen ohne Weiteres bis –4 °C vertragen, können in der Vollblüte bereits ab –1,5 °C Schäden an den empfindlichen Blütenorganen auftreten. Die Mandelblüte liegt in unseren Breiten etwa ab Mitte bis Ende März, sodass die Ertragsunsicherheit durch mögliche Blütenfrostschäden ziemlich groß ist. Während der Vegetationsperiode verlangt die Mandel aber relativ hohe Temperaturen, die für das Baumwachstum, die Fruchtentwicklung und die Blütenknospenbildung notwendig sind.

Der Mandelbaum ist sehr trockenresistent, Gebiete mit zu hohen Niederschlagsmengen sind für eine Mandelkultur nicht geeignet. Die Bodenansprüche sind gering, doch es sollte eine gewisse Tiefgründigkeit vorliegen, weil die Wurzeln einigermaßen in die Tiefe gehen. Sie erreichen eine deutlich größere Ausdehnung als die Laubkrone. Die Mandel ist kalkliebend und kommt mit schlechtesten und steinigsten Böden zurecht.

Befruchtungsverhältnisse

Die derzeit bekannten Mandelsorten sind durchwegs selbstunfruchtbar, sodass bei Neupflanzungen zumindest zwei Sorten nebeneinander gepflanzt werden müssen, um einen Fruchtansatz zu erreichen. Als Befruchtungspartner sollten möglichst früh blühende Formen verwendet werden, damit eine ausreichende Überschneidung der Blühzeiten und damit eine gute Befruchtung sichergestellt ist. Gleichzeitig blühende Pfirsichbäume sind ebenfalls als Befruchter geeignet.

Unterlagen

Die generative (samenechte) Vermehrung ist, bedingt durch die Selbstunfruchtbarkeit, nicht durchführbar, da es zur Aufspaltung kommt. Auch die Anzucht auf eigener Wurzel (autovegetativ) war bisher noch nicht möglich. Eine sortenechte Vermehrung ist daher nur über die Veredelung möglich. Als Unterlagen kommen arteigene Sämlinge (Bittermandelsämlinge) oder auch Sämlinge von dafür geeigneten Pfirsichsorten ('Kernechter vom Vorgebirge', 'Mamie Ross') in Frage. Sie sind vor allem für trockenere Standorte geeignet. Für feuchtere und etwas schwere Böden werden pflaumenartige Unterlagen (Myrobalanen, St.-Julien-Klone sowie Pflaumen- und Reneklodenunterlagen) eingesetzt. Die Veredelung erfolgt am günstigsten durch Okulation am Wurzelhals oder mittels Reiserveredelungen im Frühjahr auf die gewünschten Stammhöhen.

Erziehungsformen

Die Pflanzung kann bei uns sowohl im Herbst als auch im Frühjahr erfolgen. Wegen des frühen Austriebes sollte die Herbstpflanzung aber vorgezogen werden. Die meisten Mandelsorten sind mittelstarkwüchsig, sodass Pflanzentfernungen von 5 x 5 bis 6 x 4 m angebracht sind. In den ersten Jahren bzw. auf windexponierten Standorten ist ein stützender Pfahl notwendig. Die Kronenentwicklung gleicht meist einer sehr unregelmäßigen pyramidalen Krone, die später teilweise auseinanderfallen kann.

Die Mandel ist bezüglich des Schnittes wohl zu den anspruchslosesten Obstarten zu zählen und im Wuchsverhalten und der Kronenentwicklung am ehesten noch mit schwächer wüchsigen Zwetschken oder Pflaumen zu vergleichen.

Nach einem in den ersten beiden Jahren durchgeführten Erziehungs- und Aufbauschnitt genügt in weiterer Folge eine gewisse Auslichtung der Krone. Wenn der Wuchs nachlässt, ist eine etwas schärfere Verjüngung (Rückschnitt) angebracht, um wieder jüngeres, ertragssicheres Fruchtholz zu erhalten. Der Ertrag setzt meist bereits nach dem dritten bis vierten Standjahr ein. Der Ertragsverlauf ist in unseren Klimaten jedoch sehr unregelmäßig, was auf die Spätfrostgefährdung zurückzuführen ist.

Sorten

Man unterscheidet hier grundsätzlich zwischen der bitteren Mandel (*P. amygdalus* var. *amara*) und der süßen Mandel (*P. amygdalus* var. *dulcis*). Daneben gibt es noch zahlreiche Zwischenformen von bittersüßen Mandeln und Bastarde zwischen Pfirsich und Mandel, die pfirsichähnliche Früchte mit genießbarem Fleisch und einem mandelähnlichen Stein aufweisen.

Im Handel wird neben dieser Einteilung, vor allem bei den Süßmandeln, noch nach der **Schalendicke** unterschieden:

- **Papierschalige Mandeln (*papershell*):** mit papierdünner Schale, die löcherig sein kann,
- **weichschalige Mandeln (*softshell*):** mit einer schwammartigen, zerreibbaren Schale,
- **normalschalige Mandeln (*standardshell*):** die noch mit der Hand aufgebrochen werden können,
- **hartschalige Mandeln (*hardshell*):** die nur mittels Hilfsmittel (Hammer, Nussknacker) aufgebrochen werden können.

MAURER (1968) hat in der Forschungsanstalt Geisenheim/Rhein fünf Sorten selektiert und teilweise auch für die Verbreitung in die Baumschulen gesorgt. Es handelt sich vorwiegend um sehr fruchtbare Sorten, die im Dürkheimer Anbaugebiet schon länger vertreten sind, wie z. B. 'Dürkheimer Riesen', 'Dürkheimer Sehr Große', 'Ungst II Osten' und 'Ungst III Osten', 'Bad Dürkheim XI' und 'Wachenheimer Baseler'. Auch die aus der Slowakei stammenden Sorten (beispielsweise 'Della Regina', Typ Nr. 3) dürften für unser Gebiet brauchbar sein. Die in den letzten Jahren in Ungarn entwickelten Sorten, wie z. B. 'Tétényi Kedvenc', 'Tétényi Bötermö' oder 'Budatétény', wären besonders für burgenländische Klimate gut geeignet. In der ehemaligen Sowjetunion hat man sich auf der Halbinsel Krim ebenfalls um die Heranzucht besser angepasster Sorten bemüht.

Ernte und Lagerung

Aufgrund der sehr unregelmäßigen Ernten findet man in der Literatur wenig Angaben über Erträge. In sehr günstigen Jahren kann es aber auch in unseren Anbaugebieten durchaus zufriedenstellende Ernteerträge geben. Unzureichende Erntemengen sind wohl zu einem gewissen Grad auch die Folge von nicht immer ausreichenden Pflegemaßnahmen. Abzuhelfen wäre dem durch ein gewisses Maß an Intensivierung, vor allem durch Züchtung bzw. Selektion von später blühenden, frostfesteren Sorten und durch Verbesserung der Befruchtungsverhältnisse.

Die Mandeln fallen zum Reifezeitpunkt, ähnlich wie die Walnüsse, von selbst herunter. Oft werden sie aber auch bereits vorzeitig heruntergeschlagen. Anschließend sollten die Mandeln in einem luftigen Raum in dünner Schicht getrocknet werden. Dabei springt die fleischige Hülle auf und die Mandelsteine werden frei. Diese sollten ebenfalls in dünner Schicht weitergetrocknet werden, bis sie praktisch alles überflüssige Wasser verloren haben. Dann können sie in geeigneten Behältern ca. zwei Jahre aufbewahrt werden.

AUFBAU UND ENTWICKLUNG DER OBSTGEWÄCHSE

1. BAU EINER PFLANZENZELLE UND DER GEWEBE

Die Grundbausteine aller Pflanzenorgane sind die Zellen. Erfolgt eine geschlechtliche Fortpflanzung, so geht das neue Lebewesen aus einer einzigen Zelle, der befruchteten Eizelle, hervor. Alle für den Bau und für die Lebensabläufe notwendigen Bestandteile der Pflanzen sind in den Genen des Zellkernes enthalten und ermöglichen so die späteren Wachstums- und Entwicklungsvorgänge.

Die **Zelle** besteht aus der Zellwand (Zellulose, Holzstoffe), dem Zellplasma (Protoplasma) als Träger des Lebens und dem Zellkern mit den Chromosomen, die in einem Kerngerüst zusammengefasst sind. Sie sind in den normalen Körperzellen zweifach enthalten (diploid). Der Apfel z. B. besitzt 34 Chromosomen. Im Protoplasma befinden sich neben dem Zellkern zahlreiche weitere Einschlüsse und Bauelemente (Organellen), wie z. B. die Plastiden, zu denen neben anderen Farbstoffträgern auch die für die Photosynthese notwendigen Chloroplasten gehören. Weiters sind Fette und andere Reservestoffe, Stärkekörner, Stoffwechselprodukte und insbesondere die für die Atmung wichtigen Mitochondrien vorhanden. In der Zelle befinden sich noch Zellsafträume (Vakuolen), die den Zellsaft enthalten, der ebenfalls Reservestoffe, Farbstoffe und verschiedene Stoffwechselprodukte enthalten kann. Mit zunehmendem Alter der Zelle nehmen die Vakuolen sehr stark an Umfang zu und können dann fast den gesamten Raum der Zelle ausfüllen. Im Pflanzenorganismus sind Zellen mit gleichen Arbeitsaufgaben meist zu **Gewebeverbänden** zusammengeschlossen, wobei vor allem in holzigen Pflanzen auch bereits tote Zellgewebe noch wichtige Aufgaben, etwa solche der Stabilisierung und der Stoffleitung, besitzen. Nach den überwiegenden Aufgaben kann man **zahlreiche Typen von Zellgeweben** unterscheiden:

- **Bildungsgewebe (meristematische Gewebe)** – sind unter geeigneten Voraussetzungen zu intensiver Zellteilung befähigt. Sie leiten ihre Teilungsfähigkeit entweder direkt vom Urmeristem (Eizelle) ab, wie z. B. die Spitzen von Wurzeln und Sprossen oder das Kambium, oder sie werden als Folge von Verletzungen oder anderer exo- oder endogener Einflüsse wieder aktiviert.

  Das Kambium stellt dabei eine besondere Art von Bildungsgewebe dar, da von ihm das sekundäre Dickenwachstum der Sprosse mehrjähriger Pflanzen ausgeht. Es stellt eine ringförmige, teilungsaktive Zellschicht dar und bildet alljährlich nach innen den Holzteil und nach außen den Rindenteil aus.

  Bildungsgewebe sind auch Produktionszentren von Wuchs- und Hemmstoffen und daher ebenfalls an der Steuerung des Entwicklungsgeschehens der Gesamtpflanze (wie beispielsweise für den Austrieb, den Blühimpuls, die Reservestoffmobilisierung und Ähnliches) beteiligt.
- Zellverbände mit nicht mehr teilungsfähigen, bereits ausgewachsenen Zellen werden als **Dauergewebe** bezeichnet. Nach ihren Hauptfunktionen unterscheidet man zunächst einmal Grundgewebe, welche die Pflanzenmasse darstellen. Dazu werden meist auch das Assimilationsgewebe, dessen Zellen zahlreiche Chloroplasten enthalten, und die Speichergewebe, die zum Teil geschützt im Inneren der Pflanze zu finden sind, aber auch in Form der verschiedenen Früchte vorliegen, gezählt.
- **Festigungsgewebe**, die aus lang gestreckten Zellen mit verdickten Zellwänden bestehen, die der Stabilität der Pflanzen dienen.
- **Leitgewebe (Leitbündel)** bestehen aus unterschiedlichen Zelltypen, die in zwei Komplexen mit verschiedenen Funktionen im Holz- und Bastteil zusammengefasst sind. Im stets nach innen gerichteten Xylem (Holzteil) übernehmen Tracheen und Tracheiden den Transport von Wasser und den darin gelösten Nährstoffen. Im nach außen liegenden Phloem (Bastteil) bilden die Siebröhren mit ihren siebartigen Durchgängen zwischen zwei Zellen die leitenden Elemente für den Transport vorwiegend organischer Stoffe (Assimilate).
- **Haut und Abschlussgewebe** schließlich dienen als Schutz vor mechanischen Schäden und vor übermäßigen Wasserverlusten. Sie müssen aber ein gewisses Maß an Stoffaustausch (Gase und Wasser) ermöglichen.

2. DIE ORGANE DER OBSTGEWÄCHSE UND IHRE AUFGABEN

Wurzel

Aufgabe der Wurzel ist es, die Pflanze im Boden zu verankern sowie Wasser und Nährstoffe aufzunehmen und weiterzuleiten. Um diese Funktionen erfüllen zu können, besitzen die Obstbäume ein ausgedehntes, normal stark verzweigtes Wurzelsystem, das weit über die Ausdehnung der Krone hinausgeht. Normalerweise verläuft die Hauptwurzelmasse eher flach, einzelne Wurzeln (Wasserholer) stoßen aber auch in tiefere Bodenschichten vor (bei starkwüchsigen Unterlagen mehrere Meter tief) und sichern so die Wasserversorgung in Trockenzeiten.

Zur Aufnahme von Wasser und zum Stoffaustausch sind ausschließlich nur die im Wachstum befindlichen **Wurzelspitzen** befähigt. Diese sind während der gesamten Vegetationsperiode in stetem Wachstum begriffen. Die Wurzelspitze mit dem Bildungsgewebe wird durch eine aus ständig neu entstehenden, kurzlebigen und schleimigen Zellschichten bestehenden Wurzelhaube geschützt, die das Vordringen im Boden erleichtert. Hinter der Wurzelspitze bildet die **Wurzelhaut** feine Ausstülpungen (Wurzelhaare) aus, die sich zwischen die Bodenteilchen drängen und Wasser und Nährstoffe aufnehmen. Sie sind nur kurzlebig und sterben im Allgemeinen nach einigen Tagen ab. Anschließend wird die Wurzelhaut durch eine korkähnliche Schicht ersetzt. Damit ist ein Stoffaustausch mit dem Boden praktisch nicht mehr möglich. Diese braunen Wurzeln übernehmen später die Aufgaben der Verankerung, des Stofftransportes und der Stoffspeicherung. Außerdem sind sie als Orte der Synthese für verschiedene Stoffe (wie z. B. des Aufbaus von Eiweißstoffen) von großer Bedeutung.

Die Wurzeln entwickeln sich am besten in einem tiefgründigen, nicht zu schweren Boden mit guter Humusversorgung und ausreichendem Porenvolumen. Das Wurzelwachstum verläuft aber während des Jahres meist nicht gleichmäßig. Während des Winters wird es stark reduziert und bei tiefer Temperatur ganz eingestellt. Sobald aber im ausgehenden Winter die Bodentemperatur auf 4 bis 5 °C über dem Gefrierpunkt ansteigt, setzt eine ziemlich intensive Wachstumstätigkeit ein. Zu früher Beginn, bedingt etwa durch auftretende hohe Temperatur und vorzeitige Bodenerwärmung, kann bei extremen Kälterückschlägen mit erneutem Gefrieren des Bodens an den wachsenden Zellen der Wurzeln zu Frostschäden führen. Das kann sich in einem schlechteren Austrieb im Frühjahr äußern. Zum Zeitpunkt des Austriebs sollten möglichst viele Nährstoffe bereits leicht zugänglich und in aufnehmbarer Form zur Verfügung stehen, damit eine ausreichende Versorgung gewährleistet ist. Aus diesem Grund ist es sicher günstig, Phosphor-, Kali- und Magnesiumdünger im Spätherbst und einen Teil des Stickstoffs bereits im März auszubringen. Die größte Wurzelentwicklung findet von April bis Juni statt. Nach einem sommerlichen Minimum kommt es im Herbst aber meist erneut zu einem intensiveren Wachstum. Die Hauptmenge der Wurzelmasse liegt gewöhnlich etwa in 15–50 cm Bodentiefe. Der Aufbau und die Gesamtform der Wurzelkrone sind bei den einzelnen Veredelungsunterlagen aber recht unterschiedlich. Die Apfelunterlagen M 27 oder M 9 haben meist nur ein bis zwei stärkere Hauptwurzeln, während mittelstark wachsende Unterlagen und Sämlinge mehrere davon ausbilden und damit auch ein wesentlich größeres Bodenvolumen durchwurzeln können. Außerdem ist die Standfestigkeit bei diesen we-

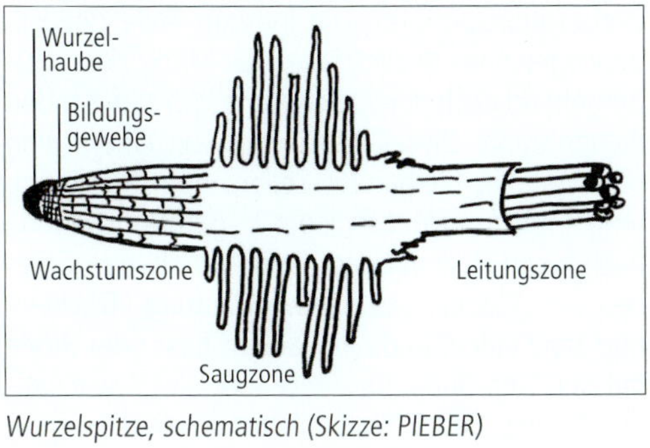

Wurzelspitze, schematisch (Skizze: PIEBER)

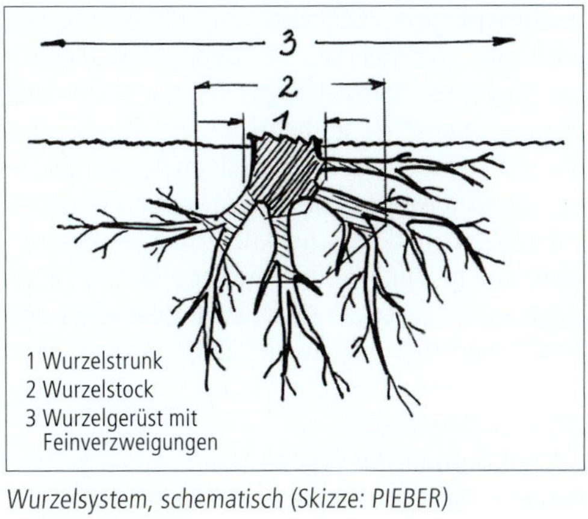

Wurzelsystem, schematisch (Skizze: PIEBER)

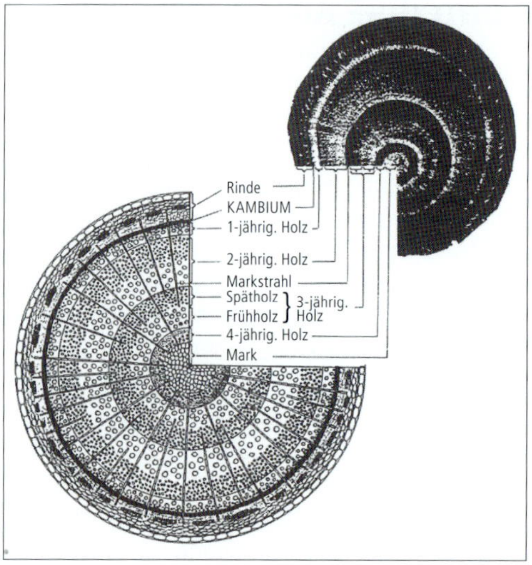

Querschnitt durch einen Apfelzweig im 4. Jahr (Quelle: HALLAMA, Obstbau)

sentlich verbessert. Ein früher Ertragseintritt und gleichmäßige, hohe Erträge wirken sich allerdings hemmend auf das Wurzelwachstum aus.

Bei einem gesunden Baum reicht das Wurzelwerk weit über die Baumkrone hinaus und macht etwa einen Anteil von einem Viertel bis zu einem Drittel des gesamten Baumgewichtes aus. Allgemein üben die Bodeneigenschaften aber großen Einfluss auf die Entwicklung und Ausdehnung der Wurzelkrone aus. Vor allem dicht lagernden Böden mit hohem Schluffanteil und Gefahr von stauender Nässe ist, wegen oft nicht immer ausreichender O_2-Versorgung der Wurzel, bei der Erstellung einer neuen Obstanlage besondere Aufmerksamkeit zu schenken.

Spross

Darunter sind im botanischen Sinne alle **ein- und mehrjährigen Organe** zusammenzufassen (also ein- und mehrjährige Triebe, einschließlich des Stammes). Sprosse tragen Blätter, Blüten und Früchte, leiten Nährstoffe weiter und dienen auch der Stoffspeicherung. Die jeweiligen Achsen sind in Knoten (Nodien), aus denen Blätter und Knospen entspringen, und Zwischenknotenstücke (Internodien), die in ihrem Aufbau für jede Obstart bzw. sogar -sorte charakteristisch sind, gegliedert und bestimmen den Aufbau der Obstgehölze. Man kann zwischen baumartigem und strauchartigem Wuchs unterscheiden.

Der **baumartige Wuchs** kommt durch die vorhandene **Spitzenförderung (Akrotonie)** zustande. Dabei erfolgt die Fortsetzung des Stammes oder der Haupt- und Nebenäste aus einer endständigen Knospe (Terminalknospe). Aus den Knospen des mittleren Bereiches der Sprosse entwickeln sich meist nur mehr Kurztriebe. Ein Teil der Knospen im basalen Bereich treibt überhaupt nicht mehr aus und bleibt schlafend.

Der strauchartige Wuchs dagegen wird durch die **Basisförderung (Basitonie)** bestimmt. Statt eines Hauptstammes werden hier mehrere gleichrangige, an oder nahe der Basis entspringende „Stämme" ausgebildet, die aber in ihrer Stärke nicht mit dem Stamm eines Baumes vergleichbar sind. Die Verzweigung dieser Triebe erfolgt zwar meist akroton, der Ersatz dieser „Stämme" findet aber immer wieder bodennah statt. Der Strauch kann sich also fortlaufend verjüngen, während beim Baumobst eine Erneuerung nur mehr im Kronenbereich selbst erfolgen kann.

Den strauchartigen Habitus kann man besonders bei der Johannisbeere und der Haselnuss beobachten. Die Himbeere dagegen bildet keinen eigentlichen Strauch mehr, sondern kurzlebige Einzelruten, an denen sich im folgenden Jahr meist blütentragende Kurztriebe entwickeln. Diese Ruten sterben aber im Jahr der Ernte wieder ab. Bei der Brombeere verhält es sich ähnlich, allerdings bleiben hier die Langtriebe mehrere Jahre lebensfähig (Halbsträucher).

Ein Spross wächst nicht ständig mit gleicher Intensität. Einer etwas langsameren Anfangsentwicklung folgt eine Hauptwachstumsperiode bis ca. Ende Juni/Anfang Juli. Etwa Mitte Juli setzt nach vorübergehender Wachstumsruhe neuerlich ein allerdings etwas schwächeres Wachstum ein. Der gesamte Wachstumsvorgang im Verlauf eines Jahres ähnelt daher etwa einer **lang gezogenen S-Kurve**. Das **Längenwachstum der Sprosse** geht, ähnlich dem der Wurzeln, ausschließlich von den Bildungsgeweben der Triebspitzen aus (Vegetationspunkte). Die inneren Teile des Bildungsgewebes bilden dabei das Mark, das vorübergehend auch der Speicherung von Nährstoffen dienen kann. Dieses Mark wird von einem Ring teilungsfähig bleibender Zellen, dem Kambium, umgeben. Es bildet in jeder Vegetationsperiode nach innen Holz mit den darin enthaltenen Gefäßen zur Wasser- und Nährstoffleitung (Tracheen und Tracheiden) und nach außen Bast oder Rinde mit den Siebröhren für die Leitung des Assimilationsstromes. Sein Umfang nimmt daher ständig zu.

Das **Dickenwachstum** der Triebe, Zweige und des Stammes geht nur vom Kambium aus.

Der **Holzkörper** besteht aus verschiedenen Zellarten. Holzfasern geben dem Holzkörper dabei die notwendige Festigkeit. Die Markstrahlen, die den Holzkörper von innen nach außen durchqueren und die bis in den Rindenteil reichen, sind meist aus Speicherzellen aufgebaut und dienen dem Quertransport und der Speicherung von Reservestoffen, insbesondere der Stärke.

Da im Holzteil im Frühjahr verhältnismäßig mehr Gefäße und zum Herbst hin mehr Holzfasern gebildet werden, entstehen die **Jahresringe**. Das lockere Holz des Frühjahrs erscheint deutlich heller als das kompaktere, härtere Spätholz.

Ältere Jahresringe sterben ab und dienen nur mehr der Festigkeit. Durch die Einlagerung verschiedener konservierender Substanzen (wie Gerbstoffe und Ähnliches) schützt der Baum das tote Holz. Es ist meist auch durch eine dunklere Färbung erkennbar.

Der außerhalb des Kambiums gebildete **Rindenteil** besteht aus verschiedenen Zellarten, so z. B. den Siebröhren, die von Festigungs- und Speichergewebe umgeben sind. In diesem Leitungssystem werden die in den Blättern gebildeten Assimilate zu den Ästen und Wurzeln (absteigender Saftstrom) gebracht. Die äußeren Schichten des Rindenparenchyms können auf längere Sicht dem Dickenwachstum nicht folgen, sondern reißen durch den von innen kommenden Druck auf und bilden schließlich die sogenannte **Borke**. Die Form der Rissbildung ist für einzelne Obstarten einigermaßen charakteristisch. So reißt beispielsweise die Borke der Walnuss in tiefen Längsfurchen, die der Birne typisch würfelförmig auf. Dieser Vorgang (Verkorkung) wiederholt sich ständig, solange das sekundäre Dickenwachstum anhält.

Blatt

Es wird exogen (außen) an der Sprossachse an den Vegetationskegeln (Nodienpunkten), zunächst als seitlicher Höcker, ausgebildet. Dann entwickelt sich aus dem zum Spross gerichteten Abschnitt der **Blattgrund** mit den für eine Reihe von Obstarten typischen Nebenblättern. Aus dem sprossferneren Teil entwickeln sich die **Blattspreite** und der **Blattstiel**. Die Blätter eines Langtriebes sind spiralig übereinander angeordnet und behindern sich dadurch kaum im Lichtgenuss. Das jeweils sechste Blatt steht wieder über dem ersten. Bei den einheimischen Obstgewächsen ist die Lebensdauer der Blätter auf eine Vegetationsperiode beschränkt.

Die Blätter sind befähigt, mithilfe des Blattgrüns (Chlorophyll) und unter Verwendung des Sonnenlichtes als Energiequelle, aus Kohlendioxid (CO_2) und Wasser, Stärke und Zucker (Assimilate) aufzubauen. Dabei wird Sauerstoff abgegeben. Dieser Vorgang wird als **Assimilation** bezeichnet. Als zweite wichtige Aufgabe der Blätter ist die **Wasserverdunstung** (Transpiration) zu nennen, ohne die es nicht möglich wäre, neues Wasser mit den darin gelösten Nährstoffen von den Wurzeln her anzusaugen und in die Krone zu bringen. Als dritte wichtige und notwendige Aufgabe ist die **Atmung**, auch Respiration oder biologische Oxidation, zu nennen. Für diesen Vorgang wird etwa die Hälfte bis zwei Drittel des bei der Assimilation aufgebauten Zuckers verbraucht. Die daraus gewonnene „Energie" wird für die vielen chemischen Umsetzungen im Inneren der Pflanze verwendet.

Der **innere Bau** des Blattes entspricht in recht günstiger Weise den vorher angeführten Aufgaben. Ober- und Unterseite (Abschlussgewebe) besitzen eine einschichtige **Epidermis**, die zwar lichtdurchlässig ist, aber im Allgemeinen keine Chloroplasten enthält. Nach außen hin wird die Epidermis noch durch eine **Wachsschicht** (**Kutikula**) gegen Verletzungen und ungewollte Verdunstung geschützt. Das dazwischenliegende Gewebe (**Mesophyll**) besteht aus einem zur Oberseite gerichteten **Palisadenparenchym**, das sind längliche, palisadenartig angeordnete Zellen mit zahlreichen Chloroplasten und dem unterseits liegenden **Schwammparenchym** aus unregelmäßig gestalteten, großen Zellen mit deutlich weniger Chloroplasten und einem großen Anteil an Interzellularräumen. Letzteres enthält auch die Leitungsbündel, welche aus zwei Teilen, dem oberseits liegenden Siebteil und dem unten liegenden Holzteil, bestehen. Diese Gefäße sind die direkte Fortsetzung der Leitungsbahnen der Holzkörper. Für den Gasaustausch besitzen die Blätter zahlreiche Öffnungen (**Stomata**), die bei den Obstgewächsen nur auf der Blattunterseite angeordnet sind. Ihre Zahl beträgt beim Apfelblatt ca. 400/mm^2. Sie sind mit einem Öffnungs- und Schließmechanismus ausgestattet, der, je nach Notwendigkeit, das Öffnen und Schließen ermöglicht. Ein großer Teil des aufgenommenen Wassers wird über die Spaltöffnungen verdunstet. Im Allgemeinen sind die Stomata bei Tag offen und nachts

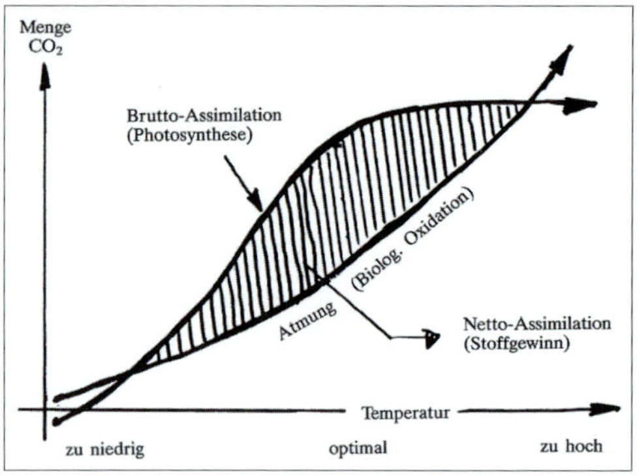

Abhängigkeit der Brutto-Assimilationsleistung sowie der Atmung von der Temperaturentwicklung (Grafik: PIEBER)

großteils geschlossen. Herrscht aber Wasserknappheit, etwa an sehr heißen Tagen, werden sie, um weitere Verdunstungsverluste zu vermeiden, auch tagsüber geschlossen. Neben dem Sauerstoff tritt durch diese Öffnungen gleichzeitig auch das für die Assimilation wichtige Kohlendioxid ein; das bedeutet, dass bei geschlossenen Spaltöffnungen keine Assimilation stattfinden kann. **Der Produzent hat daher für eine möglichst ausgeglichene Wasserbilanz zu sorgen (Mulchen, Beregnen und anderes). Ziel jeder Pflegemaßnahme muss es sein, die Assimilationsvorgänge möglichst zu begünstigen.** Dazu gehören neben einer **ausreichenden Wasserversorgung** auch die Sicherung einer **guten Belichtung und die Erhaltung möglichst vieler gesunder und leistungsfähiger Blätter**.

Die Photosynthese ist einer der wichtigsten Lebensvorgänge auf unserer Erde überhaupt, weil dabei Grundbausteine organischer Verbindungen gebildet werden, die neben den Pflanzen auch Menschen und Tiere für den Aufbau und ihren Energiehaushalt benötigen. Eine Bilanz der **Photosyntheseleistung** kann nur annähernd geschätzt werden, da hier zahlreiche Faktoren mehr oder weniger stark beeinflussend wirken. Aufgrund der großen Blattoberfläche sind die Pflanzen auch in der Lage, im Wasser gänzlich lösliche Nährstoffe bzw. andere Substanzen (z. B. Ausdünnmittel) über das Blatt aufzunehmen. Eine solche Maßnahme ist dann gerechtfertigt, wenn etwa akute Mangelerscheinungen oder auch vorübergehende Störungen (z. B. Frostschäden, Hagelschlag, Trockenheit, Wurzelschäden, Nährstofffestlegung usw.) auszugleichen sind.

Stoffproduktion einer Apfelpflanzung (1 ha)
(nach FRIEDRICH, verändert)

Gesamtblattfläche	25.000 m^2
Photosyntheseleistung je dm^2 Blattfläche	10 mg CO_2
Trockensubstanz-Stoffproduktion (umgerechnet auf Hexose) je ha und Jahr bei 150 Tagen Vegetationslänge zu 10 Stunden	24 t
abzüglich 1/3 Stoffverlust für Lebensprozesse und Synthese von Aminosäuren und anderem	– 8 t
ergibt	**16 t**
davon:	
Blatt (bei 42 % Trockensubstanz)	3,0 t
Holz durch Dickenwachstum	4,0 t
Holz durch Triebwachstum	1,5 t
Wurzeln	2,5 t
vegetative Trockensubstanz insgesamt	**11 t**
verbleibt Trockensubstanz für Fruchtertrag	**5 t**
dies entspricht bei 15 % Trockensubstanz einem Frischgewicht von	**33 t**

Blütenknospenbildung und Blüte

Bei den Obstgehölzen stellt die Blütenbildung ein besonderes, herausragendes Ereignis dar. Dabei kommt es zum **Übergang von** der **vegetativen zur reproduktiven Phase**, das heißt, in den Sprossmeristemen werden anstelle von Laubblättern Blütenorgane (Kelch-, Blumenkron-, Staub- und Fruchtblätter) ausgebildet.

Die **Anlage der Blütenknospen** beginnt bei allen Kern- und Steinobstarten schon in der zweiten Julihälfte und geht dann etwa bis in den August hinein. Dieser längere Zeitraum ist auch dadurch begründet, dass die Anlage von Blütenknospen an Kurztrieben früher als an den Langtrieben erfolgt. Die Blühinduktion an der Spitze von Langtrieben ist immer erst nach einem Nachlassen des Triebwachstums möglich. Ein übermäßig stark wachsender Baum bildet meist weit weniger Blütenknospen, weil die Assimilate zur Zellwand und Eiweißbildung in den Triebspitzen verbraucht werden. In den meisten Fällen kann man bereits im Herbst erkennen, wie hoch der Besatz an Blütenknospen für das nächste Jahr sein wird. Bei den Steinobstarten bilden sich entweder Blatt- oder Blütenknospen aus. Die Kernobstbäume hingegen bilden neben reinen Blattknospen auch sogenannte **gemischte Knospen** aus. Diese enthalten ca. vier bis acht Blütenanlagen, ein Blattbüschel, das an der Basis sitzt, und ein oder zwei Vegetationspunkte, aus denen sich Kurztriebe entwickeln können.

Von besonderer Bedeutung bei der **Blütenbildung** ist der Vorgang der Blühinduktion, also das Umkippen in den Meristemen von der vegetativen in die generative Phase. Sie kann bereits wenige Wochen nach der Blüte beginnen und bis in den Sommer hinein dauern. Die **Blütendifferenzierung** dagegen beginnt im Sommer und hält in der Regel bis ins folgende Frühjahr an. Bereits früh wurde beobachtet, dass zwischen Blütenknospenbildung und Längenwachstum eine negative Beziehung besteht. Starkwüchsige Bäume beispielsweise bilden den Großteil ihrer Blütenknospen später aus als schwachwüchsige. Folgerichtig waren daher die Maßnahmen der Obstproduktion auf eine Reduzierung des Trieblängenwachstums ausgerichtet (wie etwa die Verwendung schwachwüchsiger Unterlagen, Waagrechtbinden, Ringelung, Einsatz von Wachstumsregulatoren usw.).

Wachstumsphasen einer Blütenknospe

Zeitraum	Wachstumsphase
Ende Juli	Kelchblätter
August	Blüten-(Kron-)Blätter
September bis Oktober	Staubblätter (Antheren)
Oktober bis November	Fruchtblätter (weibliche Blütenorgane)
November bis Dezember	Samenanlagen
November bis März	Pollenkörner

Welche Ursachen der Blühinduktion und der Blütenknospendifferenzierung zugrunde liegen, ist im Einzelnen noch nicht vollständig bekannt. Neuere Untersuchungen haben aber gezeigt, dass die Bildung einer Blütenknospe über einen Impuls eingeleitet wird, der von einer bestimmten Konstellation wuchsfördernder (Gibberelline und Auxine) und wuchshemmender (Abscisinsäure, Cytokinine) Substanzen ausgeht. Wichtig ist dabei, dass zu diesem Zeitpunkt für diesen Vorgang auch genügend Kohlenhydrate, Mineralstoffe und energiereiche Verbindungen zur Verfügung stehen. Diese Voraussetzungen können durch gezielten Baumschnitt, Waagrechtbinden der Triebe sowie durch den Einsatz von Hemmstoffen erreicht bzw. zumindest unterstützt werden.

Bei den Apfel- und Birnensorten können die Blütenknospen meist an der Spitze von Kurztrieben von 1–20 cm Länge und in den Blattachseln von Langtrieben angelegt werden. Beim Steinobst dagegen entwickeln die Spitzenknospen der Triebe, sofern es sich nicht um ganz kurze Triebe handelt,

Kirschenblütenknospe im Schnitt (Foto: KEPPEL)

Rote Blütenblätter und rote (Primär-)Blätter bei der Apfelsorte 'Weirouge' (Foto: KEPPEL)

grundsätzlich nur Blattanlagen, die Blütenknospen werden immer lateral angelegt. Ansonsten bestehen zwischen den beiden Blütenknospenanlagen nur Unterschiede hinsichtlich der Zeit ihrer Induktion und Differenzierung und der in einigen Fällen unterschiedlichen Bevorzugung von bestimmten Trieben für die Blütenanlage. Die **Qualität einer Blütenknospe** kann sehr unterschiedlich sein.

Eine mit Reservestoffen gut versorgte und auch morphologisch voll ausgebildete Knospe (beim Apfel z. B. mindestens zehn bis 16 Staub- und vier bis fünf Fruchtblätter) besitzt naturgemäß ein sehr stabiles und sicheres Fruchtungsvermögen, das heißt, dass auch bei nichtoptimalen Witterungsverhältnissen die Befruchtung und die spätere Fruchtentwicklung in hohem Maße sichergestellt ist.

Eine andere Knospe, der diese Voraussetzungen fehlen, ist dagegen sehr anfällig gegenüber ungünstigen Umweltbedingungen. Der Fruchtansatz bleibt labil und wird leichter abgeworfen. In diesem Zusammenhang sei auch auf die sogenannten Übergangsknospen beim Kernobst hingewiesen. Allerdings ist eine derartige Qualitätsbestimmung

Apfelblütenbüschel mit aufgeblühter Königs-(Zentral-)Blüte (Foto: KEPPEL)

äußerlich nicht fassbar und kann nur durch anatomische (mikroskopische) und stoffwechselphysiologische Untersuchungen ermittelt werden.

Aus den Blütenknospen entwickeln sich im Folgejahr Blütenstände. Die daraus hervorgehenden Früchte üben besonders beim Kernobst einen großen Einfluss auf die Blütenanlage und -ausbildung aus. Kurz- und Langtriebe, im obstbaulichen Bereich als Fruchtruten und -spieß, Fruchtsprosse oder Quirlholz bezeichnet, unterliegen beim Apfel häufig einem strengen Wechsel zwischen Blütenbildung in einem und vegetativer Entwicklung im nächsten Jahr. Die Entscheidung, ob überhaupt Blütenknospen angelegt werden können, hängt vom Fruchtbesatz eines Fruchttriebes ab. Ist ein Ertrag vorhanden, dann verhindern diese Früchte durch die Ausbildung sogenannter Bioregulatoren weitgehend eine Blühinduktion bei den ihnen untergeordneten Trieben. Dabei erfolgt die stärkste blühhemmende Wirkung bereits drei bis vier Wochen nach der Bestäubung. Der die Blütenknospenbildung hemmende Faktor scheint von den in Entwicklung befindlichen Embryonen der jungen Samenanlagen auszugehen, da, wie Untersuchungen gezeigt haben, samenlose Früchte keine Wirkung auf die Blühinduktion ausüben. Befinden sich daher auf einem Fruchtstand viele Früchte (also viele Samenanlagen), wird die Blühhemmung dementsprechend intensiv sein; vor allem die in den jungen Früchten gebildeten Gibberelline können z. B. bei vielen Pflanzen die Blütenbildung sehr stark hemmen. Die Blühhemmung in der Pflanze ist in der Regel abwärts gerichtet. Dadurch werden in erster Linie alle den Früchten untergeordneten Fruchtstände beeinflusst. Bei starkem Fruchtansatz werden daher meist bedeutend weniger oder überhaupt keine Blütenknospen angelegt. Nur diejenigen Triebpartien, die sich spitzenwärts über den Fruchtansätzen befinden, unterliegen den

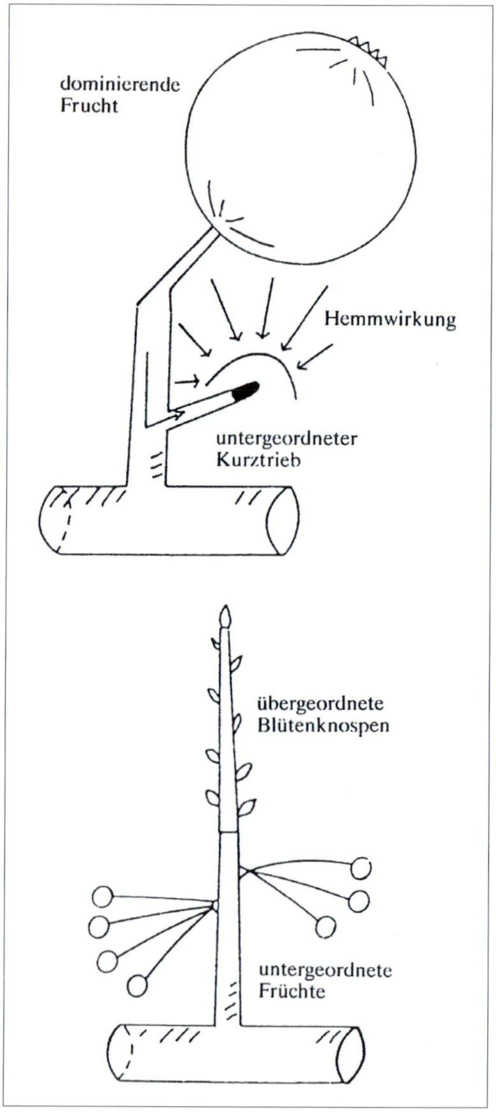

Beim Kernobst ist die Frucht dem benachbarten Kurztrieb stets übergeordnet (oben). Beim Steinobst sind die Früchte den Blütenknospen räumlich untergeordnet. (aus FEUCHT, 1968)

blühhemmenden Einflüssen der Früchte nicht. Beim Kernobst sind das nur die sogenannten „blühsicheren" zweijährigen Triebpartien. Stets seitlich am Fruchtholz sitzen die Früchte beim Steinobst; damit sind die Ausbildungsorte keiner von den Früchten ausgehenden Blühhemmung ausgesetzt.

Die Ausbildung der Blütenknospen erfolgt beim Steinobst außerdem, je nach Art und Sorte, erst Ende Juli, Anfang August. Zu dieser Zeit ist das Hauptwachstum der Früchte bereits weitgehend abgeschlossen bzw. es ist bei vielen Sorten die Ernte bereits beendet.

Eine Besonderheit im Fruchtungsverhalten gewisser Obstarten stellt die **Alternanz** dar. Darunter versteht man einen zweijährigen Ertragsrhythmus eines Baumes, wobei periodisch einem Vollertragsjahr mit sehr hohem Fruchtbesatz ein Jahr mit geringem Ertrag folgt. Alternanz kann vorwiegend bei Apfel und Birne, weniger häufig bei Pflaume, Zwetschke und Marille (Aprikose) auftreten. Je nach Sorte ist die Stärke der Alternanz verschieden.

Überreiche Blüte führt zur Alternanz im Folgejahr. Rechte Baumhälfte in Vollalternanz.

Von den älteren, bekannteren Sorten zeigen vor allem 'Berlepsch', 'Cox Orange', 'Goldparmäne', 'Gravensteiner', 'Kanadarenette' und 'Ontario', von den neueren Sorten besonders 'Elstar' sehr schwankende Erträge von Jahr zu Jahr. Dagegen tragen 'Golden Delicious', 'Jonathan', 'James Grieve', 'Gala', 'Braeburn', um nur wenige zu nennen, deutlich gleichmäßiger, obwohl auch hier partiell innerhalb der Kronen Alternanz auftreten kann. Insgesamt wird dadurch eine annähernd ausgeglichene Fruchtbarkeit vorgetäuscht, obwohl die Ertragskapazität einer solchen Anlage in Wahrheit nicht ausgeschöpft wird. Oft wird die Alternanz durch Spätfröste ausgelöst, wenn z. B. durch Strahlfrosteinwirkung die gesamten Blüten vernichtet werden. Einmal in Alternanz befindliche Bäume sind nur sehr schwer wieder umzustellen.

Apfelbaum in Vollblüte (Foto: KEPPEL)

Nach dem Abschluss der Winterruhe öffnen sich die vorgebildeten Blütenknospen, wobei die Temperaturentwicklung einen großen Einfluss auf die Entwicklungsgeschwindigkeit ausübt. Im Durchschnitt erstreckt sich die Blühzeit einer Einzelblüte beim Apfel oder der Birne über etwa fünf Tage und diejenige eines ganzen Baumes über 15 bis 20 Tage. Innerhalb eines Blütenbüschels blüht die Mittelblüte zuerst auf und wird daher auch meist zuerst befruchtet. Das Aufblühen beginnt an den äußeren Partien und setzt sich nach innen fort. Die seitlichen Blütenknospen der Langtriebe entfalten die Blüten erst, wenn diejenigen des Kurztriebes sich in der beginnenden Abblüte befinden. Diese zeitliche Staffelung im Aufblühvorgang ist vor allem in Jahren mit schlechtem Blühwetter, bei schlechtem Bienenflug und beim Auftreten von Spätfrösten von großem Vorteil.

__1__ Blütenblätter, __2__ Pollensackträger (Antheren, männliche Blütenorgane), __3__ Stempel und __4__ Narben. Der Fruchtknoten, als dritter Teil der weiblichen Blütenorgane, befindet sich eingesenkt im Blütenboden und ist daher nicht sichtbar. (Foto: KEPPEL)

Die **Blüte** stellt einen **Spross mit stark verkürzten Achsengliedern** dar, welcher Blätter trägt, die jedoch eine von den Laubblättern völlig abweichende Aufgabe zu erfüllen haben. Sie sind daher auch entsprechend verschiedenartig gebaut. Die meisten Obstarten besitzen Zwitterblüten, das heißt, dass männliche und weibliche Geschlechtsorgane in einer Blüte zusammengefasst sind. Getrenntgeschlechtliche Blüten enthalten dagegen nur Staubgefäße (männlich) oder nur Stempel (weiblich). Bei den getrenntgeschlechtlich einhäusigen Pflanzen (Walnuss, Haselnuss, Edelkastanie) sitzen männliche und weibliche Blüten auf einer Pflanze, während bei zweihäusigen Pflanzen (Sanddorn, Kiwi) jeweils nur männliche oder weibliche Blüten auf den Pflanzen ausgebildet werden. Die **Kernobstblüte** (Apfel, Birne, Quitte) besitzt fünf Kelch-, fünf Blumenkron- und fünf Fruchtblätter, deren Fruchtknoten in die fleischig verdickte Achse hineinversenkt (unterständig) sind.

Bei der **Steinobstblüte** (Kirsche, Marille, Pflaume, Zwetschke, Pfirsich und andere) ist der Stempel aus nur **einem zusammengerollten Fruchtblatt** entstanden. Der Fruchtknoten steht frei über der Blütenachse (oberständig). Ansonsten sind auch hier fünf Kelch-, fünf Blumenkronblätter und eine größere Anzahl Staubblätter vorhanden.

Bei der **Erdbeer-**, **Himbeer-** und **Brombeerblüte** befinden sich zahlreiche Stempel auf dem verdickten Blütenboden.

Die Blüten der **Johannis-** und **Stachelbeeren** sind zu Trauben vereinigt, wobei die Kelchblätter einigermaßen kräftig ausgebildet sind, die Blumenblätter dagegen nur sehr klein und rudimentär ausgebildet wurden. Der hier unterständige Fruchtknoten enthält mehrere Samenanlagen.

Walnuss und **Haselnuss** sind getrenntgeschlechtliche Windblütler und können daher auf jeden Schauapparat zur Anlockung von Insekten verzichten. Die männlichen Blüten sind hängende Kätzchen und besitzen zahlreiche Staubgefäße. Sie sitzen am vorjährigen Holz. Die weiblichen Blüten der Walnuss werden dagegen am Ende eines diesjährig gebildeten, krautigen Triebes ausgebildet und bestehen praktisch nur aus dem Stempel mit der großen, zweigeteilten Narbe und dem Fruchtknoten. Bei der Haselnuss sind mehrere weibliche Blüten in einer Knospe beisammen. Sie sind an den herausragenden rot gefärbten Narben leicht von normalen Blattknospen zu unterscheiden. Die gelblich-weiß blühenden **Holunderblüten** besit-

Durch Frosteinwirkung abgestorbene weibliche Apfelblütenorgane (dunkelbraun) (Foto: KEPPEL)

__1__ Blütenblätter, __2__ Antheren, __3__ Narbe und __4__ Stempel; Kirschenblüte vor dem Abwerfen der Blütenblätter (Foto: KEPPEL)

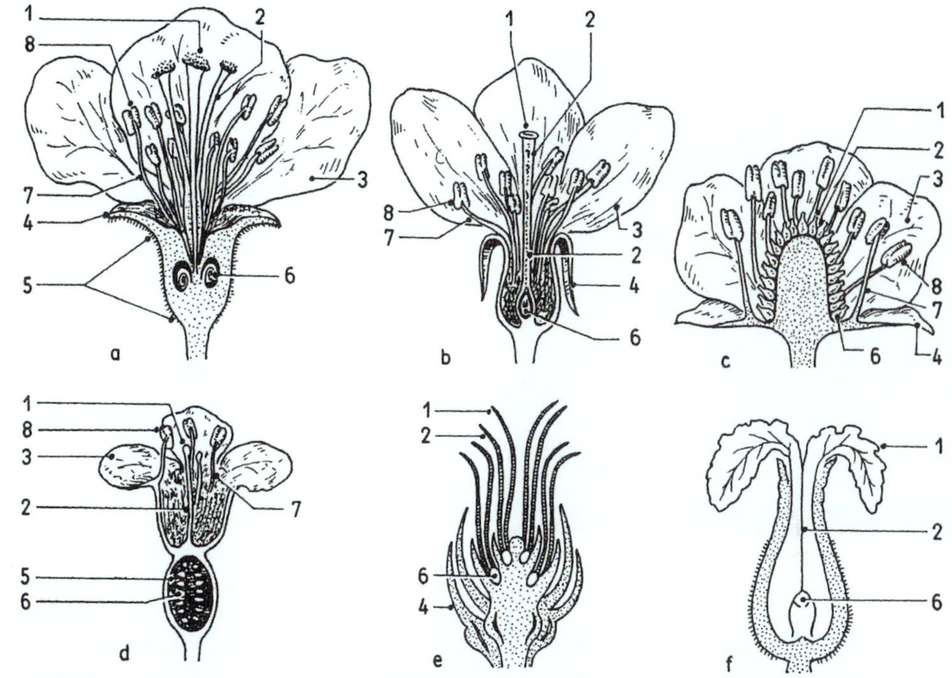

Obstarten

a Apfel
b Pflaume
c Erdbeere
d Johannisbeere
e Haselnuss (weiblicher Blütenstand)
f Walnuss (weiblicher Blütenstand)

Blütenaufbau

1 Narbe 2 Griffel 3 Kronblatt 4 Kelchblatt 5 unterständiger Fruchtknoten
6 Samenanlage 7 Staubfaden 8 Staubbeutel

Blütenbau bei einzelnen Obstarten (Quelle: FRIEDRICH, KRAMER, 1988)

zen fünf Blüten- und fünf Staubblätter und eine im Zentrum sitzende Narbe mit unterständigen Fruchtknoten. Die aufwärtsgerichteten Trugdolden blühen erst im Juni/Juli (nicht mehr frostgefährdet) und sind somit deutlich von den anderen Obstarten zu unterscheiden.

Die **Kiwi-Blüten** variieren in der Größe etwas. Die weibliche Blüte ist eher weiß blühend, etwa 5 cm groß und hat einen schönen **Strahlenkranzgriffel**, welcher der Pflanze auch den Namen gab. Die männlichen Blüten sind weiß bis cremefarben blühend und besitzen zahlreiche gelbe Staubgefäße.

Blütenknospen sind im Frühjahr wesentlich empfindlicher als Blattknospen. Zu dieser Zeit werden die geöffneten Blüten sehr leicht durch Spätfröste geschädigt, Griffel und Samenanlage sind besonders empfindlich. Bei Temperaturen unter –3 °C muss, je nach Feuchtegehalt der Luft und Dauer der Einwirkung, mit großen Schäden gerechnet werden. Nach dem Abblühen ist die Gefahr jedoch keineswegs vorüber, da die Empfindlichkeit in der ersten Zeit der Entwicklung und die der Jungfrüchte zum Teil noch größer ist als die der Blüten.

Befruchtung und Frucht

Damit sich aus den Blüten Früchte entwickeln können, muss im Allgemeinen eine Befruchtung stattfinden. Darunter versteht man die Verschmelzung einer weiblichen Eizelle mit einem männlichen Geschlechtskern. Dabei wird vorausgesetzt, dass Pollenkörner durch Windeinwirkung oder Insekten auf die Narbenoberfläche gebracht werden (Bestäubung). Die Pollenkörner enthalten nach abgeschlossener Reduktionsteilung nur den halben Chromosomensatz (z. B. beim Apfel 17 Chromosomen).

Im rechten unteren Bildviertel weißer und roter Zierapfel als Bestäubungshilfe (Foto: KEPPEL)

Die Narben geschlechtsreifer Blüten scheiden ein klebriges, zuckerhaltiges Sekret aus, auf dem die Pollenkörner haften bleiben und später zu keimen beginnen. Dabei werden Keimschläuche ausgebildet, die in fünf bis sieben Tagen das Griffelgewebe bis zu der im Fruchtknoten liegenden Samenanlage durchwachsen. Im Pollenschlauch befinden sich zwei haploide Kerne, ein vegetativer, der für das Wachstum und die Zielrichtung verantwortlich ist, und ein generativer, der sich aber während des Wachstums des Schlauches nochmals teilt. Einer dieser generativen Kerne vereinigt sich mit der Eizelle zur befruchteten Eizelle (zweifacher diploider Chromosomensatz), aus der später der Keimling des Samens entsteht. Der zweite Kern verschmilzt mit dem Embryosackkern, woraus sich später ein Nährgewebe, das Endosperm, entwickelt. Dieses umhüllt den Embryo, entwickelt sich anfangs sogar rascher und wird später vom Keimling aufgezehrt. Das Endosperm ist als Produktionszentrum von Wachstumsregulatoren, die der Steuerung des Samen- und Fruchtwachstums dienen, von allergrößter Wichtigkeit.

Bestäubung = Übertragung des Pollens aus den reifen und aufgeplatzten Pollensäcken auf die aufnahmebereite Narbe des Stempels.

Windblütler: Sind Hasel- und Walnuss, die überwiegend durch Windeinwirkung bestäubt werden. Innerhalb eines Baumes ist auch Windbestäubung möglich.

Insektenblütler: Alle anderen Obstarten, die überwiegend durch Insektenbeflug bestäubt werden.

Als wichtigste Überträgerin von Pollen kommt in unseren Breiten die Honigbiene in Frage, weil sie als einziges Insekt im größeren Verband überwintert und daher im Frühjahr bereits massenweise zur Verfügung steht. Bienen sind blütenstetig, das heißt, sie besuchen über einen gewissen Zeitraum hinweg immer dieselben Blüten und sind auch vom Körperbau und der Behaarung her für die Pollenübertragung sehr gut geeignet. Soll die Bestäubung auch bei schlechterem Wetter noch einigermaßen funktionieren, dann darf der Abstand einer Obstanlage zum nächsten Bienenstock, je nach Gelände, nicht mehr als 300–600 m betragen. Am günstigsten ist es jedoch, die Bienen direkt in größeren Obstanlagen zu verteilen. Pro ha wären etwa zwei bis fünf Völker notwendig. Wichtig dabei ist des Weiteren, dass im Obstbau bei der Durchführung der Pflanzenschutzmaßnahmen gerade während der Blüte mit äußerster Vorsicht vorgegangen wird. Die Imker sollten auch eine angemessene Entschädigung für die Zurverfügungstellung ihrer Bienenvölker erhalten. In geringem Umfang sind auch Wildinsekten und Hummeln, die auch noch bei niedrigeren Temperaturen (unter 8 °C) fliegen, bei der Bestäubung von Bedeutung.

Honigbiene mit Pollensäckchen an den Beinen auf einer männlichen Blüte der Edelkastanie (Foto: KEPPEL)

Hummeln als Bestäubungshilfen schlüpfen aus einer käuflich erworbenen Hummelbauschachtel. (Fotos: KEPPEL)

Weitere bestäubende Insekten beim Obst

- Die **Bienengattungen *Andrena*** (Sandbienen) und ***Osmia*** (Mauerbienen)
- **Hummeln (Erdhummeln):** Sie fliegen ab +9 °C und im Gegensatz zur Honigbiene auch bei schlechtem Wetter. Die Bestäubungsleistung liegt bei 2.000 bis 3.000 Blüten/Tag, dies ergibt 20.000 bis 30.000 Blüten/Volk/Tag.

Die begrenzte Lebensdauer des reifen Eiapparates (ca. zehn bis 14 Tage) erfordert eine rechtzeitige Bestäubung, damit die Befruchtung überhaupt möglich ist. Eine wirksame Bestäubung ist bei einer Apfelblüte, vom Aufblühen an gerechnet, nur innerhalb einer Zeit von zwei bis sechs Tagen möglich. Diese Frist errechnet sich aus der Lebensdauer des Eiapparates abzüglich der Zeit, die für das Pollenschlauchwachstum erforderlich ist. Dieses ist allerdings sehr stark temperaturabhängig und kann bei Temperaturen um 5 bis 7 °C fast vollständig zum Erliegen kommen. Bei Temperaturen um 15 bis 20 °C dagegen kann die Befruchtung bereits in zwei, drei Tagen abgeschlossen sein.

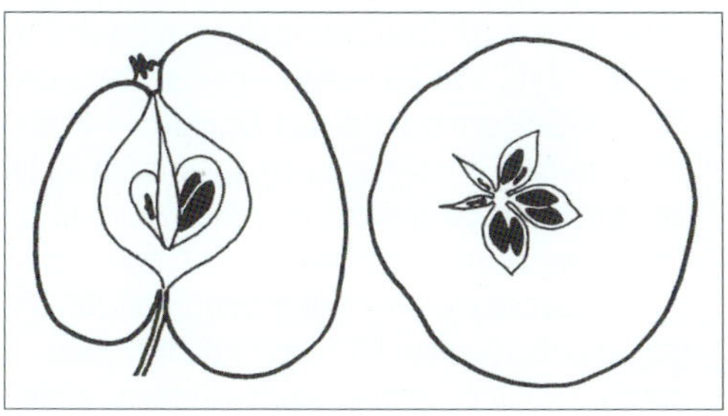

Asymmetrische Früchte als Folge schlechter Befruchtung (Quelle: HALLAMA, Obstbau)

Die Aufblüte beginnt immer an der Kronenperipherie. Die Aufblühfolge beim Blütenstand des Apfels (Dolde): Zuerst die Königsblüte (mittlere Blüte), dann die restlichen Blüten, die den Wachstumsrückstand jedoch nicht mehr aufholen können. Das Blühverhalten und der Blühzeitpunkt sind obstartenabhängig.

Die Blühterminreihenfolge lautet:

Haselnuss (am frühesten blühende Obstart in Mitteleuropa) < Mandel < Marille (Aprikose) < Pfirsich < Stachelbeere < Pflaume < Kirsche < Ribisel (Johannisbeere) < Walnuss < Birne < Apfel < Erdbeere < Quitte < Himbeere < Brombeere < Edelkastanie (als am spätesten blühende Obstart)

Befruchtung = Wenn der generative Kern aus dem Pollenkeimschlauch mit der Eianlage im Fruchtknoten verschmilzt und sich entwickelt, kann eine neue Frucht wachsen, die genetisch gesehen eine neue Sorte ist.

Aufblühfolge: Zuerst blühen die am längsten und am intensivsten mit Sonneneinstrahlung versehenen Baumteile auf (rechts). (Foto: KEPPEL)

Unterschiedliche Blühzeiten bei Apfelsorten, links die früh aufblühende Apfelsorte 'McIntosh', rechts der spät aufblühende 'Ozark Gold' (Foto: PIEBER)

Bestäubungshilfen

- **BEE BOOSTER® Pollendispenser:** Die amerikanische Pollenverkaufsfirma FirmYield Pollen verkauft neben den Pollenkörnern auch Pollendispenser. Die Ausfluglöcher der Bienen sind getrennt von den Einfluglöchern. Die Bienen nehmen beim Ausfliegen den vorbereiteten und vorgelegten Pollen mit. Beim Einfliegen in den Stock streifen sie den von den Blüten mitgenommenen Pollen ab. Beim Ausfliegen wird daher nur „sortenreiner" (gekaufter) Pollen als Bestäuberpollen mitgenommen.

Selbst gebauter Nistkasten für nützliche Insekten (Foto: SPORNBERGER)

- Insektennistkästen (Insektenhotel)
- **Schütteln** und **Klopfen am Ast** (meist in Glashäusern angewendet)
- **Pinseln** oder **Überstreichen** der zu befruchtenden Blüten mit Pollen oder mit anderen Blüten zur gezielten Bestäubung (Züchtung)

Die **Befruchtungsverhältnisse** der Obstgehölze weisen einige Besonderheiten auf, die von Obstproduzenten, vor allem bei Neuanlagen, unbedingt berücksichtigt werden sollten. Aufgrund des befruchtungsbiologischen Verhaltens unterscheidet man daher:

- **Selbstfruchtbare (selbstfertile) Sorten**, die mit den Pollen derselben Sorte (oder derselben Blüte) befruchtet werden können. Dazu zählen die meisten Marillensorten, Pfirsiche und Nektarinen sowie Quitten. Desgleichen sind eine Anzahl Süßkirschensorten (z. B. 'Lapins', 'Sunburst', 'Celeste' etc.), ein Teil der Weichselsorten ('Schattenmorelle', 'Kelleriis 16'), verschiedene Pflaumen- und Zwetschkensorten (Hauszwetschken), die Holundersorten und das Beerenobst selbstfruchtbar. Auch Wal- und Haselnuss sind hier dazuzurechnen. Da aber die beiden getrennt sitzenden Partner meist eine unterschiedliche Entwicklungsdauer aufweisen, kommt es in den seltensten Fällen zu einer Befruchtung.
- **Selbstunfruchtbare (selbststerile) Sorten:** in diesem Fall ist der sorteneigene Pollen nicht zur Befruchtung fähig. Die Pollenkörner keimen zwar aus, die Pollenschläuche werden aber im sorteneigenen Griffelgewebe bald gehemmt und gelangen nicht bis zu den Samenanlagen. Die Ursache für diese Hemmwirkung ist in einer Anzahl von Sterilitätsgenen zu suchen. Pollen mit gleichen Sterilitätsfaktoren werden so stark gehemmt, dass sie ihr Wachstum einstellen. Zu dieser Gruppe sind der Apfel, die Birne und die meisten Süßkirschensorten zu rechnen. Ebenso gehören verschiedene Weichselsorten sowie eine größere Zahl von Pflaumen-, Zwetschken- und Reneklodensorten zu dieser Gruppe. In klimatisch günstigen Jahren kann auch beim Apfel bei einzelnen Sorten ein gewisses Ausmaß an Selbstbestäubung beobachtet werden. Allerdings wäre dazu ein vollkommen gleichmäßiges, relativ warmes Klima erforderlich, dass in unseren Breiten mit eher wechselhaften Temperaturen kaum gegeben ist. Das bedeutet, dass bei unserer Hauptobstart Apfel, aber auch bei

der Birne unbedingt immer Befruchtungspartner notwendig sind. Typen und Mutanten verhalten sich blütenbiologisch wie ihre Ausgangssorten. Es besteht daher eine Kreuzungsunverträglichkeit zwischen den Mutanten und der Ausgangssorte, aber auch zwischen den Mutanten, die von der gleichen Sorte abstammen.

- Neben der Selbststerilität kommt heute bei einer Anzahl von Sorten auch **Intersterilität (Zwischenunfruchtbarkeit)** vor, das heißt, bestimmte Sorten bzw. Sortengruppen sind nicht in der Lage, sich gegenseitig zu befruchten, obwohl der Pollen gut (diploid) ist. Solche Sorten haben zufällig die gleichen Sterilitätsgene (etwa durch nahe Verwandtschaft) und verhalten sich daher befruchtungsbiologisch wie eine einzige sterile Sorte. Solche Zusammenhänge treffen vorwiegend bei den Süßkirschen (z. B. 'Napoleon' – 'Schneiders späte Knorpelkirsche', 'Große schwarze Knorpelkirsche' – 'Hedelfinger Riesenkirsche') zu. Solche untereinander nicht befruchtungsfähigen Sorten werden zur besseren Charakterisierung in Intersterilitätsgruppen zusammengefasst. Aber auch bei Äpfeln und Birnen ist Intersterilität heute stärker verbreitet (z. B. 'Golden Delicious' – 'Maigold', 'Golden Delicious' – 'Jonagold', 'Cox Orange' – 'Kidds Orange', 'Mutsu-Golden', 'Elstar-Rubinette', 'Elstar' – 'Summerred' oder 'Williams Christ' – 'Gute Luise', 'Williams Christ' – 'Trevoux').
- Eine weitere Beeinträchtigung der Fruchtbarkeit kann durch die **Sterilität der männlichen Blütenteile** der Blüte hervorgerufen werden. Wenn etwa die Antheren verkümmert sind und deshalb nur wenig und mangelhafte Pollen hervorbringen, spricht man von **Antherensterilität** (wie z. B. bei den Pfirsichen, 'I. H. Haie', 'Fairhaven'). Solche Sorten sind natürlich selbststeril und auch nicht fähig, andere Sorten zu befruchten. Oft fehlen die Antheren überhaupt, sodass nur rein weibliche Blüten ausgebildet werden (z. B. bei der Erdbeersorte 'Mieze Schindler').

Sind die Pollenkörner, trotz teilweiser guter Ausbildung, nicht oder fast nicht keimfähig, liegt mit großer Wahrscheinlichkeit Triploidie vor, das heißt, die Zellen dieser Pflanzen besitzen den dreifachen Chromosomensatz (3 x 17 = 51 Chromosomen). Diese Pollenkörner weisen eine stark reduzierte Keimfähigkeit und eine unausgeglichene Ausbildung auf. Man spricht in diesem Fall von **Pollensterilität**. Obwohl zahlreiche neue Apfelsorten triploid sind, wäre es nicht vorteilhaft, diese Sorten wegen ihrer Pollensterilität nicht mehr im Sortiment zu berücksichtigen. Zur Sicherung eines guten Blütenansatzes sind aber dann mindestens zwei, auch in der Blütezeit zueinander passende Pollenspender zu verwenden. Ist nur ein diploider vorhanden, vermag er zwar den triploiden Vertreter zu befruchten, er selbst bleibt aber infolge der Pollensterilität der triploiden Sorte unbefruchtet.

Nur weibliche Blüten bei der Erdbeersorte 'Mieze Schindler' (Foto: PIEBER)

Aus arbeitstechnischen Gründen wären möglichst viele Reihen derselben Sorte zusammenzupflanzen. Werden die Blöcke jedoch zu groß gewählt, kann es in Jahren mit schlechtem Blühwetter zu ungenügender Befruchtung kommen. Reich tragende Sorten, wie etwa 'Golden Delicious', 'James Grieve' oder 'Idared', vertragen eine größere Entfernung von ihren Pollenspendern als beispielsweise weniger fruchtbare Sorten. Zur Sicherung der Befruchtung sollte die Blockgröße vier bis acht Reihen nicht überschreiten. Die Pollenspendersorten bei Kirschen dürfen aber höchstens vier Reihen auseinanderstehen. Anstelle des blockweisen Anbaues besteht jedoch auch die Möglichkeit, Befruchtersorten netzartig in die Baumreihen anzupflanzen. In den letzten Jahren hat man auch versucht, **Zierapfelsorten** (z. B. *Malus* x *Hillerii* oder *Malus* x *Zumi* 'Golden Hörnet') als Befruchter einzusetzen. Allerdings muss der genaue Anwendungsmodus doch noch eingehender geprüft werden. Das Verhältnis von Pollenspender zu Ertragssorte sollte je nach Sorte 1 : 5 bis 1 : 11 betragen.

Johannisbeeren und **Birnen** werden von den Bienen, aufgrund des eher abstoßenden Geruches der Blüten, nicht gerne beflogen. Hier kann man sich der **Duftlenkung** bedienen. Durch Eintauchen von blühenden Zweigen in eine Zuckerlösung können die Bienen an den Geruch gewöhnt werden. Einen ähnlichen Effekt erreicht man durch Spritzen der blühenden Kulturen mit **Anisöl** (0,02 %) oder dem künstlich erzeugten Produkt **Beeline**. Auch **Duftspender mit „Anethol"** können zum Anlocken der Bienen eingesetzt werden. Diese Maßnahme kann in manchen Jahren zur Verbesserung des Fruchtansatzes beitragen.

Die juvenile (jugendliche), blühunfähige Phase dauert je nach Obstart verschieden lang. Die Reihung der **Blühfähigkeit** (in ansteigender Reihenfolge von rasch blühfähig bis sehr spät blühfähig): Erdbeere < Himbeere < Johannisbeere < Stachelbeere < Brombeere < Pfirsich < Weichsel < Quitte < Aprikose < Haselnuss < Pflaume < Kirsche < Apfel < Birne < Walnuss. Innerhalb der Obstarten unterscheidet man in Abhängigkeit der genetischen Anlage früh-, mittelfrüh- und spätblühende Sorten. Die am spätesten aufblühende Apfelsorte ist in unseren Breiten der 'Spätblühende Wintertaffetapfel', der erst Anfang Juni zu blühen beginnt.

Fruchtarten

Die Früchte der verschiedenen Obstarten entstehen entweder aus dem Fruchtknoten oder aus dem Fruchtknoten und den benachbarten Geweben.

Je nach Entwicklung unterscheidet man daher zwischen:

- **Scheinfrüchten**, wobei sich die für uns interessanten Fruchtteile aus dem Blütenboden bzw. der Blütenachse (Stiel) entwickeln. Dazu gehören: Apfel, Birne und Quitte. Aus dem fünfteiligen Fruchtknoten werden die Kernhausfächer ausgebildet, in denen sich, je nach Intensität der Befruchtung, mehr oder weniger Kerne befinden.
- **Steinfrüchten**, die aus dem von einem Fruchtblatt gebildeten Fruchtknoten entstehen. Die innerste Schicht des Fruchtknotens wird zur steinigen Hülle, die beiden äußeren Hüllen bleiben fleischig und entwickeln sich zur saftigen Frucht. Zu den Steinfrüchten sind Marillen (Aprikosen), Kirschen, Weichseln, Pflaumen, Pfirsiche, Mandeln, Walnüsse und Holunder (die Frucht enthält mehrere Samen) zu zählen.
- **Nussfrüchten**, wenn die gesamte Fruchtknotenwand steinig hart wird. Der genießbare Teil an der Nuss ist der Samen, z. B. wie bei der Haselnuss.

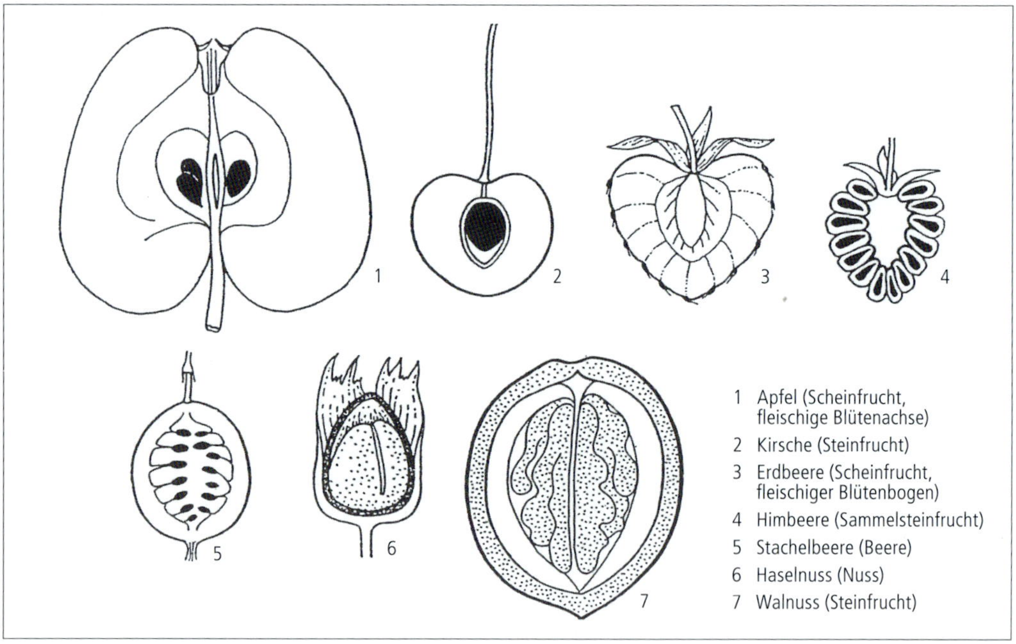

Bau der Früchte bei einzelnen Obstsorten (Quelle: KRAMER, 1988, verändert)

- **Beeren**, wenn sich die Fruchtknotenwände nur allseitig fleischig verdicken und die Samen (meist mehrere) im gallertartigen Fruchtfleisch eingebettet sind, wie es bei Johannisbeeren, Stachelbeeren oder den *Vaccinium*-Arten der Fall ist.

Wird ein ganzer Fruchtstand ausgebildet, der aus zahlreichen Fruchtknoten hervorgegangen ist, spricht man von **Sammelfrüchten**, zu denen Erdbeere, Himbeere und Brombeere zu zählen sind. Himbeeren und Brombeeren bestehen aus vielen kleinen Einzelfrüchtchen, welche in diesem Fall als Steinfrüchte (fleischige Hülle mit Steinkern) anzusprechen sind. Im Reifezustand löst sich bei der Himbeere die sogenannte „Beere" von der Fruchtbasis (Zapfen); bei der Brombeere bleibt dieser Teil mit den Früchtchen verbunden. Himbeere und Brombeere sind **Sammelsteinfrüchte**. Bei der Erdbeere, bei der die Entwicklung etwas anders verläuft, entsteht der fleischige Körper durch eine intensive Entwicklung des Blütenbodens. An der Oberfläche dieser fleischigen Frucht (Scheinfrucht) sitzen sehr viele harte Samen, die Nüsschen, die aus dem Fruchtknoten durch das Steinigwerden der Fruchtknotenwände entstanden sind. Erdbeeren werden daher als **Sammelnussfrüchte** bezeichnet.

Neben vielen anderen Kulturpflanzen sind auch einige Obstarten in der Lage, samenlose Früchte zu entwickeln. Man bezeichnet die Eigenschaft als **Parthenokarpie (Jungfernfrüchtigkeit)**. Sie hat z. B. bei Orangen, Ananas oder Tafeltrauben große wirtschaftliche Bedeutung. Die Neigung zur Jungfernfrüchtigkeit ist je nach Obstart und Sorte sehr unterschiedlich. Während beim Apfel Parthenokarpie eher weniger stark ausgeprägt ist, tritt sie unter den Birnensorten recht häufig auf und kann in gewissen Jahren auch wirtschaftlich eine recht große Bedeutung bekommen. Spätfröste beispielsweise können die sehr empfindlichen Blütenorgane vernichten; trotzdem können gewisse Birnensorten noch parthenokarpe Früchte entwickeln. Durch den Einsatz von Wachstumsregulatoren (Gibberellinen) kann die Ausbildung parthenokarper Früchte noch gefördert werden. Allerdings zeigen diese Früchte meist kein sortentypisches Aussehen. Trotzdem können derartige Wachstumsregulatoren ein wirksamer Ersatz für die natürliche Befruchtung sein.

Eine besondere Form der Jungfernfrüchtigkeit ist die **Apomixis**. Auch hier werden Früchte ohne vorangegangene Befruchtung gebildet, diese enthalten aber Samen, die, wenn auch eingeschränkt, keimfähig sind. Der Embryo kann dabei aus einer nicht befruchteten, diploiden Eizelle oder aus einer diploid gebliebenen Synergiden- oder Antipodenzelle des Embryosackes entstanden sein. Einige Walnusssorten, z. B. die Sorte 'Geisenheim 120', haben die Fähigkeit zur Ausbildung apomiktischer Früchte. Die Apomixis hat auch für die Obstzüchtung Bedeutung, weil der Samen ausschließlich der Muttersorte entstammt und die erwachsene Pflanze mit der Muttersorte praktisch erbgleich ist. Damit wäre auch eine erbgleiche Vermehrung über Samen möglich.

Fruchtwachstum

Sofort nach erfolgter Befruchtung bzw. kurz nach dem Fruchtansatz beginnen die bis dato noch recht kleinen Früchte durch die einsetzende Zellteilung rasch zu wachsen. Während das Beerenobst (Johannisbeeren, Stachelbeeren, Himbeeren und Brombeeren) bis zur Blüte die erste Wachstumsphase, also die Periode der notwendigen Zellteilung, schon abgeschlossen hat, benötigen die übrigen Obstarten bis zum Abschluss der Zellteilung noch einen gewissen Zeitraum. Die Kirsche braucht etwa zwei bis drei, Pflaume und Zwetschke vier bis fünf, Apfel vier bis sechs und Birne sieben bis neun Wochen. Der Vorgang ist jedoch normalerweise spätestens mit dem Junifruchtfall abgeschlossen. Ausgenommen sind die Erdbeeren, die einer fortdauernden Zellteilung bis fast zur Ernte hin unterliegen. Schon während der Zellteilung beginnt auch die Zellstreckung, später mit großer Intensität, einzusetzen. Dabei bilden sich, vor allem beim Kernobst, auch mit Luft gefüllte Hohlräume (Interzellularen), die miteinander verbunden und für den Gasaustausch der Früchte von großer Bedeutung sind. Wenn man die Fruchtentwicklung entsprechend ihrer Fortdauer grafisch darstellt, erkennt man eine **Kurve**, die eine **ungefähre S-Form** darstellt.

Die einzelnen Obstarten weisen ganz typische Wachstumskurven auf. Beim Kernobst, bei der Walnuss und bei der Erdbeere ist sie regelmäßig s-förmig, beim Steinobst und bei der Johannisbeere doppelt s-förmig (siehe Abb. auf der nächsten Seite). Am Anfang ist die Volumenzunahme zwar geringer, sie nimmt jedoch später durch die verstärkt einsetzende Zellstreckung und die Wasseraufnahme

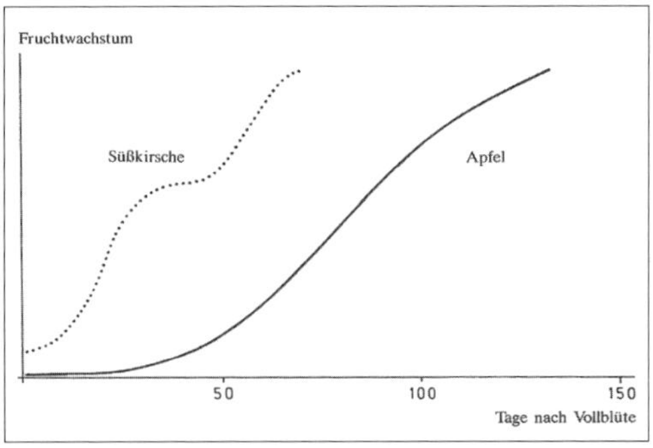

Wachstumskurven von Süßkirsche ('Schneiders Späte Knorpel') und Apfel ('Cox Orange') (Quelle: LINK in LUCAS, 1981)

rasch zu. Das ist auch an dem Steilerwerden der Kurve deutlich erkennbar. Diese Streckungsperiode hält bis etwa zur Reife an, doch folgt der anfänglich gleichmäßigen Wachstumsperiode eine solche mit langsamerem Zuwachs. In diesem Zusammenhang interessant ist die Feststellung, dass die **Zellgröße proportional zur Fruchtgröße** ist, das heißt, dass die Endgröße der Früchte in diesem Fall weniger von der Anzahl der gebildeten Zellen, sondern zu einem nicht unerheblichen Teil doch auch von den Umweltbedingungen abhängt. Eine Abschätzung ist in diesem Fall natürlich deutlich schwieriger. Aufgrund neuerer Erkenntnisse scheint es sinnvoll zu sein, die Fruchtentwicklung statt in drei nur mehr in zwei Entwicklungsabschnitte zu unterteilen.

Von den **Umweltfaktoren** haben vor allem die **Wasserzufuhr**, eine **ausreichende Belichtung**, die **Temperatur** und die **Düngung** einen **großen Einfluss auf die Fruchtentwicklung**.

Gerade die **regelmäßige Wasserzufuhr** ist von ausschlaggebender Bedeutung, da nur dadurch die Ernährung der Frucht gewährleistet ist. Der Wasserbedarf junger Früchte ist sehr hoch, ihr absoluter Gehalt an Wasser nimmt bis zur Pflückreife zu, während der prozentuale Gehalt an Wasser durch die Einlagerung organischer Substanzen abnimmt. Die Transpiration vermindert sich mit zunehmender Reife. Das Hauptwachstum erfolgt in der Nacht und ist bis kurz vor der Ernte noch beträchtlich. Man hat beim Apfel Schwankungen und Änderungen im Tagesgang bis zu 3 mm seines Durchmessers beobachtet.

Anhaltende Trockenheit wirkt sich besonders stark auf Alternanzbäume aus, während bei alljährlich fruchtenden Bäumen die Entwicklung der Frucht bei sonst ähnlichen Bedingungen bedeutend weniger beeinträchtigt wird. Die Kleinfruchtigkeit bei übermäßigem Fruchtansatz ist daher nicht ausschließlich ernährungsbedingt, sie hängt auch von der Witterung ab. Bei Wasserknappheit bleiben die Früchte klein und werden auch oft vorzeitig abgeworfen. Wasser ist ein wichtiger, ertragsbildender Faktor, es dient allen Bau- und Mineralstoffen als Transportmittel und ist deshalb genauso wichtig wie eine ausreichende Düngung. In Anbaugebieten mit ungenügenden natürlichen Niederschlägen (pannonisch beeinflusste Gebiete) ist deshalb eine Bewässerung die wichtigste Voraussetzung für eine erfolgreiche Qualitätsobstproduktion. Allgemein ist der direkte Einfluss der Mineralstoffdüngung auf die Fruchtentwicklung schwer nachweisbar. Größtenteils wirkt sie wohl über Assimilation, Transpiration, Atmung und Wachstum auf die Fruchtentwicklung.

Die **Kohlenhydrat-(Assimilat-)Versorgung** ist in erster Linie für die Qualität der Früchte entscheidend. Die Blattzahl, die Fruchtgröße und der Zuckergehalt der Frucht stehen dabei in bestimmter Beziehung zueinander. Bei geringerer Blattzahl je Frucht (optimales Blatt-Frucht-Verhältnis 20 bis 30 Blätter je nach Baumgröße und Kronenform) bleiben die Früchte kleiner und der Zuckergehalt niedriger. Bei zu geringem Behang dagegen können übergroße Früchte ausgebildet werden. Es kommt also darauf an, ein optimales Verhältnis zwischen Blattanzahl, Kohlenhydratversorgung und Fruchtbehang zu erreichen.

Für die Ausbildung entsprechender Fruchtgrößen ist auch eine ausreichende **Belichtung** der Blätter und Früchte erforderlich. Daher kommt der entsprechend passenden Pflanzweite und zielgerichteten Schnittmaßnahmen in den Obstanlagen, vor allem im Sommer, größte Bedeutung zu. Eine bessere Durchleuchtung der Bäume kann beispielsweise durch indirektes, diffuses Licht von am Boden ausgelegten Aluminiumfolien ebenfalls zur Verbesserung der Fruchtgrößen beitragen. Auch zwischen der **Temperatur** und dem **Fruchtwachstum** gibt es eindeutige Zusammenhänge. Wachstumshemmungen werden in jedem Fall auch durch Temperaturrückgänge eingeleitet und verstärkt.

Beim Stein- und Beerenobst kann der Reifungsprozess durch höhere Temperaturen beschleunigt werden. Im Gegensatz dazu wird aber beim Kernobst der Prozess der Fruchtreifung durch wärmere Temperaturen nicht immer beschleunigt. Hier ist es im Gegenteil so, dass kühle Nächte eine Beschleunigung bewirken. Die Zeitspanne zwischen Befruchtung und Pflückreife ist daher beim Kernobst in wärmeren Klimaten nicht etwa kürzer, sondern eher länger als in kühleren Gebieten (Verzögerung des Abschlusses).

Der Temperaturfaktor hat neben seinem Einfluss auf Wachstum und Ertrag natürlich auch große Bedeutung für die Fruchtqualität. Die Ansprüche der Obstarten und -sorten sind allerdings sehr differenziert, z. B. kommen Sorten mit extrem langer Entwicklungsdauer (etwa wie 'Mutsu', 'Granny Smith', 'Fuji') nur in Gebieten mit entsprechender Vegetationslänge zur Ausreife. Der Einfluss der Temperaturen auf die Farbausbildung der Früchte sowie auf das Auftreten von Krankheiten und Schädlingen sei nur der Vollständigkeit halber erwähnt.

Die Fruchtfallperioden

Nur ein relativ kleiner Teil der angesetzten Blüten entwickelt sich letztlich zu fertigen Früchten. Wenn sich bei einem mittelstarken Blühbesatz der Bäume, bei Apfel und Birne, etwa 5 bis 15 % und beim Steinobst 25 bis 30 % aller Blüten zu fertigen Früchten entwickeln, ist im Allgemeinen ein Vollertrag gesichert. Normalerweise setzen aber sehr viel mehr Blüten und damit auch Früchte an. Um eine ausreichende Qualität zu erreichen, muss daher die Anzahl der Früchte verringert werden.

Der natürlich ablaufende Blüten- bzw. Fruchtfall geschieht dabei in mehreren Perioden, die allerdings oft ineinander übergehen:

- Zunächst kommt es zum **Fall der unbefruchteten Blüten**. Dieser beginnt unmittelbar nach dem Abfall der Blütenblätter und dauert etwa 14 Tage. Beim Beerenobst steht nach dem Abwurf der Blütenblätter der endgültige Fruchtbehang bereits fest und es kommt kaum zu einer weiteren Reduzierung des Ansatzes.
- Der **erste Fruchtfall** setzt etwa drei bis vier Wochen nach Blühende ein. Zu diesem Zeitpunkt werden hauptsächlich schlecht befruchtete und unterentwickelte Früchte abgestoßen.
- Der **zweite Fruchtfall** dauert in der Regel etwa bis neun Wochen nach der Blüte. Da er meist im Juni auftritt, wird er auch als **Junifruchtfall** bezeichnet. Er ist gewöhnlich umso stärker, je mehr Blüten pro Baum vorhanden waren und je schwächer der Blütenfall war. Diese Fallperioden werden beim Apfel, dessen Verhalten bislang sicher am intensivsten untersucht wurde, am besten von den Mittelfrüchten (Königsblüten) und den endständigen Blüten oder Früchten an Kurz- und Langtrieben überstanden. Dagegen weisen die seitenständigen Blütenstände der Langtriebe ein deutlich schwächeres Fruchtungsvermögen auf.

Einen großen Einfluss auf die Entwicklungsvorgänge der Frucht nehmen naturgemäß auch die **Phytohormone**. Nach verschiedenen Untersuchungen zeigen sich bei der Phytohormonproduktion in den Samen im Laufe der Entwicklung zwischen den Sorten starke Unterschiede. Bei allen Sorten werden jedoch während der ersten 12 bis 14 Tage nach dem Fall der Blütenblätter keine Phytohormone gebildet. Erst nach diesem Termin setzt die Bildung auxinhaltiger Phytohormone ein und erreicht etwa eine Woche bis zehn Tage später einen Höhepunkt. In diesem Zeitraum beginnt sich der sekundäre Embryosackkern rasch zu teilen und es entsteht das Endosperm. Ein zweiter, noch bedeutenderer Höhepunkt wird unmittelbar vor dem Ende des Embryowachstums erreicht. Aus der Abbildung unten geht klar hervor, dass während der jeweils größten Phytohormonproduktion der Fruchtfall tatsächlich am geringsten ist. Die in den Samen produzierten Auxine wirken einer allgemeinen Tendenz der Früchte zur Abszission (dem Abstoßen) entgegen. Sobald jedoch ein bestimmter Wert unterschritten wird, setzt der Fruchtfall wieder ein. Wird dagegen wieder ein oberer Grenzwert erreicht,

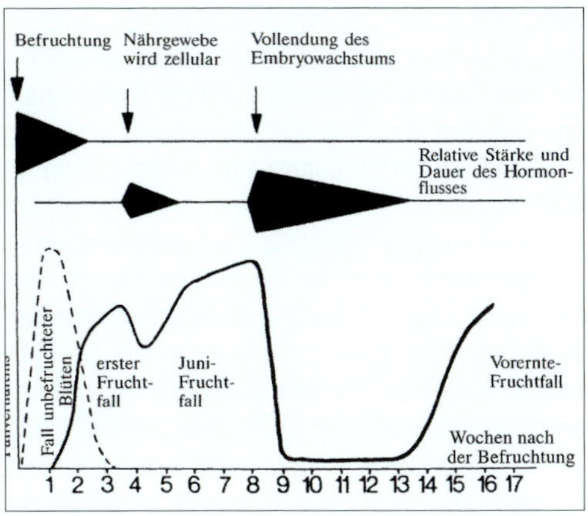

Schema der Hormonproduktion in den Samen der Kernobstfrüchte im Verlaufe ihrer Entwicklung (nach LUCKWIL, 1953)

Röteln der Kirschfrüchte (Foto: PIEBER)

hört der Fruchtfall auf. Abfallende Früchte weisen durchschnittlich weniger Samen als am Baum verbleibende auf, was naturgemäß auf eine geringere Phytohormonproduktion hinweisen kann. Durch Zufuhr von Wachstumsregulatoren lässt sich dieser Fruchtfall verzögern. Erst bei fehlendem Hormonfluss zwischen Samen und Fruchtansatzstelle bildet sich eine Trennschicht an der Basis des Stieles aus. Dieser Mechanismus funktioniert auch in ähnlicher Weise bei den Blättern.

Die Wirksamkeit der chemischen Ausdünnung hängt vom Entwicklungsstadium der Früchte, vom Kohlenhydratangebot und dieses wiederum von der Photosynthese und den vorhandenen Reserven aus dem Vorjahr im Baum ab.

Neben der unterschiedlichen Intensität der Auxinbildung auf die Höhe des natürlichen Fruchtfalls sind auch genetische Einflüsse von Bedeutung, die auch typisch bei bestimmten Obstarten auftreten. Bei der Süßkirsche wird beispielsweise der Fruchtfall zum Zeitpunkt der Umfärbung der Fruchtschale von Gelb auf Rot als Röteln bezeichnet.

Dieser Fruchtfall kann in manchen Jahren so stark ausfallen, dass vom Gesamtfruchtansatz am Baum kaum mehr Früchte am Baum verbleiben.

Andererseits wird der Fruchtansatz beim Beerenobst aber nach dem Abwurf der unbefruchteten Blüten (Verrieseln) kaum mehr verringert. Darüber hinaus spielen auch Witterungsverhältnisse während der Blüte und die Befruchtungsverhältnisse selbst eine größere Rolle. Es zeigt sich auch, dass bei sehr hohem Fruchtansatz verhältnismäßig mehr Früchte abgestoßen werden. Auch sehr starkes Triebwachstum kann sich fruchtfallverstärkend auswirken. Alle diese Faktoren müssten bei der für eine Qualitätsproduktion unbedingt erforderlichen Behangdichtenregulierung jedenfalls mit einbezogen werden.

Junifruchtfallprognosen, basierend auf Fruchtzuwachsmessungen über einen bestimmten Zeitraum, haben sich bisher noch nicht durchgesetzt.

Junifruchtfallprognosen
(nach RENNER, 2010)

- **Methode GREENE**
  Bei einem Fruchtdurchmesser von 6–7 mm werden 100 befruchtete Blütenbüschel an fünf bis zehn repräsentativen Bäumen markiert und anschließend die Früchte am Stiel nummeriert. Der aktuelle Fruchtdurchmesser wird erhoben. Nach einer Woche erfolgt eine neuerliche Messung. Alle jene Früchte mit weniger als 50 % des maximalen Fruchtzuwachses werden abfallen. Mit Abweichungen von ca. 5 % zwischen den effektiv abfallenden und der prognostizierten Anzahl an abfallenden Früchten muss gerechnet werden. Bei der Probenahme sollen 50 % der Blütenbüschel am zweijährigen Holz, 25 % endständig am einjährigen Holz und 25 % Fruchtspieße am dreijährigen Holz bewertet werden. Die Fruchtdurchmesserfeststellung soll dabei nicht unter 6 mm Fruchtdurchmesser erfolgen.

- **Methode HANDSCHACK**
  Bei 100 Früchten wird der Fruchtdurchmesser in Walnussgröße bestimmt (auf Millimeter genau) und die Messergebnisse werden mittels Strichliste in einer vorbereitenden Größenverteilungsliste aufgezeichnet. Als überlebende Früchte sind Früchte mit einem Durchmesser von ca. 13 mm Durchmesser zu bewerten. Diese Methode eignet sich als Schätzung des Handausdünnungsgrades. Für eine Strategie zur chemischen Ausdünnung ist der Erhebungstermin zu spät.

Durch **vorzeitigen Fruchtfall** kann es vor allem beim Kernobst zu empfindlichen Ernteverlusten kommen. Besonders gefährdet sind dabei die Apfelsorten 'Gravensteiner', 'Goldparmäne', 'McIntosh', diverse 'Red Delicious'-Typen und 'Spartan'. Die Ursache dürften Unregelmäßigkeiten bei der Auxinbildung sein. Durch rechtzeitige Zufuhr von Pflanzenwuchsstoffen (z. B. α-Naphthyl-Essigsäure (NAA) 75 g/l, Handelspräparat Fruitone – aktuellen amtlichen Zulassungsstand beachten!) kann die vorzeitige Ausbildung der Trennschicht zwischen

Stiel und Fruchtholz verzögert und damit eine gewisse Zeit lang ein „Tropfen" der Sorten verhindert werden.

Schätzmethoden zur Feststellung des vorzeitigen Fruchtfalls

- **NIRS:** Aus den unterschiedlichen Inhalts- und Stoffwechselprodukten vorzeitig fallender und hängenbleibender Früchte wird der Stoffwechsel von Früchten mittels NIRS-Technik (Nahinfrarotspektroskopie) bestimmt und abgeschätzt, wie viele Früchte abfallen können. Gegenwärtig ist diese Methode kurz vor dem Fruchtfall am aussagekräftigsten.
- **MaluSim:** Über die Assimilate- bzw. Kohlenstoffbilanz des Baumes kann die Anzahl der abzuwerfenden Früchte geschätzt werden. Da die Stoffwechselbilanz auch witterungsabhängig ist, ist die Aussagekraft der Ergebnisse knapp vor dem Fruchtfall am treffensten.

NÄHRSTOFFVERSORGUNG DER OBSTGEHÖLZE

Auch die Obstgehölze benötigen für ihre verschiedenen Entwicklungsvorgänge eine Reihe von Nährstoffen (Elementen), die meist in mineralischer Form durch die Wurzel oder über das Blatt aufgenommen und über die vorhandenen Leiteinrichtungen der Pflanze zu den Stellen des Bedarfes transportiert werden. Die in größeren Mengen benötigten Elemente werden als **Hauptnährstoffe (Makroelemente)** bezeichnet. Dazu zählen Stickstoff (N), Phosphor (P), Kalium (K), Kalzium (Ca), Magnesium (Mg) und ev. Schwefel (S). Zu den **Spurenelementen (Mikroelementen)** werden die Elemente Bor (B), Eisen (Fe), Zink (Zn), Mangan (Mn), Kupfer (Cu) und Molybdän (Mo) gerechnet, sie werden von den Pflanzen nur in ganz geringen Mengen benötigt. Auch eine Reihe entbehrlicher Elemente, wie etwa Natrium (Na) oder Chlorid etc., können oft in beträchtlicher Menge in der Pflanze nachgewiesen werden, sie werden ebenfalls von der Pflanze aufgenommen, obwohl sie nicht benötigt werden. Die Mineralstoffe sind im Boden in unterschiedlich hohen Mengen enthalten und werden durch Verwitterung bzw. durch andere Auf- und Abbauvorgänge (z. B. Mineralisierung, Nitrifizierung) frei verfügbar bzw. pflanzenaufnehmbar. Dabei werden aus den anorganischen Teilen des Bodens hauptsächlich Natrium, Kalium, Kalzium und Magnesium, aus den organischen Verbindungen (Humus) Stickstoff, Phosphor und Schwefel freigesetzt. Mikronährstoffe sind in den meisten unserer Böden in ausreichender Menge vorhanden und müssen daher nur bei akut auftretenden Mangelerscheinungen zugeführt werden.

Die jeweilige Verfügbarkeit der Nährstoffe ist abhängig vom aktuellen pH-Wert.

Spezifische mengenmäßige Nährstoffverfügbarkeit in Abhängigkeit des pH-Wertes

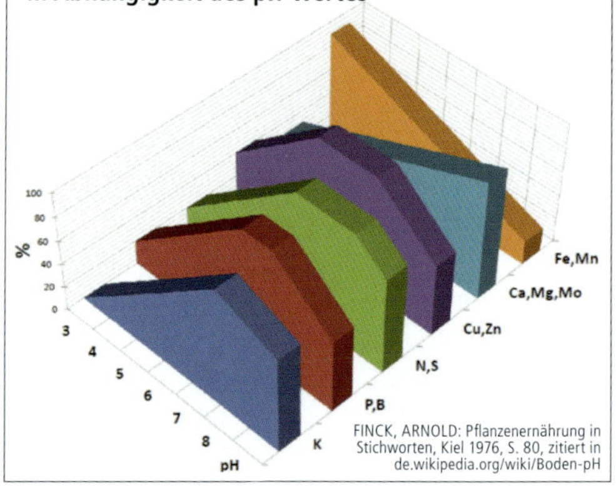

FINCK, ARNOLD: Pflanzenernährung in Stichworten, Kiel 1976, S. 80, zitiert in de.wikipedia.org/wiki/Boden-pH

Niedrige pH-Werte sind in der Landwirtschaft problematisch, da Aluminium in toxischen Mengen im Boden freigesetzt werden kann. Für den Beerenobstanbau gilt, basische Böden zu meiden.

Verfügbarkeit von Nährstoffen in Abhängigkeit des pH-Wertes
(nach de.wikipedia.org/wiki/Boden-pH)

Nährstoff	sauer					neutral			basisch				
	4	4,5	5	5,5	6	6,5	7	7,5	8	8,5	9	9,5	10
Stickstoff, N					■	■	■	■					
Phosphor, P						■	■				■	■	■
Kalium, K					■	■	■				■	■	■
Calzium, Ca				■	■	■	■	■	■				
Magnesium, Mg				■	■	■	■	■	■				
Schwefel, S					■	■	■	■	■	■	■	■	■
Eisen, Fe	■	■	■	■	■								
Mangan, Mn		■	■	■									
Bor, B		■	■	■	■								
Kupfer, Cu		■	■	■									
Zink, Zn		■	■										
Molybdän, Mo							■	■	■	■	■	■	■

Der **Nährstoffgehalt unserer Kulturböden** wird einmal vom Mineralstoffgehalt, von der Humusmenge und -qualität und von den durch die Düngung zugeführten Nährstoffmengen bestimmt. Neben einem ausreichenden Angebot an Nährstoffen ist jedoch auch ihre gute Verfügbarkeit von großer Wichtigkeit. In vielen Böden liegen die Nährstoffe vielfach in einem nicht ausgeglichenen Verhältnis zueinander vor. Nährstoffe, die in zu hohem Maße vorliegen, können andere im Stoffwechsel konkurrenzieren, sodass deren Aufnahme durch die Pflanze erschwert wird oder unmöglich ist. Diese Erscheinung wird als **Ionenkonkurrenz** bezeichnet. In der Praxis treten folgende Antagonismen auf: Kaliüberschuss z. B. hemmt und konkurrenziert Kalzium, Magnesium und Bor bei der Aufnahme und im Stoffwechsel. Weiters wird auch die Zinkaufnahme beeinträchtigt. Magnesium beeinflusst dagegen die Aufnahme von Kalium und Kalzium, ein Phosphorüberschuss die Aufnahme von Kalium, Eisen und Kupfer. Einseitig hohe Stickstoffgaben hemmen dagegen die Phosphorsäureaufnahme sowie die Aufnahme von Kalium und Bor. Ein einseitig hoher Kalziumgehalt führt in den meisten Fällen dagegen zu Schwierigkeiten bei der Aufnahme von Bor und Eisen. Andererseits kann es auch zu einer Förderung der Aufnahme verschiedener Nährstoffe durch andere kommen, z. B. wird durch ein steigendes Stickstoffangebot beim Apfel die Aufnahme von Kalzium und Magnesium gefördert, Kalium dagegen fördert die Aufnahme von Eisen und Mangan, Phosphor die von Magnesium. Diese Eigenart der verschiedenen Nährstoffe wird als Synergismus bezeichnet. Neben den genannten Faktoren sind aber auch der Wassergehalt des Bodens, die Bodenreaktion (pH-Wert), die Bodenstruktur (Bodenverdichtungen) und die Wurzelaktivität von ganz entscheidender Bedeutung für die Nährstoffaufnahme.

Jedes Element der mineralischen Nährstoffe hat eine Reihe von ganz spezifischen Funktionen im Gesamtsystem des Pflanzenwachstums und kann dabei von keinem anderen Element ersetzt werden. Daher ist eine ausreichende Verfügbarkeit für ein gesundes und leistungsfähiges Wachstum von grundlegender Bedeutung. Von dieser Warte aus gesehen können die mineralischen Nährstoffe auch als reine „Funktionselemente" angesehen werden, wobei das wichtigste Kriterium darin besteht, dass jederzeit eine pflanzenart- und auch elementspezifische Optimalkonzentration eingehalten wird. Während der Wachstumsphase der Pflanzen muss daher ständig eine Aufnahme der mineralischen Nährstoffe zur Sicherstellung des Pflanzenzuwachses gewährleistet sein.

1. HAUPTNÄHRSTOFFE

Stickstoff (N)

Er gehört zu den Hauptelementen und hat mit 2 bis 3 % i. d. TS der Blätter von Obstgehölzen den höchsten Gehalt im Vergleich zu allen anderen Nährelementen. In der Zelle ist Stickstoff wichtiger Bestandteil des Eiweißes, der DNS und RNS als Träger der Erbinformation sowie auch einiger Pflanzenhormone; dadurch ist er bei allen wichtigen Lebensfunktionen in zentraler Stellung beteiligt.

N regt das Zellwachstum und die Zellvermehrung an und ist daher für die vegetative Entwicklung von besonderer Wichtigkeit. Speicherform des Stickstoffs sind die Amide, während die Aminosäuren gleichzeitig die Transportform darstellen. Die **Stickstoffaufnahme** kann sowohl in Form des Nitrats (Salpeter) als auch des Ammoniums aus dem Boden erfolgen. Harnstoff wird von den Wurzeln nur in geringem Umfang aufgenommen, für die Aufnahme durch das Blatt stellt er jedoch die wirksamste Form dar. Im Boden liegt in erster Linie die negativ geladene Form des Nitrats vor (NO_3^-), wodurch bei übermäßiger Aufnahme Phosphat (ebenfalls negativ geladen) zurückgedrängt werden kann. Das positiv geladene Ammonium könnte dagegen die gleich geladenen kationischen Nährstoffe Kalium, Magnesium und Kalzium bei deren Aufnahme beeinflussen, wobei in entsprechenden Versuchen der stärkste Effekt gegenüber dem Kalzium in den Früchten aufgetreten ist.

Stickstoffmangel erkennt man an den kleineren, aufgehellt gelbgrünen Blättern, am späten und schwachen Austrieb sowie am kümmerlichen Triebwachstum. Die Blütenbildung bleibt schwach und der Junifruchtfall tritt meist besonders stark in Erscheinung. Die Früchte selbst sind kleiner, festfleischiger, gut ausgefärbt und reifen früher. Triebabschluss und Herbstverfärbung setzen ebenfalls früher ein. Einschränkung der Photosyntheseleistung. **Stickstoffüberschuss** ist erkennbar an einem ausgeprägten Triebwachstum und den großen, glänzend dunkelgrünen Blättern. Die Fruchtreife tritt später ein, die Ausfärbung bleibt mangelhaft und die innere Fruchtqualität und Lagerfähigkeit werden stark herabgesetzt. Der Triebabschluss verzögert sich, die Holzreife ist ungenügend und die Winterfrostempfindlichkeit dadurch deutlich erhöht.

Auch physiologische Erkrankungen der Früchte, vor allem sei hier die Stippe genannt, treten bei N-Überschuss eher und intensiver auf. In vielen Stickstoff-Steigerungsversuchen hat man nachgewiesen, dass eine N-Überdüngung oft auch eine Steigerung des Stippebefalls mit sich brachte. Baumwurzeln sind auch im Winter funktionstüchtig und können Nährstoffe aufnehmen, sofern die Temperatur über 0 °C liegt. Trotzdem kann es aber bei einer Herbst- oder Winterausbringung, vor allem in offenen Böden, zu Nährstoffauswaschungen kommen. Auch in Mulchrasen nehmen die Graswurzeln im Winter nicht in dem Ausmaß N auf wie während der Vegetationsperiode, sodass ein Teil der freigesetzten Stickstoffmengen bei Niederschlägen in den Bereich der Baumwurzeln oder tiefer transportiert wird. Späte N-Gaben (Frühjahr) werden zwar nicht ausgewaschen, allerdings kommt der N zuerst den bereits wieder aktiven Pflanzenwurzeln und dann erst den Wurzeln der Obstgehölze zugute. Der günstigste Zeitpunkt für offen gehaltene Böden wäre also Ende Februar bis Ende März, für begrünte Böden etwa zwischen Mitte Februar und Ende März. Eine Teilgabe von Stickstoff sollte jedenfalls noch kurz vor der Blüte verabreicht werden, da Obstgehölze gerade zu diesem Zeitpunkt einen erhöhten N-Bedarf haben. Der Austrieb der Blüten- und Blattknospen wird hauptsächlich aus den N-Reserven im Stamm und in den Ästen bestritten. Den Bäumen sollte daher nach Abschluss des Triebwachstums im Spätsommer noch so viel Stickstoff zur Verfügung stehen, dass sie davon eine Reserve aufbauen können. Diese N-Reserve hat sich auf die Qualität der Fruchtknospen durchaus positiv ausgewirkt, ist aber in der Praxis nicht immer realisierbar. Eine derartige Termindüngung kann sich besonders bei Apfel und Pfirsich negativ auf die Ausbildung der Fruchtfarbe auswirken. Hinsichtlich der Höhe der N-Düngung ist es gerade im Obstbau aus ökologischen und pflanzenbaulichen Gründen nicht möglich, nach starren Rezepten vorzugehen. In der Regel werden in einer gemulchten Anlage kaum mehr als die durch den Entzug eingetretenen Verluste auszugleichen sein. Heute wird etwa bei jüngeren Anlagen ein Bedarf von 40 bis 60 kg/ha Reinstickstoff angenommen und in zwei bis drei Teilgaben ausgebracht. In älteren Anlagen sollte jedoch zur Verbesserung des bereits nachlassenden Wachstums eine Menge von 50 bis 80 kg Reinstickstoff eingesetzt werden. Von den Steinobstarten benötigt sicher der Pfirsich als sehr schnittintensive Obstart viel Stickstoff. Besonders N-arm sind Sandböden mit geringerem Humusanteil. Sie besitzen naturgemäß auch ein geringes Festhaltevermögen und haben höhere Auswaschungsraten. Schwere Böden weisen weniger Auswaschungsverluste auf. Eine objektivere Ermittlung der erforderlichen Stickstoffmenge erlaubt heute bereits die N_{min}-Methode.

Phosphor (P)

Phosphor ist im Boden zu einem sehr großen Teil festgelegt, nur ein relativ kleiner Teil (ca. 1 %) ist in der Bodenlösung vorhanden. Auf sauer reagierenden Böden wird Phosphor durch verstärkte Bindung an den Bodenkomplex und durch die Bildung von Aluminium- und Eisenphosphaten in nicht pflanzenverfügbare Formen festgelegt. Von Bedeutung ist daher auch der Gehalt eines Bodens an organischer Substanz, da die durch den Abbau entstehenden Säuren schwer lösliche P-Verbindungen angreifen und teilweise wieder pflanzenverfügbar machen. Auch die Pflanzenwurzel selbst besitzt ein relativ gutes Aufschließungsvermögen für Phosphatverbindungen. In Böden mit hoher biologischer Aktivität und guter Wasserversorgung wird mehr Phosphor aufgenommen. Phosphor ist für den Energiestoffwechsel, beim Kohlenhydrat- und Eiweißaufbau und als wesentlicher Bestandteil der zellulären Membranen von großer Bedeutung. Er ist in der Pflanze äußerst mobil, und zwar in beide Richtungen (auf- und abwärts), wobei organische Bindungsformen vorherrschen. In älteren Pflanzenteilen liegt er aber meist in anorganischer Form vor. Infolge der guten Beweglichkeit in der Pflanze wird aber ein Großteil des vorhandenen Phosphors noch vor dem Laubfall aus den Blättern in die holzigen Teile zurückverlagert. Diese Reserven stehen dann ohne vorherige schwierige Neuaufnahme dem nächstjährigen Neuaustrieb zur Verfügung. Der Gesamtentzug ist daher sehr gering. Bei einer mittleren Ernte von etwa 30 t liegt die Höhe des Phosphorentzuges bei nur rund 10–15 kg P_2O_5/ha. Obstpflanzen kommen daher mit einem relativ niedrigen P-Düngungsbedarf aus. Mit ein Grund dürfte aber auch die besonders starke P-Aneignungseffizienz, auch bei zu geringen pflanzenverfügbaren Phosphormengen im Boden, durch die spezifische Mithilfe von symbiontischen Mykorrhizapilzen an den Wurzeln sein. Untersuchungen haben gezeigt (KOCH et al., 1982), dass sich solche Verbindungen bevorzugt an den Wurzeln von Dauerkulturen entwickeln können. Im Intensivobstbau kommt es daher nur äußerst selten zu Phosphormangelerscheinungen, eher kann in unseren Böden eine Überversorgung vorliegen, die dann zu einem Eisen- bzw. Zinkmangel führen kann. Auch die N-Aufnahme kann durch hohe P-Werte beeinträchtigt werden.

Ausgesprochener **Phosphormangel** kann sich in einer Verminderung der Blütenknospenbildung auswirken. Bei jüngeren, wachsenden Blättern kann eine typisch rotviolette Verfärbung auftreten. Auch halbmondförmige Nekrosen an den Rändern älterer Blätter können auf einen P-Mangel hinweisen.

Bei stark sauren Böden (pH < 5,5), aber auch bei pH-Werten von mehr 7,5 kann es außerdem zu stärkeren Fixierungen im Boden kommen.

Kalium (K)

Dieser Nährstoff, der sich als einziger in der Pflanze in keiner chemischen Verbindung befindet, liegt zu einem großen Teil im Zellsaft in Lösung und bestimmt so wesentlich den osmotischen Wert mit. Er ist besonders wichtig für die Stoffwechselregulierung und beeinflusst maßgeblich Ertrags- und Fruchtqualität sowie den Aufbau von Kohlenhydraten, Aroma- und Farbstoffen. Außerdem wirkt sich das Kalium bei ausreichender Versorgung positiv auf die Widerstandskraft gegen Trockenheit und Winterfröste aus und verbessert die Haltbarkeit der Früchte. Es hat auch großen regulierenden Einfluss auf den Wasserhaushalt der Pflanzen.

Aus dem Boden wird Kalium, ähnlich wie Kalzium und Magnesium, als positiv geladenes Ion aufgenommen. Kalium setzt sich, bei der Aufnahme durch die Wurzeln, mit einiger Dominanz gegenüber Magnesium und Kalzium durch. Es ist auch in den Pflanzen am beweglichsten und kann, aufgrund seiner starken Mobilität im Phloem, zu einer stärkeren Kalianreicherung in den Früchten führen.

Bei **Kalimangel** treten vor allem bei den älteren Blättern an der Triebbasis an den Blatträndern zuerst gelbe, später braune Nekrosen auf, wobei sich der bereits abgestorbene Blattrand nach oben rollt (Blattranddürre). Bei zu geringer Versorgung mit Kalium ist ganz allgemein eine höhere Veratmungsquote und eine höhere Transpirationskoeffizienz zu beobachten, weil die Regulierung der Spaltöffnungen ebenfalls speziell K-abhängig ist. Ein weiterer Nachteil eines zu geringen Kaligehaltes im Fruchtfleisch ist die größere Empfindlichkeit der Früchte gegenüber zu niedrigen Lagertemperaturen, wobei es zum Auftreten von Kältefleischbräune kommen kann. Bei einem **zu hohen Angebot** dieses Nährstoffes wird die Aufnahme von Magnesium, Kalzium, Bor usw. wesentlich erschwert, da die Wurzeln Kalium am leichtesten aufzunehmen vermögen. Dies kann auch die Ursache für Bor- oder Magnesiummangelerscheinungen sein und zudem zum Stippigwerden und zu Weichfleischigkeit der Früchte führen. Auch beim Kalium besteht in ähnlicher Weise wie bei Stickstoff ein hoher Anspruch zur Einhaltung des Optimalbereiches, um Ertrags- oder Qualitätsfehler möglichst von vornherein zu vermeiden. Gleichzeitig muss unter den drei Kationen Kalium, Kalzium und Magnesium kontinuierlich für ein optimales gegenseitiges Mengenverhältnis in der Pflanze gesorgt sein. Infolge der Speicherfähigkeit der Böden für Kalium tritt besonders auf schwereren und ausreichend mit Kali versorgten Böden nicht so schnell eine Beeinträchtigung der Kaliernährung bei den Obstgehölzen auf, auch wenn die Kalidüngung zeitweise ausgesetzt wird. Pfirsiche und Johannisbeeren sind aber diesbezüglich vorsichtig zu behandeln. Die heute verwendeten Kalidünger enthalten Kalium in Chlorid- oder Sulfatbindungsform, Chlorid wirkt aber, vor allem in größeren Mengen, für Johannisbeeren, Erdbeeren, Himbeeren und Stachelbeeren eher schädlich. Darüber hinaus besteht bei den anderen Obstarten keine Empfindlichkeit gegenüber Chlor. Die Anwendung chloridfreier oder -armer Düngermittel hat sich jedoch auch hier bewährt.

Kalzium (Ca)

Der Ca-Gehalt des Bodens ist im Vergleich zu den anderen Nährstoffen relativ hoch. Allerdings liegt der überwiegende Teil des Gesamtkalziums in Form von schwerlöslichen Salzen, meist als kohlensaurer Kalk ($CaCo_3$) und als Dolomit ($CaCO_3$ + $MgCO_3$) vor. Unter dem Einfluss von Kohlensäure (aus dem kohlensäurehaltigen Regenwasser und bei der Wurzelatmung gebildet) werden diese Verbindungen in ein wasserlösliches Ca-Bicarbonat, das im Boden gut beweglich ist und daher leicht ausgewaschen wird, umgewandelt. Kalzium wird von den Pflanzen ebenfalls in Ionenform aufgenommen. Nach der Aufnahme durch die Wurzeln wird es im Xylem (Holzteil) mit dem Wasserstrom vorwiegend zu den meristematischen Geweben der Triebspitzen und der jüngeren Blätter transportiert. Allerdings ist der Rücktransport von Kalzium aus den Blättern hin zu anderen Pflanzenteilen (Früchten) kaum mehr möglich. Daher kommt es zu einer Ca-Anhäufung, besonders in den älteren Blättern. Diese zunächst „festgelegten" Ca-Mengen stehen den Pflanzen erst wieder nach erfolgter Verrottung der Blätter zur Verfügung. Große Mengen an Kalzium befinden sich aber auch in der Rinde und im Holz der Obstgewächse, von wo sie bei Bedarf zumindest teilweise wieder abtransportiert werden können.

Dem Kalzium kann eine **zweifache Funktion** zugeordnet werden. Aufgrund des günstigen Einflusses auf die Bodenstruktur und die Krümelstabilität sowie auf das Mikroorganismenleben hat Kalzium einmal eine große Bedeutung als Bodendünger. Eine ausreichende Ca-Versorgung sichert in der Regel auch die Ca-Ernährung der Pflanzen. Daneben hat dieses Element aber auch wichtige ernährungsphysiologische Aufgaben wahrzunehmen. Es stabilisiert in erster Linie neue Strukturen beim Zellaufbau, wobei die Stabilisierung des Pektins in der Mittellamelle zusammen mit Magnesium ein Beispiel ist. Außerdem ist Kalzium für das Funktionieren der Zellmembranen (das sind Abgrenzungen zwischen und innerhalb der Zellen) von außerordentlicher Bedeutung. Damit werden erst die Voraussetzungen für die optimale Regulation der zahlreichen zellintern, räumlich getrennt ablaufenden Auf- und Abbauprozesse geschaffen. Kalzium ist daher auch für die Aufnahme von Nährstoffen von besonderer Wichtigkeit. Höhere Ca-Gehalte sichern eine bessere Aufnahme der anderen Elemente. Es ist daher auch ohne Weiteres vorstellbar, dass Kalziummangel im Fruchtfleisch eine wesentliche Ursache für das Auftreten von Stippe, Fleischbräune und vorzeitige Reife der Früchte darstellt. Es kommt dabei zu vorzeitigen Auflöseerscheinungen dieser Membranstrukturen, wobei allgemeiner Gewebsverfall mit anschließender Oxidation verschiedener Zellinhaltsstoffe zu der braunen Verfärbung gewisser Teile des Fruchtfleisches führt. Dagegen wird bei ausreichendem Gehalt die Atmungsintensität verringert und die Reifeprozesse verlangsamt. Einflüsse auf die Wuchs- und Ertragsleistung konnten allerdings trotz erheblicher Unterschiede in der Ca-Ernährung noch nicht beobachtet werden.

Die meisten Obstpflanzen zeigen eine hohe Empfindlichkeit gegenüber zu hohem Ca-Gehalt und alkalischer Bodenreaktion. Hohe Kalziumwerte fördern im Obstbau das Auftreten von Bor-, Mangan- und Zinkmangel. Außerdem leiden Apfel, Birne, Pfirsich und Erdbeere sehr stark an der kalkinduzierten Eisenmangelchlorose, die sich, sofern überhaupt möglich, nur durch relativ hohe finanzielle Aufwendungen wieder beseitigen lässt. Auf Böden mit niedrigen pH-Werten treten dagegen häufig Magnesiummangel und oft auch ein bereits pflanzenschädigendes Überangebot von Mangan auf. In so einem Fall ist eine Aufkalkung unbedingt erforderlich.

Magnesium (Mg)

Der größere Teil des Magnesiums im Boden liegt in ungelöster Form, hauptsächlich als Magnesit ($MgCO_3$) oder Dolomit ($CaCO_3 + MgCO_3$), vor. Allerdings besitzen Mg-Carbonate eine etwas bessere Löslichkeit als Ca-Carbonate. Das bedeutet, dass ein Boden schneller an Magnesium als an Kalzium verarmt. Die Mg-Nachlieferung und -Versorgung hängt aber in hohem Maße vom jeweils vorliegenden Boden ab. Ein großer Teil des Magnesiums der Pflanzen liegt in den Zellen gelöst vor und wirkt in dieser Form, ähnlich wie das Kalium, auf die osmotischen Werte ein. Die Eigenschaften sind denen des Kalziums sehr ähnlich (z. B. Pektinbildung, Oxalatbildung), allerdings hat Magnesium neben den strukturellen auch einige wichtige funktionelle Aufgaben in der Pflanze. Eine ganz spezifische Eigenschaft von Magnesium ist beispielsweise die komplexe Bindung mit vielen Enzymen und anderen organischen Verbindungen in der Zelle, wodurch erst ganz bestimmte Stoffwechselvorgänge ermöglicht werden. Als besonderes Beispiel dieser Art wäre hier das Chlorophyllmolekül anzuführen, das meist 10 bis 30 % des in der Pflanze vorhandenen Magnesiums enthält. Mg kann unter gewissen Umständen bei der Aktivierung verschiedener Enzyme durch das Mikroelement Mangan ersetzt werden.

Mangelerscheinungen treten bei den ältesten Blättern eines Triebes zuerst auf. Dabei zeigen sich zwischen den Blattrippen zuerst gelbe Aufhellungen (Chlorosen), die nach und nach braun werden

(Intercostalnekrosen). Ein Großteil der betroffenen Blätter kann abfallen, sodass die Ausbildung der Triebe und Knospen beeinträchtigt wird. Bei den Früchten etwa ist die Ausbildung des Aromas eingeschränkt. Von besonderer Bedeutung für einen Magnesiummangelzustand ist auch das Verhältnis von Magnesium zu Kalium. Untersuchungen haben gezeigt, dass dann ein relativer Mangel vorliegt, wenn das Kalium etwa das Sechs- bis Zehnfache des Magnesiums im Blatt ausmacht. Beim Auftreten von Mg-Mangelerscheinungen sollte daher vorerst einmal geprüft werden, ob nicht die Kalidüngergaben zu hoch bemessen wurden.

Magnesiumüberschuss kommt praktisch nicht vor, könnte aber eine mangelhafte Ca-Aufnahme bewirken. Magnesiummangel kann mit Blattspritzungen begegnet werden, wobei eine zweimalige Behandlung mit einem flüssigen Mg-Präparat oder mit einer 1,5%igen Lösung von Mg-Sulfat während der Haupttriebzeit (Ende Mai bis Anfang Juli) meist ausreicht.

Schwefel (S)

Schwefel ist ebenfalls ein wesentlicher Bestandteil der Eiweißstoffe, wobei der Schwefelgehalt in der Pflanze allerdings nur ein Zehntel des Stickstoffgehaltes ausmacht. S wird in Form des Sulfates aus dem Boden aufgenommen, in der Pflanze in die SH-Form (Sulfhydryl-Gruppe) überführt und in dieser Form auch in die Eiweißstoffe eingebaut.

Neben seiner Funktion als Eiweißbaustein hat Schwefel noch ganz spezifische Funktionen, sowohl in der Strukturstabilisierung der Eiweißstoffe als auch bei besonderen Elektronenübertragungsreaktionen im Stoffwechsel. In Mitteleuropa gibt es derzeit von der Menge her keinen Engpass in der Schwefelversorgung der Böden, denn die jährliche Schwefelzufuhr aus den diversen Verbrennungsprozessen reicht zur Bedarfsdeckung durchaus aus.

Schwefelmangel äußert sich in ähnlichen Symptomen wie Stickstoffmangel, also einer Aufhellung der grünen Laubfarbe, weil hier ebenfalls das Chlorophyll zuerst abgebaut wird. Schwefel ist allerdings in der Pflanze relativ unbeweglich und wird überwiegend nur von unten nach oben transportiert, Mangelsymptome zeigen sich daher zuerst an den jüngeren Blättern.

2. SPURENELEMENTE

Der Begriff fasst eine Gruppe von mineralischen Nährstoffen zusammen, die zwar nur in relativ geringen Mengen, aber essenziell für das Pflanzenwachstum notwendig sind. Sie greifen etwa wie Katalysatoren steuernd in die Lebensvorgänge der Pflanzen ein.

Eisen (Fe)

Die Böden enthalten normalerweise genügend pflanzenverfügbares Eisen, das in den Böden meist in anorganischer Form vorliegt. Auf bestimmten Standorten ist die Versorgung mit Eisen dennoch nicht ausreichend. Bei saurer Reaktion des Bodens kann z. B. die Fe-Aufnahme durch einen Überschuss an Mangan, Kupfer oder Zink gestört werden; in der Regel sind Festlegungsprozesse die Ursache für die verminderte Fe-Aufnahme. Hoher Phosphatgehalt kann ebenfalls die Ursache für die Ausfällung von Eisen in Form von schwerlöslichen Eisenphosphaten sein. Dieser Vorgang kann nicht nur im Boden, sondern auch in den Leitungsbahnen der Pflanze erfolgen. Die größte Beeinträchtigung der Eisenversorgung findet man allerdings auf kalkreichen, alkalischen Böden, sie führt zur sogenannten **Kalkchlorose**. Hier werden die Mangelsymptome immer zuerst an den jüngsten Blättern der Langtriebe sichtbar und greifen erst später auch auf die älteren Blätter über. Die Blätter werden dabei gelb (ausgenommen die Blattadern), später kann es bei sehr starkem Mangel auch zum Absterben von Trieben und Blättern kommen. Es kommt damit zu einer erheblichen Störung und Einschränkung des gesamten Wachstums. Die Früchte sind wie beim N-Mangel stark gefärbt (gerötet). Unter den Apfelsorten reagiert 'Cox Orange' am schnellsten auf Fe-Mängel. Sehr anfällig reagieren aber auch Birnen auf Quittenunterlagen, Pfirsiche auf arteigenem Sämling sowie Himbeeren und Erdbeeren.

In der Zelle liegt Eisen überwiegend gebunden an verschiedene Eiweißstrukturen vor, wobei die wichtigste Funktion wohl die der Elektronenübertragung (Lichtenergiegewinnung, Atmungsenergie) ist. Etwa 80 % des Eisens befindet sich in den Chloroplasten, was wohl den deutlichen Chlorophyllmangel bei gestörtem Eisenstoffwechsel

Links Chlorose bei Pfirsich (Foto: PIEBER)

erklärt. Die Düngung kalkreicher Böden, etwa mit mineralischen Fe-Salzen (Fe-Sulfat), verspricht fast keinen Erfolg, weil die Eisenionen auf solchen Böden sofort wieder festgelegt werden. Bisher hat sich im Obstbau lediglich die Blattspritzung mit entsprechend hochdosierten Fe-Chelaten bewährt. Es handelt sich dabei um Fe-Komplexsalze, die etwa vier- bis fünfmal im Abstand von zehn Tagen ausgebracht werden. Der Beginn der Spritzungen sollte bald nach dem Blütenblattabfall erfolgen. Die Mittel können aber auch mithilfe einer Lanzendüngung (1- bis 2%ig) ausgebracht werden. Eisenverfügbarkeit ist abhängig vom Bodenpflegesystem.

Bor (B)

Dieser Nährstoff ist in hohem Ausmaß für das Längenwachstum des Sprosses sowie für die Verzweigung der Wurzel notwendig und beeinflusst besonders die Keimung und Entwicklung des Pollenschlauches, die Befruchtungsfähigkeit und Samenbildung. Bor wird von den Pflanzen als Borsäure, zum Teil auch als negativ geladenes Borat aufgenommen und in erster Linie im Xylemteil nach oben transportiert. Ein hoher pH-Wert (> 7) festigt aber verschiedene Verbindungen mit dem Boden derartig stark, dass es zu verminderter Verfügbarkeit des Bors kommt. Der größte Teil des Bors in der Pflanze befindet sich in den Zellwänden, es kann sich wahrscheinlich, ähnlich wie Kalzium, mit Pektinstoffen verbinden. Allerdings ist eine Wiedermobilisierung danach fast nicht mehr möglich. Bormangelgefährdet sind vor allem Apfel, Birne, Pfirsich, Pflaume, Johannisbeere und Kirsche. Bei der Apfelfrucht äußert sich **Bormangel** in der Ausbildung von Außen- und Innenkork, der zu Rauschaligkeit und Fruchtdeformationen führen kann. Zu ähnlichen Symptomen kann es auch bei der Birne kommen, während bei den Johannisbeeren stärkeres „Verrieseln" (Abwerfen von Fruchtansätzen) auftreten kann. Bormangel führt auch zum Absterben von Triebspitzen, die Blätter sind löffelartig gekrümmt, meist rosettenartig angeordnet und zeigen eine rötlich-bronzeartige Färbung. Optimale Werte im Apfelblatt liegen bei etwa 30 bis 50 ppm. Bor ist unter allen mineralischen Nährstoffen aber auch jenes Element, das bei nur mäßigem Vorkommen bereits zu Pflanzenschäden führen kann. Symptome dafür sind beginnende Blattrandnekrosen, bei Überdosierung kann es aber ebenfalls zu starken Pflanzenschäden bis hin zum Absterben der Pflanze kommen. Sämtliche Mangelerscheinungen lassen sich mithilfe einer Bordüngung, die sowohl über den Boden als auch über das Blatt vorgenommen werden kann, beheben. Über dem Boden auch deshalb, weil Bor nicht besonders festgelegt wird, sondern verfügbar bleibt. Je nach pH-Wert des Bodens können bereits 10–30 kg Borax/ha zur Behebung eines Mangels ausreichen. Um Borüberschüssen vorzubeugen, empfiehlt es sich jedoch, eine Blattdüngung mit Borsäure (0,15–0,20 %) zwei- bis dreimal im Abstand von zehn Tagen ab der Blüte durchzuführen. Bor wird heute über die Ausbringung von Tankmischungen zur Verringerung der Fruchtberostung, besonders bei 'Golden Delicious', eingesetzt.

Mangan (Mn)

Mangan spielt insbesondere als Baustein für Enzyme und bei der Chlorophyllbildung eine gewisse Rolle. Es ist bei vielen Redox-Vorgängen, bei der Photosynthese und bei der Aktivierung von Stoffwechselvorgängen beteiligt. Im Boden kann Mangan in zwei-, drei- oder vierwertiger Form vorkommen, wobei in erster Linie das zweiwertige Mangan sowie das leicht auf diese Form reduzierbare als pflanzenverfügbar gelten. Die Oxidation des Mangans in nicht aufnehmbare Formen geschieht vor allem durch Bakterien, die besonders bei höheren pH-Werten reichlich vorkommen. In humus- und kalkreichen Böden ist daher die Manganverfügbarkeit, speziell unter trockenen Bedingungen, relativ gering. Andererseits kommt es zu überreicher Mn-Verfügbarkeit bei niedrigen pH-Werten und schlechterer Sauerstoffversorgung im Boden, wobei dann besonders die zweiwertige Form dominiert. In der Pflanze ist Mangan eher schlecht beweglich, daher kommt es in der Regel zu einer Anreicherung in den älteren Blättern, während in den Früchten nur geringe Werte anzutreffen sind. Optimale Werte im Apfelblatt liegen zwischen 40–100 ppm.

Manganmangel tritt vor allem beim Apfel, bei der Süßkirsche und auch bei der Himbeere auf. Es kommt zu einer Aufhellung der grünen Farbe zwischen den Blattadern, wobei jedoch etwas breitere Blattflächenbereiche neben den Blattadern noch längere Zeit grün bleiben (tannenbaumartige Zeichnung). Es kommt zur Einschränkung des Triebwachstums und eventuell sogar zum Absterben ganzer Äste. Zur Behebung eignet sich eine Spritzung mit 5%iger Mangansulfatlösung in der Vegetationsruhe oder eine ein- bis zweimalige Blattspritzung mit 0,2- bis 0,5%iger Mangansulfatlösung kurz vor der Blüte. Der Spritzbrühe sollte zur Neutralisation der Säure 0,2 % Löschkalk beigegeben werden.

Zink (Zn)

Auch Zink kommt in der Regel im Boden in ausreichender Menge vor. Pflanzenverfügbar ist es in seiner zweiwertigen Form, jedoch kann es bei hohen pH-Werten und Phosphatgehalten im Boden zu einer starken Beeinträchtigung der Zinkversorgung für die Pflanzen kommen. Zink spielt bei der Bildung von Wuchsstoffen und als Stoffwechselregulator eine größere Rolle. Speziell werden durch Zink verschiedene Schritte der Eiweiß- und Auxinsynthese ermöglicht, sodass Zink eine zentrale, wachstumskontrollierende Funktion einnimmt. Besonders gegenüber Zinkmangel empfindliche Pflanzenarten sind Obstgehölze, Weinreben und Hopfen, wobei der Apfel geradezu als Zeigerpflanze genannt wird.

Zinkmangel äußert sich in der Ausbildung kleiner, schmaler, lanzettförmiger Blätter, die gleichzeitig, aufgrund kaum erfolgter Langtriebbildung, rosettenartig angeordnet sind. Die Blätter zeigen Chlorophyllaufhellungen und die Fruchtbildung der betroffenen Bäume ist eingeschränkt. Durch den Zinkmangel kommt es in den Triebspitzen auch zu verringerter Reservestoffeinlagerung und dadurch zu einem verstärkten Absterben der Triebspitzen **(Wintersterben)**. Zinkmangel kann durch Düngung mit Zinksulfat, vor allem auf leichteren, sauren Böden, mit Erfolg durchgeführt werden. Geht der Mangel auf eine Festlegung zurück, so können Spritzungen mit 5%igem Zinksulfat auf das kahle Holz oder zwei bis drei Spritzungen mit 0,5 % Zinksulfat nach der Blüte in 14-tägigem Abstand durchgeführt werden. Eine Zugabe von 0,5 % gelöschtem Kalk zur Neutralisierung ist angebracht. Bei Steinobst sind nur Behandlungen während der Vegetationsruhe zielführend.

Eine Reihe von Pflanzenschutzmittel-Wirkstoffen (z. B. Ziram, Zineb, Metiram und andere) enthalten ebenfalls nicht unerhebliche Mengen an Zink.

Kupfer (Cu)

Kupfer kommt im Boden im Gegensatz zu Eisen nur in sehr geringen Mengen vor. Kupferarme Böden sind vor allem Heidesand- und Moorböden. **Kupfermangel** kann durch eine starke Bindung des Metalls an organische Substanzen auftreten, aber auch höhere Gehalte anderer Schwermetalle (wie z. B. Mangan, Eisen, Zink) können die Kupferaufnahme behindern. Kupfer spielt im Bereich des Stoffwechsels (Elektronenübertragung durch Wertigkeitswechsel) eine ganz wichtige Rolle. Eine Anreicherung gibt es, wie bereits bei anderen Spurenelementen genannt, auch für Kupfer in den Chloroplasten. Kupfer fördert auch die Ligninbildung in der Pflanze, wodurch beispielsweise die Halmfestigkeit bei Getreide verstärkt wird. Kupfermangel wirkt sich sehr negativ auf das Wachstum der Triebspitzen aus, auch die Blätter bleiben klein und fallen nach Ausbildung von Chlorosen oft ab. Bei Kupfermangel gibt es jedoch keine Fruchtdeformationen. Im Obstbau kommt es, da ja zum Teil wiederholt Kupferpräparate eingesetzt werden, kaum zu Mangelerscheinungen.

Molybdän (Mo)

Dieses Spurenelement ist nur in ganz niedrigen Konzentrationen erforderlich. Im Gegensatz zu anderen Mikroelementen wird Mo im Bereich niedriger pH-Werte in nicht verfügbarer Form an Eisen- und Manganoxide sorbiert. Auch unzersetzte organische Masse, wie etwa Torf, kann eine starke Bindungskraft auf Molybdän ausüben. Die Verfügbarkeit ist daher in Böden mit pH-Werten über 6 deutlich sicherer. Normalerweise wird es von den Wurzeln relativ leicht aufgenommen, ist aber dann in der Pflanze schwer beweglich. Die physiologische Bedeutung liegt ebenfalls in seiner Befähigung zum Wertigkeitswechsel, wodurch es bei der Elektronenübertragung mitwirkt. Essenziell ist es im Stickstoffhaushalt der Pflanze, wobei es bei der Reduzierung des von der Pflanze aufgenommenen Nitrats zum Nitrit mitwirkt. Weiters benötigen die verschiedenen dazu befähigten Mikroorganismen Molybdän auch zur Bindung des Luftstickstoffs.

Mangelsymptome zeigen große Ähnlichkeit mit denen eines N-Mangels, weil aufgrund des Eiweißmangels vor allem ältere Blätter aufhellen. Durch höhere Nitratanreicherungen kann es zu Blattrandnekrosen und darüber hinaus zu inselartigen Gewebeschäden kommen. Auf eine direkte Düngung kann aber normalerweise verzichtet werden.

Weitere essenzielle Spurenelemente

Neben den bereits als Pflanzennährstoffe bezeichneten Elementen gibt es aber noch eine Reihe anderer Substanzen, die bei einigen Pflanzenarten das Wachstum fördern können. Zu diesen Elementen werden Natrium, Chlorid, Silizium, Cobalt und Nickel gezählt. Allerdings gibt es bisher keinerlei Hinweise, dass es speziell bei den Obstgehölzen zu Mangelerscheinungen bzw. zu Schäden gekommen wäre.

Allerdings sind gewisse Obstarten gegenüber Natrium oder Chlorid besonders empfindlich, sodass indirekt doch eine gewisse Sorgfalt bezüglich möglicher Anreicherungen angebracht ist. Auf jeden Fall ist darauf zu achten, dass keine Überversorgung mit diesen Elementen erfolgt, da ansonsten relativ rasch toxisch wirkende Konzentrationen erreicht werden. Der Bedarf der Pflanzen an diesen Elementen ist äußerst gering.

3. MINERALISCHE DÜNGEMITTEL

(Weiterführende Links unter www.ages.at » Themen » Landwirtschaft » Düngemittel)

Mineraldünger, auch als Handelsdünger bezeichnet, werden aus Erdlagern abgebaut (Phosphat und Kali) oder, wie der Stickstoff aus der Luft, in komplizierten technischen Verfahren gewonnen.

Stickstoffdünger

Die heute verwendeten Stickstoffdünger werden fast ausschließlich synthetisch erzeugt. Ihre Einteilung erfolgt nach der Form, in welcher der Stickstoff gebunden ist.

Kalksalpeter

Er enthält 15,5 % Nitratstickstoff und 28 % Kalziumoxid. Es ist ein leicht lösliches, stark hygroskopisches, weißes, grob gekörntes Düngemittel und wird auch für Spritzungen gegen Stippe verwendet.

Kalkammonsalpeter

Dieses Düngemittel enthält 24 % Stickstoff, je zur Hälfte in Nitrat- und Ammoniumform, mit ca. 18 % Kalziumcarbonat. Für den Intensivobstbau ist die Sonderform mit 4 % Borsäuregehalt zur vorbeugenden Behandlung von Bormangel geeignet.

Schwefelsaures Ammoniak

Dieser Dünger wirkt aufgrund seines Sulfatanteiles physiologisch sauer und wegen seines Ammoniumstickstoffes nachhaltig; er enthält 21 % Stickstoff; für Böden mit alkalischer Reaktion geeignet.

Harnstoff

Er ist ein Kohlensäurediamid und enthält 46 % Stickstoff als Amid, das im Boden zu Ammoniak und Nitrat abgebaut wird. Verdünnte Lösungen können vom Blatt aufgenommen werden. Er wird im Intensivobstbau häufig als Blattdünger verwendet.

Kalkstickstoff

Kalkstickstoff ist ein langsam wirkender Stickstoffdünger und enthält ca. 21 % Stickstoff als Amid, 60 % Kalziumoxid und 14 % Kohlenstoff. Bei seiner Umwandlung zu Harnstoff wird Cyanamid frei, das eine vernichtende Wirkung auf Wildkräuter, Krankheitserreger und Schädlinge hat. Wegen seiner ätzenden Wirkung ist die Anwendung bei Erdbeeren nicht zu empfehlen.

Phosphatdünger

Superphosphat

Dieses enthält 18 % P_2O_5 in wasserlöslicher Form und wird durch Aufschluss harter Rohphosphate mit Schwefelsäure gewonnen. Das Phosphat liegt in einer hochwirksamen Form vor, wirkt physiologisch sauer und ist daher überwiegend für kalkhaltige Böden zu empfehlen.

Triplesuperphosphat

Dieses Düngemittel enthält 45 % P_2O_5 in wasserlöslicher Form. Eigenschaften und Anwendungen entsprechen denen des Superphosphats.

Thomasphosphat
Thomasphosphat enthält 14,5 % P_2O_5 in zitronensäurelöslicher Form und 45 % CaO. Es hat seinen Namen von der Schlacke, die bei der Stahlerzeugung nach dem Thomas-Verfahren und neuerdings nach dem LDAC-Verfahren (abgewandeltes LD-Verfahren der VOEST-Werke Linz) durch thermischen Aufschluss anfällt. Außerdem enthält es beträchtliche Mengen an Magnesium, Mangan, Eisen, Silizium und anderen Spurenelementen. Seine Anwendung ist vor allem bei sauren Böden und zur Vorratsdüngung zu empfehlen.

Hyperphosphat
Das ist ein fein vermahlenes, weicherdiges Rohphosphat mit 31 % ameisensäurelöslichem Phosphat und 25 % CaO. Es ist nur für saure Böden geeignet.

Hyperkorn
Dieser Dünger ist ein gekörntes Hyperphosphat und enthält 30 % P_2O_5, 25 % CaO, 3 % Mn und 1 % N, der als Bindesubstanz für die Körnung verwendet wird.

Für schwach saure bis alkalische Böden können vorwiegend Superphosphate zur Anwendung kommen. Für saure Böden sind Thomasphosphat oder Hyperphosphat zu empfehlen.

Kalidünger
Es gibt chlorhaltige und chlorfreie Kalidünger. Bei der Düngung der Obstpflanzen verdienen chlorfreie Kalidünger den Vorzug. Werden aus preislichen Überlegungen chloridhaltige Dünger eingesetzt, so sollen diese im Herbst (Vorratsdüngung) gestreut werden, damit das Chlorid in tiefere Bodenschichten abwandert, während Kali von den Bodenteilchen festgehalten wird.

Patentkali (schwefelsaure Kalimagnesia)
Er enthält ca. 28 % K_2O und ca. 9 % MgO und ist ein Spezialdünger für chloridempfindliche Obstpflanzen auf magnesiumarmen Böden. Im Obst- und Weinbau ist er der geeignetste Kalidünger zur Vorratsdüngung.

Schwefelsaures Kali
Es enthält 50 % K_2O als Kaliumsulfat und geringe Mengen an Magnesiumsulfat. Auf gut mit Magnesium versorgten Böden soll das schwefelsaure Kali verwendet werden.

40%iges Kalisalz
Dieses enthält 40 % K_2O als Kaliumchlorid, bis zu 25 % NaCl (Kochsalz) und ca. 5 % Magnesiumsulfat.

60%iges Kalisalz
Dieses Düngemittel enthält ca. 60 % K_2O als Kaliumchlorid und fast keine Begleitstoffe.

Kalkdünger
Alle Kalkdünger entstammen mehr oder weniger stark kalkhaltigen Gesteinen und enthalten neben nennenswerten Mengen an Magnesium nur unbedeutende Mengen an Spurenelementen.

Kohlensaurer Kalk
Er besteht zu 95 % aus $CaCO_3$ (entspricht ca. 50 % CaO). Er wird aus Kalkstein durch Feinvermahlung gewonnen, ist im Wasser nur wenig löslich und wirkt daher langsam und nachhaltig. Er ist besonders für leichtere Böden geeignet.

Branntkalk
Dieser Dünger enthält 90 % CaO und wird durch Brennen des kohlensauren Kalkes hergestellt. Als Düngemittel wird er in gekörnter Form für mittlere und schwere Böden verwendet.

Mischkalk
Mischkalk enthält mindestens 65 % CaO und besteht in Österreich aus zwei Teilen $CaCO_3$ und einem Teil Branntkalk. Er wirkt schnell und nachhaltig.

VOEST-Konverterkalk
Dieser ist eine gemahlene Konverterschlacke, enthält 45 % Kalk und bis 2 % Phosphat, außerdem Spurenelemente (vor allem Mangan). Die Anwendung ist ähnlich wie bei kohlensaurem Kalk.

Magnesiumdünger
In erster Linie werden als Bodendünger Magnesiumoxid DFM mit 80 bis 82 % MgO und Kieserit mit 27 % Magnesiumsulfat verwendet. Als Blattdünger wird Magnesiumsulfat (Bittersalz) verwendet. Andere magnesiumhaltige Düngemittel sind Magnesia-Mischkalk, kohlensaurer Dolomitkalk und Patentkali.

Mehrnährstoffdünger
Man versteht darunter jene Dünger, die zwei oder drei der Nährstoffe (Stickstoff, Phosphor und Ka-

lium) enthalten. Außer den wasserlöslichen Spezialdüngern sind sie alle granuliert. Der Nährstoffgehalt der Mehrnährstoffdünger wird immer in der Reihenfolge N : P : K angegeben. Für den Obstbau interessant sind die chloridfreien NPK-Dünger mit Magnesium und Spurenelementen:

Vollkorn Linz blau spezial

Zusammensetzung 14 : 6 : 18 mit 3 % MgO und 2 % Spurenelementen.

Nitrophoska perfekt

15 : 5 : 20 mit 2 % MgO und Spurenelementen. Die Nährstoffzusammensetzung entspricht den Erfordernissen der Obstpflanzen am besten, während die meisten anderen Volldünger einen zu hohen Phosphorgehalt besitzen.

Die meisten Obstbauböden sind bereits mit Phosphor gut oder sogar überversorgt. In solchen Fällen ist die Anwendung eines Zweinährstoffdüngers (Kalisalpeter mit der Zusammensetzung 14 : 0 : 47 oder Nitroka 16 : 0 : 24), besonders für Spezialkulturen, zu empfehlen. Beide Dünger enthalten den Stickstoff als Nitrat und das Kali als Sulfat.

Spurenelementdünger

Sie finden Anwendung als Einzeldünger oder als Mischungen mehrerer Spurenelemente. Die wichtigsten sind:

Borsäure mit 17,5 %

Bor ist sehr gut löslich und dem weniger gut löslichen Borax mit 11,3 % Bor vorzuziehen. Borsäure ist sehr giftig!

Fetrilon und Sequestren 138

Sie enthalten Eisen in Form eines Chelats und werden als Blattdünger (0,1 bis 0,3 %) verwendet; Sequestren 330 wird als Bodendünger verwendet.

Mangansulfat

Es enthält 20 bis 32,5 % Mn und ist leicht wasserlöslich.

Zinksulfat

Es enthält 22,7 % Zink; Blattspritzungen können mit 0,1%igen, basischen Zinksulfatlösungen durchgeführt werden.

4. ORGANISCHE DÜNGEMITTEL

Ohne Zweifel hat im komplexen Bereich Bodenfruchtbarkeit der Humus eine besondere Bedeutung, weil von ihm eine ganze Reihe weiterer Fruchtbarkeitsmerkmale (Sorption, Pufferung, Wasserhaltefähigkeit usw.) sowie eine große Anzahl weiterer den Boden beeinflussender physikalischer, chemischer und biologischer Eigenschaften ausgehen bzw. beeinflusst werden.

Die Obstgehölze sind, einschließlich der Erdbeeren, wenn man von den Blättern und den Schnittholzabfällen absieht, nicht an der Humusproduktion beteiligt. Soll der obstbaulich genützte Boden seine Fruchtbarkeit erhalten, ist daher (das gilt vor allem für ganzjährig offengehaltene Böden), die Zufuhr organischer Substanz erforderlich. Organische Dünger sind in erster Linie Bodendünger, sie liefern die Nahrung für die Mikroorganismen im Boden und fördern die biologische Aktivität. Für die Wahl eines organischen Düngemittels ist daher der Gehalt an organischer Substanz das wichtigste Kriterium. Man kann zwischen wirtschaftseigenen Düngern (Stallmist, Gülle, Kompost), Verfahren zur Humusdüngung (Gründüngung, Mulch) und organischen Handelsdüngern (Torf, TKS 1 und 2, Torboflor, Vollhumus, Müllkompost, Biomüll) unterscheiden.

Stallmist

Seine Qualität wird durch die Tierart, durch die Art der Gewinnung, durch die Einstreu und die Futtermittel sowie das Lagerungsverfahren bestimmt. Er kann als Frischmist oder nach einer Kompostierung verwendet werden. Die Nährstoffe sind größtenteils organisch gebunden und werden während des Abbaus der organischen Substanz allmählich frei. Die Inhaltsstoffe sind aus der Tabelle auf Seite 224 ersichtlich.

Flüssigmist

Das ist ein mit Wasser und Jauche verflüssigter Stallmist mit geringen Einstreumengen. Bei der Lagerung in Güllegruben gibt es wesentlich geringere Verluste an organischer Substanz als bei der normalen Stallmistlagerung.

Jauche

Darunter versteht man ein Gemisch aus dem zersetzten Harn der Tiere mit Wasser. Die beiden letztgenannten sind ausgesprochene N- und K-Dünger und sollten daher im Obstbau mit Sorgfalt eingesetzt werden.

Gründüngung

Darunter versteht man das Einarbeiten spezieller Pflanzenbestände, um den Boden mit organischer Substanz anzureichern. Dabei werden die Bodenlebewesen reichlich mit Nahrung versorgt und in ihrer Entwicklung begünstigt. Durch den Einsatz von vor allem tiefer wurzelnden Gründüngungspflanzen werden auch tiefere Bodenschichten besser erschlossen. Die rasche Abdeckung des Bodens bewirkt Schattengare und eine bessere Krümelstruktur im Boden.

Grasmulch

Dieser Dünger ist nicht nur das wirkungsvollste Bodenpflegesystem, sondern auch die biologisch beste Humusdüngung. Voraussetzung sind jedoch mindestens 600 mm Niederschlag pro Jahr, davon zwei Drittel in der Hauptvegetationszeit. Die gemulchte Grünmasse wird auf der Fläche belassen und liefert nach der Verrottung neue Nährstoffe. Die jährliche Bildung und die Menge der organischen Masse ist vom Standort, von den Grasarten, der Düngung und von den Niederschlägen (Bewässerung) abhängig. Dem anfänglich etwas höheren Nährstoffbedürfnis des Grasmulchs ist in der Düngung Rechnung zu tragen.

Zu den organischen Handelsdüngern zählen:

Düngetorf

Düngetorf wird als Bodenlockerungsmittel besonders bei den Vorbereitungsmaßnahmen für Neuanlagen verwendet. Weiters wird er vielfach als Grund- bzw. Trägersubstanz für Torfsubstrate und Pflanzerden eingesetzt. Als Düngetorf wird in erster Linie Weißmoostorf mit geringem Zersetzungsgrad, langer Verrottungsdauer und niedrigem pH-Wert (um 3) herangezogen. Er enthält keine pflanzenverfügbaren Nährstoffe und benötigt daher eine zusätzliche Volldüngung, die er im Boden speichert und dann langsam abgibt.

Torfsubstrate

Sie sind direkt als Kultursubstrate einsetzbar und meist auch mehr oder weniger stark mit Nährstoffen angereichert (z. B. TKS 1, TKS 2, Torboflor usw.). Sie werden auch aus Hochmoortorf gewonnen. Im Verhältnis sind sie jedoch sehr teuer und werden im Obstbau kaum verwendet.

Vollhumus

Ein auf Torfbasis hergestellter Humusdünger, der fallweise auch als Stallmistersatz verwendet wird. Es enthält 3,5 % N, 2 % P_2O_5, 4 % K_2O, 0,16 % MgO sowie etwa 40 % organische Substanz und wird ebenfalls bei Neupflanzungen eingesetzt, nur sollte die Düngerausbringung bereits 14 Tage vorher erfolgen, um Wurzelschäden (durch Verbrennung) möglichst auszuscheiden.

Weitere organische Handelsdüngemittel:

Biofert

Dieser biogene Handelsdünger wird aus den Rückständen der Zitronensäureerzeugung hergestellt. Zitronensäure wird von einem Pilz produziert. Dieser Pilz wird mit Zuckerträgern gefüttert (siehe unter www.biofert.at). An Inhaltsstoffen sind zu verzeichnen: Mindestens 40 % organische Substanz, 4 % N – Stickstoff gesamt, 1,5 % P_2O_5 – Phosphat gesamt, 11 % Kalziumoxid, 0,5 % Kaliumoxid, 0,05 bis 0,25 % Zink. In der österreichischen Bioproduktion zugelassen.

Biosol

Biosol ist ein Förderer des Bodenlebens und der Lebendverbauung des Bodens. Die Humusversorgung des Bodens wird verbessert und die biologischen sowie physikalischen Eigenschaften optimiert (www.biosol.at). Neben der Förderung der Mykorrhizapilze im Boden steigt die natürliche Resistenz (Widerstandsfähigkeit) der damit gedüngten Pflanzen. Gleichzeitig sinkt die Produktionsstressbelastung der Früchte (KEPPEL, 2004). 85 % organische Substanzen, gebundener N 8 bis 10 %, wasserlöslicher N maximal 0,5 %, P_2O_5 0,5 %, K_2O 0,5 %, C/N-Verhältnis 6 : 1. Im österreichischen Bioanbau zugelassen.

Klärschlamm, Müllkompost, Müllklärschlammkompost

Diese Düngemittel bieten sich in ziemlich großen Mengen an. Sie stellen in der Regel den Rückstand bei der Abwasserreinigung dar, können jedoch, je nach Herkunft und Klärverfahren, in ihrer Zusammensetzung sehr unterschiedlich sein. **Der Wassergehalt ist hoch (90 %), das heißt, er enthält nur etwa 10 % Trockensubstanz.** Entwässerter Klärschlamm enthält je m^3 ca.

Zusammensetzung organischer Dünger (in Prozent der Trockenmasse)

Düngemittel	organ. Substanz	Stickstoff N	Phosphorpentoxid P_2O_5	Phosphorsäure H_3PO_4	Kali K_2O	Kalk $CaCO_3$	Magnesiumoxid MgO
Hornspäne	80–90	12–14	5		0,2–0,8		0,6–1,2
Rizinusschrot	75	5–6	2	2,5	1–1,5		0,3
Rapskuchen	70	5	0,9		1,5		
Vinasse	50	3,5	0,4		7,5		
Tiermehl	70–90	8–9	5	12–32	0		
Biosol, kaliarm	85	6,5	1		1,5		
Blutmehl	60–85	12	0,2–2,5	1,5	0,4–1,7	1	0,2–0,5
Haar-, Federmehl	75–80	13					
Knochenmehl, entfettet	45	6	15		0,1		0,6
Knochenmehl, entleimt	15	1	31		0,3		0,6
Knochenmehl, gedämpft	30	4–5		18–22	0,2	27	
Stroh	60	0,4	0,2		1		0,1
Rindenkompost	50	0,06–0,3	0,1	0,005	0,05–0,2	0,6	0,1–0,3
Stallmist	20–25	0,5	0,3		0,5		0,2
Trester	60	0,45	0,35		0,13		
Schnittholz	60	0,8	0,25		0,8		0,2
Grünschnittkompost	25	0,2	0,1		0,15		0,4
Guano, Peru	50	6–7	4–6	12	2–3	12	1–4,5
Hühnermist, trocken	30–70	3–4	5	3–5	2–3	7–14	1–3
Grünalgen-Pulver-Konzentrat	60	0,9		0,14	1,9	1,2	1,0
Holzasche, Fichte				5,9	11,5	44,9	
Rinderdung, trocken, Cal.	45	1,6		1,5	4,2	4,1	
Pferd-/Schaf-Mischung, tr., Fr.	84	4,5		0,8	2,6	2,9	0,3
Borsten	80	11					
Federn	75	12					
Hornmehl	65–75	10–12					
Mischdünger Oscorna-Animalin	60	6		9	1		

Quelle: Richtlinien für die sachgerechte Düngung – Anleitung zur Interpretation von Bodenuntersuchungsergebnissen in der Landwirtschaft. Bundesministerium für Land- und Forstwirtschaft, Umwelt und Wasserwirtschaft, Stubenring 1, 1010 Wien, 2008, www.ages.at/düngerbroschüren (Quelle: V. HEYNITZ u. MERCKRUS, 1980, verändert)

80 kg organische Substanz, 4 kg N, 13 kg P_2O_5, 1 kg H_2O, 3 kg MgO und 25 kg CaO. Der Gehalt an Schwermetallen kann allerdings bedenklich sein, sodass eine laufende Qualitätskontrolle unerlässlich ist. Die Verwendung von unbehandeltem Klärschlamm ist durch den möglichen Gehalt an Parasiten und Krankheitserregern sowie wegen meist unangenehmer Geruchsbelästigung aus hygienischen Gründen abzulehnen. Eventuell wäre an einen Einsatz nach einer vorangegangenen Kompostierung zu denken.

Biologische Düngemittel

Neben den bereits genannten organischen Handelsdüngern werden auch noch eine Reihe Produkte angeboten, die bevorzugt von Tierabfällen stammen. Sie besitzen ebenfalls hohe und wertvolle Nährstoffanteile. Allerdings werden in der letzten Zeit, aus Mangel an genügend Tierabfällen, auch Pflanzenrückstände, besonders von ölhaltigen Früchten, verwendet. Es handelt sich dabei um Pressrückstände von Ölsaaten, von Sonnenblumenkernen, Weintraubenkernen, Erdnüssen oder Ähnlichem, aber auch ganze Pflanzen werden nach vorheriger Aufbereitung (trocknen und vermahlen) eingesetzt. Vor allem Meeresalgen gewinnen aufgrund ihres hohen Spurenelementanteiles der diversen Aminosäuren und der weiteren Inhaltsstoffe des Meerwassers ständig an Bedeutung.

Folgende Einzelprodukte aus Tierabfällen stehen zur Verfügung:

Blutmehl

Es wird in fein pulverisierter Form angeboten und stellt einen hochwertigen, schnell wirkenden, organischen N-Dünger dar. Man verwendet es zur

Kopfdüngung während der Reifezeit. Weiterhin wird es dem Kompostmaterial zugesetzt, um eine schnellere Entwicklung der Bodenlebewesen zu erreichen. Blutmehle können aber auch im Blumengarten und als Rosendünger eingesetzt werden. Neben Beimengungen in Erden und anderen Substraten eignet es sich besonders zur Herstellung von Düngerbrühen (Flüssigdüngung).

Hornmehl

Hornmehl ist ebenfalls relativ schnell wirksam und besteht aus vermahlenen Tierhörnern und -hufen, wobei die Feinheit der Vermahlung für den jeweiligen Einsatz wichtig ist: Allerfeinste Vermahlungsgrade sind sehr rasch wirksam (zehn bis 14 Tage), mittlere in etwa vier und gröber (fingernagelgroß) vermahlener Schrot in ca. acht bis zehn Wochen. Bei Mischung der angebotenen Mehle hat man eine über die ganze Saison hinfließende N-Quelle. Hornspäne dienen auch zur Anreicherung von Kompostmaterial, können aber auch mit Regenwasser zu Jauchen (Dunggüssen) angesetzt werden. Horn- und Borstendünger vom Schwein finden im Gartenbau nur selten Verwendung. Trockene, abgesackte Borsten lassen sich aber leicht in den Komposthaufen einarbeiten; sie sind reich an Stickstoff und verbessern dadurch die Erden. Auch für Federmehl gilt Ähnliches.

Knochenmehl

Es ist für die Phosphor- und Kalkversorgung des Bodens geeignet. Dabei werden praktisch alle Knochenabfälle aus den Schlachthäusern verwendet. Vor der Vermahlung werden die Abfälle mit Heißdampf behandelt und mit diversen Lösungsmitteln entfettet. Allerdings sollte diese Entfettung nicht mit Tetrachlorkohlenstoff oder ähnlichen giftigen Substanzen erfolgt sein. In diesem Fall ist das Knochenmehl, da diese Substanzen nicht gänzlich entfernt werden können, mit Vorsicht einzusetzen bzw. nicht zu verwenden.

Ledermehle

Sie können als stickstoff- und phosphorreiche Nährstoffe verwendet werden. Ihre Bedeutung hat jedoch abgenommen, da kaum noch mit natürlichen Gerbsäuren, wie etwa Tannin, gegerbt wird. Die heute verwendeten Metallsalze enthalten Chrom, das als schädliches Schwermetall im Boden Schäden an den Wurzeln hervorrufen kann. Weiterhin können auch noch Fäkaldünger im getrockneten und gemahlenen Zustand, mitunter auch sterilisiert, eingesetzt werden. Hierzu zählen vor allem der bekannte **Guano**, also der Kot von Seevögeln, von verschiedenen Meeresküsten. In den letzten Jahren wird aber vielfach auch bereits Hühnerkot aus der Massentierhaltung getrocknet, vermahlen und verkauft. Alle diese Düngerstoffe werden einzeln, aber auch bereits in Herstellermischungen angeboten, sodass der kenntnisreiche, biologische Anbauer sich das jeweils für seine Zwecke Günstigste heraussuchen kann.

Von den organischen Düngestoffen aus der Pflanzenproduktion wären zu nennen:

Rizinusschrot

Pressrückstand aus den Saaten der Rizinuspflanze. Kann als N-Dünger eingesetzt werden.

Traubenkerne

Traubenkerne sind hoch energiehaltig und besitzen zudem durch ihren Gerbsäuregehalt eine besonders günstige Wirkung auf den Boden.

Ölrapsschrot, Sonnenblumenkerne, Erdnüsse usw.

Diese Düngemittel besitzen auch nach dem Pressen noch einen hohen Ölanteil; der Ballaststoffanteil wird später zu Humus umgesetzt. Alle diese Dünger gelten als stickstoffreiche, organische Dünger.

Eine alleinige Verwendung dieser verschiedenen Ölschrote auf dem Feld ist allerdings abzulehnen, da verstärkte Verpilzung und Schimmelbildung (Toxinbildung) eintreten können. In Mischungen mit anderen Stoffen bzw. für die Kompostierung ist jedoch eine gute Eignung gegeben.

Kalke, Gesteinsmehle und Ton

Diese Substanzen werden ebenfalls im Bereich der organischen Düngung eingesetzt. Sie dienen aber in erster Linie der Bodenversorgung. Außerdem können sie natürlich die Komposte verbessern. Im biologischen Garten dienen sie noch weiteren Zwecken: Kalke werden beispielsweise zur Schneckenfernhaltung, Steinmehle und Tone für den Pflanzenschutz verwendet.

Pflanzenaktivatoren (Biostimulantien)

In den letzten Jahren hat auch noch eine weitere Gruppe von organischen Handelsdüngern Bedeutung erlangt. Es handelt sich dabei um Abfälle der Hefeverwertung, um Spurenelementdünger und um Aminosäure-Düngemittel. Diese hier zusammengefassten organischen Düngemittel zeichnen sich dadurch aus, dass sie bereits bei geringster Einsatzmenge erstaunliche Wirkungen hervorrufen. Man kann sie also richtigerweise eher als „Initialzünder" zur Ankurbelung wichtiger Prozesse im Boden und in der Pflanze ansehen und nicht so sehr als Düngemittel mit bestimmten Nährstoffwerten. Oft genügt eine einmalige Behandlung, um zu einem nachhaltigen Erfolg zu kommen. Auch für die Verbesserung des Kompostes wirken sie meist sehr gut. Kompost, der mit solchen Präparaten behandelt wurde, ist immer besser als unbehandeltes Kompostmaterial.

Im Einzelnen kann man etwa folgende Gruppen unterscheiden:

Meeresalgenprodukte

Diese Produkte werden in den letzten Jahren ebenfalls verstärkt auf dem Markt angeboten. Die Algen werden gefischt, getrocknet und anschließend schonend gemahlen. Neben ihrer Nährstoffwirkung in vielen Bereichen (Kalkcarbonat, Mg-Carbonat und andere), dem Gehalt an Aminosäuren, Proteinen, Wuchsstoffen (z. B. Gibberelline), verschiedenen Vitaminen sowie einfachen Zuckern, zeichnen sie sich auch durch einen ungewöhnlichen Reichtum an Spurenelementen aus. Des Weiteren soll ein Überbrausen der Pflanzen mit Algenextrakten zu sicherer Pilzresistenz und zu Schädlingsfreiheit führen. Auch Botrytisinfektionen sollen nach solchen Behandlungen kaum mehr auftreten.

Durch mehrmaligen Einsatz soll es außerdem zu einem besseren Fruchtansatz, größeren Früchten und zu einer besseren Fruchtausfärbung kommen. Um diese Vorteile zu erreichen, empfehlen die Vertreiber dieser Präparate drei bis vier Behandlungen mit einer Menge von 2–3 l/ha etwa um die Blüte und vor der Ernte. Es bedarf allerdings noch genauerer Untersuchungen, um endgültige Aussagen treffen zu können.

Aminosäuren

Sie stellen die Bausteine der Eiweißstoffe dar und können pflanzlichen oder tierischen Ursprungs sein. In den im Handel angebotenen Präparaten können bis zu 20 verschiedene Aminosäuren enthalten sein. Außerdem enthalten sie meist auch noch Nährstoffe wie Stickstoff, Phosphor und Schwefel.

Aminosäure-Präparate sollen

- den Stoffwechsel der Pflanzen aktivieren,
- die Enzymtätigkeit fördern,
- die Nährstoffaufnahme über das Blatt erleichtern und verbessern sowie
- die Widerstandsfähigkeit der Pflanzen gegenüber Stressfaktoren erhöhen.

Um eine entsprechende Wirkung zu erreichen, sollte der Einsatz zeitig im Frühjahr zwischen Austrieb und Junifruchtfall erfolgen (Förderung der Zellteilung). An Handelsprodukten wären etwa Siapton, Aminosol und andere zu nennen. Es fehlen derzeit noch exakte Versuchsergebnisse.

Huminsäuren

Sie sollen die Durchlässigkeit der Zellmembranen erhöhen und damit den Nährstoffen zu einem wirksameren Eindringen in das Blattinnere verhelfen. Ähnliches soll auch im Wurzelbereich erreicht werden. Diese Huminsäuren werden aus Kohlelagerstätten in Deutschland und den USA gewonnen und zu den entsprechenden Firmenpräparaten aufbereitet. Auch hier haben bisherige Versuche, vor allem beim Einsatz als Blattdünger, keine aussagekräftigen Ergebnisse erbracht.

Da diese Mittel doch auch kostenmäßig zu Buche schlagen, sollte die Notwendigkeit eines Einsatzes vorher genau überlegt werden. Bisher haben sich zwar bei ungünstigen Produktionsbedingungen gewisse Erfolge erzielen lassen, unter normalen Verhältnissen konnten aber bisher keine sichtbaren und messbaren Vorteile erreicht werden.

Tocopherole (Vitamin E)

Sie wirken als Antioxidans gegen oxidativen Stress wie Kälte, Hitze, Trockenheit, Ozon, Schwefelverbindungen und pilzliche Erreger. Die sich dabei in der Pflanze mit Sauerstoff-Radikalen bildenden Stressfaktoren können starke Schäden hervorrufen. Vitamin E bindet solche Sauerstoff-Radikale ab, wodurch die Photosynthese der Pflanzen weniger stark beeinträchtigt wird. Auch der Schorfbefall soll sich bei mehrmaliger Behandlung verringern. Da Vitamin E innerhalb der Zellen wirkt, muss es für eine Aufnahme entsprechend formuliert werden. In Deutschland wird eine Formulierung mit dem Namen „Plantacur E" angeboten, die um das Dreifache besser aufgenommen wird als normales Vitamin E.

5. DURCHFÜHRUNG DER DÜNGUNG

Oberflächendüngung

Darunter versteht man das gleichmäßige Ausbringen des Düngers auf die gesamte Fläche. Diese Art hat sich aus betriebswirtschaftlichen Aspekten auch im Obstbau durchgesetzt. Allerdings haben die Löslichkeit und Beweglichkeit der einzelnen Dünger sowie die Bodenart und die Niederschlagsverhältnisse auf die Verteilung und die Eindringungsgeschwindigkeit einen relativ großen Einfluss. Stickstoff zeigt von allen Elementen die größte Beweglichkeit, aber auch Kalzium und Kalium sowie Magnesium sind im Boden ausreichend beweglich. Die geringste Beweglichkeit zeigt Phosphor, der bereits relativ bald in den obersten Schichten festgehalten wird. Bei dauernder Oberflächendüngung kann es zu einer Anreicherung von P und K in den oberen Bodenschichten kommen. In Grasmulchanlagen bleibt der Dünger zunächst direkt an der Oberfläche liegen.

Vorratsdüngung (Tiefendüngung)

Diese Art der Düngung ist vor allem **bei Neuanlagen** von gewisser Bedeutung. Dadurch ist es möglich, Kali und Phosphor bereits in jene Tiefe zu bringen, in der sich später die Masse der Wurzeln befindet. Eine spätere Einbringung in bereits bestehende Anlagen ist meist mit großen Schwierigkeiten verbunden. Entsprechend den vorliegenden Bodenverhältnissen sind die passenden Mineraldünger auszuwählen. Der Dünger kann entweder vor dem Tiefpflügen auf die gesamte Fläche ausgebracht werden oder er wird während des Pflügens in die Pflugsohle gestreut. Die auszubringende Menge richtet sich nach vorher durchzuführenden Bodenuntersuchungen. In bestehenden Obstkulturen, besonders im Grasmulch, wäre ein Einbringen dieser Düngerelemente mithilfe einer Lanzendüngung möglich. Für eine ausreichende Nährstoffversorgung und -verteilung ist mindestens ein Einstich/m^2 erforderlich, wodurch sich ein Arbeitsaufwand von rund 50 Stunden/ha ergibt. Die Schwierigkeiten bei der Anwendung dieser Technik liegen aber auch in der geringen Löslichkeit der normalen Düngemittel. Gut wasserlösliche Dünger sind in der Regel auch teurer, sodass sich diese Methode trotz anfänglich verstärktem Einsatz in der Praxis nicht durchgesetzt hat.

Lanzendüngung – eine Form der Tiefendüngung – manuelle Fertigation mittels einer Düngerlanze, mit der die Fertigationslösung unter Druck auf die Einzelstellen in den Boden in Wurzelnähe ausgebracht wird. (Foto: KEPPEL)

Blattdüngung (Nährstoffspritzungen)

Neben der Nährstoffversorgung über die Wurzel sind auch noch andere Pflanzenteile (vor allem Blätter, junge Triebe) befähigt, Nährstoffe aufzunehmen und sie rasch den Stellen des Bedarfes zuzuleiten. Bisher kommt der Düngung über das Blatt nur eine begrenzte praktische Bedeutung zu, weil für die Deckung des gesamten Nährstoffbedarfes der Pflanzen eine zu große Zahl an Spritzungen erforderlich wäre. Eine Blattdüngung ist aber dann angebracht, wenn z. B. eine akute Mangelerscheinung oder eine vorübergehende Störung (z. B. Hagel- oder Frostschäden, geschwächtes Wurzelwerk) zu überbrücken bzw. zu beheben ist. Aber auch für die Ausbringung der Mikronährstoffe ist die Blattdüngung wesentlich effizienter als die Bodendüngung, weil durch Festlegung im Boden meist nur ein Teil überhaupt weitergegeben wird. Eine Flüssigkeit kann außerdem um vieles genauer dosiert werden, was besonders bei den Spurenelementen von großer Bedeutung ist. Spezielle Spritzgänge sind im Obstbau für die Blattdüngung kaum erforderlich. Meist werden sie gemeinsam mit dem Pflanzenschutz durchgeführt, wobei bei pulverförmigen und suspensionskonzentrierten Fungiziden kaum Schwierigkeiten bei der Zumischung auftreten. Emulgierte und flüssige Pflanzenschutzmittel sind allerdings empfindlicher, daher wäre es günstig, vorher eine Mischbarkeitsprüfung durchzuführen. Bei Insektiziden ist besondere Vorsicht geboten! Selbstverständlich ist auch bei Durchführung einer Blattdüngung auf eine **sachgerechte Dosierung der einzelnen Nährstoffe** zu achten, da es bei einer Überdosierung weit eher als bei der Bodendüngung zu Schäden kommen kann (nur geringe Abpufferung möglich). Der Grat der wirkungsvollen, gleichzeitig aber auch verträglichen Mengen ist relativ schmal, daher ist es in der Regel besser, die Blattdüngung lieber öfter zu wiederholen.

Blattdünger-Aufwandmenge in Abhängigkeit der Temperatur

Temperatur	Aufwandmenge
< 20 °C	Volle Aufwandmenge
20–25 °C	Reduzierte Aufwandmenge
> 25 °C	Keine Blattdünger einsetzen

Quelle: Richtlinien für die sachgerechte Düngung – Anleitung zur Interpretation von Bodenuntersuchungsergebnissen in der Landwirtschaft. Bundesministerium für Land- und Forstwirtschaft, Umwelt und Wasserwirtschaft, Stubenring 1, 1010 Wien, 2008

Blattspritzung im Obstbau – Präparate, Konzentrationen und Termine

(KRAMER, 1988, verändert; vor der Anwendung ist der aktuelle Zulassungsstand abzufragen)

Präparate	Konzentration %	Obstart	Entwicklungsstadium
Harnstoff $CO(NH_2)_2$ 46 % Stickstoff	6,0 3,0	Sauerkirsche Apfel, Birne, Süßkirsche, Pfirsich	Angetriebene Knospe, Blütenknospen noch vollständig von Knospenschuppen bedeckt. A3 bis E3
	3,0 1,0 1,5	Birne/Sauerkirsche Apfel/Süßkirsche Pfirsich	Kernobst: Mausohrstadium der Blütenknospen, Blattknospen noch vollständig von Knospenschuppen bedeckt. A4 bis E4 Steinobst: Blütenknospen entfalten sich, Blattknospen noch geschlossene Knospenschuppen. A4 bis E4
	0,5–0,8	Apfel/Birne, Pfirsich, Süß- und Sauerkirsche	Nach der Blüte bis Triebabschluss A5 bis E6
	0,8–1,0	Schattenmorelle	Ab Triebabschluss A7 bis E8
	0,8	Pfirsich	
	0,7	Apfel/Birne	
Kalziumnitrat $Ca(NO_3)_2$	0,5	Apfel	E5 bis M7, drei bis vier Spritzungen
	0,5	Apfel	E6 bis M8, vier bis sechs Spritzungen
Kalziumchlorid $CaCl_2$	0,6	Apfel	E5 bis A7, dreimal
Magnesiumsulfat $MgSO_4$	2,0		Sommerbehandlung einmal
Borsäure H_3BO_3	0,15–0,20	Apfel	M5 bis M6, zwei- bis dreimal in zehntägigem Abstand
Solubor	0,1	Kern- u. Steinobst	Zweimal ab Vollblüte
Eisensulfat $FeSO_4$	1,8–2,2	Kern- u. Steinobst	E6 bis M8
Eisenchelat (Fetrilon Sequestren 138 Fe)	0,1–0,3	Kern- u. Steinobst	M6 bis A8, zwei bis vier Spritzungen
Mangansulfat $MnSO_4$	5,0	Kern- u. Steinobst	Winterspritzung auf das kahle Holz
	0,2–0,5	Kern- u. Steinobst	Nach der Blüte zwei Spritzungen, Zusatz 0,2 % Löschkalk
Zinksulfat $ZnSO_4$	5,0	Kern- u. Steinobst	Winterspritzung auf das kahle Holz
	0,1–0,5	Kern- u. Steinobst	Nach der Blüte zwei bis drei Spritzungen
Kalidüngesalz 60 49,8 % K	0,5	Apfel	Ein bis drei Spritzungen bei akutem Mangel M5 bis E7
Phosphor (Triplephosphat)	0,8	Kern- u. Steinobst	Blattspritzungen kaum wirkungsvoll
Mehrnährstoffdünger z. B. Wuchsal Typ 1 Typ 2	0,3 0,6 0,6	Kern- u. Steinobst	Drei- bis viermal ab beginnender Blüte Fünf- bis achtmal ab Junifruchtfall

(A = Anfang, M = Mitte, E = Ende des Monats)

Eine gewisse Verbreitung im Obstbau erlangte die Blattdüngung auch als regulierende Maßnahme der Stickstoffdüngung. Dadurch war es möglich, sich etwas genauer an die individuellen Bedürfnisse anzupassen. Es ist hier natürlich auch möglich, eine Blattvolldüngung mit speziellen Düngern (Mehrnährstoffblattdüngern, die Haupt- und Spurenelemente enthalten) auszubringen. Es hat sich aber in verschiedenen Untersuchungen gezeigt, dass dadurch für keinen der angeführten Nährstoffe ein hoher Gehalt in den Blättern nachgewiesen werden konnte. Lediglich bei den Kalzium-Düngern ließ sich ein Anstieg des Ca-Gehaltes in den Früchten nachweisen. Die Ausbringung sollte am besten bei bedecktem Himmel oder in den Abendstunden bei höherer relativer Luftfeuchte erfolgen, wodurch die Aufnahme sicherlich verbessert wird. Temperaturen um 20 °C fördern die Aufnahmeintensität. Die Blattdüngung kann aber stets nur als Ergänzung zur Bodendüngung angesehen werden. Wichtig ist, dass die verwendeten Düngemittel voll wasserlöslich sind. Hinsichtlich der **Verteilung der Blattdüngung** in der gesamten Krone gelten ähnliche Anforderungen wie bei der gleichmäßigen Düngeverteilung auf einer Fläche. Speziell Kalzium bedarf ja der zusätzlichen Applikation in die Krone, weil es in seiner Beweglichkeit innerhalb der Pflanze großen Einschränkungen unterliegt. Jede Frucht sollte dabei ausreichend von der Spritzbrühe getroffen werden, weil ja ab der sechsten bis achten Woche nach der Blüte praktisch kein zusätzliches Kalzium mehr von der Wurzel oder dem Blatt in die Früchte gelangt. Bei Untersuchungen zur Verteilung des Kalziums innerhalb der Krone hat sich gezeigt, dass im unteren Kronenbereich doch deutlich höhere Werte nachgewiesen wurden als im Bereich der Spitze. Das bedeutet aber, dass für eine ausreichende und gleichmäßige Verteilung, auch bei kleineren Baumformen, die Behandlungen von beiden Seiten durchgeführt werden müssen. Keine noch so gute Gerätetechnik (einschließlich der elektrostatischen Aufladung) wird bei einseitiger Behandlung eine ausreichende Verteilung erreichen.

Düngerausbringung durch Bewässerung

Bei den möglichen und einsetzbaren Bewässerungstechniken spielen im Obstbau einerseits die **Überkronenberegnung**, aber andererseits auch die **Tropfbewässerung** zur direkten Wasserversorgung der Pflanzen eine Rolle. Entsprechend den technischen Unterschieden sind die jeweiligen Anwendungsmöglichkeiten bzw. Notwendigkeiten für eine Düngerausbringung auch verschieden.

Bei **Beregnungsanlagen** hat man es gegenüber Pflanzenschutzgeräten mit grobtropfigen Applikationen und großen Wassermengen zu tun, denn üblicherweise sind die im Obstbau verbreitet installierten Beregnungsanlagen auf eine Regendichte von 3 mm/Stunde ausgelegt, was 30 m^3 oder 30.000 l/ha bedeutet. Die im Normalfall ausgebrachte Wasseraufwandmenge von 1.500 l/ha für den Pflanzenschutz (als Basismenge) wird von solchen Anlagen vergleichsweise in etwa drei Minuten ausgebracht. Für eine wirksame Blattdüngung muss aber eine Mindestkonzentration im Beregnungswasser eingehalten werden, bei der die normalen Aufwandsmengen an Blattdünger pro ha in ca. 1.500 l enthalten sind bzw. in drei Minuten ausgebracht werden können. Nur auf diese Weise verbleibt nach dem Abschalten der Regneranlage die erforderliche, wirksame Konzentration bzw. Düngermenge in der anhaftenden Wassermenge auf den Pflanzenoberflächen. Weiterhin ist die Regneranzahl/Strang und damit die Vorlaufzeit (erster und letzter Regner bzw. notwendige Beregnungsdauer) zu berücksichtigen, weil sich dadurch der notwendige Düngeraufwand erheblich verändern kann. Eine Wirtschaftlichkeit ist daher nicht in allen Fällen gegeben. Dazu kommt noch, dass durch die Art der Technik, speziell mit dem Ziel der Blattdüngung, die Anlage abgestellt werden muss, wenn sich in den Regnerrohren noch die Normalkonzentration befindet.

Das bedeutet, dass unter Umständen Korrosionsprobleme auftreten können, denn von einer 0,5%igen Kalksalpeterlösung oder Kalziumchloridlösung wird Zink stärker angegriffen als Eisen oder Messing. Es wäre daher notwendig, die Leitungen in irgendeiner Weise nachzuspülen, ohne dass der ausgebrachte Dünger dadurch wieder abgewaschen wird.

Die **Tropfbewässerung** ist naturgemäß nur für eine Boden- bzw. Wurzelraumdüngung geeignet. Zweckmäßigerweise werden die Tropfstellen dabei in die Pflanzreihen verlegt, um eine gute Deckung der Feuchtzonen mit dem Wurzelraum zu haben. Die Durchfeuchtung führt dann in der Regel von der Mitte des Wurzelraumes zur Seite und an die untere Peripherie. In die gleiche Richtung bewegen sich natürlich auch die gelösten Pflanzennährstoffe. Das bedeutet, dass es bei reichlicher Bewässerung auch bei einer derartigen Technik zu Auswaschungen von Nährstoffen kommen kann. Das gilt besonders dort, wo bei sehr durchlässigen Böden ein größerer Wasseranteil in den Untergrund versickert.

In den letzten Jahren hat diese Technik der Düngerausbringung allerdings, vor allem bei dichteren Pflanzsystemen und bei Verwendung von schwächeren Unterlagen (M 9, M 27), stark an Bedeutung gewonnen. In erster Linie steht bei dieser Methode (**Fertigation**) die Ausbringung von Stickstoffdünger im Vordergrund. Dabei wird innerhalb eines Zeitraumes von sechs bis zehn Wochen eine gewisse, vorher bestimmte N-Menge pro Baum (im ersten und zweiten Jahr 10–15 g/Baum, ab dem dritten Jahr eine Steigerung) ausgebracht. Danach wird mit normalem Wasser (bei Bedarf) weiterbewässert. Wasser- und Nährstoffgaben werden dem Bedarf angepasst. Die Methode hat bei leichteren Böden sowie bei etwa vorliegender Bodenmüdigkeit (Nachbau) durchaus ihre Berechtigung, sorgt für die raschere Entwicklung der jungen, neugepflanzten Bäume und bringt auch eine raschere Garnierung mit Blütenknospen. Da das Wurzelvolumen der verwendeten schwachen Unterlagen klein ist bzw. bleibt, sind eine ausreichende Nährstoff- und Wasserversorgung unbedingt erforderlich.

6. FESTSTELLUNG DES DÜNGERBEDARFS

Düngerbedarf

Der Obstbauer muss, will er bedarfsentsprechend düngen, vor Beginn der Düngung den ungefähren Nährstoffgehalt des Bodens kennen. Dann kann die benötigte Menge an Nährstoffen berechnet werden. Wichtig ist dabei die Feststellung, wie hoch der Nährstoffgehalt des Bodens sowohl in seiner Gesamtheit als auch in pflanzenverfügbarer Form ist. Die **jährlichen Nährstoffverluste** ergeben sich vor allem aus dem **Entzug** durch die Obstgehölze, durch die mehr oder weniger große **Auswaschung** und durch die etwa erfolgte **Festlegung im Boden** selbst. Diese Abgänge müssen, vor allem im Erwerbsanbau, durch entsprechende Zufuhren wieder ersetzt werden.

Nettonährelemententzug durch die Ernte unterschiedlicher Obstarten

Obstart	Ertrag in kg/ha	Nährstoffabfuhr (kg/ha) N	P_2O_5	K_2O
Kernobst	40.000	44	12	76
Steinobst	20.000	36	12	60
Erdbeeren	20.000	34	10	56
Himbeeren	10.000	20	4	20
Brombeeren/ Stachelbeeren	15.000	30	6	30
Johannis- beeren	20.000	60	10	70
Kulturheidel- beeren	10.000	15	3	15

Quelle: Richtlinien für die sachgerechte Düngung – Anleitung zur Interpretation von Bodenuntersuchungsergebnissen in der Landwirtschaft. Bundesministerium für Land- und Forstwirtschaft, Umwelt und Wasserwirtschaft, Stubenring 1, 1010 Wien, 2008

Die Nährstoffverluste durch Auswaschung und Festlegung sind je nach Boden unterschiedlich hoch. Diesen Umständen muss bei der Bemessung natürlich Rechnung getragen werden. Für eine normale Entwicklung dürfen aber gewisse Grenzwerte nicht unterschritten werden. Auch aus ökonomischen Gründen ist es nicht sinnvoll, überhöhte Düngermengen zu verabreichen. In erster Linie sollte die Erhaltung des physiologischen Gleichgewichtes angestrebt werden. Die Obstgehölze nehmen die Hauptnährstoffe in einem bestimmten Verhältnis zueinander auf; für eine „harmonische Düngung" ist dabei ein Verhältnis von N : P : K im Ausmaß von 2 : 1 : 3 (beispielsweise 1,0 : 0,6 : 1,6) anzustreben.

Bodenuntersuchung

In welchem Ausmaß und in welchem Verhältnis die Nährstoffe im Boden vorliegen, wird am besten durch eine Bodenuntersuchung ermittelt. Dabei werden die im Boden vorhandenen Nährstoffe mithilfe chemischer Methoden und geeigneter Lösungen, deren Zusammensetzung dem Lösungs- und Aufnahmevermögen der Wurzeln möglichst entsprechen sollte, extrahiert. Die Ergebnisse geben Aufschluss über den momentanen Gehalt an Nährstoffen des Bodens und liefern Hinweise über die notwendigen Düngemaßnahmen. Solche Untersuchungen sollten im Obstbau mindestens alle drei Jahre durchgeführt werden. In Österreich werden in der Regel zwei Untersuchungsmethoden angewendet. Bei sauren Böden wird nach der DL-Methode (Doppel-Lactat), bei pH-Werten über 6 nach der CAL-Methode (Calcium-Azetat-Lactat) untersucht. Für die Hauptnährstoffe wird der Nährstoffgehalt in Milligramm (mg) je 100 g Boden (mg %), für Mikronährstoffe in mg je 1.000 g Boden (ppm = parts per million) angegeben. Im praktischen Umgang wird im Allgemeinen auch die Gehaltsstufe angeführt.

Die Nährstoffgehalte werden in fünf Stufen eingeteilt:

A: sehr niedriger Gehalt, Nährstoffentzug plus 60 bis 100 % Zuschlag

B: niedriger Gehalt, Nährstoffentzug plus 30 %

C: ausreichender Gehalt, nur Ersatz des Nährstoffentzugs

D: hoher Gehalt, Nährstoffentzug minus 50 %

E: sehr hoher Gehalt, Nährstoffzufuhr einige Jahre aussetzen

Bodenprobenentnahme

Dafür eignet sich am besten ein Erdbohrer oder ein Spaten. Die Probe sollte in ihrer Zusammensetzung dem Durchschnitt der zu untersuchenden Fläche entsprechen. Daher ist es günstig, 20 bis 40 Erdproben (pro ha) an verschiedenen Stellen der Fläche zu entnehmen und zu mischen. Randstreifen oder abweichende Flächen sind von der Probennahme auszuschließen. Nach dem Abfüllen in Probesäckchen werden die Mischproben zur Untersuchung gebracht. Die Untersuchungen werden in den zuständigen Bundes- oder Landesversuchsanstalten durchgeführt. Bei offen gehaltenen Böden oder auch bei Neuanlagen ist eine Einstichtiefe von 30 cm notwendig, bei Dauermulch eine von 15–20 cm. Die Probenentnahme in bestehenden Obstkulturen erfolgt zwischen den Reihen und nicht in Baumstreifen oder Baumscheiben. Zu bedenken wäre noch, dass bei Grasmulch (ähnlich dem Grünland), im Vergleich zum Ackerland, der durchmischende Effekt einer Bodenbearbeitung fehlt. Dadurch kommt es bei der Flächendüngung, insbesondere bei Düngung mit Phosphor und Kalium, zu einer oberflächlichen Anreicherung. Weil sich besonders in den obersten 1–2 cm die gedüngten, aber weniger löslichen Nährstoffe stärker anreichern, sollten bei Entnahme einer Grasmulchprobe die obersten 2–3 cm zur Seite geschoben werden. Die Obstgehölze sind ja nicht ausgesprochene Flachwurzler, sodass sich die Zone größter Nährstoffanreicherung kaum mit der Hauptwurzelzone deckt. Die Bodenprobe bleibt aber doch für die Praxis die zweckmäßigste Form, weil die Probenentnahme einmal relativ einfach ist und weil die Möglichkeit von Serienuntersuchungen besteht.

Die Bodenproben sollen immer zum gleichen Zeitpunkt (... Woche im Monat ...) durchgeführt werden, um eine langjährige Vergleichbarkeit der Ergebnisse zu gewährleisten.

Blatt- und Fruchtanalyse

Neben der Bodenuntersuchung können auch Blatt- und Fruchtanalysen zur Information über den Ernährungszustand der Obstgehölze, einschließlich der sich entwickelnden Früchte, Verwendung finden. Blattanalysen zur Bestimmung des Nährstoffbedarfs sind aber nur im Zusammenhang mit der Bodenanalyse zu beurteilen. Diese Bewertung sollte stets auch die Bereiche Wachstum und Fruchtbarkeit mit einschließen. Starkes Triebwachstum senkt z. B. den N-Gehalt im Blatt (Verdünnungseffekt), wohingegen hohe Erträge das Wachstum hemmen und dadurch den N-Gehalt im Blatt ansteigen lassen. Gleichzeitig kann der K-Gehalt durch hohe Erträge gesenkt werden. Nur der P-Gehalt bleibt ziemlich konstant und sagt daher wenig über den Versorgungsgrad aus.

Ausreichende Grenzwerte für verschiedene Nährstoffe in % der Trockensubstanz von Blättern (Juli/August) aus BERGMANN und NEUBERT (Quelle: KRAMER, 1988)

Nährstoff	Apfel	Birne	Pflaume	Süßkirsche	Sauerkirsche
N	1,60–2,40	2,00–2,50	2,70–3,20	2,10–2,50	2,60–3,00
P	0,13–0,22	0,12–0,25	0,17–0,22	0,16–0,22	0,18–0,22
K	1,00–1,82	1,00–2,00	1,50–2,49	1,67–2,08	1,67–2,10
Ca	0,86–1,79	0,75–1,31	1,00–1,20	0,90–3,00	1,62–2,60
Mg	0,15–0,30	0,17–0,36	0,80–1,56	0,25–0,30	0,49–0,74

Die Blattanalyse ermöglicht eine unmittelbare Kontrolle der getroffenen Düngungsmaßnahmen. Durch die vorliegenden Beziehungen zwischen dem Mineralstoffgehalt von Früchten und ihrer Lagerfähigkeit sind auch Vorhersagen über die Lagerfähigkeit und das Verhalten der Früchte möglich,

Beispiel einer differenzierten Düngeempfehlung (Reinnährstofffe in kg/ha und Jahr) in Abhängigkeit vom Nährstoffgehalt im Boden (Apfel) (Quelle: BAAB, Obstbau 2/2004)

Nährstoffklasse	Düngung	P_2O_5	K_2O	MgO	Bor
A	>> Entzug	60–90	150–180	75–100	1,0–1,5
B	> Entzug	40–60	110–150	50–75	0,7–1,0
C	= Entzug	20–40	60–110	15–30	0,5–0,7
D	< Entzug	10–20	30–60	7,5–15	0,0–0,5
E	keine Düngung	0 (für 2–4 Jahre)	0 (für 2–4 Jahre)	0 (für 2–4 Jahre)	0 (für 2–4 Jahre)

Quelle: Richtlinien für die sachgerechte Düngung – Anleitung zur Interpretation von Bodenuntersuchungsergebnissen in der Landwirtschaft. Bundesministerium für Land- und Forstwirtschaft, Umwelt und Wasserwirtschaft, Stubenring 1, 1010 Wien, 2008

Düngeempfehlung in kg Reinnährstoff/ha für Anlagen im Vollertrag für Kern-, Stein- und Beerenobst, Basis Gehaltsklasse C

Obstart	Ertrag (t/ha)	N	P_2O_5	K_2O	MgO	Bor
Apfel, Birne	< 40	70	35	90	15	0,4
	40–50	80	40	110	20	0,5
	> 50	90 (Birne 100)	45	130	25	0,6
Zwetschke	< 20	70	35	65	5	0,4
	20–25	90	45	80	10	0,5
	> 25	110	55	95	15	0,6
Kirsche	< 8	50	25	50	10	0,4
	8–12	70	35	65	15	0,5
	> 12	90	45	80	20	0,6
Pfirsich	< 20	60	30	55	10	0,4
	20–25	80	40	70	15	0,5
	> 25	90	45	75	20	0,6
Marille (Aprikose)	< 10	70	35	60	15	0,4
	10–15	90	45	75	20	0,5
	> 15	110	55	90	25	0,6
Rote Johannisbeere	< 15	60	35	95	15	0,4
	15–20	85	55	130	15	0,5
	> 20	120	60	170	20	0,6
Schwarze Johannisbeere	< 15	50	30	90	15	0,4
	15–20	70	45	125	20	0,5
	> 20	90	60	160	25	0,6
Stachelbeere	< 12	40	25	65	15	0,4
	12–17	60	35	85	20	0,5
	> 17	90	45	115	25	0,6
Erdbeere	< 15	60	25	80	15	0,4
	15–20	100	35	130	20	0,5
	> 20	120	45	170	25	0,6
Himbeere	< 10	30	20	45	10	0,4
	10–15	45	30	70	15	0,5
	> 15	60	40	90	20	0,6
Brombeere	< 15	40	25	45	15	0,4
	15–20	55	35	70	15	0,5
	> 20	70	45	85	20	0,6
Heidelbeere	< 10	30	20	55	10	0,4
	10–15	35	25	65	15	0,5
	> 15	40	35	75	20	0,6
Holunder	< 8	125	30	70	10	0,4
	8–12	150	40	90	15	0,5
	> 12	175	50	110	20	0,6

Quelle: Richtlinien für die sachgerechte Düngung – Anleitung zur Interpretation von Bodenuntersuchungsergebnissen in der Landwirtschaft. Bundesministerium für Land- und Forstwirtschaft, Umwelt und Wasserwirtschaft, Stubenring 1, 1010 Wien, 2008

sodass nicht geeignete Posten vorzeitig erkannt und ausgeschieden werden können (siehe unten). Der **geeignete Probennahmezeitraum für Blattproben** im Obstbau liegt zwischen Mitte bis Ende Juli und Ende August. Analysenergebnisse dieses Zeitpunktes sind in der Regel für eine aktuelle Nährstoffkorrektur kaum mehr nutzbar. Man verlegt daher auch den Zeitpunkt der Blattprobennahme in den Juni. Sollten zu diesem Zeitpunkt, aufgrund der erhaltenen Ergebnisse, Mangelsituationen erkennbar sein, könnte ebenfalls mit entsprechenden Düngergaben (meist über das Blatt noch im selben Jahr) gegengesteuert werden. Das Problem bei der Düngeberatung nach Blattanalysen im Vergleich zur Bodenuntersuchung besteht in der Übersetzung der grundsätzlich doch hohen Aussagekraft von Blattanalysen zum jeweiligen Versorgungszustand in eine konkrete Düngungsanweisung. Die Interpretation kann meist nur individuell unter Berücksichtigung der vorliegenden Eigenschaften der Böden sowie der Bodenpflegemaßnahmen und der Witterungsverhältnisse, des Triebwachstums, der Behangdichte und nach entsprechenden Beobachtungen im Bestand erfolgen.

In den Tabellen auf Seite 231 und oben sind die Versorgungsbereiche für die einzelnen Nährstoffe in Obstblättern zusammengefasst.

Durch die vorliegenden Beziehungen zwischen dem Mineralstoffgehalt von Früchten und deren Lagerfähigkeit sind bei Analysen kurz vor der Ernte auch Vorhersagen über das Verhalten der Früchte am Lager und über die mögliche Lagerdauer durchführbar, sodass nicht geeignete Posten vorzeitig erkannt und früher ausgelagert werden können. Die wichtigsten Kennzahlen dafür sind das K/Ca- bzw. K+Mg/Ca-Verhältnis. Der Quotient sollte dabei deutlich unter 30 liegen. Bei Werten über 50 bis 60 ist eine Lagerung nicht mehr möglich. Auch das Verhältnis von Stickstoff zu Kalzium kann Einfluss auf den Lagererfolg haben. Häufig geht eine hohe N-Versorgung mit einem niedrigen Ca-Gehalt einher. Dieser Umstand drückt sich in einer hohen Verhältniszahl aus. Bei Lagerware sollte der Wert 14 aber nicht überschritten werden.

Frühzeitig durchgeführte Fruchtanalysen (Fruchtgröße 50–60 g = ca. Ende Juni) schaffen die

Richtwerte für Nährstoffe in Apfelblättern

(Angaben in % bezogen auf TS)

Nährstoff	Einheit	Zeitpunkt der Analyse	
		FRÜH[1] (Ende Mai bis Anfang Juni)	SPÄT[2] (Ende Juli bis Anfang August)
N	%	2,6–3,0	2,3–2,6
P	%	> 0,26	0,16–0,26
K	%	1,5–2,0	1,20–1,70
Ca	%	> 0,90	1,20–2,0
Mg	%	> 0,24	0,20–0,36
Zn	ppm	25–50	20–50
Cu	ppm	8–15	5–12
Mn	ppm	50–100	40–100
Fe	ppm	60–150	60–100
B	ppm	30–50	25–50

[1] Daten: Versuchszentrum Laimburg [2] Daten: PFC Gorsem

Quelle: Richtlinien für die sachgerechte Düngung – Anleitung zur Interpretation von Bodenuntersuchungsergebnissen in der Landwirtschaft. Bundesministerium für Land- und Forstwirtschaft, Umwelt und Wasserwirtschaft, Stubenring 1, 1010 Wien, 2008

Richtwerte für Nährstoffgehalte in Blättern verschiedener Obstarten für den Zeitpunkt Ende Juli bis Anfang August (Angaben in % bezogen auf Trockensubstanz)

Obstart[1]	N	P	K	Ca	Mg
Apfel	2,2–2,5	0,19–0,22	1,6–1,9	1,3–1,6	0,23–0,28
Birne	2,0–2,7	0,15–0,23	1,1–1,8	1,4–2,9	0,29–0,41
Zwetschke	2,3–2,7	0,15–0,24	2,0–2,6	2,0–2,5	0,31–0,39
Süßkirsche	2,2–2,6	0,17–0,22	2,0–2,6	1,7–2,2	0,26–0,34
Sauerkirsche	2,8–3,2	0,20–0,35	1,6–2,0	1,6–2,5	0,30–0,50
Pfirsich	3,2–3,9	0,19–0,24	2,5–3,1	2,1–2,7	0,41–0,53
Marille (Aprikose)	2,4–2,8	0,16–0,21	2,6–3,1	1,9–2,5	0,35–0,49
Erdbeere[2]	2,4–3,3	0,14–0,30	1,5–2,2	0,8–1,6	0,25–0,45
Himbeere	2,8–3,5	0,25–0,50	1,8–2,5	0,9–1,5	0,35–0,60
Rote Johannisbeere[3]	2,8–3,5	0,25–0,50	1,5–2,5	0,9–1,5	0,30–0,60
Heidelbeere	1,6–2,0	> 0,12	0,35–0,65	> 0,40	> 0,12

[1] Daten: Grundlagen für die Düngung von Obstkulturen – Flugschrift Nr. 15; FAW [2] Daten: VBOG Langförden [3] Daten: PFC Gorsem

Quelle: Richtlinien für die sachgerechte Düngung – Anleitung zur Interpretation von Bodenuntersuchungsergebnissen in der Landwirtschaft. Bundesministerium für Land- und Forstwirtschaft, Umwelt und Wasserwirtschaft, Stubenring 1, 1010 Wien, 2008

Möglichkeit, gegen eventuell witterungsbedingt verursachte zu geringe Nährstoffaufnahmen, etwa z. B. bei Kalzium, rechtzeitig Maßnahmen treffen zu können. Selbstverständlich gilt das auch für andere sich eventuell im Mangelbereich befindliche Nährstoffe. Bei der Ausbringung sollten aber die Firmenhinweise genau beachtet werden (Konzentration, Temperaturbereich, Mischbarkeit usw.).

In den letzten Jahren werden Blatt- und Fruchtanalysen in der Praxis bereits mehr und mehr genutzt.

Düngung nach der Ernte

Bei sehr guten Behangdichten wird ein Großteil der Assimilate für die Ausbildung der Früchte verwendet. Durch die verminderte Reservebildung kann es in nachfolgend strengen Wintern durchaus zu Schäden, vor allem bei Blütenknospen, kommen. Diesem Umstand könnte mit einer Nacherntedüngung begegnet werden. Abgeerntete Bäume steigern relativ rasch wieder ihr Wurzelwachstum und damit die Nährstoffaufnahme. Damit werden die Aufnahme und Bildung von Reservestoffen ermöglicht. In der Regel liegt zu diesem Zeitpunkt die Bodentemperatur noch weit über 5 °C. Wichtig ist allerdings eine entsprechende Wasserversorgung. Sind die Böden zu trocken, sollte rechtzeitig bewässert werden. Vor allem **Stickstoff** aus den Mineralisierungsvorgängen steht den Wurzeln in humusreichen Böden so lange zur Verfügung, bis die Fröste eine entsprechende Abkühlung der Bodenmasse bewirkt haben. Bei besonders hohen Erträgen kann das N-Defizit der Bäume zumindest teilweise auch über ein bis zwei Harnstoffspritzungen mit je 20 kg/ha auf das noch aktive Laub abgedeckt werden. Nicht veröffentlichte steirische Untersuchungen haben ergeben, dass bei Spritzungen von Ammonsulfat Ende Oktober/Anfang November der ausgebrachte Stickstoff zu 80 % im Holz eingelagert wird und nicht remobilisierbar ist.

Bei **Bormangel** könnten Bordünger (wie etwa Solubor – 2 kg/ha) ausgebracht werden. Untersuchungen haben hier deutlich gezeigt, dass der Borgehalt in den Blütenorganen deutlich erhöht werden kann. Bor wird auch sehr gut von den Blättern ins Holz rückverlagert.
Auch **Zink** kann im Herbst über das Blatt aufgenommen und eingelagert werden. Außerdem besteht zu diesem Zeitpunkt keinerlei Berostungsgefahr der Früchte. Laut verschiedenen Untersuchungen reicht eine einmalige Behandlung mit 0,5 % Zinksulfat aus, um den Bedarf zu decken. Zinksulfat ist außerdem mit Harnstoff mischbar, nicht jedoch mit Bor.

Der **Kalivorrat** sollte vor allem bei sehr großen Ernten (mehr als 5–6 t/ha) noch im Herbst aufgefüllt werden. Wo die Bodenuntersuchung einen zu geringen Gehalt an Kalzium ausweist, ist in der Regel eine Aufkalkung notwendig. Für eine Erhaltungsdüngung in eher sauer reagierenden Böden reichen etwa 6–10 dt/ha $CaCo_3$ in drei- bis vierjährigem Abstand. Bei ausreichender Ca-Versorgung wird ebenfalls die Widerstandsfähigkeit der Obstgehölze gegenüber Winterfrost verbessert.

ZÜCHTUNG UND VERMEHRUNG

Züchten = Schaffung genetisch neuer (verbesserter) Individuen.

Vermehren = Vergrößern der Individuenanzahl der gleichen Sorte.

1. ZÜCHTUNG

Beim Vergleich beider Begriffe erkennt man bereits, dass vielfach Züchtung und Vermehrung verwechselt wird. In der Umgangssprache spricht man z. B. von Rosenzüchtung im Gebiet um Grasse (bei Nizza, Südfrankreich) zur Gewinnung von Rosenblättern als Basis für die Parfumindustrie. Hierbei handelt es sich jedoch ausschließlich um die Vermehrung von Rosenstöcken zur Gewinnung von Blütenblättern, denn Züchtung heißt ja „neue Sorten hervorbringen".

In der Baumschule handelt es sich um Sortenvermehrung und nicht um Züchtung.

BRUNNER definiert die Züchtung als genetische Verbesserung von Kultursorten nach marktgerechten und ökonomischen Prinzipien.

Die häufigsten Züchtungsverfahren im Obstbau basieren auf der Auslese von Sämlingen, der Auslese von Spontanmutationen (sogenannte „sports") im Rahmen der Positivselektion (nur die besten werden weitervermehrt) sowie auf Kreuzungszüchtung (zwei Elternteile werden miteinander gekreuzt). Diese Verfahren wurden bis zum Ende der 80er-Jahre intensiv von den Zuchtanstalten betrieben. Sie wurden in den letzten Jahren aber durch die Mutationszüchtung und die Verklonung = Nachkommenschaft einer Mutterpflanze (homohistonte, genetisch idente vegetative Vermehrung) abgelöst. Bei der Kreuzungszüchtung werden die Merkmale der Muttersorte mit den Eigenschaften der Vatersorte zufällig vermischt und an die Nachkommen weitervererbt. Die Elterneigenschaften werden jedoch nicht gleichmäßig weitervermehrt, sondern im Rahmen der Mendel'schen Gesetze verschieden stark an die Nachkommenschaft weitergegeben (= Aufspaltung). Werden beispielsweise Samen von 'Golden Delicious' (= Muttersorte) ausgesät, so tragen die daraus entstehenden unveredelten Jungbäume weder Früchte der Sorte 'Golden Delicious' noch von der (meist unbekannten) Vatersorte. Nach den Regeln der Mendel'schen Gesetze werden Eigenschaftsgruppen (z. B. starkwüchsig, schwachwüchsig, steile oder flache Garnierung, verschiedene Fruchtfarben, verschiedene Fruchtformen, Fruchtgrößen usw.) verschieden stark ausgebildet, wodurch sogenannte Zufallssämlinge (Findlinge) entstehen. In der Pomologie (Obstsortenkunde) bereiten Findlinge bei der Sortenerkennung von Altsorten große Probleme.

Rotfruchtige Mutation von 'Golden Delicious' (Foto: KEPPEL)

Schwierigkeiten bei der Sortenidentifizierung bestehen auch darin, dass dieselbe Sorte in verschiedenen Gegenden andere Namen erhielt und Altsorten stark auf Standortunterschiede reagieren (z. B. 'Kronprinz Rudolf' färbt auf hageren, sandigen Böden prachtvoll aus, während auf schweren, lehmigen und kalten Böden sowie bei übermäßigem Stickstoffangebot (Mulchrasen) die Ausfärbung blass und nur in geringem Ausmaß auftritt).

Auslesezüchtung

Viele alte Sorten sind durch Auslese **aus gängigen Sorten (= Auslesezüchtung)** entstanden. Früher wurden vielfach Sämlinge als Unterlage zur Veredelung verwendet; bei mangelndem Veredelungserfolg wächst jedoch die Unterlage (der Sämling) durch und beginnt zu tragen. Entsprachen nun die Früchte annähernd einer Tafelapfelsorte, so wurden sie weitervermehrt. Die Sorten 'Klarapfel', 'James Grieve', 'Gravensteiner', 'Goldparmäne', 'Cox Orange', 'Jonathan' und 'Golden Delicious' sind Beispiele von Findlingen (SILBEREISEN). War bis zum Zweiten Weltkrieg die Züchtung auf Verbesserung der Geschmackseigenschaften und der Fruchtgröße ausgerichtet, so trat danach der Ertrag und die Krankheitsfestigkeit (Resistenz) in den Vordergrund. Durch Krankheitsfestigkeit der Sorten kann die chemische Pilzbekämpfung auf ein Minimum beschränkt oder es kann darauf gänzlich verzichtet werden (siehe „Resistente Sorten").

Kreuzungszüchtung

In der Natur werden Obstsorten durch Pollenübertragung (von Insekten oder durch den Wind) gekreuzt, wodurch die genetische Variationsbreite (Eigenschaftsmöglichkeiten) im Samen äußerst hoch ist.

Aus jedem Samenkorn kann eine neue Sorte entstehen. Will man jedoch in geplanter Weise die Eigenschaften zweier bekannter Sorten miteinander vereinen, um positive Eigenschaften der Elternsorte in eine Tochtersorte einfließen zu lassen, wird meist von Hand aus bestäubt (gekreuzt). Die Blüte der Muttersorte wird vor dem Aufblühen mit einem pollendichten Pergaminsäckchen umhüllt. Bei selbstfruchtbaren Obstarten bzw. Obstsorten muss vor dem Aufblühen emaskuliert werden (= Entfernen der männlichen Blütenorgane), um eine Selbstbestäubung und Selbstbefruchtung zu verhindern. Im Stadium der Vollblüte wird das Blütensäckchen entfernt und der Pollen der Vatersorte entweder mit einem Pinsel oder durch direkten Blütenkontakt auf die Mutterblüte

Händische Bestäubung zur manuellen Kreuzungszüchtung (Foto: KEPPEL)

übertragen; nach der Pollenübertragung wird die Mutterblüte wieder eingesackt und so vor fremdem Pollenbesatz geschützt. Nach dem Heranwachsen der Früchte werden diese markiert und im Herbst gesondert geerntet. Nach der Ernte entfernt man die Samen aus der Frucht, stratifiziert sie (die Samen durchlaufen eine Winterphase) und sät sie anschließend im Frühjahr aus. Nach der Aussaat werden die Sämlinge laufend vom Unkraut befreit und anschließend durch zwei Vegetationsperioden verschult.

Starke Sämlinge werden auf normalem Baumschulabstand aufgeschult und nach dem Erreichen der Auspflanzstärke ausgepflanzt und nicht geschnitten, damit sie rascher aus der juvenilen Phase (Jugendphase) kommen und in Ertrag treten. Dies kann bei Kronenziehung ca. acht bis zehn Standjahre dauern. Manche Sämlinge beginnen auch später zu tragen. Die ersten Früchte geben jedoch noch keinen entscheidenden Hinweis auf Güte und Qualität der Sorte, da sie nicht sortentypisch sind. Erst nach mehrjähriger Beobachtung der Früchte kann auf einen positiven oder negativen Züchtungserfolg geschlossen werden. Bei der ersten Ernte beginnt die Selektionsarbeit (= Auslese). Dabei werden die Früchte nach Aussehen und Fruchtform beurteilt. Im Rahmen der heutigen Selektionsarbeit nimmt der Praktiker nicht mehr allein Rücksicht auf innere und äußere Fruchteigenschaften, sondern auch auf den Ertragsbeginn und die natürliche Krankheitsfestigkeit (Resistenz) gegenüber Schorf, Mehltau und Feuerbrand.

Jeder Baum, der aufgrund seiner positiven Fruchteigenschaften zur weiteren Beobachtung ausgewählt wird (= positive Selektion), wird nun durch mindestens fünf oder besser zehn Ertragsjahre hindurch weiterbeobachtet und geschnitten, wobei gleichzeitig eine Prüfung auf schwachen Unterlagen mit einer größeren Baumzahl beginnt. Hat nun die größere Baumzahl auf schwachen Unterlagen mindestens fünf Ertragsjahre hinter sich gebracht und entspricht sie auch im Wuchs- und Ertragsverhalten, so kann sie als Sorte für den Praxistest abgegeben werden. Rechnet man nun die lange Jugendphase der Sämlinge und die Ertragsprüfungsphase zusammen, kommt man auf einen Zeitraum von 15 bis 20 Jahren, bis eine neue Sorte für die Praxis mit gesicherten Eigenschaften freigegeben wird. Infolge der langen Beobachtungszeit bei der Kreuzungszüchtung kann das Ergebnis der Züchtung (neue Sorte) von ihrem Zuchtziel her

Bei der konventionellen Kreuzungszüchtung werden die Blüten vor und sofort nach dem Bestäuben mit Pergamentsäckchen insektensicher abgedeckt, um eine ungewollte Bestäubung mit fremden Pollen zu verhindern. (Foto: KEPPEL)

schon überholt sein. Heute versucht man die juvenile Phase (ertragslose Jugendphase) dadurch abzukürzen, dass der Sämling im Baumschulquartier ausgepflanzt wird. Wenn der Jungbaum im zweiten Baumschuljahr im unteren Kronenbereich die Jugendphase durchlaufen hat (z. B. sparriger, mehr oder weniger flacher Astansatz, zum Teil dornige Triebenden), schneidet man die Triebspitze ab und veredelt sie auf schwachwüchsigen Unterlagen. So erhält man bereits vier Jahre nach der Kreuzung die ersten Früchte. Dieses Verfahren ist nicht nur zeit-, sondern auch platzsparend, da die Erstprüfung der Sorten mit der Spindelerziehung vorgenommen werden kann.

Offen abblühende Obstarten sind üblicherweise hochgradig heterozygot (mischerbig, genetisch unterschiedlich), manche sind polyploid (haben mehr als zwei Chromosomensätze, z. B. triploid = drei Chromosomensätze) oder aneuploid (abnormale Chromosomenzahl) und häufig selbstunfruchtbar. Wegen der hohen Heterozygotie der Eltern erzeugen Selbstung oder Kreuzung eine hohe genetische Variabilität durch die Aufspaltung der Merkmale des Ausgangsmaterials. Nachkommenschaftsauslesen auf verbesserte Eigenschaften sind häufig durch den Verlust von erwünschten Merkmalen von geringem Wert. Koppelungen von erwünschten mit unerwünschten Eigenschaften, pleiotrope (ein Gen wirkt auf mehrere Eigenschaften) Negativeffekte, die lange, juvenile Phase vieler Obstarten, der manchmal geringe Samenansatz und die niedrige Keimfähigkeit der Samen nach Kreuzungen bedingen weitere Schwierigkeiten bei der Kreuzungszüchtung. Die Wahrscheinlichkeit der Schaffung und Auslese einer ausgewogenen Kombination von nützlichen und marktgerechten Eigenschaften ist somit bei der Kreuzungszüchtung äußerst niedrig.

Um die hohen Züchtungs- bzw. Vermehrungskosten abdecken zu können, wird heute der Weg der sogenannten Lizenz beschritten. Die von jedem Bezieher einer neuen Sorte je Baum oder Edelreis zu bezahlende Lizenzgebühr ist eine Abgeltung für die hohen Zuchtkosten. Der Vermehrer solcher Sorten muss die Lizenzgebühr dem Züchter weitergeben. Rigorose, nationale (Patentrecht, Markenschutzrecht) und internationale Sortenschutzabkommen (UPOV) sichern dem Lizenzgeber (Züchter) die Ablieferung der Lizenzgebühren. Wer sich den Vermehrungs-(Lizenz-)Bedingungen nicht unterwirft, riskiert ein Gerichtsverfahren wegen Vergehens gegen das Lizenzabkommen.

Bei der geplanten Kreuzungszüchtung können die Eigenschaften der Tochtersorte(n) durch die richtige Abstimmung der Vater- und Muttersorte abgeschätzt werden (zur Geschmacksverbesserung wird heute häufig 'Cox Orange' als eine Eltersorte verwendet, als ertragreiche 'Idared' oder 'Golden Delicious').

Anmerkung: Im Obstbau wird im Gegensatz zum tierischen Elternnachweis zuerst die Muttersorte und nach dem Kreuzungszeichen „X" die Vatersorte geschrieben! Eine Elter(n)sorte wird in der Pflanzenzüchtung als „Eltersorte" bezeichnet.

Mutationszüchtung

Unter Mutation versteht man die sprunghafte Änderung des Erbgutes.

Natürliche Mutationen, sogenannte „Spontanmutationen", entstanden während der Evolution (Entwicklung) des Pflanzenreichs innerhalb von

Knospenmutation (Foto: KEPPEL)

Jahrmillionen durch äußere Einwirkungen (z. B. Extremtemperaturen, Nährstoffmangel, natürlich vorkommende Strahlung (UV-Strahlung), durch Bildung toxischer bzw. selbstmutagener Stoffwechselprodukte sowie durch genetische Instabilität bei der Chromosomenpaarung während der Zellteilung). Hybridisierung (Bastardierung = Kreuzung von rassen-, art- oder gattungsverschiedenen Eltern), Rekombination, Polyploidie (= Vervielfältigung des Chromosomensatzes durch Ausbleiben der Reduktionsteilung) und Aneuploidie (abnorme Chromosomenanzahl) sowie sogenannte Transposons (instabile genetische Elemente) trugen ebenfalls zur Erhöhung der genetischen Variabilität bei. Spontanmutationen treten zwar sehr selten auf, doch können sie manchmal in Obstanlagen gefunden werden. Hierbei handelt es sich meistens um spontane Knospenmutationen, wobei nur eine oder wenige Knospen eines Triebes mutiert sind. Man findet beispielsweise auf einem Ast dunkelrot gefärbte Früchte bei einer hellrot gefärbten Sorte.

Wenn nun der einjährige Trieb vor dem Apfel (= Richtung Triebende hin) abgeschnitten wird, kann man mit großer Wahrscheinlichkeit diese Mutation weitervererben. Von Mutationen kann erst dann gesprochen werden, wenn ihre genetische Stabilität während zweier Generationszyklen erwiesen ist (= sie schlagen nicht in eine der Elternsorten oder überhaupt in eine der Urformen des Apfels zurück).

Werden nun Mutantenklone (Pflanzen bzw. Pflanzenteile mit Mutationen) ohne mehrjährige Sortenprüfung rasch abgegeben, kann es passieren, dass im Baumschulstadium durch die intensive Vermehrung neuerliche Mutationen (Rückschläge oder Verbesserungen) auftreten und so den neuen Sortencharakter verändern. Als Hinweis zur Bestätigung dieser These bzw. Erfahrung mag hier mitgegeben werden, dass in der heutigen Sortenkunde von einem Klon nicht allzu lange gesprochen wird.

Viele phänotypisch (nach dem Aussehen) selektierte Mutantenklone entsprechen meist nicht der Zielsetzung in der Obstzüchtung und dem Intensivobstbau und werden deshalb kurzfristig durch bessere Klone ersetzt (z. B. Jonagold-, Golden-, Gala-, Elstar-, Pinovaklone).

Den Versuchsanstellern bleibt oft nicht einmal die Zeit, die in der Sortenkunde notwendige Prüfzeit von fünf Ertragsjahren durchzuhalten, um die Erfahrungen bekanntzugeben. Die Sorte (der Klon) ist in der Zwischenzeit meist schon überholt und nicht mehr im Gespräch. Der Bauer hat hiermit selbst das Risiko zu tragen, da er sich nicht auf die standortbezogene mehrjährige Erfahrung der Versuchsansteller verlassen kann.

Obwohl spontane Mutationen (sogenannte „sports") eine wesentliche Rolle bei der züchterischen Verbesserung von vornehmlich vegetativ vermehrten Obstarten spielen, begrenzt ihre geringe Häufigkeit eine wirkungsvolle Züchtung. Durch Anwendung hochmutagener Agenzien (Einwirkungen) kann jedoch die Häufigkeit von Mutationen drastisch erhöht werden.

Die wichtigsten zur **künstlichen Mutationsauslösung** benutzten Agenzien sind:

- **Ionisierende Strahlenarten** = Röntgen-, Gamma-, Neutronen- und andere Arten von Atomstrahlung.
- **Chemische Agenzien**, denen das Vermögen zur Induktion von Chromosomen- und Genmutationen zukommt (z. B. alkylierende Substanzen).

Aus praktischer Sicht werden im Obstbau hauptsächlich Edelreiser mit Gammastrahlen von Kobalt (^{60}Co) und Cäsium (^{137}Cs) wegen ihres hohen Durchdringungsvermögens verwendet. Diese Strahlenarten können sowohl Chromosomenmutationen (zytologisch erfassbare Änderungen der Chromosomen bzw. der DNA-(DNS-)Kette als Träger der Erbsubstanz) als auch Genmutationen (zytologisch nicht erfassbare Änderungen der DNA bzw. der Gencodierung) hervorrufen.

Wesentliche **Vorteile** der **Mutationszüchtung** gegenüber der Kreuzungszüchtung sind:

- Der hohe Heterozygotiegrad von vegetativ vermehrten Obstarten ist eine günstige Voraussetzung für die Induktion (Auslösung) phänotypischer (durch Erbanlagen und Umwelteinflüsse geprägte sichtbare) Merkmalausbildung eines Lebewesens; Merkmalsänderungen.
- Induzierte genetische Veränderungen betreffen meist nur wenige Merkmale, ohne die allgemein gute und vom Markt akzeptierte Ausgangssorte drastisch zu verändern.
- Erwünschte somatische Mutationen (die Körperzellen betreffend, ohne Geschlechtszellenbeeinflussung) können durch klonale Vermehrung in kurzer Zeit stabilisiert und erhalten werden.

Die Mutationszüchtung ist daher eine geeignete Methode zur **Verbesserung von Kultursorten mit hohem Standard**. Da jedoch auf eine erwünschte, im Zuchtziel definierte Eigenschaft meist 100 bis 1.000 unerwünschte Mutationen kommen, muss die Anzahl der mutagen behandelten Pflanzenteile (Edelreiser, Pollenkörner und andere) groß genug sein, um die Induktion eines erwünschten Merkmals in der Ausgangssorte zu gewährleisten. Mutationen treten in Einzelzellen (meristematische Primordialzellen = teilungsfähige Ursprungszellen) auf, weshalb die Wahl des bestrahlten Pflanzenorgans eine wesentliche Rolle für den Erfolg der Mutationszüchtung spielt. Eine mutagene Behandlung vielzelliger Primordialgewebe in Knospen führt zur Chimärenbildung (Mischgewebe von mutierten und nicht mutierten Zellen), während die Bestrahlung von einzelligen Primordialstrukturen (Pollenkörner, Adventivknospen) zu homohistonten (gleichgewebigen) Mutanten führt. Schwierigkeiten der Mutationszüchtung bestehen bei der Selektion von Mutationen aus kleinen mutierten Geweben, sogenannte Meriklinal- oder Sektorialchimären, die im ersten vegetativen Vermehrungszyklus schwer erkennbar und auszulesen sind. Die weitere vegetative Vermehrung von Axillarknospen (in der Blattachsel sitzende Knospen) von Sprosstrieben über wenige Vermehrungszyklen bedingt eine Vergrößerung der mutierten Sektoren und führt schließlich zu homohistonten Mutantensprossen.

Zur Entflechtung von Chimären während der vegetativen Vermehrung werden Rückschnitt, Kopulation und Okulation erfolgreich angewendet.

Bei allen Züchtungsmethoden spielt die Ausschaltung von Fremdeinflüssen im Ausgangsmaterial (Virosen, Mykoplasmosen) für einen positiven Züchtungserfolg eine große Rolle. Üblicherweise werden in der Praxis Thermotherapie und/oder Chemotherapie (siehe Virosen und Mykoplasmosen) zur Erzeugung krankheitsfreier Ausgangspflanzen verwendet. In den letzten Jahren wurden in verstärktem Ausmaß Gewebekulturmethoden für die krankheitsfreie Massenvermehrung wertvoller Klone (im Zierpflanzenanbau auch Sorten) von Obstarten und Unterlagen bei der züchterischen Verbesserung eingesetzt.

Bei der Mutationszüchtung sind folgende generelle **Grundvoraussetzungen** zu beachten:

- Eine geeignete Populationsgröße und Strahlendosis, welche die Schaffung von genetischer Variation an erwünschten Merkmalen gewährleistet.
- Auslesemethoden, die eine Erfassung von mutiertem Gewebe sichern, sowie Manipulationsmethoden des Züchters, um mutierte Sektoren in homohistonte (gleichgewebige) Mutanten zu überführen.
- Die genetische Fixierung von „Positivmutanten" während zweier Generationen.
- Eine Bewertung der praktischen Nützlichkeit von Mutanten in mehrjährigen lokalen Kleinversuchen sowie in der Wechselwirkung von Standorten und Jahren auf die Ausbauwürdigkeit in verschiedenen Obstbaugebieten. Beim 'Golden Delicious' hat die Mutationszüchtung Erfolge hinsichtlich der Berostungsarmut gebracht. So sind der 'Lysgolden' (Goldenir) der INRA und der 'Golden Delicious Haidegg' der Obstbauversuchsstation Haidegg (zurzeit wird der Klon 'F6A' abgegeben) durch Mutationszüchtung entstanden. Bei beiden tritt die Erscheinung der Berostungsarmut in den Vordergrund, wobei auch die Fruchtform verlängert wurde. Damit kann das im Ausland für Amerikaexporte verwendete und in Österreich verbotene Aufbringen von Promalin (zwecks Verlängerung der Fruchtform) vermieden werden. Als weiterer positiver Umstand ist eine genetisch bedingte leichte Rotfärbung der Früchte und eine verlängerte Kühllagerfähigkeit zu vermerken. Da

die Mutationszüchtung den Züchtungszeitraum stark verkürzt (die bestrahlten Edelreiser werden unmittelbar nach der Bestrahlung veredelt und tragen zwei Jahre danach bereits die ersten Früchte), wird diese Methode immer häufiger angewendet, aber derzeit durch die Gentechnik weitgehend verdrängt.

Meristemvermischung

Durch die Vermischung von Meristemgeweben zweier Elternsorten versucht man, eine neue Sorte entstehen zu lassen. Eigentlich handelt es sich hier um eine Veredelung, bei der man hofft, dass die daraus entstehenden Individuen eine neue Sorte bilden. Nähere Erfahrungen fehlen dabei noch.

Da eine Verschmelzung somatischer Zellen ausgeschlossen werden kann, sollte die Meristemvermischung nicht als Züchtungsmethode klassifiziert werden. Meristeme können auch den Methoden der Mutationszüchtung unterworfen werden. In älteren Obstbaubüchern werden Versuche beschrieben, bei denen Triebe von älteren Sorten in der Mitte auseinandergeschnitten wurden, um die beiden Elternsorten miteinander zu veredeln. Entsprechende Hinweise zum erfolgreichen Verlauf solcher Arbeiten fehlen jedoch. Man spricht hier von Pfropfbastarden.

Gentechnik

Gentechnische Verfahren lassen artübergreifende Kreuzungen zu.

In eigenen fachspezifischen Labors existieren besondere technische und verfahrensbezogene Sicherheitseinrichtungen, die eine unabsichtliche Freisetzung gentechnisch veränderter Organismen (GVO) verhindern sollen.

Bei der Gentechnik wird gezielt in das Erbgut von Lebewesen eingegriffen.

Als „Grüne Gentechnik" werden gentechnische Arbeiten an Pflanzen bezeichnet. Hierbei sind neu gewünschte Eigenschaften in der der Züchtungsarbeit nachfolgenden Generation direkt ins Genom (= Gesamtheit aller Gene) eingebaut, um herkömmliche, pflanzenzüchterische Arbeiten zum Erreichen genetisch neuer Pflanzen nicht abwickeln zu müssen.

Hohe Kosten, viel Apparateaufwand, speziell geschultes Personal, das sind Kostentreiber der Gentechnik. Die ungewollte (zufällige) Freisetzung von GVO bzw. deren Entwicklungsstufen birgt große Probleme. Des Weiteren sind die generationenübergreifenden Auswirkungen gentechnisch veränderter Organismen auf den Menschen und das Tier noch zu wenig ausführlich ausgetestet. Die Wissenschaft ist hier mit der großen Herausforderung, diesen Komplex auch generationenübergreifend zu beobachten, konfrontiert. Speziell die Veränderungen im Eiweiß-, Zucker- und Enzymmuster und deren unmittelbare Auswirkungen auf andere Individuen (z. B. nach Langzeitverfütterung) müssen genau beobachtet werden.

Unbestritten als Vorteil dieser Züchtungstechnik kann das rasche Erreichen eines Zuchtziels, der Formierung neuer Eigenschaften in einer Folgepflanze, die im Rahmen einer herkömmlichen Züchtung nur langwierig oder gar nicht erreicht werden könnte, genannt werden. Ein kritisches Hinterfragen dieser Züchtungsarbeit ist aber trotzdem unabdingbar.

Weitere Ziele dieser Züchtungsarbeit sind die Verminderung des Wasserbedarfs bzw. des Nährstoffbedarfs von Pflanzen sowie das Hervorbringen von Resistenzen (Widerstandsfähigkeiten) gegen diverse Krankheiten und/oder Schädlinge. Auch die Erträge sollen (können) mithilfe der Gentechnik gesteigert werden.

GVO (Gentechnisch veränderter Organismus): Hierbei wurde die eigene DNA so verändert, wie diese unter natürlichen Züchtungsverfahren nicht (oder nicht so schnell) verändert werden hätte können.

Forscher der Universität Kalifornien haben den Zuckergehalt einer Apfelsorte so verändert, dass wenig Fructose (Fruchtzucker) gebildet wird. Anstatt dessen ist der normalerweise nur in den Blättern von Apfelbäumen vorkommende Zucker Sorbit, der in den Früchten in Fructose umgewandelt wird, als Süßstoff auch in den Früchten enthalten und senkt daher den Kaloriengehalt der Äpfel um 45 %. Durch gentechnische Maßnahmen ist die Umwandlung von Sorbit in Fruchtzucker weitgehend unterbunden (Profil 9/06).

Zugelassene gentechnisch veränderte Organismen (GVO)
Original: www.umweltbundesamt.at/umweltsituation/gentechnik/zulassungen

Ohne Zulassung darf in der EU und damit auch in Österreich kein **gentechnisch veränderter Organismus (GVO)** *in Landwirtschaft und Lebensmittelproduktion verwendet werden: Weder gentechnisch verändertes (GV) Saatgut für landwirtschaftliche Nutzpflanzen, noch die GV Lebens- und Futtermittel, die daraus hergestellt werden. Seit 2004 ist in der EU ein überarbeitetes Rechtssystem in Kraft. Es gilt gleichermaßen in allen 27 [28] EU-Mitgliedstaaten.*

Zulassungen in der EU

Auf EU-Ebene sind zahlreiche GVOs, zumeist gentechnisch veränderte Pflanzen, bereits zugelassen (Stand September 2011: 39 verschiedene GV-Pflanzen). Im vorangegangenen Jahr wurden 8 neue GV Pflanzenlinien, zumeist aus verschiedenen GV Maislinien kombinierte GVOs für die Vermarktung sowie für die die [sic.] Verwendung als Lebens- und Futtermittel zugelassen. Eine ganze Reihe von Anträge [sic.] für Zulassung von weiteren GV-Produkten liegen den Behörden vor.

Die meisten dieser GVO-Produkte werden allerdings in die EU importiert, weil nur ganz wenige GVO für Anbauzwecke zugelassen sind. Derzeit sind das 2 GV-Mais- und 1 GV-Kartoffellinie.

Nur für einen einzigen GV-Mais (MON810) liegt auch die zum kommerziellen Anbau zusätzlich nötige EU-Saatgutverkehrsgenehmigung vor. Derzeit ist für 19 weitere GVO, darunter 15 GV-Maislinien die Zulassung für Anbauzwecke beantragt.

Zulassungen für den Anbau

Die letzte Zulassung für den Anbau einer GV Pflanze wurde von der Europäischen Kommission im März 2010 erteilt (GV-Kartoffellinie EH92-527-1). Über die Zulassung zum Anbau von weiteren GV Pflanzen, darunter etliche GV Maislinien, muss nach Abschluss der Risikoabschätzung erst entschieden werden.

Die Österreichischen [sic.] Behörden hatten ihre Bedenken gegen diese GV-Pflanzenlinien den EU-Stellen übermittelt. Nach der endgültigen Verlautbarung der Zulassung für die GV-Kartoffellinie EH92-527-1 durch die schwedische Behörde wurde im April 2010 ein in Österreich gültiges Anbauverbot gegen diese GV-Kartoffellinie verhängt.

Prinzipien für die Zulassung von GVO in der EU

Die angestrebten Grundsätze sind: eine strenge Sicherheitsprüfung vor der Erteilung von Zulassungen und Herstellung von Wahlfreiheit für KonsumentInnen und LandwirtInnen.

Basis für jede Zulassung in der EU ist eine wissenschaftliche Sicherheitsbewertung. Die Europäischen [sic.] Behörde für Lebensmittelsicherheit (EFSA) spielt dabei eine wichtige Rolle. Die Entscheidung über Zulassungen treffen jedoch die EU-Kommission und die 27 [28] Mitgliedstaaten. Abhängig von der Art des GVO-Produktes und der beabsichtigten Verwendung werden Zulassungen nach verschiedenen Rechtsvorschriften erteilt, die wichtigsten sind:

- *Die Europäische Richtlinie 2001/18/EG und die darauf beruhenden nationalen Gentechnikgesetze in den Mitgliedsstaaten, für die Freisetzung und das Inverkehrbringen von GVO (z. B. für Zulassung von GVO für landwirtschaftlichen Anbau)*
- *Die Europäische Verordnung (EU) 1829/2003 für gentechnisch veränderte Lebens- und Futtermittel*

Die Zulassungsverfahren nach beiden Rechtsvorschriften sind komplex, speziell dann, wenn nicht im ersten Anlauf Einigkeit unter den Mitgliedsstaaten hergestellt werden kann. Eine Übersicht bietet die Info-Plattform Transgen.de der Verbraucherinitiative Deutschland: [mehr online]

Zulassung in Österreich

In Österreich sind GVO noch nicht zu kommerziellen Zwecken angebaut worden, ebensowenig hat es keinen Testanbau für wissenschaftlichen Zwecken [sic.] ausserhalb geschlossener Bereiche (z. B. Gewächshäuser) gegeben. Für GV-Pflanzen, die in der EU eine Anbauzulassung haben, bestehen in Österreich Anbauverbote.

Allerdings ist die Verwendung einer Reihe von importierten GV-Produkten, z. B. gentechnisch veränderten Sojabohnen, erlaubt. Derartige GVO bzw. aus ihnen hergestellte Erzeugnisse werden überwiegend als Futtermittel für Nutztiere ver-

wendet. Aus GVO erzeugte Lebensmittel sind nur in äußerst geringem Umfang im Handel (Spezialprodukte wie z. B. einige wenige importierte Asia-Nahrungsmittel). Diese Produkte unterliegen den Kennzeichnungsregelungen und müssen für KonsumentInnen erkennbar gekennzeichnet sein.

Eine Übersicht über in Österreich zugelassene GVO findet sich im Österreichischen Gentechnikregister.

In der EU-Freisetzungsrichtlinie sind jene Verfahren aufgezählt, die zu GVO führen können:

Dazu zählen Verfahren, die zur Zellfusion führen können und wenn die neue DNS außerhalb des Organismus erzeugt wurde. Mutationszüchtung ist nicht im Sinne dieses Gesetzes zu sehen, auch wenn diese künstlich hervorgerufen wurde.

Alle Arbeiten mit GVO und auch die Freisetzung sind in eigenen Regelungen erfasst.

Rekombination = Bestimmte Enzyme trennen Abschnitte der DNA ab. Nach dem Einfügen der gewollten DNA-Sequenzen erfolgt die Zusammenfügung der getrennten ursprünglichen DNA. Es entsteht damit eine rekombinierte DNA.

Transgene Pflanzen: Darunter versteht man Organismen, bei denen in die arteigene DNA künstlich und zielgerichtet ein fremdes Gen eingepflanzt wird.

Beispielsweise wurden bei der Maissorte MON 810 Gensequenzen des Bodenbakteriums *Bacillus thuringiensis* eingebaut, um in der Maispflanze eine Resistenz gegen Maisschädlinge zu erzielen.

Cisgene Pflanzen: Hier wird ein arteigenes Gen mit eigenem Genmaterial im Rahmen von gentechnischen Methoden neu kombiniert.

Damit ist es möglich, bestimmte Inhaltsstoffe, die in oberirdischen Organen gebildet werden, in unterirdische Organe einzupflanzen und diese werden dann dort gebildet. Von cisgenen Pflanzen spricht man auch bei Kreuzungsvarianten, die mit kreuzbaren Arten, z. B. Roggen und Weizen, entstanden sind. Es werden hier nur miteinander kreuzbare Pflanzen bearbeitet (www.pflanzenforschung.de).

In der Schweiz und in den Niederlanden finden Cisgen-Arbeiten beim Apfel zum Einbau der Schorfresistenz statt. Ein Resistenzgen haben GESSLER und sein Team an der Eidgenössischen Technischen Hochschule (ETH) Zürich bei einem Wildapfel und den Sorten 'Fiesta' und 'Nova Easygro' ausfindig machen können, und diese erwünschte Eigenschaft ist auf einem einzigen Genort kodiert. Doch das richtige Gen sowie dazu gehörige, funktionale Sequenzen einzugrenzen, auszuschneiden und in das andere Genom einzuschleusen, ist ein langer Prozess. Sobald das Gen „erhältlich" ist, dauert es derzeit weitere zwei Jahre, bis die Apfelbäumchen im Gewächshaus herangewachsen sind und getestet werden können (RUEGG 2008). GESSLER ist überzeugt, dass cisgene Pflanzen bei Konsumenten und Produzenten auf größere Akzeptanz stoßen als transgene. „Wir sollten über Produkte, nicht über die Technologie reden, denn diese ist weder gut noch böse." (Zitat: GESSLER in Rüeeg 2008).

Einige Kritiker befürchten eine heimliche Einführung von cisgenen Pflanzen, denn Kontrollen auf cisgenes Erbgut stehen vor dem Problem, dass die cisgenen Veränderungen kaum nachgewiesen werden können, da nur arteigene DNS verwendet wird (ADAMS 2012).

Vorteil dieser Methode ist, dass beim Freisetzen solcher Pflanzen nur arteigene Gene weitergegeben werden.

Der **Nachteil** ist, dass wie bei den transgenen Pflanzen noch nicht bekannt ist, welche physiologischen Erscheinungen beim Konsumenten nach dem (langfristigen) Genuss solcher Früchte ausgelöst werden. Auch weiß man nicht, welche Substanzveränderungen innerhalb der Zellen bzw. Stoffwechselveränderungen in den Organen der transgenen Pflanzen durch die Genmanipulationen entstehen (gilt für alle gentechnischen Verfahren).

Weitere botanische Begriffe

In vitro: bedeutet zum Beispiel die Heranzucht von Jungpflanzen im Reagenzglas. Hierbei können die Jungpflanzen unter sterilen Bedingungen durch gezielte Wuchsstoffbeigaben bewurzelt und anschließend zum Wachsen angeregt werden. Diese Methode wird bei der Meristemvermehrung angewendet, indem ein Vegetationskegel einer Pflanze von der Mutterpflanze abgetrennt und in einem Reagenzglas zu einer neuen Jungpflanze herangezogen wird. Definitionsgemäß werden solche Handlungen als „in vitro" bezeichnet, die außerhalb von Pflanzen ablaufen. Dem entspricht beispielsweise die In-vitro-Fertilisation, bei der die Befruchtung außerhalb des Organismus stattfindet. Um platzsparend und billig zu arbeiten, sind Obstsorten oft „in vitro" erhältlich und können bei Bedarf zu Jungpflanzen herangezogen werden.

In vivo: heißt im Lebendigen. Da die Beobachtungen in vitro nicht unbedingt dem tatsächlichen Leben entsprechen, erfolgt nach dem „in-vitro"-Stadium meist eine „in-vivo"-Beobachtung.

In silico: umschreibt den simulierten Ablauf von Lebensvorgängen am Computer.

In situ: charakterisiert die Erhaltung an „Ort und Stelle"; man kann darunter auch „am Ursprungsort" verstehen. Die Sortenerhaltung in Genbanken findet in situ statt, also mit lebenden Pflanzen in der Natur, wenn diese aus dem betreffenden Gebiet stammen. Auch eine Wiederansiedlung von zwischenzeitlich ausgestorbenen Pflanzenarten in ehemals heimischen Gebieten ist eine „in-situ"-Auspflanzung.

Ex situ: außerhalb des Gebietes, von dem Pflanzen stammen. Werden Obstsorten aus anderen Bundesländern in einem einzigen Bundesland in einer Genbank erhalten, kann man für diese nicht aus dem betreffenden Bundesland stammenden Sorten von einer „ex-situ"-Erhaltung sprechen

Ex vivo: hier werden lebende Gewebe oder Organe aus einem Beobachtungsindividuum entnommen und außerhalb des Individuums für eine gewisse Zeit kultiviert. Diese Methode wird medizinisch zur Behandlung von Erbkrankheiten angewendet.

2. VERMEHRUNG

Wie bereits eingangs erwähnt, werden Obstsorten durch Veredelung auf geeigneten Unterlagen vermehrt.

Triebe von Edelsorten bewurzeln sich nur sehr schwer mit chemischen Hilfsmitteln. Würden sich die Triebe der Edelsorten leicht bewurzeln (= wurzelechte Vermehrung), könnte ein neuer Baum aus einem Edelreiser entstehen, wobei die Wuchsstärke des Baumes der genetischen Wuchskraft der Sorte entsprechen würde ('Gloster' würde z. B. starkwüchsig wachsen, 'Idared' nur kleine Bäume bilden).

Durch die Wahl eines einheitlichen Unterlagentyps bzw. eines Unterlagenklons kann eine gleichmäßige Baumgröße in der Obstanlage gewährleistet und die Wuchskraft der Edelsorte verändert werden. Die Verwendung von Unterlagen hat den Intensivobstanbau erst ermöglicht. So kann durch schwachwüchsige Unterlagen eine starkwüchsige Sorte in ihrer natürlichen Wuchskraft gebremst werden.

Je schwächer die Unterlage wächst, umso kleiner bleibt der Baum.

Da die Unterlage der Wurzelteil und der Wurzelhals eines veredelten Baumes ist, kommt ihr über den Wurzelkörper eine wesentliche Rolle für die Verankerung des Baumes im Boden und die Nährstoffaufnahme bzw. Nährstoffspeicherung zu.

Die Unterlage beeinflusst:

- die Standfestigkeit des Baumes,
- die Krankheitsanfälligkeit der Veredelungsstelle (z. B. auf Kragenfäule),
- das Wachstum der aufveredelten Edelsorten,
- den Ertragsbeginn und die Ertragsleistung der Anlage und
- die Ausfärbung der Früchte.

Schwachwüchsige Unterlagen haben wegen des kleinen Wurzelsystems nur geringe Standfestigkeit und brauchen deshalb während der gesamten Lebensdauer eine kräftige Pfahlunterstützung.

Sämlingsunterlagen benötigen dagegen keine Unterstützung, da sie das größte Wurzelsystem aller Unterlagen haben. Je größer der durchwurzelte Raum ist, desto größer ist die Standfestigkeit des Baumes. Durch das Bremsen des Wachstums der Edelsorte mit schwachen Unterlagen werden kleine Baumformen bedingt. Diese haben den Vorteil, dass sie oft schon im ersten Standjahr mit dem Ertrag beginnen. Die volle Ertragsfähigkeit von schwachwüchsigen Unterlagen liegt laut WINTER im vierten bis sechsten Standjahr. Dies bedeutet, dass mit dem Erreichen der vollen Ertragskapazität ihr Vollertragsalter erreicht wird. Die Ausfärbung

Japanische Zierkirsche auf der Unterlage F 12/1. Beide Veredelungspartner weisen unterschiedliche Rindenausprägungen auf (Kronenveredelung). (Foto: KEPPEL)

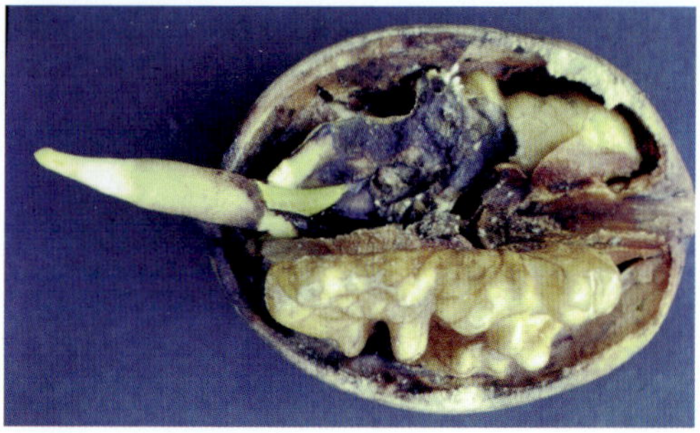

Auskeimender Walnusskeimling eine Woche nach Beginn der Keimungsphase mit wachsender Pfahlwurzel (Foto: DUHAN)

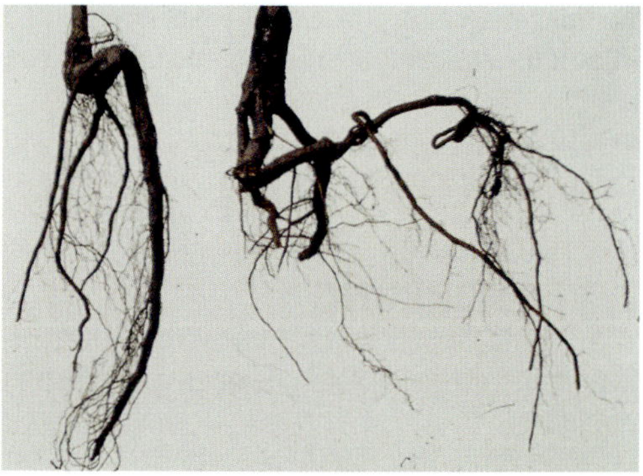

Links: Schwarznusssämling am Ende des ersten Wuchsjahres, rechts am Ende des zweiten Wuchsjahres nach dem Unterstechen der Pfahlwurzel am Beginn des zweiten Wuchsjahres (Foto: DUHAN)

der Früchte durch die Unterlage kann nicht dominant gesehen werden (beispielsweise kann keine bestimmte Unterlagenart aus einem gelben einen roten Apfel machen). Es ist aber bekannt, dass 'Jonathan' auf M 26 eine schönere Ausfärbung hat als auf M 9 (KEPPEL). Andererseits können bei Umveredelung rotfruchtige Umveredelungssorten hellrote Aufveredelungssorten hinsichtlich der Ausbildung einer intensiveren Deckfarbe positiv beeinflussen.

Generative Vermehrung (Sämlingsunterlagen)

Diese sind im generativen Vermehrungsgang (durch Kreuzungen) entstanden und wachsen aus Samen aus.

Da die Abstammung von Sämlingsunterlagen (meist schlägt die Vatersorte durch) nicht bekannt ist, zeigen Sämlinge ein unterschiedliches Wachstums- und Fruchtbarkeitsverhalten. Dabei ist unbekannt, ob der aus einem Samen abstammende Zufallssämling (Sämlingsunterlage) ein stark-, mittelstark- oder schwachwüchsiger Baum werden wird und wann er mit der Fruchtbarkeitsphase (Ertrag) beginnt. Sämlinge sind meist stark wachsend und bei Kernobst virusfrei.

Vegetativ vermehrte Unterlagen (autovegetative Vermehrung)

Unter vegetativer Vermehrung versteht man die asexuelle (ungeschlechtliche), somatische Vermehrung. Vegetative Unterlagen werden unterschieden in Typen- oder Klonunterlagen.

Klonunterlagen: Unter Klon versteht man die vegetativ vermehrte, erbgleiche Nachkommenschaft einer einzigen Mutterpflanze.

Typenunterlagen sind in ihren Wuchseigenschaften annähernd gleich, jedoch nicht unbedingt genetisch identisch, z. B. EM-Typen (East Malling = bekannte englische Versuchsstation).

Dazu gehören die MM-(Merton-Malling-) und einige der EM-(East-Malling-)Unterlagen. Unterlagen werden in sogenannten Unterlagenbaumschulen vermehrt. **Sämlingsunterlagen** entstehen durch Aussaat von Obstkernen (Samen) und nachfolgender Verschulung der Sämlinge. Bei **vegetativ vermehrten Unterlagen** wird ein Unterlagenabriss als Mutterpflanze eingesetzt und die Unterlage nach der Verpflanzung knapp über dem Boden abgeschnitten. Die aus den über der Erde verbleibenden Augen austreibenden Jungtriebe werden laufend angehäufelt und treiben im Erdwall Wurzeln. Im Herbst wird die angehäufelte Erde entfernt und die bewurzelten Unterlagen werden vom Mutterstock abgebrochen (= Abriss) oder vom Mutterstock abgeschnitten. Im darauffolgenden Frühjahr wiederholt sich der gleiche Vorgang. So wird ein Mutterstock für die Gewinnung von Unterlagen herangezogen.

Unterlagen kommen virusfrei oder als Standardware (CAC-Ware) auf den Markt (siehe Kapitel Virosen).

Für die Okulation werden Unterlagen im Durchmesser von 7–9 und für die Kopulation von 9–12 mm verwendet.

Zum vegetativen Vermehrungsgang zählt auch die Meristemvermehrung (Mikrovermehrung). Bei der Mikrovermehrung von organisierten Meristemen

Mit Erde angehäufelter Unterlagenmutterstock mit beblätterten Jungtrieben, die am Jahresende vom Mutterstock abgerissen werden und durch die Erdumhüllung bewurzelt sind (sogenannte Abrisse). (Foto: DUHAN)

Bewurzelte Zwetschkenunterlagen: St. Julien Hybrid, St. Julien Damas, Wangenheims Frühzwetschke, bewurzelte Steckhölzer von Kozlienka und Pixie (v. l. n. r.) (Foto: PIEBER)

mit Gewebekulturmethoden wird das teilungsfähige Gewebe (der Vegetationskegel) von Pflanzen gewonnen und unter aseptischen Laborbedingungen weitervermehrt (siehe auch Meristemvermehrung bei Erdbeeren). Hinsichtlich der Eigenschaften, Lebensdauer, Ertragsfähigkeit usw. von meristemvermehrten Unterlagen fehlen derzeit noch weitreichende Praxiserfahrungen.

Eigentliche Vermehrung

Vegetative Vermehrung (Makrovermehrung)

Grünstecklingsvermehrung

Sie dient der Heranzucht wurzelechter Bäume durch vegetative Vermehrung. Es werden hierbei Bäume ohne Veredelungsvorgang herangezogen. Der Wuchs entspricht der sortentypischen Wuchsstärke. Die Grünstecklingsvermehrung wird im Glashaus unter besonderen Bedingungen (hohe relative Luftfeuchtigkeit, hohe Luft- und Bodentemperatur) durchgeführt. Im Durchschnitt rechnet man mit einem obstarten- und sortenabhängigen Anwuchs von 10 bis 20 %.

Der Grünstecklingsschnitt wird von Mai bis Juli (je nach Obstart und je nach Sorte) durchgeführt. Die zunehmende Verholzung der Triebe erbringt einen geringeren Bewurzelungsgrad. Es erfordert ein gewisses Fingerspitzengefühl und Erfahrung, Grünstecklinge zum richtigen Zeitpunkt zu schneiden. Zu junge Triebe faulen im Vermehrungssubstrat, zu alte und gänzlich verholzte Triebe weisen dagegen geringe Bewurzelungsneigung auf.

Wurzelaustrieb bei Stecklingen (Foto: DUHAN)

Unterlagenstecklinge bewurzelt, MM 106 (Foto: PIEBER)

Vorteil der Stecklingsvermehrung:

- Es kann rasch eine erbgleiche Nachkommenschaft herangezogen werden.

Hauszwetschken werden z. B. Mitte bis Ende Juni geschnitten und gesteckt. Auf 2 m² Glashausfläche steckt man bis zu 1.000 Stecklinge. Eine Person kann 100 Stecklinge je AKh stecken.

Geeignete Vermehrungsbedingungen für den Erfolg bei der Grünstecklingsvermehrung sind: Eintauchen der Grünstecklinge in Bewurzelungshormonpulver oder -lösungen und anschließendes Einstecken in entsprechende Kultursubstrate.

Die optimale Verweildauer der Stecklinge beträgt 25 bis 30 Tage im Sprühnebelklima bei einer maximalen Lufttemperatur von 30 °C. Nach der Bewurzelung muss umgetopft und anschließend abgehärtet werden. Vor der Auspflanzung bzw. Aufschulung im nächsten Vegetationsjahr müssen die Grünstecklinge neuerlich abgehärtet werden.

Holzstecklingsvermehrung

Diese Vermehrungsart birgt einige **Probleme**:

- Die mangelnde Bewurzelungswilligkeit der verholzten Stecklinge.
- Kurzer optimaler Steckzeitraum.
- Unkontrollierte Virusverbreitung ist möglich. Edelreiser sind nur von selektierten Bestträgern zu schneiden.
- Gute Mutterbäume müssen nicht unbedingt Triebe mit guter Bewurzelungsneigung aufweisen.

Der Stecklingsschnitt erfolgt von verholzten einjährigen Trieben in der Vegetationsruhe. Bei Kernobst kann auch Schnittholz verwendet werden, welches Ende November bis Mitte Dezember vor starken Winterfrösten geschnitten wurde. Die Lagerung der Stecklingsreiser muss anschließend im Kühlraum ohne Lagerobst (das in der Lagerluft enthaltene Ethylen schädigt die Reiser) frostfrei bei entsprechender Luftfeuchtigkeit gelagert werden. Die Steckholzlänge beträgt 20 bis 25 cm. Um das Antrocknen bzw. Eintrocknen der Edelreiser zu verhindern, werden diese zweckmäßig in Plastiksäcke oder im feuchten Sand eingesteckt sowie dunkel und kühl gehalten.

Im Frühjahr wird der für das Stecken vorbereitete, hergerichtete Ackerboden oberflächlich gefräst. Ein Graben mit einer schiefen Wand kann entweder händisch oder arbeitssparend mittels Pflugfurche ausgehoben werden. Die Unterlagen werden dann so eingelegt, dass das oberste Auge nach dem Zufüllen des Grabens aus dem Boden ragt. Bei zu schwerem Boden wird zur Lockerung Torf beigemischt.

Zur Bewurzelungsförderung wird meist IBS oder IES verwendet. Diese Bewurzelungsförderungshormone können entweder in Pulverform oder flüssig angewendet werden.

- **Pulverförmig:** IBS (Beta-Indolylbuttersäure = Seradix). Dieser Wirkstoff wird puderförmig in drei verschiedenen Handelsformen angeboten (1 = für Weichholzarten, 2 = für Obstgehölze = rosa gefärbt, 3 = für Hartholzgehölze = grau gefärbt). IES = (Beta-Indolylessigsäure). Die Stecklinge werden an ihrer Basis 2–3 cm tief in den Puder eingetaucht, überschüssiger Puder wird abgeklopft.
- **Eintauchen:** Vor dem Eintauchen der Stecklinge in eine Hormonlösung muss die Wirkstofftablette in Wasser aufgelöst werden. Wird eine Konzentration der Lösung von 1.000 bis 5.000 ppm verwendet, müssen die Stecklinge nur zwei bis vier Sekunden lang eingetaucht werden. Beträgt die Konzentration jedoch nur 100 bis 400 ppm, ist eine Verweildauer der Edelreiser von vier bis 24 Stunden in der Wirkstofflösung notwendig.

Glashausvermehrung der Holzstecklinge

Bei der Holzstecklingsvermehrung soll die Bodenwärme im Vermehrungssubstrat 18 bis 22 °C betragen. Das Vermehrungssubstrat ist ein Torf-Sandgemisch im Verhältnis 1 : 1 bis 2 : 1, wobei Styromull oder Perlit zur Bodenlockerung beigefügt werden kann. Der Boden sollte nicht zu feucht gehalten werden, da ansonsten die Fäulnis an den Stecklingen stark zunimmt. Nach der Bewurzelung werden die Stecklinge abgehärtet und aufgeschult.

Die Stecklingsvermehrung kann auch in Form einer Hausvermehrung durchgeführt werden, wenngleich man sich darüber im Klaren sein mus, dass die Vermehrungsrate unter suboptimalen Bedingungen relativ gering bleibt. Man verwendet dazu reine, tiefe Holzkisten (ohne Schimmelbildung), die mit einer Plastikfolie vom Boden bis zum Rand ausgekleidet werden. In diese folienausgekleideten Kisten wird das vorstehend angeführte Vermehrungssubstrat eingefüllt. Die Stecklinge werden nach dem Eintauchen in das Bewurzelungssubstrat eingesteckt oder schichtenweise (wie bei der Rebvermehrung) eingelegt. Die so bestückten Kisten können in einen Heizraum gestellt und oberflächlich mit einer Mulchfolie abgedeckt werden.

Neuerdings werden über dieses Verfahren wurzelechte Bäume produziert, die im Bioanbau Verwendung finden.

Eine Stecklingsvermehrung im Freien zeitigt nur im Folientunnel annähernd gute Ergebnisse, wobei sofort auf Baumschulabstand gesteckt wird und nach dem Stecken ein Folientunnel zur Erzielung von optimalen Vegetationsbedingungen errichtet wird. Nach dem Antreiben der Unterlage wird der Folientunnel erst seitlich abgedeckt (= abhärten) und anschließend ganz entfernt.

Aufschulen von Unterlagen

Für das Aufschulen von Unterlagen wird ein lockerer, humusreicher Boden benötigt. Zu beachten wäre, dass Böden mit Stallmistdüngung sowie Hackfrüchte und Mais als Vorkulturen mit intensiver Herbizidpflege von der Baumschulfläche auszuscheiden sind, um ein Auftreten von Wurzelkrankheiten hintanzuhalten. Von der Wasserversorgung her wären mittelschwere Böden bei lockerer und humusreicher Konsistenz zu bevorzugen. Die Unterlagen werden meist ungeschnitten geliefert. Sie werden deswegen vor dem Aufschulen bündelweise mit der Kreissäge auf eine Länge von ca. 40 bis 50 cm abgeschnitten und danach auf Endabstand ausgepflanzt. Das Auspflanzen nennt man Aufschulen und es kann händisch oder mit Geräten erfolgen.

Händisches Aufschulen

Der Reihenverlauf wird mittels Schnurspannung oberhalb des Bodens markiert und richtet sich nach der im Betrieb vorhandenen Fräsenbreite (im Durchschnitt ca. 80 cm). Für die Heranzucht von Bäumen mit genügend guter Garnierung am Ende des Baumschulstadiums soll ein Abstand in der Reihe von 50 bis 70 cm gewählt werden. Erwerbsmäßige Baumschulbetriebe verwenden jedoch viel engere Pflanzabstände in der Reihe, um entsprechend flächensparend arbeiten zu können. Die dadurch entstehende verminderte Neigung zu einer vorzeitigen Garnierung wird meist durch Spritzen von Verzweigungshormonen ersetzt. Im Rahmen der Integrierten Produktion ist die Anwendung solcher Verzweigungshormone in der Baumschule allerdings nicht gestattet. Das Pflanzloch wird mit einem Spaten gegraben. Vor dem Einsetzen der Unterlagen wird der Wurzelteil in Muttererde eingeschlämmt. Die Unterlagen müssen senkrecht eingesetzt und die sie umgebende Erde muss mit den Schuhen festgetreten werden, um den Unterlagen genügend Halt im Boden zu gewährleisten. Kopulierte Unterlagen aus der Zimmerveredelung dürfen beim Aufschulvorgang nur an der Unterlage angegriffen werden. Ansonsten können unabsichtlich Beschädigungen an der Veredelungsstelle eintreten und den Veredelungserfolg mindern.

Einfaches Unterlagensetzgerät mit zum Aufschulen vorbereiteten Unterlagen (Foto: KEPPEL)

Maschinelles Aufschulen

Beim maschinellen Aufschulen werden Pflanzmaschinen aus dem Gemüsebau eingesetzt. Mittels Rillenzieher wird die Pflanzfurche vorgezeichnet und die Unterlage anschließend zwischen dem frei werdenden Erdwall eingesteckt. Die Pflanzmaschine häufelt sofort nach dem Einsetzen der Unterlage die Erde wieder auf, wodurch sie in der Erde verankert werden. Trotz des maschinellen Pflanzvorganges soll der Boden gut vorbereitet, nicht zu nass und nicht zu trocken sein und die Unterlagen sollten vor der Aufschulung eingeschlämmt werden.

Nach dem Aufschulen ist es zweckmäßig, die austreibenden Jungtriebe laufend auf Blattlausbefall, Rote Spinne, Mehltau, Schorf sowie Blutlaus und die Baumschule auf Unkrautbesatz zu kontrollieren. Beim Überschreiten der Schadschwellen müsste eine Bekämpfungsmaßnahme eingeleitet werden. Die **Unkrautbekämpfung** wird zwischen den Reihen zweckmäßigerweise durch Fräsen durchgeführt, um den Herbizideinsatz so gering wie möglich zu halten. Das Fräsen hat zusätzlich den Vorteil, dass der Boden gelockert wird, wodurch sich die Wasserverdunstung vermindert und die Wurzeln zur Ausbreitung einen größeren vorbereiteten Bodenbereich vorfinden. Ist genügend Personal am Betrieb vorhanden, so hat sich die händische Unkrautbekämpfung um die Unterlagen bzw. um die Jungbäume bewährt. Müssen aus arbeitswirtschaftlichen Gründen dennoch Herbizide eingesetzt werden, sollte der Herbizidstreifen so schmal wie möglich gehalten werden. Bei der chemischen Unkrautbekämpfung ist darauf zu achten, dass bei Ätzherbiziden das Unkraut immer wieder nachwächst und junge Baumteile bzw. Unterlagenblätter nicht von systemischen Herbiziden benetzt werden sollten. Auch bei der Unkrautbekämpfung gilt der Grundsatz der Integrierten Produktion: So wenig wie möglich Chemie einsetzen, die chemische durch die händische Unkrautbekämpfung ersetzen. Muss Unkraut chemisch bekämpft werden, so sollten die Unterlagen vorher bis zu einer Höhe von 10 cm entblättert werden.

Im trockenen Frühjahr oder bei zu geringer Wuchsstärke der Unterlagen hat sich eine 0,5%ige Harnstoffdüngung in Form einer Flüssigdüngung des Bodens oder besser noch als Blattdüngung (unter Umständen zur Spritzbrühe beigemischt) bewährt. Mit der **Düngung** soll nach Möglichkeit streng gezielt vorgegangen werden, um ausreichendes Wachstum zu gewährleisten und übermäßige Düngung (Übermästung der Unterlagen) zu vermeiden. Eine Übermästung von Unterlagen bedingt, dass diese im Herbst nicht entsprechend abschließen und so leicht vom Frost beschädigt werden können. Auf eine bodenmäßige Stickstoffausbringung in Form von granulierten Düngern sollte im Rahmen der Integrierten Produktion verzichtet werden.

Behandlung der Unterlagen vor dem Okulieren

Etwa eine Woche vor dem Okulieren werden die Unterlagen aufgeputzt, das heißt, die nicht benötigten Triebe bis zu einer Höhe von 10 cm oberhalb der Veredelungsstelle weggeschnitten.

Veredelungshöhen

Als Faustregel wird eine Veredelungshöhe über der Erdgrenze von einer Fingerspannlänge empfohlen. (= 15 bis 20 cm). Soll jedoch die wuchsbremsende Eigenschaft schwachwüchsiger Unterlagen zur Wachstumsreduktion ausgenützt werden, werden die Unterlagen „hochveredelt“, das heißt, die Veredelungsstelle liegt 30 bis 40 cm über dem Boden. Werden Stammbildner (z. B. bei Birnenveredelung oder großkronigen Baumformen) verwendet, richtet sich die Veredelungsstelle nach der gewählten Stammhöhe.

Bezeichnung	Veredelungshöhe (in m)
Hochstamm*	1,8–2,2 m
Halbstamm*	1,2 m
Viertel- oder Meterstamm	1,0 m
Niederstamm (Busch)	0,8 m
Hochveredelung bei schwachen Unterlagen	0,3–0,4 m (kein Stammbildner!)
bei Okulationen und Kopulation	0,15–0,2 m

* bei der Verwendung von Stammbildnern

Beim Hochveredeln treiben verschiedene Unterlagen verstärkt nicht benötigte Luftwurzeln, die Eintrittspforten für Schädlinge (z. B. Apfelglasflügler) sein können: Bei zu hoch gewählter Veredelungsstelle schwachwüchsiger Unterlagen kann das Wachstum zu stark reduziert werden, sodass der Baum zu kurze Jungtriebe bildet oder das Wachstum einstellt. Dieser Umstand wird durch das „Vorspannen" (Einveredeln daneben gepflanzter Unterlagen) gleicher oder stärkerer Wuchskraft behoben (siehe auch Veredelungsmethoden).

Baumschulmäßige Pflege der Jungbäume

Im Frühjahr werden die veredelten Jungunterlagen abgeworfen. Unter Abwerfen versteht man das Entfernen des Unterlagentriebes oberhalb der Veredelungsstelle. Dies hat den Zweck, dass die Edelsorte allein austreibt und einen kräftigen Trieb zustande bringt. Das Abwerfen der Unterlagen geschieht Ende März bis Anfang April. Bei zu spät durchgeführtem Abwerfen treibt die Edelsorte nur mehr schwach aus. Heute unterscheidet man zwischen Jungbaumerziehung mittels Zapfen (Blindzapfen) und zapfenloser Erziehung.

Erziehung mit Blindzapfen

Die Blindzapfenerziehung setzt man überwiegend bei Okulationen ein. Bei Vegetationsbeginn wird die Unterlage ca. 10 cm oberhalb des einveredelten Auges abgeschnitten (= Abwerfen). Vorhandene Knospen an der Unterlage werden beseitigt (= Blenden). Wächst der Edeltrieb ca. handspannenlang, wird er mit Bast oder mit der Bindezange am danebenstehenden, nicht austreibenden Unterlagenzapfen angeheftet. Dies bildet einen Schutz gegen Windbruch und verhilft dem Edeltrieb zu geradem Wuchs. Nach dem Heften wird laufend geräubert. Darunter versteht man das Entfernen aller Unterlagentriebe. Sobald der Edeltrieb verholzt ist und selbst gerade stehen kann, wird der Zapfen neuerdings mit pneumatischen Scheren oder mit einer Hippe weggeschnitten. Bei starkem Edeltriebwuchs bzw. windbruchgefährdeten Unterlagen (z. B. M 26) oder krummem Wuchs der Edelsorte (bei Birnen) bleibt der Edeltrieb bis in den Herbst an einem daneben eingesteckten Bambusstab angebunden.

Zapfenlose Erziehung

Die zapfenlose Erziehung kann entweder nach der Okulation oder nach dem Aufschulen von Zimmerveredelungen (Kopulationen) angewendet werden. Im Frühjahr wird die veredelte Unterlage knap-

Baumschulmäßige Erziehung mit Blindzapfen (F.: KEPPEL)

Baumschulmäßige Erziehung ohne Blindzapfen (zapfenlose Baumschulerziehung) mit zum Anbinden bereitgestelltem Tonkingstab (Foto: KEPPEL)

pest oberhalb des Auges gänzlich weggeschnitten und die Wunde der Unterlage verstrichen. (Das Wegschneiden entfällt bei Zimmerveredelungen.) Der Trieb wächst bei der zapfenlosen Erziehung aufrechter, braucht aber gleich vom Austreiben an einen Bambusstab.

Das Stäben mit schwachen Bambusstäben (Tonking) und anschließenden Anheften der Edeltriebe an die Bambusstäbe gibt dem Edeltrieb einen stabilen Halt und erbringt dadurch vitalere Jungbäume.

Vorteile der zapfenlosen Erziehung sind:

- Eine bessere Wundheilung, da die Schnittstelle rascher verheilt,
- eine Arbeitsersparnis beim Räubern, da der Unterlagenanteil ziemlich kurz und
- der kräfteverzehrende Zapfenschnitt nicht notwendig ist.

Als nachteilig wird gegenübergestellt:

- Stäben ist unbedingt notwendig,
- beim Abwerfen sind ein exakter Schnitt und eine genaue Kontrolle des Veredelungserfolgs notwendig; danach muss
- ein Wundverschlussarbeitsgang eingeschoben werden.

Bei Winterveredelungen (Tisch-, Zimmerveredelungen) mittels Kopulationen entfällt der Schnitt der Unterlagen und die Jungtriebe werden gleich nach dem Austreiben gestäbt. Kopulationen erbringen meist einen flacheren Astansatz, wenn der Standraum in der Baumschule weit genug gewählt wurde.

Bei zu engem Standraum (in den Baumschulen oft nur 10 cm Abstand in der Reihe) herrscht bei vielen Sorten keine oder eine zu schwache Neigung zur Bildung von vorzeitigen Trieben. Im ersten Jahr erreichen die Edeltriebe üblicherweise eine Höhe von 1 bis 1,50 m. Für die Spindelerziehung werden vorzeitige Triebe (Seitentriebe) bevorzugt.

Neuerdings wird versucht, mittels Spritzen von Wuchsstoffen und/oder Blattdüngern eine vorzeitige Seitentriebbildung der Jungbäume in der Baumschule zu erreichen. Praktiker erzielen gute Verzweigungserfolge durch weiten Pflanzabstand in der Baumschule, rechtzeitiges Pinzieren (Entfernen des Vegetationskegels) oder „Zwirbeln" (Entfernen der Jungblätter um den Vegetationskegel über fünf Wochen hinweg ab Ende Mai).

Zusammenfassend soll eine **Zeittafel** das **Baumschulstadium** auf einen Blick darstellen (siehe auch unter Pflanzmaterial):

Baumschulbegriff	Zeittafel	Tätigkeit
Okulanten	Frühjahr 2018	Die Unterlagen werden aufgeschult
	Sommer 2018	Die Unterlagen werden okuliert
	Frühjahr 2019	Die Unterlagen werden abgeworfen
	Herbst 2019	Pflanzfertiger einjähriger Okulant
	Frühjahr 2020	Anschneiden des Baumes oder weiterer Stammaufbau bei Hochstammerziehung
Kopulanten	Winter 2018/2019	Zimmerveredelung, Kopulation
	Frühjahr 2019	Aufschulen der Kopulanten
	Herbst 2019	Einjähriger Kopulant
	Herbst 2020	Zweijähriger Kopulant
	Frühjahr 2021	Auspflanzung des zweijährigen Kopulanten
Okulate	Frühjahr 2018	Aufschulung der Unterlagen
	Sommer 2018	Okulation
	Herbst 2018	Rodung der okulierten Unterlagen und Einschlagen oder Pflanzung am Endstandort
	Frühjahr 2019	Zapfenschnitt, Auspflanzung am Endstandort oder zapfenloses Auspflanzen mit Stäben
	Frühsommer 2019	Herabformieren der austreibenden Triebe = Blütenknospenbesatz und Entfernen des Zapfen oder Behandlung mit blütenfördernden Hormonen
Kopulate	Winter oder Frühjahr 2018/19	Zimmerveredelung
	Frühjahr 2019	Sofortige Auspflanzung am Standort, Formieren der austreibenden Triebe

Zu den Kopulanten wäre anzumerken, dass bei Sorten mit geringer Neigung zur Bildung vorzeitiger Triebe (z. B. 'Gloster') meist ein zweites Baumschuljahr zwischengeschaltet wird. Die zweijährig ausgepflanzten Kopulanten weisen Blütenknospen auf und kommen bereits im Herbst nach der Pflanzung ins Ertragsstadium. Dadurch sind sie in ihrem Gesamtwuchsverhalten etwas gebremst, und es wird praxisseitig nachgesagt, dass zweijährige Kopulanten ein wesentlich geringeres Folgewachstum und in den ersten Standjahren eine erhöhte Ertragsneigung aufweisen. Im Rahmen der neuesten Schnitttheorie soll der Baum so schwach wie möglich gepflanzt werden. Zweijährige Kopulanten entsprechen dieser Forderung jedoch nicht. Um nun ein hochwertiges Pflanzmaterial für die Auspflanzung zu verwenden, sind folgende Forderungen zu stellen.

Hochwertiges Baumschulmaterial

- soll genügend stark bewurzelt sein und
- muss frei von Wurzelkropf, mechanischen, witterungsbedingten und parasitären Beschädigungen sein.
- Der gerade Stamm soll ausgereifte Augen tragen und in der Höhe von 40 bis 70 cm mindestens drei bis vier vorzeitige Triebe haben.
- Der Stammdurchmesser der einjährigen Veredelung, die mindestens 1 m hoch sein soll, soll 25 cm über dem Boden mindestens 11 mm Durchmesser betragen (entspricht Klasse I der NAKB-Richtlinien).

Schwächere einjährige Veredelungen

- sollen mindestens 75 cm hoch sein, wobei 25 cm oberhalb des Bodens ein Stammdurchmesser von mindestens 9 mm erreicht werden soll.
- Der Baum muss einen guten Wurzelkörper haben und
- frei von Krankheiten sein.
- Geringe Beschädigungen können zugelassen werden.
- Die Unterlage muss mindestens 25 cm lang sein, wobei
- die Veredelungsstelle mindestens 10 cm über dem Boden sein sollte (entspricht der Klasse II der NAKB-Richtlinien).

Für die Dichtpflanzungen und V-Pflanzungen wird darauf hingewiesen, dass der Stammdurchmesser der Jungbäume möglichst stark sein soll, da er positiv mit der Ertragshöhe bis zum fünften Standjahr korreliert. Schwächere Bäume bringen bis zum fünften Standjahr also geringere Erträge als stärkere Bäume.

Vermehrung beim Beerenobst

Bei der vegetativen Vermehrung des Beerenobstes gibt es wesentlich mehr Methoden als beim Kern- und Steinobst. Diese Methoden sind von KEIPERT in der Tabelle auf Seite 253 beschrieben.

Veredelung

Im Intensivbeerenobstbau werden für die maschinelle Ernte der Schwarzen Johannisbeere außer der Stämmchenkultur nach AUWEILER kaum veredelte Pflanzen verwertet. Im Siedlerobstanbau ist die Veredelung von Johannisbeer- und Stachelbeerstämmen von Bedeutung.

Stockteilung

Dies ist eine vergessene Methode, um alte Johannisbeerstöcke zu vermehren bzw. zu verjüngen. Johannisbeerstöcke werden ausgegraben und mit der Hacke geviertelt, anschließend werden die Viertelteile getrennt eingesetzt und zur Heranzucht eines neuen Stockes verwendet.

Absenken (Ableger)

Beim Absenken von Beerenobsttrieben kommt es wie beim Anhäufeln von auswachsenden Jungtrieben bei Apfel- und Quittenmutterstöcken zum Bewurzeln.

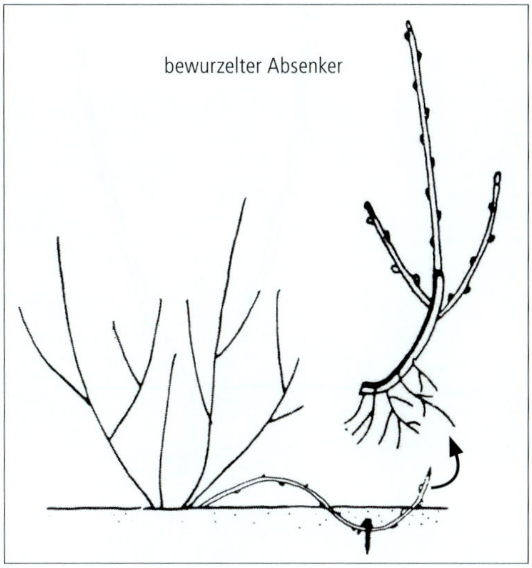

Absenken junger Triebe (Quelle: HALLAMA, Obstbau)

Die aus den schlafenden Augen der Triebe austreibenden Jungtriebe bilden durch den Kontakt mit Erde Adventivwurzeln.

Absenkervermehrung wird bei Stachelbeeren verwendet, und zwar werden die Triebe auf der Erde befestigt und mit Erde überdeckt, wenn die vorjährig gewachsenen Jungtriebe sich im Frühjahr zu verzweigen beginnen. Die aus den Knospen austreibenden Triebe bewurzeln sich. Im Herbst wird die Erde weggeräumt und der waagrecht gelegene Alttrieb zerteilt. Die zerteilten und mit Wurzeln versehenen Schnittlinge werden im Frühjahr aufgeschult und wachsen zu einem jungen Stachelbeerstock heran.

Abrisse

Wie bei den Kernobstunterlagen kann durch Abrissgewinnung bei Stachelbeeren, *Rosa rugosa* (Kartoffelrose) und Johannisbeerunterlagen eine Vermehrung durchgeführt werden.

Steckholzvermehrung

Einjährige Triebe werden auf eine Länge von ca. 10–14 cm zugeschnitten. Die Schnittstelle ist ca. 1 cm oberhalb des letzten oberen Auges und ganz knapp unterhalb des letzten Auges zu führen. Durch den Stummel oberhalb des letzten obersten Auges vermindert man das Rücktrocknen von der Schnittstelle bis in die Augenregion. Die Schnittstelle knapp unterhalb des letzten Auges fördert durch Wuchsstoffstau die Kallusbildung und somit ein rascheres Austreiben von Wurzeln. Stecklinge kann man bereits im September schneiden und sofort oder im Frühjahr vor dem Austrieb in die Erde stecken. Die Stecklingsvermehrung sollte in Böden mit großer Mäusegefahr erst im Frühjahr erfolgen. Stachelbeeren eignen sich nicht für die Steckholzvermehrung.

Grünstecklinge

Grünstecklinge werden vorwiegend bei Heidelbeeren und Brombeeren (stachellose Sorten) verwendet. Auf die gerätetechnische Ausstattung und andere Besonderheiten wurde bereits bei der Grünstecklingsvermehrung beim Kernobst eingegangen.

Wurzelstückvermehrung

Himbeeren und bestachelte Brombeeren lassen sich durch dieses primitive Vermehrungsverfahren rasch und billig weitervermehren. 8–10 cm lange, bleistiftstarke Wurzelstücke werden nach dem Aufbrechen des Bodens gesammelt und anschließend in ein Torf-Erde-Gemisch eingelegt. Sie bilden danach einen Spross und können dann ausgepflanzt werden.

Ausläufer

Pflanzen, die oberirdische (z. B. Erdbeeren) oder unterirdische (z. B. Himbeeren) Ausläufer (Sprosse) bilden, lassen sich leicht weitervermehren.

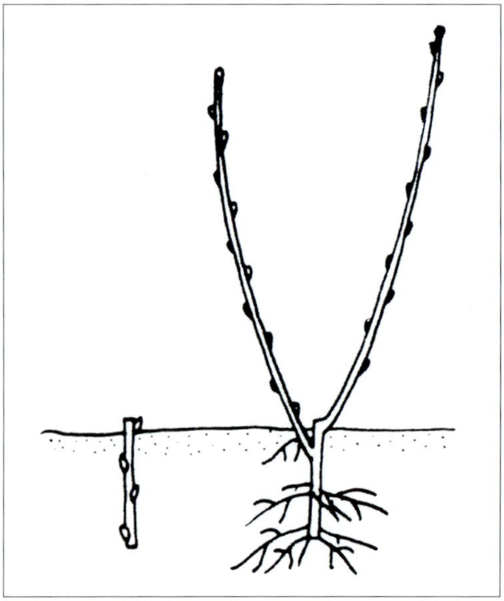

Vermehrung durch Steckholz (Quelle: HALLAMA, Obstbau)

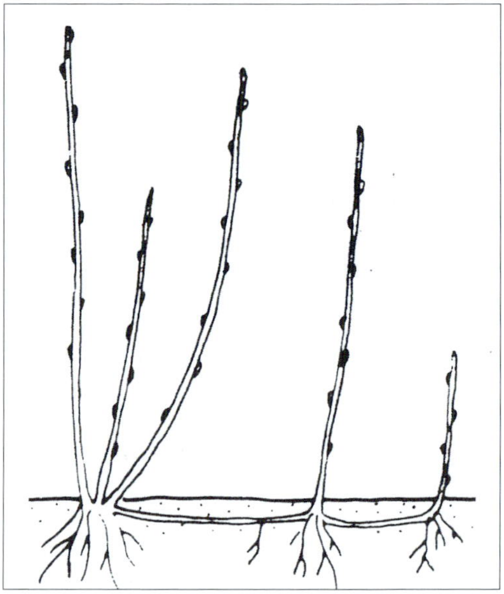

Unterirdische Ausläufer (Quelle: HALLAMA, Obstbau)

Vermehrung von Beerenobstarten (nach KEIPERT, 1981), geändert

Obstarten	Steckholz	Grünstecklinge	Abrisse	Absenker	Wurzelstücke	Aussaat	Veredelung
Johannisbeere	XX	X	X	X	-	-	XX (Stämme)
Stachelbeere	X	X	XX	XX	-	-	XX (Stämme)
Himbeere	-	X	-	-	XX	-	-
Brombeere	-	XX	-	XX	XX	-	-
Kulturheidelbeere	XX	XX	X	-	X	-	-
Cranberry	XX	XX	-	X	-	X	-
Holunder	XX	X	-	-	-	-	-
Heidelbeere	XX	-	-	X	-	XX	-
Preiselbeere	XX	XX	-	X	-	XX	-

x = möglich, xx = wirtschaftlich wichtig

Bis zu fünf Jahre nach einem Baumschulquartier sollte kein Obst der gleichen Obstart ausgepflanzt werden, da es durch den engen Standraum und durch die hohe Baumzahl zu einer sehr großen Bodenmüdigkeit kommt.

Meristemvermehrung

Siehe Meristemvermehrung

Veredeln (xenovegetative Vermehrung)

Veredeln = Vorgang, der zum Verwachsen zweier lebender Pflanzenteile führt.

(Verwachsen der Unterlage mit dem Edelreis oder einem älteren Obstbaum wird eine neue Sorte aufveredelt.)
Der Veredelungserfolg ist nur gewährleistet, wenn botanisch engverwandte Arten miteinander veredelt werden und anschließend verwachsen.

Warum wird veredelt?

- Weil sich die Triebe von Edelsorten nicht oder nur schwer bewurzeln.
- Um Edelsorten erbgleich vermehren zu können, müssen sie auf Unterlagen oder bereits gepflanzte Obstbäume veredelt werden.

Bei großkronigen Bäumen kann durch eine Umveredelung von nicht zu alten Bäumen eine nicht bewährte Sorte durch eine marktgängige Sorte ersetzt werden. Es muss jedoch einige Jahre mit Ertragsausfällen gerechnet werden.

Durch die Veredelung von Edelsorten auf Unterlagen mit einer bestimmten Wuchsstärke (stark, mittelstark, schwach) kann die Wuchskraft der Sorte an die gewünschte Baumerziehung angepasst werden. Dies ist die Grundlage zur Erziehung mittelgroßer und kleiner bis kleinster Baumformen.

Veredelungsgrundsätze

- **Je höher eine Unterlage veredelt wird, desto größer wird der Unterlageneinfluss** (Ein Baum, dessen schwache Unterlage statt in der normalen Okulationshöhe von 15–20 cm über dem Boden auf 40 cm veredelt wird, wird wesentlich schwächer wachsen, als wenn er auf normale Veredelungshöhe veredelt worden wäre.)
- Das **Kambium** (= Lebensschicht, grüne Schicht unter der braunen Rinde) **der beiden Veredelungspartner muss unbedingt übereinander liegen, um eine Verwachsung beider Veredelungspartner zu gewährleisten** – „Kambium auf Kambium".
- **Beim Kopulieren müssen beide Veredelungspartner** (z. B. Unterlage und Edelreis) **den gleichen Durchmesser aufweisen.**

Die Veredelungsstelle ist oft durch die unterschiedliche Rindenausbildung der Unterlage und der Edelsorte erkenntlich. (Foto: KEPPEL)

Affinität

Unter Affinität versteht man die Verträglichkeit zweier Veredelungspartner.

Eine gute oder positive Affinität ist notwendig, um einen Veredelungserfolg zu erzielen. Wachsen beide Veredelungspartner nur schlecht oder überhaupt nicht zusammen, spricht man von mangelnder Affinität.

Diese hat verschiedene Ursachen:

- Die beiden Veredelungspartner können aus inneren (genetischen) Gründen nicht zusammenwachsen (Unverträglichkeit) oder vertragen sich nur schlecht miteinander (mangelnde Affinität).
- Einer oder beide Veredelungspartner können ausgetrocknet sein (z. B. schlechte Überwinterung, zu tiefe Wintertemperatur = Frosttrockenheit).
- Verschmutzte Veredelungsstellen oder Veredelungswerkzeuge.
- Virusverseuchung eines oder beider Veredelungspartner.
- Zur Veredelung werden falsche Veredelungspartner verwendet (z. B.: Kirschenreiser werden auf Apfelbäume veredelt).
- Zu später Edelreiserschnitt der Winterreiser.
- Auslösende Ursache der Affinität ist eine mangelnde Verholzung der Veredelungsstelle (also eine mangelnde Verwachsung beider Veredelungspartner durch eine zu starke gebildete Isolierschicht innerhalb der Veredelungszone).
- Die mangelnde oder fehlende Affinität drückt sich durch verschiedene Schadbilder aus.
- Es erfolgt überhaupt kein Anwuchs.
- Das Edelreis treibt an, die austreibenden Knospen sterben nach dem Aufbrauchen der im Edelreis vorhandenen Reservestoffe ab. Bei mangelnder (schlechter) Affinität kommt es zu Wuchsstörungen, die entweder erst im späten Alter auftreten können oder der austreibende Baum kümmert. Sogar Windbruch in der Baumschule ist möglich.

Verwachsen der Veredelungspartner

Beim Vorgang des Verwachsens kennt man zwei wesentliche Abschnitte:

1. Abschnitt: Bis zum zweiten Tag nach der Veredelung zeigen beide Veredelungspartner keine Reaktion. Die Schnittflächen werden braun. Am dritten Tag teilt sich an der Unterlage das Kambium. Es entsteht das Intermediärgewebe (= füllt die freien Räume zwischen Unterlage und Edelreis auf).

Dieses Intermediärgewebe schiebt die Wundzone der Unterlage gegen das Edelreis hin. Wenn nun eine Isolierschicht gebildet wird, kann es zur Unverträglichkeit kommen. Meistens durchwächst das Intermediärgewebe die Isolierschicht und es kommt zu einem positiven Veredelungserfolg.

2. Abschnitt: Aus dem Intermediärgewebe der Unterlage wachsen in Richtung Rinde des Edelreises kleine Wachstumskeile. Es entstehen dabei sogenannte Parenchymbrücken (= Füllgewebe gleicher Art). Am Rande der Veredelungszonen entsteht eine erste Wasserversorgung des Edelreises durch die Unterlage. Dadurch erhält das Kambium des Edelreises erste Anreize und beginnt zu

Starkwüchsiger Kirschbaum mit Affinitätsstörung (oben). Detail der affinitäts- und radiästhetisch gestörten Veredelungsstelle (Veredelungsstellengeschwulst) auf unbekannter, vermutlich schwacher Sämlingsunterlage (unten) (Fotos: KEPPEL)

wachsen, nachdem sich die Wachstumsschicht des Edelreises mit dem Kambium der Unterlage verwachsen hat. Das nun neu entstandene Kambium bildet nach innen hin Holz und nach außen Bast. Nachdem das Kambium Holzbrücken zwischen Edelreis und Unterlage ausgebildet hat, erfolgt dort die Wasserversorgung. Der Verwachsungsvorgang kann bis zu 50 Tage dauern. In dieser ersten Zeit sind die Veredelungen sehr empfindlich und müssen sorgsam behandelt werden (es darf nicht am Edelreis gerüttelt werden; es ist darauf zu achten, dass die Veredelungswunde und das Edelreis bei maschinellen Kopulationen vor Wasserverdunstung geschützt werden).

Vom Veredeln bis zum Pflanzen greift man den Baum an der Unterlage an, insbesondere wenn an der Unterlage ein Erdballen haftet.

Die bekannteste Unverträglichkeit beim Standardpflanzmaterial tritt zwischen Birnensorten und Quittenunterlage auf.

Mit der Quitte im Standard-Virusstatus sind unverträglich: 'Bosc's Flaschenbirne', 'Clapps Liebling', 'Gute Luise', 'Dr. Jules Guyot' (oft fälschlich als Frühe Williams bezeichnet), 'Alexander Lukas', 'Frühe aus Trevoux' und 'Williams'.

Mit Quitte sind folgende Birnensorten gut verträglich: 'Gellerts Butterbirne', 'Pastorenbirne', 'Vereinsdechantsbirne'.

Edelreiseranforderungen

Sorten- bzw. typenecht, ausgereift (obstartentypische braune Färbung), ausreichend verholzt, vital und virusfrei. **Winterreiser** werden in der Winterruhe geschnitten. Kernobst kann bis Ende Jänner geschnitten werden. Je später das Kernobst geschnitten wird, desto schneller sollte veredelt werden. Steinobstreiser werden in den Monaten Dezember und Anfang Jänner von den Mutterbäumen abgetrennt. Je später sie geschnitten werden, desto mehr und desto eher sind die Knospen geschwollen und desto geringer ist der Veredelungserfolg.

Lagerung der Edelreiser

Die geschnittenen und unverletzten Edelreiser müssen feucht, kühl und dunkel gelagert werden, um ein Austrocknen zu verhindern, die Edelreiser dürfen jedoch nicht in Lagerräumen mit Obst gelagert werden, da sie sonst durch das in der Lagerluft vorhandene Ethylen zum vorzeitigen Antreiben angeregt werden und dann schlecht bis gar nicht anwachsen. Wichtig sind für die Lagerung die kühle Temperatur und eine hohe relative Luftfeuchtigkeit. Bei zu hoher Luftfeuchtigkeit besteht allerdings die Gefahr des Verschimmelns, wenn die Edelreiser lange gelagert werden. Früher hat man die Edelreiser geschnitten und in Schnee eingeschlagen. Ehe noch die Edelreiser eingeschlagen werden, müssen sie gebündelt und etikettiert werden, wobei ein Etikettenbündel nicht mehr als eine Handspannendicke überschreiten sollte. Wenn die Edelreiser in feuchten Sand eingeschlagen werden, soll das Edelreiserbündel nicht zu dick sein und ca. 10–15 cm tief im feuchten Sand stehen. Frostfreiheit des Einschlagraumes bzw. des Einschlagsandes muss gewährleistet sein. Nagetiere (Mäuse, Ratten und Hasen) sind von den Edelreiserräumlichkeiten fernzuhalten. Vor dem Veredeln der Winteredelreiser werden die Kambiumfarbe und der Rindenzustand mittels Anschneiden mit dem Veredelungsmesser oder Ritzen mit dem Fingernagel getestet. Sind die Edelreiser leicht angewelkt und das Kambium leicht bräunlich, kann das Einstellen der Edelreiser in kaltes Wasser über zwei Stunden hinweg noch einen Veredelungserfolg sichern. Die Edelreiser dürfen jedoch nicht veredelt werden, wenn sie noch nass sind. Der in der Erde steckende Rindenteil wird vor dem Veredeln weggeschnitten, um keine Infektionen durch im Sand vorhandene Pilzkrankheiten entstehen zu lassen. Außerdem sind die Knospen an der Triebbasis meist klein, schlecht ausgebildet oder oft schlafend und ergeben einen geringeren bis keinen Veredelungserfolg.

Die **Edelreiser für die Sommerveredelung** werden knapp vor dem Veredeln geschnitten, sofort entblättert und feucht (gekühlt) eingeschlagen. Eine längere Manipulation der Edelreiser zwischen dem Schnitt und dem Veredeln senkt rasch den Anwuchserfolg. Auch bei den Sommerreisern gilt, dass die Knospen an der Triebbasis nicht zum Veredeln verwendet werden sollten, ebenso nicht jene Knospen, die an der Triebspitze sitzen. Von der Triebspitze her werden alle grünen und nicht sortentypisch gefärbten Triebteile weggeschnitten. Sollte die Veredelung infolge schlechten Veredelungswetters nicht gleich nach dem Edelreiserschnitt möglich sein, schlägt man

Edelreiser in feuchte Säcke oder Decken ein. Das Einschlagmaterial muss rein sein. Keinesfalls dürfen Düngesäcke aus Jute verwendet werden, die vorher nicht mindestens zweimal über längere Zeit im Wasser eingeweicht wurden. Düngerreste würden auf Edelaugen ätzend wirken.

Edelreiser für die Chipveredelung im Frühjahr werden wie andere Winterreiser geschnitten und zweckmäßigerweise in Plastiksäcke (z. B. etwas stärkere Müllsäcke) eingewickelt. Vorher gibt man je nach Sackgröße ca. eine Handvoll feuchten Torf ins Sackinnere zur Gewährleistung eines gleichmäßigen Feuchtigkeitsgehaltes im Sack. Der Sack wird anschließend in einem Kühlraum (kein Obst- oder Gemüselagerraum) bei Temperaturen von ca. 2 bis 4 °C gelagert. Edelreiser können so leicht bis Juni veredelungsfähig gehalten werden.

Veredelungsmaterialien

Bast

Im Hausgarten und für Veredelungen mit großen Veredelungswunden (Dickrindenpfropfen, Rindenpfropfen, Geißfußpfropfung) wird auch heute noch Bast verwendet. Der Bast muss spätestens im Frühjahr, wenn die Unterlagenstärke zunimmt, aufgeschnitten werden. Ansonsten schneidet er ein.

Vor dem Okulieren wird der Bast zweckmäßigerweise auf die sich nach der Unterlagenstärke richtende Länge abgeschnitten und gebündelt. Somit ist ein rascheres Hantieren mit dem Bast nach der Okulation möglich. Ehe der Bast verwendet wird, soll er kurz in Wasser getaucht oder mit Wasser ausreichend benetzt werden, damit er elastischer wird und beim Binden nicht abreißt. Zu breite Bastfäden können der Länge nach in die gewünschte Breite zerteilt werden. Auch Kunststoffbast ist bereits erhältlich. Der Naturbast besteht aus der Oberhaut der Raphia-Palme. Dabei werden die noch jungen Blattfiedern abgebrochen, an der Spitze eingeschnitten und dann der Bast von der unteren Bastfläche abgezogen. Nach dem Verbinden der Veredelungswunden mit Bast muss der Veredelungsbereich mit einem Veredelungswachs luftdicht abgeschlossen werden, um dem Vertrocknen der Veredelungsstelle vorzubeugen. Da das Verbinden von Okulationswunden arbeitsaufwendig ist und diese Arbeit, die gebückt durchgeführt wird, nicht beliebt ist, werden heute statt des Wundverschlusses mittels Bast bei Kernobst die sogenannten Okuletten (Plastikbindeverschlüsse mit Schnellverschluss) verwendet.

Okuletten

Okuletten haben den Handelsnamen OVS (= Okulationsschnellverschluss oder Fleischhackerblättchen).

Diese Plastikblättchen werden um die Unterlage beim Kernobst so herumgelegt, dass der Plastikteil den T-Schnitt der Okulation vollständig abdeckt. Gegenüber der Veredelungsstelle wird der Befestigungsdraht an der rechten Seite der Okuletten durch das Plastikgewebe der linken Okulettenseite durchgestoßen. Beim Befestigen der Okulette wird diese gedehnt und durch die entstehende Spannung wird die aufgeschnittene Rinde fest an das eingesetzte Edelauge angedrückt. Die Okuletten haben den Vorteil, dass sie im Frühjahr nicht entfernt werden müssen, da sie durch die Winterwirkung und die Sonneneinstrahlung von selbst abfallen. Bei starken einjährigen Unterlagen (Steinobst) werden Bast- oder Gummibänder eingesetzt, da die Okuletten für den größeren Stammumfang zu klein sind. Zur Chipveredelung verwendet man eigene breite, lange Plastikbänder, die über die Veredelungsstelle hinausreichen und das Austrocknen des eingesetzten Edelreisers und der Veredelungsstelle verhindern müssen.

Kreppband, Plastikklebeband

Bei der maschinellen Kopulation (Tischveredelung) wird um die Veredelungsstelle ein Kreppband oder ein Klebeband herumgewickelt, welches die Veredelungsstelle so vor dem Austrocknen und, beim

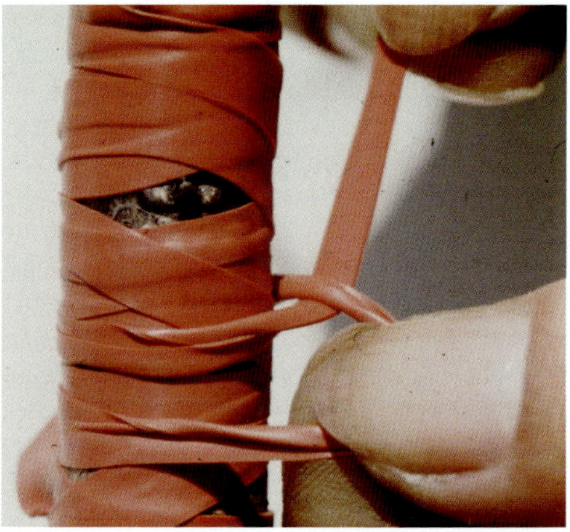

Schmales Gummiband als Veredelungshilfe. Dieses wurde händisch um die Okulationswunde gebunden und verwitterte über den kalten Winter. Bei milden Wintern musste dieses Band (wie ein Bastband) mit einem Messer am Vegetationsbeginn hinter dem eingesetzten Auge aufgeschnitten werden. (Foto: DUHAN)

Eintauchen der Okulanten in Flüssigwachs, vor dem Eindringen des Wachses in die Veredelungswunde schützt.

Nägel

Nägel werden hauptsächlich beim Dickrinden- und Rindenpfropfen verwendet. Durch ihr Einschlagen sichern sie dem Edelreis einen festen Sitz. Man erspart sich dabei das Anbringen eines eigenen Vogelschutzbogens, der das Aufsitzen von Vögeln auf Edelreisern verhindern sollte. Die Nagellänge beträgt ca. 30 mm. Die Nägel sollten blank und nicht verzinkt sein. Die Hammerführung muss so erfolgen, dass weder Edelreis noch das umgebende Holz durch die Hammerschläge beschädigt werden. Das Entfernen der Nägel ist nicht notwendig, da sie rasch einwachsen.

Anstatt der Nägel werden neuerdings auch Veredelungsklammern (ähnlich der Klammer von Heftpistolen, nur mit längeren Schenkeln) angewendet. Da bei uns überwiegend maschinell kopuliert wird, haben diese Veredelungsklammern keine Bedeutung erlangt. Bei Steinobst kann die Klammeranwendung Gummifluss hervorrufen und sollte dort unterbleiben.

Baum- bzw. Veredelungswachse

Diese werden heute noch bei großwundigen Veredelungen eingesetzt. Wichtig ist dabei, dass das sogenannte Veredelungswachs beim Verstreichen schmierfähig ist und anschließend rasch erstarrt. Sonneneinwirkung darf den Wundverschluss nicht flüssig machen (abtropfen). Heutzutage werden dazu streichfähige, auf Kunststoff basierende Mittel herangezogen. Da heute die Veredelungsmethoden Okulieren, Chip-Budding und Tischveredelung (Veredelungen mit nachfolgendem Eintauchen in Flüssigwachs – dies geschieht im Winter im „Zimmer am Tisch") vorherrschen, wird der Frage des optimalen flüssigen Wundverschlussmittels beim Veredeln wenig Aufmerksamkeit geschenkt.

Nach dem Kopulieren wird Rebveredelungswachs in flüssiger Form als Verdunstungsschutz verwendet. Dazu wird das in dicken Tafeln zu erwärmende Rebveredelungswachs auf elektrischen Kochern (am besten mit Thermostatsteuerung) in großen Töpfen so weit erwärmt, dass es gerade flüssig ist. Zu hohe Temperaturen könnten die Edelaugen schädigen. Das Edelreis der Maschinenkopulation wird oberhalb des letzten Auges nicht gerade, sondern schräg abgeschnitten. Beim Eintauchen wird darauf geachtet,

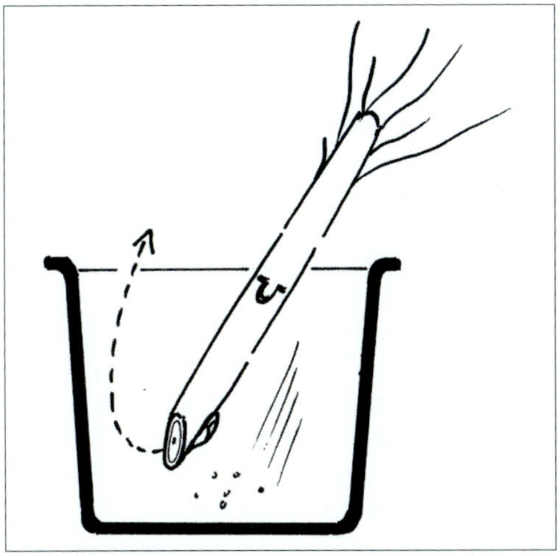

Richtiges Eintauchen einer Zimmerveredelung (Quelle: KEPPEL)

dass die schräge Schnittführung so gelegt wird, dass der längere Teil des Edelreises (beim Auge) zuerst schräg eingetaucht wird. Die kürzere Edelreisseite (gegenüber dem Edelauge) gewährleistet nun das Abfließen von Luftteilchen während des Eintauchens.

Würde das Edelreis verkehrt eingetaucht werden (zuerst mit der kurzen Edelreisseite), sammelte sich an der oberen Augenschnittstelle ein Luftpolster an, da die am Edelreis anhaftende Luft über den vorstehenden längeren Edelaugenteil nicht abweichen könnte. Um das Edelreis bildet sich wohl ein Wachsfilm, aber an der Schnittfläche ist ein Luftpolster unter dem Wachs eingeschlossen und dieser Luftpolster kann zum Austrocknen des Edelauges führen. Dies hat besonders dann große Bedeutung, wenn die Edelreislänge beim maschinellen Veredeln nur zwei Augen lang ist. Bei der Edelreislänge von drei Augen würde das untere zweite (Reserve-)Auge noch austreiben.

Werkzeuge für die Veredelung

Je nach Veredelungsmethode sind zwei Gruppen von Werkzeugen zu unterscheiden:

- händische Veredelungswerkzeuge (Messer, Scheren, Sägen) und
- mechanische Veredelungswerkzeuge.

Händische Veredelungswerkzeuge

Bei den **Kopuliermessern** bildet die Schneide mit dem Schaft eine Längslinie. Deswegen kann man mit diesen Messern einen geraden Kopulationsschnitt machen. Die Schneide verläuft nur an der Oberseite der Klinge.

Okuliermesser sind durch einen Rindenlöser gekennzeichnet. Dieser kann entweder auf der Klinge warzenförmig aufgesetzt sein oder er befindet sich als halbkreisförmige Ausstülpung am Ende des Messerschaftes. Beim T-Schnitt wird die Rinde mit den Rindenlösern von der Unterlage abgehoben.

Nicoliermesser weisen zwei in der Dicke des Nicolierschildchens auseinanderstehende parallele Klingen auf. Damit ist das Schildchenschneiden für die Zwischenveredelungssorte erleichtert, da in einem Arbeitsgang das Edelauge der Zwischenveredelungssorte und gleichzeitig das Zwischenschildchen abgetrennt wird. Diese Messerart wird heute leider nicht mehr hergestellt.

Den Nicoliermessern ähnlich, nur mit einem breiten Schaft und somit breit auseinanderliegenden Messerschneiden, sind die **Plattenokuliermesser**. Solche Messer werden vorwiegend bei der Walnuss- als auch bei der Kastanienveredelung für die Plattenokulation eingesetzt. Durch die parallele Schnittführung der beiden Schneiden sind die senkrechte und waagrechte Schnittführung zum Lösen der Okulationsplatte beim Schalenobst leicht und rasch erzielbar. Plattenokuliermesser haben an den Klingen einen beidseitigen Schliff.

Hippen werden in der Baumschule hauptsächlich für das Zapfenschneiden bei der Baumschulerziehung mit Zapfen verwendet. Die Hippen weisen zur besseren Zugkraftübertragung (von der Hand an das Messer) einen gebogenen Schaft und eine gebogene Klinge auf. Die Klingen sind zweiseitig geschliffen. Mit den Hippen können die Wundränder bei großen Veredelungsköpfen glattgeschnitten werden.

Die Hippenarbeit beim Zapfenschneiden ist sehr kräfteraubend. Bei der Kopulierhippe sind Klinge und Messerheft sanft gebogen. Sie werden vorwiegend beim Geißfußveredeln verwendet.

Ehe die Veredelungsarbeit begonnen wird, muss die Schärfe der Messer kontrolliert werden. Veredelungsmesser müssen so scharf wie Rasiermesser sein, um mit wenig Kraftaufwand einen glatten, fransenfreien Schnitt zu erzielen. Die Messerklingen werden über einen vorher angefeuchteten Abziehstein geschliffen. Bei einseitigen Klingen muss die ungeschliffene Messerseite dem Abziehstein abgekehrt sein. Abgezogen wird, indem das Messer gegen die Klinge kreisend über dem Abziehstein gezogen wird. Dabei wird, wenn die Klinge gegen den Stein geschoben wird, der Druck auf die Klinge verstärkt. Während des Abziehens wird mehrmals der Fortgang des Schärfens kontrolliert. Dies geschieht, indem man die Schneide über den Daumennagel zieht oder auf dem Handrücken die Rasierwirkung überprüft. Erzeugt das Messer ohne Druck Schnittspuren im Daumennagel, so ist das Messer scharf. Danach wird der Grat entfernt. Veredelungsfachleute reinigen anschließend die Schneide der Klinge, um anhaftende Stein- oder Metallreste gänzlich zu entfernen.

Scheren: Für den Edelreiserschnitt sind jene Scheren zu bevorzugen, die einen geraden, zügigen Schnitt hervorrufen und die Edelreiser dabei nicht quetschen. Auch bei Scheren bedarf es einer Schneidenpflege.

An **Sägemodellen** waren noch vor einigen Jahren die Bügelsägen mit Spannhebeln gebräuchlich. Neuerdings sind einfache messerartige, klappbare Kleinsägen im Einsatz. Wichtig ist, dass das Sägeblatt geschränkt und die Schärfe kontrolliert wird. Bügelsägen waren auf Zug- und Druckbedienung ausgelegt, die neueren Sägemodelle sind überwiegend auf Zug gezahnt.

Maschinelle Veredelungsgeräte

Für die Kopulation von schwachen Veredelungspartnern (einjährige Unterlagen und Edelreiser) kann eine spezielle Kernobstveredelungsmaschine (Westland) eingesetzt werden. Diese arbeitet nach der Nut- und Federmethode, wobei die Nut durch hinterschliffene Fräsblätter etwas schmäler als die Feder ist. Somit muss die an der Unterlage befindliche Feder kräftig in das Edelreis eingeschoben werden. Die entstehende Spannung zwischen Unterlage und Edelreis gewährleistet bereits einen festen Sitz der Veredelungspartner. Für stärkere

Lamellenschnittmaschine nach DUHAN (Foto: DUHAN)

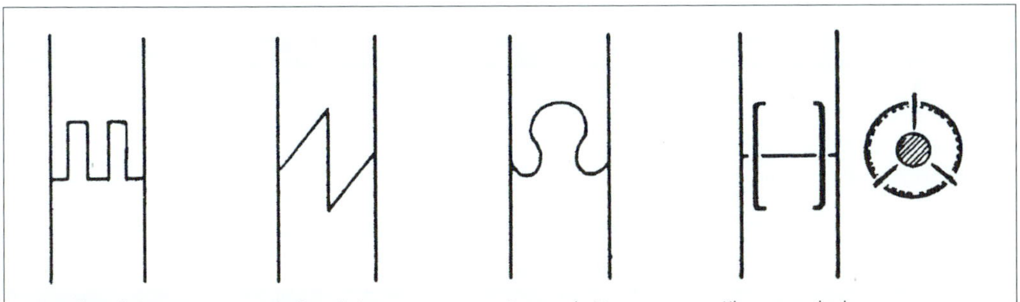

Die wichtigsten Schnittformen beim Maschinenveredeln (Quelle: RUCKENBAUER-TRAXLER)

Unterlagen und Edelreiser wurde von DUHAN die **Lamellenschnittmaschine** konstruiert. Sie ähnelt der Westland-Veredelungsmaschine. Da die Veredelungspartner stärker (dicker) sind, können mehrere Nuten und Federn gesetzt werden.

Die **Omegamaschine** kommt aus dem Rebveredelungswesen. Das Schnittmesser ähnelt in seiner Ausführung dem griechischen Buchstaben Omega. Das Edelreis wird zuerst eingesetzt und ein äußerer Omegaschnitt durchgeführt. Beim nächsten Schnittgang wird die Unterlage gestanzt und anschließend werden Edelreis und Unterlage in einem Arbeitsgang zusammengefügt. Diese Veredelungsmaschine bringt eine relativ hohe Leistung bei genügend annehmbaren Anwuchsprozenten.

Bei dicken, nicht eingepflanzten Veredelungspartnern (z. B. Walnuss, Edelkastanie) verwendet man das Lamellenschnittverfahren, bei dem die Unterlage gegengleich zum Veredelungsreis mit hinterschliffenen Frässcheiben nach dem Prinzip „Nut und Feder" eingefräst wird und beide Teile anschließend zusammengesteckt werden. Zum Verhindern des Austrocknens der Veredelungswunde sind die Veredelungsstellen nach dem Veredelungsvorgang mit Plastiksäckchen überstülpt oder werden anfangs mit Plastikbändern umwickelt und anschließend in warmes Veredelungswachs eingetaucht. (Foto: DUHAN)

Bei allen Maschinenveredelungen ist darauf zu achten, dass um die Veredelungswunde ein Wundverschluss mit Kreppbändern angelegt wird, damit die Veredelungsstelle nicht austrocknet und beim Einsatz von Veredelungswachs kein Wachs in die Veredelungswunde hineinrinnt.

Neuerdings werden auch **Veredelungszangen** eingesetzt. Über die praktische Verwendung solcher Veredelungszangen (-scheren) sind in unseren Gebieten noch zu wenig Erfahrungen vorhanden.

Veredelungsmethoden

Kopulieren

Das händische Kopulieren kann entweder im Winter als Zimmerveredelung oder im Frühjahr als Freilandveredelungsart durchgeführt werden. Man unterscheidet das händische und das maschinelle Kopulieren.

Beim Kopulieren sind folgende Punkte zu beachten:

- Die Schnittführung des Kopulationsschnittes muss immer gegenüber einem Auge gezogen werden. Dies deshalb, da sich im Holz hinter einem Auge eine sehr vitale und regenerationsfähige Zone befindet, die das Verheilen der Veredelungswunde begünstigt.
- Die Schnittfläche des Edelreises und der Unterlage oder des umzuveredelnden Astes muss vollkommen plan (eben) sein.
- Beide Veredelungspartner müssen gleich dick sein, damit die Veredelungsforderung „Kambium auf Kambium" eingehalten wird.

Die Kopulationsschnitte sind 2–3 cm lang. Die Länge der Veredelungsedelreiser beträgt bei der Handveredelung mindestens drei Augen, sollte

Wahl der Veredelungsmethoden hinsichtlich der Stärke (Durchmesser) der Veredelungspartner

Stärke der Veredelungspartner	anwendbare Veredelungsmethode
gleich dick	Kopulation, Lamellenschnittmethode, Omegamethode
ungleich dick	
Unterlage (Ast, Stamm) ist dicker als das Edelreis	Geißfußpfropfen
wesentlich dicker als das Edelreis	Rindenpfropfen
vielfach dicker als das Edelreis und weist eine dicke Rinde auf	Dickrindenpfropfen

Überblick über die verschiedenen **Veredelungszeitpunkte**

Veredelungstermin	Veredelungsmethode
Winter	Lamellenschnittmethode, Omegamethode
Frühjahr (vor dem Rindenlösen)	Kopulieren: im Freiland Zimmerveredelung (= wird in einem Raum von Hand aus oder mit einem Veredelungsgerät durchgeführt) Geißfußpfropfen, Spaltpfropfen, Lamellenschnittmethode, Omegamethode
Frühjahr (beim Rindenlösen)	Rindenpfropfen, Dickrindenpfropfen, Anschäften, seitliches Einspitzen, Vorspannen, Überbrücken
Winter bis Sommer	Chip-Budding
Sommer (beim Rindenlösen)	Okulieren, Nicolieren, Plattenokulation

aber nicht länger als fünf Augen sein, beim Maschinenveredeln zwei Augen. Bei etwas stärkeren Unterlagen und Edelreisern wird die **Kopulation mit Gegenzunge** angewendet. Durch die Gegenzunge werden Edelreiser und Unterlage ineinander geschoben, um eine bessere Verbindung zwischen Edelreis und Unterlage zu erzielen. Auch die verwachsungsfähige Fläche ist dadurch vergrößert. Der Holzkeil (Gegenzunge) darf aber nicht zu tief eingeführt werden, da sonst die Holzzungen an Edelreis und Unterlage vom jeweiligen Veredelungspartner abgedrückt werden können.

Das Edelreis wird fest in die linke Hand genommen, wobei die Triebspitze zur Achsel schaut, und für eine zügige und ruhige Schnittführung ca. 5–10 cm vom Körper entfernt gehalten. Die rechte Hand führt das Kopuliermesser, wobei die Klinge in der Länge des Kopulierschnittes aufgesetzt wird. Anschließend wird das Messer ruhig und in einem Zug durch das Edelreis gezogen. Die Klinge darf dabei nicht gedrückt werden. Beim Üben von Kopulationsschnitten bedient man sich weicher Reiser (Weiden) und eventuell eines steifen Brustschutzes (Kettenpanzer eines Fleischhauers). Der Daumen der schnittführenden Hand kann durch einen ledernen Fingerling geschützt werden. Nach dem Schnittvorgang werden beide Veredelungspartner aneinandergelegt und es wird kontrolliert, ob die

Stark zurückgeschnittene Wurzeln von Bio-M-9-Abrissen mit weißen Wurzelprimordien (neuen Wurzelaustrieben) (Foto: KEPPEL)

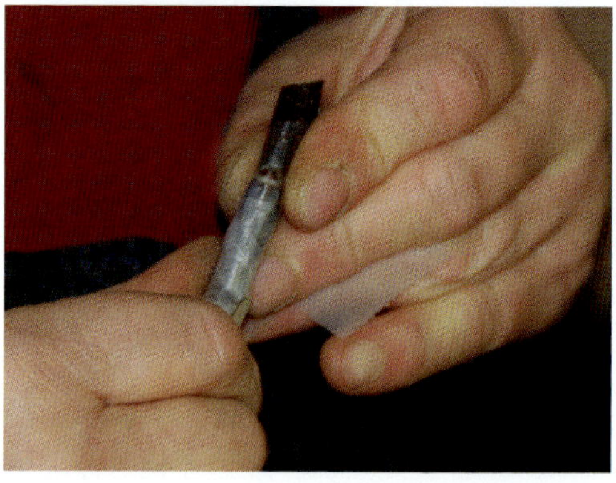

Umwickeln der Veredelungs-(Kopulations-)Stelle mit Plastikbändern, um ein Austrocknen der Veredelungswunde und ein Eindringen von Veredelungswachs in die Veredelungswunde zu verhindern. (Foto: KEPPEL)

Arbeitsschritte 1, 2, 3, 4: Vorbereiten des Edelreises für die Kopulation und Setzen des Kopulationsschnittes; **5:** *Abgleichen der Schnittflächengröße (muss ident sein);* **6:** *Zur besseren Haltefähigkeit der Veredelungspartner wird bei dickeren Veredelungspartnern eine Gegenzunge gesetzt;* **7:** Kopulation mit Gegenzunge (Fotos: BÖCK)

Verwachsene Kopulation (oben) und Schnitt durch eine Kopulation, die Schnittfläche ist bräunlich sichtbar (unten). Die Verwachsung findet anfänglich nur im Kambialbereich außen am Rand der Veredelungspartner statt. (Foto: BÖCK)

Unterlageneinschlag (Foto: KEPPEL)

Fertig umwickelte Kopulationen vor dem Bündeln Foto: KEPPEL)

Über den Winter lösen sich die im August bei der Okulation angelegten Plastikbindebänder auf, das Edelauge ist angewachsen und benötigt keine Abdeckung mehr, das arbeitsaufwendige Aufschneiden der Bänder (wie es bei den Bastverbänden notwendig war) kann damit unterbleiben. (Foto: KEPPEL)

Forderung „Kambium auf Kambium" eingehalten wird, danach werden beide Veredelungspartner mit Bindematerialien aneinandergeheftet und gegen Vertrocknen geschützt (Veredelungswachs, streichfähiges Wundverschlussmittel, Eintauchen in flüssiges Wachs). Nach vollendeter Veredelung greift man die Kopulation (= Unterlage plus Edelreis) nie am Edelreis, sondern nur an der Unterlage an. Bei der Zimmerveredelung werden die Kopulanten anschließend in Sand oder Torf eingeschlagen. Bei entsprechender Temperatur beginnt anschließend der Verwachsungsvorgang.

Für die Baumzucht ist es gut zu wissen, dass Kopulanten flacher angesetzte Triebe bringen als Okulanten.

Geißfußpfropfen

Hier handelt es sich um eine Veredelungsmethode, bei der die Unterlage stärker als das Edelreis ist. Sie benötigt für das Erzielen entsprechender Erfolge genügend Vorübung. An der Unterlage wird mit einem Kopuliermesser oder mit einer Kopulierhippe ein Keil mit einer Winkelöffnung von 45 bis 75 Grad ausgeschnitten. Das Edelreis wird nun dazu passend keilförmig abgeschnitten, wobei das unterste Edelreisauge ungefähr in der Mitte des ausgeschnittenen Unterlagenkeiles zu sitzen kommt. Die Keilschnittführung soll so erfolgen, dass über das Unterlagenende eine angeschnittene Edelreisfläche herausschaut, die durch raschere Verwachsung an der Unterlagenschnittfläche das schnellere Wundheilen hervorruft. Die Edelreiserlänge ist bei einer Kronenveredelung mit vier bis sechs Augen, bei Unterlagenveredelungen mit drei Augen zu wählen.

Geißfußveredelung (Foto: BÖCK)

Nach dem Einsetzen des Edelreises in den Geißfußkeil wird kontrolliert, ob das Edelreis satt aufsitzt und auch keine Lufträume zwischen Edelreis und Unterlage vorhanden sind. Sitzt das Edelreis satt auf, wird von der Unterlagenwunde (also von oben nach unten) begonnen, den Bast ringförmig zu legen. Geißfußveredelungen werden vorwiegend in Baumschulen bei Kirschen angewendet, sobald die Winterkältegefahr vorüber ist.

Spaltpfropfen

Es ist eine alte Veredelungsmethode, die früher vor Winterende angewendet wurde. Bei großen Ästen hat man den Ast mit einer Hacke in der Mitte gespalten. Durch Drücken auf das Ende des Hackenstiels wurde der vordere Hackenklingenspitz gehoben und in den frei werdenden, auseinanderklaffenden Spalt wurde das Edelreis eingefügt. Je Spalt sind meistens zwei Edelreiser (am oberen und am unteren Spaltende) gesetzt worden. Der Sitz der Edelreiser war durch das Zusammendrücken des Spaltes gewährleistet. Wichtig war dabei, die Veredelungswunde gut zu verschmieren. Heute wird die Spaltpfropfung mit dem Kopuliermesser durchgeführt. Ein schwacher Ast wird mit dem Kopuliermesser bis maximal zwei Drittel seiner Dicke in Form eines nach außen ziehenden Schnittes eingeschnitten. Am Edelreis werden vor der Schnittführung im zu veredelnden Ast zwei Kopulationsschnitte angebracht. Das Edelreis wird in den frei werdenden Spalt hinter der Messerklinge eingesetzt. Sitzt das Reis richtig, wird das Messer aus dem Ast gezogen. Auf entsprechenden Wundverschluss ist zu achten.

Anschäften

Das Anschäften ist eine wenig verbreitete Kopulationsart. Dabei wird an der Unterlage seitlich ein Schild in der Größe der Schnittfläche am Edelreis abgeschnitten. Am Edelreis erfolgt ein normaler Kopulationsschnitt. Anschließend werden beide Veredelungspartner zusammengefügt. Um den Sitz des Edelreises zu verbessern, wird in das Edelreis ein waagrechter Schnitt in Richtung Edelreismitte durchgeführt, der Kopulationsschnitt am Edelreis beginnt am waagrechten Schnitt und wird tiefer als normal geschnitten. Das Reis hat nun einen Sattel und sitzt von alleine auf der Schnittfläche der Unterlage auf. Bei dieser Abart handelt es sich um das sogenannte Sattelschäften.

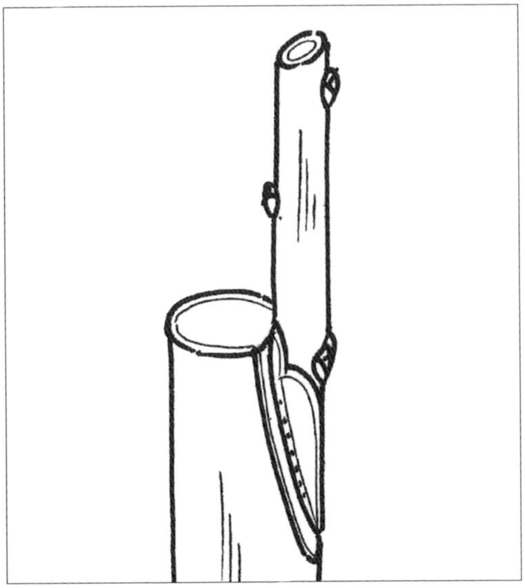

Anschäften (Quelle: KEPPEL)

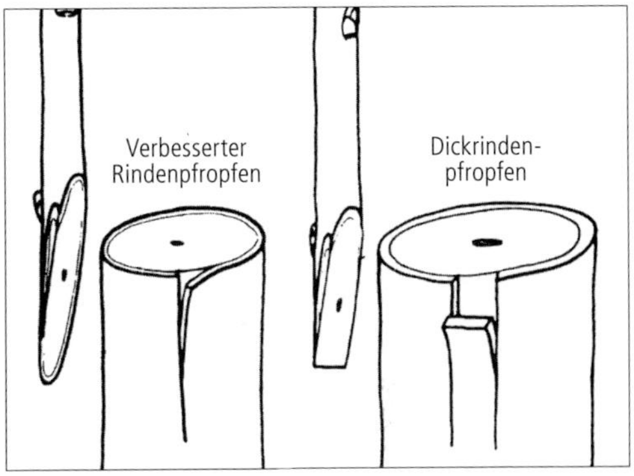

Verbesserter Rindenpfropfen (li), Dickrindenpfropfen (re.) (Quelle: KEPPEL)

Anplatten

Das Anplatten ist mit dem Anschäften verwandt und wird beim Beerenobst im Sommer in der Höhe der anzusetzenden Krone durchgeführt. Als Edelreiser dienen dazu im gleichen Jahr gewachsene Triebe, die nach dem Schnitt sofort entblättert werden. Die Edelreiser sind drei bis fünf Augen lang. Die Schnittführung an der Unterlage ist ähnlich der des Chip-Budding, das heißt, gegen Boden hin wird in der Unterlage ein kleiner Keil angeschnitten und Richtung Triebende der Unterlage erfolgt der Kopulationsschnitt. Nach Einsetzen des Edelreises wird die Veredelungswunde luftdicht verschlossen. Die Unterlage wird im Winter auf einen 10–15 cm langen Zapfen abgeschnitten (Abwerfen), der im nachfolgenden Sommer entfernt wird.

Rindenpfropfen

Dies kann erst durchgeführt werden, wenn sich die Rinde im Frühjahr löst. Die Edelreiser können mit einem normalen Kopulationsschnitt oder mittels Sattelschnitt vorbereitet werden. Mit dem Kopulationsmesser wird ein senkrechter Schnitt durch die Borke bis zum Holzteil durchgeführt.

Anschließend wird ein Rindenflügel einseitig leicht hochgehoben und das Reis eingeführt. Das Edelreis darf nur so weit in die Rinde in der Längsachse eingeführt werden, dass der Schnittansatz außerhalb der Schnittwunde der Unterlage bleibt. Anschließend wird das Reis mit Bast oder mittels Nagel befestigt.

Dickrinden- oder Tittelpfropfen

Zur Umveredelung alter Bäume oder Jungbäume mit dicken Ästen und dicker Rinde wird das Dickrindenpfropfen eingesetzt. Im Winter werden die Äste ca. 10–15 cm vor der Veredelungsstelle abgeworfen (abgeschnitten).

Als erster Arbeitsgang beim Veredeln wird nun der eingetrocknete Holzstummel mit einer Säge abgetrennt. Danach legt man das Edelreis auf die Rinde auf und markiert mit dem Veredelungsmesser die Edelreisbreite. Wenn der Kopulationsschnitt am Edelreis gezogen wurde, wird nun am Ast die markierte Schnittführung in Breite des Edelreises durchgeführt. Dazu setzt man die Klinge senkrecht auf den Ast an und drückt sie bis zum Holzkörper ein. Es entsteht ein Rindenflügel. Das Edelreis wird nun visuell in den Rindenflügel eingepasst. Wenn diese visuelle Beurteilung positiv verlaufen ist, muss am Edelreis ein zweiter Schnitt geführt werden. Dieser Schnitt geht parallel zur Edelreisachse in Richtung unteres Ende des Kopulationsschnittes (dickerer Teil des Edelreises). Das Edelreis hat also zwei gegenüberliegende Schnittflächen, nämlich die lange Kopulationsschnittfläche und die kurze, gegenüberliegende. Nun wird das Edelreis unter den Rindenflügel eingeschoben. Nach dem Sitz des letzten Auges des Edelreises wird der durch das eingeschobene Edelreis hochgehobene Rindenflügel abgeschnitten, sodass das Edelauge freiliegt. Das Edelreis muss natürlich so eingeführt werden, dass der lange Kopulationsschnitt am Holzteil aufliegt und der kurze mit dem Rindenflügel abschließt. Das Edelreis wird dann mittels Nagel befestigt.

Da auf einem stärkeren Ast mehrere Edelreiser gesetzt werden, wird die Rinde mit Bast befestigt und die Schnittwunde und die Kopulationsstreifen mit einem Wundverschlussmittel bestrichen.

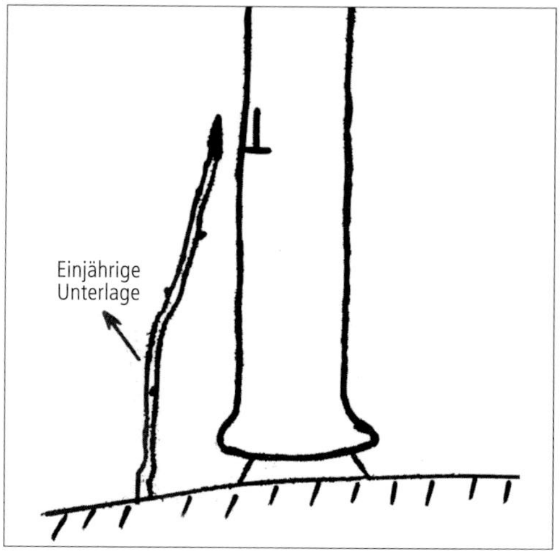

„Vorspannen" eines zu erhaltenden, am Stamm geschädigten Baumes durch Einpflanzen und Einveredeln von Unterlagen oberhalb der Schadstelle, die die beschädigten Stammregionen überbrücken und damit dem Baum Nährstoffe zur Verfügung stellen. (Quelle: KEPPEL)

Seitliches Einspitzen

Es bietet die Möglichkeit, bei Kahlstellen (auch bei Spindeln) Reiser in den Stamm einzufügen. Der Veredelungszeitpunkt ist gekommen, wenn die Rinde löst.

In den Baum wird ein schräg verlaufender T-Schnitt (wie bei der Okulation) gesetzt, das Edelreis mit einem Kopulationsschnitt versehen und in den T-Schnitt eingeschoben. Bei Beerenobststämmchen wird dies Ende Juli, Anfang August durchgeführt. Hierbei ist der Kopulationsschnitt des Edelreises mindestens 3 cm lang zu setzen.

Vorspannen

Darunter versteht man das Einveredeln einer neben dem Baum gepflanzten Unterlage gleicher oder stärkerer Wuchskraft. Werden die Stämme in unmittelbarem Bodenbereich durch äußere Einwirkung (Hasenfraß, Frostrisse, kleinere Krebswunden) beschädigt und leidet die Vitalität des Baumes durch diese Einwirkung, kann der Baum durch das seitliche Einpflanzen einer Unterlage und Einveredeln dieser Unterlage in den Stamm oberhalb der beschädigten Stelle gerettet werden. Die Unterlage wird am oberen Ende in der entsprechenden Höhe mit einem Kopulationsschnitt versehen und in den Stamm, an dem ein verkehrter T-Schnitt (Querbalken des T unten) angebracht wurde, eingesetzt. Diese Methode hat für den Hausgarten mehr Bedeutung als für den Intensivobstanbau.

Überbrücken

Befinden sich Stammbeschädigungen weit oberhalb des Bodens, wo mittels Vorspannen durch die zu geringe Unterlagenlänge kein Erfolg erzielt werden kann, wird das Überbrücken angewendet. Hier können einjährige Triebe des Baumes, die am oberen und unteren Ende der passenden

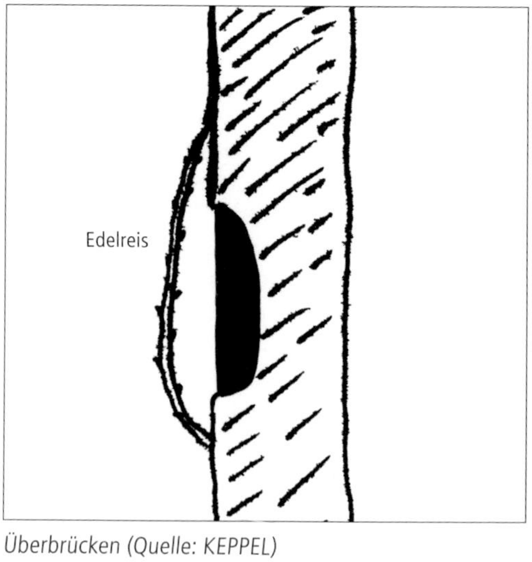

Überbrücken (Quelle: KEPPEL)

Länge mit Kopulationsschnitten versehen sind, in die T-Schnitte eingeführt werden. Unterhalb der beschädigten Stelle wird ein T-Schnitt wie bei der Okulation, oberhalb der beschädigten Stelle ein verkehrter T-Schnitt durchgeführt. Die in der passenden Länge zugeschnittenen Edelreiser werden eingesetzt und mittels Nagel befestigt.

Ablaktieren

Wird bei der Belgischen Hecke, der Bouché-Thomas-Hecke und der Hechinger Hecke verwendet, um den Heckenleitästen eine natürliche Festigkeit zur Einsparung eines Gerüstes zu geben. Damit kann man sich ein zusätzliches Stützgerüst ersparen. Zwei Äste werden an ihrem Kreuzungspunkt, wie beim Anschäften (aber ohne Sattel), zueinander mittels eines seichten Kopulationsschnittes angeschnitten und anschließend fest miteinander verbunden. Dadurch verwachsen sie. Da sich bei der Belgischen Hecke mehrere Äste übereinander kreuzen, sind entsprechend viele Ablaktationsstellen übereinander, die verwachsen. Somit stützt ein Ast den anderen und es entsteht eine stabile, wenig bruchgefährdete Hecke.

Chip-Budding

Chip-Budding ist eine relativ neue Veredelungsart, die von Winter bis Sommer durchgeführt werden kann. Hier wird wie bei der Okulation ein schlafendes Auge veredelt. Für das Chippen können Augen von gut gelagerten Winteredelreisern (kühl und feucht, nicht angetrieben) bis knapp vor dem normalen Okulationstermin verwendet werden. Danach versprechen (wie beim Okulieren) normale Sommeredelreiser gute Veredelungserfolge. Wird im Frühjahr gechippt, so müssen die frisch gechippten Unterlagen zwei bis drei Wochen nach der Veredelung (wie bei der zapfenlosen Baumschulerziehung) abgesetzt werden. Vor der eigentlichen Veredelungstätigkeit sind die Unterlagen (wie bei der Okulation) auf ca. 30 cm Höhe aufzuschneiden (Entfernen der in diesem Bereich wachsenden Triebe). Unmittelbar vor der Veredelung wischt man die Unterlage mit einem trockenen, weichen Lappen ab. Als erster Schnitt wird ein ca. 3 mm tiefer, schräg nach unten geführter Schnitt in die Unterlage getätigt (Satteleinschnitt). Etwa 3 cm darüber beginnt man mit dem nach innen und nach unten (in Richtung Satteleinschnitt) geführten Kopulationsschnitt. Es entsteht ein Sattel. Das Augenschildchen wird so ausgeschnitten, dass es

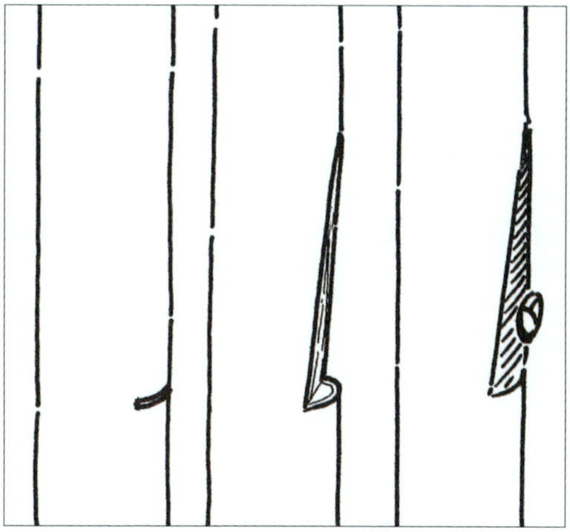

Chip-Budding (Quelle: KEPPEL)

in den an der Unterlage ausgeschnittenen Sattel passt. Das Auge des Chips sitzt genau in der Mitte des Schildchens. Wenn das Auge gut sitzt, wird mit einem Plastikfolienband (ca. 40 cm, 1 x 1,5 cm b) von unten nach oben verbunden. Bei Sommerveredelungen kann das Auge mitverbunden werden, bei Frühjahrsveredelungen bleibt das Auge frei. Nach ca. fünf Wochen kann der Verband gelöst werden. Chip-Veredelungen gewinnen an Bedeutung, da im Gegensatz zu den Kopulationen je Unterlage nur ein Edelauge benötigt wird und die Veredelungsperiode vom Winter bis zum Sommer reicht. Praktisch durchgeführt wird das Chip-Budding vom Winter bis ins späte Frühjahr.

Chip-Budding benötigt etwas Übung, bis das gleich große Ausschneiden des Chip-Sitzes und die dazu passende Augenschildchengröße erreicht werden.

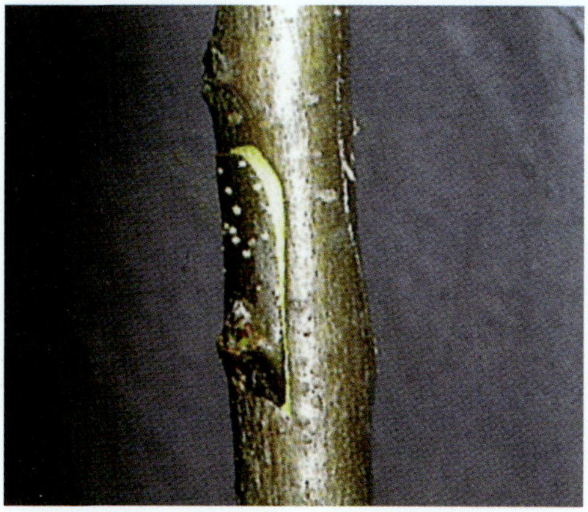

Chip-Veredelung (Foto: KEPPEL)

Okulieren

Das Okulieren ist eine Sommerveredelungsmethode, bei der sich die Rinde leicht vom Holz lösen muss. In sehr heißen, trockenen Sommern, in denen der Triebabschluss vorzeitig einsetzt, kann man sich in der Baumschule mittels Harnstoffspritzung behelfen. Bei Trockenheit kann der vorzeitige Triebabschluss mit einer 0,5-%-Harnstofflösung, als Blattdüngung ausgebracht, verzögert werden (unter Umständen alle drei Tage notwendig). Eine Blattdüngung ca. vier Wochen vor dem Veredelungstermin sichert eine optimale Nährstoffversorgung der Unterlagen. Dadurch bleibt das Wachstum länger im Gange und damit die Rinde länger lösbar.

Die Okulation wird heute überwiegend auf ein schlafendes Auge durchgeführt. Die Okulation auf treibendes Auge kann von Frühjahr bis Sommeranfang vorgenommen werden. (Bei Rosen wird diese Methode vereinzelt noch heute durchgeführt, wobei Augen von Winterreisern eingesetzt werden, die noch im Jahr der Veredelung austreiben.) Bei der „Okulation auf schlafendes Auge" werden diesjährig gewachsene (einjährige), ausgereifte Triebe geschnitten und die Blätter sofort entfernt. In den Blattachseln (Stielbasis) sitzen die sogenannten „schlafenden Augen".

Es hängt vom Veredler ab, ob die Blätter unmittelbar am Stielansatz abgeschnitten werden, sodass der Stiel am einjährigen Trieb verbleibt, oder ob die Blätter samt dem Stiel abgestrupft werden können (dabei werden auch die Blattstiele abgerissen). Manche Veredler haben deshalb die Blattstiele lieber an den einjährigen Trieben, um die Augen an den Blattstielen leichter angreifen zu können.

Wird das Okulieren zu früh durchgeführt, werden entweder die Augen durch zu starke Kallusbildung abgestoßen oder sie treiben im gleichen Jahr noch durch. Solche austreibenden Triebe sind sehr winterfrostgefährdet. Nach Winterfrösten, bei denen austreibende Triebe abgefroren sind, können Beiaugen austreiben und den Okulationserfolg sichern.

In der Reihenfolge der Veredelungstermine der Obstarten wären zuerst Zwetschken, Pfirsiche, Marillen (Aprikosen), Nektarinen, Birnensämlinge, Quitten, Apfeltypenunterlagen, Kirschen, Apfelsämlinge und zuletzt die Steinweichsel zu veredeln. Der Okulationszeitraum ist unter steirischen Klimabedingungen von Anfang bis Ende August.

Einpassen des Okulationsauges in den T-Schnitt. Entfernen des überstehenden Augenteiles (Foto: KEPPEL)

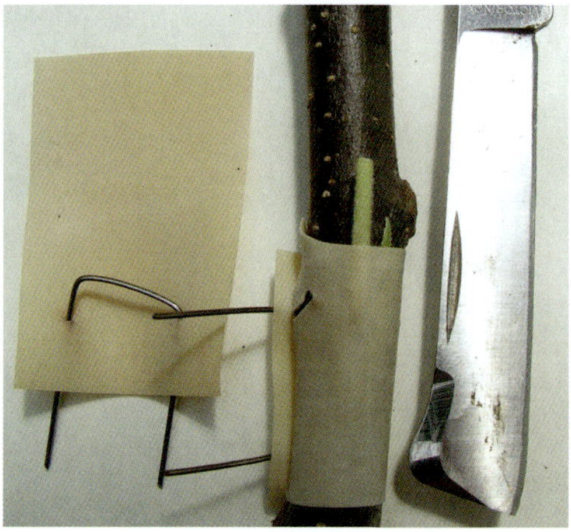

Okulation mit sogenanntem „Fleischhackerverschluss" als Wundverschluss, der rasch und einfach an der Unterlage zu befestigen ist und über den Winter verwittert. Rechts daneben ein Okulationsmesser mit dem höckrigen Rindenlöser (Foto: BÖCK)

Ehe die eigentliche Veredelung stattfindet, werden ca. 14 Tage davor die Unterlagen freigestellt und unmittelbar vor dem Veredelungsvorgang mittels weichen Lappens im Bereich der Veredelungsstelle gereinigt.

An der Unterlage erfolgt in der Höhe von ca. 15 bis 20 cm ein T-Schnitt, in den dann das aus dem einjährigen Trieb ausgeschnittene Schildchen mit dem schlafenden Auge eingesetzt wird. Nach dem T-Schnitt wird das Edelauge aus dem Reis geschnitten, dazu das Edelreis in die linke Hand genommen, wobei die Triebspitze zur Achsel zeigt.

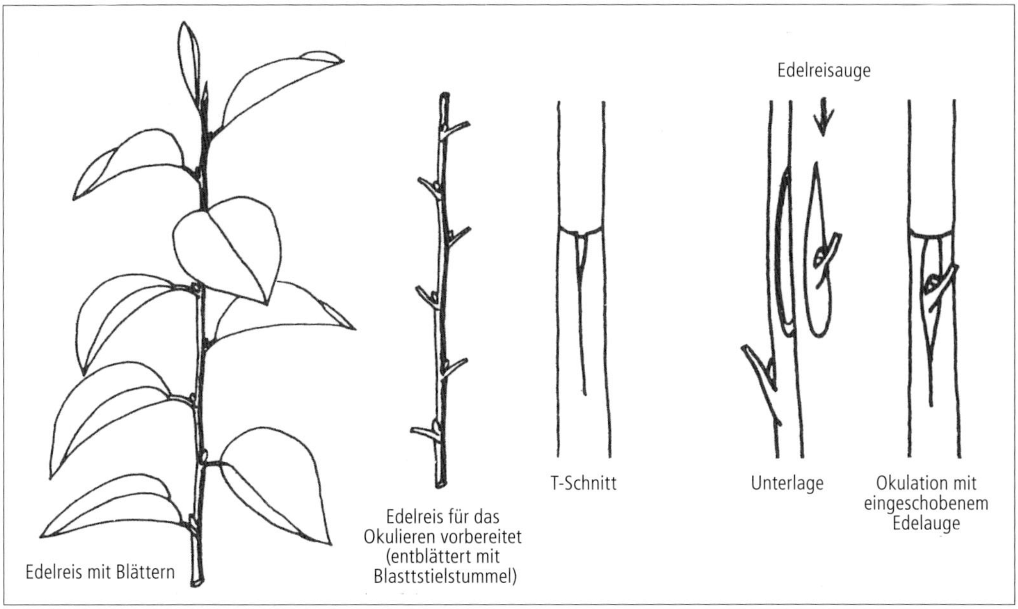

Okulieren (Quelle: HALLAMA, Obstbau)

Ca. 1,5 cm vor dem unteren Augenende des auszuschneidenden Edelauges wird das Okulationsmesser angesetzt und in einem zügigen Schnitt ins Holz des Edelreises in Richtung Triebspitze geführt.

Vor dem Einsetzen des Schildchens entfernt man den Holzkörper, damit ein enges Anliegen des Schildchens an den Holzkörper der Unterlage gewährleistet ist. Der T-Schnitt wird an der windabgewandten Seite und der nicht ständig der Sonne ausgesetzten Stelle der Unterlage eingeschnitten. Zuerst erfolgt der querliegende Schnitt, dann der 3 cm lange Längsschnitt. Mit dem Rindenlöser des Okuliermessers werden die Rindenflügel durch leicht seitliches Abdrehen desselben vom Holzkörper abgehoben. Die Wunde soll nicht wesentlich größer als das Edelauge sein. Bei zu großem Schnitt fällt das Edelauge aus dem T- Schnitt heraus, bei zu kleinem sinkt die Veredelungsleistung wegen des zeitaufwendigen Anpassens des T-Schnittes an die Edelaugengröße. Beim Steinobst wäre es günstig, zwei Augen je Unterlage einzusetzen, um die Ausfälle durch Winterfrost zu vermindern. Beim Räubern im Frühjahr wird der schwächere Edeltrieb entfernt.

Danach erfolgt das Verbinden mit Plastikverbänden oder Bast. Nach ungefähr einem Monat kann der Veredelungserfolg bereits beobachtet werden. Sind nämlich Edelaugen mit Stielen eingesetzt worden, fällt der Stiel nach dem Verwachsen des Edelauges mit der Unterlage ab. Eingetrocknete Stiele lassen auf ein Nichtannehmen des Auges schließen. Bei der Verwendung von Okuletten werden Augen ohne Blattstiele veredelt.

Nicolieren (Doppelschildokulation)

Diese Methode wird bei der Birne angewendet, wenn quittenunverträgliche Edelsorten auf Quitte veredelt werden sollen.

Unter das Auge der quittenunverträglichen Birnensorte legt man unterlagenseitig ein dünnes Schildchen der quittenverträglichen Zwischenveredelungssorte. Somit kommt die quittenunverträgliche Edelsorte nicht mit der Quittenunterlage in Berührung und der Veredelungserfolg wird gesichert. Mittels Doppelschildokulation kann in einem Veredelungsgang ein Anwachsen von quittenunverträglichen Birnensorten auf Quitten erreicht werden. Ist ein Nicoliermesser (Doppelklingenmesser mit engem Messerabstand) vorhanden, kann aus dem Edeltrieb der quittenverträglichen Zwischenveredelungssorte das sogenannte Nicolierschildchen in gleichmäßiger Dicke ausgeschnitten werden.

Arbeitsschritte bei der Nicolier-Zwischenveredelungssorte

Das Auge der Zwischenveredelungssorte fällt beim Schneiden des Nicolierschildchens weg, das 1 bis 2 mm dicke Nicolierschildchen bleibt übrig. Ist kein

Nicoliermesser vorhanden, muss mit dem normalen Okuliermesser zuerst das Edelaugenschildchen in der beim Okulieren benötigten Form abgeschnitten werden. Mit dem Okuliermesser setzt man danach im Zwischenveredelungssortenreis einen 1–2 mm tieferen Schnitt, sodass das notwendige Schildchen entsteht. Dieses Schildchen wird in den T-Schnitt zuerst eingesetzt. Beim zweiten Arbeitsgang des Nicolierens wird ein Auge der Edelsorte ausgeschnitten. Bevor das quittenunverträgliche Edelsortenauge nun in den T-Schnitt eingeführt wird, ist es zweckmäßig, den Sitz des Edelauges auf den Sitz des Schildchens abzustimmen bzw. das Übereinanderliegen des Kambiums des Edelauges und des Kambiums des Schildchens zu kontrollieren. Danach können beide Veredelungspartner in den T-Schnitt eingeschoben werden. Die weiteren Arbeitsgänge entsprechen denen der Okulation. Sorgsames Einschieben ist notwendig, damit das Zwischenschildchen nicht verletzt oder verschoben wird.

Plattenokulation

Neben der Kopulation kann beim Schalenobst die Plattenokulation zum Einsatz kommen. Dieses Veredelungsverfahren wird hauptsächlich bei Paranüssen und Walnüssen in warmen Klimaten zur Sommerveredelung durchgeführt. Mit einem Plattenokulationsmesser wird um das Auge ein horizontaler und ein vertikaler Schnitt (durch die Verwendung des Doppelmessers erfolgt ein paralleles Schnittpaar) durchgeführt. Um das Auge entsteht ein Schnittfenster. Mit einer Messerklinge wird dann vorsichtig der abgetrennte Rindenflügel von der Unterlage abgelöst und auf die gleich große, vorbereitete Unterlagenwunde aufgelegt. Die Unterlage wird so vorbereitet, indem wie beim

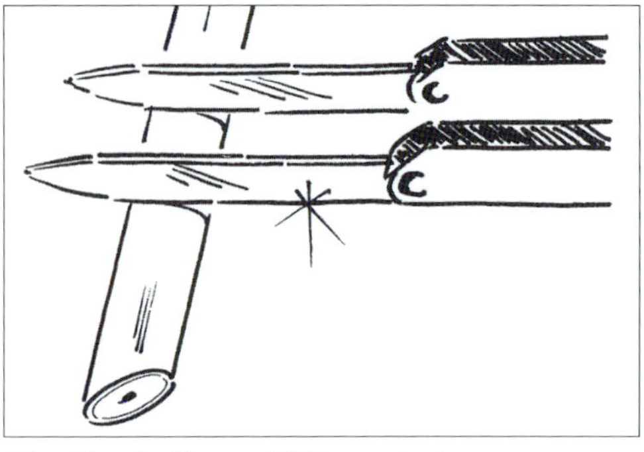

Schneiden des Plattenschildchens mit einem Doppelklingenmesser (Quelle: KEPPEL)

Plattenokulation: Aus der zu veredelnden Unterlage wird mittels eines Doppelklingenmessers ein Rindenschild herausgeschnitten. Gegengleich in gleicher Größe dazu ein Schild mit einem Edelauge aus dem Edelreis (Foto: DUHAN)

Edelauge ein gleich großes Rindenstück herausgeschnitten wird.

Diese Methode funktioniert nur, wenn nach der Veredelung ca. drei Wochen lang Temperaturen bis zu 30 °C herrschen. Da dies unter unseren Klimabedingungen nicht vorkommt bzw. das Anwachsen zu risikoreich ist, wird bei uns die Nuss mittels der „Duhan'schen Lamellenschnittmethode" veredelt.

Bei Edelkastanien kann mit gutem Erfolg auch im Frühjahr kopuliert werden.

Zwischenveredelungen

Diese werden heute zur Verhinderung der Kragenfäule auf den Stämmen kragenfäuleempfindlicher Sorten (z. B. 'Topaz') angewendet. Früher bei Kirschen zur Verminderung der Wuchsstärke mit der Weichselsorte 'Montmorency' als Zwischenveredelungssorte veredelt, heute mit sogenannten Stammbildnern, die entweder frosthart und/oder kragenfäuleresistent sein sollen. Auf die Unterlage wird die Zwischenveredelungssorte und auf diese die Edelsorte aufveredelt.

Umveredeln

Gegenwärtig wird im Intensivobstanbau vom Umveredeln großer Bäume kein Gebrauch gemacht. Auch im Hausgarten sieht man kaum mehr frischveredelte Bäume. Das Umveredeln kann angewendet werden, wenn die vorhandene Baumsorte nicht mehr den Anforderungen entspricht. Mit dem Umveredeln geschieht auch ein starker Rückschnitt des Baumes. Durch das Umveredeln kann auf einem bestehenden Baum eine neue Sorte aufveredelt werden. Steinobstbäume werden kaum

Zwischenveredelung unterhalb des Kronenansatzes zur Wuchsstärkenbremsung bei Kirschen mit der Sauerkirschensorte 'Montmorency' (Foto: DUHAN)

Umveredeln einer Ertragsanlage in Südtirol: Die verbleibenden Äste stellen die sogenannten Zugäste dar, die die Versorgung des Baumstumpfes mit Assimilaten sicherstellen. Die große Schnittwunde am Stamm ist nur teilweise mit Veredelungswachs (Austrocknungsschutz) verschmiert, die Regionen der Kopulationen gänzlich. Eine grüne Plastikschnur, um den Stamm und damit um die Veredelungsstellen gebunden, sichert das Anpressen der Kopulationsreiser an das Kambium des Stammes. (Foto: KEPPEL)

Mit Kragenfäule befallener Baum, erkennbar am helleren Laub (Foto: KEPPEL)

Zwischenveredelung 'Topaz'-Knip (Foto: KEPPEL)

Für das Umveredeln mit einer neuen Sorte ausgewählter Baum (links). Rechts derselbe Baum nach dem Abwurf der Äste im Winkel von 45° (vom Wipfeltrieb aus gesehen). Der unterste rechte Ast verbleibt als Zugast (Sicherstellung der Assimilatproduktion durch alte Blätter). (Fotos: MODL)

umveredelt. Pfirsich- und Marillenbäume bekommen durch das Umveredeln an Veredelungwunden Gummifluss und es besteht die Gefahr des Absterbens der Bäume. Kirschen- und Weichselbäume sollten nach dem ersten Standjahr nicht mehr umveredelt werden, ebenso wie Pflaumen und Zwetschken. Apfelbäume lassen sich bis zum 30. bis 35. Standjahr umveredeln. Birnbäume können bis zum 50. Standjahr sortenmäßig verjüngt werden. Walnüsse und Edelkastanien werden kaum umveredelt.

Der zu veredelnde Baum kann auf zwei Arten für die Veredelung vorbereitet werden:

- Im Winter werden die zu veredelnden Äste ca. 15 bis 20 cm vor der beabsichtigten Veredelungsstelle mit einer Säge abgeschnitten.

  Zur Veredelungszeit wird an der Veredelungsstelle ein neuerlicher Sägeschnitt durchgeführt. Die ausgefransten Wundränder schneidet man mit einer Hippe oder mit dem Kopuliermesser aus. Danach erfolgt die Veredelung.
- Astabwurf an der Veredelungsstelle: Hierbei erfolgt das Abwerfen und Veredeln in einem Arbeitsgang. Man muss dabei beachten, dass dies zeitig im Frühjahr geschehen sollte, damit der Baum nicht zu stark im Saft steht und somit nicht zu viel Reservestoffe verliert. Man wirft keinesfalls alle starken Äste eines Baumes ab, sondern lässt im unteren Kronenbereich einige Zugäste. Diese dienen dazu, überschüssige Nährstoffe zu verbrauchen bzw. Assimilate für die wachsenden jungen, veredelten Triebe bereitzustellen. Würde man alle starken Äste eines Baumes umveredeln, käme es zu einem zu starken Austreiben schlafender Knospen (Adventivtriebe). Der Durchmesser der zu veredelnden Äste sollte nicht wesentlich über 10 cm ansteigen. Dickere Äste schneidet man zweckmäßigerweise ganz weg und sucht einen passenden schwächeren Ast für das Veredeln aus. Zum Veredeln stärkerer Äste sollten zumindest zwei, besser drei oder fünf (bei sehr dicken Ästen) Edelreiser eingesetzt werden. Die zweckmäßigste Ver-

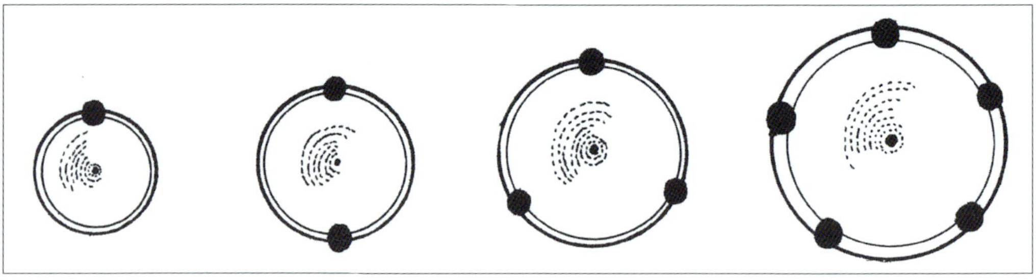

Setzen der Edelreiser bei verschiedenen Astdicken (Quelle: KEPPEL)

edelungsmethode wird das Dickrindenpfropfen (siehe dort) sein. Dabei nagelt man die Edelreiser an den Ast an. Dadurch erspart man sich die Vogelbögen. Dabei setzen sich die Vögel auf den sogenannten Vogelbogen und nicht auf die frischveredelten Reiser, denn durch das Aufsitzen der Vögel auf das frischveredelte Edelreis kann es zu Erschütterungen in der Veredelungsstelle und deswegen zum Durchbrechen der sich bildenden Veredelungsgewebsschichten kommen. Ein Veredelungserfolg kann dadurch ausbleiben.

Nach dem Austrieb wird der am Scheitelpunkt des Astes sitzende Edeltrieb aufrecht wachsen gelassen; die im unteren Altastbereich eingesetzten Reiser werden nach unten formiert und bilden Fruchtäste. Das bei Siedlern vielfach beliebte Veredeln von mehreren Sorten auf einen Baum sollte besser unterbleiben, da der Baum hinsichtlich der physiologischen Eigenschaften durch die verschiedenen Reifetermine stark beeinflusst wird.

Stets die Wundverschlüsse kontrollieren, ob diese dicht sind und nicht einschneiden. Beim Einschneiden des Wundverschlusshilfsmittels (z. B. Bast) unbedingt durch Aufschneiden desselben den Veredelungsbereich entspannen!

Beim Umveredeln im Hausgarten legt man zum Schutz vor Vogellast durch aufsitzende Vögel einen Vogelschutzbogen um die Veredelungen herum. Aufsitzende Vögel müssen auf den Vogelbogen absitzen und drücken so durch ihre Körperlast keine Veredelung aus dem Ast. (Foto: DUHAN)

SCHNITT

Erfolgreicher, gezielter Baumschnitt ist die Summe aus langjähriger Beobachtung des Baumes und seinen Reaktionen nach Schnitteingriffen sowie die daraus gewonnene persönliche Erfahrung.

1. LEBENSSTADIEN EINES OBSTBAUMES

Wie jedes Lebewesen durchläuft auch der Obstbaum verschiedene Altersstufen.

Jugendphase

Die Jugendphase umfasst bei den kleinen, bodennahen Obstbäumen auf schwachwüchsigen Unterlagen die Zeitspanne der Baumschule (vom Veredeln bis zum Roden). Bei den großkronigen, spät tragenden Baumformen ist die Erziehungsphase am Standort noch mit einzurechnen. Die Bäume haben im Jugendstadium noch keinen Ertrag.

Phase des ansteigenden Ertrages

Kleinkronige Bäume in dichten Pflanzungen bringen spätestens im zweiten Jahr den ersten Ertrag. Das Ende der Phase des ansteigenden Ertrages wird bei den kleinen Baumformen (Dichtpflanzung auf M 9) mit viertem bzw. fünftem Standjahr erreicht. Hecken- bzw. Hohlkronenanlagen erreichen das Ende dieser Phase ungefähr mit dem zehnten Standjahr, während Intensivobstlagen auf Sämlingsunterlage bis zum 15. Standjahr benötigen, um das Vollertragsstadium zu erreichen. Bei den großkronigen, hochstämmigen, landschaftsgestaltenden ungeschnittenen Obstbäumen kann es 20 bis 30 Jahre dauern, bis die Phase des ansteigenden Ertrages abgeschlossen ist.

Vollertragsstadium

Da die kleinen, bodennahen Baumkronen auf schwachwüchsigen Unterlagen bereits nach dem fünften Standjahr ihren Vollertrag erreicht haben (Basis Dichtpflanzung mit ca. 2.000 bis 3.000 Bäumen/ha), sind sie derzeit das meistverwendete Pflanzsystem in Europa. Mittelstarke sowie starkwüchsige Unterlagen induzieren einen späteren Vollertrag und werden heute nicht mehr verwendet, da die Rentabilität durch den späten Beginn des Vollertrages zurückbleibt.

Die Fruchtqualität ist im Vollertragsstadium die beste. Die Erträge sind bei gezielten Schnittmaßnahmen ohne wesentliche Alternanz. Auch die Lagerfähigkeit der Früchte ist sehr hoch. Die Obstbäume liefern in dieser Phase den Hauptertrag.

Phase des abgehenden Ertrages

Meist erreichen kleinkronige Baumformen dieses Stadium nicht mehr, weil sie bereits überholt sind oder wegen anderer triftiger Gründe gerodet werden. Vonseiten der Praktiker wird gerechnet, dass der Ertrag der Bäume nach dem 20. Standjahr zu sinken beginnt. Dass es nicht immer so ist, bestätigen 60-jährige Anlagen auf der Unterlage M 9. Bei den hochkronigen Formen ist die Phase des abnehmenden Ertrages durch das Nachlassen der Triebkraft und das Zurückgehen der Erträge gekennzeichnet. Die Alternanz setzt durch den minderen Triebzuwachs und durch die Überalterung des Fruchtholzes immer stärker ein. Stellenweise können auch bereits Kronenteile absterben.

Auf die Obstarten bezogen rechnet man mit dem Einsetzen dieses Stadiums bei Mostäpfeln mit dem 50. Standjahr, bei Mostbirnen mit dem 70. Standjahr, bei Kirschen mit dem 50. Standjahr, bei Weichseln und Zwetschken mit dem 30. Standjahr, bei Pfirsichen mit dem zehnten Standjahr, bei Marillen (Aprikosen) mit dem 20. Standjahr und bei Nüssen mit dem 50. Standjahr.

Das Alters- bzw. Abgangsstadium

Die Kronen zeigen keinen Zuwachs mehr; es sterben ganze Äste und schließlich der Baum.

2. WUCHSGESETZE

Die Kenntnis und Beachtung der Wuchsgesetze hilft, die Reaktion der Bäume auf die verschiedenen Schnittmaßnahmen zu verstehen bzw. notwendige Maßnahmen daraus ableiten zu können.

Gesetz der Spitzenförderung

Aus der obersten Knospe (Terminal-, Endknospe) eines Triebes wächst im nächsten Jahr der stärkste Trieb. Je weiter die austreibenden Knospen von der Triebspitze zum Stamm hin (also abwärts =

Spitzenförderung (Foto: SPORNBERGER)

basal) liegen, desto schwächer wird ihr Wachstum. Knospen an der Triebbasis bleiben oft schlafend.

Gesetz der Oberseitenförderung

Bei waagrechten oder nur flach ansteigenden Trieben, Zweigen oder Ästen treiben die an der Trieboberseite gelegenen Knospen der Verzweigungen stärker aus als die auf der Triebunterseite liegenden Knospen.

Dies wird durch das Ansammeln der pflanzeneigenen wuchsbremsenden Hormone an der Triebunterseite verursacht. Die wuchsbremsenden Hormone wandern wegen der auf sie einwirkenden Schwerkraft nach unten und sammeln sich an der Triebunterseite an. Bei senkrecht stehenden Trieben hat die Ansammlung der wuchsbremsenden Hormone zur Folge, dass die Knospen an der Triebbasis meist schlafend bleiben.

Oberseitenförderung (Foto: SPORNBERGER)

Gesetz der Scheitelpunktförderung

Der an der höchsten Stelle eines abwärts geneigten Astes stehende Trieb wächst am stärksten.

Dieses Wuchsgesetz kann durch das „Formieren nach der Blüte" weitestgehend vermieden werden.

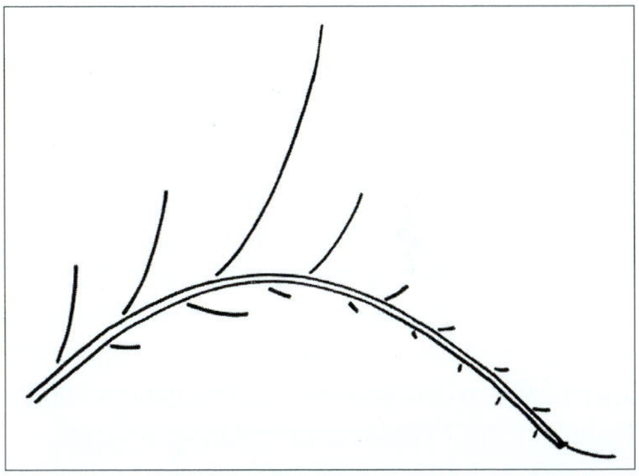

Scheitelpunktförderung (Quelle: HALLAMA, Obstbau)

Wuchsgesetz der Scheitelpunktförderung bei Zwetschken (Foto: SPORNBERGER)

Gesetz der Schnittreaktionen

Schneiden regt das Wachsen an, **Nichtschneiden** fördert die Blütenknospenbildung! Durch den kräftigen Rückschnitt eines erschöpften oder eines zum Erschöpfen neigenden Baumes wird die Blütenknospenzahl reduziert und die verbleibenden

Knospen nach dem Winterschnitt zum Austreiben angeregt. Dadurch erfolgt ein kräftiger einjähriger Jungtrieb, auf dessen Austrieben in den späteren Jahren nach erfolgtem Fruchtholzwechselschnitt wieder eine neue Ertragsfähigkeit aufgebaut werden kann.

In der heutigen Schnitttheorie lässt man die Triebe ungeschnitten, um sie so zu beruhigen und zum raschen Ansatz der Blütenknospen zu bringen. Je stärker eine Sorte wächst, umso weniger wird man sie nach heutiger Schnitttheorie schneiden, um rascher zum Ertrag zu gelangen.

Bei schwachwüchsigen Sorten mit hoher Ertragsneigung (z. B. 'Idared') wird man bei der herkömmlichen Spindelerziehung durch kräftiges Rückschneiden im Winter versuchen, den Baum zu steter Jungtriebbildung anzuregen. Bei starkwüchsigen Sorten (z. B. 'Gloster', 'Boskoop') wird man versuchen, durch Formieren nach der Blüte und weitestgehenden Sommerschnitt das Wachstum zu bremsen bzw. die Blütenknospenbildung zu fördern. Je stärker aber der Baum wächst, umso eher wird man die Triebe nicht schneiden und durch Formieren zur Blütenknospenbildung anregen.

Gesetz der Schnittzeitpunkte

Der **Winterschnitt** regt das Wachsen an, der **Sommerschnitt** bremst das Wachstum. Die Erklärungen zum Wuchsgesetz der Schnittreaktion gelten auch sinngemäß für das Wuchsgesetz der Schnittzeitpunkte.

Gesetz zum kurzen Anschnitt

Der kurze Schnitt induziert starkes Folgewachstum.

Beim kurzen Schnitt (es verbleiben am Baum nur kurze Triebstücke, die langen Reststücke werden weggeschnitten) wird ein starkes Austreiben der verbleibenden Knospen angeregt. Dies deshalb, da die für den ganzen Trieb (z. B. zehn Knospen) vorgesehenen Assimilate jetzt auf die Knospen des verbleibenden kurzen Triebstummels (z. B. drei Augen) aufgeteilt werden. Da die verbleibenden Augen nun viel besser versorgt werden, treiben sie auch stärker aus (siehe auch Seite 290).

Der kurze Schnitt heißt auch „Schnitt auf Holz" (ausgenommen beim Zapfenschnitt und beim Fruchtkuchenschnitt).

Gesetz zum langen Schnitt

Der lange Schnitt induziert ein schwaches Folgewachstum und trägt dadurch zur Blütenknospenbildung bei (siehe auch Seite 290).

Der lange Schnitt heißt auch „Schnitt auf Frucht".

Beim langen Anschnitt verbleibt ein langer Triebstummel am Baum. Da nur ein kleines Stück vom Trieb weggeschnitten wird (z. B. drei Augen), werden die für den ganzen Trieb vorgesehenen Assimilate (z. B. für zehn Augen) nun auf die verbleibenden sieben Augen aufgeteilt, die dadurch viel schwächer austreiben als beim Kurzholzschnitt. Der schwache Austrieb schließt früh ab und setzt als Endknospen Blütenknospen an. Bei kurzen Austrieben entsteht überhaupt nur kurzes Fruchtholz.

Gesetz zur gleichen Trieblänge

Das gleichmäßig lange Austreiben der Triebe entsteht durch eine (vom Boden aus gesehen) gleich hohe Schnittführung (Saftwaage). Sollen aus einem zu schneidenden, verzweigten Trieb die Austriebe annähernd gleich lang sein (wobei zu beachten ist, dass der Austrieb des mittleren Triebes immer am stärksten sein wird), so muss die Schnittstelle annähernd auf gleicher Höhe waagrecht über alle Triebe verlaufen (= Saftwaage). Damit ist weitestgehend gewährleistet, dass alle Triebe einen möglichst gleich langen Wuchs erbringen.

Baumkrone in der Saftwaage (Quelle: HALLAMA, Obstbau)

Gleiche Trieblänge: Zu flache Triebe werden durch eine Schlinge steiler gebunden, zu steile Triebe werden durch ein Spreizholz flacher gestellt, um ein möglichst gleichmäßiges Folgewachstum zu induzieren. (Foto: KEPPEL)

Auch bei der Saftwaage wird ein etwa vorhandener Mitteltrieb (dem Wuchsgesetz der Spitzenförderung entsprechend) jedoch um einige Knospen höher abgeschnitten als die seitlichen Triebe.

Gesetz zweier Triebe in gleicher Basishöhe mit verschieden steilem Triebansatz

Soll der Austrieb von Trieben mit gleicher Ansatzhöhe, aber verschieden steilem Astansatzwinkel möglichst gleichmäßig sein, wird der zu flache Trieb auf einen Winkel von ca. 45° aufgebunden und der zu steile Trieb auf einen Winkel von ca. 45° ausgespreizt und danach mittels Saftwaage geschnitten. Der zu steile Trieb wurde daher durch das Spreizholz flacher gestellt (der Wuchs wurde gebremst), der zu flache Trieb wurde durch das Anbinden steiler gestellt (der Wuchs wurde gefördert). Man versucht, ein „physiologisches Gleichgewicht" des Triebwuchses herzustellen.

Würden die Triebe mit ihrem verschieden steilen Astwinkel gleich lang angeschnitten werden, so hätte dies einen unterschiedlich langen Austrieb zur Folge (der steile Trieb wächst stärker, der flachere Trieb wächst schwächer).

3. SCHNITTBEGRIFFE, SCHNITTMETHODEN UND FORMIEREN

Zur Praxisdiskussion „Wer hat den besten Baumschnitt?" bzw. „Wer ist der beste Baumschneider?" ist wertfrei und neutral zu sagen, dass derjenige Obstbauer zu den Besten zählt, der nach den Grundsätzen des naturnahen Obstbaues jährlich gleichmäßige und hohe Erträge mit bester innerer und äußerer Qualität bei geringstem Aufwand (Schnitt, Produktionskosten usw.) erzeugt.

Da jährlich neue Schnittformen von den Praktikern propagiert werden, die oft das vorjährig Praktizierte relativieren bzw. sogar aufheben, fließt in die Vergleiche der Haltbarkeit bzw. Praxiskonformität der neuen Schnittarten versuchstechnisch Folgendes ein:

Eine neue Schnittform sollte zumindest fünf Ertragsjahre gleichmäßig in einer Anlage bei der gleichen Sorten-Unterlagenkombination und im gleichen Pflanzsystem eingesetzt werden.

Gegenwärtig überleben verschiedene Schnittformen nur eine Saison und werden in der nächsten Vegetation wieder aufgehoben. Kann dies als praxiskonform und voll praxistauglich gelten?

Warum wird ein Obstbaum geschnitten?

Obstbäume werden geschnitten,

- um sie rasch in die gewünschte Kronenform zu erziehen,
- um den Ertrag rascher einsetzen zu lassen, um den Wuchs zu bremsen,
- um jährlich regelmäßig gleiche Erträge mit hoher Qualität zu erzielen,
- um weniger Schädlingsbekämpfung durchführen zu müssen.

Jeder Baumschneider stellt sich unwillkürlich die Frage: „Warum wachsen die Triebe aufwärts und nicht abwärts?" Die Triebe wachsen aufwärts, weil sie dem Licht zustreben (= Heliotropismus), damit die Blätter voll assimilieren können. Deswegen entsteht auch eine gewisse Konkurrenzwirkung unter den Trieben.

Da die Wachstumshormone in den Triebspitzen gebildet werden und die wuchsbremsenden Hormone wegen der Schwerkraft nach unten sinken, wachsen die Triebe aufrecht. Nur die Wurzeln wachsen wegen der Erdanziehung in die Erde (= Geotropismus).

Schnittbegriffe

Abschneiden: das Wegschneiden eines ganzen Triebes oder eines Triebstückes (kurzer, langer Schnitt).

Absetzen: bei der Spindel das Entfernen des Mitteltriebes auf einen schwachen, flach angesetzten Konkurrenztrieb, um den Kronenaufbau der Höhe nach zu bremsen (Vorbeugen gegen das rasche Überbauen).

Abgesetzt werden kann auf stehendes Holz (der abwärts geneigte Trieb wird bis zu einem aufwärts stehenden Trieb weggeschnitten) oder auf hängendes Holz (aufwärts stehende Triebe werden geschnitten). Damit kann man den sortentypischen Wuchscharakter und eine sortentypische Krone verändern. So werden Sorten mit typisch hängendem Wuchs meist auf stehendes Holz, Sorten mit steilwüchsiger Wuchsart auf hängendes Holz abgesetzt.

Terminalknospe: Endknospe. Terminalknospen bei Endtrieben sind meist Holzknospen, bei Kurztrieben meist Blütenknospen.

Beiaugen: neben der Knospe sitzende kleine Reserveknospen, die beim Ausfall der Hauptknospe austreiben. (Bei Walnüssen, Pfirsichen und Zwetschken können diese Beiknospen auch Blütenknospen sein.)

Schlafende Knospen befinden sich an den untersten Triebteilen (Astringen) und werden bei starken Holzschnitten zum Austreiben angeregt.

Steiler Astansatz: das Austreiben eines Nebentriebes, es erfolgt im spitzen Winkel zum Haupttrieb (von der Triebspitze aus gesehen). Sorten mit steilen Astansätzen sind für die Spindelerziehung nicht beliebt, da sie einen schwierigen Kronenaufbau verursachen und beim Formieren leicht ab- bzw. ausreißen.

Flacher Astansatz: die austreibenden Jungtriebe stehen meist waagrecht (im Winkel von 90°) vom Haupttrieb weg. Sorten mit flachem Astansatz (gute Garnierung) sind für die Spindelerziehung ideal.

Zapfenschnitt (Stummelschnitt): der Trieb wird nicht gänzlich an seinem Astansatz abgeschnitten, sondern man lässt einen Stummel stehen, aus dem ein flach angesetzter, schwacher Ast (Endknospe ist meist eine Blütenknospe) hervorgeht.

Formieren: das Herabbinden einjähriger Triebe zwecks rascheren Ansetzens von Blütenknospen. Das Herabbiegen kann mittels Schnur oder Bast erfolgen. Werden Triebe mittels Betongewichtchen oder Wäscheklammern herabformiert, spricht man vom Herabhängen.

Winterschnitt: der Schnitt, der während der Vegetationsruhe durchgeführt wird. Beim Winterschnitt wird das Wachstum angeregt, die Krone durchgelichtet und korrigiert sowie abgetragenes Fruchtholz weggeschnitten.

Sommerschnitt: Schnittarbeiten in der zweiten Augusthälfte (Achtung: sorten-, gebiets- und jahresabhängig!). Beim Sommerschnitt wird die überschüssige Blattmasse reduziert, dadurch das Triebwachstum gebremst und die Früchte für eine bessere Besonnung freigestellt. Der einsetzende Sonneneinfall in die Baumkrone färbt die Früchte besser aus.

Langtriebe: Langtriebe können je nach Sorte und bei schwächerem Wuchsverhalten endständig (Terminalknospe: Blütenknospe) oder seitenständig (Blüten sitzen sortenabhängig direkt am einjährigen Trieb) blühen.

Kurztriebe: sind bis 25 cm lang und zeigen eine hohe Blühneigung.

Einjähriger Trieb: der im Beobachtungsjahr zuwachsende Trieb bzw. beim Beginn des Nachfolgejahres der vorjährig gewachsene Trieb. Der einjährige Trieb hat im Jahr seines Wachstums meist nur Blattknospen und setzt im zweiten Jahr seiner Beobachtung Blütenknospen an. Einjährige Langtriebe sind mehr als 50 cm lang und tragen kaum Blütenknospen. Je länger die Triebe sind, desto geringer ist die Blühneigung.

Aus dem verbleibenden Zapfen austreibende Triebe; der Zapfenschnitt dient vielfach der Verhinderung von Kahlstellen am Stamm. (Foto: SPORNBERGER)

Zweijähriger Trieb: am zweijährigen Trieb sitzen die Blütenknospen. Ein Trieb, der am Ende des zweiten Wuchsjahres beobachtet wird, ist somit ein zweijähriger Trieb. Am zweijährigen Holz sitzen die Blütenknospen meist auf einjährigem, kurzem Fruchtholz mit endständiger Blütenknospe. Zweijährige Astpartien sind am wertvollsten, da sie die beste Blühneigung aufweisen und ein hochwertiges Qualitätsprodukt liefern. Das zweijährige Fruchtholz hat die beste Nährstoffversorgung. Die Zahl der Kurztriebe am zweijährigen Holz bestimmt die Zahl und die Qualität der Früchte im nächsten Jahr.

Dreijähriger Trieb: Der dreijährige Trieb trägt die Früchte, da dieser Trieb nun im dritten Vegetationsjahr ist. Ein alter Ast kann verschiedenes Fruchtholz tragen. An seiner Basis z. B. ist das dreijährige Holz, welches die Äpfel trägt. Vor dem dreijährigen setzt das zweijährige Holz mit den Blütenknospen an. An der Triebspitze befindet sich das einjährige Holz oder der einjährige Trieb mit den Blattknospen.

Das drei- und mehrjährige Fruchtholz trägt seitlich mehrjähriges Fruchtholz mit endständiger Blütenknospe.

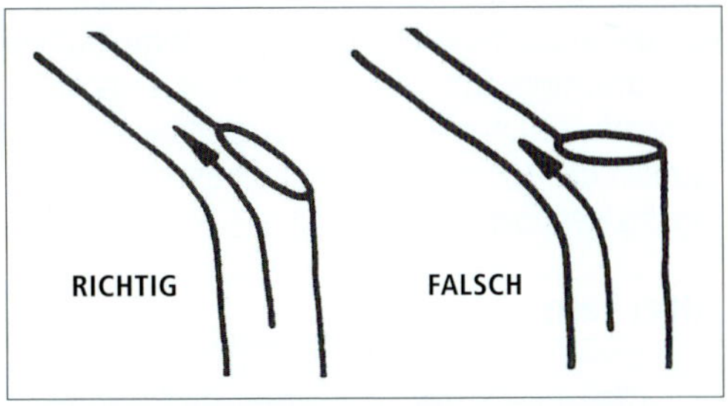

Beim Ableiten muss der Schnitt schräg zum verbleibenden Ast geführt werden, da sonst ein Teil der Wunde außerhalb des Saftstromes liegt und nicht verheilt. (Quelle: HALLAMA)

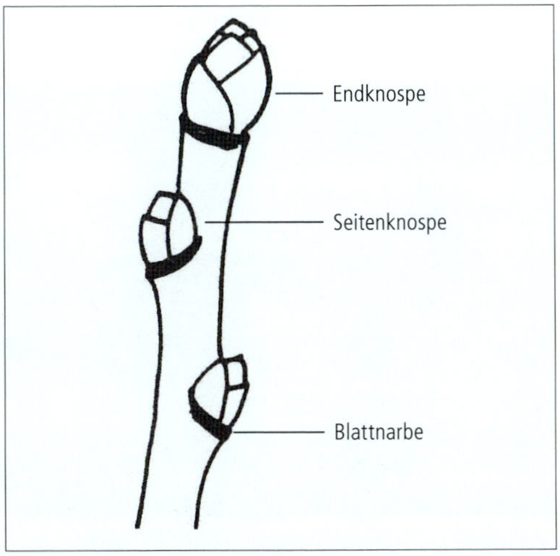

Knospen (Quelle: HALLAMA)

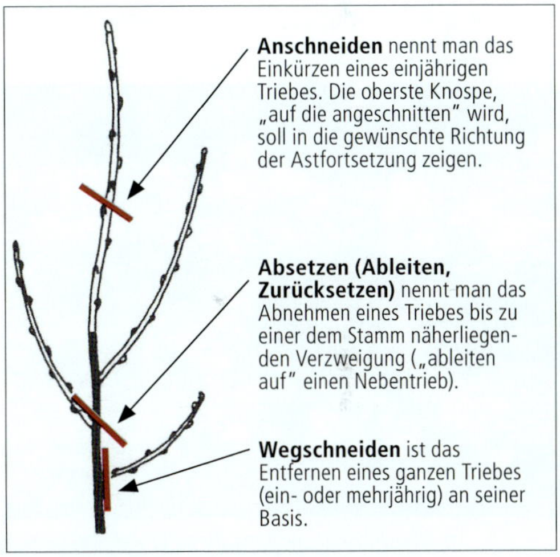

Schnittmaßnahmen (Quelle: HALLAMA)

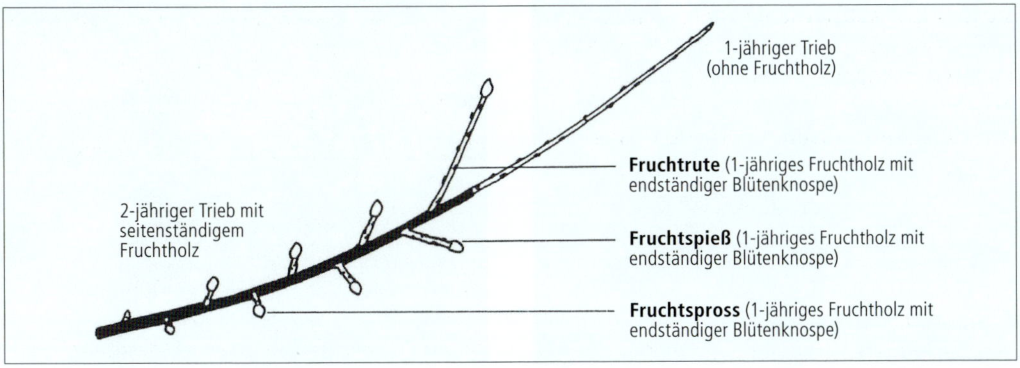

Fruchtholz des Kernobstes (Quelle: HALLAMA)

Vierjährige Astpartien bringen zum zweiten Mal Früchte. Es bildet sich Quirlholz, welches schwaches und unregelmäßiges Fruchten bedeutet. Vierjährige Fruchtholzpartien weisen bereits Nährstoffmangelerscheinungen auf. Es kommt zur Alternanz. GÖTZ und SILBEREISEN weisen darauf hin, dass sortenabhängig das ein- und mehrjährige, endständig blühende Fruchtholz höhere Einzelfruchtgewichte bringt als jenes endständig blühender Langtriebe. Das Einzelfruchtgewicht von seitenständig blühenden Langtrieben ist trendmäßig das geringste.

Alternanz

Alternanz = das Aufeinanderfolgen von Trage- und Rastjahren

Bei der Alternanz unterscheidet man zwei verschiedene Arten: Genetische und Altersalternanz.

Genetische Alternanz

Bei der genetischen Alternanz handelt es sich um eine innere (vererbbare) Eigenschaft, bei der eine Sorte von sich aus nur im Zweijahresrhythmus entsprechende Erträge erbringt, z. B. 'Berlepsch', 'Glockenapfel', 'Gravensteiner', 'Boskoop'. Verschiedentlich wurde mit gutem Erfolg versucht, die Alternanz von Gravensteinern durch sofortigen Herbstschnitt nach der Ernte zu brechen. Voraussetzung dafür sind eine entsprechend lange Vegetationszeit und eine optimale Tageslänge zur Blütenknospenbildung nach dem Schnitt.

Altersalternanz

Altersalternanz = das Altersstadium des Baumes; die Alternanz wird durch zu geringen Triebzuwachs bzw. durch zu hohes Alter des Fruchtholzes (Quirlholz, Ringelspieß) verursacht. Die Alternanz kann durch gezielte händische oder chemische Maßnahmen bzw. durch einen planvollen und bewussten Schnitt verhindert bzw. vermindert werden.

Überreicher Knospenansatz im Tragejahr als Folge der Alternanz bei Streuobstbäumen (Fotos: Keppel)

Links zu reich tragender Siedlerobstbaum, rechts händisch ausgedünnt (spätes nachträgl. Qualitätsdünnen) (Fotos: KEPPEL)

Kronenaufbau, Trieb- und Knospenarten

Das natürliche Triebwachstum wird im Allgemeinen durch die Spitzenförderung bestimmt, das heißt, die am höchsten stehende Knospe treibt am kräftigsten aus, während die Austriebe der weiteren Knospen nach unten zu immer schwächer werden. Ein Obstbaum, der also ohne Schnitteingriff aufwächst, bildet zwar relativ schnell ein größeres Kronenvolumen aus, wird sich aber auch ziemlich rasch überbauen und die unteren Partien überschatten. Als Folge können rascheres Überaltern, ein Rückgang der Fruchtqualität und ein Verkahlen der inneren, schlecht besonnten Teile auftreten. Durch gezielten Schnitt verhindert der Obstbauer diese natürliche Entwicklung und fördert ein entsprechend zweckmäßiges (teilweise dem Pflanzsystem angepasstes) Baumgerüst, das schließlich in der Lage ist, eine Höchstmenge an ausreichend entwickelten Qualitätsfrüchten zu bilden. Das Ziel sollte stets ein **„physiologisches Gleichgewicht"** sein, in welchem sich vegetatives und generatives Wachstum ungefähr die Waage halten. Dieser ausgeglichene Zustand sollte im Hinblick auf regelmäßige alljährliche Ernten in allen Kronenbereichen erreicht werden.

Eine exakte Schnittarbeit setzt aber auch im hohen Ausmaß die Kenntnis der verschiedenen Trieb- und Knospenarten voraus.

Die **Baumkrone** baut sich allgemein aus verschiedenen Elementen auf:

Stamm

Er trägt das gesamte Gerüst mit allen Untergliederungen. Aus arbeitswirtschaftlichen Überlegungen (Pflanzenschutz, Pflege, Ernte) ist man vor allem im Intensivanbau fast ausschließlich auf niedrigere Baumformen mit kurzen Stämmen (50–70 cm) übergegangen. Besonders durch die Unterlage ist die jeweilige Stammhöhe wesentlich zu beeinflussen. Die Stammanzucht kann aus verschiedenen Kombinationen entstehen (z. B. Edelsorte, Wildstamm, Zwischenveredelung).

Mitteltrieb (Stammverlängerung)

Ist die direkte, meist senkrecht (z. B. pyramidale Krone, Dreiasthecke) oder auch mehr oder weniger geneigt stehende (z. B. unregelmäßige, schräge Hecke) Fortsetzung des Stammes und ein Hauptelement der Krone.

Leitäste (Hauptäste)

Stellen direkte Abzweigungen des Stammes dar; sie stehen in einem bestimmten Winkel zum Stamm (möglichst flach bis 30°) und sollten wegen der Gefahr des Ausbrechens nicht in Form eines Quirls, sondern spiralig angeordnet sein.

Das Kronengerüst wird in allen frei stehenden Kronenformen (Pyramide, Hohlkrone, Spindel),

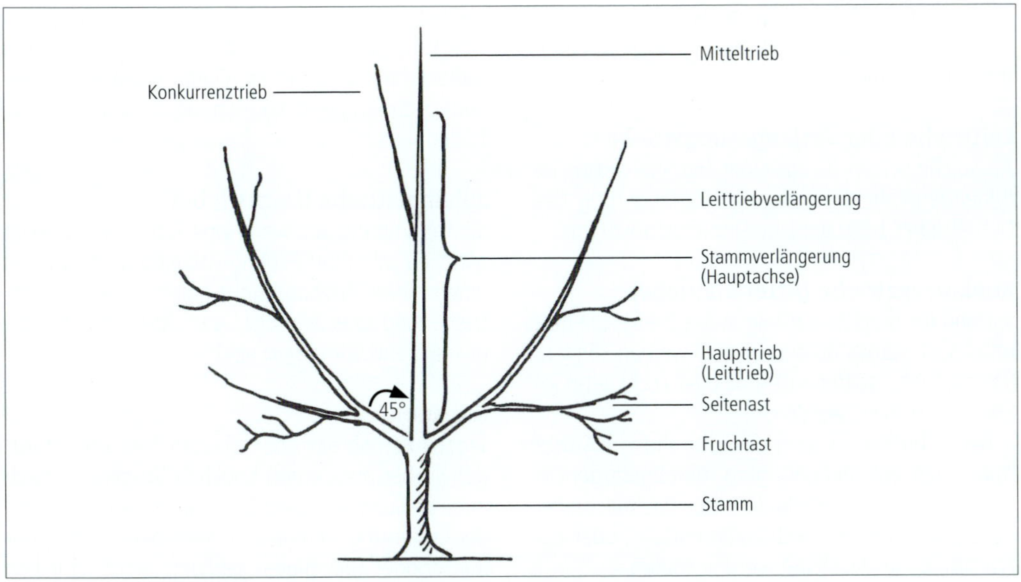

Aufbau und Verzweigungselemente einer Obstbaumkrone (Skizze: PIEBER)

aber auch bei Palmetten und anderen Längskronen durch das Leitastsystem gebildet.

Fruchtäste
Sind Abzweigungen der Leitäste oder der Stammverlängerung und Träger des Fruchtholzes. In den frei stehenden Formen (Pyramide, Hohlkrone, Spindel) ist aus Gründen einer klaren Kronengliederung (Besonnung), stärker vielleicht als bei den Längskronen, auf eine gleichmäßige Streuung dieser Triebe zu achten. Die Erziehung der „Schlanken Spindel" bzw. der Superspindel (Schnurbaum) trägt dieser Tendenz sicher am bewusstesten Rechnung.

Fruchtholz (Fruchtzweige)
Dazu zählen alle Elemente in einer Baumkrone, an denen die Anlage von Blütenknospen zu erwarten ist und die nicht dem Aufbau des Kronengerüstes dienen. Sie entspringen aus den verschiedenen Ordnungen der Fruchtäste. Je nach Obstart können verschiedene Arten von Fruchtholz unterschieden werden.

Triebe
Als Triebe bezeichnet man die einjährigen Organe der Obstgehölze (Holztriebe), ausgenommen das Fruchtholz. Sie entwickeln sich in der Regel aus älteren Zweigen (Trieben).

Holztriebe
Sie zeichnen sich durch längeres und kräftigeres Wachstum aus und werden deshalb auch als Langtriebe bezeichnet.

Leittriebe oder Verlängerungstriebe
Als solche setzen sie aus einer Terminalknospe im folgenden Jahr die einjährige Verlängerung des Mitteltriebes bzw. der Leit- und Fruchtäste fort.

Konkurrenztriebe (Afterleittriebe)
Sie sind die unmittelbar folgenden Triebe, die mitunter auch stärker als der Leittrieb werden können. Solche Triebe sollten entfernt oder rechtzeitig im Sommer formiert werden.

Bei zu flacher Stellung der Leit- und Fruchtäste bzw. auch auf mehrjährigem, herabgebogenem Fruchtholz können sich Reitertriebe (Ständertriebe) bilden, die ebenfalls rechtzeitig entfernt oder zur Fruchtbildung abgeleitet werden sollten.

Wasserschosse
Das sind Triebe, die aus den schlafenden Augen (Knospen) auf den Gerüstästen meist im Inneren der Kronen heranwachsen; die eher vergilbten, weichen Triebe zeigen längere Internodienabstände und sind im Allgemeinen wertlos und zu entfernen. Der Schnitt sollte möglichst knapp erfolgen, da ansonsten besonders an den Schnittstellen neue Triebe entstehen können. Nach Vereinzeln solcher Triebe und eventuell einer Auslichtung der Krone können diese Triebe auch zur Fruchtholzbildung verwendet werden.

Vorzeitiger Austrieb, vorzeitige Triebe
Diese entwickeln sich noch im selben Jahr (Sommer) aus den Achselknospen von Jungtrieben kurz nach deren Bildung. Sie können bei allen Obstarten vorkommen und entstehen oft auch erst in der zweiten Wachstumsperiode. Sie haben für einjährige Okulanten zur Erziehung der schlanken Spindel in den letzten Jahren stark an Bedeutung gewonnen. Durch den Einsatz von Wachstumsregulatoren (vor allem von gibberellinhaltigen Mitteln, z. B. Promalin) konnte auch bei Sorten mit geringer Neigung zur Bildung vorzeitiger Triebe eine Förderung erreicht werden. Insbesondere entstehen sie bei Pfirsich- und Weichselokulanten.

Dornen (Sprossdornen)
Sind ebenfalls vorzeitige Austriebe, die anstatt einer Endknospe eine dornige Spitze ausbilden. In erster Linie sind solche Sprossdornen an juvenilen Pflanzen bzw. solchen, die noch der Wildform nahestehen, anzutreffen. Durch einen möglichen zeitlichen Austrieb können sie auch Fruchtholz bilden.

Johannistriebe (Nachtriebe)
Sie treten dann auf, wenn eine Terminalknospe im gleichen Jahr ihrer Bildung vorzeitig austreibt und einen neuen Triebabschnitt anlegt. Solche Nachtriebe sind unerwünscht, weil sie meistens nicht ausreichend winterhart sind.

Knospen
Jeder Austrieb der oberirdischen Teile erfolgt aus den vorher angelegten Knospen (Augen). Je nach ihrer Stellung am Trieb bzw. an der Krone sowie der Ernährung werden aus ihnen neue Triebe, nur Blätter oder auch Blüten gebildet; zum Teil bleiben sie aber auch schlafend und treiben überhaupt

nicht aus (Knospenreserve). Solche Knospen bleiben beim Kernobst mehrere Jahre lebensfähig und können noch nach Jahren zum Austrieb gebracht werden. Beim Steinobst sind sie dagegen meist bereits nach einem Jahr abgestorben.

Die Bezeichnung der Knospen kann nach ihrer **Stellung am Trieb** erfolgen, wonach man folgende Knospenarten unterscheiden kann:

Terminalknospen (Endknospen)
Sie bilden sich am Ende eines Triebes. Diese Knospen können Blatt- oder Blütenknospen sein.

Beiknospen (Nebenknospen, Beiaugen)
Sie sitzen in der Regel beim Kernobst, seltener beim Steinobst, seitlich am Grunde einer Knospe. Sie stellen stille Knospenreserven dar, die nur bei Beschädigung der Hauptknospe austreiben.

Seiten- oder Achselknospen
Solche Knospen stehen seitlich am Trieb und werden in einer Blattachsel ausgebildet. Diese Seitenknospen können als Blatt- oder Blütenknospe ausgebildet werden.

Adventivknospen
Können nachträglich an beliebigen Stellen entstehen; starke Verjüngung, Wunden oder Astbruch können die Ausbildung ziemlich verstärken. Auch die Knospen an den Wurzeln der Himbeeren und Brombeeren werden als Adventivknospen bezeichnet.

Schlafende Augen
Sie sind äußerlich nicht lokalisierbar und stellen eine nicht austreibende Reserve dar. Sie sitzen in den Astringbereichen und können nur durch starken Rückschnitt (Verjüngung, Schnitt auf Astring) oder große Wunden zum Austrieb gebracht werden.

Entsprechend dem **Aufbau der Knospen** kann man unterscheiden zwischen:

Holzknospen (Blattknospen)
Diese weisen einen sehr zarten Vegetationskegel mit einer Triebanlage auf, die von zahlreichen Hüllblättern umgeben ist. Ihre Form ist spitz und schlank. Die Anordnung dieser Knospen ist sowohl end- als auch seitenständig in den Blattachseln, hauptsächlich bei einjährigen Trieben. Als Endknospen sind sie am besten ausgebildet und besitzen eine starke Triebkraft. Die Qualität der Knospen am einjährigen Trieb nimmt zur Basis hin ab.

Blütenknospen
Diese sind durch ihre rundliche Form und Größe auch äußerlich bereits gut erkennbar. Sie werden im Sommer des Vorjahres (Mitte Juni bis Mitte September) gebildet und enthalten bereits alle Teile der Blüte. Die **vorzeitigen Blütenknospen** an einjährigen Langtrieben sind meist nicht viel größer als Blattknospen und nicht deutlich erkennbar. Beim Steinobst stehen die Blütenknospen einzeln oder im Verband mit Blatt- oder Holzknospen (Knospenzwillinge oder Knospendrillinge), wobei letztere immer in der Mitte stehen. Es können jedoch auch nur Blütenknospen in diesem Verband beisammen sein.

Bei den Obstarten Himbeere, Brombeere, Quitte, Mispel, Walnuss und Rebe können im Herbst noch keine Blütenknospen festgestellt werden. Sie werden erst im Frühjahr auf diesjährigen krautigen Kurztrieben sichtbar.

Während beim Steinobst jeweils nur Blatt-(Holz-) oder Blütenknospen ohne vegetative Entwicklungsmöglichkeit ausgebildet werden, kann man beim **Kernobst** auch sogenannte **„gemischte Knospen"** feststellen. Beim Kernobstblütenstand werden neben den vier bis acht Infloreszenzen noch eine Blattrosette (Primärblätter) und ein bis drei Vegetationspunkte ausgebildet. Aus diesen Vegetationspunkten können sich zumindest Kurztriebe mit zusätzlichen Blättern entwickeln.

Übergangsknospen
Das sind eigentlich im Entstehen begriffene Blütenknospen, die in ihrer Entwicklung, z. B. aufgrund zu geringer Assimilatzufuhr (im Tragejahr bei alternierenden Bäumen), stecken geblieben sind. Sie sind nur beim Kernobst anzutreffen und sind visuell vielfach von Blütenknospen nicht zu unterscheiden. Nach kurzem Austrieb bilden sie eine Blattrosette, die später für ausreichende Ernährung sorgt, damit die Ausbildung zur Blütenknospe sichergestellt ist. Ungenügende Ernährung dagegen bewirkt wieder nur eine relativ schwache Entwicklung und die neuerliche Bildung einer Übergangsknospe, die weiter vegetativ bleibt.

Um das Austreiben der Knospen zu fördern, wird häufig gekerbt. Dies bedeutet, oberhalb ei-

Kerbung nach der Schnittführung (oben) und Austrieb nach dem Kerben (unten) (Fotos: SPORNBERGER)

Längere einjährige Triebe ***1*** *weisen beim Kernobst nur Blattknospen auf, die Blütenknospen* ***2*** *setzen erst im zweiten Jahr an, die Früchte hängen dann erst im dritten Jahr am Baum. (Foto: KEPPEL)*

Ungefähr 20 cm lange Fruchtrute, am Triebende befindet sich eine Blütenknospe als Terminalknospe. (Foto: KEPPEL)

ner Knospe mit einer Säge seicht bis in den Holzteil einzuschneiden. Dadurch entsteht ein Saftstau, der die Knospen besser versorgt und ein Austreiben induziert. Damit können kahle Stellen an Trieben wiederbelebt werden.

Unterschiede in der Fruchttriebausbildung bei den verschiedenen Obstarten

Da bei den Obstarten doch Unterschiede im Aufbau von Fruchtholz und bei den Knospen bestehen, müssen die einzelnen Arten getrennt behandelt werden.

Kernobst

Das Fruchtholz beim Kernobst setzt sich aus ein- und mehrjährigen Trieben verschiedener Länge und Stärke zusammen. An Kurztrieben sind dabei zu unterscheiden:

Fruchtrute

Etwa 10–25 cm lang, an der Spitze sitzt eine Blütenknospe. Beim Steinobst sitzt an der Spitze eine Blattknospe, die Blütenknospen sind lateral angeordnet.

Fruchtspieß

Etwa 3–10 cm lang, endet ebenfalls meist mit einer Blütenknospe.

Fruchtsprosse

Sie zählen zum kürzeren Fruchtholz (1–3 cm) und sind eigentlich als kurze Fruchtspieße aufzufassen. Endständig findet sich meist eine Blütenknospe.

Ringelspieße

Sie sind zum mehrjährigen, kurzen Fruchtholz zu rechnen. Durch den jeweils nur ganz kurzen Jahreszuwachs und durch zahlreiche Blattnarben erscheinen sie geringelt. Je nach Ernährung entwickeln sie endständig eine Blüten- oder eine Blattknospe (Übergangsknospe).

Fruchtkuchen

Dabei handelt es sich um Verdickungen am Fruchtholz, an denen sich Früchte entwickelt haben. Sie können als Speicher für Bildungsstoffe fungieren und bringen vielfach weiteres Fruchtholz hervor. Fruchtkuchen sind nur beim Kernobst und hier besonders bei der Birne zu finden.

1 *Fruchtspieß und* **2** *Fruchtspross (Foto: KEPPEL)*

Schwaches Quirlholz (Foto: KEPPEL)

Quirlholz

Darunter ist ein stark verzweigtes, älteres Fruchtholz (Fruchtkuchen, Ringelspieße, Übergangsknospen und andere) zu verstehen. Bei verstärkter Quirlholzbildung ist mit zunehmendem Alter eine Verjüngung erforderlich.

Langtriebe

Sind meist Holztriebe, die normalerweise nur Blattknospen entwickeln. Allerdings ist die Bildung von Blüten an einjährigen Langtrieben bei einigen Sorten wie 'Golden Delicious', 'Jonathan', 'Cox Orange', 'Gala', 'Goldspur' von Natur aus möglich, vorausgesetzt dass Belichtung und Ernährung dem Sortenoptimum entsprechen. In klimatisch sehr günstigen Gebieten mit einer längeren Vegetationsperiode ist der Blütenansatz an einjährigem Holz in größerem Umfang gegeben. Auch schwach wachsende Unterlagen wirken hier zusätzlich unterstützend. Das Waagrechtbinden wirkt ebenfalls verbessernd auf den Blütenknospenansatz.

Steinobst

Die Trieb- und Knospenbildung des Steinobstes ist anders als die des Kernobstes.

Süßkirschen

Bei Kirschen unterscheiden wir reine Holz-(Blatt-) und Blütenknospen. Es werden ebenfalls kräftige Langtriebe ausgebildet, die fast ausschließlich mit Blattknospen besetzt sind.

Nur an der Basis der schwächeren Langtriebe können auch bereits einige eng übereinanderstehende Blütenknospen ausgebildet sein.

Im zweiten und dritten Jahr entwickeln die Langtriebe im unteren Bereich Kurztriebe, sogenannte Bukettriebe, die an der Spitze jeweils eine Blattknospe und darunter in rosettenartiger Verteilung mehrere Blütenknospen tragen. Solche Triebe können einige Jahre alt werden und zeigen dann eine den Ringelspießen sehr ähnliche Form.

Die Süßkirsche besitzt nur selten schlafende Augen (Knospen), sodass eine Verjüngung, z. B. durch Schnitt auf Astring, kaum in Frage kommt.

Sauerkirschen

Sie besitzen gegenüber den Süßkirschen dünnere Triebe und kleinere Knospen. Die Unterschiede im Wuchsverhalten zwischen den Sorten sind fast noch größer als bei den Süßkirschen. In der Regel trägt die Sauerkirsche an einjährigen Langtrieben. Da die seitlichen Knospen reine Blütenknospen

Bukettriebbüschel (oben); Blattknospe (grün) im Zentrum eines Blütenbüschels (unten) (Fotos: KEPPEL)

sind, bleibt der Trieb nach dem Abernten völlig kahl. Bukettriebe werden nur von wenigen Sorten in geringem Umfang an der Basis mehrjähriger Triebe ausgebildet. Eine Verjüngung ist nur durch Zurücksetzen auf tiefer stehende, seitliche Austriebe möglich.

Zwetschken und Pflaumen
Die anfangs in jungen Kronen gebildeten Langtriebe weisen in der Regel nur Blattknospen auf; später kommt es jedoch durchwegs zur Ausbildung von Knospenzwillingen oder -drillingen. Blütenknospen werden aber vor allem in sehr gedrängter Anordnung an den Kurztrieben des mehrjährigen Holzes angelegt. Den Abschluss bildet hier immer eine Blattknospe. Nach mehrmaligem Fruchten können solche Kurztriebe oft absterben und werden durch jüngere ersetzt. Daneben finden sich auch fruchtrutenähnliche Triebe, die außer zahlreichen Blütenknospen nur an der Basis und an der Spitze einige Blattknospen besitzen.

Marillen (Aprikosen): siehe Zwetschke

Pfirsiche und Nektarinen
Sie nehmen unter den Baumobstarten eine Sonderstellung ein, da hier die Blütenknospen mit dem besten Fruchtungsvermögen lateral an den einjährigen Langtrieben entwickelt werden. Sie werden als **„wahre" Fruchttriebe** bezeichnet, wenn sie eine stark gemischte **Knospenstellung** aufweisen (Blatt- und Blütenknospen in Knospenzwillingen und -drillingen zusammengefasst). Durch die Bildung neuer Triebe mit entsprechender Blattanzahl ist die Versorgung der Früchte dieser Triebe sichergestellt. Kurztriebe hingegen sind meist nur einige Jahre regenerationsfähig und vergreisen sehr schnell, da **seitlich nur Blütenknospen** ausgebildet werden. Die Verlängerung erfolgt ausschließlich von der Spitze aus. Solche Triebe werden auch als **„falsche" Fruchttriebe** bezeichnet. Beim Schnitt sollten sie ganz entfernt oder zumindest auf kurze Aststummel zurückgenommen werden. Der Pfirsich besitzt in gewissem Umfang ebenfalls Bukettriebe, die meist an der Basis kräftiger Langtriebe entstehen.

Wahrer Fruchttrieb beim Pfirsich im Abblühstadium. Die mittlere Blattknospe ist mit seitlich anliegenden Blütenknospen besetzt. (Foto: SPORNBERGER)

Strauchbeerenobst
Ein regelmäßiges Fruchten hängt in erster Linie von den richtigen Schnitt- und Erziehungsmaßnahmen ab, die jedoch bei den einzelnen Arten und Sorten sehr stark voneinander abweichen. Die jeweiligen, auf die einzelnen Arten zugeschnittenen Maßnahmen werden bei der Besprechung der einzelnen Obstarten direkt erläutert.

Schwarze Johannisbeeren
Sie fruchten am einjährigen Holz, daher ist beim Schnitt auf eine fortlaufende Erneuerung des Fruchtholzes zu achten.

Rote und Weiße Johannisbeeren
Diese entwickeln ein gewisses Kronengerüst. Auf den Leittrieben (zwei- bis dreijährig) werden kürzere Triebe mit Blütenknospen ausgebildet. Auf Sorteneigentümlichkeiten ist auch hier Rücksicht zu nehmen.

Stachelbeeren
Blütenknospen werden auf den einjährigen, von den jeweiligen Leitästen entspringenden Kurztrieben gebildet. Ein Kurzhalten dieser Fruchttriebe sorgt für bessere Qualität.

Himbeeren und Brombeeren
Bei den Himbeeren fruchten die Tragruten im zweiten Jahr. Dabei werden die Fruchtstände auf den kurzen, krautigen Seitentrieben entwickelt. Brombeeren entwickeln ihre Fruchtstaude ebenfalls an kurzen, krautigen Trieben, die sich aus den überwinternden Ranken entwickeln.

Holunder
Die fruchtenden Kurztriebe entwickeln sich aus den im Vorjahr gewachsenen Trieben. An der Spitze dieser kurzen, krautigen Seitentriebe sitzen die Blütendolden.

Erdbeeren

Sie dürften als einzige Obstart fotoperiodisch reagieren. Die Blütenknospen für das folgende Jahr werden im Herbst des Vorjahres bzw. im Frühjahr des Tragjahres im Kurztag induziert und differenziert. Abdeckungen bzw. der Einsatz von Wachstumshormonen (Holland) lassen aber Verschiebungen innerhalb gewisser Zeitabfolgen zu.

Schnittführung

Die Schnittfläche bei Ästen soll im Saftstrom liegen, das heißt direkt an der Astverzweigungsstelle und so klein wie möglich sein. Die Schnittführung beim Abschneiden erfolgt leicht schräg oberhalb einer Knospe. Die Stummeln oberhalb der Knospe dürfen nicht zu lang sein, da das Holz ansonsten zu stark eintrocknet. Der Stummel muss aber schräg knapp oberhalb des Endes der Blattknospe sein. Wird der Schnitt zu tief geführt, kann die Knospe verletzt werden.

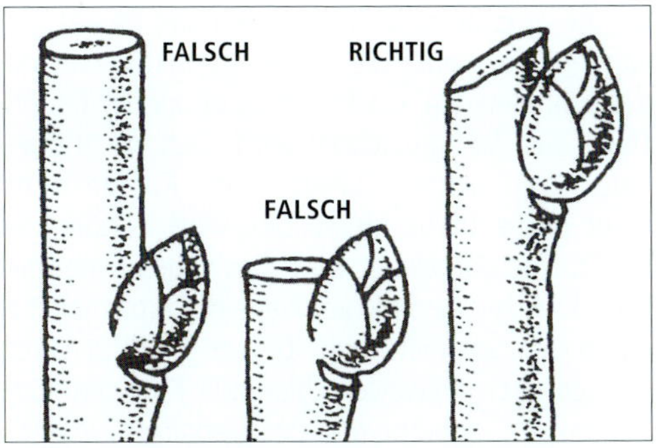

Schnittführung: Der Anschnitt erfolgt grundsätzlich auf einer Holz- oder Blattknospe (Quelle: WASSERMANN, Heimischer Obstbau)

Schnittzeitpunkte

Winterschnitt

Der Winterschnitt regt die Wuchskraft an, lichtet die Kronen aus, reguliert den Kronenaufbau und verjüngt den Baum.

Das Ziel des Winterschnittes ist es, schwaches Fruchtholz zu produzieren, da auf den starkwüchsigen Langtrieben nur eine geringe Blütenknospenbildungsneigung herrscht. Je intensiver und stärker der Winterschnitt durchgeführt wird, desto stärker ist der Folgewuchs des Baumes im darauffolgenden Frühjahr und umso geringer ist die Ertragsneigung.

Eine von Siedlern vielfach vorgebrachte Frage ist jene: „Warum trägt mein Baum nie? Ich habe doch jährlich den Schnitt durchgeführt!"

Bei näherem Befragen erkennt man meist, dass die betroffenen Siedler wenig über die Wuchsgesetze und Schnittreaktionen informiert wurden, sodass sie überwiegend die einjährigen Triebe weggeschnitten haben, die schließlich im nächsten Jahr die Blütenknospen tragen würden und beim Kernobst im übernächsten Jahr die Früchte. Durch das starke Reduzieren der einjährigen Triebe kommt der Baum nie in die Lage, Blütenknospen zu bilden. Daher kann nie ein Ertrag entstehen.

Ehe der Winterschnitt durchgeführt wird, stellt man sich vor den Baum und betrachtet ihn. Bei der Betrachtung werden die einzelnen Schnittmaßnahmen überlegt. Dabei zieht man die einzelnen Wuchsgesetze heran und überlegt die Schnittreaktionen der Triebe.

Bei größeren Bäumen wird versucht, die Zahl der Äste, besonders im oberen Kronenbereich, zu

Werden beim Winterschnitt alle Triebe und Äste weggeschnitten, bleibt das Folgejahr fruchtlos, beim Kernobst im Siedleranbau auch das zweitfolgende Jahr, da im ersten Jahr die Triebe wachsen, die im darauffolgenden zweiten Jahr die Blütenknospen ansetzen und erst im dritten Jahr die Kernobstfrüchte tragen! (Fotos: KEPPEL)

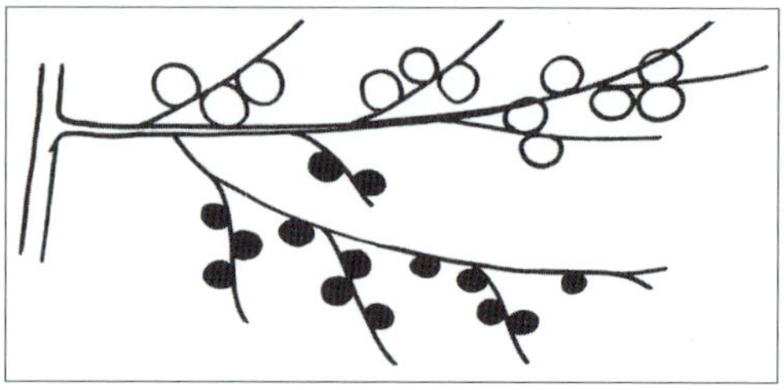

Mindere Fruchtqualitäten an zu tief herabhängenden Ästen (Quelle: HALLAMA, Obstbau)

vermindern. Die Äste im oberen Kronenbereich werden meist lang gelassen, damit sie Früchte ansetzen (= natürliche Wuchsbremse). Das Fruchtholz im unteren Kronenbereich wird bei zu starkem Blütenknospenbesatz vermindert, damit im nächsten Jahr keine Alternanz eintritt und die Früchte im aktuellen Jahr schöner und besser ausgebildet werden. Die verbleibenden einjährigen Triebe sollen sich mit kurzem Fruchtholz besetzen. Um sich die Handarbeit zu erleichtern, nimmt man zuerst die Säge und dann erst die Schere. Größere Wunden werden nach dem Schnitt in einem eigenen Arbeitsgang verstrichen. Ehe man den Baum verlässt, werden Verwundungen (Frostrisse, Wildschäden) durch Glattschneiden der Wundränder, Verschnüren und Verstreichen der Wunden mit Wundverschlussmittel behandelt. Auch auf das Einschneiden von Befestigungsmaterial (Formierschnüre, Halteschnüre von Baumpfählen usw.) muss stets geachtet werden. Würden einschneidende Schnüre nicht entfernt, besteht nach längerer Zeit die Gefahr des Einwachsens, sodass die Bäume an der Einwuchsstelle der Schnüre oder Drähte abbrechen.

Sommerschnitt

Beim Sommerschnitt wird die Baumkrone vorkorrigiert und die Blattfläche verkleinert, damit eine bessere Fruchtqualität und eine Wachstumsbremse erzielt werden kann. Durch den Sommerschnitt werden die Früchte besser besonnt, dadurch intensiver ausgefärbt, weswegen sie dann auch einen besseren Geschmack erzielen.

Die auf den Bäumen verbleibenden Blätter können ihre eigene spezifische Assimilationsleistung durch den zusätzlichen Lichteinfall steigern und den Wegfall der weggeschnittenen Blätter teilweise kompensieren.

Durch den Sommerschnitt werden die Früchte das Attraktivitätsorgan des Baumes und ziehen vermehrt Assimilate an bzw. werden besser versorgt. Das Verringern der Blattmasse führt zum Bremsen des vegetativen Wuchses des Baumes und der Kronenaufbau kann leichter reguliert werden.

Da der Sommerschnitt wuchsbremsend wirkt, kann bei Standraumproblemen eine Standraumanpassung des Baumes vorgenommen werden. Die reduzierte Trieb- und Blattmasse verringert den Krankheits- und Schädlingsdruck innerhalb der Baumkrone, da Licht, Luft und Sonne bis in den Stamm vordringen können und auch bei noch vorher beschatteten Partien zu einem Blütenansatz führen.

Der im Herbst vor der Ernte am Morgen vorhandene, längere Feuchtigkeitsbelag (Tau) wird infolge des besseren Winddurchgangs durch die Krone rascher abgetrocknet und somit erfolgt eine natürliche „biologische" Schorfbekämpfung.

Da die Früchte beim Sommerschnitt freigestellt werden, steigt auch die Ernteleistung rasch an, da das Erntepersonal die Früchte viel rascher findet. Durch den Sommerschnitt wird auch die Stippegefahr der Früchte reduziert, da das Kalzium nicht mehr in die Triebe abgezogen wird, sondern in die Früchte umgeleitet wird. Deswegen steigt die Lagerfähigkeit der Früchte. Wenn das Kroneninnere durch den Sommerschnitt besser gelichtet wird, werden auch teilweise schlafende Knospen zum Austreiben angeregt und das Verkahlen vermindert. Somit kann auch in Stammnähe neues Fruchtholz entstehen. Vor der Durchführung des Sommerschnittes wird der Baum eingehend betrachtet und die weiteren Schnittmaßnahmen werden überlegt:

Weist der Baum hohen Ertrag und schwachen Wuchs auf, wird eine geringe Sommerschnittintensität, bei wenig Ertrag und starkem Wuchs eine hohe Sommerschnittintensität gewählt.

Auf alle Fälle muss der Kronencharakter streng beachtet werden, wenn der Baum vom Wipfel bis zur Basis geschnitten wird. In der Jugend wird während des Sommerschnittes viel formiert, um den Wuchs des Baumes zu bremsen und zusätzlich rascher Fruchtholz zu gewinnen. Zu steile und

Fehlender Sommerschnitt bei den linken beiden Reihen (Foto: KEPPEL)

unpassende Triebe werden entfernt. Steile, unpassende Konkurrenztriebe werden weggeschnitten und der Mitteltrieb wird auf einen passenden relativ flach angesetzten Konkurrenztrieb abgesetzt. Sorten, die zur Verkahlung neigen, und zu lange einjährige Triebe werden auf die halbe Trieblänge geschnitten.

Entfernt werden in der oberen Baumhälfte und im Kroneninneren vor allem einjährige Triebe.

Bei Herbstsorten (z. B. 'Gala' und seinen Abkömmlingen) soll, um einen späten Austrieb zu vermeiden, nur mit geringer Schnittintensität geschnitten werden. Ein Sommerschnitt außerhalb des Hagelschutznetzes soll nur bei Temperaturen von unter 30 °C durchgeführt werden, um Sonnenbrand auf den Früchten vorzubeugen.

Nacherntеschnitt beim Steinobst

Der Nacherntеschnitt sollte bis Mitte September und nur bei trockener Witterung abgeschlossen sein und intensivere Schnitteingriffe umfassen. So wird die Baumhöhensenkung durch Ableiten auf mehrjähriges Holz im oberen Baumbereich und das Wegschneiden starker und nicht benötigter Seitenäste durchgeführt. Die dadurch entstandene Wuchsverminderung induziert eine bessere Wundverheilung, eine sinkende Gefahr des Auftretens von Holz- und Rindenerkrankungen sowie eine bessere Ausbildung der Knospen im Bauminneren. Außerdem sind die notwendigen Schnitteingriffe im Sommer leichter ersichtlich. Der Kronencharakter der schlanken Spindel soll unbedingt eingehalten werden, wobei die Äste entweder komplett entfernt werden oder der Schnitt auf einen „lebenden Zapfen" (je älter das Holz, umso längere Zapfen stehen lassen) durchgeführt wird. Durch die letzte Maßnahme wird auch das Verkahlen vermieden.

Alle nicht benötigten, aufrecht wachsenden Triebe sind wegzuschneiden. Im oberen Kronenbereich ist auf die Einhaltung der „Zahn'schen Regel" (siehe Seite 291) zu achten.

Im Frühjahr erfolgt dann der genauere Korrekturschnitt sowie der Fruchtholzschnitt.

Lorettieren

Heute erinnert man sich wieder des im Kordonobstbau oft gebräuchlichen Lorettierens. Darunter versteht man das Zurückschneiden des einjährigen Triebes bis zur zweiten Blattrosette an der Triebbasis in der zweiten Augusthälfte. Ist das Wetter wenig wüchsig (trocken), so setzt der kurze Triebstummel Blütenknospen an. Bei wüchsigem Wetter (feucht und warm) treiben die Knospen mit kurzen schwachen Trieben durch, die meist bei tieferen Temperaturen abfrieren, daher ist das Lorettieren riskant. Außerdem dürfen nicht alle einjährigen Triebe lorettiert werden, da sonst die Nachlieferung an jungem Fruchtholz unterbunden wird.

Augustschnitt

(nach LINK)

> **Der „ruhige Baum" darf keinesfalls mit einem stillstehenden, vergreisten Baum verwechselt werden!**

Trägt ein Baum viele kurze Triebe, kann sich der Baum selbst beruhigen. Mittels Augustschnitt kommt es zum „ruhigen Baum" (Fruchtholzlänge 10–30 cm). Bei ruhigen Bäumen kann somit auf einen Winterschnitt über einige Jahre hinweg verzichtet werden. Aus dieser Erkenntnis heraus entwickelte LINK den sogenannten Augustschnitt. Dieser wird so abgewickelt, wie normalerweise der Winterschnitt durchgeführt worden wäre. Dieser Schnitt wird in unseren Klimaten in der zweiten Augusthälfte erledigt. Zu beachten ist jedoch, dass der Baum im Wuchs ruhig sein soll.

Aufrechte Astpartien und konkurrierende Äste werden beim Augustschnitt erst auf 30 bis 40 cm Länge zurückgenommen, ein bis drei Jahre später weggeschnitten. Damit sollen die schwächeren Partien gestärkt werden. Da beim Augustschnitt auch Triebe mit Äpfeln weggeschnitten werden, erfordert dieser Schnitt ein Umdenken des Praktikers. Der Ernteausfall durch die weggeschnittenen Äpfel wird durch das verstärkte Wachstum der am Baum verbliebenen Früchte weitestgehend wettgemacht. Beim konsequenten Augustschnitt wird über mehrere Jahre hinweg kein Winterschnitt vollzogen.

Durch das Entfernen der Konkurrenztriebe wird innerhalb der Baumkrone eine bessere Belichtung geschaffen. Da in der zweiten Augusthälfte geschnitten wird, können sich nach den Prinzipien des „Lorettierens" noch Blütenknospen entwickeln.

LINK weist auch auf Beobachtungen hin, die durch den Augustschnitt eine bessere Winterhärte des Fruchtholzes aufzeigen. Werden ältere Bäume auf den Augustschnitt umgestellt, wird man im ersten Jahr jedoch mit verringerten durchschnittlichen Fruchtgrößen rechnen müssen; dieser Umstand kann auch noch im nächsten Jahr festgestellt werden. Beim Umstellen der Bäume auf den Augustschnitt wird das Blatt überdies heller und kleiner. Ein kleines, blasses Blatt kann aber besser sein als ein dunkelgrünes Blatt (LINK).

Der Augustschnitt nach LINK dient auch zum Alternanzbrechen. LINK zeigt auch noch auf, dass, wenn der Baum keine Langtriebe mehr produziert, das Fruchtholz besser versorgt wird und voll leistungsfähig ist. Es kann somit eine strenge, regelmäßige Fruchtholzerneuerung unterbleiben. Trotzdem muss stets auf eine Fruchtholzrotation geachtet werden.

Da über den Schnitt die Wuchsstärke eines Baumes reguliert werden kann, stellt sich die Frage, welche **Einflüsse** es auf die **Wuchsstärke** gibt. Die Wuchsstärke eines Baumes hängt von der Unterlage, von der Sorte, vom Boden, von der Düngung, von der Witterung und vom Schnitt ab. Eine starkwüchsige Sorte kann auf einer starkwüchsigen Unterlage bei hohem Nährstoffgehalt im Boden und zusätzlicher Düngung durch ausschließlichen Winterschnitt viel zu stark wachsen und dadurch viel zu geringe Erträge liefern. Bei solchen vorgenannten Voraussetzungen wird man überwiegend den alleinigen Sommerschnitt einsetzen und zusätzlich jede Düngung vermeiden. Vor dem Auspflanzen wählt man bereits die auf den Boden und auf die Sorte bzw. Baumerziehung abgestimmte Unterlage.

Klik-Schnitt

Hier handelt es sich um einen Stummelschnitt auf schlafende Augen. Das einjährige Holz wird dabei im Winter auf einen Triebstummel mit zwei bis drei Augen zurückgeschnitten.

Prinzip des Klik-Schnitts

Kurzer Fruchtholzschnitt auf zwei bis drei Augen lange Stummel, auf denen sich Blütenknospen entwickeln sollen. Austreibende Triebe werden beim nächsten Winterschnitt auf zwei, drei Augen zurückgeschnitten. Dies wiederholt sich mehrmals in den Folgejahren.

Diese Schnittmethode erfolgt gegenwärtig überwiegend im Erwerbsobstbau bei älteren Spindeln am Mitteltrieb und am Ende der dickeren Äste. Es erfolgt eine strenge Fruchtholzrotation mit nur ein- und zweijährigen, manchmal auch dreijährigen Trieben.

Im Rahmen der Umstellung soll innerhalb von vier Jahren ein kurzes Fruchtholz in der Länge von nur 10 cm vorhanden sein. Als Zusatzeffekt beruhigt sich der Baum bei gleichzeitig erhöhter Fruchtbarkeit und die Sommerschnittintensität verringert sich. Oberhalb des untersten Kronendrittels

Klik-Schnitt (Foto: KEPPEL)

soll (nach niederländischen Erfahrungen) ein sogenanntes Lichtfenster in der Länge (Höhe) von 50 bis 60 cm vorhanden sein, welches die Besonnung der untersten Kronenpartien sicherstellen soll und durch fehlende Äste charakterisiert ist.

Eine zusätzliche Wuchsregulierung wird in den Anfangsjahren notwendig sein (Wurzelschnitt). Ein Umdenken in der persönlichen Schnittphilosophie ist unabdingbar, da ausreichend einjähriges Holz am Baum belassen wird. Bei Äpfeln ist dieser Schnitt einfach anzuwenden, es gibt weniger Alternanz, eine bessere Fruchtfarbe, bessere Wuchsregulierung des Wipfelbereichs und weniger AKh-Aufwand beim händischen Schnitt (140 AKh/ha bei kleinfruchtigen Sorten) (ARKEL, P. v. 2012).

Aus der obstbaulichen Geschichte ist dieser Schnitt eine Ableitung des Kurzholzschnittes nach Dr. Lorette (siehe Lorettieren).

Der Klik-Schnitt stellt den fachlichen Übergang zum maschinellen (mechanischen) Schnitt dar. Die adäquate Baumform dazu ist die „Fruchtwand" (siehe Baumformen – Fruchtwand).

Blatt/Frucht-Verhältnis

Im Rahmen des Sommerschnittes wird als Rahmen für die Schnittintensität meist das „Blatt/Frucht-Verhältnis" angeführt, wobei Zahlen zwischen 10 bis 16 : 1 und 30 bis 40 : 1 genannt werden. Die Nennung einer starren Zahl des Blatt/Frucht-Verhältnisses ist nicht richtig, da das optimale Blatt/Frucht-Verhältnis von mehreren Faktoren abhängt, nämlich vom Zustand der Bäume, von der Sorte, von der Bauform, vom Standort, von der Reihenrichtung (Sonnen-, Schattenseite).

Das Verhältnis Blatt : Frucht zeigt große Auswirkungen auf die Fruchtqualität und Lagersicherheit und sollte bei Äpfeln und Birnen folgendermaßen aussehen (nach SCHUMACHER):

- bei Abfall der Blütenkronblätter .... 2 bis 4 : 1
- vor dem Junifall .... 10 bis 15 : 1
- nach dem Junifall............... 15 bis 25 bis 30 : 1
- bei Kirschen vor der Ernte .... 5 : 1

Ist das Verhältnis Blatt : Frucht zu klein, werden zu wenig Blühknospen angesetzt und die wachsenden Früchte bleiben ungenügend mit Assimilaten versorgt. Die Folge sind kleine, geschmacklose Früchte. Sind zu viel Blätter je Frucht vorhanden, tritt ein Assimilate-Überschuss ein, der sich in innerern Fruchtschäden (Stippe, Fleischbräune usw.) äußert.

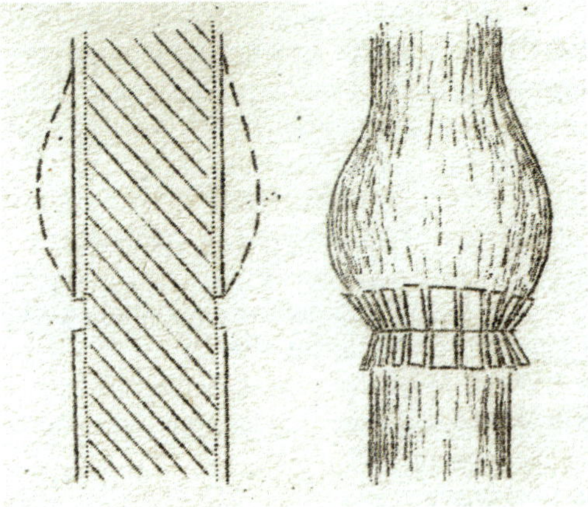

Ringeln und Fruchtbarkeitsgürtel (Grafik: DUHAN)

Das Wachstum kann ohne chemische Hilfsmittel (die in Österreich ohnehin verboten waren und sind) **gebremst werden durch:**

- Standortbezogene Sortenunterlagenkombination
- Aussetzen bzw. Vermindern der Düngung (besonders Stickstoff)
- Gezielten Schnitt
- Früh einsetzende, jährlich gleichmäßig hohe Erträge
- Viel Formieren, besonders nach der Blüte
- Verstärkten Sommerschnitt
- Flacherstellen der Leitäste bei hohen Baumformen, Ableiten des Mitteltriebes auf schwache, flach stehende Konkurrenztriebe bei Spindeln
- Pinzieren im Juni (= Abzwicken der krautigen Triebspitzen im vierten Blattstadium)
- Später Anschnitt des Mitteltriebes bzw. der Leitäste (nach dem Knospenschwellen), dieser lässt flachere Astwinkel entstehen
- Anwenden des Zapfenschnittes
- Stammeinsägen, Fruchtbarkeitsgürtel, Ringeln

Bei geringem Einsatzerfolg und zu großem Wuchs der Bäume (oft in Birnenanlagen) kann das arbeitsaufwendige **Stammeinsägen** (ungefähr ein Drittel des Stammdurchmessers wird mit einer Motorsäge oder Handsäge eingeschnitten) helfen. Diese brutale Methode bringt große Wunden (Obstbaumkrebs- und Feuerbrandgefahr) und vermehrte Austriebe unterhalb der Sägewunde.

Stattdessen kann im Hausgarten auch der **Fruchtbarkeitsgürtel** und/oder das **Ringeln** angewendet werden. Diese saftstauenden Methoden setzt man nur während der Vegetation ein. Über den Winter gibt man den „Fruchtbarkeitsgürtel" weg.

Dieser kann aber im nächsten Jahr (angepasst an den Stammzuwachs) wieder angelegt werden. Beim Ringeln schneidet man einen Rindenstreifen teilweise am Stammumfang heraus und verursacht so einen Saftstau. In baumkrebs- oder feuerbrandgefährdeten Gegenden sollte diese Methode wegen möglicher Infektionsgefahr unterbleiben.

Ein zu **schwaches, natürliches Wachstum** kann **gefördert werden durch**:
- Entsprechende Sortenunterlagenkombination
- Blattdüngung bzw. Düngung mit wasserlöslichem Dünger
- Kurzen Schnitt
- Verstärkten Winterschnitt
- Stärkeres Ausdünnen
- Aufrichten zu flacher Leitäste
- Stets auf genügenden Jungwuchs achten!

Schnittformen und Schnittdurchführung

Im Rahmen der aktuellen Schnittdiskussionen wird der kurze Schnitt bevorzugt. Neben dem kurzen Schnitt kennt man auch den mittellangen und den langen Schnitt.

Kurzer Schnitt

Beim kurzen Schnitt sollen Kurztriebe bis 20 cm Länge, bei denen die Terminalknospe eine Blütenknospe ist, erzogen werden. Der Baum soll möglichst rasch in Ertrag kommen, möglichst wenig geschnitten werden, eine schöne Garnierung aufweisen (ausgewähltes Baumschulmaterial) und der Wuchs soll durch die Frucht gebremst werden. (Hier handelt es sich um eine einzuhaltende natürliche Theorie, die in manchen Ländern durch chemische, wuchsbremsende Mittel unterstützt wird.) Lange Triebe werden auf einen 2 cm langen Zapfen zurückgeschnitten, unter Umständen auf einen Fruchtkuchen zurückgesetzt. Der Kurzholzschnitt wird überwiegend durch den Sommerschnitt (der oft mehrmals, zwei- bis dreimal eingesetzt wird) reguliert. Lange, einjährige Triebe werden auf sieben bis acht Blätter oberhalb der Früchte abgeschnitten und im Winter werden diese zurückgesetzten Triebe auf Zapfen zurückgeschnitten. Es wird beim Kurzholzschnitt darauf Wert gelegt, dass der Baum so schnell wie möglich trägt und so wenig wie möglich wächst.

Als Gegenteil zum kurzen Schnitt wird der lange Schnitt angesehen. Beim Winterschnitt werden die Mitteltriebetagen angeschnitten, wobei folgende Etagenhöhen gewählt werden: bei schwachwüchsigen Sorten im zweiten, dritten und vierten Standjahr jeweils eine Etagenhöhe von 30 cm; bei starkwüchsigen Sorten im zweiten und dritten Standjahr 40 cm und im vierten Standjahr 30 cm. Das Formieren erfolgt in der ausgehenden Blüte bzw. knapp danach. Seitentriebe werden auf eine abwärts stehende Blütenknospe abgesetzt. Am Stamm wird der Zapfenschnitt eingesetzt.

Die Schnittintensitätsverteilung lautet zwei Drittel bis drei Viertel Sommerschnitt, ein Drittel bis ein Viertel Winterschnitt. Die Gerüstäste werden flach unter die Waagrechte, die Fruchtäste im obersten Kronenbereich steil nach unten („Katzenbuckel")

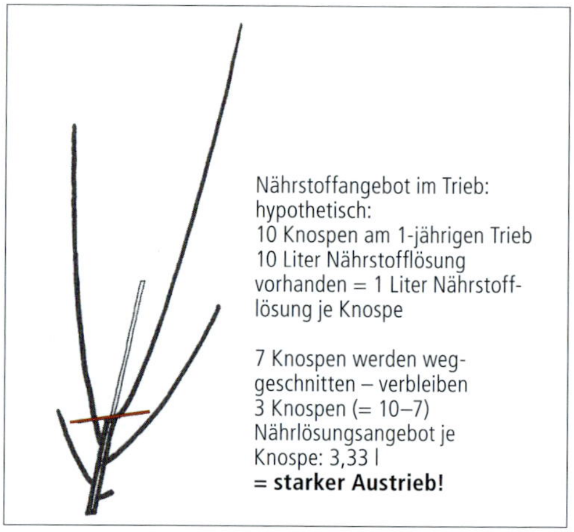

Kurzer Schnitt = starkes Folgewachstum = „Schnitt auf Holz" (Quelle: HALLAMA, Obstbau)

Langer Schnitt = schwaches Folgewachstum = „Schnitt auf Frucht" (Quelle: HALLAMA, Obstbau)

gebogen. Am Baum darf kein starkes Holz vorhanden sein.

Mit zunehmendem Baumalter ändert sich die Baumform der schlanken Spindel hin auf die zylindrische Spindel. Es werden keine Scheitelpunkttriebe geduldet. Die Wipfelbehandlung erfolgt nach der Blüte, um ein natürliches Beruhigen der Wipfelregion gewährleisten zu können. Nach dem Auspflanzen werden alle Seitentriebe belassen und nach Möglichkeit formiert. Beim Winterschnitt werden die zurückgeschnittenen einjährigen Triebe auf Zapfen abgesetzt, die Krone wird ausgelichtet und der Fruchtholzwechselschnitt durchgeführt.

Im Rahmen des Schnitts bei großen Kronen gilt:

Bei der Betrachtungsweise „langer" und „kurzer" Schnitt wird jeweils von der am Baum verbleibenden Trieblänge ausgegangen.

Aststärkenbezogene Schnittmaßnahmen (ZAHN'SCHE Regel)

Die Summe der Durchmesser der von einem Stamm abgehenden Seitenäste darf insgesamt nie größer sein als der halbe Durchmesser des Stammes (betrifft das Kernobst, beim Steinobst noch geringeres Verhältnis)! Diese Regel ist besonders im Wipfelbereich wichtig, damit ein Überbauen des Baumes verhindert wird.

Fruchtkuchenschnitt

Auch beim Fruchtkuchenschnitt wird mehr auf die Ertragskapazität des Baumes als auf Wuchs bzw. Kronenaufbau geachtet. Beim Schnitt werden die über den Kronenradius hinausragenden, einjährigen Triebe eingekürzt, wobei auf schlafende Zapfen oder auf Fruchtkuchen geschnitten wird. Beim Fruchtkuchen wird oft ein Fünftel des Fruchtkuchens weggeschnitten. Dadurch treiben ein bis zwei Jungtriebe bis maximal 15 cm Länge durch, die meist mit einer endständigen Blütenknospe abschließen.

Mittellanger Schnitt

Es wird ein starkes Kronengrundgerüst herangezogen.

Beim Sommerschnitt wird der Mitteltrieb auf einen schwachen, flach angesetzten Konkurrenztrieb abgesetzt, der beim Winterschnitt angeschnitten wird. Formiert wird nach der Blüte und beim Sommerschnitt. Beschattete Triebe werden freigestellt. Zu lange flache Triebe werden abgesetzt.

Beim Winterschnitt werden ganze Triebe weggenommen, beim Fruchtholzwechselschnitt wird auf junges Fruchtholz geachtet. Der Baumaufbau ist locker.

Langer Schnitt

- Kein Anschnitt des Mitteltriebes und der Seitenäste!
- Laufenlassen der Seitentriebe und der Mittelachse!
- Nach dem Abtragen werden die Seitenäste entfernt und auch die Mittelachse muss unter Umständen frisch aufgebaut werden.

Beim langen Schnitt wird versucht, zuerst das Baumgerüst aufzubauen und dann den Ertrag zu erzielen. Die Triebe werden wenig geschnitten, nach Möglichkeit laufen gelassen und auf Blütenknospenbesatz stehen gelassen (= lange Fruchtruten).

Die Langtriebe sollen seitenständiges Fruchtholz ansetzen. Nach dem Abtragen werden die Langtriebe auf junge Triebe zurückgesetzt bzw. ausgewechselt. Düngung und Pflanzenschnittmaßnahmen sind auf Wuchs ausgelegt.

Schnittarten

Formierungsschnitt

Der Formierungsschnitt wird hauptsächlich bei großkronigen Baumformen in der Baumschule angewendet, bei der ein hoher Kronenansatz (z. B. mehr als 1,0 m) erzogen wird (siehe Erziehung des großkronigen Baumes).

Erziehungsschnitt

Darunter versteht man das Festlegen der Kronenform.

Der Erziehungsschnitt wird auf mittelstarken Unterlagen von der Baumschule beim pflanzfertigen Baum meist unmittelbar vor dem Verkauf durchgeführt. Die Obstbauern führen den Erziehungsschnitt, bei dem die Krone angeschnitten wird, oft in der Anlage nach dem Pflanzen durch. Dabei werden alle überflüssigen Äste weggeschnitten, sodass die Kronenleitäste übrig bleiben. Das sind bei der Dreiast-Hohlkrone drei, bei einer Pyramidenkrone vier Hauptleitäste. Die

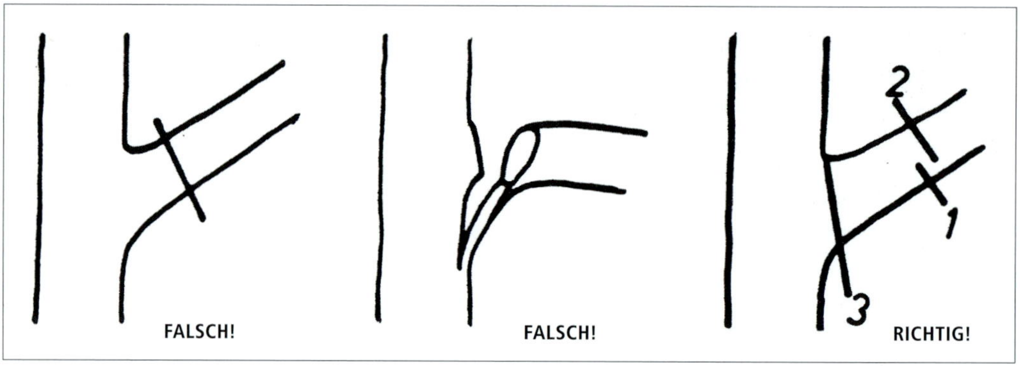

Schnittführung beim Wegschneiden eines Astes (Quelle: HALLAMA, Obstbau)

Hauptleitäste werden nun in einer Länge von ca. 20–30 cm abgeschnitten. Die Schnittstellen sollen eine waagrechte Schnittebene bilden (= Saftwaage). Ist eine Stammverlängerung für den Aufbau einer Pyramidenkrone vorhanden, so wird diese um 10–20 cm länger belassen. Zu flache Hauptleitäste werden steiler gestellt, zu steil angesetzte werden flacher gestellt, sodass die Krone in ihren Ansatzwinkeln ein einheitliches Bild ergibt. Beim Erziehungsschnitt werden auch etwaige vorhandene Nebenleitäste weggeschnitten. Der Erziehungsschnitt wird bis nach dem Einsetzen der Erträge zur Erzielung einer gleichmäßigen Krone weitergeführt. Wächst die Krone ungleich, sodass stärkere und schwächere Leitäste vorhanden sind, werden die stärkeren Zweige etwas eingekürzt. In der Regel entwickeln sich nach dem zweiten Standjahr auch die Nebenleitäste. Bei der Pyramidenkrone wird die nächste Astetage erst dann angeschnitten, wenn die erste Astetage genügend stark entwickelt ist. Die Abstände zwischen den einzelnen Astetagen betragen je nach Wuchsstärke zwischen 60 und 90 cm. Die Anschnittstelle sollte jeweils in der Mitte des einjährigen Triebes sein. Nachdem das Kronengrundgerüst aufgebaut ist, kann auf die Entwicklung der Fruchtäste Bedacht genommen werden. Kurzes Fruchtholz bleibt ungeschnitten.

Pyramidenkronen benötigen einen stärkeren Sommerschnitt als Hohlkronen.

Erziehungsschnitt bei Steinobst

Grundsätzlich ist zu erwähnen, dass Langtriebe leicht kahl werden und so den Kronenaufbau stören. Beim Kronenaufbau wird jeweils auf die halbe Trieblänge, bei sehr langen Zweigen unter Umständen bis auf das untere Triebdrittel zurückgenommen. Auch beim Steinobst ist die Erziehung unterschiedlicher Baum- und Kronenformen möglich. Zur Erreichung dieses Zieles sind daher ebenfalls die dazu notwendigen Schnitteingriffe erforderlich.

Da die Triebknospen im Gegensatz zu denen beim Kernobst meist nur in den ersten beiden Jahren triebfähig sind, müssen Steinobstbäume etwas stärker zurückgeschnitten werden. Damit wird auch das Austreiben im mittleren und unteren Bereich der Triebe erreicht und einer Verkahlung vorgebeugt. Normalerweise sollte der Erziehungsschnitt bei den Steinobstarten nach dem dritten bis vierten Standjahr abgeschlossen sein und relativ rasch in den Instandhaltungs- bzw. Fruchtholzschnitt übergehen. Regelmäßige Grünschnitte bei allen Steinobstarten können die Zeitspanne der Kronenerziehung abkürzen helfen und zu rascherem Ertragseintritt führen. Eine sorgfältige Wundbehandlung, vor allem bei Pfirsich, Marille (Aprikose) und Kirsche, ist unbedingt zu empfehlen.

Erhaltungs- oder Instandhaltungsschnitt

Der Schnittbegriff „Überwachungsschnitt" ist ebenfalls in den Erhaltungs- oder Instandhaltungsschnitt einzugliedern. Dabei wird vor allem darauf geachtet, dass die Krone ausreichend belichtet werden kann. Die natürliche Ertragskapazität der Baumkrone soll erhalten werden. Bei älteren Baumformen sind hier der Kronenkontroll- und der Fruchtholzwechselschnitt gemeinsam durchzuführen.

Herunterhängende Äste werden auf eine passende Verzweigung zurückgesetzt. Werden Äste von darüberliegenden Ästen verdeckt, werden auch die überdeckten weggeschnitten, da deren Fruchtqualität zu stark leidet. Äste, die über den Kronenradius hinausragen, werden auf den Kronenradius oder noch weiter hinein zurückgesetzt.

Zu stark wachsende Äste werden wenig eingekürzt, flacher gestellt oder überhaupt entfernt, Wasserschosser prinzipiell weggeschnitten. Beim Erhaltungs- oder Instandhaltungsschnitt legt man auch wesentlichen Wert auf das Entfernen von Misteln aus der Baumkrone und auf die Pflege von Verwundungen (Frostrinden und Krebswunden). Die dafür zu setzenden Maßnahmen sind beim Winterschnitt beschrieben.

Erneuerungs- oder Verjüngungsschnitt

Er wird eingesetzt, wenn die Krone zum Erschöpfen neigt (nur mehr Fruchtkuchen, Quirlholz oder Ringelspieße vorhanden), wenn die Krone mangelhaften Aufbau erreicht, wenn durch Hagel, Schneebruch oder andere Beschädigungen das Kronengleichgewicht verschoben wird, wenn der Baum einen zu hohen Wuchs erreicht hat und wenn eine Sortenerneuerung erfolgen sollte. Dabei wird meist die Krone stark zurückgeschnitten. Im unteren Kronenbereich verbleiben zwei sogenannte Zugäste (ungeschnittene Äste).

Fruchtholzerneuerungsschnitt

Beim Fruchtholzerneuerungsschnitt werden Holztriebe in Fruchttriebe umgewandelt, das Fruchtholz wird erneuert und der Baum durch maßvolles Wegschneiden vor dem Erschöpfen bewahrt. Beim herkömmlichen Spindelschnitt wird auf eher jüngeres Fruchtholz geachtet, beim kurzholzorientierten Spindelschnitt soll altes Fruchtholz herangezogen werden.

Arbeitswirtschaftlich gesehen hängt die Schnittleistung von folgenden Faktoren ab:

- Wuchs der Bäume
- Baumgröße und vom Erziehungssystem
- Schnittart
- Gelände
- Arbeitswilligkeit des eingesetzten Personals
- verwendete Schnitthilfsmittel

Relative Schnittleistung in AKh/ha:

- Mehrzweckanhänger 150
- pneumatische Scheren & Pflückschlitten 130
- Handschere und Pflückschlitten 100

Wurzelschnitt

(siehe auch Biologischer Obstbau)

Der Wurzelschnitt wird zum Hemmen des Wachstums eingesetzt, und zwar dadurch, dass eine künstlich erzeugte Verknappung von Wasser und Nährstoffen hervorgerufen wird. Der optimale Zeitpunkt ist abhängig von den Boden-, Witterungs-, Wuchs- und Ertragsverhältnissen der Anlage.

Mögliche Durchführungszeitpunkte

Vor/zum Austrieb (Februar/März), besser aber im Juni oder Oktober/November (erbringt starke Wuchsreduktion, wenig Trockenstress und geringe Berostung, Fruchtgröße wird nicht beeinflusst).

Vor der Durchführung sollte man unbedingt eine Wurzelbildanalyse machen. Für eine ausreichende Wuchsbremse sollten mehr Haarwurzeln als Grobwurzeln abgetrennt werden. Ein beidseitiger Wurzelschnitt in einer Entfernung von ca. 40 cm vom Stamm hemmt das Wachstum stark. In der Praxis erfolgt der Wurzelschnitt meist einseitig in einer Baumreihe.

Die Fruchtgröße und der Gehalt an Gesamtsäure können negativ, die Fruchtausfärbung, der Zuckergehalt und die Fruchtfleischfestigkeit positiv beeinflusst werden.

Derzeit können in der Praxis gerade geformte und im unteren Arbeitsbereich gebogene Wurzelschnittmesser (U-Messer) gefunden werden. Die Arbeitsweise kann vertikal oder mit in der Neigung verstellbaren, schräg ausgeführten Geräten abgewickelt werden. Der Trend in der Praxis geht in Richtung schräge Wurzelschnittgeräte.

Vor dem Wurzelschnitt sollte eine Abklärung über verlaufende Versorgungsleitungen (Strom, Bewässerung usw.) erfolgen.

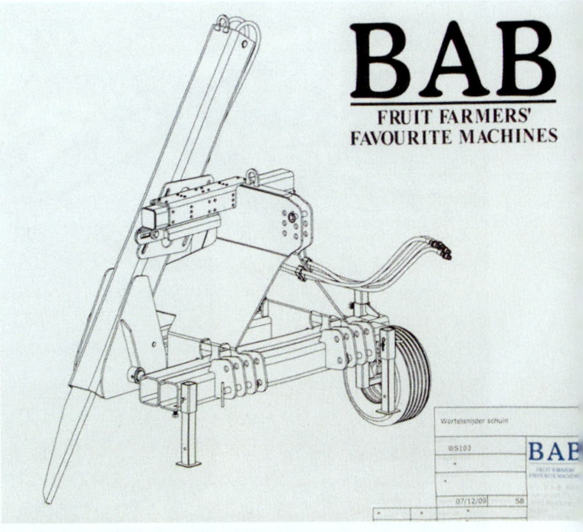

Wurzelschnittgerät in Skizzenform, OGA Friedrichshafen 2012 (Foto: KEPPEL)

Wurzelschnitt in der Praxis

Bei großfruchtigen und starkwüchsigen Sorten wird der Wurzelschnitt eingesetzt.

Je später die Durchführung, desto geringer/gegenteiliger der Erfolg. Zum Wurzelschnitt zusätzlich N und P geben (Abstimmung auf den Boden und den Blattzustand). Wenn mehr Ca in den Früchten vorhanden ist, sinkt die Stippegefahr. In Trockengebieten und in trockenen Jahren steigt der wuchsbremsende Effekt oft zu hoch an, in Feuchtgebieten (in feuchten Jahren) vermindert sich der Erfolg oftmals. Im Hausgarten kann ein maschineller Wurzelschnitt durch einen Spaten ersetzt werden.

Beim Wurzelschnitt bedarf es großer Erfahrung, auch hinsichtlich der maschinellen Voraussetzungen (rutscharme Bodenbeschaffenheit!).

Bei totalem Ausbleiben des Fruchtansatzes durch Frosteinwirkung oder Alternanz kann der Wurzelschnitt eventuell bereits nach der Blüte eingesetzt werden.

Bei geringem Einsatzerfolg und zu starkem Wuchs der Bäume (oft in Birnenanlagen) kann das arbeitsaufwendige **Stammeinsägen** (ungefähr ein Drittel des Stammes wird mit einer Motorsäge oder Handsäge eingeschnitten) helfen. Diese brutale Methode bringt große Wunden (Obstbaumkrebs- und Feuerbrandgefahr) und vermehrte Austriebe unterhalb der Sägewunde. Stattdessen kann im Hausgarten der **Fruchtbarkeitsgürtel** und/oder das **Ringeln** verwendet werden. Diese saftstauenden Methoden setzt man nur während der Vegetation ein. Über den Winter gibt man den „Fruchtbarkeitsgürtel" weg. Dieser kann aber im nächsten Jahr (angepasst an den Stammzuwachs) wieder anlegt werden. Beim Ringeln schneidet man einen Rindenstreifen teilweise am Stammumfang heraus und verursacht so einen Saftstau. In baumkrebs- oder feuerbrandgefährdeten Gegenden sollte diese Methode wegen möglicher Infektionsgefahr unterbleiben.

Ringeln und Stammeinsägen bei Golden M 7 (Foto: PIEBER)

Formieren (Binden)

Unter Formieren versteht man die Änderung der Wuchsrichtung von Trieben. Dies kann durch Herabbinden oder Herabspreizen bzw. Aufwärtsbinden geschehen. Zum Herab- oder Hinaufbinden von Trieben kann man dickere Schnüre oder Plastikbindebänder (Bougierrohre) verwenden. Zum Herabspreizen schneidet man Äste, Abfallholz oder Holzbrettchen an den Enden v-förmig ein und führt die Triebe in den v-förmigen Einschnitt ein. Durch diesen sind die Triebe vor einem Verrutschen sicher.

Für einen gleichmäßigen Austrieb sind ein gleicher Astansatzwinkel und die Einhaltung der „Saftwaage" notwendig. Wurden früher die Seitentriebe mittels Schnüren im Winter oder mittels Bast im Sommer in eine mehr oder weniger waagrechte Stellung herabformiert, so geschieht dies heute arbeitssparend durch das Aufhängen von mit Eisenstücken beschwerten Wäscheklammern oder durch das Anhängen von Betonklötzchen, 130–250 g schwer. Je stärker der Trieb, desto schwerere (größere) Betonklötzchen nimmt man, um sich das mehrmalige Umhängen (in Richtung Triebspitze) zu ersparen. Von dem im nordholländischen Drei-Reihen-System gebräuchlichen steilen Herabbinden der Seitentriebe im oberen Kronenbereich (Katzenbuckel) wird zur Zeit wieder abgegangen, da diese Triebe eine zu starke Neigung zur Bildung von Reiter-(Ständer-)Trieben nach dem Wuchsgesetz der Scheitelpunktförderung aufweisen.

Verschiedene Erfindungen erleichtern das Formieren, wie z. B. der Zweigkrümmer von KEMMER (patentiert). Die Schenkelenden der Formierklammer sind gegeneinander verbogen und liegen in verschiedenen Höhen. Damit wird ein Ausbrechen

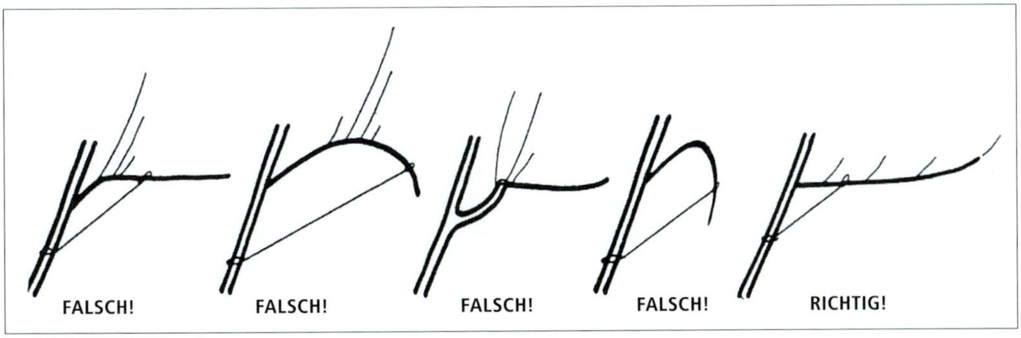

Formieren (Quelle: HALLAMA, Obstbau)

des gebogenen Triebes vermindert. „Fruchtfix" von REISINGER hat zwei im rechten Winkel zueinander angeordnete Formierschenkel, die drei Ansätze aufweisen, wobei zwei davon am Stamm aufliegen und der dritte auf dem zu formierenden Trieb. „Ästefix" ist ein Spezialgummiring zum Abbiegen der Baumäste. Schnell und einfach anzubringen, bricht nach ca. zehn Wochen selbst vom Baum und verwittert.

Das Auswachsen von Reitertrieben nach dem Formieren kann man durch das Formieren nach der Blüte weitestgehend verhindern. Je flacher die Triebe gestellt werden, umso weniger wachsen sie und umso leichter setzen sie Blütenknospen an. Bei großkronigen Bäumen wird vorwiegend der Kronenansatz bzw. für die Kronenerziehung das Leitastgerüst formiert, um diese einen optimalen Kronenansatzwinkel erreichen zu lassen. Bei den kleinen Baumformen erfolgt vorwiegend das Formieren flacher starker Langtriebe, um diese rascher zum Fruchten zu bringen und gleichzeitig eine Wachstumsbremse zu erzielen.

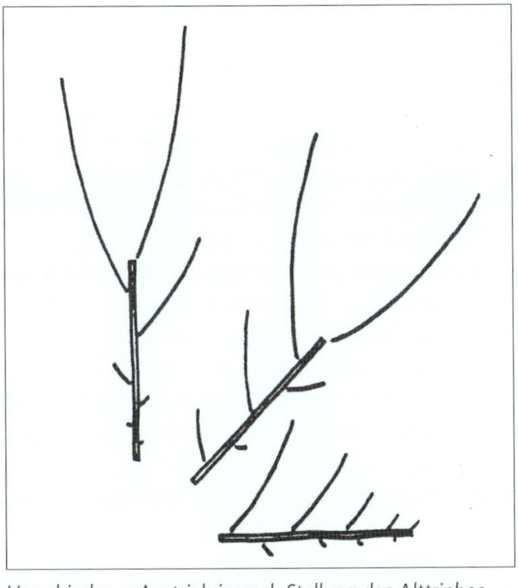

Verschiedener Austrieb je nach Stellung des Alttriebes (Quelle: HALLAMA, Obstbau)

Handschnittgeräte

Mechanischer Schnitt

In den 70er-Jahren des vergangenen Jahrhunderts wurde schon mit dem mechanischen Schnitt experimentiert. Nur hat man diese Schnittart damals als Winterschnitt konzipiert und damit Schiffbruch erlitten. Die Bäume sind dicht nachgewachsen, was die Fruchtqualität in der Größe und in der Ausfärbung minderte. Heute versucht man die Nachteile des mechanischen Winterschnitts über den mechanischen Schnitt in der Vegetation zu beheben. Eine der ungelösten Fragen ist dabei z. B. die Desinfektion von Schnittwerkzeugen bei Feuerbrandbefall in den Anlagen und die mögliche Verbreitung desselben. Der Befall durch Wundschädlinge (z. B. Blutlaus) ist ebenfalls noch eine offene Frage.

Im Hausgarten verwendete händische Schnittgeräte (Foto: KEPPEL)

Die **niederländischen Erfahrungen** (Südlimburg) hat P. v. ARKEL (2011) vorgestellt:

- Gut bei großfruchtigen Sorten
- Bei kleinfruchtigen Sorten mechanische und/oder händische Ausdünnung notwendig
- Bedarf eventuell des händischen Korrekturschnitts (zumindest in der Umstellungsphase)
- Einsparungen: 40 bis 80 % AKh beim Schnitt, 10 % AKh bei der Pflücke
- Wurzelschnitt in der Umstellung/Jugend sinnvoll
- Später unter Umständen höhere (Blatt-)Düngergaben notwendig

J. VIGL berichtet mündlich aus seinen **Südtiroler Ergebnissen** (2011):

- Schnitt zum T-Stadium = 15 Blätter/Trieb, bringt keinen Neuaustrieb
- Zum abnehmenden Mond schneiden
- Mechanischer Schnitt induziert keine Kallusbildung und keine Dominanz der Triebverlängerung
- Alternierende Sorten im Tragejahr schneiden
- Nacherntescnitt hemmt den Wuchs am meisten

An **Vorteilen** sind zu nennen:

- Weniger Wuchs, weniger Langtriebe, bessere Garnierung zum Stamm hin
- Alternanzbrechen möglich
- Einheitliche Fruchtgröße und -ausfärbung
- Weniger Sonnenbrand an den Früchten
- Höhere Pflückleistung
- Augusttriebe entfernen

An **Nachteilen** werden verzeichnet:

- Geringere Ernte während der Umstellung
- Kleinere Früchte, wenn kein händischer Korrekturschnitt erfolgt
- Verzögerung der Fruchtreife um drei bis sieben Tage bei frühem Sommerschnitt
- Bei Hagel höhere Schadensprozente (beim Fehlen oder außerhalb des Hagelnetzes)
- Stärkeres Stützgerüst notwendig
- Negative Überraschungen möglich, da noch zu wenig Erfahrungen vorliegen
- Aus den weiteren Ausführungen von VIGL ist zu entnehmen, dass der mechanische Schnitt als Vorschnitt nur in Kombination mit händischen Korrekturschnittmaßnahmen geeignet ist.

Anmerkungen des Verfassers:

- Feuerbrand-Desinfektion des Schnittgerätes und Verbreitungs-(Verschleppungs-)Möglichkeiten ungeklärt!
- Das Auftreten von tierischen, pilzlichen und bakteriellen Wundschädlingen ist intensiv zu beobachten.
- Der mechanische Schnitt bietet eine gute Grundlage für die mechanische Ausdünnung.
- Schnittgeräte sind nur im überbetrieblichen Einsatz rentabel.
- Die vorhandene Astdicke und die Traktorleistung beeinflussen die Modellwahl (Mähbalken- oder Sägeblättersystem).
- Anwendungszeitpunkt und -erfolg sind abhängig von der Wüchsigkeit und des Alternanzverhaltens der Sorte, der Unterlage, des Pflanzsystems, der Baum- und Hagelnetzhöhe, vom Reihenverlauf (optimal Nord-Südrichtung) usw. Französische Erfahrungen weisen auf einen guten Anwendungszeitpunkt um das 10. bis 12. Blattstadium hin (vgl. VIGL um das T-Stadium = ca. 15. Blattstadium).
- Standortbezogener und sortenspezifischer, optimaler Schnittzeitpunkt ist abzuklären. Diskutiert werden die Durchführungen im Rotknospenstadium oder zum T-Stadium, zur Sommersonnenwende, als Sommerschnitt im August, als Qualitätsförderungsschnitt vor der Ernte oder nach der Ernte (mit gleichzeitigem Alternanzbrechen bei alternanzanfälligen Sorten).
- Sorten- und anlagenabhängiger, händischer Wipfelschnittzeitpunkt für eine ruhige oberste Baumregion muss erst erarbeitet werden.
- Die Schnittentfernung vom Stamm beträgt in Sorten- und Wuchsstärkenabhängigkeit ca. 25 bis unter 50 cm.
- Die Fahrgeschwindigkeit liegt bei 3 bis 5 km/h.
- Eventuell geänderte Düngestrategien bei abweichendem Wuchsverhalten (erwartete Triebabschlussverzögerung) sind zu entwickeln.
- Die Gültigkeit der spezifischen Fruchtzahl/cm² Stammquerschnittfläche ist zu überprüfen.
- Stabiles Stützgerüst, exakt aufrecht stehende und standfeste Bäume sind notwendig.
- Die Schnittgeräteleistung ist abhängig von der Traktorleistung (in kW), von der Baumwuchsstärke, von der Baumhöhe, der Astdichte und Aststärke sowie von der Höhe der Verspannung des Hagelnetzes.
- Der mechanische Schnitt scheint besonders sinnvoll bei Neuanlagen in Kombination mit höherem Hagelnetz.
- Außerhalb des Hagelschutznetzes kann wegen des lockeren Laubwerks vermehrt (zumindest

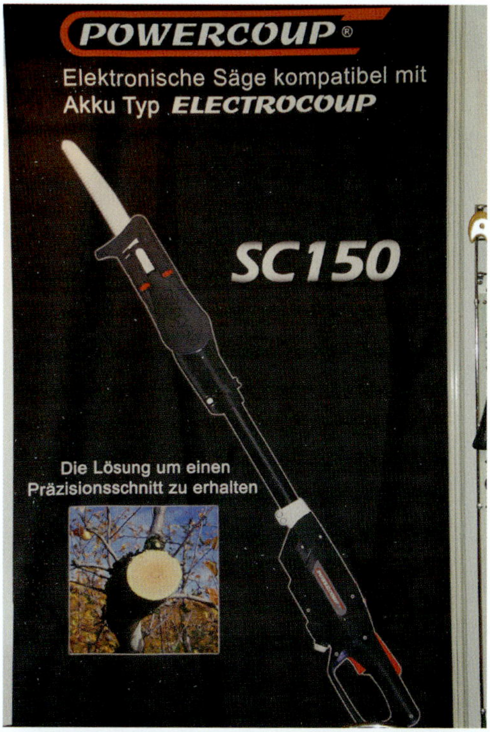

Akku-Baumschere (mit umschnallbarem oder umhängbarem Akku) und Akku-Baumsäge, links (OGA Friedrichshafen 2012)

Verschiedene Handschnittgeräte für Obstbäume und Beerenobst (OGA Friedrichshafen 2012)

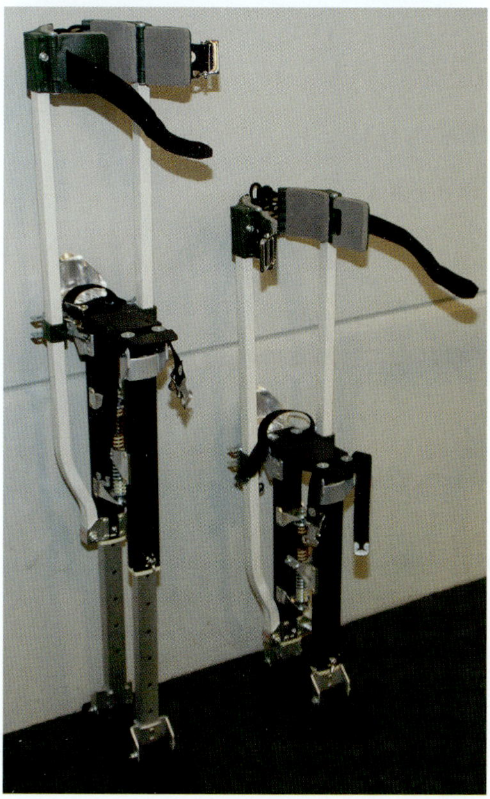

Fußstelzen als Kurzleiter-Ersatz erleichtern (an die Beine geschnallt) die Baumpflege. (Foto: KEPPEL)

in der Umstellungsphase) Sonnenbrand auf den Früchten auftreten. Da anscheinend der Baum doch zu dicht wird, werden neuerdings Schnittgeräte mit sogenannten kleinen zwischenmontierten, etagenartig angeordneten „Fensterbalken" produziert, die tiefer in das Bauminnere einschneiden und so mehr Licht in den Baum dringen lassen.

- Händischer Korrekturschnitt zur Vermeidung von Fruchtholzvergreisung im Kroneninneren ist sinnvoll.
- Für den Ergänzungsschnitt von Hand bleiben die Schnittmaßnahmen für die vom Gerät nicht erfassten Triebe, das hängende Holz und die Entfernung der Konkurrenztriebe übrig.
- Wie der Markt und damit die Erlössituation der Obstbauern auf die prognostizierte Erntemengenerhöhung reagieren wird, ist unbekannt.

Produktionsgrundlagen zum mechanischen Schnitt

- Optimale Kronenoberfläche (Produktionskapazität) = **14.000 m²/ha**
- Baumhöhe : Reihenweite = 1 : 1 (z. B.: 3,5 m Reihenabstand = 3,5 m Baumhöhe)

Dies widerspricht der alten Erfahrung, dass die Baumhöhe nur (Reihenweite/2) + 1 m sein sollte, um qualitativ hochwertige Früchte produzieren zu können. Besonders unter dem Hagelnetz sollte diese Überlegung in die Anbauplanung mit einfließen. Wenn auch bei der Fruchtwand eine andere Baumform (herkömmliche Spindel) zugrunde liegt, zeigt die Erfahrung, dass unter den Standortbedingungen der Steiermark die oben angeführte Baumhöhenberechnungsformel praxiskonform ist.

- Baumhöhe: ca. 3,5 m
- Baumdurchmesser an der Kronenbasis = 0,6 bis 0,8 m; im Wipfelbereich = 0,5 bis 0,6 m
- Exakte Nord-Süd-Ausrichtung der Reihen

Die theoretischen Grundlagen der Fruchtwanderziehung in der Verwendung für den mechanischen Schnitt:

$$\frac{[(\text{Kronenhöhe x Reihenlänge x Reihenanzahl x 2) x Fruchtanzahl/m}^2 \text{ x Ø Fruchtgewicht}]}{1.000.000} = \text{t/ha}$$

Beispiel:
Kronenhöhe = 2,75 m, Reihenlänge = 100 m, Reihenanzahl = 30, Fruchtanzahl/m² = 25 Stück, Ø Fruchtgewicht = 170 g = *70,125 t/ha*

An **Schnittgerätevarianten** werden derzeit zwei Gerätevarianten angeboten. Bei beiden Varianten sind auch baumhöhenbegrenzende Schneidewerkzeuge vorhanden.

Fingersysteme (Schnittbalkensysteme)

Hierbei unterscheidet man den herkömmlichen Fingermähbalken und das Doppelklingenmähwerk.

Fingermähbalken

Bei zu schneller Fahrgeschwindigkeit oder bei zu dicken Trieben kann eine nicht glatte, ausgefranste Schnittwunde am Trieb entstehen. Der Trieb wird ab-/ausgerissen und weist eine größere Wunde auf.

An tierischen Schädlingen setzt sich vor allem die Blutlaus an den Schnittwunden an. Bei dünnem Fruchtholz geeignet.

Doppelmesserschnittgerät

Zwei gegeneinander arbeitende Messerbalken gewährleisten eine etwas glattere Schnittwunde. Triebdurchmesser maximal 3 cm.

Sich drehende Schnittwerkzeuge

Hierbei drehen sich entweder Schlagwerkzeuge (Schlegelmesser) oder Sägeblätter jeweils paarweise gegeneinander und gewährleisten eine glattere Schnittwunde, als mit den Fingersystemen erreicht werden kann.

Detail eines Fingerschnittbalkens. Im Gegensatz zum Grasschnittbalken weisen hier die Finger einen weiteren Abstand zueinander auf. (Foto: KEPPEL)

Doppelmesserschnittgerät: Zwei gegeneinanderarbeitende Messerbalken gewährleisten eine etwas glattere Schnittwunde. Triebdurchmesser maximal 3 cm. (Foto: KEPPEL)

Ist unterhalb von Hagelnetzen zu schneiden, sind sogenannte Hagelnetzabweiser von Vorteil. Der in der Höhe anpassbare, radförmige, sich drehende Hagelnetzabweiser schützt das Hagelnetz und dessen Verspannungsdrähte vor ungewollten Beschädigungen durch Schnittwerkzeuge. (Foto: KEPPEL)

Rotierende Sägeblätter zum seitlichen Konturenschnitt mit hydraulisch verstellbarem, kurzem und horizontal einstellbarem Höhenbegrenzungsbalken. (Foto: KEPPEL)

Die sich überlappenden Kreissägeblätter drehen sich paarweise gegeneinander und gewährleisten eine glattere Schnittwunde. Zweckmäßigerweise sollen die Schnittgeräte in der seitlichen Neigung verstellbar sein, um sich der Baumform anpassen zu können. (Foto: KEPPEL)

Glatte Schnittwunden durch die drehenden Sägemesservarianten am stärkeren Holz (Fotos: KEPPEL)

Faserige (links) und ausgerissene (rechts) Schnittränder beim Mähbalkenschnitt (Fotos: KEPPEL)

Vor dem mechanischen Schnitt (links) und nach dem Schnitt (rechts): uniforme, gleichmäßige Baumkonturen (Fotos: KEPPEL)

Da die örtlichen Schnittmaßnahmen unter anderem von den Sorten, von Sorten-/Unterlagskombinationen, den Pflanzsystemen und Pflanzabständen sowie den Kronenerziehungsmaßnahmen, weiters von der gegebenen Wuchsstärke, von den Erträgen, vom Düngungsangebot, vom Boden und Standort, von der aktuellen Vegetation, von den herrschenden Witterungsverhältnissen, den örtlichen Pflegemaßnahmen und auch von den Schnittterminen usw. abhängig sind, möge sich der interessierte (Intensiv-)Obstbauer hinsichtlich der gebiets- und zeitpunktbezogenen Schnittmaßnahmen mit der örtlichen Beratung in Verbindung setzen.

BETRIEBSWIRTSCHAFTLICHE ÜBERLEGUNGEN ZUR PFLANZUNG

Die betriebswirtschaftliche Seite stellt in der Betriebsorganisation meist ein großes Problem dar. Da auf die genaue Aufzeichnung der verschiedensten betrieblichen Vorgänge (Geldverkehr, arbeitswirtschaftliche Aufzeichnungen, Materialverbrauch usw.) zu wenig Wert gelegt wird, ist der einzelne Obstbauer oft nur schwer in der Lage, genauere Kalkulationen über seinen Betriebserfolg anzustellen. Der größte Fehler ist, dass meist das Einkommen des Betriebes (Erlös für die verkaufte Obstware) als Gewinn des Betriebes bezeichnet wird. Die Einnahmen des Betriebes stellen den geldlichen Erlös der Ernte dar. Diese Erlöse sind erst durch die Ausgaben zu vermindern. Dabei entsteht der sogenannte Reinertrag (also die Differenz zwischen Einnahme und Ausgabe). Zusätzlich wird oft vergessen, dass bei den Ausgaben der Arbeitslohnanspruch der Familienmitglieder und des Betriebsführers meist nicht berücksichtigt wird. Auch dieser müsste von den Einnahmen abgezogen werden. Meist wird in den landwirtschaftlichen Betrieben auf den Ansatz des Arbeitslohnes verzichtet, um dem Betrieb einen Kapitalpolster zu verschaffen. Aus dem Betrieb werden somit nur die reinen Lebenserhaltungskosten entnommen, der normale Arbeitslohn bleibt dem Betrieb für weitere Investitionen zur Verfügung gestellt.

Nur wenige Bauern berücksichtigen auch die Amortisation (= jährliche, ratenweise Rückzahlung) der Anlagekosten.

Ein Betrieb kann nur dann positiv arbeiten, wenn neben den produktionsbedingten Ausgaben, neben dem Arbeitslohnanspruch und neben der Amortisation ein Überschuss entsteht.

Die Amortisationskosten bedeuten die Rückzahlung des verzinsten, für die Auspflanzung und anderen Investitionskosten benötigten Kapitals. Im Obstbau herrscht in der Phase des Ertragsanstieges meist ein negativer Deckungsbeitrag (dient zur Deckung der Fixkosten eines Betriebes). Man muss daher versuchen, durch raschen Ertrag und durch Kostenminimierung sobald wie möglich einen positiven Deckungsbeitrag zu erzielen. Ein Obstbaubetrieb muss sich neue Investitionen selbst erwirtschaften. Es darf daher nach durchgeführten Investitionen (Traktorenkauf, Lagerhausbau usw.) nicht zu einem Geldmangel im Betrieb kommen, der nur durch Kredite überwunden werden kann, es muss für unvorhergesehene Einflüsse genügend Geld vorhanden sein, um auch eine gänzlich einkommenslose Phase (Einkommensausfallsjahr) zu überwinden. Betriebswirtschaftliche Computermodelle müssen in Form von Programmbausteinen auch der Forderung der Berechnung des Betriebserfolges, der Kalkulationsgrundlagen und der Betriebsplanung genügen, um für Obstbauern optimal einsetzbar zu sein.

Vor der Anlagenplanung soll der Bauer folgende Überlegungen anstellen:

- Ist die neue Anlage, Obstart, Sorte arbeitswirtschaftlich ohne wesentliche Kostenmehraufwendungen (Zusatzarbeitskräfte) bewältigbar?
- Wohin wird die Ernte verkauft?
- Welcher Erntezeitraum, welche Sorte, welches Pflanzsystem wird geplant?
- Welche Kosten fallen bei der Neuerrichtung und beim Betrieb voraussichtlich an?
- Wie lange kann ich die Anlage unter Berücksichtigung der Baumform und des Pflanzsystems voraussichtlich nutzen?
- Wie hoch ist der Zinssatz zur Berechnung der Kapitalverzinsung?
- Welche Erlöswerte (Preise) werden in den einzelnen Standjahren bis zur Rodung erzielt werden können? (Hierbei sollte man nicht zu optimistische Preise ansetzen.)
- Werde ich das Pflanzmaterial selbst erziehen oder zukaufen?
- Sind durch eine Neuauspflanzung zusätzliche Investitionskosten notwendig?
- Hat mir die bestehende Anlage genug Gewinn erwirtschaftet, um aus eigenen Mitteln eine Neuauspflanzung zahlen zu können oder muss ich dafür einen Kredit aufnehmen?

Grundsätzlich ist zu sagen, dass für Neuauspflanzungen nach Möglichkeit keine Kredite aufgenommen werden sollten, um den Betrieb nicht von vornherein mit Rückzahlungen zu belasten, die in weiterer Folge zu Finanzierungsproblemen führen könnten. Betriebswirtschaftliche Schätzungen neuester Pflanzsysteme zeigen, dass in den ersten Standjahren der Sachaufwand bei hohen Pflanzdichten gedeckt werden kann, aber nicht die Arbeitskosten. Zu berücksichtigen ist aber auch noch, dass bei höheren Erträgen auch höhere Fremdarbeitskosten eingesetzt werden müssen.

Betriebsformen im Obstbau

Der Obstbau kann nach der Betriebsform und nach der Intensität untergliedert werden.

Nach der Betriebsform unterscheidet man den Erwerbs-(Intensiv-)Obstbau, den Siedler-(Liebhaber-)Obstbau und den Streuobstbau. Nach der Intensität unterscheidet man den Tafel- und den Verarbeitungsobstbau.

Alle drei Betriebsformen können in jede der beiden Intensitätsstufen eingegliedert werden.

Definition des Erwerbsobstbaues

Der Obstbau ist die oder eine der Haupteinkommensquellen eines landwirtschaftlichen Betriebes und durch die Verwendung von Typen oder Klonunterlagen, durch wenige, marktgängige Sorten, entsprechende Pflege, jährlich gleichmäßige und qualitativ höchstwertige Ernten, durch zusammenhängende Obstbauflächen und durch die größtmögliche Schulungsbereitschaft der Betriebsführer gekennzeichnet.

Vorteile des Intensivobstbaues

Durch die zusammenhängenden großen und eingezäunten Flächen sind einfache Bekämpfungsmaßnahmen möglich. Der Intensivobstbau ist teilweise vollmechanisierbar. Darunter versteht man die Gassenpflege (Mulchen, Mähen) und den Pflanzenschutz. Den Schnitt kann man durch kräftesparende Hilfsmittel oder Geräte teilmechanisieren. Auch bei der Ernte helfen verschiedene Geräte bei der Arbeitserleichterung (Mehrzweckanhänger, Erntezug, Pluc-o-truc, Erntekörbe usw.). Wenige Sorten mit größeren Flächen am Intensivobstbaubetrieb helfen dem Betriebsführer, rasch Erfahrungen zu sammeln, um diese gleich wieder zu verwerten. Ein kleiner Sortenspiegel am Betrieb stärkt die Schlagkraft des Betriebes hinsichtlich der Arbeitsplanung. Dabei wird man zweckmäßigerweise solche Sorten aussetzen, die hinsichtlich der Schädlingsbekämpfungsmaßnahmen ähnliche Bedingungen erfordern. Bei der Ernte wird man auf eine Ernteterminstaffelung Rücksicht nehmen, um für jede Sorte den optimalen Erntetermin einzuhalten. Im Intensivobstanbau sind auch Zusatzarbeitskräfte länger beschäftigt und daher leichter rekrutierbar.

Nachteile des Intensivobstanbaues

Als wesentlicher Nachteil mag das große Witterungsrisiko genannt werden. Dabei sind die Witterungsfaktoren Frost, Unwetter und Hagel speziell zu nennen. Bei großkronigen Baumformen kann ein langsamer Ertragsanstieg hinsichtlich betriebswirtschaftlicher Rentabilität Probleme bringen. Eine durchzuführende Rotation ist kostenaufwendig und führt zu einer einkommenslosen Periode. Daher ist vor dem Roden der Altanlage abzuklären, ob die alte Anlage bereits so viel Überschüsse geliefert hat, dass eine einkommenslose Zeit ohne Kreditaufnahme überwunden werden kann. Auch die Frage der Pflege einer Intensivobstanlage im Urlaub steht zur Debatte. Meist nehmen jedoch Obstbauern überwiegend Winterurlaub, sodass die Frage der Pflege im Urlaub zweitrangig ist. Hinsichtlich der Arbeitsspitzen Schnitt und Ernte müssen genaue Überlegungen zur Verfügbarkeit von Zusatzarbeitskräften angestellt werden. Der Intensivobstbau hat bei Maschinenvollausstattung den einzelbetrieblichen Nachteil einer geringen Maschinenausnützung. Überbetriebliche Zusammenarbeit (z. B. Maschinenringe) könnte eine betriebswirtschaftliche Stärkung des Betriebes herbeiführen. Das Einkommen im Intensivobstanbau ist meist von der Qualität der Ernte abhängig. Daher muss der Obstbauer bestrebt sein, höchstwertige Qualität mit jährlich gleich hohen Erntemengen zu produzieren, um eine Einkommenssicherung zu gewährleisten.

Siedler- oder Liebhaberobstbau

Der Obstbau dient hier meist nur zur Versorgung der Familie und ist oft durch Sortenvielfalt gekennzeichnet. Der Obstbau hat dabei eine große Freizeit-(Hobby-) und Erziehungsfunktion, da die heranwachsenden Kinder lernen können, dass nur durch gezielte Arbeit ein Erfolg zu erreichen ist.

Vorteile des Siedlerobstbaus

Der Siedlerobstbau ist meist auf einer kleinen, überschaubaren Fläche mit der Erntemenge als Selbstversorger einer Familie ausgelegt. Wegen der geringen Baumzahl kann eine Zeitstufenernte (z. B. bei Frühapfelsorten) leicht durchgeführt werden. Da der Siedlerobstbau nur Selbstversorgerfunktion hat, ist er von der Witterung nur wenig gefährdet. Reicht der Ertrag durch verschiedene Witterungsumstände einmal nicht aus, so kann die Vitaminversorgung der Familie durch Zukauf leicht sichergestellt werden. Die Arbeit im Kleinobstgarten ist gleichzeitig eine Erfolgsfunktion. Man erlebt mit, wie durch eigener Hände Werk das Blühen und Fruchten in der Natur beeinflusst werden kann. Durch die wenigen Bäume ist die Arbeitsspitze nur klein bzw. kann durch die Familienangehörigen leicht abgesichert werden. Im Siedlerobstbau ist die Produktion von Bio-Obst leicht möglich bzw. wird schon seit längerer Zeit praktiziert. Der Kleingartenobstbau stellt ein billiges, sinnvolles Freizeitvergnügen dar, wobei die Bäume im Garten gleichzeitig als Sauerstoffspender geachtet werden.

Nachteile des Siedlerobstbaus

Die große Sortenvielfalt kann zu Problemen hinsichtlich des optimalen Erntetermins und hinsichtlich optimaler Schädlings- und Krankheitsbekämpfungsmaßnahmen führen. Da im Siedlergarten nur kleine Mengen an Bekämpfungsmitteln notwendig sind, müssen diese teuer gekauft werden. Der Siedler hat hinsichtlich des Obstbaumschnittes und bei seiner Sortenvielfalt relativ wenig Erfahrung, um schnitttechnische Kniffe anzuwenden, damit er jährliche Erträge erreicht. Meist sind die Siedlerobstbäume bereits in der Jugend in der Alternanz. Spezialgeräte zur Pflege (z. B. elektrische Scheren) sind für den Siedlerobstbauer zu teuer. Im Urlaub sind es weniger die Schnittmaßnahmen, die einen Siedlerobstbauer bedrücken, sondern mehr die Ernte der verschiedenen früh reifenden Obstarten. Zur Ernte gehört dann auch die Verarbeitung. Entweder richtet sich der Urlaub nach den im Garten vorhandenen Sorten bzw. Obstarten oder die Sorten werden auf den urlaubsfreien Zeitraum umveredelt.

Der Siedlerobstbau kann mengenmäßig bei den sogenannten alten Sorten in Vollertragsjahren zu einem Marktproblem für den Intensivobstbau werden, da Überschussmengen von Siedlern auf Detailmärkten und in der Verwandtschaft billigst angeboten werden und so das Marktgefüge des Intensivobstanbaues gestört wird. Dazu zählen speziell die Obstarten Birnen und Zwetschken. Anschließend kann erwähnt werden, dass pflegearme Sorten für den Siedlerobstbau geeigneter sind, da nur der Intensivobstanbauer Zeit, Erfahrung und Schulung für pflegeintensive Sorten und Baumerziehungsformen hat.

Streuobstbau

Der Streuobstbau ist durch großkronige, hochstämmige, landschaftsgestaltende Obstbäume gekennzeichnet (siehe auch „Der großkronige, landschaftsgestaltende Obstbaum"). Die Bäume sind mehr oder weniger ohne Regelmäßigkeit ausgepflanzt und dienen oft als Rainbewachsung, Straßenrandbepflanzungen, Windschutz oder flächenhaft zur Verarbeitungsobstproduktion.

Der Streuobstbau ist heute noch anzutreffen, insbesondere in den Bundesländern Salzburg, Kärnten, Oberösterreich, Niederösterreich, Vorarlberg und Steiermark. Die hier gebräuchlichste Baumform ist der Hochstamm mit anfangs geschnittener, im Alter ungeschnittener, natürlich entwickelter Krone. Die Kronenhöhe beträgt 20 und mehr Meter, die Stammhöhe beläuft sich wegen der früher verwendeten Unterkulturen (Wiese, Weide) auf mindestens 2 m.

Die Auspflanzung erfolgte im unregelmäßigen oder im einzelreihenweisen Pflanzverband. Die Pflanzabstände betragen meistens mindestens 10 x 10 m. An Unterlagen wurden überwiegend starkwüchsige, stellenweise auch mittelstarkwüchsige Unterlagen verwendet. Der Streuobstbau bildet das Rückgrat der österreichischen Verarbeitungsobstproduktion. Der Bestand an den großkronigen, landschaftsgestaltenden, hochstämmigen Obstbäumen nahm in den letzten 50 Jahren von 18,5 auf 12 Millionen ab. Die österreichischen Pressobstsorten sind gekennzeichnet durch relativ hohe Saftsäurewerte und bilden weltweit ein begehrtes Ausgangsprodukt für weitere Verarbeitungszweige. Nicht zu vergessen sind die großen, alten Birnbäume, die überwiegend in Österreich,

Alter, landschaftsgestaltender, hochstämmiger Birnbaum (Foto: KEPPEL)

in der Ostschweiz und im deutschen Bodensee-Obstbaugebiet bis in den Raum Stuttgart stehen. Dabei liefert dieser Birnenproduktionsraum einen hohen Anteil der Saftbirnenernte der Welt.

Die Auspflanzung der hochstämmigen, landschaftsgestaltenden Obstbäume dürfte sich durch die Anwendung von vollmechanischen Erntehilfen wieder rentieren. Dabei werden die Bäume maschinell geschüttelt und das abfallende Obst wird entweder durch Auffangplanen oder von Auflesemaschinen gesammelt. So kann die Ernteleistung gegenüber der Handauflese von ca. 70 kg/AKh auf bis zu 3.000 kg/AKh gesteigert werden. Die Verwendung und der Einsatz solcher vollmechanischen bzw. halbmechanischen Erntegeräte sollten kostensparend über Maschinenringe erfolgen. Die Doppelnutzung der landwirtschaftlichen Flächen (Wiese und Obstgarten) bedingte eine Heranzucht von Hochstammbäumen mit Stammlängen von ca. 2 m. Unter diesen großkronigen Hochstammbäumen mit einer Naturkrone auf Sämlingsunterlage konnte ungehindert die Zweizwecknutzung der Flächen vonstatten gehen. Natürlich gewachsene Kronen (ohne Schnittmaßnahmen), gemeinsam mit der sorteneigentümlichen Alternanzneigung, ließen keinen geregelten Obsthandel zu, weil die Ernten (infolge von Alternanz) meist im Zweijahresrhythmus auftraten.

Straßenobstbau

Unter Straßenobstbau versteht man den früher in der Umgangssprache als Alleeobstbau bezeichneten Pflanzverband. Wegen der ansteigenden Verkehrsdichte stieg die Unfallgefahr durch abfallendes Laub und auf der Straße liegende Früchte an. Deswegen erfolgte die Rodung der meisten Alleeobstbaumbestände. Durch auf der Straße liegendes, feuchtes Laub und Fruchtreste kamen Verkehrsteilnehmer (oft auch durch überhöhte Geschwindigkeit) ins Schleudern und zerschellten an den zu knapp am Straßenrand stehenden Bäumen. In der heutigen Verwendung müssten solche Alleeobstarten einen Mindestabstand von 5–8 m vom Straßenrand (je nach Kronengröße) aufweisen, um nicht als Sekundärunfallursache die verschiedensten Unfallwirkungen zu verschärfen.

Richtlinien für den kontrollierten, naturnahen Obstanbau in Österreich

Bei der naturnahen oder Integrierten Obstproduktion geht es darum, in biologischen Kreisläufen unter Schonung der Ressourcen und unter Bewahrung der Artenvielfalt auf eine wirtschaftlich vertretbare Weise qualitativ hochwertiges Obst zu ernten.

Um dieses Ziel zu erreichen, wird eine Verringerung des Einsatzes an chemischen Hilfsstoffen im Pflanzenschutz und in der Düngung angestrebt. Die FAO definiert dementsprechend den „Integrierten Pflanzenschutz" als eine Pflanzenschutzmethode, bei der alle wirtschaftlich, ökologisch und toxikologisch vertretbaren Methoden verwendet werden, um Schadorganismen unter die wirtschaftliche Schadensschwelle zu bringen, wobei die bewusste Ausnützung natürlicher Begrenzungsfaktoren im Vordergrund steht.

Die Arbeit mit der Natur erfordert eine hohe Sachkunde und eine ständige Weiterbildung der Obstbauern. In die Erarbeitung und Weiterentwicklung der Grundlagen für den naturnahen Obstanbau sind auch die zuständigen Bundesanstalten miteinbezogen. Die nachstehend angeführten Richtlinien werden ständig den neuesten Erkenntnissen angepasst und ergänzt.

Anbauvoraussetzungen

Standort und Klima

Geeignet sind Flächen, auf denen nach ihrer Lage und Beschaffenheit im Schnitt der Jahre hochwertiges Tafelobst von bester innerer und äußerer Qualität wächst!

Diese Lagen sind:
- auf die Sortenansprüche abgestimmt,
- wenig frostgefährdet,
- sonnig, offen und luftig,
- nicht extrem trocken, nicht extrem feucht.

Boden

Optimal ist ein tiefgründiger, gut durchlüfteter und gut durchlässiger Boden. Weil ein intaktes Bodenleben Grundlage für jede nachhaltige Bewirtschaftung ist, müssen im naturnahen Obstanbau alle Bodenpflegemaßnahmen darauf abzielen, das Bodenleben zu erhalten und zu fördern.

Die chemische Bodenentseuchung ist nicht zulässig.

Jungbäume

Ein gesundes Pflanzgut ist unerlässlich für einen wirtschaftlich sinnvollen Obstanbau. Es ist daher darauf zu achten, dass das Pflanzgut virusfrei ist.

Die Unterlagenlänge beträgt mindestens 25 cm und die Veredelungsstelle befindet sich mindestens 10 cm über der Bodenoberfläche. Die einjährige Veredelung ist mindestens 1 m hoch, weist bei 25 cm über dem Boden (oder 10 cm über der Veredelungsstelle) gemessen mindestens 13 mm Stammdurchmesser auf. Der Baum muss genügend bewurzelt, frei von Wurzelkropf und Kragenfäule sowie von mechanischen, parasitären und witterungsbedingten Schäden sein und einen geraden Stamm mit ausgereiften Augen aufweisen.

Bereits in der Baumschule soll das Pflanzgut mit Raubmilben besetzt werden. Der Obstbauer soll für den Standort seines Betriebes jene Obstarten und -sorten auswählen, die von den natürlichen Voraussetzungen her in puncto Qualität und Ertrag entsprechen, ohne unnötige Pflanzenschutzmaßnahmen zu erfordern.

Anbauformen

Es ist eine Anbauform zu wählen, die einen möglichst geringen, unkrautfreien Baumstreifen ergibt. Für Neupflanzungen kommen nur das Einreihensystem (auch Hecke) oder das V-System in Frage. Bei Nachpflanzungen unter bestehenden Hagelnetzen sind in Ausnahmefällen auch Mehrreihensysteme möglich.

Es ist darauf zu achten, dass ausreichend Pollenspender-Sorten in der Anlage verteilt sind. Die Bäume sollen nicht höher sein als die halbe Reihenweite in Metern plus 1 m.

Kulturtechnische Maßnahmen

Düngung

Ziel der Düngung ist es, den Nährstoffbedarf aus natürlichen Kreisläufen zu decken. Vor Erstellung einer Anlage ist eine Bodenuntersuchung auf Hauptnährstoffe und Spurenelemente durchzuführen.

Prinzipiell darf nur nach den Werten einer Bodenuntersuchung gedüngt werden. Bodenuntersuchungen sind auf jeden Fall alle drei Jahre vorzunehmen, nach Möglichkeit immer zum gleichen Zeitpunkt und bei der gleichen Untersuchungsanstalt.

Es darf keine Vorratsdüngung und keine laufende Düngung über die Nährstoffklasse C hinaus vorgenommen werden. Liegen die Werte einer Bodenuntersuchung unterhalb der Angaben für die Nährstoffklasse C, so ist aufgrund der Empfehlungen der jeweiligen Untersuchungsanstalt zu düngen.

Regelmäßige Stickstoffgaben sind in Ertragsanlagen nicht zulässig. Ziel ist eine natürliche Stickstoffnachlieferung aus organischem Material (Kompost, Mulch, organischer Dünger); durch die Mulchwirtschaft und die Belassung des zerkleinerten Schnittholzes in der Anlage wird z. B. genügend Stickstoff nachgeliefert, um die Bäume im physiologischen Gleichgewicht zu halten. Dieses kann an einem anzustrebenden Maximaltriebwachstum von 50 cm im Schnitt der Jahre im Ertragsbereich gemessen werden. Zur Behebung kurzfristiger Nährstoffmängel können Blattdünger eingesetzt werden. Die Verwendung von Klärschlamm und Produkten daraus ist verboten.

Bodenpflege

Zur Verbesserung und Erhaltung der Bodenqualität ist nur das Mulchsystem erlaubt. Bodenabdeckungen mit zusätzlichem, organischem Material auf offenen Böden bewahren vor starker Verdunstung und bilden eine Schattengare für die oberste Bodenschichte. Diese Maßnahme ist in Trockengebieten ohne Bewässerung möglich. Dauerhaft offene Böden sind verboten.

Bei Pflanzung einer Obstanlage ist eine rasche Begrünung anzustreben, um Erosion und Verschlammung zu vermeiden.

Der Grasmulch ist ebenso wie das zerkleinerte Schnittholz grundsätzlich in der Anlage zu belassen, um den Humusgehalt zu verbessern und den Nährstoffkreislauf zu schließen. Die Humusbildung und das Bodenleben werden durch Grasmulch oder Mulch mit Biomasse im Gleichgewicht gehalten. Weniger Mulchen fördert eine größere Artenvielfalt an Kräutern und Gräsern. Blühende Kräuter sind wichtige Nahrungsquellen für viele nützliche Insekten (Hautflügler, Schwebfliegen und andere).

Nach Möglichkeit sollten die Fahrgassen abwechselnd gemulcht oder gemäht werden.

Wasserversorgung

Die Wasserversorgung ist im Falle einer Zusatzbewässerung auf den aktuellen Wasserbedarf der Obstkulturen abzustimmen. Eine zu starke Wassergabe fördert auf leichten Böden die Nährstoffauswaschung, während auf schweren Böden Staunässeperioden mit Sauerstoffmangel für die Wurzeln entstehen. Zeitpunkte für einen Beregnungsbedarf werden z. B. mit Tensiometern im Boden erfasst.

Konkurrenzpflanzen

Unerwünschte und nicht tolerierbare Konkurrenz der Obstbäume durch Gräser und Kräuter ist zu beseitigen. Das Zurückdrängen der Konkurrenzpflanzen kann erfolgen durch:

- natürliche Begrünung mit niedrigen, flach wurzelnden Kräutern,
- Abdeckung (z. B. organische Materialien, Folien),
- mechanische und thermische Unkrautbekämpfung,
- chemische Präparate: Der Herbizideinsatz ist so gering und der Herbizidstreifen so schmal wie möglich zu halten. Vom 15. Juli bis zur Ernte ist jeglicher Herbizideinsatz verboten. Der Herbizideinsatz hat so schonend zu erfolgen, dass der Baumstreifen bis zur Ernte wieder begrünt ist. Ein Bewachsen des Baumstreifens am Ende der Vegetationsperiode reduziert allfällige Nitratrestmengen und fördert die Fruchtqualität. Bodenherbizide sind zur Schonung des Bodenlebens und des Grundwassers verboten. Als Herbizide sind nur jene zulässig, die in den jährlich neu veröffentlichten Richtlinien angeführt sind.

Baumschnitt

Ziel des Baumschnittes ist es, durch ein optimales Blatt:Frucht-Verhältnis den Baum im physiologischen Gleichgewicht zu halten und dadurch regelmäßige Ernten mit gut besonnten und gut ausgefärbten Früchten zu sichern. Die Schnittmaßnahmen sind auf mehrere Arbeitsgänge aufzuteilen. Der Schwerpunkt des Sommerschnittes bei Herbst- und bei Wintersorten soll im August liegen. Es muss ein sortenspezifischer Schnitt durchgeführt werden. Bei Bedarf wird ein Wipfelschnitt nach der Blüte durchgeführt.

Der Schnitt muss in Abstimmung und Wechselwirkung zu Düngung, Bodenpflege und Standort stehen. Triebe im Ertragsbereich sollen nicht länger als 50 cm sein. Dies ist ein Anhaltspunkt dafür, ob der Baum im physiologischen Gleichgewicht ist.

Bei zu starker Triebigkeit sind Maßnahmen wie Frühjahrsschnitt, Sommerschnitt und eine Einschränkung der Mulchgänge zu ergreifen. Chemische Präparate zur Regulierung des Wachstums und der Reife sind verboten, auch in der Baumschule.

Fruchtausdünnung

Ziel der Fruchtausdünnung ist es, regelmäßige Erträge mit guten Fruchtgrößen zu erzielen und die Alternanz zu vermeiden bzw. zu brechen.

Die chemische Ausdünnung ist zulässig. Händisch sind überzählige und nicht marktfähige Früchte auszupflücken. Die händische Ausdünnung soll laufend bis kurz vor der Ernte durchgeführt werden.

Integrierter Pflanzenschutz

Im Rahmen des kontrollierten, naturnahen Obstanbaues kommt dem Pflanzenschutz – dem „Integrierten Pflanzenschutz" – eine wesentliche Bedeutung zu. Dabei sollen alle wirtschaftlich, ökologisch und toxikologisch vertretbaren Verfahren in möglichst guter Abstimmung eingesetzt werden, um Schadorganismen unter der wirtschaftlichen Schadensschwelle zu halten. Sofern in Ergänzung zu den biologischen und mechanischen Maßnahmen chemische Präparate eingesetzt werden müssen, sind nützlingsschonende und umweltverträgliche Mittel auszuwählen und gezielt einzusetzen.

Der Obstbauer muss sachkundig in Ökologie und Pflanzenschutz sein und entsprechende Aufzeichnungen über die durchgeführten Maßnahmen im Betriebsheft führen. Die Teilnahme an Weiterbildungsveranstaltungen wird dringendst empfohlen. Die Einhaltung der gesetzlichen Bestimmungen ist selbstverständlich.

Mechanische Maßnahmen

Soweit möglich, sollen Schaderreger und Befallsherde mechanisch bekämpft werden, z. B. durch das Ausschneiden von Befallsstellen des Obstbaumkrebses, Entfernen von mehltaukranken Trieben, von Fruchtmumien und von Wirtspflanzen usw. Durch die Entfernung von befallenem Holz und abgestorbenen Bäumen wird eine allgemeine Bestandshygiene gewährleistet.

Biologische Maßnahmen

Die biologischen Maßnahmen umfassen den Schutz, die Förderung und das eventuell notwendige Aussetzen von natürlichen Gegenspielern der Schädlinge. Diese Nützlinge müssen bei allen Pflegemaßnahmen geschont werden.

Die nötige Artenvielfalt und optimale Lebensbedingungen für Nützlinge können durch nachstehende Maßnahmen erreicht werden:

- Erhaltung von Hecken (Laubholzhecken), artenreicher Unterwuchs (keine Monokultur, Abstimmung der Mulchwirtschaft, Blumenwiese), als Lebensbereich für nützliche Tiere und Insekten.
- Errichten von Stein- und Reisighaufen für Igel, Spitzmaus, Wiesel usw., Schonung von Raubwild (Fuchs, Marder, Iltis, Hauskatze).
- Beobachtung und Kontrolle der Nutzinsekten. Dabei nimmt die Raubmilbe eine Sonderstellung ein. Zur Förderung des Raubmilbenbesatzes in den Anlagen müssen diese von außen (Streuobstanlagen oder andere Bezugsquellen) über besiedelte Zweige und Äste eingebracht werden. Beim Einsatz von chemischen Pflanzenschutzmitteln ist deren Verträglichkeit auf Raubmilben zu berücksichtigen. Ein guter Besatz von Raubmilben ist ein sicheres Zeichen für einen naturnahen Obstanbau mit Integriertem Pflanzenschutz. Der Einsatz von Akariziden hat auf Dauer im naturnahen Obstanbau keine Berechtigung.
- Schonung und Förderung von Schlupf- und Zehrwespen, Schweb- und Florfliegen und deren Larven, Raubwanzen, Marienkäfern und anderen durch artenreichen Pflanzenbestand, um Blattläuse und andere Schädlinge unter der wirtschaftlichen Schadensschwelle zu halten.

Biotechnische Maßnahmen

Als erste Ergänzung zur biologischen Bekämpfung müssen biotechnische Verfahren eingesetzt werden, wobei der jeweils neueste Stand der Technik und der wissenschaftlichen Erkenntnisse zu berücksichtigen ist. Der aktuelle Stand umfasst Lock- und Duftstoffe, um Schädlinge abzufangen und abzuwehren. Zur Wicklerbekämpfung ist nach Möglichkeit die Verwirrmethode anzuwenden. Der Einsatz von Farbtafeln, Leimringen und die Abwehr mit akustischen Geräten ist verstärkt zu nutzen.

Chemische Maßnahmen

Sofern trotz aller mechanischen, biologischen und biotechnischen Maßnahmen die Schadensschwelle überschritten wird (Kontrolle und Warndienst) und chemische Präparate eingesetzt werden müssen, sind selektiv wirkende, nützlings- und umweltschonende Mittel zu wählen und gezielt einzusetzen. Neben der gesetzlich geregelten Fisch- und Bienenverträglichkeit ist vor allem auch auf die Regenwurmtoxizität der Mittel zu achten. Die Auswahl der Präparate erfolgt aufgrund der Wirkung gegen Krankheiten oder Schädlinge sowie der Umwelt- und Nützlingsschonung. Von den zahlreichen zugelassenen und vielen im Rahmen der Richtlinienerstellung geprüften Mitteln sind im Rahmen des kontrollierten, naturnahen Obstanbaues ausschließlich die in den jährlich neu veröffentlichten Richtlinien angeführten zulässig. Diese umfassen den derzeitigen Stand und werden bei neuen Erkenntnissen und besseren Präparaten der laufenden Entwicklung angepasst. Phytohormone und Wachstumsregulatoren sind verboten.

Die chemischen Pflanzenschutzmaßnahmen müssen im Betriebsheft aufgezeichnet werden. Um Abdrift- und Abtropfverluste zu vermeiden, ist der Wasseraufwand auf die Baumform und den Vegetationsstand abzustimmen.

Die Spritzgeräte sind mindestens alle drei Jahre überprüfen zu lassen.

Betriebliche Voraussetzungen

Betrieb und Betriebsorganisation

Der Betriebsleiter muss die für den kontrollierten, naturnahen Obstanbau erforderlichen fachlichen Kenntnisse und Fertigkeiten besitzen.

Die Betriebsorganisation muss eine richtliniengemäße Erzeugung und Vermarktung der hierfür vorgesehenen Obstarten ermöglichen.

Dokumentation

Kontrollierter, naturnaher Obstanbau verlangt genaue Aufzeichnungen über den Entwicklungsverlauf der Kulturen und die durchgeführten Maßnahmen. Es muss eindeutig belegt sein, wann welche Maßnahmen vorgenommen wurden. Das Betriebsheft muss enthalten:

- Beschreibung der Obstanlage (Größe, Pflanzsystem, Sorten, Unterlagen und anderes)
- Düngungsmaßnahmen aufgrund von Ergebnissen über Boden- und Blattanalysen
- Ergebnisse der Überwachung (z. B. phänologische Daten, Nützlings- und Schädlingsauftreten nach Zeit und Zahl, Krankheitsauftreten)
- Kulturmaßnahmen: Fruchtausdünnung, Bekämpfung von Konkurrenzpflanzen (bei Herbizideinsatz: Zeitpunkt, Mittel, Menge, Konzentration)
- Pflanzenschutzmaßnahmen: mechanische, biologische, biotechnische, chemische (Zeitpunkt, Mittel, Menge, Konzentration)
- Ernte (Zeitpunkt, Menge, Qualität)

Das Betriebsheft soll weiterhin enthalten:

- Bodenpflege (Mulchgänge) und
- Baumschnitt.

Betriebskontrolle

Der naturnah wirtschaftende Obstbaubetrieb verpflichtet sich gegenüber den Kontrollorganen, seine Produktionsweise offenzulegen, Einsicht in das Betriebsheft zu gewähren und seine Anlagen besichtigen zu lassen. Er gestattet auch die Entnahme von Obstproben auf seinem Betrieb, die Rückstandsuntersuchungen unterzogen werden sollen.

Fortbildung

Kontrollierte, naturnahe Wirtschaftsweise verlangt hohen Kenntnis- und Wissensstand. Der Anbauer ist daher zur Fortbildung in den Methoden des naturnahen Obstbaues angehalten. Während der Vegetation hat er sich über die amtlichen Beratungsempfehlungen zu informieren (Warndienst, SMS, telefonische Auskunftgeber und andere) und sollte an regelmäßigen, gemeinsamen Anlagenbegehungen teilnehmen sowie einschlägige Fortbildungsveranstaltungen besuchen.

Ernte, Lagerung, Sortierung

Im kontrollierten, naturnahen Obstanbau wird großer Wert auch darauf gelegt, dass in Zusammenarbeit mit der Beratung der optimale Erntezeitpunkt eingehalten wird. Chemische Nacherntebehandlungen sind im kontrollierten, naturnahen Obstanbau nicht erlaubt.

Es muss vom Baum weg sichergestellt sein, dass naturnah erzeugte Ware getrennt geerntet, als solche ausgezeichnet, gelagert, sortiert und vermarktet wird. Die Aufzeichnungen im Betriebsheft müssen das ebenso belegen, wie beim Vermarktungsbetrieb diese Auflagen ebenfalls kontrollierbar und der getrennte Vermarktungsweg nachvollziehbar sein müssen.

Kontrolle

Die AMA (Agrarmarkt Austria) kontrolliert die Einhaltung der IP-Richtlinien. Ein Punkteschema über die Führung des Betriebsheftes, den Termin der Bodenuntersuchung und der Spritzgeräteüberprüfung sowie die Durchführung der vorgesehenen „Biotechnischen Maßnahmen" entscheidet über das Prüfergebnis, das bei negativem Ergebnis zum Ausschluss von der IP führen kann. Über die jeweils gültigen IP-Richtlinien geben die zuständigen Bauernkammern bzw. das Internet Auskunft. Es liegt im Interesse jedes Produzenten, nur nach den jeweilig gültigen Richtlinien zu produzieren.

Teilnahme

Betriebe, die neu beginnen, können in den ersten zwei Jahren auch mit Teilflächen teilnehmen, wobei die Teilfläche (Parzelle) von den übrigen Obstanbauflächen deutlich abgegrenzt sein muss. Ab dem dritten Produktionsjahr muss der Betrieb mit seiner gesamten Obstbaufläche, die mindestens ein halbes ha beträgt, am kontrollierten, naturnahen Obstanbau teilnehmen.

1. PRAKTISCHE DURCHFÜHRUNG DER PFLANZUNG

Begriffserklärungen aus der Sicht des Obstbauern:

Pflanzung = das Auspflanzen von Obstgehölzen
Rotation = das Aufeinanderfolgen von Obstgehölzen auf derselben Fläche (= Nachpflanzung)

Beide vorgenannten Begriffe umfassen zwei Schwerpunktthemen, nämlich die Auswahl an Sorten und an Pflanzsystemen.

Das persönliche Wissen, Wollen und Können des Betriebsleiters entscheidet über die zeitgemäße Sorten- und Pflanzsystemwahl.

War früher der Käufergeschmack als Marktlenker vorgegeben, so muss heute die Warenkette (Verkaufsgemeinschaft) der Detailhändler als marktbestimmender Faktor genannt werden. Es hat der Käufergeschmack wohl noch eine teilbestimmende Nachfragefunktion, Hauptfaktor ist die Manipulierbarkeit (Sortierung, Transportfähigkeit, Lagerdauer, Fruchtfestigkeit von der Auslagerung bis zum Konsumenten und anderes mehr) der Früchte (Sorte). Zur Frage der Sortenwahl soll hier nur zum Problem von Sortenneuheiten Stellung genommen werden. Probleme zeigen alle Sorten, gleichgültig ob neue oder alte. Es steht jedermann frei, Sortenneuheiten, die oft unerprobt angepriesen werden, für seinen Betrieb zu wählen. Der Betriebsführer muss sich nur im Klaren darüber sein, dass er vom Geld her Spitzenpreise mit den Anfangserträgen erzielen kann. Wuchseigenschaften sind rasch ersichtlich. Sortenprobleme wie Krankheitsanfälligkeit der Früchte und Bäume, schlechte Lagerungsfähigkeit, Zusammenbrechen der Früchte, später Vegetationsabschluss usw. treten jedoch oft erst in der Phase des Ertragsstadiums des Baumes auf und führen so weit, dass die Anlage vom Einkommen her unrentabel wird. Nicht selten werden neue Sorten vom Geschmack bzw. Ertrag her in unseren Gebieten ein Flop.

Der finanzielle Erfolg einer Pflanzung hängt von der richtigen Sortenwahl ab, die auf die Standort- (Boden-, Klima-) und Marktverhältnisse abgestimmt sein muss. Oft entscheiden wenige Höhenmeter über qualitative Sortenmissgriffe (z. B. Berostung bei 'Golden Delicious'). In Zweifelsfällen beraten die Obstbaufachkräfte der zuständigen Bezirkskammer für Land- und Forstwirtschaft gerne.

Bei den derzeitigen Sorten muss beispielsweise auf den späten Vegetationsabschluss bei 'Elstar' hingewiesen werden, ebenso auf die mindere Lagerfähigkeit und die Berostungsneigung. Die beste Hilfe bei der Sortenwahl ist wohl die umfassende Information bei diversen Fachveranstaltungen.

Entscheidungskriterien für die Sortenwahl aus der Sicht des Obstbauern

Sorte	Standort, Lage, Pflanzsystem und Finanzierung	Absatzmöglichkeiten
Reifezeit der zu wählenden Sorte: Erntearbeitskollision mit anderen Sorten, Aufbringen von Erntepersonal **Sorteneigenschaften:** Fruchtfarbe Fruchtgröße Krankheitsempfindlichkeit Alternanzneigung Berostungsempfindlichkeit Großkistentauglichkeit Wüchsigkeit Erziehungswilligkeit Zahl der notwendigen Erntegänge Fettwerden der Früchte am Baum Lagerfähigkeit	**Standort und Lage:** Kuppen- oder Tallage Früh- oder Spätfrostgefährdung Berostungsgefahr Ausfärbungstendenz **Größe der Parzelle** **Baumerziehung und Pflanzsystem** **Finanzierung der Anlage mit Eigen- oder Fremdkapital** (Gesamt- oder Anteilsfinanzierung) **Erlöserwartung hinsichtlich der Lebensdauer der Anlage**	**Absatzmöglichkeiten:** Absatzpräferenzen des Absatzbetriebes hinsichtlich: Fruchtfarbe Fruchtform Fruchtfleischfestigkeit Geschmack Fruchtgröße (Schulapfel, Detailverkauf) Transportwege

Rotation

Die **Nachpflanzung von Obstanlagen** kann viele Gründe haben:

- Die Bestandssorte wächst nicht standortgemäß (z. B. Berostung bei 'Golden Delicious' in tieferen nebelfeuchten Lagen, bei 'Jonagold' auf Halbschattenlagen).
- Die Bestandssorte kann durch neue, züchtungsmäßig qualitativ und quantitativ verbesserte Klone ersetzt werden.
- Die neu zu pflanzende Sorte entspricht marktmäßig der geforderten Geschmacksrichtung und Farbe.
- Der Erntezeitraum muss in deutliche Ernteabschnitte aufgegliedert werden (Ernteterminkollisionen bringen bei der Lagerung inhomogene Qualitäten).
- Standraumfehler bei der Neuerstellung werden bereinigt.
- Baumgrößenprobleme (zu intensive innere Beschattung der Anlage, erschwerte Pflege und Ernte, mindere Fruchtqualität).
- Das Pflanzsystem ist überholt.
- Bäume treten ins Alters-(Alternanz-)Stadium.
- Auftreten von holzzerstörenden Krankheiten und Schädlingen
- Schwerste Witterungseinflüsse (Katastrophenhagel, jährliche Frosteinwirkung durch Schlägerung von angrenzenden Waldungen).
- Baumaßnahmen im öffentlichen Interesse (Eisenbahnen, Autobahnen, Stromleitungen, Pipelines) zerstören die Anlagencharakteristik.

Vielfach wird der Entschluss für die Nachpflanzung durch das Auftreten von Erkrankungen erleichtert, meist sogar beschleunigt.

Maschinelles Baumroden im Rahmen der Rotation (Foto: KEPPEL)

Eine hydraulisch gesteuerte Greifzange umschließt den Stamm im Unterlagenbereich und hebt den Baum samt dem schwachen Wurzelkörper aus dem Boden. (Foto: KEPPEL)

Roden einer Anlage

Das Roden einer Obstanlage erfolgt entweder durch das Abschneiden der Äste mit einer Motorsäge und durch das (anschließende) Ausziehen der Bäume aus dem Boden oder mit maschinellen Rodern (modernere Variante), die den gesamten Spindelbaum samt Wurzelkörpern aus dem Boden ziehen.

Bodenmüdigkeit

Günstig wäre, wie in der Ackerbauwirtschaft, in der Rotation auch die bestandenen Flächen wechseln zu lassen. Eine kleinbäuerliche, obstbauorientierte Betriebsstruktur lässt das Abwechseln von Obstarten und Flächen nicht zu, sodass es zu einer Aufeinanderfolge der gleichen Obstart auf derselben Fläche kommt. Die bodenmäßigen Standortbedingungen verschlechtern sich, es kommt zur Bodenmüdigkeit.

Wie äußert sich die Bodenmüdigkeit?

Visuell drückt sich die Bodenmüdigkeit in einem schwächer werdenden Wuchs aus. Die Internodien

(Abstände zwischen den Blättern) werden kürzer, das Wurzelwachstum wird reduziert. Mit den Wuchsminderungen laufen die Ertragssenkungen parallel. Als Ursachen der Bodenmüdigkeit werden verschiedene Einflüsse genannt: Nematodenbefall, schwer abbaubare (giftig wirkende) Wurzelausscheidungen und Mikroorganismen.

Nach KÜMMLER (Erwerbsobstbau 10/82) fanden sich in obstbaulich unbestandenen Böden deutlich geringere Gehalte an Kohlenwasserstoffen (Methan, Ethylen, Buten) als in Böden mit Obst (Kernobst).

Die Zusammenhänge und die Erkenntnis der bodenmüdigkeitsfördernden Faktoren sind heute noch nicht restlos geklärt.

Das Wurzelsystem bei an Bodenmüdigkeit leidenden Bäumen ist kleiner und schlecht verzweigt. Es mangelt an weißen Wurzelspitzen. Das Triebwachstum bleibt zurück, die Blattfläche bleibt kleiner.

Die Bodenmüdigkeit tritt stark beim Aufeinanderfolgen gleicher Obstarten auf, weniger bei der Rotation von Birne nach Apfel. Die Unterlage reagiert ausgeprägter als die veredelten Sorten auf artgleichen Nachbau.

Die Bodenmüdigkeit beschränkt sich überwiegend auf den Pflanzstreifen. Kalkreiche Böden begünstigen das Auftreten der Bodenmüdigkeit mehr als saure Böden.

Trockenheit kann die Symptome verschärfen. An Hauptursachen werden heute zwei Hypothesen bestärkt:

Organismentheorie

Das biologische Gleichgewicht im Boden, in dem die Mikroorganismen eine wichtige Rolle spielen, ist verschoben. Sie haben eine hohe Anpassungsfähigkeit, vermehren sich rasch, zeigen durch Dauerformen eine lange Überlebenszeit und können so die frisch ausgepflanzten Bäume befallen.

Zu den **beteiligten Organismen** werden gezählt:

- **Pilze:** Sie können nach heutigem Wissensstand eventuell Bodenmüdigkeit hervorrufen.
- **Bakterien und Aktinomyzeten:** Diese benötigen für ihre Lebensvorgänge höhere pH-Werte und sind im Boden kaum beweglich. Die Rassen ändern sich je nach Art der Wurzelausscheidungen. Da sich oben angeführte Lebewesen durch Fungizide kaum, durch Dämpfen oder Pestizide gut bekämpfen lassen, wird eine hohe Beteiligung dieser Organismengruppe an der Bodenmüdigkeit angenommen.

Toxintheorie

Diese gewinnt durch die Forschung in den letzten Jahren stark an Bedeutung. Toxine entstehen aus Abbauprodukten von abgestorbenen Wurzelteilen und -ausscheidungen. Bei der Bodenmüdigkeit handelt es sich nach dieser Theorie folglich um einen Ursachenkomplex, bei dem verschiedene Ursachen miteinwirken.

Im Rahmen einer Diplomarbeit (BRUGNER) der Universität für Bodenkultur/Wien wurde bei 'Golden Delicious' auf M 9 im dritten Nachbau versucht abzuklären, ob durch Bodenaustausch des Pflanzstreifens bis in Tiefen von 5, 10 und 20 cm die Bodenmüdigkeit bei Nachpflanzungen ausgeschaltet werden kann. Bei der Bodenaustauschtiefe „20 cm" ergab sich im zweiten Standjahr ein signifikant höherer Ertrag gegenüber den anderen Varianten. Die Unterschiede hinsichtlich vegetativem Wuchs und Ertrag waren ab dem vierten Standjahr nicht mehr absicherbar (die Wurzeln haben dabei den ausgewechselten Bodenstreifen durchdrungen und sind somit in den Bereich der Bodenmüdigkeit gelangt). Der streifenhafte Bodenaustausch ist hinsichtlich der Effizienz zu teuer und zu kurz wirksam.

Müssen Obstgehölze auf gleichem Standort gepflanzt werden, können folgende Maßnahmen der Bodenmüdigkeit entgegenwirken:

- Bodenentseuchung (zumindest baumstreifenweise) – nach den IP- und Bio-Richtlinien nicht zugelassen!
- Pflanzlocherdenaustausch
- Rastjahre mit Gründecke

Als aussichtsreiche, dem Boden angepasste Erholungsphase und bodenmüdigkeitsabbauende Arbeitsweise wird **das (die) Rastjahr(e) mit Gründecke** angesehen.

Neuerdings wird mit gutem Erfolg versucht, nach dem Roden umzupflügen und mittels transportabler Beregnungsanlagen eine mindestens zweiwöchige Beregnung durchzuführen, um die Schadstoffe durch Ausschwemmen zu eliminieren. Eine weitere Variante, um die Bodenmüdigkeit zu bekämpfen, ist die chemische Bodenbehandlung (Bodenentseuchung) bei gleichzeitigem Abdecken des Bodens mittels Plastikfolien, die ein Ausgasen des Behandlungsmittels verhindern. Es gibt bereits Maschinen, die die Erde langsam aus den Pflanzstreifen in die Gasse auswerfen und so einen Bodenaustausch gewährleisten.

Das Einbringen von sogenannten Bodenverbesserern in die Pflanzlöcher vor der Pflanzung hat sich je nach Fabrikat unterschiedlich bewährt.

Um Bodenmüdigkeit zu vermindern, lohnt es sich im Herbst zu roden, danach eine Tiefenlockerung durchzuführen (Frostgare) und im darauffolgenden Frühjahr und Sommer jeweils eine Gründecke auszubringen. Die Pflanzung der Bäume kann anschließend im Herbst oder im darauffolgenden Frühjahr erfolgen. Obwohl diese Methode den Ausfall eines weiteren Ertragsjahres mit sich bringt, ist sie für eine Bodengesundung unerlässlich und lohnt den Aufwand.

Bodenlockerung

Nach erfolgter Rodung und nach dem Abräumen des Holzes bzw. Entfernen der Wurzelstöcke kann der Boden gepflügt werden. Der Kulturvorgang des Pflügens soll unbedingt vor einem eventuellen Tieflockern der gerodeten Fläche durchgeführt werden, damit der tiefgelockerte Boden in Ruhe absitzen kann und nicht gleich ein Teil der Tieflockerungswirkung durch die Verdichtungswirkung der Traktorräder zunichtegemacht wird.

Warum soll tiefgelockert werden?

Verdichtete Böden:

- sind staunass,
- weisen dadurch einen Luftmangel auf,
- sind deshalb kalt,
- die Humifizierung wird gehemmt,
- deswegen Einsetzen von Faulvorgängen,
- ansteigender CO_2-Gehalt in der Bodenluft (= Wurzelgift),
- das aerobe Bodenleben geht zurück und
- die Lebendverbauung wird eingestellt.

Gelockerte Böden:

- haben hohes Porenvolumen,
- hohen Gasaustausch zwischen Bodenluft und Atmosphäre,
- damit viel O_2 im Boden,
- die Böden erwärmen sich leicht und
- haben hohe aerobe Bodenlebewesenaktivität sowie
- gutes Wurzelwachstum.

Der Boden ist ein wesentlicher Produktionsfaktor; er besteht aus drei Elementen:

- dem gasförmigen Element = Bodenluft
- dem flüssigen Element = Bodenwasser
- dem festen Element = eigentlicher Boden

Im **Boden** sind noch die organischen (Bodenlebewesen) und die anorganischen Bestandteile (Korngröße, Minerale) nicht zu vergessen.

Dem Boden fällt in der Rolle des Obstgartens meist die Rolle des bedingt anonymen Produktionsfaktors zu, da sein Zustand nur durch das Bodenuntersuchungsergebnis ersichtlich wird. Aber man beginnt sich endlich wieder auch im Obstbau mit dem Begriff der Bodenfruchtbarkeit mehr auseinanderzusetzen. Die **Bodenfruchtbarkeit** kann nach Meinung des Verfassers als das positive Zusammenwirken von Nährsalzen, der Wasserversorgung, dem Sauerstoff- und dem CO_2-Gehalt der Bodenluft, dem Mikroorganismenleben, dem Humusgehalt, dem Wurzelwachstum und der Krümelstruktur in der Bodengesamtheit zum Wohle der Pflanze bezeichnet werden. Die **Bodenluft** und das **Bodenwasser** sind negativ korreliert, das heißt, wenn der Gehalt an Bodenwasser (z. B. durch Regen) steigt, dann sinkt der Bodenluftgehalt. Das nach Niederschlägen zugunsten des Bodenwassers veränderte Luft-Wasser-Verhältnis erzeugt einen O_2-Mangel. Dabei wird den Fe-Verbindungen (auch Mn) O_2 entzogen, die dadurch chemisch verändert und wassertransportabel werden. Trocknen diese feuchten (wechselfeuchten) Bodenschichten wieder aus, fällt das Eisen aus.

Die Aufnehmbarkeit des Eisens vom Boden wird neben der Feuchtigkeit auch noch vom hohen Ca-Gehalt (und ebenfalls vom hohen P-Wert) des Bodens gehemmt. Die durch Eisenmangel (eigentlich Eisenblockierung) verursachten Schäden drücken sich durch bleiche Blätter (= gelbe Blattspreiten) aus, während die Blattnerven grün bleiben = Chlorose. Nasse Böden weisen je nach Bodenart zwischen 0 % und 40 % Bodenluft auf (je schwerer der Boden, desto weniger Bodenluft!).

Infolge der Vernässung und auch der Verdichtung des Bodens kommt es zu einem Ansteigen des CO_2-Gehaltes der Bodenluft um bis zu 5 %.

Der partielle O_2-Mangel in der Bodenluft

- hemmt das Wurzelwachstum,
- hemmt die Nährstoff- und H_2O-Aufnahme durch die Wurzeln,

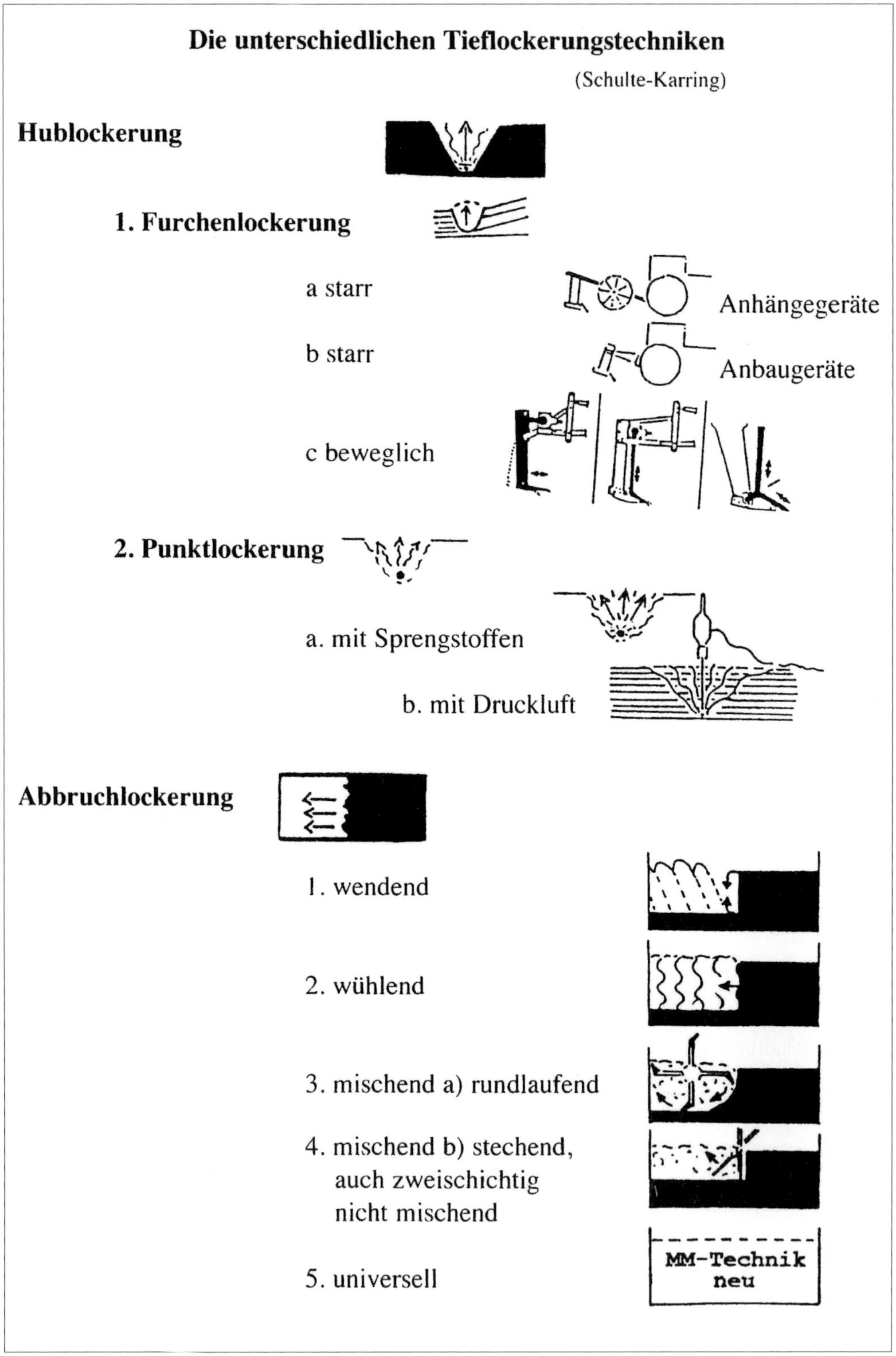

Gesamtübersicht über die Technik der Tieflockerung nach SCHULTE-KARRING

- fördert das Wachstum der anaeroben Mikroorganismen, die Faulvorgänge (und keinen organischen Abbau) einleiten. Dabei entstehen die Pflanzengifte Methionin und Schwefelwasserstoff.

Die Summe der Auswirkungen der Faktoren ergeben Wuchsdepressionen. Bemerkt muss noch werden, dass das CO_2 in der Bodenluft zu einem Drittel aus der Wurzelatmung und zu zwei Dritteln aus der Mikroorganismentätigkeit stammt.

Welche Punkte sollen bei der **Tieflockerung** beobachtet werden:

- Nur bei vorbereiteten (gepflügten) Böden tieflockern, damit der Boden nicht gleich nach dem Lockerungsvorgang wieder befahren werden muss.
- Nur bei trockenen, besser bei oberflächlich gefrorenen Böden lockern.
- Ist der Boden zu feucht, dann schmieren die Schare und Schwerter ohne tiefgreifende Wirkung durch den Boden.
- Grundkalkung auf die Ackerfurche.
- In bestehenden Beständen bei Hohlkronen im zweijährigen Rhythmus arbeiten. Alternierend je Arbeitsjahr nur jede zweite Reihe befahren, da durch die Gerätewirkung Wurzelbeeinflussungen entstehen, die sich in Laubverfärbungen äußern können. Dies unterbleibt weitgehend, wenn nur jede zweite Gasse bearbeitet wird.
- Nur in **Schichtlinien** fahren, da Wasseradern in die vertikale Richtung abgeleitet werden könnten.
- Nur bis ca. 20 cm oberhalb bestehender Drainagen lockern.
- Bei Neudrainagen auf eine etwaige kommende Tieflockerung (bis 80 cm Tiefe!) Rücksicht nehmen.
- Bei sehr verdichteten Böden kann es zu geringeren Geräteleistungen kommen. Bei extrem verdichteten Bodenstellen wird das Gerät ausgehoben. Tritt dies ein, muss der Caterpillarfahrer stehenbleiben und das Gerät so lange am Stand laufen lassen, bis das verdichtete Stück zertrümmert ist. Erst dann einsetzen und weiterfahren!
- Nach eingewirkter Frostgare Gründüngungspflanzen (Tiefwurzler) aussäen.
- Vorsicht bei Böden mit sehr hohem Schluffanteil, sie sollen trocken sein.

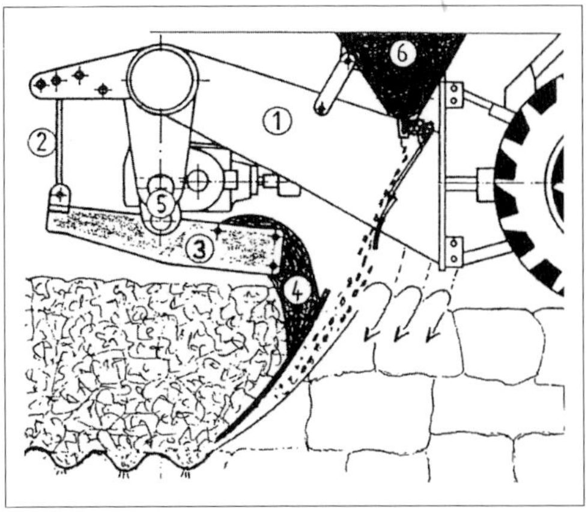

MM-Gerät (Skizze: SCHULTE-KARRING)

Die bisher zur tiefen Bodenlockerung eingesetzten Wippscharlockerer entsprechen der heutigen Erfahrung und Technik nicht mehr. Spatenpflüge (Spatengeräte) sind nur für leichtere Böden geeignet und vermögen eine tiefliegende Bodenverdichtung nicht zu beheben. Der Pionier der deutschen Bodenbearbeitung, SCHULTE-KARRING, hat eine neue Technik der Abbruchlockerung entwickelt, bei der Abbruchwerkzeuge in elliptischer Bewegung nach hinten arbeiten (MM-Gerät). Die Arbeitsweise beruht auf einstechender und ausziehender Lockerungstechnik. Der Anbau einer Tiefdüngungseinrichtung ist möglich. Je nach eingesetzten Grabwerkzeugen kann die Intensität der Bodenlockerung und die Durchmischung des Ober- und Unterbodens variiert werden. Die Wirkungsweise des Gerätes verhindert eine Verstopfung der Grabwerkzeuge. Bei schwierigen und mit groben Verunreinigungen versetzten Böden (große Steine, Wurzeln im Forst usw.) gewähren entsprechende

Das Mehrzweck-Meliorationsgerät MM 100 (Foto: SCHULTE-KARRING)

Sicherungen am Gerät den Arbeitsfortgang. Da das MM-Gerät keine Pflugsohle entstehen lässt, kommt es zu keinem Verdichtungshorizont.

Ein weiterer Vorteil des **MM-Gerätes** (**M**ehrzweck-**M**eliorationsgerät) besteht darin, dass nun auch feuchte Böden bearbeitet werden können. Ebenso ist diese Gerätetype in bestehenden Anlagen einsetzbar. Zurzeit laufen zwei Gerätebreiten, und zwar MM 100 als Breitgerät sowie MM 50 als schmale Ausführung für bestehende Reihenanlagen.

Der **Raupen-Knick-Traktor** zeigt in der Praxis für das Personal folgende Eigenheiten (nach FELNNER, PLATZER, 2011):

Vorteile: Das Gerät bringt die ganze Traktorkraft auf den Boden, ruhiges Fahren im Gelände und auf der Straße ist möglich. Gute Seitenstabilität. Bei feuchter Witterung und einen Tag nach Niederschlägen kann auch steiler Boden (wie im südsteirischen Wein- und Obstanbaugebiet) befahren werden. Der Boden wird infolge der größeren Bodenauflagefläche der Raupenketten weniger verdichtet und die Grasnarbe wächst wieder gut an. Spurrillen verschwinden selbstständig. Auch die beanspruchte Grasnarbe in den Wendeflächen (speziell im Obstbau) kann im Herbst gut anwachsen.

Nachteile: Bei langanhaltender Trockenheit und bei geringem Taunässegehalt ist schlechte Bodenhaftung gegeben, die sich durch den nur leichten Bodendruck erklärt. Langsamer Drehmomentanstieg speziell bei Straßenfahrten, schwergängige Schaltung. Im Gegensatz zu den herkömmlichen Traktoren, die das Grenzverhalten am Hang mit durchrutschenden Rädern ankündigen, gibt es beim Raupen-Knick-Traktor keine Vorwarnung, er rutscht dann einfach dahin.

Zum optimalen Handling und Kennenlernen der Eigenheiten ist mit einer Einarbeitungszeit von einer Saison zu rechnen.

Bodenuntersuchung

Hat man bei der Bodenuntersuchung entdeckt, dass die optimalen Nährstoffwerte nicht erreicht sind, so kann noch vor Ausbringung der Gründüngung eine Düngergabe verabreicht werden. Der optimale Nährstoffspiegel bei Obst ist im Kapitel „Nährstoffversorgung" nachzulesen! Nicht zu vergessen: 1.000 kg Mischkalk je ha und Jahr bei Bedarf!

Bodenschonender Schlepper (Foto: KEPPEL)

Gründüngung

Nun können wir uns die Frage stellen: „Warum setzen wir die Gründüngung als Pflanzvorbereitung ein?"

1. Sie stellt den Nährhumus bereit.
2. Sie fördert die Bodenlebewesen.
3. Sie reichert den Boden durch Verwendung von Leguminosen mit Stickstoff an.
4. Sie stabilisiert den Boden bzw. durchlockert mit ihrer großen Wurzelmasse den Boden.
5. Der Unterboden wird durch tiefreichende Wurzeln gelockert.
6. Tiefliegende Nährstoffe werden leichter aufgeschlossen.
7. Phosphor wird in die oberen Bodenschichten verlagert.
8. Sie wirkt als Schattengare.
9. Durch die Schattengare wirkt sie unkrauthemmend.
10. Sie bildet einen Erosionsschutz.
11. Sie hilft, die Bodenmüdigkeit abzubauen.

Faustregel: 1 % Humus liefert je Jahr ca. 50 kg Reinstickstoff zurück!

Für vorkommende schwere Lehm- und Tonböden stellt die Gründüngung eine billige und wirksame Gesundungs- bzw. Erholungsphase für den Boden dar. Bei den Ton- und Lehmböden, die mit ihrem hohen Anteil an feinen Bodenteilchen wenig Luft-(Gas-)Austausch aufweisen und damit zur Verdichtung neigen, kann das Niederschlagswasser durch die Hohlgänge der abgestorbenen Wurzeln bzw. eingebrachten oberirdischen Pflanzen und die durch die Bodenlockerung geförderten Regenwurmpopulationen und deren Gänge rasch in tiefere Schichten abgeleitet werden, wodurch der Verdichtung vorgebeugt wird.

Als Erosionsschutz dient auch folgende Erscheinung: Die geschlossene Pflanzendecke bremst die Aufprallgeschwindigkeit (und damit die Wucht) der Regentropfen stark ab. Ein Platzregen auf einen bloßen Boden kann Bodenpartikelchen bis zu 0,5 m hoch und mehr als 1 m weit schleudern und damit eine Regenerosion auslösen. Die Schattengare (Bodenbedeckung durch Pflanzen) schützt den Boden vor der unproduktiven Evaporation (= Verdunstung des Bodens), die im Sommer infolge höherer Temperaturen und warmer Winde sehr hoch ist.

Die produktive Verdunstung, die Transpiration (= Wasserabgabe der Pflanzen durch Spaltöffnungen) und die Photosynthese (= Umwandlung von CO_2 und H_2O unter Lichteinfluss in Zucker und O_2) sind positiv korreliert. Die Beschattungswirkung der Pflanzen und die Transpiration der Gründüngungspflanzen setzen die Bodenoberflächentemperatur auf lebensfördernde Werte herab (es kann auf unbewachsenen Böden bei Windstille und voller Sonneneinstrahlung eine um rund 25 °C höhere Temperatur an der Bodenoberfläche als bei den bewachsenen Böden verzeichnet werden).

Zu den vom Pflanzenbau angeführten Nachteilen der Gründüngung gehört, dass sie:

- viel Wasser benötigt (durch erhöhte Transpiration),
- mehr Nährhumus als Dauerhumus bringt und daher humuszehrend sei,
- keine Nährstoffzufuhr bringt und
- nematodenmehrend wirken kann.

Aus der Sicht des Obstbauern sei dem Folgendes entgegengehalten: Langjährige Erfahrungen zeigen bis dato keinen nachteiligen Effekt der Gründüngung mit den bisher angewendeten Pflanzen- bzw. Kulturmethoden. Wassermangel kann bei unseren Niederschlagsmengen zudem nicht als anbaubegrenzender Faktor gelten.

Die obstbaulich genutzten Böden weisen einen hohen Eigenhumusgehalt auf, sodass die geringe humuszehrende Wirkung der Gründüngung nicht berücksichtigt werden muss. Über eine nematodenfördernde Wirkung der Gründüngung sind dem Verfasser bei den bis jetzt angewendeten Gründüngungsmethoden keine Untersuchungen bzw. negative Auswirkungen bekannt.

Damit stellt die Gründüngung eine wesentliche Maßnahme zur biologischen Vorbereitung der Böden dar.

In der Steiermark sind zwei **Gründecken praxiserprobt**:

1. Gründüngung mit Lihoraps (nach Dir. Ing. STREMPFL, Obstbau-Versuchsstation Haidegg)

Lihorapsaussaat: Anfang bis Mitte April (20 bis 25 kg/ha)
direkt einfräsen: Anfang bis Mitte Juni
Lihorapsaussaat: sofort anschließend (20 bis 25 kg/ha)
direkt einfräsen: Mitte August (nach den letzten schweren Gewittern)
Graseinsaat: unmittelbar danach (Timotheegras 30 kg/ha und Futterhafer 100 kg/ha als Deckfrucht)
Hafermahd
Auspflockung der Anlage: ab Ende Oktober
Pflanzung: im Spätherbst noch möglich

2. Gründecke oder 20er-Mischung (nach Ing. HORNICH, verstorben 2012, ÖDB-Außenstelle Graz)

Zusammensetzung:
20 kg Mais
20 kg Pferdebohne
20 kg Wicken
20 kg Erbsen
5 kg Sonnenblumen
50 kg Futterhafer oder Sommerroggen

Aussaat: 20. bis 30. April
Häckseln: Ende Juli
Welke: 2 bis 3 Tage
Einackern: danach
Lihorapsaussaat: 6. bis 10. August (evtl. 80 bis 100 kg RN)
Häckseln und Einackern: um Allerheiligen
Auspflocken: Anfang November
Pflanzung: in günstigen Jahren im Spätherbst oder im Frühjahr
Graseinsaat: Frühjahr

Die Gründecke oder Gründüngung stellt somit für den Obstbauern eine optimale Bodenvorbereitung dar und gönnt dem Boden mindestens ein Erholungsjahr. Die Lihorapsdecke nach Variante 1 kann

Direktes Einbringen des zu blühen beginnenden Lihorapses als Gründüngung mittels Traktorfräse (Foto: KEPPEL)

ohne Weiteres mit der Ackerfräse auf 15 cm Tiefe eingebracht werden. Dazu ist kein vorhergehender Mäh- oder Häckselgang notwendig.

Anlagenplanung

Aus den heutigen Erfahrungen und im Hinblick auf eine pflanzenschutzmittelminimierende Produktion sollte bei Neuanlagen die Überlegung der Volleinnetzung der Neuanlage miteinfließen.

Vorteile: Der **Apfelwicklerbefall** kann dadurch vermieden werden = Einsparung von Insektizidspritzungen, wenn nicht die Verwirrtechnik dazu eingesetzt wird. Der Befall durch den Fruchtschalenwickler ist dennoch gegeben.

Bienenstöcke als Bestäubungshilfe können nach 1,5- bis zweitägigem Verbleib aus der eingenetzten Anlage entfernt werden und induzieren damit eine stark verringerte chemische und händische Ausdünnungsarbeit.

Das **Falllaub** nach dem Laubfall aus der Anlage entfernen (Saugmaschinen werden bereits bei den Kommunen in Parkanlagen eingesetzt). Vermindert stark die Apfelschorfgefahr.

Nachteile: Gering erhöhte Neupflanzungskosten durch die Volleinnetzung, bei der das Hagelnetz um die gesamte Anlage bis zum Boden reichend ausgespannt wird.

Geringfügig erschwerte Bearbeitung durch stetes Öffnen und Schließen der Einfahrtsöffnung bei der Bearbeitung und Ernte.

Anlagenplanung = die Ausnutzung der vorhandenen Fläche für eine Obstanlage.

Dazu sollte man einige grundlegende Fakten beachten:

1. Reihenverlauf

Der Reihenverlauf sollte (sofern es das Gelände nur halbwegs zulässt) in der Falllinie (also von der Hügelkuppe in Richtung Tal) verlaufen. Beim Schichtenlinienverlauf treten durch den talseitigen Zug der Geräte bzw. Maschinen immer wieder Arbeitserschwernisse beim Maschineneinsatz auf, die mittels steter Lenkbewegungen an Traktoren ausgeglichen werden müssen. Außerdem kommt es infolge unerwarteter Geländeveränderungen (z. B. tiefere Spurrillen durch Befahren bei nassem Boden) und bei zu engen Reihenweiten zu Baum- bzw. Stammverletzungen der talseitig des Gerätes stehenden Baumreihen.

Volleingenetzte Neuauspflanzung. Das Befahren der Anlage ist durch verschiebbare Netzbahnen im Einfahrtsbereich sichergestellt. Die Hagelnetze reichen bis zum Boden, um ein Einfliegen von unerwünschten Insekten zu verhindern. Aus gleichem Grund muss die verschiebbare Einfahrtsöffnung gleich nach dem Durchfahren wieder verschlossen werden. (Foto: KEPPEL)

2. Der **Abstand der Reihen seitlich vom Zaun** (mindestens 4 m)
Dieser Abstand sollte etwa mindestens dem Reihenabstand entsprechen. Bei der Rotation hingegen wird der Reihenverlauf der alten, gerodeten Reihe zu markieren und die neue Baumreihe genau in die Mitte der beiden alten Reihen zu pflanzen sein, um Bodenmüdigkeitserscheinungen und Herbizidnachwirkungen weitgehend abzuschwächen. Von der neu angelegten Reihe wird nun der Reihenabstand weiterberechnet. Aus Überlegungen der Minderung von Spritzabdriften sollen die Randreihen und Randbäume nur mehr mit resistenten Sorten ausgepflanzt werden, die keine Spritzfolge benötigen.

3. Abstand Reihenende – Zaun (± 5–8 m)

Man weiß, dass der Obstbauer stets bestrebt ist, jedes Fleckchen seiner Anlage zur Fruchtproduktion auszunützen und mit den Bäumen so knapp wie möglich an den Zaun heranrückt. Er bedenkt aber dabei nicht, dass er sich damit Erschwernisse bei der Mechanisierung einhandelt (z. B. Reversieren aus den Reihen wegen zu geringen Vorgewendes). Denkt man an den Einsatz arbeitssparender Geräte, kommt man um ein Vorgewende von 5–8 m nicht herum, um sich die zeitraubende ständige Reversiertätigkeit zu ersparen. Die infolge der geringen Baumzahl befürchtete Ertragseinbuße kann durch eine geringfügige Erhöhung des Längenwachstums der Bäume leicht ausgeglichen werden.

4. Sorten- und Unterlagenwahl

Die Sortenwahl ist von vielen Faktoren abhängig. Sie darf jedoch nicht allein vom Standpunkt der zu wählenden Sorte aus bestimmt werden, sondern muss mit den Pflanzkomponenten Boden – Pflanzsystem – Sorte – Unterlage – Standraum gekoppelt werden.

Grundsätzlich können folgende Schlagwörter Hilfestellung geben:

Je wüchsiger die Sorte und der Boden, desto schwächer die Unterlage.

Galt bis vor ca. drei Jahren noch bei der Rotation die Unterlagenwahl durch die abgetragenen Böden: im ersten Obstbestand M 9 als Unterlage, im zweiten Obstbestand M 26 als Unterlage, im dritten Obstbestand M 7 als Unterlage, so will man heute bei M 9 die natürliche Wuchsbremse der Bodenmüdigkeit ausnützen, um engste Pflanzsysteme wuchsmäßig in den Griff zu bekommen.

Bei den starkwüchsigen Sorten wie 'Boskoop', 'Berlepsch', 'Mutsu', 'Gloster' wird nun trotz der geringen Erfahrungen bei M 27 diese Unterlage als Veredelungspartner verlangt. Aus den heutigen Erfahrungen können bis auf reichlich ansetzende und sehr schwachwüchsige Sorten die meisten Sorten auf M 9 veredelt werden.

Sehr schwachwüchsige Sorten auf weiten Pflanzabständen werden besser auf M 26 veredelt, um dem vorzeitigen Erschöpfen besser begegnen zu können.

5. Pollenspender

Im Rahmen der Rotation soll auch die Überlegung der Wahl der Pollenspender ausreichend Platz finden. Grundsätzlich sollen bis zu 5 % der Bäume in einer Anlage als Pollenspender dienen. Zur Auswahl von geeigneten Pollenspendersorten mögen folgende Kriterien Hilfestellung leisten:

- Diploider Chromosomensatz des Pollenspenders (Befruchtersorte)
- Gute Pollenschlauchkeimfähigkeit des Pollenspenders
- Annähernd gleicher Blühbeginn der Befruchtersorte mit der Ertragssorte
- Idente Blühdauer
- Übereinstimmende Spritzmittelverträglichkeit
- Mehr oder weniger ähnliche Reifezeit (entfällt, wenn für die Befruchtersorte Wildformen verwendet werden oder auf die Früchte verzichtet wird)

Die Einbringung der Befruchtersorten kann erfolgen

- als Blockpflanzung (wenn Ertrags- und Befruchtersorte diploid sind), z. B. abwechselnd drei Reihen Ertragssorte, ein bis drei Reihen Befruchter,
- in den Reihen versetzt, jeder 20. Baum oder durch
- Aufveredeln der Pollenspender in Äste von Ertragsbäumen.

6. Wahl des Reihenabstandes

Zu diesem Punkt können als wesentlich beeinflussende Faktoren genannt werden:

- Die am Betrieb vorhandenen (eingesetzten) Maschinen und Geräte und deren Breite
- Die gewünschte Baumhöhe
- Baumerziehung, Unterlage und Sorte
- Das Gelände der Anlage

WINTER nennt eine Faustregel: **optimaler Reihenabstand = Baumhöhe + 1 m**.

Da die Schnittart ständigen Entwicklungstendenzen unterliegt (und damit verschieden baumbeeinflussend wirkt), sollte man eine durchschnittliche schattenwirksame Baumhöhe von 2,5 m als Berechnungsgrundlage heranziehen. Weil im Rahmen der Traktorenentwicklung höhere Motorenleistungen gefordert bzw. angeboten werden, sind die neu entwickelten Zugmaschinen meist breiter als ihre Vorgänger. Trotz des Einsatzes von Traktoren mit am äußeren Rand mit Gummi besetzten Kotflügeln kann im hügeligen Gelände die Reihenweite von 3,5 m kaum gehalten werden, sodass nun eine Reihenweite von 3,8 m als optimal erscheint. Maßvolle Baumhöhenerweiterungen können geplante Reihenabstandsverringerungen ersetzen. Der Einsatz von Schmalspurtraktoren verleitet zu extrem engen Reihenabständen, die bei nicht angepassten Baumhöhen zu Ausfärbungsminderungen führen; Die Baumhöhe soll in der Engpflanzung jedoch keinesfalls 3 m übersteigen.

7. Wahl des Baumabstandes in der Reihe

Als zu berücksichtigende Faktoren müssen genannt werden:

- Pflanzsystem (einreihig, mehrreihig)
- Sorte (Virusstatus)
- Unterlage
- Reihenabstand
- Gelände
- Bodenverhältnisse
- Rotationsstufe

In den Anfängen der Engpflanzung sind in der Wahl des Baumabstandes infolge Überschätzung der Wuchsstärke der Unterlage M 9 und durch Schnittfehler (Laufenlassen der Triebe) viele Standraumfehler durch zu großen Baumabstand passiert. Der Effekt der vollen Standraumausnutzung (bereits vom Jugendstadium weg) ging verloren. Auch die Schnittentwicklung und die Düngerbremse lassen es günstig erscheinen, eine Baumabstandsvariationsbreite um 1,0 m als ausreichend anzusehen. Die Erfahrungen der Landesversuchsanlage für Obst- und Weinbau Haidegg zeigen, dass ein Baumabstand von 1,0 m bei konsequenter Schnitttechnik (ohne Einsatz chemischer Hilfsmittel zur Wuchsbremse) ausreichend ist. Im Rahmen der Rotation (Nachbau) werden immer engere Pflanzenabstände gewählt. Gegenwärtig geht der Praxistrend zu ca. 3.000 Bäumen/ha (z. B. 3,5 x 1,0 m = 2.857 Bäume/ha bis 3,0 x 1,0 m = 3.333 Bäume/ha).

Zusätzliche Wasserversorgung

Vorausschau auf eventuelle zusätzliche Wasserversorgung

Hier fällt die Entscheidung zwischen drei Arten:

- der Überkronenberegnung,
- der Tröpfchenbewässerung und der
- Fertigation.

Die **Überkronenberegnung** kann im Frühjahr auch zur Frostschutzberegnung herangezogen werden. Sie wird hauptsächlich in Südtirol nicht nur zum oben angeführten Zweck angewendet, sondern im Sommer auch zur gleichmäßigen Wasserversorgung der Anlage. Daneben kann sie auch noch bedingt für die Flüssigdüngung und mehr oder weniger für den Pflanzenschutz eingesetzt werden. Die Wasserversorgungsrohre sind entweder fix (meist eingegraben) oder als fliegende Leitungen verlegt.

Die Überkronenberegnung setzt jedoch ein genügendes Wasserangebot in Anlagennähe voraus.

Als Faustregel des Wasserbedarfs gilt für die Frostschutzberegnung je Betriebsstunde und je ha ein Wasserangebot von 30 m^3, für die Beregnung allgemein (in der Vegetation) rund 4.000 m^3/ha. Bei Anlage eines Speicherteichs bzw. zur Wasserentnahme aus Bächen, Flüssen und dergleichen ist unbedingt zur Genehmigung die Wasserrechtsbehörde einzuschalten.

Die **Tröpfchenbewässerung** ist wassersparend sowie billiger in der Anschaffung und im Betrieb. Die Leitungen werden auf einfachste Weise fliegend verlegt und haben beim System „Agro-drip" keine Düsen mehr, die verstopfen können.

Unter **Fertigation** versteht man die düngende Bewässerung (Fertilisation = Düngung, Irrigation = Bewässerung). Mit dem Wasser werden gleichzeitig Nährstoffe in wasserlöslicher Form ausgebracht. Die Meinungen über die Fertigation gehen in der Praxis weit auseinander (MEISTER). Von den Befürwortern wird ausgeführt, dass die benötigten Nährstoffe optimal (in „richtiger" Menge im „richtigen" Verhältnis zum „richtigen Zeitpunkt") ausgebracht und gänzlich vom Baum über die Wurzel aufgenommen werden können. Gleichzeitig wird die Wasserversorgung sichergestellt. Durch die Fertigation kann bei Junganlagen eventuell die depressive Auswirkung der Bodenmüdigkeit gemindert werden.

Um Schockerscheinung der Bäume durch Wegfallen der Dünger-Wassergaben zu verhindern, soll nach dem Absetzen der Düngergabe bis in den Herbst hinein mit Wasser bewässert werden. Die Gegner der Fertigation sprechen von einer verstärkten Abhängigkeit von der Düngerchemie. Die Wasserlöslichkeit der Nährstoffe lässt sich nicht mit der naturnahen Produktion vereinen. Die Fertigation nimmt keine Rücksicht auf die Bodenunterschiede in der Anlage. Auf aufgedüngtem Boden zeigt sie wenig Einfluss. 15 oder 30 g RN/Baum und Jahr zeigten bei 'Elstar' und 'Jonagold' bis zum vierten Standjahr keine Ertragsunterschiede in vier niederländischen Versuchsanstalten. Höhere Düngergaben führten zu einer verminderten Ausfärbung der Früchte. Nicht fertigierte Bäume zeigten die besten Ausfärbungen der Früchte. Trotz Fertigation wies 'Elstar' Alternanz auf. Bei 'Golden Delicious' waren die Erträge bei fertigierten Bäumen gleich hoch wie bei nur mit Tröpfchenbewässerung behandelten (SCHOLTENS et al.).

Die Fertigation zeigte nach mündlichen Berichten eher Erfolge auf sandigen Böden und hier nur abnehmend bis zum vierten Standjahr. Neuere Ergebnisse zeigen auf, dass möglicherweise alleinige Wassergaben vom Frühjahr bis zum Sommer gleiche Effekte zeigen wie die Fertigation (siehe auch Superspindel).

2. ERZIEHUNGSARTEN UND KRONENFORMEN

Bei den Obstgehölzen kann man zwei Kronenformen unterscheiden, nämlich Rund- und Längskronen.

Rundkronen

Die Rundkronen umfassen die natürlich gewachsenen Kronen und die durch menschliche Eingriffe gestalteten Rundkronen.

Rundkronen zeigen im Grundriss annähernd einen Kreis.

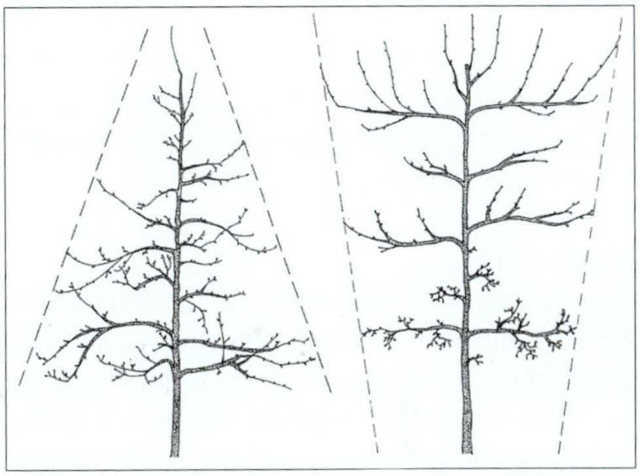

Wird die Spindel nicht konsequent in der pyramidalen Form geschnitten (links), neigt sie zum Überbauen und sie wird kopfschwer (rechts). (Quelle: WASSERMANN)

Zu den **Rundkronen** zählen die:

Spindeln

Unter Spindel versteht man eine pyramidale Baumform mit Rundkrone, bei der die Kronenform in der Seitenansicht einem schlanken Dreieck ähnelt, der Mitteltrieb vom Boden bis zur Baumspitze reicht und rundum mit Fruchtästen behangen ist. Die Kronensilhouette stellt bei der Spindel ein schlankes Dreieck dar. Sie zählt zum bodennahen Obstbau (Baumhöhe ca. 2–2,5 m). Bei der Spindel kennt man zurzeit verschiedene Erziehungsarten, beispielsweise die freie Spindel im herkömmlichen Sinn, sie ist eine Rundkrone mit niedriger Baumhöhe.

Schlanke Spindel

Die schlanke Spindel hat die gleiche Kronenform wie die Spindel, nur hat sie an der Basis einen schmäleren Durchmesser. Ein stabiles Kronengrundgerüst sichert die Standfestigkeit mit.

Vielfach wurden in der Praxis zweijährige Kopulanten als Spindeln gepflanzt, da diese bereits im Jahr der Auspflanzung Erträge erbrachten. Gut gepflegte, einjährige Okulanten können aber den Ertragsvorsprung des Jugendstadiums aufholen. Zweijährige Kopulanten sind teurer als einjährige Okulanten. Die Verwendung von Zwischenveredelungssorten wird aus kosten- und arbeitsmäßigen Gründen bei uns kaum durchgeführt.

Nordholländische Spindel

Darunter versteht man eine sehr schlanke Spindel, die sich mit zunehmendem Alter von der dreieckigen in eine rechteckige Kronensilhouette umwandelt. Der Kronendurchmesser an der Basis beträgt ca. 1,0 m, maximal 1,30 m.

Superspindel

Die Superspindel ist eine zylindrische Spindel (rechteckige Kronensilhouette) mit meist sehr kleinem Baumdurchmesser (ca. 30 bis 60 cm). Stärkere Seitenäste fehlen. Unter Superspindel versteht man einerseits eine Kronenform und auch ein Pflanzsystem. (Superspindelbäume können auch in die zylindrische Kronenform eingereiht werden.)

Turbospindel

Der austreibende Mitteltrieb frisch gepflanzter Okulate (okulierte Unterlagen mit schlafendem Auge) wird im Juni pinziert (geknipt) und die austreibenden Seitentriebe werden durch Aufhängen von Betongewichtchen nach unten formiert. Der Ertrag setzt im zweiten Lebensjahr ein. Die Schnittmaßnahmen beschränken sich auf einen lockeren Sommerschnitt, bei Bedarf auch Winterschnitt. Bei der Turbospindel gibt es keinen geregelten Kronenaufbau, es fehlt die Einhaltung der Spindelform und das Kronengrundgerüst.

Knipbaum

Darunter versteht man einen zweijährigen Baum mit einer einjährigen Krone, der einen reichlichen und flachen Ansatz aufweist und bereits nach der Auspflanzung gute Erträge liefern kann. Manche Anbaugebiete entfernen im Pflanzjahr die Blütenknospen.

Mehrarmige Kordons

Sie sind von der Leitasterziehung her zu den Rundkronen zu zählen, ergeben aber im Baumgrundriss eine Längskrone.

Pillar

Die ersten in Österreich ausgesetzten Spindeln wurden unter der englischen Bezeichnung „Pillar" (= Säule) bekannt.

Zu den schmalzylindrischen Kronenformen zählen die aus England kommenden von der Sorte 'McWijcik' (Mutant von 'McIntosh') stammenden Bäume für den Intensivanbau. Die Bäume für den Balkon bzw. für das Schlafzimmer, die in Töpfen geliefert werden, werden von den englischen Baumschullisten als „Ballerina"-Bäume bezeichnet.

Extrem schlanke, zylindrische Baumform mit Schnitt „auf lebenden Zapfen" (Pillarform) (Foto: KEPPEL)

Hohlkrone

Bei der Hohlkrone wird bei der Erziehung der Mitteltrieb entfernt. Dadurch ist das Kroneninnere frei von starken Ästen. Licht, Luft und Sonne kann bis in das Innere der Krone durchdringen. Somit ist eine bessere Fruchtausfärbung sowie ein verringerter Schädlings- und Krankheitsdruck gewährleistet. Die Hohlkrone bildete das baummäßige Rückgrat beim Aufbau des Steirischen Erwerbsobstbaues. Die Hohlkrone kann in die Kugelkrone und in die Kessel- oder Becherkrone unterteilt werden. Bei der Kugelkrone wachsen auch sich in Fruchtäste verzweigende Triebe in das Kroneninnere ein und beschatten die inneren Partien. Unter einer Kesselkrone versteht man eine pyramidenartig aufgebaute Hohlkrone. Die letztgenannten Kronenformen sind heute im Intensivobstbau nicht mehr üblich.

Fruchtwand

Schmale, hohe, in der Kronenkontur uniforme Bäume sollen den Einsatz von mechanischen Schnitthilfen ermöglichen. Auf ein starkes Astgerüst wird verzichtet. Im Umstellungszeitraum wird

Dreiast-Hohlkrone (Foto: KEPPEL)

Dreiast-Hohlkrone bei der Rodung, der Astansatz (Leitastwinkelverteilung ca. 120°) der drei Hauptleitäste ist deutlich zu sehen. (Foto: KEPPEL)

noch korrigierender Winterschnitt durchgeführt. Der Hauptschnitt per Maschine erfolgt nach noch festzulegenden sorten-, unterlagen-, standort- und witterungsabhängigen Terminen unter Bezugnahme auf die optimale Trieblänge (siehe auch mechanischer Schnitt).

Für die Verwendung der Fruchtwand zum maschinellen Schnitt sind folgende Anbauparameter maßgebend:

- Unterlage M 9
- Reihenweite 3,0–3,5 m
- Baumabstand in der Reihe 0,75–1,25 m bei der Spindelerziehung, bei der Bi-Baumerziehung 1,25–2 m.

Die Früchte mit der besten Qualität wachsen nach BAAB an den äußersten 25 cm der Fruchtwand. Deswegen sollten diese nahe am Stamm geschnitten werden.

Weitere standortsbezogene Erfahrungen fehlen noch.

Pyramidenkrone

Bei der Pyramidenkrone bildet der Stamm das Kronengrundgerüst mit vier Hauptleitästen. Am Stamm sind übereinander zwei oder drei Hauptleitastetagen angesetzt. Die Pyramidenkrone hat den Nachteil, dass das Kroneninnere dicht und beschattet ist und einen erhöhten Schnittaufwand verursacht.

Fruchtwand: Mur Fruitier (nach CTIFL) (Foto: KEPPEL)

Pyramidenkrone (Skizze: NOVAK)

Längskronen

Längskronen weisen im Grundriss eine elliptische Form auf. Sie haben zur Gasse hin kurze, in der Reihe lange Äste.

Zu den Längskronen zählen die:

Hecken

Bei der Hecke unterscheidet man die **Zweiasthecke oder** die **Y-Hecke**, bei der der Mitteltrieb

Zweiasthecke (Skizze: NOVAK)

Dreiasthecke (Skizze: NOVAK)

entfernt wurde. Unter einer **Dreiasthecke** versteht man eine Hecke mit zwei schräggestellten Hauptleitästen und einem aufrechten Mitteltrieb.

Schräge, unformierte Hecke (nach DUHAN)

Hier wird der aufrecht stehende Mitteltrieb nach der Pflanzung ab einer Höhe von ca. 70 cm in mehreren Arbeitsgängen auf einen Winkel von ca. 45° ans Heckengerüst gebunden. Die austreibenden Äste werden flach an das Heckengerüst formiert und bleiben in den ersten Jahren ungeschnitten, damit sie sich trotz der starken oder mittelstarken Unterlagen relativ rasch mit Fruchtholz garnieren.

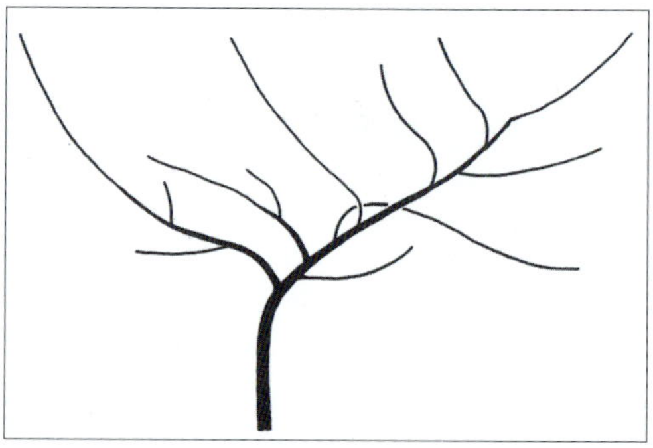

Duhan-Hecke (Skizze: NOVAK)

Kordon

Bei den Kordons handelt es sich um eine Form des Spalierobstbaus. Beim waagrechten ein- oder zweiarmigen Kordon werden die Triebe an einen

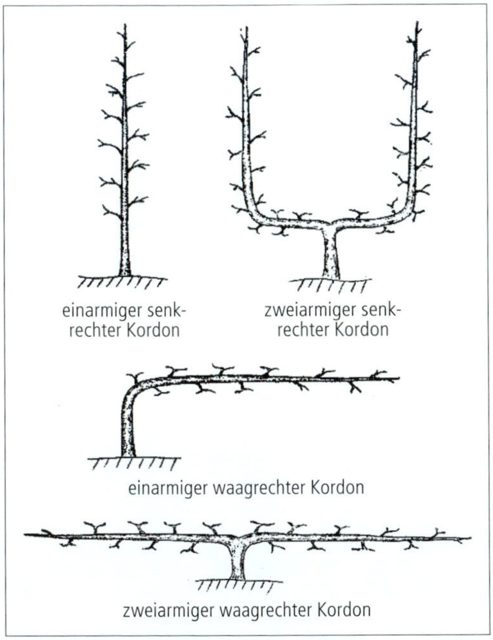

Verschiedene Kordons (Grafik: DUHAN)

Vierarmiger senkrechter Kordon in Paris (Foto: KEPPEL)

waagrechten Draht (ca. 50 cm über dem Boden) angeheftet. Durch die sehr bodennahe Erziehungsform werden Pflege und Ernte mühsam. Außerdem besteht bei schlechter Pflege die Gefahr des Durchgehens der Scheiteltriebe.

Italienische Palmetten

Vom Stamm oder zwei Hauptleitästen gehen an das Gerüst befestigte waagrechte Fruchtäste weg.

Bei den Längskronen benötigt man stabile Stützgerüste, während bei den Spindelanlagen locke-

Palmettenartig aufgebauter Spalierbirnenbaum gegenüber dem Rathaus in Ruhpolding, links im Frühling und rechts im Herbst (Bayern, Deutschland) (Fotos: KEPPEL)

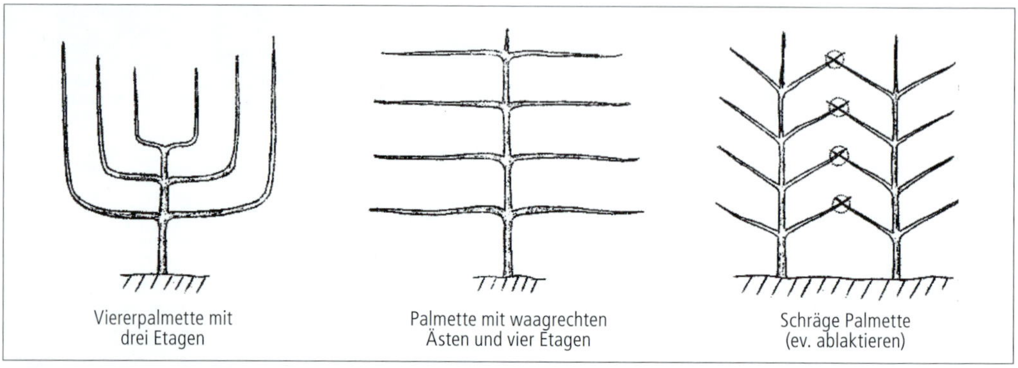

Palmetten (Grafik: DUHAN)

Schräge Palmette mit ablaktierten Ästen, Jardin de Luxembourg, Paris (Foto: KEPPEL)

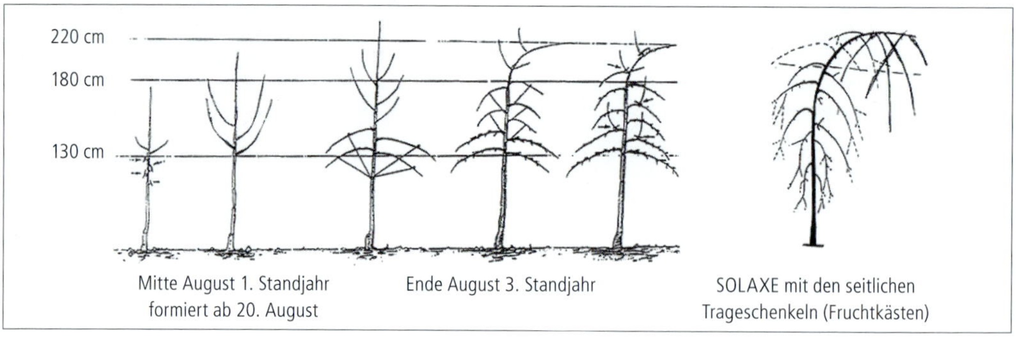

Erziehung der SOLAXE (Grafik: LESPINASSE)

re Stützgerüste ausgewählt werden können, die naturgemäß billiger sind (weitere Informationen, siehe Pflanzmaterial).

SOLAXE-Baum

siehe auch Pflanzsystem

Alle vorzeitigen Triebe unterhalb des untersten Stützgerüstdrahtes (130 cm) sind zu entfernen. An der Stammverlängerung erfolgt kein Anschnitt, die unterhalb der Terminalknospe liegenden drei bis fünf Knospen blendet (entfernt) man.

In der zweiten Augustwoche des ersten Standjahres beginnt die Abwärtsformierung der Fruchtäste an der Stammbasis, wobei die Biegung der Triebe 20 cm vom Stamm weg erfolgt. Reitertriebe (steil aufrecht wachsende Triebe) und stark hängendes Fruchtholz entfernt man. Die Triebverlängerung wird nur über die Terminalknospe zugelassen. Am Ende des zweiten Standjahres sollte der Mitteltrieb die Höhe des obersten Stützdrahtes erreichen.

Im Frühjahr des dritten Standjahr beginnt man mit der Formierung des Fruchtbogens nach der Blüte in zwei Schritten, wobei nach der Blüte der Mitteltrieb am mittleren Stützgerüstdraht auf der Höhe von 180 cm fixiert und anschließend in einen Bogen gelegt wird. Der umgebogene Mitteltrieb wird dann im Abstand des zweiten zum dritten Draht (ca. 40 cm) von der gedachten vertikalen Stammverlängerungsachse 40 cm entfernt angebunden, sodass der Bogen fertig ist. Alle Reitertriebe entfernt man. In Abhängigkeit des Baumabstandes erzieht man links und rechts der Baumseite in Reihenrichtung je zwei Fruchtbogen, die das abwärtswachsende Tragegerüst der SOLAXE bilden. Die Astverlängerung erfolgt immer nur über die Terminalknospe. Die weiteren Schnittmaßnahmen beschränken sich auf die Entfernung der Reitertriebe und des stark herabhängenden und beschattenden Fruchtholzes. Blütenknospen an der Triebunterseite entfernt man zeitsparend beim Winterschnitt mittels Abscheren mit der Baumschere.

Vorteil der SOLAXE: Nur der zweite Apfel hinter der Terminalknospe ist kleiner, alle anderen Früchte sind ziemlich gleich groß und qualitativ hochwertig (MONNEY, 2001, mündlich) und die Flächenerträge sind hoch.

Baumabstände (nach LESPINASSE et al.), geändert für mitteleuropäische Bedingungen
Kanadarenette .... 2 m
Elstar, Granny Smith, Fuji .... 1,75 m
Gala, Golden Delicious, Jonagold .... 1,5 m
Braeburn .... 1,25 m

SOLAXE-Baum im Jugendstadium an der Versuchsstation AGROSCOPE Changins (Schweiz) – es fehlen noch die seitlich angesetzten Trageschenkel. (Foto: KEPPEL)

Bi-Baum (Y-Baum, Bibaum® Mazzoni®)

Im Prinzip ist der patentrechtlich geschützte Bi-Baum ein Y-Heckenbaum mit fehlendem Stamm auf schwacher Unterlage (M 9).

Der Bi-Baum soll die Pflanzkosten verringern und höhere Erträge in der Flächeneinheit als einstämmige Bäume liefern, benötigt aber ein stabiles Stützgerüst. Weitere Erfahrungen fehlen noch. Die Pflanzabstände betragen 1,0–1,2 m in der Reihe.

Probleme in der Erziehung bei ungleichem Leitastwuchs: Der linke Leitast (dominierend) wächst immer stärker als der rechte (untergeordnete) Leitast (links). Bi-Baum in der Anlage (rechts) (Fotos: KEPPEL)

Bestimmungsmerkmale von Pflanzsystemen

Herkömmliche Bezeichnung	Fachbezeichnung	Baumform	Kronenform	Kronenerziehung
Streuobst (Extensivobstbau)	Baumwiese	Hochstamm	R	natürliche, im Alter ungeschnittene Krone
Straßenobstbau (Extensivobstbau) Alleeobstbau	–	Hochstamm	R	natürliche, im Alter ungeschnittene Krone
Intensivobstbau	Pyramidenkronenanlagen	Hochstamm Mittelhochstamm Niederhochstamm Viertelhochstamm	R	Pyramidenkrone Oeschbergkrone
Hohlkronenanlage	Hochstamm	Mittelhochstamm Niederhochstamm Viertelhochstamm	R	Hohlkrone mit drei oder vier Leitästen
	Kordon	Kordon	R L	ein-, zwei-, dreiarmiger senkrechter, schräger oder ein-, zweiarmiger waagrechter Kordon
	Spindelbusch		R	Spindelbusch
	Eng-, Dichtpflanzung	Spindel	R	Spindel schlanke Spindel
	Doppelreihe	Spindel	R	schlanke Spindel
	Mehrreihensystem	Spindel	R	schlanke Spindel
	Nordholländisches Dreireihensystem	Spindel	R	schlanke Spindel
	Superspindel	Spindel	R	zylindrische Spindel ohne starke Seitenäste (Schnurbaum = eigentlich einarmiger senkrechter Kordon)
	V-System	Spindel	R	schlanke Spindel
	Fruchtwand	Pillar	R	schlanke Spindel

3. PFLANZSYSTEME IM OBSTBAU

Unter einem Pflanzsystem versteht man einen Summenbegriff aus Baumform, Kronenerziehung, Kronenhöhe, Stammhöhe, Pflanzverband, Pflanzabstand und verwendeter Unterlage.

In der heutigen Terminologie wird unter Pflanzsystem meist nur mehr die Kronenerziehung verstanden (z. B. Superspindel).

Bestimmungsmerkmale

Herkömmliche Bezeichnung
Hier wird die (in Österreich) gebräuchliche Bezeichnung für ein Pflanzsystem (Baumgruppen) genannt.

Fachbezeichnung
Als Fachbezeichnung wird der im Obstbaubereich für das entsprechende Pflanzsystem verwendete Wortlaut genannt.

Baumform
Hierunter versteht man den Sammelbegriff aus Kronenerziehung und Kronenhöhe.

Kronenform
Bei der Kronenform unterscheidet man Rund- (R) und Längskronen (L). Bei der Rundkrone liegt ein runder, bei der Längskrone ein elliptischer Kronengrundriss vor.

Kronenerziehung
Hierunter versteht man z. B. die Kronenerziehung von Pyramiden-, Oeschberg-, Hohlkrone-, Zweiasthecke-, Dreiasthecke usw.

Kronenhöhe
Sie drückt die Kronenhöhe vom Kronengrundgerüst (Astansatz am Stamm) bis zu den Spitzentrieben aus.

Stammhöhe
Unter Stammhöhe versteht man die Distanz zwischen dem Boden und dem Kronenansatz.

Kronenhöhe	Stammhöhe	Pflanzverband	Reihenzahl	Pflanzabstand	Unterlage
20 m und mehr	mind. 2 m	unregelmäßig (verstreut) oder einzelreihenweise	1	ungeregelt mindestens 10 x 10 m	stark bis mittelstark
20 m und mehr	mind. 2 m	entlang von Straßen und Alleen	1	ungeregelt	stark
5–6 m	0,7–2,0 m	reihenweise geregelt als Einzelreihe	1	7 x 6 m bis 5 x 4 m	stark bis mittelstark
5–6 m	0,7–2,0 m	reihenweise geregelt als Einzelreihe	1	7 x 6 m bis 5 x 4 m	stark bis mittelstark
2–3 m	0,4 m	reihenweise geregelt als Einzelreihe	1	0,8–4 m	schwach
2 m	0,4–0,6 m	reihenweise geregelt als Einzelreihe	1	2,5 x 2,5 m	schwach
2–3 m	0,7 m	Einzelreihe	1	3,0–4,2 m x 1,2–1,8 m	mittelstark, schwach
2–3 m	0,7 m	Doppelreihe im Dreiecksverband, Fischgrätverband	2	3,5 + (0,5 –1,0) x 1,2–1,8 m	schwach
2–3 m	0,7 m	Mehrreihen (Beetpflanzung) Dreieck, Fischgrät	3, 4, 5, 6, 8	3–3,5 m + (... x 0,5–1,0 m) x 1,2–1,8 m	schwach
2 m	0,7 m	Dreireihensystem im Dreiecks- oder Fischgrätverband	3	3–3,5 m + (2 x 0,9) + 1,8 m	schwach
2,0–2,5 m	0,5 m	Ein- oder Doppelreihensystem im Dreiecksverband Mehrreihensystem in der Seitenansicht	1,2 bis 4	2,5–3 m x 0,3–0,6 m	schwach
2,5–3,0 m	0,7 m	Doppelreihensystem im Dreiecksverband, Bäume stehen in einer Reihe oder doppelreihig im Boden	2	3–3,8 + (0–0,3 m) x 0,7–1,0 m	schwach
2,5–3,0 m	0,5 m	Einzelreihensystem	1	3,0–3,5 m x 0,75–1,25 m	schwach

Pflanzverband

Der Pflanzverband wird untergliedert in:

- unregelmäßig (die Bäume sind ohne Gesetzmäßigkeit über der Fläche verstreut) und
- regelmäßig (die Bäume sind mit bestimmten Gesetzmäßigkeiten ausgepflanzt).

Einzelreihe: Die Bäume stehen in einer Reihe hintereinander.

Doppelreihe: Die Bäume sind in zwei knapp nebeneinanderstehenden Reihen gepflanzt und bilden jeweils ein kleines Reihenpaket. Die Bäume können entweder im Fischgratmuster oder im Dreiecksverband stehen (siehe Pflanzsystemskizze, Seite 336).

Reihenzahl

Sie gibt die Zahl der im Reihenpaket eng nebeneinanderstehenden Reihen an.

Pflanzabstände

Die Pflanzabstände drücken die Gesetzmäßigkeit der Auspflanzung aus. Die Pflanzabstände werden durch den Reihenabstand und den Baumabstand in der Reihe definiert (z. B: 3,5 x 1,25 m).

In der Pflanzabstandsformel wird zuerst immer der Reihenabstand und nach dem Malzeichen der Baumabstand in der Reihe angegeben. Zur Berechnung der Standfläche des Baumes wird der Reihenabstand mit der Baumzahl multipliziert. In diesem Beispiel lautet es 3,5 x 1,25 = 4,375 m^2 Standraum/Baum. Um nun zur Baumzahl/ha zu kommen, wird die m^2-Zahl eines Hektars (= 10.000 m^2) durch den Standraum des Einzelbaumes dividiert (In diesem Beispiel ist dies 4,375 m^2). Das Ergebnis lautet 2.285 Bäume/ha (Die Baumzahl/ha wird abgerundet ganzzahlig angegeben, z. B. 2.285 B/ha statt 2.285,71 oder 2.286 B/ha).

In verschiedenen Ländern Europas bürgert es sich ein, nicht die theoretische Baumzahl/ha (in diesem Beispiel 2.285 B/ha) als standardisierte Baumzahl zu verwenden, sondern diese mit 0,9 zu multiplizieren. Dabei wird nicht 1,0 ha, sondern die durch das Vorgewende entstehende angenommene Leerfläche von 10 % nicht baumbestandener Fläche angesetzt. In Österreich ist es nach wie vor gebräuchlich, die standardisierte Baumzahl auf 10.000 m^2 bezogen auszurechnen. (Über die weitere Berechnung bei Mehrreihenpflanzsystemen, siehe Pflanzung und Rotation.)

Unterlage

Über die Unterlage werden Baumform, Kronen- und Stammhöhe beeinflusst (daneben auch noch der Ertragsbeginn, siehe auch „Unterlagen").

Bestimmungsmerkmale von Pflanzsystemen

Herkömmliche Bezeichnung	Fachbezeichnung	Baumform	Kronenform	Kronenerziehung
Intensivobstbau	Dachsystem	Spindel	R	schlanke Spindel
Intensivobstbau	Obstwiese (nach) Long Ashton)	Spindel	R	schlanke Spindel
	Hecke	Niederstammhecke	L	Zweiasthecke Dreiasthecke Duhan-Hecke Bouché-Thomas Hechinger-Hecke freie Palmette
	italienische Palmetten	Palmette	L	Palmette mit ein, drei oder vier Astetagen
Sonderform	Tatura Trellis	Hecke	R	Zweiastkrone quer zur Reihe
	Lincoln Canopy	Kordon	L	waagrechter Kordon
	Ebro	Palmette	R	4er Palmette
Intensivobstbau	Drilling (für Äpfel und Birnen geeignet)	Niederstamm	R	Dreiast-Hohlkrone
Intensivobstbau	Mikado (für Äpfel und Birnen geeignet)	Niederstamm	R	Vierast-Hohlkrone
Intensivobstbau	Fusaxe® (Dalibri) Dichtpflanzung mit Heckengerüst	Spindel	R	Spindel
Siedlerobstbau	alle Varianten möglich			

Anmerkung: R = Rundkrone, L = Längskrone

3.1 Obstanlagen

3.1.1 Obstanlagen mit Rundkronen

Die Intensivobstanlagen gingen von den **Pyramidenkronenanlagen** aus. An Baumformen wurden die Hoch-, Mittelhoch-, Nieder- und Viertelstämme verwendet. Die Kronenerziehung basierte auf den drei, vier oder sogar manchmal fünf Hauptleitastpyramidenkronen oder Oeschbergkronen. Die Kronenhöhe erreicht im Durchschnitt 5–6 m. Die Stammhöhe differiert von 0,7–2,0 m. Bei den Intensivobstanlagen ist ein reihenweise geregelter Pflanzverband als Einzelreihe gegeben. Die Pflanzabstände lagen je nach Unterlage und Stammhöhe bei 10 x 6 bis 5 x 4 m. Die großkronigen Obstanlagen sind wegen ihrer arbeitsaufwendigen Pflege und Ernte, des späten Ertragsbeginns und der lang andauernden Phase des Ertragsanstieges heute nicht mehr gebräuchlich.

Hohlkronenanlagen

Wie bei der Pyramidenkrone waren alle Baumformen möglich. Bei der Kronenerziehung bürgerte sich die Hohlkrone mit hauptsächlich drei (Steiermark) oder auch vier Hauptleitästen ein. Die Kronenhöhe und Stammhöhe sowie der Pflanzverband als auch die Pflanzabstände und die Unterlagen entsprechen den Pyramidenkronenanlagen. Um zu geregelten Ernten und zu guter Fruchtqualität zu kommen, wurde versucht, mittels gezielter Schnittmaßnahmen und durch die Verwendung von mittelstarken Unterlagen, den Wuchs der Bäume zu bremsen. Die Erntemengen blieben nun jährlich annähernd gleich hoch.

Die Qualität der Früchte konnte durch gezielte Pflegemaßnahmen gesteigert werden. Planmäßige Schnittarbeiten und die Ernte mussten jedoch unter arbeitsaufwendigem Leitereinsatz erfolgen. Mit der Verwendung von mittelstarken Unterlagen zur Heranzucht von Apfelbäumen verkleinerte sich das Kronenvolumen. Dies führte schließlich Ende der 50er-Jahre zum intensiven und plantagenmäßigen Obstbau.

Kordon

Unter Kordon (oft als Schnurbaum bezeichnet) versteht man eine meist rundkronenförmige Baumform mit geringem Baumdurchmesser. Die Kronenerziehung kann als ein-, zwei- oder dreiarmiger, senkrechter oder schräger Kordon erfolgen. Der waagrechte Kordon zählt zu den Längskronen. Die Kronenhöhe erreicht je nach verwendeter Unterlage und Stammhöhe ca. 2–3 m. Der Pflanzverband ist straff geregelt. Die Pflanzabstände in der Reihe betragen, je nach verwendeter Unterlage, 0,8 bis 4 m.

Kronenhöhe	Stammhöhe	Pflanzverband	Reihenzahl	Pflanzabstand	Unterlage
2,50 m	0,7 m	Doppelreihe	1	3,5 + 1,5 x 1,0 m	schwach
1–1,5 m	0,5 m	Beetsystem (paketartiges Mehrreihensystem)		0,3 x 0,45 m	mittelstark
3,0 m	0,5–0,7 m	reihenweise, geregelt in einer Einzelreihe	1	5 x 4 m	mittelstark
3–5 m	0,7 m	reihenweise, geregelt als Einzelreihe	1	5 x 4 m	mittelstark
bis 4 m	0,7 m	Einzelreihe	1		mittelstark
0,7 m	0,5 m	Einzelreihe	1		mittelstark
3 m	0,7 m	Einzelreihe	1		mittelstark
2–2,5 m	0,4 m	reihenweise als Einzelreihe	1	3,8 x 1,0 x 1,2–1,6 m	schwach
2–2,5 m	0,4 m	reihenweise als Einzelreihe	1	3,8–4,0 x 1,6–2,0 m	schwach
2–2,5 m	0,6 m	Einzelreihensystem	1	3,0–3,5 x 0,5–0,9 m	schwach
alle Varianten möglich					

Spindelbusch

Beim Spindelbusch sind die Baumform und die Kronenerziehung als Rundkronenform ident. Die Kronenhöhe beträgt ca. 2 m, die Stammhöhe ca. 0,4–0,6 m. Die Pflanzverbände sind geregelt, die Reihen als Einzelreihen ausgepflanzt. Die Pflanzabstände wurden in den 30er-Jahren mit 2,5 x 2,5 m eingehalten. Der Spindelbusch war das erste Pflanzsystem mit schwachwüchsiger Unterlage und stellte den Vorläufer der heutigen Spindel dar.

Moderne Pflanzsysteme

> **Intensivste Pflanzsysteme lohnen sich nur bei hohen Erlösen, bei minimalem Arbeitsaufwand und geringen Auspflanzungskosten.**

Bevor auf die modernen Eng- bzw. Dichtpflanzungsformen näher eingegangen wird, werden einige Gedanken zur Überlegung: **„Warum werden engere Pflanzabstände benötigt?"** erläutert.

- Die Landflucht verursacht einen Arbeitskräftemangel, der nur durch Arbeitseinsparung (bodennahe Baumformen) kompensiert werden kann. Zusatzarbeitskräfte benötigen zusätzliche Geldmittel und verteuern die Produktion.
- Hohe Investitionskosten (relativ hohe Baumzahl/ha) bedingen hohe Anfangserträge, um die Rentabilität einer Anlage zu sichern.
- Neue Sorten erhalten nur im Einführungsstadium hohe Preise (Primeurpreise entstehen durch starke Nachfrage bei geringen Angebotsmengen).
- Geringer Pflegeaufwand wird angestrebt (kein arbeitsaufwendiges Binden, kein Herabhängen des Fruchtholzes, kein Aufhängen der fruchtenden Äste, nur gezielter Schnitt im schwachen Fruchtholz).
- Durch Erziehung von stammnahem Fruchtholz wird der Baumdurchmesser klein gehalten, somit sind höhere Baumzahlen/ha möglich. Als Zusatzeffekte wären eine bessere Fruchtausfärbung und leichtere Erntearbeit zu nennen.
- Infolge Rotation entstehen auf kleinbetrieblichen Anbauflächen rasch apfelmüde Böden, die das vegetative Wachstum hemmen. Die Verwendung engster Pflanzabstände bedingt in der Reihe stärkere Wurzelkonkurrenz, welche wiederum einen geringeren vegetativen Wuchs bedingt.
- Kleine Bäume benötigen nur einen schmalen Herbizidstreifen (ca. 60 cm). Dies kommt der Integrierten Produktion entgegen.
- Kleine Baumdurchmesser und stammnahes, schwaches Fruchtholz ergeben eine gute Lichtversorgung bis ins Kroneninnere. Daher können die im Licht stehenden Blätter besser assimilieren und die Früchte werden schöner ausgefärbt.
- Um die Rentabilität einer Anlage zu erhöhen und genügend Kapital für eine Neuanlage erwirtschaften zu können, wird eine Lebensdauer von mindestens zehn bis 15 Jahren anzustreben sein. Herkömmliche Dichtpflanzungen sind auf eine Lebensdauer von ca. 20 Jahren ausgelegt. Beim Nordholländischen Pflanzsystem sank die Lebensdauer auf ca. 12 Jahre, bei Knipbäumen wird sie gar nur mehr mit acht Jahren angesetzt. Beim V-System kann sie mit zehn bis 15 Jahren geschätzt werden.
- Die Frage der Überproduktion durch engere Pflanzabstände ist im Auge zu behalten, da eine Erntemenge über die volle Marktsättigung hinaus rasch zu Preiseinbrüchen führt. Die bisher geübte EU-Praxis, Überproduktionen durch Preisstützungen auf die Halde zu führen, kann nicht Sinn einer Produktion sein.

Erfahrungsgemäß werden folgende beeinflussende Faktoren bei dichten Pflanzsystemen hinsichtlich einer optimalen Produktion genannt:

- Die Alternanzgrenze liegt bei 60 Tonnen/ha. Hinsichtlich der Qualitätsgrenze wird erfahrungsgemäß ein Hektarertrag von 40.000–45.000 kg/ha im Einzelreihensystem als optimal genannt, da bis zu dieser Erntemenge bis zu 95 % erster Qualität geerntet werden kann. Steigt der Ertrag über diese Grenze hinaus, sinkt der Anteil erster Qualität sehr rasch. So wurden bei 'Golden' auf M 9 im Abstand von 3,5 x 1,25 m bei Erträgen von knapp 80 Tonnen/ha nur mehr 60 % erste Qualität geerntet. Man kann hieraus ablesen, dass die Erträge gesteigert werden können, dies aber auf Kosten der Qualität geht. Man produziert daher einen höheren Ertrag unter kräftigem Einnahmeverlust durch mindere Qualität (kleinere, schlechtausgefärbte Früchte).
- Der Ertragsverlauf ist mit 40.000 kg/ha im Einzelreihensystem kaum (sortenabhängig) alternanzgefährdet. Steigt er höher an, steigt die Alternanzquote auf bis zu 30 bis 40 %.
- Bei den engen Pflanzsystemen sinken der Ausfärbungsanteil und die Deckfarbenintensität der Früchte, besonders bei den roten Sorten.

Die bodennahe, klein- bzw. rundkronige und arbeitsarme Baumform der schlanken Spindel ermöglicht wegen des geringen Baumvolumens eine hohe Baumzahl/ha. Im Zuge der Landflucht nach dem Zweiten Weltkrieg sank das Arbeitskräftepotential der bäuerlichen Betriebe und zwang die Praktiker, arbeitsärmere Pflanzsysteme anzulegen. Es kam zur Einführung der Eng- oder Dichtpflanzung mit mehr als 1.000 Bäumen/ha auf schwachen Unterlagen. Die Baumerziehung erfolgte als Spindel.

Eng-, Dichtpflanzungen (Einreihenpflanzung)

Bei den Dichtpflanzungen tritt als Baumform die Spindel auf. Die Kronenerziehung erfolgt als normale Spindel oder als schlanke Spindel. Je nach verwendeter Unterlage beträgt die Kronenhöhe 2 bis 3 m. Die Stammhöhe weist 0,7 m auf. Die herkömmlichen Dichtpflanzungen sind im einzelreihigen Pflanzverband durch einen Pflanzabstand von 3,0 bis 4,2 x 1,2 bis 1,8 m unter Verwendung von mittelstarken oder schwachwüchsigen Unterlagen gekennzeichnet.

Weitere Einreihenpflanzsysteme

Enge (besser gesagt engere) Pflanzabstände finden Anwendung bei sehr guten, fachlichen Kenntnissen, bei „schwachen" Unterlagen, bei bodenmüden und leichten Böden sowie bei schwachwüchsigen Sorten und generativen Bäumen.

Weitere Pflanzabstände können bei weiten Pflanzsystemen, guten Böden, kaum vorhandener Bodenmüdigkeit, stärkeren Unterlagen, schlecht verzweigtem Pflanzmaterial (unter drei vorzeitigen Trieben) und mittel- bis starkwüchsigen Sorten Anwendung finden. Nach Südtiroler Erfahrungen pflanzt man für einen guten Erfolg Ruten (unverzweigte Bäume) auf 1,0–1,2 m, Baumqualitäten mit 3+ (= mindestens drei und mehr vorzeitige Triebe) 1,0–1,2 m, 5+ auf 0,9–1,1 m und 10+Bäume auf 0,8–1,0 m. Gegenwärtig läuft der Pflanztrend bei Einzelreihendichtpflanzungen in Richtung 3.000 bis 5.000 Bäume/ha. Im Rahmen der Kosteneinsparung bei der Pflanzung und der Kostenminimierung bei der Produktion können auch mittelstarke Unterlagen mit weiteren Pflanzabständen Verwendung finden, da auch über die bodenmüden Böden mit einer Wachstumsreduktion zu rechnen ist. Konnten **Spindelpflanzungen bei alter Schnittführung** und mittelstarken Unterlagen auf Pflanzabständen mit 4,0 x 1,8 m (= 1.388 Bäume/ha) erzogen werden, könnten Pflanzabstände in Standorts- und Sortenabhängigkeit von rund 3,8 x 1,5 m (= 5,7 m^2/Baum = 1.754 Bäume/ha) möglich sein. Bei schwachwüchsigen Sorten könnte der Reihenabstand wahrscheinlich auf 3,5 m sinken.

Mikado-, Drillingspflanzsystem

Dieses Pflanzsystem wurde von KREBS in der Versuchsstation Güttingen am Bodensee (Schweiz) vorgestellt. Beim Mikadosystem finden vier Leitäste, beim Drillingssystem drei Leitäste zum Kronenaufbau Anwendung. Die Pflanzabstände liegen bei 3,8–4,0 m x 1,2–2,0 m. Im weitesten Sinne stellt jeder Gerüst-(Leit-)Ast eine eigene Spindel dar und bremst so das Wachstum starker Obstarten (Birne) und Sorten.

Beide Pflanzsysteme basieren auf der Nutzung der vorzeitigen Triebe, wobei durch den Aufbau eines annähernd aufrechten Astgerüstes eine Wuchsschwächung erreicht werden soll. Als Pflanzmaterial finden einjährige Apfel- bzw. ein- oder zweijährige Jungpflanzen Verwendung. Die Anschnitthöhe beträgt bei den einjährigen Bäumen 40 cm, bei den zweijährigen muss bereits in der Baumschule am Beginn des zweiten Baumschuljahres auf 40 cm angeschnitten werden, wobei passende vorzeitige Triebe belassen werden. An Unterlagen finden für starkwüchsige Sorten M 9 und für schwachwüchsige Sorten mittelstarke Unterlagen, bei Birnen Quitte A Verwendung. Da an das Gerüst besonders hohe Standfestigkeitsansprüche gestellt sind, wählt man mindestens 80 cm lange Anker zur Reihenabspannung, als Querjoche Flacheisen in der Dimension 25 x 5 mm. Alle 40 m stehen die V-Gerüstpfähle. Der Querjochdraht weist ca. 3,8 mm Durchmesser auf. Der Stamm- und Gerüststützdraht kann etwas schwächer gewählt werden und ist auf einer Höhe von 35 cm gespannt. Die Pflanzung erfolgt im Spätherbst.

Im ersten Standjahr entfernt man die Blüten vor dem Aufblühen. Die Leitäste werden nach jeweils 30 bis 40 cm Trieblänge mit Plastikbindematerial an das Stützgerüst gebunden. Das Anschneiden der Triebe unterbleibt, überzählige Triebe sind zu entfernen. Im zweiten und dritten Standjahr unterbleibt wiederum das Anschneiden der Leitäste bei gleichzeitigem Entfernen überzähliger Triebe. Konkurrenztriebe sind zu entfernen und bei zu schwachen Gerüstästen auch die Blüten. Ab Mitte August erfolgt das Formieren.

In den Folgejahren können die normalen wuchsbremsenden Schnittmaßnahmen neben dem Wipfelschnitt nach der Blüte erfolgen.

Fusaxe® (Dalibri)

Von der Baumschule Davodeau-Ligonnière (Frankreich) geschütztes Pflanzsystem, welches mit dem herkömmlichen steirischen Spindelerziehungssystem bei breitem, basisnahem Kronengrundgerüst mit stammnahem Querjoch vergleichbar ist. Bei Fusaxe® liegen als äußere Querjochdrähte gewellte und unrund verlaufende Drähte in einer Stärke von 2 x 2,4 mm vor. Die anderen Gerüstdrähte besitzen eine glatte Oberfläche. Die Gerüstpfähle werden 2,5 m hoch gewählt, die Querjochstangen 0,8 bis 0,9 m. Die Stützdrähte verlaufen auf 0,85, 1,20, 1,60 und 1,90 m über dem Boden. Die Erfolgstheorie gibt an: „Frucht vor Baum." An Unterlagen wählt man M 9 oder M 27. Zur Pflanzung stehen ein- oder zweijährige Bäume mit vorzeitigen Trieben bereit. Die Pflanzung erfolgt auf Erdhügeln. Je nach Wüchsigkeit der Sorten findet man Pflanzabstände von 3,0–3,5 m x 0,5–0,9 m. Die düngende Tropfbewässerung (Fertigation) beginnt (in Abhängigkeit von Witterung und Standort) ab März. Mineralische Düngung erfolgt zusätzlich im Feber und Mai. Der Schnitt setzt erst bei einem Einzelbaumertrag von 15 kg ein. In der Erziehungsphase (erstes Standjahr nach der Pflanzung) wird im April der Mitteltrieb unterhalb des vierten Triebes vor der Terminalknospe zurückgeschnitten. Bei Erreichen der 12-Blatt-Länge des Mitteltriebes (Anfang Juni) wird dieser pinziert und der erste (unterste) Gerüstspanndraht angebracht. Im Juli können die an den Querjochen außen aufliegenden, gewellten Drähte aufgelegt werden, wobei anschließend die seitlich passenden Äste angeheftet werden. Die restlichen Gerüstdrähte spannt man mit zunehmender Baumhöhe. Das Ausdünnen setzt mit dem zweiten Standjahr ein, ab dem dritten Standjahr der Sommerschnitt. Bei diploiden Sorten soll ein Blatt:Frucht-Verhältnis von 10 bis 25 : 1, bei triploiden Sorten 10 bis 15 : 1 herrschen.

AXE Central ähnlicher Kronenaufbau (Foto: KEPPEL)

AXE Central

Bereits 1880 hat man in Frankreich mit dieser Form der Baumerziehung experimentiert. Hundert Jahre später griff man dieses System wieder auf und erzieht damit Bäume, deren Stammverlängerung so lange nach oben wachsen kann, bis die Gerüsthöhe erreicht ist. Die Fruchtäste wachsen und hängen seitlich in Richtung Boden. In wüchsigen Gebieten und bei starkwüchsigen Sorten kommt es aber bald zu einer Triebverdichtung, bei der die älteren unterhalb und stammnah hängenden Äste von den jüngeren am äußeren Rand der Krone befindlichen Triebe überdeckt werden und so eine mindere Fruchtqualität aufgrund von Beschattung produzieren.

Solen

Darunter versteht man eine Zweiasthecke mit flachen, gegenseitig abgelegten Leitästen. Der Anschnitt erfolgt in der Anlage auf 1,3 m. Bereits im Juli formiert man beide Leitäste auf die andere Baumhälfte, lässt diese aber noch vertikal stehen. Im Mai des zweiten Standjahres erfolgt dann das kräftige Niederformieren der Leitäste in die Waagrechte. Durch das Formieren der Leitäste jeweils auf die andere Baumseite entsteht eine starke Wuchsbremse. Im französischen Sprachraum gebräuchlich.

Doppelspindel (Fuseau double)

Eigentlich Y-Hecke auf schwacher Unterlage mit einem Pflanzabstand von 4,0 x 2,5–2,8 m und einem Seitenleitastabstand von 1,2 m. Nach einer Stammhöhe von 30 cm werden die beiden Leitäste im Winkel von 45° bis zu den 1,2 m neben dem Stamm stehenden vertikalen Formierpfählen geleitet und dann am Formierpfahl angebunden und hochgeleitet. Im französischen Sprachraum gebräuchlich. Daraus hat sich die SOLAXE entwickelt.

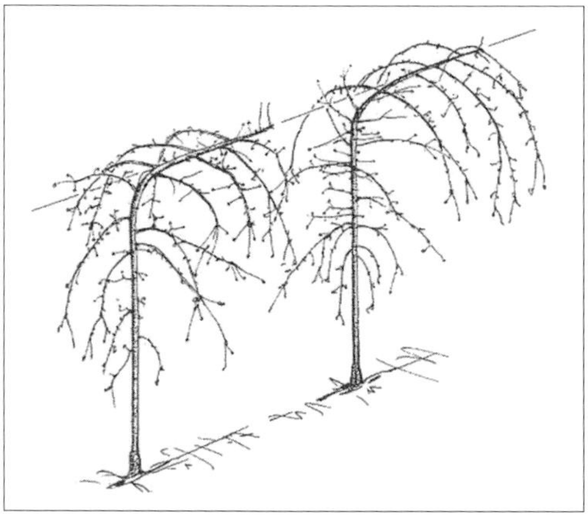

SOLAXE im Ertragsstadium (Grafik: LESPINASSE et al.)

SOLAXE

(siehe auch Baumformen)

Bis zum fertigen Baum ist die lotrecht stehende Stammverlängerung eine annähernde Spindel, die im Jugendstadium den Ertrag liefert. Ein Trageschenkel wird am obersten Gerüstdraht horizontal formiert.

Vorteile dieses Systems sind: geringer Pflanzbedarf, geringer Schnittaufwand, bis auf die vorletzte Frucht eines Trageschenkels gleichmäßig große Früchte. Die vorletzte Frucht ist bemerkenswerterweise bei allen Sorten immer kleiner als die restlichen Früchte. Weiters kann bereits beim Winterschnitt mit der Baumschere ein Ausdünnen der Blütenknospen an der Triebunterseite durch einfaches Abscheren erfolgen.

An Nachteilen können genannt werden: stabiles Stützgerüst notwendig, bei der Erziehung mehr handarbeitsaufwendig, beim Schnitt bedarf es beim Schnittpersonal einer mentalen Umstellung. Diese Erziehung kommt Sorten mit hängendem Fruchtholz entgegen.

Als neues Pflanzsystem wird von Praktikern oft die **Fruchtwand** (siehe dort) genannt, obwohl es sich hier um eine Baumerziehung im Einzelreihensystem mit einer ein- (spindelartig) oder zweiarmigen Stammverlängerung (Bi-Baum) handelt. Die Fruchtwand ist gekennzeichnet durch schmale, hohe Bäume, die leicht zylinderstumpfförmig erzogen sind, um den Einsatz der mechanischen Schnittgeräte zu erleichtern.

Momentan werden aus Fruchtqualitätsgründen einreihige Pflanzsysteme bevorzugt.

Mehrreihige Dichtpflanzungssysteme

Die Mehrreihensysteme unterscheiden sich von den Doppelreihen und den Einzelreihen durch die Auspflanzung mehrerer Reihen knapp nebeneinander (= Beetpflanzung). Die Bäume können entweder im Dreiecksverband oder im Fischgratmuster nebeneinander stehen. Je nach Verwendung der Reihenzahl spricht man von 3-, 4-, 5-, 6-, 7- oder 8-Reihenbeetpflanzung.

Die **Pflanzabstände** werden formelmäßig ausgedrückt:
z. B. 3–3,5 m + (3 x 1,0 m) x 1,2–1,8 m

Erklärung der Formel:
3 bis 3,5 m bedeutet den baumfreien Reihenabstand (Gassenbreite) von Reihenpaket zu Reihenpaket,
+ deutet wieder auf das Mehrreihensystem hin,
(3 x – hiermit werden die der ersten Reihe nachfolgenden, knapp beieinander stehenden Baumreihen im Reihenpaket bezeichnet (In diesem Beispiel handelt es sich also um ein vierreihiges Beetsystem.),
1,0 m) bedeutet: Reihenabstand im Reihenpaket,
x ist gleich die Formelüberleitung auf den Einzelbaumabstand.
1,2–1,8 m gibt den Baumabstand in der Reihe an, der zwischen 1,2 und 1,8 m in der Reihe gewählt werden kann.
Als Unterlagen werden ausschließlich schwachwüchsige Unterlagen verwendet.

Doppelreihendichtpflanzung

Die Doppelreihe entspricht in der Baumform der Kronenerziehung, in der Kronen- und Stammhöhe der Einzelreihenspindel. Wie der Name bereits ausdrückt, werden bei der Doppelreihe zweireihige Pflanzverbände im Dreiecksmuster verwendet.

Die Pflanzabstände betragen
z. B. 3,5 + (0,5–1,0 m) x 1,2–1,8 m.

Erklärung der Pflanzformel:
3,5 m = Pflanzabstand und liefert einen Hinweis auf das Mehrreihensystem,
(0,5–1,0 m) zeigt den Reihenabstand bei den nebeneinanderstehenden Reihen in einem Reihenpaket an,
x drückt das Ende der Reihenabstandsbezeichnungen aus und leitet auf den Baumabstand in der Reihe über.

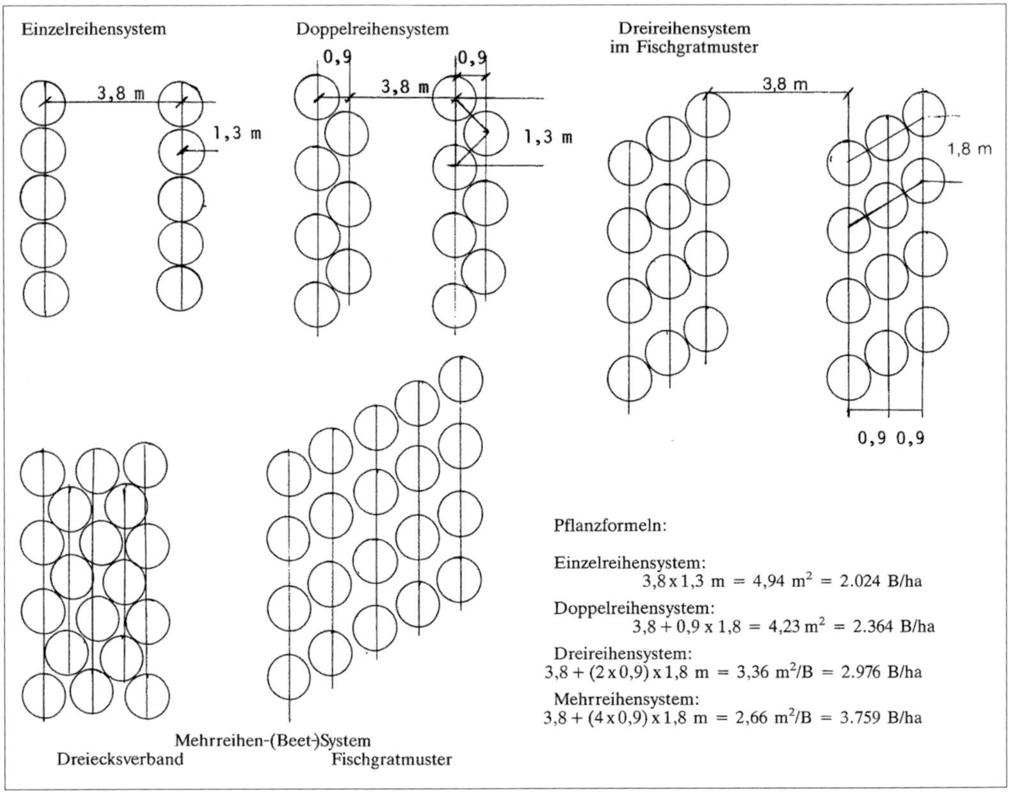

Pflanzsysteme (Quelle: KEPPEL)

Nordholländisches Dreireihensystem

Als Kronenerziehung wird hier die Nordholländische Spindel eingesetzt, die in den ersten Standjahren noch den normalen schlanken Spindelcharakter trägt, mit zunehmendem Alter aber zylindrisch wird. Die Baumhöhe soll mit 2 m begrenzt werden. Bei der Nordholländischen Spindel wird der Dreireihenpflanzverband im Dreiecksverband oder als Fischgratmuster eingesetzt. In der Praxis haben sich Reihenabstände von 3–3,5 m, Reihenabstände im Paket von 0,9 m und Baumabstände von 1,8 m durchgesetzt (1,8 m Baumabstand setzt sich aus dem Baumdurchmesser des Einzelbaums von 1,3 m und einem Pflegeabstand zwischen den einzelnen Bäumen von 0,5 m zusammen.

Der Pflegeabstand ist notwendig, um die Bäume der mittleren Reihe beidseitig zu pflegen und ernten zu können. Durch den Pflegeabstand von 0,5 m, der nicht zuwachsen darf, dringt auch Licht ins Beetinnere. Damit wird vom Erfinder (HOUTER) des Nordholländischen Dreireihensystems der ungehinderte Zugang zu jedem Baum im Reihenbeet verstanden.

Deswegen wird auch ein „Pflegeabstand" von 50 cm je Baum zum Baumabstand in der Reihe aufgeschlagen – Beispiel:
Baumabstand 1,30 m im **Einzelreihensystem**
Baumabstand 1,30 m + 0,50 m Pflegeabstand = 1,80 m im **Dreireihensystem**

Das Charakteristikum dieses Pflanzsystems haben STREMPFL und KEPPEL wie folgt beschrieben:

- Größtmögliche Baumzahl/Flächeneinheit,
- Bäume mit größtmöglichem Ertrag/m^2,
- Fruchtansatz auf der gesamten Astlänge,
- pyramidale Baumform,
- kleiner Baumdurchmesser (max. 1,5 m),
- niedrige Bäume (max. 2 m Baumhöhe),
- schwaches Fruchtholz,
- die Fruchtqualität soll erhalten bleiben bzw. verbessert werden.

Damit beruht nach HOUTER das Nordholländische Pflanzensystem auf

- der großen Produktionskapazität des kleinen Baums,

- der Pflanzung einer großen Baumzahl/ha, + einer besseren Ausnutzung des Bodens,
- der Zugänglichkeit der Pflanzung,
- der Möglichkeit der Bearbeitung mit den im Betrieb vorhandenen Maschinen sowie
- der Erhaltung einer guten Fruchtqualität.

Das Nordholländische Pflanzsystem wurde in seinem Ursprungsland (Niederlande) meist auf apfelmüden Böden (dritte Apfelgeneration) ausgepflanzt. Die Bodenmüdigkeit wirkte sich stark wuchsdepressiv aus. Der Schwerpunkt der Schnittarbeiten wurde auf die Sommerbehandlung gelegt, um den unproduktiven Wuchs der Bäume zu bremsen (starker Winterschnitt wird als unproduktiver Wuchsanreiz verstanden). Durch die starken Sommerschnittmaßnahmen werden auch die an der Stammbasis stehenden Blätter von der Beschattung freigestellt und können so wieder voll assimilieren. Die Winterarbeit umfasste das Wegschneiden der Steher sowie das Auslichten zu dicht stehender Fruchtholzpartien. Um den Austrieb schwach- und flachwachsender Adventivknospen (schlafende Augen) zu erreichen, schneidet man die zu entfernenden Fruchtäste mit einem „schrägen Zapfen" an der Stammbasis weg. Die Schnittführung wird hierbei so angelegt, dass das Scherengelenk weiter vom Stamm wegbleibt. Die Scherenspitze befindet sich dabei in unmittelbarer Stammnähe. Die schräge Schnittführung bewirkt das Durchtreiben von flach- und schwachwüchsigen Fruchttrieben aus Adventivknospen. Die Länge des schrägen Zapfens ist sortenabhängig. Schwachwüchsige Sorten

Schnitt auf „lebenden Zapfen" bei Zwetschke mit dem beim Steinobst üblichen kleinen Zapfen zur Verhinderung des Rücktrocknens bis ins lebende Holz (Foto: KEPPEL)

Schnelles händisches Baumschneiden bringt beim Kernobst oft einen unerwünschten Zapfen (der bei der Ernte zu Fruchtverletzungen führen kann) – die Schnittstelle ist zu weit von der lebenden Verzweigung entfernt. (Foto: KEPPEL)

Nordholländisches Dreireihensystem, Sorte 'Idared' (Foto: KEPPEL)

Vertrocknete Zapfen bei der Kirsche, meist zur Schonung des Stammes geschnitten, damit die Schnittwunde nicht bis in den Holzteil des Stammes austrocknet. (Foto: KEPPEL)

brauchen einen längeren Zapfen als starkwüchsige Sorten. Durch den Einsatz der Schnitttechnik mit schrägen Zapfen werden auch kahle Stellen am Stamm weitestgehend vermieden.

Heute wird überwiegend auf Zapfen geschnitten. Dies bedeutet, dass ein Stück altes Holz an der Schnittstelle verbleibt.

Die Nordholländische Spindel basiert auf der Pflanztheorie von hohen Baumzahlen/ha mit geringen Einzelbaumerträgen.

Bei Steinobst tritt oft ein Vertrocknen des Zapfens ein. Bei Kernobst treiben meistens die sogenannten schlafenden Knospen aus und verhindern so eine Kahlstelle am Stamm.

Waagrechte Fruchtäste werden auf eine abwärts stehende Blütenknospe oder auf einen schwachen Fruchttrieb abgesetzt. Nach der Blüte wird das Formieren verstärkt eingesetzt. Seitens der OVS Haidegg wird zusätzlich noch die Wipfelbehandlung nach der Blüte durchgeführt, um in der Kopfregion des Baumes einen schwächeren Austrieb zu erreichen. Die Umstellung sämtlicher Schnittarbeiten aus den Wintermonaten in die Wochen nach der Blüte würde aber arbeitswirtschaftliche Probleme erbringen, da der Zeitraum zur Bewältigung der Winterarbeit nach der Blüte relativ kurz ist und in Konkurrenz mit anderen Pflegearbeiten (Krankheits- und Schädlingsbekämpfung, Mulchen) steht. Für die einzelnen Bäume kann dies jedoch eine zusätzlich geeignete Maßnahme sein, um ein schnitttechnisches Alternanzbrechen durchzuführen.

Pflanzung einer großen Baumzahl pro ha

Unter Berücksichtigung der **Ertragsformel**:

errechneter Gesamtertrag/ha = Einzelbaumertrag x Baumzahl/ha

setzt HOUTER (1980) folgende durchschnittliche Baumerträge, die in folgender Tabelle zusammengefasst sind, ein:

Vergleich des Einzelbaumertrages im Nordholländischen Dreihreihensystem und des Einzelreihensystems im Vollertragsstadium

	Nordholländische Spindel	Spindel im Einzelreihensystem
Mittlerer Baumertrag/Jahr	15 kg	40 kg
Baumzahl/ha	3.000	1.000
ha-Ertrag/Jahr	45.000 kg	40.000 kg

Vorweg sei jedoch gesagt, dass der angestrebte Baumertrag von 15 kg/Baum im Dreireihensystem nicht erreicht wurde.

Überlegungen zu verschiedenen Pflanzparametern

Der Pflegeabstand von 50 cm dient dem ungehinderten Zugang zu den Bäumen, die in der Beetmitte (also in der zweiten Reihe) stehen. Die Forderung des Pflegeabstandes dient auch der Sicherung der besseren Belichtung der zweiten Reihe, da diese Bäume im Dreiecksverband gepflanzt sind.

In der Praxis hängt das **Freibleiben des Pflegeabstandes** unter anderem

- vom Wuchs der Sorte (Standort, Unterlage, Düngung, Witterung) und
- von der verwendeten Schnitttechnik ab.

Es ist daher so, dass der Pflegeabstand eine Pufferzone für überstarkes vegetatives Wachstum bzw. eine Ausweichzone für lange Äste bei zu eng eingeschätztem Standraum darstellt. Obwohl die Nordholländische Spindel vom Schnitt her einen „kurzen" Fruchtholzschnitt (Kordonschnitt) verlangt, wird seitens der Praktiker immer wieder versucht, einen stärkeren, sorteneigenen Wuchs (z. B. 'Gloster', 'Jonagold') durch das Laufenlassen der Triebe (nicht anschneiden) und das damit verbundene raschere Ansetzen von Blütenknospen zu bremsen. Der Einsatz dieser Schnitttechnik führt zum Scheitern des Nordholländischen Pflanzsystems, da der Pflegeabstand binnen vier Jahren (OVS Haidegg) zugewachsen ist und die Äste von der Stammbasis her genetisch ('Gloster') oder infolge der schlechten Belichtung der Stammbasis ('Jonagold') verkahlen. In der Folge verschiebt sich die fruchttragende Triebzone immer weiter zur Triebspitze hin, während die Astbasis unproduktiv verkahlt. Die nun relativ langen Gerüst- bzw. Fruchtäste können die Fruchtlast aufgrund ihrer schwachen Triebstärke nicht mehr waagrecht tragen. Die mit Früchten behangenen Triebe liegen nun, je nach Astansatzhöhe am Stamm, am Boden auf. Solche Früchte sind infolge verstärkter Beschattung nicht ausgereift und daher qualitativ minderwertig.

Tritt nun der Umstand der zugewachsenen Pflegeabstände auf, so färben die Früchte der mittleren Reihe nicht gut aus und bleiben minderwertig. Außerdem sind dann die Ernte- und Schnittarbeiten im gesamten Beet erschwert.

Bei der Erntebonitierung bzw. Erntepersonalbeobachtung bei eigenen Versuchen konnte ein weiterer Aspekt beobachtet werden. Da die Bäume im vierten Standjahr nur eine Baumhöhe von 1,7 bis 2,0 m ('McIntosh') aufweisen, hängt der Ertrag bei den Außenreihen überwiegend in der unteren Baumhälfte. Das Erntepersonal kann daher nicht wie bei der normalen Spindel mit einer Baumhöhe von 2,0 bis zu 2,5 m aufrecht stehend ernten, sondern muss die händische Erntearbeit mehr oder weniger gebückt durchführen. Durch das Bücken steigt jedoch der Platzbedarf des Ernters an, sodass mit dem Pflegeabstand von 0,5 m/Baum nicht mehr das Auslangen gefunden werden kann.

Die **Raumnot der Ernter** steigt umso mehr an, je größer und je breiter der Körper der einzelnen Ernteperson ist:

- Körpergröße 170 cm – Körpergröße 184 cm
- Beckenbreite 35 cm – Beckenbreite 45 cm

Platzbedarf von Ellbogen bis Ellbogen bei aufrechter Ernteposition 95 cm. Allein aus der Beckenbreite kann schon abgelesen werden, dass der Pflegeabstand mit 50 cm ziemlich knapp bemessen ist.

Standortbedingte Luftfeuchtigkeit

Keinesfalls zu vernachlässigen ist die standortbedingte Luftfeuchtigkeit. Dieser ernteerschwerende Faktor mag in den stets windreichen Obstanbaugebieten der Niederlande keine Beachtung finden. In den obstbautreibenden Gebieten der Steiermark stellt die herbstliche hohe Luftfeuchtigkeit (Nebellagen) eine wesentliche Ernteerschwernis im Mehrreihensystem dar, denn die äußeren Baumpartien trocknen durch den stets am frühen Vormittag einsetzenden Luftzug (Wind) sehr rasch ab, während die inneren Baumpartien im Mehrreihensystem relativ spät abtrocknen.

So ist kaum jemand seitens des eingeteilten Erntepersonals freiwillig bereit, vor zehn Uhr im Beetinneren des Mehrreihensystems zu ernten, da das Laub und die Früchte noch taunass sind. Ebenso bleibt der einfallende Tau bereits ab 16 Uhr im Beetinneren im Laub und an den Früchten hängen, während dieser in den äußeren Baumregionen durch die letzten einfallenden Sonnenstrahlen bzw. durch die Luftbewegung bis 17 Uhr ohne Weiteres abgetrocknet werden kann. Das Problem der längeren Blatt- bzw. Luftbefeuchtung wird größer, wenn Nebel und Windstille herrschen, sodass im Beetinneren die Baumorgane kaum abtrocknen. Daher ist das Erntepersonal gezwungen, mit der unbeliebten, weil nicht transpirierenden, außen wasserabweisenden Schutzkleidung zu arbeiten.

Pflanzsystembezogener Pflanzenschutz

Dieser Effekt des Kleinklimas innerhalb eines Beetes bringt außerdem noch Probleme beim Pflanzenschutz. Das eingeführte, umweltschonende „Feinsprühen" (statt 1.500 l Brühenaufwand/ha werden nur mehr ca. 125 bis 150 l Brühe bei acht Bar Druck und siebenfacher Bekämpfungsmittelkonzentration verwendet) ist in seiner vollen Wirkung im Mehrreihensystem herabgesetzt, denn der mengenmäßig geringe und tröpfchenmäßig fein verteilte Spritzschleier kann nicht in der für eine optimale Wirkung geforderten Menge durch das Astgerüst und Blattwerk in das Reiheninnere durchdringen. Die Wirkung dieses Spritzverfahrens für die Bekämpfung der „Roten Spinne" (*Tetranychus ulmi*) muss mit „nicht befriedigend" klassifiziert werden. Der erfolgreiche, versuchsweise Ansatz von Raubmilben zur Bekämpfung der „Roten Spinne" könnte jedoch diesen negativen Spritzerfolg wettmachen.

Pflanzsystembedingte mechanische Ernte

Auch der Einsatz von halb- und vollmechanischen Ernte- und Pflegegeräten ist im Mehrreihensystem nicht möglich. Der von der Landesversuchsanlage Haidegg in Zusammenarbeit mit der Fa. Winkelbauer/Anger entwickelte „Mehrzweckanhänger für Ernte und Schnitt" (KEPPEL, 1983) kann im Dreireihensystem nur zum Sammeln und zum Abtransport der geernteten Früchte verwendet werden, während beim Einzelreihensystem zusätzlich auch die Erntearbeit vom fahrenden Mehrzweckanhänger unter kräftiger Steigerung der Ernteleistung/AKh abgewickelt wird.

Un-(Bei-)Krautbekämpfung

Da im Nordholländischen Dreireihensystem durch die Beetpflanzung der Herbizidstreifen von 1,0 m (im Einzelreihensystem) auf 2,8–3,0 m steigt, bedarf die Unkrautbekämpfung besonderer Sorgfalt.

Im Obstanbaugebiet der Steiermark herrscht der Hangobstbau im hügeligen Alpenostrand vor. Dabei liegt die Hangneigung oft an der Grenze der Traktorbefahrbarkeit in der Falllinie.

Bei breiten Herbizidstreifen, im Zusammenhang mit der steilen Hangneigung und beim Auftreten von starken Regenfällen (Gewitter) besteht die Gefahr von Regenerosionen im Beet, da der ca. 3 m breite, unbewachsene Beetboden ungeschützt ist. Es wird seitens der Praxis versucht, durch Strohmulch (Aufbreiten von Getreidestroh auf dem Herbizidstreifen) das Aufkeimen von Unkräutern zu verhindern. Gleichzeitig muss aber der Nagetierbekämpfung (Mühlmäuse) größte Aufmerksamkeit geschenkt werden, da diese Schädlinge in und unter der Strohdecke eine ausgezeichnete Nistmöglichkeit vorfinden. Mit dem Schrägstellen des Düsenkörpers kann eine TeeJet-Düse sowohl im Einzelreihen- als auch im Dreireihensystem verwendet werden, da durch den verschieden breiten Spritzkegel eine Anpassung an die notwendige Herbizidstreifenbreite erfolgt. Der breite, bewuchsfreie Herbizidstreifen wird aus Umweltschutzgründen immer stärker negativ beurteilt. So meint SCHUHMACHER (mündlich 1984, Wädenswil), dass die Herbizidstreifenbreite immer enger werden sollte, weil ein gewisser negativer Einfluss auf den Boden festgestellt werden musste. Wie sich die im Einzelreihensystem derzeit in Erprobung befindlichen „Bodenkriecher" Gundelrebe (*Glechoma hederacea*) und Persischer Ehrenpreis (*Veronica persica poir.*) als natürliche Unkrautunterdrücker im Dreireihensystem bewähren werden, muss erst über einen Praxistest geprüft werden.

Schnitt

Die Forderung der maximalen Baumhöhe von ca. 2,0 m hat nicht nur physiologische Hintergründe (bessere Belichtung der Bäume und Früchte), sondern auch bearbeitungstechnische, denn eine Baumhöhe von ca. 2,0 m ist ohne Weiteres ohne Steighilfen (Pflückschlitten, Leiter) bei der Arbeit (Schnitt und Ernte) von Hand aus erreichbar. Denn das Dreireihensystem lässt in der Beetmitte durch die engen Standweiten ohne wesentliche Zeitverzögerung keinen bzw. nur einen stark erschwerten Pflückschlitteneinsatz bzw. Leitereinsatz zu.

Auch die Verwendung kräfteersetzender Hilfsmittel (z. B. pneumatische oder elektrische Schnittscheren) ist im Beetinneren durch das häufige Verhängen der Zu- und Ableitungsschläuche im Astgerüst erschwert. Der Einsatz der vollmechanischen Schnittgeräte (ein senkrecht und ein am oberen Geräteende waagrecht angebrachter Mähbalken oder Kreiselmesser) zum Begrenzen der Baumsilhouette ist im Beetsystem ausgeschlossen. Einzig die beiden Außenhälften der äußeren Bäume könnten so geschnitten werden. Aber die Arbeitsweise dieser Geräte lässt keine pflanzensystembedingte Schnittführung zu (Fruchtholzschnitt, Schnitt auf abwärtsstehende Blütenknospen usw.). Und somit kann die „Wuchsbremse durch erhöhten Ertrag" nicht mehr eingehalten werden.

Ernte

Schnitt und Ernte sind arbeitstechnisch ähnlich. Die halbmechanische Ernte könnte im Dreireihensystem nur bei den äußeren Baumhälften der Außenreihen durchgeführt werden. Die innere Baumreihe ist nur per Hand zu ernten. Man vergibt sich also durch die Verwendung des Dreireihensystems (oder auch der Mehrreihensysteme insgesamt) die Vorteile ernteerleichternder Hilfsmittel (z. B. Erntewagen). Am rationellsten wäre im Mehrreihensystem noch die Kleinkistenernte mit dem Pflückschlitten (bei den äußeren Reihen) und die Pflücksackernte im Beetinneren. Die Großkistenernte des gesamten Mehrreihensystems stellt große Anforderungen an die Betriebsorganisation (unproduktive Stehzeiten des Traktorfahrers, vermehrte Leerfahrten beim absetzigen Großkistenverfahren, wesentlicher Rüstzeitverlust der Ernter durch lange Wegstrecken vom Baum zur Großkiste). Das Einzelreihensystem ist dagegen arbeitsmäßig ohne wesentliche Rüstzeitverluste teilmechanisierbar (KEPPEL, 1983).

Erhaltung einer guten Fruchtqualität

Nach Erkenntnissen von LINK benötigt der Einzelbaum ein gewisses sortentypisches, oberirdisches, vegetatives Wachstum, um unterirdisch genügend weiße Wurzelspitzen zur ausreichenden Nährstoffaufnahme (besonders Ca) auszubilden. Die Forderung des Nordholländischen Dreireihensystems ist jedoch ein schwachwüchsiger Baum mit viel Ertrag. Es kann durch das Überwiegen des Produktionsfaktors „Ertrag" aber bis zum Wuchsstillstand des Baumes kommen. Damit erhalten nach LINK die Früchte zu wenig Kalzium und verlieren an längerer Haltbarkeit im Lager.

Die Fruchtqualität ist ein komplexer Begriff, der unter anderem auch durch die Fruchtfarbe beeinflusst werden kann. Sie setzt sich daher aus „äußeren" und „inneren" Fruchteigenschaften zusammen:

- äußere Fruchtqualität = Fruchtgröße, Ausfärbungsgrad, Berostung, Schalenfehler und
- innere Fruchtqualität = Geschmack, physiologische Reife, Lagerfähigkeit.

Die Fruchtqualität wird derzeit entsprechend der Qualitätsklassenverordnung nach äußeren Kriterien bewertet und diese äußere Fruchtqualität ist damit auch preisbestimmend.

Anlässlich einer Pausendiskussion beim „6. Vorarlberger Obstbautag 1986" erfuhr der Verfasser, dass das herkömmliche „Nordholländische Dreireihensystem" im Bodensee-Obstbaugebiet ab 1986 geändert ausgepflanzt werden soll.

- *bisherige Pflanzweise:*
  3,0 + (2 x 0,9) x 1,8 = 3.472 Bäume/ha
- *verbesserte Pflanzweise:*
  3,0 + (2 x 0,6) x 2,0 = 3.571 Bäume/ha

Auf konkretes Nachfragen nach den Gründen der Pflanzabstandsänderung im Dreireihensystem in diesem Obstanbaugebiet wurden von den Befürwortern des Dreireihensystems keine schlüssigen Antworten gegeben, sondern nur gesagt, dass der neue Pflanzabstand „besser" sei.

Im Referatsnachgespräch konnte der Verfasser folgende Gründe herausarbeiten:

- *Bei rotgefärbten Apfelsorten gibt es im herkömmlichen Dreireihensystem Ausfärbungsprobleme.*
- *Der Wuchs der Bäume ist ohne chemische Wuchsregulatoren schwierig anlagenkonform zu bremsen.*
- *Die chemischen Wuchsregulatoren werden ab 1986 in der Schweiz und in Deutschland verboten, damit könnten verstärkt Wuchs- und Ausfärbungsprobleme auftreten.*
- *Durch den engen Reihen- und den weiten Baumabstand soll das Fehlen der chemischen Wuchsbremse (ausbleibende Wuchsregulatorenspritzung) im „verbesserten Dreireihensystem" ausgeglichen und gleichzeitig eine bessere Ausfärbung der roten Früchte erzielt werden.*

Das Nordholländische Dreireihensystem hat sich wegen der minderen Fruchtqualität und der erhöhten Arbeitsaufwendungen in der Steiermark nicht durchgesetzt.

Superspindel

Bei der Superspindel spricht man sowohl bei der Fachbezeichnung als auch bei der Baumform und beim Pflanzsystem von der Superspindel.

Die Kronenerziehung ist eine zylindrische Spindel ohne starke Seitenäste (sie kann eigentlich als Schnurbaum = einarmiger, senkrechter Kordon, bezeichnet werden, obwohl dies vom Promotor abgelehnt wird). Die Baumhöhe beträgt 2–2,5 m, die Stammhöhe 0,5 m. Derzeit werden überwiegend einreihige Superspindelanlagen ausgesetzt, wobei darauf hinzuweisen ist, dass auch Doppel- oder Dreireihen- bzw. Vierer-Reihensysteme ausgepflanzt stehen. Die Pflanzabstände betragen 2,5–3 m x 0,3–0,6 m. Als schwachwüchsige Unterlage wird überwiegend M 9 ausgepflanzt.

4-reihige Superspindel in der Oststeiermark (Foto: KEPPEL)

Bemerkungen zur Superspindel:

Der Promotor der Superspindel spricht im Zusammenhang mit dem herkömmlichen Obstbau davon, dass der Obstbau zurzeit jämmerliche Ernten im Gegensatz zum Gartenbau aufweist und überwiegend Brennholz produziert (= Schnittholzabfälle), welches eine unproduktive Arbeit darstellt.

Seine Forderungen hinsichtlich einer modernen Obstpflanzung sind:

- ökologisch und ökonomisch,
- standardisierte Früchte,
- maximaler Gesundheitswert,
- gleiche Inhaltsstoffe,
- steigende Erträge und
- sinkende Kosten.

NÜBERLIN nennt eine optimale Trieblänge von 10–25 cm und einen optimalen Pflanzabstand in der Reihe von 27–33 cm.

Dazu sind folgende Überlegungen anzubringen:

- Ob die Superspindel ökologisch und ökonomisch ist, werden erst die nachfolgenden Jahre bzw. betriebswirtschaftliche Abrechnungen nach Beendigung der Standraumdauer ergeben. Im Sinne der Integrierten Produktion kann kaum von einer ökologischen Obstproduktion gesprochen werden, wenn man einerseits vom naturnahen Obstbau spricht, andererseits die Bäume unter Produktionsstress setzt.

- Auch der ökonomische Faktor ist derzeit umstritten, da eine Anlage, die hohe Pflanzkosten verursacht, nicht automatisch höhere Erträge erbringt. Die im Zusammenhang mit der Ökonomie vorgebrachte Minderung des Arbeitsaufwandes mag in den Überlegungen stimmen, wird aber in der Praxis stark angezweifelt. Die Promotorüberlegungen dazu, dass kein chemisches Ausdünnen benötigt wird, drängt zwangsläufig bei der Qualitätsobstproduktion in Richtung händisches Ausdünnen. Vergleicht man dabei die von NÜBERLIN vorgegebene Ertragstafel bei 'Elstar' von 6 kg Einzelbaumertrag im vierten Standjahr und legt eine ausschließlich händische Ausdünnung zugrunde, so muss unter der Prämisse der verbleibenden Königsblütenfrucht (um größere Früchte produzieren zu können) ein händisches Ausdünnen der anderen Früchte erfolgen.

  Setzt man nun ein Einzelfruchtgewicht von 150 g dem Einzelbaumertrag von 6 kg gegenüber, ergibt sich eine theoretische Fruchtzahl/Baum von 40 Stück. Wird nun der Ausdünnbedarf an AKh für das händische Ausdünnen berechnet und ein Einzelbüschelzeitaufwand von fünf Sekunden angesetzt, ergeben sich pro Baum 200 Sekunden, mit 10.000 Bäumen/ha multipliziert, ergeben sich für diese Anlage zwei Millionen Sekunden. Umgerechnet ergibt dies einen AKh-Aufwand von 555 für die betreffende Anlage mit 10.000 Bäumen.
- In dichten Pflanzsystemen kann bei zu langem und starkem Fruchtholz die Deckfarbenausbildung (Intensität und Anteil an der Fruchtoberfläche) sinken. Besonders bei 'Jonagold' stellt die mindere Farbausbildung ein qualitätsminderndes Faktum dar.
- Der Einsatz der Fertigation ist derzeit noch zu wenig praxisnah erprobt, um Empfehlungen für den Praktiker abgeben zu können. Es stellt sich auch die Frage, ob die Verwendung der Fertigation im Rahmen der „Integrierten Produktion" mit dem Titel „naturnahe Produktion" gerechtfertigt ist. Durch die Fertigation werden vollwasserlösliche Spezialdünger ausgebracht. Genau diese vollwasserlöslichen Dünger werden von den Umweltschützern kritisiert.

  Die „Studiegroep Proeftuin Van Gaal" operiert mit dem Minimumgesetz nach Justus von LIEBIG, welches besagt, dass das Wachstum einer Pflanze von dem Wachstumsfaktor abhängt, der sich im Minimum befindet. Durch Blatt-, Holz-, Wurzel- und Fruchtanalysen wird versucht, die Nährstoffmengen und Nährstoffverhältnisse eines Baumes bzw. der Früchte festzustellen. Die Versuche werden jedoch nicht mit Erdcontainerbäumen, sondern in mit Steinwolle ausgefüllten Containern durchgeführt. Der weitere Schritt der Fertigation soll so laufen, dass die Bauern selbst aufgrund der Blatt- und Holzanalysen bestimmen, welche Fertigationslösung in den nächsten Wochen gegeben werden sollte. Damit ist der Praktiker sicherlich überfordert, da die Nährstoffzusammensetzung und die Nährstoffmischung zu diffizil ist, um jeden damit frei hantieren lassen zu können. Aus holländischen Ergebnissen weiß man, dass die Fertigation am besten im Jugendstadium auf sandigen Böden wirkt. Dabei darf man allerdings nicht vergessen, dass die Fertigation eine düngende Bewässerung ist, die den im Sandboden leicht ins Minimum gelangenden Wachstumsfaktor (Wasser) relativ rasch optimieren kann. Die derzeitigen Empfehlungen lauten, die Fertigation von Ende April bis Anfang Juni einzusetzen. Derzeit ist nicht genau bekannt, welche Nährstoffzusammensetzung und welches Nährstoffverhältnis in welcher Konzentration bei welcher Wassermenge für die einzelnen Kulturen optimal ist. Auch die Frage der Nährstoffauswaschung durch den Luxuskonsum an Wasser muss erst geklärt werden. Aus Belgien werden beispielsweise hohe Frostschäden bei Anlagen mit Fertigation genannt (DE COSTER).
- Je näher die Früchte am Stamm hängen, umso höher steigt die Stippegefährdung der Früchte.
- Der Sommerschnitt soll mindestens zwei- bis dreimal eingesetzt werden und soll als natürlicher, wachstumsbremsender Einfluss auftreten.
- Der durch legistische Verbote erzwungene Verzicht auf chemische Wachstumsregler (Wachstumsbremser) kann nur durch gezielte Abstimmung von Schnittmaßnahmen, Stickstoffbremse und die richtige Wahl der Sorten-Unterlagenkombination eingehalten werden. Trotz Verbot der chemischen Wuchsbremser sieht man in Superspindelanlagen immer wieder, dass versucht wird, das starke Durchgehen des Mitteltriebes mittels einer Mischung von Ausdünnhormonen und Wundverschlussmitteln (um den krautigen Mitteltrieb gestrichen) zu bremsen.
- DE COSTER nennt noch die Lichtintensität als ertragsbegrenzenden Faktor. Hier muss die stand-

ortbezogene Lichtintensität eingesetzt werden. DE COSTER bringt in diesem Zusammenhang als Vergleich zu Belgien folgende Beispiele: In der Provence werden aufgrund der höheren Lichtintensität Mehrerträge von 15 Tonnen/ha, in Australien und Neuseeland Mehrerträge um 20 t/ha erreicht. Dabei darf jedoch nicht vergessen werden, dass in den vorgenannten Gebieten auch andere Baumformen, Unterlagen, Pflanzsysteme, Sorten und Fruchtgrößen dies bedingen.

DE COSTER nennt auch minimale Pflanzabstände für Belgien für das Jahr 1990: Einzelreihe: 2,5 x 0,5 = 1,25 m^2/Baum = 8.000 Bäume/ha; Doppelreihensystem: 2,8 + 0,4 x 0,5 m = 0,8 m^2/Baum = 12.500 Bäume/ha; Vierreihensystem: 2,5 + (3 x 0,4) x 0,9 m = 0,925 m^2/Baum = 10.810 Bäume/ha. Der Verfasser erlaubt sich auch hier anzumerken, dass in Belgien gänzlich andere Wuchs- und Standortbedingungen herrschen als in heimatlichen Gefilden.

Betriebswirtschaftliche Betrachtungen nach WINTER zu den engen Pflanzsystemen:
Der Vorteil enger Pflanzsysteme liegt im schnellen Flächenertragsanstieg. Die dichtesten Pflanzungen werfen gegenüber normalen Pflanzungen keinen zusätzlichen Gewinn ab. Im dritten Standjahr überholen bei guten Vegetationsbedingungen 8.000 Bäume/ha die konventionellen Pflanzungen, bei ungünstigen Bedingungen bleiben die 8.000 Bäume gegenüber konventionellen Pflanzungen zurück. Die Computersimulationsmodelle unter heutigem Wissens- und Behandlungsstand zeigen auf, dass das Optimum bei Baumzahlen bis 8.000/ha liegen kann, bei 10.000/ha kann das Optimum kaum erreicht werden. Bei durchschnittlichen Produktionsgegebenheiten ist die Wirtschaftlichkeit der modernen Pflanzsysteme zwischen 3.000 und 10.000 Bäumen/ha neutral. Bei hohen Preisen können in guten Lagen 6.000 Bäume/ha, in mittleren Lagen 4.000 Bäume/ha und in schlechten Lagen 2.000 Bäume/ha optimal sein. Für die Dichtpflanzungen sprechen der rasche und hohe Anfangsertrag, ein hoher Pachtzins (dichte Pflanzungen benötigen weniger Landbedarf) und hohe Erlöse. Gegen dichte Pflanzungen sprechen ein hoher Baumpreis und ein hohes Lohnniveau.

Hinsichtlich der Superspindel und des nachfolgenden V-Systems sowie des Dachsystems mögen vor der Auspflanzung folgende Diskussionspunkte als Entscheidungspunkte pro oder contra Errichtung der intensivsten Pflanzsysteme eine Entscheidungshilfe bieten.

- Die Rentabilität der engsten Pflanzsysteme soll über die gesamte voraussichtliche Lebensdauer geschätzt werden. Dabei ist das Jahr des ersten positiven Deckungsbeitrages, der Beginn der jährlichen Gewinne unter Berücksichtigung des Unternehmereinkommens und die jährliche Amortisation zu berücksichtigen.
- Die zu setzende Sorte ist auf den Markt und auf die kommende Anlagenfläche abzustimmen.
- Eine etwaig vorhandene Bodenmüdigkeit ist zu berücksichtigen und auch, ob sie für die Anlage positiv oder negativ wirkt.
- Wird kein virusfreies Material verwendet, so muss mit einer Virusverbreitung durch Wurzelverwachsungen gerechnet werden.
- In den engen Standräumen können sich leicht Nagetiere (z. B Wühlmäuse) einnisten oder Hasen bzw. Kaninchen in Wintern relativ großen Schaden durch Fraß verursachen.
- Umwelteinflüsse (Hagel, Frost, Staubverschmutzung durch angrenzende Industrien) sollen berücksichtigt werden. Der Hagel kann durch den Einsatz von Hagelnetzen in seiner schädigenden Wirkung stark vermindert werden, wobei zu berücksichtigen ist, dass allein durch das Hagelnetz bei rot gefärbten Sorten eine um bis zu 20 % schlechtere Fruchtausfärbung die Folge sein kann. Die mindere Fruchtausfärbung unter dem Hagelnetz kann durch das Pflanzen von Mehrreihensystemen zusätzlich vermindert werden.
- Das Wuchsverhalten der geplanten Sorten-Unterlagenkombination ist unbedingt auf das vorbestimmte Pflanzsystem abzustimmen (langer, mittellanger oder kurzer Schnitt). Auch hier muss auf die Fruchtausfärbung Rücksicht genommen werden. Auf den vorzeitigen Eintritt von Alterungsproblemen (Alternanz, Vergreisung von Fruchtholz) muss bei engsten Pflanzsystemen speziell geachtet werden, wobei objektiverweise vermerkt werden muss, dass eine künstliche Vergreisung des Fruchtholzes als natürliche Wuchsbremse über den Ertrag angestrebt wird.
- Die äußere und innere Fruchtqualität sollte durch die Verwendung modernster Pflanzsysteme nicht gesenkt werden. Gerade bei diesem Faktor ist mit Überraschungen bei Baumzahlen über 5.000 je ha zu rechnen.

- Über die Lagerfähigkeit der Früchte aus engsten Pflanzabständen ist derzeit unter unseren Klimabedingungen noch zu wenig bekannt, um diese Pflanzsysteme als voll praxistauglich empfehlen zu können.
- Die Superspindel wird auch „BOSS-Baum" genannt. Dies bedeutet Bodenseeobstsuperspindel. Sie ging eigentlich aus dem Bleiber-Weicher-System hervor, welches seit 1982 DICKENMANN mit Pflanzabständen von 3,5 x 0,65–1 m praxisreif gemacht hat. Dabei wird nach fünf bis sechs Jahren jeder zweite Baum in einer Reihe gerodet. Zur Pflanzung können qualitativ schlechte Bäume verwendet werden, da diese erst spät in Standraumkonkurrenz treten. Für die Superspindel sollte der Jungbaum 1,2 m hoch und voll mit Blütenknospen besetzt sein. Bei der Pflanzung erfolgt kein Anschnitt. Sitzengebliebene Knospen an Kahlstellen werden durch eine verkehrt v-mäßige Kerbung oberhalb der Knospe (mittels Eisensäge erfolgt über der Knospe jeweils ein linker und rechter, schräger Einschnitt) behandelt. Wird das Wachstum der Superspindel zu groß, wird versucht, das Wachstum mittels Wurzelschnitts und/oder durch Bestreichen des Mitteltriebes im Frühjahr mit einem Gemisch aus Ausdünnhormonen und Wundverschlussmittel zu bremsen (in Österreich nicht zulässig). Durch die engen Pflanzabstände werden ein schnelleres Fruchten und damit höhere Erträge erwartet, die Baumkosten sollten nicht wesentlich über 1,50 Euro je Baum steigen, um die Anlage rasch zu amortisieren. Die vorzeitigen Triebe auf den zu pflanzenden Bäumen sollten nicht lang sein. Hinsichtlich der Baumqualität spricht man von Baummaterial zweiter Klasse. Es soll so wenig wie möglich händisch geschnitten werden, um durch den Schnitt keinen zusätzlichen Wuchsanreiz zu erhalten, nach Möglichkeit soll der Baum nur mit Fruchtspießen und kurzen Fruchtruten besetzt sein. Es wird schnittmäßig ein AKh-Aufwand von 25 bis 30 AKh/Jahr angestrebt. Die Lebensdauer wird auf acht Jahre geschätzt. Die Baumzahl liegt zwischen 6.000 und 12.000 bis 15.000 Bäumen je ha. Bei starkwüchsigen Sorten kann M 9 bereits zu viel Wuchs induzieren. Im Sechsblattstadium werden die Seitentriebe pinziert bzw. vorzeitige Triebe zurückgeschnitten. (Aufgrund der schnelllebigen Entwicklung könnten diese Ausführungen während der Drucklegung bereits wieder überholt sein.)

NÜBERLIN spricht 1990 von 10.000 Bäumen/ha mit einem Sollertrag von 7 kg/Baum. Dies ergäbe einen Flächenertrag von 70 t/ha. Praktiker mit Superspindeln nennen eine Baumhöhe von 2,5 m bei 'Elstar' ideal, um einen Einzelbaumertrag von 3 kg produzieren zu können. (Anmerkung des Verfassers: Da damit gerechnet werden kann, dass kaum Bauern bei der Umstellung auf Superspindeln Flächen des Obstbaues stilllegen, könnte bei Zutreffen der hohen Flächenerträge sehr rasch eine Marktübersättigung von Obst die Folge sein.)

Da nur 140 AKh/ha als Arbeitsaufwand pro ha und Jahr genannt werden, ergibt sich laut NÜBERLIN eine Kiloleistung/AKh von 500 kg. Der Baum sollte jedoch den Spindelcharakter erhalten, was aufgrund des geringen Baumdurchmessers kaum erzielbar ist. Bei Eigenanzucht der Bäume sollte nach Möglichkeit bereits in der Baumschule durch Pinzieren ein vorzeitiges schwaches Seitentriebwachstum entstehen.

V-System

Beim V-System wird die Spindel als Baumform und als Kronenerziehung die schlanke Spindel verwendet. Die Kronenhöhe liegt in der Längsachse des Baumes bei 2,5–3 m. Das V-System ist im Pflanzverband als Doppelreihensystem gekennzeichnet, wobei die Bäume entweder aus einer gedachten Linie oder doppelreihig (Abstand ca. 30 cm) schräg aus dem Boden ragen. Der Pflanzabstand liegt bei 3,5 x 0,9–1,1 m.

Das V-System wurde von KREBS in Güttingen (Bodenseegebiet der Schweiz) weiterentwickelt.

Die **Vorteile** sind:
- Viele Bäume auf geringem Standraum, darunter enger Herbizidstreifen (0,6 m).
- Bessere Belichtung der Bäume durch die Neigung nach außen (= bessere Fruchtqualität).
- Höhere Flächenerträge durch größeres Baumvolumen und höhere Baumzahl/ha (mindestens 3.000 Bäume/ha).
- Durch die gute Belüftung der nach außen stehenden Bäume herrscht eine geringere Schorfgefahr.

Als **Nachteile** werden genannt:
- Mindestens 10 % höhere Gerüstkosten
- Insgesamt höhere Anlagekosten durch eine erhöhte Baumzahl/ha
- Erschwerte Handarbeit

V-Gerüst in Südtiroler Version (Laimburg) für schwachwüchsige Unterlagen (Foto: KEPPEL)

Aus der Erfahrung weiß man, dass Früchte älterer Bäume im unteren Kronenbereich bei zu hoher, schräger Auslage durch die Beschattung der nach außen liegenden Bäume weniger ausgefärbt sind. Liegen die Bäume zu weit nach außen (stehen zu schräg) ist mit einem erhöhten Austrieb an Stehertrieben durch das Wuchsgesetz der Oberseitenförderung zu rechnen. Stehen die Bäume zu steil, gibt es wie im Doppelreihensystem hinsichtlich der Fruchtausfärbung Probleme. Das Stützgerüst muss durch einen mindestens 5 mm starken Draht gehalten werden und benötigt starke Außensteher, da es ansonsten zur Erntezeit (besonders bei Sturmwirkung) wegen Überlastung zusammenbrechen kann. Der gewählte Pflanzabstand von 3,5 x 0,9 m (z. B: 'Cox', 'Idared' auf M 9, 'Jonagold' auf M 27 ergibt eine Baumzahl von 3.174 Bäume/ha). Bei 'Golden' sollte zumindest 1,0 m Pflanzabstand verwendet werden. Die Unterstützungssäulen stehen im Winkel von 30°. Die Endsäulen sollen mindestens 3 m lang sein, die Zwischensäulen 2,75 m. Der Säulenabstand in der Reihe sollte 6–7 m betragen. Alle 40 m wird ein Abspannanker in die Erde getrieben. Die schräg stehenden Stecken zur Baumunterstützung sind 2,4 m lang. Vom Boden aus gesehen sollten die Unterstützungssäulen 2 m weit lotrecht aus dem Boden ragen. Der obere (weitere) Abstand der Zwischensäulen beträgt rund 1 m. Bei einer Reihenweite von 3,5 m sollte ein Schmalspurtraktor am Betrieb eingesetzt werden. Am Hang und auf Anlagen mit Normaltraktoren müssen Reihenweiten von 4,0 m eingeplant werden. Die Kronenerziehung wird anfangs jene der schlanken Spindel sein, mit zunehmendem Alter wird sie zylindrisch werden. Bei stärker wüchsigen Sorten und bei Ausfärbungsproblemen wird das V-System nicht aus einer Reihe am Boden, sondern als Doppelreihe mit 30–50 cm Abstand am Boden gesetzt.

Dabei treten die Probleme des breiteren Herbizidstreifens und einer verstärkten Oberseitenförderung auf.

Dachsystem

Das Dachsystem entspricht einem verkehrten V-System, das heißt, die Bäume stehen am Boden weiter auseinander und lehnen sich in der Reihenmitte an einem Draht zusammen. Es entsteht ein verkehrtes V. Das Dachsystem bringt hinsichtlich der IP-Produktion das Problem des breiten Herbizidstreifens mit sich, wobei erfahrungsgemäß gesagt werden kann, dass das Herbizidproblem durch die Beschattung innerhalb der Baumreihen mit zunehmendem Alter immer geringer wird. Die meisten Früchte hängen an der besonnten Baumaußenseite, da die Blütenknospenbildung nur an den besonnten Baumhälften (außen) stattfindet. Es gibt also fast keine Schattenfürchte. Hinsichtlich Hagelgefährdung mag dieser Umstand jedoch ein Nachteil sein. Das Dachsystem benötigt, wie die Einzelreihendichtpflanzung, ein einfaches Stützgerüst, jedoch muss der stützende Draht stärker ausgeführt sein als bei herkömmlichen Dichtpflanzungen. Die LVA Haidegg verwendete dazu ausgeschiedenes Stromleitungsmaterial von Niedervoltleitungen.

Im Rahmen der intensivsten Pflanzsysteme darf die „Baumwiese von Long Ashton" nicht vergessen werden. Sie war vor 20 Jahren der Wegbereiter der engsten Pflanzungen. Mit einem Baumbestand von ca. 70.000 Bäumen wurden im zweijährigen Rhythmus auf MM 106 Erträge erzielt. Dieses Pflanzsystem hat sich in der Praxis nicht durchgesetzt. Zu den Vorteilen wurde gezählt: Das Anzuchtquartier ist gleichzeitig Ertragsquartier, durch vollmechanischen Schnitt sinkt der Handarbeitsaufwand. Die Nachteile sind hohe Erstellungskosten und hohes Unternehmerrisiko, da die Erträge nur jedes zweite Jahr zu erzielen sind.

Kultur: Einjährige Okulanten auf MM 106 wurden im Frühjahr gesetzt und im Juli mit Alar zur Wuchsbremse gespritzt. Es folgte ein Blütenknospenbesatz. Die im Ertragsjahr (zweites Jahr) durchgeführte Maibehandlung mit Alar brachte neuerlich eine Triebstauchung, die die Fruchtausbildung begünstigte. Nach der Ernte erfolgte ein maschineller

Rückschnitt der abgetragenen Stammverlängerung auf 10–15 cm oberhalb der Veredelungsstelle. Im Frühjahr des dritten Standjahres trieben die Zapfenknospen durch, die Kulturpflege beginnt im Juli wieder mit einer Alar-Spritzung, die Ernte setzt am Ende des vierten Standjahres ein.

3.1.2 Obstanlagen mit Längskronen (Hecken)

Längskronen sind dadurch charakterisiert, dass die Kronen in der Reihenrichtung stärker entwickelt sind als quer dazu. Notwendige Astgerüstelemente werden daher verstärkt nur in der Reihenrichtung aufgebaut, in die Reihe (Fahrgasse) reicht nur mehr Fruchtholz. Die Kronen benachbarter Bäume berühren sich in der Längsrichtung. Die Pflanzabstände sind dadurch annähernd quadratisch. Die Vorteile der Längskronen liegen vor allem im bewirtschaftungstechnischen Bereich. Die gleichbleibende Entfernung der Reihen und die gleichzeitige Höhenbeschränkung auf ca. 2,5–3 m ermöglichen eine Rationalisierung und Technisierung der Pflegemaßnahmen und der Erntedurchführung. Meist wird ein tragfähiges Drahtgerüst errichtet, das die Erziehung erleichtert und als Stütze dient. Für die Heckenerziehung sollten ausschließlich schwächer bis maximal mittelstark wachsende mittelstarke Unterlagen zum Einsatz kommen. Die starke Triebkraft stärkerer Unterlagen kann nur sehr schwer und mit hohem Formier- und Schnittaufwand unter Kontrolle gebracht werden. Mit den mittelstarken Unterlagen gelingt es bei Apfel, Birne und neuerdings auch bei Pflaume und Kirsche rasch fruchtende und leicht erziehbare Längskronenformen zu entwickeln.

In der Praxis haben sich Folgende bewährt:

Dreiasthecke

Die Dreiasthecke, eigentlich eine Form der Palmette mit einer Astserie, besteht aus dem Mitteltrieb und zwei in der Reihenrichtung gleich stark ausgebauten Leitästen. Diese Leitäste sollten etwa in einem Winkel von 45 bis 50° schräg ansteigen und gleich stark entwickelt sein wie der Mitteltrieb. An den Hauptelementen wird nur mehr Fruchtholz erzogen. Während der Mitteltrieb möglichst mit waagrecht stehenden und sich zunehmend nach oben verjüngendem Fruchtholz besetzt sein soll, können, wenn die Baumabstände weit genug gewählt sind, an den beiden Hauptästen auch Fruchtäste erzogen werden. Zur Spitze hin sollte jedoch auch hier die Länge des Fruchtholzes kontinuierlich abnehmen. Als Folge der günstigen Triebstellung geht der Mitteltrieb bei dieser Form der Hecke meist kräftig im Wachstum durch. Durch entsprechende Schnittmaßnahmen in der Aufbauphase der Krone (Reduzierung der Mitte durch Anschnitt unter die Saftwaage und/oder mehrmaliges Umsetzen auf schwächere Seitentriebe) wird ein gewisser Ausgleich erreicht und die Garnierung verbessert.

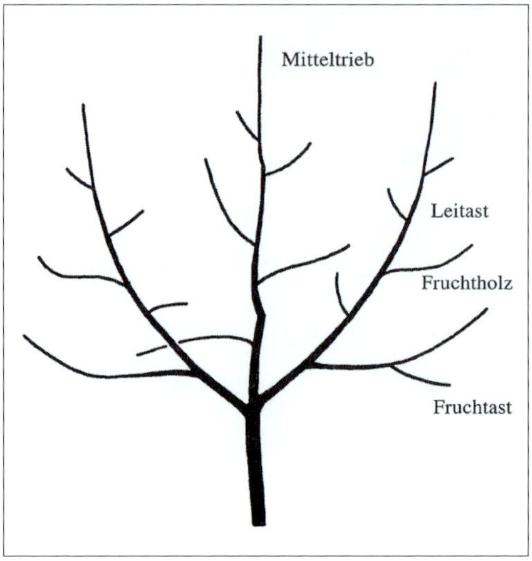

Dreiasthecke (Skizze: NOVAK)

Zweiasthecke (Y-Hecke)

Sie wird gleich erzogen wie die Dreiasthecke, jedoch ohne Mitteltrieb. Der Vorteil liegt in der besseren Besonnung der unteren Kronenpartien. Die Fruchtäste, die an der Außenseite der Leitäste entspringen, werden am Drahtgerüst gezogen. An der Innenseite darf nur kurzes Fruchtholz ansetzen. Nachteilig ist die erhöhte Gefahr des Auseinanderbrechens (Aufreißens) des Stammes bei der Ansatzstelle der Leitäste. Es ist jedenfalls darauf zu achten, dass der Abstand der beiden Leitäste nicht zu weit wird. Der günstigste Abstand beträgt etwa 80–100 cm.

Verbesserte unregelmäßige, schräge Hecke (DUHAN-Hecke)

Diese Längskronenform besitzt ein nur annähernd regelmäßiges Kronengerüst. Auch diese Form ist auf ein fest verankertes Heckengerüst angewiesen (meist drei bis vier Drähte zwischen 0,6 und 2,0 m Höhe). Bei dieser Erziehung wird der ursprüngliche Mitteltrieb bereits bei der Pflanzung ab der Höhe des ersten Spanndrahtes (ca. 60 cm) schräg for-

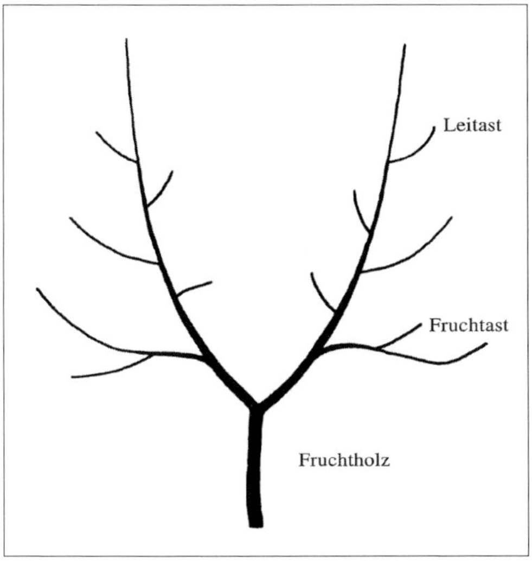

Zweiasthecke (Y-Hecke) (Skizze: NOVAK)

miert. Ist die Hauptwindrichtung bekannt, sollte mit dem Wind formiert werden. Die Neuaustriebe, besonders an der Oberseite, werden in die andere Richtung formiert und angebunden. In den ersten Jahren wird kaum geschnitten und auch später nur das Notwendigste ausgelichtet. Die schräge Stammverlängerung und die aus ihr hervorgegangenen Äste sind nur durch jeweils steileres oder flacheres Formieren ins Gleichgewicht zu bringen. Die aus der Gerüstebene herausragenden Äste, die zu Fruchtästen erzogen werden, sollten möglichst früh in eine flache Stellung gebracht werden. Durch das Unterlassen jeglichen Anschneidens gehen auch aus den Terminalknospen steilerer Triebe nur kurze Verlängerungen hervor und aus den Seitenknospen entwickeln sich rasch kurze Fruchttriebe. Sobald jedoch nach einigen Ertragsjahren die teils bereits

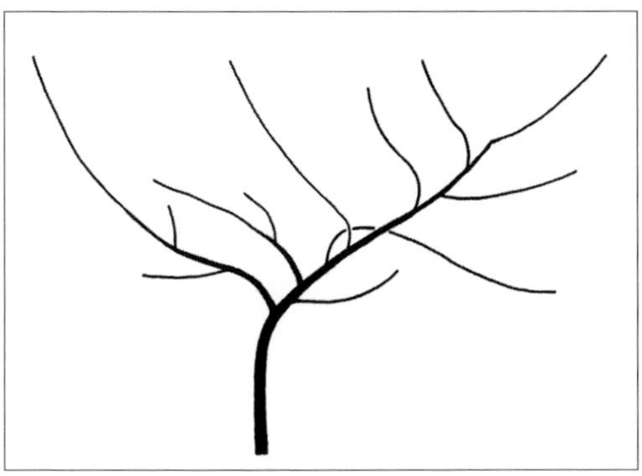

Verbesserte, unregelmäßige, schräge Hecke (Skizze: NOVAK)

dicht stehenden, dadurch stärker beschatteten Fruchtäste beginnen, Quirlholz zu bilden, muss mit der Auslichtung bzw. der Fruchtholzverjüngung begonnen werden. Nach vollständigem Aufbau einer schrägen Hecke erreicht sie durch das Herausformieren des Fruchtholzes nach beiden Seiten und durch die Fruchtlast an der Basis eine ungefähre Dicke von bis zu 2,0 m, die nicht überschritten werden sollte. Durch die ansonsten eintretende schlechtere Besonnung im Inneren der Krone kommt es zu einem starken Qualitätsabfall der dort ansetzenden Früchte. Die Schnittarbeit bei älteren Heckenbäumen ist durch das notwendige Herauslösen der abgeschnittenen Triebe etwas erschwert.

Die unregelmäßige, schräge Hecke erfordert relativ viel Formierarbeit, bringt aber vorwiegend bei Kernobst ziemlich rasch hohe Qualitätserträge. In Gebieten mit höheren Niederschlagswerten (stärkerer Wuchs) besteht allerdings die Gefahr des Zu-dicht-Werdens der Kronen. Im pannonischen Gebiet hat sich diese Längskronenform aber sehr gut bewährt.

Palmetto-Hecke

Im Unterschied zur Dreiasthecke werden bei der Palmette die Leitäste etwas flacher gezogen und in die Fahrgasse wird nur kurzes Fruchtholz hineinformiert. Diese Form der Heckenerziehung war in der Schweiz und in Südtirol in den 60er-Jahren weit verbreitet. Eine Sonderform der Palmettenerziehung ist die „Italienische Palmette". Im Gegensatz zur vorhin genannten Form wurde in Italien (vor allem in der Gegend von Ferrara) eine Palmette mit drei übereinander angeordneten Leitästen entwickelt. Besonders für Birnen, seltener für Äpfel, ist sie gebietsweise noch heute die wichtigste Erziehungsform. Die Leitäste werden dabei mit etwa 30 bis 45° zur Waagrechten erzogen, damit die Triebkraft möglichst über den ganzen Leitast gleichmäßig verteilt ist. Zur schnellen Erreichung der Fruchtbarkeit ist hier ebenfalls ein höherer Formieraufwand erforderlich.

Hecke nach Bouché-Thomas

Dieses Heckensystem hat seine stärkste Verbreitung in Frankreich (vor allem im Loiretal) gefunden, wo es auch heute in Neuanlagen zum Teil noch praktiziert wird. Die Pflanzung der Bäume erfolgt dabei in einem Winkel von ungefähr 30° zueinander und wird so ausgeführt, dass die Veredelungsstelle etwa 20 cm tief in die Erde kommt.

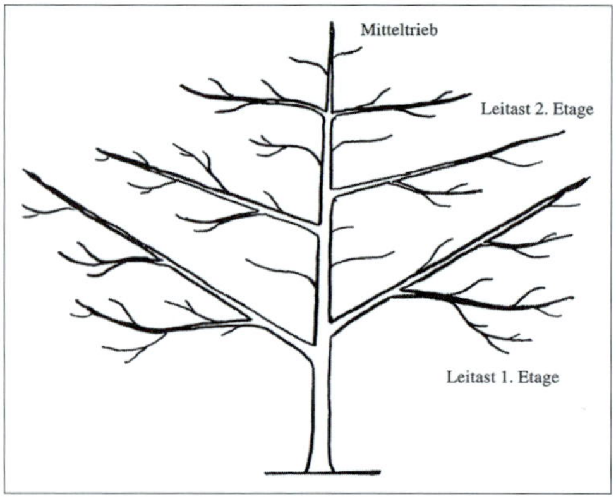

Palmetto-Hecke (Skizze: PIEBER)

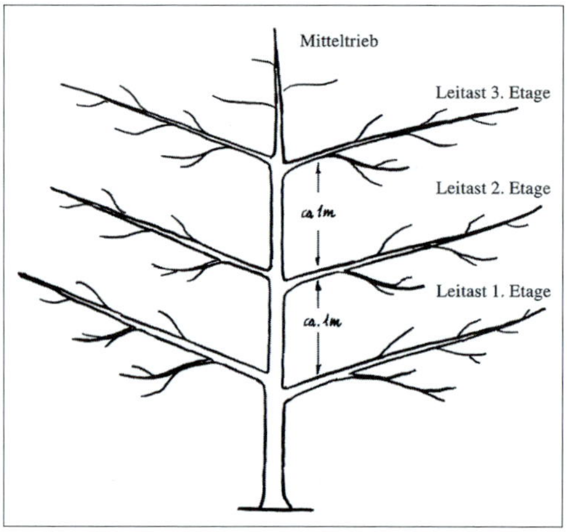

Italienische Palmette (Skizze: PIEBER)

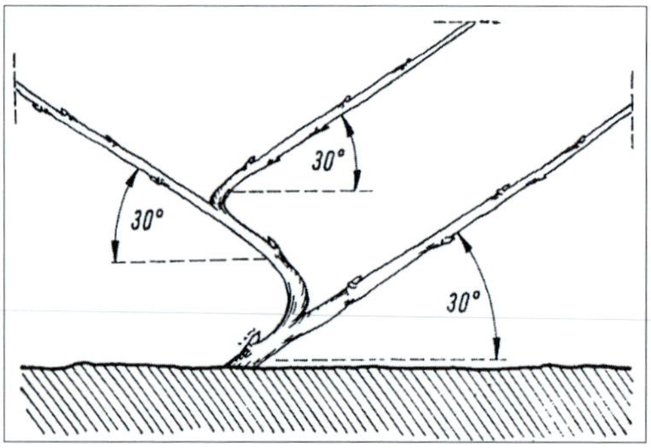

Erziehung der Bouché-Thomas-Hecke, schematisch (nach BOUCHÉ-THOMAS) (Skizze: NOVAK)

Dadurch ist eine Selbstbewurzelung der Edelsorte (Freimachen) im Nachhinein möglich. Die kräftigen Wurzeln verbessern die Standfestigkeit und sichern gleichzeitig eine enge Verbindung der Bäume miteinander, wodurch das Aufstellen eines Stützgerüstes im Regelfall unnötig ist. Die dafür notwendige exakte Führung der Kronenäste wurde aber nur in Frankreich praktiziert. Eine Sonderform stellt auch noch das in den ehemaligen jugoslawischen Staaten praktizierte System „Barka" dar, das besonders bei Apfelanlagen zum Einsatz gekommen ist.

Hecke nach Hechinger

Ein aus Süddeutschland stammendes und dort propagiertes System einer freien Heckenerziehung, das im Intensivanbau aber nicht Eingang gefunden hat.

Durch die Verwendung von starken Unterlagen und dem dadurch bedingten sehr starken Wachstum mit dichten Kronen war das Scheitern bereits vorprogrammiert.

3.2 Sonderformen von Pflanzsystemen

Tatura Trellis

Hierbei handelt es sich um eine Heckenbauform, bei der die einzelnen Leitäste der Zweiasterziehung quer zur Reihe stehen und als Rundkrone ausgebildet sind. Im Baumgrundriss ist die Tatura-Trellis-Erziehung, die aus Australien stammt, eine Längskrone. Die Kronenhöhe reicht bis 4 m, die Stammhöhe beträgt 0,7 m. Tatura Trellis werden bei Äpfeln, Birnen, Aprikosen und Pfirsichen in Einzelreihen mit mittelstarken Unterlagen ausgesetzt.

Lincoln Canopy

Hierbei handelt es sich um eine Kordonerziehung, wobei die beiden waagrechten Kordonarme quer zur Reihe ausgerichtet sind. Die Baumhöhe liegt bei 0,7–1,0 m, die Stammhöhe erreicht bei diesem System 0,5–0,6 m. Für die Erziehung dieser Kronenform werden meist mittelstarkwüchsige Unterlagen verwendet. Durch die bei diesem System angestrebte Vollmechanisierung dürfen die Baumhöhen (Stammhöhen) nicht zu hoch sein.

Ebro

Bei dieser Baumerziehung handelt es sich um eine mehretagige Kordonerziehung. Die Baumhöhe wird mit 3 m, die Stammhöhe mit 0,7 m angegeben. An Unterlagen werden mittelstarke Unterlagentypen verwendet. Die drei Sonderformen pflanzt man in Australien und Neuseeland, wo wesentlich bessere Lichtintensitäten als in unseren Breiten herrschen. Dadurch kann trotz des dichten Ast- und Blattwerks eine zufriedenstellende Ausfärbung der rotfruchtigen Apfelsorten erreicht werden.

3.3 Kurzbetrachtung zum Problem der Praxistauglichkeit der modernsten engsten Pflanzsysteme

- Jener Bauer ist der beste Obstbauer, der jährlich gleichmäßig hohe Erträge mit bester innerer und äußerer Fruchtqualität bei geringen Produktionskosten und geringem Arbeitsaufwand produziert und nicht der, der die meisten Bäume auf seiner Fläche stehen hat.
- Die Finanzkraft der Betriebe darf durch dichteste Pflanzungen nicht geschwächt werden. Der Obstbauer muss genügend Überschüsse im Laufe der Lebensdauer einer Anlage erwirtschaften, um eine neue Anlage selbst finanzieren zu können, um damit nicht durch Kredite von der Bank abhängig zu werden. Die Finanzierung neuer Anlagen durch Bankkredite erscheint wegen des hohen Produktionsrisikos im Obstbau (Frost, Hagel ...) nicht sinnvoll.
- Möge die Praxis zeigen, welches Pflanzsystem für den Obstbauer am besten ist, das herkömmliche einreihige Dichtpflanzungssystem oder die engsten Dichtpflanzungen.
- Das Neue (nicht immer das Bessere) ist zwar der Feind des Guten, es muss aber nicht unbedingt zum Wohle des Obstbauern sein.
- Vom gegenwärtigen Erfahrungsstand aus gesehen ist eine langjährige, hochwertige innere und äußere Fruchtqualität nur vom Einzelreihensystem zu erwarten.

3.4 Siedlerobstbau

Diese landläufige Bezeichnung umfasst alle möglichen Varianten an Baumformen, Kronenerziehung, Kronenformen, Kronenhöhen und Stammhöhen. Da die Bäume nur in geringer Anzahl ausgepflanzt sind, möge unter den einzelnen Fachbezeichnungsparametern nachgesehen werden.

3.5 Schätzung des Pflanzgutbedarfs der Pflanzfläche

Nach Betrachtung der Anlagencharakteristik und der Entscheidung über Pflanzsystem, Reihenverlauf usw. sind wir bei der Pflanzbedarfsberechnung angekommen. Für die **Schätzung des Pflanzgutbedarfs der Pflanzfläche** genügt es, den Rohbedarf an Bäumen bzw. die theoretische Baumzahl der auszupflanzenden Fläche zu kennen. Dies erlangen wir durch untenstehende Berechnung.

Die theoretische (mögliche) Baumzahl der Pflanzfläche wird bei Eigenanzucht der Bäume (Unterlagenbestellung) und/oder bei Vorverhandlungen für Veredelungsverträge bei Baumschulen Verwendung finden. Dazu sei gleich zu vermerken, dass beim Pflanzen immer gleich alte Reservebäume für die Anwuchsphase der Bäume bereitgehalten werden sollen, um Baumausfälle (Mäuse, Wildfraßschäden, Frosteinwirkungen, Bruch bei den Pflanz- und Formierarbeiten) mit gleichwertigen Bäumen zu ergänzen.

Die Reservebäume (je nach Schadensgefahr 1 bis 3 %, das heißt für je 1.000 Bäume 10 bis 30 Stück) können als „Weicher" zwischen zwei fixen Standplätzen in der Anlage verstreut gepflanzt werden oder als weichende (Rand-)Reihe extern stehen.

Die nicht benötigten Reservebäume (nach dem Winter des zweiten Standjahres) können auch ohne Weiteres im Rahmen der Nachbarschaftshilfe oder auch im Verkauf angeboten werden (natürlich anständig erzogen und gepflegt!).

$$\text{Theoretische Baumzahl} = \frac{\text{Gesamtfläche der Anlage in m}^2}{\text{Standraumbedarf/Baum in m}^2}$$

Beispiel: Grundstückslänge = 107 m
Grundstücksbreite = 65 m
Baumabstand = 3,8 x 1,3 m

Nach oben angeführter Formel führt die Berechnung zu folgendem Ergebnis:

$$\frac{107\text{ m} \times 65\text{ m}}{3{,}8\text{ m} \times 1{,}3\text{ m}} = \frac{6955\text{ m}^2}{4.94\text{ m}^2} = 1407{,}89 = 1407\text{ Bäume}$$

Die Berechnung des exakten Baumbedarfs der Anlage

Es sei gleich vorweggenommen, dass in diesem Beispiel der Einsatz von Befruchterbäumen unterbleibt, also in der Erklärung des Rechenganges keinen Eingang findet. Unter Berücksichtigung der bekannten Fakten aus dieser Serie kommen wir zu folgenden Nettowerten:

Reihenlänge (Praxis-[Netto-]Länge) = Grundstückslänge – (2 x Vorgewende)

Beispiel: 107 m Grundstückslänge
– 16 m (= 2 x 8 m Vorgewende)
= 91 m Reihenlänge

Pflanzbreite des Grundstückes = Grundstücksbreite – (2 x Anwand)

Beispiel: 65 m Grundstücksbreite (Reihenabstand = 3,8 m gerundet = 4,0 m)
– 8 m (= 2 x 4 m) Anwand
= 57 m

Wir haben jetzt für unser Grundstück eine Reihenlänge von 91 m und eine Pflanzbreite von 57 m errechnet. Um nun zur tatsächlichen Reihenzahl der Anlage bzw. tatsächlichen Baumzahl/Reihe zu gelangen, bedarf es einer weiteren Überlegung.

Weil die Rechenoperationen jeweils bei 0 beginnen, wir aber im Obstbau bereits beim 0-Punkt eine Reihe bzw. einen Baum stehen haben, müssen wir das Rechenergebnis jeweils um 1 erweitern.

Tatsächliche Reihenzahl $= \frac{\text{Pflanzbreite}}{\text{Reihenabstand}} + 1$

z. B.: $\frac{57\text{ m}}{3{,}8\text{ m}} = 15 + 1 = 16$ Reihen

Tatsächliche Baumzahl/Reihe $= \frac{\text{Reihenlänge}}{\text{Baumabstand}} + 1$

z. B.: $\frac{91\text{ m}}{1{,}3\text{ m}} = 70 + 1 = 71$ Bäume/Reihe

Somit errechnet sich schließlich die tatsächliche (praktische) Baumzahl der Anlage mit:
16 Reihen x 71 Bäume/Reihe = 1.136 Bäume in der Anlage

Vergleichen wir nun die theoretische Baumzahl/ha mit der tatsächlichen Baumzahl/ha, so sehen wir, dass wir mit der theoretischen Baumzahl viel zu ungenau (zu hoch) liegen und diese daher ein reiner Schätzwert ist.

Beispiel:		
	theoretische Baumzahl	=1.407 Bäume
	praktische Baumzahl	= 1.136 Bäume
	Differenz	= 271 Bäume, das sind ca. 24 % mehr als die praktische Baumzahl

Zum Abschluss der Betrachtungen über die Pflanzgutbedarfsberechnung wird für den Vergleich der Baumzahlen/ha die Abgleichung (Standardisierung) des Baumbestandes nötig.

Standardisierung des Baumbestandes = theoretische Baumzahl/ha

Berechnung: $\frac{10.000\ m^2 (= 1\ ha)}{Standraum/Baum\ in\ m^2}$ = theoretische Baumzahl/ha

Standraum/Baum = Reihenabstand x Baumabstand

z. B. Standraum/Baum = 3,8 m x 1,3 m = 4,94 m^2

Baumzahl/ha = $\frac{10.000\ m^2}{4,94\ m^2}$ = 2.024 Bäume/ha*

* Das Ergebnis wird immer auf die nächste untere ganze Zahl abgerundet, da es keine „geteilten" Bäume gibt!

In einigen Ländern Europas verwendet man statt der standardisierten Flächengröße von 1,0 ha eine Vergleichsfläche von 0,9 ha. Dabei wird die unproduktive Wendefläche (Vorgewende, nicht mit Obstbäumen bestanden) gleich abgezogen (= 0,1 ha).

Im Rahmen der „Integrierten Produktion" sollten die Randreihen mit resistenten Sorten ausgepflanzt werden, um die Spritzmittelabdrift zu vermindern.

Bei der **Berechnung des Standraumes/Baum im Mehrreihensystem** gilt:

Standraum/Baum = $\frac{Reihenabstand + Beetbreite}{Reihenanzahl/Beet}$ x Baumabstand

Beispiel **Doppelreihensystem**:

3,8 m Abstand der Doppelreihenpakete voneinander (Reihenabstand, Gassenbreite)	0,9 m Reihenabstand innerhalb der Doppelreihen	1,8 m Baumabstand in der Reihe

z. B.: $\frac{3,8 + 0,9}{2}$ x 1,8 = 4,23 m^2/Baum = 2.364 Bäume/ha

Beispiel **Dreireihensystem**:

z. B.: $\frac{3,8 + (2 \times 0,9)}{3}$ x 1,8 = 3,36 m^2/Baum = 2.976 Bäume/ha

Als Nachfolgebaumform in der Rotation findet heute fast ausschließlich die Spindel Verwendung. Die Spindel bedingt schwachwüchsige Unterlagen. Dadurch sind die Kleinbäume bedingt schwachwüchsig, selbst nicht standfest und benötigen zeitlebens eine Pfahlunterstützung. Daher ist bei der Spindelkultur mit zusätzlichen Kosten durch eine Gerüsterstellung zu rechnen.

3.6 Stützsysteme

Die Einzelpfahlunterstützung

Kurzcharakteristik: Jeder Baum hängt an seinem eigenen Stützstecken.

Vorteile:

- Baumpfahl = bleibendes Stützgerüst
- keine wesentlichen Wartungsarbeiten des Stützgerüstes (Pfahl) notwendig
- einfache Erstellung
- auch selbst imprägnierbar

Nachteile:

- im Erstellungsjahr höhere Kosten
- nicht alle Holzarten geeignet (z. B. Fichte!)
- Imprägnierung notwendig
- muss fest in der Erde verankert sein (standhaft auch im Vollertrag)

Der Drahtrahmen mit Einzelpfahlunterstützung

Kurzcharakteristik: Etwa 1,8–1,9 m über dem Boden verläuft ein Draht, an dem die schwachen Baumpfähle angebunden werden.

Beim Pflanzen brauchen nur die schwachen Einzelpfähle gesetzt sein.

Vorteile:

- Kostenaufteilung, da im Pflanzjahr nur die Einzelpfähle gesetzt werden brauchen
- schwache Einzelpfähle
- Stützpfähle und Draht brauchen erst im zweiten oder spätestens im dritten Standjahr gesetzt werden.

Nachteile:

- bei stärkeren Baumpfählen höhere Kosten als bei der Einzelstammunterstützung
- Wartungsarbeiten im Spätherbst
- bei zu großem Reihensäulenabstand in den Reihen besteht bei Winddruck und Vollertrag Bruchgefahr
- benötigt festsitzende Drahtschlaufen am Draht (sonst verrutschen die Einzelpfähle am Draht unter der Fruchtlast)

Kurzbemerkung zum System

Endsäulen: ø 12–15 cm, Länge = 300 cm
Zwischensäulen: ø 8–10 cm, Länge = 250 cm (alle 6–7 m)
Drahtstärke: 5 mm
Abstützung der Endsäulen: Drahtanker nach außen oder Holzverstrebung nach innen; Reihenlänge max. 100 m (bei längeren Reihen Zwischenabstützung notwendig – Quergasse danach wäre günstig!).

Je höher die Windgefahr, desto engere Zwischenabstützungsabstände! Neuerdings werden in engsten Pflanzsystemen Tonkingstäbe (Bambusstäbe) verwendet. Die vor 15 Jahren in unserem Klima gemachte Erfahrung zeigt ein nach wenigen Jahren einsetzendes Abmorschen an der Erdgrenze.

3.000 Bäume/ha, Einzelbaumkosten (konventionell: 4,50 €, Biobäume 6,00 €)

konventionell	13.500,– €
Gerüst	10.000,– €
Zaun	3.500,– €
Summe ohne Hagelnetz	27.000,– €
Hagelnetz	13.000,– €
Summe mit Hagelnetz	**40.000,– €**

Die Drahtrahmenunterstützung

Diese erfolgt meist in Zusammensetzung mit der Gerüstherstellung eines Hagelschutznetzes, das heißt, die Stützpfähle des Hagelnetzes sind gleichzeitig die Befestigungspunkte für die zwei oder drei in verschiedenen Höhen, den Reihen entlanglaufenden Stützdrähte, an welche die Bäume ohne Pfahl angebunden werden.

Als Reihendrähte werden oft die gleichen alten Stromdrähte (Freilandleitungen) verlegt, wie für die Hagelnetzverspannung notwendig sind.

Mögliche Problempunkte:

Es kann bei nicht sachgemäßer Baumbefestigung bzw. nicht optimaler Stützdrahtverlegung zu Scheuerwunden an den Bäumen kommen bzw. im Alter bis zum Einwachsen des Stützdrahtes.

3.7 Zaunerrichtung

Der Zaun und das Einfahrtstor müssen wildsicher errichtet werden. Da sich hasenartige Nagetiere auch unter dem Zaungeflecht einen Einschlupfgraben legen, muss das engmaschige Zaungeflecht auch unter die Bodenoberfläche abgesenkt sein. Dazu mietet man sich eine Kabelgrabenfräse und fräst den Boden auf der Zaunlinie mindestens 50 cm tief auf. Danach werden die Zaunstützenlöcher gegraben und anschließend wird das nicht rostende Zaungeflecht (50 cm breit) in den aufgefrästen Bodenschlitz eingebracht. Das

Den Wildwechselgang behindern durch grüne Abdeckmatten (Foto: KEPPEL)

Verbissschaden durch Rehwild. Die Wildtiere suchen zielsicher Bäume mit aromatischen und/oder süßen Knospen/Früchten aus. (Fotos: KEPPEL)

Einbetonieren der Zaunsäulen und Zuschütten des Zaunschlitzes erfolgt danach. Der oberhalb des Bodens angebrachte Maschendrahtzaun (Mindesthöhe muss den Landesjagdgesetzen entsprechen; in der Steiermark mindestens 1,50 m bei Neuzäunen) wird mit dem im Boden versenkten Zaungeflecht mit dem Bindedraht vernäht. Da bei Wildwechselgefahr die Drahthöhe von 1,8 m meist nicht ausreicht, sollen über dem Maschendrahtzaun zu-

Frischer Fegeschaden durch einen Rehbock (oben). Alter, nicht wundversorgter Fegeschaden an einem Spindelobstbaum. Der freigelegte Holzteil des Stammes ist seitlich mit Kallusgewebe (baumeigenes Wundheilungsgewebe) ausgestattet. Der Holzteil selbst ist durch Schwärzepilze dunkel gefärbt und vor weiteren Erregerangriffen ungeschützt. (unten) (Fotos: KEPPEL)

sätzlich Spanndrähte angebracht werden (bis 2,3 oder 2,5 m Höhe!).

Bei der Verwendung von einfachen Wildzäunen ist darauf zu achten, dass diese bis zu einer Höhe von ca. 0,8 bis 1,0 m hasensichere Maschengrößen aufweisen, um auch bei höherer Schneelage kein Durchschlüpfen von Hasen zu ermöglichen.

Bei den herbstlichen Treibjagden soll man auch die Obstablagen auf Hasenbesatz kontrollieren lassen. Bei Schneefall sind wöchentliche Kontrollgänge notwendig, um Wildschäden sofort beheben zu können (Verschmieren der Wunden). Auch bei den Toren ist auf einen wildsicheren Verschluss zu achten.

Hasensichere, nur bodennahe Zaunabdeckung mit Holzbrettern (Schwartlinge) (Foto: KEPPEL)

4. PFLANZMATERIAL

Das Pflanzmaterial muss gesund, kräftig, gleichmäßig, unterlagen- und sortenecht sein.

Gesund: frei von Wurzelkrankheiten (Wurzelkropf, *Phytophthora cactorum* (= Kragenfäule), Schimmel, Holzwunden (Krebs, Frostschäden, Fraßschäden), Schädlingen und Krankheiten.

Kräftig: Der Stamm der einjährigen Veredelung soll oberhalb der Veredelungsstelle für die Spindelerziehung zumindest daumenstark sein, um kräftige Bäume zu gewährleisten.

Gleichmäßig: Darunter verstehen wir:

- gleiches Alter der Jungbäume
- gleiche Unterlage aller Jungbäume
- gleiche Veredelungsart aller Jungbäume
- annähernd gleiche Größe aller Jungbäume
- annähernd gleiche Triebanzahl

Unterlagenecht: Einheitliche Unterlage bzw. Unterlagentype oder Klon.

Sortenecht: Gleiche Sorte (Typ bzw. Klon) und Herkunft der Sorte. Es kann sich bei verschiedenen Herkünften einer Sorte bzw. Unterlage bereits um ein verklontes Material handeln, das in bestimmten Eigenschaften von den ursprünglichen Eigenheiten etwas abweicht, sodass die geforderte Einheitlichkeit nicht mehr gewährleistet wird.

Ruhiger Baum

Ein ruhiger Baum entsteht nur aus einem optimalen Pflanzmaterial. Minderwertiges Pflanzmaterial (ohne Verzweigungen bzw. mit minderem Anteil an vorzeitigen Trieben), welches angeschnitten wird, bringt ein stärkeres Folgewachstum. Der optimale Standraum eines Baumes muss dem Pflanzmaterial angepasst sein. Dies bedingt, dass für schlanke Spindeln mit dem kurzholzorientierten Schnitt gut verzweigtes Pflanzmaterial verwendet wird. Die Frage der Mitteltriebbehandlung nach der Pflanzung (Pflanzanschnitt), ob der Mitteltrieb gänzlich weggeschnitten werden soll, ob der Mitteltrieb angeschnitten werden oder auf einen Konkurrenztrieb abgesetzt werden soll, all das richtet sich nach dem vorhandenen Pflanzmaterial und ist in der Methodenwahl von der Sorte und vom Wuchs des Pflanzmaterials bzw. vom zu erwartenden Nachfolgewuchs abhängig. Setzen Sorten gut mit Garnierung an, kann man den Mitteltrieb stehen lassen. Bei Sorten, die mittelgut garnieren, kann der Mitteltrieb stehenbleiben, wenn der Mitteltrieb bereits gut garniert ist. Bei schlecht garnierenden bzw. ansetzenden Sorten wird ein Stehenlassen des Mitteltriebes zur Verkahlung führen (z. B. 'Gloster', 'Elstar'). In der Praxis findet man bei diesen Sorten das Beispiel des Umbiegens des Mitteltriebes, welches sich bei diesen schlecht garnierten Sorten nur wenig bewährt hat. Das Absetzen auf obere, flach stehende Seitentriebe oder das Waagrechtformieren steiler Triebe hat sich besser bewährt. Der goldene Mittelweg in diesen Beispielen wäre das Absetzen auf flach stehende Konkurrenztriebe, was im Zweifelsfall zu einem guten Erfolg führt. Vom jährlichen Anschneiden des Mitteltriebes bei schlecht garnierenden Sorten wird heute abgeraten, da es sonst zu einer starken Langtriebproduktion kommt. Wird für einen besseren Kronenaufbau trotzdem irrtümlich der Mitteltrieb angeschnitten, kann das strenge Formieren der stark austreibenden Langtriebe zu einem Erfolg führen.

Wenn alle Punkte als gleich zu betrachten sind, hat man die Gewähr auf einen guten Pflanz- und Ertragserfolg.

Als Pflanzmaterial werden für Spindelkulturen ein- oder zweijährige Bäume verwendet.

Bäume für den bodennahen Intensivobstanbau

Derzeit werden fast ausschließlich Knipbäume im Erwerbsanbau gepflanzt.

Einjährige Bäume (Okulanten)

Sie sind leicht manipulierbar, das heißt leicht zu roden, zu bündeln, einzuschlagen, zu transportieren, in der Anlage zum Pflanzen gut aufteilbar, rasch pflanzfertig, billiger als Kopulanten, aber in den ersten Standjahren ist sorgsame Erziehung notwendig.

Zweijährige Bäume (Kopulanten)

Sie brauchen in der Baumschule intensive Pflege (Pinzieren, Binden), sind durch längere Pflege etwas teurer, weisen meist flacheren Astansatz auf, können bei entsprechender Pflege jedoch Ertragsvorsprünge in den ersten Standjahren zeigen.

Kopulate

Im Winter kopulierte Unterlagen werden im Frühjahr sofort in der Anlage ausgepflanzt. Sie bedürfen wie die Okulate besonderer Jugendpflege und zeigen höhere Ausfallswerte als herkömmliche Pflanzformen. Hohe Standortansprüche.

Okulate

Okulate sind okulierte Unterlagen mit schlafendem Auge, die im Frühjahr gepflanzt werden. Sie stellen hohe Ansprüche an den Boden und an die Wasserversorgung (mindestens 600 mm Niederschläge/Jahr).

Okulatpflanzung nach SCHMITZ-HÜBSCH

Die Unterlagen (7–9 mm Durchmesser) werden auf 70 x 12 cm im Frühjahr auf Böden mit einer Bodenzahl von über 65 aufgeschult, in der zweiten Augusthälfte sorten- und pflanzstandortabhängig auf 10–35 cm Höhe okuliert. Zur Rodung erfolgt ein Stummelschnitt etwas oberhalb des einveredelten Auges. Die Pflanzung geschieht auf 3,0 x 1,0 m. Der verbleibende Zapfen wird dabei weggeschnitten. Es entwickelt sich ein gleichmäßiger Baum.

Erstes Standjahr

Auf einer Mitteltrieblänge von 80 cm werden alle Triebspitzen pinziert (erstes Julidrittel). Aus den Blattachseln entwickeln sich danach Seitentriebe. Oft werden noch die unter der Pinzierstelle liegenden vier bis sechs Blätter entfernt.

Zweites Standjahr

Im März wird der Mitteltrieb auf einen Konkurrenztrieb abgesetzt, starke Triebe bei einer Höhe von 1,0 m, schwache Triebe bei 0,8 m Höhe pinziert.

Sorten mit geringer Verzweigungsneigung ('Gloster', 'Boskoop') müssen bei den starken Langtrieben auf Beiaugen zurückversetzt werden. Seitentriebe und der Mitteltrieb werden bei 70 cm Trieblänge herabgebunden oder mit Betongewichtchen herabgehängt. Dies beginnt bei den wuchsbegünstigten oberen Trieben. Es setzt die Blütenknospenbildung ein. Im zweiten Standjahr wachsende Äpfel werden entfernt, um auch auf den fruchttragenden Trieben wieder Blütenknospen wachsen zu lassen (Einige Fachkollegen führen am Mitteltrieb einen Juni-Knipp – sieben bis acht Blätter über der letzten Verzweigung – durch.).

Drittes Standjahr

Erstes Ertragsjahr. Die Triebzahl wird beim Winterschnitt auf sieben (einschließlich des Mitteltriebes) eingegrenzt. Ende Mai erfolgt bei einem noch herabformierten Mitteltrieb der sogenannte „Mai-Knipp" (= auf oberste Blütenknospe anschneiden) mit dem anschließenden Aufbinden des Mitteltriebes. Starkwüchsige Mitteltriebe können bogenförmig angeheftet sein. Die abwärts hängenden Äste werden Mitte Juni leicht unter der Waagrechten liegend aufgebunden. Der Einzelbaumertrag soll auf ca. 7 kg ausgedünnt werden, um die Alternanz zu vermeiden. Der Juli bringt das Herabformieren der Seitentriebe des Mitteltriebes.

Diese Heranzuchtform ist auch bei Birnbäumen möglich: Veredelungshöhe knappest über dem Boden (bei Quitte C 5 cm), Herabbinden mit Juteschnur, Aufbinden der Äste knapp oberhalb der Waagrechten. Neuerdings werden die Triebe im unteren Kronenbereich gebunden, im oberen ab-

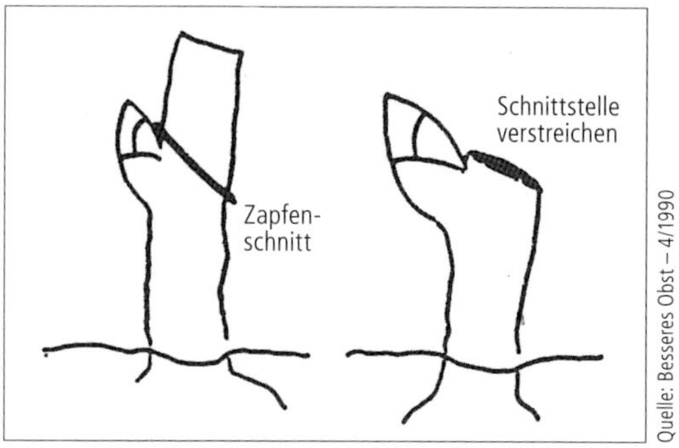

Behandlungen der Okulate

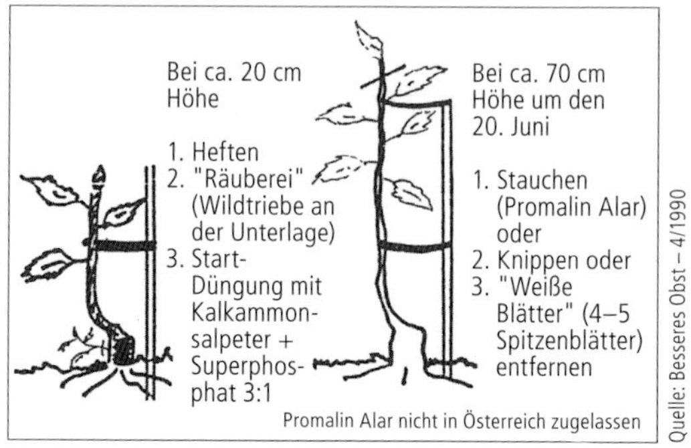

Frühjahrsbehandlung bei Okulaten im Pflanzjahr

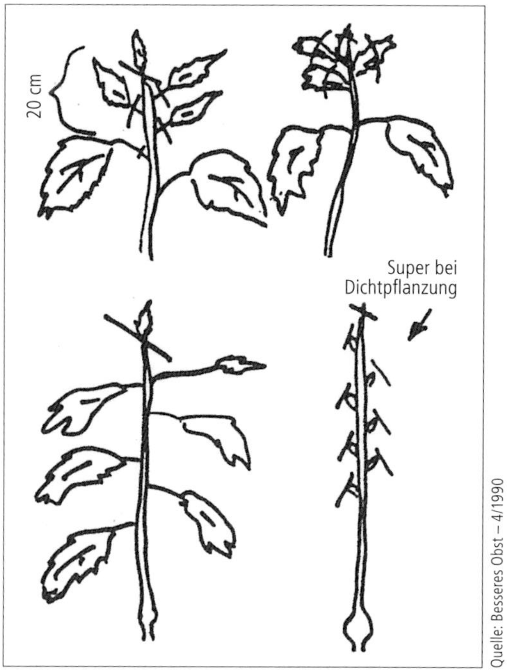

Die händische Fruchtausdünnung kann in verschiedenen Ertragsstadien durchgeführt werden (Quelle: SCHUMACHER, 1989, verändert)

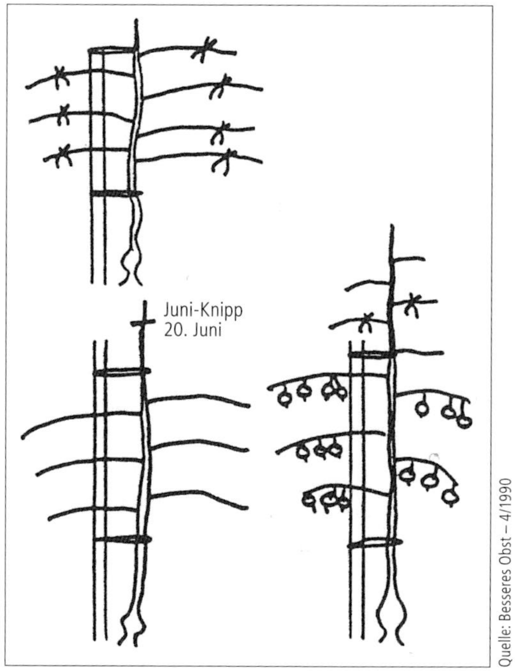

Abhängen mit Wäscheklammern bei 25 cm Länge

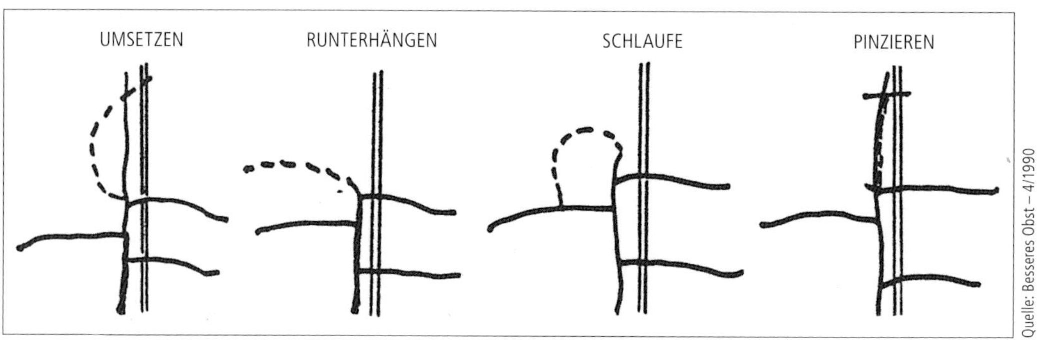

Kronenerziehung ab 2. Standjahr

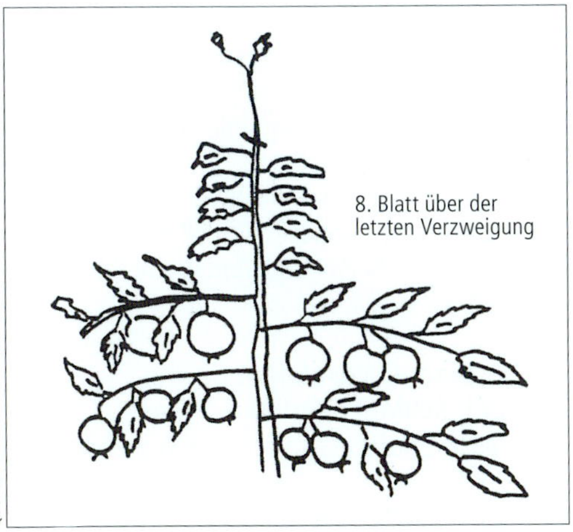

Juni-Knip – ca. 20. Juni, bei stärkerem Wuchs

geknickt. Dieser Wachstumsschock führt ebenfalls zur Bildung von Blütenknospen. Die Fruchtgröße könnte jedoch darunter leiden.

Okulaterziehung nach ZECH (Turbospindel)

Zur Heranzucht von Okulaten sind sehr gute Böden (Bodenzahl mindestens 70) und zudem mindestens 600 mm Niederschläge/Jahr notwendig.

Erstes Standjahr

Beim Austreiben des Auges wird nach erfolgter Pflanzung am Endstandort der Unterlagenzapfen hinter dem Auge weggeschnitten und die Schnittwunde sofort verschmiert. Treibt das Hauptauge nicht aus, belässt man den Zapfen bis zum Austrieb eines Beiauges. Das Heften der austreibenden Edeltriebe erfolgt wie bei der zapfenlosen Erziehung erstmals bei einer Länge von 20 cm. Die Unterlage wird laufend geräubert. Bei einer Trieblänge von 70 cm wird pinziert (zweiten Junihälfte).

Bei schwächeren Okulaten bilden sich bei starkwüchsigen Sorten in der zweiten Julihälfte bis zwei zu pinzierende, starke Triebe. Hierbei wird der Mitteltrieb weggeschnitten und die obersten drei bis fünf Blätter der verbleibenden Triebe mit einer Hand am Blattstielansatz weggerissen, während die zweite Hand den Blattstiel hält. Der Blattstiel verbleibt also am Baum. Aus den verbleibenden Blattstielachseln entwickeln sich drei bis fünf flache Seitentriebe. Um den 20. Juni sollen ca. 60 cm Trieblänge erreicht sein, dann werden die Triebe mit Betongewichten herabformiert. Sind um den 20. Juni vier bis sechs Triebe mit 20 cm Länge erreicht, werden statt Betongewichten Wäscheklammern angebracht (reichen im ersten Standjahr aus). Dabei muss je nach Länge und Stärke mit mehreren Kluppen oder Gewichtchen formiert werden.

Zweites Standjahr

Ab dem zweiten Standjahr wird die Stammverlängerung auf einen Konkurrenztrieb abgesetzt und herabformiert. Bei starkem Wuchs erfolgt ein Juni-Knipp (Pinzieren nach dem achten Blatt ab Triebbasis). Notfalls kann auch abgesetzt werden. Der Erstlingsertrag verbleibt am Baum.

Folienpflanzung

Bei ungünstigen Standortverhältnissen kann nach den Okulatpflanzungen eine schwarze Mulchfolie (0,06 mm dick, 0,75 m breit) verlegt werden. Jeweils 25 cm links und rechts der Okulata erfolgt das Ziehen einer breiten Rille. Die Folie wird anschließend über die Okulate gelegt, am Standort einer Okulate kurz eingeschnitten und über das Okulat gezogen. Danach findet das seitliche Eingraben (Befestigen) der Folie statt.

Als **Vorteile** werden genannt:

- kleinere Verdunstung beim Baumstreifen
- höhere Bodentemperatur um 2 °C
- kein Unkrautwuchs
- 30 bis 100 % mehr Trieb in den ersten vier Standjahren (= bis zu 40 % mehr Ertrag)

Nachteile:

- Umwelt- und Entsorgungsprobleme
- erhöhte Wühlmausgefahr

Endstandortveredelung bei Äpfeln

Endstandortveredelung = die Unterlage wird am Baumstandort in der Anlage gepflanzt, dort veredelt und nicht mehr verpflanzt. Wichtig dabei ist, dass der vorgesehene Anlagenpflanzabstand eingehalten wird.

DELLINGER stellte bei 'James Grieve' und 'Golden Delicious' fest, dass die einjährigen Okulanten bis zum dritten Ertrag hinsichtlich des kumulierten Ertrages (Gesamtertrag) voran sind, im vierten und fünften Ertragsjahr von den Endstandortokulanten eingeholt und etwas übertroffen werden.

Ab dem sechsten Ertragsjahr ist der einjährige Okulant wieder voraus. Die zweijährigen Okulanten bleiben auch nach acht Standjahren im Ertrag zurück.

Knipbaum

Der Knipbaum ist ein zweijähriger Baum mit einer einjährigen Krone.

Ursprünglich: Die heranwachsenden Bäume werden in der zweiten Junihälfte in der Baumschule am Mitteltrieb pinziert (geknippt). Durch den entstehenden Wuchsschock treiben ab einer Höhe von ca. 60 cm die Seitenknospen stark durch, es wachsen bis zu einer Höhe von ca. 90 cm ungefähr sechs bis sieben Seitentriebe, die wipfelwärts immer schwächer werden. Die Bäume sind etwas stärker als einjährige Bäume. Flacher Astansatz. Der Besatz an vorzeitigen Trieben wird heute mittels Wuchsstoffregulatoren in der Baumschule gesichert.
Derzeit: In den Baumschulen verwendet man oft chemische Präparate, die die vorzeitige Triebverzweigung und Blütenbildung hervorrufen.

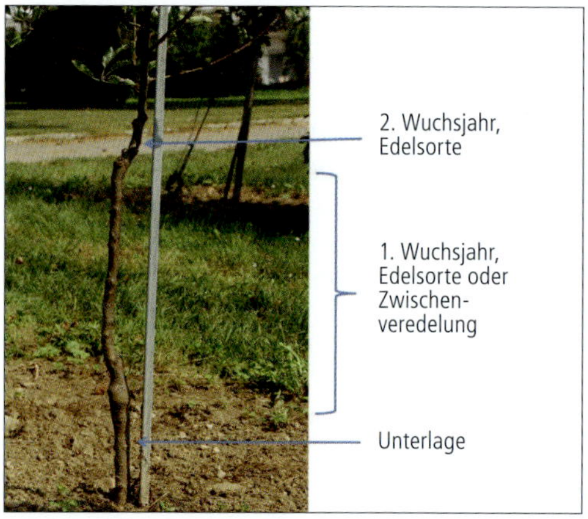

Knipbaum (Grafik: KEPPEL)

Superspindelbäume
(siehe auch Pflanzsysteme)

Sie weisen kaum Seitenverzweigungen auf. Stärkere Seitenäste sind unerwünscht. Die Baumstärke ist ähnlich der bei der einjährigen Veredelung. Der Ertrag setzt meist im zweiten Standjahr ein. Der Wuchs kann über Fertigation, Blattdüngung, Schockentfernung von Blattflächen im Juni oder über chemische Hilfsmittel geregelt werden. Die Superspindel setzt höchste fachliche Qualifikation bei maximalen Flexibilitätseigenschaften des Betriebsleiters und hohe finanzielle Sicherungsmechanismen voraus.

Zwischenveredelung
(Interstem, in Amerika stärker gebräuchlich)

Bei uns wird sie aus Preisgründen kaum eingesetzt (teuer). Als Wuchsbremse wird zwischen Unterlage und Edelsorte eine schwachwüchsige Edelsorte oder Unterlage eingesetzt. Die Eigenschaften gleichen denen beim Knipbaum (siehe Knipbaum-Grafik).

Turbospindel, Nordholländische Spindel, Schlanke Spindel, Pillar
siehe auch „Erziehungsarten und Kronenformen"

In Südtirol spricht man von einer „Schlanken Spindel", wenn der zu pflanzende Baum einen Kronendurchmesser von mehr als 1,0 m hat, von einer „Superspindel" bei einem Kronendurchmesser von 0,5–1,0 m und von einem „Schnurbaum", wenn die Krone unter 0,5 m Durchmesser aufweist.

3K-Baum, 3K-Select-Baum der Baumschule Fleuren (NL)
3K steht für Kwaliteit = Qualität, Kleur = Farbe, Kilo = Kilos

Dieser generative Spezialbaum ist ein zwei- bis vierjähriger Baum mit kurzem Seitenholz und vielen Blütenknospen. Er wird auch für Birnen und Kirschen herangezogen, gewährleistet einen frühestmöglich einsetzenden Ertrag bei vorgegebener geringer Alternanzneigung und kann auf Baumabständen von 40–80 cm gepflanzt werden. Benötigt in der Produktion große Erfahrung und beste Nährstoffversorgung.

Baumqualitäten
Im Rahmen der Forderungen nach frühestmöglich einsetzenden und lang anhaltenden, gleichmäßigen Erträgen wird der Baumqualität immer mehr Aufmerksamkeit geschenkt. Dabei wird in **innere** (virusfrei, gleichmäßige Wuchseigenschaften bei hohem Ertragspotential und guter Fruchtqualität) und in **äußere Baumqualität** unterschieden. Man kennt unverzweigte Bäume, die keine brauchbaren Seitentriebe haben. Von verzweigten Bäumen spricht man, wenn diese wenigstens drei Stück mindestens 30 cm lange Seitentriebe, von gut verzweigten Bäumen, wenn sie mindestens fünf 30 cm lange und von sehr gut verzweigten Bäumen, wenn diese mindestens zehn Triebe aufweisen.

Knipbaum mit vielen vorzeitigen Trieben (Foto: KEPPEL)

So entsprechen Bäume den jeweiligen Qualitätsklassen:

Extra: Wenn einjährige Veredelungen der Klasse I entsprechen und diese als einjährige Veredelung mindestens 13 mm Stammdurchmesser beim Messpunkt der Qualitätsklasse I sowie vier vorzeitige Triebe mit mindestens 20 cm Länge am Triebansatz bei 40–70 cm Stammhöhe aufweisen. Die brauchbaren Triebe müssen mindestens 50–80 cm lang sein, flach ansetzen, gleich lang und stark sowie gleichmäßig am Stamm verteilt sein. Der Mindeststandard der Sortierung ist 15+.

Qualitätsklasse I: Wenn sie folgende Forderungen erfüllen: Die Veredelungsstelle eines einjährigen Baumes steht mindestens 25 cm über dem Boden und hat 10 cm darüber mindestens 11 mm Stammdurchmesser. Ausgereifte Augen und ausgereiftes Holz, ausreichende Bewurzelung, fehlender Wurzelkropf und keine parasitäre, mechanische oder witterungsbedingte Beschädigung sind weitere Bedingungen.

Qualitätsklasse II: In diese gehören Jungbäume, wenn die Messstelle des Stammdurchmessers bei 20 cm über dem Boden und 10 cm oberhalb der Veredelungsstelle mindestens 9 mm aufweist, keine parasitären Schäden oder Wurzelkropf zu finden sind, wobei Stammkrümmungen zugelassen sind.

Sortierbeispiele:
E1K: Extraqualität mit einjähriger Krone, durchschnittlich acht Seitentriebe über 60 cm ab Boden
E5+: Extraqualität mit einjähriger Krone, fünf und mehr Seitentriebe ab 50 cm über dem Boden
I+: Einjährige Veredelung mit bis zu vier Seitentrieben, Klasse I, über 11 mm Stammdurchmesser
I: Einjährige Veredelung, ohne Seitentriebe, Klasse I, über 11 mm Stammdurchmesser
10/11 mm: Einjährige Veredelung, ohne Seitentriebe oder leicht gespießt, 10–11 mm Stammdurchmesser, Klasse II
Unter 9 mm: Nicht verkehrsfähig

Anzucht eines Hochstammes

Anzucht eines Hochstammes für die Auspflanzung als großkroniger, hochstämmiger, landschaftsgestaltender Obstbaum auf Sämlingsunterlage

Der Okulant oder der Kopulant werden nicht angeschnitten. Die erste und eventuell die zweite Seitenknospe unterhalb der Terminalknospe werden geblendet. Vorhandene Seitentriebe über 20 cm Länge auf 10 cm einkürzen (werden sie im Laufe

Hochstamm OGA 2012 (Foto: KEPPEL)

des Sommers dicker als ein Bleistift, erfolgt das gänzliche Wegschneiden). Austreibende Seitentriebe ein- bis zweimal pinzieren und etagenartig bis August von der Stammbasis her entfernen. Erreicht ein Mitteltrieb nicht die Kronenhöhe von 1,8–2 m, dann geht dieser wieder ungeschnitten mit den gleichen Pflegemaßnahmen ins nächste Standjahr.

Der Kronenanschnitt erfolgt 20 cm oberhalb der gewünschten Kronenhöhe auf sechs gut entwickelte Knospen.

Beim Kronenzapfenschnitt wird die Zapfenlänge mit drei bis vier Augenlängen gewählt.

Zeittafel

Sommer 2017 bzw. Winter 2017/18	Veredelung
Ende 2018	Einjährige Veredelung
Ende 2019	Stammverlängerung und Stammstärkung beendet
Frühjahr 2020	Kronenanschnitt
Vegetation 2020	Kronenausbildung
Frühjahr 2021	Kronenzapfenschnitt und Pflanzung

Die Bedeutung von Virosen und Mykoplasmosen beim Pflanzmaterial

Viruserkrankungen treten nicht nur beim Menschen (z. B. Grippe, Schnupfen) auf, sondern auch bei Pflanzen. Kann der Mensch eine Virusinfektion durch Fieber ausheilen, bleibt die Infektion bei der Pflanze bestehen. Dies äußert sich im Pflanzenbereich meist durch Wuchsveränderungen und Mindererträge.

Vor einigen Jahren beschränkte sich die Wertung des Pflanzgutes hauptsächlich auf die äußeren Merkmale (gerader Stamm, gute Astgarnierung, entsprechender Wurzelstock, Ertragspotential der Sorte). Im Zuge der „Integrierten Produktion" müssen auch die inneren Werte der Pflanze mehr beachtet werden. Dazu gehören das standortbezogene Sortenverhalten und der Gesundheitszustand der Jungbäume. Bei letzterer Eigenschaft liegt der Schwerpunkt bei den Viruserkrankungen. Beinahe jeder Praktiker hat nach eigenen Erfahrungen bereits erhebliche Ertragseinbußen durch den Virusbefall seiner Bäume erlitten. Deshalb ist das Interesse an virusfreiem Pflanzmaterial in der Obstbaupraxis sehr groß und es gibt kaum einen fortschrittlichen Obstbauern, der seine neue Anlage nicht mit virusfreien Obstbäumen auspflanzen will (wirtschaftlich besonders bedeutend sind die Viruserkrankungen, welche Fruchtverunstaltungen hervorrufen). Es sollen bei den Kern- und Steinobstarten für Neuauspflanzungen nur mehr virusfreie Sorten zugelassen werden. Virusbefallene Bäume erschweren die Erkennung von Nährstoffmangelerscheinungen. So werden in der Pflanze die Gehalte an Fe, Mn, Zn, B und in den Wurzeln Fe, Al und Na gesenkt. Jedoch erhöht sich in der Pflanze der Gehalt an Mo und Al, in den Wurzeln Mn. Neben einer organischen Düngung und einer intensiven Lichteinstrahlung hemmt auftretende Nachtkälte das Auftreten von Virussymptomen. Aber auch eine mangelhafte Pflanzenernährung, Vergiftungszustände und klimatische Faktoren können virusähnliche Symptome hervorrufen.

Begriffserklärungen

Standard (std): nicht auf Viruserkrankungen bzw. -befall kontrolliert (getestet) = weißes Virusetikett CAC (= Conformitas Agraria Communitatis)-Material = erfüllt bestimmte Mindestanforderung (§ 6 Z 3 lit. a Pflanzgutgesetz) und unterliegt nicht einer amtlichen Anerkennung (§ 13 Pflanzgutgesetz)

virusgetestet (vg oder vt) (englisch = virus-tested): auf die wirtschaftlich wichtigsten Virosen durch Aufveredelung von Zeiger-(Indikator-)Sorten getestet und für frei befunden = gelbes Virusetikett, heute nicht mehr unmittelbar gebräuchlich

virusfrei (vf) (englisch = virusfree): meist durch Wärmebehandlung (Thermotherapie) von den bekannten Virosen befreit und auf Virusfreiheit geprüft = rotes Virusetikett. (Anmerkung: Zurzeit wird in der EU die Änderung der Virusstatusbegriffe und der Virusetikettenfarbe diskutiert!)

Latente Virosen: Sie verursachen bei den von ihnen befallenen Pflanzen keine Symptome, können daher visuell nicht festgestellt werden. Einige dieser Virosen rufen trotzdem Wachstums- und Ertragsminderungen hervor.

Akute Virosen: Die Schadbilder der Viruserkrankungen sind sichtbar.

Viren: Die Viren sind krankheitserregende Kleinstlebewesen, die sich nur in lebendem Gewebe weitervermehren und keinen eigenen Stoffwechsel besitzen.

Virosen: Virosen sind durch Viren hervorgerufene Erkrankungen.

Mykoplasmen: Mykoplasmen sind zellwandlose Kleinstlebewesen, die in Leitungsbahnen der Pflanzen nachweisbar und insektenübertragbar sind.

Mykoplasmosen: Mykoplasmosen sind durch Mykoplasmen verursachte Erkrankungen.

Methoden der Virusbefreiung

1. Thermotherapie

Sie ist die heute am häufigsten verwendete Methode und beruht auf der Erkenntnis, viruskranke Pflanzen hohen Temperaturen auszusetzen, um dabei das Wachstum der Virusteilchen bzw. deren Vermehrung zu unterbinden. Dadurch kann nach ungefähr sechs bis acht Wochen aus dem kurzen, in dieser Zeit zugewachsenen Triebstückchen ein virusfreier Vegetationskegel gewonnen werden.

Arbeitsweise

Das Pflanzmaterial wird eingetopft und in eine Klimakammer bei 37 bis 38 °C, genau eingestellten Wuchsbedingungen (85 % relativer Luftfeuchtigkeit, Beleuchtung mit 15.000 bis 20.000 Lux) und normalem Nährstoffangebot gebracht. Temperaturen und die Dauer der Behandlung sind je nach Sorte, Obstart und Verhalten der Virosen unterschiedlich. Die kleinen Jungtriebe, die sich während der Thermotherapie in der Klimakammer entwickelt haben, sind virusfrei und werden auf junge, arteigene Sämlinge (Kernobstsämlinge sind vf) zur Virustestung und zur weiteren Vermehrung veredelt. Die bekannten Viruskrankheiten und Mykoplasmosen werden überwiegend durch diese Methoden eliminiert.

Der Verlauf der Thermotherapie

- Standard-Pflanzenmaterial (Edelreis)
- Veredelung auf Sämling
- Ein bis zwei Monate Thermotherapie
- Zugewachsener Pflanzteil wird (wiederum auf Sämling) veredelt
- Vermehrungsphase des virusbefreiten Materials
- Rücktestungsabschnitt, mindestens zwei Jahre (Prüfung auf etwaig übrig gebliebene Virosen)
- Freigabe des vf-Pflanzmaterials nach negativem Testergebnis
- Beginn der pomologischen Prüfung

Thermotherapie mittels Heißwasser

- Hier werden die zu veredelnden Triebe in heißes Wasser (50 °C) eingetaucht. Bei dieser Methode können die Jungtriebe Schäden erleiden. Daher verwendet man sie nur bei Edelreisern in der Vegetationsruhe und bei einer relativ kleinen Anzahl von Virosen.

2. Meristemkultur

Sie beruht auf der Erkenntnis, dass die Vegetationskegel (Meristeme) meist frei von Virosen und Mykoplasmosen sind. Bei Obstbäumen erweist sich diese Virusbefreiungsmethode als schwierig. Diese Methode ist ziemlich kostspielig, denn sie benötigt qualifiziertes Personal, ein steriles Labor und klimatisierte Anzuchträume. Probleme bei der Virusbefreiung treten dahingehend auf, dass es noch kein Standardrezept zur Meristemvermehrung aller Pflanzenarten gibt. Für jede Obstart und -sorte innerhalb einer Obstart müssen erst die günstigsten Vermehrungsbedingungen erforscht werden.

3. Chemotherapie

Chemische Substanzen verhindern die Vermehrung von Viren bzw. Mykoplasmosen oder verlangsamen sie. Diese Methode zeigt hinsichtlich der Viruserkrankungen bei Obstbäumen wenig Erfolg. Antibiotika zeigen keine Auswirkungen auf die Viren, sie verzögern aber die Ansteckung durch Mykoplasmosen stark. Krankheitssymptome bleiben nur ca. zwei bis drei Jahre unsichtbar, dann muss eine neuerliche Behandlung erfolgen. Diese verursacht hohe Kosten bei geringen Ergebnissen.

Virosen und Mykoplasmosen können im Obstbau folgendermaßen übertragen werden:

- **Infizierter Pollen:** Hauptsächlich beim Steinobst, z. B. die Scharka-Virose.
- **Samen:** Bei Steinobst möglich.
- **Wurzelkontakt:** In engen Pflanzweiten können Wurzelberührungen zur Weitergabe von Virosen (z. B. Apfelmosaik, VUKOVITS) führen.
- **Veredelung:** Die Verwendung eines verseuchten Veredelungspartners (Edelreis oder Unterlage) verbreitet die Virose auch in dem gesunden Veredelungspartner.
- **Verklonung:** Infolge Verwendung von verseuchtem, vegetativem Pflanzmaterial.
- **Insekten:** Beim Saugakt am Blatt wird ein bei einer vorher angesaugten Pflanze aufgenommener Erreger in das Pflanzengewebe der neu beflogenen Pflanze abgegeben. Dabei kann der Erreger seine ansteckenden Eigenschaften senken oder verlieren (nicht persistent) oder er bleibt lange infektiös (= persistent), z. B. Besentriebigkeit des Apfels.
- **Nematoden:** Bodenbürtige, mit großen Mundwerkzeugen ausgestattete Fadenwürmer können Virosen bzw. Mykoplasmosen übertragen.

Neben Viren rufen auch Mykoplasmen Erkrankungen, die früher zu den Virosen gezählt wurden, hervor.

Bedeutende Virosen und Mykoplasmosen im Kernobstanbau

Besentriebigkeit des Apfels

Synonyme: Hexenbesenkrankheit, Triebsucht, Proliferation, Candidatus Phytoplasma mali
Erreger: Mykoplasma

Diese Krankheit wird von mykoplasmenähnlichen Kleinstlebewesen hervorgerufen. Während beim gesunden Trieb aus der Blattachsel keine Triebe wachsen, sprießen bei befallenen Ästen am Ende einjähriger Triebe aus jeder Blattachsel kleine, sich teilweise wieder verzweigende Triebe, sodass der Einzeltrieb aus einiger Entfernung als „Birkenbesen" angeschaut werden kann. Während die Blätter von reaktionslosen Trieben desselben Baumes sich frühzeitig im Herbst rötlich verfärben ('Jonathan'), bleiben die Blätter von befallenen Trieben im Herbst lange hellgrün. Auch große Beiblätter an befallenen Trieben wurden beobachtet. Wirtschaftlich schädigt diese Erkrankung durch nur walnussgroße, geschmacksleere, unverkäufliche Früchte. Die Symptome treten oft ein bis zwei Jahre hintereinander auf, dann folgen symptomlose Jahre. Starkes Auftreten wurde bei der Sorte 'Jonathan' in der Steiermark beobachtet. Nach einem Hinweis eines Obstbaumeisters, der wünschelrutenkundig ist und diese Tätigkeit auch ausübt, wurde das massive Auftreten von Besenwuchs über Stellen mit unterirdischen Wasserkreuzungen an der Landesversuchsanlage Haidegg überprüft und bestätigt.

Triebsucht (Hexenbesen) im Herbst; während die symptomlosen Triebe normale Herbstverfärbungen zeigen, bleiben die erkrankten Triebe lange sommergrün. (Foto: KEPPEL)

Eine Nachpflanzung eines bei der Pflanzung virusfreien Baumes ('Holiday', M 9, der im vierten Standjahr Besenwuchssymptome zeigte) mit einem virusfreien Baum der gleichen Sorte ergab im gleichen Pflanzloch und im darauffolgenden Jahr Besenwuchssymptome, die sich später verloren.

Flachästigkeit

Synonyme: Rillenkrankheit, Apple flat limb
Erreger: Virus

Die Äste (auch Stämme) weisen starke Abflachungen bzw. Rillen auf und werden dadurch in ihrer Festigkeit geschwächt.

Standardunterlagen sind oft latent verseucht. Bei der Erstveredelung bleibt die Virose latent und tritt erst bei der Umveredelung stark auf.
Empfindlichste Sorte: 'Gravensteiner'

Gummiholzkrankheit

Synonyme: Gummivirus, Apple rubbery wood
Erreger: Mykoplasma

Neben dem Apfel kann auch die Birne befallen werden. Die Äste verholzen kaum und sind deshalb elastisch wie Weidentriebe. Hängen unter der Fruchtlast herab. Im Mark der Triebe sind dunklere Marksegmentationen ersichtlich. Oft sind kleine Früchte als Begleiterscheinung zu finden.
Empfindliche Sorte: z. B. 'Golden Delicious'

Apfelmosaik

Synonym: Apple mosaic
Erreger: Virus

Auf den Blättern zeigen sich helle, scharf abgegrenzte Stellen. 'Jonathan' und 'Golden Delicious' sind gute Zeigersorten.

Viröse Rostringkrankheit

Diese Viruserkrankung verursacht Fruchtsymptome, aber keine Deformation der Früchte. Auf der Fruchtschale sind unregelmäßige berostete Ringe zu sehen.

Viröse Warzenkrankheit

Synonym: Schalenpustelkrankheit

Eine in Europa noch wenig verbreitete Viruserkrankung. Auf den Früchten treten dunkelgrüne, eingesunkene Stellen mit typisch sternförmig verkorkten Rissen und berostete, warzenförmige Auswüchse auf. Bäume zeigen einen depressiven Wuchs. Nebeneinander können Früchte mit kleinen, befallenen Stellen und gesunde Früchte hängen.

Birnenverfall

Synonyme: Birnbaumsterben, Pear decline
Erreger: Mykoplasma

Im Sommer fallen kleinere, meist hellere Blätter auf. Die Bäume verfärben frühzeitig auf die Herbstfarbe; die verfärbten Blätter fallen vorzeitig ab. Die Fruchtgröße ist verringert. Ein rasches Absterben der Bäume kann die Folge sein, obwohl berichtet wird (SCHMID), dass sich schwach befallene Bäume wieder erholen können.

Ringfleckenmosaik der Birne

Synonyme: Birnenmosaik, Pear ring pattern mosaic
Erreger: Virus

Als Symptome treten hellgrüne bzw. grünlichgelbe Ringe, Flecken oder Linienmuster auf den Blättern nach der Laubentwicklung auf. Auch auf Früchten können Ringe erscheinen.

Steinigkeit der Birne

Synonym: Stony pit
Erreger: Virus

Im Fruchtfleisch treten steinige Zellen auf. Auch deformierte Früchte wurden beobachtet. Die Symptome ähneln dem Bormangel.

Wichtige Viruskrankheiten des Steinobstes

Scharka-Krankheit

Synonym: Plum pox
Erreger: Virus

Die Krankheit ist leicht mit dem Pflaumenbandmosaik zu verwechseln und kann bei Pflaumen, Pfirsichen und Marillen auftreten. Im Frühjahr sind an den Blättern von Zwetschken und Marillen hellgrüne, verschwommene Ringe, Flecken oder Bänder zu bemerken. Die Krankheitsbilder werden im Laufe der Vegetation deutlicher. Am Ende des Sommers treten bräunliche Nekrosen auf den befallenen Blattteilen auf. Mit zunehmendem Befall sind die Früchte tief gefurcht. Sie ähneln Narben (Scharka = Pocken, bulgarisch). Einige Neuzüchtungen von Zwetschken sind tolerant (das heißt, sie sind von der Virose befallen, zeigen aber keine Symptome). Diese Eigenschaft ist für die Vermehrung recht problematisch, da visuell bei der Kontrolle diese scharkabefallenen Bäume bei niederem Verseuchungsgrad nicht entdeckt werden können. Bei Marillen- und Pfirsichfrüchten treten auf reifen Früchten große, bräunliche, bei unreifen Früchten grüne Ringe auf. Auch am Kern kann man die Ringe erkennen.

Scharka ist pollenübertragbar und verbreitet sich daher rasch. Die Früchte von scharkabefallenen Bäumen sind nicht verkaufsfähig.

Pfeffingerkrankheit der Süßkirsche

Synonym: Pfeffinger disease
Erreger: Virus

In der Nähe des Blattrandes erscheinen olivgrüne, scharf begrenzte Verfärbungen. Im Jahre nach der Infektion sind in der Nähe der Mittelrippe der Blattunterseite kleine, warzenartige Gewebeausstülpungen (Enationen) sichtbar. Befallene Blätter bleiben klein, schmal und scharf gezähnt. Der Wuchs der einjährigen Triebe reduziert sich, sodass nur noch Blattrosetten auftreten. Nach dem auftretenden Gummifluss sterben die Bäume ab. In Süßkirschenanbaugebieten verursacht die Pfeffingerkrankheit schwere Schäden. Da die Virose auch von Nematoden (Fadenwürmer im Boden) verbreitet wird, darf nach der Rodung eines von Pfeffingerkrankheit befallenen Standortes längere Zeit kein Kirschbaum gepflanzt werden.

Stecklenberger Krankheit der Weichsel

Synonym: Nekrotische Ringfleckenkrankheit
Erreger: Virus

Ab dem sechsten Standjahr treiben die Blütenknospen nicht mehr aus, sondern vertrocknen und fallen ab. Austreibende Blüten haben keine Blütenblätter und die weiblichen Blütenorgane sind rudimentär (unterentwickelt). Die Blätter weisen eine kleinere Blattfläche auf, wobei die Blattränder nach oben gebogen sind. Die frühestmöglich austreibenden Blätter zeigen hellgrüne, ringartige Flecken. Meist bilden sich am einjährigen Trieb nur kleine Blattrosetten. Im darauffolgenden Jahr können die Symptome fehlen. Das symptomlose Jahr nach dem ersten Auftreten der Infektion kann auch unterbleiben, sodass die Bäume nach mehreren Jahren der hintereinander auftretenden Befallserscheinungen langsam absterben. Zusätzlich zeigt sich oft Bleiglanz.

Bedeutende Viruserkrankungen beim Strauchbeerenobst

Viröser Atavismus

Synonym: Brennnesselblättrigkeit

Auf einzelnen Trieben eines Ribiselstrauches sind brennnesselblattähnliche Ribiselblätter auffindbar. Befallene Büsche zeigen stark verminderte Erträge.

Adernbänderung der Stachelbeere

Hellgrüne, netzartige Blattflecken treten im Frühsommer bei verschiedenen Blattsegmenten auf. Dieses Virus kommt bei Roten und Schwarzen Ribiseln vor; dürfte auch den schnellen Verfall von Ribiselsträuchern (rascher Ertragsrückgang und Wuchsdepressionen) sowohl im Hausgarten als auch im Intensivanbau hervorrufen. Wie der Name ausdrückt, kommt Adernbänderung auch bei Stachelbeeren vor.

Virustestung

Die Testung auf Virosen und Mykoplasmosen kann mittels Indikatoren (Zeigersorten) im Freiland oder Glashaus oder über serologische Tests (ELISA-Test) im Labor erfolgen.

Indikatorentest

Auf die zu prüfenden Bäume werden Indikatorensorten (Zeigersorten) aufveredelt und anschließend beobachtet. Für jede Virose bzw. Mykoplasmose gibt es spezielle Indikatoren. Zeigt eine Indikatorsorte nach längerem Beobachtungszeitraum keine Krankheitssymptome, ist anzunehmen, dass der Baum von der – mithilfe der Indikatorsorte zu testenden – Erkrankung frei ist. Trifft dies bei den wirtschaftlich wichtigsten Virosen zu, bekommt der Baum den Virusstatus „virusgetestet" und kann als Edelreisermutterbaum vg (vt) verwendet werden. Werden Bäume direkt aus der Thermotherapie getestet (Rücktestung), erhalten diese den Status „virusfrei".

Bei der Virustestung darf mittels Indikatorentests keine Virose oder Mykoplasmose festgestellt werden, um den Virusstatus „virusgetestet" zu erhalten.

Serologischer Test

Hier wird ein auch in der Medizin gebräuchliches Testverfahren angewendet (ELISA-Test). Dazu wird der aus Blättern gewonnene Pflanzensaft auf den Gehalt an Antikörpern hin getestet.

Der Pflanzensaft wird mit dem krankheitsspezifischen Nachweisserum vermischt. Je nach Grad der Verseuchung des Pflanzensaftes entsteht eine Verfärbung des Prüferserums, die farbfotometrisch gemessen wird. Daraus kann der Erregerbefall abgelesen werden. Um den ELISA-Test zu verfeinern, werden monoklonale Seren entwickelt (sprechen nur auf einen Erreger an), die Fehlinterpretationen der Messergebnisse durch Mischinfektionen verhindern sollen.

PPV-Agristrip

Dies ist ein Feldschnelltest. Das Ergebnis kann nach ca. 15 bis 30 Minuten erhalten werden.

BLUE-LAMP-Test

Die Testdauer beträgt ca. 2 Stunden. Es können damit verschiedene Virenarten bestimmt werden (z. B. Scharka-Viren). Zwei bis vier Blätter werden in einem mit wenig Wasser gefüllten Plastikbeutel eingefüllt und im Beutel zerrieben. Danach erfolgt die Zugabe eines Farbindikators, eines Primers und von Enzymen. Nach einer Erwärmung auf 63 °C und einer Wartezeit wird mit einer BLUE Lamp belichtet. Beim Virusbefall ändert sich die Serumfarbe virusspezifisch.

Obstgehölze dürfen nur dann als **„virusfrei"** bezeichnet werden, wenn eine virusfreie Unterlage und eine virusfreie Sorte gemeinsam veredelt sind.

> **Edelsorte und Unterlage müssen den gleichen Virusstatus haben!**

Somit spricht man zur Zeit noch von einem **virusgetesteten (vg oder vt) Pflanzmaterial**, wenn eine vg-Sorte auf eine vg-Unterlage, eine vf-Sorte auf eine vg-Unterlage oder eine vg-Sorte auf eine vf-Unterlage veredelt wird.

Vom **Standard-Pflanzmaterial** (CAC) wird gesprochen, wenn eine std-Sorte auf eine vf-Unterlage, eine vf-Sorte auf eine std-Unterlage, eine vg-Sorte auf eine std-Unterlage, eine std-Sorte auf eine vg-Unterlage oder eine std-Sorte auf eine std-Unterlage veredelt wurde. Virusfreie Bäume wachsen etwas stärker und benötigen bei normaler bzw. stärkerer Düngung einen etwas größeren Standraum. Bei Neuauspflanzungen nimmt der fortschrittliche Obstbauer nur mehr virusgetestetes oder virusfreies Pflanzmaterial; für die Umveredelung alter Sorten genügt das Standardmaterial.

Der Käufer sollte sich bei einem Baumkauf den Virusstatus auf der Rechnung bestätigen lassen. Bei der Obstzüchtung erscheint derzeit das für die Ertragsfähigkeit verantwortliche Genmaterial im Leistungspotential erschöpft zu sein, sodass Ertragssteigerungen gegenwärtig nur durch vf-/vg-Pflanzmaterial erzielt werden können.

Für die Gesundung der Obstbaumbestände ist es besonders wichtig, bei der Veredelung von Unterlagen und für das Umveredeln von Bäumen nur

Pflanzmaterial zu verwenden, das von gesunden und kontrollierten Bäumen stammt.

Bei der Umveredelung können nach dem Einveredeln der neuen Edelsorte durch den Schock des scharfen Rückschnittes latent vorhandene Viruskrankheiten bzw. Mykoplasmen auftreten (meist Besenvirus, Gummiholzkrankheit, Rillenkrankheit oder Flachästigkeit und Mosaik); daher sollte für die Neuauspflanzung auch im Hausgarten nur virusfreies Pflanzmaterial verwendet werden.

Edelreisermuttergärten

Um die Versorgung mit virusfreiem Pflanzmaterial sicherzustellen, werden sogenannte virusfreie Edelreisermuttergärten errichtet. In diesen Gärten werden die Bäume nur zur Edelreiserproduktion herangezogen. Die Errichtung und Erhaltung eines virusfreien Edelreiserschnittgartens erfordert einen hohen Arbeitszeitaufwand und eine hohe moralische Verantwortung. Über das ganze Jahr müssen die Mutterbäume in engen Abständen blattlaus- und pilzkrankheitsfrei gehalten werden (= erhöhter Pflanzenschutzaufwand).

Nomenklatur für Edelreisermuttergartenbäume

- Candidate Material, **Ausgangspflanzen** z. B. Thermotherapie
- Prebasic Mother Material (nuclear stock) **Nuklearpflanzen** Prebasic Material (Vorstufenmaterial)
- Basic Mother Plants (propagation stock) **Erhaltungsgarten** Basic Material (Basismaterial)
- Certified Mother Plants (certified stock) **Reiserschnittgarten**
- Certified Material, **zertifiziertes Material (Edelreiser, Unterlagen)**

5. EIGENTLICHE PFLANZARBEIT

Hier muss grundsätzlich vorerst die Entscheidung fallen, ob zur Pflanzung ein Pflanzlocherdenaustausch notwendig ist.

Wird mit der Einzelstammunterstützung mit Drahtrahmengerüst gepflanzt, ist es zweckmäßiger, den Reihenverlauf einzuschauen als mit Schnüren zu kennzeichnen. Das Spannen einer Schnur für den geraden Reihenverlauf birgt die Gefahr des ungewollten und unbemerkten leichten, seitlichen Verrückens der Richtschnur (durch schiefe Stecken, verrutschte Erdbrocken) und damit gleich das seitliche Ausbrechen der Reihe.

Die Markierung des Pflanzabstandes in der Reihe erfolgt am besten per weißem 50-m-Maßband (besser aus Metall als aus Gewebe), weil hier der gewünschte Pflanzabstand mit einer Farbmarkierung (z. B. mit rotem oder blauem Isolierbandstreifen am jeweiligen Baumabstand in der Reihe) zu Hause vorbereitet werden kann. Die Farbmarkierung dient dem rascheren und leichteren Auffinden der Pflanzmaße. Das Verwenden einer mit Farbe im Pflanzabstand markierten Schnur hat sich nicht bewährt, da die gespannte Schnur mit der Zahl der vermessenen Reihen immer länger ausgedehnt und damit ungenau wird.

Für die maschinelle Pflanzung vorbereiteter, relativ stark zurückgeschnittener Wurzelballen (Foto: KEPPEL)

Nicht für die Pflanzung zurückgeschnittener Wurzelballen mittlerer Stärke (Foto: KEPPEL)

Pflanzlochgraben

Beim händischen Graben fällt die Wahl der Pflanzlochgröße zwischen der Wurzelballenpflanzung (wegen des an den Wurzeln anhaftenden Wurzelballens ist ein größeres Pflanzloch notwendig!) oder der Pflanzung ohne Wurzelballen. Die Wurzeln müssen jedenfalls genug Platz zum Ausbreiten im Loch haben.

Beim Wurzelschnitt (unmittelbar vor der Pflanzung) sollte nur der eingetrocknete Teil der Wurzeln entfernt werden (also nur ganz kurz anschneiden), sonst wird der Anwuchserfolg schwach ausfallen.

Bei der Wurzelballenpflanzung dürfen die Bäume beim Tragen nur an der Unterlage angegriffen werden. Bei Unterlagen mit Affinitätsproblemen (z. B. M 26 Birne auf Quitte) passiert es leicht, dass das Gewicht des Erdballens genügt, um einen Veredelungsstellenbruch zu verursachen. Infolge der Zunahme der schwachen Bäume und der notwendigen Kostensenkung wurden verschiedene Fabrikate von Pflanzmaschinen entwickelt, die die Arbeit des Pflanzens beschleunigen. Das Aufstellen des Stützgerüstes erfolgt dabei erst nach der Pflanzarbeit.

Baumabstand vom Pflanzstecken

Er kann eine Fußbreite betragen, damit der Baum für das Dickenwachstum genügend Platz hat und nicht gleich am Stecken ansteht. Für das Anbinden des jungen Baumes erwachsen dadurch Probleme, da die Haltefestigkeit der Schnur am Baum bzw. der jetzt verwendeten Plastikbindebänder bei der Fußbreite Abstand zum Baumstecken als zu gering anzusehen ist – da die Bäume schließlich nicht zum Stecken hingezogen werden sollten.

Dafür kann als idealer Ausweg die Verwendung von Weidenruten zum Binden genannt werden. Sie halten den Baum vom Stecken fern und geben ihm dennoch genug Sicherheit gegen Winddruck. Als Schlingenform gilt grundsätzlich die „Achterschlinge". Sollten die Plastikbindebänder bzw. die Schnur am Stecken abgleiten, kann man entweder einen einfachen Knoten am Stecken anbringen und dann den Baum fixieren oder die Steckenschlinge wird an der Steckenhinterseite (dem Baum abgewandt) mit einer Heftklammer so befestigt, dass die Schlinge nicht verletzt wird. Dies ist besonders bei den Plastikbindebändern notwendig, um sie nicht zu verletzen (sonst sinkt die Haltefähigkeit).

Pflanztiefe

Es muss sichergestellt sein, dass die Veredelungsstelle im Vollertragsstadium über der Bodenoberfläche bleibt, damit sie nicht freimacht (das heißt, die Edelsorte schlägt Wurzeln – es sinkt der Un-

Bei zu tief gepflanzten Bäumen kann sich die Veredelungsstelle freimachen, die wildwachsenden Wurzeln der Edelsorte verändern die geplante Wuchsstärke des Baumes. (Foto: KEPPEL)

terlageneinfluss). Die Veredelungsstelle darf beim Pflanzen keineswegs tiefer stehen, als sie in der Baumschule stand. Als Richtwert kann **eine Fingerspanne über dem Boden** gelten.

Vonseiten der Praktiker wird oft versucht, durch extremes Hochpflanzen der Bäume den Wuchs zu bremsen. Die Bäume stehen dann wesentlich seichter am Standort als in der Baumschule. Dabei entsteht meist zu schwacher Folgewuchs.

Pflanztermin

Herbstpflanzung: Dabei können die Wurzeln der Bäume noch im Herbst anwachsen und die Jungbäume zeigen im Frühjahr einen kräftigen Austrieb.

Bei zu erwartender Mäuseplage im Winter (z. B. Wiesenumbruchfläche) ist es zweckmäßiger, den Frühjahrspflanztermin zu wählen, um Pflanzenausfälle durch Nageschäden an den Wurzeln zu vermeiden.

Frühjahrspflanzung: Diese erfolgt gleich nach dem Auftauen des Bodens, um die Restfeuchtigkeit zu nützen. Um einen ausreichenden Anwuchserfolg sicherzustellen, darf nur bis zum Stadium des Knospenschwellens der zu setzenden Bäume gepflanzt werden. Wenn die Blätter sprießen, ist es zu spät! Steinobst (insbesondere Pfirsiche und Marillen) rodet man zweckmäßigerweise im Herbst, schlägt die Bäume an kältegeschützter Stelle über den Winter ein und pflanzt sie im Frühjahr. Beim Einschlagen ist darauf zu achten, dass die Bäume nicht bündelweise in der Erde eingeschlagen werden, sondern in einer Furche nebeneinander liegend, damit alle Wurzeln genügend stark mit Erde bedeckt sind.

Dem Austrocknen des Wurzelwerks durch Frost ist dadurch vorgebeugt. Auch beim Einschlagen der Pflanzware muss auf die Verhinderung von Schädlingsfraß (Mäuse, Hasen) geachtet werden.

Als **Anschnitthöhe** hat sich bei den Spindeln (außer Knipbaum) Folgendes durchgesetzt: Beim Fehlen der vorzeitigen Triebe = 70 cm über dem Boden; beim Vorhandensein vorzeitiger Triebe = entsprechend höher.

Ist nur ein vorzeitiger Trieb vorhanden, ist es besser, ihn wegzuschneiden und den Baum als unverzweigt anzusehen und auf 70 cm anzuschneiden, denn dadurch kann sich der Baum – wie Testschnitte ergaben – gleichmäßiger entwickeln. Beim Belassen des einen Triebes bringt dieser den Baum trotz Formierens außer das erzieherische Gleichgewicht. Aufputzen: Der Baum kann bis 55 cm über den Boden aufgeputzt (Entfernen der kleinen Triebe bzw. Knospen) werden.

Pflege des Pflanzstreifens

(siehe auch „Biologischer Obstbau")

Bei der „Integrierten Produktion" (IP) ist die Verwendung von Bodenherbiziden nicht mehr zulässig. Angewendet werden dürfen nur mehr Ätzherbizide. Bewährt hat es sich, den Pflanzstreifen im Frühjahr der ersten beiden Standjahre auf sanften Hügeln, je nach Unkrautaufkommen, aufzufräsen. Danach kann ein Unkrautbesatz (neuerdings Beikrautbesatz) im Pflanzstreifen geduldet werden, sofern dieser schwach bleibt. Zurzeit laufen hinsichtlich eines niedrigen, ausdauernden, nicht wurzelkonkurrierenden Pflanzstreifenbewuchses etliche Versuche. Das Abheizen von Unkraut hat sich mit der jetzigen Gerätegeneration nicht bewährt. Das Abdecken von Pflanzstreifen mit Folien stellt zurzeit noch ein Entsorgungs- und Umweltproblem dar. Je nach Folienart kann sich auch ein Wühlmausproblem ergeben (bei weißen Folien ist die Unkrautunterdrückung zudem mangelhaft).

Das ständige Offenhalten der Pflanzstreifen am Hang hat sich wegen der starken Erosionsgefahr nicht bewährt.

Das Abdecken mit organischem Material (Rinde, Rapsstroh) kann bei zu rascher Humifizierung dem Unkraut eher günstigere Bedingungen bieten und Mäuse anlocken. Die mechanischen Unkrautentferner (auf Rotationsbasis oder mittels Unterschneiden und Hochheben der Unkräuter) sind

Maschinelles Baumpflanzen

Einfaches, durch einen Praktiker hergestelltes Baumpflanzgerät mit hydraulischer Seitenverschiebung zum Ausweichen bei den Hagelnetzstützgerüstsäulen. Zwischen den beiden vertikal stehenden Pflugsechen, die einen Graben erzeugen, wird der Baum händisch eingestellt und mit den Füßen der Pflanzhelfer in der Erde festgedrückt. Das nachlaufende Gummirad drückt die Erde oberflächlich an. (Foto: KEPPEL)

Halbautomatische Pflanzensetzmaschine: Die pflanzfertig vorbereiteten Bäume werden per Hand durch die Pflanzöffnung des Pflanzgerätes (Schleppernahe) in den Pflanzstreifen eingestellt. Das Pflanzgerät wirft im selben Arbeitsgang unmittelbar vorher die Pflanzstreifenerde seitlich weg und erzeugt einen Graben. Nachdem die Bäume in dem Pflanzstreifen stehen, drücken die seitlich angebrachten Gummiräder die Erde am Wurzelballen fest, die Abstreifwinkel glätten den kleinen vorhandenen Erddamm. Während des Arbeitsganges und zum Erzielen des gewählten Pflanzabstandes und eines aufrechten Standes der Bäume sind die zu setzenden Bäume in einem Transportband vertikal eingespannt. Dadurch ist ein aufrechtes Pflanzen möglich. (Fotos: KEPPEL)

am Hang wegen der Erosionsgefahr mit Vorsicht einzusetzen. Außerdem kann das Unkraut bei bestimmten Gerätetypen rasch wieder anwurzeln. Zu tief reichende Rotorzinken beschädigen die Baumwurzeln.

Der Herbizidstreifen sollte so eng wie möglich sein (bei Spindeln nur 0,7 m, bei Hohlkronen nur 1,0 m). Vom 15. Juli bis zur Ernte darf nach den Richtlinien der IP kein Herbizideinsatz erfolgen.

6. BESONDERE PFLEGEMASSNAHMEN IM OBSTBAU

Ausdünnen (Dünnen)

Die Fruchtausdünnung gehört als ertrags- und qualitätsregulierende Maßnahme zu den wichtigsten Pflegemaßnahmen im Erwerbsobstanbau, speziell natürlich im Apfelanbau. Sie vermindert die Neigung der Bäume zur Alternanz und hat maßgeblichen Einfluss auf die Verbesserung der Fruchtgröße, der Fruchtfarbe, des Geschmackes und eventuell weiterer Qualitätsmerkmale. Man ist sich heute auch der zahlreichen Nachteile der Alternanz bewusst und ist daher bestrebt, den übermäßigen Fruchtansatz rechtzeitig zu entfernen. Früher war man der Meinung, einem Tragjahr müsste ein Ausfallsjahr folgen, damit die Bäume sich erholen können, heute erwartet und wünscht man sich von allen Bäumen alljährlich ausgeglichene Erträge.

Das Dünnen ist bei allen jenen Obstarten wirtschaftlich gerechtfertigt, bei denen eine Qualitätsverbesserung des Fruchtbehanges erreicht bzw. der Gefahr einer Alternanz vorgebeugt werden kann. In der Praxis wird daher bei Äpfeln, Birnen, Marillen und Pfirsichen sowie bei hochwertigen Zwetschken- und Pflaumensorten ausgedünnt.

Die Fruchtausdünnung wird heute sowohl chemisch als auch mechanisch (händisch) durchgeführt, wobei die chemische Ausdünnung derzeit in erster Linie auf den Apfel beschränkt ist. Je früher die Verringerung des Fruchtansatzes erfolgt, desto günstiger sind die Auswirkungen auf die Regelmäßigkeit der Erträge, das heißt, bei einem sehr frühen Termin (abgehende Blüte bis etwa drei bis vier Wochen danach) ist ein Einfluss auf die Alternanz wahrscheinlich, spätere Ausdünnmaßnahmen zeigen in der Regel nur mehr einen Einfluss auf die Fruchtqualität. Die chemische Ausdünnung hat daher gerade bei der Alternanzbekämpfung die größte Bedeutung.

Vor dem Kauf und der Anwendung chemischer Präparate im Obstbau ist die aktuelle Zulassung der zu verwendenden Präparate zu überprüfen. Auskünfte darüber sind im Pflanzenschutzmittelregister (www.ages.at), bei der zuständigen Obstbauberatung und in den Verkaufsstellen der Präparate erhältlich!

Chemische Blüten- und Fruchtausdünnung

Sie zählt heute zu den wichtigsten Maßnahmen im modernen Erwerbsobstanbau. Es bestehen allerdings nach wie vor Schwierigkeiten dabei, allgemein gültige Richtlinien aufzustellen, da der Wirkungsgrad der Präparate sehr stark von den Umwelteinflüssen abhängig ist. Bei ungünstiger Witterung ist der Erfolg oft enttäuschend. Es kann sogar passieren, dass mehr Früchte am Baum verbleiben als ohne Behandlung. Es kommt in diesem Zusammenhang sicher auch sehr stark auf die eigene Erfahrung und das Verständnis für die pflanzliche Reaktion an, damit eine erfolgreiche Fruchtausdünnung erreicht werden kann.

Die Anwendung, die Lagerung und die Zulassung chemischer Präparate werden seit 2011 durch das Pflanzenschutzmittelgesetz (PSMG) geregelt. Die zugelassenen Mittel sind im österreichischen Pflanzenschutzmittelregister (www.ages.at) verzeichnet. Eine befristete Zulassung kann nach einer Notfallzulassung nach §13 PSMG i. d. F. 2011 maximal für vier Monate erteilt werden.

Einfluss der Fruchtausdünnung auf Fruchtgröße und Ertrag bei 'Golden Delicious' im Ausdünnungsjahr (Quelle: LINK, 1981)

	Ertrag in kg			
Baum je Fruchtgrößenklasse	bis 60 mm	60 bis 70 mm	über 70 mm	insgesamt
Baum nicht ausgedünnt	10	38	23	71
Baum bei chemischer Ausdünnung	2	18	37	57
Baum bei Handausdünnung	0,6	15	40	56

Vor dem Kauf und vor der Anwendung chemischer Präparate hat sich der Anwender im Pflanzenschutzmittelregister, bei der zuständigen Obstbauberatung oder bei den Verkaufsfirmen zu erkundigen, ob für das gewählte Präparat eine Zulassung zur Anwendung besteht!

Derzeit kommen im europäischen Anbau folgende Stoffgruppen zum Einsatz: **Ätzmittel** (Schwefelkalkbrühe, verschiedene N-Düngemittel), **Phytohormone** sowie **Metamitron**. Im österreichischen Anbau ist vor allem die Gruppe der Wuchsstoffe im Einsatz. In erster Linie wurde die Wirkung der Ausdünnspritzungen beim Apfel eingehend geprüft. Versuche sind allerdings auch bereits bei anderen Obstarten (wie Birne, Pfirsich, Pflaume und andere) mit mehr oder weniger großem Erfolg durchgeführt worden, aber bisher nur teilweise zur Praxisreife gediehen.

Ätzmittel

Diese Spritzmittel wirken dahingehend, dass sie einerseits die Pollenkörner beschädigen oder abtöten, gleichzeitig aber auch die weiblichen Blütenorgane beeinträchtigen – sie **wirken** also **„verbrennend"**. Die Deformation bzw. Verätzung von Narbe und Stempel erschwert oder verhindert später das Auskeimen des Pollens und das Eindringen des Pollenschlauches. Um eine entsprechende Wirkung zu erreichen, muss die Behandlung daher noch vor der Bestäubung bzw. zumindest vor einer möglichen Befruchtung erfolgen. Da aber die Entwicklung nicht gleichmäßig ist (offene und geschlossene Blüten), ist es außerordentlich schwierig, den Zeitpunkt der optimalen Wirkung zu finden. Im Regelfall sind mehrere Behandlungen für eine gute Wirkung erforderlich.

Ein schwerwiegender Nachteil dieser Blütenbehandlungen besteht darin, dass sie zu einem Zeitpunkt ausgebracht werden müssen, wo der Fruchtansatz noch nicht im ausreichenden Maß beurteilt werden kann. Eine etwas zuverlässigere Beurteilung ist sicher erst nach dem Abblühen möglich. Besonders schwer können sich die Nachteile des frühen Applikationszeitpunktes in niederschlagsreichen Gebieten und naturgemäß auch in stark spätfrostgefährdeten Lagen auswirken. In diesem Fall sollte man mit solchen Mitteln besonders vorsichtig umgehen.

Derzeit stehen folgende Gruppen von Mitteln zur Auswahl:

N-Düngemittel (Blattdüngerformulierung hochrein)

Als Mittel stehen **Harnstoff** und **Kalksalpeter** zur Verfügung. In den letzten Jahren wurden auch Versuche mit **Ammoniumthiosulfat** (ATS) durchgeführt, die im Bodenseegebiet und in den Niederlanden vielversprechende Ergebnisse gebracht haben.

Schwefelkalk

Bei alternanzanfälligen Sorten reicht eine Anwendung zur Blütenausdünnung meist nicht aus (30–40 kg/ha, 1.000–1.500 l/Brühenaufwand).

Phytohormone

Die Wirkungsweise der Wuchsstoffmittel ist noch nicht eindeutig geklärt, es sind aber in den letzten Jahrzehnten doch einige Fortschritte erzielt worden. Durch die Erkenntnis des Zusammenspielens der Hormonstoffbildung mit den natürlichen Fruchtfallperioden (die Haftfähigkeit der Früchte bleibt so lange erhalten, solange Wuchsstoffe von den Samen zur Stielbasis einfließen) versucht man heute mithilfe solcher Mittel die hormonstoffproduzierenden Samen zu vernichten, damit es zur Ausbildung einer Trennschicht kommt. Bei Spritzungen in die Blüte werden teilweise auch Griffel und Pollenschläuche beeinflusst und damit der normale Befruchtungsvorgang gehemmt.

Derzeit werden in Österreich Präparate der **α-Naphthylessigsäure (NAA 1 %)** und des **Naphthylacetamids (NAAm, kurz Amid 50 %)** für Ausdünnarbeiten eingesetzt. Beide Präparate werden synthetisch hergestellt und stellen dadurch natürlich eine künstliche Auxinanreicherung im System Pflanze dar. Nach neueren Untersuchungen werden durch eine temporäre Anhebung des Auxinspiegels die Ethylensynthese gefördert und die Synthese von Gibberellinen und Cytokininen gehemmt, wodurch anschließend die endogene Auxinproduktion ebenfalls abzusinken beginnt. Höherer Ethylengehalt und geringerer Auxinfluss von den Samen zur Stielbasis führen schließlich zur Ausbildung einer Trennschicht und die Frucht fällt ab.

Durch die Kenntnis des zeitlichen Ablaufes der Wuchsstoffproduktion und deren Auswirkung auf den jeweiligen Fruchtansatz ist die ungleiche Wirkung der applizierten Hormonstoffe zumindest teilweise erklärbar. Erfolgt die Zufuhr beispielsweise zu einem Zeitpunkt, an dem die natürliche Hormonstoffbildung in den Samen der neugebildeten Früchte gering ist, so kann diese Maßnahme die Haftfähigkeit der Früchtchen verbessern. Bleiben gleichzeitig dabei die Samenanlagen unbeschädigt, wird die natürliche Hormonstoffbildung in den Samen bald wieder einsetzen. Man hat also mitgeholfen, eine für den Baum vielleicht kritische Situation zu überbrücken. In der Regel ist die Wuchsstoffzufuhr aber so groß, dass die Samenanlagen beschädigt bzw. abgetötet werden. Mit dem Abklingen der Wirkung kommt es dann (da ja die natürliche Hormonbildung ausbleibt) zur Ausbildung der Trennschicht und zum nachfolgenden Abwurf der Früchte.

Hormonmittel können, bei früher Anwendung, die Blütenbildung für das folgende Jahr direkt fördern. Möglicherweise ist die Wirkung darauf zurückzuführen, dass durch die Wuchsstoffzufuhr das Triebwachstum zugunsten der Fruchtbarkeit gehemmt wird. Als wesentlicher Vorteil gegenüber den Ätzmitteln und Carbamaten kann aber die relativ **geringe Toxizität für Mensch und Tier (Bienen)** angeführt werden. Die Wirkung der NAA ist recht gut, allerdings werden dabei oft auch Blätter und Triebe beeinträchtigt. Dem gegenüber wirkt das NAAm deutlich schonender und wird daher in der Praxis eher bevorzugt. Die Ausdünnmittel sind unter verschiedenen Handelsnamen erhältlich; in Österreich ist derzeit das Naphthylacetamid (Handelsbezeichnung **Dirigol N**) und die α-Naphthylessigsäure (Handelsname Fruitone) zugelassen.

Wuchsstoffmittel sind in ihrer Wirkung in erheblichem Maße von Umwelteinflüssen abhängig. Dem richtigen Anwendungszeitpunkt kommt daher große Bedeutung zu. Mit Naphthylacetamid erzielt man zum Zeitpunkt des Abblühens die beste Wirkung, es ist aber auch noch eine etwas spätere Behandlung (maximal 6–8 mm Fruchtdurchmesser) möglich. Die α-Naphthylessigsäure kann dagegen bis zu einem Fruchtdurchmesser von 14 mm (Mittelfrucht) eingesetzt werden. In Jahren mit späterem Beginn und eventuell wüchsiger Witterung nach der Befruchtung ist naturgemäß der Zeitraum der Wirksamkeit stark eingeschränkt. Besonders bei warmer Witterung (hohen Temperaturen) nimmt die Empfindlichkeit der Früchtchen gegenüber den Hormonmitteln rasch ab; kühle Witterung verzögert die Entwicklung dagegen, wodurch die Wirksamkeit der Mittel länger erhalten bleibt. Dieser Umstand wäre vielleicht bei den Frühsorten zu bedenken, die ja meistens sowieso nur eine ganz kurze Zeit gut ausgedünnt werden können.

Aufgrund verschiedenster Untersuchungen haben sich bisher in der Praxis folgende Anwendungszeitpunkte bewährt:

Naphthylacetamid (NAAm): Bei abgehender Blüte (drei Viertel der Blumenkronblätter abgefallen) bis spätestens fünf Tage nach Ende der Blüte.

α-Naphthylessigsäure: Bei einem Fruchtdurchmesser von 8–9 (maximal 14) mm. Einsatz nur, wenn **Dirigol N** vorher nicht eingesetzt wurde bzw. wenn die Wirkung beeinträchtigt war (zu rasche Antrocknung).

In schweizerischen Untersuchungen hat sich gezeigt, dass zur Verbesserung des Ertrages von Alternanzsorten im Rastjahr das Ausbringen einer kleinen Dirigol-N-Menge von 2–4 g/100 l Spritzbrühe ca. fünf Tage nach dem Abblühen zu einer Verbesserung des Fruchtansatzes führt. Von den normalerweise im Rastjahr angesetzten Blüten werden weniger abgestoßen. Das kann in weiterer Folge zu gleichmäßigerem Fruchtansatz führen.

Neben den bereits genannten Witterungsfaktoren wird der Ausdünnerfolg noch durch den Blütenansatz des jeweiligen Baumes, durch den Gesundheitszustand, durch die Sorte und den Ausbringungszeitpunkt beeinflusst.

Beobachtungen haben gezeigt, dass bei steigendem Blütenansatz auch der natürliche Fruchtfall zunimmt. Schwach behangene Bäume bringen dagegen meist zu große und krankheitsanfällige Früchte, hier würde sich eine Dünnung noch negativer auswirken.

Auch der **physiologische Zustand der Bäume** beeinflusst sicherlich die Wirkung der Ausdünnmittel. Die Früchte geschwächter Bäume sind sehr empfindlich, daher wären in einem solchen Fall geringere „Blütenkonzentrationen" angebracht. Es sollten daher nur gut ernährte und gesunde Bäume mit derartigen Mitteln behandelt werden, sonst sind Misserfolge keineswegs auszuschließen.

Auch die Sorten der selben Obstart zeigen gegenüber chemischen Ausdünnmitteln eine ganz unterschiedliche Empfindlichkeit. Bei gleichen äußeren Bedingungen scheint jedoch die Empfindlichkeit der einzelnen Sorten für alle Mittel ungefähr gleich zu sein. Die Versuche der letzten Jahre haben auch gezeigt, dass **triploide Sorten wesentlich resistenter** reagieren und daher höhere Wirkstoffmengen notwendig sind. Auch später reifende Sorten sind in der Regel ebenfalls weit weniger empfindlich als frühere Apfelsorten. Allerdings ist auch nicht für alle früh-, mittel- oder spätreifenden Sorten die gleiche Konzentration optimal, z. B. ist 'Idared' empfindlicher als 'Braeburn', obwohl beide Sorten etwa zur gleichen Zeit reif werden.

Die unterschiedliche Empfindlichkeit ist aber nicht nur auf die Blüten und Früchte beschränkt, sie zeigt sich auch an den vegetativen Teilen (Blätter,

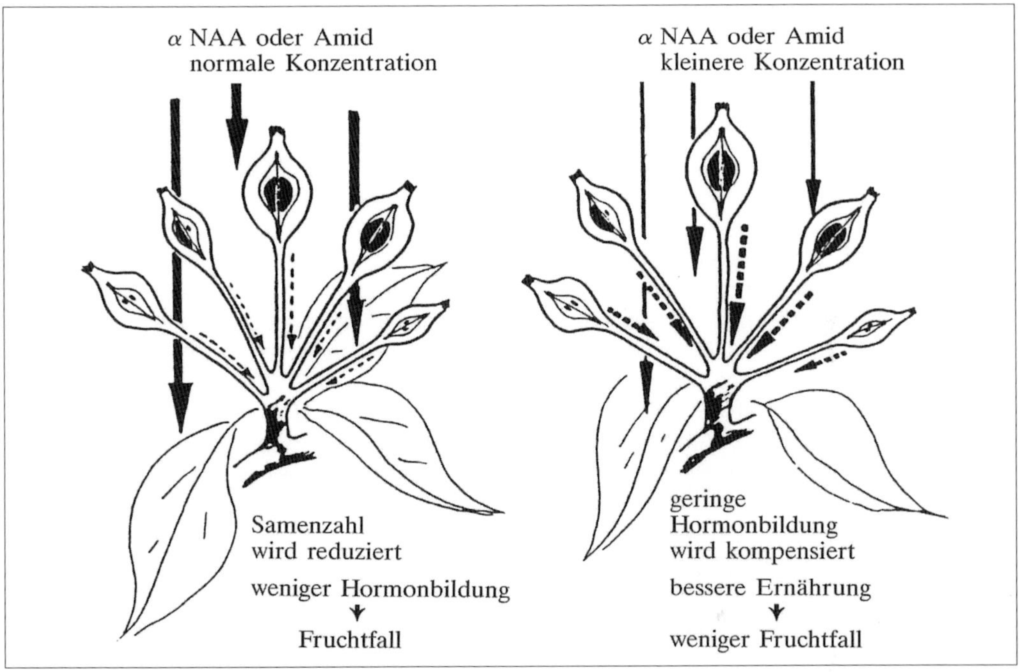

Ausdünnungswirkung bei normaler bzw. zu niedriger Wuchsstoffkonzentration bei unterschiedlicher Frucht- und Samenentwicklung (Quelle: SCHUMACHER)

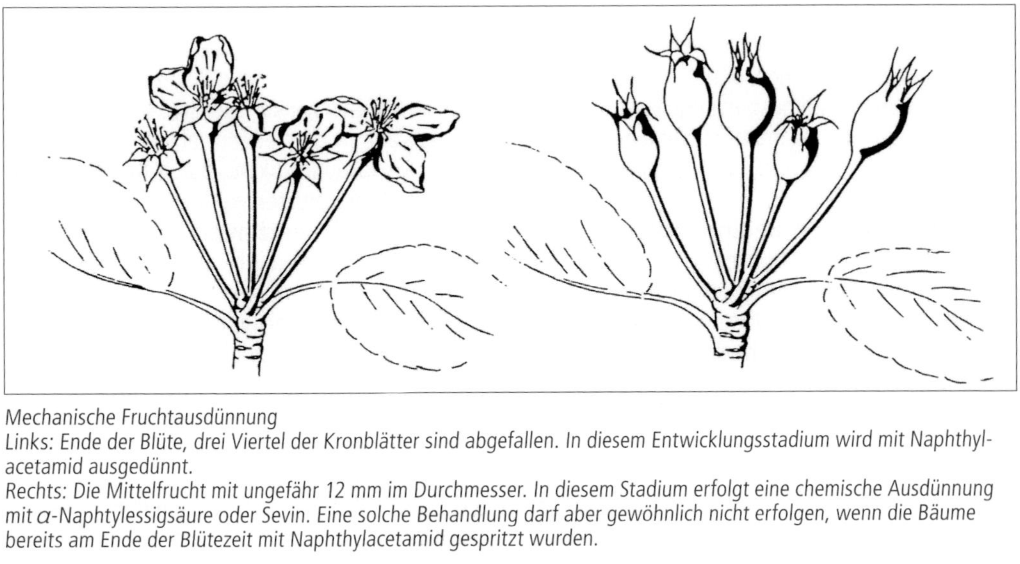

Mechanische Fruchtausdünnung
Links: Ende der Blüte, drei Viertel der Kronblätter sind abgefallen. In diesem Entwicklungsstadium wird mit Naphthylacetamid ausgedünnt.
Rechts: Die Mittelfrucht mit ungefähr 12 mm im Durchmesser. In diesem Stadium erfolgt eine chemische Ausdünnung mit α-Naphtylessigsäure oder Sevin. Eine solche Behandlung darf aber gewöhnlich nicht erfolgen, wenn die Bäume bereits am Ende der Blütezeit mit Naphthylacetamid gespritzt wurden.

Empfindlichkeit der Apfelsorten gegenüber chemischen Ausdünnmitteln
(nach DAMPFHOFER, 2009)

Hoch – mittelmäßig empfindlich	Mittelmäßig – wenig empfindlich	Unempfindliche „resistente" Sorten
'Gala' 'Idared' 'Boskoop' 'McIntosch' und Verwandte div. Frühsorten	'Golden Delicious' 'Arlet' 'Braeburn' 'Summerred' 'Pinova' 'Jonagold' 'Granny Smith'	'Elstar' 'Fuji' 'Kronprinz Rudolf' 'Rubinette' 'Gloster' 'Rubens' diverse Lokalsorten

Triebspitzen) der behandelten Bäume. Die Wirkung der Spritzmittel und damit die Aufnahme hängen des Weiteren auch sehr stark von der Beschaffenheit der Blätter ab (Behaarung, Wachsschichten und andere). Die Aufnahme in das Blatt ist allerdings noch nicht vollständig erforscht.

Man kann bei den **Apfelsorten drei Empfindlichkeitsgruppen** unterscheiden, wobei der Großteil unserer heutigen Sorten für den Intensivobstanbau den wenig bis mittelmäßig empfindlichen Sorten zugeordnet werden kann. Nicht empfindlich sind z. B. 'Kronprinz Rudolf', 'Elstar' und 'Fuji', empfindlich dagegen sind ein Großteil der frühreifenden Apfelsorten. Bei Birnen scheinen noch größere Unterschiede als beim Apfel zu bestehen. Allerdings sind die bisherigen Ergebnisse sehr unterschiedlich und vielfach auch nicht praxistauglich ausgefallen. Auch Pfirsich- und Nektarinensorten zeigen gegenüber chemischen Ausdünnungsmitteln ganz unterschiedliche Reaktionen.

Anmerkung des Verfassers: Bei den unempfindlichen, „resistenten" Sorten der letzten Spalte (Tabelle oben) kann es häufig zur Ausbildung von Pygmäenfrüchten (Zwergfrüchten) kommen.

Da die Witterung einen direkten Einfluss auf die Wirkung der Ausdünnspritzungen hat, kommt dem Zeitpunkt der Ausbringung sehr große Bedeutung zu.

Gute bis maximale Bedingungen für die Aufnahme liegen bei warmer, feuchter, windstiller und bewölkter Witterung sowie warmer, regnerischer und nebliger Witterung vor.

Schlechte Aufnahmebedingungen liegen bei kühler, trockener und windiger Witterung vor. Zweifelhaft kann der Erfolg bei kühlem und nebeligem oder bei sehr heißem und windstillem Wetter sein.

Am besten ist die Applikation am späten Abend oder am frühen Morgen (stärkere Quellung der Kutikula) auszuführen. Ausgesprochen heiße (über 25 °C), trockene und windige Witterung ist für eine chemische Ausdünnung besonders ungünstig. Bei langen, anhaltenden Wärmeperioden sollte der Behandlung am frühen Morgen der Vorzug gegeben werden, da die Aufnahmefähigkeit der Früchte im abgekühlten Zustand höher ist. Bei starker Sonneneinstrahlung sollte vom späten Vormittag bis zum frühen Abend auf die Fruchtausdünnung mit chemischen Mitteln verzichtet werden. Bei einer Ausbringung in der Nacht sollte die Temperatur allerdings 10 bis 12 °C nicht unterschreiten. Der zeitliche Spielraum ist vor allem für den Einsatz von Dirigol N meist relativ gering. Oft sind nur vier bis sechs Tage für eine gute Anwendung geeignet. Die Dosierung der Mittel erfolgt in der Regel so, dass die Bäume triefend nass gespritzt werden. Die zu verwendende Konzentration selbst ergibt sich aus den Firmenangaben und den eigenen Erfahrungen. Die Aufwandmenge für Wasser liegt bei bis zu 1.000 l/ha. Außerdem bleibt natürlich noch immer die Möglichkeit, die vorgegebenen Dosierungen den jeweils herrschenden Umweltbedingungen anzupassen. Es gilt auch hier das Bestreben, Blätter und Triebe möglichst nicht zu beschädigen. Wichtig ist eine ausreichend gleichmäßige Benetzung der Blätter mit vielen feinen Tröpfchen (= hoher Bedeckungsgrad). In den letzten Jahren hat man versucht, die Ausdünnwirkung durch **Beimischung von Zusatzprodukten** zu steigern. Verwendung fanden vor allem **Netzmittel** und verschiedene **Paraffinöle**, wobei mit Letzteren recht günstige Ergebnisse erreicht werden konnten. Es hat sich gezeigt, dass die Mineralölzusätze (z. B. 7E), im Vergleich zu rein wässrigen Lösungen, unter ungünstigen Klimabedingungen eine bessere Wirkstoffaufnahme ermöglichen. Es kann angenommen werden, dass durch die Beigabe von Öl die Absorptionsbedingungen für eine längere Zeit günstig sind und damit mehr Wirkstoff aufgenommen werden kann. Bei pulverförmigen Formulierungen kann durch Zusatz von Aktivatoren oder Mineralölen eine Verbesserung erreicht werden. Der Ölzusatz bei Dirigol N in die abgehende Blüte und bei entsprechenden äußeren Bedingungen liegt je nach Sorte bei 0,3–0,5 l/100 l (0,2–0,5 %) Spritzbrühe. Es zeigte sich ein wesentlich rascheres Einsetzen des Fruchtabwurfes, sodass dadurch auch die in den meisten Fällen noch notwendige Handausdünnung bereits früher einsetzen kann. Wird eine etwas schwächere Wirkung erwünscht (mäßige Ausdünnung), kann bei Ölzusatz die Konzentration von Dirigol N bis zur Hälfte der empfohlenen Menge vermindert werden.

In anderen Staaten wird auch Ethephon als Zusatzstoff verwendet. Es sollte aber nicht allein als Ausdünnmittel verwendet werden.

Dosierung von chemischen Fruchtausdünnungsmitteln Aufwandmenge 2.000 l/ha
Quelle: SCHUHMACHER, 1989

Sorte	NAA ppm	NAAm ppm (Amid)	NAAm g/100 l (Handelspräparat)	Sevin (45 % Wirkstoff) %
'Early McIntosh'	10	35–50	8–10	0,1
'Stark Earliest'	5–10	35–50	8–10	0,1
'Klarapfel'	5–10	35	8	0,1
'Julyred'	10	50	10	0,1
'Vista Bella'	10	35–50	8–10	0,1
'Jerseymac'	10	50–75	10–15	0,1–0,15
'Summerred'	10–15	75–100	15–20	0,15
'Gravensteiner'	10	50–75	10–15	0,1–0,15
'James Grieve'	5–10	35	8	0,1
'Primerouge'	10–15	75	15	0,15
'Cortland'	5–10	50	10	0,15
'Oldenburg'	10	50–75	10–15	0,15
'Cox Orange'	10	35–50	8–10	0,1–0,15
'Goldparmäne'	10–15	50–75	10–15	0,15
'McIntosh'	5–10	35	8	0,1
'Kidds Orange'	10	50	10	0,1
'Spartan'*	15	100	20	0,15
'Sauergrauech'	5–10	35	8	0,1
'Berner Rosen'	10	50–75	10–15	0,15
'Empire'	5–10	50	10	0,15
'Elstar'	10–15	75–100	15–20	0,15
'Gala'	10–15	75	15	0,15
'Berlepsch'	10	50–75	10–15	0,15
'Jonathan'	5–10	35–50	8–10	0,1
'Boskoop'	10–15	50–75	10–15	0,15
'Ontario'	10–15	75–100	15–20	0,15–0,2
'Glockenapfel'	15	50–75	10–15	0,15–0,2
'Jonagold'	15	50–75	10–15	0,15
'Golden Delicious'	15	75–100	15–20	0,15
'Champagner'	10–15	75–100	15–20	0,15
'Gloster'*	15	100	20	0,15
'Idared'	10	50–75	10–15	0,15

Dosierung von chemischen Fruchtausdünnungsmitteln Aufwandmenge 2000 l/ha
Quelle: SCHUMACHER, JAKOB, verändert

Sorte	NAA ppm	NAAm ppm (Amid)	NAAm g/100 l (Handelspräparat)	Sevin (45 % Wirkstoff) %
'Maigold'	5	75–100	15–20	0,15
'Bohnapfel'	15	100	20	0,2
Lokale Massenträger	15	100	20	0,2
Zeitpunkt der Behandlung	Fruchtdurchmesser 0–14 mm	Ende bis 5 Tage nach Abblühen + Netzmittel		Fruchtdurchmesser 10–15 mm

Pfirsiche	im Mittel für Dinitrokresol 0,06–0,125 %, für Naphthylphtalaninsäure 100–200 ppm		
Birnen	mit NAA etwa 5 ppm oder Amid 10–15 ppm		
Pflaumen und Zwetschken	Kalksulfat 5 %	Zeitpunkt: 70 % offene Blüten	Wirkung: bis 25 % mit toxischer Reaktion an Blättern
Je nach Sorte und Witterung sehr unterschiedlich	Harnstoff 4 % Netzschwefel 4 %	bis 10 % offene Blüten bis 50 % offene Blüten	Wirkung: bis 35 %, sehr kurze Zeitspanne Wirkung: bis 35 %, toxische Reaktion an Blättern
	NAA 0,05–0,02 %	Blüte bis 8 mm Frucht ø	Wirkung: bis 30 %, Wuchshemmung im Folgejahr
	Ethephon 0,015–0,05 % + NAAm 0,01–0,2 %	25–35 Tage nach der Blüte	Wirkung: 25–65 %, beste Wirkung, positive Auswirkung auf die Blütenbildung

1 ppm = 0,0001 %, das heißt z. B. 0,1 g Wirkstoff auf 100 l Wasser
* oft keine Wirkung

BA (6-Benzyladenin)

Man nimmt an, dass die Ausdünnungswirkung durch einen kurzen Wachstumsschub, der die Auxinwirkung hemmt, ausgelöst wird. Durch die dadurch ausgelöste Zellteilung kommt es zur Fruchtvergrößerung. Handelsbezeichnung MaxCell (20 g/l BA), Globaryl 100 (100 g/l BA), Exilis. Bei einer Fruchtgröße von 8–12 mm wird BA allein (5–7,5 l/ha) angewendet.

Ethephon (Chlorethylphosphonsäure)

Dieser Wirkstoff wird in der Pflanze zu Ethylen abgebaut. Auswirkungen sind nicht nur für die Ausdünnung im selben Jahr, sondern auch im Ansatz im darauffolgenden Jahr zu erkennen. Als Cerone im Handel wird das Mittel bis Blühbeginn (0,3 l/ha), ab einer Fruchtgröße von 20 mm (0,3 l/ha), oder als Blütenknopsenstärkung nach Abschluss der Holzreife mit Harnstoff als Blattdünger eingesetzt.

Steinobstausdünnung

Kirschenausdünnung

Durch die schwach wachsenden Unterlagen und die neuen, selbstfertilen Kirschensorten kommt es zu einem zu starken Fruchtansatz, der auch bei dieser Obstart eine Ausdünnung notwendig macht. Während man früher ausschließlich händisch ausdünnte, ist man in den letzten Jahren dazu übergegangen, chemische und mechanische Methoden anzuwenden. Auch im Versuchsgarten für Obstbau der Universität für Bodenkultur wurden im Rahmen von wissenschaftlichen Arbeiten Ausdünnungsversuche vorgenommen.

Chemische Maßnahmen erfolgten vorerst nur mit Ammoniumthiosulfat (ATS). Es enthält 98 % des Wirkstoffes und liegt in kristalliner Form vor. Die Anwendung bei einem ersten Versuch erfolgte mit Konzentrationen von 0,9 % und 1,8 % mit 1.000 l Wasser pro ha, damit die Blüten (Vollblüte mit 80 % offenen Blüten) tropfnass gespritzt werden konnten.

Bei der Auszählung der Früchte nach der Ernte wurde keine signifikante Steigerung der Fruchtgröße erreicht. Weitere Versuche erfolgten nur mehr mit der höheren Konzentration und der halben Wassermenge/ha. Dabei wurden Kirschenbäume behandelt, deren Blüten erst zu 40 % und im Vergleich dazu zu 80 % geöffnet waren. Diesmal konnte ein signifikanter Einfluss auf die Blütenausdünnung bei beiden Varianten gegenüber der Kontrollgruppe nachgewiesen werden. Den stärksten Einfluss auf die Ausdünnung übt nach den Ergebnissen eine Applikation zur Zeit der offenen Blüten aus. Unterschiede von 5 bis 10 % an offenen Blüten innerhalb einer Versuchsparzelle veränderten die Ergebnisse signifikant. Dabei erbrachten die Parzellen, die bei Vollblüte gespritzt wurden, aber nicht immer die größeren Früchte. Bei einem Parallelversuch konnte nachgewiesen werden, dass sich bei einer Behandlung mit ATS 1,8 % zwei Tage nach der Vollblüte bei der Auszählung nach der Ernte keine Fruchtgrößenunterschiede zwischen Kontroll- und behandelten Parzellen ergaben.

Neben ATS wurden auch noch Schwefelkalk 3 % und Netzschwefel in 4- und 6%iger Konzentration angewendet. Eine signifikante Steigerung der Fruchtgröße gegenüber der Kontrollparzelle konnte auch hier nicht festgestellt werden

Vergleichend dazu ist in den letzten drei Jahren eine **mechanische Ausdünnungsmethode** erprobt worden. Zur Verfügung stand das Handausdünnungsgerät Effleureuse der Firma Inaco/Eurocop. Bei diesem befindet sich an der Spitze eines Teleskoparms ein rotierender Aufsatz, an dem sich Nylonfäden befinden. Die Umdrehungszahl des Rotors kann beliebig eingestellt werden. Der Strom für den Elektromotor des Rotors wird von einem Batteriegürtel geliefert.

An Astpartien, die vor und nach den mechanischen Ausdünnungen ausgezählt wurden, verblieben 45 bis 50 % der ursprünglichen Blüten. Bei der Auszählung nach den Ernten konnten immer messbare Unterschiede in der Fruchtgröße zu den unbehandelten Astpartien festgestellt werden.

Zwetschkenausdünnung

Nach schweizerischen Erfahrungen geht man dazu über, eine ATS-Behandlung während der Vollblüte des mehrjährigen Holzes und eine weitere bei der Vollblüte des einjährigen Holzes (11–13 kg kristallines ATS bei 58 % Wirkstoffmenge) bei trockenem Wetter durchzuführen. ATS hemmt anscheinend die Assimilation, wodurch die Ausdünnwirkung verstärkt werden kann. Die N-Wirkung von ATS führt vermutlich zu größeren Früchten, wenn auch die Ausdünnwirkung nicht immer ausreicht. In Deutschland haben eine einmalige ATS-Spritzung während der Blüte und zweimal 30 l ATS sechs Wochen nach der Blüte gute Erfolge gezeitigt. Das Kapitel Steinobstausdünnung ist im Erprobungsstadium. Jedenfalls sollte die händische Ausdünnung in Kombination mit der chemischen angewendet werden.

Mechanische Fruchtausdünnung

Ausdünnen von Hand

Diese Methode dient in erster Linie der Qualitätsverbesserung der Früchte (innere und äußere Qualität). Positive Effekte dabei sind eine verbesserte Fruchtgröße und Ausfärbung, eine höhere Anzahl an Inhaltsstoffen und eine höhere Fruchtfleischfestigkeit. Durch den höheren Anteil an größeren

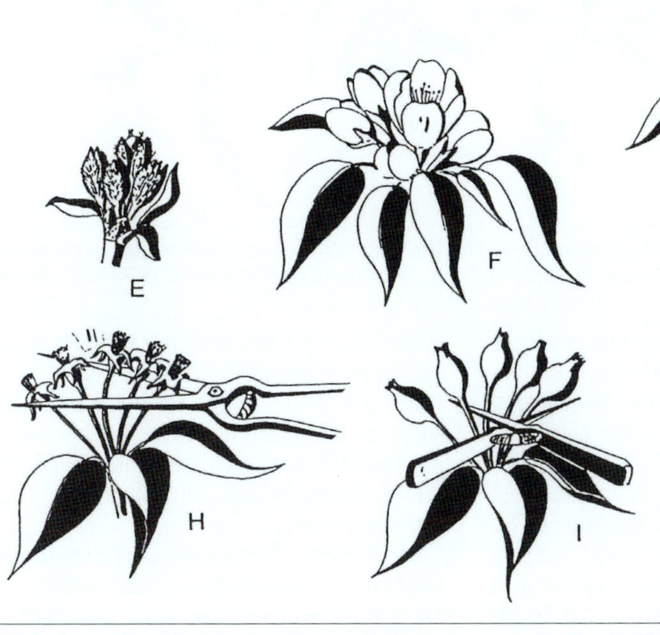

Der Zeitaufwand für das Dünnen von Hand ohne Benützung von Hilfsmitteln (Scheren) ist besonders in den Stadien F, F_2 und H ziemlich groß. Im Entwicklungsstadium E (Grünknospen bis beginnendes Rotknospenstadium) kann das Büschel leicht mit dem Daumen abgedrückt werden. Die Stadien H und I sind für das Ausdünnen mit Hilfe von speziellen Scheren (spitze Traubenschere) besser geeignet.

Die händische Fruchtausdünnung kann in verschiedenen Ertragsstadien durchgeführt werden. (Quelle: SCHUMACHER, 1989, verändert)

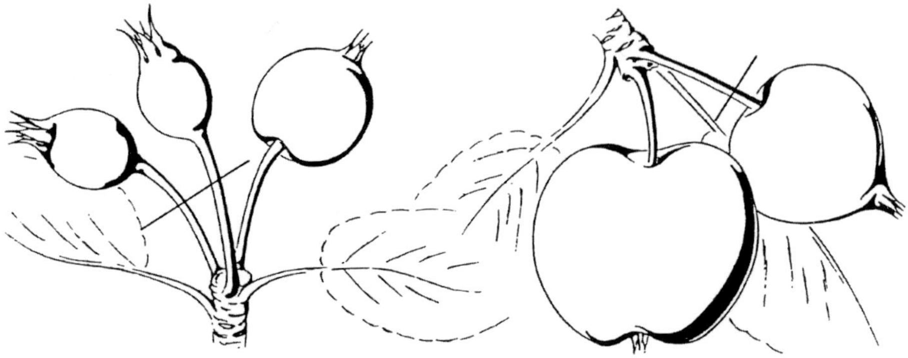

Links: Nach dem Junifruchtfall werden die am schlechtesten entwickelten Früchte von Hand oder mit der Traubenschere entfernt. Kleine Früchte, welche das T-Stadium nicht überschritten haben (d. h., bei welchen die Ausbildung der Stielgrube noch nicht begonnen hat), werden bis zur Ernte unterentwickelt bleiben. Folglich sind alle Früchtchen zu entfernen, welche keine Stielgrube aufweisen.

Rechts: Anfang August werden weitere schlecht entwickelte oder beschädigte Früchte entfernt. Früchte ohne ausgebildete Kelchgrube werden bis zur Ernte in der Entwicklung zurückbleiben, deshalb sind sie zu entfernen.

Zeitpunkt der händischen Fruchtausdünnung (SCHUHMACHER, 1989)

Die Abbildung stellt die bis heute übliche Ausdünnungstechnik dar, das heißt je Blütenbüschel bleiben ein bis zwei Früchte stehen. Da sich aus der Zentralblüte oft unförmige Früchte entwickeln, wird sie entfernt. (SCHUMACHER, 1989)

Früchten steigt die Ernteleistung und auch die Blühwilligkeit der Bäume wird verbessert. Mit dieser Maßnahme ist eine relativ genaue Regulierung des Fruchtansatzes möglich. Sie sollte aber nicht vor Abschluss des Junifruchtfalls vorgenommen werden, da ansonsten einerseits ein unverhältnismäßig hoher, bei etwa 300 bis 350 Stunden/ha liegender Arbeitsaufwand notwendig ist und zum anderen das Abschätzen des notwendigen Maßes der Ausdünnung noch relativ schwierig ist. Durch den natürlichen Fruchtfall im Juni verringert sich der Arbeitsaufwand für das Dünnen auf 150 bis 200 Stunden/ha; er wird immer geringer, je später die Dünnung durchgeführt wird.

Der günstigste Termin für die Fruchtausdünnung von Hand liegt etwa eine Woche nach dem Junifruchtfall. Ab diesem Zeitpunkt sollten sämtliche beschädigten und unterentwickelten Früchte entfernt werden.

Bei Marillen-, Zwetschken- und Pfirsichbäumen sollte mit dem Auspflücken ebenfalls nicht vor Ende des natürlichen Fruchtfalls begonnen werden. Je nach Sorte ist hier der Fruchtfall Mitte Mai bis Mitte Juni beendet.

Zum händischen Dünnen können verschiedene Hilfsmittel (wie spezielle spitze Traubenscheren) verwendet werden. Man kann die Jungfrüchte aber auch ohne große Mühe mit dem Daumen abdrücken. In der Regel werden ein bis zwei Früchte pro Blütenbüschel belassen, man kann aber auch ganze Blüten- bzw. Fruchtbüschel entfernen. Diese Methode hat sich in ihrer Wirkung auf die Blütenknospendifferenzierung als günstiger herausgestellt, da den so ausgedünnten Sprossen sämtliche von den eigenen Blättern gebildeten Assimilate für die Blütenknospenbildung zur Verfügung stehen. Diese Maßnahme darf aber nicht zu spät erfolgen, sodass in manchen Jahren eventuell ein weiteres Durchpflücken notwendig wird. Bei guter Ernährung der Fruchtsprosse ist es oft günstiger, zwei Früchte je Büschel zu belassen, da sich diese eher vollwertig entwickeln als Einzelfrüchte an schwächeren Trieben. Meist ist zwar die aus der Zentralblüte hervorgegangene Frucht am besten entwickelt. Da sie aber bei einigen Sorten häufig Deformationen aufweist, sollte sie nicht immer belassen werden. **Steinobstfrüchte**, wie z. B. Marillen, Zwetschken und Pfirsiche, haften eher schwach am jeweiligen Fruchtholz und können daher ohne große Mühe entfernt werden. Auch hier gilt es, die insgesamt günstiger stehenden Früchte herauszustellen und beschädigte sowie Schattenfrüchte zu entfernen. Regelmäßiges Ausdünnen fördert auch hier gleichmäßige Erträge und verhindert ein vorzeitiges Erschöpfen der Bäume. Beim Steinobst sollte zweimal ausgedünnt werden.

Schüttel- und Abstreifmaschinen zur Fruchtausdünnung

In den letzten Jahren wurde auch beim Apfel versucht, mithilfe einer mechanischen Ausdünnmaschine (Tree-Darwin, einem Fadengerät, entwickelt von H. Gessler, Bodenseeregion) eine Verringerung des Blütenansatzes zu erreichen. Die am Heck befestigte und über die Zapfwelle betriebene Maschine besitzt eine mit Plastikschnüren bestückte, in einem Rahmen befestigte Spindel. Je nach Geschwindigkeit des Traktors, der Zahl der rotierenden Plastikfäden und der Neigung der Spindel ist die Ausdünnwirkung etwas unterschiedlich. Die Fahrgeschwindigkeit für eine ausreichende Ausdünnung liegt bei 8 bis 10 km/h, die Spindeldrehzahl bei 220 bis 280 Umdrehungen/Minute.

Die Maschine kann ab dem Knospenschwellen bis zur Vollblüte eingesetzt werden. Nachteilig sind die

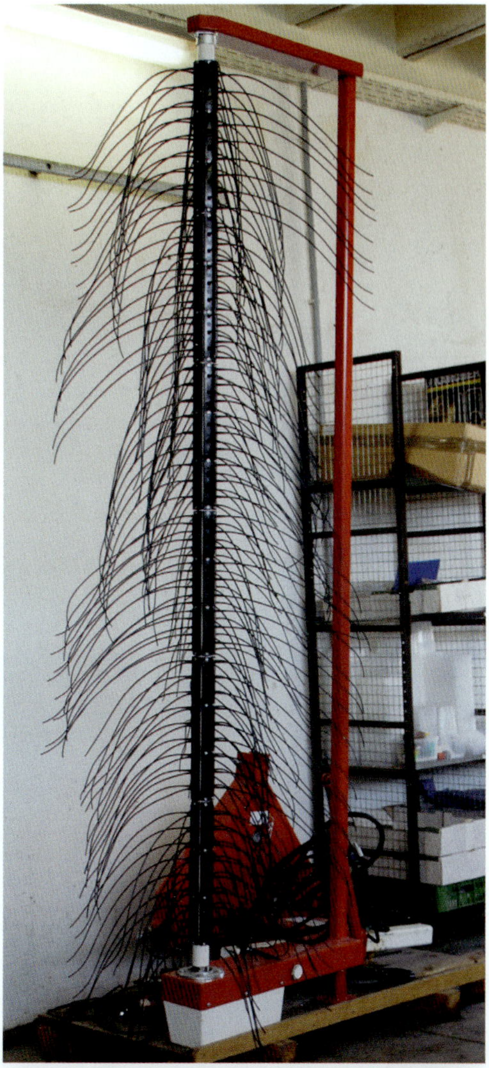

Ausdünngerät Fabrikat Gessler „Tree-Darwin", Detailansicht der Arbeitstrommel mit den Abschlagfäden (Fotos: KEPPEL)

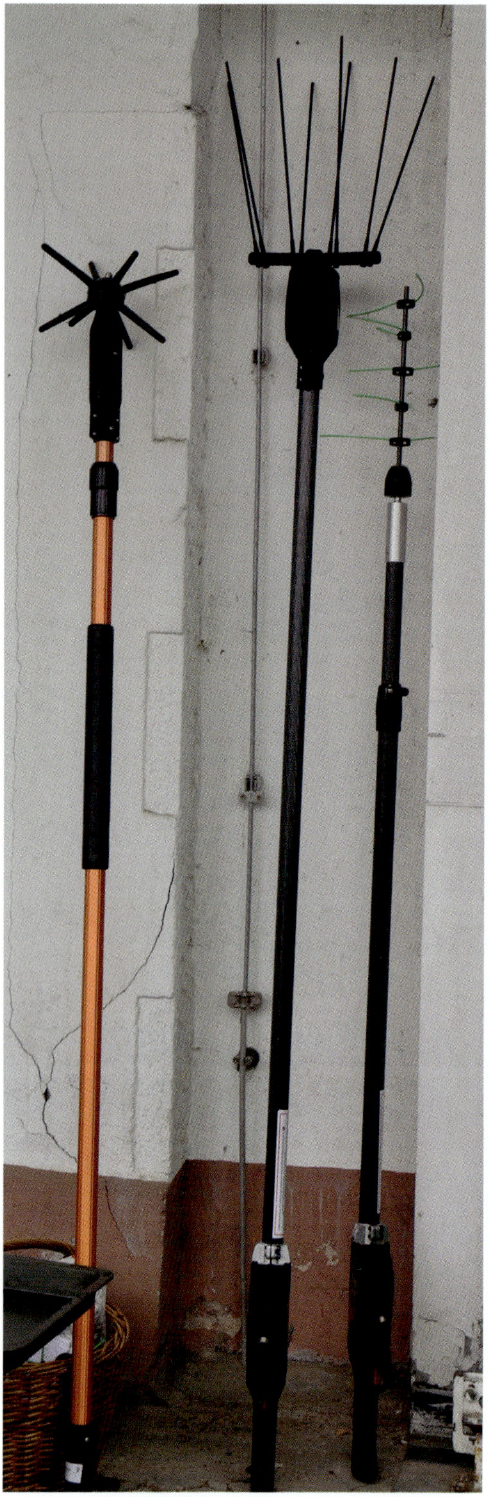

Verschiedene händisch bediente Ausdünngeräte (Foto: SPORNBERGER)

Verletzungen mancher Äste an der Rinde. Die Maschine eignet sich vor allem für Sorten mit flacher Garnierung und geringerem Triebwachstum. Der Ausdünnerfolg ist dabei insbesondere im **äußeren Bereich** (eher nachteilig) der Krone gegeben, im inneren Bereich (vor allem unten) muss unbedingt von Hand aus nachgedünnt werden (siehe Tabelle auf Seite 379). Die maschinell ausgedünnten Bäume blühten im darauffolgenden Jahr deutlich stärker. Das bedeutet, dass durch den Einsatz der Maschine der Alternanz vorgebeugt werden kann.

Wegen des Abschlagens der Blüten und Primärblätter kann die Ethylenproduktion im Baum erhöht werden, was zu einem höheren Junifruchtfall führen kann.

Seitens des Erzeugers der Tree-Darwin-Ausdünnungsmaschine wurde auch bereits ein Kombi-Schnitt-/Ausdünnungsgerät vorgestellt, bei dem der Schnittbalken vom Geräteträger abmontiert und durch die Arbeitstrommel des Darwin-Ausdünnungsgeräts ersetzt werden kann (Fa. Fruit Tec, Deutschland).

Von der **Universität Bonn** ist ein anderes Gerät entwickelt worden, welches in drei oder vier unterschiedlichen Höhen quer übereinanderliegende Abschlagwalzen aufweist, die in die Reihen seitlich hineinreichen und im Arbeitswinkel, in der Arbeitshöhe sowie in den Drehzahlen variabel einstellbar sind. Dieses Gerät ist für den Heck- als auch für den Frontanbau sowie für größere und breitere Baumkronen geeignet. Die Fahrgeschwindigkeit (4 bis 7 km/h, Spindeldrehzahl 400 bis 700 U/min) ist niedriger als beim Tree-Darwin-Gerät.

Effleureuse

Aus Frankreich (CTIFL) kommt das händische Blütenabstreifgerät Effleureuse, welches für kleinere Steinobstbetriebe geeignet ist. Das Gerät wird von der französischen Firma Electrocoup vertrieben. Neben dem Steinobst gibt es auch bei Äpfeln und Birnen bereits positive Ergebnisse.

Für die **mechanischen Ausdünngeräte** gilt: Je schneller die reihenbezogene Vorwärtsbewegung ist, desto höher ist die Drehzahl! Eine Probefahrt in den Beständen am Beginn der Arbeit ist zur Erreichung der optimalen Wirkung unbedingt notwendig. Zu hohe Drehzahlen der Spindel ergeben einen zu hohen Ausdünnungsgrad. Eine höhere Fahrgeschwindigkeit kann dieses Manko ausgleichen.

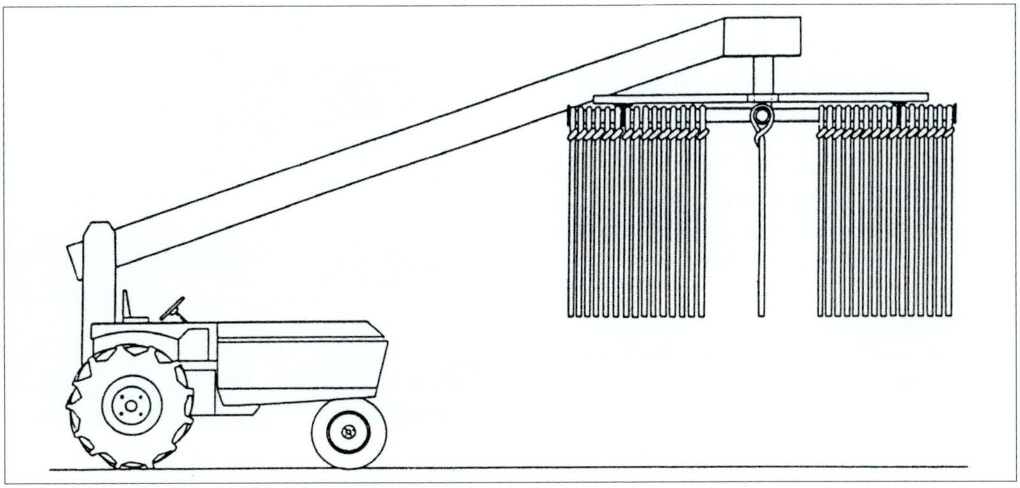

Blütenabstreifgerät (Quelle: American Fruit Grower, 1990)

Ausdünnwirkung (ADW) der Maschine bei 'Golden Delicious'
Quelle: Strimmer M., Kelderer M. und Pieber K. (1997)

Variante	u. innen	ADW in % u. außen	oben
Kontrolle	0	0	0
5 km/h	bis 31	40	28
7 km/h	bis 11	27	20
8 km/h	bis 51	53	19

In den USA hat man vor allem versucht, Blüten-(Frucht-)Ausdünnmaschinen im Steinobstbereich einzusetzen. Das Steinobst war deshalb von größerem Interesse, da hier die chemische Ausdünnung nicht die Erfolge brachte, die beim Kernobst (Apfel) erzielt worden waren. Die kurzstieligen Steinobstblüten sind durch Schütteln um einiges leichter zu entfernen als die Kernobstblüten bzw. Früchte. Schüttelmaschinen verursachen in den meisten Fällen aber nicht unerhebliche Verletzungen an den Bäumen, die sich besonders bei Pfirsich und Marille sehr nachhaltig auswirken (Eintrittspforte für verschiedene Pilzarten). Der Zeitaufwand bei Pfirsichkulturen kann beim maschinellen Ausdünnen allerdings um das 20- bis 30-Fache gegenüber der Handpflücke verringert werden.

In den USA (an der Universität von West Virginia) hat man in den letzten Jahren **neue Techniken vor allem für eine bessere mechanisch-maschinelle Ausdünnung bei Pfirsichen** untersucht. Wie bereits erwähnt, lassen sich kurzstielige Blüten (Marille, Pfirsich) viel leichter abklopfen bzw. abstreifen als Blüten mit längeren Stielen. In einem ersten Entwicklungsschritt wurde daher ein beweglicher, an einem fahrbaren Gerät befestigter Querbalken mit flexiblen Schnur- oder Gummisträngen entwickelt, der durch die Vorwärtsbewegung quer durch die Baumkrone gezogen wurde. Die von den Schnüren berührten Blüten wurden aufgrund der geringen Stielelastizität geknickt und fielen ab. Im Zuge der Arbeitsdurchführung zeigte es sich jedoch, dass gewisse Teile der Krone dabei nicht erreicht wurden und der Effekt der Dünnung daher zu gering war. In einem zweiten Schritt entwickelte man nun einen vierarmigen, drehbaren Rotor, auf dessen vier Rotorarmen (3,15 m) die bereits oben genannten Schnüre direkt befestigt (siehe Abb.) wurden. Durch die Drehung während der Vorwärtsbewegung wurde der Effekt des Abstreifens im gesamten Kronenbereich verbessert. Der Aufwand für die Handausdünnung konnte bis zu 70 % verringert werden. Der Vorteil dieser Methode liegt aber auch darin, dass man das Ergebnis sofort sieht und beurteilen kann. Die Produzenten versuchen auch, durch spezielle Erziehungs- und Schnittmaßnahmen, bei der Kronenerziehung die Effizienz dieser Methode zu erhöhen.

Eine weitere Methode zur Ausdünnung, besonders bei Pfirsichen, ist der **Einsatz von Wasser**. Diese Technik hat sich allerdings kommerziell nicht durchgesetzt, da die Wirkung nicht den Erwartungen der Praxis entsprochen hat. Um gute Ergebnisse zu erreichen, ist es wichtig, die richtigen Düsen zu verwenden. Hier gibt es noch keine endgültige Entscheidung. Die ausdünnenden Wasserstrahlen (meist zwei bis fünf in einer Gabel zusammengefasst) sollten dabei von oben kommen und sich nach rückwärts richten. Der Wasserdruck sollte zwischen vier und fünf Bar liegen. Der Zeitpunkt für den Einsatz liegt zwischen sieben und zehn Tagen nach der Vollblüte.

In allen angeführten Fällen ist aber als großer Vorteil wohl die **Wetterunabhängigkeit** anzuführen. Die Ausdünnarbeiten könnten praktisch bei jeder Witterung durchgeführt werden.

Beschattung

Ein neueres, noch in Erprobung befindliches Verfahren ist die Beschattung. Hierbei finden entweder Netze, die die photosynthetisch aktive Lichtstrahlung absorbieren, oder lichtdichte Gewebematten Verwendung. Die sortenspezifische Abdunkelungsdauer und der optimale Anwendungszeitpunkt wird noch gesucht.

Bei einer drei- bis viertägigen Abschattung ca. drei Wochen nach der Blüte wurden gute Erfolge erzielt.

Durch die Abdunkelung dürfte neben der Photosynthese auch der Phytohormonhaushalt beeinflusst werden. Die Praxistauglichkeit ist allerdings noch umstritten.

Bewässerung

Auch bei den Obstgehölzen wird erst durch eine ausreichende Wasserversorgung die Ernährung mit organischen und mineralischen Substanzen sichergestellt. Der gleichmäßigen Versorgung mit pflanzenverfügbarem Wasser kommt, gerade im Hinblick auf die immer stärkere Verwendung von schwachwüchsigen Unterlagen und das Auftreten von Trockenheitsperioden bei allen Obstarten, eine immer größere Bedeutung zu.

In den österreichischen Anbaugebieten wird eine intensivere Bewässerung erst seit den 60er Jahren durchgeführt. Dadurch wurde es vielfach erst möglich, bisher nicht nutzbare, aber ansonsten entsprechende Gebiete etwa im pannonisch beeinflussten Teil für den Obstanbau zu erschließen. War es bisher die Beregnung, die dabei eine größere Rolle gespielt hat (z. B. die Anlagen in Südtirol), so haben in den letzten zehn Jahren auch andere Ausbringungstechniken (Tropfbewässerung) vermehrt im Obstbau Eingang gefunden. Durch zusätzliche Wasserzufuhr kann nicht nur die Wuchs- und Ertragsleistung sowie die Qualität der Früchte, vor allem in Gebieten mit wenig Niederschlag, nachhaltig gesteigert werden, sondern durch ei-

Überkronenberegnung in Zirl, Tirol, im Jahr 1959 (Foto: DUHAN)

Unterkronenberegnung (Foto: WURM)

nen wirksamen Schutz gegen Strahlenfröste kann mithilfe von Überkronenberegnungsanlagen auch die Ertragssicherheit besser gewährleistet werden. Für die Pflanze ist das Wasser nicht nur ein lebenswichtiger Bestandteil der gesamten Organe, sondern auch Transportmittel, das die von der Wurzel aufgenommenen Stoffe in die Krone und die in den Blättern synthetisierten Assimilate in die Wurzel bringt. Die Bäume befinden sich mit ihrer Krone im Luftraum, der fast ständig ein Wasserdefizit aufweist. Daher wird von der gesamten Oberfläche, vorwiegend jedoch über die Spaltöffnungen der Blätter, Wasser an die Atmosphäre abgegeben. Dieser Transpirationsstrom als wichtigste Triebkraft der Wasseraufnahme ermöglicht erst den lebensnotwendigen Nährstoffnachschub und die Aufrechterhaltung der Photosynthese. Die Produktivität eines Bestandes hängt daher weitgehend vom Wassernachschub aus dem Boden ab, da das Wasser fast ausschließlich über das Wurzelsystem aufgenommen wird. Die Blätter vermögen zwar Wasser bei Tau oder Regen aufzunehmen, doch spielt diese Menge kaum eine Rolle. Die **Bewässerungsbedürftigkeit** im Obstbau hängt von den Wasseransprüchen der angepflanzten Obstarten einerseits und von den klimatischen Gegebenheiten (Niederschlagshöhe und -verteilung in der Hauptvegetationszeit, Temperaturverlauf) sowie den Bodenverhältnissen andererseits ab. Besonders die Temperaturverhältnisse bzw. die Wechselwirkungen zwischen Niederschlag und Temperatur bestimmen die jährliche Wasserbilanz einer Obstanlage und sind auch für die Effektivität des Wassers für die Leistung der Obstgehölze entscheidend. Je höher die Temperaturen bei ausreichenden Lichtverhältnissen sind, desto höher ist der Wasserverbrauch bei den Obstgehölzen und die damit verbundene Leistungssteigerung. Eine ungefähre Faustregel besagt, dass bei Ansteigen der mittleren Sommertemperatur (Mai bis September) um 1 °C der Wasserbedarf von Apfelbäumen um 60 bis 80 mm/Jahr ansteigt. Der Apfel beispielsweise zeigt in den steirischen, südburgenländischen und oberösterreichischen Anbaugebieten mit rund 800 bis 1.000 mm Niederschlag und 17 bis 17,5 °C Sommerdurchschnittstemperatur eine ausgezeichnete Entwicklung. Dagegen wird man in den östlichen und nordöstlichen Produktionsgebieten Niederösterreichs und des Nordburgenlands mit einer Durchschnittstemperatur von etwa 19 °C oder darüber mit den hier fallenden Niederschlagsmengen (550 bis 750 mm) nicht das Auslangen finden. Hier können sich Trockenperioden, vor allem bei Vorliegen von Böden mit geringer Wasserkapazität, unangenehm bemerkbar machen.

Die Wasseransprüche der Obstarten liegen verschieden hoch. Höhere Ansprüche stellen Äpfel, Zwetschken und Pflaumen, Johannisbeeren, Holunder und Haselnüsse. In abnehmender Reihenfolge folgen die restlichen Beerenobstarten, Süßkirsche, Birne, Pfirsich, Walnuss, Marille, Mandel und Sauerkirsche/Steinweichsel.

Ermittlung des Wasserbedarfes

Eine überbrückende Zusatzbewässerung zur permanenten Aufrechterhaltung eines leistungsfähigen Wachstums wird umso eher notwendig sein, je geringer die Speicherkapazität eines Bodens ist. Dazu sind neben ton- und schluffhaltigen auch tiefer entwässerte Sandböden zu rechnen, während Lehm- und Lössböden sowie auch Anmoor- und Moorböden je nach Tiefgründigkeit eine deutlich größere Speicherkapazität für leicht pflanzenverfügbares Wasser besitzen.

Für die **Ermittlung eines zusätzlichen Wasserbedarfes** stehen im Prinzip der **Boden**, die **Pflanze** selbst und auch die **Atmosphäre** zur Verfügung. Allerdings ist der Wasserstatus der Pflanze selbst ein nicht praktikabler Maßstab. Er wird ausgedrückt im osmotischen Wert, der naturgemäß im Tagesrhythmus sehr stark vom Feuchtestatus der Atmosphäre abhängt. Zur genauen Feststellung im praktischen Obstbaubetrieb mangelt es aber noch an entsprechenden Methoden.

Dagegen ist die klimatische Wasserbilanz über die Atmosphäre durchaus brauchbar, wobei es im Wesentlichen zu einer fortlaufenden Gegenüberstellung von Verdunstung und Niederschlägen kommt. Die Messung der Niederschläge erfolgt dabei durch Regenmesser, die Verdunstungsmessung mit einer sogenannten Czeratzki-Scheibe (1986) aus porösem Keramikmaterial. Die potentielle Wasserverdunstung kann unter Zuhilfenahme von Kennzahlen errechnet werden. In der Praxis ist aber eher die Messung der momentanen Wasserspannung verbreitet, wobei mithilfe von Tensiometern sofort und unabhängig bestimmt werden kann, ob bewässert werden muss oder nicht. Allerdings ist über die Menge an gespeichertem Wasser keine Auskunft möglich, denn dazu wäre die Erstellung einer Wasserkurve (pf-Werte) für den jeweiligen Boden erforderlich.

Das **Tensiometer** ist ein fest verschließbares Rohr, an dessen unterem Ende eine poröse Keramikspitze befestigt ist und das außerdem ein Unterdruckmanometer trägt. Das Wasser im Rohr steht über die Keramikspitze mit dem Bodenwasser in Verbindung. Bei steigender Trockenheit wird Wasser über die Keramikspitze in den Boden gesaugt, bis der Unterdruck im Rohr (am Manometer ablesbar) der Saugspannung des Bodens entspricht. Die Angabe der Werte erfolgt in cm Wassersäule (1.000 cm WS = 10 m WS = 1 bar). Die an den Tensiometern angebrachten Unterdruckmanometer haben in der Regel Einteilungen für 0–100 centibar (100 centibar = 1 bar) oder neuerdings in hPa (Hektopascal).

Grobe Richtwerte für Freilandböden
(nach BENJAAKOW, 2012)
< 50 hPa .... grob gesättigter Boden
100 bis 150 hPa .... nass feucht
> 200 hPa .... trocknet ab
200 bis 500 hPa .... Bewässerungseinsatz notwendig

Die angegebenen Daten sind bodenarten-, witterungs- und kulturartenbeeinflusst.

Vom optimalen Pflanzenwachstum her betrachtet wäre ein Bereich um 100 cm Wassersäule (10 centibar) am günstigsten, weil dann das Bodenwasser besonders leicht verfügbar ist. Die besonders gegen Trockenheit empfindlichen Pflanzen können unter diesen Voraussetzungen am leichtesten größere Wasserentzüge bei hoher Verdunstung ersetzen. In der Regel dürfte aber der optimale Bereich für einen Sandboden bei 100–200 cm WS und für Lehmböden zwischen 150 und 300 cm WS liegen. Man darf aber nicht übersehen, dass eine darüber hinausgehende Sättigung des Bodens mit einer gleichzeitig geringeren O_2-Versorgung einhergeht, die auf Dauer sicher größere Schäden im Wurzelbereich anrichten kann als eine vorübergehende Trockenheit. Gerade gegen eine nur vorübergehende stärkere Wasserbindung im Boden durch eine etwas stärkere Austrocknung hat die Pflanze ja entsprechende Schutzmechanismen zur Verfügung, die weniger zu Schäden, sondern eher nur zu Wachstumsverminderungen führen. Abschließend sei noch darauf hingewiesen, dass Tensiometerwerte nur den Bewässerungszeitpunkt, nicht aber die erforderliche Wassermenge und auch nicht das Ende der Bewässerungsdauer bestimmen.

Die **Wasserzufuhr** kann verschiedenen **Aufgaben** dienen, insbesondere
- der Bewässerung (Temperaturabsenkung),
- der Frostabwehr mit Überkronen-Bewässerungsanlagen sowie
- der Ausbringung von Dünge- und Pflanzenschutzmitteln mithilfe verschiedener Ausbringtechniken.

Watermark-Sensoren
In den letzten Jahren haben nach den Tensiometern auch sogenannte „Watermark-Sensoren" in die Praxis Eingang gefunden. In diesem Fall wird die Saugspannung des Bodenwassers indirekt über die Messung des elektrischen Widerstandes in den Sonden ermittelt. Dazu ist allerdings auch ein spezielles Messgerät erforderlich.

Die angegebenen Werte geben die Saugspannung des Bodens in centibar (cbar) an, das heißt, je höher der Wert, desto trockener der Boden.

Bodenart	zu nass	gut	Start	zu trocken
leicht	0–10 cbar	10–25 cbar	30 cbar	> 60 cbar
schwer	0–15 cbar	15–45 cbar	50 cbar	> 60 cbar

Über den **Pflanzenkoeffizienten** (Kc-Wert) berechnet man den Wasserverbrauch einer Pflanze. Dieser ändert sich während des Wachstums. Je mehr die Pflanze wächst, desto höher ist dieser Wert. Gemeinsam mit der Referenzverdunstung einer Grasfläche (ETo-Wert nach PENNAN) wird der Wasserverbrauch definierter Pflanzenarten berechnet.

Ein weiterer im Bewässerungswesen verwendeter Begriff ist der **EC-Wert**:

Er drückt den Salzgehalt des Bodens aus und gibt die elektrische Leitfähigkeit der Bodenlösung in 1 EC = 1 mS/cm (Millisiemens pro Zentimeter) an. Bei der Fertigation (düngende Bewässerung) ist zu beachten, dass Harnstoff keine Leitfähigkeit aufweist. Gemessen werden die (konzentrationsabhängigen Tabellen-)EC-Werte der Düngerlösung und des Gießwassers.

Bewässerungstechnik
Bewässern durch Beregnung
Die Beregnung bewirkt bei optimaler Einstellung eine relativ gleichmäßige Wasserverteilung, die beim Baumobst, aufgrund des doch weitverzweigten Wurzelsystems, durchaus ausreichend ist. Grundsätzlich wären für eine anfeuchtende Bewässerung im Obstbau auch Großregner einsetzbar.

Erdbeeren sind allerdings wesentlich stärker trockenheitsgefährdet als die anderen Obstgehölze. Eine Bewässerung des Bodens vor dem Auspflanzen der Grünpflanzen von Juli bis August kann in manchen Jahren eine entscheidende Voraussetzung für einen Anbauerfolg sein.

Man sollte stets danach trachten, den Beregnungszeitpunkt so zu wählen, dass nach der Wasserausbringung das Laub wieder rasch abtrocknet, um dem Befall von Pilzkrankheiten vorzubeugen.

Um den Beregnungszeitpunkt einigermaßen dem Bedarf der Obstgehölze anzupassen, sollte der Obstbauer die Niederschlagsdaten festhalten. In den Sommermonaten kann man von einer täglichen Verdunstung von 4–5 mm ausgehen. Niederschlagswerte von etwa 20–25 mm (Gewitterregen) reichen daher etwa vier bis sechs Tage. Als Entscheidungsprobe kann auch die **Handprobe** herangezogen werden. Man entnimmt aus 5–10 cm Tiefe eine Handvoll Erde und drückt sie zusammen. Bleibt die Erde nach dem Öffnen der Hand als Ballen geformt bestehen, so ist noch ausreichend Wasser vorhanden; zerfällt der Ballen jedoch, sind zusätzliche Wassergaben erforderlich.

Die **Erstellung einer Beregnungsanlage** erfordert nicht nur hohe Investitionskosten, sondern bedarf heute auch der genauen Klärung der Wasserfrage (Brunnen-, Oberflächenwasser), des Wasserbedarfes (öffentlicher Anschluss, private Einrichtungen) und der Wasserqualität (Vorliegen von schädlichen Inhaltsstoffen, z. B. Schwermetallen und Ähnlichem). Für die Bewässerung durch Beregnung sollten die jeweiligen Einzelwassergaben bei etwa 20–25 mm liegen, da geringere Mengen oft nicht in den Hauptwurzelbereich eindringen, weil sie großteils bereits vorher vom Grasmulch festgehalten werden. In Normaljahren genügen meist fünf bis sechs Beregnungstermine mit insgesamt 120 bis 180 mm (je nach Bodenart) Zusatzwasser als Ausgleich für unregelmäßige oder zu geringe Niederschläge. Als Regner werden vor allem Schwachregner (als Kreisregner) empfohlen, die auch zur Frostschutzberegnung eingesetzt werden können. Der Abstand der Düsen bzw. der Düsenrohre richtet sich naturgemäß nach der Wurfweite. Anstatt der früher gebräuchlichen Metallrohre werden heute für die Leitungen teilweise bereits Kunststoffe verwendet. In Wärmeperioden ist die Beregnung in den kühlen Nachtstunden wirkungsvoller als im Tagesverlauf.

Neben der Überkronenbewässerung kann bei einigen Obstarten eine **Unterkronenbewässerung** durchaus von Vorteil sein, um Laub- und Fruchtbenetzungen vorzubeugen, besonders bei Obstarten, die zum Zeitpunkt der Ernte zwar Wassergaben vertragen, bei denen ein Benetzen der Früchte aber vermieden werden sollte. Bei Süßkirschen ist diese Form der Wasserausbringung sicher von Vorteil, um einem unnötigen Aufplatzen der Früchte vorzubeugen. Eine Durchführung ist aber erst ab einer Mindeststammhöhe möglich, wobei die Regnerabstände aufgrund der geringeren Wurfwerte deutlich enger sein müssen.

Tropfbewässerung

Bei den heute hauptsächlich in Verwendung stehenden niedrigen Baumobstanlagen, aber auch im Beerenobstbau ist meist jedoch kaum genügend Platz unter den Kronen, sodass statt einer Unterkronenberegnung eher das System der Tropfbewässerung für die Verabreichung zusätzlicher Wassergaben geeignet ist. Solche Anlagen bestehen aus einem recht engen Netz von dünnen Leitungen, die in bestimmten Abständen mit Tropfern verschiedener Art besetzt bzw. mit Tropfstellen versehen sind. Aufgrund der doch relativ feinen Austrittsöffnungen bei den diversen Tropfbewässerungssystemen sind auch die physikalische, die chemische und die mikrobielle Wasserqualität von Bedeutung. Um hier Problemen (Verstopfungen, mikrobielle Verwachsungen) vorzubeugen, müssen einerseits geeignete Filteranlagen eingesetzt werden, andererseits etwaige Kalk- oder Eisenablagerungen, vor allem bei der Verwendung sehr harten Wassers, durch das Einbringen von geeigneten Säuren (z. B. 37%ige Salpetersäure, 4–5 l/m³) verhindert werden. Ein Verstopfen der Tropfer, insbesondere durch Bakterien und Algen, kann durch Einspeisung von Chlor (0,5–1,5 ppm) hintangehalten werden.

Tropfbewässerung mit aufgehängtem Bewässerungsschlauch (Foto: SPORNBERGER)

Je nach Typ kann die abgegebene Wassermenge einer solchen Tropfstelle zwischen 0,5–10 l/Stunde betragen. Der gebräuchlichste Bereich liegt etwa zwischen 1 und 3 l/Stunde. Gerade im obstbaulichen Bereich ist das Verlegen der Leitung entlang der Reihen günstig, weil dadurch die Fahrgassen ausgespart bleiben. Das Wasser versickert im unmittelbaren Bereich der Tropfstelle und breitet sich nach unten und nach den Seiten hin aus.

Für alle Bewässerungssysteme gilt: Kurze Bewässerungsabstände mit geringen Wassergaben sind besser in der Wirkung als große Abstände zwischen den Beregnungsgängen mit hohen Wassermengen.

Die **Vorteile** eines solchen Systems zeigen sich einmal in einer

- bestmöglichen Wassernutzung, da das verabreichte Wasser direkt in den Wurzelbereich gelangt und wenig Verdunstungsverluste entstehen,
- Ertrags- und Qualitätssteigerung, durch eine sehr gleichmäßig abgestimmte Wassergabe,
- Einsparung von Pflanzenschutzmitteln, da Laub und Früchte trocken bleiben,
- guten Düngemittelnutzung durch eine optimale und exakte Dosierungsmöglichkeit mithilfe einer Einspeisvorrichtung in das Tropfsystem und
- keiner Verdunstung und Verhärtung im Boden sowie durch
- gute Befahrbarkeit des Bodens auch während der Bewässerung, weil der Fahrbereich oberflächlich immer trocken bleibt.

Der Beginn einer notwendigen Bewässerung kann ebenfalls mit Tensiometern ermittelt werden. Für eine genauere Bewässerungskontrolle ist es allerdings notwendig, das Tensiometer in einem bestimmten Abstand zur Tropfstelle (bei Sandböden 20–30 cm, Lehmböden 30–50 cm) zu stellen. Sofern man einen besseren Überblick über die Versickerungsgeschwindigkeit des Wassers im Bereich der Tropfstelle gewinnen möchte, ist es günstig, ein zweites Tensiometer mit dem Fühler in größere Tiefe (60–100 cm) direkt unter die Tropfleitung zu setzen. Dadurch ist es rasch möglich, die Versickerungsgeschwindigkeit bei größeren Einzelgaben zu erkennen. Die Anzahl der pro ha erforderlichen Tropfstellen richtet sich naturgemäß nach dem jeweils gewählten Pflanzsystem (Hecke, Dichtpflanzung mit Einzel- oder Mehrreihen usw.). Im Verlauf einer Vegetationsperiode kann mit zehn bis 15 Tropfterminen gezielt ausreichend Wasser zugeführt werden. Für eine zehnstündige Betropfung werden bei einer Tropferleistung von 3 l je Stunde bei 2.000 Tropfern/ha 60 m^3 Wasser benötigt. Auf leichten Böden sollte die Tropfdauer jedoch reduziert, dafür aber die Zahl der Tropftermine erhöht werden; dadurch ist es möglich, auch stärkeren Sickerwasserverlusten vorzubeugen.

Bei Anwendung der Tropfbewässerung über einen längeren Zeitraum hinweg stellte man fest, dass sich die Wurzelentwicklung eher an dem besser durchfeuchteten Bodenbereich orientierte. Unterversorgte Bodenbereiche wurden deutlich weniger durchwurzelt. Bei reichlicher Anwendung der Tropfbewässerung ist eine Änderung der **Nährstoffverteilung** (Verarmung im Wurzelbereich durch Auswaschung) nicht ganz ausgeschlossen. Dabei werden vor allem leichter bewegliche Nährstoffe in tiefere Bodenschichten verfrachtet. Tropfbewässerungsanlagen können auch zur Ausbringung wasserlöslicher Dünger eingesetzt werden (siehe Düngerausbringung durch Bewässerung).

Eine spezielle Variante der Tropfbewässerung stellt die **Unterflurbewässerung** dar. Bei dieser Technik werden die Tropfschläuche unterirdisch im Wurzelbereich verlegt. Damit wird die unproduktive Verdunstung an der Bodenoberfläche fast vollständig reduziert. Die Kontrolle des Systems ist jedoch stark eingeschränkt.

Einen Mittelweg zwischen ganzflächiger Bewässerung und Tropfbewässerung stellt die **Mikro-Sprinklerbewässerung** dar. Da bei der Tropfbewässerung das ausgebrachte Wasser ausschließlich direkt in den Boden tropft und sich kaum seitlich verteilt, verteilt ein Mikrosprinkler das Wasser gleichmäßig über den Boden. Durch die hier größere Flächenwirkung ist auch eine ausreichende Wasserversorgung bei mittel- und starkwüchsigen Unterlagen mit größerer Wurzelausbreitung möglich. Der erforderliche Wasserbedarf ist aber deutlich höher als bei der Tropfbewässerung. Diese Systeme können sowohl unterhalb der Krone als auch über den Bäumen platziert werden. Es wird heute bereits eine ganze Reihe von geeigneten Mo-

Mikrosprenkler (Foto: PIEBER)

dellen eingesetzt. Die Wasserleistung liegt dabei zwischen 15 l/Stunde und 150 l/Stunde. Aufgrund der größeren Fließgeschwindigkeit in den Rohren und der größeren Austrittsöffnungen werden nicht so hohe Ansprüche an die Wasserqualität gestellt.

Fogger

In Sprühnebelanlagen (Glashauskulturen zur Mikrovermehrung) und auch in Himbeertunnels kommen neuerdings Fogger (Vernebler) zur Anwendung, die die Bereitstellung des benötigten Wassers in Nebelform gewähren. Auf eine höhere Botrytisgefahr (siehe Pflanzenschutz) ist zu achten.

Fertigation

Zum Ausbringen von Düngern gemeinsam mit dem Bewässerungswasser setzt man die sogenannte Fertigation ein. Über eine EC-gesteuerte Mischeinrichtung wird die Konzentration des Flüssigdüngers im Bewässerungswasser gesteuert. Über vorliegende EC-Tabellen wird der für jeden Dünger spezifische EC-Wert an der Mischapparatur eingestellt.

Auch mit der Überkronenberegnung kann man Dünger mit ausbringen. Diese Ausbringungsform stellt jedoch große Anforderungen an die Korrosionsbeständigkeit der Leitungen und Regner. Zudem wird der Dünger immer erst am Ende der Beregnungszeit miteingespeist, um ein Abtropfen der Düngerlösung von den Blättern weitestgehend zu vermeiden.

Entwässerung

In einigen Produktionsgebieten kann es geländebedingt, beispielsweise in Talsenken, notwendig werden, Entwässerungsmaßnahmen zu ergreifen. Solche Flächen und Standorte weisen kleinklimatisch oft eine deutlich höhere Neigung zu Blütenfrösten auf und sollten, wenn nicht andere positive Faktoren vorliegen, nicht als Obststandorte verwendet werden. Ansonsten kann durch entsprechende Maßnahmen (Rohrdrainagen, Maulwurfsdränung) noch vor der Pflanzung entsprechend Abhilfe geschaffen werden.

Verregnen von Pflanzenschutzmitteln

Technisch einwandfreie Anlagen können auch ohne großen zusätzlichen Aufwand zur Ausbringung von Pflanzenschutzmitteln herangezogen werden. Die Einspeisung der Mittel erfolgt in der Regel saugseitig aus einem Brühenbehälter, in dem die „Stammbrühe" meist zehn- bis 20-fach konzentriert vorbereitet wird. Die Menge der Einspeisung wird durch einen Dosierschieber geregelt. In der Praxis hat es sich als günstig erwiesen, „vorzuberegnen", um die Pflanzen zu benetzen. Sobald das Einspeisen der Spritzbrühe abgeschlossen ist, wird durch Einleiten von Klarwasser die restliche Spritzbrühe noch zu den Regnern gebracht. Bevor das Wasser jedoch die Regner erreicht, muss abgeschaltet werden. Ein endgültiges Durchschwemmen der Anlage ist erst nach dem Abtrocknen des Mittels möglich (Korrosionsgefahr). Die Gesamtwassermenge pro ha wäre mit 2.000 bis 3.000 l anzusetzen, wobei die Düsenweiten 4 mm nicht überschreiten sollten. An den Regnern wäre ein Druck von etwa vier Bar notwendig. Die Vorteile einer Pflanzenschutzmittelverregnung liegen einmal im sehr geringen Zeitaufwand, der mit etwa zehn bis 15 Minuten zu veranschlagen ist, und natürlich in der ständig vorliegenden Einsatzbereitschaft. Allerdings lässt sich ein gewisser Mehrverbrauch an Spritzmitteln nicht vermeiden. Bei Überlegungen zur IP ist dieser Umstand jedenfalls mitzuberücksichtigen.

Sind die technischen Einrichtungen für eine Verregnung von Pflanzenschutzmitteln vorhanden, wäre natürlich auch die Verregnung von Mineraldüngern möglich. An die Gleichmäßigkeit der Verteilung werden in diesem Fall nicht so hohe Anforderungen gestellt. Allerdings ist zu beachten, dass höhere Konzentrationen auch Blattschäden verursachen können.

Frostabwehr

Nicht immer hat man die Möglichkeit, im Hinblick auf die Frostgefährdung den günstigsten Standort zu wählen. Bei der Planung sollte aber trotzdem zuerst immer versucht werden, das Frostschadenrisiko an Knospen, Blüten und Früchten durch die Wahl geeigneter Flächen möglichst gering zu halten. Auch dem Zeitablauf der pflanzlichen Entwicklung, also der Phänologie eines Gebietes, kommt besondere Bedeutung zu, da ja in der Entwicklung vorauseilende Pflanzen deutlich frostempfindlicher sind.

Darüber hinaus sollten weitere Maßnahmen zur Verminderung des Frostrisikos darauf abzielen, entweder ein zu starkes Absinken der Temperatur zu verhindern oder die Widerstandsfähigkeit der Obstpflanzen zu verbessern. Allerdings haben derartige Versuche bisher keine praxisreifen Ergebnisse gebracht. Auch die Alternanz wird oft durch einen Spätfrost ausgelöst. Bei der Verhütung geht es deshalb nicht nur um die jeweilige Ernte, sondern auch um eine Verhinderung der Alternanz.

Frostarten

Nach PRIMAULT (1974), zit. nach SCHUMACHER (1989), unterscheidet man drei verschiedene Frostarten:

Strahlungsfrost

Die vom Boden und von den Pflanzen aufgespeicherte Wärme wird in klaren, kalten Nächten in Form von Strahlungsenergie abgegeben. Wenn nun kein Wärmenachschub von irgendeiner Seite her erfolgt, kühlen die Pflanzenteile mehr oder weniger stark ab. Sind Dunstschichten oder Wolken vorhanden, so reflektieren diese einen Teil der Strahlung, sodass die Abkühlung geringer ist. Je ruhiger dabei die Luft bleibt (keine Durchmischung der untersten kalten Schichten), desto größer ist die Frostgefahr. Strahlungsfröste (Konvektivfröste) treten vorwiegend lokal auf. Gefährdet sind tiefer gelegene Flächen, wo die schwerere Kaltluft nicht mehr abfließen kann. Es kommt zur Bildung von Kaltluftseen. Häuser, Hecken, Waldstreifen, in den letzten Jahren aber auch verstärkt Straßen- und Bahndämme können die Ursache für die Bildung von Kaltluftseen sein.

Windfrost

Advektivfröste entstehen durch Zufuhr von kalten Luftmassen, meist aus nördlicher oder nordöstlicher bzw. -westlicher Richtung. Die gefährlichen Strahlungsfrostlagen während der Blütezeit werden meist durch den Einbruch kalter bzw. polarer Luft eingeleitet. Solche Kaltluftmassen führen zu starker Abkühlung ganzer Gebiete, wobei die Luft in diesem Fall anfangs deutlich kälter ist als die Pflanzen. Advektivfröste können, da sie meist großräumig auftreten, aufgrund der Wetterentwicklung einigermaßen gut beurteilt werden.

Verdunstungsfrost

Beim Verdunsten des Wassers werden für 1 cm^3 2.470 Joule (590 Kalorien) an Energie benötigt, die der Umgebung (Luft, Pflanze, Boden) entzogen werden. Streicht nach Niederschlägen in Form von Regen oder Schnee trockene Luft über die feuchten Pflanzenteile, kommt es zu stärkerer Verdunstung (Abkühlung), die auch Frost zur Folge haben kann, obwohl die umgebende Luft Plustemperaturen aufweist. Dem Einschaltzeitpunkt bei der Überkronenfrostschutzberegnung kommt daher entscheidende Bedeutung zu.

Frostgefährdung

Von besonderer Wichtigkeit ist, dass die Spätfrostgefährdung rechtzeitig erkannt wird, da bei

Durch den Bau eines Autobahndammes, der im unteren, talnahen Anlagenbereich über die Kronen der Obstbäume reicht, ist die Frostschadensgefahr stark gestiegen, da der natürliche Abfluss der Kaltluft an die Talsohle unterbrochen ist und der Autobahndamm einen Aufstau der Kaltluft bis über die Kronen verursacht. Es entstand ein Kaltluftstausee. (Foto: KEPPEL)

zu später Inbetriebnahme die Ernte verloren sein kann, bei zu frühem Einsatz aber unnötigerweise Energie oder Beregnungswasser verschwendet wird. In den meisten Regionen ist heute bereits ein Frostwarndienst eingerichtet. Allerdings bleibt es, aufgrund der klimatischen Unterschiede, doch dem jeweiligen Betriebsleiter vorbehalten, die Gefahr abzuschätzen und rechtzeitig mit der Frostabwehr zu beginnen.

Durch Aufzeichnungen der Temperaturentwicklung der jeweiligen Gebiete kann sich der einzelne Betriebsleiter aber wertvolles Vergleichsmaterial beschaffen.

Bei Bewölkung ist meist keine Frostgefahr gegeben. Wenn es allerdings aufklärt, kann es zu einem sehr raschen Temperaturabfall kommen. Die Hauptvorbereitungen müssen daher selbstverständlich vor der akuten Frostgefahr getroffen werden. Die **Anfälligkeit für Spätfröste schwankt je nach Obstart** und je nach **Entwicklungszustand der Blüten** (siehe Tabelle).

Kritische Temperaturen für Blüten in unterschiedlichem Entwicklungszustand von verschiedenen Obstarten in °C

Quelle: Schumacher, 1989

Obstart	geschl. u. bedeckte Knospen	Vollblüte	Jungfrüchte
Apfel	–4	–2	–2
Birne	–4	–2	–1
Kirsche	–4,5	–2	–1
Pfirsich	–4	–3	–1
Aprikose	–4	–1,5	–0,5
Zwetschke	–4	–2	–1
Mandel	–3	–3	–1
Nuss	–1	–1	–1

Auch innerhalb der gleichen Obstart können zwischen den einzelnen Sorten in der Frostresistenz recht große Unterschiede bestehen, allerdings lässt sich ein Teil dieser Unterschiede sicher auf phänologische Ungleichheiten zurückführen. Je weiter sich die gemischte Blütenknospe des Apfels entwickelt, desto weniger sind die empfindsamen Teile gegen Umwelteinflüsse geschützt. Bei einer Wertung der Frostempfindlichkeit ist wohl der 'Boskoop' an die vordere Stelle zu setzen, gefolgt von 'Gravensteiner', auch 'Idared' schneidet relativ schlecht ab. 'Golden Delicious' und 'Jonathan' scheinen ungefähr gleich empfindlich zu sein, während sich der 'Schweizer Glockenapfel' als etwas robuster erwiesen hat. Über neuere Sorten liegen derzeit noch wenige Erfahrungswerte vor.

Neben den physiologischen Faktoren beeinflussen natürlich auch die **meteorologischen Voraussetzungen** die Frostschadenshöhe. Dabei kann gerade die Witterung vor und während einer Frostnacht großen Einfluss auf die Empfindlichkeit der Pflanzen haben. Dabei ist nicht nur die Temperaturentwicklung, sondern auch die Feuchtigkeit von großer Bedeutung. Trockene Pflanzen und Pflanzenteile sind resistenter als feuchte, sodass Kälteeinbrüche nach niederschlagsreichen Tagen besonders gefährlich sind. Für die unmittelbare Frostgefährdung ist auch die **Windentwicklung** eines Gebietes von großer Bedeutung. Bei windigem Wetter ist die Frostgefahr auch bei sehr niedrigen Temperaturen, durch die Mischung der wärmeren mit den am Boden aufliegenden, kälteren Luftmassen sehr gering. Nach dem Aussetzen des Windes kann die Temperatur aufgrund der Wärmeabstrahlung aber rasch unter die Schadensgrenze fallen.

Das Ausmaß der Frostgefahr eines Gebietes ist auch sehr stark von der **Topografie eines Grundstückes** abhängig. Die beste Maßnahme, Spätfröste zu bekämpfen, ist daher die Wahl frostsicherer Standorte. Die Spätfrostgefahr ist sicher immer dort erhöht, wo sich kalte Luft in Tallagen oder Mulden sammeln kann oder wo sie an Bahn- und Straßendämmen, aber auch an Talsperren oder größeren Häuserfronten aufgestaut wird. Die Feststellung solcher typischer Frostlagen ist für den Obstproduzenten unerlässlich, auch wenn es heute bereits einigermaßen wirksame Frostbekämpfungsmethoden gibt.

Die **Verlängerung der Blütezeit** kann die Frostgefahr ebenfalls vermindern. Es handelt sich dabei in erster Linie um Kulturmaßnahmen, die die Aufblühfolge verschieben. Der Einsatz von Austriebshemmern (Alar, Ethephon und andere) hat sich allerdings nirgends durchgesetzt. Auch die **Bodenbedeckung** einer Anlage kann einen relativ großen Einfluss auf die Temperaturgestaltung einer Anlage nehmen. Der mit Mulch abgedeckte Boden erwärmt sich im Vergleich zum offengehaltenen Boden im Frühjahr langsamer. Die Bäume treiben später aus und beginnen, wie verschiedentliche Beobachtungen gezeigt haben, um etwa drei bis fünf Tage später zu blühen. Eine Torfabdeckung kann das Aufblühen bis zu zehn Tage verzögern. Allerdings muss andererseits auch wieder bedacht werden, dass zum Zeitpunkt der Frostgefahr die Lufttemperaturen aufgrund der höheren Verdunstungsrate und der geringeren Wärmeabstrahlung über Mulchrasen niedriger sind als über offenen Böden. Selbstverständlich haben auch der **Ernährungszustand und der Wasserhaushalt der Pflanzen** wesentlichen Einfluss auf die Frosthärte. Untersuchungen haben gezeigt, dass die Schäden an Blütenknospen bei gedüngten Bäumen um 58 % tiefer lagen als bei den ungedüngten. Auch auf die Frosthärte der Knospen wirkt sich eine ausgeglichene Düngung sehr positiv aus.

Frostschutzberäucherung (Vernebeln) in den 50er Jahren (Foto: DUHAN)

Möglichkeiten zur Verhinderung von Spätfrostschäden

Räuchern (Lufttrübung)

Dieses Verfahren war früher in der Praxis weit verbreitet. Dabei sollte das Einhüllen der Obstanlage in Rauch oder künstlich erzeugte Nebelschichten die weitere Abstrahlung von Wärme in die Atmosphäre verhindern. Für das Räuchern ist praktisch alles brennbare Material brauchbar, wenn es ausreichend feucht ist. Die Erzeugung einer geschlossenen Nebeldecke gestaltet sich meist relativ schwierig und hängt naturgemäß von der Lage der Fläche und von den Windverhältnissen ab. Schon bei Windgeschwindigkeiten von 1 m/Sekunde wird die Wirkung bereits merklich geschmälert. Durch organisiertes Räuchern größerer Geländeabschnitte waren unter günstigsten Bedingungen 2 bis maximal 3 °C Temperaturgewinn zu erreichen. Die Methode wird heute jedoch kaum mehr eingesetzt (Umweltprobleme).

Geländeheizung

Sie stellt eine altbewährte und wirkungsvolle Maßnahme zur Bekämpfung der Blütenfröste dar. Durch Verbrennen von festen oder flüssigen Stoffen wird der Luft direkt Wärmeenergie zugeführt und damit werden auch die Pflanzenteile erwärmt. Die Wirkung ist einerseits von den Windverhältnissen, andererseits auch von der Menge der Heizstellen abhängig. In Kleinbetrieben sind ca. 200, auf größeren Flächen (5 ha) etwa 150 Öfen je ha erforderlich. Dabei werden durchschnittlich pro Nacht 1.900 bis 2.200 l Heizöl je ha benötigt. Es können Temperaturerhöhungen um 5 bis 7 °C erreicht werden.

Während früher Braunkohle- und Altölöfen verwendet wurden, werden in den letzten Jahren nur mehr leistungsfähige Einzelöfen mit Öl- oder Gasbetrieb eingesetzt. Auch der Einsatz von Gasbrennern mit zentraler Gaszufuhr auf der Basis der Infrarot-Strahler hat sich aufgrund zu geringer Effizienz nicht bewährt. Für den Einsatz einer Gasbeheizungsanlage sprechen aber die saubere und angenehmere Arbeit und die geringe Umweltbelastung.

Die Entwicklung der Energiekosten wird allerdings zukünftig von größerer Bedeutung für den Einsatz sein. In den letzten Jahren hat man auch den Einsatz von aus Festbrennstoff hergestellten Kerzen (Frostkillern) geprüft. Die Aufstellung dieser rund 6 kg schweren Kerzen ist sehr einfach. Für 1 ha Obstfläche werden ca. 400 bis 500 Kerzen

Fahrbarer Geländeheizer anlässlich einer Gerätevorführung um 1960 (Foto: DUHAN)

Geländeheizung mit Frostschutzkerzen in einer Vollmondnacht (Foto: OBSTHOF LEHNER)

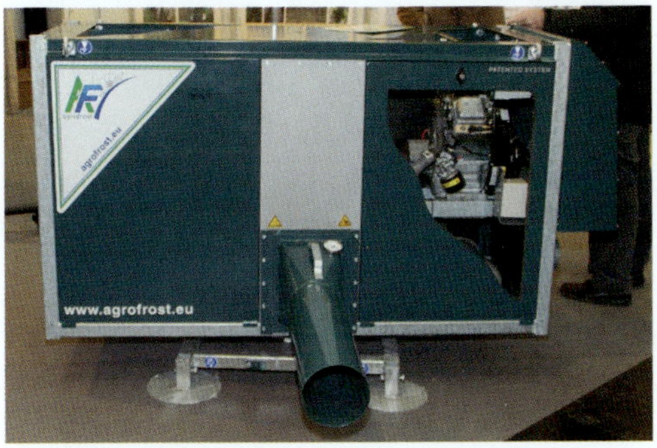

Frostbuster stationär (OGA Friedrichshafen 2012) (Foto: KEPPEL)

Frostbuster fahrbar (OGA Friedrichshafen 2012) (Foto: KEPPEL)

benötigt, wobei die Brenndauer mit etwa zehn Stunden zu veranschlagen ist. Nicht vollständig verbrauchte Kerzen können aber ohne Schwierigkeiten gelagert und später wiederverwendet werden.

Bewindung

Bei Strahlungsfrösten sind die bodennahen Luftschichten am kältesten und meist von wärmeren Luftschichten überlagert. Bei der hier dargestellten Methode geht es nun darum, die wärmere Höhenluft mit den kälteren, bodennahen Schichten zu vermischen. Diese Durchmischung kann mithilfe von Propellern erfolgen, wobei die Reichweite des Propellers bei 25 PS-Leistung etwa 100 m beträgt (ZANON, 1960). Heute werden auch noch andere Bewinderformen eingesetzt. Für größere Flächen wäre auch der Einsatz von Hubschraubern zur Luftmischung zu überlegen. Durch die Luftmischung kann maximal ein Temperaturgewinn von 2 bis 3 °C erreicht werden. Allerdings könnten in Kombination mit einer Beheizung weitaus bessere Erfolge erreicht werden, wobei die Zahl der Heizstellen gleichzeitig um rund zwei Drittel reduziert werden könnte.

Frostschutzberegnung

Diese Methode hat in Obstbaugebieten mit ausreichender H_2O-Versorgung eine recht große Bedeutung erreicht. Vor allem in den Südtiroler Anbaugebieten konnte mit dieser Technik ein erfolgreicher Schutz erreicht und Temperaturen von etwa –5 bis –7 °C abgewehrt werden. Dieser Schutz wird durch ein ständiges Beregnen ab dem Einschaltzeitpunkt erreicht. Durch das Gefrieren des Wassers bis unter 0 °C zu Eis werden je g/cm³ Wasser 335 Joule (80 Kalorien) Wärme frei, wodurch ein weiteres Ab-

Überkronenberegnung zur Frostschutzberegnung mit auf den Stützgerüstsäulen verlegten Versorgungsleitungen aus Metall (Foto: KEPPEL)

Bei nicht ausreichendem oder fehlendem Stützgerüst brechen die Bäume unter der Frost-(Wasser-)Last zusammen. (Foto: DUHAN)

Die Beregnung ist erst mit dem selbstständigen Auftauen der Eismassen abzuschalten. (Foto: KEPPEL)

Bewindungsmast mit leicht abwärts gerichtetem Propeller in einer Obstanlage (Foto: PIEBER)

sinken der Temperatur verhindert wird. Unter dem sich bildenden Eispanzer beträgt die Temperatur –0,5 bis –1 °C. Von besonderer Wichtigkeit dabei ist, dass die Pflanzen ständig besprüht werden. Schon kurze Ausfälle können die Temperatur in Bereiche absenken, die den Kältetod bedeuten. Der minimale Niederschlag/Stunde beträgt bei Temperaturen von weniger als –5 °C 3–4 mm pro Stunde. Das entspricht einer Menge von 30–40 m^3 Wasser je Stunde und ha. Sinkt die Temperatur jedoch weiter ab, muss die Wassermenge erhöht werden. Es ist daher wichtig, für ausreichend Wasservorrat zu sorgen, da ja oft mehrere Frostnächte aufeinanderfolgen. Die praktische Erfahrung hat gezeigt, dass für den Regnerverband der Überkronenberegnungsanlage die Dreiecksform von rund 18 x 21 m am günstigsten ist. Das entspricht einer Regnerzahl von 28–34 pro ha. Damit die Beregnung an der Randzone ausreichend ist, sollten sich die Regnerkreise ziemlich überschneiden. In Südtirol wird mit deutlich weiteren Regnerabständen das Auslangen gefunden. Eine höhere Regnerzahl vermindert allerdings den Windeinfluss und verbessert die Niederschlagsverteilung. Für die Frostberegnung werden Schwachregner mit einer Umdrehungszeit von ca. einer Minute und 4,5-mm-Düsenöffnung verwendet. Der notwendige Betriebsdruck sollte bei 3,5 bis 4,5 Bar liegen (= 0,35 bis 0,45 MPa = Megapascal).

Das Einschalten der Bewässerungsanlage richtet sich nach der Schnelligkeit des Temperaturabfalls. Bei sehr rasch sinkender Temperatur muss bereits bei 1 bis 2 °C über 0 °C in Betrieb gegangen werden, damit die Pflanzenteile bei Erreichen der 0°-Marke bereits vollständig benetzt sind. Für die Bestimmung des Einschaltzeitpunktes haben sich aufgrund praktischer Erfahrungen die Feuchtthermometer als besonders brauchbar erwiesen. Die Temperatur der Knospen liegt infolge frei werdender Verdunstungskälte tiefer als die umgebende Temperatur der Luft. Sie stimmt ungefähr mit den Temperaturwerten des Feuchtthermometers überein. Die Anlage darf aber erst abgeschaltet werden, wenn das Eis abzufallen beginnt.

Bei Windgeschwindigkeiten von 1,5 m/Sekunde nehmen Verdunstung und Wärmeverlust in hohem Maße zu, sodass die Beregnung nicht mehr eingeschaltet werden sollte. Wie Untersuchungen gezeigt haben, können durch die Überkronenbewässerung der Austrieb und das nachfolgende Aufblühen verzögert werden. Bei zeitweiser Unterbrechung der Beregnung entsteht bei der Abtrocknung Verdunstungskälte und eine Abkühlung von Luft und Boden, wodurch die Temperatur im Pflanzengewebe die kritische Grenze (+5 °C) erst später erreicht.

Die Pflanze kann nämlich erst austreiben, wenn eine gewisse Temperatursumme erreicht wird bzw. überschritten ist.

Stamm kalken, Kalkanstrich der Stämme

Zeitlich im November stattfindende Stammkalkung: 10 l Wasser + 3 kg Speckkalk + 0,2 kg Kaseinpulver in einem Kübel gut verrühren und dann die Stämme damit anstreichen.

Agrochemikalien

Mithilfe solcher Mittel (Alar 85, CCC, Ethephon und andere), die in der Regel bereits einige Zeit vorher ausgebracht werden, können ebenfalls Blühverzögerungen erreicht und dadurch das Frostrisiko gesenkt werden. Bisherige Versuche haben auch gezeigt, dass der Einsatz dieser Mittel vielfach mit negativen Begleiterscheinungen (Gummifluss, vorzeitiger Blattfall, Schäden an Narben und Blumenkronblättern usw.) einhergeht. Ein praxisreifes Verfahren liegt nicht vor. Ähnliches kann, allerdings bei Anwendung während der Blüte, vom Präparat „Frostgard" gesagt werden. In den USA wurde experimentell und in Kleinversuchen auch der Einsatz genmanipulierter Bakterien (*Pseudomonas syringae*) bei Erdbeeren untersucht. Es existiert allerdings bisher kein praxisreifes Verfahren, das eine breite Anwendung ermöglichen würde.

Kalken der Obstbaumstämme (Foto: KEPPEL)

Hagelschutz

In fast allen Obstbaugebieten Österreichs treten fast alljährlich schwerere Gewitter und Unwetter auf, die in vielen Fällen auch mit Hagelschlägen verbunden sind. Bei jährlichem, unter Umständen sogar mehrmaligem Auftreten, sollte vielleicht die Standortwahl neu überdacht werden. Je nach Stärke und Zeitpunkt kann es zu Ertragsausfällen durch Schäden an den Früchten, aber auch am Blattwerk und an der Rinde von jungen Trieben kommen. Letztere Schäden können nachhaltig über mehrere Jahre wuchs- und ertragsmindernd wirksam sein.

Dem Produzenten stehen heute drei Möglichkeiten offen, Hagelschäden zu begegnen:

a) Aktive Hagelabwehr durch direkte Einflussnahme auf die Entstehung von Hagel (Hagelraketen, Flugzeugeinsatz)
b) Passiver Hagelschutz (Hagelschutznetze)
c) Absicherung mithilfe einer Hagelversicherung

Die **aktive Hagelabwehr** zielt auch heute noch darauf ab, die vermeintlichen Hagelwolken vermehrt mit Kondensationskernen (Silberjodid-Kernen) zu impfen, um möglichst viele kleine, weichere Hagelkörner zu erreichen. Befinden sich nur relativ wenig Kondensationskerne in der Luft, entstehen größere Hagelkörner, die dann während ihres Weges zur Erde durch die wärmeren Luftschichten auch kaum mehr schmelzen oder zumindest antauen können. Die Ausbringung von Silberjodid (1 g bringt 10^{10} bis 10^{15} Kondensationskerne) muss zum richtigen Zeitpunkt erfolgen. In der Steiermark und in Niederösterreich bestehen Hagelabwehrgenossenschaften, die das Silberjodid derzeit fast durchwegs mit dem Flugzeug ausbringen lassen. Über die Wirksamkeit gibt es einige wissenschaftliche Untersuchungen (Schweiz), wobei die Erfolge dieser Methode nicht immer positiv beurteilt werden.

Eine weitere Form des Schutzes ist die **Überdachung der Intensivanlagen mit Hagelschutznetzen**. Sie bestehen aus Kunststofffasern (Polyethylen), zeigen in der Regel eine Gittergroße von 4 x 8 mm und sind aus Gründen der höheren Lebensdauer meist schwarz eingefärbt. Diese Netze stellen einen relativ hohen Schutz der Anlagen und der Früchte dar. Ausgehend von Italien sind die Hagelnetzanlagen vor allem in der Steiermark

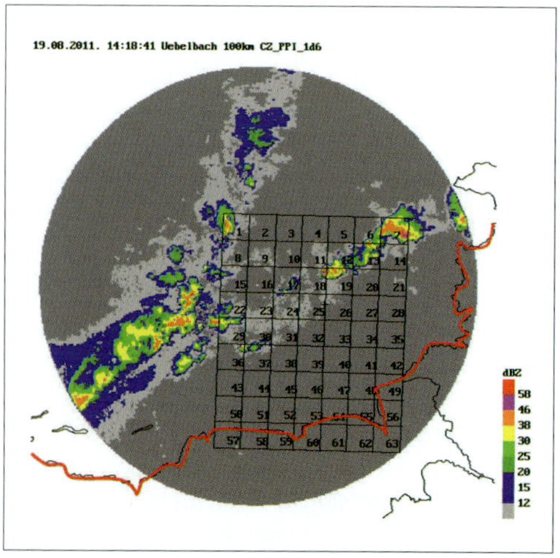

Je intensiver der Farbton der Felder der Regenzonen ist, desto mehr Niederschlag befindet sich in den Wolken und desto höher ist die Hagelschlaggefahr. Die rote Linie im unteren Bildteil deutet den Verlauf der österreichischen Staatsgrenze an. (Grafik: Original: Wetterradar der steirischen Hagelabwehr; Ergänzung: KEPPEL)

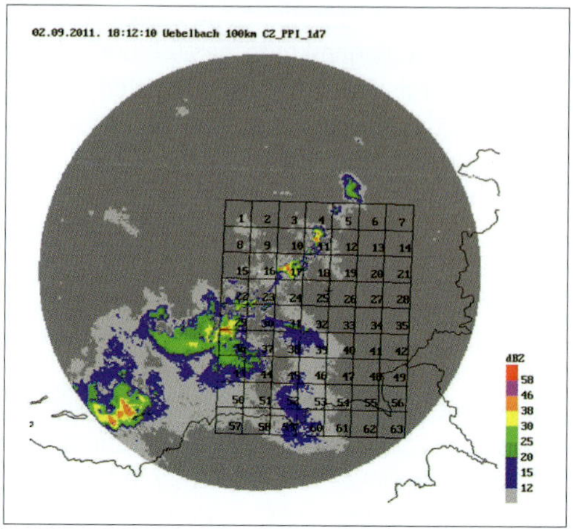

Lokale, kleinräumig konzentrierte Hagelunwetter werden manchmal vom Hagelradar nicht erfasst oder treten kurzfristig auf (z. B. die nachstehenden Hagelfotos wurden am 02. 09. 2011 gegen 18:30 Uhr in Graz Ost, in etwa Feld 39, aufgenommen). (Grafik: www.hagelabwehr.at)

in den letzten Jahren an Zahl und Fläche ziemlich stark gestiegen. Die Kosten für eine Erstellung sind relativ hoch und liegen heute bei etwa 13.000 € je ha (je nach Art des Unterstützungsgerüstes auch höher).

Die Reißfestigkeit der Hagelschutznetze sollte mindestens 400 kg/m² betragen. Die Netze sollten elastisch sein, um eine Aufprallgeschwindigkeit der Hagelkörner von 60 bis 120 km/h und bis zu 150 Hagelkörner pro Quadratmeter und Minute auszuhalten.

Nach bisherigen Untersuchungen erfolgt bei Verwendung von dunklen Netzen keine nennenswerte Beeinflussung des Wachstums der Bäume und der Fruchtqualität. Lediglich die Farbausbildung kann in manchen Jahren etwas leiden. Dem kann aber durch eine Farbberegnung (Überkronen) begegnet werden. Hagelnetze können aber auch der Ausstrahlung in Frostnächten entgegenwirken und zu einer leichten Temperaturerholung (1 bis 2 °C) beitragen, wodurch leichtere Blütenfröste ohne Weiteres abgewehrt werden können. Mit zunehmender Hangneigung wird die Aufstellung aber immer schwieriger, sodass man heute dazu übergegangen ist, fast ausschließlich in der Falllinie zu pflanzen. Die Mindestlebensdauer dunkler Netze wird heute mit rund 15 bis 20 Jahren angenommen.

Heute werden verschiedene hellfarbige Hagelschutznetze erprobt, um deren Wirkung auf die

Im Winter eingerollte schwarze Hagelschutznetze als Beispiel der passiven Hagelabwehr (Foto: KEPPEL)

Selbsttätiges Abtauen der Hagelkörner aus dem Hagelnetzsack (Fotos: KEPPEL)

Fruchtbeschädigende Hagelkörner (können bei Unwettern oft Tennisballgröße erreichen) (Foto: KEPPEL)

Fällt im Herbst vorzeitig noch vor dem Einrollen der Hagelschutznetze schwerer, nasser Schnee, ist das Stützgerüst oft überfordert und bricht zusammen. Meist ist die Ankerbefestigung (Schraubanker) durch das hohe Gewicht der auf den Hagelnetzen lastenden Schneemassen aus der Erde ausgezogen und die Stabilität des Gerüstes leidet dadurch. (Foto: FAUSTER)

Giebelförmiges, weißes Hagelschutznetz in der Oststeiermark (Foto: KEPPEL)

Ausfärbung der Früchte und deren Inhaltsstoffe sowie andere qualitätsbeeinflussende Parameter zu erheben.

Graue Hagelnetze neuester Produktion sind aus weißen Längsfäden und aus einem schwarzen Querfaden hergestellt, die den Farbeindruck Grau induzieren. Das Titanhagelnetz aus Italien hat anstatt des schwarzen einen titanverstärkten Querfaden. Das Zebranetz besteht aus abwechselnd weißen (95 cm breit) und schwarzen (30 cm breit) Feldern. Die Lichtdurchlässigkeit ist bei den neuen Systemen wesentlich besser. Ungefähr 85 bis 90 % des sichtbaren Lichts und ungefähr 80 % des UV-Lichts werden bereits durchgelassen. Hinsichtlich der Netzfarbe verwendet man in der Praxis die schwarzen Hagelschutznetze für rotfarbige Mutanten, mischfarbige Netze für schlecht ausfärbende Sorten und weiße Netze in ausfärbungsungünstigen Lagen. Grundsätzlich halten aus heutiger Sicht die schwarz gefärbten Hagelnetze mindestens eine Anlagengeneration.

Flache Hagelschutznetze (Trampolinnetze)

Aus einem flachen, bei Belastung durch das Gewicht der Hagelkörner selbsttätig kippbaren Hagelnetz für Ertragsanlagen hat sich eine „Spezial Flachabdeckung" für Baumschulen und für Obstanlagen mit Tunnelspritzgeräten entwickelt. Die Bahnen sind bis zu 10 m breit. Unter dem flachen, nicht kippbaren (nicht selbsttätig entleerbaren) Hagelnetz ist eine Arbeitshöhe von bis zu 4,5 m möglich (Fa. Fruit Security, Österreich).

Neben den bewährten Giebelsystemen werden in den letzten Jahren auch vermehrt „Einzelreihen-Abdeckungssysteme" untersucht. Allerdings werden bei dieser Form der Abdeckung die Pflegearbeiten im Sommer deutlich erschwert. Das von der Fa. Wagner (D) entwickelte System „Whailex" bietet jetzt die Möglichkeit, mithilfe eines Zusammenrollmechanismus das Netz auf einem befestigten Plastikrohr aufzurollen und bei Bedarf (Gewitter) wieder rasch auszurollen. Auch die Montage sollte einfacher und schneller durchgeführt werden können. Die endgültige Prüfung auf Praxistauglichkeit steht aber noch aus. Ähnlich arbeitet auch das System der Fa. Frutop in Italien.

Die dritte Möglichkeit, das Schadensrisiko zu verringern, ist der Abschluss einer **Hagelversicherung**. Die jeweilige Höhe der Versicherungssumme kann vom Versicherten selbst bestimmt werden. Bei einem auftretenden Hagelschaden wird dessen Ausmaß durch Fachleute geschätzt (in % eines Totalschadens). Der Versicherte (Geschädigte) bekommt dann den entsprechenden Prozentanteil der versicherten Summe abzüglich des Selbstbehaltes (derzeit 20 %) ausbezahlt. Die Prämienhöhe ist je nach Hagelhäufigkeit eines Gebietes verschieden (Bonus-System).

Windschutz

Eine Windgefährdung der Intensivobstanlagen ist in Österreich eigentlich nur in den östlichen Anbaugebieten gegeben. Demgegenüber stehen Gewitterstürme, die überall auftreten können.

In Windgegenden (etwa wie in Holland, Belgien, Dänemark und anderen) kann es bei manchen Obstarten im Frühjahr zu stärkeren Blattschäden kommen (Birnen), die sich, aufgrund der Beeinträchtigung des Assimilationsapparates, bereits sehr früh auf die Entwicklung der Früchte negativ auswirken können. Durch den Schutz entsprechend angeordneter Windschutzpflanzungen kann es daher durchaus zu respektablen Mehrerträgen kommen. Andererseits kann es durch den vorzeitigen Abwurf von Früchten doch zu nicht unerheblichen wirtschaftlichen Schäden kommen. Zur Blütezeit wird bei stärkerem Wind die Bestäubungstätigkeit der Bienen behindert. Außerdem trocknen die Böden in solchen Anlagen sehr rasch aus. Kombinationen mit schwach wachsenden Unterlagen werden außerdem ziemlich rasch schief gedrückt. Auch bei den Erdbeeren haben sich eingesetzte Windschutzstreifen (z. B. Mais) als recht günstig erwiesen. Die Anlage und teilweise Pflege von derartigen Windschutzpflanzungen wird in Niederösterreich

Juli-Vogelschaden durch Krähenvögel (Foto: KEPPEL)

vom dortigen Bodenschutzdienst durchgeführt. Als Pflanzen werden eine Kombination von hochwachsenden Bäumen und Sträuchern verwendet. Eine wirksame Windabschwächung kann etwa bis auf eine Entfernung der 20- bis 25-fachen Höhe erreicht werden. Als nachteilig sind der notwendige Flächenbedarf (ca. 2 bis 4 % der Fläche), die Wurzelkonkurrenz und die Möglichkeit der Ansiedlung von Schädlingen und anderen Tieren (Kaninchen) anzuführen. Bei zu starker Abstoppung des Windes kann auch die Frostgefährdung aufgrund des Fehlens der Luftmischung erhöht werden.

Vogelabwehr

Auch durch Vögel kann in Obstpflanzungen erheblicher Schaden angerichtet werden. Gefährdet sind besonders Süß- und Sauerkirschenanlagen, die von Amseln und Staren knapp vor bzw. während der Ernte gerne beflogen werden. Sehr gefährlich können Starenschwärme sein, die in sehr kurzer Zeit große Schäden durch Anfressen oder Verschmutzen der Früchte anrichten können. Amseln sind dagegen ziemlich ortstreu und treten auch nur in kleineren Gruppen auf. In trockenen Jahren kann der Schaden durch Anpicken aber auch beim Kernobst relativ groß sein, wobei vor allem grundfärbige, gelbe Sorten gerne beflogen werden.

Die Abwehr gestaltet sich einigermaßen schwierig und ist nur bei kleineren Baumformen durch das Überdecken mit **Kunststoffnetzen** auch wirklich voll wirksam. Größere Baumbestände zu überdecken, stellt wohl eine zu kostspielige Maßnahme dar. In den letzten Jahren hat der Einsatz verschiedener **Knallschussapparate** eine gewisse Verbreitung erfahren. Der Knall als Abschreckung wird durch die Explosion eines Gas-Luftgemisches erzeugt, wobei gleichzeitig damit auch eine visuelle Abschreckung verbunden sein kann. **Optische Abwehreffekte** versucht man auch durch das Aufhängen farbiger Kunststoffbänder an bewegten Seilen zu erreichen. Allerdings tritt bei allen diesen optischen und akustischen Effekten (Angstgeschrei, Knalle) früher oder später eine Gewöhnung ein. Eine effiziente Methode gibt es bisher nicht. Auch ein Abschießen der Schadvögel (Amsel, Drossel, Krähenvögel) ist nicht möglich, da sie gesetzlich geschützt sind.

Förderung der Fruchtausfärbung

Durch unterlegte Folien

Die Lichtausnützung der Bäume in einer Anlage beträgt ungefähr zwei Drittel des einfallenden Lichts, der Rest fällt auf die Gasse. Früchte, die nur ca. zwei Drittel des einfallenden Sonnenlichts erhalten, sind erfahrungsgemäß schwächer mit Deckfarbe versehen. Fällt weniger als ein Drittel des Sonnenlichts in Baumpartien ein, dann wird dort die Blütenknospenbildung geschwächt. Die Fruchtgröße leidet bei einer Sonnenbelichtung von maximal 50 % der möglichen Einstrahlung. Um diese Nachteile auszugleichen, werden lichtreflektierende Folien auf die Gassen aufgelegt, die ein

Im Versuchsobstgarten der HBLAWO Klosterneuburg eingesetztes akustisches Vogelverscheuchgerät (Foto: KEPPEL)

solches Defizit beheben sollen. Besonders unter schwarzen Hagelnetzen können solche Folien die Ausfärbung der Früchte verbessern. Gegenwärtig gibt es im Versuchswesen gewebte, weiße Folien, eine Kunststofffolie mit einer dünnen Aluminiumschicht sowie beschichtetes Papier. Folien zur einmaligen Verwendung liegen bezüglich der Anschaffungskosten bei rund 700 €/ha, mehrfach verwendbare Folien (geschätzte Lebensdauer ca. zehn Jahre) bei ca. 5.000 €/ha. Für die mehrfach verwendbaren Folien kann man mit jährlichen Kosten (Amortisation und Verlegearbeiten) von ungefähr 1.990 €/ha rechnen. Für herkömmliche Sorten und bei qualitätsproduktionsbezogenen Erträgen dürften sich die Kosten kaum rechnen.

Durch die Verwendung solcher Folien stieg der Anteil an Früchten mit mehr als 75 % roter Deckfarbe um etwa 20 % an. Die Ausbringung dieser Folie erfolgt in ca. fünf bis sechs Wochen vor der Ernte. Mehrmalig ausbringbare Folien können mit dem Traktor befahren werden. Eine positive Wirkung ist bei den unteren Baumpartien und auf der Fruchtunterseite zu verzeichnen.

In Jahren mit kühlen Vorerntenächten ist ein sichtbarer Erfolg kaum wahrzunehmen.

Durch das Ausbringen von Kaolin

Wie Versuche der ARS Kearneysville, USA, ergaben, können durch das Aus- und Aufbringen von Kaolinerde (Tonerde, Porzellanerde, Aluminiumsilikat = feines, eisenfreies, weißes Gestein, Feldspatverwitterungsprodukt) sowohl die Fruchtfarbausbildung als auch die Fruchtgröße positiv beeinflusst werden. Man vermutet, dass durch das Aufbringen von Kaolin die Ausnutzung des Sonnenlichts durch die Früchte durch höheren Verwertungsanteil von rotem und blauem Licht gesteigert wird. Die Frage eines eventuell durch Aluminium verursachten, erhöhten Risikos, an Parkinson zu erkranken, ist bislang offen.

7. EINSATZ VON WACHSTUMSREGULATOREN (PHYTOHORMONE)

Auch im Obstbau wird immer öfter versucht, mithilfe von Wachstumsregulatoren einen besseren und rascheren Ausgleich zwischen der Pflanzenentwicklung einerseits und der Fruchtbarkeit andererseits zu erzielen. Die in der Praxis gebräuchlichen Ausdrücke sind Behangsregulierung (eigentlich richtigerweise Behangdichtenregulierung) oder Ausdünnung. Durch den Einsatz der heute oft bereits synthetisch hergestellten Stoffe erfolgt in der Regel ein ziemlich einschneidender Eingriff in die Entwicklungsprozesse der Pflanzen. Diese Stoffe sind zwar meist mit den pflanzeneigenen Phytohormonen identisch, oft allerdings auch nur von der Wirkung her vergleichbar. Zahlreiche pflanzeneigene Phytohormone verändern sich mit dem Entwicklungszustand der Pflanzen und auch Obstarten und sogar Sorten zeigen keinesfalls immer eine vergleichbare Entwicklung. Das bedeutet aber auch, dass ein und derselbe Wirkstoff bei gleicher Anwendungsstärke sehr verschiedene, oft sogar gegensätzliche Wirkungen hervorrufen kann.

Wichtige natürliche und synthetische Wachstumsregulatoren und einige Anwendungsmöglichkeiten:

(Vor der Anwendung dieser nachfolgend angeführten Wuchsregulatoren hat sich der Anwender über aktuelle Zulassungen der Mittel selbst im Internet unter www.ages.at oder im Pflanzenschutzmittelregister, bei den Beratern bzw. den Verkaufsgeschäften zu informieren!)

Auxine

Darunter sind Substanzen zu verstehen, die auf die Zellteilung und Zellstreckung Einfluss nehmen und ausschließlich basipetal in Richtung Wurzel transportiert werden. Ein natürliches Auxin ist die Indolessigsäure (IAA). Ihre Bildung erfolgt bevorzugt in Triebspitzen, jungen Blättern und in den Samenanlagen. Wichtige synthetische Auxine, die teilweise sogar eine intensivere Wirkung aufweisen, sind die

- **Alpha-Naphthylessigsäure (NAA)** – bevorzugt als Bewurzelungshormon, als Ausdünnmittel und gegen den vorzeitigen Fruchtfall eingesetzt
- **Naphthylacetamid (NAAm)** – als Ausdünnmittel verwendet und gegen vorzeitigen Fruchtfall.
- **Indolbuttersäure (IBA)**, wird ebenfalls als Bewurzelungshilfe eingesetzt.
- **2,4 Dichlorphenoxyessigsäure (2,4 D)** und **Methylchlorphenoxyessigsäure** werden wegen ihrer übernormal starken Wuchsförderung auch als Herbizide verwendet.

Gibberelline

Diese Stoffe wirken bei der Zellstreckung und der Fruchtentwicklung mit. Sie werden in jungen Blättern, Trieben, Samenanlagen und in den Wurzeln gebildet. Sie wirken auf die Dauer der Winterruhe und fördern die Keimung der Samen. Gibberelline hemmen die Blütenbildung und fördern das Triebwachstum. Sie können aber auch die Fruchtform und fallweise auch die Farbe und Qualität der Früchte beeinflussen. Bis heute kennt man bereits mehr als 60 verschiedene Formen. Für den Obstbau von Bedeutung und im Handel erhältlich sind GA_3 (Gibberellinsäure) sowie Mischungen von GA_{4+7}.

Gibberelline werden im heimischen Obstbau für die Ausbildung parthenokarper Früchte nach Blütenschäden oder mangelhafter Befruchtung (vor allem nach Spätfrostschäden bei Birnen) eingesetzt. Das Handelspräparat **Berelex** kann dabei sofort nach der Frosteinwirkung bis etwa 24 Stunden später appliziert werden. Als Dosierung ist eine Tablette auf 60 bis 100 l Wasser zu wählen. Um eine entsprechend gute Benetzung zu erreichen, sind 900 bis 1.000 l Brühe pro ha erforderlich.

Gibberellinmischungen werden in einigen Obstproduktionsgebieten auch gegen die Berostung der Äpfel ('Golden Delicious') eingesetzt.

Cytokinine

Es handelt sich bei dieser Gruppe um natürliche oder künstlich (synthetisch) hergestellte Purinabkömmlinge. Sie fördern unter anderem die Zellteilung in Gewebekulturen in Gegenwart von Auxinen, verzögern die Gewebealterung und damit das Abfallen von Blättern, Blüten und Früchten. Cytokinine werden vor allem in den Wurzeln gebildet (beeinflussen dort die Wurzelentwicklung) und sind für den Nährstofftransport sowie für die Stoffakkumulation und damit für den Fruchtansatz, die Fruchtgröße und den Ertrag von großer Bedeutung. Benzyladenin (6-Benzylaminopurin, BAP) spielt bei der Regeneration der Pflanzen in der Gewebekultur eine sehr große Rolle. Weitere bekannte Cytokinine sind Zeatin und Kinetin.

Abscisinsäure (ABA)

Ist in der Pflanze nur gering beständig und ist aufgrund der hohen Synthesekosten für eine Praxisanwendung nicht interessant.

ABA induziert die Knospenruhe und kann sie im Frühjahr auch verlängern. Sie kann durch Schließen der Stomata die Transpiration hemmen und damit bei einer Wasserstresssituation zu einer effektiveren Wassernutzung beitragen. Sie beschleunigt alle Abszissionsvorgänge in der Pflanze (z. B. Blatt- und Fruchtalterung).

Ethylen und Ethylen abgebende Substanzen

Ethylen ist ein gasförmiges Pflanzenhormon, das in erster Linie in den Blättern und Früchten gebildet wird. Es hemmt den Auxintransport und damit die Apikaldominanz, beschleunigt die Reife, die Seneszenz und damit den Blatt- und Fruchtfall. Es ist neben der Abscisinsäure das wichtigste Reifehormon und wirkt bereits in sehr geringen Dosen (ab 0,2 ppm = 0,2 Teile pro 1 Million). Mit zunehmender Entwicklung reagieren Früchte zunehmend schneller und auf bereits geringere Konzentrationen. Auxine und Gibberelline wirken in der Pflanze der Ethylensynthese entgegen.

Durch den Einsatz Ethylen abspaltender Mittel (Ethrel, Ethephon, Cerane) kurz vor oder während der Sommerruhe kann die Differenzierung von Blütenknospen gefördert und damit die Alternanz in geringem Umfang gedämpft werden. Ethephon wird auch in gewissem Ausmaß bei der Fruchtausdünnung von Kernobst (vor allem bei Apfelsorten mit Alternanzproblemen, wie z. B. 'Summerred', 'Elstar', 'Braeburn' und anderen) und bei Zwetschken beginnend ab der Vollblüte bis etwa zehn Tage nach dem Abblühen eingesetzt. Weiters wird es zur Reifeförderung und Reifekonzentration eingesetzt und dient vor allem bei Beerenobst und Steinobst der Vorbereitung zur maschinellen Ernte. Der Einsatzzeitpunkt liegt daher etwa zehn bis 20 Tage vor dem prognostizierten Erntezeitpunkt. Auch in den Baumschulen wurde insbesondere Ethephon (2-Chlorethylenphosphonsäure) zur vorzeitigen Entblätterung, allerdings bei Steinobst nicht immer ohne Probleme, verwendet.

Metamitron

Der im Zuckerrübenanbau als Herbizid bekannte und zugelassene Wirkstoff 4-Amino-3-methyl-6-phenyl-1,2,4-triazin-5-one wird gegenwärtig versuchsmäßig auf seine Einsatzmöglichkeit im Obstbau untersucht. Die Wirkung soll auf einer Photosynthesehemmung der jungen Früchte und der Blätter beruhen, wobei der sorten- und standortabhängige Anwendungszeitpunkt für jedes Anbaugebiet ermittelt wird.

Wuchshemmende Stoffe

Einen in der Pflanze selbst vorhandenen natürlichen Hemmstoff stellt dabei die Abscisinsäure (ABA) dar, die sowohl hemmend (Triebwachstum) als auch fördernd (Blatt- und Fruchtfall) auf gewisse Entwicklungsprozesse in der Pflanze einwirkt. Von den synthetischen Wachstumshemmern sind z. B. Daminozide (Bernsteinsäuredimethylhydrazid), Paclobutrazol (P 333), Chlormequat (CCC) sowie eventuell auch Kombinationspräparate von gewisser Bedeutung.

Alar 85 (Daminozid, SADH)

Neben einer Stauchung des Sprosses kommt es zur Hemmung der Apikaldominanz und einer Förderung der Seitentriebbildung. Bei einer länger andauernden Anwendung kann es zur Verzwergung der Bäume kommen. Alar verbessert die Fruchtausfärbung (Apfel, Kirsche) und erhöht die Fruchtfleischfestigkeit. Bei Äpfeln und Birnen kann es auch zur Verringerung des Fruchtfalls vor der Ernte eingesetzt werden (Anwendung 45 bis 60 Tage vor dem Erntezeitpunkt).

Paclobutrazol (P 333, Cultar)

Dieses Mittel kann nach bisherigen Untersuchungen zur Hemmung des Triebwachstums und zur Verbesserung des Blütenknospenansatzes eingesetzt werden. P 333 hemmt dabei die Gibberellin-Biosynthese im Meristemgewebe der Triebspitzen und verringert dadurch die Zellteilung sowie die Zellstreckung. Der Einsatz wird für Apfel, Birne und Kirsche empfohlen. Die ersten Behandlungen dürfen aber frühestens nach dem dritten Standjahr erfolgen. Die Ausbringung kann über den Boden oder das Blatt erfolgen.

Chlormequat (CCC, 2-Chlorethyl-trimethylammoniumchlorid)

Die Wachstumshemmung von CCC wird ebenfalls durch die Blockierung der Gibberellinsynthese ausgelöst. Es wirkt ähnlich wie Alar, der Junifruchtfall wird ebenfalls vermindert, die Fruchtgröße verkleinert, die Reifezeit bei Äpfeln verzögert und die Fruchtfarbe bei Kirschen verbessert.

Dieser Hemmstoff wird in erster Linie im Getreidebau zur Verkürzung der Halmlängen (Lagerfrucht) eingesetzt. Im obstbaulichen Bereich hat CCC vor allem bei Birnen eine relativ gute Wirkung gezeigt. Es wird daher im Ausland vorwiegend in Birnenanlagen eingesetzt.

Der Wirkstoff wird allerdings in der Pflanze relativ rasch abgebaut, daher sind meist mehrere Behandlungen in kürzeren Abständen (mehr als viermal) erforderlich (0,20 bis 0,25 %). Die erste Behandlung sollte dann erfolgen, wenn zwei bis drei voll entfaltete Blätter am Langtrieb erkennbar sind. Die weiteren Spritzungen sollten dann etwa im Abstand von sieben bis zehn Tagen erfolgen.

PFLANZENSCHUTZ

Im Abschnitt Pflanzenschutz wurden die wichtigsten parasitären Schaderreger zusammengefasst. Die Auswahl erfolgte nach der Bedeutung im österreichischen Obstbau.

Die Empfehlungen zum Einsatz von Pflanzenschutzmitteln beziehen sich auf die derzeitige Pflanzenschutzpraxis. Es wird darauf hingewiesen, dass nur amtlich zugelassene Pflanzenschutzmittel angewendet werden dürfen. Die Zulassung von Pflanzenschutzmitteln unterliegt dem nationalen Recht und wird in Österreich vom Bundesamt für Ernährungssicherheit durchgeführt. Die Anwendungsbestimmungen von Pflanzenschutzmitteln werden laufend angepasst und sind im amtlichen Pflanzenschutzregister unter www.ages.at veröffentlicht.

1. KRANKHEITEN UND SCHÄDLINGE AM KERNOBST

1.1 Apfel

1.1.1 Bakterielle Schaderreger und Phytoplasmosen

Apfeltriebsucht (Besenwuchs)

Die Erreger der Triebsucht sind zellwandlose Bakterien (Phytoplasmen) und leben im Inneren der Pflanze.

Man geht derzeit davon aus, dass die Hauptübertragung über Blattsauger (Weißdornblattsauger, Sommerapfelblattsauger) erfolgt. Ebenfalls sind Ansteckungen über Wurzelverwachsung und Veredelungen mit infiziertem Material möglich.

Besenartige Verzweigung eines Apfeltriebes (Foto: LK Stmk.)

Infizierte Apfelbäume tragen diesen Erreger zeitlebens in sich und stellen eine Ansteckungsquelle für die umliegenden Bäume dar. Eine Heilung erkrankter Bäume erscheint derzeit nicht möglich.

Schadbild

Befallene Apfelbäume haben einen charakteristischen Besenwuchs (vorzeitige Verzweigung im vorderen Bereich von einjährigen Trieben) und stark vergrößerte Nebenblätter. Im Herbst setzt die Blattfärbung deutlich früher ein.

Wirtschaftlich bedeutsam ist, dass die Früchte infizierter Bäume deutlich kleiner bleiben und einen faden Geschmack aufweisen.

Gegenmaßnahmen

Direkte Bekämpfungsverfahren stehen derzeit nicht zur Verfügung. Daher ist es wichtig, nur gesundes Pflanzgut zu verwenden.

Wird ein Befall festgestellt, so sind diese Bäume sofort zu roden. Dabei wird zunächst nur die Krone abgeworfen und die Schnittwunde mit „Glyphosat" bestrichen. Erst wenn der Wurzelstock abgestorben ist, wird dieser gerodet.

Feuerbrand (*Erwinia amylovora*)

Feuerbrand ist eine hoch ansteckende Bakterienkrankheit, welche ursprünglich aus Nordamerika stammt und verschiedene Obst-, Zier- und Wildgehölze befällt.

Bereits in den 1950er Jahren wurde diese gefährliche Pflanzenkrankheit von Amerika nach Europa eingeschleppt. In Österreich gab es das erste gesicherte Auftreten 1993 in Vorarlberg. Mittlerweile hat sich diese Krankheit auf alle Bundesländer ausgebreitet und vielerorts bedeutende Schäden in Kernobstanlagen und an Streuobstbäumen verursacht.

Feuerbrand (Foto: LK Stmk.)

Schadbild

Im Regelfall geht der Befall von Infektionen an den Blüten (Blüteninfektion) aus. Befallene Blüten werden welk, trocknen ein und bleiben noch längere Zeit am Baum hängen. Häufig werden nur einzelne Blüten eines Blütenbüschels infiziert. In den Baum eingedrungene Bakterien breiten sich über die Leitungsbahnen weiter aus. Junge Früchte beginnen bei Befall vom Stiel ausgehend schwarz zu verfärben und trocknen zu sog. Kletzenfrüchten ein. Befallene Triebe krümmen sich nach unten, Blätter verfärben sich vom Stiel und Mittelnerv ausgehend braun und in weiterer Folge vertrocknet der gesamte Trieb. Auffällig ist, dass die eingetrockneten Blätter häufig den ganzen Sommer hindurch am Baum hängen bleiben. Bei warm-feuchter Witterung kommt es nach der Blüte an befallenen Pflanzenorganen vorübergehend zur Absonderung von zunächst milchigem und sich später braun verfärbendem Bakterienschleim. In weiterer Folge können dadurch verstärkt Triebe über frische Wunden oder direkt über noch krautige Triebspitzen infiziert werden. Durch unsachgemäße Kulturmaßnahmen (Sommerschnitt, Laubarbeit, Ausdünnen ...) oder Hagelereignisse wird in solchen Situationen eine Ausbreitung der Erkrankung zusätzlich gefördert.

Anfällige Pflanzen können im Laufe der Zeit absterben. An weniger anfälligen Wirtspflanzen vertrocknen die befallenen Pflanzenorgane im Laufe des Frühsommers und es kommt zu einem scheinbar gesunden Durchtrieb. Bei Apfelbäumen und auch Birnbäumen kömmt es häufig dazu, dass auch die Unterlage (besonders bei M9 sowie Quitte) befallen wird, ohne dass an der Baumkrone ein starker Befall erkennbar ist. Dieser Unterlagenbefall führt zum Absterben der Bäume.

Erreger

Weltweit sind beim Feuerbrand über 200 Wirtspflanzen bekannt.

In **Mitteleuropa** sind folgende **Pflanzenarten als Wirtspflanzen** anerkannt:

- Apfel
- Apfelbeere (Aronia)
- Birne
- Cotoneaster
- Felsenbirne
- Feuerdorn
- Mispel
- Quitte
- Rotdorn
- Sorbus-Arten (Eberesche ...)
- Stranvaesie
- Wollmispel
- Weißdorn
- Zierquitte

Bei den angeführten Wirtspflanzen bestehen in ihrer Anfälligkeit bedeutende Unterschiede. Als besonders empfindlich gelten Birne, Quitte, Cotoneaster, Weißdorn und Feuerdorn. Weiters sind auch innerhalb einer Pflanzenart große Sortenunterschiede bekannt. Bei einigen Apfelsorten wird der Befall rasch abgestoppt. Auch bei den Unterlagen gibt es zwischen den Typen bedeutende Unterschiede. Leider hat sich M 9, die derzeit wichtigste Unterlage im kleinkronigen Apfelanbau, als hoch anfällig herausgestellt.

Am häufigsten erfolgen Feuerbrandinfektionen über geöffnete Blüten. Auf den Blütenorganen können sich die Feuerbrandbakterien gut vermehren und bei entsprechender Bakteriendichte über den Blütenboden einfach in die Wirtspflanzen eindringen. Sind zunächst einige Blüten mit Feuerbrandbakterien besetzt, können Blüten besuchende Insekten innerhalb kurzer Zeit für eine rasche Ausbreitung innerhalb eines blühenden Bestandes sorgen. Ob es dann jedoch auch tatsächlich zu einer Infektion (Eindringen in die Wirtspflanze) kommt, entscheiden Temperatur und Feuchtigkeit.

Weiters sind Feuerbrandinfektionen auch über frische Verletzungen und krautige Triebspitzen möglich. Diese erfolgen in den meisten Fällen jedoch nur sekundär, wenn nach einer starken Blüteninfektion eine hohe Bakteriendichte (Bakterienschleim) vorhanden ist. Eine Übertragung beim Winterschnitt kann bei Temperaturen unter 10 °C weitgehend ausgeschlossen werden.

Die Überwinterung von Feuerbrandbakterien erfolgt in befallenen Wirtspflanzen am Übergang zwischen gesundem und abgestorbenem Gewebe. Bakterien beginnen sich im Frühjahr stark zu vermehren und treten nach bestimmten Temperatursummen tropfenartig an den Befallsstellen aus. Besonders Insekten werden von diesem süßen Exsudat angezogen und tragen so ganz wesentlich zur weiteren Verbreitung bei.

Laut dem häufig verwendeten Prognosemodell Maryblyt sind für **Blüteninfektionen** folgende Voraussetzungen erforderlich:

- Vorhandensein von Erregern
- Geöffnete Blüte
- 110 Stundengrade über 18,3 °C ab dem Öffnen der Blüte
- Blattnässe oder 2,5 mm Niederschlag am Vortag
- Tagesdurchschnittstemperatur von mindestens 15,6 °C am Tag der Infektion

Gegenmaßnahmen

Eine direkte Bekämpfung von Feuerbrand an bereits befallenen Pflanzen ist derzeit nicht möglich. Daher kann eine starke Ausbreitung der Krankheit nur dadurch verhindert werden, dass der **Befallsdruck so gering wie möglich gehalten** wird. Dazu zählen das Entfernen von Infektionsherden und bei Neuauspflanzung die kritische Prüfung der Anfälligkeit von Sorte und Unterlage.

Befallene Wirtspflanzen werden nach dem Sichtbarwerden von Befallssymptomen durch Entfernen befallener Pflanzenteile gesund geschnitten.

Hygienemaßnahmen sind bei diesen Arbeiten einzuhalten. Auch sollten bei feuchter Witterung keine Sanierungsmaßnahmen erfolgen.

Keinesfalls dürfen Sanierungsmaßnahmen sowie kritische Kulturmaßnahmen (Schnittmaßnahmen) durchgeführt werden, wenn frischer Bakterienschleim auftritt. Unter diesen Umständen kann es zu massiven Neuinfektionen kommen. Daher ist es nach einem Blütenbefall gelegentlich notwendig, mehrere Wochen mit der Sanierung zu warten.

Im Extremfall müssen zur Eindämmung dieser Krankheit befallene Wirtspflanzen gerodet und wirksam beseitigt werden.

Auch sollten anfällige Kulturpflanzen durch Hagelnetze vor Hagelverletzungen geschützt werden.

Es wird auch an der Entwicklung von Pflanzenschutzmitteln zur Verhinderung von Blüteninfektionen gearbeitet.

Zu beachten ist, dass Feuerbrand in Österreich (und auch in den meisten anderen europäischen Ländern) derzeit zu den Quarantänekrankheiten zählt. Daher besteht die Pflicht, jeden Befallsverdacht der Behörde zu melden.

1.1.2 Pilzliche Schaderreger

Apfelschorf (*Venturia inaequalis*)

Schorfpilze zählen zu den bedeutendsten Krankheitserregern bei Apfel und Birne. Der Befall der Blätter und Früchte kann in regenreichen Jahren zu einem Totalausfall der Ernte führen.

Schadbild

Befallen werden bevorzugt junge Blätter (Blattschorf) und Früchte (Fruchtschorf). Gelegentlich kann ein Befall auch auf Fruchtstielen und an der krautigen Triebachse festgestellt werden. Befallene Blätter zeigen zunächst olivgrüne Flecken (= Sporenlager) vorwiegend an der Blattoberseite, die sich in weiterer Folge samtig schwarz verfärben. Mit der Zeit vertrocknen die Schorfflecken vom Zentrum her. Bei starkem Befall kann ein Großteil der Blattfläche betroffen sein, sodass diese Blätter schon vorzeitig abgestoßen werden.

An Früchten verursachen Schorfinfektionen dunkle Flecken. Erfolgt der Befall schon bald nach der Blüte, bilden sich große Befallsstellen, die entweder verkorken oder im Laufe des Sommers aufreißen.

Werden die Früchte erst im Sommer infiziert, bleiben die Flecken kleiner und sind dunkel gefärbt. Bei sehr spätem Befall können kleine, schwarze, stecknadelkopfgroße Punkte erst während der Lagerung oder nach der Auslagerung sichtbar werden (Lagerschorf).

Erreger

Die Überwinterung des Apfelschorfs kann sowohl parasitisch am Baum als auch saprophytisch im Falllaub erfolgen.

Nach einem starken Spätbefall (im Spätsommer, Herbst) kann Schorf als oberflächliches Mycel an

Blattschorf (Foto: LK Stmk.)

Fruchtschorf (Foto: LK Stmk.)

unausgereiften Triebspitzen (superfizieller Schorf) überwintern und bereits beim Austrieb erste Infektionen verursachen. Dieser Quelle kommt in den meisten Jahren jedoch nur geringe Bedeutung zu.

Die mit Abstand wichtigste Infektionsquelle im Frühjahr bildet infiziertes Falllaub. Darin werden während der Wintermonate Fruchtkörper, sog. Perithecien, gebildet. In diesen Fruchtkörpern reifen auf geschlechtlichem Wege sog. Ascosporen (Wintersporen) heran. Die Reifung der Fruchtkörper sowie der darin befindlichen Sporen erfolgt verzögert über mehrere Wochen, dadurch sind über einen längeren Zeitraum immer wieder Infektionen möglich (= Primärschorfphase = Zeitraum, in dem Ascosporen vorhanden sind).

Nach Ende der Primärschorfphase sind die Ascosporen erschöpft.

Primärschorfphase

Erfahrungsgemäß sind auch mit dem Austrieb der Apfelbäume die ersten Ascosporen reif. Die Masse der Sporen reift jedoch um die Blütezeit, während der Phase, in der Bäume sehr viel anfällige Blattmasse besitzen. Bis ca. einen Monat nach Vollblüte sind Ascosporen vorhanden.

Die Freisetzung (Ausschleuderung) reifer Ascosporen erfolgt ausschließlich bei Niederschlag. Taunässe hat diesbezüglich keinen Effekt. Durch Luftbewegung werden die winzigen Ascosporen mitgerissen und können so auf anfällige Pflanzenorgane wie junge Blätter und Früchte gelangen. Eine anschließende Blattnässe ist notwendig, damit die Sporen auskeimen und in die Pflanzen einwachsen können. Die für eine Infektion notwendige Blattnässedauer ist von der Temperatur abhängig.

MILLS und LA PLANT haben das in einer Tabelle zusammengefasst und so die Voraussetzungen für eine leichte, mittlere und schwere Infektion von Laubblättern beschrieben.

Kommt es zur Abtrocknung, bevor die Bedingungen für eine Infektion erfüllt sind, wird die Infektion unterbrochen und nach 8 bis 12 Stunden Trockendauer sterben die Sporen ab. Kommt es bereits vorher zur Wiederbefeuchtung, läuft die Infektion weiter.

Keimende Sporen wachsen bei vorhandener Blattnässe durch die Kutikula durch. Sobald Sporen in das Pflanzenorgan eingewachsen sind, ist die weitere Ausbreitung in der Pflanze von Blattnässe unabhängig.

Zwischen Kutikula und Epidermis breitet sich das Pilzgeflecht strahlenförmig aus. Nach Ablauf der Inkubationszeit, deren Dauer von der Temperatur abhängt, durchdringt der Pilz die Kutikula und es werden oberflächlich Sporenlager sichtbar. Diese Sporenlager, welche als Schorfflecken wahrgenommen werden, bilden massenhaft Konidien (Sommersporen), die bei günstigen Infektionsbedingungen Sekundärinfektionen verursachen und so zu einer epidemieartigen Ausbreitung der Krankheit führen.

Sekundärschorfphase

Die sog. Sekundärschorfphase beginnt mit dem Auftreten erster Schorfflecken und beschreibt die Zeit, in der Sommersporen auftreten. Das ist bis zum Ende der Vegetationszeit möglich.

Konidien werden durch Regenspritzer freigesetzt und aufgrund ihrer Größe hauptsächlich auf die umliegenden Pflanzenorgane verteilt. Um eine Infektion auszulösen, benötigen sie die gleichen Voraussetzungen wie Ascosporen.

Temperatur in °C	Notwendige Blattnässedauer in Stunden Infektion leicht	mittel	schwer	Inkubationszeit in Tagen
0,5–2	48	72	96	
3	37	50	64	
4	33	45	60	
5	26	37	53	
6	21	30	47	
7	17	26	40	
8	18	23	34	
9	15	20	30	17
10	14	19	29	16
11	12	18	26	15
12	11,5	16	24	14
13	11	15	23	13
14	10	14	21	13
15	10	13	21	11
16	9	13	20	10
17	9	12	18	9
18–23	9	12	18	9
24	9	12	19	9
25	11	14	21	-

Tabelle entnommen aus: Jones, Aldwick, „Compendium of Apple and Pear Diseases"

Je älter ein Pflanzenteil ist, desto widerstandsfähiger wird er gegen Schorfinfektionen (umso längere Blattnässe ist für eine Infektion erforderlich).

Alle Blätter, die jünger als sieben Tage sind, besitzen nur geringe Widerstandsfähigkeit (Mills Tabelle gilt). Im Frühjahr sind das meist die ersten drei Blätter von der Triebspitze abwärts gezählt (je nach Wüchsigkeit). Mit dem Triebabschluss (Bildung einer Endknospe) ist die Gefahr von Blattinfektionen weitgehend vorbei. Für wüchsige Triebe bzw. Neuaustriebe im Sommer bleibt jedoch bis in den Herbst ein hohes Infektionsrisiko.

Früchte sind in den ersten sechs Wochen nach der Blüte am anfälligsten. Zu Beginn entspricht ihre Anfälligkeit der von ganz jungen Blättern. Mit zunehmendem Alter der Früchte ist für eine Schorfinfektion eine immer längere Blattnässedauer erforderlich. Im Sommer sind mindestens 36 Stunden Blattnässe erforderlich. Bei den Früchten unterscheidet man Früh-, Spät- und Lagerschorf. Bei Lagerschorf kommt die Erkrankung erst nach der Ernte zum Ausbruch.

Gegenmaßnahmen

Grundsätzlich sollte bei Neupflanzungen die Eignung des Standortes und die Sortenauswahl kritisch geprüft werden. In Lagen mit hoher Luftfeuchtigkeit und lang anhaltender Blattnässe ist mit einem erhöhten Befallsdruck zu rechnen. Mittlerweile ist in der Sortenzüchtung die Berücksichtigung der Krankheitstoleranz ein wichtiges Kriterium.

Verbeugend gilt es den Ausgangsdruck möglichst gering zu halten. Die Förderung der Falllaubzersetzung wirkt sich diesbezüglich vorteilhaft aus. Den größten Einfluss auf das Sporenangebot im Frühjahr hat jedoch der Vorjahresbefall. Neben gezielten Bekämpfungsmaßnahmen sind kulturtechnische Maßnahmen zur Befallsvermeidung von Bedeutung. Ein ausgeglichenes Baumwachstum fördert einen frühen Triebabschluss, wodurch die Gefahr von Spätinfektionen deutlich vermindert wird. Eine übermäßige Stickstoffdüngung oder ein zu intensiver Sommerschnitt kann sich diesbezüglich negativ auswirken.

Die Pflanzabstände und die Baumerziehung müssen so gewählt werden, dass die Baumkrone gut besonnt und durchlüftet wird. Lange Blattnässezeiten begünstigen den Krankheitsbefall.

Auch unter idealen Voraussetzungen sind unter unseren klimatischen Verhältnissen bei anfälligen Kernobstsorten zusätzliche Bekämpfungsmaßnahmen zur Befallsvermeidung erforderlich.

Direkte Bekämpfung

Bewährt hat sich in der Praxis der vorbeugende Einsatz von **Kontaktfungiziden**, möglichst gezielt vor Regenperioden.

Kontaktfungizide, wie z. B. Syllit 450 SC (Dodine), Dithane (Mancozeb), Delan (Dithianon), Captan-Präparate, Kupferpräparate u. a., verhindern in erster Linie die Sporenkeimung und das Eindringen der bereits gekeimten Sporen ins Blatt. Da dieser Prozess innerhalb weniger Stunden nach dem Beginn von Niederschlägen erfolgt, ist es wichtig, dass die Behandlung bereits vor Regenbeginn durchgeführt wird. Eine mehrstündige Antrocknungsdauer von Kontaktfungiziden zur Erreichung einer hohen Regenfestigkeit ist zu berücksichtigen.

Der große Vorteil von Kontaktfungiziden besteht darin, dass aufgrund ihrer Wirkungsweise die Gefahr einer Resistenzbildung gering ist. Als Nachteil muss jedoch angesehen werden, dass nur jene Blätter voll geschützt sind, die bei der Behandlung auch tatsächlich getroffen werden. Da nachträglich zuwachsende Blätter einen zunehmend geringeren Schutzbelag aufweisen, beträgt erfahrungsgemäß die vorbeugende Wirkungsdauer nur wenige Tage.

Für den Fall, dass eine wichtige Infektionsperiode nicht vorbeugend abgedeckt wurde, ist es möglich, nach bereits erfolgter Infektion ein kurativ (heilend) wirksames Schorffungizid einzusetzen.

Für diesen Zweck kommen Fungizide aus der Gruppe der Sterolsynthesehemmer (SSH) und der Anilinopyrimidine in Frage. Eine ausreichend heilende Wirkung kann nur bei Anwendung bis spätestens 48 Stunden nach Regenbeginn erwartet werden. Je später der Einsatz erfolgt, umso mehr nimmt der Wirkungsgrad ab. Leider ist aufgrund häufiger Anwendungen über viele Jahre bei den kurativ wirkenden Fungiziden eine starke Wirkungsminderung gegenüber Schorf festzustellen.

Strategie

Ziel muss es sein, während der Primärschorfsaison (Zeitspanne, in der Ascosporen auftreten können = Austrieb bis ca. Ende Mai) sämtliche Infektionen zu verhindern. Gelingt es in der Primärsaison praktisch schorffrei zu bleiben, ist die Gefahr von Sekundärinfektionen aufgrund des fehlenden Sporenangebotes stark reduziert.

Besonders intensiv muss die Bekämpfung in Anlagen mit Vorjahresbefall sein, da dort ein deutlich höheres Sporenangebot besteht. Aufgrund der Gefahr von frühzeitigen Infektionen durch überwinterndes Schorfmycel an Triebspitzen ist in solchen Anlagen auch ein sehr früher Behandlungsbeginn erforderlich.

In der Primärsaison muss jede Mills-Periode ausreichend abgedeckt werden. Die vorbeugende Wirkungsdauer von Kontaktfungiziden ergibt sich aus dem Blattzuwachs und dem Abwascheffekt von Niederschlägen (ca. nach 40 mm).

Gelingt es nicht, die Obstbäume bis Ende Mai befallsfrei zu halten, ergibt sich aufgrund des ständigen Sporenangebotes ein hoher Befallsdruck bis zur Ernte. Unter diesen Umständen ist es erforderlich, auch während der Sekundärsaison eine intensive Bekämpfung durchzuführen.

Um Früchte vor Spätinfektionen zu schützen, ist es sinnvoll, nach ca. 35 mm Niederschlag den Einsatz von Kontaktfungiziden bei Infektionsgefahr zu wiederholen. Kurativ wirkende Präparate sollten bei vorhandenem Befall nicht eingesetzt werden, da sich dadurch die Resistenzentwicklung stark beschleunigt.

Apfelmehltau (*Podosphaera leucotricha*)

Der Apfelmehltau besitzt **bei weitem nicht die Bedeutung von Schorf.** Apfelmehltau tritt **nur unter trockenen Bedingungen und bei anfälligen Sorten** stärker auf.

Schadbild

Der Apfelmehltau kann bei den meisten Apfelsorten Infektionen an jungen Blättern, Blüten, jungen Früchten und unverholzten Trieben hervorrufen.

Befallene Knospen (Endknospen) erkennt man im Winter an den abstehenden Knospenschuppen.

Blätter aus befallenen Knospen werden bereits sofort beim Austrieb infiziert und erhalten dadurch einen gräulichen, mehlartigen Belag. Diese sog. Mehltaukerzen stellen im Frühjahr die bedeutendste Ansteckungsquelle dar und verkümmern häufig im Laufe des Sommers.

Infizierte Blütenknospen treiben im Frühjahr langsamer aus, die Blütenstiele sind verkürzt und die Blütenblätter sowie Blütenorgane unterentwickelt. Rosettenblätter sowie Blütenstiele und Kelchblätter werden von einem Mehltaubelag überzogen.

Werden sekundär junge Blätter befallen, drehen sie sich zunächst nach oben ein, verfärben sich rötlich und es bilden sich mehlige Stellen, die sich in weiterer Folge dunkel verfärben und eintrocknen.

An Früchten von anfälligen Sorten kann durch Befall eine netzartige Berostung hervorgerufen werden.

Erreger

Der Apfelmehltau ist ein Ektoparasit und bildet an der Oberfläche anfälliger Pflanzenorgane ein weißes Mycel. Über Haustorien werden der Pflanze Nährstoffe und Wasser entzogen. Befallen werden generell nur ganz junge Pflanzenorgane mit noch lebenden Epidermishaaren. Voll entwickelte Blätter gelten als altersresistent.

Die Überwinterung des Apfelmehltaus erfolgt hauptsächlich als Mycel im Inneren von Knospen (besonders von Endknospen).

Die Primärinfektion der Blattorgane erfolgt bereits beim Austrieb. An Trieben aus infizierten Knospen wird schon vor der Blüte der Mehltaubelag sichtbar. Diese sog. Mehltaukerzen bilden die Hauptinfektionsquelle für Sekundärinfektionen während der Saison. Ab dem Stadium Rote Knospe/Ballon ist damit zu rechnen, dass vom oberflächlich vorhandenen Mycel Konidien (Sommersporen) gebildet werden. Die meisten Infektionen erfolgen jedoch erst ab Ende der Blüte bis ca. sechs Wochen danach, in der Hauptwachstumsphase mit viel junger Blattmasse.

Danach können bis zum Triebabschluss noch bedeutende Infektionen an sich bildenden Endknospen stattfinden.

Die Ausbreitung dieser Krankheit ist stark vom Ausgangsdruck (Ausmaß befallener Endknospen) sowie von der Witterung, Lage und Anfälligkeit der Apfelsorte abhängig.

Zwischen einzelnen Sorten bestehen große Unterschiede in der Anfälligkeit gegenüber Mehltau.

Neuinfektionen werden durch hohe Temperaturen und Trockenheit begünstigt. Die Keimung der Sporen ist zwischen 5 und 30 °C möglich, geht jedoch bei Temperaturen von 20 bis 25 °C sehr schnell. Für die Sporenkeimung und die anschließende Infektion ist trockene Witterung erforderlich, eine rel. Luftfeuchtigkeit von 40 % gilt als ausreichend. Im Gegensatz zu anderen Schadpilzen verlieren Mehltausporen durch anhaltende Blattnässe ihre Keimfähigkeit.

Optimale Infektionsbedingungen findet der Mehltaupilz daher unter warmen und trockenen Verhältnissen, speziell in luftigen Lagen mit geringer Taunässebildung.

Perithecien spielen für die Ausbreitung dieser Krankheit keine Rolle.

Mehltau an Triebspitze (Foto: LK Stmk.)

Mehltaubefall an Blüte (Foto: LK Stmk.)

Mehltau auf der Frucht (Foto: LK Stmk.)

Gegenmaßnahmen

Mehltaubefall baut sich bei anfälligen Sorten von Jahr zu Jahr stärker auf, sofern keine Gegenmaßnahmen ergriffen werden. Starker Befall ist daher meistens eine Folge unzureichender Bekämpfung im Vorjahr. Eine wirksame Mehltaubekämpfung ist nur möglich, wenn der Einsatz von Pflanzenschutzmitteln durch Kulturmaßnahmen unterstützt wird. Infizierte Mehltautriebe sollten schon frühzeitig, bereits ab Beginn der Hauptinfektionsphase (Blühende) laufend entfernt werden. Günstig ist es auch, einen frühen Triebabschluss zu fördern. Späte oder überhöhte Stickstoffgaben fördern das Triebwachstum und verlängern dadurch den Infektionszeitraum. Zur direkten Bekämpfung sind verschiedene Fungizide wirksam. Diese werden eingesetzt, um während der Saison Sekundärinfektionen an Blättern und Früchten zu verhindern. Primärbefall an Trieben aus infizierten Knospen kann nicht verhindert werden.

Da Konidien während trockener und warmer Wetterphasen laufend junge Blätter infizieren können, sind die Behandlungen anders zu terminieren als bei der Schorfbekämpfung. Zur sicheren Bekämpfung sind während der Hauptinfektionsperiode bei Schönwetter kurze Bekämpfungsintervalle erforderlich. Auch ist eine gute Benetzung (geschlossener Spritzbelag) für eine ausreichende Wirkung entscheidend. In Phasen mit kühl-feuchter Witterung kann die Mehltaubekämpfung ausgesetzt werden.

Generell sollte die Intensität der Mehltaubekämpfung sehr stark von der Anfälligkeit der Sorte, dem Vorhandensein von Infektionsquellen (Mehltaukerzen) sowie von der Witterung abhängig gemacht werden.

Durch den mehrmaligen Einsatz von Schwefel nach der Blüte kann eine Grundbekämpfung erfolgen, die bei wenig anfälligen Sorten erfahrungsgemäß bereits ausreichend wirksam ist. Zusätzlich oder alternativ werden Sterolsynthesehemmer (SSH), Strobilurine, Nimrod (Bupirimate), Vegas (Cyflufenamid) sowie Wirkstoffe aus der Gruppe der Carboxamide (Fluopyram ...) verwendet.

Bei der Anwendung von Schwefel ist zu berücksichtigen, dass unter Trockenstress ab Temperaturen von 30 °C auch nach geringen Aufwandmengen Sonnenbrandschäden auftreten können.

Regenflecken (*Gloeodes pomigena, Geastrumia polystigmatis, Leptodontidium elatius, Peltaster fructicola ...*) Fliegenschmutzkrankheit (*Schizothyrium pomi*)

Bei den Erregern von Regenflecken und Fliegenschmutzkrankheit handelt es sich um verschiedene Schadpilze. Da diese meist in Kombination auftreten und eine ähnliche Biologie haben, werden sie vielfach auch gemeinsam beschrieben.

Schadbild

Unter **Regenflecken** versteht man grünlich-schwarze, verwaschene Beläge, die sich im Laufe des Sommers auf der Fruchtoberfläche bilden. Im Herbst, bei feuchter Witterung, können sich diese Schadsymptome über den Großteil der Fruchtoberfläche ausbreiten. Befallene Früchte schrumpfen am Lager etwas schneller. Die **Fliegenschmutzerkrankung** verursacht zahlreiche schwarze Punkte auf der Fruchtschale. In beiden Fällen lässt sich der Belag teilweise abreiben.

Erreger

Zahlreiche Erreger (*Gloeodes pomigena, Geastrumia polystigmatis, Leptodontidium elatius, Peltaster fructicola* ...) kommen als Auslöser für die Regenfleckenerkrankung in Frage. Es wird angenommen, dass die Überwinterung bei dem gesamten Pilzkomplex am Holz und auf Fruchtmumien erfolgt. Erste Infektionen sind ab dem T-Stadium möglich, können aber während der gesamten Wachstumsperiode stattfinden. Durch feuchte Witterung in den Sommer- und Herbstmonaten wird der Befall bis zur Ernte zunehmend stärker. In Anlagen mit Vorjahresbefall besteht ein deutlich höheres Befallsrisiko.

Gegenmaßnahmen

Anhaltende Blattnässe und eine hohe Luftfeuchtigkeit spielen für das Auftreten dieser Krankheit eine entscheidende Rolle. Daher sollte für eine gute Durchlüftung der Baumkrone gesorgt werden, auch sollte ein hoher Aufwuchs im Baumstreifen vermieden werden.

In der Integrierten Produktion sind im Regelfall keine zusätzlichen Bekämpfungsmaßnahmen erforderlich, da die meisten der verwendeten Schorffungizide eine ausreichend Nebenwirkung aufweisen. Bei erhöhtem Befallsdruck kann jedoch der Einsatz von Captan nicht ausreichend wirksam sein.

Regenflecken auf Apfel (Foto: LK Stmk.)

Lagerfäule bei Äpfeln (Foto: LK Stmk.)

Lagerfäulen

Fruchtfäulen, die häufig erst am Lager auftreten, können von verschiedenen Erregern verursacht werden. Größere Bedeutung haben dabei folgende Pilze: Gloeosporium, Monilia, Nectria, Alternaria, Penicillium, Botrytis, Phytophthora. Fast alle dieser Pilze können auch Infektionen an Zweigen oder Blüten auslösen und haben eine Vielzahl von Wirtspflanzen.

Die größte Bedeutung im Apfelanbau hat unter diesen Fäulniserregern erfahrungsgemäß Gloeosporium. Die von diesem Pilz verursachte „Bitterfäule" äußert sich in Form von (mehreren) braunen, runden Faulstellen an der Frucht. Unter den Befallsstellen wird das Fruchtfleisch matschig braun.

Unter den Apfelsorten bestehen erhebliche Unterschiede in der Anfälligkeit. Als wenig anfällig gelten 'Gala' und 'Braeburn'. Hoch anfällig sind 'Elstar', 'Pinova' und 'Topaz'.

Erreger

Die Überwinterung dieser Pilze erfolgt an Befallsstellen der Rinde und in Fruchtmumien. Infektionen an den Früchten sind ab Blühende bis zur Ernte möglich. Die meisten Infektionen erfolgen jedoch erst spät ab ca. Mitte Juli. Das Eindringen des Pilzes in die Früchte erfolgt über Verletzungen oder Lentizellen. Voraussetzung dafür ist eine länger andauernde Blattnässe. Am häufigsten erfolgt der Befall über Risse, die sich durch Überreife oder Niederschläge nach einer anhaltenden Trockenphase ergeben.

Gloeosporium bleibt bei einer Infektion von unreifen Früchten zunächst in einer Latenzphase (verzögerte Entwicklung). Erst ab einem gewissen Reifestadium kommt es zum Ausbruch der Erkrankung, dies erfolgt im Regelfall erst im Obstlager. Erkrankte Früchte können am Lager in weiterer Folge auch benachbarte Früchte anstecken.

Gegenmaßnahmen

Anhaltende Feuchtigkeit begünstigt den Krankheitsverlauf. Daher sollten die Baumkronen gut durchlüftet sein und der Anbau von anfälligen Sorten in feuchten Lagen vermieden werden.

Die Anlagenhygiene hat einen großen Einfluss auf den Befallsdruck. Fallobst, Fruchtmumien, sowie Totholz sind aus der Anlage zu entfernen. Krebsbefall ist zu vermeiden.

Durch eine rechtzeitige Ernte wird der Befall durch Gloeosporium deutlich reduziert. Maßnahmen, die die Fruchtreife verzögern (ULO Lagerung, MCP ...), verzögern auch den Ausbruch der Krankheit.

Zur Verhinderung von Infektionen können im Sommer vor längeren Regenperioden wirksame Fungizide eingesetzt werden. Nach der Ernte und beim Blattfall sollten Verletzungen sowie Narben mit Fungiziden geschützt werden.

Beim Winterschnitt sind Fruchtmumien und abgestorbene Triebe konsequent zu entfernen.

Obstbaumkrebs (*Neonectria ditissima*)

Bei Apfel (an Birnen selten, keine Bedeutung)

Das Ausmaß des Befalls ist stark abhängig von der Anfälligkeit der Sorte, vom Gesundheitszustand des Pflanzmaterials und vom Standort. Bedeutende Schäden an der Baumrinde sind nur bei anfälligen Sorten in niederschlagsreichen Regionen bzw. bei feuchten Standorten zu befürchten.

Schadbild

Bei einer Triebinfektion verfärbt sich zunächst die Befallsstelle dunkel und sinkt ein. In weiterer Folge stirbt die Rinde ab und wird rissig. Das angrenzende Kambium versucht durch starkes Wachstum die Wunde zu verschließen, wodurch es zu diesen typischen Wucherungen kommt. Größere Wunden an Ästen sowie am Stamm vermindern die Ertragsleistungen der Bäume.

Infektionen sind auch an Früchten möglich, wodurch Faulstellen (Kelchfäule u. Lagerfäule) verursacht werden.

Erreger

Auf den Befallsstellen werden während des gesamten Jahres Sporenlager gebildet und Sporen freigesetzt. Aufgrund der geringen Temperaturansprüche dieser Krankheit sind bei Temperaturen über 0 °C laufend Neuinfektionen möglich. Voraussetzung dafür ist eine feuchte Witterung (besonders bei Nebel).

Die wichtigsten Eintrittspforten sind Wunden aller Art, bevorzugt aber nicht vernarbte Frucht- und Blattansatzstellen sowie Mikrorisse nach Frosteinwirkung. Die meisten Infektionen finden daher im Herbst und den frühen Wintermonaten statt.

Die in die Wunden eingedrungenen Sporen keimen aus und bilden ein Mycel, das die Rinde und das Holz um die Befallsstelle durchwuchert.

Obstbaumkrebs (Foto: LK Stmk.)

Der Befall wird in feuchten Lagen deutlich begünstigt. Auch besteht bei bestimmten Apfelsorten ('Gala', 'Rubens', 'Kanzi', 'Cox' ...) eine wesentlich größere Anfälligkeit.

Gegenmaßnahmen

Zur Bekämpfung sind eine Kombination von Schnittmaßnahmen und der Einsatz von Pflanzenschutzmitteln erforderlich. Vorbeugend sollten jedoch keinesfalls krebsanfällige Sorten in frostgefährdete, feuchte Lagen gepflanzt werden. Auch sollten die Pflanzen aus einer gesunden Produktion stammen und kein Fallobst liegen gelassen werden.

Zur Beseitigung von Befall sind Schnittmaßnahmen erforderlich. Dabei werden befallene Triebe bis ins gesunde Holz zurückgenommen. Das entfernte Schnittgut ist aus der Anlage zu entfernen, da die Sporenproduktion am Schnittholz noch lange weitergeht. Krebsstellen im Stammbereich sollten gründlich ausgeschnitten und mit Wundverschlussmittel (mit Kupfer versetzt) verstrichen werden.

Einsatz von Pflanzenschutzmitteln

Durch Einsatz von Pflanzenschutzmitteln ist keine Heilung von Befallsstellen, sondern nur die Verhinderung von Neuinfektionen möglich. Wirksam sind Kupfer- und Captanpräparate. Diese müssen gezielt in kritischen Phasen (Nachernte, Blattfall, Hagel ...) eingesetzt werden.

Kragenfäule (*Phytophthora cactorum*)

Grundsätzlich ist Befall an Unterlagen und am Stamm oberhalb der Veredelung möglich.

Unterlagenbefall kann bei vielen stärker wachsenden Unterlagen auftreten. Die heutige Standardunterlage M 9 gilt als resistent. Bedeutend kann jedoch nach wie vor der Befall am Stamm (oberhalb der Veredelung) sein. Von den Apfelsorten sind nur wenige anfällig. Besonders häufig tritt Befall an der Sorte 'Topaz' auf, gelegentlich auch bei 'Idared' und 'Kronprinz Rudolf'.

Schadbild

Abgestorbene Rindenbereiche unmittelbar oberhalb der Veredelungsstelle (bei M 9). Die betroffenen Rindenbereiche sind eingesunken und an der Oberfläche dunkel verfärbt. Die Rinde ist mittelbraun eingefärbt, leicht feucht und das Holz darunter dunkelbraun.

Befall verursacht zunächst Kümmerwuchs. Ist bereits ein Großteil der Rinde um den Stamm betroffen, führt das zu Welkeerscheinungen und schlussendlich zum Absterben der Bäume.

An Früchten kann Phytophthora Fäulnis verursachen.

Erreger

Phytophthora kann lange Zeit im Boden in Form von Dauersporen überdauern. Befallene Früchte, die über den Winter liegen bleiben, bilden die häufigste Infektionsquelle. Davon ausgehend können Sporen auf Stamm und tieferhängende Äpfel gelangen. Eine Infektion ist über Rindenrisse oder Verletzungen möglich und wird durch hohen Bewuchs begünstigt. Ideale Infektionsbedingungen bestehen bei anhaltender Feuchtigkeit und gleichzeitigen Temperaturen von 15 bis 25 °C. Als Hauptinfektionszeitraum gelten die Monate März und April. Während der Vegetationsruhe ist der Erreger nicht aktiv.

Gegenmaßnahmen

Durch Zwischenveredelung mit einer nichtanfälligen Sorte kann die Gefahr von Stammschäden stark reduziert werden.

Durch das konsequente Entfernen von Fallobst gilt es das Sporenangebot möglichst niedrig zu halten. Die Beseitigung der Verunkrautung um den Stamm im Frühjahr bringt zusätzlich Vorteile. Bei bereits vorhandenem Befall kann durch konsequente Wundbehandlung die weitere Ausbreitung verzögert werden, eine direkte Bekämpfung ist jedoch nicht möglich.

Kragenfäule an Apfelstamm (Foto: LK Stmk.)

Stammanstriche auf Basis von Kupfer wirken befallsreduzierend. Der Einsatz von Kaliumphosphat als Blattdünger nach der Ernte wirkt pflanzenstärkend.

Alternaria-Blattfall (*Alternaria alternata*)

In Österreich hatte diese Erkrankung bisher nur geringe Bedeutung. In letzter Zeit ist jedoch eine Zunahme festzustellen. Ein Befall wurde bisher nur bei den Sorten 'Gala' und 'Golden Del.' nachgewiesen.

Schadbild

Ab Frühsommer werden an den Blättern (bevorzugt im vorderen Triebbereich) kreisrunde violette Punkte mit 1–2 mm Durchmesser sichtbar. Daraus ergeben sich innerhalb weniger Wochen braune, unregelmäßige Blattflecken, die sich zunehmend silbergrau verfärben. In weiterer Folge kommt es häufig zu einem starken Blattfall.

Befallene Früchte weisen dunkle Stellen von ca. 1 mm an den Lentizellen auf. Die Befallsstellen werden mit zunehmender Reife von einem roten Hof umgeben.

Erreger

Alternariapilze leben überwiegend von toter organischer Substanz. Einige Rassen können jedoch auch lebendes Gewebe angreifen.

Die Überwinterung des Pilzes erfolgt nach derzeitiger Kenntnis im Falllaub und auf Fruchtmumien.

Alternariasporen können ab dem Blühende bis in den Sommer Primärinfektionen an den Blättern verursachen. Die ersten Befallssymptome werden erfahrungsgemäß erst ab Juni sichtbar. Sekundärinfektionen werden durch lange Blattnässeperioden gefördert und bewirken eine Ausbreitung im Bestand.

Gegenmaßnahmen

Die meisten Fungizide haben keine nennenswerte Wirkung. Präparate aus der Gruppe der Dithiocarbamate und Dicarboxamide haben in Versuchen eine befallsmindernde Wirkung gezeigt.

Alternaria-Blattbefall (Foto: LK Stmk.)

Alternaria-Fruchtbefall (Foto: LK Stmk.)

Marssonina coronaria

Das Auftreten wurde in Österreich erstmals 2011 nachgewiesen. Bedeutende Schäden konnten bisher im extensiven sowie im biologischen Apfelanbau (besonders bei der Sorte 'Topaz') beobachtet werden.

Schadbild

Die Krankheit beginnt meist nach längeren Regenperioden im Sommer mit grauschwarzen, diffusen Flecken auf der Oberseite voll entwickelter Blätter. Die Befallsstellen werden häufig nekrotisch, wirken fein verästelt und sind von einem rotvioletten Rand umgeben.

Die Flecken laufen später zusammen und größere Blattbereiche färben sich chlorotisch. Innerhalb weniger Wochen kann ein sehr starker Blattfall, bis zur völligen Entlaubung, eintreten. Im Bereich der Blattnekrosen werden blattoberseits kleine runde bis ovale, schwarze Fruchtkörper sichtbar.

Marssonina (Foto: LK Stmk.)

Erreger

Die Biologie dieses Pilzes ist bisher noch wenig erforscht. Man geht derzeit davon aus, dass die Entwicklung der Schorfbiologie ähnlich ist, wobei die Ascosporen im frühen Bereich nach momentanem Wissensstand eine eher untergeordnete Rolle spielen. Für die Symptome, die ab Juni auftreten sind Konidien verantwortlich.

1.1.3 Tierische Schaderreger

Apfelblütenstecher (*Anthonomus pomorum*)

Der Apfelblütenstecher tritt erfahrungsgemäß nur in einzelnen Lagen verstärkt auf und verursacht nur gelegentlich einen wirtschaftlichen Schaden.

Auf Befallsflächen sind aber Blütenausfälle von bis zu 80 % möglich.

Schadbild

Blüten bleiben in ihrer Entwicklung im Ballonstadium stehen. Die Blütenblätter vertrocknen und verbleiben bis in den Frühsommern am Baum. Unter den vertrockneten Blütenblättern findet man nach der Blüte zunächst eine Käferlarve und danach eine Puppe.

Erreger

Der Apfelblütenstecher ist ein Rüsselkäfer, ca. 6 mm groß und besitzt eine typische „V-Zeichnung" am Rücken. Die Überwinterung erfolgt außerhalb von Obstgärten. Bereits ab Knospenaufbruch verlässt der Käfer sein Winterversteck und wandert auf Apfelbäume ab. Die Zuwanderung erstreckt

Apfelblütenstecher-Befall (Foto: LK Stmk.)

sich erfahrungsgemäß über ca. drei Wochen. Nach Begattung der Weibchen und dem Reifungsfraß ist ab dem Mausohrstadium mit Eiablage zu rechnen. Das Weibchen bohrt geschlossene Blüten an und legt ein Ei pro Blüte ab. Nach etwa acht bis zehn Tagen schlüpft die junge Larve. Die Larve frisst den Blütenboden aus und bewirkt, dass sich die Blütenblätter nicht mehr öffnen. Die Blütenblätter vertrocknen und verfärben sich braun. Im Inneren dieser befallenen Blüte erfolgt die Verpuppung. Etwa ab Ende Mai schlüpfen die Jungkäfer. Nach einem kurzen Naschfraß, hauptsächlich an Blättern, wandern die Käfer ab. Sie überwintern bevorzugt in angrenzenden Waldstücken.

Gegenmaßnahmen

Mit Klopfproben im Frühjahr lässt sich das Auftreten von Apfelblütenstechern gut kontrollieren.

Die Bekämpfungsschwelle ist vom Blütenknospenansatz abhängig und liegt im Bereich von zehn Käfern pro 100 Schläge. Geklopft werden soll am späteren Vormittag oder frühen Nachmittag, wenn die Temperaturen über 12 °C liegen.

Wird eine Bekämpfung erforderlich, sollte sie direkt gegen den Käfer gerichtet werden, noch bevor eine stärkere Eiablage einsetzt. Der ideale Bekämpfungszeitpunkt ergibt sich aus den Ergebnissen der Klopfproben und liegt in den meisten Jahren im Bereich des Mausohrstadiums.

Zum Einsatz kommen Kontaktinsektizide, wie Phosphorsäureester oder Neonicotinoide.

Apfelsägewespe (*Hoplocampa testudinea*)

Die Bedeutung der Apfelsägewespe ist groß. Unterlässt man die Bekämpfung, kann sich innerhalb weniger Jahre ein enormer Befallsdruck aufbauen.

Schadbild

Bereits kurz nach der Blüte weisen befallene Früchte kreisrunde Bohrlöcher mit ca. 1 mm Durchmesser auf. Im Inneren der Früchte findet man eine hell gefärbte Larve und feuchten Kot.

Erreger

Die Überwinterung der Sägewespe erfolgt im Boden. Gesteuert von der Bodentemperatur sind die Wespen kurz vor Blühbeginn fertig entwickelt. Ein Teil der überwinternden Larven kann überlagern (bleibt ein weiteres Jahr im Boden).

Der Flug der etwa 7 mm großen braunschwarzen Apfelsägewespe beginnt schon kurz vor der Blüte. Vom Weiß der Blütenblätter angelockt, schlitzen die Weibchen den Blütenboden unterhalb der Kelchblätter auf und legen knapp unter der Oberfläche je Blüte ein Ei ab. Die Einstichstelle wird durch einen dunklen Schlitz erkennbar.

Nach sieben bis zwölf Tagen (je nach Temperatur) schlüpft die Larve und bohrt sich tiefer in die Frucht ein. Gut unterscheidbar ist die Larve anhand ihrer insgesamt zehm Beinpaare. Eine Larve kann während ihrer Entwicklung mehrere Früchte befallen. Nach etwa vier Wochen ist sie ausgewachsen, verlässt die Frucht und spinnt sich im Boden in 10–20 cm Tiefe zur Überwinterung in einem Kokon ein. Erst im Frühjahr des Folgejahres erfolgt die Verpuppung und weitere Entwicklung. Pro Jahr entwickelt sich eine Generation.

Gegenmaßnahmen

Da sich die Apfelsägewespe an der weißen Farbe der Blüten orientiert, kann sie mit weißen, beleimten Tafeln gefangen werden. Zur Prognose reicht in der Regel eine Falle pro Anlage und Sorte. Fangzahlen sagen jedoch wenig über die Befallsstärke aus.

Fraßgang einer Sägewespe an Frucht (Foto: LK Stmk.)

Eine sichere Prognose für die Sinnhaftigkeit sowie den richtigen Zeitpunkt von Bekämpfungsmaßnahmen kann nur durch eine Kontrolle der abgelegten Eier erfolgen.

In der Regel werden frühblühende Sorten ('Idared' ...) stärker befallen. In manchen Jahren kann sich das aber witterungsbedingt verschieben. Am stärksten gefährdet sind immer jene Sorten, die sich während des Hauptfluges der Sägewespen im Stadium 63 (30 % geöffnete Blüten) befinden. Werden mehr als 3 % befallene Blüten gefunden, so ist die Schadensschwelle überschritten.

Zur wirksamen Bekämpfung werden Insektizide mit systemischen Eigenschaften wie Neonicotinoide eingesetzt. Der optimale Zeitpunkt dafür liegt drei bis vier Tage, bevor die Larven aus den Eiern schlüpfen, im Regelfall unmittelbar nach Ende der Hauptblüte.

Bei der Bekämpfung der Sägewespe ist besonders auf die Gefährdung der Bienen zu achten.

Apfelwickler (*Cydia pomonella*)

Der Apfelwickler kann neben dem Apfel als Hauptfrucht auch die Birne befallen, was erfahrungsgemäß in geringerem Ausmaß erfolgt. Zudem können noch eine Vielzahl anderer Früchte befallen werden.

Der Apfelwickler gehört zu den bedeutendsten Schädlingen beim Apfel. Die meisten Insektizidbehandlungen gehen im Regelfall auf sein Konto.

Schadbild

In den frisch befallenen Früchten befindet sich eine rosa gefärbte Wicklerlarve von bis zu 15 mm Länge. Der Bohrgang der Larve beginnt mit einem kleinen spiralförmigen Gang und geht dann direkt in Richtung Kerngehäuse. Das Kerngehäuse wird zerstört, Kerne häufig angefressen. Am Ende der Larvenentwicklung erfolgt über einen weiteren Gang die Ausbohrung. Typisch für Apfelwicklerbefall sind angefressene Kerne und feuchte, krümelige Ausscheidungen im Fraßgang. Befallene Früchte werden vorzeitig reif.

Fruchtschädigung durch Apfelwicklerbefall (Foto: LK Stmk.)

Erreger

Die Überwinterung des Apfelwicklers erfolgt als ausgewachsene Larve in einem Kokon an geschützten Stellen am Baum. Im Frühjahr beenden die Larven den Ruhezustand (Diapause), verpuppen sich und entwickeln sich weiter zum Falter. Der Zeitpunkt der Verpuppung wird vorwiegend von der Tageslänge gesteuert. Da die einzelnen Larven auf unterschiedliche Tageslängen reagieren, kommt es über einen langen Zeitraum zum Auftreten von Faltern der gleichen Generation. Erste Falter, die auf eine geringe Tageslänge programmiert sind, erscheinen bereits zum Ende der Apfelblüte.

Etwa zwei bis drei Wochen nach dem Auftreten der ersten Falter beginnt die Eiablage. Voraussetzung dafür sind warme Tage, an denen während der Abenddämmerung (20 Uhr) Temperaturen von mindestens 15 °C gegeben sind. Die Eiablage durch Falter der ersten Generation hält bis ca. Anfang Juli an.

Die Weibchen legen ihre Eier zu Beginn bevorzugt auf Blätter, die in der Nähe von Früchten sind. Die daraus schlüpfenden Larven bohren sich in die Frucht ein. Nach etwa vier Wochen sind die Raupen erwachsen und verlassen die Frucht. Die Larven seilen sich an einem Gespinstfaden ab und spinnen sich an geschützten Stellen des Baumes in einen Kokon ein. Der frühe Anteil der ersten Generation bildet zum Großteil eine zweite Generation. Die Eiablage der zweiten Faltergeneration erstreckt sich von ca. Mitte Juli bis Ende August. Die Gefahr eines Spätbefalls ist vom Befallsgrad während der ersten Generation abhängig.

Gegenmaßnahmen

Die Schwierigkeiten der Apfelwicklerbekämpfung ergeben sich aufgrund des langen Befallszeitraumes sowie dadurch, dass die Larven faktisch nicht mehr bekämpfbar sind, sobald sie sich in die Frucht eingebohrt haben.

Zur sicheren Bekämpfung werden in der Praxis häufig biologische, biotechnische und chemische Maßnahmen kombiniert.

Die direkte chemische Bekämpfung ist derzeit mit Phosphorsäureestern, Insektenentwicklungshemmern sowie mit Anthranildiamiden möglich. Zur Vermeidung von Resistenzen und Wirkstoffrückständen ist die Kombination mit anderen Bekämpfungsverfahren sinnvoll. In diesem Zusammenhang spielt die sogenannte Verwirrmethode eine wichtige Rolle. Dabei werden eine hohe Anzahl Dispenser, gefüllt mit dem Sexuallockstoff des Weibchens, in Obstanlagen ausgehängt. Die kontinuierliche Abdampfung dieser Pheromone macht es den männlichen Faltern unmöglich, ihre Weibchen zu finden. Diese Methode hat sich als gut geeignet für größere Anbauflächen (ab 3 ha) herausgestellt.

Zudem gibt es auch gute Erfahrungen mit Einsatz von Apfelwicklergranuloseviren. Diese werden von der Apfelwicklerlarve beim Einbohren in der Frucht aufgenommen und führen nach einiger Zeit zum Absterben. Aufgrund der Empfindlichkeit dieser Viren gegenüber UV-Licht ist die vorbeugende Wirkungsdauer auf max. eine Woche begrenzt.

Schalenwickler

Im steirischen Obstanbaugebiet sind folgende vier Arten wichtig:

- Fruchtschalenwickler (*Adoxophyes orana*)
- Bräunlicher Obstbaumwickler (*Archips podana*)
- Rotbrauner Schalenwickler (*Pandemis heperana*)
- Heckenwickler (*Archips rosana*)

Schadbild

Überwinternde Larven und Junglarven der ersten Generation schädigen in erster Linie junge Blätter an den Triebspitzen. Die Blätter werden zusammengesponnen und angefressen. Mit fortgeschrittener Fruchtentwicklung erfolgt ein Naschfraß an der Fruchtoberfläche.

Fruchtschädigung durch Schalenwickler (Foto: LK Stmk.)

Erreger

Die Überwinterung der meisten Arten erfolgt als junges Räupchen in Rindenritzen und anderen Verstecken. Ab dem Stadium Grüne Knospe werden die Raupen aktiv und fressen bevorzugt an Blütenbüscheln. Schon kurz nach der Blüte sind erste Larven fertig entwickelt und verpuppen sich. Ab Juni tritt die erste Sommergeneration auf. Die jungen Larven wandern auf die Triebspitzen, verspinnen die jungen Blätter und fressen an diesen. Ab dem dritten Larvenstadium beginnen die Larven auf die Früchte aufzuwandern und setzen dort ihren schädigenden Fraß fort. Im Laufe des Julis erfolgt die Verpuppung. Ab Ende Juli ist mit Larven der zweiten Sommergeneration zu rechnen. Diese verursachen einen Naschfraß an Früchten und gehen schon frühzeitig in die Überwinterung.

Der Heckenwickler unterscheidet sich in der Biologie von den anderen Arten. Der Heckenwickler überwintert als Ei und hat nur eine Generation. Erst Anfang April beginnt das Schlüpfen der Raupen. Der Hauptflug findet im Juli statt. Die wirtschaftliche Bedeutung des Heckenwicklers ist deutlich geringer.

Gegenmaßnahmen

In erster Linie werden Insektenentwicklungshemmer sowie Häutungsbeschleuniger gezielt gegen die Larven eingesetzt. Eine Wirkung ist auch mit Phosphorsäureestern sowie mit Anthranildiamiden zu erzielen.

Miniermotten

Bei Apfel

Viele Insektizide, die gegen Apfelwickler eingesetzt werden, haben auch eine gute Nebenwirkung auf Miniermotten. Daher haben Miniermotten in der Praxis derzeit relativ wenig Bedeutung.

Blattbefall durch Pfennigminiermotte (Foto: LK Stmk.)

Pfennigminiermotte (*Leucoptera malifoliella*)

Der Falter hat eine Flügelspannweite von etwa 7 mm. Die Vorderflügel sind grau mit orangegelber und schwarzer Zeichnung an den Flügelenden. Die Falter der ersten Generation treten schon ab Blühende auf. Die Eier werden an der Blattunterseite einzeln abgelegt. Die Larven fressen sich in das Blatt und verursachen runde Minierstellen. Die Verpuppung erfolgt in den obersten Bodenschichten sowie in Rindenritzen. Anfang bis Mitte Juli erscheinen die Falter der zweiten Generation. In sehr warmen Jahren kann es zur Ausbildung einer dritten Generation kommen. Die Larven überwintern in einem Kokon in Rindenritzen am Stamm oder dicken Ästen.

Blatttaschenminiermotte oder Faltenminiermotte (*Lithocolletis blancardella*)

Die Falter mit einer weißlichen, silbrigen Zeichnung auf den Flügeln fliegen etwa eine Woche vor der Pfennigminiermotte, also schon während der Blüte. Die Larve verursacht an der Oberseite des Blattes einen Fensterfraß, an der Unterseite der Blätter bildet sie eine Tasche. Die Raupe verpuppt sich in der Mine. Die Blatttaschenminiermotte überwintert als Puppe in den abgefallenen Blättern. Sie bildet zwei bis drei Generationen pro Jahr.

Schlangenminiermotte (*Lyonetia clerkella*)

Der Flug der Schlangenminiermotte setzt bereits zu Blühbeginn ein. Der Falter ist etwa 8 mm groß, die Vorderflügel sind glänzend weiß mit einigen schwarzen Streifen und einem dunklen Fleck an deren Spitze. Die Raupe verursacht einen schlangenförmigen Gang auf der Blattoberseite, wobei sich der Gang zum Ende hin nur leicht verdickt. Die Überwinterung der Schlangenminiermotte erfolgt als ausgewachsenes Insekt.

Apfelblattminiermotte (*Stigmella malella*)

Der Falter ist etwa 4 mm groß. Die Vorderflügel sind mit einer weißlichen Querbinde überzogen. Die Falter fliegen Anfang Mai. Im Sommer kommt es zur Ausbildung einer zweiten Generation. Die Überwinterung erfolgt als Puppe in einem Kokon am Boden. Die Raupen verursachen Schlangenminen, die sich am Ende deutlich verdicken und in einer Platzmine enden.

Gegenmaßnahmen

Eine gezielte Bekämpfung ist nur notwendig, wenn der Befall im Vorjahr stark war. Eine Wirkung kann von Neonicotinoiden und Anthranildiamiden erwartet werden. Zur Flugbeobachtung werden Pheromonfallen eingesetzt.

Kleiner Fruchtwickler (*Grapholita lobarzewskii*)

Wird der Apfelwickler chemisch bekämpft, tritt der Kleine Fruchtwickler erfahrungsgemäß nicht schädigend in Erscheinung. Bei Apfelwicklerverwirrung kann es lokal zu Schäden kommen.

Schadbild

Die Fraßgänge des Kleinen Fruchtwicklers sind nur beim oberflächlichen Hinsehen mit denen des Apfelwicklers zu verwechseln. Während beim Apfelwickler feuchter Kot um die Einbohröffnung zu finden ist, ist dieser beim Kleinen Fruchtwickler trocken und haftet schnurförmig zusammen. Der Bohrgang des Kleinen Fruchtwicklers beginnt immer mit einem deutlichen Spiralgang unmittelbar unter der Schale. Die Bohrgänge sind sauber, führen meist nicht direkt zum Kernhaus und Kerne werden nur selten angefressen. Neben der Einbohrstelle sind häufig ein bis zwei runde Ausfuhrlöcher für den Kot sichtbar. Im Spätsommer kommt

Befall durch Schlangenminiermotte (Foto: LK Stmk.)

Fraßgang des Kleinen Fruchtwicklers (Foto: LK Stmk.)

es gelegentlich zu einem Minierfraß unter der Fruchthaut, dieser ist stern- oder kreisförmig. Die Larve des Kleinen Fruchtwicklers ist ausgewachsen nur etwa halb so groß wie die des Apfelwicklers.

Erreger

Der Kleine Fruchtwickler macht nur eine Generation pro Jahr. Die Überwinterung erfolgt als ausgewachsene Larve in einem Kokon an geschützten Stellen unter der Rinde. Im Frühjahr erfolgt die Verpuppung folgeartig. Der Falterflug beginnt ab Ende Mai und hält bis in den Sommer an. Ab Juni ist mit Eiablage zu rechnen. Ausgewachsene Larven verlassen die Früchte und suchen geschützte Stellen zur Überwinterung auf.

Gegenmaßnahmen

Der Flugverlauf kann mithilfe von Pheromonfallen überwacht werden. Eine direkte Bekämpfung ist mit Insektenentwicklungshemmern, Phosphorsäureester, Anthranildiamiden und der Verwirrmethode möglich.

Blattläuse

Blattläuse spielen im Kernobstanbau eine bedeutende Rolle. Sowohl beim Apfel als auch bei der Birne kommen mehrere Arten vor, deren Bedeutung jedoch sehr unterschiedlich ist.

Die Lebensweise dieser Blattlausarten ist sehr ähnlich. Die Überwinterung erfolgt als schwarzes, längliches Ei. Im Frühjahr schlüpfen aus den Wintereiern die ersten Stammmütter. Diese gebären Jungläuse. Die Vermehrung während der gesamten Vegetationszeit erfolgt durch Lebendgebärung. Zur Ausbreitung über weitere Distanzen treten ab dem Frühsommer auch geflügelte Individuen auf.

Erst im Sommer treten Männchen auf. Von den befruchteten Weibchen werden im Herbst Wintereier abgelegt.

Beim Apfel sind es im Wesentlichen drei Arten mit wirtschaftlicher Bedeutung. Das sind die Grüne Apfelblattlaus, die Mehlige Apfelblattlaus und die Zitronenblattlaus.

Die **Mehlige Apfelblattlaus** (*Dysaphis plantaginea*) ist die gefährlichste Blattlausart im heimischen Apfelanbau. Diese Blattlaus ist grau bis rötlichbraun gefärbt und mit mehlig weißem Wachsstaub überzogen. Sie verursacht Blattrollungen quer zur Mittelrippe. Durch ihre Saugtätigkeit bilden sich auch stark verkrüppelte Früchte sowie Deformationen an den Trieben. Es entstehen die sogenannten Lausäpfel. Die größten Schäden werden schon frühzeitig, während und kurz nach der Blüte verursacht.

Deformationen durch Mehlige Apfelblattlaus (Foto: LK Stmk.)

Zitronenlaus an Triebspitze (Foto: LK Stmk.)

Der Schlupf der sog. Stammmütter aus den Wintereiern erfolgt schon vor der Blüte im Stadium Grüne bis Rote Knospe (ca. 100 Gradtage auf Basis von 4,5 °C). In weiterer Folge kommt es zu einer sehr raschen Vermehrung durch Parthenogenese. Im Sommer wandert ein Großteil der Blattläuse auf Wegerich ab. Im Herbst kehrt sie zurück und es werden Wintereier bevorzugt in Rindenritzen und an der Knospenbasis abgelegt.

Die **Grüne Apfelblattlaus** (*Aphis pomi*) ist nicht wirtswechselnd. Durch die Saugtätigkeit kommt es zu stärkeren Blattdeformationen, vor allem an der Triebspitze. Durch die Absonderung von Honigtau wird die Besiedelung von Schwärzepilzen gefördert. Triebverkrümmungen werden nicht verursacht. Die Läuse sind intensiv grün gefärbt, haben schwarze Beine und dunkle Hinterleibsröhrchen.

Die **Zitronenlaus** (*Aphis citricola*) ist mit der Grünen Apfelblattlaus eng verwandt. Eine stärkere Besiedelung der Apfelbäume erfolgt erst wenige Wochen nach der Blüte, Kolonien findet man nur an krautigen Triebspitzen. Mit dem Triebabschluss wandert die Zitronenlaus wieder ab. Mit einer Bekämpfung kann lange zugewartet werden, da nur wenig Honigtau ausgeschieden wird und keine Triebverkrümmungen entstehen.

Maßnahmen, die den frühen Triebabschluss fördern, wirken sich günstig aus.

Blutlaus (*Eriosoma lanigerum*)

An Apfel, tritt vor allem dann auf, wenn die Population natürlicher Gegenspieler beeinträchtigt wird.

Schadbild

Die Bezeichnung Blutlaus rührt daher, dass beim Zerquetschen der Läuse sich die Finger rot-braun verfärben. Die dunklen, rundlichen Läuse bilden Kolonien an der Oberfläche von Trieben und Wunden. Durch wachsige Ausscheidungen sind diese von einem watteartigen Belag überzogen. Auch kommt es in der Folge der Saugtätigkeit zu krebsartigen Wucherungen. Ein starker Befall wirkt sich durch Verschmutzung auch unangenehm auf die Erntetätigkeit aus.

Erreger

Weibliche Tiere überwintern im Larvenstadium an geschützten Stellen des Apfelbaumes, sowohl ober- als auch unterirdisch. Die älteren Larven können in kalten Wintern zugrunde gehen, die jüngeren überstehen Temperaturen bis zu –25 °C. Besonders im Wurzelbereich überleben die Tiere auch sehr strenge Winter, jedoch dauert die Besiedelung der Baumkrone im Frühjahr dann länger als nach milden Wintern. Bereits bei Temperaturen ab +7 °C werden die Larven im zeitigen Frühjahr

Von Blutlaus besiedelte Wunde (Foto: LK Stmk.)

Blutlausbefall am Trieb (Foto: LK Stmk.)

aktiv und besiedeln bevorzugt Wurzelaustriebe, Krebswunden und Schnittwunden im unteren Kronenbereich. Ab ca. Mitte April sind erste Weibchen ausgewachsen und bringen ihre Nachkommen lebend zur Welt. Es kommt zur Ausbildung von Blutlauskolonien, die anhand der auffälligen Wachsausscheidungen leicht zu erkennen sind. Während einer Saison sind bis zu zehn Generationen möglich. Im Sommer ist meist ein Rückgang des Blutlausbefalls zu bemerken. Gegen Herbst kann der Befall wieder zunehmen. Ab Juni treten auch geflügelte Weibchen auf und sorgen für eine weitere Ausbreitung.

Blutläuse saugen an jungen sowie auch an verholzten Trieben. Blätter werden nicht befallen. Die Schwächung befallener Bäume hält sich meistens in Grenzen. Ein bedeutender Schaden ergibt sich durch Verschmutzung von Blättern und Früchten.

Gegenmaßnahmen

Vorbeugend kann durch das Entfernen der Wurzelschosser die Entwicklung der Blutlaus gehemmt werden. Frische Wunden, wie sie z. B. nach Hagelschlägen und Triebreißen auftreten, sowie dichte Baumkronen begünstigen den Befallsverlauf.

Nach wie vor ist die Förderung natürlicher Gegenspieler die wichtigste Maßnahme bei der Regulierung der Blutlaus.

Die zwei wichtigsten Feinde der Blutlaus sind der Ohrwurm und die Blutlauszehrwespe. Im Winter kommt es temperaturbedingt oft zu einer deutlichen Reduktion der Blutlauspopulation. In Folge ist auch ein Rückgang der Zehrwespenpopulation zu erwarten.

Wirksam gegen Blutläuse sind Pirimicarb, bestimmte P-Ester und Spirotetramat (Movento). Pflanzenschutzmittel, die sich schädigend auf die Nützlingspopulation auswirken, wie z. B. Neonicotinoide, sollten vermieden werden.

San-José-Schildlaus (*Quadraspidiotus perniciosus*)

San-José-Schildläuse haben eine Vielzahl von Wirtspflanzen und können so gut wie alle Obstarten befallen.

Schadbild

Die Schildläuse setzen sich auf der Rinde von Wirtspflanzen fest und bilden bei starkem Befall einen schmutzig-grauen Belag. Das Kambium verfärbt sich an den Befallsstellen rötlich. Vereinzelt kann auch ein Befall an Früchten, bevorzugt im Bereich der Kelch- und Stielgrube, beobachtet werden. Fruchtbefall ist sehr auffallend, da sich um die Saugstellen ein roter Hof bildet.

Die Saugtätigkeit führt zur Schwächung der Pflanzen.

Erreger

Ab ca. Mitte Mai fliegen die geflügelten Männchen zu den unbeweglichen, festgesaugten Weibchen.

Fruchtbefall durch San-José-Schildlaus (Foto: LK Stmk.)

Nach der Paarung werden unter dem Schild etwa 200 gelb gefärbte Junglarven geboren. Im Juni erfolgt der Auslauf der gelb gefärbten Wanderlarven. Die Junglarven laufen einige Tage umher und setzen sich in der Nähe der Muttertiere fest. Sie verlieren Beine, Augen und Fühler und bilden ein hell gefärbtes Schildchen aus, das sogenannte Weißschildstadium. Nach erneuter Häutung färbt sich der Schild dunkel. Es kommt zum Schwarzschildstadium. Nach der letzten Häutung erhalten sie ein graues Schild. Die Männchen verlassen nach der letzten Häutung das Schild. Im Juli bildet die San-José-Schildlaus eine zweite Generation und in sehr warmen Jahren kann im Herbst noch eine dritte Generation entstehen. Im Sommer werden auch Früchte befallen.

Die Überwinterung erfolgt als Junglaus im Schwarzschildstadium.

Gegenmaßnahmen

Um die Verbreitung durch Vermehrungsmaterial einzudämmen, ist vor allem Baumschulware genau auf Befall zu kontrollieren. In Ertragsanlagen hat sich die Austriebsspritzung mit Paraffinöl bewährt. Durch gezielten Einsatz von Phosphorsäureester kann gegen Wanderlarven eine bedeutende Wirkung erzielt werden.

Ein wichtiger natürlicher Gegenspieler ist die parasitisch lebende Schlupfwespe *Prospaltella perniciosi.*

Spinnmilben

Spinnmilben zählen neben den Apfelwicklern zu den bedeutendsten Schädlingen im Apfelanbau. Aufgrund der Möglichkeit zur Massenvermehrung können enorme Schäden verursacht werden.

Im Gegensatz zum Apfelwickler wird die Entwicklung der Population stark von Nützlingen (Raubmilben ...) beeinflusst. Häufig bringen Nützlinge eine ausreichende Regulation.

Bei Birne haben Spinnmilben keine Bedeutung.

Schadbild

Durch die Saugtätigkeit der Milben kommt es zu einer Sprenkelung der Blätter. Bei starkem Befall verfärben sich die Blätter bronzefarben. Durch Verlust der Assimilationsleistung kann es zur Beeinträchtigung der Fruchtgröße und besonders der Ausfärbung kommen, auch die Blütenknospenqualität entwickelt sich schlechter.

Saugschäden durch Spinnmilbe (Foto: LK Stmk.)

Wintereier der Obstbaumspinnmilbe (Foto: LK Stmk.)

Wintereier der Obstbaumspinnmilbe (Foto: LK Stmk.)

Erreger

Beim Apfel gibt es im Wesentlichen zwei bedeutende Arten:

Rote Spinne oder Obstbaumspinnmilbe (*Panonychus ulmi*)

Die Milben sind etwa 0,5 mm groß, wobei das Männchen deutlich kleiner ist als das Weibchen. Der Körper ist stark gewölbt und dunkelrot gefärbt. Auf hellen Warzen stehen lange Borsten. Die Beine sind kurz und hell.

Die Obstbaumspinnmilbe (Rote Spinne) überwintert als Ei auf der Rinde. Diese auffällig rot gefärbten Eier findet man häufig massenhaft an der Unterseite von Verzweigungen und am Übergang vom ein- zum zweijährigen Holz. Mit dem Blühbeginn der Apfelbäume beginnt im Regelfall auch der Larvenschlupf aus den Wintereiern, welcher sich über ca. zwei Wochen erstreckt. Bei warmer Witterung sind die Larven rasch ausgewachsen und beginnen ca. ab Blühende mit der Ablage von Sommereiern auf die Unterseite von Blättern. Diese sind deutlich heller gefärbt.

Im Laufe der Vegetationsperiode entwickeln sich mehrere Generationen, die sich im Sommer überschneiden. Bei warmer Witterung kann es bereits im Frühsommer zu einem Massenbefall kommen. Bäume, die unter Trockenheit leiden, sind stärker gefährdet.

Im September beginnt die Ablage von Wintereiern auf das Holz.

Gemeine Spinne oder Bohnenspinnmilbe (*Tetranychus urticae*)

Die Überwinterung erfolgt als ausgewachsenes, karminrotes Weibchen. Das Weibchen der Sommergenerationen ist grünlich mit zwei dunklen Flecken seitlich am Körper. Die Männchen sind kleiner als die Weibchen und haben einen nach hinten zugespitzten Körper. Die Gemeine Spinne lebt hauptsächlich an den Unterkulturen. Erst zu Beginn des Sommers werden die Obstkulturen besiedelt. Die Eier sind kugelförmig durchscheinend, werden auf die Unterseite von Blättern abgelegt und durch ein feines Gespinst geschützt. Es werden mehrere Generationen pro Jahr gebildet.

Gegenmaßnahmen

Spinnmilben haben verschiedene natürliche Feinde. Diese Nützlinge können aber durch schädigende Pflanzenschutzmittel stark gehemmt werden. Zu den wichtigsten Feinden zählen Raubmilben und Blumenwanzen. Fehlen diese natürlichen Gegenspieler, kommt es regelmäßig zu einem Massenbefall. Am effizientesten sind Raubmilben aufgrund ihrer Ortstreue. Bei Bedarf kann man auch eine Ansiedelung von Raubmilben durchführen. Erfolgversprechend ist die Übertragung mittels Filzstreifen im zeitigen Frühjahr oder mit Langtrieben im Sommer.

Vor der Blüte hat sich eine Austriebsbehandlung mit Paraffinöl gegen die Wintereier der „Roten Spinne" bewährt (kein Effekt gegenüber „Gemeiner Spinnmilbe"). Eine direkte Bekämpfung von beweglichen Stadien sollte erst bei Überschreiten von Schadschwellen erfolgen. Für den optimalen Einsatztermin von Akariziden gilt es genau zu beobachten, wann die bekämpfbaren Entwicklungsstadien auftreten. Leider können Spinnmilben aufgrund ihrer hohen Vermehrungsrate gegenüber Pflanzenschutzmitteln sehr rasch Resistenzen entwickeln. Mittlerweile hat bereits ein Großteil der seit längerer Zeit verwendeten Wirkstoffe Minderwirkungen. Vielfach wirken Behandlungen daher nur befallsmindernd.

Apfelrostmilbe (*Aculus schlechtendali*)

Apfelrostmilben können sowohl Apfel- als auch Birnbäume befallen.

Schadbild

Bei starkem Befall verfärbt sich die Blattunterseite typisch rostbraun. Junge Blätter an der Triebspitze bleiben aufgrund der Saugtätigkeit klein, werden brüchig und haben ein gesprenkeltes Aussehen. Eine starke Blattschädigung vermindert die Assimilationsleistung und beeinträchtigt dadurch die Ausfärbung der Früchte. Durch die Saugtätigkeit der Milben an Früchten (Kelchbereich) kann es zum Absterben von Zellen und in weiterer Folge zu Fruchtberostung kommen. Anfällig dafür sind 'Golden Delicious' und 'Arlet'.

Erreger

Die Apfelrostmilbe überwintert als ausgewachsenes Tier, zumeist in Kolonien in Knospenachseln an einjährigen Trieben. Die Milben sind ungefähr 0,1 bis 0,2 mm groß. Ab dem Knospenaufbruch beginnen die Milben mit ihrer Saugtätigkeit an Rosettenblättern und Blütenorganen. Ab dem Stadium Grüne Knospe ist mit dem Beginn der Eiablage zu rechnen. Im Laufe der Saison entwickeln sich mehrere Generationen. Nach der Blüte werden neben Blättern auch junge Früchte, bevorzugt im Bereich der Kelchgrube, befallen.

Zu einem Massenauftreten kommt es erfahrungsgemäß erst ab Juni, in Phasen trockener und warmer Witterung. Ab August ziehen sich die Weibchen in ihr Winterversteck zurück.

Da Rostmilben deutlich kleiner sind als Spinnmilben, wird zur Befallskontrolle eine Lupe mit starker Vergrößerung (mindestens 15-fach) benötigt.

Gegenmaßnahmen

Eine Austriebsbehandlung mit Paraffinöl und Behandlungen mit Schwefel können die Rostmilbenpopulation deutlich reduzieren. Raubmilben und Raubwanzen sind nützliche Gegenspieler, die jedoch nicht immer eine ausreichende Befallsreduktion erreichen. Zur direkten Bekämpfung haben einige Akarizide, die gegen die Obstbaumspinnmilbe wirken, eine ausreichende Nebenwirkung.

Apfelblattgallmücke (*Dasyneura mali*)

Schäden durch Apfelblattgallmücken sind nur in Junganlagen sowie in Baumschulen zu befürchten.

Schadbild

Die Blätter an den Triebspitzen rollen sich der Länge nach ein. Im Inneren sind weiße Larven mit einer Länge von 3 bis 4 mm zu finden. Befallene Blätter

Triebbefall durch Apfelblattgallmücke (Foto: LK Stmk.)

werden zunehmend spröde und trocknen ein. Der Schaden äußert sich in einer Wachstumshemmung und kann sich in Baumschulen und Junganlagen negativ auswirken.

Erreger

Die etwa 2,5 mm langen dunkelbraunen Mücken beginnen während der Apfelblüte zu fliegen und legen ihre Eier auf die Ränder junger Blätter ab. Durch die Saugtätigkeit der daraus schlüpfenden Larven rollen sich die Blätter ein und bilden so einen Schutz. Die ausgewachsenen Larven verlassen den Baum und verpuppen sich hauptsächlich in den obersten Bodenschichten. Während einer Saison entwickeln sich drei Generationen. Am stärksten wirkt sich die Frühjahrsgeneration aus, nach dem Triebabschluss ist mit keinem weiteren Befall zu rechnen. Die Larven der letzten Generation überwintern in Kokons (Schutzhüllen) im Boden.

Gegenmaßnahmen

Bei einem guten Nützlingsbesatz tritt dieser Schaderreger nur selten schädigend auf. Besonders Schlupfwespen und Blumenwanzen spielen eine bedeutende Rolle.

In Ertragsanlagen kann auch durch Förderung eines frühen Triebabschlusses das Befallsrisiko deutlich reduziert werden.

Wirksame Insektizide zur direkten Bekämpfung stehen derzeit nicht zur Verfügung. Eine Nebenwirkung ist von Spirotetramat (Movento) zu erwarten.

Kleiner Frostspanner (*Operophtera brumata*)

Schadbild

Schon kurz nach dem Austrieb sind an Obstbäumen Fraßschäden an jungen Blättern und Knospen zu beobachten. Die grünlichen Larven sind zu diesem Zeitpunkt erst wenige Millimeter groß. Die Raupen machen bei der Fortbewegung den für Spannerraupen typischen Katzenbuckel.

An größeren Blättern wird ein Lochfraß verursacht. Bei starkem Befall wird die gesamte Blattfläche verzehrt, sodass nur das Gerippe übrig bleibt. Nach der Blüte werden Vertiefungen in die Früchte gefressen.

Erreger

Die weiblichen Falter sind dunkelbraungrau gesprenkelt, etwa 6 mm lang und die Flügel sind zu Stummeln reduziert. Die männlichen Falter sind

Kahlfraß durch Frostspannerraupen (Foto: LK Stmk.)

etwa 25 mm groß und graubraun. Der Kleine Frostspanner macht nur eine Generation pro Jahr. Die Überwinterung erfolgt als Ei. Nach dem Austrieb im Frühjahr schlüpfen die jungen Larven aus den Eiern. Je nach Witterung kann sich der Schlupftermin bis zur Blüte hinziehen. Die grünlichen Larven mit dunkler Längsstreifung fressen an Blättern und Blüten und später auch an jungen Früchten. Die ausgewachsenen Larven sind etwa 3 cm lang und verpuppen sich ab Juni in den obersten Bodenschichten. Im Spätherbst, nach den ersten Frühfrösten, schlüpfen die Falter. Das Weibchen kriecht den Stamm aufwärts und legt nach der Begattung die Eier im Kronenbereich ab.

Gegenmaßnahmen

In Intensivobstanlagen, wo Insektizidbehandlungen gegen Wickler durchgeführt werden, tritt der Frostspanner nur sehr selten schädigend auf. Wird die Schadensschwelle von fünf bis acht Raupen von 100 Blütenbüscheln trotzdem überschritten, so können *Bacillus-thuringiensis*-Präparate eingesetzt werden. Gut wirksam sind auch Häutungsbeschleuniger und Phosphorsäureester.

Holzschädlinge (Ungleicher Holzbohrer, Obstbaumsplintkäfer)

Die wichtigsten Holzschädlinge im Obstbau sind der Ungleiche Holzbohrer (*Xyleborus dispar*) und der Obstbaumsplintkäfer (*Scolytus mali*). Diese können eine Vielzahl von Obstarten befallen und treten zudem noch bei zahlreichen anderen Baumarten schädigend auf. Ein stärkerer Befall ist jedoch nur bei bereits geschwächten Bäumen zu erwarten, sodass dies meistens die Folge anderer Ursachen ist (Frostschäden, Trockenstress ...).

Schadbild

Befallene Bäume weisen zunächst ein vermindertes Wachstum auf. In weiterer Folge sterben einzelne Kronenteile und schließlich der gesamte Baum ab.

Bei genauer Betrachtung findet man an der Oberfläche von Stamm oder stärkeren Ästen etwa 1 mm große, kreisrunde Löcher. Beim Anschneiden zeigt sich, dass diese Bohrgänge durch die Rinde tiefer ins Holz führen. Unter Umständen sind darin sogar Käferlarven oder ausgewachsene Käfer zu finden.

Erreger

Während das Weibchen etwa 3,5 mm groß ist, hat das Männchen nur 2 mm und ist flugunfähig.

Larven des Ungleichen Holzbohrers (Foto: LK Stmk.)

Bohrgang vom Ungleichen Holzbohrer (Foto: LK Stmk.)

Der Ungleiche Holzbohrer entwickelt jährlich nur eine Generation.

Sobald die Temperaturen im März tagsüber die 15-°C-Marke erreichen, verlassen die ersten Käfer ihre Brutstätten (befallene Bäume) und besiedeln neue Bäume. Dabei wirken geschwächte Bäume besonders anziehend. Der stärkste Flug findet im Regelfall im April statt. Die Weibchen bohren zunächst waagrecht durch die Rinde in das Holz einen Gang, ändern dann die Richtung und folgen einem Jahresring. Senkrecht dazu werden auf- und abwärts kurze Seitengänge gebohrt, in welche die Eier abgelegt werden. Die daraus schlüpfenden Larven ernähren sich von Ambrosiapilzen, die das Muttertier im Magen mitführt und während der Bohrarbeit in den Fraßgängen ansiedelt. Die gesamte Entwicklung bis zum fertigen Käfer findet im Baum statt und dauert bis zum Herbst. Die Überwinterung der fertig entwickelten Käfer erfolgt in den Bohrgängen.

Gegenmaßnahmen

Eine direkte Bekämpfung der Käfer mit Insektiziden ist aus praktischen Gründen nicht möglich.

Neubefall kann jedoch durch das Aufhängen von roten Leimfallen während des Flugzeitraumes der Käfer stark reduziert werden. Diese Rottafeln werden mit seitlich geöffneten Alkoholbehältern kombiniert ausgehängt. Der abdampfende Alkohol lockt die Käfer an. Als Köderflüssigkeit ist ein ca. 50%iger Weingeist oder Obstbrand geeignet. Dieser muss aufgrund der Abdampfung und Verwässerung ein- bis zweimal pro Woche erneuert werden. Wenn die Fangzahlen nachlassen, können die Leimtafeln entfernt werden. In stark befallenen Anlagen können bis zu 200 Käfer innerhalb von 24 Stunden gefangen werden. Das Entfernen abgestorbener Baumteile oder abgestorbener Bäume mindert zusätzlich ganz entscheidend den Befallsdruck. Wird frisch geschnittenes Holz in der Nähe der Anlage gelagert, sollten Rottafeln als Vorbeugung aufgehängt werden.

Wühlmaus (*Arvicola terrestris*)

Schadbild

Wühlmäuse können besonders in Apfel- und Holunderanlagen, aber auch an Zwetschkenbäumen große Schäden verursachen. Die Wurzeln werden oft bis zum Wurzelhals abgenagt. Teilgeschädigte Bäume haben ein kümmerliches Wachstum mit stark verminderter Ertragsleistung.

Wühlmaus (Foto: LK Stmk.)

Erreger
Die Wühlmaus lebt unterirdisch und bewohnt ein weitverzweigtes Gangsystem, das bis zu 80 m lang und 0,5 m tief sein kann. Die Gänge der Wühlmaus sind hochoval und frei von Wurzeln. Die Errichtung der Gangsysteme erfolgt häufig vom Maulwurf. Wühlmäuse ernähren sich bevorzugt von Pflanzenwurzeln, dabei spielen in Obstanlagen der Löwenzahn und diverse Kleearten eine große Rolle. Während der Saison können drei bis vier Generationen gebildet werden.

Gegenmaßnahmen
Die direkte Bekämpfung der Wühlmaus kann mittels Fallen, durch Einleiten von Auspuffgasen oder mit Polytanol erfolgen. Zudem sind auch Köderpräparate auf Basis von Zinkphosphid auf dem Markt. Köderpräparate müssen direkt in den Gang eingelegt werden.

Das Fangen mit Fallen erfordert viel Übung und etwas Geduld. Wird ein Gang gefunden, so kann durch das Öffnen des Ganges einfach festgestellt werden, ob der Gang befahren ist. Wühlmäuse werden den Gang innerhalb weniger Stunden wieder verschließen.

1.2 Birne

1.2.1 Bakterielle Schaderreger und Phytoplasmosen

Viröse Steinfrüchtigkeit

Erreger der Steinfrüchtigkeit sind Phytoplasmen, die im Inneren der Wirtspflanzen leben.

Schadbild
Ein Befall verursacht kaum Blattsymptome, hat aber starke Auswirkungen auf die Früchte. Die

Steinfrüchtigkeit bei Birne (Foto: LK Stmk.)

Mehrzahl der Früchte von erkrankten Bäumen ist, ähnlich wie bei einem Bormangel, deformiert und weist im Inneren Ansammlungen von Steinzellen auf.

Da das Ausmaß der Befallssymptome stark von Umwelteinflüssen abhängig ist, kann der Anteil steinfrüchtiger Birnen in den einzelnen Jahren auf ein und demselben Baum sehr unterschiedlich hoch sein.

Gegenmaßnahmen
Entscheidend ist die Auspflanzung von gesundem Pflanzmaterial. Eine Heilung ist nicht möglich.

Bäume mit Befallsymptomen sollten gerodet werden.

Birnenverfall (*pear decline*)

Auch beim Birnenverfall handelt es sich um Phytoplasmen.

Vielfach sind ältere Streuobstbirnbäume mit Birnenverfall durchseucht. In letzter Zeit musste auch verstärkter Befall in Neupflanzungen festgestellt werden.

Schadbild
Befallene Bäume wachsen im Vergleich zu gesunden Bäumen deutlich schwächer und die Herbstfärbung tritt bereits vorzeitig ein. Früchte von

erkrankten Bäumen bleiben wesentlich kleiner und besitzen einen wässrigen, faden Geschmack wodurch sie sowohl für den Frischmarkt als auch für die weitere Verarbeitung ungeeignet sind.

Erreger

Birnenverfall wird in erster Linie durch verseuchtes Pflanzmaterial übertragen (Unterlage, Edelreiser).

Die weitere Ausbreitung in einem Bestand kann durch Vektoren (Blattsauger ...) sowie über Wurzelverwachsungen stattfinden.

Die Überwinterung der Erreger erfolgt in den Wurzeln. Die Besiedelung der Baumkrone erfolgt jährlich aufs Neue.

Das Auftreten von Befallssymptomen an erkrankten Bäumen ist stark von der Witterung abhängig und daher nicht jedes Jahr im gleichen Ausmaß sichtbar bzw. kann in einzelnen Jahren sogar ganz unterbleiben.

Gegenmaßnahmen

Entscheidend ist die Auspflanzung von gesundem Pflanzmaterial. Eine Heilung ist nicht möglich. Bäume mit Befallsymptomen sollten gerodet werden.

Zeigen bereits mehr als 5 % der Bäume einen Befall, sollte man sich überlegen, überhaupt die gesamte Anlage zu roden, da unter diesen Umständen auch bei den symptomfreien Bäumen ein hohes Ausmaß von latentem Befall angenommen werden muss.

Feuerbrand (*Erwinia amylovora*)

Birnen sind erfahrungsgemäß gegenüber Feuerbrand deutlich anfälliger als Apfelbäume. Innerhalb der Sorten bestehen aber auch noch deutliche Unterschiede.

Rückschnittmaßnahmen sind nach einem Befall nur selten erfolgreich.

Vorteile gegenüber dem Apfel ergeben sich in manchen Jahren durch die frühere Blütezeit, während der sich häufig aufgrund zu geringer Temperaturen noch keine Infektionsbedingungen ergeben.

Ein großer Nachteil ist die starke Neigung zur Bildung von Nachblüten.

Beschreibung von Feuerbrand siehe Apfel!

Schorf (*Venturia inaequalis, V. pirina*) Birnenschorf (*Venturia pirina*)

Im Vergleich zum Apfel hat Schorf bei der Birne nicht diese Bedeutung, da die Anfälligkeit der Blätter und Früchte deutlich geringer ist. Zwischen den Sorten bestehen jedoch deutliche Unterschiede.

An Birnbäumen kann im Gegensatz zum Apfel jedoch auch ein stärkerer Befall an unverholzten, einjährigen Trieben auftreten. Dieser sog. Zweiggrind spielt dann eine bedeutende Rolle für die Überwinterung dieser Krankheit und führt zu einem stark erhöhten Befallsdruck.

Beschreibung von Schorf siehe Apfel!

Birnengitterrost (*Gymnosporangium fuscum*)

Birnengitterrost hat nur im extensiven Birnenanbau eine Bedeutung. In Erwerbsobstanlagen wird bei der Schorfbekämpfung eine ausreichende Nebenwirkung erzielt.

Birnenverfall (Foto: LK Stmk.)

Feuerbrand an Birne (Foto: LK Stmk.)

Blattbefall durch Birnengitterrost (Foto: LK Stmk.)

Sporenlagen vom Birnengitterrost (Foto: LK Stmk.)

Schadbild

Ab dem Frühsommer werden orangerot gefärbte, mehrere Milimeter große Flecken an der Blattoberseite sichtbar. Im Laufe des Sommers dringt der Pilz bis zur Blattunterseite durch und bildet dort typische Pusteln, in denen die Sporen für die weitere Verbreitung gebildet werden. Bei starkem Befall kommt es häufig zu einem vorzeitigen Blattverlust.

Erreger

Die Fruchtkörper an der Unterseite von Birnenblättern setzen Sporen frei, die darauf ausgerichtet sind, Triebe von Wacholdersträuchern (= Zwischenwirt) zu befallen. Dort bilden sich dann auffällige Verdickungen, in denen der Pilz überwintert. Ab April/Mai des Folgejahres beginnen sich von den Befallsstellen am Wacholder Sporen abzusondern, die wiederum die Blätter des Birnbaums befallen können. Da diese Sporen anscheinend nur über geringe Entfernungen (großteils innerhalb 100 m) verfrachtet werden, findet ein starker Befall an Birnbäumen erfahrungsgemäß nur in der Nähe von Wacholdersträuchern statt.

Gegenmaßnahmen

Die einfachste und effizienteste Möglichkeit, den Birnengitterrost zu bekämpfen, besteht darin, alle Wacholdersträucher in der näheren Umgebung von Birnenanlagen zu beseitigen. Ist dies jedoch nicht möglich, kann bei mehrmaligen Behandlungen mit Kontaktfungiziden nach der Blüte eine ausreichende Nebenwirkung erzielt werden.

Lagerfäulen

Von den zahlreichen Fäulniserregern, die Birnen befallen können, spielt Fruchtmonilia (*Monilia fructigena*) die bedeutendste Rolle.

Der Ausbruch dieser Krankheit kann entweder schon im Spätsommer an der reifenden Frucht oder erst nach der Ernte im Obstlager erfolgen.

Schadbild

Sichtbar wird ein Befall zunächst anhand einer Faulstelle auf der Frucht, die nach und nach die gesamte Frucht erfasst. Erfolgt der Ausbruch der Krankheit noch vor der Ernte, sind auf den Befallsstellen häufig auch in konzentrischen Kreisen angeordnete Sporenlager zu sehen. Gelegentlich trocknen die befallenen Früchte ein und bleiben als sog. Fruchtmumien über den Winter am Baum hängen.

Erreger

Infektionen von Fruchtmonilia können ab Juni bis zur Ernte erfolgen. Dabei spielen die letzten sechs Wochen vor der Ernte sicherlich die größte Rolle. Das Eindringen des Pilzes in die Früchte erfolgt in erster Linie über Verletzungen, wie sie z. B. von Insekten oder Hagelschlägen verursacht werden. Oft gehen Infektionen auch an der Berührungsstelle von einer Frucht auf die andere über. Die Überwinterung dieser Pilze erfolgt an Befallsstellen der Rinde und in Fruchtmumien.

Gegenmaßnahmen

siehe Lagerfäulen bei Apfel

Fäulnis an Birne (Foto: LK Stmk.)

1.2.2 Tierische Schaderreger

Gemeiner Birnblattsauger (*Psylla piri*)

Der Birnblattsauger ist neben dem Apfelwickler der gefährlichste Schädling bei der Birne. Aufgrund der hohen Vermehrungsrate kann innerhalb kurzer Zeit ein Massenauftreten erfolgen. Die Vermehrungsrate begünstigt auch die Resistenzentwicklung gegenüber Insektiziden.

Birnblattsauger gelten auch als Überträger von Birnenverfall.

Schadbild

Larven saugen an frischen Trieben und Blättern und scheiden große Mengen Honigtau ab. Befallene Blätter rollen sich ein und können bei anhaltendem Befall eintrocknen. Der größte Schaden entsteht in den meisten Fällen durch die Verschmutzung der Früchte mit Honigtau und die damit verbundene Ansiedelung von Schwärzepilzen.

Erreger

Der Gemeine Birnblattsauger überwintert als erwachsenes Insekt am Baum oder in Verstecken am Boden. Während des Austriebes (Knospenschwellen) beginnen die Weibchen bereits mit der Eiablage.

Während die ersten Eier üblicherweise an die Rinde einjähriger Triebe geheftet werden, findet die weitere Eiablage direkt auf austreibende Knospen und später auf junge Blätter statt. Die Haupteiablage der Wintergeneration findet erfahrungsgemäß im Zeitraum vom Grün- bis Rotknospenstadium statt. Die Eier sind zitronengelb und verfärben sich mit zunehmendem Alter bis zu einem satten Orangegelb. Während der Blüte ist mit dem Beginn des Larvenschlupfs zu rechnen. Die jungen Larven saugen bevorzugt im Bereich der Triebspitzen und scheiden dabei große Mengen Honigtau ab. Bald nach Blühende sind die ersten Larven ausgewachsen und beginnen wiederum mit der Eiablage. Bis zum Herbst können sich je nach Temperaturverlauf vier bis fünf Generationen bilden und aufgrund der starken Vermehrung einen Massenbefall verursachen.

Birnblattsauger auf Frucht (Foto: LK Stmk.)

Gegenmaßnahmen

In der Praxis stellt sich immer wieder heraus, dass der Birnblattsauger durch den Einsatz von Insektiziden nicht zufriedenstellend bekämpft werden kann. Das liegt daran, dass dieser Schädling aufgrund der enormen Vermehrungsrate sehr rasch Resistenzen entwickelt. Auch ist aufgrund starker Honigtauausscheidung mit Insektiziden häufig keine gute Kontaktwirkung zu erzielen.

Der Birnblattsauger besitzt jedoch eine große Anzahl natürlicher Gegenspieler, wie Marienkäfer, Ohrwurm und Blumenwanze. In extensiv geführten Kulturen, wo weitgehend auf den Einsatz nützlingsschädigender Pflanzenschutzmittel verzichtet wird, kommt es daher auch nur selten zu einem schädigenden Auftreten des Birnblattsaugers.

In Problemsituationen kann es hilfreich sein, Blumenwanzen im Frühjahr anzusiedeln (im Fachhandel erhältlich).

Beim Einsatz von Insektiziden sollten möglichst nützlingsschonende Präparate ausgewählt werden. Daher sollte auch eine etwaige Blattlausbekämpfung mit Neonicotinoiden oder der Einsatz von Phosphorsäureestern gut überlegt sein.

Eine Befallsreduktion ist bei Einsatz von Envidor (Spirodiclofen) sowie Movento (Spirotetramat) zu erwarten. Vertimec (Abamectin) gilt als wirksam, aber stärker nützlingsschädigend. Eine regulierende Wirkung kann auch das Abwaschen des Honigtaus mit Seife in Kombination mit einer hohen Wassermenge haben.

Birnenpockenmilbe (*Eriophyes piri*)

Schadbild

Durch die Saugtätigkeit entstehen an Blättern, Fruchtstielen und jungen Früchten 2 bis 4 mm große, auffällig rötlich gefärbte Pusteln. Erste Symptome können bereits beim Entfalten der ersten Blätter sichtbar werden.

Starker Befall führt zu einer Verminderung der Assimilationsleistung der Blätter und zu einer Verkrüppelung der Früchte.

Befall durch Birnenpockenmilbe (Foto: LK Stmk.)

Apfelwicklerbefall an Birne (Foto: LK Stmk.)

Erreger

Die erwachsenen Milben überwintern am Birnbaum unter den Knospenschuppen. Im Frühjahr, bereits ab dem Stadium des Knospenschwellens, werden die Milben aktiv. Zunächst werden die jungen Blätter und danach auch die Blüten (Blütenstiel, Fruchtknoten und Kelchblätter) besiedelt. Während einer Saison bilden sich je nach Temperaturverlauf mehrere Generationen, die immer wieder die frischen Blätter an den Triebenden besiedeln.

Die Gefahr von Schäden nach der Blüte ist jedoch begrenzt. Die letzte Generation im Spätsommer wandert zur Überwinterung wieder unter Knospenschuppen ein. Erfahrungsgemäß tritt die Birnenpockenmilbe nur in solchen Birnenanlagen stark schädigend auf, wo im Vorjahr die Sommergenerationen nicht bekämpft wurde.

Gegenmaßnahmen

Für sehr stark befallene Anlagen kann zu deren Sanierung eine hoch dosierte Schwefelbehandlung im Spätsommer, nach der Ernte, sinnvoll sein. Diese Maßnahme verhindert weitgehend das Einwandern der Milben in die Knospen zur Überwinterung.

Üblicherweise werden Bekämpfungsmaßnahmen im Frühjahr zum Zeitpunkt des Knospenschwellens und nach dem Austrieb durchgeführt. Die Frühzeitigkeit der Behandlung ist wichtig, da zu diesem Zeitpunkt die vorhandenen Milben noch keinen Schutz in den Gallen finden. Geeignet für die frühe Behandlung sind Schwefel sowie Paraffinöl.

Ein weiterer Befallsaufbau kann erfahrungsgemäß durch mehrere Schwefelanwendungen nach der Blüte ausreichend verhindert werden.

Apfelwickler (*Cydia pomonella*)

Der Apfelwickler kann auch einen bedeutenden Ertragsausfall bei der Birne verursachen. Erfahrungsgemäß beginnt der Befall bei der Birne, im Vergleich zum Apfel, im Frühjahr deutlich später. Der größte Schaden ist von der zweiten Generation ab ca. Mitte Juli zu erwarten.

Beschreibung und Gegenmaßnahmen

Siehe Apfel!

Schalenwickler

Schalenwicklerarten spielen bei der Birne eine ähnliche Rolle wie beim Apfel.

Beschreibung und Gegenmaßnahmen

Siehe Apfel!

Rostmilben

Apfelrostmilbe (*Aculus schlechtendali*)
Birnenrostmilbe (*Epitrimerus piri*)

Befall ist sowohl durch Apfel- als auch Birnenrostmilben möglich.

Beide Arten sind in ihrem Aussehen und auch ihrer Biologie ähnlich. Rostmilben können vor allem

Rostmilbenbefall an Birnentrieb (Foto: LK Stmk.)

bei den Sorten 'Gute Luise' und 'Williams' Berostungen im Bereich der Kelchgrube verursachen.

Beschreibung und Gegenmaßnahmen

Siehe Apfel!

Birnengallmücke (*Contarinia pyrivora*)

Ein stärkeres Auftreten ist nur in einzelnen Lagen zu beobachten. Bei geringem Blütenansatz kann in Befallslagen jedoch ein bedeutender Ertragsausfall verursacht werden.

Schadbild

Befallene Früchte wachsen zunächst deutlich stärker als die anderen Früchte am Baum und fallen daher zunächst durch ihre Größe auf. Sobald diese Früchte dann ca. 1 cm Durchmesser haben, beginnen sie sich schwarz zu verfärben und fallen anschließend ab. Im Inneren der befallenen Früchte findet man zahlreiche weiße, beinlose Larven.

Erreger

Die Birnengallmücke überwintert als Puppe im Boden. Im Frühjahr, etwa ab dem Zeitpunkt des Grünknospenstadiums, kann in Befallslagen eine Flugaktivität beobachtet werden. Nach Begattung der Weibchen findet während des Ballonstadiums der Befall statt. Dabei werden mehrere Eier vorwiegend zwischen die Blütenblätter abgelegt. Nach dem Schlupf der Larven dringen diese in den Fruchtknoten ein und ernähren sich im Inneren der jungen Frucht. Nach dem Abfallen der Frucht spinnen sich die Larven mehrere Zentimeter unter der Bodenoberfläche ein. Jährlich entwickelt sich nur eine Generation.

Schädigung junger Birnen durch Birnengallmücke (Foto: LK Stmk.)

Gegenmaßnahmen

Da die Birnengallmücke nur in einzelnen Anlagen stärker auftritt, ist eine Bekämpfung auch nur dort sinnvoll, wo innerhalb der letzten zwei Jahre ein Befall festgestellt wurde.

Dazu kann man kurz vor dem Öffnen der ersten Blüten eine Behandlung mit einem bei der Birne dafür zugelassenen Insektizid durchführen.

Birnenknospenstecher (*Anthonomus piri*)

Der Birnenknospenstecher ist bei der Birne ein bedeutender Schädling. Besonders in Jahren mit einem schwachen Blütenknospenansatz kann sich ein Befall stark ertragsmindernd auswirken.

Schadbild

Befallene Knospen erkennt man daran, dass sie im Frühjahr nicht austreiben. Im Inneren der vertrockneten Knospe kann zunächst eine Käferlarve und im fortgeschrittenen Stadium eine Puppe festgestellt werden.

Erreger

Der Birnknospenstecher ist ein 4 bis 6 mm großer Rüsselkäfer. Ähnlich wie der Apfelblütenstecher hat der Birnenknospenstecher ein helles Band quer über die Flügeldecken, das jedoch gerade verläuft.

Ab September fliegen die Käfer von außen in Birnenanlagen ein. Nach der Begattung und einem kurzen Reifungsfraß werden noch im Herbst Eier einzeln ins Innere von Blütenknospen abgelegt. Dabei werden bevorzugt die Terminalknospen befal-

Abgestorbene Knospen durch Birnenknospenstecher (Foto: LK Stmk.)

len. Je nach dem Zeitpunkt der Eiablage schlüpfen noch im Spätherbst oder auch erst im zeitigen Frühjahr die Larven, die dann die befallenen Knospen von innen her ausfressen. Häufig wird man auf den Befall erst dadurch aufmerksam, wenn zahlreiche Knospen im Frühjahr nicht austreiben. Die Larven entwickeln sich im Inneren der geschlossenen Blütenknospen fertig.

Im Mai sind die Käfer voll entwickelt und suchen ein Sommerversteck auf, im Herbst wandern sie wieder in Birnenanlagen ein.

Gegenmaßnahmen
Die Zuwanderung im Herbst wird mittels Klopfproben überwacht. Werden Käfer in Birnenanlagen festgestellt, ist die Bekämpfung sinnvoll, noch bevor die Eiablage einsetzt.

Blattläuse
Blattläuse spielen bei der Birne eine deutlich geringere Rolle als beim Apfel. In vielen Jahren können Nützlinge den Befall so weit regulieren, dass keine Bekämpfung erforderlich ist.

Von den bei Birne vorkommenden Arten hat nur die **Mehlige Birnenblattlaus (*Dysaphis piri*)** gelegentlich eine Bedeutung.

Die Überwinterung erfolgt als Ei. Vor der Blüte schlüpfen aus den Wintereiern die graurosa gefärbten Stammmütter. Diese besiedeln junge Blätter und bilden dort dichte Kolonien, die an der blaugrauen Bepuderung leicht zu erkennen sind. Befallene Blätter drehen sich spiralig ein.

Durch die Saugtätigkeit kommt es zur Ausscheidung von Honigtau, der bei starkem Befall zu einer Verschmutzung der Früchte und zu einer nachfolgenden Ansiedelung von Schwärzepilzen führen kann. Im Gegensatz zur Mehligen Apfelblattlaus

Blattrollung durch Mehlige Birnenblattlaus (Foto: LK Stmk.)

verursacht die Mehlige Birnblattlaus jedoch keine direkten Fruchtdeformationen.

Im Sommer wandert diese Blattlausart auf Kräuter ab. Im Herbst kehrt sie auf die Birnbäume zurück, um an Kurztrieben und Zweigen die Wintereier abzulegen.

Gegenmaßnahmen
Bei Überschreiten der Schadschwelle ist die Bekämpfung mit Neonicotinoiden (Acetamiprid, Thiacloprid ...), Teppeki (Flonicamid), Movento (Spirotetramat) oder Pirimicarb (Pirimor) möglich.

San-José-Schildlaus (*Quadraspidiotus perniciosus*)
Beschreibung und Gegenmaßnahmen
Siehe Apfel!

Holzschädlinge (Ungleicher Holzbohrer, Obstbaumsplintkäfer)
Beschreibung und Gegenmaßnahmen
Siehe Apfel!

2. KRANKHEITEN UND SCHÄDLINGE BEIM STEINOBST

2.1 Zwetschken

2.1.1 Nichtparasitäre Schäden

Halswelke
Die Halswelke tritt nur in manchen Jahren stärker in Erscheinung und sollte nicht mit dem Einschrumpfen der Früchte bei Überreife verwechselt werden.

Nach bisherigen Erfahrungen sind wohlschmeckende Sorten wie z. B. 'Fellenberg', 'Hauszwetschke', 'Hanita', 'Toptaste' u. a. häufiger betroffen.

Schadbild
Ein bis drei Wochen vor der Ernte ist an den Zwetschken eine verstärkte Rissbildung im Bereich um den Stielansatz zu beobachten. In der Folge kommt es in diesem Bereich zum Schrumpfen und die weitere Fruchtreife wird unterbrochen. Betroffene Früchte bleiben geschmacklich minderwertig und das Fruchtfleisch besitzt eine zähe Konsistenz. Vielfach fallen diese Zwetschken bereits vorzeitig ab.

Halswelke (Foto: LK Stmk.)

Scharka-Befall bei Zwetschke (Foto: LK Stmk.)

Ursache

Die Ursachen für die Halswelke sind nicht genau bekannt. Man geht davon aus, dass diese Erscheinung physiologisch bedingt ist und in einem engen Zusammenhang mit der Witterung bzw. Wasserversorgung steht. Die Rissbildung um den Stielansatz ist vermutlich nicht die Folge, sondern die eigentliche Ursache der Halswelke. Dieses Aufplatzen der Früchte kann durch intensive Niederschläge nach einer länger andauernden Trockenperiode gefördert werden. Folgen danach Tage mit hohen Temperaturen, kann das stärkere Wasserverluste an den Früchten zur Folge haben und damit das Schrumpfen auslösen.

Gegenmaßnahmen

Der Einsatz von Fungiziden hat sich bisher als wirkungslos herausgestellt. Es ist anzunehmen, dass sich bei gleichmäßiger Wasserversorgung, wie dies mit einer Beregnung möglich ist, eine Befallsminderung erreichen lässt.

2.1.2 Bakterienerkrankungen, Pilzkrankheiten und Virosen

Scharka (Pockenkrankkeit)

Bei Scharka handelt es sich um eine Viruserkrankung, die besonders bei Zwetschken und Marillen von großer Bedeutung ist. Bei den anderen Steinobstarten sind Befallssymptome nur selten zu beobachten. Bei der Anfälligkeit bestehen auch große Sortenunterschiede.

Viele Regionen sind mittlerweile von Scharka durchseucht.

Schadbild

An den Blättern bilden sich typische ringförmige Aufhellungen. An den noch grünen Früchten werden zunächst ebenfalls Aufhellungen sichtbar, aus denen sich mit zunehmendem Fruchtwachstum Einsenkungen bilden. Darunter ist das Fruchtfleisch bis zum Kern, an dem ebenfalls diese ringförmigen Aufhellungen auftreten können, verbräunt. Bei empfindlichen Sorten werden die Früchte verkrüppelt, platzen gelegentlich auf und fallen bereits vor der Ernte ab.

Erreger

Von den Viruserkrankungen, die bei Zwetschken auftreten können, ist Scharka zweifellos die gefährlichste. Die Viren können über Unterlagen oder infizierte Edelreiser bereits in die Baumschule eingeschleppt werden. Eine Übertragbarkeit über Samen wird nach derzeitigem Kenntnisstand eher ausgeschlossen. Häufig passieren Ansteckungen jedoch über sog. Vektoren (Blattläuse, Blattsauger ...), die zuvor an infizierten Bäumen gesaugt haben. Gerade viele ältere und wohlschmeckende Sorten ('Hauszwetschke', 'Fellenberg', 'Ersinger', 'C. Fruchtbare' ...) reagieren bei Befall mit starken Blatt- und Fruchtsymptomen. Aus diesem Grund werden im Anbau derzeit Scharka-tolerante Sorten ('Cacacks Schöne', 'Toptaste', 'Tophit' ...) bevorzugt. Diese können zwar von diesem Virus befallen sein, zeigen jedoch nur selten Fruchtsymptome. Die

Scharka-Symptome an Zwetschke (Foto: LK Stmk.)

Virusfreiheit ist jedoch auch bei diesen Sorten von großer Bedeutung, da ein Befall die Leistungsfähigkeit (Fruchtgröße, Ertrag ...) deutlich vermindert und diese Bäume zu gefährlichen Infektionsquellen macht. Mittlerweile sind auch bereits Scharka-resistente Sorten gezüchtet ('Jojo' ...).

Gegenmaßnahmen

Eine direkte Bekämpfung einer Viruserkrankung an befallenen Bäumen ist nicht möglich. Bei Neupflanzungen ist die Verwendung von zertifiziertem Pflanzmaterial zu empfehlen.

In Zwetschkenanlagen sollte auf eine sorgfältige Blattlausbekämpfung geachtet werden. Sind Infektionsherde vorhanden, kann damit eine weitere Ansteckung jedoch nicht verhindert werden. Wesentlich wichtiger ist es dann, dass befallene Bäume rasch gerodet und entfernt werden.

Bakterienbrand (*Pseudomonas syringae* ssp.)

Seit den 90er Jahren hat diese Erkrankung unter dem Begriff „Zwetschkensterben" große Bedeutung erlangt. Als Verursacher dieser Erkrankung gelten aggressive Stämme des Bakteriums *Pseudomonas syringae*. Neben Zwetschke können auch Kirschen und Marillenanlagen stark betroffen sein.

Schadbild

An den Stämmen, Ästen und Trieben betroffener Bäume bilden sich bräunlich-violett verfärbte Einsenkungen (Rindenbrand), die sich zungenartig in die gesunde grüne Rinde ausbreiten. Mit der zunehmenden Vergrößerung der Befallsstellen zeigen die betroffenen Kronenteile Welkesymptome, meistens verbunden mit starkem Gummifluss an den Schadstellen. In weiterem Krankheitsverlauf sterben einzelne Kronenteile und längerfristig der gesamte Baum ab. Auffallend ist, dass die Unterlage nicht befallen wird.

Blatt- und Fruchtschäden durch Pseudomonas (Foto: LK Stmk.)

Während der Vegetationsperiode kann *Pseudomonas syringae* auch an Blättern und Blüten Befallssymptome auslösen. Blätter weisen schrotschussartige Löcher auf. Diese sind im Gegensatz zu Schrotschuss (siehe Seite 432) unregelmäßig geformt und haben keinen dunklen Rand.

Erreger

Pseudomonas syringae ist in der Natur weit verbreitet und kann erst bei Vorhandensein geeigneter Eintrittspforten eine Schädigung von Wirtspflanzen verursachen.

Dabei spielen die wenig verkorkten Blattnarben im Herbst und Wunden (Frostrisse, Schnittwunden ...) eine besondere Rolle. Zu den gefährlichen Stamminfektionen kommt es vor allem bei feuchter Witterung während des Blattfalls, nach frühzeitigen Frösten im Herbst und nach Stammschäden durch Winterfröste.

Nach dem Eindringen der Bakterien in die Pflanze beginnen sie sich in der Rinde zu vermehren, zerstören das Rindengewebe, wodurch diese typischen Befallsstellen entstehen. Die Überwinterung der Bakterien erfolgt im Übergangsbereich vom kranken zum gesunden Gewebe.

Gegenmaßnahmen

Eine direkte Bekämpfung von Bakterien an bereits erkrankten Bäumen ist derzeit nicht möglich. Bei vorhandenen Befallsstellen sind diese sorgfältig auszuschneiden und mit einem kupferhältigen Wundverschlussmittel zu verstreichen.

Als vorbeugende Maßnahmen ist es wichtig, nur gesundes Baummaterial zu pflanzen und die Gefahr von Winterfrostschäden möglichst gering zu halten. Dazu ist es wichtig, frostgefährdete Lagen für Neuauspflanzungen auszuscheiden und die Stickstoffdüngung auf die Wuchs- und Ertragsleistung abzustimmen.

Besonders Stickstoffgaben im Sommer und Herbst sind zu unterlassen, da man damit die Frostwiderstandsfähigkeit deutlich vermindert. Auch das Weißen der Stämme, besonders wichtig in exponierten Lagen mit hoher Sonneneinstrahlung, hat sich als wichtige Maßnahme zur Gesunderhaltung der Bäume herausgestellt. Durch die Lichtreflektion wird ein übermäßiges Erwärmen der Rinde im Frühjahr verhindert, wodurch Spannungsrisse am Stamm vermieden werden.

Auf Schnittmaßnahmen sollte während der Herbst- und Wintermonate aufgrund der Gefahr von Wundinfektionen verzichtet werden. Auch während der restlichen Zeit sollte der Baumschnitt nur bei trockener Witterung erfolgen. Im Herbst, wenn ca. 2/3 der Blätter abgefallen sind, und beim Austrieb im Frühjahr können Behandlungen mit einem zugelassenen Kupferpräparat zusätzlich die Gefahr von Neuinfektionen reduzieren.

Auch die Auswahl der Unterlage hat sehr großen Einfluss auf das Baumsterben.

Zwetschkenrost (*Tranzschelia pruni-spinosae*)

Ein stärkeres Auftreten von Zwetschkenrost ist nur gelegentlich zu beobachten. Hat im Erwerbsanbau keine besondere Bedeutung.

Schadbild

Auf der Blattoberseite bilden sich ab Juli kleine, gelbe Punkte. Etwas später bilden sich auf der Blattunterseite stecknadelkopfgroße, rostbraune Sporenlager. Bei starkem Befall trocknen die Blätter von der Spitze her ein und werden vorzeitig abgeworfen. Ein Befall an Früchten kommt nicht vor.

Erreger

Der Pilz ist wirtswechselnd und tritt bei der Zwetschke erst im Sommer in Erscheinung. Vom erkrankten Falllaub werden im Frühjahr Sporen ausgeschleudert, die zunächst bestimmte Anemonenarten (Leberblümchen ...) befallen. Ab Juni können dann von dort ausgehend Infektionen an den Blättern von Zwetschken stattfinden. Diese bilden nach etwa drei bis vier Wochen auf der Blattunterseite Sporenlager aus, die im Laufe des Sommers zu weiteren Infektionen führen.

Gegenmaßnahmen

Ein bis zwei Behandlungen mit Kontaktfungiziden ab Juni bringen erfahrungsgemäß eine ausreichende Nebenwirkung.

Narren- oder Taschenkrankheit (*Taphrina pruni*)

Besonders nach einer verregneten Blütezeit kann diese Erkrankung stärker auftreten. Am häufigsten sind die auffälligen Symptome an Früchten bei Hauszwetschken zu beobachten. Im Erwerbsobstbau tritt diese Erkrankung so gut wie nicht in Erscheinung.

Schadbild

Befallene Früchte sind stark vergrößert, steinlos und bananenartig verkrümmt. An der Oberfläche bildet sich ab Juni ein weißlicher Überzug.

Erreger

Der Pilz überwintert am Holz der Bäume und kann bei feuchtem Blühwetter den Fruchtknoten infizieren. Befallene Früchte werden vom Pilzmycel durchwachsen und gleichzeitig zum verstärkten Größenwachstum angeregt. Ab Juni werden an der Fruchtoberfläche große Sporenmengen als weißer Belag sichtbar. Gelangen diese Sporen auf junge Triebe, bildet sich an der Oberfläche ein Sprossmycel aus, das im nächsten Frühjahr wieder Sporen freisetzt.

Gegenmaßnahmen

Im Erwerbsobstbau, wo im Frühjahr mehrere Fungizidbehandlungen gegen div. Pilzkrankheiten erfolgen, ist die Taschenkrankheit nicht zu finden.

Bei Vorjahresbefall erscheinen zwei Anwendungen mit einem Kontaktfungizid zu Blühbeginn und bei abgehender Blüte sinnvoll.

Zwetschkenrost auf Blattunterseite (Foto: LK Stmk.)

Taschenkrankheit (Foto: LK Stmk.)

Schrotschuss (*Clasterosporium carpophilum*)

Schrotschuss tritt bei allen Steinobstarten auf.

Befall ist an Blättern, Trieben und Früchten möglich.

Starker Blattbefall ist bei Zwetschken und Kirschen besonders nach feuchtkühler, niederschlagsreicher Frühjahrswitterung zu erwarten. Bei Pfirsich und Marillen sind Blattinfektionen von geringer Bedeutung. Bei Pfirsich können jedoch verstärkt Triebinfektionen, bei Marillen Befall an den Früchten auftreten. Bezüglich der Anfälligkeit bestehen generell große Sortenunterschiede.

Schadbild

Im Frühjahr entstehen auf den jungen Blättern zunächst aufgehellte Punkte, die sich nach wenigen Tagen rötlich-braun verfärben. Mit der Zeit trocknen diese Punkte ein, brechen heraus und hinterlassen 2–3 mm große, rot umrandete Löcher. Befallene Blätter erhalten ein Aussehen, als wären sie mit Schrotkörnern durchlöchert worden und werden bei starkem Befall bereits im Sommer abgeworfen.

Infektionen sind auch an den Früchten und Trieben möglich. An Früchten werden eingesunkene dunkle Stellen mit rotbraunem Rand sichtbar, bei Marillen meistens auf eine Fruchthälfte begrenzt. An den Trieben bilden sich rötlich-braune Befallsstellen, diese können bei starkem Befall ineinander fließen und den vorderen Triebteil zum Absterben bringen. Beim Pfirsich bilden sich häufig kleine eingesunkene Stellen an der Basis von Knospen.

Erreger

Der Pilz überwintert als Mycel an Triebbefallsstellen und Fruchtmumien und ist gegenüber tiefen Wintertemperaturen und Austrocknung sehr widerstandsfähig. Ab dem Austrieb werden bei feuchtem Wetter Konidien freigesetzt. Diese gelangen hauptsächlich über Regentropfen auf junge Blätter und Triebe und können ab etwa 10 °C bei vorhandener Blattnässe Infektionen auslösen. Es entstehen bräunliche Befallsstellen, die wieder Sporen freisetzen und für weitere Infektionen sorgen. Da die Sporen in erster Linie abgeschwemmt werden, sind häufig die untersten Blätter am stärksten betroffen. Nach der Blüte werden auch Früchte und Triebe befallen.

Schrotschuss an Zwetschkenblatt (Foto: LK Stmk.)

Erst ab ca. Mitte Juni lässt die Sporenbildung deutlich nach. Zudem sind um diese Zeit auch die Blätter weitgehend altersresistent und die Temperaturverhältnisse nicht mehr ideal für weitere Infektionen.

Bedeutende Infektionen finden dann wieder im Herbst statt. Zur Zeit des Blattfalls dringt bei feuchter Witterung der Erreger über die noch wenig verkorkten Blattansatzstellen ins Holz ein und schädigt das Rindengewebe und die Knospen.

In Jahren mit feuchten Bedingungen während der ersten Wochen nach der Blüte ist mit besonders starkem Befall zu rechnen.

Gegenmaßnahmen

Der entscheidende Bekämpfungszeitraum erstreckt sich vom Austrieb bis ca. Mitte Juni und nach der Ernte zum Blattfall. Im Frühjahr sollten während des Befallszeitraumes gezielt vor Regenperioden Spritzungen mit anerkannten Kontaktfungiziden durchgeführt werden. Während des Blattfalls können durch Einsatz zugelassener Kontaktfungizide oder Kupferpräparate Spätinfektionen verhindert werden.

Fruchtmonilia (*Monilia fructigena*)

Bei der Moniliaerkrankung des Steinobstes muss zwischen Blüten- und Fruchtmonilia unterschieden werden. Während Blütenmonilia bei den meisten Zwetschkensorten nur wenig Bedeutung zukommt, kann Fruchtmonilia bei feuchter Witterung in den letzten Wochen vor der Ernte beträchtliche Ernteausfälle verursachen. Bei der Anfälligkeit bestehen deutliche Sortenunterschiede.

Schadbild

Der Pilz dringt über Verletzungen (Dehnungsrisse ...) in die Frucht ein und verursacht Faulstellen. Direkt anliegende Früchte werden meistens ebenfalls angesteckt, sodass häufig mehrere Früchte zusammenkleben. Befallene Früchte bilden nach

Befall durch Fruchtmonilia (Foto: LK Stmk.)

wenigen Wochen an der Fruchtoberfläche zahlreiche, sehr auffällige graue Sporenlager. Diese Früchte schrumpfen danach ein und bleiben vielfach als sog. Fruchtmumien häufig bis ins nächste Frühjahr am Baum hängen. Oft kleben sie dabei an den Trieben fest.

Erreger

Überwinternde Fruchtmumien stellen die bedeutendste Ansteckungsquelle im kommenden Jahr dar. Ab Mai bilden sich an deren Oberfläche zahlreiche Konidien. Diese können bei feuchter Witterung Früchte infizieren, sind jedoch auf Verletzungen angewiesen und die Früchte müssen bereits einen fortgeschrittenen Reifezustand aufweisen. Gerade in den letzten Wochen vor der Ernte sind die Früchte daher besonders gefährdet. Auch werden durch den starken Fruchtzuwachs in dieser Phase sowie durch Niederschläge sehr leicht Dehnungsrisse in der Schale verursacht. Infektionen, die erst kurz vor oder bei der Ernte stattfinden, kommen bei Raumtemperatur innerhalb weniger Tage zum Ausbruch und führen häufig zu Beanstandungen.

Gegenmaßnahmen

Die Bekämpfung kann sich auf die letzten drei Wochen vor der Ernte (ab dem Umfärben der Zwetschken) beschränken. In dieser Phase ist mit ein bis drei gezielten Behandlungen (abhängig von der Sortenanfälligkeit und der Witterung) mit speziellen Fungiziden eine ausreichende Wirkung zu erzielen. Gegenüber spezifisch wirkenden Fungiziden können sich bei häufiger Anwendung rasch Resistenzen bilden.

Um die Bildung von Spritzflecken zu vermeiden, sollten Behandlungen vor der Ernte mit geringer Wassermenge erfolgen.

2.1.3 Schädlinge

Pflaumensägewespe (*Hoplocampa flava*)

Die Pflaumensägewespe gehört gemeinsam mit dem Pflaumenwickler zu den gefährlichsten Schädlingen bei der Zwetschke. Bei starkem Befall ist es möglich, dass in Befallslagen mehrere Jahre in Folge ein Totalverlust der Ernte eintritt.

Schadbild

Bald nach der Blüte findet man an der jungen Frucht ein etwa 1 mm großes, kreisrundes Loch. Im Inneren, sofern die Frucht nicht bereits verlassen wurde, befindet sich eine weiße Larve mit bräunlichem Kopf. Befallene Früchte werden frühzeitig abgeworfen.

Erreger

Die Pflaumensägewespe ist ca. 5 bis 6 mm groß, Kopf und Brustteil sind bräunlich, der Hinterleib sowie Fühler und Beine sind gelblich.

Die Sägewespen werden von der weißen Blütenfarbe angelockt und befallen ab dem Ballonstadium die Zwetschkenblüten. Die Weibchen schlitzen die Kelchblätter auf und legen jeweils ein Ei pro Blüte ab. Nach ca. zehn bis zwölf Tagen schlüpft die junge Larve und bohrt sich rasch in die junge Frucht ein. Im Laufe ihrer mehrwöchigen Entwicklung kann sie nacheinander mehrere Früchte zerstören. Am Ende der Larvenentwicklung seilen sich die ausgewachsenen Larven ab und spinnen sich in der obersten Bodenschicht ein. Die Verpuppung und Weiterentwicklung zum fertigen Insekt erfolgt erst im nächsten Frühjahr.

Befall durch Pflaumensägewespe (Foto: LK Stmk.)

Gegenmaßnahmen

Mit weißen Leimtafeln kann der Flug gut überwacht werden, wobei die Fangzahlen kein zuverlässiges Maß für die Befallsstärke darstellen. Sie zeigen jedoch gut den Befallsbeginn und den Befallsverlauf. Ist eine Bekämpfung erforderlich, sollte diese zum Zeitpunkt des beginnenden Larvenschlupfes erfolgen, was erfahrungsgemäß zu Blühende der Fall ist. Der unterschiedliche Blühtermin und damit auch unterschiedliche Befallszeitraum bei den einzelnen Sorten ist zu berücksichtigen.

Für die Bekämpfung sind spezielle tiefenwirksame oder systemische Insektizide geeignet. Die Bestimmungen zur Vermeidung von Bienenschäden sind zu berücksichtigen.

Blattläuse

An der Zwetschke können verschiedene Blattlausarten schädigend auftreten. In unserem Anbaugebiet ist besonders auf die Mehlige Pflaumenlaus und die Hopfenblattlaus zu achten. Neben der Pflanzenschädigung aufgrund ihrer Saugtätigkeit spielen sie auch als Überträger von Viruserkrankungen eine bedeutende Rolle.

Hopfenblattlaus (*Phorodon humuli*)

Diese hellgrüne Blattlaus sitzt meist in dichten Kolonien an der Blattunterseite und ist an den zwei stummelartigen Fortsätzen im Kopfbereich gut von anderen Arten zu unterscheiden.

Die Larven schlüpfen während oder kurz nach der Blüte aus den Eiern. Danach kommt es häufig zu einer Massenvermehrung mit Höhepunkt im Juni. Im Sommer wandern geflügelte Blattläuse auf Zwischenwirte ab und kehren im Herbst zur Eiablage wieder auf Zwetschkenbäume zurück.

Da diese Blattlausart kaum Blattverkrümmungen oder Honigtau verursacht, ist der Schaden bei Zwetschken meist von geringer Bedeutung und erlaubt auch ein etwas längeres Zuwarten mit der Bekämpfung

Mehlige Pflaumenlaus (*Hyalopterus pruni*)

Diese Blattlausart bildet dichte Kolonien, die an der blaugrauen Bepuderung leicht von anderen Arten zu unterscheiden ist. Der Schlupf aus den Wintereiern beginnt etwa zugleich mit der Zwetschkenblüte. Nach mehreren Generationen sind ab Ende Mai die Blattunterseiten häufig bereits massenhaft mit Läusen besetzt. Befallene Blätter drehen sich leicht nach unten ein und abgesonderter Honigtau führt zur Ansiedelung von Schwärzepilzen. Der Befall an Zwetschkenbäumen dauert bis in den Spätsommer an. Ab dem Fühsommer erfolgt auch die Besiedelung von Zwischenwirten. Von dort kehren im Herbst geflügelte Tiere zur Eiablage auf die Zwetschkenbäume zurück. Aufgrund zu erwartender Schäden sollte bei Vorkommen der Mehligen Pflaumenlaus eine Bekämpfung bereits vor einem Massenauftreten erfolgen. Erfahrungsgemäß kann mit Neonicotinoiden eine gute Wirkung erreicht werden.

Pflaumenwickler (*Grapholita funebrana*)

Besonders in warmen, trockenen Jahren kann der Pflaumenwickler einen Ernteausfall von bis zu 50 % verursachen. Dabei sind mittelspäte und späte Sorten deutlich stärker gefährdet. Auf eine Bekämpfung kann im Erwerbsobstbau keinesfalls verzichtet werden.

Schadbild

Befallene Früchte reifen vorzeitig und fallen bei frühem Befall bereits vor der Ernte ab. Im Inneren der Frucht findet man eine fleischfarbige, bis 12 mm große Larve und feuchte Kotansammlungen.

Erreger

Bei günstiger Witterung beginnt bereits ab Mitte Mai (ca. zehn Tage vor Apfelwickler) die Eiablage der ersten Faltergeneration und dauert ca. sechs Wochen an. Die Eier werden in den Abendstunden bei einer Mindesttemperatur von 15 °C direkt auf die Frucht abgelegt. Nach etwa acht bis zwölf Tagen schlüpfen die Larven und bohren sich rasch in die jungen Früchte ein. Nach knapp vier Wochen sind die Larven ausgewachsen, verpuppen sich und entwickeln sich weiter zum Falter. Viele Larven der

Fruchtbefall durch Pflaumenwickler (Foto: LK Stmk.)

ersten Generation gehen jedoch zugrunde, sie können sich in den früh abgefallenen Früchten nicht fertig entwickeln. Ab ca. Anfang Juli beginnen die Falter der zweiten Generation Eier abzulegen. Im Spätsommer kann in frühen Jahren sogar noch teilweise eine dritte Generation auftreten. Die zweite und dritte Generation sind deutlich gefährlicher als die erste, da von ihnen ein deutlich höherer Befallsgrad erreicht wird und die Bäume zum Befallszeitpunkt bereits entsprechend ausgedünnt sind. Mit dem Absinken der Abendtemperaturen endet erst ca. Mitte September die Eiablage. Ausgewachsene Larven suchen sich zur Überwinterung geschützte Stellen, meistens unter Rindenschuppen, und spinnen sich dort zur Überwinterung in Kokons ein. Die Verpuppung und Weiterentwicklung zum Falter erfolgt erst im darauffolgenden Frühjahr.

Gegenmaßnahmen

Der sehr lange Befallszeitraum, der bereits zwei bis drei Wochen nach Blühende beginnt und durchgehend bis in den Spätsommer anhält, macht eine gezielte Bekämpfung des Schädlings sehr schwierig. Eine gewisse Unterstützung bieten Pheromonfallen zur Flugüberwachung. Zudem kann angenommen werden, dass während kühl-feuchter Witterungsperioden die Eiablage weitgehend aussetzt. In warmen, trockenen Jahren muss jedoch mit einem ständigen Befall, über Monate, gerechnet werden.

Bei gutem Fruchtansatz kann bei mittelspäten und späten Sorten auf die Bekämpfung der ersten Generation (bis ca. Mitte Juni) verzichtet werden. Unter diesen Voraussetzungen bewirkt der Befall im Mai und Juni im Normalfall nur eine erwünschte Reduktion der Fruchtzahl. Auf jeden Fall aber müssen die letzten sechs Wochen vor der Ernte befallsfrei gehalten werden, um sicherzustellen, dass keine befallenen Früchte in den Handel gelangen. Mit dem stärksten Befall ist ab Mitte Juni bis Mitte August zu rechnen. Bei unzureichender Bekämpfung können in dieser Zeit empfindliche Ernteeinbußen entstehen.

Obstbaumspinnmilbe (*Panonychus ulmi*)

Von den Steinobstarten ist nur die Zwetschke durch die Obstbaumspinnmilbe, die auch als Rote Spinne bezeichnet wird, gefährdet. In extensiv geführten Anlagen tritt diese Spinnmilbenart, aufgrund der natürlich vorkommenden Nützlingspopulation, nur selten schädigend auf. Weiters kann auch die Gemeine Spinnmilbe (*Tetranychus urticae*) bei der Zwetschke schädigend auftreten.

Schadbild

Die rot gefärbten, 0,5 mm großen Milben halten sich vorwiegend auf der Blattunterseite auf und sind mit freiem Auge zu erkennen. Erst bei sehr starkem Befall sind Milben auch an der Blattoberseite zu finden.

Durch die Saugtätigkeit an den Blättern erhalten diese zunächst ein gesprenkeltes Aussehen. Mit zunehmender Schädigung werden die Blätter fahl und schließlich rostbraun.

Die verminderte Leistungsfähigkeit befallener Blätter beeinträchtigt bei starkem Befall die Größe und den Geschmack der Früchte und schwächt die Bäume.

Biologie und Gegenmaßnahmen

Siehe Apfel.

Pflaumenrostmilbe (*Aculus fockeui*)

Ein wirtschaftlicher Schaden ist gelegentlich in Baumschulen und Junganlagen zu beobachten. Mit zunehmendem Alter der Bäume und dem Nachlassen des Triebwachstums verliert die Pflaumenrostmilbe an Bedeutung.

Schadbild

Befallen werden besonders die jungen Blätter an der Triebspitze. Diese bleiben aufgrund der Saugtätigkeit klein, verfärben sich bronzeartig und werden spröd. Ein starker Befall kann zum Absterben

Befall durch Pflaumenrostmilbe (Foto: LK Stmk.)

der Endknospe führen, wodurch es verstärkt zum Neuaustrieb an den Seitenknospen kommt und ein besenartiger Wuchs entsteht. Gelegentlich ist auch ein Fruchtbefall zu beobachten. Geschädigte Früchte weisen eine netzartige Berostung auf.

Erreger

Ausgewachsene Tiere überwintern bevorzugt unter Knospenschuppen an einjährigen Trieben. Bereits beim Austrieb werden die jungen Blätter besiedelt. Im Laufe des Sommers bilden sich mehrere Generationen.

Gegenmaßnahmen

Bei älteren Bäumen ist allgemein keine Bekämpfung erforderlich.

Bei Vorjahresbefall kann mit dem Einsatz eines Paraffinölpräparates (Austriebsspritzmittel) vor der Blüte eine Befallsreduktion erreicht werden.

Nach der Blüte ist im Regelfall der mehrmalige Einsatz von Schwefel ausreichend.

Napfschildlaus (*Parthenolecanium corni*)

Ein Auftreten ist immer wieder an Zwetschken und Pfirsichen zu beobachten.

Starker Befall führt zur Schwächung der Bäume. Zusätzlich ist durch starke Honigtauausscheidung eine Verschmutzung von Blättern und Früchten zu befürchten.

Schadbild

Besonders an der Unterseite von Ästen und Trieben sind auffällige, napfartige Schildläuse gelegentlich in großer Anzahl zu finden. Die Schildchen sind etwa 4 mm groß, hochgewölbt und bräunlich glänzend und bleiben noch Jahre nachdem die Muttertiere bereits abgestorben sind am Baum. Die Saugtätigkeit ist mit einer starken Honigtauabsonderung verbunden.

Erreger

Von Mai bis Juni legen die Weibchen zahlreiche Eier unter den Schildchen ab und sterben danach ab. Nach dem Schlupf verlassen massenhaft gelborangefarbene Larven den schützenden Deckel und wandern am Baum umher. Bis zum Herbst saugen sie bevorzugt an jungen Trieben und Blättern. Die Überwinterung erfolgt als ca. 1 mm große, flache, rotbraune Larven ungeschützt an der Baumrinde. Im Frühjahr wandern diese Larven auf die jungen Triebe und saugen sich dort fest. Bis zum Frühsommer bilden die Tiere dann das hochgewölbte, typische Schutzschild, unter dem bis zu 1000 Eier abgelegt werden.

Napfschildlaus bei Zwetschke (Foto: LK Stmk.)

Gegenmaßnahmen

Die Bekämpfung wird bevorzugt mit Austriebsbehandlungen durchgeführt.

San-José-Schildlaus (*Quadraspidiotus perniciosus*)

Details siehe Apfel.

Steinobstknospenstecher (*Anthonomus bituberculatus*)

Bisher ist der Steinobstknospenstecher nur punktuell stärker in Erscheinung getreten.

Schadbild

Im Frühjahr fällt auf, dass zahlreiche Knospen nicht austreiben. In den befallenen Knospen ist jeweils

Larve von Steinobstknospenstecher (Foto: LK Stmk.)

eine Käferlarve zu finden, die diese von innen her ausfrisst.

Biologie und Bekämpfung
Siehe Birnenknospenstecher.

2.2 Kirsche und Weichsel

2.2.1 Bakterienerkrankungen, Pilzkrankheiten und Virosen

Bakterienbrand (*Pseudomonas syringae* ssp.)

Diese Bakterienerkrankung kann neben Zwetschken vor allem bei jungen Kirschenanlagen sowie Marillenanlagen zu größeren Baumausfällen führen. Durch Winterfrostschäden und andere Verletzungen können die Bakterien in die Pflanzen eindringen und die Ausbreitung wird dadurch besonders begünstigt.

Hinweise zu Schadsymptomen, Biologie und Bekämpfung
Siehe Zwetschken.

Schrotschusskrankheit (*Clasterosporium carpophilum*)

Von allen Steinobstarten sind Süßkirschen gegenüber der Schrotschusserkrankung am anfälligsten, wobei diesbezüglich noch Sortenunterschiede bestehen.

Schrotschuss bei Kirsche (Foto: LK Stmk.)

Während diese Krankheit bei trockener Frühjahrswitterung nur eine geringe Rolle spielt, können bei häufigen Niederschlägen im April und Mai die Bäume bereits im Sommer weitgehend entlaubt sein. Zusätzlich können durch Fruchtbefall beträchtliche Ernteverluste entstehen.

Hinweise betreffend Schadsymptome, Biologie und Bekämpfung
Siehe unter Krankheiten bei Zwetschken.

Blütenmonilia (*Monilia laxa*)

Diese Krankheit ist auch unter der Bezeichnung Monilia-Zweig- oder Spitzendürre bekannt und zählt sicher zu den bedeutendsten Krankheiten bei Kirschen, Weichseln und Marillen.

Bei feuchter Witterung während der Blüte kann die Blütenmonilia bis zu 100 % der Ernte zerstören. Zudem führt ein starker Blütenbefall in weiterer Folge auch zum Absterben von Trieben und ganzer Äste.

Schadbild
Infizierte Blüten welken und verbräunen innerhalb weniger Tage. Häufig sterben ganze Blütenbüschel ab, die bis in den Sommer am Baum hängen bleiben. An den Blütenansatzstellen kommt es gewöhnlich zu einem starken Gummifluss.

Über Blüten dringt der Pilz weiter in die Zweige ein, die wenige Wochen nach der Infektion von der Spitze her welk werden und in weiterer Folge eintrocknen. Im weiteren Verlauf breitet sich der Pilz über die Leitungsbahnen aus und bringt ganze Äste und sogar Bäume zum Absterben. Bei starkem Befall fallen im Sommer die abgestorbenen Äste mit den vertrockneten Blüten auf. Im Sommer werden auch reifende Früchte befallen und wird Fäulnis ausgelöst (siehe Fruchtmonilia).

Erreger
An der Oberfläche von Fruchtmumien und befallenen Trieben bilden sich im Frühjahr Pilzsporen, die durch Wind und Insekten in offene Blüten gelangen.

Bei feuchter Witterung keimen diese Sporen aus und der Pilz dringt über die Narbe in den Fruchtknoten ein und wächst dann weiter bis in den Trieb. Eine Blüteninfektion ist bereits bei wenigen Grad über dem Gefrierpunkt möglich. An den abgestorbenen Zweigen bilden sich im Frühsommer erneut Sporen, die dann reifende Früchte befallen können.

Blütenmonilia bei Sauerkirsche (Foto: LK Stmk.)

Die Überwinterung erfolgt in den befallenen Früchten (Fruchtmumien) und Zweigen. Von dort gehen im Frühjahr durch Konidien erneut Infektionen aus. Durchseuchte Anlagen haben ein sehr hohes Infektionspotential und sind nur schwer zu sanieren.

Gegenmaßnahmen

Da Fruchtmumien und abgestorbene Triebe die Hauptquellen für Blüteninfektionen darstellen, zählt deren Entfernung zu den wichtigsten vorbeugenden Bekämpfungsmaßnahmen. Ein Einsatz von Fungiziden ist dann erforderlich, wenn ab dem Ballonstadium bis zum Blühende Niederschläge oder anhaltende Taunässephasen erwartet werden.

Behandlungen sollten gezielt vor dem Feuchteereignis erfolgen, da nur die geöffneten Blüten geschützt werden können.

Fruchtmonilia (*Monilia fructigena, M. laxa*)

Fruchtmonilia spielt bei allen Steinobstarten eine bedeutende Rolle.

Fruchtmonilia bei Kirsche (Foto: LK Stmk.)

Hinweise zu Schadsymptomen, Biologie und Bekämpfung

Siehe unter Krankheiten bei Zwetschken.

Sprühfleckenkrankheit (*Blumeriella jaapii*)

Ist besonders bei Süßkirschen in feuchten Lagen häufiger zu beobachten.

Schadbild

Ab Anfang Juni erscheinen auf den Blättern helle Punke, die sich mit der Zeit rotbraun verfärben und bei feuchter Witterung innerhalb von Wochen stark ansteigen. An der Blattunterseite erscheinen diese Stellen eckig und bilden helle Sporenlager. Im Gegensatz zur Schrotschusserkrankung bricht das abgestorbene Blattgewebe nicht heraus. Stark befallene Blätter fallen jedoch schon vorzeitig ab und führen zur Schwächung des Baumes. An den Früchten kommt es zu keinen Infektionen, diese können aber bei starkem Laubverlust nur schlecht ausreifen.

Erreger

Der Pilz überwintert in abgefallenen Blättern. Im Frühjahr bilden sich darauf Sporen, die junge Blätter infizieren. Auf der Unterseite befallener Blätter bildet sich nach einiger Zeit eine große Anzahl von Konidien, die bei feuchter Witterung im Laufe des Sommers weitere Infektionen auslösen.

Gegenmaßnahmen

Maßnahmen zur Förderung der Laubverrottung vermindern den Befallsdruck.

Der wichtigste Bekämpfungszeitraum erstreckt sich von Mitte Mai bis Ende Juni.

Sprühfleckenerkrankung bei Kirsche (Foto: LK Stmk.)

Gnomonia (*Gnomonia erythrostoma*)

Seit Ende der 90er Jahre ist in einigen Kirschenanbaugebieten Deutschlands ein sehr starkes Auftreten dieser Pilzerkrankung zu verzeichnen. Bei feuchter Frühjahrswitterung werden Blätter und Früchte stark geschädigt. Vermutlich sind besonders aggressive Rassen dieses Pilzes dafür verantwortlich. In der Steiermark wurde bislang noch kein großflächiges Auftreten beobachtet.

Schadbild

An infizierten Blättern bilden sich schon bald nach dem Austrieb gelbliche Blattflecken, die sich zunehmend ausbreiten und häufig zu größeren Befallsstellen zusammenfließen. Nach mehreren Wochen sterben stark befallene Blätter zur Gänze ab. Typisch für diese Erkrankung ist, dass die vertrockneten Blätter bis nach der Blüte im nächsten Frühjahr am Baum hängen bleiben. Bei Fruchtinfektionen werden am Beginn der Fruchtfärbung zunächst rötliche Befallsstellen sichtbar. Diese Befallsstellen werden mit zunehmender Fruchtreife dunkler, verhärten und platzen häufig auch auf. Befallene Früchte sind geschmacklich minderwertig und damit wertlos.

Erreger

Die Überwinterung erfolgt in befallenen Blättern, die überwiegend über den Winter am Baum hängen bleiben. An deren Oberfläche werden vom Austrieb weg bis in den Juni große Mengen Ascosporen freigesetzt. Erste Blattinfektionen sind bereits bei Niederschlägen während der Blüte möglich. Nach der Blüte können auch die Früchte befallen werden.

Gegenmaßnahmen

Die höchste Infektionsgefahr besteht ab Blühbeginn bis ca. Ende Mai. In dieser Phase sollte gezielt vor längeren Blattnässeperioden ein Belagsfungizid eingesetzt werden. Die meisten, der bei der Kirsche zugelassenen Fungizide zeigen gegenüber Gnomonia jedoch keine ausreichende Wirkung. Eine gute Wirkung kann mit Strobilurinen (Flint, Signum) erreicht werden.

2.2.2 Schädlinge

Kirschenblütenmotte (*Argyresthia pruinella*)

Die Kirschblütenmotte kann sowohl bei Süß- als auch Sauerkirschen schädigend auftreten. Ein starker Befall ist erfahrungsgemäß nur in einzelnen

Larve einer Kirschblütenmotte (Foto: LK Stmk.)

Anlagen festzustellen, das Schadensausmaß kann dort jedoch beträchtlich sein.

Schadbild

Zur Blüte fällt an den Blütenkronblättern ein kreisrundes Loch auf. Im Inneren einer befallenen Blüte befindet sich ein feines Gespinst, unter dem sich eine bis zu 8 mm große, grünliche Raupe aufhält. Diese frisst an den Blütenorganen, wodurch befallene Blüten mit Blühende abgestoßen werden. Ohne genaue Betrachtung wird der Schaden häufig einer schlechten Befruchtung zugeschrieben.

Erreger

Im Sommer legen die weiblichen Falter in Rindenritzen und an Knospenschuppen ihre gelblichen Eier ab. Die Überwinterung erfolgt als schlupfreifes Räupchen im Ei. Bereits vor oder zeitgleich mit dem Knospenaufbruch im Frühjahr schlüpfen die jungen Raupen und dringen ins Innere von Blütenknospen ein. Dort fressen sie sich dann durch die Blütenblätter ins Innere von Blüten und zerstören Griffel und Fruchtknoten. Noch während oder rasch nach der Blüte seilen sich die ausgewachsenen Larven zu Boden ab und verpuppen sich knapp unter der Oberfläche. Im Sommer kommen daraus die Falter zum Vorschein und beginnen nach der Paarung mit der Eiablage.

Gegenmaßnahmen

Eine wirksame Bekämpfung ist nur zeitig im Frühjahr möglich, da die Larven nach der Einbohrung nicht mehr erreichbar sind. Bei Vorjahresbefall sollte daher bereits bei Knospenaufbruch eine Behandlung mit einem wirksamen Insektizid erfolgen.

Schwarze Süßkirschenblattlaus (*Myzus pruniavium*)

Diese Blattlausart neigt auf der Süßkirsche zur Massenvermehrung und kann die Laubblätter massiv schädigen. Durch die starke Honigtaubildung kommt es auch zur Ansiedelung von Schwärzepilzen.

Schadbild

Befallene Blätter drehen sich stark ein. Die Innenseite ist meistens dicht besetzt mit schwarzen Blattläusen, die große Mengen Honigtau absondern. Bei starkem Befall kommt es nicht nur zur Verschmutzung der Früchte, sondern teilweise sogar zum Absterben von Triebspitzen.

Die Schwarze Sauerkirschblattlaus (*Myzus cerasi*), die auf der Sauerkirsche vorkommt, tritt nur selten stark auf und verursacht kaum Blattverkrümmungen.

Erreger

Bereits bei Austrieb schlüpfen die Jungläuse aus den Wintereiern. Nach der Blüte kommt es bei günstiger Witterung rasch zu einer Massenvermehrung, die im Juni ihren Höhepunkt erreicht. Der Befall an den Kirschbäumen hält dann meistens bis in den Juli an. Ab Juni beginnen geflügelte Stadien auf die Zwischenwirte abzuwandern. Von dort kehren sie im Herbst zur Eiablage auf die Kirschbäume zurück.

Gegenmaßnahmen

Eine Bekämpfung sollte bereits im Mai, bevor sich die Blätter einrollen, erfolgen.

Befall durch Schwarze Süßkirschenblattlaus (Foto: LK Stmk.)

Kirschfruchtfliege (*Rhagoletis cerasi*)

Die Kirschfruchtfliege zählt zu den Hauptschädlingen bei Kirsche und Weichsel. Bereits eine geringe Vermadung der Früchte macht die Ernte unverkäuflich. Bei Spätsorten ist in manchen Jahren ein Befall von über 50 % möglich.

Schadbild

Im Inneren befallener Fruchte findet man eine mehrere Millimeter große, weiße, fußlose Larve. Zur Ernte können Früchte eine dunkle Einsenkung mit einer kleinen Öffnung aufweisen, durch diese die ausgewachsene Larve die Frucht verlassen hat.

Erreger

Kirschfruchtfliegen treten ab Mai bis Juli auf und legen ihre Eier mit einem Legestachel in die Früchte. Das erfolgt ab dem Zeitpunkt, wo Früchte auf Gelb umfärben. Nach etwa einer Woche schlüpfen die Larven und ernähren sich vom Fruchtfleisch der Kirsche. Nach ca. weiteren drei Wochen verlassen die ausgewachsenen Larven die Kirsche durch ein Loch im Stielbereich und lassen sich zu Boden fallen. Die Verpuppung erfolgt im Boden und die Fliegen erscheinen wieder rechtzeitig zur Eiablage im nächsten Frühjahr.

Bei Kirschensorten, die bis zu dritten Kirschwoche reifen, wird normalerweise kein Befall sichtbar, da die Eiablage zu spät einsetzt.

Gegenmaßnahmen

Die direkte Bekämpfung der Kirschfruchtfliege ist mit den meisten Insektiziden nur sehr eingeschränkt möglich. Derzeit richtet sich die Bekämp-

Larve von Kirschfruchtfliege in Frucht (Foto: LK Stmk.)

fung gegen die jungen Larven in der Frucht. Daher ist nur mit einem systemischen bzw. tiefenwirksamen Produkt eine ausreichende Wirkung zu erzielen. Beste Wirkungsgrade erreicht man mit Dimethoat-Produkten. Derzeit ist auch Acetamiprid in Verwendung.

Der Bekämpfungserfolg hängt vom Anwendungstermin, aber auch ganz wesentlich vom Befallsdruck ab.

Beleimte Gelbtafeln dienen der Flugüberwachung.

San-José-Schildlaus (*Quadraspidiotus perniciosus*)

Details siehe Apfel.

2.3 Pfirsich

2.3.1 Bakterienerkrankungen, Pilzkrankheiten und Virosen

Kräuselkrankheit des Pfirsichs (*Taphrina deformans*)

Die Kräuselkrankheit ist die wirtschaftlich bedeutendste Krankheit beim Pfirsich.

Besonders starken Befall gibt es in Jahren mit feuchten Witterungsbedingungen in den ersten Wochen nach dem Austrieb. Gelbfleischige Pfirsichsorten und Nektarinen gelten gegenüber dieser Pilzkrankheit als besonders anfällig. Viele Weinbergpfirsichsorten sowie einige weißfleischige Sorten sind hingegen weitgehend tolerant.

Kräuselerkrankung an Pfirsich (Foto: LK Stmk.)

Schadbild

Befallene Blätter weisen rötlich gefärbte Auftreibungen und Kräuselungen auf. Stark befallene Blätter vertrocknen im Frühsommer und fallen ab.

Erreger

Der Pilz überwintert an der Oberfläche von Pfirsichtrieben. Im Frühjahr zerfällt das Sprossmycel und ab dem Knospenschwellen werden bei Regen Sprosszellen in die Knospe geschwemmt. Für Infektionen ist Blattnässe erforderlich.

Das Pilzmycel durchwuchert das Blattgewebe. Im Mai/Juni werden an der Blattoberfläche Schläuche gebildet, die dann aufplatzen und Ascosporen entlassen. Diese Sporen keimen auf der Rinde oder auf Knospenschuppen.

Gegenmaßnahmen

Befallene Blätter sollten entfernt werden, um das Infektionspotential möglichst gering zu halten. Die direkte Bekämpfung erfolgt in erster Linie mit Kupferpräparaten und Kontaktfungiziden. Die erste Behandlung sollte bereits bei fortgeschrittenem Knospenschwellen möglichst gezielt vor Niederschlägen durchgeführt werden. Ein Infektionsrisiko besteht bis zur Blüte. In dieser Periode können weitere Behandlungen gezielt vor Niederschlägen sinnvoll sein. Spritzungen mit Kontaktfungiziden bieten fünf bis sieben Tage vorbeugenden Schutz. Mit Ende der Blüte ist die Gefahr von Kräuselinfektionen weitgehend vorbei.

Pfirsichschorf (*Megalocladosporium carpophilum*)

Vor allem bei Spätsorten sind in feuchten Jahren bedeutende Schäden an Früchten möglich. Symptome an den Blättern sind bei dieser Pilzerkrankung nicht bekannt.

Schadbild

Schorfinfektionen werden an den Früchten üblicherweise nicht vor Anfang Juli sichtbar. Zunächst bilden sich, vorwiegend auf der Schattenseite von Früchten, olivgrüne Punkte, die sich bald zu dunklen, etwa 3–4 mm großen, runden Stellen entwickeln. Diese Befallsstellen liegen häufig sehr zahlreich nebeneinander und bilden einen flächi-

Befall durch Pfirsichschorf (Foto: LK Stmk.)

Befall durch Pfirsichmehltau (Foto: HIEBLER)

gen schwarzen Überzug. An unverholzten Trieben zeigen sich bei Befall bräunlich verfärbte Stellen.

Erreger
Die Überwinterung erfolgt an den Triebbefallsstellen, wo sich im Frühjahr zahlreiche Konidien bilden. Diese können bei feuchter Witterung unverholzte Triebe und junge Früchte infizieren. Ein Befall an Früchten ist ab ca. 2 cm Fruchtgröße bis zur Ernte möglich. Die Symptome werden aber, aufgrund einer langen Inkubationszeit, erst mehrere Wochen nach der Infektion sichtbar. Ein hohes Infektionsrisiko besteht besonders bei regnerischem Wetter im Juni und Juli, verstärkt dann, wenn zahlreiche Infektionsstellen am Holz vorhanden sind.

Gegenmaßnahmen
Gut wirksam sind Kontaktfungizide, wenn sie gezielt vor unbeständigen Witterungsphasen angewendet werden. Behandlungen beginnen ab einer Fruchtgröße von 2 cm.

Pfirsichmehltau (*Sphaerotheca pannosa*)

Schadbild
Ähnlich wie beim Apfel bilden sich zunächst an der Blattunterseite helle Flecken, die mit einem weißen Mycel überzogen sind. Bei anfälligen Sorten können auch Symptome an der Frucht entstehen. Das befallene Gewebe verkorkt und reißt auf. Je älter die Frucht, desto widerstandsfähiger ist sie gegen Mehltauinfektionen.

Erreger
Wie der Apfelmehltau überwintert auch der Pfirsichmehltau im Innern von Knospen. Die bereits im Frühjahr krank austreibenden Triebe infizieren über Konidien junge Blätter und Früchte. Starke Infektionen ergeben sich besonders nach der Blüte während Trockenperioden mit hohen Temperaturen. Früchte werden ab ca. Walnussgröße nicht mehr infiziert.

Gegenmaßnahmen
Pfirsichmehltaubekämpfung ist nur in starken Befallslagen notwendig. Schwefel ist bei hohen Temperaturen gut wirksam, wird jedoch nicht von allen Sorten vertragen. Gute Wirkung erzielt man auch mit Strobilurinen und Sterolsynthesehemmern.

Schrotschusskrankheit (*Casterosporium carpophilum*)

Blattinfektionen durch die Schrotschusskrankheit sind beim Pfirsich von geringer Bedeutung. Deutlich häufiger als bei Zwetschken und Kirschen sind Befallsstellen an der Rinde einjähriger Triebe zu finden.

Hinweise zu Schadsymptomen und Biologie
Siehe unter Krankheiten bei Zwetschken.

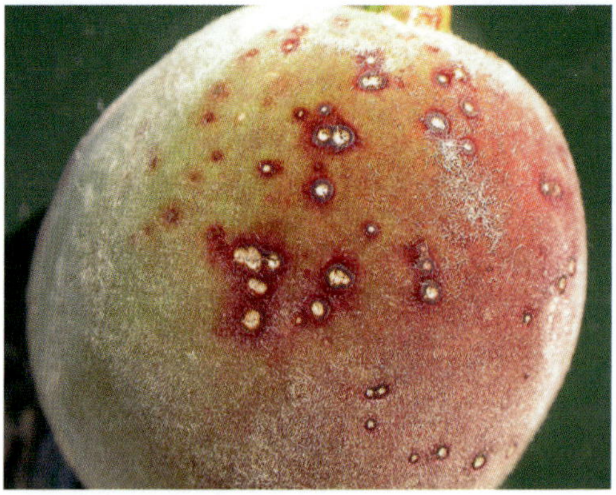

Schrotschuss an Pfirsich (Foto: LK Stmk.)

Fruchtmonilia (Foto: LK Stmk.)

Monilia-Fruchtfäule (*Monilia fructigena, M. laxa*)

Da die Neigung zum Aufplatzen der Früchte während der Reifephase beim Pfirsich im Vergleich zu Kirsche und Zwetschke deutlich geringer ist, spielt die Fruchtmonilia auch nicht diese Rolle. Fruchtverletzungen (Hagel, Insektenfraß ...) kurz vor der Ernte können bei feuchten Witterungsverhältnissen jedoch auch beim Pfirsich die Ursache für starken Befall sein.

Monilia-Befall an Blüten hat beim Pfirsich wenig Bedeutung.

Hinweise zu Schadsymptomen und Biologie

Siehe unter Krankheiten bei Zwetschken.

2.3.2 Schädlinge

Grüne Pfirsichblattlaus (*Myzus persicae*)

Die Grüne Pfirsichblattlaus ist die gefährlichste Blattlausart beim Pfirsich. Neben der starken Blattschädigung ist sie auch ein bedeutender Virusüberträger.

Schadbild

Bereits kurz nach der Blüte können an den Triebspitzen die ersten grünen Blattlauskolonien beobachtet werden. Befallene Blätter rollen sich nach unten ein und erhalten ein gelblich-grün gestreiftes Aussehen. Im Inneren der Blätter sitzen hell- bis olivgrüne Blattläuse. Bei starkem Befall kommt es zur Beeinträchtigung des Triebwachstums, wodurch der Ertrag im Folgejahr gefährdet wird.

Blattläuse auf Pfirsich (Foto: LK Stmk.)

Erreger

Bereits vor der Pfirsichblüte schlüpfen aus den am Holz abgelegten schwarz glänzenden Eiern die ersten Muttertiere. Durch Lebendgebärung kann es rasch zu einer starken Befallszunahme kommen. Ab Juni sind dann vermehrt geflügelte Tiere zu beobachten, die von den Pfirsichbäumen auf krautige Pflanzen abwandern. Erst im Herbst kommt es zu einer Wiederbesiedelung beim Pfirsich. Nach der Begattung legen die Weibchen für die Überwinterung schwarze Eier an geschützten Stellen der Rinde ab.

Gegenmaßnahmen

Die Bekämpfung sollte bei Befall bald nach der Blüte, noch bevor sich die Blätter einrollen, erfolgen. Gut wirksam sind Präparate aus der Gruppe der Neonicotinoide.

Gemeine Spinnmilbe (*Tetranychus urticae*)

Ein stärkeres Auftreten dieser Spinnmilbenart wird nur gelegentlich beobachtet. In Einzelfällen kann es jedoch zu einer massiven Schädigung der Blätter kommen.

Schadbild

Die etwa 0,5 mm großen, grünlich-bräunlichen Spinnmilben halten sich vorwiegend an der Blattunterseite auf. Als einfaches Unterscheidungsmerkmal gegenüber anderen Milben haben sie einen dunklen Fleck auf jeder Körperseite.

Durch die Saugtätigkeit erhalten die Laubblätter ein gesprenkeltes, fahles Aussehen.

Die Schädigung des Laubes vermindert bei starkem Befall die Größe und Qualität der Früchte.

Biologie und Bekämpfung
Siehe Apfel.

Pfirsichmotte (*Anarsia lineatella*) Pfirsichwickler (*Cydia molesta*)

Die Pfirsichmotte tritt bei uns erfahrungsgemäß nicht schädigend auf. Durch den Pfirsichwickler können bedeutende Ertragseinbußen verursacht werden. Der Pfirsichwickler hat sich in den letzten Jahren in der Steiermark zunehmend zu einem Problemschädling entwickelt.

Bei spätreifenden Sorten kommt es erfahrungsgemäß zur stärksten Schädigung.

Schadbild

Das Schadbild von Pfirsichwickler und Pfirsichmotte sind einander sehr ähnlich. Die Raupen der ersten Generation befallen bevorzugt krautige Triebe und fressen im Markkanal. Die Triebspitzen werden welk und vertrocknen. Nur ein geringer Anteil der ersten Generation befällt auch Früchte.

Die Raupen der zweiten Generation befallen ab ca. Ende Juni bevorzugt die Früchte. Beim Pfirsichwickler ist die Raupe rötlich und verursacht einen Fraßgang bis zum Stein. Die Larve der Pfirsichmotte ist schokoladebraun mit auffallend hellen Gelenkshäuten zwischen den Körpersegmenten. Ihr Fraßgang bleibt meistens knapp unter der Fruchtschale. Beim Pfirsichwickler ist bei Spätsorten auch mit einer dritten Generation zu rechnen.

Erreger

Die Überwinterung beim Pfirsichwickler erfolgt als ausgewachsene Raupe in Rindenritzen. Nach der Verpuppung im Frühjahr können Falter der ersten Generation bereits deutlich vor dem Apfelwickler mit der Eiablage beginnen (ab Anfang Mai). Nach ca. zehn Tagen schlüpfen die Raupen, bohren sich in den Trieb und fressen im Markkanal. Ein geringer Anteil dieser Generation befällt bereits junge Früchte. Nach ca. sechs Wochen haben sich diese Raupen bis zum Falter weiterentwickelt, womit ab ca. Mitte Juni die Eiablage der zweiten Generation beginnt. Die sich daraus entwickelnden Larven befallen bevorzugt Früchte. Am Ende der Larvenentwicklung sucht ein Großteil der ausgewachsenen Larven eine geschützte Stelle an der Rinde zur Überwinterung auf. Ein gewisser Anteil macht eine dritte Generation.

Frühbefall durch Pfirsichwickler (Foto: LK Stmk.)

Gegenmaßnahmen

Bei starkem Vorjahresbefall muss sowohl die erste als auch die zweite Generation intensiv bekämpft werden. Gut wirksam haben sich der Wirkstoff „Chlorantraniliprol" sowie bestimmte Neonicotinoide erwiesen. Auch die Verwirrmethode gilt für größere Anbauflächen als geeignete Bekämpfungsmaßnahme.

Napfschildlaus (*Parthenolecanium corni*)

Details siehe Zwetschke.

Napfschildläuse auf Pfirsich (Foto: LK Stmk.)

2.4 Marille

2.4.1 Bakterienerkrankungen, Pilzkrankheiten und Virosen

Schädlinge spielen bei der Marille eine untergeordnete Rolle. Das Hauptproblem im Anbau sind Viruserkrankungen, Phytoplasmosen und Bakteriosen sowie die hohe Anfälligkeit der meisten Marillensorten gegenüber Blütenmonilia. Zudem kommt noch die hohe Empfindlichkeit der Bäume gegenüber Frösten. Auftretende Rindenschäden bieten zahlreichen Krankheitserregern günstige Eintrittspforten.

Apoplexie (Plötzliches Schlagtreffen)

Krankes Pflanzmaterial ist die Hauptursache für die hohen Baumausfälle. Vor allem die Phytoplasmose ESFY (European Stonefruit Yellowing) spielt eine entscheidende Rolle und wird häufig über infiziertes Pflanzmaterial eingeschleppt.

Schadbild

Ganze Kronenteile werden schlagartig welk. Sehr häufig ist dies an jungen, wüchsigen Bäumen in den Monaten Mai und Juni, nach warmen Tagen mit hoher Verdunstung, zu beobachten. Die krautigen Triebspitzen und die Blätter hängen schlaff herunter, die Blätter rollen sich nach oben ein. Die Rinde betroffener Äste erscheint beim Anschnitt verbräunt. Meistens dauert es dann nur wenige Wochen, bis die betroffenen Kronenteile ganz vertrocknen. Auch wenn diese Äste rasch entfernt werden, ist im Regelfall nur mehr eine geringe Lebensdauer des Baumes zu erwarten.

Erreger

Die Ursache für die Apoplexie ist nicht immer eindeutig zu bestimmen. Unter Umständen kommen sogar mehrere Faktoren gleichzeitig zum Tragen. Der Grund für die plötzliche Welke ist, dass die Leitungsbahnen nicht mehr in der Lage sind, das über die Blattfläche verdunstete Wasser nachzuliefern.

Als **Ursachen** dafür können angeführt werden:

- Unzureichende Affinität von Sorte und Unterlage
- Teilschädigung der Leitungsbahnen durch Winterfröste
- Phytoplasenbefall
- Verletzungen

Bei größeren Verletzungen, v. a. wenn es nachträglich zu einem Krankheits- oder Schädlingsbefall kommt, bildet der Baum verstärkt Wundgummi, der die Leitungsbahnen verstopft.

Als sehr weit verbreitete und stark schädigende Phytoplasmose ist bei der Marille das „Chlorotische Blattrollen der Marille" (ESFY) bekannt. Diese Erkrankung wird häufig bereits mit Edelreisern in die Baumschule eingeschleppt und ist damit von Beginn an im Baum vorhanden. Nach der Pflanzung ist es möglich, dass Bäume trotz Krankheitsbefall über Jahre hinweg keine auffallenden Symptome zeigen. Der Ausbruch erfolgt dann häufig relativ spontan. Diese Bäume kümmern danach noch einige Zeit und sterben schließlich ab.

Apoplexie (Foto: LK Stmk.)

Apoplexie (Foto: LK Stmk.)

Gegenmaßnahmen

Bei einer Neupflanzung ist auf die Verfügbarkeit von gesundem, virusgetestetem Pflanzmaterial besonderes Augenmerk zu legen. Eine nachträgliche Bekämpfung einer Phytoplasmose an verseuchtem Material ist nicht möglich. Zudem sollte man sich über die Verträglichkeit der Sorte mit der entsprechenden Unterlage vergewissern. Da die Marille eine vergleichsweise geringe Frosthärte besitzt, ist auch die Standortwahl sehr entscheidend. Staulagen sind aufgrund erhöhter Winterfrostgefahr ungeeignet. Es müssen jedoch auch exponierte, sehr frühe Standorte als nicht ideal angesehen werden, da dort die Bäume durch intensive Sonneneinstrahlung bereits im Spätwinter „in Saft" gehen und damit ihre Frostwiderstandsfähigkeit frühzeitig aufgeben. Zudem wird auf solchen Standorten die Blütezeit deutlich verfrüht und damit die Gefahr von Blütenfrostschäden erhöht.

Um Frostrissen am Stamm vorzubeugen, sollte der Stamm im Spätherbst geweißelt werden.

Bei der Düngung ist auf eine nur mäßige Stickstoff-, dafür aber ausreichende Kaliumversorgung zu achten. Besonders Stickstoffgaben im Sommer und Herbst sind wegen der Verminderung der Holzreife zu unterlassen.

Schnittmaßnahmen sollten sich auf das Frühjahr und den Sommer beschränken. Größere Wunden sind möglichst rasch mit einem kupferhältigen Wundverschlussmittel zu behandeln.

Scharka

Siehe Zwetschke.

Bakterienbrand (*Pseudomonas syringae ssp.*)

Ähnlich wie bei Zwetschken und Kirschen können auch Marillenbäume stärker befallen sein. Besonders nach Verletzungen und in schlecht gepflegten Anlagen besteht ein erhöhtes Infektionsrisiko.

Hinweise zu Schadsymptomen, Biologie und Bekämpfung

Siehe unter Krankheiten bei Zwetschken.

Auch die Hochveredelung kann eine deutliche Verbesserung der Baumgesundheit bringen.

Blütenmonilia (*Monilia laxa*)

Die Blütenmonilia ist zweifellos die bedeutendste Pilzkrankheit der Marille. Bei feucht-kühlen Witterungsverhältnissen während der Blüte ist durch Monilia-Infektionen nicht nur die Ernte, sondern auch die Baumgesundheit stark gefährdet.

Blütenmonila bei Marille (Foto: LK Stmk.)

Hinweise zu Schadsymptomen und Biologie

Siehe unter Krankheiten bei Kirschen.

Marillenschorf (*Megalocladosporium carpophilum*)

Beim Marillenschorf handelt es sich um den gleichen Pilz wie beim Pfirsichschorf. Befallen werden Früchte und Triebe, nicht aber die Blätter. Ein stärkeres Auftreten ist nur bei Spätsorten zu erwarten, wobei in der Anfälligkeit deutliche Sortenunterschiede bestehen.

Schadbild

Wie beim Pfirsichschorf treten auch bei der Marille ab Juli an den Früchten grau-schwarze Punkte mit wenigen Millimetern Durchmesser auf. Bei sehr starkem Befall fließen diese Punkte zu größeren Befallsstellen zusammen. Diese reißen häufig vor der Ernte auf und verkorken anschließend. Infektionen an den Trieben ergeben bräunliche, längliche Befallsstellen.

Informationen zur Biologie

Siehe unter Krankheiten beim Pfirsich.

Gegenmaßnahmen

Die erste Bekämpfung erfolgt bei feuchter Witterung ab 2–3 cm Fruchtgröße. Danach ist entsprechend der Witterung ca. alle zwei bis drei Wochen eine weitere Behandlung mit Belagsfungiziden zu empfehlen.

Monilia-Fruchtfäule (*Monilia fructigena, M. laxa*)

Der Fruchtbefall hat bei der Marille bei weitem nicht die Bedeutung wie der Blütenbefall. Nur bei längeren Regenperioden in den letzten drei Wochen vor der Ernte sind Ernteausfälle zu erwarten. Eine gezielte Bekämpfung ist von Bedeutung, da erkrankte Früchte als Fruchtmumien im Folgejahr schwere Monilia-Blüteninfektionen auslösen können.

Hinweise zu Schadsymptomen und Biologie

Siehe unter Krankheiten bei Zwetschken.

2.4.2 Schädlinge

Schädlinge hatten bei Marillen bisher nur eine untergeordnete Bedeutung. In den letzten Jahren haben die Probleme jedoch deutlich zugenommen.

Der Pfirsichwickler hat mittlerweile auch bei Marillen Bedeutung erlangt. Schäden gibt es in einzelnen Lagen auch durch Schalenwickler und Steinobstknospenstecher.

3. BEI-/UNKRAUTBEKÄMPFUNG IM KERN- UND STEINOBSTANBAU

Heute werden im Erwerbsobstanbau durchwegs schwachwachsende Unterlagen verwendet. Ein Bewuchs stellt daher eine deutliche Konkurrenz bei der Nährstoff- und Wasserversorgung der Bäume dar. Besonders im Zeitraum ab der Blüte bis in den Frühsommer haben Obstbäume einen hohen Anspruch an die Versorgung. In dieser Periode sollte daher der Baumstreifen unkrautfrei gehalten werden.

Der Aufwuchs zwischen den Fahrspuren hat keinen nennenswerten Einfluss auf die Entwicklung der Obstbäume.

Im Spätsommer kann ein mäßiger Aufwuchs auch im Baumstreifen akzeptiert werden. Damit wird dem Boden überschüssiger Stickstoff entzogen und so der Triebabschluss wie auch die Fruchtausfärbung begünstigt. Keinesfalls darf jedoch der Aufwuchs so hoch werden, dass die Erntearbeiten beeinträchtigt werden.

Ab dem zeitigen Frühjahr ist es erneut von Vorteil, den Baumstreifen unkrautfrei zu halten. Damit wird erreicht, dass sich der Boden im Frühjahr rascher erwärmt und sich dadurch die N-Mobilisierung beschleunigt.

Zur Unkrautbekämpfung im Obstbau eignen sich aktuell Glyphosatprodukte (Roundup ...), Basta (Glufosinat), Dicopur M (MCPA), Flazasulfuron und Spectrum (Dimethenamid-p).

Glyphosat

Glyphosat ist ein Blattherbizid mit systemischen Eigenschaften. Aufgrund der unselektiven Wirkung wird es als Totalherbizid eingesetzt. Bei Anwendungen im Herbst wird der Wirkstoff verstärkt in die Pflanze eingelagert. Mit einer Spätanwendung kann so eine längere Wirkungsdauer und auch eine gute Wirkung gegen Wurzelunkräuter erzielt werden. Abtrift auf Laubblätter von Obstbäumen ist zu vermeiden. Ab Juli wäre dadurch, aufgrund der zunehmenden Einlagerung, sogar ein nachhaltiger Schaden zu befürchten.

Über den Boden wird Glyphosat nur in sehr geringem Umfang von den Wurzeln aufgenommen. Unter ungünstigen Umständen sind jedoch in Baumschulen und Junganlagen Schäden zu erwarten, wodurch diese Anwendung dort nicht möglich erscheint.

In Ertragsanlagen sollten Bodentriebe vor der Anwendung, zumindest bei Anwendungen ab dem Frühsommer, entfernt werden.

Glufosinat

Glufosinat ist ähnlich wie Glyphosat ein Blattherbizid, jedoch ohne systemische Eigenschaften. Glufosinat ist ebenfalls ein Totalherbizid und wirkt über Kontakt auf alle grünen Pflanzenteile. Durch die fehlenden systemischen Eigenschaften hat es im Vergleich zu Glyphosat eine deutlich geringere Dauerwirkung, kann jedoch auch bei Vorhandensein von Wurzelausschlägen ohne Nachteile angewendet werden.

Über die Wurzeln wird Glufosinat nicht aufgenommen, sodass eine Anwendung auch in Junganlagen und Baumschulen möglich ist.

MCPA

MCPA ist ein Wuchsstoffpräparat und kann als Blattherbizid gegen zweikeimblättrige (breitblättrige) Unkräuter verwendet werden. Interessant ist dieser Wirkstoff besonders deshalb, da eine gute Wirkung gegen Wurzelunkräuter gegeben ist.

Die Wirkung besteht darin, dass das Wachstum der Pflanzen unnatürlich stark beschleunigt wird. Eine Wirkung über die Wurzeln ist nicht gegeben. Obstbäume reagieren bei Benetzung von Wurzelausschlägen oder Abdrift unempfindlich auf diesen Wirkstoff. Die beste Wirkung ergibt sich bei einer Anwendung im Frühjahr, wenn die Unkräuter viel Blattmasse und intensives Wachstum aufweisen.

In der Praxis wird MCPA häufig mit einem Totalherbizid in Mischung ausgebracht.

Flazasulfuron

Flazasulfuron wirkt sowohl als Blatt- sowie als Bodenherbizid. Die Stärke von diesem Wirkstoff liegt in der anhaltenden Dauerwirkung gegenüber zweikeimblättrigen Unkräutern.

Dimethenamid-P

Dimethenamid-P wirkt gegen Unkrauthirsen und bestimmte zweikeimblättrige Samenunkräuter und ist ein Bodenherbizid mit Dauerwirkung.

4. BEERENOBST

4.1 Pilzliche Krankheitserreger

Amerikanischer Stachelbeermehltau (*Sperotheca mors uvae*)

Schadbild

Befallen werden Stachelbeere sowie Schwarze und Rote Johannisbeeren. Der weiße, sich später bräunlich verfärbende Mehltaubelag überzieht bei Stachelbeeren Blätter und unreife Früchte. Bei Johannisbeeren führt der Befall zu Blattvergilbungen und Absterben der Triebspitze.

Erreger

Die Überwinterung des Amerikanischen Stachelbeermehltaus erfolgt an den Triebspitzen und in den befallenen Knospen. Ab dem Austrieb beginnt der Pilz Sommersporen abzuschnüren. Diese Sporen wachsen an jungen Trieben und unreifen Früchten zu einem Mycel aus. Optimale Wetterbedingungen sind warme Tage mit hoher Luftfeuchtigkeit.

Blattbefall durch Amerikanischen Stachelbeermehltau ... (Foto: LK Stmk.)

... und Fruchtbefall (Foto: LK Stmk.)

Gegenmaßnahmen

Neben der chemischen Bekämpfung haben vor allem vorbeugende Maßnahmen große Bedeutung. Neben dem Anbau wenig anfälliger bzw. resistenter Sorten ist die mechanische Entfernung der befallenen Triebspitzen im Winter und Frühjahr wichtig.

Zur direkten Bekämpfung eignen sich Strobilurine und SSH-Präparate. Beim Einsatz von Schwefel ist zu beachten, dass gewisse Johannis- und Stachelbeersorten empfindlich reagieren.

Grauschimmel (*Botrytis cinerea*)

Schadbild

Meist wird ein Befall erst an reifen Früchten in Form von einem mausgrauen, staubenden Pilzrasen erkennbar. In der Folge trocknen die befallenen Früchte ein. An den Ruten von Himbeeren werden bräunliche Flecken verursacht. Knospen, die innerhalb der Befallsstellen sitzen, treiben meist nicht aus.

Starker Befall durch Grauschimmel (Foto: WIESENHOFER)

Grauschimmelbefall an Himbeere ...

... und Roter Ribisel (Fotos: WIESENHOFER)

Erreger

Der Pilz überwintert im Boden oder auf abgestorbenen Pflanzengeweben wie Fruchtmumien, Blättern und Rinde. Bei warmem, feuchtem Wetter werden im Frühjahr Sporen gebildet. Bedeutende Infektionen können bereits während der Blüte erfolgen.

Gegenmaßnahmen

Die Ernteverluste durch Grauschimmel können in niederschlagsreichen Jahren sehr beträchtlich sein. Vorbeugend sollte vor allem für eine gute Durchlüftung und rasche Abtrocknung der Kulturen gesorgt werden. Bei Erdbeeren hemmt das Unterlegen von Stroh oder Mulchfolie ein Auftreten von Grauschimmel. Generell sollte nur mäßig mit Stickstoff gedüngt und der Bestand unkrautfrei gehalten werden. Befallene Früchte sind laufend zu entfernen. Zur direkten Bekämpfung wird häufig Teldor oder Switch verwendet.

Septoria (*Septoria ribis*)

Schadbild

An den Blättern erscheinen braune, eckige Blattflecken. Bei starkem Befall vergilben die Blätter und es setzt ein rascher Blattfall ein.

Erreger

Die Überwinterung erfolgt in abgefallenen Blättern. Ab April sind in den Perithecien die ersten Ascosporen reif. Bei Niederschlägen werden diese ausgeschleudert und können junge Blätter infizieren. Entstehende Blattflecken erzeugen Konidien, die für eine weitere Ausbreitung während der Sommermonate sorgen. Häufige Niederschläge fördern das Auftreten.

Septoria-Erkrankung ...

... an Ribisel (Fotos: LK Stmk.)

Gegenmaßnahmen

Durch Verwendung resistenter Sorten kann ein Befall vermieden werden. Vorbeugend kann durch das Entfernen des Falllaubs der Befallsdruck reduziert werden. Zur direkten Bekämpfung werden zugelassene Kontaktfungizide gezielt vor Niederschlagsperioden eingesetzt.

Rote Wurzelfäule (*Phytophthora fragariae*)

Schadbild

Die Pflanzen treiben im Frühjahr schlecht aus. Die Blatt- und Fruchtstiele sind verkürzt, es kommt zum Zwergwuchs. Die Blätter sind rötlich-grau, die Früchte bleiben klein und sind ungenießbar. Die Wurzeln sind dick, weiß und haben keine Seitenwurzeln. Der Zentralzylinder von geschädigten Wurzeln ist rotbraun verfärbt. Die Symptome sind im Frühjahr und im Herbst am besten zu sehen.

Rote Wurzelfäule (Foto: WIESENHOFER)

Erreger

Die Dauerformen des Pilzes können bis zu 15 Jahre im Boden überdauern. Die Infektion erfolgt nur bei Bodentemperaturen unter 15 °C und wird durch eine hohe Bodenfeuchtigkeit gefördert.

Gegenmaßnahmen

Staunässe und schwere Böden sind vom Anbau auszuschließen. Die wichtigste vorbeugende Maßnahme ist der Bezug von gesundem Pflanzmaterial und eine langgestellte Fruchtfolge.

Um die Widerstandsfähigkeit der Pflanzen zu erhöhen, kann eine Tauchbehandlung mit Aliette (Zulassung prüfen) Vorteile bringen.

Rhizomfäule der Erdbeere (*Phytophthora cactorum*)

Schadbild

Der Pilz zerstört bei befallenen Pflanzen das Rhizom, das sich dunkelrot verfärbt. Das Absterben der Pflanzen erfolgt sehr rasch.

Erreger

Der Pilz verursacht neben der Rhizomfäule auch die Lederfäule der Erdbeeren und die Kragenfäule der Apfelbäume. Die Infektionen geschehen im Sommer, oft schon kurze Zeit nach der Pflanzung. Optimale Bedingungen findet der Pilz auf nassen Böden bei Temperaturen über 25 °C vor. Die Schadsymptome treten im Herbst nach der Pflanzung oder im Frühjahr auf.

Gegenmaßnahmen

Wie bei der Wurzelfäule kommt auch hier den kulturtechnischen Maßnahmen große Bedeutung zu. Ungünstig sind Standorte, wo vorher Obst-

Phytophthora-Ausfälle (Foto: WIESENHOFER)

Rhizomfäule (Foto: WIESENHOFER)

Phytophthora-Lederbeerfäule (Foto: WIESENHOFER)

bäume waren. Feuchte Standorte sind vom Anbau auszuschließen.

Behandlungen mit Aliette können Vorteile bringen (Zulassungs- und Anwendungsvorschriften einhalten).

Schwarze Wurzelfäule der Erdbeere

Schadbild

Die Pflanze lässt sich relativ leicht aus dem Boden ziehen. Die Faserwurzeln sind weitgehend verfault, und das äußere Rindengewebe der Wurzeln lässt sich leicht abstreifen. Der Zentralzylinder bleibt weiß. Das Befallsbild ist meist im Frühjahr, also in der Zeit von der Blüte bis zur Ernte, sichtbar.

Erreger

Die Schwarze Wurzelfäule wird von mehreren Krankheitserregern ausgelöst. In Frage kommen Pilze, Nematoden oder abiotische Faktoren.

Gegenmaßnahmen

Eine chemische Bekämpfung ist praktisch nicht möglich. Wichtig sind pflanzenbauliche Maßnahmen und gesundes Pflanzmaterial. Da Symptome meist erst im zweiten Standjahr verstärkt auftreten, ist eine einjährige Kulturführung zu bevorzugen. Keine Grundstücke mit schweren Böden für die Auspflanzung auswählen. Ungünstig ist auch ein frischer Wiesen- oder Kleegrasumbruch. Als Vorfrucht eignen sich Raps oder Ölrettich. Eine weitgestellte Fruchtfolge ist einzuhalten.

Colletotrichum-Fruchtfäule (*Colletotrichum acutatum, C. gloeosporioides*) Colletotrichum, Antraknose der Erdbeeren

Schadbild

Bei reifen Früchten besteht höhere Infektionsgefahr als bei unreifen, ebenso bei verletzten Pflanzen. Anfänglich sind nur kleine 1–2 mm große hellbraune eingesenkte, runde Flecken ersichtlich, die rasch auf 1–2 cm Größe und dunkelbraun bis schwärzlich aussehend anwachsen, bis die gesamte Frucht mumifiziert. Wird der Stiel infiziert, können ganze Blätter und Blütenstände verfallen. Wird die Krankheit nicht bekämpft, kann die gesamte Anlage befallen werden. Als anfällige Sorten gelten 'Bogota', 'Cesena', 'Elsanta', 'Marmolada'.

Schwarze Wurzelfäule (Foto: WIESENHOFER)

Colletotrichum-Fruchtfäule bei Erdbeere …

… und bei Heidelbeere

Erreger

Ab 15 °C beginnt die Sporenkeimung, deren Wachstumsoptimum zwischen 22 und 28 °C liegt.

Gegenmaßnahmen

Frühzeitiges Strohauflegen und chemische Bekämpfung helfen den Befall niedrig zu halten, ebenso nur morgens bewässern. Nach einem Befall sind die Flächen zwei bis vier Jahre vom Erdbeeranbau auszuscheiden. 'Honeoye' und 'Elvira' gelten als beständig.

Himbeerrutenkrankheit

Erreger

Tritt als Mischinfektion von *Botrytis cinerea*, *Didymella applanata*, *Elsinoe veneta* und *Leptosphaeria coniothyrium* auf, sodass auch ein Mischinfektionsbild entsteht. Der Fraß der Himbeerrutengallmücke schädigt die Ruten und fördert dadurch den Befall.

Hervorgerufen wird dies durch folgende **Erreger**:

- ***Botrytis cinerea***
  Im frühen Sommer entstehen in den Blattachseln hellbraune Flecken, die dort befindlichen Knsopen werden am Austreiben gehemmt. In der Wachstumsruhe entstehen dort ovale, fast schwärzliche Flecken.
- ***Didymella applanata***
  Ab dem Frühjahr zeigen sich an den Knospen und Blattansatzstellen bräunliche bis violette Stellen, die sich schnell ausdehnen. Die absterbenden Rindenpartien sind im Herbst silbrig grau aufreißend. An diesen Stellen kann man die kugeligen schwarzen Fruchtkörper erkennen. Befallene Knospen vertrocknen.
- ***Elsinoe veneta***
  Der Erregerpilz lässt die Leitungsbahnen absterben, sodass über den Winter hinweg auch Triebspitzen letal geschädigt werden. Je stärker der Trieb wächst, umso schwächer sind die Symptome. Spät im Frühjahr entstehen auf den Ruten konvexe rote Flecken, deren Zentrum später einsinkt und sich gräulich verfärbt. Bei stärkerem Befall reichen die Befallsstellen rund um die Rute.
- ***Leptosphaeria coniothyrium***
  Die anfänglich bräunlichen bis violetten Befallsherde verfärben sich später dunkelbraun. Kranke Ruten sterben bald nach dem Austrieb ab, junge Ruten sind brüchig.

In den Brombeerranken überwintert der Pilz, dessen Fruchtkörper im März sichtbar werden. Der Ausbruch der Krankheit dauert mindestens drei Monate. Die ideale Auskeimtemperatur der Sporen liegt bei 21 °C. Die Sporenkeimung kann aber bereits bei 0 °C beginnen und läuft bis 33 °C.

Himbeerrutenkrankheit (Foto: WIESENHOFER)

Rutenkrankheit durch Didymella applanata (Foto: WIESENHOFER)

Schadbild
Die in Bodennähe auftretenden dunkelgrünen kleinen Flecken erscheinen im Sommer. Mit zunehmendem Wachstum werden die Flecke bis 2 cm Durchmesser groß und wechseln die Farbe von Rot auf Braun, behalten aber ihren typischen roten Rand. Die Flecken wandern bis ans Rutenende. Die befallenen Ranken treiben im nächsten Frühjahr aus, sterben aber von der Spitze her ab. Bei kalten Wintern kann eine Verwechslung mit Frostschadensymptomen geschehen.

Gegenmaßnahmen
Lockere Böden helfen den Befall hintanzuhalten, ebenso lockere Bestände. Ruten nach dem Ertrag sofort entfernen, befallene Pflanzen rigoros beschneiden. Mit N sparen, Beikräuter aus den Reihen entfernen. Mulchen mit Stroh eher unterlassen. In Trockenphasen bewässern. Chemische Maßnahmen sind hilfreich, ebenso ist die Bekämpfung der Himbeerrutengallmücke unabdinglich.

4.2 Tierische Schaderreger

Erdbeerblütenstecher (*Anthonomus rubi*)
Tritt schädigend bei den Erdbeeren, Him- und Brombeeren auf.

Schadbild
Nach der Überwinterung des Schädlings (unter Stroh, Laub oder im Boden) legt nach der Begattung das Weibchen ungefähr 30 Eier in die noch geschlossenen Blütenknospen ab, wobei nach der Eiablage der Blütenstiel angestochen wird. Ungefähr nach einer Woche schlüpfen die Larven, die sich von den absterbenden Blütenteilen ernähren. Die Verpuppung erfolgt nach drei bis vier Wochen in den Knospen. Eine Woche später wandern die fertig entwickelten Käfer aus den Knospen aus und ernähren sich dann von den Blättern ihrer Wirtspflanzen.

Erreger
Zählt zu den Rüsselkäfern. Bei Störungen ihres Lebensraums auf den Pflanzen lassen sie sich rasch auf den Boden fallen.

Gegenmaßnahmen
Chemische Pflanzenschutzmaßnahmen mit Insektiziden an sonnigen Tagen helfen nur vor der Blüte. Brombeeren sollten nicht in Waldnähe und nicht neben Erdbeerfeldern gepflanzt werden.

Gemeine Spinnmilbe (*Tetranychus urticae*)
Tritt gegenwärtig schädigend bei Erd-, Him-, Brom-, Johannis- und Stachelbeere auf.

Schadbild
Anfänglich treten auf den Blattoberseiten weißfarbene Sprenkelungen auf, die später verbräunen und mit feinen Gespinsten überzogen sind. Später fallen die vertrockneten Blätter ab. Die Symptome

Schadbild Erdbeerblütenstecher (Foto: WIESENHOFER)

treten ab Blüte bis August auf. Die Milbenkolonien sind meist auf der Blattunterseite zu finden, meist unter einem dünnen Gespinst.

Erreger
Die Weibchen überwintern befruchtet unter dürrem Laub. Die Männchen wachsen aus nicht befruchteten Eiern und sterben wie die Weibchen der Sommerpopulationen (bis zu sieben Wachstumsgenerationen) mit abnehmender Tageslänge im Herbst.

Gegenmaßnahmen
Vor der Sortenwahl auf entsprechende Empfindlichkeit achten. Im Winter aus den Beständen Stroh und abgefallenes Laubwerk entfernen. Im Rahmen des chemischen Pflanzenschutzes Einsatz von Akariziden und von Raubmilben. Mit N sparen, bei Trockenheitsphasen bewässern.

Johannisbeerblasenlaus (*Cryptomyzus ribis*)

Schadbild
Die befallenen Blätter zeigen an der Blattoberfläche rotgefärbte blasige Auftreibungen, blattunterseits sind die Blattlauskolonien erkennbar.

Spinnmilbe Blattbefall an Erdbeere

Spinnmilbenbefall an Himbeere (Foto: LK Stmk.)

Erreger
Während des Austriebes der Johannisbeeren schlüpfen aus den schwarzen Eiern hellgrüne Jungläuse. Sie bilden auf der Blattunterseite Kolonien.

Ab Ende Mai können vermehrt geflügelte Tiere beobachtet werden. Diese wandern ab. Im Herbst erfolgt eine Rückwanderung und es werden Eier für die Überwinterung abgelegt.

Gegenmaßnahmen
Eine Bekämpfung ist nur bei starkem Befall sinnvoll und kann häufig ohne nennenswerten Schaden unterbleiben. Gut wirksam sind Neonicotinoide, Pyrethrine und Pirimor.

Johannisbeerblattgallmücke (*Dasyneura tetensi*)

Schadbild
Die befallenen Blätter können sich nicht normal entfalten. Sie sind meist stark gekräuselt, faltig und verdreht.

Erreger
Die Gallmücke ist ca. 2 mm lang und bräunlich gefärbt. Der Flug beginnt im April. Jährlich werden drei Generationen gebildet. Die Eier werden an den jüngsten Blättern abgelegt. Befallene Blätter rollen sich an den Triebspitzen zusammen. Die ausgewachsenen Larven lassen sich fallen und verpuppen sich in den obersten Bodenschichten. Nach etwa zwei Wochen beginnt der Flug der nächsten Generation. Die Larven der letzten Generation überwintern in Kokons, wenige Zentimeter unter der Bodenoberfläche.

Gegenmaßnahmen
Wie bei anderen schädigenden Gallmücken ist auch bei der Johannisbeerblattgallmücke die Be-

Schadbild der Johannisbeerblasenlaus (Foto: WIESENHOFER)

kämpfung der ersten Generation am zielführendsten. Wichtig dabei ist die Kontrolle der Jungtriebe, vor allem auch im Stockinneren, etwa ab Ende April.

Johannisbeerglasflügler (*Synanthedon tipuliformis*)

Schadbild

Befallene Triebe welken während der Vegetationsperiode. Im Mark dieser Triebe fressen die Junglarven. Der Fraßgang ist schwarz.

Erreger

Im Mai beginnt der blauschwarze Falter zu fliegen. Die Flügel sind teilweise unbeschuppt und daher durchsichtig. Auf dem auffällig langen, dunklen Hinterleib befinden sich schmale hellgelbe Ringe. Die Haupteiablage erfolgt in den Monaten Juni und Juli. Die Larven bohren sich in den Trieb ein und überwintern dort.

Gegenmaßnahmen

Die direkte chemische Bekämpfung ist aufgrund des langen Befallszeitraums nicht zielführend. Für größere Anlagen ist die Verwirrmethode geeignet.

Johannisbeergallmilbe (*Cecidophyopsis ribis*)

Schadbild

Befallene Knospen, sogenannte Rundknospen, sind rundlich und deutlich vergrößert. Im Frühjahr öffnen sich diese nicht. Die Johannisbeergallmilbe ist auch ein wichtiger Überträger der Brennnesselblättrigkeit, einer Viruskrankheit.

Erreger

Die gallenbildende Milbe ist etwa 0,2 mm lang, weißlich, von länglicher Form und fein quergestreift.

Die Überwinterung erfolgt in befallenen Knospen. Ab der Blüte bis in den Sommer erstreckt sich die Auswanderung. Die Milben wandern auf der Pflanze umher, besiedeln zunächst bevorzugt die jungen Triebspitzen und können durch Wind und Vögel auch über weitere Strecken verbreitet werden.

Ab Juni werden erneut junge Knospen befallen. Im Inneren der Knospen leben die Milben gut geschützt, legen dort Eier ab und können sich bis zum kommenden Frühjahr massenhaft vermehren. Eine Knospe kann dann mehrere tausend Milben enthalten. Durch die Saugtätigkeit schwillt die Knospe stark an und treibt im folgenden Frühjahr nicht aus.

Johannisbeergallmilbe – Rundknospe (Foto: WIESENHOFER)

Gegenmaßnahmen

Eine direkte Bekämpfung mit Pflanzenschutzmitteln bringt aufgrund der schwierigen Erreichbarkeit des Erregers nur geringen Erfolg.

Besonders wichtig ist es daher, befallsfreies Pflanzmaterial zu beziehen. Stark durchseuchte Anlagen in der Nähe von Neupflanzungen müssen gerodet werden.

Die Eindämmung eines Befalls beschränkt sich auf das mechanische Entfernen der Rundknospen in den Wintermonaten.

Erdbeermilbe (*Tarsonemus pallidus fragariae*)

Schadbild

Die Herzblätter befallener Pflanzen bleiben klein und verkümmert. Die Pflanze ist im Wuchs stark gehemmt. Bei starkem Befall muss mit schweren Ertragsverlusten gerechnet werden.

Erreger

Die erwachsenen Weibchen überwintern in den Blättern oder am Grund der Blattstiele. Zu Beginn des Frühlings verlassen sie das Winterversteck, besiedeln die jungen Blätter und beginnen dort mit der Eiablage. Im Sommer erreicht die Milbenpopulation ihren Höhepunkt. Durch Wind und Insekten können sich die Milben im Bestand ausbreiten. Die gefährlichste Verbreitung dieser schädlichen Milbenart geschieht aber durch verseuchtes Pflanzmaterial.

Gegenmaßnahmen

Wichtigste vorbeugende Maßnahme ist die Verwendung befallsfreier Jungpflanzen. Durch das Abmähen des Laubes nach der Ernte kann der Befallsdruck vermindert werden. Bei einer einjährigen Kulturführung spielt die Erdbeermilbe meist keine Rolle. Eine chemische Bekämpfung ist nur sehr schwer möglich. Wenn eine chemische Behandlung durchgeführt werden muss, sollte eine Behandlung im Sommer und eine weitere Behandlung im Frühjahr eingeplant werden.

Brombeergallmilbe (*Acalitus essigi*)

Schadbild

Die befallenen Teile der Früchte können nicht reifen und bleiben rot. Solche Früchte sind für die Vermarktung wertlos.

Erreger

Die ausgewachsenen, etwa 0,2 mm großen weißen Milben überwintern unter Knospenschuppen und in Fruchtmumien. Zur Zeit des Austriebes verlassen sie die Winterverstecke und wandern in die jungen Knospen. Sie saugen an den Blüten und jungen Früchten. Im August kommen die meisten Milben vor. Ab etwa Oktober suchen die Milben ihre Winterquartiere auf.

Gegenmaßnahmen

Eine Bekämpfung ist sinnvoll, wenn im Vorjahr Schäden durch die Brombeergallmilbe aufgetreten sind. Im Regelfall sind zwei Behandlungen vor der Blüte erforderlich.

5. NÜTZLINGE

Ohrwürmer (Dermaptera)

Von den in Mitteleuropa vorkommenden Arten ist der Gemeine Ohrwurm die wichtigste. Ohrwürmer sind Allesfresser. Neben tierischer Nahrung können sie auch reifende Früchte beschädigen. Die Tiere sind dämmerungsaktiv und halten sich daher tagsüber versteckt.

Die Überwinterung erfolgt als ausgewachsenes Tier in den obersten Bodenschichten. Im Frühjahr werden in kleinen Erdhöhlen Eier abgelegt. Es wird intensive Brutpflege betrieben. Ab dem Frühsommer sind Jungtiere anzutreffen. Pro Jahr entwickelt sich eine Generation.

Ohrwürmer nehmen gerne Verstecke an, in denen sie tagsüber vor Fraßfeinden geschützt sind. Besonders eignen sich dazu mit Holzwolle gefüllte Blumentöpfe, die mit der großen Öffnung nach unten am Stamm oder an Ästen aufgehängt werden.

Wanzen (Heteroptera)

Zur Ordnung der Wanzen gehören sowohl pflanzenschädigende als auch nützliche Arten.

Raubwanzen

Sind bis zu 12 mm große Insekten mit einem abgeflachten Körper, einem spitzen Saugrüssel und Vorderflügel, die zu 2/3 lederartig verhärtet sind. Das hintere Drittel der Vorderflügel ist häutig und durchsichtig. Die Wanzen besitzen lange und vielgliedrige Fühler.

Als **Nützlinge** sind zwei Familien wichtig:

Sichelwanzen (Nabidae) sind relativ große, schlanke Insekten. Der Rüssel weist eine gebogene Form auf. Er wird in Ruhestellung an die Körperunterseite angelegt. Sie ernähren sich von Blattläusen und anderen Insekten.

Blumenwanzen (Anthocoridae) sind kleiner als die Sichelwanzen und überwintern als erwachsene Insekten. Sie sind die wichtigsten Feinde von Blattsaugern. Die Oriusarten sind auch wichtige Gegenspieler von Spinnmilben. Oriusarten sind nur etwa 2,5–3 mm groß.

Eier werden in der Nähe von Blattlauskolonien auf Stielen abgelegt. Die Larven leben räuberisch und sind in ihrer Nahrung wenig wählerisch.

Marienkäfer (Coccinellidae)

In Europa kommen etwa 100 verschiedene Arten vor. Der wohl bekannteste Marienkäfer ist der Siebenpunkt. Mittlerweile hat sich auch eine neue Art, ursprünglich aus Asien stammend, bei uns flächendeckend ausgebreitet. Dieser Asiatische Marienkäfer hat im Vergleich zu den heimischen Arten eine deutlich höhere Vermehrungsrate.

Als Hauptnahrung dienen den Marienkäfern Blatt- und Schildläuse. Einige Arten ernähren sich auch von echten Mehltaupilzen. Bei fast allen Arten sind die Flügeldecken mit Punkten oder Flecken verziert. Die Überwinterung erfolgt als erwachsener Käfer in Verstecken. Ab dem Frühjahr werden die Eier in der Nähe von Blattlauskolonien abgelegt. Aus diesen schlüpfen nach drei bis fünf Tagen die Larven, die zwei Wochen für ihre Entwicklung benötigen. In dieser Zeit kann eine einzelne Larve bis zu 1200 Läuse fressen. Die Verpuppung erfolgt häufig am Blatt und dauert ca. eine Woche.

Kugelkäfer (*Stethorus punctillum*)

Er ist schwarz, nur etwa 1,5 mm groß und dicht behaart. Diese Marienkäferart ernährt sich in erster Linie von Spinnmilben. Der Kugelkäfer ist ein typischer Säuberungsräuber. Sobald genügend Spinnmilben vorhanden sind, können diese Nützlinge in Massen auftreten und so eine Spinnmilbenpopulation innerhalb kurzer Zeit stark dezimieren.

Schwebfliegen (Syrphidae)

Zu dieser Familie gehören neben nützlichen auch pflanzenschädigende Arten. Die erwachsenen Schwebfliegen sehen aufgrund ihrer schwarzgelb gestreiften Zeichnung Wespen sehr ähnlich. Schwebfliegenarten, die sich von Blattläusen ernähren, suchen im Flug Blattlauskolonien, in die sie ihre Eier ablegen. Die Maden sind sehr gefräßig und sind daher wichtige Blattlausräuber. Die Überwinterung erfolgt je nach Art als Larve, Puppe oder Vollinsekt. Schwebfliegen werden bereits zeitig im Frühjahr aktiv. Die Eier sind länglich, weiß und die Oberfläche ist netzartig strukturiert. Während der Larvenentwicklung können bis zu 700 Blattläuse vernichtet werden. Die Schwebfliegen werden wie auch viele andere Nützlinge durch blühende Unterkulturen angelockt.

Hautflügler (Hymenoptera)

Weltweit werden mehr als hunderttausend Arten den Hautflüglern zugerechnet. Typisch sind die vier häutigen Flügel, wobei die Vorderflügel größer sind als die Hinterflügel. Neben pflanzenschädigenden Arten gehören auch viele Nützlinge zu dieser Ordnung. Die meisten nützlichen Arten gehören zur Unterordnung der Apocrita. Insekten dieser Unterordnung weisen eine „Wespentaille", also eine deutliche Einschnürung zwischen erstem und zweitem Hinterleibsabschnitt auf. Die für den Obstbau wichtigsten Familien dieser Unterordnung sind die Schlupfwespen, Brackwespen, Blattlausschlupfwespen sowie die verwandten Erz- und Zehrwespen. Die meisten Schlupfwespenarten legen mithilfe eines Legestachels ihre Eier in das Wirtstier ab. Bevorzugt werden Schmetterlingsraupen. Die fußlosen Larven schlüpfen im Inneren des Wirtstieres und ernähren sich von den Organen des Wirtes. Dieser Familie gehören einige wichtige Arten der Apfelwicklerparasiten an.

Die nur 1 bis 10 mm langen Brackwespen sehen den Schlupfwespen sehr ähnlich. Auch viele Brackwespenarten legen ihre Eier in das Wirtstier ab. Für den Obstbau interessant ist die Gattung *Apanteles*. *Apanteles bicolor* ist ein wichtiger Parasit der Taschenminiermotte. *Ascogaster quadridentatus* parasitiert Apfelwickler.

Die Familie der Blattlausschlupfwespen ist auf Blattläuse spezialisiert. Parasitierte Blattläuse nehmen ein kugelförmiges, aufgetriebenes Aussehen an. Durch ein rundes Loch im Rücken verlässt der Parasit das Wirtstier.

Die größte Familie bilden die Erz- oder Zehrwespen. Die 1920 nach Europa eingeführte Blutlauszehrwespe kann Blutlauskalamitäten in Obstgärten verhindern. Die Blutlauszehrwespe legt ein Ei in eine ausgewachsene Blutlaus. Im Inneren der Blutlaus entwickelt sich die Larve der Zehrwespe. Befallene Blutläuse bilden keine Wachsfäden mehr. Blutläuse können sich bei niedrigen Temperaturen besser vermehren als die Zehrwespe. Die höchsten Parasitierungsraten findet man meist im August und September. Die Zehrwespe überwintert als Larve in den mumifizierten Blutläusen.

In den 50er Jahren wurde eine weitere Zehrwespenart eingebürgert, *Prospatella perniciosi*. Diese Zehrwespe parasitiert die San-José-Schildlaus. Die Zehrwespe ist nur etwa 0,4–0,8 mm groß. Durch das Schildchen der San-José-Schildlaus werden die Eier dieser Zehrwespe abgelegt.

Eine große Anzahl natürlicher Antagonisten haben die Miniermotten. Die meisten Gegenspieler gehören ebenfalls zur Familie der Zehrwespen. Zur Familie der Trichogrammen zählen die wichtigsten Eiparasiten. Seit vielen Jahren werden weltweit Versuche angestellt, diesen Nützling zu züchten und auszusetzen. In Österreich wird eine Trichogrammenart bereits erfolgreich gegen den Maiszünsler eingesetzt.

Raubmilben

Die wichtigsten Raubmilbenarten gehören zu den Phytoseiidae. Es sind birnenförmige Milben mit weit gerundetem Hinterende. Die Milben sind blind und das erste Beinpaar ist mit einer Tastfunktion ausgerüstet. Die Überwinterung der Raubmilben erfolgt als erwachsene Weibchen unter Knospenschuppen oder unter der Rinde. Die Eier sind durchscheinend und glatt. Im Frühjahr, sofort nach dem Austrieb, werden die Raubmilben aktiv. Jungtiere findet man meistens schon kurz nach der Blüte. Die meisten Raubmilben findet man in den Monaten Juli und August. Anfang September, wenn die ersten kühlen Nächte eintreten, sterben die männlichen Raubmilben ab und die Weibchen beginnen mit dem Aufsuchen der Winterverstecke. Die zwei wichtigsten Arten im steirischen Erwerbsobstbau sind *Typhlodromus pyri* und *Amblyseius finlandicus*. *Typhlodromus pyri* ernährt sich sowohl von Spinnmilben als auch von Rostmilben, während *Amblyseius finlandicus* ein Rostmilbenspezialist ist. Die Unterscheidung der Arten kann nur unter dem Mikroskop von einem Spezialisten durchgeführt werden. Raubmilben können pflanzenschädigende Milben kontrollieren. Wenn keine Spinn- oder Rostmilben vorhanden sind, können sich Raubmilben auch von Pflanzenausscheidungen ernähren. In Erwerbsobstanlagen, in denen keine Raubmilben zu finden sind, sollten diese eingebracht werden. Im selben Jahr reicht die Raubmilbenpopulation dann meist noch nicht aus, um Spinnmilben ausreichend zu unterdrücken. Im Jahr nach dem Einbringen können Spinnmilben bereits kontrolliert werden. Raubmilben reagieren unterschiedlich empfindlich gegenüber Pflanzenschutzmitteln.

6. SCHADSCHWELLEN IM APFELBAU

Die Schadschwellenwerte gelten nur als Anhaltspunkte. Örtliche Gegebenheiten sind zu berücksichtigen (Sorten, Standort, Nützlingsbesatz, Kosten für Pflanzschutzmaßnahmen, Erlös für Äpfel). Die Schadschwelle ist jener Wert, der im Regelfall tolerierbar ist, ohne dass ein bedeutender Schaden entsteht. Im Einzelfall kann, unter ungünstigen Voraussetzungen, auch bereits bei geringeren Befallswerten eine Bekämpfungsmaßnahme sinnvoll sein.

	Vor der Blüte	Nach der Blüte	Frühsommer bis etwa Mitte Juli	Spätsommer
Apfelblütenstecher	10 Käfer/100 Schläge 3/100 Knospen mit Einstichen			
Frühlingseulen	2 Raupen/100 Blütenbüschel	2 Raupen/100 Fruchtbüschel		
Kleiner Frostspanner	5 Raupen/100 Blütenbüschel	5 Raupen/100 Fruchtbüschel		
Fruchtschalenwickler	1 % befallene Blütenbüschel	1 % befallene Fruchtbüschel	3 % befallene Langtriebe (Triebspitzen)	1 % befallene Früchte
Obstbaumspinnmilbe	500 Eier/Laufmeter 2-jähriges Fruchtholz	50 % der Blätter mit 1–2 Milben/Blatt	2–3 Milben/Blatt	3–5 Milben/Blatt
Apfelsägewespe		3 % befallene Fruchtbüschel		
Apfelgraslaus	50 % befallene Blatt- oder Blütenbüschel			
Apfelfaltenlaus	5 % befallene Blütenbüschel			
Mehlige Apfelblattlaus	1 Befallsherd/200 Blütenbüschel		1 Befallsherd/100 Bäume	
Grüne Apfelblattlaus			10 % befallene Triebe	
Fruchtwanzen		1 Wanze/100 Schläge		
San José			1 % Fruchtbefall	
Gemeiner Birnblattsauger	10–30 % Befall der Blütenbüschel	10–30 % besetzte Triebe	10 % besetzte Triebe	
Blutlaus			3–5 % besetzte Bäume	
Apfelwickler			0,3 % befallene Früchte	1 % befallene Früchte
Rostmilben				5 % befallene Triebe

Begriffserklärungen

Anthranildiamide: Wirkstoff: Chlorantraniliprol

Antibiotikum: Substanz mit antimikrobieller Wirkung.

Anilinopyrimidine: Fungizide, die das Eindringen von Pilzen in das Blatt und das Wachstum im Blattgewebe hemmen. Bei zahlreichen Pilzen sind bereits Minderwirkungen bekannt.
Wirkstoffe: Cyprodinil, Pyrimethanil

Formulierung: Pflanzenschutzmittel enthalten neben den eigentlichen Wirkstoffen auch Beistoffe (Formulierungshilfsstoffe), die dem Produkt die für die Anwendung nötigen Eigenschaften verleihen. Die Zusammensetzung eines Pflanzenschutzmittels aus Wirkstoffen und Beistoffen nennt man „Formulierung".

Häutungsbeschleuniger: Der Häutungsprozess von Wicklerlarven wird vorzeitig eingeleitet.
Wirkstoffe: Tebufenozide, Methoxyfenozide, Indoxacarb u. a.

Haustorien: Saugorgane, mit denen Pilze Wasser und Nährstoffe aufnehmen.

Hormon: Sind Botenstoffe, die vom lebenden Organismus gebildet werden und die Lebensabläufe steuern.

Infektion: Das Eindringen eines Krankheitserregers (Pilz, Bakterium, Virus) in den Wirt.

Inkubationszeit: Ist die Zeitspanne zwischen dem Eindringen eines Krankheitserregers und dem Auftreten der ersten Symptome, d. h. dem Ausbruch der Krankheit.

Insektenentwicklungshemmer: Unterbrechen den Entwicklungszyklus von Insekten.
Wirkstoffe: Diflubenzuron, Triflumuron, Fenoxycarb u. a.

Integrierte Produktion (I. P.) ist die wirtschaftliche Erzeugung von qualitativ hochwertigem Obst durch Kombination von mechanischen, biologischen und chemischen Produktionsmethoden unter Berücksichtigung ökologischer Gesichtspunkte.

Kambium: Wachstumsschicht zwischen Holz und Rinde.

Kontaktfungizide: Der Wirkstoff dringt nicht ins Gewebe ein, sondern verbleibt an der Oberfläche.

Kreuzresistenz: Ist die Unempfindlichkeit eines Schaderregers gegenüber mehreren Pflanzenschutzmitteln mit dem gleichen Wirkmechanismus. Wird ein Schaderreger gegen einen dieser Wirkstoffe resistent, so gilt das auch für die anderen.

Kurative Bekämpfung: Bekämpfung nach bereits erfolgter Infektion, aber vor dem Ausbruch der Krankheit. Die weitere Entwicklung des Krankheitserregers wird gestoppt.

Netzmittel: Zusatzstoff zu Spritzbrühen, um die Oberflächenspannung des Wassers zu verringern. Dadurch kann auch mit geringer Wasseraufwandmenge ein gleichmäßiger Spritzbelag erzielt werden.

Neonicotinoide: Insektizide auf Basis von synthetisch hergestellten nikotinartigen Wirkstoffen. Wirken als Nervengift.
Wirkstoffe: Thiacloprid, Acetamiprid, Imidacloprid u. a.

Parthenogenese: Auch als Jungfernzeugung bezeichnet, bedeutet die Bildung von Nachkommen aus ungeschlechtlicher Vermehrung.

Pflanzenschutzmittel: Pflanzenschutzmittel beinhalten chemische oder biologische Wirkstoffe, deren Anwendung Kulturpflanzen vor negativen Einwirkungen durch Schadorganismen schützen.

Je nach Wirkung werden folgende Gruppen unterschieden:

- Herbizide: Mittel gegen Unkräuter
- Insektizide: Mittel gegen Insekten
- Fungizide: Mittel gegen Pilze
- Molluskizide: Mittel gegen Schnecken
- Akarizide: Mittel gegen Milben
- Rodentizide: Mittel gegen schädliche Nagetiere

Pheromone: Duftstoffe, die der Kommunikation zwischen Individuen der gleichen Art dienen. Insekten dienen Sexualpheromone dem Auffinden von Geschlechtspartnern.

Phosphorsäureester: Phosphorsäureester wirken als Nervengift und haben eine hohe Toxizität gegenüber Warmblütern.
Wirkstoffe: Chlorpyriphos, Dimethoat u. a.

Präventive oder protektive Bekämpfung: Bekämpfung vor einer möglichen Infektion. Krankheiten werden am Eindringen in den Wirt gehindert.

Resistenz: Als Resistenz bezeichnet man die Widerstandsfähigkeit eines Lebewesens gegenüber schädlichen Einflüssen. Beispielsweise Pflanzen gegen Schaderreger oder der Schaderreger gegen Pflanzenschutzmittel.

Sporen: Dienen der Vermehrung und Ausbreitung von Pilzen. Sie sind widerstandsfähig gegenüber widrigen Lebensumständen.

SSH: Sterolsynthesehemmer (Sterol Biosynthesis Inhibitors) sind Fungizide, die die Ausbreitung von Pilzen im Blatt hemmen. Die Wirkungsweise ist systemisch und die Anwendung erfolgt kurativ.
Wirkstoffe: Bitertanol, Triadimenol, Difenoconazol, Penconazol u.a.

Strobilurine: Tiefenwirksame Fungizide, die vorbeugend eingesetzt werden. Sie greifen in den Energiestoffwechsel (Atmungskette) der Pilze ein. Bei zahlreichen Pilzen haben sich bereits Resistenzen aufgebaut.
Wirkstoffe: Pyraclostrobin, Trifloxystrobin, Kresoxym-methyl u. a.

Systemische Wirkung: Bei Pflanzenschutzmitteln mit systemischer Wirkung dringt der Wirkstoff in die Pflanze ein und wird über den Saftstrom verteilt.

Tiefenwirksame Wirkung: Lokal-systemische Wirkstoffe dringen ins Gewebe ein und werden in geringem Maße umverteilt, jedoch nicht im Wasserstrom transportiert.

Toxizität: Unter Toxizität versteht man die Giftigkeit. Die akute Toxizität gibt das Risiko einer Vergiftung bei einer einmaligen Aufnahme an. Die chronische Toxizität beschreibt das Risiko einer mehrmaligen Aufnahme über einen längeren Zeitraum.

Wartezeit (Karenzzeit): Zeitspanne, die nach der letzten Anwendung bis zum Erntebeginn eingehalten werden muss.

PARANORMALE PHÄNOMENE AN OBSTGEHÖLZEN

Radiästhesie und Obstgehölze

Verschiedene Pflanzenreaktionen können auf radiästhetische (erdstrahlenbedingte) Einflüsse zurückgeführt werden. Die bedeutendsten und für jedermann erkenntlich sind der Drehwuchs des Stammes, Schiefwuchs der Bäume, Zwieselwuchs (mehrfache Verzweigung des Stammes auf gleicher Höhe), krebsartige Geschwülste der Stämme und Äste sowie Wuchsdepressionen und stark abholzige (schnell schwächerwerdenden) Stämme in Bodennähe. Oft wachsen auf einem stark belasteten Standort die Veredelungen bzw. die frisch gepflanzten Bäume nicht an.

„Rutenkundige" (mit der Arbeitsweise und mit dem Umgang von Wünschelruten geübte) Personen finden meist rasch die Ursache der Wuchsanomalien. Landläufig spricht man von Wasseradern, die unter den Bäumen verlaufen und Wuchsdeformationen hervorrufen. Aber nicht nur Wasseradern, sondern die Globalgitter-(Hartmann-)Netze, die Curry-(Diagonal-)Gitternetze, das kubische Gittersystem nach Dr. Oberbach (Pflanzenwachstumlaser), oft gleichzeitig mit dem/als Benkergitternetz genannt, unterirdisch verlaufende geologische Störungen wie Verwerfungen und geologische Bruchzonen, geomantische Zonen und Leylinien sowie die natürliche Stärke des Erdmagnetfeldes haben Einfluss auf das Leben von Mensch, Pflanze und Tier.

Im Rahmen einer Diplomarbeit der Universität für Bodenkultur wurden die radiästhetischen Einflüsse auf Erdbeerpflanzen der Sorte 'Elsanta' ermittelt (BRUNMAYER, 2004).

Dabei wurden die sogenannten Reizeinheiten (nach Dr. HARTMANN) als Belastungstärke zugrunde gelegt.

In Abhängigkeit der Belastungsintensität und der Art der radiästhetischen Belastungen zeigten sich Unterschiede in der Blütenanzahl, dem Befallsgrad

Ungefähr 50 Jahre alter Marillenbaum auf extrem radiästhetisch belastetem Standort im Kreuzungsbereich hoch aktiver belastender radiästhetischer Einflüsse. Der Baum hat versucht, durch Drehwuchs des Stammes aus seinem belasteten Standort wegzuwachsen. Die Hofbäuerin lag im Schlafzimmer, welches rechts von der Sitzbank situiert ist. Sie erkrankte an einem Gehirntumor. Der Weiterverlauf von negativen Strahlungsarten wurde im Schlafzimmer im Kopfbereich festgestellt. (Foto: KEPPEL)

An der Stelle, an dem dieser kleine unterentwickelte Birnenbaum im oberen Bild steht (Kreuzungspunkt dreier negativer Strahlenarten), sind alle Vorgängerbäume bald nach der Pflanzung abgestorben. Dieser Jungbaum wurde nach der Beratung durch den Verfasser auf eine andere unbelastete Stelle im Hintergrund umgepflanzt, ist dort vital angewachsen und zeigt keine Wuchsdepressionen mehr. (Fotos: KEPPEL)

Der hier verdreht stehende Stamm steht auf einer Currygitterkreuzung und ist zusätzlich mit einer Pflanzenwachstumslaserkreuzung belastet. Der Baum versucht aus seiner hohen radiästhetischen Belastung wegzuwachsen und verdreht dabei seinen Stamm.

Hier hat der Stamm durch Neigewuchs (auf der Bildseite nach rechts) die Möglichkeit, der radiästhetischen Belastung auszuweichen. (Fotos: KEPPEL)

an Blütenstechern, dem Befall an Verticilliumwelke, dem Ernteertrag der Einzelpflanzen, dem spezifischen Widerstand und pH-Wert der Früchte, der Titrationsacidität und der Biophotonenaktivität.

Man kennt bei Mensch, Tier und Pflanze sogenannte Strahlenflüchter und Strahlensucher.

Von den Obstbäumen zählen zu den **Strahlenflüchtern** (können auf belasteten Standorten absterben) (nach FISCHER-COLBRIE et al., 2007): Apfel, Birne, Himbeere, Mispel, Ribisel, Stachelbeere, Walnuss.

Zu den **Strahlensuchern** (haben eine hohe Strahlungstoleranz) zählen: Brombeere, Haselnuss, Holunder, Kastanie, Kirsche, Mandel, Marille, Pfirsich, Pflaumen.

Jährlich von Blitzen getroffener Kirschbaum im Burgenland. Die Baumkrone liegt schief im strahlenfreien Raum. Der Stammbereich an der Stammbasis befindet sich auf einer Wasseradernkreuzung (auf einer starken mit einer schwachen Wasser-) und einer Currykreuzung. (Foto: KEPPEL)

Blick aus dem Fenster des Schlafzimmers eines an Leberkrebs Verstorbenen. Die negativen, den Organismus und Pflanzen belastenden Strahlen durchziehen den Obstgarten (dort wo die Zwetschkenbäume im linken Bildmittelteil schief stehen) und sind in weiterer Folge im Verlauf im Bett des Verstorbenen nachzuweisen.

Erfahrungsgemäß sollte zumindest im Hausgarten die gewollte Pflanzstelle gemutet (radiästhetisch beobachtet) werden, um einen guten Pflanzerfolg zu gewährleisten. Pflanzen weisen zwar eine bessere Strahlenwiderstandsfähigkeit als Mensch und Tier auf, sollten aber trotzdem zum Heben des Wohlfühlfaktors und zur Freude des Grundstückseigentümers/Besitzers an strahlungsfreien Orten gepflanzt sein! Inwieweit technisch erzeugte Strahlungen auf die Pflanzen wirken bzw. die Wirkung dort sichtbar wird, darüber liegen mündliche Erfahrungen, die wissenschaftlich noch zu bestätigen sind, vor.

Zusammenhänge zwischen Sonnenflecken, Fruchtqualität und Schädlingsauftreten

Wie das niederländische Ingenieur- und Beratungsbüro Croppings herausfand, gibt es einen Zusammenhang zwischen der Sonnenaktivität, Lagerkrankheiten und Schädlingen.

Bei der zyklischen Sonnenaktivität (Zyklusdauer elf Jahre) kommen bei aktiven Jahren mehr Sonnenflecken auf der Sonne vor, die heißere Sommer und mildere Winter induzieren. Blütenfröste entstehen meist in den Jahren, in denen die Sonnenaktivität zunimmt, da die Bäume früher austreiben. In Jahren mit wenigen bis vielen Sonnenflecken kommt es zu dünnen Jahresringen im Stamm (wenig Verdunstung), in Jahren mit vielen Sonnenflecken zu dicken Jahresringen (viel Verdunstung), (KERS, 2009). In den Saisonen mit keinen bis wenigen Sonnenflecken werden die Bienenvölker schwächer. Die weltweite Getreideproduktion steht ebenfalls unter dem Einfluss des Auftretens der Sonnenflecken. Das Auftreten und die Intensität von Fleischbräune sowie Kavernenbildung im Fruchtfleisch und Obstbaumkrebs kommen vorwiegend in Jahren mit wenig Sonnenflecken, Halswelke bei Birnen und Berostung bei Apfel bei vielen Sonnenflecken vor. Schädigend treten auf der Spitze des Sonnenfleckenauftretens Läuse, Apelwickler, Schalenwickler auf, Apfelblutlaus und Birnblattsauger kommen vorwiegend bei geringem Sonnenfleckenauftreten vor. Man schätzt, dass eine Prognose des Schadauftretens aufgrund der Sonnenflecken möglich ist.

Europaweit liegen bei den Bioapfelflächen Italien (Südtirol) und Deutschland an der Spitze, gefolgt von den Niederlanden und Österreich.

1. RICHTLINIEN UND KONTROLLE

Die EU-Verordnung 834/2007 (vormals 2092/91) über die biologische Landwirtschaft und die entsprechende Kennzeichnung der landwirtschaftlichen Erzeugnisse und Lebensmittel regelt die Erzeugungsvorschriften, die Kennzeichnung, das Kontrollsystem und die Einfuhr aus Drittländern.

Die am 28. 06. 2007 erlassene Verordnung gilt als Basisverordnung, welche durch zahlreiche Änderungsverordnungen ergänzt wird.

Die Umstellungszeit zur biologischen Wirtschaftsweise beträgt für Dauerkulturen wie den Obstbau 36 Monate ab Unterzeichnen des Kontrollvertrages. Alle Produkte, die 12 Monate nach dem Unterzeichnen des Kontrollvertrages geerntet werden, können mit der Bezeichnung „hergestellt im Rahmen der Umstellung auf die biologische Landwirtschaft" gekennzeichnet werden. Bei Pacht oder Zukauf von neuen Flächen gilt ebenfalls die Umstellungszeit.

Der Kontrollvertrag wird mit einer Kontrollstelle abgeschlossen, die der Betriebsleiter selbst auswählen kann. Hat ein Betrieb nur einen Vertrag abgeschlossen, spricht man von einem Codex-Betrieb. Dieser muss nach den Vorschriften der EU-VO 834/2007 und dem Österreichischen Lebensmittelbuch Kap. 8 A wirtschaften. Es besteht auch die Möglichkeit, einem Bio-Verband beizutreten, der zusätzlich zu den Vorschriften der Codex-Betriebe eigene Verbandsrichtlinien besitzt.

Die Kontrolle erfolgt mindestens einmal pro Jahr. Neben einer einmaligen Beschreibung der Betriebseinheit (Lagepläne, Betriebsgebäude, Flächen) sind laufend Aufzeichnungen zu führen über alle Zu- und Abgänge von Betriebsmitteln (Saatgut, Dünge-, Pflanzenschutz- und Futtermittel), Fruchtfolge, Düngung, Pflanzenschutz, Veränderungen im Tierbestand, Fütterung, Tierbehandlungen, Vermarktung und Lagerung sowie Zukauf von Handelswaren. Unzulässige Hilfsmittel wie chemisch-synthetische Pflanzenschutz- und Düngemittel und deren Behältnisse dürfen nicht auf dem Betrieb gelagert werden. Ebenfalls verboten sind Betriebsmittel jeglicher Art, die durch Zuhilfenahme von Gentechnik hergestellt wurden.

Es darf nur vegetatives Vermehrungsmaterial und Saatgut verwendet werden, welches nach den Richtlinien der biologischen Wirtschaftsweise produziert wurde. Können jedoch Nachweise erbracht werden, dass von der jeweiligen Sorte kein biologisch vermehrtes Material zur Verfügung steht, kann auch konventionell erzeugtes Pflanzgut verwendet werden, wobei hierbei abhängig von der Nutzung der ganzen Pflanze oder nur von Pflanzenteilen (z. B. Früchte) und des Pflanzmaterials (wurzelnackt oder mit Wurzelballen) unterschiedliche Umstellungszeiten zur Geltung kommen.

Bioverordnung zur Düngung

Kompost aus organischem Material, der unmittelbar im land- oder forstwirtschaftlichen Betrieb anfällt, darf verwendet werden und unterliegt nicht der Kompostverordnung (KVO) BGBl. II 292/2001 und deren Qualitätsanforderungen (Abfallwirtschaftsgesetz, AWG 2002). Komposte, die auch andere organische Abfälle enthalten, müssen den Anforderungen der Qualitätsklasse A+ entsprechen (Einhaltung Schwermetallgrenzwerte, seuchenhygienische Unbedenklichkeit, Güteüberwachung etc.). Das Ausbringen von Klärschlamm und Klärschlammkompost ist nicht zulässig. Es gilt eine Stickstoffdüngerobergrenze von 170 kg N/ha und Jahr, wobei in jedem Fall die Vorgaben des Wasserrechts zu beachten sind.

Fruchtbarkeit und biologische Aktivität des Bodens sind zu erhalten bzw. in geeigneten Fällen zu steigern durch:

a) Anbau von Leguminosen, Gründüngungspflanzen bzw. Tiefwurzlern in einer geeigneten weit gestellten Fruchtfolge;
b) Einarbeitung von Wirtschaftsdünger tierischer Herkunft aus ökologischer Tierhaltung in Übereinstimmung mit Teil B Ziffer 7.1 dieses Anhangs und innerhalb der dort festgelegten Beschränkungen;
c) Einarbeitung von anderem organischen Material, gegebenenfalls nach Kompostierung, das in Betrieben gewonnen wurde, die nach den Vorschriften dieser Verordnung wirtschaften.

Andere organische o. mineralische Düngemittel gemäß Anhang II dürfen ausnahmsweise nur dann ergänzend eingesetzt werden,

- wenn der Nährstoffbedarf der Pflanzen im Rahmen der Fruchtfolge bzw. die Aufbereitung des Bodens nicht allein mit den im vorigen Absatz unter a), b) und c) genannten Mitteln gedeckt bzw. sichergestellt werden kann;
- soweit es sich um Wirtschaftsdünger tierischer Herkunft und/oder tierische Exkremente gemäß Anhang II handelt, wenn diese Erzeugnisse zusammen mit Wirtschaftsdünger tierischer Herkunft gemäß Ziffer 2.1 Buchstabe b) unter Einhaltung der in Teil B Ziffer 7.1 dieses Anhangs festgelegten Beschränkungen verwendet werden.

Quelle: Plakolm und Vogl (2006), Anhang I der EU-Verordnung für den biologischen Landbau

Neben den betriebseigenen dürfen noch folgende Dünge- und Bodenverbesserungsmittel eingesetzt werden:

ANHANG I – Düngemittel und Bodenverbesserer (EU-VO Nr. 889/2008)

Erzeugnisse, die nachstehende Stoffe enthalten oder Gemische daraus:

- Stallmist (Dung)
- Getrockneter Stallmist und getrockneter Geflügelmist
- Kompost aus tierischen Exkrementen, einschließlich Geflügelmist und kompostierter Stallmist
- Flüssige, tierische Exkremente
- Kompostierte oder fermentierte Haushaltsabfälle
- Torf
- Substrat von Champignonkulturen
- Exkremente von Würmern (Wurmkompost) und Insekten
- Guano
- Kompostiertes oder fermentiertes Gemisch aus pflanzlichem Material

Nachstehende Produkte oder Nebenprodukte tierischen Ursprungs:

- Blutmehl
- Hufmehl
- Hornmehl
- Knochenmehl bzw. entleimtes Knochenmehl
- Fischmehl
- Fleischmehl
- Federn- und Haarmehl, gemahlene Fell- und Hautteile
- Wolle
- Walkhaare (Filzherstellung), Fellteile, Haare und Borsten
- Milcherzeugnisse

Produkte und Nebenprodukte pflanzlichen Ursprungs für Düngezwecke:

- Algen und Algenerzeugnisse
- Sägemehl und Holzschnitt
- Rindenkompost
- Holzasche
- Weicherdiges Rohphosphat
- Aluminiumkalziumphosphate
- Schlacken der Eisen- und Stahlbereitung
- Kalirohsalz oder Kainit
- Kaliumsulfat, möglicherweise auch Magnesiumsalz enthaltend
- Schlempe und Schlempeextrakt (keine Ammoniakschlempe)
- Kalziumkarbonat (z. B. Kreide, Mergel, Kalksteinmehl, Algenkalk, Phosphatkreide usw.)
- Kalzium- und Magnesiumkarbonat
- Magnesiumsulfat (Kieserit)
- Kalziumchloridlösung
- Kalziumsulfat (Gips)
- Industriekalk aus der Zuckerherstellung
- Industriekalk aus der Siedesalzherstellung
- Elementarer Schwefel
- Spurennährstoffe
- Natriumchlorid
- Steinmehl und Tonerde

Des Weiteren werden für die oben angeführten Düngemittel zum Teil genauere Anforderungen an die Zusammensetzung und Anwendung gestellt. Die vollständigen Vorschriften sind in der EU-Verordnung 889/2008 nachzulesen.

Pflanzenschutz in der Bioverordnung

Neben dem direkten Pflanzenschutz soll auch vor allem der vorbeugende Gesundheitsschutz Verwendung finden. Darunter versteht man eine geeignete Sortenwahl, die Förderung der Bodengesundheit, eine harmonische Ernährung, das Wählen geeigneter Anbau- und Kulturmethoden sowie die Förderung von Nützlingen durch die Erhaltung und Schaffung geeigneter Lebensbedingungen. Das Verwenden von naturfremden chemisch-synthetischen Pflanzenschutzmitteln und Wachstumsregulatoren ist untersagt.

Die verwendeten Mittel müssen im Anhang II (EU-VO 889/2008) angeführt sein und eine Zulassung gemäß dem österreichischen Pflanzenschutzmittelgesetz (PMG 2011) besitzen. Alle aktuell anwendbaren Pflanzenschutzmittel sowie deren Anwendungseinschränkungen können im Betriebsmittelkatalog (InfoXGen) der Kontrollstellen nachgelesen werden.

ANHANG II – Pestizide – Pflanzenschutzmittel (EU-VO Nr. 889/2008)

(Auswahl der Mittel, die für den biologischen Obstbau in Österreich relevant sind)

Pflanzliche und tierische Substanzen:

- Azadirachtin aus *Azadirachta indica* (Neembaum)
- Bienenwachs
- Gelatine
- Hydrolysiertes Eiweiß
- Lecithin
- Pflanzenöle (z. B. Minzöl, Kienöl, Kümmelöl)
- Pyrethrine aus *Chrysanthemum cinerariaefolium*
- Quassia aus *Quassia amara*

Mikroorganismen:

- Mikroorganismen (Bakterien, Viren und Pilze) z. B. *Bacillus thuringiensis*, Granulosevirus usw.

Von Mikroorganismen erzeugte Substanzen:

- Spinosad

Nur in Fallen:

- Diammoniumphosphat
- Pheromone
- Pyrethroide (nur Deltamethrin oder Lambda-Cyhalothrin)

Flächig zwischen den Kulturpflanzen:

- Eisen(III)Orthophosphat

Traditionell im ökologischen Landbau verwendet

- Kupfer in Form von Kupferhydroxid, Kupferoxichlorid, (dreibasischem) Kupfersulfat, Kupferoxid oder Kupferoktanoat
- Ethylen
- Kaliseife (Schmierseife)
- Schwefelkalk (Kalziumpolysulfid)
- Paraffinöl
- Mineralöle
- Kaliumpermanganat
- Quarzsand
- Schwefel

Andere Substanzen

- Kalziumhydroxid
- Kaliumbikarbonat

Des Weiteren werden für die oben angeführten Pflanzenschutzmittel zum Teil genauere Anforderungen an die Anwendung gestellt. Die vollständigen Vorschriften sind in der EU-Verordnung 889/2008 nachzulesen. Die Mittel dürfen nur in dem Fall eingesetzt werden, wenn mit den Maßnahmen des vorbeugenden Gesundheitsschutzes kein Auslangen gefunden werden kann.

2. KULTURMASSNAHMEN

Anlagengestaltung und Nützlingsförderung

Durch die Intensivierung der Bewirtschaftung geht immer mehr Lebensraum für die heimische Tier- und Pflanzenwelt verloren. Durch das ständige Mähen und Durchfahren in der Obstanlage verschwinden Blütenpflanzen und Kräuter. Es werden Gräser und konkurrenzstarke Pflanzen gefördert, die für Blütenbesucher wenig attraktiv sind.

In modernen Anlagen fehlt der Platz für Biotope, die von Nützlingen besiedelt werden können, um das natürliche Gleichgewicht zu erhalten. Es zählt in erster Linie die Wirtschaftlichkeit. Da der Einfluss von natürlichen Gegenspielern nicht in Geld aufzuwiegen ist, kann dieser Faktor nicht in eine Berechnung mit einfließen und wird dadurch häufig weggelassen.

Die Erhaltung und Schaffung geeigneter Lebensbedingungen zur Förderung von Nützlingen ist daher in den Richtlinien des biologischen Landbaus als wichtige vorbeugende Pflanzenschutzmethode angeführt.

Maßnahmen zur Förderung der Vielfalt in Obstanlagen

Wildkrautstreifen: Sie bieten ein Angebot an Blütenpflanzen, die als Nahrungsquelle für Insekten fungieren. Neben bekannten Gründüngungspflanzen wie Kleearten, Senf, Phacelia und Buchweizen sind vor allem Pflanzenarten aus der Familie der Doldenblütler (z. B. Wiesenkerbel, Fenchel, Wilde Möhre und andere), Korbblütler (beispielsweise Wegwarte, Schafgarbe, Kamille, Rainfarn usw.) sowie Kreuzblütler (z. B. Hirtentäschel, Ölrettich, Wiesenschaumkraut und weitere) besonders empfehlenswert zur Anlockung von Insekten. Dabei muss erwähnt werden, dass viele dieser Pflanzen starke Konkurrenz und häufigen Schnitt sehr schlecht vertragen. Auch Pflanzenparasiten können sich hier aufhalten, meist handelt es sich um andere Arten als jene, die Kulturpflanzen befallen. Sie bieten Nahrung für Nützlinge, die dann auch an den Obstbäumen aktiv sein können. Ein Wildkrautstreifen bildet somit ein Nahrungsreservoir sowie Rückzugs- und Überwinterungsmöglichkeiten für unzählige Tiere.

Hecken: Frei wachsende, artenreiche Hecken, charakterisiert durch das Vorhandensein einer Strauchschicht, einer Krautschicht und einer Bodenabdeckung mit abgestorbenem Pflanzenmaterial, sind wertvolle Lebensräume für eine Vielzahl von Pflanzen, Insekten und Kleintieren, wie Reptilien, Amphibien, Vögel und Säugetiere. Sie bieten Schutz, Nahrung, Nistplatz und Überwinterungsraum. Die Heckenvegetation bildet eine Zwischenstufe zur natürlichen Bewaldung. In Abhängigkeit zur Wuchsform entstehen hier auf engstem Raum verschiedene Mikroklimazonen, wie z. B. warm-trockene Bedingungen auf der Südseite und kühl-feuchte Bedingungen auf der Nordseite. Zur Förderung von Insekten und Wirbeltieren sollten Arten verwendet werden, die, wenn möglich, vor oder nach der Kulturart blühen und zugleich keine Wirtspflanzen für wichtige Krankheiten dieser sind (beispielsweise Feuerbrand bei Kernobst, Scharka bei Steinobst usw.) (siehe Tabelle, nächste Seite).

Kleinbiotope: Trockenmauern, Steinhaufen, Reisig- oder Totholzhaufen, Baumstümpfe und Baumhöhlen bieten ideale Schlupfwinkel und Anziehungspunkte für verschiedene Tiere und besonders Nützlinge. Derartige Schutzzonen und Versteckplätze sollten nicht aufgrund übertriebener Ordnungsliebe weggeräumt, sondern zusätzlich

Bio-Apfelanlage mit intensivem Mulchmanagement und artenarmer Begrünung (oben). Aufgrund von diversen blühenden Gehölzen vielseitig in die Umgebung eingebundene Obstanlage (Mitte). Angelegter Blütenstreifen in der Fahrgassenmitte (unten). (Fotos: SPORNBERGER)

Eigenschaften von möglichen Gehölzarten für Pflanzungen in Verbindung mit Obstanlagen (eigene Zusammenstellung)

Deut. Name	Lat. Name	Blütezeit	Blütenfarbe	Fruchtreife	Fruchtfarbe	Bemerkung
Feldahorn	*Acer campestre*	IV–V	gelblich-grün	VIII	rot überlaufen	Holznutzung
Berberitze	*Berberis vulgaris*	V	gelb	VII–IX	hochrot	essbar, Wirt für Getr.-Rost
Roter Hartriegel	*Cornus sanguinea*	V–VI	weiß	VII–V	schwarz-violett	ungenießbar
Kornelkirsche	*Cornus mas*	II–IV	gelb	VIII–X	rot	essbar
Haselnuss	*Corylus avellana*	II–III	gelblich-grün	IX–XII	braun	essbar, Holz
Pfaffenhütchen	*Euonymus europaeus*	V	gelblich-grün	VII–IX	korallenrot	giftig
Sanddorn	*Hippophae rhamnoides*	III–V	gelblich	XI–XII	orange	essbar
Mahonie	*Mahonia aquifolium*	IV	gelb	VI–VIII	blau	essbar
Liguster	*Ligustrum vulgare*	VI	gelblich-weiß	VIII–IX	schwarz	giftig
Rote Heckenkirsche	*Lonicera xylosteum*	V–VI	gelblich-weiß	VIII	dunkelrot	giftig
Traubenkirsche	*Prunus padus*	IV–VI	weiß	VII–VIII	schwarz	essbar
Schlehe	*Prunus spinosa*	IV	weiß	X–XII	dunkelblau	essbar, Ausläufer!, Scharka*
Kreuzdorn	*Rhamnus xathartica*	V–VI	gelb-grün	VIII–IX	schwarz	giftig
Heckenrose	*Rosa canina*	VI	weißlich-rosa	VII–X	scharlachrot	essbar, Ausläufer!
Brombeere	*Rubus fruticosus*	V–VI	weiß-rosa	VIII–XI	schwarz	essbar, Rußflecken!
Schwarzer Holunder	*Sambucus nigra*	V–VI	gelblich-weiß	IX–XII	schwarz	gekocht essbar
Gemeiner Schneeball	*Viburnum opulus*	V–VI	weißlich-rosa	IX	rot	gekocht essbar
Wolliger Schneeball	*Viburnum lantana*	V–V	weiß	IX–X	schwarz	giftig

*nicht in der Nähe von Zwetschken-, Marillen- oder Pfirsichanbau

eingerichtet werden. Besonders für räuberisch lebende Tiere (z. B. Marder, Wiesel, Schlangen) sind solche Plätze von Bedeutung.

Teiche und Tümpel: Stehende Gewässer gehören wohl zu den lebendigsten Lebensräumen überhaupt. Libellen, Frösche, Kröten und viele andere Nützlinge sind zum Überleben auf das Wasser oder die Uferzone angewiesen.

Begrünungsmanagement in der Fahrgasse: Das alternierende Mähen oder Mulchen bietet sich als sehr einfach durchzuführende Maßnahme an, wobei abwechselnd nur jede zweite Fahrgasse geschnitten wird. Wenn der jüngere Bestand zu blühen beginnt, kann der ältere bereits wieder gemäht werden. Sehr grasreiche Begrünungen in der Fahrgasse können durch Umbruch und Neu- bzw. Übersaat mit niedrig wachsenden Kräutern oder Blütenmischungen wieder vielseitiger gestaltet werden. Speziell in der Fahrgassenmitte können nicht oder nur gelegentlich gemähte Blütenstreifen zur Vielfalt beitragen. Damit sie stehen bleiben, wird beim Mulchgerät das mittlere Messer entfernt.

Im **Vorgewende**, **am Ende der Reihe** und **im Bereich des Zauns** können z. B. Wildkrautstreifen, aber auch stärker wüchsige Gehölze oder Obstbäume (wenn möglich nicht von der gleichen Art wie in der Anlage) sowie Hecken Platz finden, die allenfalls zur Vermeidung von Krankheiten gelegentlich (beispielsweise gegen Rußflecken) auch mitgespritzt werden können. Zur Erleichterung der Bodenbearbeitung sollten sie wenn möglich auf Stamm gezogen werden.

Bereitstellung künstlicher Refugien: Nisthilfen für Vögel und Insekten, Sitzstangen für Greifvögel. Viele Nützlinge können mit einfachen und wenig aufwendigen Maßnahmen gezielt gefördert werden. Dabei muss speziell auf die Biologie der jeweiligen Tiere eingegangen werden.

Der nachtaktive Ohrwurm sucht sich tagsüber geeignete Verstecke, welche durch Tontöpfe, mit Stroh oder Holzwolle gefüllt, künstlich bereitgestellt werden können.

Florfliegen nehmen als Überwinterungsquartier sehr gerne mit Weizenstroh gefüllte Holzkästen an. Durch eine rote Färbung werden sie zusätzlich angelockt.

Solitär lebende Hautflügler wie die Grab- und Lehmwespen nisten häufig in vermorschtem Holz. Da sie das Holz nicht selbstständig anbohren können, benutzen sie verlassene Wohn- und Brutgänge von bestimmten Käfern. Durch das Aufhängen von Nisthölzern, die verschieden große und tiefe Bohrungen aufweisen, kann künstlich eine Brutstätte angeboten werden. Es ist darauf zu achten, kein chemisch behandeltes Holz zu verwenden. Auch Strohbündel und Halmdosen können verwendet werden. Diese Insektenwohnungen müssen immer waagerecht montiert bzw. aufgestellt werden.

Für Vögel können ebenfalls Brut- und Nisthilfen montiert werden. Dabei ist auf die spezifischen Ansprüche der verschiedenen Arten zu achten. Höhlenbrütern können Nistkästen mit einem Einflugloch von 26 bis 27 mm für Blau- und andere Kleinmeisen oder 32 mm für Kohlmeisen, Rotschwänze, Sperlinge und Kleiber bereitgestellt werden. Freibrüter benötigen in ihrem Lebensraum dichtes Gebüsch und Gestrüpp zur Anlage ihrer Nester. Mit sogenannten Nisttaschen kann hier nachgeholfen werden. Dazu werden einige Zweige von ca. 1 m Länge senkrecht an zwei Stellen an einen Stamm gebunden. Zwischen den Bindestellen werden die Zweige abgehebelt, sodass ein etwa faustgroßer Hohlraum entsteht. Eulen und Greifvögel können durch 3 bis 5 m hohe Sitzstangen aus Rundholz zur Jagd eingeladen werden.

Viele dieser Nisthilfen können schon fertig zusammengebaut gekauft werden oder sind auch mit einfachen Mitteln selbst zu basteln.

Zu beachten: Die oben erwähnten Maßnahmen, wie das Anlegen von Hecken und Blütenstreifen oder ein extensives Begrünungsmanagement können zu einer Reduktion von Schädlingen, beispielsweise Blattläusen, aufgrund höheren Nützlingsauftretens führen, aber auch unerwünschte

Nicht gemähte, blühende Begrünung in Fahrgassenmitte (Foto: SPORNBERGER)

Schwebfliege auf Korbblütler (Foto: SPORNBERGER)

Biene auf Phacelia (Foto: SPORNBERGER)

Mit Stroh gefüllter Tontopf als Quartier für Ohrwürmer (Foto: SPORNBERGER)

Vogelnistkasten in einer Apfelanlage (Foto: SPORNBERGER)

Überwinterungsquartier für Florfliegen (Foto: SPORNBERGER)

Steinhaufen am Rande einer Obstanlage (Foto: SPORNBERGER)

Wühlmauszaun rund um eine neu erstellte Apfelanlage und an der Außenseite angebrachter Fangkasten für zuwandernde Mäuse, die von Katzen, Füchsen, Greifvögeln etc. leicht erbeutet werden. (oben und links) (Fotos: SPORNBERGER)

Nebeneffekte mit sich bringen. Wühl- und Feldmäuse finden hier vermehrt Nischen und können beträchtliche Schäden an den Bäumen anrichten.

Bei der Erstellung einer Neuanlage empfiehlt sich daher die Errichtung eines Wühlmauszaunes rundherum, um die Mausproblematik gar nicht erst aufkommen zu lassen. Danach können z. B. blühende Fahrgassen mit ein- oder mehrjährigen Blütenpflanzen angelegt werden.

Neben vielen Nützlingsarten finden auch diverse Schadinsekten (Spanner, Wickler) und Pilzkrankheiten (z. B. Rußflecken) in den Hecken Überwinterungsmöglichkeiten.

Generell sollte bei der Auswahl von Saat- oder Pflanzgut auf die Verwendung regionaler Herkunft Wert gelegt werden. Starre Vorgaben machen wenig Sinn, sondern individuelle Konzepte für jede Anlage sowie Fantasie und Kreativität sind gefordert. Ein wertvoller Nebeneffekt für die Bewirtschafter sind zu guter Letzt die erhöhte Freude und das gute Gefühl bei der Arbeit in einer Anlage, in der sich die biologische Bewirtschaftung auch nach außen sichtbar manifestiert.

Bodenpflege des Baumstreifens

Die Ziele der Bodenpflege im Zwischenbaumbereich liegen in der Optimierung der Baumleistung durch Reduktion des Bewuchses. Vor allem die in der modernen Tafelobstproduktion heute verwendeten Unterlagen sind aus Gründen der Handhabung vorwiegend schwachwüchsig, das heißt, sie haben ein oberflächennahes Wurzelwerk, welches sehr empfindlich auf Wasser- und Nährstoffkonkurrenz reagiert. Vor allem Junganlagen können durch übermäßige Konkurrenz nachhaltigen Schaden erleiden. Besonders in trockenen Perioden können als Auswirkung der schlechten Verfügbarkeit Nährstoffmangelsymptome auftreten. Diese Stressfaktoren wiederum beeinflussen das Wachstum und das Ertragsverhalten der Bäume auch längerfristig. Schwache Blütenknospenbildung, erhöhte Winterfrostgefahr, Neigung zu Alternanz und mangelhafte Fruchtqualität können die Folge sein.

Im konventionellen Obst- und Weinbau ist das Freihalten des Baumstreifens mit Herbiziden seit vielen Jahren eine einfache und günstige Variante, um den Bewuchs zu unterdrücken, die im biologischen Anbau laut Verordnung nicht zugelassen ist. Daher wurden andere Verfahren entwickelt, um schlagkräftig und effektiv zu sein.

Mechanische Baumstreifenpflege

Grundsätzlich ist eine mechanische Baumstreifenpflege vor allem im Trockengebiet vorteilhaft für eine bessere Wasserversorgung. Ebenso wird die Mineralisierung im Boden und damit das Stickstoffangebot für die Bäume positiv beeinflusst, was im Frühjahr günstig ist, im Spätsommer aber auch nachteilig sein kann. Durch eine übermäßige N-Versorgung zu diesem Zeitpunkt wird die Fruchtqualität und Haltbarkeit herabgesetzt und das Triebwachstum der bereits abgeschlossenen Triebe wieder angeregt und Knospen beginnen wieder anzutreiben. Dies wiederum bedingt ein nicht rechtzeitiges Abschließen und Ausbilden der Endknospen, wodurch die benötigte Winterhärte nicht vorhanden ist.

Eine zu tiefe Bearbeitung des Baumstreifens kann sich ebenso nachteilig auf die Bäume auswirken, da viele Faserwurzeln in der oberen Bodenschicht beschädigt werden.

Ein begrünter Baumstreifen über den Winter ist vom nährstoffphysiologischen Gesichtspunkt als positiv zu beurteilen, besteht aber erhöhter Druck durch Feld- oder Schermäuse, ist davon abzuraten.

Oft erfolgt die Bearbeitung direkt um den Stamm nur unzureichend, was bei Junganlagen und schwachwachsenden Unterlagen rasch zu Nährstoff- und Wasserkonkurrenz führen kann. In der Praxis kommt hierbei meistens einmal im Jahr die Handhacke zum Einsatz. Die mechanische Bodenbearbeitung ist die zurzeit am häufigsten eingesetzte Methode im Bioobstbau.

Flachschare

Hierbei handelt es sich um ein ca. 50 cm langes, flaches Messer, welches den Boden horizontal durchschneidet. Durch einen Taster wird das Ge-

Flachschar (Foto: FILIPP)

rät automatisch oder manuell durch den Fahrer um den Baumstamm herum geschwenkt.

Bei nassen Böden kann es mit diesen Geräten zu Verschmierungen am Bearbeitungshorizont kommen. Bei anhaltender Nässe neigen die Beikräuter wiederum zum Anwachsen. Abhilfe kann ein zusätzlicher Rotor hinter der Schar bringen, der den Boden nochmals zerkrümelt. Diese Geräte sind meist schon ab ca. 2.000 € zu erwerben.

Kreiselgeräte

Auf einem Auslegerarm befindet sich ein mittels Hydraulikmotor angetriebener Kreisel mit zwei Messern, die den Boden bearbeiten. Dabei wird der Boden seicht durchschnitten und die Pflanzen angehoben, dadurch verlieren sie den Kontakt zum Boden und bleiben oberflächlich liegen, ohne weiter wachsen zu können. Diese Geräte erzielen gute Ergebnisse auch bei hohem Bewuchs. Abgeschnittene Beikräuter wachsen auch bei feuchten Bedingungen nicht leicht wieder an.

Da die Werkzeuge durch einen Hydraulikmotor betrieben werden, wird eine leistungsfähige Hydraulikanlage des Traktors benötigt. Es handelt sich hierbei um die teuerste Bodenpflegeart.

Kreiselgerät mit hydraulischer Auslenkung (Fotos: FILIPP (o.)/SPORNBERGER (u.))

Kreiselgerät mit mechanischer Auslenkung (Foto: SIGL)

Abhängig von der Bauart und Ausstattung kosten diese Geräte zwischen 5.000 und 20.000 €.

Scheibeneggen

Mehrere Scheiben bearbeiten den Boden entweder zum Baum hin oder vom Baum weg, dabei kommt es zu einer starken Bodenverlagerung. Mittels eines Tasters wie bei den Flachscharen werden die Scheiben um den Baum herumgeführt. Der geringe Anschaffungspreis und die einfache Technik sprechen für diese Geräte, allerdings sind sie eher nur für leichtere Böden geeignet.

Sandwich-System

Bei diesem System bleibt ein schmales Band im Zentrum des Baumstreifens unbearbeitet. Links und rechts neben diesem Band erfolgt die Bodenbearbeitung. Dadurch entfällt das zeitraubende und technisch aufwendige Ausschwenken des Arbeitsgerätes, was sich in einer stark erhöhten Arbeitsleistung und in günstigeren Anschaffungskosten des Gerätes widerspiegelt. Zur Begrünung des Mittelstreifens werden niedrig wachsende, wenig konkurrierende und Boden bedeckende Pflanzen, die nicht gemäht werden müssen, eingesetzt. In Versuchen hat sich bis jetzt das Habichtskraut (*Hieracium pilosella*) recht gut bewährt. In Versuchen des FIBL in der Schweiz beim Apfel konnte bislang kein Unterschied in der Ertragsleistung im Vergleich zur herkömmlichen Bodenbearbeitung festgestellt werden.

Thermische Baumstreifenpflege

Thermische Baumstreifenpflegegeräte erhitzen die unerwünschten Pflanzen zwischen den Obstbäumen. Hierbei wird der Effekt genutzt, dass bei einer Temperatur von über 42 °C die Pflanzenproteine denaturiert werden, was den Tod des pflanzlichen Organismus zur Folge hat. Zusätzlich kommt es zur Schädigung der Kutikula und Zerstörung der Zellwände durch den raschen Temperaturanstieg.

Zurzeit haben sich Geräte dieser Art noch nicht durchgesetzt und werden eher selten bis gar nicht im Obstbau verwendet. Ein Grund dafür ist wahrscheinlich der hohe Energieaufwand, der dabei entsteht. Der Vorteil der thermischen Behandlung ist der gute Wirkungsgrad gegen Horst bildende Gräser, wo mechanische Geräte oft Probleme haben. Zudem werden Pflanzen im unmittelbaren Stammbereich besser entfernt (WINTER, 2002).

Heißschaumgeräte

Das in einem Tank mitgeführte Wasser wird mit 3 bis 4 ‰ Schaumflüssigkeit vermengt. Zum Einsatz kommt hierbei ein Alkylpolyglucosid (APG), welches aus natürlichen Rohstoffen, wie Maisstärke und Kokosöl, gewonnen wird. Dadurch kann diese Flüssigkeit von Mikroorganismen vollständig verwertet und abgebaut werden. In einem mit Heizöl betriebenen Durchlauferhitzer wird das Wasser auf 100 °C erhitzt und schließlich durch eine Schaumdüse mit noch ca. 95 °C auf die Pflanze gesprüht. Der Schaum dient hierbei der Wärmeisolierung, um die Einwirkzeit der hohen Temperatur auf die Pflanze zu erhöhen.

Beim System der Firma Waipuna kommen Ölbrenner mit einer Heizleistung von 280 kW zum Einsatz. Damit können ca. 33 l Flüssigkeit pro Minute erhitzt werden. Der Aufwand liegt bei 1,0 bis 2,5 l/m^2, was eine Arbeitsgeschwindigkeit von 4,5 bis 1,9 km/h zulässt und somit im Bereich eines mechanischen Verfahrens liegt. Der Heizölverbrauch wird mit ca. 0,5 l/min angegeben.

Wie beim mechanischen System waren bei einer Versuchsanordnung der Universität Hohenheim fünf Anwendungen pro Jahr notwendig. Aus Erfahrungen in der Kommunaltechnik ist jedoch bekannt, dass in den Folgejahren eine Reduktion der Heißschaummenge und der Anzahl der Behandlungen erfolgen kann. Hitzeschäden an den Bäumen wurden nicht festgestellt (HUBER, 2004).

Abflammgeräte

Eine mithilfe von Propangas erzeugte Flamme wird direkt auf den Baumstreifen gerichtet, um den unerwünschten Bewuchs abzuflammen. Hierbei besteht die Gefahr der Verbrennung von Blattwerk und der jungen Rinde. Es wird empfohlen, diese Methode frühestens im zweiten Standjahr anzuwenden (WINTER, 2002).

Infrarotgeräte

Bei der Infrarottechnik wird eine Brennerflamme auf ein gewelltes Strahlungsgitter geleitet, welches die dabei entstehenden Infrarotstrahlen auf die Zielpflanze wirft. Als Brennstoff wird Propangas verwendet. Der Verbrauch liegt zwischen 80 und 190 kg/ha. Die Arbeitsleistung liegt laut der Eidgenössischen Forschungsanstalt für Agrarwirtschaft und Landtechnik (FAT) mit 0,38 ha/h etwas höher als bei der mechanischen Bearbeitung (ca. 0,32) (IRLA et al., 2002).

Bodenabdeckung

Der Boden wird mit organischem Material oder mit Kunststofffolie abgedeckt. Dies hat den Vorteil einer gleichmäßigeren Bodentemperatur und eines ausgeglichenen Feuchtigkeitsverhältnisses. Ebenso wird der Bewuchs unterdrückt und der Humusgehalt im Boden gefördert.

Abdecken mit Rindenmulch

Es wird eine Schicht von mindestens 10 cm Höhe ausgebracht. Dadurch wird die Bodengare gefördert und die Bodenstruktur verbessert. Der Aufwuchs wird einerseits durch Lichtentzug und andererseits durch die herbizid wirkenden Ausscheidungen der Rinde unterdrückt. Diese Wirkung lässt allerdings rasch nach, weshalb die Mulchschicht nach einem halben bis zwei Jahren wieder erneuert werden muss. Weiterhin wird zum Abbau der Rinde Stickstoff benötigt, weshalb es zu einer Wuchsdepression der Bäume kommen kann. Das größte Problem bei dieser Methode sind allerdings Feld- und Schermäuse, die unter der Mulchdecke Unterschlupf finden.

Abdecken mit Folie

Als Abdeckung wird eine Gewebefolie verwendet, die das Eindringen von Luft und Wasser zulässt. Das erzeugte Kleinklima unter der Folie wirkt sich positiv auf die Bodentemperatur und die Nährstoffverfügbarkeit aus. Durch den Lichtentzug kommt es zu keinem Aufwuchs. Allerdings hat dieses System auch einige Nachteile: Die Folie wird bei Mulcharbeiten leicht beschädigt und hat oft eine geringe Lebensdauer, das Auslegen ist technisch aufwändig, im Stammbereich kommt es zum Durchwachsen der Beikräuter, was einen

Folienabdeckung bei Erdbeeren in Dammkultur (Foto: SPORNBERGER)

Handarbeitsgang nötig macht und Mäuse können sich unter der schützenden Folie ungestört vermehren. Des Weiteren ist die Entsorgung bei Folien aus Kunststoff ein Problem, Folien aus abbaubaren Substanzen sind meist nicht so lange haltbar. Die Folienabdeckung wird derzeit vereinzelt im Bio-Beerenanbau verwendet.

Abdecken mit Gras aus der Fahrgasse

Das Abdecken mit Gras wird meistens in Kombination mit anderen Verfahren verwendet. Zum Beispiel erfolgt im Frühjahr eine mechanische Bearbeitung, anschließend wird Mulchgut im Baumstreifen abgelegt, was zu einer Unterdrückung des Bewuchses im Zeitraum von Juni bis September führt. Im Herbst wird der Boden schließlich wieder mechanisch offen gehalten. Für dieses Verfahren ist eine passende Maschinenausstattung notwendig, denn die seitliche Mulchablage kann mit den oft verwendeten Schlegelmulchern nicht durchgeführt werden, hierfür wird ein Sichelmulcher benötigt. Die Ablage in den Baumstreifen sollte nur im Frühjahr bei den ersten Mulchgängen erfolgen. Später sollte der Mulch in der Fahrgasse verbleiben, um eine Überversorgung mit Stickstoff und Kalium zu verhindern. Zu viel Stickstoff führt zu verminderter Holzreife und schlechter Haltbarkeit der Früchte, bei einem Kaliüberangebot kommt es zu einer Konkurrenzsituation mit anderen Nährstoffen wie Magnesium, Kalzium und Bor, was zu Stippe an den Äpfeln führt.

Begrünen des Baumstreifens

Konkurrenzschwache Gräser und Kräuter
Einjährige Rispe (*Poa annua*)
Gemeine Rispe (*Poa trivialis*)
Vogelsternmiere (*Stellaria media*)
Taubnessel (*Lamium* sp.)
Kapuzinerkresse (*Tropaeolum* sp.)
Erdklee (*Trifolium subterraneum*)

Vor allem bei Junganlagen stellt diese Form eine empfindliche Nährstoff- und Wasserkonkurrenz dar. Bei älteren Anlagen mit gutem Triebwachstum und einer guten Wasserversorgung besteht die Möglichkeit einer Einsaat von konkurrenzschwachen Gräsern und Kräutern. Allerdings wird die Dominanz dieser Pflanzen nicht von langer Dauer sein, und sie werden von stärkeren verdrängt. Durch die andauernde Begrünung erhöhen sich auch der Humusgehalt und die Bodenaktivität.

Das Kurzhalten des Bewuchses erfolgt mit seitlich laufenden, rotierenden Faden- oder Lappengeräten oder Mulchgeräten mit Schwenkarm. Eine Empfehlung für dieses System kann nur bei ausreichender Wasserversorgung ausgesprochen werden, da es sonst zu empfindlichen Ertragseinbußen kommen kann.

Bodenpflege in der Fahrgasse

Die Bodenpflegemaßnahmen in der Fahrgasse haben das Ziel, für die Obstpflanzen und deren Bewirtschaftung und Pflege optimale Voraussetzungen

Fadengerät zur Bearbeitung im Baumstreifen (Foto: SPORNBERGER)

zungen zu schaffen. Sie haben Einfluss auf Nährstoff- und Wasserversorgung, Krümelstruktur des Bodens, Entwicklung des Bodenlebens sowie auf die Fauna in der unmittelbaren Umgebung.

Eine sachgemäße Durchführung kann die Ertragsleistung und die Qualität steigern und verbessert die Gesundheit des Pflanzenbestandes (NOVAK und STRAUSS, 1998).

Begrünung (Rasenmulchsystem)

Mittels eines Schlegel- oder Sichelmulchers wird der Pflanzenbestand vier- bis sechsmal im Jahr auf einer Höhe von einigen Zentimetern abgehäckselt.

Die Begrünung der Fahrgasse ist die natürlichste aller Varianten, das Mulchgut bleibt an Ort und Stelle liegen und steht dem Bodenleben wieder zur Verfügung. Der Bewuchs schützt den Boden vor direkter Sonneneinstrahlung, wirkt ausgleichend auf Temperatur und Feuchtigkeit, der Humusgehalt steigt, außerdem wird das Bodenleben durch das Nahrungsangebot günstig beeinflusst. Durch die Verwendung von blühenden Pflanzen werden Nützlinge, die oftmals temporäre Blütenbesucher sind, angelockt. Doch auch dieses System hat seine Nachteile, besonders im Bioobstbau ist die verstärkte Feld- und Wühlmausproblematik zu beachten.

Eine höher stehende Begrünung kann eine Temperaturabsenkung von 1 bis 2 °C bewirken, da die kalte Luft nicht ganz zum Boden kommt, was die Gefahr von Frostschäden erhöht. Es empfiehlt sich daher, den Bewuchs um die Blütezeit kurz zu halten. Zum Aufbau eines Rasenmulchsystems und der damit verbundenen Erhöhung des Humusgehaltes bedarf es einer zusätzlichen Düngungsmaßnahme (ca. 250 kg N/ha innerhalb der ersten drei bis fünf Jahre).

Der regelmäßige Schnitt sollte nur im Frühjahr durchgeführt werden, später wird der Bewuchs höher gelassen. Dies ermöglicht ein Blühen der Kräuter und somit eine Steigerung der Nützlingsaktivität. Zu häufiges Mähen bedingt viel junges Gras, welches von den Bodenmikroorganismen fast vollständig mineralisiert wird und nur sehr wenig Humusanreicherung bewirkt (NOVAK und STRAUSS, 1998; WINTER, 2002).

Düngung

Ziel der Düngung im Bioanbau ist die Förderung des Bodenlebens. Die Nährstoffe sind selten schnell verfügbar, sondern an organische Substanzen gebunden, die von den im Boden lebenden Organismen erst abgebaut werden müssen, um die Pflanze ernähren zu können. Bei der Bodenpflege muss daher vermehrt darauf geachtet werden, optimale Bedingungen für den Aufbau und den Erhalt des Bodenlebens zu schaffen, um eine möglichst gute Ausnutzung der zur Verfügung stehenden Nährstoffe zu erreichen.

Die Nährstoffversorgung steht in direktem Zusammenhang mit der Anfälligkeit für Krankheiten und Schädlinge. Dabei ist es wichtig, nicht Massen an Nährstoffen in die Kultur einzubringen, sondern auf eine ausgewogene Düngung zu achten. Eine übermäßige Nährstoffversorgung kann sich für eine Pflanze ebenso negativ auswirken wie eine Unterversorgung. Auch eine einseitige Düngung kann

Ganzflächige Begrünung und begrünte Fahrgasse mit mechanisch freigehaltenem Baumstreifen (Fotos: SPORNBERGER)

sich wegen der gegenseitigen antagonistischen Wirkung verschiedener Nährstoffe schlecht auswirken (BOOS und KOPP, 2003; GUT et al., 1997).

Die Beziehung zwischen Pflanze und Parasit spielt sich vor allem im Bereich der Ernährung ab. Von besonderer Bedeutung ist der Gehalt an löslichen Stickstoff- und Phosphorverbindungen im Verhältnis zu den unlöslichen Verbindungen. Vermehrter Eiweißabbau steht im Zusammenhang mit Erkrankung, während umgekehrt die Abwehrkraft mit einem gesteigerten Eiweißaufbau in Beziehung steht. So liegt also die derzeitige vermehrte Entwicklung von Schädlingen und Krankheiten im eigentlichen Sinn in den Techniken des sogenannten „intensiven" Ackerbaus begründet. (CHABOUSSOU, 1987)

Organische Dünger

(*siehe auch Düngemittel*)

Stallmist

Die organische Substanz setzt sich im Schnitt aus einem Drittel schwer zersetzbarem Dauerhumus und zwei Dritteln Nährhumus zusammen. An Spurenelementen sind Mangan und Zink sowie geringere Mengen Bor, Kupfer, Kobalt und Molybdän enthalten. Eine Ausbringung von gut verrottetem Mist erfolgt am besten im Spätherbst bis Winter (20–30 t/ha).

Kompost

Durch den hohen Nährstoff- und Humusgehalt und den Anteil an Bodenlebewesen bewirkt Kompost eine Steigerung der biologischen Aktivität. Die Nährstoffe werden allerdings nur langsam freigesetzt, da der Großteil organisch gebunden ist.

In Ertragsanlagen wird eine jährliche Düngemenge von ca. 5 t FM/ha empfohlen, die auch alle zwei bis drei Jahre in entsprechend höheren Mengen ausgebracht werden kann.

Besonders Beerenobstarten und Anlagen auf schwach wachsenden Unterlagen sind dankbar für Stallmist- und Kompostgaben. Sehr empfehlenswert ist eine Abdeckung des Pflanzstreifens in Junganlagen, die bei Trockenheit zugleich als Verdunstungsschutz wirkt.

Rizinusschrot und andere Presskuchen (Raps, Sonnenblumen, Kürbis, ...)

Da auch nach dem Auspressen ein relativ hoher Anteil an Öl im Presskuchen zurückbleibt, haben diese Düngemittel noch einen N-Gehalt von 4,4 bis 9,6 %, je nach Kuchenart. Es ist jedoch Vorsicht geboten, da sich Mäuse sehr gerne von einigen dieser Rückstände ernähren. Durch eine baldige Einarbeitung kann dieses Problem vermindert werden.

Tier- und Blutmehle, Hornmehle, Horngrieß, Hornspäne, Knochenmehle

Diese Düngemittel werden aus Abfällen der Schlachthäuser hergestellt. Vor der Vermahlung werden sie mit Heißdampf behandelt und entfettet. Allerdings sollte diese Entfettung nicht mit Tetrachlorkohlenstoff oder ähnlichen giftigen Substanzen erfolgt sein, denn ansonsten ist das Mehl nicht mehr für einen Einsatz in der biologischen Landwirtschaft geeignet.

Biofert

Laut Hersteller wird eine Aufwandmenge von 1.000 kg/ha im Obstbau empfohlen (WILFINGER, 2006).

Biosol

Es entsteht als Nebenprodukt bei der Penizillinproduktion, wo nach Abtrennung des medizinischen Wirkstoffes ein nährstoffreiches Substrat zurückbleibt. Für Ertragsanlagen wird eine Düngung im Spätherbst von 600–800 kg/ha empfohlen. In der ersten Vegetationsperiode werden bis zu zwei Drittel freigesetzt, der Rest kommt im Folgejahr zur Wirkung (SANDOZ, 2006).

Mineralische Bodendünger

Kalke, Gesteinsmehle und Ton

Diese Dünger dienen in erster Linie der Bodenverbesserung. Sie sind von unterschiedlicher Herkunft und liegen in verschiedenen Feinheits- und Vermahlungsgraden vor. Hauptbestandteile sind Kieselsäure (bis zu 80 %) und Aluminiumoxid (8 bis 35 %). Außerdem enthalten sie unter anderem Kalium-, Kalzium- und Magnesiumverbindungen sowie verschiedene Spurenelemente wie Eisen, Zink und Mangan. Gesteinsmehle wirken positiv auf die Tonmineral- und Humusbildung. Eine verstärkte Einlagerung von Kieselsäure soll außerdem die Widerstandsfähigkeit der Pflanzen verbessern, eine direkte Pflanzenbehandlung die Aktivität von

Schädlingen reduzieren. Es werden vorwiegend basische Urgesteine mit einem Silikatgehalt von etwa 50 % angewendet (Diabas, Basalt, vulkanische Asche). Grundsätzlich ist die Wirkung von Bodenverbesserern oder -hilfsstoffen immer langfristig zu betrachten (PAFFRATH, 2005).

Blattdünger

Vinasse

Das ist ein organischer Flüssigdünger, der als Nebenprodukt bei der Aufbereitung von Zuckerrüben anfällt, der relativ schnell wirkt und auch auf den Boden ausgebracht werden kann.

Tierische Eiweiße in flüssiger Formulierung

Diese Dünger enthalten 55 % Aminosäuren, Peptide und 9 % organisch gebundenen Stickstoff sowie die von Natur aus in tierischen Eiweißen enthaltenen Haupt- und Spurenelemente. Durch die Anwendung in der abgehenden Blüte kann eine kurzfristige Unterversorgung überbrückt werden. Sinnvoll ist die Anwendung jedoch nur, wenn durch Blatt- bzw. Bodenanalysen ein Stickstoffmangel nachgewiesen wird. Diese Dünger sind nicht mit mineralölhaltigen Produkten und Kupfer mischbar.

Bei nachweislichem Mangel und nach Zustimmung der Kontrollstelle können noch verwendet werden:

- Kalziumchlorid-Lösung bei Ca-Mangel.
- Magnesiumsulfat bei Mg-Mangel.
- Spurennährstoffe: Bor, Zink, Eisen, Kupfer, Mangan und Molybdän in Form von Sulfaten und Chelaten.

Die genauen Bestimmungen der EU-Verordnung sind auf den Seiten 464–466 nachzulesen. Eine umfassendere Auflistung der zur Anwendung zugelassenen Düngemittel ist dem Betriebsmittelkatalog der österreichischen Bioverbände und unter der Adresse www.infoxgen.com zu entnehmen, wobei es sich nur um eine beispielhafte Liste handelt. Düngemittel, die sich nicht auf diesen Listen befinden, müssen erst durch die Kontrollstelle auf ihre Verordnungskonformität geprüft werden.

Inhaltsstoffe ausgewählter Biodüngemittel (in % der TM)

Quelle: LIND et al., 1998, 116 verändert

Dünger	Org. Substanz	N	P_2O_5	K_2O	MgO
Hornspäne	80–90	12–14	5	0,2–0,8	0,6–1,2
Rizinusschrot	75	5–6	2	1	0,3
Rapskuchen	70	5	0,9	1,5	
Tiermehl	90	9	5	0	
Blutmehl	85	12	0,2–2,5	0,4–1,7	0,2–0,5
Haar- oder Federmehl	75–80	13	-		-
Knochenmehl entfettet	45	6	15	0,1	0,6
Knochenmehl entleimt	15	1	31	0,3	0,6
Stroh	60	0,4	0,2	1	0,1
Rindenkompost	50	0,3	0,1	0,2	0,1
Stallmist	20–25	0,5	0,3	0,5	0,2
Trester	60	0,45	0,35	0,13	-
Schnittholz	60	0,8	0,25	0,8	0,2
Grünschnittkompost	25	0,2	0,1	0,15	0,4
Guano	50	6–7	4–6	2–3	3–4,5
Hühnermist getrocknet	60	4	5	3	
Rapskuchen		5,2			
Sonnenblumenkuchen		5,2–5,6			
Leinkuchen		4,7–5,3			
Holzasche, Fichte	0	0	5,9	11,5	1
Agrobiosol	80	6–8	0,5–1,5	0,5–1,5	
Biofert		4	1,5	0,5	
Vinasse	50	3,5	0,4	7,5	
Aminosol		9			

Pflanzenhilfsmittel

Um einen Sonderfall im Bereich der Düngemittel handelt es sich bei den Pflanzenhilfsmitteln (bisher auch Pflanzenstärkungsmittel genannt), die wie folgt definiert sind: „Pflanzenhilfsmittel sind Stoffe ohne wesentlichen Nährstoffgehalt, die dazu bestimmt sind, auf die Pflanzen einzuwirken, die Widerstandsfähigkeit von Pflanzen zu erhöhen oder die Aufbereitung organischer Stoffe zu beeinflussen." (§ 2 (3) Bundesgesetz über den Verkehr mit Düngemitteln, Bodenhilfsstoffen, Kultursubstraten und Pflanzenhilfsmitteln, Düngemittelgesetz 1994 – DMG 1994)

In der **Praxis** werden diese Mittel häufig fälschlicherweise zu den Pflanzenschutzmitteln gezählt, da die Ausbringung in den meisten Fällen mit einem Sprühgerät direkt auf die Pflanze erfolgt und sie teilweise auch in Tankmischungen mit Pflanzenschutzmitteln appliziert werden. Im Unterschied zu Pflanzenschutzmitteln weisen sie keine direkte Wirkung auf Schadorganismen auf, sondern eine die Pflanze stärkende und werden daher bei den Aufzeichnungen als Düngemittel behandelt. Da hierzu gerade einige Änderungen im Laufen sind, ist es unabdingbar, die aktuelle Zulassung von Mitteln im Betriebsmittelkatalog der Kontrollverbände (InfoXgen) zu überprüfen.

Einige in der Praxis häufig verwendete Mittel sind:

Schwefelsaure Tonerden

Diese werden bei Pilz- und Bakterienkrankheiten empfohlen. In der Praxis wurden mit diesem Mittel schon gute Erfolge besonders bei der vorbeugenden Regulierung von Schorf und der Lagerfäule Gloeosporium erzielt. Lediglich der hohe Preis und die aggressive Wirkung auf die Spritzdüsen stehen einem breiten Einsatz entgegen.

Algenextrakt

Bei den verwendeten Algen handelt es sich vornehmlich um die Braunalge (*Ascophyllum nodosum*) oder um Grünalgen. Algen sind reich an Spurenelementen, Vitaminen, Aminosäuren, Proteinen, organischen Säuren und Pflanzenhormonen und sollen die pflanzeneigene Widerstandskraft gegenüber Schaderregern aktivieren und Chlorosen entgegenwirken sowie einen positiven Einfluss auf den Fruchtansatz ausüben. Außerdem besitzen sie einen gewissen Düngeeffekt und können Mangelversorgung ausgleichen. Durch die Ausbringung von Algen soll erreicht werden, dass die Pflanzen größere Wurzelkörper ausbilden und Bodennährstoffe effektiver nutzen, Ertrag, Ausfärbung, Qualität, Geschmack und Lagerstabilität der Früchte sollen zusätzlich verbessert werden. Versuche aus der Praxis zeigen, dass der Zusatz von Algenextrakten die Wirkung von Kupfer und Netzschwefel bei der Schorfbekämpfung verbessert (ZIMMER, 2003).

Kaliwasserglas

Kaliwasserglas enthält ca. 20 % Kieselsäure und führt zu einer Abhärtung der Epidermis und Kutikula von Blättern und Früchten. Es wirkt alkalisch, was auf der Pflanzenoberfläche für Pilze ungünstig ist. Es wird zur Fixierung von Winterformen von Pilzkrankheiten als Pflanzenstärkungsmittel zum vorbeugenden Einsatz bei Pilzkrankheiten wie Echter Mehltau, Botrytis, Fruchtfäule sowie Rot- und Weißfleckenkrankheit eingesetzt (BIOHELP, 2012).

Ackerschachtelhalmextrakt

Dieses Extrakt enthält bis zu 10 % Kieselsäure, seifenhaltige Stoffe und Schwefelverbindungen. Durch die Einlagerung von Kieselsäure in die Zellwände wird die Epidermis der Pflanze gekräftigt und somit für Schaderreger schwerer zu durchdringen. Die Anwendung erfolgt als Zusatz zu Netzschwefel sowie zur vorbeugenden Behandlung gegen Lagerkrankheiten. Behandlungen sollen bei vollem Sonnenschein durchgeführt werden, da durch das schnelle Abtrocknen die hemmende Wirkung der Kieselsäure auf das Pilzmyzel verbessert wird. Da Kieselsäure vor allem über die Blattunterseite aufgenommen wird, ist auf eine gute Benetzung zu achten (BOOS et al., 2000).

Ausdünnen im Bioanbau

Speziell im Apfelanbau ist die Ausdünnung eine wesentliche Maßnahme, um jährlich hohe Erträge mit hoher Fruchtqualität zu erzielen.

Händische Blütenausdünnung

Sie ist die sicherste Methode, um bei stark zur Alternanz neigenden Sorten einen regelmäßigen Ertrag sicherzustellen. Es werden mit einer Schere oder per Hand Blütenbüschel ausgebrochen. Um zu wissen, wie viele Blütenbüschel ausgedünnt werden müssen, wird die Blühstärke der Bäume bonitiert und in einer Tabelle verglichen.

Blühstärke und Ausdünnintensität
Quelle: BAAB und LAFER, 2005, 90 ff.

Blühstärke	Blütenbesatz	Blüten-ausdünnung
1	keiner	nein
2	sehr niedrig	nein
3	niedrig	nein
4	niedrig bis mittel	nein
5	mittel	eventuell
6	mittel bis hoch	ja, 30 %
7	hoch	ja, 50 %
8	sehr hoch	ja, 67 %
9	Weißblüte	ja, 75 %

Aufgrund des hohen Arbeitszeitaufwandes dieser Methode werden Alternativen gesucht.

Mechanische Ausdünnung

(*siehe Seite 375 ff.*)

Blütenbehandlungen mit ätzenden Substanzen

Schwefelkalk ist eines der wichtigsten Fungizide im Bioapfelanbau. Seine ausdünnende Wirkung beruht auf der Verätzung der Blütenorgane und einer starken Hemmung der Pollenkeimung. Zur Ausdünnung von Äpfeln werden je nach Blühstärke und Wetter ein bis drei Behandlungen (2 %) mit hohem Brüheaufwand im Stadium Voll- bzw. abgehende Blüte empfohlen. Die Ausdünnwirkung ist sorten- und wetterbedingt und kann von Jahr zu Jahr zwischen 20 und 40 % schwanken. Ähnliche Wirkungen in Versuchen zeigten auch Applikationen mit **Seifen**, **Ölen** und **Bikarbonaten**.

Ausdünnungsmethoden zu einem späteren Zeitpunkt

Alle Methoden der Ausdünnung zur Blüte bringen das Risiko mit sich, dass es durch Spätfröste oder ungenügenden Blütenansatz zu starken Ertragseinbußen kommen kann. Daher sind auch für den biologischen Anbau Methoden erwünscht, die erst zu einem späteren Zeitpunkt eingesetzt werden.

Methoden der Ausdünnung, die zu einem späteren Stadium eingesetzt werden, wie der Einsatz von Beschattungsnetzen oder Spritzbehandlungen mit Ölen, die die Transpiration der Bäume vermindern, zeigten in Versuchen gute Wirkung (BRAVIN et al., 2010, KELDERER et al., 2012), müssen aber vor dem Praxiseinsatz noch weiter entwickelt werden.

Wachstumsregulation

Schnittmaßnahmen

(*siehe auch Schnitt*)

Langer Fruchtholzschnitt

Der lange Schnitt, oder auch „Schnitt auf Frucht" genannt, fördert die Blütenknospenbildung und induziert ein schwaches Folgewachstum. Es wird dabei maximal ein kurzes Stück des Astes weggeschnitten, dabei kommt es nur zu einem schwachen Austrieb der Holzknospen und der Abschluss erfolgt mit einer Blütenknospe. Die Triebe werden nur wenig geschnitten und nach Möglichkeit laufen gelassen. Nach dem Abtragen werden die Langtriebe auf junge Triebe zurückgesetzt.

Nachblütenschnitt

Der Schnitt erfolgt erst nach der Blüte, allerdings sollten bei einem vorhergehenden Winterschnitt bereits wenige ganze Äste im unteren und mittleren Baumbereich entfernt worden sein. Nach der Blüte erfolgen nur noch der Feinschnitt und der Schnitt im Kopfbereich. Der Nachblütenschnitt stellt eine Ergänzung des Winterschnittes dar und bewirkt im Gegensatz zu diesem ein wesentlich schwächeres Wachstum (ZIMMER, 2003).

Triebreißen

Vor Verholzen der Triebbasis können junge, krautige Triebe weggerissen werden. Vor allem unerwünschte Reitertriebe und Wasserschosse werden dabei entfernt. Es besteht aber auch die Möglichkeit, stärkere, verholzte, einjährige Triebe im oberen Kronenbereich zu entfernen. Die Durchführung erfolgt im Zeitraum von Mai bis Juni. Im Allgemeinen verheilen Risswunden besser als Schnittwunden, da es sich um einen natürlichen Prozess handelt, und es kommt zu einer Wuchsreduktion. Eine Empfehlung für den biologischen Obstbau kann nur bedingt ausgesprochen werden, da Risswunden bevorzugt von Blutläusen (*Eriosoma lanigerum*) besiedelt werden (ZIMMER, 2003).

Augustschnitt

Nach dem Augustschnitt unterbleibt ein Winterschnitt, der in den darauffolgenden August verlegt wird. Hierbei werden Langtriebe und beschattendes Fruchtholz, auch wenn dieses Früchte trägt, herausgeschnitten oder eingekürzt. Der Schnitt soll bei weitgehendem Triebabschluss und nicht vor einer Hitzeperiode durchgeführt werden. Diese

Methode ist die effektivste aller Schnittmethoden in Bezug auf die Wuchsregulierung. Allerdings muss beim Wegschneiden der wachsenden Früchte eine gewisse Hemmschwelle überwunden werden (ZIMMER, 2003).

Nachernteschnitt

Bei Herbstsorten kann zur Wachstumsberuhigung der Winterschnitt teilweise nach der Ernte erfolgen, es können dabei bereits zu starke Äste entfernt werden. Es ist darauf zu achten, dass man bei belaubten Bäumen eher zu einem zu starken Rückschnitt neigt (ZIMMER, 2003).

Wahl der Veredelungshöhe

(siehe auch Veredelung)

Es gilt dabei, je höher auf die Unterlage veredelt wird, desto geringer wird das Triebwachstum sein (LIND et al., 1998).

Zwischenveredelung

(siehe auch Veredelung)

Zwischen Unterlage und Edelreis wird eine weitere schwach wachsende Sorte veredelt. Diese Maßnahme kann bei stark wachsenden Sorten wie etwa 'Elstar' einen um ca. 20 % geringeren Wuchs bewirken. Die Zwischenveredelung muss natürlich schon bei Planung der Anlage berücksichtigt werden, da sie bereits in der Baumschule durchgeführt wird und sich mit ca. 1 € pro Baum zu Buche schlägt (WINTER, 2002).

Wurzelschnitt

(siehe auch Schnitt)

Der Wurzelschnitt wird bei starkem Wachstum und nur geringem Fruchtansatz durchgeführt, wobei Erfolg oder Misserfolg dieser Maßnahme von einigen Faktoren abhängen. Besonders in Obstanlagen unter Hagelnetzen ist die natürliche Entwicklung der Baumkrone nach oben bald begrenzt, wodurch frühzeitig abgeleitet werden muss. (Der Wipfel wird entfernt und ein schwächerer, ebenfalls nach oben wachsender Ast übernimmt dessen Funktion und hält damit den Baum niedriger.) Dies hat in den meisten Fällen ein verstärktes vegetatives Wachstum zur Folge und bedarf weiterer Maßnahmen. Dabei ist der Wurzelschnitt eine schnelle und kostengünstige Variante.

Es wird dabei mit einem Messer senkrecht durch den Boden geschnitten. Dadurch werden viele Feinwurzeln an der Peripherie der Wurzel abgetrennt und es kommt zu einem reduzierten Triebwachstum. Der Abstand zum Baum, die Tiefe des Schnittes, ob auf beiden oder nur auf einer Seite gefahren wird und der Termin der Behandlung (Tabelle unten) beeinflusst die Intensität der Auswirkungen. Nach einem Wurzelschnitt werden deutlich weniger Langtriebe und mehr Kurztriebe ausgebildet. Es kommt zu höherem Fruchtansatz und besserer Fruchtqualität und einer verbesserten Blütenknospenbildung. Allerdings wird auch die Fruchtgröße verringert, da in Summe weniger Nährstoffe aufgenommen werden und die Gefahr von Fruchtberostungen steigen kann.

Auswirkungen des Wurzelschnitts zu verschiedenen Zeitpunkten

Quelle: Zimmer (2003)

Termin	Wuchs-hemmung	Weitere Folgen
November	mäßig	Frostgefahr
Feber/März	stark	starker Trockenstress im Juni
November und Feber/März	mittel	Frostgefahr und Trockenstress
Mai/Juni	mäßig	Trockenstress

Der Wurzelschnitt kann auch einen Mangel an Nährstoffen oder vorzeitigen Blattfall auslösen. Deshalb sollte auf ausreichende Dünger- und Wasserversorgung geachtet werden. Vor der Durchführung sollte eine Beurteilung des Bodens und der Wurzelverteilung durch Aufgraben erfolgen, damit die Gefahr von Schäden durch Wachstumsschock als Folge eines zu starken Wurzelschnittes verringert wird. Der Abstand zum Baumstamm kann zwischen 30 und 50 cm variieren und erfolgt in einer Tiefe von 25 bis 40 cm. Diese Maßnahme sollte in allen Fällen als Sonderbehandlung und nicht standardmäßig durchgeführt werden (ZIMMER, 2003; LIND et al., 1998).

Einsägen des Stammes

In Junganlagen im dritten und im vierten Standjahr wird mit einer Handsäge, in Anlagen ab dem fünften Standjahr mit einer Motorsäge beidseitig eingesägt. Der erste Schnitt sollte sich in etwa 10 cm der zweite 35 bis 40 cm über der Veredelungsstelle befinden. Die beiden Schnitte werden gegenüberliegend, leicht von unten nach oben führend geschnitten, damit eindringendes Regenwasser ablaufen kann. Der optimale Termin ist eine

Woche vor bis eine Woche nach der Blüte, da ein früherer Termin den Transport der Reservestoffe aus der Wurzel stark hemmt und ein späterer zu starken Einfluss auf das Fruchtwachstum hat.

Die Vorteile sind eine deutliche Wuchsreduktion und ein erhöhter Fruchtansatz, bedingt durch einen geringeren Junifruchtfall. Die Maßnahme bewirkt im Gegensatz zum Wurzelschnitt keine erhöhte Trockenstressgefahr und kann dadurch auch in Trockengebieten ohne Bewässerungsmöglichkeit angewendet werden. Sie kann auch leicht nur für einzelne stark wachsende Bäume angewendet werden. Allerdings sind die Nachteile eine Reduktion der Fruchtgröße, eine Steigerung der Baumkrebsgefahr und die Wundstelle wird häufig von Blutläusen (*Eriosoma lanigerum*) befallen, weswegen eine Anwendung im Bioobstbau nur bedingt empfohlen werden kann (ZIMMER, 2003).

3. BIOLOGISCHER ANBAU DER EINZELNEN OBSTARTEN

3.1 Apfel

Sortenwahl

Die Sortenwahl stellt im Obstbau generell eine der wichtigsten Entscheidungen dar. Aufgrund der mehrjährigen Nutzung einer Obstanlage ist sie richtungsweisend für den zukünftigen wirtschaftlichen Erfolg des Unternehmens. Neben den üblichen obstbaulichen Kriterien wie Ertragsverhalten, Wuchseigenschaften, Alternanzverhalten, Fruchtqualität und Lagerfähigkeit sind im biologischen Obstbau zusätzliche Faktoren ausschlaggebend. So sollten aufgrund der eingeschränkten Möglichkeit des Betriebsmitteleinsatzes die Krankheits- und Schädlingsanfälligkeit der Sorten (Apfelschorf, Mehltau, Feuerbrand, Apfelwickler usw.) verstärkt ihre Berücksichtigung finden (LIND et al., 1998).

Das besonders beim Apfel umfangreiche und schnelllebige Sortenangebot ist nicht leicht zu überblicken. Um den Konsumenten und auch den Händlern Orientierungshilfen zu geben, gibt es die Möglichkeit, die Sorten in wenige, definierte Gruppen einzuteilen. Für den Handel kann in sogenannte „Archetypen" und auf der Stufe des Konsumenten in „Geschmacksrichtungen" eingeteilt werden. Ein Archetyp richtet sich nach bekannten Leitsorten (z. B. Archetyp „Golden"). Bei der Einteilung nach Geschmacksrichtungen werden z. B. die Archetypen „Golden", „Jonagold" und „Idared" zur Geschmacksrichtung „mild bis süßlich" zusammengefasst.

Wird eine Beurteilung des derzeitigen Sortiments an biotauglichen Sorten in Österreich vorgenommen, so unterscheidet sich dieses doch vom konventionellen, da seit dem Jahre 2000 verstärkt die Sorte 'Topaz' als Leitsorte am österreichischen Bioapfelmarkt positioniert wird. Daneben finden sich auch die momentan gebräuchlichen Sorten, soweit zufriedenstellende Qualitäten nach biologischen Richtlinien produziert werden können, am Markt.

Beurteilung der wichtigsten Apfelsorten im Bioanbau in Österreich:

- **'Topaz'** ist die derzeit im Bioanbau in Österreich am meisten verbreitete Sorte. Sie ist Vf-resistent gegen Schorf, jedoch anfällig für Regenflecken, Gloeosporium, Mehlige Blattlaus und Apfelsägewespe. Aufgrund der Anfälligkeit für Kragenfäule bei Veredelungen auf M 9 wird die Sorte

Einteilung der derzeit im Bioapfelanbau in Österreich verwendeten Apfelsorten in sechs Archetypen (in Anlehnung an das COOP-Archetypen-System der Schweiz)
(Quelle: Fischer, 2002, verändert)

Archetyp (AT)	Charakteristik	Sorten
AT-Golden	gelb, groß, glattschalig, mild bis süßlich im Geschmack	'Golden Delicious', 'Luna' (Vf), 'Goldrush' (Vf)
AT-Jonagold	wie AT-Golden, aber rot	'Gala', 'Jonagold', 'Arlet', 'Fuji', 'Pink Lady', 'Rubinola' (Vf), 'Pinova', 'Braeburn', 'Natyra' (Vf)
AT-Idared	mittelgroß bis groß, glattschalig, geschmacklich ausgewogen mild	'McIntosh', 'Rosana' (Vf), 'Idared', 'Florina' (Vf)
AT-Cox	mittelgroß bis klein, rustikales Aussehen, kräftig-würzig und süß bis säuerlich im Geschmack	'Topaz' (Vf), 'Cox Orange', 'Elstar', 'Pilot', 'Rubinette', 'Kronprinz Rudolf', 'Santana' (Vf), 'Opal' (Vf), 'Crimson Crisp' (Vf)
AT-Gravensteiner	frühreif, baumfrisch saftig, knackig	'Piros', 'Discovery', 'Retina' (Vf), 'James Grieve'
AT-Boskoop	betont säuerlich, würzig, auch zum Backen und Kochen	'Boskoop', 'Granny Smith', 'Kanadarenette'

'Crimson Crisp', 'Opal', 'Topaz', 'Goldrush' in einer Anlage (Fotos: SPORNBERGER)

vor allem in feuchten Lagen nur mit Zwischenveredelung ausgepflanzt.

- **'Gala'** ist anfällig für Frühschorf. Der regelmäßige und gute Ertrag sowie die hohe Kundenakzeptanz sind als positiv zu beurteilen. Die Sorte wird in wenig schorfanfälligen Lagen von der OPST zur Auspflanzung im Bioanbau empfohlen.
- **'Jonagold'** (rot färbende Mutanten wie Jonagored werden bevorzugt) ist mittel bis stark anfällig für Mehltau und Schorf.
- **'Braeburn'** ist für Schorf, Mehltau und Regenflecken stark anfällig. Problematisch sind die Blüten- und Winterfrostempfindlichkeit, die Neigung zur Stippe und die Empfindlichkeit gegenüber Schwefel.
- **'Idared'** ist wenig bis mittelstark anfällig für Schorf, sehr empfindlich gegenüber Mehltau und Regenflecken. Der regelmäßige Ertrag ist als positiv zu beurteilen. Dennoch erfolgt im Anbau keine Ausweitung.
- **'Golden Delicious'** ist noch immer eine der Hauptsorten im konventionellen Anbau, daher öfters bei neu umgestellten Betrieben zu finden. Sie ist sehr anfällig für Schorf und Regenflecken und findet beim Bio-Konsumenten wenig Akzeptanz. Daher wird die Sorte im Bio-Anbau in Österreich nicht ausgepflanzt.
- **'Arlet'** ist für Frühschorf mittelstark und für Spätbefall wenig anfällig bei guter Qualität und wurde daher in den letzten Jahren verstärkt im Bioanbau ausgepflanzt.
- **'Pinova'** ist wenig anfällig für Schorf, aber sehr anfällig für Mehltau und Gloeosporium. Aufgrund des sehr reichen Fruchtansatzes ist auf eine ausreichende Ausdünnung zu achten.
- **'Elstar'** ist bei den Konsumenten sehr beliebt. Die Anfälligkeit für Schorf ist ähnlich der bei Jonagold zu beurteilen. Probleme bereitet auch im biologischen Anbau die Alternanz.
- **'Boskoop'** ist wenig anfällig für Schorf und eignet sich auch für einen Anbau mit wenigen Pflanzenschutzbehandlungen, alterniert jedoch stark.

Bei den wichtigsten derzeit im Bioanbau in Österreich in Verwendung befindlichen schorfresistenten Sorten muss darauf geachtet werden, dass es nicht zu einer Brechung der Resistenz kommt, wie es in benachbarten Ländern schon beobachtet wurde. Es werden daher zwei bis drei Fungizidbehandlungen in der Hauptinfektionszeit empfohlen.

Beschreibung wichtiger schorfresistenter Tafelapfelsorten

Sorte	Ernte-zeit	Wuchs	Anfälligkeit gegen Mehltau	Mehl. Laus	Ertrag	Fruchteigenschaften
Frühsorten						
'Nela'	M 8	mittel, garniert gut	gering	mittel	mittel, alterniert	mittelfest, saftig, guter Geschmack
'Retina'	E 8	stark, garniert mittel	mittel	mittel	mittel	mittelfest, guter Geschmack
Herbstsorten						
'Rubinola'	A 9	stark, verkahlend	gering	mittel	gering bis mittel	fest, saftig, süß
'Crimson Crisp'	A 9	mittel	hoch	mittel	mittel	fest, sehr saftig, aromatisch
'Rosana'	A 9	schwach, garniert gut	mittel	mittel	hoch, regelmäßig	sehr saftig, guter Geschmack, Schale fest
'Santana'	M 9	stark	hoch	mittel	hoch, Alternanzneigung	sehr saftig, guter Geschmack
Lagersorten						
'Florina'	E 9	stark, garniert mittel	mittel	sehr gering	hoch, Alternanzneigung	mittelfest, harmonisch-süß, leicht parfümiert
'Topaz'	E 9	mittelstark, garniert gut	gering	mittel bis stark	mittel bis hoch, regelmäßig	fest, saftig, süß-säuerlich, guter Geschmack
'Enterprise'	A 10	mittel	gering bis mittel	mittel	mittel, regelmäßig	fest, saftig, aromatisch
'Luna'	A 10	schwach, garniert gut	stark	mittel	hoch	saftig, süß, etwas druckempfindlich
'Opal'	A 10	stark, garniert sehr gut	gering	mittel	mittel bis hoch	fest, saftig, süß
'Natyra'	M-E10	schwach	gering		hoch	aromatisch, saftig, knackig
'Goldrush'	E 10	mittel, garniert gut	mittel	sehr gering	sehr hoch	sehr fest, saftig, harmonisch-süß, gut

Unterlagen

Für den Biolandbau können, neben den bekannten schwach wachsenden Unterlagen (M 9, M 26), speziell in Verbindung mit schwach wachsenden Sorten oder für extensive Anbausysteme auch mittel bis stark wachsende Unterlagen wie M 7, MM 111 und M 25 interessant sein. Stärkere Unterlagen bewirken zwar einen späteren Ertrag, sind aber nach wenigen Jahren standfest und aufgrund des größeren Wurzelsystems widerstandfähiger gegenüber Wühlmausbefall und Konkurrenz im Baumstreifen in Bezug auf Wasser und Nährstoffversorgung.

3.2 Birne

Wichtigstes Kriterium bei der Sortenwahl ist die Toleranz gegenüber Birnenschorf, zumal viele Birnensorten gegen Schwefel empfindlich sind. Weiters sollte sie auch robust gegen Feuerbrand, Mehltau, Gitterrost sowie Birnblattsauger sein.

'Clapps Liebling' ist wenig schorfanfällig und hat gute Winterfrosthärte, starkwüchsig, hoher Fruchtfall.

'Williams Christ' ist mittelmäßig anfällig für Schorf, Feuerbrand und Birnblattsauger, weist jedoch keine Empfindlichkeit gegenüber Schwefel auf und bringt gute Erträge.

'Conference' ist eine Sorte mit geringer Schorfanfälligkeit, mittlerer Anfälligkeit für Feuerbrand, jedoch empfindlich gegen Sonnenbrand und Schwefel. Sie ist eine ertragreiche Sorte mit guter Fruchtqualität.

'Boscs Flaschenbirne', ist etwas anfällig für Fruchtschorf, weniger für Blattschorf und weist geringe Feuerbrandanfälligkeit auf. Die Sorte bringt hohen Ertrag.

'Alexander Lucas' – wenig Schorf, keine Empfindlichkeit gegenüber Schwefel, ertragreich und lagerfähig.

'Uta' ist derzeit die Hauptsorte im Bioanbau in Österreich. Sie ist robust gegenüber Schorf und Feuerbrand, schwach wachsend, ertragreich und lagerfähig.

'Xenia' (*Novembra*): robuste Spätsorte, schwach wachsend, sehr ertragreich, gut lagerfähig.

'Alexander Lucas' (links), 'Uta' (rechts) (Fotos: SPORNBERGER)

Als Unterlage für den Bioanbau eignen sich auf kalkarmen Standorten stärkere Quittenunterlagen (Quitte A) sowie auf Kalkstandorten Quitte BA 29, die gegen Feuerbrand und Birnenverfall toleranten Unterlagen OHF (Farold) 69 und 87 bzw. in Kombination mit schwach wachsenden Sorten, wie 'Uta', auch der Sämling.

Der durch Phytoplasmen verursachte und durch Blattsauger übertragene Birnenverfall stellt speziell im Anbaugebiet im Raum St. Pölten ein großes Problem dar. Sauberes Pflanzmaterial und die Verwendung wenig anfälliger Unterlagen sind die wichtigsten Gegenmaßnahmen.

3.3 Kirschen (Süß- und Sauerkirsche)

Der biologische Kirschenanbau hat in Österreich derzeit flächenmäßig noch wenig Bedeutung.

Die wichtigsten Kriterien bei der Sortenwahl für den biologischen Anbau sind neben Aussehen, Fruchtfleischbeschaffenheit, Geschmack, Transportfähigkeit und Ertrag vor allem der Erntezeitpunkt, da erst Sorten ab der dritten Reifewoche von den Maden der Kirschfruchtfliege befallen werden. Weiters wichtig sind die Toleranz gegenüber der Schwarzen Kirschblattlaus, gegen Schrotschuss- und Sprühfleckenkrankheit sowie gegen Aufplatzen und Frucht-Monilia.

Bei den später reifenden Sorten stellt die Regulierung der Kirschfruchtfliege (*Rhagoletis cerasi*) ein derzeit noch schwer zu lösendes Thema dar, Regulierungsmethoden (Einnetzen, Präparate, Gegenspieler) sind derzeit in Erprobung.

Bei den Sauerkirschen wie bei den Marillen stellt die Monilia-Spitzendürre (Zweig- oder Blütenmonilia – *M. laxa*) das wichtigste Problem im Bioanbau dar. Die Toleranz gegen diesen Schaderreger ist daher auch das wichtigste Kriterium bei der Sortenwahl für den Bioanbau; derzeit können diesbezüglich 'Stevnsbaer', 'Topas', 'Ungarische Traubige' und 'Morina' empfohlen werden.

Interessante Süßkirschensorten für den biologischen Anbau

Sorte	Reifewoche	Wuchs	Blüte	Platzfestigkeit	Ertrag	Bemerkung
'Bigarreau Moreau'	1. bis 2.	sehr stark	früh	hoch	mittel	ungleich reifend, wenig Fruchtfäule
'Burlat'	2.	stark	mittelfrüh	gering bis mittel	hoch	lausanfällig, Fruchtmonilia
'Merchant'	3.	mittel, verzweigt gut	mittelfrüh, selbstfertil	mittel	hoch	robust gegen Sprühflecken
'Kordia'	4. bis 5.	stark	mittelspät	hoch	mittel bis hoch	wenig Fruchtfäule
'Hedelfinger'	4. bis 6.	mittel bis stark	mittelspät	mittel	hoch	wenig Fruchtfäule
'Regina'	6.	stark	spät	hoch	gering bis mittel	wenig Fruchtfäule

3.4 Marille

Der biologische Anbau von Marillen spielt in Österreich derzeit eine untergeordnete Rolle. Gründe dafür sind die relativ hohen Preise am konventionellen Markt und die Probleme mit dem Baumsterben, die allerdings nicht auf den biologischen Anbau beschränkt sind, sowie die Monilia-Spitzendürre (Zweig- oder Blütenmonilia – *M. laxa*), die im Bioanbau schwer zu regulieren ist (siehe Seite 446).

'Klosterneuburger' (oben, Foto: SPORNBERGER) und 'Bergeron' (unten, Foto: SCHREIBER)

Für die Sortenwahl im Marillenanbau sind folgende Kriterien wesentlich:

- Frostresistenz des Holzes
- Gegen Frost widerstandsfähige Blüte
- Geringe Krankheitsanfälligkeit (vor allem gegen *M. laxa*)
- Robustheit gegen Baumausfälle
- Hoher und regelmäßiger Ertrag
- Äußere Fruchtqualität (Größe, Ausfärbung)
- Innere Qualität (Aroma)
- Gute Haltbarkeit und Manipulierbarkeit

Eignung von Marillensorten im Bioanbau

Sorte	Reife	Blüte	Wuchs	Anfälligkeit	Ertrag	Frucht	Bemerkung
'Aurora'	M 6	früh	stark	blütenfrost-empfindlich, Baumausfälle	mittel	mittelgroß, gerötet, leicht säuerlich	nur für Direktvermarktung
'Orange Red'	A 7	früh	stark bis sehr stark	Scharka-tolerant, Fruchtmonilia	mittel bis hoch, Ausdünnung notwendig	mittelgroß, sehr schöne Färbung, süß, guter Geschmack	benötigt Befruchter ('Hargrand', 'Harlayne')
'Goldrich'	M 7	mittel bis früh	mittel bis stark	wenig Baumausfälle	mittel bis hoch	groß, leicht gefärbt, Geschmack gut	wenig Monilia
'Klosterneuburger'	E 7	mittel	stark		mittel, Ertrag unsicher	mittelgroß, gut gefärbt, sehr guter Geschmack	aufreißen, mäßig manipulationsfähig
'Kremser Rosenmarille'	A 8	spät	mittel		mittel bis hoch, regelmäßig	mittelgroß, mittel gefärbt, guter Geschmack	ideal für Verarbeitung und Hausgarten
'Bergeron'	A bis M 8	spät	mittel	Zweigmonilia, Bakterienkrebs	hoch	mittelgroß, gut gefärbt, sehr guter Geschmack	ideale Marktfrucht

3.5 Pfirsich

Am wichtigsten im biologischen Anbau des Pfirsichs ist die Regulierung der Kräuselkrankheit (*Taphrina deformans*, Details siehe dort). Empfohlen werden ab beginnendem Knospenschwellen mehrere Applikationen mit Kupfer (in geringer Dosierung) in Mischung mit Netzschwefel und Wasserglas, alternativ auch mit Schwefelkalkbrühe (auf Zulassung achten!) bzw. nach der Blüte mit schwefelsaurer Tonerde in Kombination mit Netzschwefel. Damit werden auch die wichtigsten anderen Pilzkrankheiten (Mehltau, Schorf, Schrotschuss) des Pfirsichs ausreichend reguliert. Weiterhin kann das Infektionspotential durch frühzeitige Beseitigung befallener Blätter im Frühjahr deutlich reduziert werden.

Wichtig für die **Sortenwahl** ist es, auf eine geringe Anfälligkeit für Kräuselkrankheit und Fruchtmonilia zu achten.

Viele neue Pfirsichsorten sind aufgrund ihrer geringen Behaarung und ihrer attraktiven Rotfärbung ähnlich anfällig für Insektenfraß und nachfolgende Fruchtfäule wie die meisten Nektarinensorten und daher nicht empfehlenswert für den biologischen Erwerbsanbau.

'Poysdorfer Weingartenpfirsich' (Foto: SPORNBERGER)

'Mireille' (Foto: SPORNBERGER)

'Jayhaven' (Foto: SPORNBERGER)

Pfirsichsorten für den biologischen Anbau mit geringer Anfälligkeit gegen Kräuselkrankheit

Sorte	Reifezeit	Fleischfarbe	Bemerkungen
'Sweethaven'	M 7	gelb	sehr ertragreich, nicht steinlösend
'Redhaven'	E 7	gelb	aromatisch, ertragreich
'Jayhaven'	A bis M 8	gelb	guter Geschmack, sehr robust gegen Kräuselkrankheit
'Benedicte'	M 8	weiß	guter Geschmack, robust gegen Kräuselkrankheit
'Mireille'	M 8	weiß	sehr guter Geschmack, ertragreich
'Redcal'	E 8	gelb	sehr guter Geschmack, ertragreich
'Poysdorfer Weingartenpfirsich'	E 8 bis A 9	weiß	sehr guter Geschmack, ertragreich

3.6 Zwetschke

Die biologischen Obstbauern wählen ihre Sorten nach folgenden Kriterien aus:

Hohe, regelmäßige Erträge, ausgezeichneter Geschmack, Selbstfruchtbarkeit, langer Pflückzeitraum, kein Vorerntefruchtfall, gesunde Bäume, Unempfindlichkeit gegenüber Krankheiten und Schädlingen, geringe Platz- und Fäulnisempfindlichkeit, Scharkatoleranz.

Neben den üblichen Sorten sind für den Bioanbau in Österreich derzeit besonders die Sorten 'Cacaks Fruchtbare', 'Haganta', 'Toptaste' und 'Valjevka' im Gespräch.

'Haganta' (Foto: FILIPP)

'Toptaste' (Foto: FILIPP)

'Valjevka' (Foto: FILIPP)

Eigenschaften für den Bio-Obstanbau interessanter Zwetschkensorten

Sorte	'Toptaste'	'Cacaks Fruchtbare'	'Haganta'	'Valjevka'
Reife (Tage nach Tegera)	28 bis 34	28 bis 32	36 bis 52	keine einheitlichen Angaben
Ertrag	hoch	mittel bis hoch	hoch	mittel bis hoch
Fruchtgröße (mm)	36 bis 40	33 bis 36	45 bis 50	33 bis 37
Festigkeit	fest	mittel	mittel bis fest	fest
Aroma	mittel	mittel bis gut	gut	mittel bis gut
Wuchs	mittel	schwach bis mittel	stark	mittelstark
Anfälligkeit	Halswelke, mäßige Steinlöslichkeit	Alternanz, schlechte Qualität bei Überbehang	Kavernenbildung, Harzeinschluss	gelegentlich Halswelke
Bemerkung	risikoreiche Sorte, langes Erntefenster	Standardsorte, Ausdünnung	auszuprobieren	breit aufrechter Wuchs, weite Abstände, Ausdünnung
Befruchtung	selbstfertil (Pollenspender)	selbstfertil	teilweise selbstfertil	selbstfertil
Scharka	tolerant	anfällig	nicht tolerant	tolerant

4. PFLANZENSCHUTZ

Krankheiten und Schädlinge im Apfelanbau

Apfelschorf (*Venturia inaequalis*)

Als anfällige Sorten gelten: 'Arlet', 'Gala', 'Golden Delicious', 'Gloster', 'McIntosh', 'Jonagold', 'Braeburn', …

Regulierungsstrategien

Vorbeugende Maßnahmen

- Verminderung des Ausgangssporenpotentials durch:
  - Aufsammeln des Falllaubs über Sauggeräte
  - Häckseln des Falllaubes im Herbst, um die Verrottung zu beschleunigen
  - Einarbeiten des Falllaubes in den Baumstreifen
  - Ausbringen von Mist, Kompost oder Gülle nach dem Blattfall (Verrottung)
  - Schonung der Regenwürmer, um den Laubabbau zu beschleunigen (Cu-Toxizität)
- Maßnahmen, die das Triebwachstum bremsen, denn ein Festsetzen des Schorfes in früh abgeschlossenen Trieben ist schwieriger als in Trieben, die bis in den Spätherbst wachsen
- Maßnahmen, die ein schnelles Abtrocknen der Blätter fördern:
  - Lockere Erziehungsform, luftiger Schnitt
  - Standortwahl: bei Neuanlage auf guten Luftzug durch die Anlage achten
  - Ausgewogene Düngung und Schnitt, damit kein zu dichter Wuchs auftritt
  - Aussetzen von resistenten bzw. wenig anfälligen Sorten

Direktmaßnahmen

Behandlung über Belagsfungizide wie Kupfer, Netzschwefel, schwefelsaure Tonerden, Schwefelkalkbrühe, Bikarbonate.

Der Spritzbelag ist exakt auszubringen, da der Eintritt von gekeimten Sporen verhindert werden soll. Vor allem im Frühling in der Zeit starken Triebwachstums ist es schwierig, immer einen ausreichenden Belag auf dem Neuzuwachs zu haben. Schwefelkalkbrühe und Bikarbonate haben auch eine gute Wirkung kurz nach der Infektion aufs nasse Blatt appliziert.

Die Inkubationszeit des Pilzes hängt stark von der vorhandenen Temperatur und Blattnässe ab. Die Schorfprognose ist deshalb ein wichtiger Bestandteil einer wirksamen Bekämpfung. Moderne Prognosesysteme berücksichtigen Daten wie Niederschlag, Luftfeuchte, Lufttemperatur, Reifeverlauf, Freisetzungsbedingungen der Sporen, Fruchtanfälligkeit, Ausgangsbefall und Sortenanfälligkeit. Dadurch ist es möglich, genaue Prognosen möglicher Infektionswellen zu schätzen.

Vegetationsbeginn bis Stadium rote Knospe: Behandlungen sollten möglichst vorbeugend mit Kupfer durchgeführt werden. Mit fortschreitender Vegetation wird die Konzentration reduziert und bei Erreichen von ausreichend hohen Temperaturen kann auch Schwefel (bis 5 kg/ha) eingesetzt werden.

Ballonstadium bis Ende Blüte: Der Einsatz von Kupfer sollte wegen der Gefahr von Fruchtberostung eher vermieden werden. Einsatz von Schwefel bzw. von Schwefelkalkbrühe bei langen Infektionsbedingungen. Während der Blüte können auch Kaolin oder schwefelsaure Tonerde verwendet werden.

Nachblüte bis in den Sommer: Behandlungen können mit Schwefel oder Schwefelkalk durchgeführt werden. Wurde eine Primärinfektion mit Ascosporen weitgehend verhindert, so kann sich die Spritzfolge nach der Regenbeständigkeit der einzelnen verwendeten Mittel richten.

Behandlungen sollten nach Möglichkeit kurz vor einer Infektion oder zu deren Beginn (Schwefelkalk oder Kupfer) erfolgen.

Regenbeständigkeit von ausgewählten PSM

Mittel	Regenbest.
Netzschwefel, schwefelsaure Tonerde	20 mm
Kupfer (reduzierte Aufwandmenge)	20 bis 25 mm
Schwefelkalkbrühe	40 mm

(Quelle: WALTL, 2006, 11)

Feuerbrand (*Erwinia amylovora*)

Diese Bakterienkrankheit wurde von Amerika eingeschleppt und hat sich seither in vielen europäischen Staaten ausgebreitet. In Österreich zählt der Feuerbrand zu den Quarantänekrankheiten und ist somit meldepflichtig. Bei einem Verdacht auf Feuerbrandbefall ist sofort die Gemeinde zu verständigen.

Zu den wichtigen Wirtspflanzen zählen: Apfel, Birne, Quitte, Zwergmispel (*Cotoneaster*), Feuerdorn, Eberesche, Weißdorn, Zierquitte, Wollmispel, Felsenbirne (*Amelanchier*).

Regulierungsstrategien

Aufgrund der fehlenden Zulassung von gut wirkenden Pflanzenschutzmitteln kommt den vorbeugenden Maßnahmen eine noch größere Bedeutung zu.

Vorbeugende Maßnahmen

- Senkung des Befallsdrucks durch die Beseitigung von Wirtspflanzen in unmittelbarer Nähe zur Anlage
- Verzicht auf die Pflanzung von hochanfälligen Sorten und Unterlagen
- Zu starkes Wachstum durch mäßige Düngung und Schnitt vermeiden
- Die Verschleppung des Erregers durch Bienenwanderung, Schnittwerkzeuge und Ausdünnungsmaschinen sollte verhindert werden
- Durch luftige Bestände und eine Reduktion der Überkronenberegnung während der Blüte können die Infektionsbedingungen reduziert werden

Feuerbrandanfälligkeit von Apfelsorten und -unterlagen

- **stark anfällig**
  'Braeburn' + Mutanten
  'Fuji' + Mutanten
  'Gala' + Mutanten
  'Jonagold' + Mutanten
  'Topaz'
  M 26
  MM 106
- **mittel anfällig**
  'Golden Delicious'
  'Granny Smith'
  'Pinova'
  'Rubinola'
  M 9 und Auslesen
  M 27

- **schwach anfällig**
  'Boskoop'
  'Florina'
  'Rewena'
  M 2
  M 7
  MM 111
- **resistent**
  'Enterprise'
  'Reglindis'
  BUD 54–118

(Quelle: Auszug aus FISCHER, 2002, 100)

Direkte Maßnahmen

Als direkte Maßnahmen kommen kurz vor den Infektionsterminen saure Gesteinsmehle zum Einsatz. Um den Schutz über eine längere Zeitperiode aufrecht zu erhalten, sind oft mehrere Anwendungen notwendig. Des Weiteren haben wahrscheinlich auch Kupferpräparate, die im Vorblütenzeitraum eingesetzt werden, eine Nebenwirkung auf den Feuerbranderreger. Bei bereits erfolgten Infektionen ist ein Rückschnitt bis weit (0,8–1 m) in das gesunde Holz erforderlich, gegebenenfalls müssen die Bäume auch gerodet werden.

Weiters sind bereits einige Mittel getestet worden, die in Versuchen bessere Wirkungen als die bisher zur Verfügung stehenden Mittel versprechen, z. B. das Hefepräparat Blossom-protect fb und ein Braunalgenprodukt.

Apfelmehltau (*Podosphaera leucotricha*)

Der Apfelmehltau ist eine Pilzkrankheit und schädigt meist nur die Blätter, wodurch dem Baum eine geringere Assimilationsfläche zur Verfügung steht. Das Auftreten in eher trockenwarmen Klimaräumen verleiht dem Apfelmehltau den Ruf des „Schönwetterpilzes".

Regulierungsstrategien

- Es sollten weniger anfällige Sorten bevorzugt werden (anfällig: 'Idared', 'Jonathan', 'Jonagold')
- Beim Winterschnitt befallene Triebe wegschneiden
- Zu üppiges Triebwachstum vermeiden (Düngung, Schnitt)
- Während der Vegetationszeit befallene Triebe laufend entfernen (Mehltauschnitt)
- Chemische Regulierung mit Schwefel bzw. Schwefelkalkbrühe wirkt auf die Sporenkeimung. Bei sehr warmen Temperaturen (über 30 °C) auf Verätzungen achten, Spritzabstand abhängig von Temperatur und Blattzuwachs.

Kragenfäule (*Phytophthora cactorum*)

Durch den vermehrten Einsatz der Standardunterlage M 9, die gegenüber Kragenfäule eher unempfindlich ist, verlor die Kragenfäule an Wichtigkeit. Da aber die im Biointensivanbau oft verwendete Sorte 'Topaz' sehr oft von Kragenfäule befallen wird, kommt dieser Pilzkrankheit wieder mehr Bedeutung zu.

Krankheitsbild

Im Bereich der Veredelungsstelle bilden sich kleine Faulstellen, die sich innerhalb weniger Monate vergrößern und den ganzen Stammumfang umfassen können. Am Stamm ist der Befall durch eine dunkle Verfärbung der Rinde zu erkennen. Der befallene Rindenbereich ist leicht eingesunken. Bei frischem Befall ist das Holz unter der Rinde schokoladebraun verfärbt. Der innere Holzkörper bleibt intakt, während hingegen das Rindenparenchym, der Siebteil und das Kambium zerstört werden. Im weiteren Krankheitsverlauf kommt es dann zu Welkeerscheinungen und schlussendlich zum Absterben des gesamten Baumes. Befallene, im Ertrag stehende Bäume zeigen einen schwachen Austrieb und das Laub wird allmählich chlorotisch und fällt vorzeitig ab. Die Früchte bleiben klein und eher geschmacklos, fallen aber durch ihre starke, vorzeitige Färbung auf.

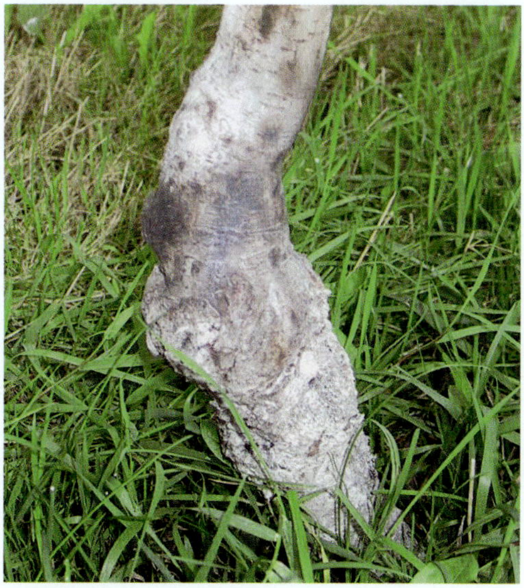

Schadbild Kragenfäule (Foto: SPORNBERGER)

Biologie

Die Infektion geht meist von befallenem, organischem Material oder von im Boden befindlichen Erregern aus. Durch Regenspritzer gelangen sie auf das Holz und dringen dann über kleine Wunden in die Rinde ein. Das Temperaturoptimum für eine Infektion liegt zwischen 15 und 25 °C. Als Hauptinfektionszeitraum gelten die Monate März und April.

Regulierungsstrategien

Vorbeugend kann die Kragenfäule durch die Wahl einer unempfindlichen Unterlage (z. B.: M 9, M 27) bzw. Sorte verhindert werden. Weiters wird die Infektion durch alle Maßnahmen vermindert, die feuchte Bedingungen im Baumstamm- und Wurzelbereich vermeiden. Durch das Vermeiden von Verletzungen im Stammbereich werden die möglichen Eintrittspforten für den Pilz reduziert bzw. wenn Verletzungen auftreten, sollten diese mit Wundverschlussmittel verstrichen werden. Wird auch das Fallobst entfernt, so können mögliche Infektionsquellen zusätzlich reduziert werden. Wird bei der Düngung Rizinusschrot eingesetzt, so werden vermehrt Bakterien gefördert, die Phytophthora abtöten. Vor allem bei der Sorte 'Topaz' werden vermehrt Bäume mit Zwischenveredelung einer nicht anfälligen Sorte angeboten, um die empfindliche Sorte 'Topaz' weiter weg vom Boden zu heben.

Vorbeugend gegen die Kragenfäule wirkt vor allem ein Kupferbelag am Stamm. Als Stammanstrich kann auch Kalkhydrat mit Kupfer verwendet werden.

Befallene Stellen können im Anfangsstadium bis tief in den gesunden Rindenbereich bzw. ins Holz herausgeschnitten werden. Eine anschließende Behandlung mit Kupfer und einem Wundverschlussmittel sollte unbedingt durchgeführt werden.

Regenfleckenkrankheit

Unter der Regenfleckenkrankheit werden meist äußere Verschmutzungen der Fruchtschale zusammengefasst, die im Wesentlichen durch zwei verschiedene Pilzkrankheiten hervorgerufen werden, nämlich die Rußfleckenkrankheit und die Fliegenschmutzkrankheit.

Krankheitsbild

Die Regenfleckenkrankheit verursacht auf den Früchten unscheinbare, kreisrunde Flecken bis hin zu großen, unregelmäßigen Läsionen. Die Farben dieser Symptome sind olivgrün bis grauschwarz. Die Fliegenschmutzkrankheit ist gekennzeichnet durch zehn bis 50 scharf abgegrenzte, glänzendschwarze Punkte auf der Fruchtschale. Beide lassen sich durch Abreiben entfernen.

Biologie

Die Rußfleckenkrankheit wird vermutlich durch eine Vielzahl von Erregern ausgelöst. Als Wichtigste gelten *Gloeodes* sp., *Peltaster* sp., *Geastrumia* sp., *Leptodontium* sp. und *Zygophiala* sp. Die Erreger überwintern am Holz vieler Pflanzen (Obstbäume und viele andere). Ab Mitte Juni dürfte es zu den ersten bedeutenden Infektionen kommen. Optimale Bedingungen dafür sind Temperaturen von 16 bis 25 °C. Es bedarf keiner Blattnässe, denn eine relative Luftfeuchtigkeit von 90 % reicht bereits aus. Die Inkubationszeit ist sehr lang und liegt zwischen 20 und 60 Tagen.

Die Fliegenschmutzkrankheit wird von *Schizothyrium pomi* verursacht. Erste Ascosporen für die Infektion werden ab der Blüte freigesetzt. Dieser Pilz braucht zur Verbreitung auch keine Blattnässe. Hier reichen ca. 96 % relative Luftfeuchtigkeit aus. Die weitere Verbreitung erfolgt mittels Konidien.

Regulierungsstrategien

Alle Maßnahmen, die zu einer raschen Abtrocknung der Baumkrone und der Blätter beitragen, wirken auch vorbeugend gegen die Regenfleckenkrankheit. Bei der Standortwahl sind keine tief liegenden, eingeschlossenen, feuchten Gebiete zu wählen. Wirtspflanzen wie Weiden sollten be-

Schadbild Rußflecken und Fliegenschmutz (Foto: SPORNBERGER)

obachtet werden. Als Bekämpfungsmöglichkeit stehen Schwefelkalk, Kupfer, Kaliseifen und Kaliumbikarbonat zur Verfügung, die ab Beginn der ersten Infektionen den gesamten Sommer über durchgeführt werden sollen.

Weitere Erkrankungen

siehe Monilia-Spitzendürre

San-José-Schildlaus (*Quadraspidiotus perniciosus*)

Die San-José-Schildlaus ist ein bedeutender Schädling im Obstbau, denn er kann ohne Behandlung zu beträchtlichen Ausfällen führen. Andere Schildlausarten wie Austernschildläuse oder Napfschildläuse sind nicht von so großer Bedeutung wie der Quarantäneschädling San-José-Schildlaus.

Befallen werden können Kernobst, Steinobst und Beerenobst.

Regulierungsstrategien

Durch den Schutz von natürlichen Feinden wie Schlupfwespen der Gattungen *Encarsia* (*Prospaltella perniciosi*) und *Aphytis* kann eine gewisse Regulierung der San-José-Schildlaus erfolgen. *Prospaltella* überwintert in den Puppenstadien der Schildläuse. Oft ist die Parasitierung durch Nützlinge aber nicht ausreichend.

Bei starkem Befall sollte ein Winterspritzung mit Schwefelkalk (keine Zulassung in Österreich) oder eine Austriebsspritzung mit Mineralöl zum Zeitpunkt Mausohr- bis Grünknospenstadium erfolgen. Die Winterspritzung sollte unbedingt bei absoluter Winterruhe erfolgen, da es sonst zu Verätzungen kommt.

Blattläuse (Aphidina)

In biologischen Apfelanlagen lassen sich verteilt über die gesamte Vegetationsperiode meist unterschiedliche Blattlausarten finden. Nicht alle Arten richten auch einen wirtschaftlich bedeutsamen Schaden an, der eine gezielte Bekämpfung rechtfertigen würde.

Apfelfaltenläuse (*Dysaphis devecta, D. anthrisci*)

Die Schadschwelle für Faltenläuse liegt bei ca. 3 bis 5 % befallener Triebe, was jedoch selten erreicht wird.

Mehlige Apfelblattlaus (*Dysaphis plantaginea*)

Die Mehlige Apfelblattlaus ist die mit Abstand bedeutendste Blattlausart. Sie kann bei massenhaftem Auftreten zu wirtschaftlich beträchtlichen Schäden führen.

Die Schadschwelle liegt bei einer visuellen Kontrolle der Rosettenblätter auf Stammmütter vor der Blüte (Grün- bis Rotknospenstadium) bei 1 % Befall, nach der Blüte und im Laufe des Sommers (Langtriebe) bei 1 bis 3 %. Die Sortenanfälligkeit kann unterschiedlich sein, beispielsweise werden 'Florina' und 'Goldrush' nur wenig befallen.

Zur Regulierung der Mehligen Apfelblattlaus werden ein bis zwei Behandlungen mit Neem kurz vor und nach der Blüte durchgeführt.

Apfelgraslaus (*Rhopalosiphum insertum*)

Die Apfelgraslaus hat einen grünen Körper mit zwei hellen Längsstreifen am Rücken. Die Extremitäten sind graugrün. Seit einigen Jahren ist auch das Auftreten der Zitruslaus (*Aphis citricola*) zu beobach-

Schadbilder Apfelfaltenlaus (oben), Mehlige Apfelblattlaus (unten) (Fotos: SPORNBERGER)

ten. Ihr Aussehen ist der Apfelgraslaus sehr ähnlich und deshalb ist eine sichere Unterscheidung nur durch Fachleute möglich. Schäden an Apfelbäumen sind selten zu erkennen.

Grüne Apfelblattlaus (*Aphis pomi*)
Bei starkem Befall kommt es oft zu einem Sekundärbefall mit Rußtaupilzen. Es gelten dieselben Regulierungsstrategien wie bei den Apfelfaltenläusen. Die Schadschwelle liegt bei 10 bis 15 % befallene Triebe.

Milben (Acarina)

Es gibt zwei Milbenarten, die auch im Apfelanbau eine Relevanz besitzen. Einerseits kommt die zu den Gallmilben zählende Apfelrostmilbe und andererseits die zu den Spinnmilben gehörende Gemeine Obstbaumspinnmilbe („Rote Spinne") vor.

Apfelrostmilbe (*Aculus schlechtendali*)
Die Schadschwelle für eine gezielte Bekämpfung liegt bei ca. 200 bis 300 Milben pro Blatt.

Die beste Regulierungsstrategie ist die Schonung von Raubmilben (*Typhlodromus pyri*). Das ist vor allem durch einen schonenden Einsatz von Schwefel- und Pyrethrum-Präparaten zu erreichen. Sind wenig bis keine Raubmilben vorhanden, so können diese über Filzstreifen, die im Spätsommer in raubmilbenreichen Quartieren angebracht wurden, angesiedelt werden. Die zweite Möglichkeit zum Ansiedeln ist im Sommer das Einbringen von Trieben von Spenderbäumen, die mit vielen Raubmilben besetzt sind. Außerdem kann die Apfelrostmilbe durch gezielte Schwefelspritzungen ab dem Mausohr-Grünknospenstadium reguliert werden.

Schadbild Apfelrostmilbe (Foto: SPORNBERGER)

Gemeine Obstbaumspinnmilbe („Rote Spinne") (*Panonychus ulmi*)
Da die Schadschwelle von 1.000 bis 2.000 Wintereiern/m² Fruchtholz schwer feststellbar ist, wird in der Praxis oft nur über die Astansatzstellen gewischt. Ist der Finger rot, so ist eine Ölspritzung notwendig.

Schädigt ebenfalls: Kernobst, Steinobst generell

Apfelblütenstecher (*Anthonomus pomorum*)

Regulierungsstrategien
Um die richtige Regulierungsstrategie zu wählen, ist eine Kontrolle des Befalls wichtig. Dafür ist eine visuelle Kontrolle oder eine Klopfprobe möglich. Bei der visuellen Kontrolle ist der Fraß an den Blütenknospen zu bonitieren. Dieser ist am austretenden Zellsaft erkennbar. Hier wird eine Eingreifschwelle von zehn bis 15 Fraßstellen pro 100 Knospen empfohlen. Die Klopfprobe sollte bevorzugt um die Mittagszeit bei warmer Witterung durchgeführt werden. Hier liegt die Eingreifschwelle bei 20 bis 30 Käfern/100 Schläge. Eine Bekämpfung hängt aber auch sehr stark von der Blühstärke ab. Die Eingreifschwelle liegt bei überreicher Blüte höher, da durch den Blütenstecher ein gewisser Ausdünnungseffekt eintritt.

Vorbeugende Maßnahmen
Die Förderung insektenfressender Vögel (Nistkästen) kann zu einer Dezimierung des Schädlings beitragen. Des Weiteren ist eine Parasitierung des Apfelblütenstechers durch die Schlupfwespe (*Scambus pomorum*) möglich.

Direkte Maßnahmen
Bei einem Überschreiten der Bekämpfungsschwelle ist der Einsatz eines Pyrethrum-Präparates möglich. Der Einsatzzeitpunkt liegt dabei ca. beim Grünspitzen- bis Mausohrstadium, jedoch sollte die Applikation nur bei warmen Temperaturen erfolgen, da die Blütenstecher dann vermehrt aktiv sind.

Apfelsägewespe (*Hoplocampa testudinea*)

Regulierungsstrategien
Besondere Aufmerksamkeit sollte jenen Quartieren gewidmet sein, die einen hohen Vorjahresbefall aufwiesen bzw. in denen früh- und besonders intensiv weiß blühende Sorten stehen (z. B. 'Idared', 'Boskoop', 'Topaz'). Die Kontrolle des Apfelsägewespenfluges erfolgt über den Fang mit

Weißtafeln. Ab dem Rotknospenstadium sollten mindestens zwei Weißtafeln/ha aufgehängt werden. Die Schadschwelle liegt bei 20 bis 50 Wespen/Falle bis zur Blüte.

Werden weit mehr Tafeln in der Anlage aufgehängt, so kann damit auch ein Massenfang der Apfelsägewespe erreicht werden.

Eine Bekämpfung der Apfelsägewespe kann mit Quassia-Auszügen erfolgen (Zulassung beachten). Die Applikation muss kurz vor dem Raupenschlupf, der meist bei abgehender Blüte stattfindet, durchgeführt werden. Je nach Flugverlauf bzw. Schlupfraten sind unter Umständen zwei Behandlungen notwendig. Für einen guten Wirkungserfolg ist eine gute Benetzung des Blütenbodens entscheidend. Dies kann vor allem durch eine höhere Wassermenge erreicht werden. Wird der Spritzbrühe Neem zugegeben, so wird wahrscheinlich eine zusätzliche Reduzierung der überlebenden Larven für die nächsten Jahre erreicht. Außerdem wirkt Neem auf die Larven beim Fruchtwechsel.

Kleiner Frostspanner (*Operophtera brumata*)

Regulierungsstrategien

Wichtigste Gegenspieler der Frostspannerraupen sind Vögel, die zur Brutzeit einen hohen Futterbedarf haben. Weiterhin werden die Raupen auch von Raupenfliegen und Schlupfwespen parasitiert.

Zur Kontrolle des Frostspanners können einerseits im Winter Fruchtholzkontrollen gemacht werden (Warnschwelle ist über zwei Eier pro Meter Fruchtholz) oder andererseits eine visuelle Kontrolle des Befalls an Blütenbüscheln (Schadschwelle = fünf bis zehn Raupen/100 Blütenbüschel).

Das Anbringen von Leimringen an den Stämmen zur Verhinderung des Aufwanderns der Weibchen im Herbst ist eine mögliche vorbeugende Maßnahme, um den nächstjährigen Befall durch den Kleinen Frostspanner zu reduzieren. Im Frühjahr werden auch im Rahmen einer eventuell durchgeführten Austriebspritzung die Eier des Frostspanners stark dezimiert (Benetzung!). Gegen die Jungraupen können *Bacillus-thuringiensis*-Präparate eingesetzt werden, wobei die Beimengung von Zucker die Aufnahme und somit die Wirkung erhöht. Hier sollte jedoch die Temperatur mehrere Tage lang über 15 °C liegen, damit eine ausreichende Fraßtätigkeit der Jungraupen vorhanden ist. Neem-Präparate, die vor der Blüte ausgebracht werden, haben auch eine Nebenwirkung auf Frostspannerraupen.

Schädigt ebenfalls: Kernobst, Steinobst generell (außer Pfirsich)

Fruchtschalenwickler

Zu der Gruppe der Fruchtschalenwickler werden mehrere Arten gezählt. Die in Österreich am häufigsten vorkommenden sind der Apfelschalenwickler (*Adoxophyes orana*), der Braune Obstbaumwickler (*Archips podana*) und der Rotbraune Schalenwickler (*Pandemis heparana*).

Regulierungsstrategien

Vögel und verschiedene Insekten, wie Ohrwürmer und Wanzen, tragen zu einer Reduktion der Wicklerlarven bei. Die Kontrolle des Flugverlaufs erfolgt mittels Pheromonfallen, die eine wichtige Grundlage für die direkten Bekämpfungsstrategien darstellen. Ein mögliches Mittel für eine Bekämpfung des Apfelschalenwicklers sind spezifische Granuloseviren, die im Grün- bis Rotknospenstadium bzw. auch ein zweites Mal ausgebracht werden. Weiters kann eine Spritzung mit Neem-Präparaten die Wirkung unterstützen. Bt-Mittel, aber auch Neem wirken auch gut gegen andere Schalenwicklerarten.

Schädigt ebenfalls: Kernobst, Steinobst generell

Apfelwickler (*Cydia pomonella*)

Regulierungsstrategien

Durch die Förderung von natürlichen Gegenspielern (Schlupfwespen, Ohrwürmer, Wanzen, Vögel) kann das Auftreten des Apfelwicklers reduziert werden. Ein wichtiger Parameter für die Regulierung des Apfelwicklers ist die Flugkontrolle. Hierzu kann eine Pheromonfalle verwendet werden, die alle zwei Tage kontrolliert werden soll. Diese Falle gibt Aufschluss über den Verlauf des Falterfluges.

Apfelwickler – Entwicklung nach Wärmesummen (Berechnung: Summe Stundenwerte > 10 °C ab Flugbeginn)

Entwicklungsstadium	Gradstunden nach Flugbeginn	
	1. Generation	2. Generation
Flugbeginn	Pheromonfalle	11.000
Eiablagebeginn	1.300	12.300
Schlupfbeginn	1.900	12.700

(Quelle: FISCHER, 2002, 109)

Des Weiteren wurde von Beratungsinstitutionen (z. B. Kammern) bereits ein Warndienst eingerichtet, der über Wetterstationen und Bonituren einen möglichen Flugverlauf usw. für den Apfelwickler berechnet. Ein wichtiger Hinweis für einen möglichen Apfelwicklerbefall ist der Anteil an befallenen Früchten im Vorjahr.

Eine Regulierungsmethode ist die Verwirrung über Pheromonpräparate. Es werden Dispenser mit einem Sexuallockstoff in der Anlage verteilt. Durch die abgegebene Duftwolke finden die Männchen nicht mehr zu den Weibchen und es findet keine Begattung statt. Je nach Produkt werden ca. 300 bis 1.000 Dispenser/ha angebracht. Der Einsatz der Verwirrmethode stellt vor allem in geschlossenen Obstbaugebieten eine wichtige Methode dar, um den Apfelwickler zu regulieren. Die Mindesteinsatzfläche liegt bei ca. 2–3 ha, um eine gute Wirksamkeit zu erreichen, da sich die Falter ansonsten zufällig treffen und eine Begattung erfolgt. Bei starkem Auftreten ist zusätzlich der Einsatz von Granulosevirupräparaten notwendig. Diese spezifischen Viren haben eine hohe Wirksamkeit, die Lebensdauer der Viren ist jedoch aufgrund einer hohen UV-Empfindlichkeit je nach Witterung auf fünf bis 12 Tage begrenzt. Die geschlüpften Raupen müssen die Viren in dieser Zeit aufnehmen, damit eine Wirkung erzielt werden kann. Durch Zusatz von Zucker oder Melasse kann die Aufnahme der Viren durch die Raupen verbessert werden.

Schädigt ebenfalls: Birne, selten Quitte

Schaderreger im Birnenanbau

Birnenschorf (*Venturia pirina*)

Krankheitsbild

Die ersten Infektionsstellen sind an den Stielen der aus den Knospen hervorsprießenden Blätter und Blüten festzustellen. An den jungen, noch eingerollten Blättern bilden sich erst entlang der Mittelrippe Schorfflecken und später hauptsächlich auf der Blattunterseite. Wie beim Apfelschorf bilden sich erst hellgrüne, später braune Flecken mit einem samtartigen, olivgrünen Belag, welche das Blattgewebe eintrocknen und anschließend aufreißen lassen.

Regulierungsstrategien

Mit der Wahl einer entsprechend widerstandsfähigen Sorte kann dem Birnenschorf gut vorgebeugt werden. Kaum befallen werden die Sorten 'Conference', 'Concorde' und 'Uta'.

Bis zur Blüte können Kupfermittel eingesetzt werden. Schwefelpräparate werden dagegen von

Schadbild Birnenschorf (Foto: Spornberger)

einigen Sorten schlecht vertragen. Eventuell bieten Tonerdepräparate eine Alternative, die Applikation von Schwefelkalk während der Vegetationsruhe befindet sich im Versuchsstadium.

Birnengitterrost (*Gymnosporangium fuscum*, Syn. *G. sabinae*)

Krankheitsbild

Im späten Frühjahr entstehen an der Blattoberseite bis zu 1 cm große, dunkelgelb bis leuchtend orange gefärbte, klebrige Blattflecken, auf denen sich schwarze Pusteln bilden. Später entwickeln sich an der entsprechenden Stelle an der Blattunterseite knorpelige, braune Gebilde, auf denen sich wie Gitterkörbe aussehende Strukturen (Aecidien) bilden. Diese Gebilde können bei starkem Befall auch an Trieben, Blattstielen und Früchten auftreten. Einige wenige Flecken pro Blatt beeinträchtigen einen Baum nur wenig in seiner Vitalität. Ein stärkerer Befall allerdings kann zu einem vorzeitigen Fallenlassen der betroffenen Blätter führen, wodurch weniger Assimilationsfläche zur Verfügung steht.

Biologie

Der Erreger gehört zur Familie der Wirt wechselnden Rostpilze und überwintert auf Zweigen diverser Wacholderarten (*Juniperus sabina, J. sabina x media, J. chinensis*) an spindelartigen Verdickungen, aus denen im Frühjahr Teleutosporenlager hervorbrechen. Bei feuchtem Wetter quellen diese im Frühjahr auf, keimen an Ort und Stelle aus und

Schadbild Gymnosporangium fuscum (Birnengitterrost) an Birne und Juniperus (Fotos: FILIPP)

bilden Basidiosporen, welche durch den Wind auf junge Birnenblätter gelangen und diese infizieren. Ab dem Spätsommer bilden sich gelblich gefärbte Aecidiosporen, die wiederum auf Winterwirte übergehen können. Ein befallener Trieb auf dem Winterwirt kann über mehrere Jahre hinweg Teleutosporen produzieren.

Regulierungsstrategien

Im Umkreis von ca. 50 m um eine Birnenerwerbsanlage sollten keine anfälligen Wacholderarten stehen. Eine Ansteckung kann jedoch auch noch über 300 m und mit dem Wind auch über weitere Strecken erfolgen. Befallsstellen am Holz sind in jedem Fall auszuschneiden. Einige Pflanzenstärkungsmittel können eine Befallsminderung erreichen. Neben Kupfer dürften auch Netzschwefel und Schwefelkalk eine vorbeugende Wirkung haben.

Weitere Erkrankungen

Siehe Monilia, Feuerbrand

Birnblattsauger (*Psylla* sp.) Gemeiner Birnblattsauger (*P. pyri*), Großer Birnblattsauger (*P. pirisuga*), Kleiner Birnblattsauger (*P. pyricola*), Brauner Birnenblattsauger (*P. melanoneura*)

Schadbild

Die Blätter sind im späten Frühjahr braun gefleckt, rollen sich ein oder sind stark gekräuselt. Auf ihnen sitzen gelbe, später dunkelbraune, stark abgeflachte Larven, bei denen deutlich Flügelschuppen zu erkennen sind, oder geflügelte Insekten, die bei Beunruhigung springend abfliegen. Die Larven produzieren große Mengen an Honigtau, womit Blätter, Früchte und Zweige überzogen sind. Als Sekundärschädling treten in Folge Rußtaupilze auf, die zu großflächigen, schwarzen Färbungen führen. Geschädigte Blätter trocknen ein und fallen ab. Starker Befall kann zu Wuchshemmung und einer unzureichenden Fruchtentwicklung führen. Birnblattsauger haben eine große Bedeutung als Krankheitsüberträger: *P. pyricola* ist Überträger des Birnenverfalls.

Biologie

Von den vier in Mitteleuropa vorkommenden Arten sind *P. pyri* und *P. pirisuga* am bedeutendsten. Die dunkel gefärbten Imagines überwintern unter Borkenschuppen und in Rindenritzen größtenteils an Baumgehölzen und in sonnigen Verstecken auch am Boden. Sie legen ihre tiefgelben Eier oft schon vor Knospenaufbruch an Blättern oder Fruchtholz bzw. Jungtrieben ab. Mittels eines Eistielchens werden diese fest mit dem Pflanzengewebe verbunden und werden meist reihenweise hintereinander abgelegt. Die Larvenentwicklung dauert ca. drei bis sechs Wochen. *P. pirisuga* und *P. melanoneura* bilden eine Generation pro Jahr, die übrigen drei bis vier.

Regulierungsstrategien

Eine sachgemäße N-Düngung und mäßiger Schnitt vermeiden unerwünschten Neutrieb. Räuberische Wanzen, Ohrwürmer, Marienkäfer und Schwebfliegenlarven können die Birnblattsauger unter Kontrolle halten. Eine gezielte Förderung ist daher zweckmäßig.

Stark befallene Triebe können ausgebrochen werden. Der mehrmalige Einsatz von Kaliseife-Präparaten im Rahmen der Blattlausbekämpfung zeigt eine gute Nebenwirkung. Durch Austriebsbehandlungen mit Öl oder Kaolin-Präparaten kann ein Teil der überwinternden Tiere abgetötet werden.

Schadbild Birnblattsauger (Foto: SPORNBERGER)

Birnengallmücke (*Contarinia pyrivora*)

Schadbild

Bald nach der Blüte treten junge Früchte auf, die eine untypische, kugelige Form besitzen. Sie sind den gesunden Früchten zunächst im Wachstum voraus, später bleiben sie im Wachstum stehen und verfärben sich schwarz. Die Früchte platzen leicht auf und schrumpfen wenig später, um schlussendlich abzufallen. Im Inneren können 20 bis 50 Maden gefunden werden.

Biologie

Von den im April schlüpfenden, ca. 4 mm großen Weibchen werden zahlreiche Eier in die sich öffnenden Blüten abgelegt. Die Larven bohren sich nach dem Schlüpfen sofort noch während der Blüte in den Fruchtknoten ein und bewirken durch ihre Speichelinhaltsstoffe die Gallenbildung. Nach sechs Wochen werden die noch am Baum hängenden oder bereits abgefallenen Früchte verlassen. Die Verpuppung erfolgt im Boden in 5–10 cm Tiefe in einer Gespinsthülle, in der sie auch überwintern.

Regulierungsstrategien

Direkte Maßnahmen müssen bereits vor der Eiablage zum Hauptflug durchgeführt werden. Zurzeit ist nur Pyrethrum für diese Anwendung zugelassen. Bei schwachem Vorjahresbefall wird eine Anwendung empfohlen, bei sehr starkem Ausgangsdruck können aber auch zwei Applikationen durchgeführt werden. Eine gezielte Terminbestimmung ist allerdings schwierig. Ebenfalls kann durch frühzeitiges Abernten der befallenen Früchte, noch bevor die Larven in ihre Überwinterungsquartiere abwandern, der Befall im Folgejahr deutlich gemindert werden.

Birnensägewespe (*Hoplocampa brevis*)

Schadbild

Die jungen, bis etwa walnussgroßen Früchte weisen mäßig runde Bohrlöcher auf, denen häufig klebriges Fruchtmus anhaftet. In den Bohrgängen sind Kotkrümel zu finden, wobei die Gänge in fortgeschrittenen Stadien stark erweitert sind und schließlich einen großen Hohlraum entstehen lassen. Am Baum hängende Früchte enthalten häufig noch die nach Wanzen riechende Afterraupe. Schließlich werden die Früchte vorzeitig fallen gelassen. Der bei der Apfelsägewespe übliche oberflächliche Spiralgang wird von der Birnensägewespe nicht angelegt.

Biologie

Die 4–5 mm großen Imagines besitzen einen gelbbraunen Kopf, eine rötlich-gelbe, schwarz gefleckte Brust, schwarze Oberseite und gelbe Extremitäten. Der Flug beginnt kurz vor der Blüte der mittelfrüh blühenden Birnensorten, wobei die Eiablage besonders an sonnigen, warmen Tagen, kurz vor dem Öffnen der Blüte, in den Blütenkelchgrund erfolgt. Im Gegensatz zur Eitasche an den Äpfeln ist sie an Birnen flacher und nur schwer zu erkennen. Sind die weißlichen Larven geschlüpft, bohren sie sich sogleich in die Früchte ein und zerstören in den nächsten 20 bis 30 Tagen drei bis vier Früchte. Im Anschluss gehen die Larven in den Boden, um sich in einen Kokon einzuspinnen und sich nach der Überwinterung im März des darauffolgenden Jahres zu verpuppen. Große Bodentrockenheit kann den Larven leicht zum Verhängnis werden.

Regulierungsstrategien

wie bei der Apfelsägewespe

Birnenpockenmilbe (*Eriophyes pyri*)

Schadbild

Zur Blütezeit entstehen auf der Blattober- und -unterseite pockenartige Wölbungen, welche zunächst eine grün- bis rötliche Farbe besitzen, sich aber bald schwarz verfärben und schließlich vertrocknen. Durch zahlreiche Erhebungen bekommen die Blätter ein genarbtes, gekräuseltes Aussehen. Bei stärkerem Befall können die dunklen benachbarten Partien ineinander übergehen und es entstehen große, schwarze Flecken, die die Assimilationsleistung erheblich stören können. Gelegentlich weisen auch junge Früchte Verunstaltungen auf. Besonders in Baumschulen ist der Schaden am spürbarsten.

Biologie

Die Ursache für die Pocken sind zu hunderten unter Knospenschuppen überwinternde Milben. Schon an den Knospen beginnen die nur 0,2 mm langen Tiere zu saugen und legen vom zeitigen Frühjahr an Eier ab. Die erste Generation entwickelt sich noch in der Knospe bis Anfang Mai. Dann dringen die Milben in die jungen Blätter ein und veranlassen diese zur Pockenbildung. Innerhalb eines Monats entwickelt sich eine neue Generation, welche durch eine Öffnung auf der Blattunterseite die Pocken verlässt und weitere Blattpartien oder Blätter befällt. Bis Ende Juli entwickeln sich zwei weitere Generationen, wobei die adulten Tiere der letzten Generation bald die Winterquartiere zwischen den Knospenschuppen aufsuchen.

Regulierungsstrategien

Zur Zeit des Austriebs ist eine gezielte Bekämpfung mit Netzschwefel möglich, jedoch ist die Wirkung stark temperaturabhängig. Ein Temperaturminimum von 15 °C ist nötig, eine erhöhte Luftfeuchtigkeit begünstigt den Erfolg ebenso. Eine Applikation mit Ölpräparaten kann den Befall ebenfalls reduzieren, jedoch meist nicht ausreichend. Am wirkungsvollsten ist eine Netzschwefelbehandlung im Herbst unmittelbar nach der Ernte bei warmem Wetter.

Weitere Schädlinge

Siehe Gemeine Obstbaumspinnmilbe (*Panonychus ulmi*), Kleiner Frostspanner (*Operophtera brumata*), Fruchtschalenwickler

Schadbild Birnenpockenmilbe (Foto: SPORNBERGER)

Schaderreger im Kirschenanbau (Süß- und Sauerkirsche)

Monilia

Kernobstmonilia (*M. fructigena*), Steinobstmonilia (*M. laxa*), *M. fructicola*

Krankheitsbild

M. fructigena und *M. laxa* sind in Europa heimische Arten, die im Kern- und Steinobst phytopathogen wirken. *M. fructicola* hingegen ist eine verwandte Art, die in Nord- und Südamerika, Australien, Südafrika, Japan und Neuseeland weit verbreitet ist und in Europa als Quarantänekrankheit gilt. 2002 wurde die Krankheit zum ersten Mal in Österreich nachgewiesen, sie kann jedoch von den beiden anderen Arten nur mittels PCR-Analyse unterschieden werden.

Monilia-Fruchtfäule (Polsterschimmel)

Monilia kommt in vielen verschiedenen Erscheinungsformen vor, wobei jedoch die Fruchtfäule die bekannteste ist. Von Verletzungen, wie z. B. Bohrlöchern von Obstmaden, Wespenfraß, Schorfrissen oder sonstigen mechanischen Beschädigungen ausgehend, bilden sich bräunlich gefärbte, einsinkende Fäulnisherde, die sich rasch über die gesamte Frucht ausbreiten, die innerhalb weniger Tage komplett zerstört wird. Ebenso kann der Pilz durch direkte Berührung auf gesunde Früchte übergreifen. Nach kurzer Zeit entstehen auf der Faulstelle, zunächst in konzentrischen Ringen um die Infektionsstelle, später wahllos angeordnet, graue oder gelbe Konidienpolster. Je nach Zeitpunkt der Infektion und der Witterung kann die Krankheit auch erst nach der Ernte ausbrechen. In seltenen Fällen werden unreife Früchte geschädigt, winzige Infektionsstellen verbleiben in einer Art „Schlummerzustand" und lösen bei beginnender Fruchtreife die beschriebenen Symptome aus. Kranke Früchte fallen entweder ab oder schrumpfen ein und mumifizieren und können in diesem Zustand den Winter über am Baum hängen bleiben, um eine erneute Infektionsquelle im nächsten Jahr darzustellen. Beim Apfel unterbleibt manchmal die Konidienbildung und es entsteht eine Sonderform, die **Schwarzfäule**. Der Apfel behält seine ursprüngliche Form, wird ledrig fest und färbt sich blauschwarz. Dies tritt besonders während der Lagerung auf und wird durch Dunkelheit, niedrige Temperaturen und geringe Luftfeuchtigkeit gefördert.

Monilia-Spitzendürre (Zweigmonilia)

Die Spitzendürre kommt häufiger bei Steinobst, vornehmlich an Weichseln und Marillen, seltener auch bei Äpfeln vor. Der Pilz dringt durch die offene Blüte ein, es verfärben sich die Blütenorgane und Laubblätter an den Triebspitzen auf eine Länge von 20–40 cm schlagartig graugrün, sie werden welk, vertrocknen und bleiben beim Steinobst bis in den Winter hinein hängen oder es bilden sich kleine Krebsstellen (leicht eingesunkene, abgestorbene Rindenteile mit scharfer Abgrenzung, die den Trieb allmählich umfassen können). An den spitzendürren Zweigen bilden sich gelblich-graue Sporenlager und am Übergang zum gesunden Gewebe ist häufig ein Gummitropfen zu finden.

Rindenbrand und Zweigsterben

Zu einem späteren Zeitpunkt kann eine Infektion von den Früchten auf die Triebe übergehen, diese sterben ab und bewirken ein Schadbild, das dem des Frostschadens gleicht.

Biologie

Kernobst- und Steinobstmonilia bilden unterschiedlich gefärbte Konidienpolster aus, wobei die Kernobstmonilia ockerfarbene und die Steinobstmonilia vorwiegend graue Lager bildet. Beide Arten sind nicht streng spezialisiert, was bedeutet, dass Kernobstmonilia auch an Steinobst auftritt und umgekehrt. Lediglich die Form *M. laxa* forma *mali*, verursacht das Absterben von Blütenbüscheln und Zweigen nur an Äpfeln.

Im Frühjahr geht die erste Infektion von den Konidien der Fruchtmumien und spitzendürren Zweigen aus. Bei feuchtkühler Witterung werden offene Blüten infiziert. *M. laxa* und auch *M. laxa* f. *mali* können bereits ab Feber sporulieren, deshalb ist das Sporenangebot zur Zeit der Blüte immer ausreichend. Auf den Narben der offenen Blüten keimen die Konidien und wachsen mit dem Keimschlauch in den Griffel und anschließend in den Fruchtknoten ein. Die Blüte wird zerstört und die Infektion breitet sich weiter durch den Blütenstiel in den Zweig aus, wo eine weitere Ausbreitung meist unterbleibt. Der Bereich oberhalb der Infektionsstelle stirbt ab und vertrocknet. Ein weiterer Infektionsweg geht von den Fruchtmumien aus, wo das Myzel in anliegende Holztriebe eindringt und das Gewebe abtötet. Reifende Früchte werden durch die massenhaft gebildeten Konidien über Wunden oder durch direkte Berührung mit erkrankten Früchten infiziert. Mit zunehmender Reife erhöht sich auch die Anfälligkeit.

Regulierungsstrategien

Alle befallenen Pflanzenteile müssen, sobald Symptome sichtbar sind, bis etwa 20 cm ins gesunde Holz zurückgeschnitten werden. Befallene Zweige müssen bei ausreichendem Regenwurmbesatz nicht aus der Anlage entfernt werden, da die infizierte Rinde bevorzugt von den Bodenbewohnern aufgenommen wird. Insbesondere Früchte sind ab vier Wochen vor der Ernte regelmäßig zu kontrollieren. Fruchtverletzungen sind durch Kontrolle von Schadinsekten und schonende Ernte soweit wie möglich zu vermeiden. Bei zu dichtem Behang sollte eine Fruchtausdünnung durchgeführt werden. Ab dem Knospenschwellen kann durch ein bis drei Applikationen in die Blüte mit Kupferpräparaten die Monilia-Spitzendürre vor allem bei Marillen und Schattenmorellen zurückgedrängt werden. Auch schwefelsaure Tonerde und Neudovital haben eine gute, vorbeugende Wirkung. Bei Kernobst hat diese Behandlung in der Blüte einen negativen Einfluss auf die Fruchtqualität und führt zu Berostungen, allerdings ist diese Obstgruppe nur sehr wenig anfällig für diesen Infektionsweg. Eine Vorerntebehandlung mit Fungiziden gegen Lagerfäule kann eine Erkrankung nur unzureichend unterbinden.

Schädigt ebenfalls: Kernobst, Steinobst generell

Moniliaanfälligkeit der Obstarten

		M. fructigena	*M. fructicola*	*M. laxa*	*M. laxa f. mali*
Apfel	Zweige	+	+	+?	++
	Früchte	+++	+	0	0
Birne	Zweige	+	+	++	0
	Früchte	++	+	+	0
Steinobst	Zweige	+	++	+++	0
	Früchte	++	++	+++	0

0 = kein Befall, +/++/+++ gering/mittel/stark anfällig (Quelle: FRIEDRICH und RODE, 1996; geändert nach PERSEN et al., 2002)

Schrotschusskrankheit des Steinobstes (*Stigmina carpophila*)

Regulierungsstrategien

Stark befallene Bäume müssen ausgelichtet und zurückgeschnitten werden. Befallene Triebe sollten so weit wie möglich entfernt werden. Vorbeugend kann eine Behandlung mit Kupferpräparaten während der Vegetationsruhe erfolgen, was allerdings bei Marillen zu Verbrennungen führen kann. Schwefel-, Schwefelkalk- (Zulassung beachten) und Kupferbehandlungen zu Beginn der Vegetation haben ebenfalls einen guten Effekt.

Schädigt ebenfalls: Steinobst allgemein

Kirschfruchtfliege (*Rhagoletis cerasi*)

Schadbild

Madige Früchte zeigen in der Stielgegend eine bräunlich verfärbte Stelle und verlieren ihren natürlichen Glanz. Das Fruchtfleisch um den Kern wird weich bzw. faulig und befallene Früchte fallen später zu Boden. Im Inneren befindet sich in Kernnähe eine weißliche, kopf- und beinlose, bis zu 6 mm lange Made.

Biologie

Die gelblich gefärbte Puppe überwintert im Boden. Je nach Bodentemperatur schlüpfen ab Mitte Mai bis Ende Juni die 4–5 mm langen Fliegen, die am Rücken ein gelbes Schildchen aufweisen. Diese führen in den ersten zehn Tagen einen Reifungsfraß durch (Nektar, Honigtau). Nach der Kopulation legt das Weibchen die Eier mit einem Legestachel in die gerade gelb werdenden Früchte ab. Nach sechs bis acht Tagen schlüpfen die Maden und bohren sich tiefer in das Fruchtfleisch ein. Die voll entwickelten Maden verlassen die meist schon reifen Kirschen, lassen sich zu Boden fallen und verpuppen sich in ca. 3 cm Tiefe.

Regulierungsstrategien

Vorbeugend kann der Befall mit Kirschfruchtfliege durch die richtige Sortenwahl verhindert werden. Frühsorten, das heißt Sorten bis Anfang der dritten Reifewoche bei Kirschen, werden aufgrund einer zeitlichen Disposition meist nicht befallen. Des Weiteren ist das vollständige Abernten der Früchte ein wichtiger Ansatzpunkt, um das Ausgangspotential zu reduzieren.

Als direkte Maßnahme ist das Aufhängen von Gelbtafeln möglich, jedoch ist hier nur bei einem geringen Befallsdruck eine brauchbare Regulierung zu erzielen. Eine Behandlung mit Pyrethrum bzw. Spinosad (Zulassung beachten!) ist in kurzen Abständen vor der Eiablage möglich (Flugkontrolle über Gelbtafeln), Kaolin hat eine Repellentwirkung. Bei spät reifenden Sorten ist Totaleinnetzung von Bäumen oder ganzen Anlagen mit insektendichten Netzen, wie sie auch beim Pflaumenwickler beschrieben wird, die einzig wirkungsvolle Regulierungsmethode. Wichtig ist, damit schon bei Erstellung der Anlage zu beginnen, damit sich keine Population innerhalb des Netzes aufbauen kann.

Adulte Kirschfruchtfliege (oben); Gelbtafel mit gefangenen Kirschfruchtfliegen (unten) (Fotos: SPORNBERGER)

Weitere Schädlinge

siehe Gemeine Obstbaumspinnmilbe (*Panonychus ulmi*), Kleiner Frostspanner (*Operophtera brumata*), Fruchtschalenwickler

Weitere Krankheiten

siehe Monilia, Schrotschusskrankheit des Steinobstes (*Stigmina carpophila*).

Apoplexie (plötzliches Baumsterben bei Steinobst)

Das Baumsterben führt bei Marillen zu erheblichen finanziellen Verlusten. Die betroffenen Bäume sterben ab und werden in jüngeren Anlagen ersetzt. Dies führt zu unterschiedlich alten Bäumen in den Anlagen, die verschiedene Kulturführungsmaßnahmen benötigen.

Krankheitsbild

Die Bäume treiben im Frühjahr nicht mehr aus oder die Blätter jüngerer oder voll im Ertrag stehender Bäume welken schlagartig. Diese Welkeerscheinung kann nur einzelne Äste, aber auch ganze Bäume betreffen. Am Stamm sind manchmal starke Rindennekrosen feststellbar, die zu Gummifluss neigen.

Ursachen

Die Ursachen dieser Krankheit sind komplex und noch nicht vollständig geklärt. Sie können sowohl belebter als auch unbelebter Natur sein. Primär tritt meist eine Schwächung der Bäume durch Umwelteinflüsse (Frost) oder Kulturfehler (ungeeignete Standort- und Bodenverhältnisse, Ernährungsfehler, Unverträglichkeit zwischen Unterlage und Edelsorte, Verwendung starkwüchsiger Unterlagen) auf. Sekundär kommt es zu einer Infektion mit verschiedenen Krankheitserregern oder Schädlingen.

Durch Bakterienkrebs verursachter Ausfall bei einem jungen Zwetschkenbaum (Foto: SPORNBERGER)

Mögliche **Haupterreger** sind:

- Scharka (*Plum pox virus*)
- Chlorotische Blattrollkrankheit ESFY (*European stone fruit yellows phytoplasma*)
- Bakterienkrebs (*Pseudomonas syringae, P. viridiflava*)
- Valsa (*Valsa leucostoma, V. cincta*)
- Vertizilliose (*Verticillium alboatrum, V. dahliae*)

Regulierungsstrategie

Die betroffenen Bäume sind verloren und müssen ausnahmslos gerodet werden. Eine Heilung ist nicht möglich.

Vorbeugend sollte darauf geachtet werden, die „Bedingungen" für die Bäume optimal zu halten, das heißt, die bei Ursachen erwähnten Schwächungen der Bäume zu vermeiden.

- Standortwahl
- Sorten- und Unterlagenwahl
- Veredelungshöhe (30–40 cm sind günstiger als in Bodennähe)
- Ausgewogene Düngung und Bewässerung
- Schnittzeitpunkt und Schnittführung sachgemäß durchführen
- Kupfer zum Blattfall
- Baumanstrich (z. B.: Kalkung + Kupfer) im Spätherbst
- Entfernen befallener Ast- und Baumpartien

Scharka (*Plum pox virus*)

Krankheitsbild

An den Blättern treten im Juni und Juli vereinzelt diffuse hellgrüne oder dunklere Ringe auf. Auf Früchten sind buckelartige Deformationen oder blassgelbe bzw. nekrotische Ringe erkennbar. Am Stein sind ebenfalls helle Ringe sichtbar. Das Fruchtfleisch wird trocken, schwammig und geschmacklos.

Weitere Schädlinge

Siehe: Kleiner Frostspanner, Pflaumenwickler, Pflaumensägewespe

Schaderreger im Pfirsichanbau

Pfirsichkräuselkrankheit (*Taphrina deformans*)

Krankheitsbild

An den Blättern: bereits kurz nach dem Austrieb blasige Auftreibungen und gelb bis rötlich gefärbte Kräuselungen der Blätter. Auf den Schadstellen entwickelt sich ein samtartiger weißer Belag. Stark befallene Blätter vertrocknen und werden abgeworfen. An den Früchten: grünliche bis rote Verfärbungen, Fruchtdeformationen (selten)

Biologie

Der Erreger der Pfirsichkräuselkrankheit überwintert an der Oberfläche von Zweigen und Knospenschuppen. Im Frühjahr, noch vor dem Knospenaufbruch, zerfällt das Sprossmyzel in zahlreiche Sprosszellen und wird bei Regen an die jungen Blätter abgespült. Der Pilz dringt in das Blatt ein und verursacht Verformungen. Anfang Juni werden aus diesen Blättern wieder Pilzsporen ausgeschleudert, und der Pilz wird auf neue Äste und Bäume verbreitet.

Diese Sporen keimen, verursachen aber keine Schäden mehr. Teile dieser Pilzorgane überwintern auf Trieben und an den Knospenschuppen.

Regulierungsstrategien

Durch die frühzeitige Beseitigung befallener Blätter bis Mitte Mai kann das Infektionspotential deutlich reduziert werden. Des Weiteren soll eine ausgewogene Düngung die Bäume stärken, um die Schwächung durch den Blattverlust besser auszugleichen. Bei der Sortenwahl sollte unbedingt auf eine geringe Anfälligkeit geachtet werden.

Empfohlen werden ab beginnendem Knospenschwellen mehrere Applikationen mit Kupfer (in geringer Dosierung) in Mischung mit Netzschwefel und Wasserglas, alternativ auch mit Schwefelkalkbrühe (auf Zulassung achten!) bzw. nach der Blüte mit Tonerdepräparaten in Kombination mit Netzschwefel. Damit werden auch die wichtigsten anderen Pilzkrankheiten (Mehltau, Schorf, Schrotschuss) des Pfirsichs ausreichend reguliert. Weiters kann das Infektionspotential durch frühzeitige Beseitigung befallener Blätter im Frühjahr deutlich reduziert werden.

Scharka (*Plum pox virus*)

Krankheitsbild

siehe auch Scharka (Zwetschken)

Es treten selten Blattsymptome auf (Deformation, Wellung, gelbliche Adernaufhellung, Ringflecken). Befallene Früchte weisen diffuse, gelbliche Ringe auf.

Weitere Krankheiten

Siehe: Monilia, Schrotschusskrankheit des Steinobstes

Weitere Schädlinge

Siehe: Pflaumenwickler

Schaderreger im Zwetschkenanbau

Scharka (*Plum pox virus*)

Scharka stellt die wirtschaftlich bedeutendste und gefährlichste Virose beim Steinobst dar. In manchen Jahren kann es durch diesen Schaderreger zu erheblichen Verlusten kommen. In vielen Anlagen kann auch bereits latenter Befall vorhanden sein.

Krankheitsbild

An den Blättern treten im Frühsommer hell- bis olivgrüne, ölähnliche Flecken oder Ringe auf. Bei befallenen Früchten sinkt Mitte Juli die Fruchthaut ring-, linien- bzw. pockenartig ein oder es treten rötliche Ringe auf. Unter den Schadstellen ist das Fruchtfleisch dunkelbraun oder rot verfärbt und gummiartig zäh.

Biologie

Die Verbreitung des Scharkavirus erfolgt durch saugende Insekten (vorwiegend Blattläuse) oder durch Pfropfung.

Regulierungsstrategien

Vorbeugend sollte bei der Pflanzung auf gesundes Pflanzmaterial geachtet werden. Weiters ist bei der Sortenwahl auf die Widerstandsfähigkeit zu achten. Als tolerant gelten: 'Cacaks Beste', 'Cacaks Schöne', 'Hanita', 'Opal', 'Stanley', 'Top', 'Toptaste' und 'Valjevka'. Weiters kann durch Regulierung der Blattläuse eine Übertragung verhindert werden. Als direkte Maßnahme wird die sofortige Rodung sowie Vernichtung erkrankter Bäume empfohlen, um eine weitere Verbreitung zu unterbinden.

Pflaumenwickler (*Cydia/Grapholita funebrana*)

Regulierung

Mithilfe von Pheromonfallen können die männlichen Falter gefangen werden, womit man sich einen Überblick über die Flugtätigkeit verschaffen kann. Bei entsprechend großer Anzahl an Fallen kann auch eine befallsmindernde Wirkung erzielt werden. Befallene Früchte können regelmäßig aufgesammelt und vernichtet werden. Auch mit dem Anlegen von Wellpappestreifen um die Stämme ab Juli können überwinternde Raupen gefangen und vernichtet werden. Die Freilassung von *Trichogramma cacoeciae* zu zwei bis drei Terminen ab Juli im dreiwöchigen Abstand soll ebenso eine ausreichende Wirkung zeigen.

Ähnlich der Verwirrmethode beim Apfelwickler, stehen auch für den Pflaumenwickler spezielle Pheromondispenser zur Verfügung. Als Voraussetzung werden Anlagengrößen von 1–2 ha, ein geringer Vorjahresbefall und ein Mindestabstand zu unbehandelten Bäumen von 100 m genannt.

Derzeit laufen viel versprechende Versuche mit Einnetzung der gesamten Anlage mit einem für Insekten undurchlässigen Netz in Verbindung mit einer Hagelnetzanlage beginnend mit Pflanzung der Bäume.

Schädigt ebenfalls Schlehe, Marille, Pfirsich und Kirsche

Pflaumensägewespen

Bei den Pflaumensägewespen gibt es zwei Arten, wobei die Schwarze Pflaumensägewespe (*Hoplocampa minuta*) viel häufiger vorkommt als die Gelbe Pflaumensägewespe (*H. flava*). Ihre Unterschiede sind in der Praxis unwesentlich und werden deshalb nicht näher behandelt.

Regulierungsstrategien

Einen Überblick über das Auftreten der Pflaumensägewespen erhält man durch das Aufhängen von weißen Leimtafeln. Diese sollten im Kronenbereich aufgehängt werden (zur Kontrolle ca. zwei Tafeln/ha, für den Massenfang entsprechend mehr).

Durch das Aufsammeln und Entfernen befallener Früchte kann das Potential für das kommende Jahr reduziert werden.

Eine direkte Bekämpfung kann mit Quassia durchgeführt werden, jedoch ist hier auf die rechtliche Zulassung zu achten. Zudem sollten die Blütenkelche gründlich benetzt werden, um eine gute Wirkung zu erreichen.

Kirschessigfliege (*Drosophilia suzukii*)

2011 wurde in Österreich das Erstauftreten festgestellt. Es ist wahrscheinlich, dass die Einschleppung durch den Import befallener Früchte erfolgt ist.

Aufgrund des großen Wirtspflanzenkreises und der raschen Vermehrung hat dieser Erreger ein sehr hohes Schadpotential.

Schadbild

Reife Früchte werden matschig weich und es kommt zum Saftaustritt. Im Inneren der Früchte befinden sich mehrere, ca. 2–4 mm große, beinlose Maden.

Erreger

Die Weibchen der Kirschessigfliege befallen weichschalige Früchte während der Reifephase. Besonders gefährdet sind Kirschen, Zwetschken und verschiedene Beerenarten. Spätreifende Sorten sind stärker gefährdet. Mit einem Legestachel können durch die intakte Fruchtschale Eier knapp unter die Oberfläche abgelegt werden. Bei günstigen Temperaturen schlüpfen die Larven bereits innerhalb von ein bis zwei Tagen und die Entwicklung bis zum fertigen Insekt dauert nur zwei Wochen. Ideale Voraussetzungen für die Entwicklung der Kirschessigfliege ergeben sich bei gemäßigten Temperaturen im Bereich von 20 bis 25 °C und einer hohen Luftfeuchtigkeit. Temperaturen von über 30 °C und trockene Witterung verzögern die Entwicklung. Unter unseren Verhältnissen macht die Kirschessigfliege zahlreiche Generationen pro Jahr.

Die Überwinterung erfolgt als ausgewachsenes Insekt an geschützten Stellen. Es wird angenommen, dass Winterfröste die Population stark reduzieren.

Gegenmaßnahmen

Besonders gefährdet sind Obstanlagen, die über einen langen Zeitraum reife Früchte bringen. Das konsequente Entfernen von reifen Früchten kann den Befallsaufbau deutlich verzögern, jedoch nicht verhindern. Früchte sollten in kurzen Abständen gepflückt und rasch gekühlt werden.

Die direkte Bekämpfung mit Insektiziden ist sehr schwierig, da der Befall erst unmittelbar vor der Ernte erfolgt. Ideal wären wirksame Insektizide mit einer kurzen Wartefrist und tiefenwirksamen bzw. systemischen Eigenschaften. In Versuchen wurden mit Spinosad gute Resultate erzielt.

Der Zuflug kann auch mit Netzen abgehalten werden. Die Maschenweite darf dabei jedoch max. 1 mm betragen.

Weitere Krankheiten

Siehe: Monilia, Schrotschusskrankheit des Steinobstes

Weitere Schädlinge

Siehe auch: Gemeine Obstbaumspinnmilbe

5. ZUGELASSENE PFLANZENSCHUTZMITTEL

Fungizide

Bei den Fungiziden, die in der biologischen Landwirtschaft zur Anwendung kommen, handelt es sich fast ausschließlich um protektive Fungizide. Das heißt, sie besitzen eine Kontaktwirkung auf den Pilz und es muss für eine Wirkung ständig ein Spritzbelag vorhanden sein. Dadurch sind diese Mittel bei stärkeren Regenfällen leicht abwaschbar und müssen mit dem Zuwachs an frischen Blättern ständig erneuert werden.

Die nachfolgenden Angaben über Anwendungsgebiet und Aufwandmenge sind nur beispielhaft und können je nach Krankheitsbild und Kulturart variieren. Zu beachten sind in jedem Fall die sich ständig ändernden gesetzlichen Anwendungsbestimmungen und Zulassungsfristen. Die aktuellen Zulassungsbestimmungen können auf der AGES-Website (www.ages.at) für Österreich und der BVL-Website (www.bvl.bund.de) für Deutschland nachgelesen werden.

Kupfer

Kupfer wird schon seit dem 19. Jahrhundert vor allem im Obst-, Wein-, Hopfen- und Kartoffelanbau verwendet. Es zählt als Schwermetall sowohl zu den Nähr- als auch zu den Schadstoffen. In geringen Mengen wird Kupfer für den Stoffwechsel benötigt. Der durchschnittliche Entzug liegt bei 20–100 g je ha. Es wird im Boden stark an organische Substanzen gebunden und nicht ab- bzw. umgebaut. Bei einem Einsatz als Dünge- oder Pflanzenschutzmittel ist daher mit einer Akkumulation im Boden zu rechnen. Es wirkt vorbeugend gegen Pilzsporen und Bakterien, die bei Kontakt aufgrund einer Blockade des Enzymsystems abgetötet werden. Kupfer ist sehr gut protektiv wirksam gegen Schorf, kann allerdings starke Berostungen hervorrufen, wenn es in der Zeit zwischen Blüte und Junifruchtfall eingesetzt wird. Das Ausmaß der Berostung hängt stark von Mittel-, Wassermenge und Witterung ab. Feinsprühen führt zu weniger phytotoxischen Schäden als Normalsprühen. Daneben kann es, besonders wenn der Applikation eine regnerische, kühle Periode folgt, zu Blattverbrennungen kommen.

Kupfer ist zurzeit im Biolandbau das effektivste Fungizid. Aufgrund seiner Fisch- und Regenwurmtoxizität und der Anreicherung im Boden gehen viele Bemühungen dahin, einen Ersatz zu finden. In zahlreichen Verbandsrichtlinien sind die Aufwandmengen beschränkt (z. B. Bio Ernte Austria: 2,5 kg/ha/Jahr für Obst). In der Praxis kommen beispielsweise bei der Schorfregulierung, je nach Befallsdruck und Sortenanfälligkeit, Aufwandmengen von 0,1–0,5 kg Reinkupfer je ha (50–250 g pro m Kronenhöhe) zum Einsatz. Dies entspricht etwa einem Zehntel der empfohlenen Dosis, hat aber meist eine ausreichende Wirkung.

Anwendung: Schorf, Obstbaumkrebs, Lagerkrankheiten, Kräuselkrankheit, Blütenmonilia, Falscher Mehltau

Schwefel

Schwefel zählt zu den klassischen Fungiziden der ersten Stunde und hat daneben auch eine Wirkung auf Spinn-, Rost-, Kräusel- und Pockenmilben. Eine Wirkung wird erst bei Temperaturen über 10 °C erreicht, besser bei 15 bis 18 °C. Bei sehr warmer und trockener Witterung kann der Belag relativ schnell verdampfen und damit unwirksam werden. Deshalb muss er regelmäßig erneuert werden, auch wenn keine Niederschläge stattgefunden haben.

Ebenfalls empfindlich auf Schwefel reagieren Raubmilben, die als Nützlinge sehr gute Dienste erweisen. Die Schädigung hängt stark von Temperatur, Luftfeuchte und Häufigkeit der Anwendungen ab. Vor der Blüte sind nur überwinternde Weibchen der Raubmilbe vorhanden, die wenig empfindlich sind, es wird aber empfohlen, die Aufwandmenge von 3 kg/ha nach der Blüte nicht zu überschreiten und je nach Temperatur zu reduzieren. Bei sehr heißem Wetter kann es zu phytotoxischen Schädigungen kommen, ebenso bei einigen empfindlichen Apfel- und Birnensorten. Bei heißem Wetter sollte daher am Abend behandelt werden. Auch *Trichogramma* – Schlupfwespen, die zur Regulierung des Apfelwicklers zum Einsatz kommen können –, reagieren empfindlich auf Schwefel.

Anwendung: Echter Mehltau, Schorf, Milben, Lagerkrankheiten

Schwefelkalk

Dabei handelt es sich um ein Kalziumpolysulfid, das durch Kochen von Branntkalk und elementarem Schwefel gewonnen wird. Die Wirkung beruht wahrscheinlich hauptsächlich auf einem Ätz-Effekt, der durch den stark alkalischen pH-Wert des Produktes hervorgerufen wird. Es wirkt gegen Schildläuse und hat eine ausgesprochen gute Wirkung bei Apfelschorf. Schwefelkalk hat als einziges Öko-Fungizid eine leicht kurative Wirkung, das heißt, eine Schorfinfektion kann 15 bis 25 Stunden nach Regenbeginn noch abgestoppt werden. Allerdings können auch Blattnekrosen und Berostungen, vor allem bei starken Temperaturschwankungen (kalte Nächte im Frühjahr), auftreten. Es werden Aufwandmengen von 4–10 kg/ha pro m Kronenhöhe empfohlen.

In Österreich ist zurzeit keine ständige Zulassung gegeben. In den letzten Jahren wurden Ausnahmegenehmigungen für jeweils eine Saison erwirkt.

Anwendung: Schildläuse, Schorf, Echter Mehltau, Kräuselkrankheit, Birnengitterrost, Schadmilben, Lagerkrankheiten ...

Kaliumhydrogenkarbonat

Dieses Fungizid bildet eine mechanische Barriere für keimende Hyphen von Mehltaupilzen. Durch die Verzögerung der Myzelbildung werden die Keime des Schadpilzes ausgetrocknet (Biohelp, 2012). Eingesetzt wird das Präparat zur Regulierung von Mehltaupilzen, Schorf, Regenflecken und Botrytis.

Akarizide und Insektizide

Paraffin- und Pflanzenöle

Die Anwendung erfolgt zum Austrieb gegen überwinternde Stadien von Schildläusen und Spinnmilben. Es wird ein feiner Film ausgebracht, der sich luftundurchlässig über Eier und Tiere legt und diese erstickt. Es wird empfohlen, jede Reihe in beide Richtungen zu durchfahren, um einen möglichst flächendeckenden Belag zu erzielen. Die Wasseraufwandmenge sollte mindestens 1.000 l/ha betragen, dabei werden 10–30 l Öl pro ha ausgebracht. Durch Feinsprühen wird ein besserer Bedeckungsgrad erreicht. Es sollte jedoch in den darauffolgenden zwei bis drei Tagen kein Frost auftreten, da dies zu phytotoxischen Schäden führen kann und eventuell bei empfindlichen Sorten, wie 'Gala' oder 'Braeburn', zum Abwurf der Blütenbüschel und Blätter führt. Eine zu späte Anwendung führt ebenso zu Schäden, wenn die Aufwandmenge nicht reduziert wird. Der Wirkungsgrad von Rapsöl ist wesentlich geringer als der des Paraffinöls, jedoch ist es leichter abbaubar.

In der Blüte eingesetzt, haben Öle ausdünnende Wirkung. Die Reaktion ist jedoch sortenspezifisch und kann zu erheblicher Berostung führen.

Anwendung: Überwinternde und junge Stadien von Blattläusen, San-José-Schildlaus, Roter Spinne, Birnenpockenmilbe

Granulosevirüspräparate

Die Viren müssen vom Wirt durch Fraßtätigkeit aufgenommen werden, im Mitteldarm werden die Virionen freigesetzt und dringen in die Epithelzellen des Darmes ein. Nach einem ersten Vermehrungszyklus werden auch andere Gewebe befallen. Nach weiteren Vermehrungsschritten kommt es zum Auflösen der Zellmembran, der Wirt verendet durch Versagen lebenswichtiger Organe.

Im Obstbau findet das Genus der Granuloviren Anwendung gegen den Apfelschalenwickler (*Adoxophyes orana*) und den Apfelwickler (*Cydia pomonella*), wobei es sich um zwei unterschiedliche Präparate handelt. Durch die UV-Strahlung der Sonne werden die Viren relativ schnell deaktiviert und müssen deshalb, abhängig von der Art, ca. alle acht Sonnentage ausgebracht werden. Die Wirkung und somit der Tod des Wirtes setzt relativ langsam ein, deshalb können häufig noch Fraßstellen an Früchten festgestellt werden.

Durch eine Zuckerzugabe bei der Applikation wird die Wirkung verbessert.

In den letzten Jahren sind in einigen Anlagen Resistenzen bei Apfelwicklerpopulationen gegen das Virus festgestellt worden. Hier empfiehlt sich die Anwendung des dafür eigens erstellten verbesserten Präparates mit einem wirksamen Stamm. Außerdem sollten bei der Regulierung verschiedene Methoden kombiniert und die Aufwandmengen nicht reduziert werden, um nicht eine Selektion auf tolerantere Individuen zu forcieren.

Anwendung: Apfelwickler, Fruchtschalenwickler

Bacillus thuringiensis

Für den Obstbau ist zurzeit *B. t.* var. *kurstaki, aizawai* (Pathotyp A) in Anwendung, das gegen Lepidopteren (Schmetterlinge) wirkt. In dem Präparat sind die Bakterien gemeinsam mit Endotoxinen enthalten, die bei der Verdauung durch Zielorganismen den Ionenaustausch der Mitteldarmzellen stören und in Folge platzen. Dadurch können die auskeimenden Sporen die Darmschranken überwinden und, bedingt durch die Produktion von Exotoxinen, eine Septikämie (Blutvergiftung) verursachen. Sehr empfindliche Insekten verenden bereits durch die Toxinwirkung, bei anderen spielen die Toxine nur eine untergeordnete Rolle. Sind alle Nährstoffe im getöteten Wirt aufgebraucht, werden wiederum Sporen mit Toxinkristallen gebildet.

Im Obstbau erfolgt die Anwendung hauptsächlich gegen Larven von frei fressenden Raupen. Die Wirkung wird stark durch die Temperatur beeinflusst, da unter 15 °C nur wenig Sporen aufgenommen werden. Auch das Alter der Raupen spielt eine Rolle, Jungraupen werden wesentlich stärker geschädigt als ältere Larven. Deshalb sollte ein möglichst früher Bekämpfungstermin ausgewählt werden. Durch eine Zugabe von Zucker steigt die Fraßaktivität und die Wirkung wird verbessert.

Anwendung: Frostspanner, Bodenseewickler, Eulenraupen

Azadirachtin (Neemöl)

In tropischen Ländern Asiens ist schon seit vielen Jahrhunderten bekannt, dass von verschiedenen Teilen des Neembaumes (*Azadirachta indica*) eine repellente (abschreckende) Wirkung auf Fraßinsekten ausgeht. Neemprodukte werden in erster Linie aus den Samenkernen hergestellt, aber auch andere Pflanzenteile sind azadirachtinhaltig. Vor allem in Südasien ist diese Arzneipflanze auch als „Dorfapotheke“ bekannt. Es werden Wasserextrakte zur Malariaprophylaxe hergestellt, gemeinsam mit anderen Pflanzenölen werden Seifen produziert, der Samenpresskuchen findet als Dünger mit Nematoden reduzierender Wirkung und als Viehfutter Verwendung.

Die beiden Inhaltsstoffe Azadirachtin (auch als Azadirachtin A bezeichnet) und 3-Tigloylazadirachtol (Azadirachtin B) werden für etwa 70 bis 90 % der Gesamtwirkung verantwortlich gemacht. Sie besitzen eine Insekten abschreckende, Fraß mindernde, insektizide, da Häutung verhindernde, und gleichzeitig sterilisierende Wirkung. In einem Gramm Samen sind in etwa 3–15 mg dieser Substanzen zu finden. Zudem sind die Substanzen Salannin, Nimbin, Desacetyl-Salannin und Desacetyl-Nimbin, die eine Fraß mindernde Eigenschaft besitzen, in der Pflanze zu finden.

Nach der Aufnahme durch Fraß oder in geringerem Ausmaß auch durch die Haut wird die nächste oder übernächste Häutung zum folgenden Larvenstadium, zur Puppe oder Imago gestört oder ganz verhindert. Als Endergebnis stirbt das betroffene Insekt entweder ab, weil es die Exuvie (Kutikula mit kutikulären Organen) nicht abstreifen kann oder es entstehen, vor allem beim Einsatz niedriger Azadirachtinkonzentrationen, morphogenetisch geschädigte Larven, Puppen oder schließlich Imagines mit unterschiedlich stark verminderter Fortpflanzungsleistung. Bei manchen Käfern, Wanzen und Heuschrecken ist das letzte Larvenstadium überhaupt nicht mehr zur Häutung fähig und wird dann als Dauerlarve bezeichnet, die kaum mehr Nahrung zu sich nimmt und nach einiger Zeit abstirbt.

Azadirachtin ist ein breit wirksames Insektenbekämpfungsmittel, es sind bisher an die 400 Insektenarten als Zielorganismen nachgewiesen. Hauptsächlich handelt es sich um Schmetterlinge und Käfer, aber auch um Gleichflügler (Homoptera), Zweiflügler (Diptera) und Heuschrecken (Orthopteroida). Gegen viele nützliche Insekten wurde bisher keine oder nur geringe Wirkung festgestellt. Im Bio-Obstbau wird dieser Wirkstoff in erster Linie bei der Bekämpfung der Mehligen Apfelblattlaus, aber auch gegen Frostspanner und Miniermotten eingesetzt. Azadirachtin besitzt auch eine teilsystemische Wirkung, das heißt, der Stoff wird in das Gewebe der Pflanze aufgenommen und kann dort eine gewisse Strecke transportiert werden.

Anwendung: Diverse Blattläuse (Mehlige Apfel- und Birnblattlaus, Schwarze Kirschblattlaus), Frostspanner, Apfelsägewespe

Pyrethrum

Pyrethrum ist wohl das weltweit bekannteste Insektizid pflanzlicher Herkunft. Mitte des 20. Jahrhunderts verlor es allerdings an Bedeutung, da die neuen, synthetischen Insektizide in ihrer Wirkung überlegen waren. Der Wirkstoff kommt in verschiedenen Pflanzen vor, wie in Tagetesarten (*T. minuta, T. patula, T. erecta*), in *Dysodia tenuifolius* oder *Ageratum conyzoides*. Für die wirtschaftliche Gewinnung wird *Chrysanthemum cinerariaefolium* (nach neuer Systematik *Tanacetum cinerariifolium*) verwendet. Etwa 70 % der Welternte wird von vielen Kleinbauern in Kenia produziert.

Phyrethrum hat einerseits eine toxische Wirkung, die Insekten abtötet, andererseits aber auch eine repellente (abschreckende) Wirkung, die vor allem zum Nachweisen und Austreiben von versteckt lebenden Schädlingen genutzt wird. Wichtiger ist allerdings die insektizide Kontaktwirkung gegen beißende und saugende Insekten, die der eines Nervengiftes entspricht. Zunächst erfolgt eine Steigerung des Erregungszustandes des Schädlings, der bald über unkoordinierte Bewegungen hin zu Lähmungen, Erbrechen, Kotabgabe oder Eiablage führt. Danach tritt der charakteristische „Knockdown-Effekt" (sofortiger Eintritt der Wirkung) ein. Bei subletalen Dosen kann eventuell zu diesem Zeitpunkt noch eine Erholung eintreten, sonst führt die anhaltende Lähmung schließlich zum Tode.

Als Zielorganismen gelten vor allem Rüsselkäfer und Blattläuse. Da allerdings auch Nützlinge von der Behandlung erfasst werden können, sollte eine Applikation im Frühjahr noch vor der Blüte erfolgen, da sich zu diesem Zeitpunkt Nützlinge meistens noch nicht in den Anlagen befinden bzw. aktiv sind.

Anwendung: Blattläuse, Blütenstecher und andere Rüsselkäfer, Wickler, Spanner, Wanzen, Eulenraupen

Schmierseifen, Fettsäuren

Schmierseifen entstehen durch Verseifung einer Fettsäure mit einer alkalischen Lösung, wie Natron oder Kalilauge. Die Präparate besitzen eine Kontaktwirkung und werden zur Regulierung von saugenden Insekten eingesetzt. Dabei dringen Seifenmoleküle zwischen die schuppig angeordneten Wachsplättchen der Außenhaut der Insekten und lösen sie auf, wodurch die Schutzwirkung dieser Schicht verloren geht. Zusätzlich wird die Oberflächenspannung des Wassers herabgesetzt, es kann in die Tracheen der Läuse eindringen, wodurch diese verenden.

Aufgrund dieser Eigenschaft der Tenside eignen sich diese Präparate auch als Netzmittel. Sie bewirken kleinere Tröpfchen bei der Applikation, wodurch sich die Spritzbrühe besser verteilt und ölige Substanzen in Wasser emulgieren.

Durch eine Applikation auf die wachsenden Äpfel in den Sommermonaten kann deren Schale geglättet werden, was einen positiven Effekt gegen die Regenfleckenkrankheit bewirken kann.

In der Blüte eingesetzt, haben Seifen auch eine ausdünnende Wirkung.

Anwendung: Blattläuse, Birnblattsauger

Zusammenfassend kann gesagt werden, dass die meisten im Bio-Obstbau kommerziell eingesetzten Pflanzenschutzmittel eine schon sehr lang bekannte Wirkung gegen Schadorganismen besitzen. Mit der Herstellung chemisch-synthetischer Präparate, die eine bessere Wirkung aufwiesen, verschwanden sie vom Markt. Die verstärkte Anwendung der Grundsätze des biologischen Landbaus, aber auch Resistenzprobleme mit synthetischen Mitteln führen in jüngster Zukunft dazu, dieses alte Wissen wieder anzuwenden und zu erforschen, was jedoch nicht bedeutet, dass biologische Mittel keine Resistenzen auslösen können. In vielen Bereichen der biologischen Schädlingsbekämpfung besteht ein großer Forschungsbedarf, um noch vorhandene Probleme zu lösen und neue Methoden zu finden.

6. STREUOBSTBAU

Wird der Obstbau nach der Betriebsform eingeteilt, so kann in Erwerbs-(Intensiv-)Obstbau, in Siedler-(Liebhaber-)Obstbau und in Streuobstbau unterteilt werden. Der Streuobstbau ist durch großkronige, hochstämmige, landschaftsgestaltende Obstbäume gekennzeichnet. Die Bäume sind mehr oder weniger ohne Regelmäßigkeit ausgepflanzt und dienen oft als Rainbewachsung, Straßenrandbepflanzungen, Windschutz oder als flächige Bepflanzung zur Verarbeitungsobstproduktion.

Der Streuobstbau stellt häufig nur einen Teil des Einkommens dar, während der Intensivobstbau meist die bzw. eine der Haupteinkommensquellen ist. Trotzdem sollte die wirtschaftliche Bedeutung des Streuobstbaus nicht unterschätzt werden, da dieser vor allem in der regionalen Versorgung eine nicht unerhebliche Rolle spielt. Durch den Trend der bäuerlichen Veredelungsprodukte wird der wirtschaftliche Wert erheblich gesteigert. Seit Beginn der 80er Jahre sind vermehrt auch ästhetische und ökologische Funktionen in den Blickpunkt getreten (Landschaftsbild, Erholungsraum ...). Außerdem sind die Streuobstanlagen aufgrund ihrer Langlebigkeit auch ein wichtiges Genreservoir für die Sortenerhaltung. Bei der Neuzüchtung von Sorten mit Resistenzeigenschaften können diese (meist robusten) Sorten als Kreuzungspartner dienen.

Kennzeichen

Streuobstbestände zeichnen sich im Wesentlichen aus durch:

- Baumform: üblicherweise Hochstamm (anfangs geschnitten, später meist wenig oder nicht geschnitten)

- Kronenhöhe: bis 20 m und mehr
- Stammhöhe: mindestens 2 m
- Pflanzverband: unregelmäßig o. in Einzelreihen
- Pflanzabstände: meist mindestens 10 x 10 m
- Unterlagen: überwiegend starkwüchsig (meist Sämlinge)

Meist werden in den Streuobstbeständen keine direkten Pflanzenschutzbehandlungen durchgeführt. Bei Unterlassung der mineralischen Düngung bieten Streuobstwiesen und Baumäcker eine Form der ökologischen Bewirtschaftung, bei der eine zweifache Nutzung möglich ist. Traditionell unterliegen Obstwiesen einer Doppelnutzung, bestehend aus der Hauptnutzung Obstbau und einer zumindest nachrangigen Unternutzung als Wiese, Weide oder Acker. Heute kehren sich diese Nutzungsverhältnisse manchmal um. Die hohe Beständigkeit der Obstgehölze bringt es mit sich, dass selbst bei geänderten Nutz- und Pflegebedingungen der Bestand als solcher erhalten bleibt.

Dennoch wurden die Bestände in den letzten 30 Jahren stark reduziert und sind auch weiterhin gefährdet. Ein weiterer Rückgang würde den Verlust einer Kulturform bedeuten, die für viele Regionen Österreichs landschaftsprägend ist (besonders in Salzburg, Kärnten, Oberösterreich, Niederösterreich, Vorarlberg und der Steiermark).

Aktuelle Herausforderungen

Durch die hohen Qualitätsanforderungen des Lebensmitteleinzelhandels und der Kunden (Qualitätsklassengesetz) lassen viele Streuobstanlagen keine wirtschaftlichen Gewinne erzielen. Auch die niedrigen Verarbeitungsobstpreise lassen nur geringe Deckungsbeiträge erwarten. Vor allem der hohe Arbeitsaufwand wird oft unterschätzt, wenn die Ernte (Pflücken bzw. Einsammeln der Früchte) in Form von Handarbeit erfolgt. Die zunehmende Verbreitung des Feuerbrandes (*Erwinia amylovora*) und des Birnenverfalls hat in den letzten Jahren zu einem starken Befall auch im Streuobstbau geführt. Durch die im Vergleich zu niedrigen Baumformen schwierigere Kontrolle werden auftretende Infektionen oft spät oder gar nicht erkannt. Da infizierte Bäume einen möglichen Infektionsherd für umliegende Obstbäume darstellen, wurden viele Rodungen auch im Streuobstbau durchgeführt.

Maßnahmen zur Erhaltung

Der Zustand der Bäume ist oftmals sehr schlecht. Ertragsbäume weisen häufig in Folge fehlerhaften oder mangelnden Pflegeschnittes vorzeitige Vergreisungserscheinungen, verdichtete Kronen sowie große Anteile an kranken oder abgestorbenen Kronenpartien (Totholz, Mistelbefall, Krebs) auf. Bei den Jungbäumen liegen die Ursachen hierfür meist in falschem und fehlendem Erziehungsschnitt, unzureichender Stützvorrichtung sowie fehlendem Wühlmaus- und Verbissschutz.

Nur durch Nutzung und fachgerechte Pflege kann diese Anbauform langfristig erhalten werden. Die wirtschaftliche Aufwertung des Streuobstanbaus über Förderungen im Rahmen des ÖPUL muss unbedingt auch durch öffentliche Förderungen für Pflegearbeiten, Erntegeräte, Verarbeitungs- und Vermarktungsinitiativen ergänzt werden.

ERNTEPROGNOSEN

Knospenanalyse beim Apfel

Hierbei handelt es sich um ein von der AGROSCOPE Station Wädenswil, Schweiz, entwickeltes Diagnoseverfahren zur Abschätzung der Qualität der Blütenbildung. Störungen der Blütenentwicklung werden dabei bereits im Vorjahr der Aufblüte sichtbar. Es wird dabei die Blüteninduktion ab Ende August beobachtet und auf die Blütenknospenqualität und die Anzahl der Blütenknospen geschlossen. Zu diesem Zeitpunkt ist eine Schätzung der Blühintensität möglich, die Informationen zum Winterschnitt, zur Düngung und zur Ausdünnung und in weiterer Folge eine grobe Ertragsschätzung gibt.

An Hilfsmitteln werden benötigt: ein Binokular (Stereomikroskop) mit mindestens 20-facher Vergrößerung, ein scharfes Messer, zehn bis 20 sehr gut entwickelte Terminalknospen von mäßig wachsenden Bäumen mit geringem Fruchtbehang.

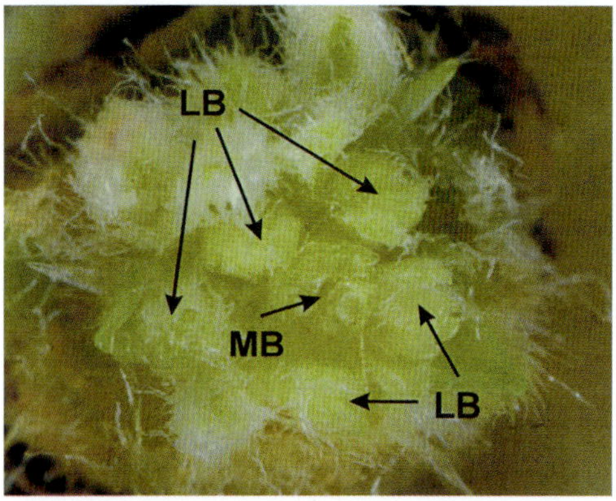

Blütenknospen von 'Golden Delicious' mit Mittelblüte (MB) und fünf Lateralblüten (LB); die Behaarung wurde teilweise entfernt (ca. 40-fache Vergrößerung).

Qualität einer Apfelblütenknospe: Blütenknospen von 'Golden Delicious' mit guter (gut) und schwacher (schwach) Entwicklung von Blatt- und Blütenanlagen (ca. 15-fache Vergrößerung) (Fotos: Fritz FANKHAUSER, AGROSCOPE, WÄDENSWIL, CH)

Beim Beginn der Arbeiten erfolgt das Entfernen der Knospenschuppen und Schutzblätter, bis das Meristem deutlich sichtbar mit Blatt oder Blütenknospen (= generative Knospe) vorliegt. Zur Ertragsschätzung einer Anlage werden von mindestens 20 Bäumen/Anlage und von mindestens einem Ast/Baum mindestens 150 Knospen mit wenigstens einer Blüte (Königsblüte, muss in jeder Knospe sichtbar sein) benötigt.

Bei den Ernteprognosen (Schätzung des mengenmäßigen Ertrages) unterscheidet man zwischen subjektiven und objektiven Methoden. Bei der **subjektiven Methode**, die von den statistischen Ämtern verwendet wird, schätzen Obstbaufachleute aufgrund visueller Beobachtungen den voraussichtlichen Ertrag.

Ernteprognose nach WINTER

Als **objektive Methode** soll hier die „Ernteprognose nach WINTER" („Behangdichtenmethode"), die auch das Rückgrat im Rahmen der EU-Ernteschätzung für Kernobst bildet (auch für Zitrusfrüchte geeignet), vorgestellt werden. Die Ernteprognose nach WINTER setzt sich aus drei Faktoren zusammen:

- Kronensilhouette in m^2 („C", sie drückt die Ertragskapazität der Bäume aus)
- Fruchtbehangdichte („D") = nennt die Fruchtzahl im Beobachtungsgesichtsfeld
- Durchschnittliches Fruchtgewicht („G")

Kronensilhouette „C"

Die Kronensilhouette in m^2 ermittelt sich aus den Maßen der mittleren Kronenhöhe x dem mittleren Durchmesser der Krone (= Kronenbreite). Bei den kleinen, spindelförmigen Bäumen wird diese Silhouette mit einem Korrekturfaktor korrigiert. WINTER nennt in diesem Zusammenhang aus Erfahrungswerten bei den momentan vorhandenen Baumbeständen eine optimale Flächenertragskapazität von 5.000 m^2/ha. Diese errechnet sich aus der mittleren Einzelbaumertragskapazität x Baumzahl/ha. Die Ermittlung der Kronensilhouettenflächen im Schätzgebiet ist deswegen notwendig, weil die Außenfläche des Baumes einen linearen Zusammenhang mit dem Ertrag aufweist.

Fruchtbehangsdichte „D"

Die Behangdichte, drückt die Zahl der Früchte je Gesichtsfeld aus. Das Gesichtsfeld umfasst bei einem Abstand zwischen Baum und dem Schätzer von 3 m ein Gesichtsfeld von 67 cm², das entspricht einer Schätzfläche von 0,36 m² am Baum. Zur Stichprobennahme werden je Anlage mindestens sechs Bäume mit dem gleichen Alter und der gleichen Pflanzform zehnmal mit dem Gesichtsfeldbegrenzer gezählt. Zwei Beobachter sehen dabei bei kleinen Baumformen je fünfmal links und rechts auf den Baum.

Aus den zehn Einzelzählungen wird der Durchschnitt errechnet und dieser gilt als Maß für die Behangdichte (z. B. aus zehn Messungen ergab sich eine Summe von 80 gezählten Früchten. Als Durchschnitt errechnet sich daher 80 : 10 = 8. Die Behangdichte ist daher 8). Kleinere Baumformen, z. B. Spindel, werden fünfmal von jeder Gassenseite aus (also von je zwei Personen) bewertet. Wichtig ist, dass zufällig auf den Baum geschaut wird und ganz leicht seitlich in die Krone eingeblickt wird. Der Einblick in die Krone liegt bei Tafelobst bei maximal 50 cm, bei Mostobst ist er maximal 70 cm tief. Neuerdings sind elektronische Zählgeräte zur objektiven Behangdichtenfeststellung in Erprobung.

Durchschnittliches Fruchtgewicht „G"

Zur Feststellung des durchschnittlichen Fruchtgewichtes werden aus jedem Gebiet aus den verschiedenen Größenklassen Früchte abgewogen und daraus anschließend das durchschnittliche Fruchtgewicht errechnet. Das Produkt aus „C x D x G" ergibt den prognostizierten Ertrag in kg/Baum. Für die Errechnung des Hektarertrages braucht nun nur mehr das Einzelbaumgewicht mit der Baumzahl/ha multipliziert werden.

Beispiel:
Großkronige Baumform:
C = 24 m²
D = 11
G = durchschnittliches Fruchtgewicht = 0,120 kg

Berechungsvorgang:
24 x 11 x 0,120 = 31,68 kg/Baum

(Ein kronenformabhängiger Korrekturfaktor verfeinert das Ergebnis).

Die Feststellung der Behangdichte erfolgt normalerweise nach dem Ausdünnen in der ersten Julihälfte.

Bei der objektiven Ernteprognose können Genauigkeitsprobleme hinsichtlich verschiedener Einflussfaktoren auftreten. Diese sind nachträgliches Ausdünnen nach der Behangdichteschätzung, Hagelschlag, anormale Witterung. Weiters fließen in die Genauigkeit der Aussage noch die Flächengrößen, das Alter der Anlagen, die Sorten, das Anbausystem und die Rotationsflächen ein; daher ist es notwendig, ein besonders genaues Flächenkataster mit allen vorgenannten Parametern zu erstellen.

Ernteprognose über eine Bildanalyse nach Dr. Denis Stajnko/Universität Maribor (SLO)

Eine digitale Wärmebildkamera zeichnet Bilder (rot-grün-blau) eines Baums auf. Im Abstand von 1,5 m vom Baum schießt man zwei Fotos von jeder Baumseite mit Blitzlicht. Zur Eichung der Bilder wird als Apfelersatz eine standardisierte Kugel (Tennisball) verwendet. Das verwendete Bildformat ist JPEG mit 1.200 x 900 Pixel. Die Berechnung des Ertrages erfolgt über eine Bildanalysedatei, die Sorte, Unterlage, Pflanzabstand, Baumhöhe, Höhe des Astansatzes, Stammdurchmesser 20 cm oberhalb der Veredelungsstelle und Vollblütetermin berücksichtigt.

Der Vergleich IST : SOLL (Prognose : tatsächlicher Erntemenge) ergibt eine Genauigkeit von ca. 80 %. Die Streuung der Ergebnisse kann aber in Abhängigkeiten des Anlagenalters, der Sorten und der Anlagen schwanken. So hat man ermittelt, dass bei ha-Erträgen von ca. 40 t/ha die prognostizierten Erträge überschätzt, bei hohem Ertrag (60 t/ha) unterschätzt sind. An der Verfeinerung des Verfahrens wird gearbeitet.

Mecavision© (CTIFL)

Hier wird von 1 m² Baumoberfläche ein Foto von den dort befindlichen Blüten oder Früchten angefertigt. Am Computer erfolgt die Auswertung über ein spezielles EDV-Programm. Die Ergebnisse sind für praktische Anwender gedacht.

Mostobsternteprognose

Für das Mostobst hat JANSSEN die Methode WINTER adaptiert. Dazu werden im betreffenden Anbaugebiet 15 Stichprobenstellen ausgewählt und jährlich gleichartig beobachtet. Nach dem Junifruchtfall ermitteln wie bei der Methode WINTER zwei Personen in einer Anlage (Baumgruppe) an 20 zufällig ausgewählten Apfel- und Birnbäumen die Behangdichten. Die Behangdichtenfeststellung beim Mostobst beruht hauptsächlich auf der gezählten Fruchtzahl, deren Durchschnittswerte das relative Maß der Ernte angeben. Die einzelnen Absatzbetriebe (Fruchtverarbeitungsbetriebe) vergleichen nun nach mehrjährigen Ergebnissen die Behangdichtezahl mit der Anlieferungsmenge und können dadurch leicht bereits im Juli die voraussichtliche Erntemenge an Verarbeitungsobst schätzen.

Staatliche Ernteschätzung

Geschulte Personen besichtigen die Anbaugebiete und geben aufgrund ihrer visuellen Einschätzung eine Ertragsprognose ab.

Feststellung des optimalen Erntetermins

Unreife Früchte schmecken nicht sortentypisch, sind festfleischig und oft einseitig sauer. Bei Äpfeln ist auch ein „grasiger" (chlorophyllhaltiger) Geschmackseindruck vorhanden. Der Vorgang der Reife kann nicht rückgängig oder gestoppt werden (außer bei der Verwendung von 1-MCP im Lager stark verzögert). Das Alterungsstadium der Frucht heißt Seneszenz und bedeutet überreif, in weiterer Folge überaltet. Dabei sind die Früchte kaum mehr genießbar und beim Apfel mehlig.

Eine **zu frühe Ernte** erbringt ein

- geringeres Erntegewicht,
- kleinere Fruchtgrößen,
- schlechtere Ausfärbung der Früchte,
- ein hartes Fruchtfleisch,
- einen minderen (grasigen) Geschmack,
- beim Apfel Stippigkeit,
- vorzeitige Hautbräune am Lager und
- höhere Verdunstungsverluste der Früchte am Lager.

Zu späte Ernte bringt die Nachteile, dass

- höhere Baumfallverluste auftreten,
- die Äpfel glasig werden können,
- die Früchte rasch morsch werden (zusammenbrechen),
- erhöhte Fleischbräunegefahr auftritt,
- durch zu weiches Fruchtfleisch die Lagerfähigkeit insgesamt verkürzt wird,
- die Früchte einen geringeren Säuregehalt aufweisen, die im Rahmen der Lagerung noch rascher abnimmt, und
- die Gefahr einer rascheren Fäulnis besteht und die Früchte wenig kellerlagerfähig sind.

Die **Erntekriterien** beim Kernobst sind:
unreif, pflückreif, essreif (genussreif) und überreif.

Für die Lagerung muss das Obst einige Zeit vor der Genussreife (Essreife), also pflückreif, geerntet werden. Die Verwendung reifefördernder Spritzmittel (z. B. Ethrel) ist in Österreich nicht zugelassen. Solche Mittel führen zu einer vorzeitigen Rotfärbung der Äpfel sowie zur Erntereife. Die volle Geschmacksausbildung kann dabei aber leiden.

Für die **Feststellung des optimalen Pflückreifetermins** gibt es verschiedene praxisnahe und wissenschaftliche Verfahren.

1. Leichtes Lösen des Stiels vom Fruchtkuchen

Kann vom Praktiker im Hausgarten relativ leicht festgestellt werden. Bei Intensivobstsorten ist das leichte Lösen des Stiels vom Fruchtkuchen zumeist ein bereits zu später Reifetermin.

2. Aufhellung der Grundfarbe

Bei der Grundfarbe handelt es sich um die grüne Farbe eines deckfarbigen Apfels. Diese Grundfarbe muss vom grasgrünen Ton in den hellgrünen bis leicht gelbstichigen Ton umschlagen. Dabei wird das in der grünen Grundfarbe enthaltene Chlorophyll abgebaut. Dies gibt einen besseren Hinweis auf das Pflückreifestadium.

Hier handelt es sich um eine subjektive Methode, die durch Farbtafeln objektiviert werden kann. Man legt dazu objektive Farbtafeln neben die Grundfarbe der Äpfel hin und vergleicht, welche Farbstufe am ehesten der Frucht entspricht. Durch Vergleich mit Tabellenwerten kann man dann den Reifezustand ablesen.

3. Leuchtendwerden der Rötung

Diese Farbeigenschaft kann bei allen Apfelsorten als gegeben angenommen werden, da z. B. 'Idared' bis zu drei Wochen vor der normalen Pflückreife bereits eine leuchtende Deckfarbe aufweist. Würde nun der 'Idared' beim Leuchtendwerden der Deckfarbe (oft Anfang Oktober) bereits geerntet werden, bleibt er nach dem Auslagern unreif (grasiger Geschmack).

4. Weichwerden des Fruchtfleisches
Für den Intensivobstanbau und für Lagerobst ein ungeeignetes Reifemerkmal.

5. Die Kernprobe
Man schneidet dazu den Apfel durch und wenn die Kerne dunkel sind, kann der Apfel geerntet werden (für Sommeräpfel untaugliche, für Wintersorten wenig geeignete Methode).

6. T-Stadium
Beim T-Stadium handelt es sich um jenen Tag, an dem der Stiel und der Kelchbuchtrand rechtwinkelig zueinanderstehen, also noch keine Stielgrube vorhanden ist. Das T-Stadium hat STOLL aus Wädenswil der Praxis zugänglich gemacht.

Er entdeckte, dass die Fruchtentwicklung in eine Primär- und in eine Sekundärphase eingeteilt werden kann. Bei der Primärphase handelt es sich um den Zeitraum von der Blüte bis etwa zum Junifruchtfall. Die anschließende Sekundärphase beginnt mit dem Tag des T-Stadiums und endet mit der Ernte.

Beim T-Stadium handelt es sich um ein Merkmal zur Vorschätzung des Erntetermins, da das T-Stadium bereits im Juni durchgeführt werden kann. Man nimmt dazu die zweite und dritte Frucht eines Blütenbüschels (Reihenfolge des Aufblühens der Blüten) und schneidet diese Früchte in der Längsachse durch. Ist das T-Stadium bereits eingetreten, findet man eine Stielgrube. Durch Abmessen der Stielgrubentiefe kann relativ leicht der Tag des T-Stadiums rückgerechnet werden. Ist die Stielgrube z. B. 2 mm tief, so ist das T-Stadium vor zehn Tagen eingetreten, da die Stielgrube täglich um 0,2 mm wächst. Für jedes Obstbaugebiet und für jede Sorte ist das T-Stadium extra zu ermitteln.

Für die Steiermark herrscht bei den verschiedenen Sorten folgendes T-Stadium bzw. folgende Tage vom T-Stadium bis zum Eintreten der Ernte.

- 'Weißer Klarapfel' .... 44 Tage
- 'James Grieve' .... 75 Tage
- 'Lobo' .... 92 Tage
- 'McIntosh .... 105 Tage
- 'Kronprinz Rudolf' 118Tage
- 'Golden Delicious' .... 120 Tage

Das T-Stadium ist keine starre Terminangabe. Es kann gebiets-, standorts- und jahreswitterungsabhängig einige Tage schwanken. Mehrjährige

Die obere Fruchtreihe am Tag des T-Stadiums (Foto: KEPPEL)

Beobachtungen helfen, den Schwankungsbereich einzuengen. Mit dem T-Stadium kann man bereits im Vorsommer einen voraussichtlichen Erntetermin planen.

7. Jod-Kali-Test (Jod-Stärke-Test)
Beim Jod-Kali-Test wird die Eigenschaft der Stärkeverfärbung durch eine Jod-Kali-Lösung ausgenützt. Je unreifer die Frucht ist, desto dunkler wird die geprüfte Fruchtscheibe. Dazu schneidet man die zu testenden Äpfel in der Mitte durch und legt sie in eine Jod-Kali-Lösung ein. Beim Betrachten der eingelegten Schnittflächen erkennt man, dass unreife Früchte fast gänzlich dunkelblau verfärbt sind (die Stärke ist nicht in Zucker umgewandelt). Je reifer nun die Früchte sind, umso geringer wird die Blauschicht.

Erntereif sind die Früchte dann, wenn unterhalb der Schale nur mehr ein ganz schmaler, blauer Ring vorhanden ist. Die Bewertung der Blaufläche erfolgt nach einer zehnstufigen Skala (1 = gänzliche Blaufärbung des Fruchtfleisches = kein Stärkeabbau, 10 = keine Blaufärbung = voller Stärkeabbau).

In diesem Zusammenhang muss aber darauf hingewiesen werden, dass die Apfelsorten zum Erntetermin einen differenten Stärkeabbau aufweisen.

Der Jod-Kali-Test wird auch als Schnelltest von den Qualitätsklassenkontrollorganen des Bundesministeriums für Land- und Forstwirtschaft angewendet.

8. Zeitspanne zwischen Vollblüte und Ernte
Hier handelt es sich nur um einen sogenannten Pioniertest, der nur bei konstantem Klima funktioniert. Er baut auf mehrjährige Erfahrungen auf (setzt sich also aus Durchschnittswerten zusammen), wobei die Witterung vier bis sechs Wochen nach der Blüte ziemlich konstant sein muss.

9. Verlieren des Grasgeschmackes (und Geruches)

Auch hier handelt es sich um eine subjektive Schätzmethode, die nur nach längerer Erfahrung ein ungefähres Bild des Reifezustandes bietet.

10. Feststellung der Fleischfestigkeit mittels Penetrometer

Der Druckfestigkeitsmesser (Penetrometer) soll zur genaueren Ernteterminfeststellung nicht von Hand aus in die an der Einstichstelle enthäutete Frucht eingedrückt werden, sondern über einen gleichmäßig Druck ausübenden Elektroantrieb oder händischen Kurbelantrieb verfügen. Die erhaltenen Werte sind sortenabhängig im Jahresdurchschnitt verwendbar.

11. Inhaltsstoffbeurteilung

Die Inhaltsstoffbeurteilung für den Praktiker kann mittels Refraktometerwerten erfolgen. Die Ernte nach den Refraktormeterwerten (Öchslegrade, Brixgrade) stellt nur ein Hilfsmittel zur Inhaltsstoffeststellung für die Verarbeitungsindustrie dar. Keineswegs ist dies ein stichhaltiges Argument für die Ernteterminbestimmung.

12. Beobachtungen zur Atmungsintensität der Früchte

Für den Praktiker ist die Feststellung des Klimakteriums des Apfels kein Hilfsmittel für die Ernteterminfixierung, da dies zu umständlich ist und wegen des hohen finanziellen und Geräteaufwandes sowie Zeitbeobachtungskalkül derzeit der Forschung vorbehalten ist.

13. Aromakomponentenfeststellung

Hinsichtlich der Praxistauglichkeit siehe vorgenannten Punkt.

14. Akustische Reifefeststellung

Auf die Frucht werden Schallwellen ausgesandt. Aus der Frequenz der Fruchtfleischschwingungen kann der Reifezustand geschätzt werden, da der Reifezustand mit der Wellenfrequenz korreliert. Dieser Test ist jedoch stärke- und festigkeitsabhängig.

15. Messung des Ethylen-(Äthylen-) Gehaltes

Ist ebenfalls nur eine Labormethode, bei der im Wasserbad aus der Kernkammer Ethylen entnommen und gaschromatografisch untersucht wird.

16. ACC-Methode

Die Ethylenfeststellung war bis dato mit Fehlern behaftet, da die Probeziehung des Fruchtethylens aus der Frucht unter Wasser erfolgen musste, um die normale Luft zu isolieren. Beim ACC handelt es sich um Aminozyklopropankarbozidsäure. Durch mehrere folgeartig gestaffelte Messungen versucht man, den höchsten Gehalt an ACC in der Frucht festzustellen. Dieser tritt sieben bis zehn Tage vor dem Ethylenanstieg auf. Der ACC-Höhepunkt wird im Fruchtklimakteriumsminimum gefunden. Es handelt sich hiebei um einen vergleichbaren Faktor zwischen Ethylengehalt und Atmung (HRIBAR). Derzeit ist die Feststellung sehr zeit- und kostenaufwendig.

17. Erntefaktor (F/RS-Wert)

Der Erntefaktor errechnet sich wie folgt und ist gebietsspezifisch festzustellen.

$$\frac{\text{Fruchtfleischfestigkeit}}{\text{Brix}^\circ \text{ x Stärkewert}}$$

F = Fruchtfleischfestigkeit
R = Refraktometerwert (Brix°)
S = Stärkewert

Referenzwerte zu den Sorten sind nach STREIF (mündlich), z. B.:

- 'Cox Orange' 0,20
- 'Gloster' 0,41
- 'Golden' 0,10
- 'Idared' 0,15
- 'Jonagold'................ 0,09

nach HRIBAR (mündlich)

- 'Williams' 0,33
- 'Passa crassane' 0,13
- 'Jonagold'................ 0,08

Die Fruchtfleischfestigkeit wird dabei mit dem Penetrometer, die Brix° mit dem Refraktometer und der Stärkewert mit dem Jod-Kali-Test festgestellt.

18. Farbdifferenzmethode

Hier wird ein Farbbestimmungsgerät nach der Tristimulus-Farbwertmessung benötigt. Die Wertjustierung erfolgt auf die Tristimuluswerte: L*, a*, b* (L* = Maß für die Helligkeit eines Farbtons, z. B.: 0 = schwarz, 100 = weiß; a* = drückt die Fruchtfarbposition auf der Rot-Grün-Achse, b* = jene auf der Gelb-Blau-Achse aus. Wenn die formelmäßig verrechneten L*-, a*-, b*-Werte eine Gesamtdifferenz von 0 ergeben, wäre der optimale Erntezustand erreicht. Es können jedoch noch nicht alle Sorten damit bewertet werden (z. B. 'Elstar').

19. Kelchhöckerdistanz

Die Entfernung der gegenüberliegenden Kelchhöcker gibt einen Hinweis auf die Erntereife.

20. NSure-Test

Hier verwendet man die Aktivität der zehn für die Reife am wichtigsten Gene. Vier Wochen vor der erwarteten Ernte werden 15 Äpfel oder Birnen gepflückt und in einem speziellen Plastiksäckchen zermahlen. Der entstandene Fruchtsaft rinnt durch einen im Plastiksäckchen befindlichen Filter. Ein Tropfen dieses Saftes wird anschließend auf ein Kärtchen getropft und eintrocknen gelassen. Die Karte wird anschließend per Post an das Labor von NSure, NL, gesendet. Binnen 48 Stunden nach dem Einlangen der kostenpflichtigen Probe im Labor erhält der Praktiker sein Testergebnis. Eine Woche nach dem ersten Test muss ein zweiter Test gemacht werden. Daraufhin ist der optimale Erntetermin mit einer Genauigkeit von +/- drei Tagen ermittelbar. Die Reifestadien werden in fünf Gradationen angegeben: unreif, Reifebeginn, frühe Reife, Langzeitlagerungsreife, Kurzzeitlagerungsreife.

21. Trockensubstanzindex (DMC-Index)

Aus dem Verhältnis von Frisch- (°Bx) und Trockengewicht von Fruchtscheiben ergibt sich dieser prozentuelle Index, mit dem es möglich ist, bei Ernte bereits den Zuckergehalt der Früchte nach der Lagerung zu schätzen. Diese Methode befindet sich im Erprobungsstadium.

22. Ernteterminbestimmung bei Pflaumen

MAHLING (2011, zitiert in POLDERVAART, 2011) ermittelt für Deutschland den voraussichtlichen Erntezeitpunkt anhand **zweier Methoden**:

- **nach der Temperatursumme:** Berechnung der Temperatursumme anhand der täglichen Durchschnittstemperatur ab Vollblüte abzüglich eines Mindestwertes. Wenn durch Aufsummieren der täglichen, korrigierten Temperaturdurchschnittswerte eine Summe von 500 °C erreicht wird, dann gilt ein fixer Tagesabschnitt, bei dem die Ernte beginnen kann. Für die Sorte 'Katinka' wird dann ein Wert von 41 Tagen ab Erreichen der Temperatursumme angegeben. Diese Werte sind sortenabhängig.
- **modifizierte Methode nach Mimoun und De Jong:** Hier werden die Temperatursummen der ersten 40 Tage nach der Vollblüte angesetzt. Es gibt einen linearen Zusammenhang zwischen der Temperatursumme und der Tagesanzahl zwischen Vollblüte und Ernte. Je niedriger die Temperatursumme der ersten 40 Tage ab Vollblüte ist, desto höher ist die Anzahl der Tage zwischen Blüte und Ernte.

Bei der DLR Rheinland-Pfalz werden für die Obstbauern bei einigen Zwetschkensorten Referenzberechnung im Internet durchgeführt, bei der die Obstbauern nur den Termin der Vollblüte und den Sortennamen angeben müssen. Für die Sorten 'Auerbacher', 'Cacaks Schöne' und 'Katinka' ist dieses Ernteterminschätzungsmodell bereits abrufbar, wobei als Berechnungsbasis aus dem Netz der agrarmeteorologischen Wetterstationen für das jeweilige Anbaugebiet die Temperatursummen und daraus der voraussichtliche Erntebeginn errechnet werden (www.am.rlp.de).

23. Ernteterminschätzung Ribisel

nach INNERHOFER (2009)

Hier werden die Brix-Grade zur Ernteterminbestimmung verwendet. Dabei ist zu beachten:

Nie den Mittelwert der Bx° aus oberster und unterster Beere nehmen. Der optimale Erntetermin bei Johannisbeeren ist dann erreicht, wenn die Bx° der untersten Beere der inneren Seitentriebe einen höheren Bx°-Wert aufweisen als die obersten Beeren einer Trauben. Die Bx° der unteren Beeren steigen schneller an als jene der oberen Beeren.

Der Verlauf der Höhe der Bx°: Beeren am Beginn eines Seitentriebes < Ende eines Seitentriebes < Gipfelbereich ≤ oberste Beeren einer Traube.

ERNTE

Ehe die Erntearbeit begonnen wird, muss der Betriebsführer zweckmäßigerweise folgende Faktoren beachten. Durch die Schätzung des Ertrages sichert er die mengenmäßige Bereitstellung des Gebindes. Die Kontaktaufnahme mit den Abnehmern vor der Ernte erscheint ratsam. Rechtzeitiges Bereitstellen von Erntepersonal sichert die Einhaltung des optimalen Pflücktermins. Hilfsgeräte wie Leitern, Pflückschlitten usw. sollen bereits im Sommer zeitgerecht auf ihre Unfallsicherheit überprüft werden. Kurz vor der Ernte wird die Anlage schließlich noch gemulcht. Während der Ernte wird über die Lagerdauer der Früchte entschieden, indem mehrere Erntegänge eingeschoben werden oder durch Vorsortierung der Ware in eine Lang- und Kurzdauerlagerung unterschieden wird. Dies muss natürlich dem Abnehmer bei der Ablieferung bekanntgegeben werden. Vor Beginn der Arbeit ist das Erntepersonal entsprechend einzuweisen und auf die Besonderheiten der Sorte bzw. Reifetermine aufmerksam zu machen. Nach dem Motto „Essen und Trinken hält Leib und Seele zusammen" wird auf eine schmackhafte Kost und auf alkoholfreie Getränkebeistellung Wert gelegt. Nach der Ernte muss das Obst sofort schonend aus der Anlage kommen und so rasch als möglich abgekühlt werden.

Nicht einlagern:

- Früchte von Bäumen mit wenig Ertrag und starkem Wuchs
- Fehlerhafte Früchte (Hagel, Verwundungen, Schorf)
- Stark berostete Früchte (erhöhte Lagerverluste)
- Unterentwickelte Früchte
- Überreife Früchte (Pressobst)
- Früchte aus Nachernten
- Zu kleine bzw. zu große Früchte (durchschnittliche sortentypische Fruchtgröße und Mindestgrößen laut Qualitätsklassenverordnung beachten)

Beachte:

Ein Tag im Warmen = eine Woche geringere Lagerfähigkeit. Keine ausgetrockneten Holzkisten verwenden, da sonst der Schwund (Wasserentzug aus den Früchten durch zu trockenes Holz) steigt. Die beste Geschmacksqualität und eine gute Fruchtentwicklung wird von Früchten erzielt, die von annähernd waagrechtem, gut belichtetem, kräftigem Fruchtholz stammen.

Inhaltsarme und teilweise unterentwickelte Früchte stammen von dünnen, beschatteten, hängenden Ästen und von überaltetem Fruchtholz.

Bei der Erntearbeit ist zu beachten:

- Vor der Ernte die Bäume beobachten! Zu schwach und zu stark behangene Bäume markieren und separat ernten sowie deren Ernte der Verarbeitung zuführen.
- Für eine CA-Lagerung (bis Juli) sollen nur vollentwickelte Früchte der ersten Ernte von durchschnittlich behangenen Bäumen verwendet werden (nur in Junganlagen kann die Ernte in einem Arbeitsgang durchgeführt werden). Ein etwa notwendiger zweiter Erntegang muss innerhalb von spätestens zehn Tagen nach dem ersten Erntegang abgeschlossen sein, dann sind die Früchte bis März CA-lagerfähig.
- Den Baum stets von außen nach innen und von unten nach oben pflücken. Die Früchte dürfen nur mit Händen mit kurzen Fingernägeln gepflückt werden.
- Die Früchte sollen nie gedrückt werden. Der Stiel muss stets an der Frucht bleiben.
- Faule Früchte dürfen nicht mitgepflückt werden, sie sollen auf den Boden fallen. Möglichst bei trockenem Wetter ernten (Pfirsiche, Marillen und Beerenobst sind sonst unansehnlich).
- Stabile, druckfeste Erntebehälter verwenden (Pflückkörbe)!
- Bei Pflücksäcken sollen diese nie an den Leiterholm oder an den Baumstamm anstoßen. Pflückbehälter nie auf die Früchte in den Kisten stellen!
- Die Früchte aus dem Pflückbehälter sanft in die Großkiste abrollen lassen (man darf die Früchte nicht rollen hören!).
- In der Großkiste stets auf eine gleichmäßige Füllhöhe achten!
- Druckempfindliche Sorten nur in Kleinkisten und nicht in Großkisten ernten!
- Die Großkiste darf nur so vollgepflückt werden, dass die Früchte nicht über den Kistenrand hinausragen (sie würden beim Übereinanderstapeln gequetscht werden).
- Wird in die Großkiste händisch eingeklaubt, nie mehr als maximal drei Früchte in die Hand nehmen.
- Die Kisten sanft aufheben, sanft transportieren und sanft abstellen, um Beschädigungen zu vermeiden!

- Beim Entleeren die Pflückgefäße nie auf den Großkistenrand stellen! Beim Ernten die Früchte ganz in die Hand nehmen, nie allein mit den Fingerspitzen! Die Frucht wird in die hohle Hand genommen, leicht gedreht, dabei leicht angehoben und nach dem Abtrennen vorsichtig abgelegt. Bei Sorten mit langen Stielen, z. B. 'Gala' oder 'Golden', muss oft der Fingernagel des Zeigefingers auf den Stielansatz am Fruchtkuchen drücken, um durch das Anlegen des Fingernagels beim Stielansatz am Fruchtkuchen ein leichteres Stielabtrennen zu gewährleisten.
- Erfahrungsgemäß rechnet man, dass vom Baum bis zum Lager nur ein Drittel der Fruchtbeschädigungen auftreten. Der Rest passiert im Lager und am Weg bis zum Konsumenten. Die Apfelbeschädigungen können auftreten, wenn die Ernte beispielsweise bei ungünstigem Wetter und mit unwilligem Personal durchgeführt wird. Weitere Beschädigungen können vom Pflücker bis in die Kiste bestehen, wenn die Großkiste unsanft vom Baum bis zum Stapelplatz und weiter bis ins Lager geführt wird. Technisch gesehen ist heute die Kistenentleerung im Lager weitestgehend fruchtschonend.
- Bei der Sortierung und Einzelverpackung sowie beim Transport der Endverbraucherkisten bis zum Großhandel treten weitere Gefährdungen auf. Am meisten beschädigt werden die Früchte jedoch im Detailverkauf, da im Verkaufsgeschäft meist wenig fruchtschonende Tätigkeiten auf die Früchte einwirken. Auch die Transportverpackungen vom Kaufmann bis in den Haushalt sind nicht fruchtschonend. Insgesamt muss jedoch versucht werden, die Art und die Intensität der Beschädigungen stark herabzusetzen, um auch dem Konsumenten ansehnliches Obst zu gewährleisten (man kauft mit den Augen).

ERNTEVERFAHREN

Man unterscheidet:

- **Händische Ernte**
- **Halbmechanische Ernte**
- **Vollmechanische Ernte**

Bei den Ernteverfahren unterscheidet man zwischen **kontinuierlichen** und **diskontinuierlichen Methoden.** Zu den diskontinuierlichen Methoden zählen die die Handernte unterstützenden Verfahren wie Pflückschlitten, Leiterernte, Steigbühnen, Schüttelernte mit und ohne Auffangrahmen oder -tüchern für die vom Baum fallenden Früchte usw. Zu kontinuierlichen Verfahren können der Pluk-o-Trak und seine Weiterentwicklungen sowie die in Entwicklung stehenden, vollautomatischen, sensorgesteuerten Greiferarme zur Einzelfruchternte gezählt werden. Für die vollautomatischen Verfahren ist eine Anpassung der Anlage und der Erziehungsformen an die Ernteverfahren notwendig, um fruchtqualitätsbeeinflussende und Baum-/Strauch-/Staudenschäden zu vermeiden.

Händische Ernte

Bei der händischen Ernte pflückt die Hand und legt die Früchte in die Erntegefäße ab. Fruchtschonende Arbeit mit kurzen Fingernägeln ist bei der händischen Ernte unabdingbar (die Früchte nicht drücken, nicht vom Fruchtkuchen abreißen, sondern vorsichtig abdrehen). Als Erntehilfsmittel werden hier verwendet: der Pflückkorb, der Pflücksack, die Pflückkiste (Kleinkiste, Inhalt ca. 20 kg), der Pflückschlitten, die Leiter, die Großkiste (ca. 300 kg Inhalt) und der Erntewagen bzw. Erntezug.

Die früher gebräuchlichen Pflücksäcke aus Jute, die an den beiden Enden um den Hals gehängt waren, haben im Intensivobstanbau durch ihre große Beschädigungsgefahr der Früchte an Bedeutung verloren. Derzeit herrscht die „Pflückkorb-" bzw.

Durch einen Fingernagel verletzte Frucht beim Verkauf (Foto: KEPPEL)

Pflückschlittenernte bei einer Dichtpflanzung, die Kleinkiste befindet sich in einer ergonomischen und fruchtschonenden, günstigen hüfthohen Lage. (Foto: KEPPEL)

die „Pflücksackernte in die Großkiste" vor. Dies bedingt jedoch relativ weite Leerwege zwischen Baum und Großkiste, die ernteleistungssenkend wirken. Außerdem ist die Gefahr der Bodenerosion durch die Traktorspuren beim Austransport der Großkisten besonders bei feuchtem Wetter gegeben.

An **Ernteleistungen** rechnet man bei Hohlkronen mit ca. 80 bis 100 kg je AKh, bei der Spindel mit Pflückschlitten mit 180 kg je AKh, bei der Großkistenernte und der Erntearbeit mit dem „Frucar" (Großkistentransport ohne Pflücktrittbrett) ebenfalls mit 180 kg pro AKh sowie bei der Ernte mittels Erntewagen (Mehrzweckanhänger für Ernte und Schnitt) je nach Arbeitskräftebesatz am Erntewagen und je nach Reifezustand der Sorte bzw. Stiellöslichkeit zwischen 250 bis 350 kg je AKh. Dabei steigen nach Befüllung der Großkisten die Ernter vom Hänger und pflücken die unteren Baumpartien in Handreichweite in auf den Baum gehängte Pflücksäcke, bis der Erntewagen mit den leeren Großkisten wieder in die Reihe einfährt. Die beiden Ernter auf der höchsten Pflücketage des Erntewagens pflücken die oberen, vom Boden aus in Handreichweite nicht erreichbaren Baumpartien, während die restlichen Ernter bei langsamer Vorbeifahrt die vollen Pflücksäcke in die Großkisten entleeren und die geleerten Pflücksäcke am Erntewagen zwischenlagern.

Bei der händischen Ernte soll die körperliche Arbeit erleichtert werden. Eine Steige wiegt ca. 24 kg brutto. Je ha sind je nach Ertrag zwischen 1.000 und 1.500 Kleinkisten (Steigen) auf mindestens 90 cm Höhe (Ladefläche eines Transportanhängers) aufzuheben und abzustellen. Bei der Pflückschlittenarbeit muss die volle Steige vom Pflückschlitten abgehoben, unter die Bäume eingestellt und beim Abtransport auf die Ladefläche gehoben werden. Dies bedeutet, dass jede Kiste im vollen Zustand zweimal bewegt werden muss, um sie aus der Anlage zu führen. Grob gesehen umfasst die Ernte einen Gesamtarbeitsaufwand von ca. 40 bis 60 % der Jahres-AKh.

Durch die Verwendung von Erntewägen, die mehrere Großkisten befüllen und anschließend im vollen Zustand auf einmal austransportieren können (Mehrzweckanhänger für Ernte und Schnitt, Frucar), wird Treibstoff gespart und der Boden geschont. Bei jeder Arbeitsausfahrt können somit bei einer Vier-Kistenbeladung des Mehrzweckanhängers 50 % der Fahrten mit Heckstaplerausfuhr (bei zwei Großkisten je Transportfahrt des Heckstaplers) eingespart werden. Zusätzlich kann durch die gleichzeitige Einfuhr von vier leeren Großkisten das Verteilen der Großkisten kostensenkend eingespart werden. Hinsichtlich der Arbeitserleichterung beim Schnitt durch den Mehrzweckanhänger wird eine Arbeitszeiteinsparung von rund einem Drittel gerechnet.

Erntezug (Foto: KEPPEL)

Das Ziel bei der händischen Ernte muss daher sein, körperliche Erleichterungen zu schaffen sowie Ernte und Transport zu kombinieren. Dies erfordert von den **Erntewägen** folgende Voraussetzungen:

- Einfache Konstruktion
- Geringes Gewicht
- Hohe Wendetauglichkeit durch den Einsatz eines Knickgelenkes
- Gleichzeitig Straßentauglichkeit plus Zusatzbeleuchtung
- Unfallsicherheit

Als bodenschonendes Argument kann auch ausgeführt werden, dass die Anhängerspur in der Spur der Traktorreifen verlaufen sollte, um die durch das Traktorprofil aufgeworfenen Rasenteile wieder an den Boden anzupressen. Dies hat besonders bei feuchten Böden große Bedeutung, da eine Fahrspurvertiefung durch Gewichtsverteilung auf Traktor und Anhänger vermieden wird.

Die **Ernteleistungen** je AKh werden von folgenden Faktoren beeinflusst:

- vom Ernteverfahren,
- von der Baumgröße,
- von der Baumhöhe,
- von der Sorte (Fruchtgröße, -form),
- vom Reifezustand,
- von der Stiellänge,
- von der Behangdichte,
- vom Gelände und
- von der Arbeitswilligkeit und Sorgsamkeit der Pflücker.

Die Ernteleistungen sind sorten-, erntetermin- und reifegradabhängig. Bei 'Golden Delicious' sind bei der Handernte in Spindelanlagen mit Pflückschlitten Ernteleistungen von 180 kg/AKh möglich, bei der kleinfruchtigen Sorte 'Kronprinz Rudolf' sinkt die Ernteleistung beim selben Erntepersonal auf 140–150 kg/AKh. Bei der Verwendung von Erntewägen kann bei einer 6-Mann-Erntebesatzung, bei gleichmäßiger Vorwärtsbewegung und bei großfruchtigen Sorten die Leistung auf knapp 300 kg/AKh gesteigert werden (KEPPEL, unveröffentlicht). Beim Pluk-o-Trak liegt die Ernteleistung nur knapp höher als bei der Pflückschlittenernte.

Beim Strauchbeerenobst werden bei der reinen Handernte bei Schwarzen Ribiseln ca. 5 kg/AKh bei einem Ernteverlust von 8 bis 10 % geerntet. Die händische Schüttelernte bei Ribiseln erbringt Ernteleistungen von ca. 35 kg/AKh, beim Einsatz vollautomatischer Stoßschüttler (zwei beidseitig an der Maschine angebrachte Schüttelarme stoßen im Überfahren seitlich auf die Stöcke und damit die Früchte vom Strauch oder Baum) ist mit einer Ernteleistung von bis zu 1.000 kg/AKh bei einem Ernteverlust von ungefähr ca. 20 bis 30 % zu rechnen.

Die noch händisch abgewickelte Erdbeerernte verzeichnet eine Ernteleistung von bis zu 10 kg/AKh bei Pflückverlusten von 3 bis 6 % und Fruchtbeschädigungen von bis zu 10 %.

Bei bereiften (mit sorteneigener Wachsschichte auf der Fruchtschale) Obstarten müssen die Früchte mit besonderer Sorgfalt händisch geerntet werden, um die Fingerabdrücke des Erntepersonals nicht auf den Früchten zu sehen. (Foto: KEPPEL)

Motorisierte, hangtaugliche Hebebühne mit elektrischer Antriebsmöglichkeit. Mittels der Scherenhubtechnik ist eine hang- und schichtenlinienangepasste Erntearbeit möglich. Bei Bergabfahrten kann über eine Elektromagnetbremse eine Energierückgewinnung von bis zu 30 % erfolgen. (Foto: KEPPEL)

Ernte mit dem Rollkorb (Fotos: KEPPEL)

Die händische Ernte bei großfruchtigen Kirschen liegt bei 10–12 kg/AKh, bei Zwetschken liegt sie bei 20–25 kg/AKh.

Bei jedem Ernteverfahren muss auf die Erntetemperatur geachtet werden. Früchte, die im Reif hängen (Temperaturen um und unter dem Gefrierpunkt) sollen nicht geerntet werden, diese erntet man erst dann, wenn die Reifschichte durch Temperaturen über dem Gefrierpunkt abgetaut ist.

Rollkorbernte

Für kleinfruchtige Obstarten (z. B. Wal-, Haselnuss) und auch für Streuobst geeignet. Ein rollbarer, kugelförmiger Drahtkorb mit in der Aufleserichtung beweglichen Drahtbögen nimmt die Früchte beim Überrollen auf, das Entleeren erfolgt händisch.

Halbautomatische Ernte

Bei der halbautomatischen Ernte pflückt die Hand, die Frucht wird durch das Erntegerät in die Großkiste befördert, z. B. Pluk-o-Trak aus Holland oder neuerdings die fahrbaren, hebefähigen Arbeitsbühnen.

Die Äpfel werden nach dem händischen Ernten auf das Hochförderband und auf das Überkronenquerförderband transportiert. Die Großkistenbefüllung geschieht wie beim Pluk-o-Trak. (Foto: KEPPEL)

Beim Pluk-o-Trak gibt es am Steilhang verschiedene Probleme, da der Pluk-o-Trak für steilere Anlagen untermechanisiert ist (zu wenig PS). Ein weiteres Problem beim Hangeinsatz ist der sich stets drehende Großkistenteller, da die Früchte in der Großkiste immer an die tiefste Stelle (also Talseite) rollen und so Druckstellen erhalten. Auch der Großkistenzu- und -abtransport bereitet am Hang Probleme.

Bei der Schüttelernte sind z. B. bei Kirschen kurzstielige Sorten zu bevorzugen, da ein langer Stiel durch das Auspendeln der Früchte die Schüttelenergie vermindert und den Ernteerfolg senkt. Der Leistungserfolg hängt von der angewendeten Amplitude (Länge des Schüttelwegs) und von der Schüttelfrequenz (Anzahl der Schüttelbewegungen je Sekunde) ab. Deswegen werden per Öldruck angetriebene Geräte bevorzugt, da hier die Schüttelfrequenz im Gegensatz zu mechanischen, getriebegesteuerten Geräten meist stufenlos einstellbar ist. So kann ein an den Reifezustand der Früchte und an die Obstart anpassbarer akzeptabler Ernteerfolg gewährleistet werden.

Man unterscheidet bei der halbautomatischen Ernte das Schüttel-, Schlag- und Bürstenprinzip. Das Schüttelprinzip wird beim Kern-, Stein- und Beerenobst angewendet. Beim Kernobst sind die vollautomatischen Erntegeräte im Hinblick auf eine Qualitätsobsternte nicht einsatzfähig und praxistauglich. Vom Prinzip her fährt ein Stelzengerät

Für das Beetsystem entwickeltes mehrreihiges Erntegerät mit Überkronentransportbändern (Wageningen) (Foto: KEPPEL)

In der Höhe und in der Richtung hydraulisch verstellbarer Schüttelarm mit Öldruckantrieb (Foto: KEPPEL)

Im linken unteren Bildteil (mit dem Drahtseil) ist ein einfacher, zapfwellenangetriebener Exzenterschüttler mit Drahtseil zum Kronenastschütteln zu sehen. Rechts daneben mit stilisiertem Stamm und aufgehängten Früchten befindet sich ein Stammschüttler mit einer holz-/rindenschonenden, gepolsterten Schüttelzange. (Foto: KEPPEL)

über den Baum, eine Schüttelzange schüttelt den Baum und Auffanglamellen reichen in die Krone hinein, die die Früchte auffangen. Ein Förderbandsystem transportiert die geernteten Früchte in die Großkiste. Derzeit gibt es noch große Qualitäts- und Mengenverluste. Beim Steinobst und auch beim Kernobst (großkronige Baumform) wird das Obst vom Baum herabgeschüttelt, indem ein Schüttelmechanismus in der Krone bzw. am Stamm angreift. Vorher werden Aufsammelplanen unter der Krone ausgelegt, die die abgeschüttelten Früchte aufsammeln.

Grundsätzlich ist zur mechanischen Ernte anzumerken, dass diese von der Baumform, vom Baumalter, vom Pflanzsystem, von den angebauten Sorten und von der Obstart sowie vom Reifezustand der Früchte abhängig ist.

Voll- oder halbmechanische Ernte

Bei der gesamten voll- oder halbmechanischen Ernte muss immer wieder die Frage der Fruchtqualität in den Vordergrund gestellt werden. Um die Früchte vom Baum herabschütteln zu können, müssen die Haltekräfte zwischen Frucht, Stiel und Zweig und/oder zwischen Frucht und Fruchtstiel überwunden werden. Die Haltekräfte sind sorten-, standort-, düngungs- und reifeabhängig.

Verschiedentlich versucht man durch chemische Hilfsstoffe (z. B. Ethrel) die Haltekraft der Früchte bzw. der Fruchtstiele zu vermindern. Dies ist in Österreich nicht zugelassen. Grundsätzlich ist zu sagen: Je kürzer der Stiel, umso leichter funktioniert die Maschinenernte. Lange Stiele weichen (pendeln) meist zu stark aus bzw. geben die Schüttelkraft zu gering an die Früchte weiter.

Für die maschinelle Ernte ist noch zu beachten, dass die Früchte relativ festfleischig sein sollen, einen geringen Rollwiderstand aufweisen und eine hohe Schwebegeschwindigkeit zeigen müssen. Die Fruchtablösung vom Baum kann durch Schüttler, die am Stamm oder an einem Ast angreifen, durchgeführt werden.

Die mechanische Ernte kann auf Schwingschüttler, Schlagschüttler, Stoßschüttler, einen pulsierenden Luft- oder Wasserstrom oder auf dem voltaischen Prinzip beruhen („elektrische Ernte"), bei dem durch den in den Stamm eingeleiteten Strom eine Zellschicht der Fruchtstiele am Ast beschädigt wird und die Früchte dadurch leicht abfallen. Ein Wechselstrom mit 50 Hertz und 10.000 Volt wird kurz auf die Bäume geleitet. Zwischen Fruchtstiel und Ast entsteht ein Widerstand, der die Stiele loslöst. Derzeit sind die Wirkungsgrade relativ gering. Diese Methode wurde bei der Kirschenernte versucht, jedoch mit zunehmender Erntezahl stiegen die Baumausfälle.

Seilschüttler

An der Traktorheckhydraulik ist ein Exzentergetriebe angebracht. Von diesem Exzentergetriebe wird ein Seil an einen Hauptleitast oder an die Stammverlängerung angelegt. Durch Betätigung des Exzenters wird das angebrachte Seil in kurzen Intervallen (= Schüttelfrequenz) angespannt bzw. locker gelassen. Dadurch entsteht eine gewisse Schüttelwirkung. Seilschüttler haben einen geringen Wirkungsgrad.

Oszillierende Massenkraftschüttler

An einer Kurbelwelle ist die sogenannte Schüttelstange angebracht. Die Schüttelstange wird mittels der Schüttelzange an einem Ast angelegt. Durch das Drehen der Kurbelwelle entsteht eine Schüttelbewegung.

Schüttelprinzip bei Ribiseln

Dies wird mittels einer einfachen Stichsäge durchgeführt. Statt einem Sägeblatt wird ein Schüttelbügel am Schüttelmechanismus der Stichsäge befestigt. Die Stichsäge mit dem Schüttelbügel wird händisch vom Strauchinneren nach außen geführt und schüttelt durch die Schüttelbewegungen die Früchte ab (Näheres siehe „Mechanische Ernte" bei den Ribiseln).

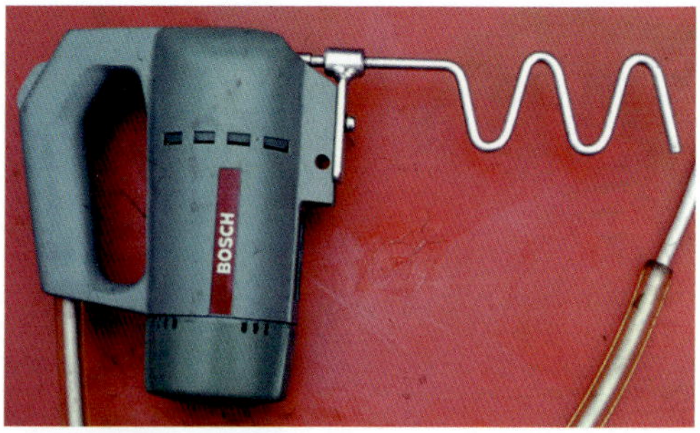

Elektrisch betriebene „Schüttelpistole" für die Ernte bei den Schwarzen Ribiseln. (Foto: DUHAN)

Rotierende Massenkraftschüttler

Der durch zwei rotierende Scheiben angetriebene Massenkraftschüttler gibt eine rotierende Bewegung an den Stamm weiter.

Vollautomatische Schüttel- und Auffangmaschine (Foto: KEPPEL)

Sauger eines Pflückroboters (Foto: ALLROUND FRUIT)

Automatische Einzelfruchterntemaschinen (Pflückroboter)

Mittels eines Farbsensors werden die reifen Früchte erkannt und über einen Einzelfruchterntearm vom Baum gelöst. Der Erntevorgang soll nach Angaben der Herstellerfirma ACRO (NL) ungefähr fünf Sekunden dauern, entspricht also der händischen Ernteleistung.

Bei allen Systemen der vollautomatischen Ernte ist die Fruchtqualität nach dem Erntevorgang zu beachten.

Aufsammelarten bei der mechanischen Ernte

Das Steinobst ist klein und weich und stellt an die Aufsammelmedien große Anforderungen. Da die Früchte nach der maschinellen Ernte meist in der Pressverarbeitung Verwendung finden, braucht auf die äußere Fruchtqualität ein nicht so hoher Wert gelegt werden wie bei der Frischvermarktung, obwohl auch für die Verarbeitung hinsichtlich des Reifezustandes und der Fruchtgesundheit nur qualitativ hochwertige Früchte Verwendung finden sollten. Meist werden alte Hagelnetze oder Planen dafür verwendet.

Aufgefangen wird auch mit PVC-Gewebetüchern, Schaumstoff in der Dicke von 3–5 cm oder mit Luftpolsterfolien. Die Tücher können entweder mechanisch oder mit Hand entleert werden. Die Trennung des Erntegutes von Verschmutzungen kann entweder durch Waschen oder durch vorbeiblasenden Luftstrom erfolgen.

Das Verarbeitungsobst kann durch verschiedene Auffangvorrichtungen während der Ernte gleich aufgefangen werden. Ausrollbare Tücher oder zweiteilige Fangrahmen werden meist händisch ausgelegt und eingerollt. Faltschirme werden um den Stamm herumgelegt. Fangklappen oder Fangkörbe bzw. Fangfinger stellen weitere Auffangvorrichtungen dar.

Bürstenprinzip

Das Auflesen von Kernobst zwecks Obstverwertung vom Boden aus wird heute meist durch kleine, geländegängige Maschinen mit zwei gegeneinanderlaufenden Bürsten (wie beim Teppichkehrer) bewerkstelligt. Durch die rotierenden Bürsten tritt oft ein Vorreinigungseffekt der Früchte auf.

Um den Stamm ausbreitbarer Auffangrahmen, der die geschüttelten Früchte auffängt und in eine Großkiste weitertransportiert. (Foto: KEPPEL)

Vollautomatische Obstauflesemaschine. Im Vordergrund befinden sich die mit Gummilappen ausgestatteten, sich drehenden Schwaderarme, die die flächig verstreuten Früchte in die Geräteaufnahmebreite zusammenlegen. Dadurch kann eine große Arbeitsbreite der Auflesemaschine erreicht werden. (Foto: KEPPEL)

Innenansicht eines kleinen, handgeführten Obstaufsammlers nach dem Bürstenprizip. (Foto: KEPPEL)

Obstauflesemaschine für den überbetrieblichen Einsatz. Aufnahmeleistung modellabhängig 6 bis 12 t Äpfel/Stunde. (Foto: KEPPEL)

Obstigel (Foto: www.obstigel.de)

Saugprinzip

Das Saugprinzip (wie beim Staubsauger) hat einen hohen Kraftbedarf und saugt auch Verschmutzungen auf, sodass es derzeit im Obstanbau kaum Verwendung findet.

Aufsammelmaschinen können entweder Anhänger oder Aufsammelselbstfahrer sein. Die Einsatzfähigkeit beider vorgenannten Geräte hängt vom Gelände, von der Aufnahmebreite, vom Pflanzsystem, von der Kronenhöhe, von der Schütthöhe und von der Schüttdichte des geernteten Materiales ab. Meist sollen für diese Selbstfahrer Fruchtschwaden gelegt werden, wobei der Mulchrasen nicht frisch gemulcht sein darf. Die Baumverluste (Obst, das am Baum hängen bleibt) können bei Zwetschken und bei Weichseln bei Seilschüttlern rund 15 %, bei Kurbelstangenschüttlern rund 10 % und bei Exzenterschüttlern rund 5 % betragen (MOSER).

Stachelprinzip

Obstigel: Diese werden nun wieder angeboten. Eine große, mit Drahtstiften besetzte Trommel wird über die Früchte geführt, die dabei aufgespießt werden. Nur für rasche Verarbeitung nach der Ernte geeignet.

FRUCHTQUALITÄT

Bei der Fruchtqualität unterscheidet man eine **innere** und **äußere Fruchtqualität**. Hinsichtlich der äußeren Fruchtqualität gibt es legistische Normen. Diese sind die Qualitätsklassenverordnung (siehe Abschnitt Markt) und das Qualitätsklassengesetz. Die Qualitätsklassen sind in die Gruppen Extra, I, II und III untergliedert. Für die Einordnung in die Qualitätsklassen und daher für die Zulassung zum Verkehr müssen die Früchte den Bedingungen der einzelnen Qualitätsklassen entsprechen. Diese umfassen weitestgehend bei den Qualitätsklassen Extra, I und II die Sortenreinheit und ein sortentypisches Aussehen, die zugelassenen Schalenfehler hinsichtlich Art und Größe (Berostung, Verwundung, Spritzmittelrückstände) und den Entwicklungszustand. Die für den Verkehr mit Obst geltenden Qualitätskriterien umfassen die Fruchtgröße, das Reifestadium, die Fruchtfarbe, die Schalenreinheit und die Verpackungsart.

Hinsichtlich der inneren Qualität wird von gesetzlicher Seite meist nur ein sorteneigentümlicher Geschmack gefordert. Zum Faktor innere Qualität würde aber noch dazugehören: der Zuckergehalt (bei Obst meist ausgedrückt als Brixgrade = der Gesamtextrakt im Fruchtsaft, für die Fruchtsaftindustrie die Oechsle-Grade = die relative Dichte des Fruchtsaftes, im Weinbau wird meist mit Klosterneuburgergraden = Gewichtsprozent Zucker im Saft, gesprochen). Neben dem Zucker ist auch der Säuregehalt ein qualitäts- bzw. geschmacksbestimmendes Merkmal. Der Säuregehalt wird in Promille Weinsäure oder Apfelsäure/l Fruchtsaft ausgedrückt. Von einem harmonischen Zucker-Säureverhältnis spricht man, wenn das Verhältnis 10 : 1 bis 16 : 1 herrscht. Darüber spricht man von einer einseitigen Süße, darunter von einseitig sauren Geschmackseindrücken. Weiters gehört zur inneren Qualität noch der Flavour. Dieser Ausdruck ist nicht übersetzbar und bedeutet die Summe aller Geschmackseindrücke. Nicht vergessen darf man bei der inneren Qualität die Fruchtfleischfestigkeit. Der Konsument liebt knackige Äpfel. Weich werdende oder mehlig werdende Früchte weisen auf die Überschreitung der Lagerdauer und damit auf abnehmende innere Qualitätswerte hin.

Neuerdings werden für 'Golden Delicious' folgende Qualitätsparameter bekanntgegeben, die je nach Produktionsgebiet schwanken können (nach LAFER mündlich):

- **Thiault-Index:** (zur Ernte) mindestens 175, errechnet sich aus: Gesamtzucker + (Apfelsäure in g/l x 10)
- **Perlim-Index** (zur Auslagerung): mindestens 4, errechnet sich aus: [(Penetrometerwert in kg/cm² x 0,5) + (Bx° x 0,67) + (Apfelsäure in g/l x 0,67)] – 10
- **Fruchtfleischfestigkeit** in kg/cm²: mindestens 5
- **Titrierbare Säure:** mindestens 4 g/l
- **Optimale Fruchtzahl/cm² Stammquerschnitt:** 6–8
- **Brix°:** mindestens 13°

LAGERUNG

FAKTOREN, DIE DIE LAGERDAUER BEEINFLUSSEN

Die Ziele der Lagerung sind die Verlängerung der Haltbarkeit und die Erhaltung der Fruchtqualität.

Temperatur

Bei der Lagerung wird eine möglichst niedrige Temperatur im Lagerraum angestrebt. Dadurch wird die Fruchtatmung vermindert und die Lebensprozesse werden verlangsamt. Die durchschnittlichen Temperaturwerte liegen beim Apfel um +2 °C (und darunter), bei Birnen, Stein- und Beerenobst um 0 °C bzw. knapp darunter. Wichtig ist, dass die Lagertemperatur nach dem Einlagern rasch abgesenkt wird.

Relative Luftfeuchtigkeit

Diese ist hoch. Sie soll im normalen Kühllager ca. 85 bis 90 %, im CA-Lager rund 95 % erreichen, um dem Schrumpfen und somit dem Gewichtsverlust der eingelagerten Früchte vorzubeugen. Die relative Luftfeuchtigkeit darf aber nicht zu hoch ansteigen, um Pilzerkrankungen (Schimmel, Fäulnis) hintanzuhalten.

Sind die Luftfeuchtigkeit und auch der CO_2-Gehalt in der Lagerluft zu hoch, so verbindet sich das CO_2 im Lagerraum mit den auf den Früchten anhaftenden Wassertröpfchen und es entsteht Kohlensäure, die an der Schale Verätzungen hervorruft.

Der Lagerluft darf nur wenig Feuchtigkeit entzogen werden. Dies wird durch eine Kühlmitteltemperatur, die nicht mehr als ungefähr 3 °C von der Lagerluft abweicht, und durch große Evaporatoren (Verdunster) im Lagerraum erreicht.

Faustregel: 15 m² Evaporatorenfläche/10 t Obst

Luftbewegung

Um im gesamten Lagerraum überall gleiche Lagerbedingungen zu erreichen, wird die Lagerluft durch Ventilatoren stets in Bewegung gehalten. Dazu muss man sowohl zwischen den Wänden und den einzelnen Stapeln als auch innerhalb des Lagers zwischen den Stapeln Platz lassen, damit eine Luftzirkulation möglich ist. Wird kein Platz zwischen den Stapeln gelassen, sodass die Lagerluft zu wenig umgewälzt werden kann, herrscht die Gefahr, dass am Boden zu tiefe Temperaturen und zu hoher CO_2-Gehalt bzw. Wärmenester auftreten. Somit können Lagerschäden entstehen.

Luftzusammensetzung

Die Luftzusammensetzung wird bei der CA-Lagerung so verändert, dass der Sauerstoffgehalt der Lagerluft kräftig vermindert, der CO_2-Gehalt der Lagerluft stark erhöht wird. Die herkömmlichen CA-Lager wurden nach der bekannten 3:3-Formel betrieben, das heißt, 3 % Sauerstoff und 3 % CO_2 sind in der Lagerluft. Zusätzlich werden reifefördernde Stoffe (Ethylen) aus der Lagerluft entfernt.

Ein Lagerhaus ist kein Krankenhaus.

1. LAGERUNGSVERFAHREN

Bei den modernen Lagerungsverfahren für Steinobst müssen die Früchte vor der Einlagerung gekühlt werden, um die Atmungsverluste möglichst gering zu halten. Dazu sind gegenwärtig zwei Verfahren im Einsatz: die Durchströmkühlung und die Eiswasserkühlung.

Kellerlagerung

Sie hat heute nur bei gutem Naturkeller oder gutem Hauskeller Bedeutung. Vor dem Einlagern wird das Obst vorsortiert, damit nur gesundes Obst eingelagert wird. Wöchentlich sollten die Fruchtlagerstätten durchgeklaubt und zu faulen beginnende Früchte entfernt werden. Die Luftfeuchtigkeit kann durch Aufspritzen von Wasser oder durch das Einbringen von feuchtem Lehm auf den Boden grob geregelt sein. Bei Außentemperaturen von über 0 °C sollte das Kellerlager öfters gelüftet werden.

Im Haushalt können geeignete 2–5 kg fassende Plastiksäcke (Stärke 0,05 mm) mit Äpfeln befüllt und verschlossen werden, anschließend werden einige Einstiche mit einer Stecknadel durchgeführt, um ein zu starkes Ansteigen des CO_2-Gehaltes zu verhindern.

Somit hat man eine CA-Lagerung im Kleinen, die ungünstige Kellerlagerungsverhältnisse überwinden hilft. Bei der Kellerlagerung spricht man auch von der **Kurzzeitlagerung**.

Im Zuge der modernen Lagerhygiene soll man heute auch im Kellerlager nur mehr in Plastikkisten lagern. In verschimmelten (Holz-)Kisten und in verschimmelten Kellern sollte man auf das Obstlagern verzichten, da die Früchte von Lagerkrankheiten befallen werden können.

Kühllager

Im Kühllager wird die Temperatur durch Kältemaschinen, die Luftbewegung durch Ventilatoren und die Luftfeuchtigkeit durch Befeuchter geregelt. Bei der Kühllagerung ist auf eine gute Isolierung der Lagerräume unbedingt zu achten. Bei der Kühllagerung spricht man auch von einer **mittelfristigen Lagerung**.

Die Temperaturen sollen oberhalb des Gefrierpunkts sein. Stein- und Beerenobst ist maximal ein bis zwei Wochen lagerfähig. Bei Temperaturen knapp über dem Gefrierpunkt lagert man Erdbeeren, Rote Ribisel (Johannisbeeren) und Heidelbeeren; Him- und Brombeeren bei etwas tieferen Temperaturen.

Im **Kühllager** sollten Früh- und Spätsorten nicht miteinander gelagert werden, da das Reifegas Ethylen der Frühsorten (wenn nicht mit Smartfresh® gelagert wird) den Reifefortschritt der Spätsorten beschleunigt. Manche Apfelsorten können auch bei +4 °C noch nachreifen, andere Sorten benötigen dazu aber höhere Temperaturen.

Von der Lagertechnik her ist das Kühllager ein großer Kühlschrank.

CA-Lager

CA steht für „Conditioned oder Controlled Atmosphere". Wie die beiden vorgenannten fremdsprachlichen Begriffe bereits ausdrücken, muss beim CA-Lager die Lagerluft (Atmosphäre) kontrolliert und eingestellt werden. Beim CA-Lager handelt es sich somit um ein **Kühllager mit gasdichten Räumen und Türen**. Wenn das CA-Lager betrieben wird, darf man es nicht ohne Atemschutz betreten, da wegen des zu hohen Kohlendioxid- und des zu geringen Sauerstoffgehaltes hohe Lebensgefahr herrscht. Die Luftzusammensetzung der Lagerluft muss wöchentlich überprüft werden. Steigt der CO_2-Gehalt zu hoch an, muss gescrubbert werden.

Weitere CA-Verfahren

DCA-Lagerung (Dynamische CA-Lagerung, Dynamic Controlled Atmosphere)

Man beginnt mit einer Woche Kühllagerung und geht dann zur LO-Lagerung über. Danach wird der Sauerstoffgehalt der Lagerluft kontrolliert um 0,2 % je Woche bis zum kritischen Wert abgesenkt. Nach Erreichen des kritischen Sauerstoffwertes und dem Auftreten des Stresssignals der Früchte wird der Sauerstoffgehalt um 0,2 bis 0,3 % angehoben und weitergelagert.

Die Fruchtfleischfestigkeit ist meist höher als bei der CA- oder LO-Lagerung, tendenziell ebenso der Gehalt an Gesamtfruchtsäure. Der Sauerstoffgehalt beträgt in Sortenabhängigkeit 0,4 bis 0,6 %. Dieses Lagerverfahren kann das Auftreten von Schalenbräune verzögern, benötigt aber exakt arbeitende Kühlung, Lagerraumdichtheit und eine exzellente Steuerung des Lagerverlaufs sowie empfindliche Stressdetektoren, die den steigenden Gehalt an Chlorophyllfluoreszenz F-α beim Einsetzen des Atmungsstresses anzeigen.

Es handelt sich bei diesem Lagerverfahren um eine interaktive Lagerung, da die Früchte die Lagerluftzusammensetzung vorgeben (GASSER et al., 2005). Die Führung eines DCA-Lagers bedarf großer lagertechnischer Erfahrung, da der Reifezustand für diese Lagerung exakt bestimmt werden soll.

DCS-Lagerung (Dynamic Control System)

Anstatt mit einem Fluoreszenzüberwachungssystem wird bei diesem aus den Niederlanden stammenden Verfahren eine Gärstoffanalyse (auf Ethanol, Acetaldehyd, Ethylacetat) durchgeführt. Der Sauerstoffwert soll bei diesem Verfahren 0,3 bis 0,4 % oberhalb der Gärgrenze gehalten werden. Stete Überwachung der Gärungsstoffe ist unabdingbar. Wird im Alten Land (D) eingesetzt.

Bei beiden vorgenannten Verfahren ist eine Gasdurchlässigkeitsnorm von 0,2 cm^2 je 100 m^3 einzuplanen.

LO-Verfahren

(Low Oxygen = Niedrig-Sauerstoffverfahren)
Beim LO-Verfahren wird der Sauerstoff auf ca. 1,5 bis 2,0 %, der CO_2-Gehalt auf 1 bis 3 % bei Temperaturen von 1 bis 3 °C und der beim CA-Lager normalen, hohen relativen Luftfeuchtigkeit eingestellt.

ULO-Verfahren

(Ultra Low Oxygen = Niedrigst-Sauerstoffverfahren) Beim ULO-Lagerverfahren wird der CO_2-Gehalt auf unter 1,5 % und der Sauerstoffgehalt auf 0,8 bis 1,2 % der Lagerluft abgesenkt. Die Herabsenkung des Sauerstoffgehaltes geschieht also bis zur biologischen Verträglichkeitsgrenze.

Die Vorteile der LO- und ULO-Lagerung sind:
Die Kernhausbräune und die Schalenbräunegefahr werden gesenkt. Nur beim LO-Verfahren wird berichtet, dass sich die Fruchtsäure langsamer abbaut und die Fruchtfleischfestigkeit höher bleibt. Durch die bei der LO- und ULO-Lagerung notwendige Senkung des Ethylengehaltes tritt eine mangelnde Aromaausbildung der Früchte auf. Da die Früchte bei der LO- und ULO-Lagerung unter Stress aufbewahrt werden, kann bei einem Ansteigen des Ethylengehaltes über 1 ppm (= ein Millionstel Teil) eine autokatalytische Ethylensynthese der Früchte beginnen, die nicht mehr gestoppt werden kann. Daher muss der Ethylengehalt der Lagerluft unter 1 ppm gehalten werden.

Die Wände der Lagerzellen müssen dicht sein. Eine Gasdurchlässigkeit von 0,35 cm^2 bei 100 m^3 ist hier die Norm.

RCA-Verfahren (Rapid Controlled Atmosphere) = Schnelle Einstellung der CA-Lagerbedingungen Bei diesem Verfahren werden die Temperatur auf + 5 °C und die für die LO- bzw. ULO-Verfahren benötigten CO_2- und O_2-Werte innerhalb von 24 Stunden eingestellt, wobei bis zum Erreichen der Lagertemperatur die Lagerzellentür offen bleiben muss, damit das Entstehen eines Vakuums im Lagerraum verhindert werden kann.

LE-Verfahren (Low Ethylene)

= Niedrig-Ethylenverfahren
Dieses Verfahren wird zurzeit erprobt. Dabei wird das Ethylen aus der Lagerluft ausgewaschen. Dieses Verfahren wird voraussichtlich bei Blumen, tropischen Früchten und Kiwis optimal eingesetzt werden können.

ILOS-Verfahren (Initial Low O_2-Stressing) = Anfänglicher Sauerstoffstress
Innerhalb der ersten zehn Tage einer Lagerdauer erfolgt das Anheben des CO_2-Gehaltes auf maximal 10 bis 20 % (z. B. bei 'Golden Delicious', da ein hoher CO_2-Gehalt der Lagerluft den Chlorophyllabbau stoppt) und die Herabsetzung des O_2-Gehaltes auf weniger als 0,4 %. Nach den ersten zehn Tagen wird dann unter den normalen LO- oder ULO-Lagerbedingungen weiter gelagert. Dieses Verfahren wird zurzeit weiterentwickelt und steht der Praxis noch nicht zur Verfügung.

ILOS + Lagerung

Mehrere Stressphasen mit niedrigen Sauerstoffkonzentrationen in der Lagerluft führen zu definierten Ethanolkonzentrationen in den Früchten, dadurch werden Fruchtschäden weitestgehend gemindert oder ganz verhindert. Schalenbräune wird laut Beobachtungen durch dieses Verfahren nicht verhindert, sondern nur vermindert. Probeweise erfolgte in der Steiermark (LAFER, 2012) die Stressphaseneinleitung Ende Oktober und Anfang Dezember auf 0,4 bis 0,5 % Sauerstoff. Die gewünschten Sollwerte von Alkohol in den Früchten liegen bei 70 bis 100 ppm. Alkoholwerte über 200 ppm werden als leicht, Werte unter 50 ppm als stark erhöht bezeichnet (FELNERR, 2010), wobei negative Geschmackseindrücke (vor allem in Kombination mit hohen Ethylacetatwerten von über 5 ppm) auftreten.

Mat Tiempo

Hier findet der Erntetermin wie bei der CA-Lagerung statt. Vor dem Schließen der kleinen Lagerbehälter wird die Temperatur gesenkt. Für Direktvermarkter und kleine Mengen geeignet.

Die Lagerbehälter fassen 300 kg Äpfel, 170 kg Kirschen oder 220 kg Zwetschken. Ein gasdichter Deckel und eine steuerbare Membran für den Gasaustausch sichern den Lagererfolg. Eine Teilbefüllung der Lagerbehälter ist möglich (nicht wasseraufnehmendes Material verdrängt überschüssige Luft).

Lagerdauer: Äpfel 330 Tage, Zwetschken 50 Tage, Kirschen 25 Tage.

Nach dem technischen Datenblatt der Fa. Janny MT (Société Janny MT – La Condemine, 71260 Péronne, Frankreich) ist der TIEMPO CAP ein starrer Deckel mit Membranen, die mit den zusammengehörenden Plastikbehältern ein Modul für kontrollierte Atmosphäre (1 bis 5 % O_2, 1 bis 5 % CO_2) (GASSER, 2011) bildet und der Langzeitkonservierung von Früchten, Blumen oder Gemüse dient. Vor dem Beginn der kontrollierten Atmosphäre wird das Kühlgut auf die Lagertemperatur herabgekühlt und dann erst wird der Membrandeckel

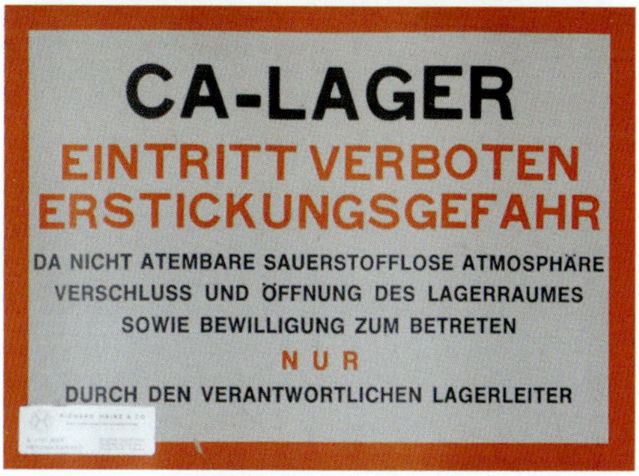

Im CA-Lager herrscht wegen der veränderten Luftzusammensetzung (Sauerstoffmangel, Kohlendioxidgehalt stark erhöht) Lebensgefahr. Es darf während der Lagerung nur von geschultem und befugtem Personal mit Atemschutz und unter Sichtkontrolle anderer Kollegen betreten werden. (Fotos: KEPPEL)

Durch das Schaufenster der Lagerschiebetür können die Kontrollkisten stets von außen besichtigt werden. (Foto: KEPPEL)

In den wärmeisolierten und luftdichten Lagerräumen sind am Boden weiße Linien aufgemalt, die den Abstapelungsverlauf der Kistenstapel angeben. Die Großkisten dürfen nicht direkt nebeneinander stehen, da ansonsten die Luftumwälzung der Lagerluft gehemmt ist und die kühle Lagerlufttemperatur nicht gleichmäßig bei allen Kisten ankommt. (Foto: KEPPEL)

Die Kältemittelverdampfer sind im Deckenbereich angebracht. Die Ventilatoren verbreiten die kühle Lagerluft über den Lagerraum und zwischen die Lagerstapel. Nach der Lagerung sollen sich die Früchte vier bis sechs Tage normalisieren können. Kalte Früchte sind druckempfindlich. Die Temperatur soll durch das Öffnen der Lagerraumtüren (nach dem Luftzusammensetzungsausgleich an die Normalluft) langsam auf 6 bis 10 °C steigen – die Nachreife beginnt. (Foto: KEPPEL)

auf das Lagergut aufgesetzt. Die Behälter sollen während der Lagerung nicht geöffnet werden. Eine Überwachung der Lageratmosphäre wird über das firmeneigene Messgerät TIEMPO TEST angeraten.

Xtend® MA/MH-Beutel

MA bedeutet **m**odifizierte **A**tmosphäre. Die kleinen Plastikbeutel (z. B. für Kirschen 5 kg Inhalt) sind nicht gasdicht, dadurch kann sich innerhalb des Beutels eine fruchtspezifische Lageratmosphäre einstellen, die wegen der Gasundichtheit auch mit der Außenluft einen Gasaustausch gewährleistet.

MH äußert „modified humidity", übersetzt modifizierte Luftfeuchtigkeit. Es stellt sich innerhalb des Beutels eine hohe Luftfeuchtigkeit ein, ohne Wassertropfen zu induzieren. Überschüssige Feuchtigkeit kann aus dem Beutel ausdiffundieren. Die Beutelschutzkisten müssen durchlöchert sein, damit der Gas- und Feuchtigkeitsaustausch gewährleistet ist. Dies bedeutet auch, dass „freistehende" Kistenstapel verwendet werden müssen. Je größer die Oberfläche der Folie ist, desto besser stellt sich die Lageratmosphäre von 3 bis 5 % O_2 und 15 bis 20 % CO_2 im Beutel ein (MOHR et al., 2012).

Die Kirschenlagerung kann durch dieses Lagerverfahren auf bis zu sechs Wochen verlängert werden. Die Lagertemperatur bei Kirschen beträgt 1 °C.

Hubert SIEGLER (2007) erläuterte die Möglichkeit der Lagerung von Kirschen in Xtend® MA/MH-Beuteln. Nachdem positive Ergebnisse, unter anderem aus Jork, publiziert wurden, lagerte die LWG Bayern 2007 versuchsweise die Sorten 'Regina', 'Kordia' und 'Sweetheart' in den 5-kg-Beuteln in Steigen ein. Selbst bei +5 °C (anstelle der empfohlenen 0 bis 2 °C) blieben die Früchte bis zum Auslagern nach sechs Wochen einwandfrei (grüne Stiele, kein Schrumpfen, Geschmack blieb gut – lediglich der Säuregehalt war leicht geringer). Diese bzw. die Palettenlagerung sollte als Möglichkeit gesehen werden, ein Überangebot mit schlechteren Preisen (z. B. mittlere Reifeperiode) zu umgehen oder um die Saison zu verlängern. Mithilfe dieser Lagerung könnten Kirschensortenfrüchte von 'Regina' länger den Markt versorgen, wodurch eine Abhängigkeit von spät reifenden Sorten, die häufig Probleme mit fressenden Insekten (Wespen), Ameisen und Ohrwürmern aufweisen, verringert würde.

Das Xtend®-Verfahren kann also gegenüber der normalen Kühllagerung bei Kirschen Vorteile bringen.

Kirschensorte 'Bianca' im Xtend®-Beutel (Foto: KÖPCKE)

Sortenabhängig gibt es jedoch bei der Nachlagerung Probleme. So wurden beispielsweise hohe Verlustwerte bei frühen Zwetschkensorten beobachtet.

RLD-Lagerung

= Lagerung mit reduziertem Lagerluftdruck
Im Lagerraum wird ein Unterdruck auf 0,05 bis 1 atü hergestellt. Dabei entstehen einige Aromaprobleme. Lagerräumlichkeiten nach dem RLD-Verfahren sind im Bau und im Betrieb teurer als herkömmliche.

Für die LO- und ULO-Lagerung sind besondere Bedingungen an die Stabilität und an die Luftdichtheit der Lagerräume zu stellen. Hinsichtlich des sich stark ändernden Luftdrucks in den Zellen wird die Anbringung eines Druckkompensationssackes empfohlen. Dieser muss ca. 0,5 % des Lagerraumluftvolumens fassen können. Die Steuerung der Lagerkonditionen bei den neuesten Lagerverfahren bedarf einer dauernden automatischen EDV-gestützten Messung, Kontrolle und Regelung der Lagerparameter.

Luftdruckveränderungen im Lager

Im Versuch wurden 20 Zyklen von wechselndem Über- und Unterdruck der Lageratmosphäre durchgeführt. Im Überdruckzyklus erfolgte das Einpumpen von reinem CO_2, das den Sauerstoffgehalt in der Folge senkte. Dadurch konnten alle Schadinsekten in allen Entwicklungsstadien zu 100 % abgetötet werden. Beim Befall des Lagerguts mit Bakterien bzw. Pilzen wurde der Lagerluft Ethanol beigefügt. Die Behandlungsdauer betrug ca. vier Stunden. Eine Adaptation des Verfahrens ist für alle Obst- und Gemüsearten getrennt gegeben. Heidel- und Erdbeeren haben keinen Fruchtsaft bei der Behandlung verloren, Himbeeren und Brombeeren schon.

Durch die notwendigen druckfesten Lagerräume ist dieses Lagersystem teuer. Für ein Großlager können Investitionskosten von 700.000 € veranschlagt werden. Wegen des Auslassens von Abschlussspritzungen könnte dieses Verfahren aber insbesondere für Bio-Betriebe interessant sein.

Die Anwendung der neuesten Lagerverfahren setzt höchste Qualitätsansprüche hinsichtlich des optimalen Reifetermins voraus und stellt eine große Herausforderung für den Obstproduzenten dar, optimales Obst zu ernten und zu lagern.

SmartFresh ® (1-MCP)
1-MCP (Methylcyclopropen) C4H6

Dieses chemische Lagerhilfsmittel hemmt die Ethylenbildung in der Frucht und unterbindet dessen Wirkung aus der Lagerluft. Die Fruchtfleischfestigkeit der Früchte ist durch diese Maßnahme gesteigert (um 0,5 bis 0,7 kg/cm^2), der Anteil der Fruchtsäuren bleibt hoch, der Befall mit Schalenbräune kann verringert werden. Es können unter Umständen physiologische Störungen (Fleisch-/Kernhausbräune) auftreten. Durch die weitestgehende Unterbindung der Reife am Lager kann der Erntetermin später als bei der herkömmlichen CA-Lagerung erfolgen. In den Früchten ist das Mittel kaum nachweisbar. Es wird berichtet, dass sortenabhängig das Nachreifeverhalten (Shelf-life) verzögert oder verhindert sein kann und dass die Aromanachbildung schwächer ist. Das Mittel ist pulverförmig und wird im Lager in warmem Wasser aufgelöst, wodurch es gasförmig wird (0,3 bis 0,6 mg/m^3 Lagerluft). Die Handhabung dieses Präparats soll Lagerspezialisten vorbehalten bleiben, die Erfahrung in der Lagerführung und in der Feststellung des optimalen Erntefensters besitzen sowie den Sortenindividualismus bei der Lagerung kennen.

Allgemeine Bedingungen zur Steinobstlagerung (nach GASSER, 2011)

Lagerungseffekte sind sortenabhängig. Nicht alle Steinobstsorten eignen sich zur Lagerung. Der Einfluss der Niederschläge hat ebenfalls Auswirkungen auf den Lagerungserfolg. Kirschen sollten aus Anlagen unter einer Folienabdeckung stammen. Wie beim Kernobst sind zu früh geerntete Partien geschmacksleer, zu spät geerntete weisen einen höheren Lagerverlust auf. Ein rascher Abtransport der Früchte aus der Anlage sowie sofortige Abkühlung bringen gute Erfolge. Die Früchte sollen keineswegs in der Sonne stehen bleiben. Das Fehlen des Stiels führt unter Umständen zu Lagerungsproblemen und zum Bluten während des Transports. Auch die Endverkaufsverpackung ist wichtig für den Verkaufs- und zur Erhaltung des Lagerungserfolges.

Kirschenlagerung

Versuchsweises Hydrocooling der Früchte zeigt keinen positiven Einfluss auf die Fruchtqualität. Kirschen brauchen im Lager eine hohe Luftfeuchtigkeit. Nur festfleischige Sorten können vier bis sechs Wochen gelagert werden.

Nach neuesten kanadischen Erfahrungen sind Kirschenfrüchte kanadischer Züchtungen nach einer ein- bis zweiwöchigen Lagerung fester als bei der Ernte. Es gibt dafür noch keine Begründung, aber dies könnte auf den Zuckergehalt der Früchte zurückzuführen sein, da wenig süße Kirschen weicher sind.

Zwetschkenlagerung

Eine etwas spätere Ernte lässt die geschmackliche Qualität steigen. Bei optimaler Erntequalität kann bei 1 °C vier Wochen lang gelagert werden. Der Verfall der Früchte tritt meist in der Verkaufsphase innerhalb von fünf Tagen bei Raumtemperatur auf. Um Kondenswasserbildung auf den Früchten zu vermeiden, sollen die Früchte nur stufenweise an die Umgebungstemperatur herangeführt werden.

Nacherntebehandlungen

Heißwassertauchen – Heißwasserdusche

Hier werden die Früchte nach der Ernte und vor der Einlagerung in einer Großkiste in „heißes" Wasser getaucht. Durch die kurzzeitige Einwirkung des heißen Wassers werden Lagerkrankheitserreger (z. B. *Gloeosporium*) abgetötet. Dieses Verfahren wird gegenwärtig zur Heißwasserdusche weiterentwickelt. Dabei kann eine bessere Wärmeabgabe an die Fruchtoberflächen, eine beschleunigte Temperaturerhöhung im Großkisteninneren und eine gezieltere und genauere Temperaturregulierung erfolgen.

Um vom Tauchen als Nacherntebehandlung wegzukommen, laufen diverse Versuche. Es wird versucht, die Nacherntebehandlungsmittel nicht durch das Tauchen auf die Früchte zu bekommen, sondern durch in Wasser gelöstes **Vernebeln (Thermozerstäubung)** im Lagerraum. Dadurch kann die festgelegte Rückstandsgrenze meistens unterschritten werden.

E 235

Der Wirkstoff E 235 befindet sich im Versuchsstadium zur Vorbeugung gegen Lagerfruchtfäulen.

Dieser in der Lebensmittelindustrie verwendete Wirkstoff (Natamycin) wird in der Natur von der Bakteriengattung *Streptomyces* gebildet und kommt mancherorts auch im Boden frei vor. Er wirkt gegen Schimmelpilze und gegen Hefen, nicht aber gegen Bakterien. E 235 wird auch den Schalen von Käse oder Hartwürsten zugesetzt. Wegen möglicher Resistenzbildung wird vom Verzehr dieser Schalen abgeraten.

2. LAGERKRANKHEITEN

Zur Vermeidung von Lagerkrankheiten lagert man prinzipiell nur gesunde, reine und pflückreife Früchte ein.

Die vielfältigen Lagerkrankheiten befallen die Früchte während der Wachstumszeit und/oder bei der Ernte, treten aber meist erst während der Lagerung oder nach dem Auslagern auf.

Man unterscheidet im Wesentlichen

- physiologische Erscheinungen (durch Disharmonien des Fruchtfleisches),
- parasitäre Erkrankungen und
- Erkrankungen nicht parasitären Ursprungs.

Die Intensität des Auftretens und die Symptome sind sortenabhängig, vegetations- und anlagenbedingt. Meist weisen diese Erscheinungen komplexe Zusammenhänge hinsichtlich der Entstehung auf und diese sind meist nicht eindeutig eruierbar.

Als **Hauptauslösungskomplexe** können genannt werden:

Wuchs-, witterungs-, suboptimale Behangdichten- und Nährstoffverhältnisse, nicht entsprechender Erntetermin und problembelastete Lagerbedingungen sowie chemische Produktionsmaßnahmen haben großen Einfluss auf das Auftreten und die Intensität von Lagerkrankheiten.

Zum altbekannten Lagerspruch **„Das Obstlagerhaus ist kein Krankenhaus"** wird angeführt – Lagerungsprobleme werden ausgelöst durch:

- Schwachen Ansatz
- Zu starkes Ausdünnen
- Zu späte Stickstoffgaben (oft Mulchrasenproblem)
- Zu starken Winterschnitt
- Zu große Früchte
- Zu starken Ansatz
- Kalziummangel oder Kaliüberschuss im Boden bzw. der Frucht
- Zu späte Ernte

Lagerkrankheiten nicht parasitären Ursprungs

Fleischbräune (altersbedingt): Internal Breakdown

Bei der altersbedingten Fleischbräune mazeriert das Fruchtfleisch (es zersetzt sich). Dies tritt bei zu später Ernte, bei zu langer Lagerdauer, bei zu schwachem Behang oder bei leichten Böden mit geringem Nährstoffvorrat leicht auf.

Als Vorbeugung empfiehlt es sich, den Triebwuchs gering zu halten, wenig Stickstoffdüngung einzusetzen, ausgewogenen Ertrag im physiologischen Gleichgewicht sowie die sortentypische Hauptfruchtgröße am Baum zu erhalten. Landläufig bezeichnet man solche mazerierenden Früchte auch als „muschig".

Fleischbräune bei 'Cripps Pink' (Foto: ZANELLA, LVZ LAIMBURG)

Fleischbräune (Kältefleischbräune)

Diese tritt auf, wenn zu tiefe Temperaturen bei der Lagerung herrschen bzw. wenn zu warmes Obst eingelagert wurde. Das Fruchtfleisch bleibt weitgehend fest, ist aber unterhalb der Fruchtschale und um die Gefäßbündel bräunlich.

Innere Fleischverbräunung (Internal Browning Disorders)

Bei empfindlichen Sorten kann es im CA-Lager bei zu später Ernte, bei zu rascher CA-Bedingungsführung und bei zu hohem CO_2-Gehalt der Lagerluft zu einem raschen Auftreten der Inneren Fleischverbräunung kommen. Der Einfluss von ungünstiger Witterung auf das Auftreten wird diskutiert. Empfindliche Sorten, wie z. B. 'Braeburn' und 'Elstar', zeigen diese Erscheinung schon nach kurzer Lagerdauer. Auch Kavernenbildungen sind im Fruchtfleisch festzustellen.

Schalenbräune (Scald)

Anfänglich treten nur hellbräunliche, äußere Schalenverfärbungen auf, die nach Auslagerung, bei höheren Temperaturen und herkömmlichen Sauerstoffbedingungen intensiv brauntönig werden können.

Rotfarbige Sorten zeigen die Verbräunungen auf dem Grundfarbenteil. Der Fruchtfleischanteil ist meist nicht befallen. Die Schalenbräune tritt in kühleren Anbaugebieten selten auf. Anfällig sind die Sorten: 'Berlepsch', 'Fuji', 'Gala', 'Granny Smith', 'Jonagold', 'Melrose', 'Nicoter/Kanzi', 'Red Delicious', 'Wagenerapfel'. Die Altersschalenbräune (Senescent Scald) kann bei allen Sorten im Stadium der Überreife und nach zu später Ernte auftreten.

Auch Schattenfrüchte oder die Fruchtschattenseite können befallen werden.

*Innere Fleischverbräunung (Foto: KEPPEL)**

Warme und trockene Vorerntewitterung fördern meist das Auftreten der Schalenbräune. Ca-gelagerte Früchte zeigen wegen des verminderten Sauerstoffgehalts in der Lagerluft meist weniger Schalenbräune. Der höhere Sauerstoffgehalt bei anderen Lagerverfahren fördert den oxidativen Bräunungsprozess. Hohe Luftfeuchte bei geringer Lagerluftumwälzung und höherer Lagertemperatur und der damit verbundenen schnelleren Reife fördert das Auftreten zusätzlich.

Die modernen Lagerverfahren (ULO-, DCA-Lagerung) sowie der Einsatz des MCP-Präparats senken das Befallsrisiko. Als Auslöser gelten auch hoher Stickstoff-, geringer Ca-Gehalt im Boden, zeitverzögerte Sauerstoffabsenkung und zu hoher Sauerstoffgehalt in der Lagerluft neben einer zu langen Lagerdauer.

Vonseiten der Praxis zählen zu den minimierenden Maßnahmen eine gute Belichtung der Früchte am Baum, optimaler Ausdünnungsgrad, genaue Beobachtung des Ca-Gehalts im Boden, exaktes Erntefenster, höchstens 92 % relative Luftfeuchtigkeit bei anfälligen Sorten unter steter Luftbewegung am Lager, ULO-Lagerung bei 1 bis 1,5 % Sauerstoffgehalt oder bei DCA-Lagerung nur 0,6 bis 0,8 % oder auch der Einsatz von 1-MCP oder SmartFresh.

Chemische Behandlungen nach der Ernte mit Antioxidantien sind derzeit nicht zulässig.

Schalenverätzung (Skin Burning)

Bei der Einlagerung von suboptimaler Fruchtqualität und bei anfänglich zu tiefem CO_2-Gehalt in der Lagerluft kann diese Lagererscheinung auftreten. In der Anfangsphase der Lagerdauer soll der CO_2-

Schalenbräune auf 'Granny Smith' (Foto: ZANELLA, LVZ LAIMBURG)

*CO_2-Schalenverätzung (Foto: KEPPEL)**

*Weiche Schalenbräune (Foto: KEPPEL)**

Gehalt nur ca. 1,5 % betragen, nach zwei Monaten kann er auf „normale" Werte eingestellt werden.

Weiche Schalenbräune (Soft Scald)

Oft als weiche, tiefe Bänderfleischbräune bezeichnet. Anfangs tritt die weiche Schalenbräune nur auf der äußersten Schalenschicht auf und äußert sich durch eine leicht eingesunkene, glatte, oft straff gespannte Oberfläche von zunächst hellbrauner Färbung (STREIF, 2011). Später tiefen sich die Schadstellen ein, werden dunkelbraun und durch den Befall mit Schwächepilzen (*Cladosporium* oder *Alternaria*) schwarz verfärbt. Der Schaden verbreitet sich nicht während der Vermarktung bzw. bei Lagerende. Weiche Schalenbräune tritt bei zu schneller Abkühlung im Lager bei meist zu spät geernteten Früchten mit zu hoher Atmungsaktivität auf. Betroffene Sorten sind 'Elstar' und 'Jonagold'. Bei 'Pinova' kann sie nach einem kühlen, nassen und trüben Sommer eintreten, auch bei großen Früchten von schwach behangenen Bäumen auftretend. Langsamer Temperaturabsenkungsverlauf hilft bei der Vermeidung.

Stippe (Bitter Pit) und Lentizellenflecken

Beide physiologischen Erkrankungen sind oft nicht vor der Ernte auf der Frucht sichtbar, sondern erst im Verlaufe der Lagerdauer. Das Auftreten ist sortenbedingt. So sind praxisnah die Sorten 'Braeburn', 'Elise', verschiedentlich 'Jonagold' und 'Nicoter/Kanzi' sowie 'Boskoop', 'Cox Orangerenette', 'Gravensteiner', 'Jonathan' und 'Goldparmäne' (STREIF, 2011) als anfällig bekannt.

Stippe wird meist als 3–5 mm Durchmesser umfassende braune, trockene Stellen mit leicht bitterem Geschmack im Fruchtfleisch sichtbar. Erste Symptome treten direkt unter der Fruchtschale, vorwiegend im Bereich des Kelchs, mit dunklen, teilweise etwas eingesunkenen Flecken auf.

Als Auslöser gilt ein unharmonisches Verhältnis der Nährstoffe Ca : K : Mg, wobei Ca in Mangelfunktion gerät. Da Kalzium nur bis zur Walnussgröße der Frucht ausreichend in das Fruchtfleisch transportiert wird, wird es mit zunehmender Fruchtgröße bevorzugt in die stärker transpirierenden Baumorgane im Sinne einer SINK-Wirkung (Attraktivitätsorgane – Blätter, Früchte, Triebe) transportiert. Während der Lagerung kann sich Kalzium aus dem Bereich unterhalb der Fruchtschale in Richtung Kernhaus bewegen. Daher sind die Symptome auf der Fruchtaußenseite leichter festzustellen.

Das Kalzium ist als Ca-Pektinat in den Membranen der Fruchtzellen eingebaut und dient der Fruchtzellwandstabilität. Bei Minderversorgung kann nun Kalzium in den Membranen gegen Kalium oder Magnesium substituiert (ersetzt) werden. Wegen des Fehlens des Kalziums tritt eine Zellwandinstabilität ein, der Zellkomplex wird weicher

Stippe (Foto: VIETMEIER, Landwirtschaftskammer NRW)

Lentizellenflecken (Foto: SPORNBERGER)

Lentizellenflecken auf der Schale (Foto: ZANELLA, LVZ LAIMBURG)

und löst sich auf. Durch das Absterben der Zellen kann es zum Verbräunen der Zellen (= oxidativer Prozess) kommen.

Das Auftreten von Stippe wird gefördert durch eine zu frühe Ernte, zu hohe sommerliche Mineralstoffversorgung an Kalium, Magnesium und Stickstoff, zu trockene Jugendwochen der Frucht Mitte Mai bis Anfang Juli bzw. hohe Frühsommertemperaturnen oder zu starkes Fruchtwachstum in Verbindung mit einem schwachen Behang (durch Alternanz oder Blütenfrostschäden).

Vorbeugend wirkt ein gutes, physiologisches Gleichgewicht (gleichmäßige Erträge mit adaptiertem Wachstum, gezielter Baumschnitt zur Erziehung ruhiger Bäume bei wuchs- und vegetationsangepasster Düngung sowie Einhalten des Erntefensters).

In der Praxis werden sechs bis acht Spritzungen mit $CaCl_2$ (Kalziumchlorid 0,5 bis 0,8 %) oder mit anderen Ca-Düngern durchgeführt.

Sollwerte bei der Ernte nach STREIF (2011):

	Mg/Ca/100 g FS	K:Ca-Verhältnis
optimal	> 5,5	< 20
normal	4–4,5	20–30
kritisch	< 4	> 30

Lentizellenflecken (Lenticel Blotch Pit)

Hier sind die Befallsstellen anfänglich kreisrund nur um die Lentizellen vorhanden: Die im Zentrum der Flecken befindliche Lentizelle verfärbt sich oft weißlich. Mit zunehmender Lagerdauer dringen die Befallsstellen bis ins Fruchtfleisch vor. Pilzinfektionen als sekundärer Befall mit Erregern, wie z. B. Alternaria, Fusarium, Monilia sind möglich.

Jonathan-Spot

Es treten braunschwarze Flecken auf der Fruchtschale auf.

- **Baumspot** = kurz nach Ernte, bis 3 mm ø
- **Lagerspot** = gegen Ende der Lagerung, 6 bis 7 mm Durchmesser

Als Ursache können zu späte Ernte und unharmonische Bäume genannt werden. Bei CA-Lagerung kaum sichtbar.

Glasigkeit (Water Core)

Bei suboptimalem Behang (zu geringe Fruchtanzahl am Baum vor der Reife), bei trockener und heißer Witterung vor der Ernte sowie bei zu später Ernte tritt sortenabhängig in verschiedenen Intensitätsstufen die Glasigkeit auf. Dabei tritt der Fruchtsaft aus den Zellen in die Fruchtfleischzellinterzellularen (Zellzwischenräume) ein und mindert dadurch die Atmungsfähigkeit der Früchte. Es kommt zu einem Gärungsstoffwechsel in der Frucht durch eine verminderte Fruchtatmung. Als Richtwert kann gelten, dass ein Fruchtanteil von mehr als 20 % befallene Früchte nicht eingelagert werden sollte. Die Einhaltung des physiologischen Gleichgewichts während der Produktion, ein ausgeglichener Ca-Haushalt in den Früchten, die Ernte knapp vor bzw. am Beginn des empfohlenen Erntefensters sowie eine rasche Vermarktung nach der Ernte und Lagertemperaturen während der ersten zehn Tage nicht unter +10 °C können unter Umständen helfen, einen Glasigkeitsbefall wirtschaftlich zu mindern. Leichte Glasigkeit kann sich am Lager rückbilden.

Glasigkeit (Foto: HOYER, RP-Giessen)

Kernhausbräune (Core Flush)

Die Kernhausbräune tritt bei zu langer Lagerung und schlechten Lagerungsbedingungen durch die beschleunigte Alterung auf. Bei anfälligen Sorten kann auch ein CO_2-Schaden dies auslösen. Bei organischer Bewirtschaftung und Gülle-/Jauchedüngung im Februar kann sich dieses Schadbild zeigen. Der Sauerstoffgehalt der Lagerluft kann an die ULO-Lagerungsbedingung angeglichen werden, der CO_2-Gehalt soll gesenkt werden, um eine gute Lagerung zu erreichen.

Erkrankungen nicht parasitären Ursprungs

Sauerstoffmangel (Low Oxygen Injury)

Wenn ein zu geringer O_2-Gehalt in der Lagerluft auftritt, kommt es zu einem Gärgeschmack und zu einer mangelhaften Aromanachbildung. Sinken die Sauerstoffwerte der Lagerluft zu tief, dann bildet sich im Fruchtfleisch Alkohol, der zu einem raschen Verderb der Früchte führt. Bei geringer Schädigung der Früchte kann eine O_2-Erhöhung in der Lagerluft den Schaden aufheben.

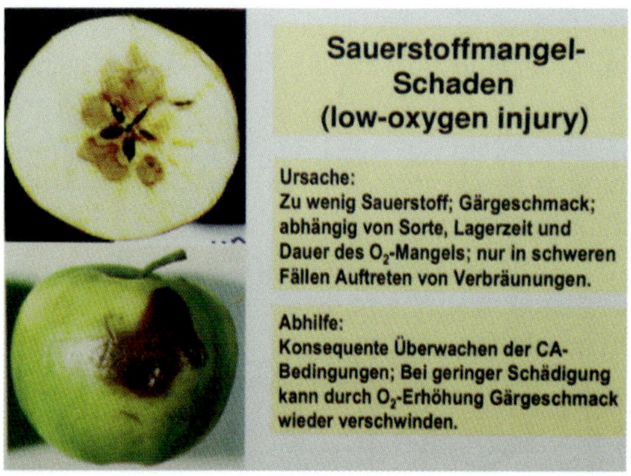

Sauerstoffmangel am Lager (Foto: KEPPEL)*

CO_2-Schäden

Bei einem zu hohen CO_2-Gehalt in der Lagerluft kann es zu einem Wassertropfenkondensat auf der Fruchtschale kommen, welches sich in Verätzungen der Schale äußert. Daneben treten oft Fruchtfleischbräune oder Kernhausbräune auf. Auch von außen nicht sichtbare Fruchtfleischkavernenbildungen stören beim Genuss. Empfindlich dagegen sind die Birnensorten 'Conference' und 'Vereinsdechantsbirne', bei den Äpfeln sind 'Boskoop', 'Braeburn', 'Idared' und 'Jonathan' besonders anfällig.

Äußere CO_2-Schäden

Diese entstehen meist auf der Schattenseite schlecht entwickelter Früchte, da dieser Schalenanteil hypothetisch betrachtet empfindlicher gegenüber CO_2 ist. Auf schlecht entwickelten Früchten vereint mit geringer Deckfarbenausbildung, die entweder zu früh geerntet wurden oder aus dem Bauminneren zu dichter Bäume stammen, zeigen sich in den ersten drei bis sechs Wochen der Lagerphase diese Schalenverätzungen. Auch ein zu frühes Einstellen der Lagerbedingungen am Beginn der Lagerung kann zu solchen Erscheinungen führen. Versuche am KOB Bavendorf, Deutschland (STREIF, 2011) haben gezeigt, dass diese Lagererscheinung bei der Einlagerung von ausschließlich gut entwickelten Früchten mit typischer Deckfarbenausbildung aus gut durchlichteten Bäumen verhindert werden kann (siehe auch Schalenverätzung, Seite 531).

Generell ist Folgendes zu sagen: Je tiefer die Lagertemperatur und der O_2-Gehalt sind, desto empfindlicher reagieren die Sorten auf CO_2-Schäden.

Kavernenbildung und innere Fleischverbräunung (Cavities and Internal Browning, Core Browning, Brown Heart, Cavity Formation)

Kavernenbildung ist bei schlecht belüfteten Kühllagerräumen und im CA-Lager bei empfindlichen Sorten ('Alexander Lucas', 'Conference') leicht zu erkennen. Durch einen zu späten Erntetermin oder/und zu hohen CO_2-Gehalt oft schon nach ein bis zwei Monaten Lagerdauer auftretend. Die geschädigten Zellen verlieren an Saftgehalt, wodurch es zum Schrumpfen des Fruchtfleisches kommt. Hohlräume (Kavernen) sind die Folge. Die Kernhausbräune weist aber auch auf eine Überlagerung reif eingelagerter Partien hin. Bei

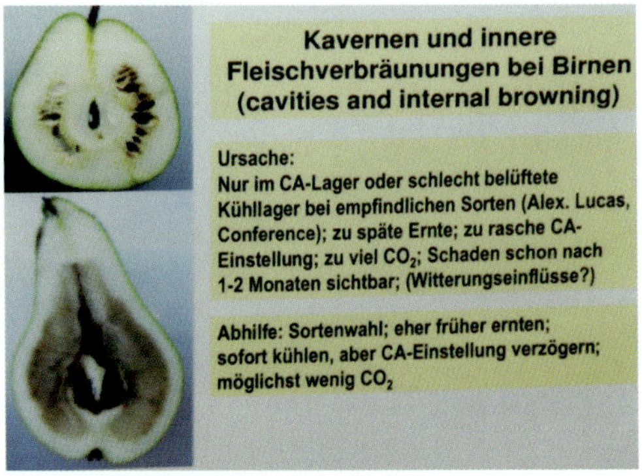

*Kavernenbildung und innere Fleischverbräunung bei Birnen (Foto: KEPPEL)**

*Grünfäule (Foto: KEPPEL)**

schlechten Gasaustauschbedingungen im Fruchtfleisch kann das durch die Fruchtatmung gebildete CO_2 nicht oder nicht ausreichend aus dem Fruchtfleisch entweichen und schädigt die Frucht durch die Überkonzentration. Der Gasaustausch zwischen Fruchtinnerem und der Lagerluft wird unter anderem durch einen zu hohen CO_2-Gehalt der Lagerluft erschwert.

Kernobst in kühleren Gebieten gezogen zeigt höhere Anfälligkeit für Kavernenbildung.

Rasche Kühlung bei verzögerter Einstellung der Lagerkonditionen mit einem geringen CO_2-Gehalt helfen, dies zu verhindern. Die Verkürzung der Lagerdauer bei empfindlichen Partien hilft außerdem dabei, diese Erscheinung zu mindern.

Gefrierschäden

Solche Schäden treten bei der Lagerung unter dem Gefrierpunkt für Obst (Birnen, Äpfel: –2,5 bis –1,4 °C) auf. Es kommt zum Aufreißen der Haut und des Fruchtfleisches. Besonders gefährdet sind überreife, überlagerte Früchte.

- Zu wenig O_2 in der Lagerluft = Gärgeschmack und mangelhaftes Aroma
- Zu tiefe O_2-Werte = Alkoholbildung im Fruchtfleisch

Parasitäre Lagerkrankheiten (Lagerkrankheiten parasitären Ursprungs)

Früchte werden meist in der Anlage oder bei der Ernte infiziert. Die Anfälligkeit nimmt mit zunehmender Lagerdauer zu. Daher immer nur gesundes, reifes und unbeschädigtes Obst einlagern! Zudem hilft das konsequente Durchführen von Abschlussspritzungen dabei, den Befall zu verhindern.

Grünfäule (*Penicillium* sp.)

Diese parasitäre Lagerkrankheit kommt auf faulenden Geweben vor und stellt einen bedeutenden Erreger von Lagerkrankheiten dar. Ein direkter Kontakt mit diesem Erreger infiziert die Frucht über Lentizellen und beginnt mit hellbraunen, eingesunkenen, weichen, wässrigen Flecken auf der gesamten Fruchtoberfläche bis tief ins Fruchtfleisch. Man erkennt eine deutliche Abgrenzung zum gesunden Gewebe. Im späteren Verlauf treten grünlich-blaue Pilzrasen bei modrigem, erdigem Geruch auf. Wärme, hohe Luftfeuchtigkeit und lange Lagerdauer fördern das Auftreten. Beim Sortieren (Durchklauben der Früchte während der Lagerung im Keller- bzw. Kühllager) sollen faulende, verrottende Früchte entfernt werden. Es empfiehlt sich, kontaminierte Gebinde vor dem Einlagern zu desinfizieren oder gegen sterile Plastikbehälter auszutauschen. Auch Abschlussspritzungen vermindern bzw. verhindern den Befall.

Graufäule (*Botrytis cinerea*)

Diese Lagerkrankheit tritt speziell beim Beerenobst vor der Ernte auf. Sie ist sorten-, reifegrad- und lagerverfahrensabhängig. Anfänglich treten auf den Früchten braune, feste Befallsstellen auf, die zum gesunden Gewebe hin verlaufen. Mit zunehmender Befallsdauer treten dunkelbraun werdende Verfärbungen auf der Fruchtschale auf. Rotschalige Sorten werden um die Lentizellen dunkelfleckig (gesprenkelt). Bei hoher Luftfeuchtigkeit ist auf der Fruchtschale ein oberflächliches, weißes bis grauweißes Pilzmyzel sichtbar. Diese Krankheit ist gefürchtet, da sie schnell auf gesunde Früchte übergreift (Botrytisnester). Die Infektionen erfolgt über die Kelchöffnung, über Wunden und über

Graufäule (Foto: KEPPEL)*

stehende Wassertropfen auf der Fruchtschale. Im Kühllager entwickelt sich die Botrytis schneller als die Grünfäule (unter Umständen innerhalb von zwei Monaten!). Zur Vorbeugung sollen in der Anlage keine tief hängenden Äste erzogen werden bzw. sollten solche beim Baumschnitt entfernt werden. Eine gute Luftumwälzung im Lager sowie die Durchführung der Abschlussspritzungen und das konsequente Ausscheiden von befallenen Früchten und deren nebengelagerten Früchten helfen dabei, einen Befall zu verhindern.

Monilia (*Monilia fructigena*)

a) Braunfäule und Polsterschimmel

Diese ist erkenntlich durch braune, große Faulstellen mit konzentrischen weißlichen bis braunen Sporenlagern (Hexenringe). Sie ist eine rasch zerstörende Lagerkrankheit!

b) Schwarzfäule

Bei Schwarzfäulebefall tritt eine schwarz glänzende, ledrige Schale auf, die vorwiegend am Lager bei niedrigen Temperaturen und Dunkelheit auftritt. Die Fruchtinfektion wird über Fruchtmumien oder durch Infektionen mit Rindenerkrankungen übertragen und tritt über Wundstellen der Fruchtschale oder über Einbohrlöcher tierischer Schädlinge in die Früchte ein. Als vorbeugende Maßnahmen gelten das Entfernen dürrer Zweige (auch Spitzendürre) und Fruchtmumien beim Schnitt, zielgerichtetes Ausdünnen sowie eine Lagerung ohne verletzte Früchte.

Schwarzfäule (Foto: KEPPEL)*

Lentizellenfäulnis – Gloeosporium – Fruchtfäulen

Gloeosporium perennans

Nach längerer Lagerung sind hell- bis dunkelbraune, kreisförmige Faulstellen zu sehen, die kegelförmig ins Fruchtfleisch eindringen. Die weißen, grauen, gelben oder kirschroten Sporenlager sind deutlich erkennbar. Im Lager findet keine Ausbreitung auf gesunde Früchte statt! Der Befall in der Obstanlage ist jederzeit möglich!

Der Erreger überwintert auf Trieben in der Rinde. Empfindliche Sorten sind 'Golden Delicious' und 'Granny Smith'. Aufgrund des Verbots der chemisch-synthetischen Abschlussspritzung im Bioanbau sind dort mit dieser Erkrankung große Probleme aufgetreten. Deshalb hat die Bundesforschungsanstalt Karlsruhe (Deutschland) das sogenannte **Heißwassertauchen** entwickelt, bei dem die geernteten Früchte für kurze Zeit in Heißwasser (ca. 60 °C) eingetaucht werden. Dadurch werden die Erreger weitestgehend abgetötet. Das Heißwassertauchen wird derzeit auch für andere Obstarten erprobt.

Gegen die Erreger dieser Lagerkrankheit wirken alle derzeit zugelassenen Schorffungizide. Anlagenhygienische Maßnahmen zur Krankheitsverhinderung sind: **Alle Krebs- und Rindenbrandstellen entfernen, nur bei trockenem Wetter ernten. Beim Laubfall sind Blattnarbeninfektionen möglich, die mittels Fungiziden verhindert werden können.**

Gloeosporium album: Dieser Erreger kommt als Saprophyt auf Schnittwunden, auf abgestorbener Rinde oder auf Blattnarben vor, ist aber nicht als Rindenbranderreger bekannt.

Gloeosporium fructigenum: Diese Fäule tritt kaum als Lentizellenfäulniserreger auf, aber als

Fäulniserreger bei Obst und Gemüse. Der Befall verbreitet sich langsam mit kreisrunden, kleinen, hellbraunen Stellen mit 0,5–3 cm Durchmesser. Im Zentrum der Befallsstellen befinden sich konzentrische Kreise mit dunkelbraunen bis schwarzen Sporenlagern.

Lagerschorf (*Venturia inaequalis*)

Die Schadbilder sind erst im Lager sichtbar. Durch den Befall tritt eine höhere Fruchtsaftverdunstung auf, die ein rasches Schrumpfen der Früchte induziert. Die Früchte werden am Baum infiziert. Es handelt sich um den gleichen Erreger wie bei Blatt- oder Fruchtschorf. Konsequentes Fungizidspritzen oder Behandeln mit Biospritzmitteln verhindert den Befall der Früchte in der Anlage. Karenzzeiten der Spritzmittel beachten!!! Nur gesunde Früchte einlagern!

Nectriafäule (*Nectria galligena*)

Beim Befall mit Nectriafäule treten braune, tiefreichende Faulstellen auf, die Fruchtschale sinkt leicht ein, bleibt aber fest. Später löst sich die Schale vom Fruchtfleisch. Es kommt zu einer Kavernenbildung. Die Krankheit beginnt in Stiel- oder Kelchnähe, später beginnt der ganze Apfel zu faulen. Cremefarbene Sporenlager.

Lagerfruchtfäulenverhinderung durch Heißwassertauchen

an Äpfeln im Bioanbau

Nach Erfahrungen der Wissenschaftler der ACW, Schweiz, reichte ein zweieinhalbminütiges Tauchen rotschaliger Apfelsorten (z. B. 'Topaz') bei 52 °C aus, damit die Fruchtfäule im Lager minimiert wurde. Bei gleicher Behandlungsdauer wurden aber grünschalige Sorten bei 50 °C von Schalenbräune befallen. Die Empfindlichkeit der Sorten gegenüber der Wassertemperatur ist jahresabhängig. Einflussgrößen diesbezüglich sind wahrscheinlich die sommerlichen Witterungsbedingungen und der Reifegrad der Früchte beim Heißwassertauchen. Birnen sind tendenziell empfindlicher als Äpfel. Die Höchstwassertemperatur liegt bei Birnen bei 48 °C, aber dabei können die Pilzsporen nicht abgetötet werden.

an Zwetschken im Bioanbau

Zur Verminderung des Befalls mit Monilia-Fruchtfäulen an Zwetschken im Bioanbau versucht man gegenwärtig das Heißwassertauchen einzusetzen.

Bitterfäule verursacht durch Gloeosporium (Foto: SPORNBERGER)

*Lentizellenfäule (Foto: KEPPEL)**

*Lagerschorf (Foto: KEPPEL)**

Bei 'Hanita' führte ein fünfminütiges Tauchen in 49 °C warmem Wasser zu guten Ergebnissen.

durch UV-Licht

Versuche mit UV-C-Lichtspektrum haben ergeben, dass dieses auf einige Bakterien und Pilze letal wirkt. Das eingesetzte UV-Licht weist eine Wellenlänge von unter 280 nm (Nanometer) auf und kann Sporen schädigender Pilze abtöten. Das Myzel von Pilzen kann durch dieses UV-Licht jedoch nur dann abgetötet werden, wenn es direkt getroffen wird. Für das Abtöten von Pilzsporen in den Versuchen in Petrischalen wurden mit Dosen von weniger als 200 mJ/cm², auf Fruchtoberflächen mit Dosen von 500 mJ/cm² Erfolge erzielt.

* Anmerkung: Alle Abbildungen (mit Bilderklärungen) und die Graufäule sowie Grünfäule wurden vom Verfasser bei der OGA 2012 am Stand des Kompetenzzentrums Bavendorf fotografiert.

3. SORTIERUNG

Sortieren bedeutet das **Einteilen von Früchten**

- nach deren **Größe** anhand des größten **Querdurchmessers** oder
- anhand des **Einzelfruchtgewichts**,
- nach der **Qualitätsklasse**,
- nach dem **Deckfarbenanteil**,
- nach **Schalenfehlern**,
- nach der **Fruchtfleischfestigkeit** und
- nach den **Inhaltsstoffen.**

Die ersten Sortiermaßnahmen erfolgten anhand von Sortierbrettchen, die als Vergleichsgröße zur individuellen Einschätzung des Fruchtdurchmessers und damit der Fruchtgröße dienten. Als Nachfolger wurde dann der Sortierring verwendet, der in zusammengelegten Ringen in ansteigender Fruchtgrößenklasse das gesamte Größenband abdeckte. Die Größenklasseneinteilung erfolgt auch heute noch in 5 mm Größenklassenabstufungen.

Sortierteller einer Sortiermaschine älterer Herkunft: Der Teller dreht sich nach rechts, die Früchte werden dabei mitgenommen und in ansteigender Fruchtgröße von den Sortierabstufungen in ihrer Fruchtgröße durchgelassen. Je größer die Früchte, desto weiter werden diese mittransportiert. Übergrößen rollen als Letztes vom Teller. Die Fruchtqualität wird am ebenen Sortierband, welches dem Sortierteller vorgeschaltet ist, händisch aussortiert.

Moderne Sortiermaschinen in den Lagerhäusern sortieren nach dem Fruchtgewicht, über Videokameras wird die Fruchtqualität anhand des Deckfarbenanteils und eines eventuellen Beschädigungsgrades festgestellt. Zur Schonung der Fruchtqualität erfolgt die Großkistenentleerung im Wasserbad, die Früchte werden im Wasserstrom weitertransportiert, in Einzelfruchtbechern abgewogen und in die Größen- sowie die Qualitätsklassen eingeteilt und zu ihrem entsprechenden Transportband abgelegt. Auch die Befüllung der Großkisten nach der Sortierung erfolgt fruchtschonend im Wasserbad. Anschließend durchlaufen die Früchte den Verpackungsprozess.

Zur Kirschensortierung und für die Sortierung anderer kleinfruchtiger Obstarten, wie z. B. Walnuss und Haselnuss, werden neuerdings „Sortiermaschinen

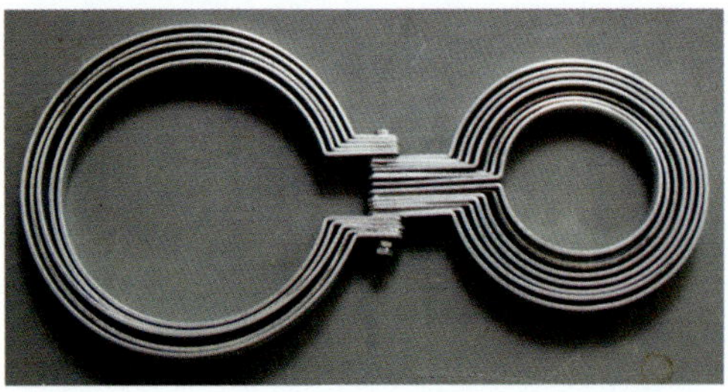

Sortierringe, die in ihren Durchmessern einem Fruchtquerdurchmesser in 5 mm Abstufung entsprechen und zur Stichprobenkontrolle bei Sortiermaschinen dienen. (Foto: KEPPEL)

Größentrennung funktioniert vor allem beim Apfel recht gut, da ein enger Zusammenhang zwischen Fruchtgewicht und Fruchtdurchmesser besteht (Sortiermaschine älterer Herkunft). (Foto: KEPPEL)

Die Früchte liegen im Einzelsortierbecher und sind daher leicht abwägbar. Beim Erreichen der Sortierklasse werden die Becher nach unten zum Entleeren abgekippt. (Foto: KEPPEL)

mit weichenden Bändern" als Sortiermedium eingesetzt (die Abstände der Sortierbänder werden gegen das Ende des Sortierbandes immer breiter, sodass die größten Früchte am Ende abgelegt werden). Damit sich die Früchte beim Sortiervorgang drehen und somit auch eine Qualitätssortierung möglich sein kann, haben die parallelen Bänder verschiedene Laufgeschwindigkeiten. Bei einem anderen Modell drehen sich statt der Transportbänder Edelstahlrohre, die in ihrem Durchmesser gegen Ende der Maschine hin immer geringer werden.

Die händische Hauptverlesearbeit der Kirschen erfolgt aber am Verleseband am Beginn der Sortierarbeit. Hierbei ist wichtig, dass die Früchte nach der händischen und visuellen Qualitätssortierung einzeln auf den Sortierbändern ankommen.

Bei großen Kirschensortiermaschinen werden auch Kirschstieltrenner eingesetzt.

Der Trend in der Sortiertechnik geht in Richtung zerstörungsfreie Qualitätsbestimmung. Dabei versucht man verschiedene Parameter zu testen. Diese sind gegenwärtig: Fruchtgröße, -form, Fruchtfleischfestigkeit, Textur, Dichte, Temperaturschäden an den Früchten durch die Lagerung, Erkennen von Hohlräumen innerhalb des Fruchtfleisches, wie beispielsweise Kavernen, Insektenfraßgänge bzw. Insektenentwicklungsstufen, eingeschlossene Festkörper, physiologische Schäden innerhalb der Frucht, Fleischbräune, chemische Zusammensetzung der Früchte. Die Feststellung des Geschmacks und des Reifezustandes wären weitere wünschenswerte Parameter.

Kleinfruchtsortiermaschinen nach dem Sortierprinzip der weichenden Bänder (Foto: KEPPEL)

Destruktiv (fruchtzerstörend) sind Verfahren, bei denen die Fruchtparameter durch Fruchtzerstörung ermittelt werden, z. B. Fruchtfleischfestigkeit mittels Penetrometer, Ermittlung der chemischen Inhaltsstoffe.

Penetrometerwerte: Dieser Wert dient der Ermittlung der Fruchtfleischfestigkeit, bei dem ein normierter Stempel in das Fruchtfleisch eindringt. Die Eindringtiefe ist ebenfalls normiert. Wenn der Stempel bei der normierten Tiefenanzeige ankommt, wird der ermittelte Druckwiderstand auf der Geräteanzeige in Kilogramm pro Quadratzentimeter (kg/cm^2) abgelesen. Je fester die Früchte (höhere Penetrometerwerte) nach der Ernte sind, desto höher ist deren Qualität. Für qualitativ hochwertige Früchte ist ein Richtwert von 5 kg/cm^2 beim Verkauf notwendig.

Die Entwicklung der Sortiertechnik brachte zwei neue, qualitätsunterstützende Sortierverfahren, die **nicht invasiv** (nicht in die Frucht eindringend) sind und daher zerstörungsfrei arbeiten:

IFD = Intelligent Firmness Detector = Intelligenter Fruchtfleischfestigkeitsmesser

Hier durchlaufen die Früchte während des Sortiervorganges ein Rollenband und werden von oben auflaufenden Rollen bedrückt. Der Druckwiderstand der zu messenden Früchte gegenüber den messenden und dabei sanft auf die Früchte drückenden Messrollen wird auf die Fruchtfleischfestigkeit umgerechnet. Somit ist eine Einzelfruchtmessung auch bei der Fleischfestigkeit möglich.

- Hier handelt es sich um das **Prinzip des Dynamometers**. Zur Ermittlung der Fruchtfleischfestigkeit bei Weichobst bedient man sich heute des **Dynamometers**: Ein in der Größe definierter Stempel wird gegen eine Feder auf die Fruchtschale gedrückt. Es gibt keinen linearen Zusammenhang zu den Penetrometerwerten, bei festen Früchten treten ungenauere Festigkeitsangaben auf.
- **Akustische Verfahren:** Die Probe wird beschallt, hinter der Probe fängt ein Mikrofon den Schall in unterschiedlich auftretenden Frequenzen auf. Bestimmte Resonanzfrequenzen werden abhängig von Masse und Form (mehrmaliges Wiegen, Drehen, Messen) verstärkt. Hohe Resonanzfrequenz bedeutet eine hohe Fruchtfleischfestigkeit. Anwendung findet dieses Verfahren z. B. bei Äpfeln, Bananen, Birnen, Kartoffeln, Kiwis, Pfirsichen, Tomaten.

IFA = Intelligentes Fruchtanalysegerät

Die verschiedenen Verfahren sind für diverse Parameter einsetzbar:

- **Lichtreflexion (Analyse des von der Frucht zurückgestrahlten Lichts)** zur Bestimmung der Fruchtfarbe, -form, -größe, Feststellung unsichtbarer äußerer Defekte.
- **Lichttransmission (Analyse des durch die Frucht durchdringenden Lichts)** → lösliche Feststoffe.
- **Bildanalyse der bildlich aufgenommenen Frucht** → Reifezustand, Fruchtdefekte hinsichtlich Größe, Form und Qualität.
- **Spezifische Dichtemessung** → Erkennen von Hohlräumen in der Frucht, Hinweise auf die Reife.
- **Spektroskopie** → Analyse des durch ein Prisma durchfallenden Messmediums → erkennen chemischer Verbindungen der Frucht, wie Vitamine, Fruchtsäuren, Zucker(arten).
- **Gasanalyse** → Dient der Aromaaufschlüsselung.
- **Akustik** (definierte Schallwellen werden auf die Frucht gerichtet) → Ermittlung der Fruchtfleischfestigkeit.
- **Fluoreszenz** → Chlorophyllanalyse gibt Aufschluss über den Reifezeitpunkt und im Rahmen der DCA-Lagerung über eintretenden Sauerstoffmangelstress. Man wendet das **DLE-Verfahren (Delayed Light Emission) an, bei dem das Chlorophyll unter den Wellenlängen** von 455 oder 680 nm unter der Fluoreszenz des Gewebes die Reife im Apfel ausdrückt. Damit können physiologische Schäden (Lagerstress, Kälte, Hitze) erkannt werden. Verwendung findet diese Art z. B. bei Äpfeln, Blumen, Paprika, Tomaten.
- **Röntgenanalyse und Kernresonanz (NMR)** → Ist im Lebensmittelbereich für verkaufsfähige Ware auszuschließen.
- **Nukleare Magnetische Resonanz (NMR)** → Magnetische Eigenschaften der Atomkerne im Gewebe werden bestimmt. Der Kernspin gibt ein magnetisches Moment an. Die Auswertung erfolgt im Magnetfeld (Computer-Tomographie). Die Signalauskunft gibt Auskunft über die chemische Umgebung der Atomkerne.
- **Magnetic Resonanz Imaging (MRI)** → Drückt die innere Struktur der Früchte aus und zeigt z. B. Fleischbräune oder Trockenregionen in der Frucht an.

Spektroskopie

Als Messmedium in der **Spektroskopie** wird heute überwiegend in definierter Wellenlänge Infrarotlicht eingesetzt. Damit ermittelt man den Zucker- und den Fruchtsäuregehalt.

Das **Messprinzip** funktioniert so: Der Messmediumerreger (Messlichtquelle) sendet seine Wellen auf die Frucht, dort wird je nach Messverfahren (Transmission oder Reflexion) das von der Frucht abgestrahlte Messmedium aufgefangen und weiterverarbeitet. Ein Monochromator teilt die aufgefangene Strahlung in die unterschiedlichen Wellenlängen, während ein Detektor die Intensität der einzelnen Strahlungskomponenten ermittelt. Im Messcomputer erfolgt anschließend die Datenverarbeitung und Ergebnisberechnung.

Über die ermittelten Wellenlängen lassen sich qualitative Analysen, um welche(n) Stoff(e) handelt es sich?, aus den Intensitäten der Wellen lassen sich Konzentrationen ermitteln = quantitative Analyse.

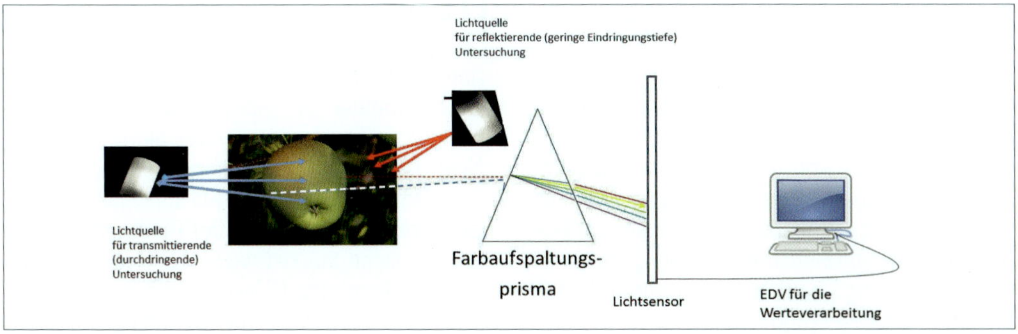

Schema der nicht desktruktiven (nicht fruchtzerstörenden) Inhaltsstoffuntersuchung mittels NIR-Technik (Grafik: KEPPEL)

Die Verwendung von IR-Licht (Infrarotlicht) lässt eine hohe Sicherheit bei der Zuordnung zu einem Stoff bzw. zu einer Stoffklasse zu. Die verwendeten Wellenlängen umfassen bei der NIR-Technik (Nah-Infrarot-Reflexion) ein Spektrum von 750 bis 2.500 nm (Nanometer) (die MIR-Technik verwendet Wellenlängen von über 2.500 nm). Bei der NIR-Technik schwingen durch die Energieeinstrahlung des Lichts die chemischen OH-, CH- und NH-Gruppen auf und deren Schwingungsspektren werden anschließend aufgezeichnet. Damit besteht die Möglichkeit, Trockensubstanzgehalte, Proteingehalte, löslichen Zucker, Fruchtsäuren, Vitamin C und interne Fruchtschäden derzeit in unterschiedlicher Genauigkeit festzustellen.

Die **Vorteile** dieser Technik sind:

- Keine oder nur geringe Chemikalienmengen
- Schnelle und vollautomatische Auswertung
- Einfach zu bedienen
- Zerstörungsfrei
- Kontinuierlicher Einsatz z. B. bei der Sortierung möglich

An **Nachteilen** müssen aufgezeigt werden:

- Kalibrierungen (vergleichende Labormessreihe) notwendig
- Labormäßige Vergleichsanalysen (Validierung) unabdingbar
- Nachweisgrenzen über 0,1 %
- Einflüsse anderer Inhaltsstoffe möglich (Matrixeffekt begrenzt Selektivität und Genauigkeit)

Weitere Verfahren

Ein anderes Infrarot-Verfahren ist die **Nah-Infrarot-Transmissionsspektroskopie (NIT)**, abgekürzt IR-Spektroskopie genannt. Verwendet IR-Licht von Wellenlängen von 800 nm bis 1 mm. Hierbei wird die energetische Anregung der Moleküle verwendet. Damit bestimmt man quantitativ bekannte Substanzen. Die Identifikation erfolgt durch den Vergleich eines Vergleichsspektrums. Auch die Struktur unbekannter Stoffe kann damit bestimmt werden.

Als zukunftsträchtige Parameter würde sich die Aufnahme der folgenden Stoffe in das Sortierspektrum anbieten: °Bx (lösliche Trockensubstanz), Glucose, Fructose, Gesamtsäuregehalt (Titrationsacidität), Apfelsäure, Zitronensäure, Quininsäure, Ballaststoffe, Antioxidantien (Vitamine und andere), Antimutagene, Reifegrad von Früchten, Wassereinschlüsse und andere fruchtinterne Schäden.

Als nicht zerstörendes abteiliges (jede Frucht extra zu bestimmen) Qualitätsverfahren ist die Biophotonenanalyse zu nennen (siehe ganzheitliche qualitätsbeschreibende Verfahren, S. 581).

Die Herkunft der Früchte bzw. Sorte(n) ist über die **Isotopentechnik** feststellbar. Unter einem Isotop versteht man Atome eines Elements, wenn diese eine verschiedene Anzahl von Neutronen besitzen, z. B. N^{14} = natürlich, N^{15} = nicht radioaktiv, künstlich hergestellt, kann für den Nachweis der Stickstoffversorgung bei Pflanzen angewendet werden. Nachgewiesen werden die Isotope über ein Massenspektrometer bis zu einer Genauigkeit von ppt (parts per trillion = 10–12). Bei Lebensmitteln untersucht man auf Isotope von Kohlenstoff, Sauerstoff, Stickstoff, Schwefel, Wasserstoff, wobei auch die Herkunft von Lebensmitteln und Fruchtsäften bestimmt werden kann.

BÄUERLICHE OBSTVERARBEITUNG

Bei der „bäuerlichen Obstverarbeitung" erfolgt die Erzeugung von Obstverarbeitungsprodukten durch den Bauern für den Letztverbraucher, wobei die dazu verwendeten Rohstoffe aus der eigenen Produktion stammen. Die Fertigerzeugnisse werden fast ausschließlich vermarktet; nur ein geringer Prozentsatz dient dem Eigenbedarf. In der „häuslichen Obstverarbeitung" wird hingegen ausschließlich für den Eigenbedarf produziert.

Im Gegensatz zum Markenartikel Fruchtsaft, Sirup, Konfitüre/Marmelade etc. sollte das bäuerlich hergestellte Produkt die speziellen Wünsche des Konsumenten erfüllen. Zukunftsträchtig sind solche Produkte aber nur dann, wenn nicht nur die momentanen Vorstellungen der Konsumenten erfüllt werden, sondern auch die meist höheren Kosten transparent bzw. nachvollziehbar sind. Die besten Produkte von heute sind vielfach die Ladenhüter von morgen. Innovationen sind daher laufend erforderlich. Dies betrifft demnach nicht nur die Kreation neuer Produkte, sondern vor allem die Verbesserung bestehender Technologien bzw. Produkte. Ziel des Produzenten sollte es sein, seine Stärken weiter zu verbessern und nicht, oft krampfhaft, „neue" Produkte zu „erfinden". Die Erwartungen der Konsumenten können nur dann erfüllt werden, wenn aus einwandfreier, reifer und gesunder Rohware mit entsprechender Technologie Erzeugnisse hergestellt werden, die dem positiven Image bäuerlicher Produkte auch entsprechen. Allerdings sind gewisse Voraussetzungen erforderlich, um in bäuerlichen Betrieben Obstverarbeitungsprodukte konsumentengerecht und codex- bzw. gesetzeskonform herzustellen.

TECHNISCHE EINRICHTUNGEN

Die technischen Einrichtungen zur Erzeugung von Obstverarbeitungsprodukten sind in Abhängigkeit vom erzeugten Produkt verschieden und daher auch unterschiedlich teuer. Eine gewisse Grundausstattung wird jeder Produzent benötigen. Überlegenswert ist jedoch, ob nicht einzelne Maschinen und Geräte (z. B. Pumpen, Filter), die nur kurze Zeit gebraucht werden und leicht transportabel sind, gemeinschaftlich angeschafft und verwendet werden könnten. Die bereits bestehenden Maschinenringe bieten dafür ein gutes Beispiel.

HYGIENE

Entgegen der landläufigen Definition von Hygiene (Maßnahmen zur Vorbeugung von Infektionskrankheiten) ist dieser Begriff hier umfangreicher zu fassen: Unter Lebensmittelhygiene sind „die Maßnahmen und Vorkehrungen, die notwendig sind, um Gefahren unter Kontrolle zu bringen und zu gewährleisten, dass ein Lebensmittel unter Berücksichtigung seines Verwendungszweckes für den menschlichen Verzehr tauglich ist", zu verstehen.

Basierend auf den einschlägigen EU-Rechtsvorschriften über Lebensmittelhygiene wurde durch das Bundesministerium für Gesundheit und Frauen (Erlass BMGF – 75220/0029-IV/7/2007 vom 10. 7. 2007) eine „Leitlinie für die bäuerliche Obstverarbeitung" publiziert; sie ist ein Behelf zur Erstellung eines betrieblichen Eigenkontrollsystems. Dies betrifft die Betriebsstätte (Grundausstattung, Anforderungen an die Transportbehälter, Einrichtung, Gerät, Gegenstände, Ausrüstungen), die allgemeine Hygiene (Reinigung und Desinfektion, Vorschriften für Lebensmittel, Vorschriften für nicht sichere Stoffe bzw. Abfälle, Schädlingsbekämpfung, Schulung), gute Herstellungspraxis (hygienisches Arbeiten, Herstellungsabläufe/Produktblätter) sowie Eigenkontrolle (Dokumentation, Produktuntersuchungen). Als Anhang ist eine „Leitlinie zur Sicherung der gesundheitlichen Anforderungen an Personen beim Umgang mit Lebensmitteln" beigegeben. Die Leitlinien sind ein Modell für die Erfüllung der erforderlichen Pflichten und sind an die betrieblichen Gegebenheiten anzupassen.

Die Qualität von Obstverarbeitungsprodukten wird wesentlich durch die Rohwarenqualität beeinflusst. Qualitativ hochwertige Produkte sollten nur aus Rohmaterialien hergestellt werden, die auch für den Frischkonsum verwendbar sind.

ROHWARENQUALITÄT

Die Qualität von Obstverarbeitungsprodukten wird wesentlich durch die Rohwarenqualität beeinflusst. Qualitativ hochwertige Produkte sollten nur aus Rohmaterialien hergestellt werden, die auch für den Frischkonsum verwendbar sind.

QUALITÄTSSICHERUNG

Einzelne Erzeugungsschritte sowie die Endprodukte müssen einer steten Kontrolle unterzogen werden: Einerseits, um die betriebsinternen Qualitätsstandards aufrecht zu erhalten, andererseits, um den gesetzlichen Bestimmungen zu entsprechen. Zwecks Qualitätssicherung sollte jeder Produzent gewisse einfache chemische Analysen selbst durchführen können und darüber Aufzeichnungen führen. Ein wesentlicher Aspekt ist auch die Aufrechterhaltung des Qualitätsniveaus bis zum Konsum. Der Qualitätssicherung sollte auch dann mehr Bedeutung als bisher beigemessen werden, wenn das Produkt für den Eigenkonsum bestimmt ist.

ABSATZWERBUNG

Allerdings kann auch das beste Produkt ohne Werbung nicht verkauft werden. Neben den eigenen Aktivitäten der Absatzförderung ist auch Gemeinschaftswerbung unbedingt notwendig. So kann z. B. der Absatz durch die Einführung von Markenzeichen gefördert werden, wie dies ja zum Teil bereits geschieht. Gemeinsame Werbeaktivitäten haben heißt aber nicht, dass ein uniformes Produkt angeboten wird. Dem Konsumenten wird dabei lediglich eine gewisse Produktqualität signalisiert. Die gewissenhafte Einhaltung dieser Produktqualität muss für jeden Produzenten eine selbstverständliche Verpflichtung sein. Eine Unterschreitung der Norm muss im Interesse aller mit sofortigem Entzug der Berechtigung zur Führung des Markenzeichens geahndet werden. Das Ziel ist nicht, eine einheitliche Qualität zu bieten, sondern verschiedene Qualitäten, wobei es nicht um „besser" oder „schlechter", sondern um „anders" geht. Weiters müssen wir uns darüber im Klaren sein, dass ein nicht den Konsumentenwünschen entsprechendes Produkt auch mit bester Werbung unverkäuflich ist. Wir müssen die Konsumentenwünsche stärker berücksichtigen. Das heißt, nicht zu verkaufen versuchen, was wir produzieren können, sondern zu produzieren, was wir verkaufen können.

PRODUKTE

Von der großen Zahl an Obstverarbeitungserzeugnissen kommen für die bäuerliche Produktion allerdings nur einige in Betracht. Dies deshalb, da einerseits hohe Investitionskosten für Maschinen, Geräte etc. erforderlich wären und andererseits gewerberechtliche Voraussetzungen erfüllt werden müssten.

Obstwein

Von der Vielzahl an Möglichkeiten, aus Kern-, Stein- oder Beerenobst Weine herzustellen, hat die Produktion von Kernobstwein in Österreich die größte Bedeutung. Die folgenden Ausführungen betreffen daher in erster Linie diesen.

Rechtliche Grundlagen

Die Erzeugung und das Inverkehrbringen von Obstwein hat den im Weingesetz 2009 (BGBl Nr. 111 vom 17. 11. 2009 i. d. g. F.) gegebenen Richtlinien zu erfolgen.

Obstweinspezifische Bestimmungen sind in den Paragrafen 35–45 enthalten. Basierend auf den Paragrafen 35, 36 und 37 hat der Bundesminister für Land- und Forstwirtschaft, Umwelt und Wasserwirtschaft die Obstweinverordnung (BGBl II Nr. 18/2014) erlassen. Diese umfasst die Abschnitte Begriffsbestimmungen und Behandlungen, Bezeichnungen von Obstwein (Verkehrsbezeichnungen der einzelnen Erzeugnisse des Obstweinbereichs, Allgemeine Bezeichnungsvorschriften, Restzuckergehalt, vorhandener Alkoholgehalt, Nennvolumen, Farbstoffe und Süßungsmittel, Sichtfeldregelung, Ausfuhr), Herstellung von Obstwein (Herstellungsverfahren, Obstartgruppen, Herstellungsmeldung), Produktspezifikationen von Obstwein mit der Angabe des Bundeslandes,

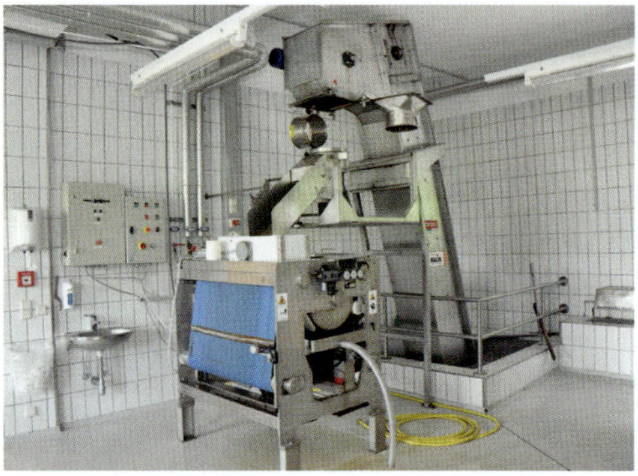

Einbandpresse mit Waschanlage und aufgesetzter Mühle (Foto: STÜCKLER)

Die Maische wird in Presstücher „gepackt" und mit Zwischenlagen erfolgt der Stapelbau. (Foto: STÜCKLER)

Produktspezifikationen von Qualitätsobstwein), Qualitätsobstwein g. U. oder g. g. A. und Übergangsbestimmungen.

Besonders ist auf Paragraf 13 hinzuweisen: „Wer Obstwein in einem Ausmaß herstellt, das über die Deckung des Eigenbedarfs hinausgeht, hat dies der Kellereiinspektion unter Angabe von Name, Adresse, Betriebsnummer und die im Jahr der Meldung hergestellte Menge an Obstwein mitzuteilen."

Gesundes, reifes Obst verwenden

Gerade für die Mosterzeugung ist die Verwendung eines einwandfreien Rohmaterials von größter Bedeutung. Angefaulte oder zur Gänze faule Früchte sind oft die Ursache für Krankheiten und/oder Fehler des Weines. Sowohl Mostäpfel als auch Mostbirnen können zu ausgezeichneten Mosten verarbeitet werden. Vielfach werden aber auch Mischkernobstweine (Mischling) von ausgezeichneter Qualität produziert. Bei der Verarbeitung von unreifem Obst sind Qualitätseinbußen, bei überreifem Obst Pressschwierigkeiten zu erwarten. Die Erzeugung sortenreiner Moste ist vielfach, jedoch nicht generell, empfehlenswert. Wird das Obst längere Zeit gelagert, so kommt es zu einem Abbau der Fruchtsäuren.

Waschen

Das Waschen des Obstes (ein unbedingtes Muss!) entfernt anhaftende unerwünschte Substanzen, z. B. gewisse Pflanzenschutzmittelrückstände, Insektenexkremente, Erde, Laub weitestgehend. Damit wird der Anfangskeimgehalt drastisch reduziert. Durch Entfernung der Erde wird die Obstmühle einer bedeutend geringeren mechanischen Beanspruchung ausgesetzt. Der Reinigungseffekt wird sehr wesentlich von der Art der Waschvorrichtung, der Waschdauer und der Wassertemperatur beeinflusst. Im bäuerlichen Betrieb werden heute vielfach Rührwerkswaschmaschinen eingesetzt; diese weisen ein Gefälle nach einer Seite hin auf, zur Aufnahme der Sinkstoffe.

Mahlen des Obstes

Die Leistung der Obstmühle sollte etwa das Zwei- bis Dreifache der Leistung der verwendeten, diskontinuierlich arbeitenden Presse haben. Die Mühle muss eine gleichmäßige Zerkleinerung des Obstes ermöglichen, wobei weder ein zu starker (schlechte Pressausbeute) noch ein zu geringer (Pressschwierigkeiten) Zerkleinerungsgrad erzielt werden soll. Für den bäuerlichen Betrieb haben sich Schleuderfräsen bzw. die Rätzmühle für die Zerkleinerung von Kernobst am besten bewährt.

Pressen

Aufgabe der Presseinrichtung ist es, mit ihrer Hilfe eine möglichst weitgehende Trennung des Saftes von den Trestern zu ermöglichen und eine möglichst hohe Saftausbeute bei gleichzeitig möglichst geringem Trubstoffanteil im Presssaft und möglichst geringem Aufwand zu erzielen. Für den bäuerlichen Betrieb ist zurzeit noch immer die Packpresse, hydraulisch betrieben, am wirtschaftlichsten. Die Pressausbeute hängt von verschiedenen Faktoren ab (Obstart und -sorte, Reifegrad, Zerkleinerungsgrad, Schichtdicke der Maische, Pressdruck etc.); sie beträgt bei Kernobst 75 bis 82 Gew.-%. In der letzten Zeit finden zunehmend Bandpressen Verwendung. Deren Vorteile sind die kontinuierliche Arbeitsweise und der geringe Arbeitsaufwand, nachteilig sind die etwas geringere Saftausbeute (60–70 Gew.-% bei einmaligem Durchgang) sowie der höhere Trubstoffgehalt der Presssäfte.

Bestimmung der Gehalte an Säuren und Zucker

Es ist empfehlenswert, den Presssaft hinsichtlich seines Gehaltes an titrierbaren Säuren und an Zuckern zu untersuchen.

Titrierbare Säuren („Säuregehalt")

Der zu untersuchende Saft wird mittels Lauge bekannter Konzentration auf den Neutralpunkt gebracht (10 ml Saft werden mit 2/15 normaler Blaulauge bis auf den Farbumschlag titriert, der Laugenverbrauch in ml gibt den Gehalt an titrierbarer Säure, berechnet als Weinsäure, an; z. B. 6,0 ml Verbrauch = 6 g Säure/l).

Zucker

Eine exakte Bestimmung des Zuckergehaltes ist dem Mostproduzenten aufgrund der dazu erforderlichen Einrichtungen meist nicht möglich. Mit einer für die Praxis ausreichenden Genauigkeit erfolgt die Bestimmung des Zuckergehaltes über den Wert der Dichte mittels einer Mostwaage (Mostspindel).

Zwei Typen von **Mostwaagen** haben in Österreich heute Bedeutung:

- **Klosterneuburger Mostwaage** (KMW): 1 °KMW entspricht etwa 1 % Zucker.
- **Oechsle-Waage**: Sie gibt den Wert der relativen Dichte an. Da der Wert der Dichte von Säften immer größer als 1 ist, gibt man der Einfachheit halber nur die Tausendstel über 1 an, so hat ein Apfelsaft z. B. mit einem Wert der relativen Dichte von 1,048 einen Oechslewert von 48 °Oe.

Umrechnung: °KMW → °Oe

$$°Oe = °KMW \times [(0{,}022 \times °KMW) + 4{,}54]$$

Beispiel: Wie viel °Oe entsprechen 10 °KMW?

$$°Oe = 10 \times [(0{,}022 \times 10) + 4{,}54] = 47{,}6$$

Umrechnung: °Oe → °KMW

$$°KMW = \frac{-4{,}54 + \sqrt{20{,}6116 + (0{,}088 \times °Oe)}}{0{,}044}$$

Beispiel: Wieviel °KMW entsprechen 47,6 °Oe?

$$°KMW = \frac{-4{,}54 + \sqrt{20{,}6116 + (0{,}088 \times 47{,}6)}}{0{,}044} = 10$$

Korrekturmaßnahmen

Die Obstweinverordnung bietet die Möglichkeit, den natürlichen Mangel an gewissen Inhaltsstoffen durch Zusätze auszugleichen:

Säurezusatz

Der Zusatz von Zitronen-, Apfel- oder Milchsäure ist zulässig. Vor allem bei Birnenmost muss auf einen sensorisch ausreichenden Säuregehalt geachtet werden.

Zuckerzusatz

Gestattet ist bei Kernobstwein der Zusatz von Zucker sowie der Zusatz von Kernobstsaftkonzentrat der gleichen Obstgattung in einem Ausmaß, dass das fertige Getränk einschließlich des auf Alkohol umgerechneten, in etwa vorhandenen Zuckers nicht mehr als 8,0 Vol.-% Alkohol enthält. Um eine Aufbesserung von 1 °KMW zu erreichen, ist der Zusatz von 1,3 kg Zucker pro hl erforderlich. Für 1 °Oe sind 0,25 kg Zucker pro hl erforderlich. Wird 1 kg Zucker in 1 l Saft aufgelöst, so entspricht dies einem Gesamtvolumen von ca. 1,6 l; das heißt, 1 kg Zucker gelöst entspricht ca. 0,6 l.

Wasserzusatz

Obwohl das Strecken der Maische und das Strecken des Saftes durch Wasser gesetzlich gestattet sind, ist davon unbedingt abzuraten.

Zusatz von Reinhefe und Schwefeliger Säure

Der Zusatz von Trockenreinhefe ist nur in gewissen Fällen unbedingt erforderlich, aus qualitativen Gründen jedoch immer empfehlenswert (reintönige und raschere Gärung). Trockenreinzuchthefen sind heute allgemein im Handel erhältlich. Zwecks optimaler Wirkung sind die Angaben der Gebrauchsanweisung unbedingt einzuhalten, einmal geöffnete Packungen sind sofort zu verwenden.

Zur Erzielung einer reintönigeren alkoholischen Gärung ist der Zusatz von etwa 50 mg Schwefeldioxid pro l Saft zu empfehlen (1 Päckchen bzw. 1 Tablette Kaliumpyrosulfit pro hl).

Gärbehälter

Als Gärbehälter kommen im bäuerlichen Betrieb glasfaserverstärkte Kunststofftanks, rostfreie Stahlbehälter (Chrom-Nickel-Molybdänstahl) und Holzfässer in Frage. Vor allem Holzfässer erfordern, auch im leeren Zustand, eine ganzjährige

Pflege, da sich sonst an der Innenseite Mikroorganismen vermehren können, die auf den Most einen negativen Einfluss ausüben (Geruchs- und Geschmacksfehler).

Leere Holzfässer können trocken oder nass konserviert werden.

Trockenkonservierung: In dem sauberen, aber feuchten Holzfass werden Schwefelschnitten abgebrannt. Diese liefern Schwefeldioxid (SO_2), ein stechend riechendes Gas, das von dem Wasserfilm leicht absorbiert wird, wobei Schwefelige Säure entsteht. Sowohl SO_2 als auch Schwefelige Säure besitzen eine starke mikrobizide Wirkung. Die Wirksamkeit nimmt jedoch nach einer gewissen Zeit ab, sodass nach drei bis sechs Wochen eine Nachschwefelung erforderlich ist.

Nasskonservierung: Dem Prinzip nach handelt es sich um eine permanente Haltbarmachung der Fässer mittels SO_2. Die Fässer werden mit einer wässrigen 0,05- bis 0,06%igen SO_2-Lösung (50–60 g SO_2 pro hl) spundvoll gefüllt und bis zur Wiederverwendung spundvoll gehalten. Die angeführte Konzentration genügt, um ein Fass ein bis eineinhalb Jahre zu konservieren. Der auftretende Schwund ist einmal monatlich durch Nachfüllen von Wasser auszugleichen. Werden die Fässer in Gebrauch genommen, so sind sie vorher unbedingt gründlich zu wässern (zweimal je zwei Tage).

Entschleimen des Presssaftes

Man versteht darunter das Absetzenlassen der relativ schweren Trubstoffteilchen (Fruchtfleischpartikel etc.) und deren Abtrennung. Dies führt zu reintönigeren Obstweinen. Die Absetzdauer ist jedoch so zu bemessen, dass der Saft nicht vollkommen blank ist, da sonst große Schwierigkeiten bei der Vergärung bestehen (langsame Gärung, Gefahr des Steckenbleibens, vor allem bei Säften, die auch kalt sind).

Füllung der Gärbehälter

Die Hefe braucht Luftsauerstoff zu ihrer Vermehrung, nicht zur Vergärung. Von dem zur Vermehrung notwendigen Sauerstoff ist genügend im Saft gelöst, sodass grundsätzlich die Vergärung unter Luftabschluss erfolgen soll. Die Gärbehälter, egal ob Holz- oder Kunststofffass, werden zu etwa 85 % gefüllt. Gärverschlüsse bieten einen Luftabschluss des angärenden, gärenden oder vergorenen Produktes, ferner wird ein Teil des bei der alkoholischen Gärung gebildeten Kohlendioxids zurückgehalten. Kohlendioxid bildet somit Schutz gegenüber Infektionen.

Die optimale Angärtemperatur beträgt etwa 15 °C. In Abhängigkeit von verschiedenen Faktoren (Gärmenge, Zuckergehalt etc.) kommt es während der Gärung zu einem Temperaturanstieg.

Alkoholische Gärung

Die alkoholische Gärung ist ein biochemischer Vorgang, bei dem durch die Hefe die im Saft vorhandenen Zucker in erster Linie zu Ethanol (Alkohol) und Kohlendioxid, aber auch in eine Reihe von Nebenprodukten umgewandelt wird. Bei diesem Vorgang wird Wärme freigesetzt, die zu etwa 20 % durch die Gärgase abgeführt wird.

Hefe

Zucker $\rightarrow$ Ethanol + Kohlendioxid + Wärme

$C_6H_{12}O_6 \rightarrow 2\ C_2H_5OH + 2\ CO_2 + 100\ J$

Aus 100 g Zucker (pro Liter) entstehen theoretisch 51,1 g, in der Praxis etwa 47 g Ethanol, dies entspricht einem Alkoholgehalt von ca. 6 Vol.-%. Weiters entstehen aus 100 g Zucker etwa 48,9 g CO_2, dies entspricht einem Volumen von 24,9 l. CO_2 ist schwerer als Luft und sammelt sich auf dem Kellerboden an. Bereits 2 Vol.-% in der Luft bewirken leichte Atembeschwerden, 10 Vol.-% führen zu einer starken Atemnot und 25 Vol.-% wirken sofort tödlich. Für eine entsprechende Entlüftung ist daher unbedingt zu sorgen. Die gebildete Wärme kann bei größeren Gebinden zu einer Gärunterbrechung führen. Die Gärdauer beträgt sieben bis zwölf Tage, falls die Rahmenbedingungen (Temperatur etc.) stimmen. Die bei gerbstoffreichen Säften, z. B. aus Mostbirnen, auftretenden Gärschwierigkeiten können durch Zusatz von Chlorammonium oder phosphorsaurem Ammonium behoben werden.

Abziehen vom Geläger

Mit Beendigung der Gärung ist die Aufgabe der Hefe erfüllt. Da die für den Stoffwechsel der Hefe unbedingt notwendigen Kohlenhydrate (Zucker) fehlen, stirbt die Hefe ab. Die dabei entstehenden Zersetzungsprodukte sind nicht nur die Ursache für Geruchs- und Geschmacksfehler, sondern können auch zu einer neuerlichen Trübung Anlass geben. Der vergorene Most sollte daher etwa vier Wochen nach beendeter Gärung vom Geläger abgezogen werden. Der erste Abstich ist auch dann durchzuführen, wenn der Most noch nicht vollständig klar ist. Ein zu früher Abstich schadet selten, ein zu später immer. Um den Klärvorgang zu fördern bzw. auch bei klaren Mosten zwecks Oxidationsschutz, sollten 50 mg SO_2/l, dies entspricht einer Tablette bzw. einem Säckchen (10 g Kaliumpyrosulfit je hl) zugesetzt werden. Etwa acht Wochen nach dem ersten Abstich soll ein zweiter Abstich erfolgen. Auf jeden Fall ist aber der zweite Abstich vor der allgemeinen Erwärmung der Kellerräume, diese tritt etwa ab Mitte März ein, durchzuführen.

Im Allgemeinen wird man danach trachten, das Abziehen so durchzuführen, dass möglichst wenig Luft und damit Sauerstoff mit dem Most in Berührung kommt. Nur so wird der spritzige Charakter des Mostes am besten erhalten.

Fässer spundvoll halten

Mostbehälter sind immer spundvoll zu halten. Während in rostfreien Stahlbehältern keine Verdunstungsverluste auftreten und sie bei Kunststoffbehältern eher gering sind, können sie bei Holzfässern, abhängig von der Fassgröße, der Lagertemperatur etc., pro Jahr bis zu 4 % betragen.

Schönung und Klärung der Obstweine

Obstweine sind vor ihrer Abfüllung in Flaschen zu stabilisieren, das heißt, es müssen die Gehalte an gewissen Inhaltsstoffen vermindert sowie ein gewisser SO_2-Spiegel eingestellt werden.

Schönung

Durch Zusatz von Schönungsmitteln werden Trubstoffe, aber auch gelöste Inhaltsstoffe ausgefällt:

- **Gerbstoffe** (phenolische und polyphenolische Substanzen): Um die Gehalte an Gerbstoffen zu reduzieren, wird Gelatine als Schönungsmittel verwendet, gleichzeitig wird damit eine bessere Filtrierbarkeit der Obstweine erreicht. Die erforderliche Gelatinedosis wird mittels Vorproben ermittelt; die optimale Menge (10–30 g pro hl; bei Birnenweinen auch höherer Bedarf) wird in Wasser gelöst und in den Wein gut eingerührt. Bei tieferen Temperaturen (unter 7 °C) flockt Gelatine nicht vollständig aus, daher soll bei höheren Temperaturen (über 10 °C) gearbeitet werden.
- **Eiweiß:** Mittels Bentonit kann ein Großteil des im Obstwein enthaltenen Eiweißes entfernt werden. Der Bentonitbedarf wird über den Bento- oder den Wärmetest ermittelt, im Allgemeinen werden Dosen von 50–250 g pro hl angewendet.

Schichtenfilter für Kleinmengen (20 x 20 cm) (Foto: STÜCKLER)

Klärung

Durch Filtration erfolgt eine mechanische Abtrennung suspendierter Feststoffteilchen, wobei in Abhängigkeit vom verwendeten Filterhilfsstoff eine unterschiedlich starke Klärung erzielt werden kann.

Im bäuerlichen Betrieb werden vor allem Schichtenfilter, seltener Kieselgurfilter eingesetzt.

SO_2-Spiegel

Obstweine sollten zum Zeitpunkt ihrer Abfüllung einen Gehalt an freiem SO_2 von ca. 30 mg/l haben.

Flaschenreinigung und -füllung

Der abfüllfertige Obstwein sollte nach Möglichkeit, falls er einen Zuckerrest enthält, unbedingt steril in die Flaschen gefüllt werden. Neue Glasflaschen sind zu sterilisieren, Mehrwegflaschen zusätzlich zu reinigen. Unter der Flaschensterilisation versteht man die Ausschaltung der obstweinschädlichen Mikroorganismen.

Flaschenreinigung

Die Flaschenreinigung erfolgt in folgenden Schritten: Vorreinigung durch Ausspritzen mit Wasser; Weichen, Lösen des Schmutzes in einer heißen Laugenlösung (0,5 bis 3,0 %); Bürsten (mechanische Entfernung des Schmutzes mittels Bürsten); Ausspritzen der sauberen Flasche mit Frischwasser. Bei einer Stundenleistung von bis zu 600 Flaschen wird man im Handbetrieb arbeiten können, bei Leistungen darüber hinaus sind halbautomatische bzw. vollautomatische Anlagen erforderlich.

Nach der Reinigung sind die Flaschen mit einer 2%igen SO_2-Lösung (Einwirkdauer mindestens acht Sekunden) keimfrei zu machen. Die Flaschensterilisation wird mit einem Handsprühgerät oder einem Tauchbadsterilisator durchgeführt. Nach der Sterilisation lässt man die Flaschen austropfen.

Flaschenfüllung

Der kaltsterile Obstwein wird über sterile Leitungen in den sterilen Füller gebracht und in sterile Flaschen abgefüllt, das heißt, es ist dafür Sorge zu tragen, dass keine Reinfektionsmöglichkeit besteht. In bäuerlichen Betrieben wird die Abfüllung mit Handabfüllgeräten wie Zweiwegehahn, Stefflhahn oder Heberfüller erfolgen.

Flaschenverschluss

Die gefüllte Flasche kann mit Korken, Kronenkorken oder Bügelverschluss verschlossen werden.

Flaschenfüllung mit 6-stelligem Reihenfüller und gleichzeitiger Entkeimungsfiltration (Fotos: STÜCKLER)

Automatische Füll- und Verschließanlage

Obstbranntwein

Rechtliche Aspekte

Die rechtliche Basis für die Herstellung von Destillaten wird durch das Alkohol-Steuer- und Monopolgesetz 1995 (BGBl., vom 31. August 1994; 703. Bundesgesetz, mit dem das Gesetz über das Branntweinmonopol an das Gemeinschaftsrecht angepasst wird) geregelt. Die Herstellung von Branntwein kann **entweder in Verschlussbrennereien oder unter Abfindung** erfolgen. Von Ausnahmen abgesehen, ist für den bäuerlichen Produzenten die Herstellung von Destillaten unter Abfindung (Abfindungsbrenner) von Bedeutung. Dabei werden selbstgewonnene alkoholbildende Stoffe nach Vergärung in einem zugelassenen einfachen Brenngerät verarbeitet. Die dabei gewonnene Alkoholmenge, die der Steuer unterliegt, wird mittels des Ausbeutesatzes ermittelt, ebenso die Brenndauer. Sowohl Abfindungsmenge als auch Brenndauer werden pauschal nach Durchschnittswerten ermittelt.

Selbstgewonnene alkoholbildende Stoffe

Unter selbstgewonnenen alkoholbildenden Stoffen versteht der Gesetzgeber:

a) Früchte heimischer Arten von Stein- und Kernobst, Beeren, Wurzeln, Getreide und Halmrüben, die der Verfügungsberechtigte als Eigentümer, Pächter oder Nutznießer einer Liegenschaft geerntet hat.
b) Wild wachsende Beeren und Wurzeln, die der Verfügungsberechtigte gesammelt hat oder sammeln ließ.
c) Produkte, die bei der Verarbeitung von unter a) genannten Früchten durch den Verfügungsberechtigten ohne Zusatz von Substanzen, die die Alkoholausbeute erhöhen können, anfallen.
d) Produkte, die bei der Verarbeitung von unter a) bezeichneten Früchten durch den Verfügungsberechtigten angefallen sind, soweit sie dem Weingesetz 2005 entsprechen.
e) Wein im Sinne des Weingesetzes 2005.

Einfaches Brenngerät

Ein einfaches Brenngerät besteht aus einer Heizung, einer Brennblase, einem Helm, einem Geistrohr und einer Kühleinrichtung.

Nicht zulässig sind:

- die Möglichkeit eines kontinuierlichen Betriebes,
- ein Rauminhalt der Blase von mehr als 150 l,

- andere Einrichtungen zur Entleerung der Blase als Ablasshahn oder eine Kippvorrichtung und
- Brennblase und Helm, die andere Öffnungen als Füllöffnungen und Öffnungen zum Geistrohr, zum Ablasshahn und ein Schauglas aufweisen.

Ein einfaches Brenngerät kann auch mit Sondereinrichtungen ausgestattet werden, solche sind:
- Wasserbad (bis 0,5 Bar)
- Ablasshahn oder Kippvorrichtung
- Rührwerk
- Rohr, durch das Dampf aus dem Wasserbad in die Brennblase geleitet wird (Dampfüberleitungsrohr)
- Öl-, Gas- oder Elektroheizung
- Ölbad
- Verstärkungsanlagen, die aus nicht mehr als drei Destillationsstufen (Böden) und einem Verstärker (Dephlegmator) bestehen.

Der Antrag auf Zulassung eines einfachen Brenngerätes ist durch dessen Eigentümer bei dem Zollamt, in dessen Bereich sich der Ort befindet, in dem das Brenngerät aufbewahrt werden soll, schriftlich einzubringen. Aufgrund des Antrages erfolgt bescheidmäßig die Zulassung; diese erlischt jedoch, wenn am Brenngerät Veränderungen vorgenommen werden. Jede Veränderung muss innerhalb einer Woche dem zuständigen Zollamt bekanntgegeben werden.

Anmeldung
Zur Erfassung, Kontrolle und Auswertung der Alkoholerzeugung unter Abfindung gibt es ein eigenes elektronisches System. Die Anmeldung kann über den Internet-Zugang FinanzOnline (https://finanzonline.bmf.gv.at/) oder mittels eines auf der Website des Bundesministeriums für Finanzen bereitgestellten Formulars auf dem Postweg erfolgen. Stichprobenartige Kontrollen erfolgen durch Organe des zuständigen Zollamts.

Jährliche Erzeugungsmenge
Dem Abfindungsberechtigten steht in einem Kalenderjahr die Herstellung von 100 l Alkohol zu. Die ermäßigte Alkoholsteuer beträgt 54 % des Regelsteuersatzes je 100 l Alkohol. – Der Abfindungsberechtigte kann über die jährliche Erzeugungsmenge von 100 l Alkohol weitere 100 l Alkohol herstellen. Für diese weiteren 100 l hat er jedoch 90 % des Regelsteuersatzes zu zahlen.

Landwirte, die bis zum 31. Dezember 1994 über ein 300-l-Brennrecht verfügten, dürfen ihr Brennrecht weiter ausüben. Das Zusatzkontigent von 100 l Alkohol pro Jahr zum erhöhten Steuersatz besteht auch für sie.

Brenndauer
Die erforderliche Zeit für die Herstellung von Alkohol ist auf eine Folge von Tagen zu verteilen. Die Brenndauer wird durch Sonntage, gesetzliche Feiertage und der Zeit von 18:00 Uhr bis 6:00 Uhr früh unterbrochen. Vor Beginn der Brennfrist – das ist jener Zeitraum, innerhalb welchem an einem Tag Alkohol produziert wird – darf die Brennblase nicht befüllt und muss vor Ablauf der Frist entleert sein.

Bei Maischen, die aus verschiedenen alkoholbildenden Stoffen bestehen, ist die Alkoholausbeute so zu ermitteln, als ob nur jener Stoff des Gemisches mit dem höchsten Ausbeutesatz zur Destillation gelangt wäre.

Ausbeutesatz
Aus 100 l zur Destillation aufbereiteten alkoholbildenden Stoffen und Obstweinen erhält man folgende Ausbeuten (in l) (siehe in der Tabelle auf Seite 550). Wird durch eine Untersuchungsanstalt der Alkoholgehalt eines Obst- oder Traubenweines ermittelt, so gilt als Ausbeutesatz: Ermittelter Alkoholgehalt – 2 Vol.-% = Ausbeutesatz

Alkohol für den Hausbedarf
Von dem Alkohol, der im Rahmen eines land- und forstwirtschaftlichen Betriebes in einem Jahr unter Abfindung hergestellt wird, sind für den Hausbedarf für den abfindungsberechtigten Landwirt (einschließlich Ehepartner), der am Sitz des land- und forstwirtschaftlichen Betriebes den Wohnsitz hat, der den Mittelpunkt seiner Lebensinteressen darstellt, 15 l Alkohol bestimmt. Landwirt im Sinne dieser Ausführungen ist, wer einen land- und forstwirtschaftlichen Betrieb allein oder zusammen mit Haushaltsangehörigen bewirtschaftet und daraus seinen und den Lebensinhalt seiner Familie zumindest zu einem erheblichen Teil bestreitet. Für jeden Haushaltsangehörigen, der zu Beginn des Kalenderjahres das 19. Lebensjahr vollendet hat, können zusätzlich 3 l Alkohol bis zu einer Höchstmenge von 27 l Alkohol, wenn der Betrieb in den Bundesländern Wien, Niederösterreich, Oberösterreich, Burgenland, Steiermark, Salzburg oder Kärnten liegt, bzw. zusätzlich 6 l Alkohol bis

Obstsorten bzw. Stoffe	Liter Alkohol
1. Äpfel, Birnen	3
2. Sonstiges Kernobst	2
3. Zwetschken, Pflaumen, Mirabellen	5,5
4. Kirschen, Weichseln	5
5. Schlehen, Kornelkirschen	2
6. Sonstiges Steinobst	3
7. Wacholderbeeren, Vogelbeeren	1,5
8. Hagebutten	2
9. Sonstige Beeren	2
10. Weintrauben	4,5
11. Traubenwein	10
12. Sonstiger Obstwein aus in Z 1 bis 9 genannten Stoffen	6
13. Obstweinhefe und Traubenweinhefe, flüssig	3
14. Obstweinhefe und Traubenweinhefe, gepresst	2
15. Treber und Trester	2,5
16. Meisterwurz, Enzianwurzeln	2
17. Halmrüben	2
18. Nicht selbstgewonnene Äpfel, Birnen und sonstiges Kernobst	3,6
19. Getreide (100 kg)	2,4
20. Most (Obstwein)	6

zu einer Höchstmenge von 51 l Alkohol in den Bundesländern Tirol oder Vorarlberg für den Hausbedarf Verwendung finden. Hausangehörige sind Dienstnehmer, die ohne Unterbrechung mindestens sechs Monate im Betrieb hauptberuflich beschäftigt sind bzw. Personen, denen der Abfindungsberechtigte aufgrund eines Ausgedingevertrages freie Verköstigung zu leisten hat, wenn sie mit dem Abfindungsberechtigten am Sitz des Betriebes im gemeinsamen Haushalt leben und nicht zur Herstellung von Alkohol unter Abfindung zugelassen sind.

Aufzeichnungspflichten

Der Abfindungsberechtigte hat ein Überwachungsbuch zu führen, in dem Art und Menge der zur Herstellung von Alkohol bestimmten alkoholbildenden Stoffe unverzüglich aufzuzeichnen sind, das heißt in der Regel am Tag des aufzuzeichnenden Ereignisses, spätestens jedoch am zweiten darauffolgenden Werktag. Im Überwachungsbuch sind detailliert Ereignisse zu verzeichnen, die die Produktion, den Verkauf sowie den Standort betreffen. Das zuständige Zollamt hat unverzüglich darüber informiert zu werden, wo das Überwachungsbuch geführt und aufbewahrt wird.

300-l-Abfindungsbrenner

Wer am Tag vor Inkrafttreten des Alkohol-Steuer- und Monopolgesetzes 1995 (Tag des Inkrafttretens 1. Jänner 1995) berechtigt war, Branntwein unter Abfindung herzustellen, und Eigentümer eines einfachen Brenngerätes ist, auf dem vor Inkrafttreten dieses Gesetzes Branntwein unter Abfindung mit einer Erzeugungsgrenze von 300 l Alkohol hergestellt wurde, kann, wenn er die Voraussetzungen für die Herstellung von Alkohol unter Abfindung erfüllt, weiterhin 300 l Alkohol jährlich herstellen, wenn er das Brenngerät nicht vom Aufbewahrungsort weggebracht hat und es ausschließlich von dessen Eigentümer zur Herstellung von Alkohol unter Abfindung Verwendung findet.

War der Abfindungsberechtigte vor dem 1. Jänner 1995 befugt, andere als selbstgewonnene Stoffe zu verarbeiten, so bleibt dieses Recht bestehen. Ein Zusatzkontingent von 100 l Alkohol zu 90 % des Regelsteuersatzes steht auch den 300-l-Abfindungsbrennern zu.

Verschlussbrennerei mit eingeschränkter Anlagensicherheit (Kleinverschlussbrennerei)

Diese darf bis **400 l Alkohol pro Jahr zu ermäßigtem Steuersatz** produzieren; das Produkt unterliegt den Verkehrsbeschränkungen laut § 57, die Anlage muss verschlusssicher eingerichtet sein (Raumsicherung, Anlagensicherung). Es können bis 1.000 l Alkohol pro Jahr zum Regelsteuersatz erzeugt werden, allerdings ist parallel dazu keine Abfindung möglich. Die Anlage muss fünf Kontrolleinheiten besitzen: Brennzeitenzähler, Brändezähler, Durchflussmesser, Maischebuch, Abnahme durch Zoll. Es gilt keine Verkaufsbeschränkung.

In der Spirituosenverordnung (Verordnung (EG) Nr. 110/2008 des Europäischen Parlaments und Rates vom 15. Januar 2008 zur Begriffsbestimmung, Bezeichnung, Aufmachung und Etikettierung von Spirituosen sowie zum Schutz geografischer Angaben für Spirituosen und zur Aufhebung der Verordnung (EWG) Nr. 1576/89) werden im Anhang II die Spirituosenkategorien erläutert. Von besonderem Interesse sind: 9. Obstbrand, 7. Obsttresterbrand und 10. Brand aus Apfelwein und Brand aus Birnenwein.

Im Kapitel B 23/Spirituosen des Codex Alimentarius Austriacus (Erlass BMG – 75210/0014 – II/B/7/2009 vom 4. Februar 2010) werden für Obstbrände (Kap. 2.3) die Spirituosenverordnung ergänzende Angaben gemacht, wie:

Zwetschken- oder Pflaumenbrand kann auch als Sliwowitz oder Slibowitz bezeichnet werden.

Ein Hinweis auf ein besonderes Alter ist nur zulässig, wenn die Lagerzeit mindestens ein Jahr beträgt.

Erfüllt ein Edelbrand gewisse Mindestanforderungen hinsichtlich chemischer Qualitätsparameter (z. B. Zwetschke 16 Parameter), so darf er als „Österreichischer Qualitätsbrand" bezeichnet werden. Beerenbrand darf als „Österreichischer Qualitätsbeerenbrand" bezeichnet werden, falls der Alkoholgehalt mindestens 38,0 Vol.-% und der Methanolgehalt höchstens 1.000 mg/100 ml r. A. beträgt. Zusätze von Abrundungsmitteln sind nicht nachweisbar.

Bei Inverkehrbringen von Destillaten sind die Bestimmungen der Lebensmittelkennzeichnungsverordnung zu beachten.

Nur gesundes, vollreifes Obst verarbeiten

Optimale Gehalte an sortencharakteristischen Aromastoffen und vergärbaren Zuckern sind nur in vollreifem Obst enthalten. Stark überreife oder verletzte Früchte liefern Destillate, die hohe Gehalte an flüchtigen Säuren (Essigsäure) sowie an Aldehyden aufweisen, und sollen daher nicht verwendet werden. Es sollte endlich damit aufgehört werden, die Obstbrennerei als Notnagel anzusehen, das heißt, für sonstige Zwecke unbrauchbares Obst für Brennzwecke zu verwenden.

Obstarten nicht miteinander mischen

Erstens wird zurzeit der Branntweinzuschlag bei Maischen, bestehend aus verschiedenen Obstarten mit verschiedenen theoretischen Alkoholausbeuten, nach der Stoffgattung, für die der höchste Ausbeutesatz festgesetzt ist, berechnet. Zweitens sind Mischdestillate vielfach in der Aromaqualität weniger gut.

Obst waschen und entsprechend zerkleinern

Das Obst soll ebenso wie bei der Erzeugung von Säften oder Wein gewaschen und zerkleinert werden. Vor allem bei Steinobst hat die richtige Zerkleinerung (Steine nicht zerschlagen) eine große Bedeutung für die Qualität des Destillates.

Optimale Gärtemperatur

Die optimale Gärtemperatur für Obstmaischen beträgt 15 bis 20 °C. Vor allem bei sehr später Obsternte (z. B. Zwetschken) werden diese Temperaturen, bedingt durch die meist bereits tiefen Außentemperaturen, nicht erreicht. Als Folge kommt es vielfach zu Gärungsstockungen oder zu schleppender Gärung. Durch ein- bis zweitägiges Stehenlassen des unzerkleinerten Obstes in kleinen, luftdurchlässigen Gebinden (Steigen) in entsprechend temperierten Räumen erwärmt sich das Obst und ermöglicht in weiterer Folge einen problemlosen Gärverlauf. Das Einleiten von Dampf in die Maische zwecks Erwärmung ist aus zwei Gründen abzulehnen: Es vermehrt die Maischemenge und führt damit zu einer finanziellen Mehrbelastung; es können dadurch gewisse Aromastoffe der Maische geschädigt werden. Von dem Versuch, die Erwärmung der Maische mittels Mostwärmer durchzuführen, ist strikt abzuraten (Gefahr des Anbrennens der Maische).

Füllung der Gärbehälter

Wie bei der Mosterzeugung sollen die Gärbehälter nur bis etwa 85 % gefüllt werden, um ein Übergären zu vermeiden. Ebenso wie bei der Mosterzeugung sollten Gärspunde verwendet werden. Die Gärbehältergröße soll so gewählt werden, dass innerhalb von zwei bis drei Tagen durch die zu vergärende Maische der Behälter gefüllt ist. Die vielfach betriebene Unart, den Gärbehälter innerhalb von Wochen zu füllen, wobei bereits vergorene Maische mit frischer Maische gemischt wird, ist abzulehnen.

Säurezusatz bei säurearmen Maischen

In säurearmen Maischen, wie z. B. aus Kirschen, gewissen Apfel- und Birnensorten, können sich unerwünschte Milchsäurebakterien, bedingt durch den relativ hohen pH-Wert dieser Maischen, sehr leicht vermehren. Die von diesen Mikroorganismen gebildeten Stoffwechselprodukte vermindern die Qualität der Destillate sehr stark. Während Bakterien relativ empfindlich auf eine Senkung des pH-Wertes reagieren, sind Hefen unempfindlicher. Es ist daher durch Zugabe von Säure dafür zu sorgen, dass unmittelbar nach dem Maischen, also vor Beginn der alkoholischen Gärung, ein entsprechend tiefer pH-Wert erzielt wird.

An **Säuren** kommen in Frage:

- **Milch- und Phosphorsäure:** 100–250 g 80%ige Genussmilchsäure plus 100–250 g 84%ige Phosphorsäure pro hl.
- **Schwefelsäure:** 100–200 g 95- bis 98%ige konzentrierte Schwefelsäure (reinst; unbedingt erforderlich, da nur „technisch reine" Schwefelsäure geringe Mengen Arsen enthält und Arsen ein starkes Hefegift ist) pro hl.

Die erforderliche Säuremenge wird mit der etwa zehn- bis 20-fachen Wassermenge verdünnt. Immer die Säure vorsichtig unter ständigem Rühren in das Wasser gießen und nie umgekehrt (Schutzbrille verwenden!). Schlempen (entgeistete Maischen), die aus angesäuerten Maischen entstehen, sind für Fütterungszwecke ungeeignet.

Zusatz von Hefenährsalzen bzw. Trockenreinzuchthefe

Bei sehr gerbstoffreichen Maischen ist der Zusatz von Hefenährsalzen notwendig: Bis 30 g Chlorammonium bzw. phosphorsaures Ammonium pro hl. Die verwendete Gärsalzmenge wird in Wasser gelöst und ist ebenfalls bereits unmittelbar nach dem Maischen zuzugeben. Die Vergärung der Obstmaischen sollte mit geeigneten Trockenreinzuchthefen durchgeführt werden. Die Vergärung soll zügig erfolgen, jede Gärverzögerung bedeutet Verluste.

Prüfung auf vollständige Vergärung

Ob die in der Maische vorhandenen Zucker vollständig zu Ethanol vergoren wurden, kann nur durch eine chemische Analyse festgestellt werden. In der Praxis hat sich die Zuckerbestimmung mittels der Clinitest-Methode bewährt. Sie ist in der Durchführung sehr einfach und liefert Werte mit ausreichender Genauigkeit. Das Mostgewicht liefert Werte, die keine Aussage über den Vergärungsgrad liefern.

Lagerung der Maische

Vergorene Maischen können nach Gärende noch zwei bis drei Wochen gelagert werden, ohne dass nennenswerte Qualitätsverluste auftreten. Im Allgemeinen sollte die Destillation jedoch unmittelbar nach beendeter Gärung erfolgen.

Brenngeräte

Zur Herstellung von Branntwein dürfen nur einfache Brenngeräte benützt werden (siehe „Rechtliche Aspekte").

Aus qualitativen Gründen sollten die Brennblase, der Helm und das Übersteigrohr aus Kupfer, der Kühler jedoch aus rostfreiem Stahl hergestellt sein. Sehr empfehlenswert ist die Verwendung einer Alkoholvorlage.

Um die Gefahr des Anbrennens der Maische zu minimieren, wurden früher Rührwerke eingebaut, heute verwendet man Wasserbadbrenngeräte.

Destillation

Bei der Destillation wird der in der Maische enthaltene Alkohol (Ethanol) gemeinsam mit anderen bei diesen Temperaturen flüchtigen Substanzen (Wasser, Aromastoffe, Methanol ...) von den übrigen Substanzen getrennt. Die im Destillat vorliegenden Ester, Säuren, Ketone, Aldehyde, Alkohole bestimmen die Produktqualität. Es ist heute sowohl im gewerblichen als auch im bäuerlichen Betrieb üblich, einen zweifachen Abtrieb durchzuführen.

Herstellung von Raubrand: Die Brennblase wird nur bis zu zwei Dritteln bis maximal drei Vierteln gefüllt. Bei stark eiweißhaltigen Maischen wird, um ein Überschäumen (Spucken) des Kessels zu vermeiden, ein Antischaummittel (auf Silikonbasis) zugesetzt. Die Destillation hat langsam zu erfolgen. Der Alkoholgehalt des Destillates beträgt zu Beginn 30 bis 50 Vol.-% und nimmt dann ständig ab. Beträgt der Alkoholgehalt des abfließenden Destillates nur mehr ca. 2 Vol.-%, so wird der Brennvorgang beendet. Aus 1 hl Maische erhält man 20–35 l Raubrand mit 20–30 Vol.-% Alkohol.

Bäuerliches Brenngerät (Foto: Fa. Kothe)

Herstellung von Feinbrand: Im Gegensatz zum Raubrand wird beim Feinbrand eine Auftrennung in Vor-, Mittel- und Nachlauf durchgeführt; das heißt, Sinn des Feinbrennens ist nicht nur die Erhöhung des Alkoholgehaltes, sondern auch eine Abtrennung unerwünschter Destillatanteile.

Aus **1 hl Raubrand** erzielt man:

- 0,5–2,0 l Vorlauf (75 Vol.-%),
- 20,0–35,0 l Mittellauf (60–65 Vol.-%) und
- 20,0–25,0 l Nachlauf (15–25 Vol.-%).

Der Abtrieb des Nachlaufes kann rascher erfolgen als der des Vor- und Mittellaufes. Der Umschaltzeitpunkt von Vorlauf auf Mittellauf kann wie folgt festgestellt werden: Der ablaufende Vorlauf wird in 250-ml-(Viertel-Liter-)Gläsern aufgefangen (z. B. acht Stück). Danach werden aus jedem 250-ml-Glas etwa 20 ml in Kostgläser geleert und mit der gleichen Menge an Wasser verdünnt. Für den geübten Koster ist es nun durch vergleichende Verkostung möglich, eine Trennung durchzuführen.

Der Umstieg von Mittellauf auf Nachlauf erfolgt, wenn der Alkoholgehalt des ablaufenden Destillates etwa 45 Vol.-% (Kernobst 40–45 Vol.-%, Steinobst 45–48 Vol.-%) beträgt. Der Destillationsvorgang wird abgebrochen, wenn das ablaufende Destillat in der Vorlage ca. 10 Vol.-% aufweist.

Lagerung der Destillate

Frisch hergestellte Destillate wirken kostmäßig unharmonisch und bedürfen einer Lagerung. Es ist günstiger, die hochprozentigen Destillate einige Zeit zu lagern und die Trinkfertigmachung, das heißt die Herabsetzung des Alkoholgehaltes auf Trinkstärke, erst später durchzuführen.

Die sich während der Lagerung ergebenden Veränderungen sind abhängig von der Zeit, der Temperatur, den Inhaltsstoffen und deren Konzentrationen sowie von der Luftzufuhr. Die Veränderungen umfassen Oxidationen, davon betroffen sind vor allem Aldehyde und Alkohole, Veresterungen sowie Acetalisierungen.

Lagert man die Destillate in spundvoll gefüllten Glasbehältern in kühlen, dunklen Räumen, so werden sich nur langsam Veränderungen zeigen, der originäre Geruch und Geschmack bleiben sehr gut erhalten. Lagert man die Destillate hingegen z. B. in 300-l-Limousin-Eichenholzfässern, so werden die aus dem Holz ausgelaugten Substanzen teils in neue, angenehm riechende Komponenten übergeführt bzw. wirken sie katalytisch auf die oben angeführten Veränderungen. Allerdings sollten keinesfalls kleinere Fässer verwendet werden, da sonst das Verhältnis Holzoberfläche zu Inhalt zu groß ist, das heißt, die Destillate erhalten einen zu stark ausgeprägten Holzton. Die Dauer der Holzfasslagerung (zwei bis acht Monate) ist von verschiedenen Faktoren abhängig und sollte mithilfe regelmäßiger Verkostungen kontrolliert werden.

Trinkfertigmachung

Die Mittelläufe weisen Alkoholgehalte von 60 bis 65 Vol.-% auf; der gesetzlich festgelegte **Mindestalkoholgehalt für Obstdestillate** beträgt **38 Vol.-%**. Aus qualitativen Gründen ist es zweckmäßig, die Obstdestillate mit Alkoholgehalten von 39 bis 42 Vol.-% herzustellen. Wichtig bei der Alkoholbestimmung mittels einer Alkoholspindel ist die exakte Einhaltung der jeweils angeführten Prüftemperatur.

Da 100 l Alkohol und 100 l Wasser nicht 200 l, sondern nur 192,8 l mit 51,8 Vol.-% Alkohol ergeben, ist die Berechnung des Wasserzusatzes mittels einer einfachen Schlussrechnung nicht möglich. Es werden daher in der bäuerlichen Praxis Tabellen verwendet, bei denen die oben angeführten Kontraktionsverluste Berücksichtigung finden (Tabelle S. 555). Bei der Herabsetzung des Alkoholgehaltes des Mittellaufes kommt es meist zu einer weißen, milchigen Trübung sowie zu einer Erwärmung der Mischung. Die Ursache für die Trübung ist der Ausfall höherer Alkohole (Fuselöle), deren Löslichkeit vom Ethanolgehalt und von der Temperatur abhängt. Wird daher die Temperatur auf etwa +2 °C abgesenkt – z. B. durch Stehenlassen in einem Kühlraum, im Winter im Freien – so kann der Anteil der ausgefallenen Fuselöle deutlich erhöht werden.

Das zu verwendende Wasser muss einen möglichst niedrigen Härtegrad aufweisen, da die Härtebildner (Kalzium- und Magnesiumsalze) ebenfalls, allerdings erst nach einiger Zeit, zu Trübungen Anlass geben. Man verwendet daher destilliertes Wasser oder mittels Ionenaustauschmeter enthärtetes Wasser. Regenwasser bzw. geschmolzener Schnee kann heute nicht mehr für Verdünnungszwecke empfohlen werden (Luftverschmutzung).

Tabelle (siehe Seite 555 rechts) zur Kontraktionsberechnung nach FEYDT; erforderliche Zugabe an enthärtetem Wasser je 100 l Mittellauf. (Beispiel: Mittellauf mit 60 Vol.-% (Alkoholgehalt in Vol.-%)

soll auf 40 Vol.-% (gewünschter Alkoholgehalt in Vol.-%) verdünnt werden, wie viel l enthärtetes Wasser muss je 100 l Mittellauf zugesetzt werden? – 51,5 l).

Filtration

Das rückverdünnte, kühl gelagerte Destillat wird kalt mittels eines Trichter-, Zylinder- oder Schichtenfilters filtriert. Das Filtrat wird in einem entsprechend großen Glasbehälter nun bei Raumtemperatur gelagert. Erst wenn das Destillat die Raumtemperatur erreicht hat, wird es in saubere Flaschen abgefüllt.

Deklarationsvorschriften

Werden Destillate in Verkehr gebracht, so sind entsprechend der Lebensmittelkennzeichnungsverordnung mindestens folgende **Angaben im Etikett** erforderlich:

- Handelsübliche Sachbezeichnung (Produktname).
- Name und Anschrift der erzeugenden oder verpackenden Firma.
- Füllvolumen; eine Angabe im Etikett ist nicht notwendig, wenn auf der wiederverwendbaren Glasflasche das Volumen eingeprägt ist.
- Loskennzeichnung; es muss eine frei wählbare Losnummer unter Voranstellung des Buchstabens L angegeben werden; sinnvoll wäre, dafür das Brenn- oder Abfülldatum einzusetzen, wie z. B. L 2/13, Produkt wurde im Februar 2013 abgefüllt.
- Alkoholgehalt in Vol.-% (Toleranz ± 0,5 Vol.-%).

Des Weiteren ist der Hinweis, dass die Herstellung unter Abfindung erfolgte, anzubringen. Zur Information des Konsumenten können weitere wahrheitsgemäße Angaben über die Eigenschaften des Produktes gemacht werden.

Hinsichtlich der Mindest- bzw. Maximalgehalte an wertbestimmenden Inhaltsstoffen gibt das Codex-Kapitel B 23 Spirituosen Auskunft.

Fruchtsaft

Rechtliche Grundlagen

Die rechtliche Basis für die Herstellung von Fruchtsäften und gleichartigen Erzeugnissen ist die Fruchtsaftverordnung (BGBl. II Nr. 83/2004 und den Änderungen II Nr. 441/2010 und II Nr. 206/2013). Darüber hinaus sind weiterhin die Bestimmungen des Kapitels B7 des Codex Alimentarius Austriacus von Bedeutung. Die Kennzeichnung der Ware unterliegt der Lebensmittelkennzeichnungsverordnung.

Rohware; Waschen, Mahlen, Pressen

Es gelten die gleichen Anforderungen wie bei der Erzeugung von Obstwein. Im Gegensatz zu diesem ist jedoch bei Saft der Zusatz von Säure, Zucker und/oder Wasser nicht gestattet. Demnach dürfen wir daher nur eine Rohware verwenden, die auch Säfte codex-konformer Qualität liefert. Besonders bei Apfelsäften aus Edelobstsorten (z. B. 'Roter Delicious' und 'Golden Delicious') kommt es oft vor, dass der geforderte Mindestgehalt an titrierbarer Säure nicht erreicht wird.

Erzeugung blanker Säfte

Um blanke Säfte zu erzielen, müssen die Trubstoffe sowie Inhaltsstoffe, die zu einem späteren Zeitpunkt zu Trübungen Anlass geben könnten, entfernt werden. **Enzymatischer Pektinabbau:** Pektinstoffe sind Bestandteil der Zellwände und kommen in allen Pflanzen, so auch im Obst, vor. Der Gehalt an Pektinstoffen im Presssaft beträgt 0,5 bis 1,0 % (berechnet als Kalziumpektat). Pektine wirken als Schutzkolloide und verhindern somit das Absetzen von trubbildenden Stoffen. Wird diese Schutzkolloidwirkung aufgehoben, so flocken die Trubteilchen aus und der Saft wird blank. In der Natur wird dieser Abbau der Pektinstoffe (z. B. Weichwerden des Obstes) durch sogenannte pektolytische Enzyme verursacht. (Als „Enzyme" bezeichnet man eiweißhaltige Stoffe, die biochemische Umsetzungen veranlassen; sie werden von der Pflanze gebildet, sind aber auch in der Lage, außerhalb dieser zu wirken.) Die natürlichen Gehalte an pektolytischen Enzymen sind jedoch relativ gering, der Abbau der Pektinstoffe würde daher einige Zeit in Anspruch nehmen; die Gefahr des Angärens der Säfte wäre sehr groß. Aus diesem Grund verwendet man heute Handelsenzympräparate. Diese Präparate enthalten in konzentrierter Form pektolytische Enzyme, daneben aber auch Begleitenzyme (stärkeabbauende Amylasen, zelluloseabbauende Zellulasen etc.). Über die richtige Dosierung und Einwirkdauer geben die Beipackzettel Auskunft.

Gelatineschönung

Nach dem enzymatischen Abbau der Pektinstoffe werden gewisse phenolische und polyphenolische Substanzen (Gerbstoffe) durch eine Gelati-

Alko-hol-gehalt	gewünschter Alkoholgehalt																	
	34	35	36	37	38	39	40	41	42	43	44	45	46	47	48	49	50	51
95	186,8	178.8	171,2	164,0	157,1	150,7	144,5	138,6	133,0	127,6	122,5	117,6	112,9	108,4	104,1	99.9	96,0	92,2
90	170,8	163,2	156,0	149.2	142.7	136,6	130,8	125,2	119,9	114,7	110,0	105,3	100,9	96,6	92,5	88,5	84,7	81,2
85	155,1	147,9	141,1	134,8	128,6	122,8	117,3	112,0	107,0	102.2	97,7	93,3	89,1	85,0	81,2	77.4	73,9	70,5
80	139,6	132,8	126,4	120.4	114,6	109,2	104,0	99,1	94,3	89,7	85,5	81,3	77,4	73,5	70,0	66,4	63,1	59,9
79	136,5	129,8	123,5	117,6	111,9	106,5	101.4	96,5	91,8	87,3	83,1	79,0	75,1	71,3	67.8	64.3	61,0	57,8
78	133,4	126,8	120,5	114,7	109,1	103,7	98,7	93,9	89,2	84,8	80,6	76,6	72,8	69,0	65,5	62,1	58.8	55,7
77	130,3	123,8	117,6	111,8	106.3	101,0	96,0	91,3	86,7	82,3	78,2	74,2	70,5	66,7	63,3	59,9	56,7	53.6
76	127,2	120,8	114,7	109,0	103,5	98.3	93,4	88,7	84,2	79,9	75.8	71,9	68,2	64,5	61,1	57,8	54,6	51,5
75	124,1	117,8	111,8	106,2	100,7	95,6	90,8	86,1	81,7	77,4	73,4	69.5	65.9	62,2	58,9	55.6	52.4	49,4
74	121,0	114,8	108,8	103,3	97,9	92,9	88,1	83,5	79,2	74.9	71,0	67,1	63,6	60,0	56,7	53,4	50,3	47,3
73	117,9	111,8	105,9	100,4	95,1	90,2	85,5	80.9	76,7	72,4	68,6	64,8	61,3	57,7	54,5	51,2	48,2	45,2
72	114.9	108,8	103,0	97,6	92,4	87,5	82,9	78,4	74,2	70,0	66,2	62,5	59,0	55,5	52,3	49,1	46,1	43,2
71	111,8	105,8	100,1	94,7	89,6	84,8	80,2	75,8	71,6	67,5	63,8	60,1	56,7	53.2	50,0	46.9	43,9	41,1
70	108,7	102,8	97,2	91,8	86,8	82.1	77,6	73,2	69,1	65,1	61,4	57,7	54.4	50.9	47,8	44,7	41,8	39.0
69	105,7	99,8	94,3	89,1	84,1	79,4	75,0	70,7	66,6	62,7	59,0	55,4	52,1	48,7	45,6	42,6	39,7	36,9
68	102,6	96,8	91,4	86,2	81,3	76,7	72,3	68,1	64,1	60,2	56,6	53,0	49,8	46,5	43,4	40,4	37,6	34,8
67	99,5	93,8	88,5	83,4	78,6	74,0	69,7	65,5	61,6	57,8	54,2	50,7	47,5	44,2	41,2	38,3	35,5	32,8
66	96,5	90,9	85,6	80,6	75,9	71,4	67,1	63.0	59,1	55,4	51,9	48,4	45,2	42,0	39,0	36,2	33,4	30,8
65	93,4	87,9	82,7	77,8	73,1	68,7	64,5	60,4	56,6	52,9	49,5	46,1	42,9	39,8	36,8	34,0	31,3	28,7
64	90,2	84,9	79,8	75,0	70,3	66,0	61,9	57,8	54,1	50,4	47,1	43,7	40,6	37,5	34,6	31,8	29,2	26,6
63	87,3	81,9	76,9	72,2	67,6	63,3	59,3	55,3	51,6	48,0	44,7	41,4	38,3	35.3	32,4	29,7	27,1	24,5
62	84,3	79,0	74,0	69.4	64.9	60,7	56,7	52,8	49,2	45,6	42,3	39,1	36,1	33,1	30,3	27,6	25.0	22,5
61	81,2	76.0	71,1	66,5	62,1	58,0	54,1	50,2	46,7	43,1	39.9	36,8	33,8	30,8	28,1	25,4	22,9	20,4
60	78,2	73,0	68,2	63,7	59,4	55,3	51,5	47,7	44,2	40,7	37,5	34,5	31,5	28,6	25,9	23,3	20,8	18,3
59	75,1	70,1	65,4	60,9	56,7	52,7	48,9	45,2	41,7	38,3	35,2	32,2	29,3	26,4	23,8	21,2	18,7	16,3
58	72,0	67,1	62.5	58,1	53,9	50,0	46.3	42,6	39,2	35,9	32,8	29,8	27,0	24,2	21,6	19,0	16,6	14,2
57	69,0	64,1	59,8	55,3	51,2	47,3	43,7	40,1	36,7	33,5	30,4	27,5	24,7	22,0	19,4	16,9	14,5	12,2
56	66,0	61,2	56,7	52,5	48,5	44,7	41.1	37,6	34,3	31,1	28,1	25,2	22.5	19.8	17,2	14,8	12,4	10,2
55	62,9	58,2	53,8	49,7	45,8	42,0	38,4	35,0	31,8	28,7	25,7	22,9	20,2	17,5	15,1	12,6	10,3	8,1
54	59,8	55,2	50,9	46.9	43,0	39,3	35,8	32,5	29,3	26,3	23,3	20,6	17.9	15,3	12,9	10,5	8,2	6,1
53	56,8	52,3	48,0	44,1	40,3	36,7	33,2	30,0	26,8	23,9	21,0	18,3	15,6	13,1	10,7	8,4	6,2	4,1
52	53,8	49,4	45,2	41,3	37,6	34,1	30.7	27,5	24,4	21,5	18,7	16,0	13,4	10,9	8,6	6,3	4,2	2,0
51	50,8	46,4	42,3	38,5	34,9	31,4	28,1	24,9	21,9	19,1	16,3	13,7	11,1	8,7	6,4	4,3	2,1	
50	47,8	43,5	39,5	35,7	32,2	28,8	25.5	22,4	19,5	16,7	14,0	11,4	8,9	6,5	4,3	2,2		
49	44,8	40.6	36,7	33,0	29,5	26,2	23,0	19,9	17,1	14,3	11,7	9,1	6,7	4,4	2,2			
48	41,7	37,6	33,8	30,2	26,8	23,5	20,4	17,4	14,6	11,9	9,3	6,8	4,5	2,2				
47	38,7	34,7	31,0	27,4	24,1	20,9	17,8	14,9	12,1	9,5	7,0	4,5	2,3					
46	35,7	31,8	28,2	24,7	21,4	18,3	15,3	12,4	9,7	7,1	4,7	2,3						
45	32,8	28,9	25,3	22,0	18,7	15,7	12,7	9,9	7,3	4,7	2,3							
44	29,8	26,0	22,4	19,2	16.0	13,0	10,1	7,4	4,9	2,4								
43	26,8	23,1	19,6	16,4	13,3	10,4	7,6	5,0	2,5									
42	23,8	20,2	16,8	13.7	10.7	7,8	5,1	2,6										
41	20,8	17.3	14,0	10,9	8,0	5,2	2,6											
40	17,8	14,4	11,2	8,2	5,3	2,6												
39	14,8	11,9	8,4	5,5	2,7													

Angaben in Vol.-%

neschönung aus dem Saft entfernt. Der Zusatz der ermittelten Gelatinemenge sollte erst ca. eine Stunde nach der Zugabe der pektolytischen Enzyme erfolgen. Der Erfolg der Gelatineschönung wird wesentlich durch die Temperatur beeinflusst, Schönungen sind nur bei Temperaturen über 10 °C durchzuführen.

Bentonitschönung

Mittels Bentonit können Eiweißstoffe aus dem Saft entfernt werden; aufgrund des guten Adsorptionsvermögens werden aber auch z. B. die Gehalte an Schwermetallen und Spritzmittelrückständen reduziert. Die erforderliche Menge ist wieder mittels eines Vortests zu ermitteln.

Klärung

Die geschönten Säfte werden mittels Kieselgur- bzw. Schichtenfiltration geklärt.

Erzeugung naturtrüber Säfte

Bei der Erzeugung von naturtrüben Säften sind vor allem zwei Dinge zu beachten: Maßnahmen zur weitestgehenden Vermeidung der enzymatischen Bräunung und möglichst rasche Inaktivierung der fruchteigenen pektinspaltenden Enzyme. Um diese Ziele zu erreichen, werden der Maische ca. 40–60 g L-Ascorbinsäure je hl zugegeben und diese möglichst rasch abgepresst. Der abfließende trübe Saft sollte möglichst wenig mit Luft (Sauerstoff) in Kontakt kommen und raschest einer Hochtemperatur-Kurzzeitbehandlung (HTST) unterzogen werden. Durch diese Pasteurisation werden einerseits die pektinspaltenden Enzyme ausgeschaltet, aber auch die hitzelabilen Eiweißstoffe zerstört. Man lässt den grobflockigen Trub absetzen und füllt den feintrüben Saft in Flaschen ab. Selbstverständlich muss dieser Saft durch Pasteurisation haltbar gemacht werden.

Haltbarmachung der Säfte

Von den vielen möglichen Haltbarmachungsverfahren für Fruchtsäfte kommen für den bäuerlichen Produzenten nur zwei in Frage: die Kaltabfüllung der Säfte und nachfolgende Pasteurisation (unter Pasteurisation versteht man eine Wärmebehandlung bei Temperaturen unter 100 °C, im Gegensatz zur Sterilisation, bei der bei Temperaturen über 100 °C gearbeitet wird) sowie die Heißabfüllung der Säfte. Die Hitzebehandlung der Säfte bewirkt einerseits eine Abtötung der für den Verderb der Säfte verantwortlichen Mikroorganismen, andererseits aber auch die weitgehende, zum Teil gänzliche Ausschaltung von Enzymen.

Hinsichtlich der anzuwendenden Temperaturen sind Grenzen vorgegeben: einerseits sind Temperaturen unter etwa 65 °C wenig wirksam, andererseits kommt es bei einer Temperatur von mehr als etwa 87 °C zu starken Qualitätseinbußen. Da ein Zusammenhang zwischen Temperatur und Zeit besteht, sind bei höheren Temperaturen kürzere Zeiten und bei tieferen Temperaturen längere Zeiten erforderlich, um den gewünschten Effekt zu erzielen. Grundsätzlich bedürfen trübe Säfte einer stärkeren Hitzebehandlung als blanke.

Kaltabfüllung der Säfte und nachfolgende Pasteurisation

Die sauberen Fruchtsaftflaschen werden bei Raumtemperatur mit Saft gefüllt, dabei wird in den Flaschen ein Gasraum von ca. 3,0 bis 3,5 % belassen. Letzteres ist notwendig, da sich bei der Erhitzung das Saftvolumen vergrößert. Danach werden die Flaschen mit Bügelverschlüssen oder mit Kronenkorken verschlossen. Erfolgt die Erhitzung in einem Wasserbehälter, so werden die Flaschen bis zum Hals in das Wasser gestellt und dann wird dieses erhitzt. Eine Flasche lässt man unverschlossen und taucht in diese ein Thermometer ein: Hat sich der Saft auf ca. 75 °C erhitzt, so belässt man die Flaschen bei diesem Temperaturniveau etwa 20 Minuten, nimmt sie dann aus dem Topf und lässt sie liegend auskühlen. Diese Art, den Saft haltbar zu machen, ist nur empfehlenswert, wenn kleinere Mengen zu pasteurisieren sind.

Bei größeren Mengen wird man zur Kammerberieselungspasteurisation greifen. Diese Anlage besteht aus einer Kammer, in die ein transportabler Hordenwagen (Fassungsraum ca. 300 1-l-Flaschen) eingefahren wird. Die gefüllten, verschlossenen Flaschen werden in einem Arbeitsgang aufgewärmt, pasteurisiert und wieder rückgekühlt (Gesamtdauer ca. eine Stunde). Dabei wird das zum Wärmetransport verwendete Wasser in einem unter dem Flaschenwagen liegenden Behälter meist durch Dampf erhitzt und mittels einer Umwälzpumpe in einen perforierten Behälter, der sich über dem Flaschenwagen befindet, gepumpt. Das Wasser rieselt ständig über die Flaschen und erwärmt deren Inhalt auf das gewünschte Temperaturniveau (ca. 75 °C); ist die gewünschte Temperatur erreicht, so wird diese ca. 20 Minuten gehalten. Danach werden die Flaschen abgekühlt, indem dem Heißwasser langsam (sonst Flaschenbruch) Kaltwasser zugeführt wird.

Heißabfüllung

Der erhitzte Saft (ca. 75 °C) wird in vorerwärmte Flaschen planvoll gefüllt, diese werden sofort verschlossen und liegend zum Auskühlen gelagert. Für den bäuerlichen Betrieb hat sich als Wärmeaustauscher die Betriebsglocke am günstigsten erwiesen: Der Apparat besteht aus zwei durch eine Verschraubung verbundenen Aluminiumglocken. Der dadurch gebildete Hohlraum wird durch den zu pasteurisierenden Saft von unten nach oben durchströmt. Die Durchflussgeschwindigkeit kann über einen Zulaufhahn reguliert werden und ist so einzurichten, dass der ausfließende Saft ca. 75 °C aufweist. Die Beheizung der Glocke erfolgt durch Einhängen in einen mit Wasser gefüllten Behälter (Topf, Waschkessel, Dämpfer), der durch Feuer oder elektrisch beheizt wird. Will man höhere Leistungen erzielen (mehr als 200 l pro Stunde), so ist es notwendig, die Beheizung mit Dampf durchzuführen.

Deklarationsvorschriften

Zusätzlich zu den durch die Lebensmittelverordnung 1993 (BGBl 72 Verordnung vom 29. Jänner 1993 in der jeweils gültigen Fassung) vorgeschriebenen Kennzeichnungselementen (handelsübliche Sachbezeichnung, Name und Anschrift der erzeugenden oder verpackenden Firma ...) sind weitere, in der Fruchtsaftverordnung angeführte Kennzeichnungselemente zwingend vorgeschrieben. Entsprechend der Vorgaben der EU-Lebensmittelinformations-Verordnung ist ab Dezember 2016 eine Kennzeichnung der Nährwerte auf der Verpackung verpflichtend. Die Nährwertkennzeichnung ist grundsätzlich in Tabellenform vorzunehmen.

Dörrobst (Trockenobst)

Ziel des Trocknungsprozesses ist es, den natürlichen Wassergehalt der Früchte (75 bis 90 %) unter ca. 20 % zu senken; dieser tiefe Wert ist erforderlich, damit der Verderb durch Mikroorganismen nicht mehr möglich ist.

Rechtliche Grundlagen

Die Erzeugung von Trockenobst (Dörrobst) wird durch die diesbezüglichen Bestimmungen des Kapitels B 4 (Obst) des Codex Alimentarius Austriacus geregelt. Die entsprechenden Bestimmungen der Lebensmittelkennzeichnungsverordnung 1993 sind zu beachten, ebenso die EC-Miscellaneous-Richtlinie vom 20. Februar 1995 hinsichtlich der Höchstmengen an SO_2.

Rohware

In Analogie zur Herstellung anderer Obstverarbeitungsprodukte darf Dörrobst nur aus gesunden, frischen und sauberen Früchten entsprechenden Reifegrades hergestellt werden. Obwohl grundsätzlich die Früchte fast jeder heimischen Obstart zu Trockenobst verarbeitet werden könnten, werden heute meist nur Äpfel, Birnen und Zwetschken verarbeitet. Eine Größensortierung ist angebracht, sie dient der Vereinheitlichung der Rohware und soll unterschiedliche Trocknungszeiten verhindern.

Schälen bzw. Entwachsen

Kernobst (Äpfel und Birnen) sollte vor dem Trocknen geschält werden, dadurch wird die Feuchtigkeitsabgabe erleichtert und die Trocknungszeit verkürzt. Zwetschken haben auf der Schale eine mehr oder minder starke Wachsschicht; diese behindert den Trocknungsvorgang. Die Früchte werden daher fünf bis 15 Sekunden in eine etwa 0,5- bis 1,5%ige Ätznatronlösung oder eine 2%ige Natriumkarbonatlösung bei 80 °C getaucht und sofort danach mit einer 1%igen Zitronensäurelösung gespült. Werden Zwetschken halbiert und entsteint getrocknet, so ist das Dippen (Laugenbehandlung) nicht erforderlich.

Zerkleinerung

Die Trocknungszeit hängt unter anderem von der massenbezogenen Oberfläche ab; um sie zu vergrößern und damit die Trocknungszeit zu verkürzen, ist eine Zerkleinerung beim Kernobst (Spalten, Ringe) angebracht. Die durch die Zerkleinerung erzeugten Schnittflächen erfahren, in Abhängigkeit von verschiedenen Faktoren, mehr oder minder schnell durch die Aktivität der Phenoloxidasen eine Braunfärbung. Dieser Prozess lässt sich durch eine Vorbehandlung minimieren.

- **Blanchieren:** Die Früchte werden in einem Drahtkorb in kochendes Wasser getaucht. Die Fruchtmenge ist so zu bemessen, dass die Kochtemperatur nur kurzfristig unterschritten wird (Tauchdauer 1–5 Minuten).
- **Tauchen** in eine Zitronen- (5–20 g/l) oder L-Ascorbinsäurelösung (5–10 g/l)): Die Tauchdauer beträgt einige Minuten.

- **SO_2-Lösung:** Einige Minuten in eine 1,0- bis 1,4%ige Kaliumpyrosulfitlösung, die auch 1 % Zitronensäure enthält. Entsprechend der Zusatzstoffverordnung darf die Höchstmenge an SO_2 in Trockenfrüchten bei Marillen, Pfirsichen, Pflaumen 2.000 mg/kg und bei Äpfeln und Birnen 600 mg/kg nicht überschreiten.

Trocknung

Für die im bäuerlichen Betrieb herzustellenden Quantitäten an Dörrobst kommt aus ökonomischen Gründen nur die Hordentrocknung in Frage. Die Trocknung von Äpfeln erfolgt bei einer Heißlufttemperatur von 75 bis 80 °C und dauert in Abhängigkeit von der Stückgröße (Ringe oder Spalten) 1,5 bis 6,0 Stunden. Werden ganze Früchte getrocknet (z. B. kleine Birnen), kann die Trocknungsdauer bis zu 48 Stunden betragen. Die Ausbeute, bezogen auf das Rohmaterialgewicht, beträgt 8 bis 15 %. Zwetschken werden mit einer Lufttemperatur von 70 bis 75 °C getrocknet, die Dauer beträgt 15 bis 25 Stunden (bei ganzen Früchten bis zu 50 Stunden), die Ausbeute beträgt 15 bis 25 %.

Lagerung

Nach dem Auskühlen der Trockenfrüchte sollen diese luftdicht verpackt, kühl und trocken gelagert werden. Die Haltbarkeitsdauer ist trotz des niedrigen Wassergehaltes eine begrenzte.

Deklarationsvorschriften

Die Kennzeichnungselemente für Trockenobst sind:

- Handelsübliche Sachbezeichnung
- Name und Anschrift der erzeugenden oder verpackenden Unternehmung
- Nettofüllmenge (in g bzw. kg)
- Losnummer, der Angabe geht der Buchstabe „L" voraus
- Mindesthaltbarkeitsdatum, bestimmt nach Monat und Jahr
- Zutaten (z. B. SO_2)

Obstweinessig

Rechtliche Grundlagen

Die Richtlinien, nach denen Obstweinessig erzeugt wird, sind im Codex-Kapitel B 8 Essig festgehalten. Gemäß der Farbstoffverordnung (BGBl 1996/54 i.d.d.g.F.) darf Essig mit Zuckercouleur gefärbt werden, diese Tatsache ist selbstverständlich entsprechend zu kennzeichnen.

Rohware

Als Ausgangsmaterial für die Herstellung eines qualitativ einwandfreien Obstweinessigs soll ein möglichst nicht geschwefelter, vollständig durchgorener, klarer Obstwein Verwendung finden. Bereits stichige Moste sollen nicht verwendet werden. Die Verwendung von Schlempe, Geläger und Trester ist untersagt.

Erzeugung und Lagerung

Essigsäurebakterien (der Gattungen *Acetobacter* und *Gluconobacter*) wandeln auf oxidativem Wege Alkohol (Ethanol) zu Essigsäure um. Theoretisch entsteht aus 1 ml Ethanol 1,036 ml Essigsäure bzw. aus 1 g Ethanol 1,3 g Essigsäure. In der Praxis sind die Werte entsprechend den Rahmenbedingungen bei der Erzeugung tiefer. Der verwendete Obstwein sollte daher ca. 6 Vol.-% Alkohol enthalten, um ein codex-konformes Produkt zu erhalten. Handelsessig muss mindestens 50 g Säure (berechnet als Essigsäure) pro l enthalten, der maximale Restalkoholgehalt darf 4,0 g pro l nicht überschreiten. Im bäuerlichen Bereich wird Obstweinessig hergestellt, indem z. B. 15 l Obstwein in 25-l-Glasballons gefüllt und mit einer Essigmutter beimpft werden. Bei möglichst warmer Lagerung (25–30 °C) werden nach sechs bis acht Wochen die oben angeführten Grenzwerte codex-konform über- bzw. unterschritten sein. Der Essig wird nun von der Essigmutter abgezogen und in einem Glasballon kühl bis zu einem Jahr gelagert. Danach wird er geschönt (Bentonit, Gelatine), filtriert und in wiederverschließbare Flaschen abgefüllt.

Deklaration

Folgende Kennzeichnungselemente sind vorgesehen:

- Sachbezeichnung; Obstweinessig ist in Verbindung mit der jeweiligen Obstart als „…essig" oder „…weinessig" zu deklarieren, z. B. Apfelweinessig.
- Name und Anschrift des erzeugenden oder verpackenden Unternehmens
- Angabe des Gehaltes an Essigsäure in ganzzahligen (gerundeten) Volumsprozenten in unmittelbarem Zusammenhang mit der Sachbezeichnung
- Nettofüllmenge
- Losnummer
- Zutaten

DER MARKT

Der Erfolg des Obstbauern zeigt sich nicht nur im Zustand seiner Obstanlagen und in der Produktion von hochwertigen, marktkonformen Produkten, sondern auch in der Umsetzung seiner Produktionsbemühungen in einen wirtschaftlichen Erfolg am Markt, das heißt in der Erzielung angemessener Preise für seine Produkte.

Voraussetzung dafür ist vor allem die Ausrichtung der Produktion auf die Anforderungen des Marktes (Obstart, Sorte, Aussehen, Geschmack, naturnahe Produktionsweise und Ähnliches) und eine wirtschaftliche Produktionsweise (rationelle Arbeitsgestaltung, erforderliche Mengenerträge, Risikoabsicherung und andere).

Neben diesen Komponenten, die der Produzent innerhalb seines Betriebes gestalten kann, sind die Möglichkeiten für eine weitergehende Beeinflussung des Marktes (Mengenangebot oder Preisgestaltung) eher gering.

Es ist daher für jeden Obstbaubetrieb von großer Bedeutung, die dafür bestgeeignete Vermarktungsform zu finden.

Abhängig ist diese Entscheidung von mehreren Faktoren, z. B.:

- Welche Produktpalette wird am Betrieb produziert?
- Gibt es Möglichkeiten der bäuerlichen Obstverarbeitung am Betrieb?
- Gibt es Ballungszentren als Absatzmärkte für die Direktvermarktung?
- Ist eine Verbindung mit dem Fremdenverkehr möglich, eventuell mithilfe der Forcierung des Ab-Hof-Verkaufes?
- Wie schaut die Konkurrenzsituation aus, und gibt es viele Mitbewerber mit einer ähnlichen Produktpalette?
- Und nicht zuletzt: Welche Neigungen und welche Einstellung hat der Betriebsführer; möchte er auch kaufmännisch im Handel tätig sein oder sieht er in der Direktvermarktung ab Bauernhof seine Chance oder aber ist die Vermarktung seiner Produkte auf die Strukturen des Lebensmittelhandels ausgerichtet?

Diese und ähnliche Fragen müssen wohl überlegt sein, um die richtige Entscheidung für die bestmögliche Vermarktungsform des jeweiligen Obstbaubetriebes zu wählen.

Attraktive Früchte in hochwertiger Qualität sind die Basis für eine finanziell ertragssichere Vermarktung. (Foto: KEPPEL)

FORMEN DER OBSTVERMARKTUNG

Direktvermarktung an den Endverbraucher

Die positive Einstellung und die persönliche Neigung zum Direktverkauf sollten für den Betriebsführer und, wenn möglich, für die ganze Familie gelten. Wer nicht gerne Kontakt mit Menschen sucht oder wer Scheu davor hat, den Kunden anzusprechen, sollte sich überlegen, ob die Direktvermarktung die richtige Vermarktungsform für ihn ist. Als Möglichkeiten für die Direktvermarktung können genannt werden:

Ab-Hof-Verkauf

Der Ab-Hof-Verkauf ist eine häufige Form der bäuerlichen Direktvermarktung, denn immer häufiger wollen die Konsumenten einerseits ihre Produzenten kennen, andererseits den Einkauf von gesunden Produkten mit einem Ausflug ins Grüne verbinden. Besonders wichtig für diese Art der Vermarktung sind die Lage und der Standort des Betriebes, der nicht allzu weit entlegen sein darf. Eine gute Beschilderung, Parkmöglichkeiten und ein allgemein ansprechender und sauberer Eindruck am Hof sind weitere Voraussetzungen für den Erfolg.

Wenn der Einkauf auf dem Bauernhof auch noch einen Erlebniswert besitzt und eine breite Produktpalette sowie ein kontinuierliches Angebot vorhanden sind, so sind gute Voraussetzungen geschaffen.

Eine attraktive Sonderform der Direktvermarktung ab Bauernhof ist die Selbsternte.

Selbsternte oder Selbstpflücke

Dabei wird, bisher am häufigsten bei Erdbeeren und Himbeeren praktiziert, bereits bei der Anlagenerstellung darauf Rücksicht genommen, dass die Konsumenten ihr Obst selbst in der Anlage pflücken. Die bisherigen Erfahrungen haben gezeigt, dass damit gute Erfolge möglich sind, vor allem auch, weil über diese Form der Vermarktung größere Obstmengen an den Verbraucher abgegeben werden als sonst üblich.

Der traditionelle Bauernmarkt

Die Verkaufsbefugnisse für den Landwirt sind die gleichen wie für den Ab-Hof-Verkauf. Falls jedoch die Gemeinde den Platz für die Abhaltung des Bauernmarktes zur Verfügung stellt, sind die Vorschriften der Marktordnung der Gemeinde zu befolgen. Diese können sich auf das Aufstellen von Verkaufsständen, auf die Höhe der Standgebühr und auch auf die Marktzeiten beziehen. Auch bei dieser Art der Vermarktung kann es von großem Vorteil sein, wenn der Produzent Auskunft geben kann über den Wert, die Verarbeitung und die Art der Produktionsweise seiner Produkte.

Zu berücksichtigen ist dabei allerdings, dass die Marktzeiten einzuhalten sind, dass ein entsprechendes Transportfahrzeug zur Verfügung steht und die notwendigen Utensilien (Marktstand, Schirm, Preistafeln, Waage etc.) vorhanden sind.

Vermarktung über den Lebensmitteleinzelhandel (LEH)

In den nördlichen Ländern der EU entfallen bereits 70 bis 90 % aller Lebensmittelkäufe auf den Lebensmitteleinzelhandel. Diese Konzentration ist eine der Ursachen für das Ungleichgewicht der Kräfteverhältnisse zwischen Landwirtschaft und LEH.

Die starken gesellschaftspolitischen Veränderungen der Gegenwart prägen revolutionär das Konsumverhalten allgemein und insbesondere das Verhalten der Konsumenten am Lebensmittelmarkt – diesen neuen Anforderungen muss auch die Anbieterseite am Obstmarkt Rechnung tragen. Diese Entwicklungen haben einerseits Auswirkungen auf die Produkt- und Preispolitik, ganz wesentlich andererseits aber auf die Organisationsstruktur der Anbieterseite und die Distributionspolitik.

Die Entwicklungen am Lebensmittelmarkt sind gekennzeichnet von zwei Faktoren: eine sehr starke Konzentration auf nur mehr wenige, große, häufig internationale Unternehmensstrukturen und einen starken Wettbewerb zwischen den einzelnen LEH-Konzernen. Qualitätsstandards und Produktauslobungen dienen zunehmend dazu, sich vom Mitbewerber abzugrenzen und sich einen Wettbewerbsvorteil zu erarbeiten. Dies hat maßgeblichen Einfluss auf die Anbieterseite, im gegenständlichen Fall auf die Obstproduktion und die Obstvermarktung. Die Anforderungen an die Produktion, an das Produkt und an die Organisationsstruktur werden immer weiter nach oben geschraubt und erreichen die Grenzen einer machbaren und wirtschaftlichen Landwirtschaft.

Die gesetzlichen Regelungen betreffend die Qualität von Lebensmitteln (z. B. EU-Qualitätsnormen, gesetzliche Pflanzenschutzmittelrückstandsregelungen und Ähnliches), obwohl objektiv und wissenschaftlich erarbeitet und abgesichert, werden damit zunehmend unterlaufen.

Die **Q**ualitäts**m**anagement**s**ysteme (QMS) und Kundenprogramme der Anbieter und Abnehmer werden permanent weiterentwickelt und ändern sich stetig – beispielhaft seien einige wichtige Systeme genannt:

- GLOBAL G.A.P.
- AMA-Gütesiegel
- QS Deutschland
- Weitere Zertifizierungssysteme wie ISO, IFS, BRC und andere
- HACCP-Hygienekonzept

Weiters existieren spezifische Pflanzenschutzrückstandsprogramme der verschiedenen LEH-Konzerne, die beispielsweise die Anzahl von erlaubten Wirkstoffen oder maximale %-Sätze von verschiedenen Rückstandswerten (die meist unterhalb der legistischen Höchstwerte liegen) vorschreiben.

Zusätzlich oder in Zusammenarbeit mit dem LEH gibt es Programme und Konzepte von Umwelt- und Verbraucherschutzorganisationen für Produktions- und Produktreglements.

Zur Wiederherstellung des Marktgleichgewichtes muss das Angebot gebündelt werden. Die Erzeuger müssen bestrebt sein, das Angebot in Anbetracht der weitergehenden Konzentration der Nachfrage in sogenannte „Erzeugerorganisationen" aus eigenen Kräften zu bündeln (siehe: Verordnung (EG) Nr. 2200/96 des Rates vom 28. Oktober 1996 über die gemeinsame Marktorganisation für Obst und Gemüse).

Internethandel beim Obst

FreshCompass (www.freshcompass.com)
Obstkäufer finden auf diesem Portal alle Anbieter mit ihren jeweiligen Kontaktdaten. Ein Handelskontakt ist einfach hergestellt. Die Verkaufsformalitäten werden außerhalb der Website abgewickelt.

FruitCommerce (www.fruitcommerce.com)
Hier werden die zu handelnden Obst- und Gemüsemengen mit Preisangaben angeboten. Die Preise sind verhandelbar oder fest (überwiegend). Die Anbieterseite stellt das Produkt für Käufer in definierten Ländern bzw. Gebieten vor oder gibt an, wenn die jeweilige Charge für alle Nachfrager offen ist. Nachfrager geben ihr Angebot über E-Mail bekannt und müssen die Charge beim Käufer holen. Das Geschäft ist provisionsgebunden und wird finanziell außerhalb des Webauftritts abgewickelt.

Frutotrade (www.frutotrade.com)
Dieses Portal für Obst und Gemüse ist weltweit für Anbieter und Nachfrager verfügbar. Der Kaufinteressent lässt sich seine Handelspartie reservieren und erhält daraufhin eine Antwort per E-Mail. Die Verkaufsverhandlungen laufen dann per Firmennachrichtendienst, per Skype oder E-Mail. Der potentielle Abnehmer muss den Anbieter innerhalb von 24 Stunden kontaktieren, ansonsten erlischt das Angebot. Die Bezahlformalitäten laufen abseits der Webpräsenz ab.

Service2Fruit (www.service2fruit.com)
Hier wird eine Internetversteigerung angeboten. Für angebotene Chargen können mehrere Abnahmeinteressenten ein Angebot über den Webauftritt abgeben, dabei wird nicht das Veilingsystem mit absteigenden Preisen, sondern das herkömmliche Versteigerungssystem mit aufsteigenden Beträgen angewendet. Seitens des Anbieters erfolgt die Angabe des Handelszeitraums und eventuell auch des Mindestpreises oder die Angabe eines „Sofort kaufen-Preises". Klickt ein Käufer diesen Button an, endet der Handel mit dieser Partie. Auf dieser Webseite können auch ein unabhängiger Qualitätskontrollor und alle Verkaufsstufen (Zertifizierung, Sortierung, Transport usw.) gebucht werden.

Eine sofortige Bezahlung oder der Geldtransfer über eine Bank ist möglich, wobei die Auszahlung (meist nach einer Woche) erst erfolgt, wenn die Qualität des entsprechenden Produktes den Vereinbarungen entspricht. Die Provision beträgt für den Anbieter und für den Käufer jeweils 1,– Eurocent pro kg.

Tacler (www.tacler.com)
Bei dieser weltweit verbreiteten Webpräsenz geben potentielle Nachfrager an, was sie suchen, und Feilbieter, was sie verkaufen wollen. Die Kontaktinformationen stehen auf der Webplattform. Die Handelspartner sind bei diesem Webauftritt über die ganze Welt verteilt und handeln mit praktisch allen Gemüse- und Obstarten.

Für den Handel auf diesen Websites ist das Beherrschen der englischen Sprache von Vorteil, um die meisten Handelspartner kontaktieren zu können.

Erzeugerorganisationen

Ein wesentlicher Schwerpunkt der „Gemeinsamen Marktorganisation für landwirtschaftliche Erzeugnisse" betrifft das Thema Erzeugerorganisationen.

Die wichtigsten diesbezüglichen Bestimmungen sind:

- **Europäische Union**
  - **VO (EU) 1308/2013** über eine gemeinsame Marktorganisation für landwirtschaftliche Erzeugnisse.
  - **DuVO (EU) 543/2011** mit Durchführungsbestimmungen für die Sektoren Obst und Gemüse und Verarbeitungserzeugnisse aus Obst und Gemüse.
- **Nationale Bestimmungen**
  - **BGBl. Nr. 326/2015 Erzeuger-Rahmenbedingungen-Verordnung** des BMLFUW, mit Rahmenbedingungen für Erzeuger zur Verbesserung der Erzeugung und Vermarktung und zur Stärkung ihrer Marktstellung.
  - **Nationale Strategie und Umweltrahmen**

Zweck von Erzeugerorganisationen:

- Sicherstellung einer planvollen und insbesondere in quantitativer und qualitativer Hinsicht nachfragegerechten Erzeugung
- Stärkere Bündelung des Angebotes und Förderung der Vermarktung der Erzeugung ihrer Mitglieder

- Drosselung der Produktionskosten und Regulierung der Erzeugerpreise
- Förderung umweltgerechter Wirtschaftsweisen, Anbautechniken und Abfallverwertungstechniken, insbesondere zum Schutz der Gewässer, des Bodens und der Landwirtschaft, sowie zur Erhaltung und/oder Förderung der Artenvielfalt

Erzeugermitglieder von allgemeinen Erzeugerorganisationen dürfen bis zu 25 % ihrer Produktion direkt vermarkten, Erzeugermitglieder von spezialisierten Erzeugerorganisationen dürfen bis zu 20 % ihrer Produktion direkt vermarkten. Bis Ende 1999 behalten die Erzeuger weiters die Möglichkeit, in abnehmendem Umfang Direktverträge mit der Verarbeitungsindustrie abzuschließen.

In der neuen Verordnung wurden auch Bestandteile der Satzung der Erzeugerorganisationen festgeschrieben (Höhe der Mitgliedsbeiträge, Kontrollorganisation durch ihre Mitglieder, Auskunftspflichten, Ahndung von Verstößen, Bestimmungen über die Aufnahme neuer Mitglieder, Mindestdauer der Mitgliedschaft sowie die Regeln der Buchführung und der Haushaltsführung) sowie die Regeln für die Neugründungen und Startförderungen.

Qualitätsnormen

Mit Regelungen, die die Vermarktungsnormen für Obst und Gemüse betreffen, sollen die Produktionsqualität und die Anwendung von Vermarktungsnormen auf bestimmte Erzeugnisse verbessert werden.

Die wichtigsten Regelungen sind:

- **Verordnung (EU) Nr. 1221/2008**
- **Durchführungsverordnung (EU) Nr. 543/2011** der Kommission vom 7. Juni 2011 mit Durchführungsbestimmungen zur Verordnung (EG) Nr. 1234/2007 des Rates für die Sektoren Obst und Gemüse und Verarbeitungserzeugnisse aus Obst und Gemüse (Amtsblatt der Europäischen Union Nr. L 157 vom 15.6.2011)

Verpackung

Je nach Obstart und Vermarktung wird Obst auf seinem Weg von der Anlage bis zum Konsumenten in verschiedenen Behältern geerntet, gelagert und verpackt.

Empfindliche Obstarten, wie Beerenobst und Steinobst, werden häufig bereits vom Produzenten in bis zum Verbraucher gehende Behälter verpackt, um Verletzungen und Beschädigungen zu vermeiden. Kernobst wird meist in Pflückeimern mit Bodenentleerung und weiter in Großkisten (Ausnahmen sind empfindliche Sorten und Birnen) geerntet und kommt erst nach der Lagerung und Sortierung in die für den Markt bestimmte Verpackung.

Die heute üblichen und vom Handel geforderten Verpackungsarten sind außerordentlich vielfältig. Ansprechende Aufmachung, hygienische Verpackung und handliche Größen von zum Teil vorverpackten Vermarktungseinheiten sind in jedem Fall gefordert. Holzsteigen, Karton, vorverpackte Tragetaschen und Tassen aus Karton oder Holzschliff in verschiedenen Ausführungen und Größen muss heute jeder Vermarktungsbetrieb anbieten können, um wettbewerbsfähig zu bleiben. Ob lose, gelegt oder vorverpackt, das hängt auch häufig von der Vermarktungslinie des Handelspartners (Handelskette) ab.

Die zunehmenden Forderungen nach umweltfreundlichen Verpackungsmaterialien finden natürlich auch auf dem Obstmarkt ihren Niederschlag; man bemüht sich, entweder Mehrweggebinde (mit einem Pfandsystem) einzusetzen oder wiederverwertbare oder verrottbare Materialien (Holz, Karton) zu verwenden.

Attraktive Verpackung fördert den Verkauf. (Foto: KEPPEL)

QUALITÄTSNORM FÜR ÄPFEL UND BIRNEN

Beispielhaft seien Qualitätsnormen für Äpfel und Birnen genannt.

I. Begriffsbestimmung

Diese Norm betrifft Äpfel und Birnen der aus „*Malus domestica* Borkh." und „*Pyrus communis* L." hervorgegangenen Anbausorten zur Lieferung in frischem Zustand an den Verbraucher. Äpfel und Birnen für die industrielle Verarbeitung fallen nicht darunter.

II. Bestimmungen betreffend die Güteeigenschaften

Die Norm soll die Güteeigenschaften bestimmen, die die Äpfel und Birnen nach Aufbereitung und Verpackung aufweisen müssen.

A. Mindesteigenschaften

In allen Klassen müssen die Äpfel und Birnen unter Berücksichtigung der besonderen Bestimmungen für jede Klasse und der zulässigen Toleranzen sein:

- ganz,
- gesund; ausgeschlossen sind Erzeugnisse mit Fäulnisbefall oder anderen Mängeln, die sie zum Verzehr ungeeignet machen,
- sauber, praktisch frei von sichtbaren Fremdstoffen,
- praktisch frei von Schädlingen,
- praktisch ohne durch Schädlinge verursachte Veränderungen,
- frei von anomaler äußerer Feuchtigkeit,
- frei von fremdem Geruch und/oder Geschmack.

Die Früchte müssen außerdem sorgfältig gepflückt worden sein. Die Äpfel und Birnen müssen ausreichend entwickelt sein, um

- den Reifungsprozess fortsetzen zu können, damit der nach den jeweiligen Sortenmerkmalen angemessene Reifegrad erreicht werden kann,
- Transport und Hantierung zu überstehen und
- am Bestimmungsort in zufriedenstellendem Zustand anzukommen.

B. Klasseneinteilung

Äpfel und Birnen werden in drei nachstehend definierte Klassen eingeteilt:

1) Klasse Extra

Äpfel und Birnen dieser Klasse müssen von höchster Qualität sein. Sie müssen die sortentypische Form, Größe und Färbung aufweisen und einen unverletzten Stiel besitzen. Sie dürfen keine Mängel aufweisen, mit Ausnahme sehr leichter Schalenfehler, sofern diese die Qualität und das allgemeine Aussehen des Erzeugnisses und/oder die Aufmachung im Packstück nicht beeinträchtigen. Die Birnen dürfen nicht grießig sein.

2) Klasse I

Äpfel und Birnen dieser Klasse müssen von guter Qualität sein. Sie müssen die sortentypischen Merkmale aufweisen.

Zulässig sind jedoch

- ein leichter Fehler in der Form,
- ein leichter Fehler in der Entwicklung,
- ein leichter Fehler in der Färbung.

Der Stiel kann leicht beschädigt sein. Das Fruchtfleisch muss frei von allen Mängel sein.

Schalenfehler, die das allgemeine Aussehen und die Haltbarkeit nicht beeinträchtigen, sind jedoch für jede Frucht innerhalb der nachstehenden Grenzen zulässig:

- schmale, langgestreckte Schalenfehler, nicht länger als 2 cm,
- bei anderen Schalenfehlern darf ihre gesamte Fläche nicht größer sein als 1 cm^2, ausgenommen Schorfflecken, deren Fläche insgesamt nicht größer als ¼ cm^2 sein darf.

Die Birnen dürfen nicht grießig sein.

3) Klasse II

Zu dieser Klasse gehören Äpfel und Birnen, die nicht in die höheren Klassen eingestuft werden können, die aber den vorstehend definierten Mindesteigenschaften entsprechen. Fehler in der Form, in der Entwicklung und in der Färbung sind zulässig, sofern die Früchte ihre charakteristischen Merkmale behalten. Der Stiel kann fehlen, sofern die Schale nicht beschädigt ist.

Das Fruchtfleisch muss frei von größeren Mängeln sein. Schalenfehler sind jedoch innerhalb nachstehender Grenzen für jede Frucht erlaubt:

- schmale, langgestreckte Schalenfehler, nicht länger als 4 cm,

- bei anderen Schalenfehlern muss die Gesamtfläche auf 2,5 cm^2 begrenzt sein, ausgenommen Schorfflecken, deren Gesamtfläche nicht größer als 1 cm^2 sein darf.

III. Bestimmungen betreffend die Größensortierung

Die Größensortierung erfolgt nach dem größten Querdurchmesser. Der Unterschied im Querdurchmesser von Früchten ein und desselben Packstücks ist auf 5 mm begrenzt (Doch wird außer Betracht gelassen, wenn eine Frucht 1 mm nach oben oder nach unten von der gewählten Größensortierung abweicht, sofern es sich nur um durch normalen Gebrauch von Sortierungsmaschinen bedingte Abweichungen in einem der korrekten Aufmachung der Erzeugnisse nicht abträglichen Zahlenverhältnis handelt.):

1. bei Früchten der Klasse Extra,
2. bei Früchten der Klasse I und II, die in geordneten Lagen gepackt sind. (Für Äpfel der Sorten 'Bramley's Seedling' ('Bramley', 'Triomphe de Kiel') und 'Horneburger' darf der Unterschied im Durchmesser jedoch bis zu 10 mm betragen).

Der Unterschied im Querdurchmesser darf bei lose verpackten Früchten der Klasse I 10 mm betragen. (Für Äpfel der Sorten 'Bramley's Seedling' ('Bramley', 'Triomphe de Kiel') und 'Horneburger' darf der Unterschied im Durchmesser jedoch bis zu 20 mm betragen.) Für lose verpackte Früchte der Klasse II ist keine Grenze festgelegt.

Außerdem sind für alle Klassen **Mindestgrößen** wie folgt vorgeschrieben:

Apfel	Extra	I	II
Großfruchtige Sorten	70 mm	65 mm	65 mm
Andere Sorten	60 mm	55 mm	55 mm
Birnen	**Extra**	**I**	**II**
Großfruchtige Sorten	60 mm	55 mm	55 mm
Andere Sorten	55 mm	50 mm	45 mm

Ausnahmsweise wird keine Mindestgröße festgelegt für Sommerbirnen, die in der beschränkenden Liste der Tabelle 4 zu dieser Norm angeführt sind und in der Zeit zwischen 10. Juni und 31. Juli einschließlich jedes Jahres versendet werden.

IV. Bestimmungen betreffend die Toleranzen

Güte- und Größentoleranzen sind in jedem Packstück für Erzeugnisse zulässig, die nicht den Anforderungen der angegebenen Klasse genügen.

A. Gütetoleranzen

1) Klasse Extra

5 v. H. nach Anzahl oder Gewicht Äpfel und Birnen, die nicht den Eigenschaften der Klasse entsprechen, die aber denen der Klasse I – und in Ausnahmefällen einschließlich der Toleranzen der Klasse I – genügen.

2) Klasse I

10 v. H. nach Anzahl oder Gewicht Äpfel und Birnen, die den Eigenschaften der Klasse nicht entsprechen, die aber denen der Klasse II – in Ausnahmefällen einschließlich der Toleranzen der Klasse II – genügen.

Bei Äpfeln 25 v. H. nach Anzahl oder Gewicht Früchte ohne Stiel, sofern die Schalen in der Stielhöhlung nicht verletzt ist. Jedoch sind bei der Sorte 'Granny Smith' Früchte ohne Stiel unbegrenzt zugelassen, sofern die Schale in der Stielhöhlung nicht verletzt ist.

3) Klasse II

10 v. H. nach Anzahl oder Gewicht Äpfel und Birnen, die weder den Eigenschaften der Klasse noch den Mindesteigenschaften entsprechen; ausgenommen sind jedoch Früchte mit Fäulnisbefall, stärkeren Quetschungen oder anderen Mängeln, die sie zum Verzehr ungeeignet machen. Im Rahmen der Toleranzen der Klasse II sind höchstens zugelassen 2 v. H. nach Anzahl oder Gewicht madige Früchte oder Früchte mit folgenden Fehlern:

- bedeutender Befall durch Korkfleckenkrankheit oder Glasigkeit,
- leichte, nicht vernarbte Verletzungen oder Risse,
- sehr leichte Fäulnisstellen.

B. Größentoleranzen

Klassen Extra, I und II

a) Für Früchte, die den Regeln der Gleichmäßigkeit unterliegen, abgesehen von der in Kapitel III zugelassenen Abweichung von 1 mm nach oben und nach unten, 10 v. H. nach Anzahl oder Gewicht Früchte, die der nächsthöheren oder nächstniedrigeren als der auf dem Packstück angegebenen Größe angehören, wobei bei der kleinen Größensortierung eine Höchstabweichung von 5 mm unter der Mindestgröße zulässig ist;

b) Für Früchte, die nicht den Regeln der Gleichmäßigkeit unterliegen, 10 v. H. nach Anzahl oder Gewicht Früchte, die nicht die vorgeschriebene Mindestgröße erreichen, mit einer Höchstabweichung von 5 mm unter dieser Mindestgröße.

V. Bestimmungen betreffend die Aufmachung

A. Gleichmäßigkeit

Der Inhalt jedes Packstückes muss gleichmäßig sein und darf nur Äpfel und Birnen des gleichen Ursprungs, der gleichen Sorte und Güte und des gleichen Reifegrades umfassen. Für die Klasse Extra ist außerdem gleiche Färbung vorgeschrieben.

Im Fall einer einheitlichen Verpackung mit einem Eigengewicht von höchstens 2 kg sind in den Klassen Extra und I Äpfel verschiedener Sorten zulässig. Im Fall der Vermarktung unterschiedlicher Apfelsorten in ein und derselben Verpackung ist der einheitliche Ursprung der Äpfel nicht erforderlich.

Der sichtbare Teil des Inhalts des Packstückes muss für den Gesamtinhalt repräsentativ sein.

B. Aufmachung

Äpfel und Birnen der Klasse Extra müssen in geordneten Lagen gepackt sein.

C. Verpackung

Die Äpfel und Birnen der Klasse Extra müssen so gepackt sein, dass das Erzeugnis angemessen geschützt ist.

Im Inneren des Packstücks verwendetes Material muss neu, sauber und so beschaffen sein, dass es an den Erzeugnissen keine äußeren oder inneren Veränderungen hervorrufen kann. Die Verwendung von Material und insbesondere von Papier oder Aufklebern mit Geschäftsangaben ist zulässig, sofern zur Beschriftung oder Etikettierung ungiftige Farbe bzw. ungiftiger Klebstoff verwendet werden.

Die Packstücke müssen frei von jeglichen Fremdkörpern sein.

VI. Bestimmungen betreffend die Kennzeichnung

Jedes Packstück muss in auf der gleichen Seite befindlichen, lesbaren, unverwischbaren und von außen sichtbaren Buchstaben folgende Angaben tragen:

A. Identifizierung

Packer und/oder Absender:

Name und Anschrift oder von einer amtlichen Stelle erteilte oder anerkannte kodierte Bezeichnung. Falls jedoch eine kodierte Bezeichnung verwendet wird, muss die Angabe „Packer und/oder Absender" (oder eine entsprechende Abkürzung) in unmittelbarem Zusammenhang mit der kodierten Bezeichnung angebracht sein.

B. Art des Erzeugnisses

- Äpfel „oder" Birnen, wenn der Inhalt von außen nicht sichtbar ist,
- Sortenname bei Klasse Extra und Klasse I.

C. Ursprung des Erzeugnisses

Ursprungsland und gegebenenfalls Anbaugebiet oder nationale, gebietliche oder örtliche Bezeichnung.

D. Handelsmerkmale

- Klasse
- Größe oder, bei in Schichten und Lagen gepackten Früchten, Stückzahl.

Erfolgt die Identifizierung aufgrund der Größensortierung, muss diese wie folgt ausgedrückt werden:

a) bei Früchten, die den Regeln der Gleichmäßigkeit unterliegen, durch Angabe des Mindest- und Höchstdurchmessers;

b) bei anderen Früchten durch Angabe des Mindestdurchmessers, gegebenenfalls gefolgt von der Angabe des Höchstdurchmessers oder von der Angabe „und +".

E. Amtlicher Kontrollstempel (wahlfrei)

Kriterien für die Färbung der Äpfel

Die Apfelsorten werden nach ihrer Färbung in vier Gruppen eingeteilt:

Gruppe A – Rote Sorten

Klasse Extra: mindestens ¾ der Oberfläche rot gefärbt,
Klasse I: mindestens ½ der Oberfläche rot gefärbt,
Klasse II: mindestens ¼ der Oberfläche rot gefärbt.

Gruppe B – Sorten gemischt-roter Färbung (kräftige Färbung des roten Teils)

Klasse Extra: mindestens ½ der Oberfläche rot gefärbt,
Klasse I: mindestens ⅓ der Oberfläche rot gefärbt,
Klasse II: mindestens 1/10 der Oberfläche rot gefärbt.

Gruppe C – Sorten schwacher Färbung, gestreift

Klasse Extra: mindestens ⅓ der Oberfläche sortentypisch rot gestreift,
Klasse I: mindestens 1/10 der Oberfläche sortentypisch rot gestreift.

Gruppe D

Andere Sorten

Kriterien über Berostung bei Äpfeln

Apfelsorten, bei denen die Berostung ein sortentypisches Schalenmerkmal ist und bei Übereinstimmung mit dem Aussehen des Sortentyps keinen Mangel darstellt (siehe Tabelle unten).

Bei den nicht aufgeführten Sorten ist die Berostung innerhalb der folgenden Grenzen zulässig:

	Klasse Extra	Klasse I	Klasse II	Toleranzen für Klasse II
Bräunliche Flecken				
	nur am Stielansatz	leicht über den Stielansatz oder den Kelch hinaus	über den Stielansatz oder den Kelch hinaus	Früchte, die das Aussehen und den Zustand des Packstücks nicht stark beeinträchtigen
Schale				
	nicht gerunzelt	nicht gerunzelt	leicht gerunzelt	
Berostung				
fein genetzt (kein zu starker Gegensatz zur Grundfärbung der Frucht)	vereinzelte leichte Berostung, die das allgemeine Aussehen der Frucht oder des Packstücks nicht beeinträchtigen	max. 1/5 der Fruchtoberfläche	max. 1/2 der Fruchtoberfläche	Früchte, die das Aussehen und den Zustand des Packstücks nicht stark beeinträchtigen
dicht	ohne	max. 1/20 der Fruchtoberfläche	max. 1/3 der Fruchtoberfläche	Früchte, die das Aussehen und den Zustand des Packstücks nicht stark beeinträchtigen
Gesamttoleranzen (mit Ausnahme der innerhalb der oben genannten Grenzen zulässigen bräunlichen Flecken); in keinem Fall dürfen die feine und starke Berostung folgende Höchstgrenze überschreiten:				
	keine Toleranzen	max. 1/5 der Fruchtoberfläche	max. 1/2 der Fruchtoberfläche	Früchte, die das Aussehen und den Zustand des Packstücks nicht stark beeinträchtigen

Konsumentenverhalten am Markt

Der Obstkonsument versteht gegenwärtig unter „hochwertige Äpfel" Früchte, die knackig, saftig und festfleischig sind. Der Geschmack ist heute dabei nur ein Anreger für einen Wiederkauf der Sorte. Da sich die Anforderungen des Konsumenten an die Früchte mittelfristig ändern, sind Marktstudien notwendig, die diese Trendänderungen erheben und Schlussfolgerungen für die Praxis vorgeben können. Dabei stehen aber der Handel und die Produzenten in einem Spannungsfeld. Seitens des Handels wird vorgegeben, dass in der heutigen Zeit der rotfruchtige Apfel bevorzugt wird. Die Praktiker können eine neu gepflanzte Obstanlage nicht in dem kurzen Zeitausmaß umstellen, in dem oft seitens des Handels Neusorten nachgefragt werden. Der Praktiker soll die Rentabilität der Obstanlage ausnutzen, um rentabel wirtschaften zu können. Ist doch der Umtrieb neuer Anlagen von anfänglich 25 bis 30 Jahren mit den damals neuartigen Spindelanlagen in den 70er Jahren des vergangenen Jahrhunderts gegenwärtig auf acht bis zehn Jahre mit Knipbäumen gesunken.

Marktstudien werden durchgeführt, um die Änderungen der Käufereinstellungen, die wachsende Käufersensibilität gegenüber der Umwelt und dem wachsenden Gesundheitstrend sowie Angebotsänderungen des Handels und der Produzenten zu erheben. Daraus ergeben sich die Erfahrungen, dass in den vergangenen 70er Jahren als Konsumentenwunsch an erster Stelle die ausreichende Frische des zu kaufenden Obstes, danach ein gutes Aussehen der Früchte und erst an dritter Stelle ein angemessener Preis standen. Vom Geschmack her gab es keine Präferenzen.

In den 80er Jahren rückte bereits der Genusswert an vorderste Stelle, der Gesundheitswert an die zweite und die unbefriedigende Qualität der verkauften Früchte (meist wegen zu vorzeitiger Ernte und Lagerungsfehlern) an die dritte Stelle. Kritisiert wurde damals auch das eintönige Sortiment der Hauptverkaufssorten, obwohl mehr als 40 Sorten im Handel gelistet waren. Die Vielfalt der alten Verkaufssorten wurde oft nicht mehr in handelsfähigen Qualitäten und Mengen angeliefert und war nur zu billigen Preisen verkaufbar.

Um die Jahrtausendwende wurden bereits detailliertere Wünsche seitens der Konsumenten geäußert. Dazu zählten ein breiteres Sortiment in Größe und Aussehen auch für geringe Einkommen, auch zweite Qualität zu vernünftigen Preisen sowie essfertige, geschmackvolle Früchte. Aber auch die Produzenten verlangten nach einem breiteren Sortiment, das in kleineren Mengen anlieferbar sein sollte (Schweizer Zeitschrift für Obst- und Weinbau, 1997).

Bei BOKU-vorlesungsinternen Studentenumfragen zwischen 2000 und 2005 ergab sich ein Konsumententrend, der das Aroma der Früchte an vorderster Stelle reihte, danach folgten die Kriterien Fruchtfleischfestigkeit und Saftigkeit. Früchte ohne Knackigkeit und mehlige (überlagerte, überreife) Früchte waren nicht goutiert.

Anlässlich der DGE-Tagung 2007 (Obstbau 11/07) wurde berichtet, dass 71 % der Verbraucher rückstandsfreies Obst und 22 % der Verbraucher Rückstände unterhalb der gesetzlichen Höchstwerte wünschen und dass höhere Rückstandswerte an Pflanzenschutzmitteln nicht automatisch ein Gesundheitsrisiko bedeuten, sondern nur einen Hinweis auf einen höheren Pflanzenschutzmittelaufwand geben.

ADI-Wert

= Acceptable Daily Intake (= akzeptable tägliche Aufnahme)

Der ADI-Wert gibt die Menge einer Substanz an, die im Leben täglich gegessen werden kann, ohne gesundheitliche Nachteile zu befürchten. Die Angabe erfolgt in mg pro kg Körpergewicht und Tag.

ARfD-Wert

(= Akute Referenzdosis)

Dieser Wert drückt jene Substanzmenge aus, die innerhalb eines Tages oder bei einer Mahlzeit aus einem Nahrungsmittel gegessen werden kann, ohne dass dadurch ein Gesundheitsrisiko für den Esser entsteht. Er dient nur für solche Wirkstoffe, die in ausreichender Menge geeignet sind, bei einer einmaligen Aufnahme schädigen können. [Diese Werte werden unabhängig festgelegt von: Bundesamt für Risikobewertung (Deutschland), von der WHO (Weltgesundheitsorganisation) und von der EFSA (Europäische Behörde für Lebensmittelsicherheit).]

Diese Werte sollen Hinweise zur Unbedenklichkeit der Ernährung geben.

Nach Angaben auf der vorgenannten Tagung weisen konventionelles Obst und Gemüse durchschnittlich 0,4 mg/kg Pflanzenschutzmittelrückstände auf, Bioobst enthält im Schnitt 0,003 mg/kg. Ein weiterer Kennwert für die Ernährung sind die **ORAC-Einheiten** (**O**xigen-**R**adical-**A**ntioxidant-**C**apacity). Sie drücken die Aufnahme an Antioxidantien aus: Jede Frucht hat andere Werte und enthält unterschiedliche Mengen an verschiedenen Antioxidantien! Minimale Aufnahme = 3.000/Tag, optimale Aufnahme 5.000/Tag. 100 g Erdbeeren = 1.600 ORAC-Einheiten (www.fruitrevolution.be).

Die Anforderungen des Konsumenten an Äpfel unterliegen hinsichtlich des Geschmackslevels einem ungefähr zehnjährigen Wandlungsintervall.

Waren in den 70er Jahren des vergangenen Jahrhunderts säuerlich-süße Äpfel bevorzugt, ging der Geschmackstrend in den 80er und 90er Jahren auf süß-säuerliche Äpfel über und um die Jahrtausendwende hin zum einseitig süßen Apfel. Von der Altersstruktur her bevorzugen ältere Personen den säuerlichen Apfel, in der Meinung, säuerliche Äpfel weisen wenig Zucker auf und können daher auch von Diabetikern gegessen werden. Diese Annahme stimmt nicht. Der beispielsweise als „Zuckerkrankenapfel" bezeichnete säuerliche 'Boskoop' hat lediglich einen höheren Anteil an Zitronensäure, die den reichlichen Zuckergehalt überdeckt und den Apfel säuerlich schmecken lässt (siehe beispielsweise Grafik über das Zuckermuster, Seite 580). Die Hauptkonsumentengruppe der „mittelalten" Konsumenten bevorzugt den süß-säuerlichen Geschmack, die Jugend den süßen. Aber nicht nur der Geschmack ändert sich, sondern auch andere Kaufanforderungsparameter.

Wichtig wäre auch noch zu nennen, dass besonders alte Sorten unter unregelmäßiger Nachfrage leiden. Dies bedeutet, dass der Absatz je nach Jahreswitterung unterschiedlich hoch ausfällt (schön und warm = hohe Nachfrage, gegenüber kühl und regnerisch = geringe Nachfrage, da auch die anderen Sorten nicht „gut", „eher säuerlich" schmecken).

Bei alten Sorten herrscht überwiegend ein Nostalgiedenken vor, das heute nur mehr am Bauernmarkt oder am Direktverkäuferbetrieb befriedigt werden kann. Ein diesbezügliches Projekt einer österreichischen Handelskette mit solchen „alten" Sorten ein anbauvertragsgemäßes Nischenprodukt zu erzeugen (mit neuen Anbauformen, um diese Sorten leichter und alternanzarm zu produzieren), scheiterte an den (geringen) unterschiedlichen Preis-/Erlösvorstellungen zwischen Handelskette und den Produzenten.

Grundsätzlich muss angemerkt werden, dass die Betriebsgesamtheit eines Anbaugebiets die Qualität produziert und nicht die einzelnen Spitzenbetriebe. Seitens des Handels werden heute Mindeststandards beim Ankauf von Äpfeln vorgeschrieben:

Fruchtfleischfestigkeit: Mindestens 5 kg/cm²

Titrierbare Säure: Mindestens 4 g/l

Mindestens 13 °Bx

Hinsichtlich des Kernobstes sollen verkaufsfähige Früchte für einen erfolgreichen Verkauf unter anderem folgende Standards erfüllen: ausgereift, schön und sortentypisch überwiegend deckfarbig ausgefärbt, gut und sortentypisch schmeckend, hartfleischig und knackig, saftig, transportfest und lange lagerfähig.

Stein- und Beerenobstkriterien: großfruchtig, lange Reifezeit, gut schmeckend, nicht zu säuerlich, mehr oder weniger festfleischig, transportfest, nicht blutend (bei Stielabtrennung kein Austreten von Fruchtsaft), nicht platzend (bei der Produktion und beim Transport), geringer Kernanteil, steinlösend beim Essen

Grundsätzlich ist mit einem Nachfrageloch in der Verkaufssaison zu rechnen, wenn im Herbst Sorten unreif (und daher wenig schmeckend) angeboten werden. Nach dem ersten Kauf solcher Sorten stockt der Verkauf, bis Konkurrenzfruchtarten (Tafeltrauben, Orangen, Mandarinen usw.) nur mehr im geringem Ausmaß erhältlich sind.

Ein **Qualitätssicherungskonzept** ist heute in der Produktion unabdingbar.

Dabei sollen die folgenden Fragen geklärt sein:
- Welche Qualitäten werden erzeugt?
- Wie und warum werden diese Qualitäten erzeugt?
- Verbesserungsstrategien für die gesteigerten Qualitäten
- Sichern (des vereinbarten Qualitätsstandards)
- Überprüfen (der Qualitätsstandards an der Produktion)
- Anpassung und Ausbau des Qualitätsstandards

Der **Obstmarkt** unterliegt folgenden **Prinzipen**:
- Der Erzeugerpreis (Erlös pro kg produzierten Obsts) steht im Spannungsfeld zur erzeugten Menge. Je höher das saisonale Angebot, je mehr Anbieter preisaggressiv am Markt sind und je höher die Marktmacht des Handels ist, desto geringer ist der erzielbare Erlös (Preis) für den Produzenten.
- Je mehr Verarbeitungs-(Manipulations-)Stufen das Obst von der Ernte bis zum Verkauf unterliegt, desto geringer wird der preispolitische Spielraum für eigenständige Marketingpolitik beim überbetrieblichen Verkauf.

- Je leistungsfähiger die Abnehmer und je mehr der Produzent auf den Abnehmer (Handel) angewiesen ist (und je mächtiger der Handel dadurch wird) und je weniger Abnehmer am Markt auftreten, desto geringer wird der preispolitische Spielraum des Produzenten.
- Je aggressiver die Preispolitik des Handels ist (Hard-Discounter), desto größer kann der Druck auf die Produzenten werden.
- Je attraktiver das Obst für den Handel und sein Sortiment wird, desto mehr Handelsfreiheit kann man beim Preis (Erlös) gewinnen.
- Je stärker die Bindung des Verbrauchers an ein Produkt ist, desto geringer wird der Druck des Handels auf den Produzenten.
- Für den Handel steht die lange Haltbarkeit im Vordergrund.
- Für den Konsumenten ist der Geschmack ein wesentliches Wiederkaufsargument.

Der Handel sollte sich vom Verkaufsargument „jede Sorte soll zu jedem Zeitpunkt verkauft werden können" verabschieden und den optimalen Genusszeitraum jeder einzelnen Sorte berücksichtigen. Es hat wenig Sinn, Herbstsorten langfristig oder Wintersorten über ein Jahr hinweg zu lagern, wenn diese am späten Markt mit den frisch geernteten Sorten aus der südlichen Halbkugel oder mit den frisch geernteten eigenen Früchten aus der nächsten Saison konkurrieren, sie können nicht mehr geschmacklich mit den frisch geernteten Sorten konkurrieren!

Die produktionstechnisch gesehen brutale Überlegung, ob wir flächenmäßig überhaupt so viel Obst für die eigene Bevölkerung brauchen, wenn der Markt ab Ostern von frischer Überseeware beliefert wird, die mit der eigenen Lagerware konkurriert, führt als Konsequenz dazu, die europäische Anbaustruktur zu verringern und/oder mit den Überseeländern langfristig Lieferverträge abzuschließen und heimische Ware im Herbst im Austausch gleich zu exportieren. Für die globale Obstanbaustruktur wird es künftig sinnvoll sein, dahingehend Überlegungen anzustellen.

Aus der Sicht der Überkapazitäten am europäischen Markt ist ein exportorientierter, auch überseeischer Absatz unabdingbar.

Vonseiten des Handels werden rot-deckfarbige, feste und lang haltbare Sorten bevorzugt. Es gab in Fachkreisen den Ausdruck „Fußballapfel" – hartfleischig, manipulierbar ohne Druckstellen und lange lagerfähig. Jedenfalls wäre der optimale Genusszeitraum der einzelnen Sorten für einen erfolgreichen Verkauf anzustreben. Herbstsorten im späten Frühjahr anzubieten bringt oft trotz guter Lagerverfahren geringere Absatzchancen, da diese überlagerten Sorten in Konkurrenz mit den frisch geernteten Sorten aus Übersee geschmacklich nicht mehr voll konkurrenzfähig sind.

Leider folgt die Apfelzüchtung dem Trend, dass Sortennovitäten nach dem Anbiss zehn Minuten ohne Verbräunung der Biss-(Anschnitt-)Stellen bleiben müssen. Nur züchtet man sich dabei etliche wertvolle, aber die Bräunung des Fruchtfleisches verursachende, sekundäre Pflanzenhilfsstoffe (wie Phenole) aus dem Apfel heraus.

Vonseiten der Konsumenten werden verschiedene resistente Sorten wegen einer vermeintlich „dicken" Schale abgelehnt.

Der Konsument entscheidet sich meist zum spontanen Obstkauf am POS (Point of Sale), also am Verkaufsstand des Geschäfts. Entspricht die Sorte seinem individuellen Bedürfnis, wird gekauft. Entspricht die innere Qualität, kommt es zum sogenannten Wiederholungskauf. Entspricht die innere Qualität am Beginn der Obstverkaufssaison nicht den Bedürfnissen der Konsumenten, kommt es zu einem mehrere Monate andauernden Verkaufsstau (Nichtverkauf), der absatzmäßig nicht mehr aufgeholt werden kann. Der markttechnische Ausweg des Exports unterliegt aber dem Globalpreis und bedeutet oft einen niedrigeren Erlös.

Außerdem ist es grundsätzlich falsch, Sorten, die zu festgelegten Erntezeitpunkten für bestimmte Absatzgebiete geerntet wurden, in einem anderen Absatzgebiet anzubieten (z. B. 'Golden Delicious' – der Norden liebt eher grünliche Äpfel, der Süden bevorzugt vollgelbe Früchte – für den Norden bestimmte Früchte kommen im Süden folglich nicht so gut an).

QUALITÄTSPRODUKTIONSBESCHREIBENDE RICHTLINIEN

GLOBAL G.A.P.

GLOBAL G.A.P. ist eine privatwirtschaftliche Organisation, die weltweit freiwillige Standards zur Zertifizierung von landwirtschaftlichen (inklusive Aquakulturen) Produkten setzt.

Der GLOBAL-G.A.P.-Standard wurde in erster Linie entwickelt, um das Vertrauen der Verbraucher in die landwirtschaftliche Erzeugung von Nahrungsmitteln aufrechtzuerhalten. Erreicht werden soll dieses durch die Verminderung umweltschädlicher Einflüsse durch die Landwirtschaft, die Reduzierung des Einsatzes von Medikamenten und chemischen Pflanzenschutzmitteln und die Umsetzung von Maßnahmen für die Sicherheit und Gesundheit von Mensch und Tier.

GLOBAL G.A.P. dient als praktisches Handbuch für eine gute Agrarpraxis (G.A.P.) überall in der Welt. Die Basis ist eine gleichberechtigte Partnerschaft von landwirtschaftlichen Produzenten und Händlern, die effiziente Zertifizierungsstandards und -verfahren etablieren wollen.

Die GLOBAL-G.A.P.-Website ist ein umfassender Informationspool für alle interessierten Gruppen: Produzenten, Lieferanten, Händler, Journalisten und Verbraucher. Die Seite www.globalgap.org zeichnet sich durch eine einfache und verständliche Navigation aus und bietet umfangreiche Informationen über den GLOBAL-G.A.P.-Standard, seine Module und Anwendungen. (Original: www.globalgap.org, 2012)

Diese Richtlinien sind eine Weiterentwicklung der EUREPGAP-Richtlinien. Dazu zählen die einheitliche Aufzeichnungspflicht, die einheitliche Produktionsweise, eine nachvollziehbare und einheitliche Dokumentenablage. Daraus kann sich ein höherer Erlös durch den Wegfall der Kosten für Einzelzertifikate entwickeln. Für die Durchführung werden Schulungen der Produzenten/Abnehmer mittels Standardüberwachung (100 % der Betriebe), eine einheitliche Dokumentenaufbereitung (GLOBAL G.A.P.-Mappe), die Nachbereitung für den Erhalt des Zertifikats und ein genauer pflichtbewusster Umgang mit Pflanzenschutzmitteln durchgeführt.

Gegenwärtig gültige Internationale Qualitätsstandardnormen:

- ISO 9001: Beinhaltet die Normen für die Standardentwicklung
- IFS 5: International Food Standard: Beinhaltet Vermarktungsnormen von der Einlagerung bis zur Auslieferung des Obstes
- BRC 5: British Retail Consortium (ähnlich IFS)
- Q&S: Qualität und Sicherheit, deutsche Qualitätsnorm, ähnlich GLOBAL G.A.P.

Qualitätssiegel in Österreich (Auszug)

AMA-Gütesiegel

Das AMA-Gütesiegel gewährleistet unabhängige Kontrollen und steht für konventionell erzeugte Lebensmittel, die überdurchschnittliche Qualitätskriterien erfüllen und deren Herkunft nachvollziehbar ist. Mindestens zwei Drittel der Rohstoffe kommen aus Österreich.

Ausgezeichnete Qualität

Für jedes Gütesiegel-Produkt gibt es Qualitätsanforderungen, die über die gesetzlichen Bestimmungen hinausgehen und mit objektiven Methoden geprüft werden.

Nachvollziehbare Herkunft

Der Schriftzug wie auch die Landesfarben verweisen auf die nachvollziehbare Herkunft des Produktes.

Unabhängige Kontrolle

Kontrollen gibt es auf allen Stufen der Produktion und Weiterverarbeitung bis ins Geschäft. Neben den ständigen Eigenkontrollen der Betriebe kommt es zu regelmäßigen Kontrollen unabhängiger und spezialisierter Prüfer.

AMA-Biozeichen

Produkte mit dem AMA-Biozeichen stammen ausschließlich aus biologischer Landwirtschaft und unterliegen strengen Produktionsbestimmungen. Die Philosophie der biologischen Landwirtschaft ist höchste Lebensmittelqualität durch schonende

Nutzung von Boden, Rohstoffen und Energie. Tiere werden artgerecht und mit viel Bewegungsfreiheit gehalten. Der Einsatz von Gentechnik ist in der Bio-Landwirtschaft verboten. Als Produktionsgrundlage dienen die EU-Bioverordnung und strengere Qualitätskriterien.

EU-Bio-Logo

Dieses seit 1. Juli 2010 gültige Bio-Logo der EU ersetzt ab 1. Juli 2012 verpflichtend alle anderen Bio-Logos.

Alle Bioprodukte, wie z. B. Bio-Marmelade, Bio-Dinkel oder Bio-Brot, deren landwirtschaftliche Zutaten zu mindestens 95 % aus Bio-Landwirtschaft stammen, müssen bei der Kennzeichnung ab dem 1. Juli 2010 mit dem neuen EU-Bio-Logo gekennzeichnet sein. Maximal fünf Gewichtsprozente können bei diesen Produkten aus konventioneller Landwirtschaft stammen, wenn sie im Betriebsmittelkatalog im Kapitel I Verarbeitungsrichtlinien für die bäuerliche Direktvermarktung, Punkt 2.1 gelistet sind, wie z. B. GVO-freie Gelatine oder Fruchtzucker.

Auch hier ist die EU-Bioverordnung die rechtliche Basis. Außerdem muss angegeben werden, ob das Produkt aus dem EU-Raum stammt.

Anmerkung: In speziellen Fällen kann die Farbe variieren, wie z. B. die Farbenkombination schwarz/weiß. Das Logo muss mindestens 9 mm hoch und 13,5 mm breit sein. Für sehr kleine Verpackungen darf die Höhe auf 6 mm verringert werden (Original: www.bio-austria.at/biobauern)

Bio Austria

Bio Austria gehören etwa 14.000 Mitglieder und 250 Kooperationsbetriebe an. Rund 100 Mitglieder arbeiten auf Landes- oder Bundesebene, 14 Mitglieder bilden den Vorstand. Bürostandorte bestehen in Wien und Linz. Die Bio Austria vertritt etwa 70 % der 20.000 Biobauern Österreichs mit einem Gesamtumsatz von etwa 300 Mio. € und ist damit einer der größten Bio-Verbände der EU. Die Biobauern haben sich in ihrem Zusammenschluss zu fünf Werten bezüglich ihrer Produkte verpflichtet: Ökologie, Würde der Tiere, Forschung und Innovation, faire Preise und „bio-bäuerliche Lebensmittelkultur". Das Ziel von Bio Austria ist nach eigenen Angaben die nachhaltige Entwicklung der ökologischen Landwirtschaft sowie die Sicherung der Absatzmärkte für Bio-Lebensmittel. Außerdem betreibt sie entsprechende Öffentlichkeitsarbeit. und Lobby-Arbeit. Die Erfordernis hinsichtlich Tierhaltung und Düngung sind strenger als in der EU-Bioverordnung vorgeschrieben.

Bio-Siegel von Deutschland

Gentechnikfrei

„Kontrolliert gentechnik-frei" erzeugte Lebensmittel dürfen weder aus gentechnisch veränderten Organismen bestehen noch diese enthalten. Alle Lebensmittel werden streng daraufhin kontrolliert, dass sie während der Produktion (vom Feld bis zur Verpackung) nicht mit Gentechnik in Berührung kommen. (www.bewusstkaufen.at, 25. 02. 2013)

Qualitätssiegel (auszugsweise)

Diese Qualitätssiegel berufen sich auf EU-Verordnungen 2081/92 und 2082/92 und bedeuten:

- **gU = geschützte Ursprungsbezeichnung**
  Ein bestimmtes Produkt muss in einem bestimmten geografischen Gebiet nach einem anerkann-

ten und festgelegten Verfahren erzeugt, verarbeitet und hergestellt werden.

- **ggA = geschützte geografische Angabe**
  Dieses so bezeichnete Produkt kommt aus einer begrenzten Region, wurde dort erzeugt, hergestellt oder verarbeitet und weist durch die Herkunft mindestens eine spezielle Eigenschaft auf. Auch ein besonderes Renommee eines Produkts eines Produktionsgebiets kann zur ggA führen.
- **gtS = garantierte traditionelle Spezialität**
  Dieses Qualitätssiegel weist nur auf eine traditionelle Zusammensetzung eines Produkts hin. Es ist nicht auf ein spezifisches geografisches Gebiet beschränkt. Auch ein traditionelles Verarbeitungsverfahren bzw. eine traditionelle Zusammensetzung kann zu diesem Siegel führen.

Bio-Qualitätssiegel von Handelsketten

(auszugsweise in alphabetischer Reihenfolge)

Generell gilt bei den Handelsketten eine Minimierung der Höchstwerte an Pflanzenschutzmittelrückständen. In absehbarer Zeit könnte die Forderung nach Null-Rückständen gestellt werden.

Billa (REWE-Konzern)

80 % der verwendeten Rohstoffe müssen aus Österreich stammen. Wie bei Bio Austria sind die Erfordernisse hinsichtlich Tierhaltung und Düngung strenger als in der EU-Bio-Verordnung vorgeschrieben.

HOFER/ALDI

Qualitäts-Bio-Siegel der Handelskette Hofer (Aldi), die wertbestimmenden Zutaten sind aus Österreich. Basis: EU-Verordnung. Zusatz- und Hilfsstoffe sind minimiert, heimische Produktionsweisen werden bevorzugt.

SPAR

Bio-Qualitätssiegel der Fa. Spar. Nach eigenen Angaben stammen die Produkte aus kontrollierter biologischer Landwirtschaft. Bei der Auswahl der Hersteller werden vorzugsweise regional verankerte, österreichische Bio-Betriebe gestärkt (www.spar.at/de_AT/index/spar-marken/SPARnaturpur.html, 25. 02. 2013)

FAIRTRADE

FAIRTRADE verbindet Konsumentinnen und Konsumenten, Unternehmen und Produzentenorganisationen, verändert Handel(n) durch faire Bedingungen und stärkt damit Kleinbauernfamilien sowie Arbeiterinnen und Arbeiter in sogenannten Entwicklungsländern.

Hinter dem FAIRTRADE-System stehen verschiedene Organisationen: Fairtrade International, mit Sitz in Bonn, eint als Dachorganisation die drei Produzentennetzwerke sowie alle nationalen FAIRTRADE-Organisationen sowie Marketing-Organisationen, die FAIRTRADE auf ihren Märkten etablieren. Die Einhaltung der FAIRTRADE-Standards wird von FLOCERT, einem international anerkannten Spezialisten für Zertifizierung, überprüft.

HACCP-Konzept

Das Konzept „Hazard Analysis and Critical Control Points" (abgekürzt: HACCP-Konzept, deutsch: Gefahrenanalyse und kritische Kontrollpunkte) ist ein vorbeugendes System, das die Sicherheit von Lebensmitteln und Verbrauchern gewährleisten soll. Der von der Ernährungs- und Landwirtschaftsorganisation der UNO (FAO) herausgegebene Codex Alimentarius empfiehlt seit 1993 ebenfalls die Anwendung des HACCP-Konzeptes. Die EG-Verordnung 852/2004 sieht die Anwendung des HACCP-Konzeptes in allen Unternehmen, die mit der Produktion, der Verarbeitung und dem Vertrieb von Lebensmitteln beschäftigt sind, desgleichen verpflichtend vor.

Das HACCP-Konzept fordert:

- alle im Verantwortungsbereich eines Unternehmens vorhandenen Gefahren für die Sicherheit der Lebensmittel zu analysieren,
- die für die Sicherheit der Lebensmittel kritischen Kontrollpunkte zu ermitteln,
- Eingreifgrenzen für die kritischen Kontrollpunkte festzulegen,
- Verfahren zur fortlaufenden Überwachung der kritischen Kontrollpunkte einzuführen,
- Korrekturmaßnahmen für den Fall von Abweichungen festzulegen,
- zu überprüfen, ob das System zur Sicherstellung der Lebensmittelsicherheit geeignet ist und
- alle Maßnahmen zu dokumentieren.

Wichtig ist, bei der Umsetzung der gesetzlichen Forderungen mit der Einführung der „Guten Hygienepraxis" (GHP) zu beginnen. Diese Vorbeugemaßnahmen (z. B. Reinigungsprogramm, Schulungsprogramm, Schädlingsbekämpfung, Wareneingangskontrolle, Rohstoffpolitik ...) werden in sogenannten Leitlinien von vielen Verbänden für die unterschiedlichen Berufsgruppen herausgegeben. Auf dieser Basis steht das Unternehmen und aus dem erzielten Erfolg ergibt sich das betriebsspezifische Restrisiko. Dieses muss entsprechend den Codex-Forderungen (siehe oben) für jedes Unternehmen gesondert ermittelt werden. Hieraus ergeben sich möglicherweise kritische Kontrollpunkte, die verwaltet werden müssen. Die GHP alleine ist noch kein HACCP-Konzept.

(Original: de.wikipedia.org/wiki/Hazard_Analysis_and_Critical_Control_Points)

QUALITÄT UND QUALITÄTSBESTIMMENDE METHODEN

Hat man früher die Qualität nur aus der Sicht der Früchte gesehen, ist heute unter Qualität auch die Art der Produktion miteinzubeziehen, da es auch dahingehend Qualitätskennzeichnungen gibt.

Bei den Produktionsrichtlinien werden gegenwärtig die konventionelle, die integrierte und die biologische Produktion unterschieden. In den Geschäften finden sich noch die Produktionshinweise auf Fair-Trade-Produktion, auf Sozial- und Umweltstandards und Hinweise auf Kinderarbeit und/oder Ausbeutung der arbeitenden Bevölkerung.

Der Terminus **„Ökologischer Fußabdruck"** weist auf eine klimaschützende Produktion, auf die Förderung und Erhaltung der Artenvielfalt und auf zielgerichtete Schonung von Wasserreserven hin.

Über die Art der ökologischen Bewertung und die Verbindung zu CO_2

Die Idee des ökologischen Fußabdrucks ist – neben vielen anderen – eine Art der ökologischen Bewertung. Für diese Idee wiederum gibt es unterschiedliche Berechnungsmethoden. Die Bewertung hier geschieht nach der Methode des Sustainable Process Index (SPI®). Dabei werden alle Stoff- und Energieflüsse, die für ein Produkt oder eine Dienstleistung notwendig sind, in Flächen umgerechnet. Das geschieht nach zwei Prinzipien:

Menschliche Materialflüsse dürfen globale Stoffkreisläufe nicht verändern.
Dieses Prinzip bezieht sich auf weltumspannende Kreisläufe, wie beispielsweise den Kohlenstoffkreislauf. In diesem Beispiel bedeutet das, dass nicht mehr fossiler Kohlenstoff (durch den Verbrauch von Kohle, Erdöl, Erdgas ...) in Umlauf gebracht werden darf, als die Meere wieder aufnehmen können.

Menschliche Materialflüsse dürfen die Qualität der lokalen Umwelt nicht verändern.
Das bedeutet, dass Schadstoffeinträge in den Boden, in die Luft und ins Wasser die Aufnahmefähigkeit der lokalen Umwelt nicht überschreiten dürfen.

Die berechnete Gesamtfläche des Fußabdrucks setzt sich aus folgenden Teilflächen zusammen:

- direkter Flächenverbrauch für Infrastruktur
- Flächenverbrauch für fossilen Kohlenstoff
  - für erneuerbare Ressourcen
  - für nicht erneuerbare Ressourcen
  - für die Aufnahme von Emissionen in der Luft
  - für die Aufnahme von Emissionen im Wasser
  - für die Aufnahme von Emissionen im Boden

Je größer die Fläche des Fußabdrucks, desto höher ist die Belastung für die Umwelt.
Mehr zum fachlichen Hintergrund der SPI®-Methode auf http://spionexcel.tugraz.at
Anmerkung: Der Sustainable Process Index® ist eine eingetragene Warenmarke. Seine Verwendung hier erfolgt mit freundlicher Genehmigung durch Dr. Christian Krotscheck, Ingenieurbüro NATAN, 8330 Auersbach/A.

Ökologischer Fußabdruck und CO_2

Überschüssiges Kohlenstoffdioxid (CO_2) wurde vor Jahrmillionen unter der Erdoberfläche weggeschlossen, wodurch geeignete Lebensbedingungen auf der Erde geschaffen wurden. Durch die Verwendung von Kohle, Erdöl und Erdgas bringen wir dieses CO_2 wieder in die Atmosphäre und verändern so ihre Zusammensetzung – Stichwort (vom Menschen verursachter) Treibhauseffekt.

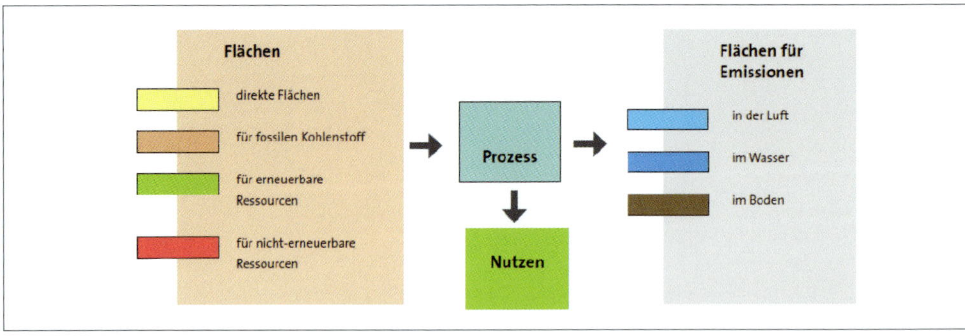

Original: www.fussabdrucksrechner.at

SPIonWeb - Ergebnisse Apfel

Der ökologische Fußabdruck des konventionellen Apfelanbaus beträgt 16,3 m²/kg und ist somit fast 2,8 Mal so groß wie der biologische mit 5,9 m²/kg. Die CO_2-Emissionen betragen 0,07 bzw. 0,02 kg/kg Äpfel. Die Zusammensetzung der verschiedenen SPI-Werte wird nachfolgend erläutert.

Konventioneller Apfelanbau
SPI 16,3 m²/kg

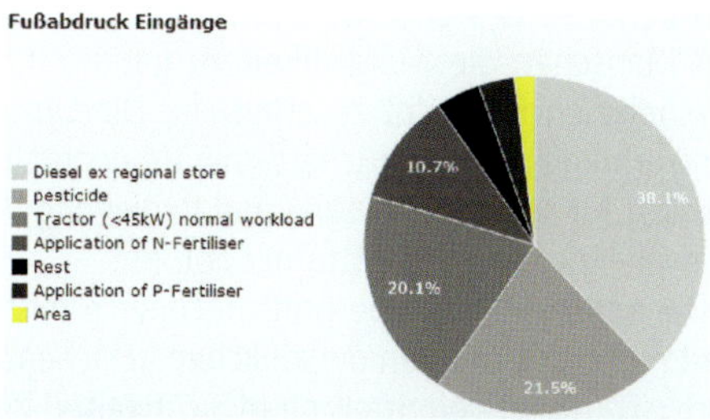

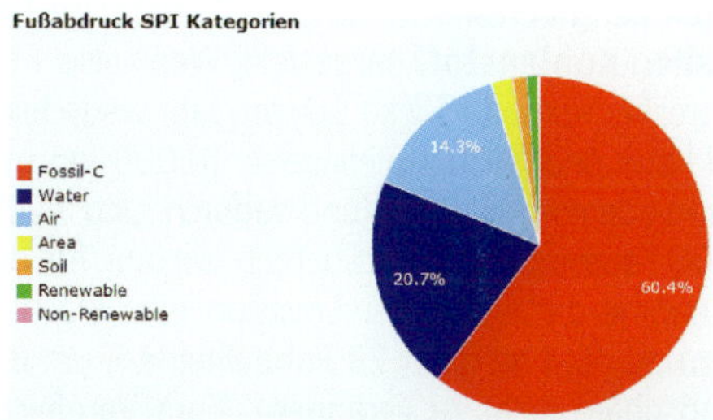

Den größten Teil des Fußabdrucks konventioneller Äpfel machen Treibstoff- und Traktoreneinsatz mit insgesamt über 58% aus. Danach folgen Pestizide mit 21,5% und Düngemittel mit in Summe 18,3%, den weitaus größten Anteil daran hat der Einsatz von Stickstoffdünger.

Der Einsatz fossiler Treibstoffe in der Produktion wirkt sich in hohen Kohlenstoffemissionen aus, die über 60% des Fußabdrucks ausmachen. Auch Emissionen ins Wasser und in die Luft tragen in beträchtlichem Ausmaß zum Fußabdruck bei.

Biologischer Apfelanbau
SPI 5,9 m²/kg

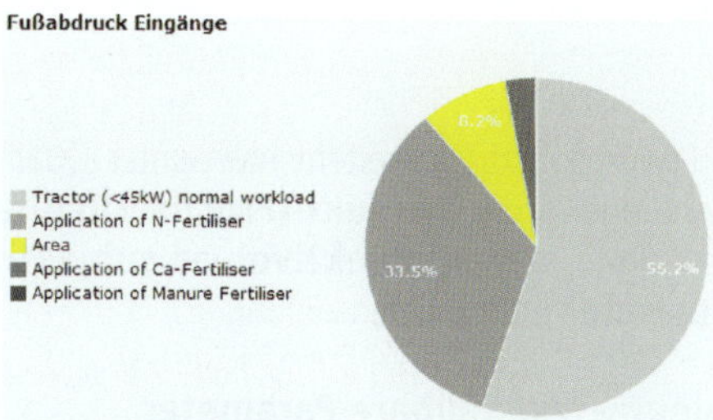

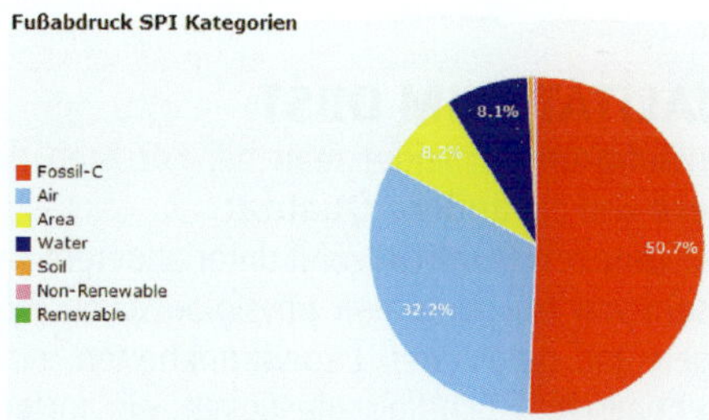

Der Traktoreinsatz ist bei beiden Anbaumethoden in etwa gleich groß, durch das Fehlen von Pestiziden und zusätzlichem Treibstoff beim biologischen Anbau ist sein Anteil am Fußabdruck mit 55% jedoch größer. Ähnliches gilt für den Stickstoffdünger, der rund ein Drittel des Fußabdrucks verursacht. Auch der Einfluss der Anbaufläche ist aufgrund des geringeren Fußabdrucks und niedrigerem Ertrag größer.

Auch im biologischen Anbau benötigen Kohlenstoffemissionen den größten Teil der Fläche, hier knapp 51%. Emissionen in die Luft folgen mit fast einem Drittel, diese stammen vor allem aus dem Traktor- und Stickstoffdüngereinsatz. Erst danach reihen sich die Einflussfaktoren Fläche und Emissionen ins Wasser mit jeweils etwas über 8% ein.

Ein kleiner Teil wird wieder weggeschlossen. CO_2 befindet sich in einem globalen Kreislauf. Ein Teil wird von den Meeren aufgenommen und ein kleiner Teil davon wiederum wird von Meereslebewesen gebunden. Wenn sie sterben und zu Boden sinken, wird dieser Kohlenstoff wieder langfristig weggeschlossen. Da wir aber weit mehr Kohlenstoff in die Atmosphäre einbringen als wieder weggeschlossen werden kann, verändern wir diese und handeln somit nicht nachhaltig.

In der SPI®-Berechnung wird diese Aufnahmefähigkeit der Meeresfläche über die **Teilfläche für fossilen Kohlenstoff** dargestellt. Wenn also 1 ha Meeresfläche rund 73,2 kg CO_2 pro Jahr wegschließen kann und wir beispielsweise 10.000 km pro Jahr mit dem Auto fahren (und dadurch rund 1.200 kg CO_2 ausstoßen), so bräuchten wir nur für die Aufnahme dieser Art der Emission eine Flächen von rund 16,4 ha (oder 23 Fußballfelder), um die Atmosphäre nicht zu verändern. Zum Vergleich: Nach der SPI®-Berechnung würden wir in Österreich per Definition nachhaltig handeln, wenn wir pro Person nicht mehr als rund 6,6 ha (oder gut neun Fußballfelder) pro Jahr verbrauchten.

Neben der Fläche, die zur nachhaltigen Aufnahme des CO_2 über die Meere notwendig wäre, werden bei der Fußabdrucksberechnung auch die Flächen für die Aufnahme der weiteren Emissionen sowie die Flächen aus den Vorketten (Herstellung des Autos und des Treibstoffes, Transport …) berücksichtigt.

Der CO_2-Fußabdruck umschreibt die Klimabilanz bei den Lebensmitteln insofern, um wie viel Treibhausgasemissionen die Bio- bzw. die heimische Landwirtschaft im Vergleich zur laufenden Produktion bzw. zu Importprodukten einsparen kann.

Als Hilfe zur Berechnung des Fußabdrucks wurde auf Initiative des österreichischen Lebensministeriums nachstehende Internetseite gestartet: Der **rot-weiß-rote Footprint-Rechner** (Original: www.mein-fussabdruck.at/). Der Rechner wurde auf Initiative des Lebensministeriums gestartet, um Menschen die Möglichkeit zu geben, ihren persönlichen Footprint zu ermitteln. Die Umsetzung erfolgte mit wissenschaftlicher Unterstützung (Institut für soziale Ökologie) und Begleitung von Umweltexperten der Plattform Footprint.

Der rot-weiß-rote Footprint-Rechner ermittelt weit mehr als nur Ihren persönlichen „Flächenbedarf". Footprint vermittelt neue Sichtweisen zum Thema Klimawandel und liefert wertvolle Verbesserungsvorschläge, wie wir gemeinsam die Zerstörung unserer Umwelt stoppen können.

Der Rechner fragt nach verschiedenen Teilbereichen Ihres Lebens – z. B. Ernährung oder Mobilität – und gibt Tipps, wie Sie Ihren Footprint verkleinern können. Er ist so aufgebaut, dass Sie Teilbereiche Ihres Footprint (z. B. Mobilität), ebenso wie Ihren gesamten Footprint ermitteln können.

QUALITÄT BEIM OBST

Landläufig unterscheidet man bei Früchten die **innere** und die **äußere Qualität**.

Zur **inneren Qualität** zählt unter anderem das Freisein von fruchtinternen physiologischen Störungen und parasitären Lagerkrankheiten, eine sortentypische Fruchtfleischfestigkeit, ein sortentypischer angenehmer Flavour (= Summe aller Geschmackseindrücke).

Als **äußere Qualität** werden die Fruchtgröße, die sortentypische Fruchtform, die Fruchtschalenbeschaffenheit, der Befall mit Krankheiten und Schädlingen und ein artentypischer Geruch beschrieben. Das Vorhandensein der meisten dieser Eigenschaften und die Einteilung der Früchte in die Qualitätsklassen werden durch das Qualitätsklassengesetz und die zugehörenden Verordnungen geregelt.

Im Erwerbsobstbau versteht man unter Qualität überwiegend die **Produkt-(Frucht-)Qualität.** Diese kann man in **objektive** und **subjektive Parameter** unterteilen.

Objektiv feststellbare Parameter

- Legistische (gesetzliche) Normen
- Freiwillige Normen
- Ernährungsphysiologische Faktoren (gesundheitlichen Werte) anhand analytischer Verfahren
- Eignungswert

Zu den **legistischen Normen** zählt man das Qualitätsklassengesetz[1] bzw. die zugehörenden Verordnungen, das Lebensmittelgesetz[2], den Codex Alimentarius Austriacus[3], das Pflanzenschutzmittelgesetz[4] bzw. die betreffenden Verordnungen.

Quellen legistischer Normen

[1] www.ris.bka.gv.at/Dokument.wxe?Abfrage=Bundesnormen&Dokumentnummer=NOR12131135 (24. 08. 2017)

[2] www.verbrauchergesundheit.gv.at/lebensmittel/rechtsvorschriften/oesterreich/RechtOE.html (24. 08. 2017)

[3] www.verbrauchergesundheit.gv.at/lebensmittel/buch/codex/kapitel.html (24. 08. 2017)

[4] www.lebensministerium.at/land/produktionmaerkte/betriebsmittel-rechtsinfo/Pflanzenschutzmittel.html (24. 08. 2017)

Zu den **freiwilligen Normen** zählen die Verbandsnormen (Ernteverband, GLOBAL G.A.P., Demeter usw.).

Als **gesundheitliche Werte** gelten der Nährstoffgehalt, die physiologisch wirksamen Inhaltsstoffe (die noch nicht näher definierten, aber erkannten Vitalstoffe, Vitamine, sekundäre Pflanzenhilfsstoffe, Ballaststoffe usw.) sowie das Vorhandensein oder die Abwesenheit von erwünschten oder nicht erwünschten Stoffen.

Unter dem **Eignungswert (Gebrauchswert)** versteht man **die sensorische Qualität (Genusswert) und die Verarbeitungseignung** (z. B. Küche, Industrie), wobei die sensorische Qualität bereits zu den subjektiven Parametern zugerechnet wird.

Subjektiv feststellbare Parameter

Zur **Sensorik** zählen die optischen (Sehen), die olfaktorischen (Riechen), die haptischen (Tasten, Fühlen) und die gustatorischen (Schmecken) Sinneseindrücke.

Man muss berücksichtigen, dass die subjektiven Qualitätsfaktoren verschiedenen Einflüssen unterliegen. Dazu zählen der Journalismus (Zeitungs-, Rundfunk-, Fernsehberichte, Werbung), neue wissenschaftliche Erkenntnisse, Gesprächsinformationen sowie persönliche Meinungen und Erfahrungen.

Qualitätsbestimmende Methoden

Zu diesen zählen:

- **Chemisch-analytische Verfahren:** Diese sind bei der Erhebung produktzerstörend und lassen kaum Aussagen über die Produktionsweisen zu, sondern stellen lediglich die Inhaltsstoffe fest.
- **Physikalische Verfahren** können destruktiv (= produktzerstörend, z. B. Feststellung der Fruchtfleischfestigkeit mittels Penetrometer) oder nicht destruktiv (= nicht produktzerstörend, beispielsweise Fruchtfleischfestigkeitsbestimmung mittels IFD-Bestimmung – siehe auch Sortierung) sein.
- **Ganzheitliche Verfahren** arbeiten unter dem Motto: „Das Ganze ist mehr als die Summe seiner Teile." Die hierbei eingesetzten Methoden bestimmen die additiven (summierenden) und synergistischen (sich untereinander positiv ergänzenden) Effekte eines Lebensmittels.
- Unter der **Vitalaktivität** versteht man die strukturellen (zusammensetzenden) Faktoren eines Lebensmittels. Je höher die Vitalaktivität ist, desto positiver wirken diese auf die Gesundheit des sich von ihnen ernährenden Individuums.

Eine gute Struktur und/oder Ordnung eines Lebensmittels geht parallel mit einer hohen Vitalaktivität einher. Diese wird von der Anbaumethode und der Verarbeitung beeinflusst. Die Bestimmung erfolgt mittels ganzheitlicher Methoden.

Im Rahmen der ganzheitlichen qualitätsbestimmenden Verfahren ist auszugsweise anzuführen:

Die ganzheitlichen Methoden bauen meist auf die feinstofflichen Energien auf. Feinstoffliche Energien sind jene Energieformen, die bis heute mit den herkömmlichen chemischen und physikalischen Messgeräten nicht (direkt) messbar sind, aber deren energetische Auswirkungen visuell und/oder physiologisch erkennbar sind (KEPPEL, 2004) (z. B. radiästhetische Einflüsse auf Pflanzen, Bauwerke, Menschen).

Indirekte Methoden

Zu diesen zählen:

- **Futter-(Lebensmittel-)Wahlverhalten:** Hier werden den Testsubjekten (Tiere oder Menschen) jeweils über eine Ess-/Fütterungsperiode hinweg zwei Produkte zur freien Auswahl vorgestellt und beobachtet, von welcher Probe überwiegend gezehrt wird. Bei Äpfeln ist dieses Verfahren mit Ratten bei der Sorte 'Golden Delicious' erprobt. Säuerlichere Sorten werden von den Ratten nicht angenommen (VELIMIROW, 2002).

- Daraus kann auch der **Nachkommenstest (Fruchtbarkeitsbeobachtung)** abgeleitet werden, bei dem die Anzahl der Nachkommenschaften je Geburt und getestetem Futter gezählt und miteinander verglichen wird.
- Auch die **Messung des Hautwiderstandes** ist eine indirekte Methode, da die energetische Körperänderung beim oder nach dem Genuss von Nahrungsmitteln gemessen werden kann.

Direkte subjektive Methoden

Sensortest

Man benutzt hier die feinstofflich energetische Abstrahlung eines Produkts und deren physikalische Eigenschaften. Messgerät ist ein in der Hand gehaltener sogenannter Sensor. Dreht sich der Sensor von sich aus nach persönlicher, voreingestellter, mentaler Programmierung nach den internationalen Intentionen der Energetiker (= nach ethischen Grundsätzen arbeitende feinstofflich-energetische Tester) über dem Produkt gehalten nach rechts, ist das getestete Produkt energetisch hochwertig, dreht sich der Sensor nach links, handelt es sich um ein feinstofflich, energetisch minderwertiges Produkt. Vollführt der Sensor eine vertikale Auf- und Abwärtsbewegung, ist dieses Produkt „neutral". Damit kann auch die Zuträglichkeit der Nahrung auf ein Lebewesen getestet werden. Über die Sensorbewegung wird die „Biologische Wertigkeit" (KEPPEL, 2004) eines Produkts umschrieben. Auch die Drehgeschwindigkeit des Sensors und der Durchmesser des Drehkreises gibt ergänzende Auskunft über die Biologische Wertigkeit (Zuträglichkeit des Produkts auf ein Lebewesen). Übung, Wissen über die Grundlagen der feinstofflichen Energie und neutrale Handhabung des Sensors sind unabdingbar.

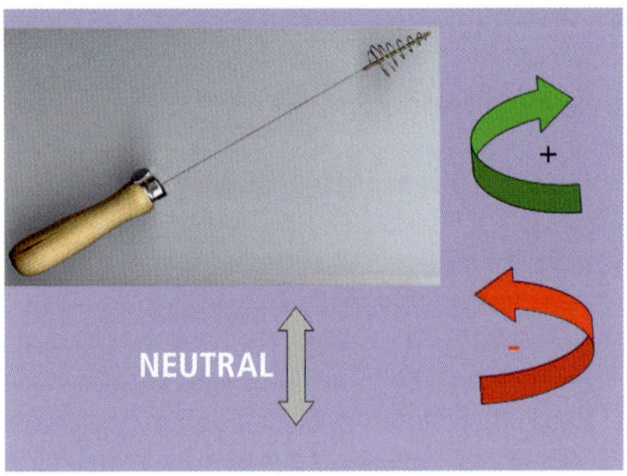

Sensorbewegungen (Grafik: KEPPEL)

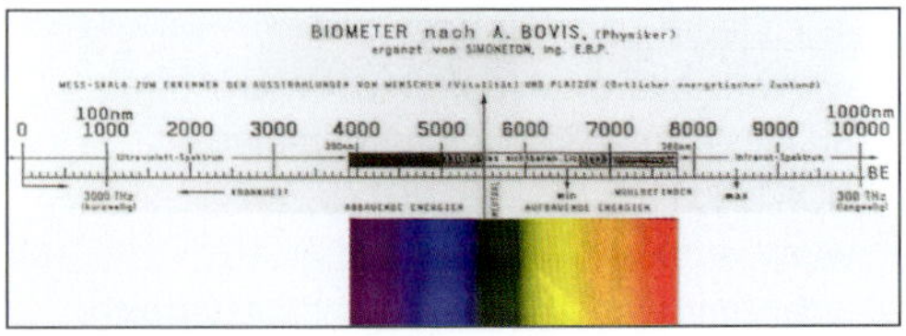

Einteilung der Bovis-Einheiten anhand des Lichtspektrums (Grafik: KEPPEL)

Lebensenergieeinheiten eines Produkts (Bovis-Einheiten)

Als subjektive, ganzheitliche Methode wird die Feststellung der Lebensenergieeinheiten dargestellt. In wissenschaftlichen Kreisen wegen der subjektiven (menschlichen) Komponente abgelehnt, kann aber bei feinstofflich arbeitenden und geübten Menschen rasch ein Ergebnis zur Produktgüte erbringen.

Als Grundlage dient die vom französischen Physiker A. BOVIS vorgelegte Skala, die das Lichtspektrum als Bezugseinheit vorweist. Hypothese von BOVIS: „Ein Lebensmittel ist dann wertvoll, wenn seine feinstofflich-energetische Abstrahlung innerhalb des Spektrums des Sonnenlichts liegt, also im Bereich von 380–780 nm." Die Skala wurde um Potenzen auf die Tausenderschwelle erweitert und drückt aus, dass ein wertvolles Lebensmittel 3.800 bis 7.800 Bovis-(Lebensenergie-)Einheiten aufweist.

Die heutige Bovis-Skala ist für die Lebensenergieeinheiten in der österreichischen und deutschen Energetik auf ca. 30.000 LE erweitert worden, wobei besonders feinstofflich energiereiche Produkte oder Orte mit weit höheren Ergebnissen getestet werden (z. B. Wallfahrtskirchenaltare).

Bioresonanzspektrum

Alle Produkte weisen Eigenschwingungen auf. Diese Eigenschwingungen können mittels geeigneter Bioresonanzgeräte gemessen werden und geben Auskunft über das Bioresonanzmuster. Nach der Ermittlung des Resonanzmusters (Schwingungsmuster) entnimmt man dem Resonanzatlas die entsprechenden Werte und die korrespondierenden Organe und/oder Körperausdrücke. Einige der Bioresonanzgeräte bauen nur die am Gerät eingestellte Resonanz (Schwingung) auf. Es gibt aber Geräte, die Interferenzen abgeben. Es wird hier eine Resonanzfrequenz eingestellt (z. B. 10 Hz = Hertz = Schwingungen/Sekunde), das Gerät baut aber weitere Resonanzen in Zehnerpotenzen auf

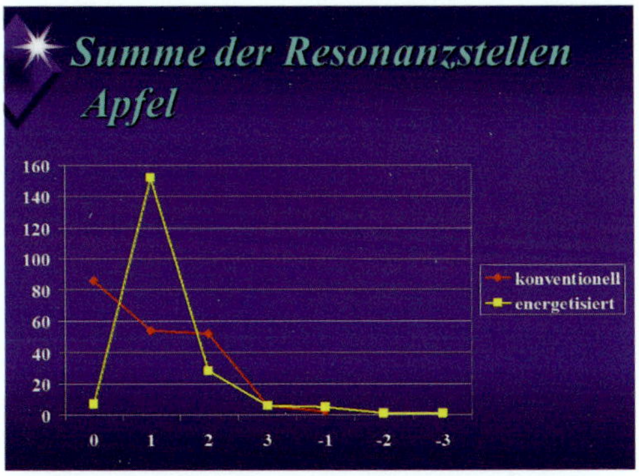

Zusammenfassung der Resonanzstellen nach ihrer Intensität und Polaritäten (Grafik: KEPPEL)

(z. B.: eingestellt 10 Hz, erzeugt werden 100 Hz, 1.000 Hz, 10.000 Hz bis in den Gigahertzbereich). Der Körper nimmt bei diesem System aber nur jene von ihm benötigte Interferenz (z. B. 10.000 Hz) auf. Alle anderen Interferenzen werden nach dem Schwingungsgesetz (nur gleiche Schwingungen heben sich gegeneinander auf) nicht aufgenommen. Deshalb ist ein gezieltes Bioresonanzverfahren bzw. eine Bioresonanztherapie einsetzbar.

Hypothese: Bei positiven Resonanzen [rechts(drehende-) polare Schwingungen] kann auf eine positive Wirkung des Lebensmittels (Produkts) auf den verzehrenden Köper, bei negativer Resonanz bei längerem Genuss auf eine negative Wirkung geschlossen werden. Wirkungsbeeinflussend ist hierbei das Immunsystem, welches negative Wirkungen (zumindest einige Zeit) abpuffern kann. Auch andere energetische Einflüsse können auf das Immunsystem destabilisierend wirken.

Hypothese: Je mehr positive Resonanzen ein Produkt hat und je intensiver diese sind, desto feinstofflich-energetisch wertvoller ist dieses Produkt für den Körper.

Aus einem Vergleich von konventionell produzierten Äpfeln mit Leitungswasserbewässerung und Früchten aus einer Parzelle mit Bewässerung mit energetisiertem Wasser ergibt sich oben stehender Vergleich. Keine Resonanzen zeigt das Leitungswasser (konventionell) an knapp über 80 Resonanzstellen, das energetisierte Wasser an fünf Positionen. Bei der Intensitätsstufe +1 weist das energetisierte Wasser rund 150 Positionen auf, das Leitungswasser 57. Bei der Intensitätsstufe +2 erbringt das energetisierte Wasser nur mehr 25 Positionen, das Leitungswasser aber 55. Bei Intensitätsstufe +3 liegen beide Bewässerungsvarianten gleichauf. Das Leitungswasser zeigt weniger negative Resonanzen auf als das energetisierte Wasser. Beim Abklären der Notwendigkeit energetisierter Mittel hat immer das Individuum, welches dieses energetisierte Produkt aufnimmt, im Mittelpunkt zu stehen.

Ein weiterer Vergleich zeigt die Unterschiede des Vergleichs von im Käfig gehaltenen Hühnern und freilaufenden („glücklichen") Hühnern.

Feinstoffliche Kennzahlen „Eier"

Produkt EIER	LE in Bovis-einheiten	Biologische Wertigkeit	Sensor Rotations-intensität
„Glückliche" Hühner	5.221	↻	3
Käfig-haltung	2.332	↺	–3

Die Lebensenergieeinheiten (LE), die Biologische Wertigkeit und die Rotationsintensität des Sensors ist bei den Eiern freilaufender Hühner wesentlich besser als bei den im Käfig eingesperrten.

Feinstoffliche Kennzahlen „Wasser"

Produkt WASSER	LE in Bovis-einheiten	Biologische Wertigkeit	Sensor Rotations-intensität
Heiligen-brunnen Mariazell	53.322	↻	+5
Leitungs-wasser	3.853	↺	–1

Vergleich der Bioresonanzstellen und deren Intensität bei Wasser

	+5	+3	+2	+1	–1	–2	–3
Heiligen-brunnen Mariazell	195	2		1			
Leitungs-wasser		5	5	1	2	12	1

Deutlicher wird das Ergebnis bei energetisch hochwertigen Orten, wie hier der „Heilige Brunnen" des Wallfahrtsorts Mariazell in der Steiermark. Das Wasser ist hochenergetisch positiv (höchstgemessene Lebensenergieeinheiten von Lebensmitteln) und bei allen ermittelbaren Resonanzstellen positiv. Beim Leitungswasser sind elf positive und 15 negative Resonanzstellen zu verzeichnen. Die fehlenden Werte auf die 201 möglichen Resonanzstellen sind nicht messbar (neutral).

Alle Heilwasser und „gute Brunnenwasser" sind rechtszirkular polarisiert (rechtsdrehend). Heilwässer liefern auch noch hohe Lebensenergieeinheiten. Daraus kann energetisch eine „heilende" Wirkung erklärt werden!

Grundsätzlich muss vermerkt werden, dass herkömmliches Leitungswasser aus dem Wasserleitungshahn meist energetisch negativ (linkszirkular, linksdrehend) polarisiert ist, da das Wasser seine energetisch-positive Wirkung durch Leitungsdruck und die Reibungskräfte an den Rohrwänden in den langen Leitungen verliert.

Objektive Methoden

Dazu zählen alle chemischen Analysemethoden (z. B. Feststellung der löslichen Trockensubstanz = °Brix), Gesamtsäuregehalt (Titrationsacidität), pH-Wert, Eiweiß-, Fettstoff-, Kohlenhydratemuster, Vitamine, chemische Rückstandsanalysen usw. Als erklärende Beispiele werden hier der Zuckergehalt und das Zuckermuster alter, steirischer Sorten sowie von Erwerbsobstbausorten angeführt.

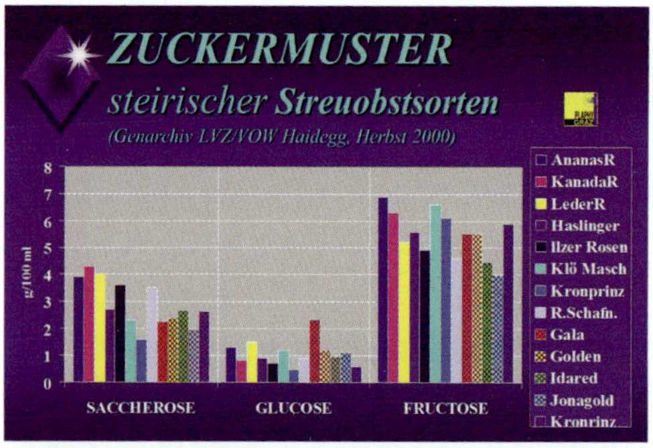

Zuckermuster steirischer Streuobstsorten
(Grafik: Institut für Pflanzenphysiologie, Universität Graz)

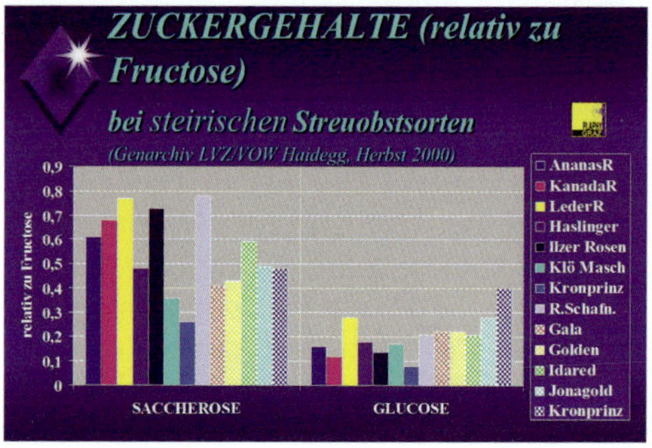

Zuckergehalt steirischer Obstsorten
(Grafik: Institut für Pflanzenphysiologie, Universität Graz)

Pimprenelle: Der Drehteller für die Aufnahme der einzeln abgelegten Früchte ist aufgelegt. Beim Messen wird die Frucht bis zum unteren Kastenende angehoben und anschließend vom Penetrometerstempel eingedrückt. Nach diesem Messvorgang wird die Frucht automatisch in die Pressvorrichtung zur Bestimmung der °Bx-Werte und des Säuregehaltes befördert. (Foto: KEPPEL)

Pimprenelle

Dieses selbstständig arbeitende Gerät bestimmt nach händischer Auflage der Früchte am Drehteller die Fruchtfleischfestigkeit, die Grad Brix und den Gesamtsäuregehalt. Daraus wird dann ein TOP-Wert errechnet. Wird auch zur Ermittlung des FRS-Ernteterminwertes verwendet (siehe Erntetermin).

Moderne Sortiermaschinen

(siehe auch Sortierung)

Moderne Sortiermaschinen erfassen physikalisch nicht destruktiv optisch die Fruchtgröße, Abweichungen der Fruchtform, Schalenfehler, Deckfarbenanteile in Prozent, die Inhaltsstoffe mit IFA-Technik und die Fruchtfleischfestigkeit über die IFD-Technik.

P-Wert (Dissipations-, Power-, physiologischer Indexwert, Angabe im µWatt)

$$P(\mu W) = \frac{(rh - 2xph)^2}{\text{spezifischer Widerstand}}$$

Als biophysikalisches Verfahren ist der physiologische Indexwert oder P-Wert (in µWatt) zu nennen, der formelmäßig aus dem pH-Wert, dem Redoxpotential und dem spezifischen Widerstand errechnet wird und damit ein objektives Stressmaß als Ausdruck elektrochemischer Eigenschaften ist. Je höher die P-Werte, desto stressbelasteter ist das Produkt. Mit diesem Indexwert können verschie-

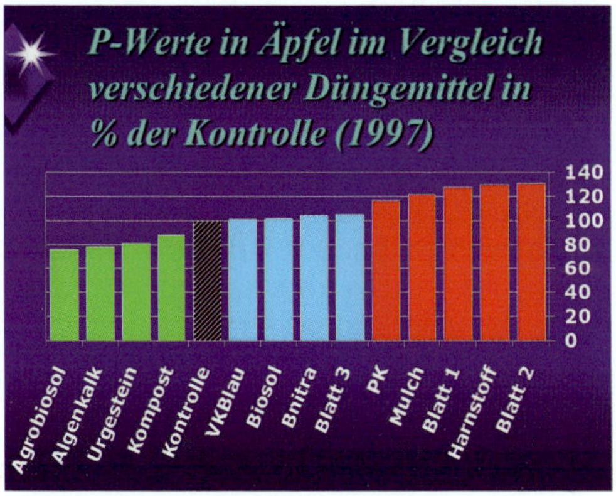

Auswirkungen verschiedener Düngemittel auf die Früchte (Foto: KEPPEL)

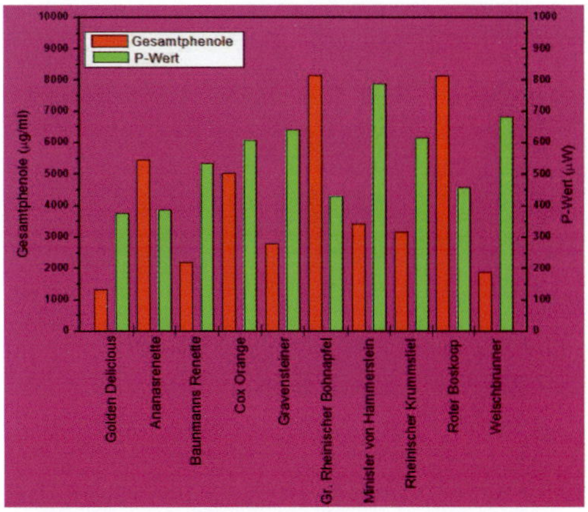

Vergleich des Wechselspiels zwischen Gesamtphenolgehalt und dem physiologischen Stressmaß P-Wert verschiedener Apfelsorten (Original: Institut für Pflanzenphysiologie der Universität Graz). Aus der Grafik ist zu entnehmen, dass aus hohem Gesamtphenolgehalt niedrige P-Werte resultieren. Umgekehrt sind bei geringem Gehalt an gesundheitsfördernden Substanzen (Phenole) höhere P-Werte zu konstatieren (GRILL, KEPPEL: Interreg-III-A-Projekt der ALPE-ADRIA „Genetische Charakterisierung alter Kernobstsorten in der südlichen Steiermark und angrenzender Gebiete", Interreg III A, 2004).
(Grafik: Institut für Pflanzenphysiologie, Universität Graz)

dene Produktionsweisen in der Landwirtschaft und Nahrungsmittelindustrie sowie deren Auswirkungen im Hinblick auf die Homöostase (physiologischer Zustand eines Körpers), des Weiteren Standortseinflüsse auf Sorten abgeklärt, eine Auswahl von Sorten für spezifische Produktionsweisen getroffen und elektrochemische Produkt-(Inhaltsstoff-)Veränderungen bei vitalisierten Lebensmitteln bzw. vitalisierten Produktionsmitteln verglichen werden. Äpfel im Pflückreifezustand weisen sortenabhängig P-Werte von 200 bis 400, im überreifem Zustand von 1.200 bis 1.400 µWatt auf (KEPPEL, 2001, unveröffentlicht). Die hohen Werte ergeben sich aus einem niedrigen spezifischen Widerstand der Frucht, da die Zellwandstruktur bei überreifen Früchten nicht mehr stabil ist und daher dem eingebrachten Stromfluss kaum einen Widerstand entgegensetzt. Der P-Wert ist als physiologischer Stressfaktor ein praxisbezogenes und praxisstrategiekonformes Entscheidungshilfsmittel für Rohware (Obst und Gemüse sowie für Weintrauben), bedarf aber weitreichender Erfahrungen in der Untersuchungsmethodik und Ergebnisinterpretation.

Bei verarbeiteten Produkten (z. B. Wurstwaren) ist die P-Wertänderung gegenüber der Rohware durch bei der Verarbeitung beigegebene Hilfsstoffe beeinflusst.

Biophotonen

Biophotonen sind das Merkmal lebender Zellen. Tote Organismen haben keine Biophotonen mehr.

Die Lichtstärke der Biophotonen gibt Auskunft über die Veränderungen im Organismus. Das Licht der lebenden Zellen ist 10–18 Mal schwächer als Sonnenlicht. Die Biophotonenstrahlungsmessung erfolgt durch Messung der Eigenstrahlung des Organismus oder durch Beobachtung der Abklingintensität des vorher eingestrahlten Lichts (exponentielle oder hyperbolische Kurvenfunktion – beim lebenden Organismus bis Stunden, bei toten Organismen nur Bruchteile von Sekunden).

Biophysikalisch wird elektromagnetische Strahlung aus Lebewesen Biophotonen genannt. Dies sind die Quanten des Lichts aus Lebewesen.

„Alles Lebendige, demnach auch Lebensmittel wie Obst, Gemüse, Fleisch, Eier etc. senden ein schwaches Licht aus, das mit geeigneten Nachweismethoden (Einzelphotonen-Zählung mittels Fotomultiplier) gemessen werden kann und das man kurz ‚Biophotonen' nennt" (STUMPF, 2012).

Der zweite Hauptsatz der Thermodynamik besagt, dass alle abgeschlossenen Systeme in der

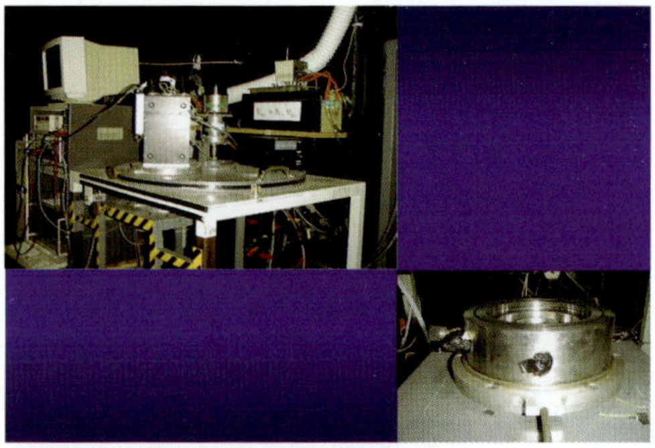

Biophotonenmessgerät (Foto: BRUNNMAYER)

Natur einem Zustand der maximalen Unordnung bzw. Wahrscheinlichkeit zustreben. Diesen Zustand nennt man thermodynamisches Gleichgewicht. Da dieser Zustand den Tod bedeutet, wehren sich Lebewesen (offene Systeme) gegen diesen. Beim Sterbeprozess erreicht ein Lebewesen das thermodynamische Gleichgewicht und im Zustand des Todes wird eine elektromagnetische Strahlung abgegeben (Plank'sche Strahlung). Das Erkennen der Nichtgleichgewichts-Thermodynamik wurde von I. PRIGOGINE entdeckt und 1977 mit dem Nobelpreis bedacht.

Offene Systeme (Lebewesen, Pflanzen) arbeiten ständig daran, elektronisch angeregte Zustände (z. B. durch Bestrahlung von Licht) zu erhalten. Dies gelingt ihnen längerfristig nicht.

Abklingkurvenformen bei der Biophotonenanalyse

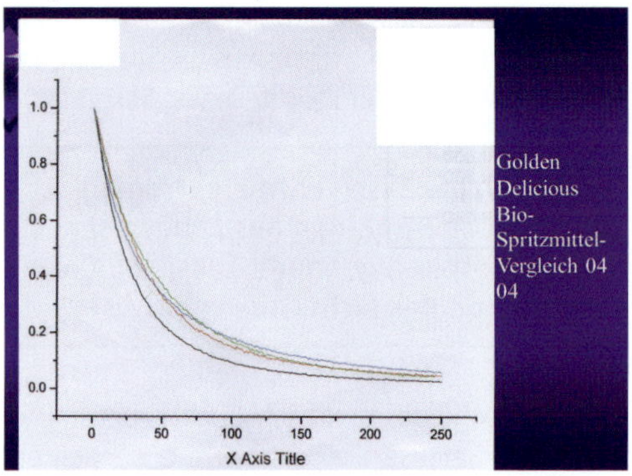

Beispiel von Fruchtproben aus einem Biospritzmittelvergleich. Die Kontrolle (konventionelle Produktion) hat die tiefste Kurve (schnellste Abklinggeschwindigkeit des vor der Messung eingestrahlten monochromatischen Lichts) und ist daher den Biospritzmittel-Varianten aus der Sicht der Biophotonenanalyse qualitativ unterlegen. (Grafik: KLIMA)

Jene Lebewesen, die das eingestrahlte Licht und die dadurch entstandenen angeregten Zustände länger halten können, sind aus der Sicht der Nichtgleichgewichts-Thermodynamik „offener". Die Biothermodynamik bezeichnet diese Zustände als „biologischer".

„Biophotonen spiegeln daher die regulative Qualität eines biologischen Systems: hohe Speicherfähigkeit für Photonen bedeutet hohe Lebensdauer angeregter Zustände, was etwa durch Abklingzeit der Fotolumineszenz messbar ist. Eine erhöhte Zahl von Biophotonen signalisiert Stressbelastung und Qualitätsverlust, was durch erhöhte Fotophotonenemission messbar ist" (STUMPF, 2012). In Deutschland ist F. A. POPP, in Österreich sind H. KLIMA und W. STUMPF Wegbereiter der Biophotonenuntersuchung.

Die Biophotonenstrahlung kann als Maß für die Qualität biologischer Proben herangezogen werden.

Subjektive qualitätsbeschreibende Methoden

Sortendegustationen

Sortenverkostungen erfolgen unter anderem aus folgenden Gründen:

- um neue Sorten degustativ zu bewerten,
- um neue Sorten den Konsumenten und Produzenten geschmacklich vorzustellen,
- um den Erntetermin (Erntefenster) neuer Sorten zu optimieren,
- um die Lagerdauer neuer Sorten zu testen,
- um den optimalen Genusszeitraum zu ermitteln,
- um Einflüsse von Produktionsmaßnahmen auf die Fruchtqualität zu erheben.

Unstrukturierte Skala

Die Verkoster sind wegen des Fehlens von Einteilungen, Skalen usw. unbeeinflusst und tragen ihren Eindruck von der Sorte eigenschaftsbezogen frei auf einer horizontalen Linie ein. Dazu wird auf dem Bewertungsformular ein horizontaler Strich in der Länge von 20 cm gezogen. Am linken Ende erfolgt die Anschrift der nach dem Bewertungszweck abgestimmten negativen Eigenschaft (z. B. schmeckt nicht gut, sauer, unreif usw.), am rechten Rand die gute Eigenschaft (z. B. schmeckt sehr gut, süßlich, vollreif und andere).

Die Sortenbewertung erfolgt mittels eines vertikalen Bewertungsstrichs, die Sortenkennung der meist anonym vorgelegten Sorten oberhalb mit der zugehörenden Sortenbezeichnung (z. B. Nummer, Buchstabe).

Als erste Sorte kann man zum „Einkosten" und Geschmackstraining eine neutral schmeckende Sorte (z. B. 'Idared') anbieten und verkosten. Danach folgen die zu bewertenden Sorten. Ein Verkostungsdurchgang sollte nicht mehr als fünf Sorten umfassen. Danach ist eine Pause einzulegen. Um die Ergebnisse wertvoll statistisch auswerten zu können, sollte eine Bewerteranzahl von mindestens 33 Personen vorhanden sein, um auch Ausreißer- und Extremwerte bei den Bewertungen, die das Ergebnis stark beeinflussen können, zu eliminieren.

Am Ende der Bewertung sind die Verkostungsformulare durch Anlegen eines Lineals mit einer Millimeter-Einteilung unterhalb der Eigenschaftslinie auszuwerten, wobei der 0-Punkt des Lineals am linken Endpunkt der horizontalen Bewertungslinie anliegt. Die gemessene Millimeter-Angabe wird in ein Tabellenkalkulationsblatt eingetragen und anschließend durch zwei dividiert. Somit ist die mögliche Punktierung von 200 Punkten in ein 100-Punkte-Schema umgerechnet und kann statistisch verarbeitet werden. Je mehr Eigenschaften man erhebt, desto genauer kann eine Sorte charakterisiert werden und ergibt einen „Eigenschaftsatlas".

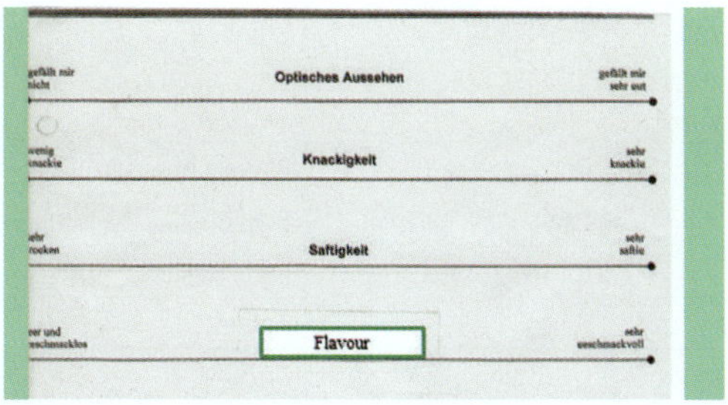

Beispiel zur Bestimmung von vier Sorteneigenschaftsparametern jeder einzelnen zu bewertenden Sorte

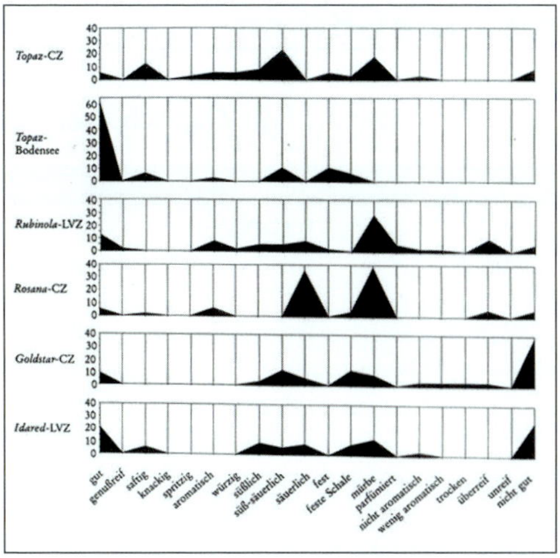

Sorteneigenschaftsatlas, ermittelt aus den Ergebnissen von Degustationen mittels unstrukturierter Skala. (Grafik: Mitteilungen Klosterneuburg 47 (1997): 124–135)

Durch die erweiterte Eigenschaftsauflistung können Sortenunterscheide in den Parametern und beispielsweise Herkunftsunterschiede der Sorten visuell gut dargestellt werden.

Triangel-(Dreiecks-)Test

Dieser degustative Test bezweckt die Erhebung von sensorischen Produktunterschieden über die Identifikation zweier gleicher Proben. Dabei stehen die Proben im Dreieck (Triangel) vor den Probanden. Die als abweichend erkannt schmeckende Probe wird mit einem Kreuz versehen oder bezeichnet. Häufig angewendet bei ähnlichen Proben, die sich nur in einem Merkmal unterscheiden.

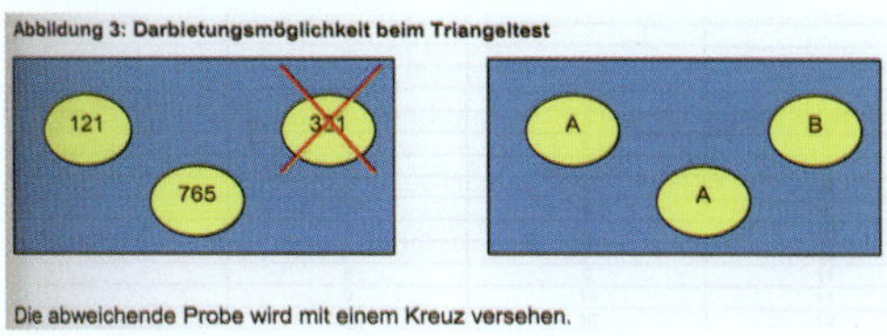

Triangel-(Dreicks-)Test (Original: MELTSCH, 2006)

FACHBEGRIFFE

Ausgewählte Fachbegriffe in **Englisch, Französisch, Italienisch** und **Niederländisch**

Deutsch	Englisch	Französisch	Italienisch	Niederländisch
Obstart	Fruit species	Espèce fruitière	Specie di frutta	Fruitsoort
Obstbaum	Tree, fruit tree	Arbre, arbre fruitier	Albero, albero da frutto	Boom, vruchtboom
Obstgehölz	Woody fruit plant	Plante frutière ligneuse	Pianta legnosa da frutto	Houtig fruitgewas
Obstgewächs	Fruit plant	Plante frutière	Pianta di frutto	Fruitgewas
Sorte	Cultivar, variety	Variété, cultivar, variété fruitiére	Varietà, cultivar	Ras, cultivar
Strauch	Bush, shrub	Arbuste	Cespuglio	Struik
Kernobst	**Hard fruit**	**Fruits à pépins**	**Pomacee**	**Pitvrucht**
Apfel	Apple	Pomme	Mela	Appel
Birne	Pear	Poire	Pera	Peer
Quitte	Quince	Coing	Cotogna	Kwee
Steinobst	**Stone fruit, drupe**	**Fruits à noyaux**	**Drupacee**	**Steenvrucht**
Kirsche	Cherry	Cerise	Ciliegia	Kers
Marille (Aprikose)	Apricot	Abricot	Albicocca	Abrikoos
Pfirsich + Nektarine	Peach	Pêche	Pesca	Perzik
Pflaume (Mirabelle, Reneclaude)	Plum	Prune	Susina	Pruim
Beerenobst	**Small fruit, berries**	**Petits fruits, baies**	**Frutta minore, frutti piccoli**	**Klein fruit, besvruchten**
Brombeere	Blackberry	Mûre sauvage	Mora	Braam
Cranberry	Cranberry	Canneberge (Cranberry)	Cranberry	Cranberry
Erdbeere	Strawberry	Fraise	Fragola	Aardbei
Heidelbeere	Blueberry	Myrtille	Mirtillo	Blauwe bes
Himbeere	Raspbeery	Framboise	Lampone	Framboos
Preiselbeere	Cowberry	Airelle rouge	Mirtillo rossso	Rode Bosbes
Ribisel (Johannisbeere)	Currant	Groseille	Ribes	Aalbes
Stachelbeere	Gooseberry	Groseilles à maquereau	Uva spina	Kruisbes
Schalenobst	**Nut fruits**	**Fruits à coques**	**Frutta con guscio**	**Noten**
Edelkastanie	Chestnut	Châtaigne	Castagna	Tamme kastanje
Haselnuss	Hazelnut	Noisette	Nocciola	Hazelnoot
Mandel	Almond	Amande	Mandorla	Amandel
Walnuss	Walnut	Noix	Noce	Walnut

Deutsch	Englisch	Französisch	Italienisch	Niederländisch
Baumorgane				
Adventivknospe	Advantitous bud	Bouton adventif	Gemma avventizia	Adventieve knop
Ast	Branch	Branche	Branca	Tak
Auge	Eye (obsolete word now)	Oeil	Occhio	Oog
Bast, Phloem	Phloem	Lober, phloèm	Libro, floema, tessuto liberiano	Bastweefesl, floeem
Baumkrone, Krone	Head of the tree, crown	Couronne de l'àrbre	Chioma dellàlbero	Boomkroon, Kroon
Beiknospe, Nebenknospe	Stipulary bud, secondary bud	Bouton stipulaire	Gemma di controcchio	Bijknop, nevenknop
Blattrosette	Leaf rosette	Rosette foliaire	Rosetta di foglie	Bladrozet
Blütenknospe	Fruit bud	Bouton à fleurs, bouton à fruits	Gemma fiore, gemma a frutto	Bloemknop, vruchtknop
Borke	Bark	Liège	Scorza, ritidoma	Korst, (boom)schors
Bukettzweige	Multiple buds	Bouquet de mai	Mazzetto di maggio	Boekettwijg
Endknospe	Upmost bud	Oeil de taille	Gemma terminale	Eindknop
Falscher Fruchttrieb (Pfirsichbaum)	Shoot with fruit buds and terminal wood bud	Branche chiffone	Brindillo fertile o coronato	Slechte vruchttwijg
Fruchtast	Fruiting branch	Branche fruitière, production fruitère	Branca fruttifera	Vruchttak, draagtak
Fruchtholz	Fruiting wood	Bois à fruits	Legno a frutto	Vruchthout
Fruchtkuchen	Bourse	Bourse	Borsa	Beurs, vruchtbeurs
Fruchtrute	Brindle	Brindille	Brindillo fertile o coronato	Brindil(le), vooddetwijg
Fruchtspross, Fruchtspieß	Dard	Lambourde	Lamburda fertile liscia	Vruchtspoor, tuiltje
Gemischte Knospe	Mixed bud, multiple bud	Bouton mixte	Gemma mista	Gemengde knop
Gerüstast	Limb	Branche charpentière	Branca portante dello scheletro	Gesteltak
Hauptknospe	Main bud	Oeil principal	Gemma principale	Hoofdknop
Holz	Wood, woody tissue	Bois, tissu ligneux	Legno, tessuto legnoso	Hout, houtweefsel
Holzgefäße, Leitungsbahnen im Xylem	Wood tube	Vaisseau du bois	Vaso legnoso	Houtbat
Holzknospe	Wood bud	Oeil à bois	Gemma a legno	Bladknop
Holztrieb	Long shoot	Rameau à bois	Ramo legno	Houtscheut
Internodium	Internode	Entrenœud	Internodo	Internodium
Jahresring	Annual ring	Anneau annuel, cerne	Cerchia annuale, anello annuale	Jaaring, groeiring
Johannistrieb	Secondary growth	Pousse de Saint -Jean	Germoglio di San Giovanni	Sint-Janslot, janslot
Kambuim	Cambium	Cambium	Cambio	Cambium
Kernholz	Heartwood	Duramen, cœur	Duramen, legno vecchio	Kernhout
Knospe	Bud	Bouton	Gemma	Knop
Knoten, Nodium	Node	Nœud	Nodo	Nodium

Deutsch	Englisch	Französisch	Italienisch	Niederländisch
Konkurrenztrieb	Lateral competing with the leader	Pousse concurrante	Germoglio di concorrenza	Concurrent(scheut)
Kronengerüst	Structure of the head	Charpente, squelette	Struttura (scheletro) della chioma	Gestel
Kurztrieb	Short shoot	Pousse courte	Ramo corto	Korlot
Langtrieb	Long shoot	Longue pousse	Ramo lungo	Langlot
Leitast	Branch leader	Branche charpentière	Branxca portante, branca permanente	Gesteltak
Leitbündel, Leitungsbahn	Vascular bundle	Faisceau vasculaire	Vaso vascolare, tessuto conduttore	Vaatbundel
Mittelachse	Central axis	Axe central	Asse longitudinale centrale	Centrale as
Mittelast	Central branch	Flèche	Branca centrale	Harttak, middentak
Quirlholz	Spur system, compound spur	Coursonn, formation compacte composèe de bois à fruits	Zampa di gallo	Sporenkrans
Rinde	Rind	Ecore	Corteccia	Bast
Ringelspieß	Spur	Dard latent, lambourde couronnée ridée	Lamburda fertile rugosa	Meerjarige vruchtspoor
Schlafende Knospe	Dormat bud	Oeil dormant	Gemma dormiente	Slapende knop
Seitenast	Lateral branch	Branche latérale	Branca laterale	Zijtak
Seitenknospe	lateral bud	Bouton latéral	Gemma laterale	Zijknop
Siebröhren, Leitungsbahnen im Phloem	Sieve tube	Vaisseau du liber	Tubo cribroso	Zeefvat
Splintholz, Xylem	Sapwood, xylem	Aubier, xylème	Alburno, legno giovane, xilema	Spinthout, xyleem
Stamm	Trunk	Tronc, tige	Tronco, fusto	Stam
Stammaustrieb	Stem sucker	Gourmand sur le tronc	Succhione sul tronco	Stamscheut
Stammverlängerung	Prolongation of the trunk	Prolongement de la tige	Prolungamento del tronco	Voortzetting van den stam
Terminalknospe, Spitzenknospe	Terminal bud	Oeil terminal	Gemma apicale	Eindknop
Trieb	Shoot	Pousse	Germoglio	Scheut
Vorzeitiger Trieb	Feather	Rameau anticipé	Germoglio anticipato	Te vroege scheut, veer
Wahrer Fruchttrieb (Pfirsichbaum)	Shoot with multiple buds	Rameau mexte	Ramo misto	Echte vruchtscheut
Wasserschoss	Water shoot	Gourmand	Succhione	Waterlot
Wurzel	Root	Racine	Radice	Wortel
Wurzelsystem	Root system	Système radiculaire	Sistema radicale	Wortelstelsel, wortelgestel
Wurzelschoss	Root sucker	Drageon	Pollone radicale	Wortelopslag
Baumanzucht				
Abwerfen der Unterlage	Heading back the rootstock	Rabattage du portegreffe	Capitozzatura del soggetto	Het wild afzetten
Anschneiden der Krone	Heading back to form a primary branch framework	Couronnement de la tige	Taglio di raccorciamento dell'astone per formare la chioma	Insnoeien van een jonge boom voor de vorming van de kroon

Deutsch	Englisch	Französisch	Italienisch	Niederländisch
Anzucht mit Blindzapfen	Training the maiden tree using the snag	Élevage avec onglet	Allevamento del nesto fissato al garretto	Opkweek met klik
Anzucht ohne Zapfen	Training the maiden tree without snag	Élevage sans onglet	Allevamento del nesto senza garretto	Opkweek zonder klik
Aufputzen, aufschneiden	Removal of the shortened laterals from the trunk of a young tree	Élagage des rameaux latéraux de la tige d'un jeune arbre	Asportazione del legno di rivestimento dal tronco di giovani alberi	Opschonen
Blenden (Knospenentfernen am Zapfen)	Disbudding of the snag, bud removing on the snag	Ebornage de l'onglet	Accamento del garretto o moncone	Wegsnijden van de knoppen van de klik
Chip-Budding	Chip budding	Greffage en chip budding	Innesto chip-budding	Chipbudding
Edeltrieb	Scion shoot	Pousse de l'écusson	Germoglio del nesto	Oculatie
Einjährige Veredelung	Maiden tree	Scion	Astone di un anno	Eenjarige veredeling
Freistehendes Spalier	Espalier trained on wires in the open	Contre-espalier	Controspalliera	Leiboom aan draad
Gerüstbildner(sorte)	Staddle working	Intermédiaire formant le tronc et la partie basale des branches charpentières	Intermediario che costituisce il tronco e la parte inferiore delle branche	Gestelvormer
Hecke	Hedge, hedge systems	Haie, systèms de haies	Siepe o filare continuo	Haag, haagsystemen
Heister	Staddle working	Baliveau	„Franco", albero da seme di due o più anni	Geveerde boom
Kopulation	Grafting	Copulation	Copulatione; innesto a doppio spacco inglese	Kopulatie
Okulation	Budding	Écusson	Innesto a occhio; innesto a gemma (a scudetto)	Oculatie
Räubern (entfernen der am Zapfen entstandenen Triebe)	Deshooting of the rootstock	Ebourgeonnage du porte-greffe	Scacchiatura (dei germogli) del soggetto	Oculatie vrijmaken
Rindenpfropfen	Bark stoppers grafting	Greffage en couronne	Innesto a becco di clarino	Proppen
Spalier	Espalier	Espalier	Spalliera	Espalier, leiboom
Stammbildner(sorte)	Stem-builder	Intermédiaire formant le tronc	Intermediario che costituisce il tronco	Stamvormer
Unterlage	Rootstock	Porte-greffe, sujet-porte-greffe	Portinnesto, sogetto	Onderstam
Veredelung (Vorgang)	Grafting	Greffage	Innesto	Veredelen
Verstärkertriebe (am Stamm)	Shortened laterals on the trunk of a young tree	Rameaux laèraux de la tige dùn jeune arbre	Legno di rivestimento sul tronco di giovani alberi	Bekleding aan de stam van jonge boomen
Wandspalier	Espalier trained against a wall	Espalier	Spalliera (appoggiata ad una parete)	Leiboom tegen muur of schutting
Zapfen der Unterlage	Snag	Onglet	Garretto o moncone	Klik
Zapfenschnitt	Removal of the snag	Désonglettage	Sgarrettatura	Klik wegsnoeien
Zwischenveredelung	Interstem, double working	Greffage intermédiaire	Sovrinnesto	Veredelen op tussenstam
Wuchsgesetze				

Deutsch	Englisch	Französisch	Italienisch	Niederländisch
Basisförderung, Basitonie	Promotion of the shoot growth at the base of branches bent downwards	Basitonie	Basitonia	Bevorderde scheutgroei aan de basis van een naar beneden gericht tak of twijg
Oberseitenförderung, Epitonie	Promotion of the apical shoot growth on the topside of horizontal branches	Épitonie	Epitonia	Bevorderde scheutgroei aan de bovenkant het top gedeelte van een horizontale tak of twijg
Physiologisches Gleichgewicht	Physiological balance between growth and fruiting	Équilibre physiologique	Equilibrio fisiologico	Fysiologisch evenwicht
Reitertriebe, Ständertriebe	Vigorous shoot near peak of an arched branch	Pousse ou rameau au point le plus élevé de l'arcure d'une branche	Ramo in „costa" (soprattutto su branche curvate)	Rugscheut, zuiger
Scheitelpunktförderung	Promotion of the shoot growth in the culmination zone of arched branches	Promotiomn de la croissance des pousses dans la zone culminante de branches arquèes	Maggiore sviluppo dei germogli nel tratto più elevato di una branca curvata	Bevorderde scheutgroei op de bocht van een gebogen tak of twijg
Spitzenförderung, Akrotonie	Promotion of the apical shoot growth of vertical branches	Acrotonie	Acrotonia	Bevorderde scheutgroei aan het top gedeelte van een verticale tak of twijg
Ertragsverhalten				
Abgangsstadium	Stage of declining	Stade de sénescence	Fase di deperimento senile	Afstervingsfase
Alternanz	Biennial bearing	Alternance de la production	Alternanza di produzione	Beurtjaren, beurtjarigheid
Altersstadium	Stage of age	Stade de vieillesse	Fase di invecchiamento	Ouderdomsfase
Ertragsperiode	Bearing period	Période de production	Periodo di produttività, fase produttive	Periode van vruchtdracht
Ertragsstadium	Main bearing stage (mature tree)	Stade de pleine production	Fase di piena produzione (di maturità)	Stadium van volle productie
Jugendstadium	Stage of youth	Stade juvénil	Fase giovanile	Jeugdperiode
Kronenbau				
Astgabel	Fork	Bifurcation	Forcella	Takwork, gaffel
Astwinkel	Crotch angle	Angle de la branche	Angolo di impalcatura o di inserzione della branca	Takhoek, uitvalshoek
Baumform	Tree form	Forme d'arbre	Forma dell'albero	Boomvorm
Flachkrone	Flattened head	Couronne aplatie	Chioma appiatta	Smalle kroon
Halbstamm, M	Half standard	Demi-tige	Impalcatura media	Halfstam
Hochstamm, H	Standard tree	Haute-tige	Impalcatura alta, albero ad alto fusto	Hoogstam
Hohlkrone (Baum ohne Stammverlängerung innerhalb der Krone)	Open centre tree	Forme en vase	Forma a vaso	Vaasform
Kronenentwicklung	Development of the head	Développement de la couronne	Sviluppo della chioma	Ontwikkeling van de kroon
Kronenform	Form of the head	Forme de la couronne	Forma della chioma	Kroonvorm

Deutsch	Englisch	Französisch	Italienisch	Niederländisch
Naturkrone	Natural head	Forme naturelle de la couronne	Chioma naturale	
Ovalkrone	Oval head	Couronne ovale	Chioma ellittica	Ovale kroon
Pillar	Pillar, Pillar system	Pillar, système Pillar	Pillar, Sistema Pillar	Pillar, pilaar, Pillar system, pilar system
Pyramidenform (Baum mit Stammverlänge-rung)	Central leader tree	Forme pyramidale	Forma a piramide	Pyramidale kroon
Rundkrone	Roundhead	Couronne circulaire	Chioma circulare	Ronde kroon
Schlanke Spindel	Slender spindle	Fuseau élancé	Fusetto, slender spindle	Slanke (ronde) spil
Spindel	Spindle	Fuseau élargi	Fuso, spindel	Spil
Spindelbusch	Spindlebush	Fuseau élargi	Spindelbush	Struikvormige spil
Stammhöhe	Length of the trunk	Longueur de la tige, hauteur de la tige	Lunghezza del tronco	Stamlengte
Verzweigung	Ramification	Ramification	Ramificazione	Vertakking
Viertelstamm V (Nie-derstamm N)	Quarter standard	Basse-tige	Impalcatura bassa	Kwartstam
Wuchscharakter, Habitus	Growth habit	Port, habitus	Portamento, habitus	Habitus, greiwijze
Schnitt				
Abwerfen der Krone für das Umveredeln	Heading back	Rabattage de la couronne	Capitozzatura delle chiomo	Afzetten van de kroon
Aststummel für das Pfropfen	Stump of a branch prepared for grafting	Plot de greffe	Moncone della branca capitozzata	Entplaats
Ausdünnen der Blüten	Thinning of the flowers	Eclaircissage des fleurs	Diradamento dei fiori	Uitdunnen van bloemen
Ausdünnen der Früchte	Thinning of the fruits	Eclaircissage du bois de fructification	Diradamento dei frutti	Uitdunnen van vrucht-dunning
Ausreifen, verholzen der Triebe	Shoot lignification	Aoûtement, lignifica-tion du rameau	Lignificazione o agos-tamento del germoglio	Afrijpen, uitrijpen van de scheut
Austrieb	Burgeoning	Débourrement	Ripresa vegetativa (in primavera)	Uitlopen, uitbotten
Blütenknospenbildung	Flower bud formation	Inducation florale	Differenziazione a fiore delle gemme	Bloemknopvorming
Erziehungsschnitt	Form pruning of young trees	Taille de formation	Potatura di alleva-mento	Vormsnoei, opkweek snoei
Formieren	Form	Former	Formare	Vormen
Fruchtholzrotation	Rejuvenation of fruiting wood	Rajeunissement du bois de fructification	Ringiovanimento del legno a frutto	Vruchthoutverjonging
Fruchtholzschnitt	Pruning for fruiting	Taille de fructification	Potatura di produzione	Vruchthoutsnoei
Fruchttrieberneuerung	Renewal of fruiting wood	Renouvellement de rameaux à fruits	Rinnovamento di rami a frutto	Vernieuwing van vruchttwijgen
Hochbinden	Tying up	Relevage	Collocamento di un germoglio o di un ramo in posizione più eretta	Opbinden
(Klassischer) Frucht-holzschnitt	„Classical" pruning	Taille „classique"	Potatura di produzione „classica"	„Klassieke" vrucht-houtsnoei
Loretteschnitt, Stum-melschnitt	Lorette pruning	Taille Lorette	Potatura Lorette	Lorette snoei

Deutsch	Englisch	Französisch	Italienisch	Niederländisch
Pflanzschnitt	Pruning after planting	Taille de plantation	Potatura di trapianto	Snoei na het planten
Pinzieren	Pinching back	Pincement	Cimatura	Nijpen, toppen
Saftwaage	Horizontal level in which the upper ends of the shoots r branches are situated after pruning	niveau horizontal dans lequel les extrémités supérieures des pousses ou des branches se trouvent après la taille	Piano orizzontale nel quale sono situate l'estremitá di rami e delle branche dopo il loro raccorciamento	Vlak dat gedacht kan worden door de uiteinden van de gesteltakken na de snoei
Sommerschnitt	Summer pruning, late summer pruning	Taille d'été	Potatura estiva, potatura verde	Zomersnoei
Spreizholz	Spreader	Arc-boutant	Divaricatore	Mik
Triebabschluss	Cassation of shoot growth	Arrêt de la végétation	Fine dell'accrescimento die germogli	Afsluiten van de groei
Triebe drehen	Shoot twisting	Torsion des pousses ou rameaux	Torsione di germogli o rami	Wringen van scheuten of twijgen
Überbaute Krone	Imbalanced head	Couronne déséquilibrée	Chioma squilibrata	Onevenwichtige kroon
Überwachungs-, Instandhaltungsschnitt	Regulated pruning	Taille d'entretien	Potatura di mantenimento, potatura di produzione	Onderhoudssnoei
Umveredeln	Reworking	Surgreffage	Reinnesto	Omenten
Umwandlung von Holztrieben in Fruchttriebe	Fruit bud induction by pruning and training	Transformation de pousses ou rameaux de bois en pousses ou rameaux à fruits	Messa a frutto di germoglio o rami	Omvormen van langlot tot vruchthout
Vegetationsperiode	Growth period	Période de croissance	Periodo vegetativo	Groeiseizoen, groeiperiode
Verjüngungsschnitt	Dehorning, rejuvenation pruning	Taille de rajeunissement	Potatura di ringiovanimento	Verjongingssnoei
Verkahlen	Branch denudation of laterals	Dénudation, dénudement	Spogliamento	Verkaling, verkalen
Winterschnitt	Winter pruning	Taille d'hiver	Potatura invernale, potatura secca	Wintersnoei
Wurzelschnitt	Root pruning	Taille des racines	Potatura delle radici	Wortelsnoei
Zugast	Sap-drawer	Tire-sève	Tiralinfa	Saptrekker
Schnitttechnik				
Ableiten, absetztten	Pruning back to a lower branch	Ravalement	Taglio di ritorno	Terugsnoein, terugzetten
Absägen von Ästen	Branch removal with a waw	Sciage de branches	Soppressione di branche mediante segatura	Afzagen van takken
Abschlitzen (einreißen des Schnittrandes nach unten)	Tearing of branches	Déchirure de branches	Scosciatura di branche	Uitscheuren van takken
Astring	Annular swelling at the crotch	Épaissisement annulaire au lieu du départ d'une branche, cal cicatriciel d'une branche	Cercine allinserzione di una branca asportata	Takring, opgezwollen basisdeel van een tak
Aststumpf	Branch stump	Chicot d'une branche	Moncone di una branca	Takstomp
Einsägen von Ästen	Bark incisions	Entaille de branches	Intaglio o incisione di branche	Inzagen van takken

Deutsch	Englisch	Französisch	Italienisch	Niederländisch
Fruchtbrücke	Bridge graft	Pont	Innesto a ponte	Brugenting van wonden
Fruchtgürtel	Girdling	Garottage	Cintatura	Vruchtbaarheidsgordel
Kerben	Bud notching	Entaille en dessus	Intaccatura sopra gemma	Kerven boven een knop
Mechanischer Schnitt	Mechanical pruning	Taille mécanique	Potatura meccanizzata	Mechanische snoei
(Mäh)balkenschnitt	Mechanical pruning using mover	Taille mécanique	Potatura meccanica	Maaibalksnoei
Obstbaumschnitt	Pruning fruit trees	Taille des arbres fruitiers	Potatura degli alberi da frutto	Vruchtboomsnoei
Ringeln	Bark ringing	Décortication annulaire	Decorticazione anulare	Ringen
Rückschnitt	Pruning back	Taille de raccourcissement	Taglio di raccorciamento	Insoeien
Schnitt	Long pruning	Taille longue	Potatura lunga	Korte snoei
Schnittfläche, Schnittwunde	Cut surface	Coupe	Superficie del taglio	Snoeivlak, snoeiwond
Schnittholz	Pruning wood, prunings	Bois de taille	Legno di potatura	Snoeihout
Schnittstelle	Place of cut	Endroit de la taille	Punto del taglio	Plaats van insnoeien
Schnitttechnik	Technique of pruning	Technique de la taille	Tecnica della potatura	Techniek van het snoeien
Schnittwerkzeuge: Messer, Schere, Säge	Pruning tools: knives, secateurs, saws	Outils de taille: greffoirs, sécateurs, scies	Attrezzi (utensili) per la potatura: coltelli, forbici, seghe	Snoeigereedschap: snoeimes, snoeischaar, snoeizaag
Schröpfen	Incising	Incision longitudinale	Incisione longitudinale	Aanbrengen van overlangse sneden in de bast
Strangulieren	Strangulation	Strangulation	Strozzatura	Afbinden
Überbrücken von Wunden	Wound treatment by bridge grafting	Traitement de plaies par greffage en pont	Terapia di ferite mediante innesto a ponte	Brugenting van wonden
Vorspannen	Inarching	Greffe par approche, greffe de renfort	Innesto di rinvigorimento	Zoogenting, zoogenten
Wegschneiden	Removal of branches or shoots	Élimination de branches, de rameaux ou de pousses sur empattement	Soppressione di branche, die rami o di germogli	Wegsnoein
Wundbehandlung	Wound treatment	Traitement de plaies	Terapia delle ferite	Wondbehandeling
Wurzelschnitt (Kappen bei älteren Bäumen)	Root pruning	Ablation de racines	Potatura o taglio delle radici di alberi adulti	Afsteken of afkappen van delen van het wortelgestel

LITERATURVERZEICHNIS

AEPPLI A., GREMMINGER U., RAPILLARD C., RÖTHLISBERGER K.: 100 Obstsorten. Verlag Landwirtschaftliche Lehrmittelzentrale Zollikofen, 1983.

ALFORD D.: Farbatlas der Obstschädlinge. Enke, Stuttgart 1987.

ANONYM: Amtliches Pflanzenschutzmittelverzeichnis. Bundesanstalt für Pflanzenschutz, Wien 1989.

ANONYM: Informationsblatt der LFS Gleisdorf, 1991.

ANONYM: Leitfaden zum Integrierten Pflanzenschutz im Obst- und Weinbau 1990. Südtiroler Beratungsring für Obst- und Weinbau, Lana 1990.

ANONYM: Pflanzenschutzmittel. Eidgenössische Drucksachen- und Materialzentrale, Bern 1989.

ANONYM: Richtlinien für den kontrollierten Obstanbau in Österreich. In: Mitteilungen des Verbandes der Steirischen Erwerbsobstbauern 4/1990, S. 2–8.

BADER E.: Ein neuer Obstgenuß aus Neuseeland. In: Obst und Garten 8/1988, S. 392–394.

BAL: Ernteverfrühung und Ernteverspätung bei Erdbeeren in Belgien. Referat am 21. Jänner 1991 vor der Jahreshauptversammlung der Arbeitsgemeinschaft der Steirischen Erdbeerbauer in Haidegg.

BERNKOPF S., KEPPEL H., NOVAK R.: Neue alte Obstsorten. Hrsg. v. „Club Niederösterreich", Agrarverlag, Wien 1991.

BEYER E., RÖSER I.: Resistente Stachelbeersorten für den Anbau. In: Obst und Garten 7/1989, S. 404–405.

BRUNNER H., KEPPEL H.: Radiation induced apple mutants with improved commercial value. Plant breeding Unit, Joint FAO/IAEA Programme, IAEA Laboratories Seibersdorf, 1990.

BRUNNER H., NOVAK F J.: Spontane, induzierte und somaklonale Variationen in Klonen. Bericht über die Arbeitstagung 1988 der „Arbeitsgemeinschaft der Saatzuchtleiter". Bundesanstalt für alpenländische Landwirtschaft Gumpenstein.

Bundesministerium für Land- und Forstwirtschaft: Verordnung über die Durchführung des Qualitätsklassengesetzes (Qualitätsklassenverordnung), BGBl. Nr. 136/1968 in der Fassung BGBl. Nr. 303/1970, BGBl. Nr. 37/1973, BGBl. Nr. 119/1974, BGBl. Nr. 545/1975, BGBl. Nr. 589/1978, BGBl. Nr. 514/1989 und BGBl. Nr. 527/1990.

BÜNEMANN G.: Asiatische Birnen. In: Erwerbsobstbau 29, 7/1987, S. 218–220.

DE COSTER J.: Entwicklung des Kernobstsortimentes. In: Besseres Obst 3/1990, S. 6–11.

DE HAAS P. G., HILDEBRANDT W.: Die Unterlagen und Bauformen des Kern- und Steinobstes. Eugen Ulmer, Stuttgart 1967.

DELLINGER R.: Endstandortveredlung bei Äpfeln. In: Obstbau 10/1989, S. 424–425.

EDER R.: Quitten. In: Besseres Obst 6/1989, S. 616–173 und Besseres Obst 7/1989, S. 197.

EDER R.: Edel-Ebereschen auch für den Marktobstbau. In: Besseres Obst 10–11/1990, S. 305–307.

FESSL L.: Semiqualitative Grundlagenuntersuchung beim Verbraucher über Obst/Apfel. Studie durchgeführt im Auftrag des Marktbüros für Obst und Gemüse der Österreichischen Präsidentenkonferenz (Marketingforschung, Wien).

FEUCHT W.: Fruchtholz und Ertrag der Obstbäume. Eugen Ulmer, Stuttgart, 1982.

FISCHER-COLBRI W., HOB AUS, BLÜML F.: Nützlinge: Helfer im zeitgemäßen Pflanzenschutz. Bundesanstalt für Pflanzenschutz, Wien 1988.

FISCHERAUER A.: Unterrichtsskizze – Schnitt der Birne, 1989.

FRIEDRICH G., SCHURICHT W.: Seltenes Kern-, Stein- und Beerenobst. Neumann, Leipzig 1985.

FRIEDRICH G., NEUMANN D., VOGL M.: Physiologie der Obstgehölze. 2. Auflage, Akademie Verlag, Berlin 1986.

FRITSCHE R., MELI T.: Obstbau. 3. Auflage, Landwirtschaftliche Lehrmittelzentrale Zollikhofen, 1972.

GADOURY M., MACHARDY E.: A Model to estimate the Maturity of Ascospores of Venturia inaequalis. In: Phytopathology, 7, 1982, S. 901–904.

GOSCH F: Gartenheidelbeere. Leopold Stocker, Graz–Stuttgart 1990.

GÖTZ G.: Süß- und Sauerkirschen, Eugen Ulmer, Stuttgart 1970.

GÖTZ G., SILBEREISEN R.: Obstsortenatlas. Eugen Ulmer, 1989.

HALLAMA G.: Obstbau, Lern- und Arbeitsbuch. Leopold Stocker, Graz–Stuttgart 1983.

HÄBERLI H.: Hauszeitung 18, 88/1987.

HANSEN P.: Blatt/Fruchtverhältnisse, Assimilatverteilung und Fruchtentwicklung. In: Erwerbsobstbau 20/1978, S. 228–231.

HENZE J.: Beerenobstkühlung. In: Erwerbsobstbau 32, 4/1990, S. 111–113.

HERMANN N., SZITH R., ZINKERNAGEL V.: Verringerte Sensivität einiger Isolate von Venturia inaequalis aus der Steiermark für EBI-Fungizide. In: Gartenbauwissenschaft 4/1989, S. 160–165.

v. HEYNITZ K., MERCKENS G.: Der biologische Gartenbau. Eugen Ulmer, Stuttgart 1980.

HÖHN E.: Neue Erkenntnisse bei der Obstlagerung. In: Besseres Obst 10–11/1989, S. 268–271.

HRIBAR J.: Spremembre Kemicnih in mehanskih lasnosti jabold sorte Jonagold pri razlicnih pogojih skladiscenja. Doktorska disertacija. Univerza edvarda kardelja v Ljubljani vdo biotehniska fakulteta vto zivilska tehnologija, 1989.

IOBC: Die Klopfmethode. Generalsekretariat der IOBC/WPRS, Wageningen 1975.

IOBC/WPRS: Integrated control of Pome Fruit diseases. Vol. II, Proceedings of the Workshop in Brissago, Switzerland 1988.

IOBC: Nützlinge in Apfelanlagen. Generalsekretariat der IOBC/WPRS, Wageningen 1976.

IOBC: Visuelle Kontrollen im Apfelanbau. Heft 2, 3. Auflage, Generalsekretariat der IOBC/WPRS, Wageningen 1980.

JOCHUM C.: Österreich und die EG – Folgen für die Landwirtschaft auf dem Obst- und Gemüsesektor. Marktbüro für Obst und Gemüse, Präsidentenkonferenz der Landwirtschaftskammern Österreich, Wien 1988.
KEIPERT K.: Beerenobst. Eugen Ulmer, Stuttgart 1981.
KENNEL W.: Biologische Grundlagen zur Bekämpfung des Apfelschorfs. In: Obst und Garten 3/1989, S. 144–146.
KEPPEL H.: Einführung in das weinbauliche Versuchswesen und aktueller Stand der Versuchsergebnisse im Steirischen Weinbau. In: Weinkultur, Offizieller Katalog der Steirischen Landesausstellung 1990. Hrsg. v. Kulturreferat des Amtes der Steiermärkischen Landesregierung, S. 431–454.
KEPPEL H.: Langjährige Wuchs- und Ertragsvergleiche unterschiedlicher Pflanzsysteme bei einigen Apfelsorten im Steirischen Intensivapfelanbau. In: Mitteilungen Klosterneuburg 36, 3/1986, S. 115–139.
KEPPEL H.: Pretestergebnisse der Berostung von Golden Deliciousklonen in engen Standorten. In: Besseres Obst 10/1984, S. 291–293.
KEPPEL H.: Überlegungen zur Wahl eines Himbeergerüstes. In: Besseres Obst 5/1984, S. 113–115.
KEPPEL H.: Erfahrungen mit der Erziehungsform „Schlanke Spindel" in verschiedenen Pflanzsystemen und bei unterschiedlichen Standweiten unter Standortsbedingungen der Steiermark.
1. Mitteilung: Überlegungen und Erfahrungen mit dem Nordholländischen Pflanzsystem im Intensivobstbau. In: Die Bodenkultur 38, 1/1987, S. 23–38.
2. Mitteilung: Beobachtungen und Untersuchungen bei den Apfelsorten „Lobo" und „McIntosh". In: Die Bodenkultur 38, 2/1987, S. 147–165.
3. Mitteilung: Beobachtungen und Untersuchungen bei der Apfelsorte „Jonagold". In: Die Bodenkultur 38, 3/1987, S. 257–272.
KEPPEL H.: Untersuchungen über die Zusammenhänge zwischen Pflanzform und Standweiten bei Erdbeeren (Fragaria ananassa) in einigen Steirischen Anbaugebieten. In: Die Bodenkultur 40, 4/1989, S. 363–380.
KEPPEL H.: Erster Überblick über die Eigenschaften verschiedener Alter Sorten an der Landesversuchsanlage für Obst- und Weinbau Haidegg. In: Obst-Wein-Garten 12/1984, S. 248–249.
KEPPEL H.: Kann die Quitte als Unterlage die Fruchtform der aufveredelten Sorten beeinflussen? In: Besseres Obst 1/1984, S. 78.
KEPPEL H.: Überlegenswerte Schwerpunkte bei der Rotation. In: Obst-Wein-Garten 3/1984, S. 43, 4/1984, S. 76–78, 5/1984, S. 116–117, 6/1984, S. 145–147, 9/1984, S. 196–201.
KEPPEL H.: Wachstumsbremsung durch Schnitt nach der Blüte. In: Mitteilungen des Verbandes der Steirischen Erwerbsobstbauern 11/1984, S. 1.
KEPPEL H.: Welches Pflanzmaterial ist berechtigt, den Ausdruck „virusfrei" zu tragen? In: Mitteilungen des Verbandes der Steirischen Erwerbsobstbauern 8/1988, S. 6.
KEPPEL H.: Erhaltung alter Apfelsorten durch die Genbank. In: Obst-Wein-Garten 3/1988, S. 73–74.
KEPPEL H.: Resistente Apfelsorten, erfüllter Wunschtraum oder enttäusche Hoffnung. In: Obst-Wein-Garten 2/1988, S. 38–40.
KEPPEL H., WEISS J.: Ergebnisse von Untersuchungen über den Anbau verschiedener Himbeersorten. In: Mitteilungen Klosterneuburg 35/1985, S. 20–27.
KEPPEL H., WEISS J.: Ergebnisse von farbmetrischen Untersuchungen, Größenklassenverteilungen und Berostungsverhalten verschiedener Jonagold-Klone in der juvenilen Phase. In: Mitteilungen Klosterneuburg 40, 4/1990, S. 175–187.
KEPPEL H.: Pomologische Beschreibung alter Mostapfelsorten aus der Steiermark. In: Mitteilungen Klosterneuburg 39, 1989, S. 13–20
KEPPEL H.: Ergebnisse eines Vergleichs zweier Erziehungsarten mit verschiedenen Standweiten beim Pfirsich im Jugendstadium unter besonderer Berücksichtigung der Fruchtausfärbung. In: Mitteilungen Klosterneuburg 35, 2/1985, S. 54–60.
KNEISSL F.: Der Deckungsbeitrag als Instrument der Betriebsplanung im Obstbau. In: Besseres Obst 8/1990, S. 239–241.
KNEISSL J., Keppel H.: Betriebswirtschaftliche Überlegungen zu den neuen engsten Pflanzsystemen. Unveröffentlicht.
KÖNIG F.: Obstbau heute. 3. Auflage, Leopold Stocker, Graz–Stuttgart 1976.
KRAMER S.: Obstproduktion. 3. Auflage, VEB Deutscher Landwirtschaftsverlag, Berlin 1988.
KREBS C.: V-Systeme sind IP-konform. In: Besseres Obst 10–11/1990, S. 282–286.
KREBS C., LUTZ M.: Himbeeren unter einem Regenschirm. In: Schweiz. Zeitschrift für Obst- und Weinbau, S. 374.
KREBS C.: Vortragsmitschrift des Verfassers über das „V-System" anlässlich des Verbandstages der Steirischen Erwerbsobatbauern 1990 in Haidegg.
LINK H.: Der Augustschnitt – seine Vorzüge und Probleme. In: Obst und Garten 2/1990, S. 61–63.
LESSLHUMER M., DOPPELHOFER A., FRÖHLICH H., KORTSCHAK C., KULMER G., LEOPOLD C., NITSCHE G., PRASSL B., ROTHSCHEDL S., SAND V., SCHALLERL F., URBAN R.: Die bäuerliche Direktvermarktung. 2. Auflage, hrsg. v. der Landeskammer für Land- und Forstwirtschaft in Steiermark, 1989.
LOOSE H.: Obstbaumschnitt. BLV Verlagsgesellschaft, München/Wien/Zürich 1988.
LUCKWILL L. C.: Studies of fruit development in relation to plant hormoners. Part. I. In: J. Hort. Sei. 28/1953, S. 14–24.
LUST V: Ergänzungsbericht zum biologisch-dynamischen Apfelanbau-Versuch in Köln-Auweiler. In: Obst und Garten 1/1987, S. 18–19.
MAAS J. L.: Combendium of Strawberry diseases. The American Phytopathological Society, Minnesota 1984.
MANTINGER H.: Entwicklungstendenzen bei Unterlagen. Folge 2. In: Mitteilungen des Verbandes der Steirischen Erwerbsobstbauern 12/1987, S. 8–10.
MANTINGER H.: Unterlagen bei Birnen. In: Obstbau und Weinbau 5/90, S. 145–147.

MAURER K. J.: Schalenobst-Anbau, Eugen Ulmer, Stuttgart 1968.
METZNER R.: Das Schneiden der Obstbäume und Beerensträucher. Eugen Ulmer, Stuttgart 1979.
MOSER E.: Verfahrenstechnik Intensivkulturen. Pareys Studientexte 40. Paul Parey, Hamburg/Berlin 1984.
MÜLLER J.: Besseres und schnelleres Ausmessen von Apfel-Neuanlagen. Eigenverlag 1990.
NÜBERLIN: Vortragsmitschrift des Verfassers über die Superspindel anlässlich des Vortrages am Verbandstag 1990 des Verbandes der Steirischen Erwerbsobstbauern in Haidegg.
OBERHOFER H.: Der Apfelschorf. Südtiroler Beratungsring für Obst- und Weinbau, Lana 1985.
O'DANIEL W.: Fruchtausdünnung. In: Rheinische Monatsschrift für Gemüse-, Obst- und Gartenbau 52, 1964, S. 193.
OOSTENBRUG P.: Nachtfröste erfordern eine Anpassung der Düngermenge bei Fertigation. In: Truitteelt 80, 17/1990, S. 21; zitiert in: „Informationsdienst Weihenstephan", 7/1990, 1683.
PALM G.: Bekämpfung des Apfelschorfs. In: Obst und Garten 3/1989, S. 152–155.
PIEBER J., BRUCHMANN E. E.: Technologie der Obstbrennerei. Eugen Ulmer, Stuttgart 1977.
PIEBER K.: Gefährdet der „Saure Regen" auch unsere Obstgehölze? In: Besseres Obst 10/1984, S. 299–300.
PIEBER K.: Marillen, Hinweise für den Anbau. In: Garten 10/1985.
PIEBER K.: Marillenblattbräune – zukünftig ernstzunehmen. In: Erwerbsobstbau 30, 1988, S. 197–200.
PIEBER K.: Zur Problematik des Steinobstanbaues unter besonderer Berücksichtigung der neueren Sortenentwicklung. In. Gartenbauwirtschaft 43; 20 und 24/1988, 3, 16 und 17/1989.
PLOCK J., POLESNY F.: Wirkungsbreite und Nebenwirkung der in Österreich für den Obstbau registrierten Pflanzenschutzmittel. In: Besseres Obst 3/1990, S. 15–18.
PRODUKTKATALOGE der Firmen Ciba-Geigy, Avenarius Fattinger Agro, Schering, Bayer, Agro Linz, Hoechst, Shell, Kwizda.
QUAST P.: Die Bestimmungen des Erntezeitpunktes und sein Einfluß auf die Qualität und Haltbarkeit von Äpfeln. In: Mitteilungen des Obstbauversuchsringes des Alten Landes, S. 239–252.
QUAST P.: Düngung, Bewässerung und Bodenpflege im Obstbau. Eugen Ulmer, Stuttgart 1986.
RUCKENBAUER-TRAXLER: Weinbau heute. 2. Auflage, Leopold Stocker, Graz–Stuttgart 1983.
RÜNGER W.: Blütenbildng und Blütenentwicklung. Paul Parey, Berlin/Hamburg 1971.
RUSTERHOLZ R, HUSISTEIN A.: Die Asienbirne – eine Exklusivität aus dem Land des Lächelns. In: Schweiz. Zeitschrift für Obst- und Weinbau 124, 1988, S. 94–100.
SCHALK A.: Holländische Erfahrungen mit Roten Johannisbeeren und Stachelbeeren. In: Obstbau 6/1977, S. 170–176.
SCHERER W.: Schäden an Erdbeeren. Eigenverlag M. Scherer, Augsburg 1989.
SCHERER W.: Schäden an Himbeeren und Brombeeren. Eigenverlag M. Scherer, Augsburg 1989.
SCHERER W.: Schäden an Johannis- und Stachelbeeren. Eigenverlag M. Scherer, Augsburg 1989.
SCHLIESSKE J.: Die wirtschaftlich wichtigsten Gallmilbenarten (Acari, Eriophyiden) der Obstgehölze. In: Anzeiger für Schädlingskunde, Pflanzenschutz, Umweltschutz 7/1983, S. 121–124.
SCHMID H.: Veredeln der Obstgehölze. 3. Auflage, Eugen Ulmer, Stuttgart 1982.
SCHMIDT J.: Holunderanbau. Leopold Stocker, Graz–Stuttgart 1987.
SCHMITZ-HÜBSCH E.: Pflanzung von Okulaten am endgültigen Standort – neue Wege zur Erziehung virusfreier Apfelspindel auf M 9. In: Besseres Obst 5/1989, S. 124–126.
SCHMITZ-HÜBSCH E.: Pflanzung von Okulaten am endgültigen Standort. In: Besseres Obst 4/1990, S. 9–10.
SCHOBINGER U. et al.: Frucht- und Gemüsesäfte. 2. Auflage, Eugen Ulmer, Stuttgart 1987.
SCHOLTENS A., BAART J., BOOTSMA J.: Fruiteelt, 80, 18/1990, S. 28–29; zitiert in: „Informationsdienst Weihenstephan", 7/1990, 1684.
SCHULTE-KARRING H.: Lebensraum langlebiger Gewächse mit dem Ahrweiler-Verfahren verbessern. In: Obstbau 2/1990, S. 58–62.
SCHUMACHER R.: Verbesserung der Ausdünnwirkung des Naphtylacetamides durch Netzmittelzusatz. In: Schweiz. Zeitschrift für Obst- und Weinbau 106, 1970, S. 12–16.
SCHUMACHER R.: Die Fruchtbarkeit der Obstgehölze. 3. Auflage, Eugen Ulmer, Stuttgart 1989.
SEEMÜLLER E.: Die Phythophthora-Wurzelfäule der Himbeere. In: Obst und Garten 2/1989, S. 64–65.
SEIPP D.: Anbausysteme von Himbeeren. In: Besseres Obst 5/1989, S. 124–127.
SEIPP D.: Die Himbeere. In: Obstbau 1/1990, S. 21.
STAINER R.: Gala, Breaburn und Fuji. In: Obstbau Weinbau 2/1990, S. 40–42.
STEINBORN G.: Ergebnisse mit schwach wachsenden Apfelunterlagen. In: Obstbau 11/1989, S. 463–465.
STEINER H.: Nützlinge im Garten. Eugen Ulmer, Stuttgart 1985.
STEINER H., BAGGIOLINI M.: Anleitung zum Integrierten Pflanzenschutz im Apfelanbau. 2. überarbeitete Auflage von Peter Galli und Gottfried Neufer, Landesanstalt für Pflanzenschutz, Stuttgart 1988.
STOLL K., GREMMINGER U.: Besondere Obstarten. Eugen Ulmer, Stuttgart 1986.
STRAUSS E.: Obstbau-Praxis. Österr. Agrarverlag, Wien 1986.
STREIF J.: Erfahrungen mit Erntetermin-Untersuchungen bei Äpfeln. In: Besseres Obst 9/1989, S. 235–238.
STREIF J., BRACKMANN A.: Ethylen bei der Apfellagerung. In: Besseres Obst 10–11/1989, S. 272–274.
STREIF J.: Begalen optimale oogsttijdstig complexe zaale. In: Fruittelt 23, 1989, S. 12–14.
STREMPFL F, KEPPEL H.: Das Nordholländische Pflanzsystem für die Steiermark praxistauglich? In: Obst- Wein-Garten 1984, S. 159–162.

STUDIEGROEP PROEFTUIN VAN GAAL: Das Gesetz vom Minimum. Informationsbroschüre beim Bodenseeobstbautag 1990.

SZITH R.: Wurzelkrankheiten bei Erdbeeren. In: Mitteilungen des Verbandes der Steirischen Erwerbsobstbauern 3/1985, S. 9–12.

TANNER H., BRUNNER H. R.: Obstbrennerei heute. Verlag Heller Chemie- und Verwaltungsgesellschaft mbH. 1982.

TRILOFF P.: Tage und Millimeter. In: Besseres Obst 8/1990, S. 8–10.

VAN DER SCHEER: Vortrag in Gödöllö beim IOBC-Kongress, August 1990.

VAN FRANKENHUYZEN A.: Schadelijke en nuttige insekten en mijten in Fruitgewassen. 1. Auflage, Fruittelers Organisatie, Wageningen 1988.

VERWIJS D. L.: Sommerschnitt bei Roten Johannisbeer-Hecken. In: Besseres Obst 5/1989, S. 139.

VUKOVITS G., FISCHER-COLBRI P., BLÜML F.: Krankheiten, Schädlinge und Nützlinge im Obstbau. Bundesanstalt für Pflanzenschutz, Wien 1986.

VUKOVITS G.: Obstkrankheiten. Teil 1–4. Leopold Stocker, Graz–Stuttgart 1980.

WALDNER W.: Einsatzmöglichkeiten der Gibberilline im Obstbau. In: Obstbau Weinbau 21, 1984, S. 105–107.

WASSERMANN O.: Heimischer Obstbau. Tyrolia, Innsbruck 1987.

WEINZETTL S.: Erdbeeranbau in Belgien und Südholland. In: Besseres Obst 9/1990, S. 24–25.

WEISS J., ZAUSSINGER A., WINKLER M.: Ergebnisse von Untersuchungen über Veränderungen der Werte der Farbvalenz, der Resonanzfrequenz und der Resonanzamplitude bei Äpfeln der Sorte Lodi während der Kühllagerung. In: Mitteilung Klosterneuburg, 32, S. 235–246.

WINTER F., JANSSEN H., KENNEL W., LINK H., SILBEREISEN R.: Lucas' Anleitung zum Obstbau. 30. Auflage, Eugen Ulmer, Stuttgart 1981.

WINTER F: Entwicklung der Kernobstproduktion bis in die neunziger Jahre. In: Obstbau-Weinbau 1/1986, S. 4–8.

WIRTH A., MELI T., ZBINDEN W.: Der neuzeitliche Kirschenanbau. 2. Auflage, Selbstverlag Wirth, Richterswil 1974.

Weitere Literatur zur 2. Auflage

ANONYM: WB-waiting bed. Prospekt der Baumschule Vivia Mazzoni, 1997.

ANONYM: Erdbeeren, Himbeeren, Strauchbeeren. Dokumentation Erwerbsanbau 97/1998, Häberli Obst- und Beerenzentrum AG.

ANONYM: Erdbeeranbau im Bato-Container. In: Besseres Obst 4/1995, S. 23.

ANONYM: Ästefix, Tree-fix (Patent Pending). Prospekt von Ghent Supply ag, B9810 EKE Belgien, 1997.

ANONYM: Der moderne Obstbauer denkt generativ. In: Obstbau 3/1996, S. 119.

ANONYM: VIVAI Mazzoni, Pero intensivo, Birnen-Intensivanbau, eine Wirklichkeit kurz vor Beginn des Jahres 2000.

ANONYM: Pflanzenschutzempfehlungen für den Erwerbsobstbau. Hrsg. v. der Eidgenössischen Forschungsanstalt für Obst-, Wein- u. Gartenbau, Wädenswil 1997.

BAAB G.: Obstbau – Apfelsortenprüfung. Staatliche Lehr- und Versuchsanstalt für Landwirtschaft, Weinbau und Gartenbau Ahrweiler/Mayen 1996.

BAYER H.: Beerenobst-Rundbrief 4/97, Gartencenter, Gartengestaltung, Baumschulen, Beerenobst Garten Bayer.

BUCHTER-WEISBRODT H.: Obstbau in Neuseeland. In: Obstbau 12/1993, S. 572–576.

DE COSTER: Vortrag am Verbandstag 1998 am 3. 2. 1998 im LVZ Haidegg, Graz.

FABY R.: Terminkultur bei Himbeeren. In: Obstbau 11/1995, S. 538–540.

FABY R.: Elsanta Frigopflanzen, Einfluß der Herkunft auf die Ertragsleistung. In: Obstbau 5/1997, S. 240–244.

FABY R.: Herbsttragende Himbeersorten, Vergleichspflanzung mit sechs Sorten. In: Obstbau 9/1996, S. 442–445.

FABY R.: Vergleich vektorresistenter Himbeersorten. In: Obstbau 1/1997, S. 6–9.

FISCHER C.: Besseres Obst 6/1996.

FISCHER M.: Neue Apfelunterlagen aus Dresden-Pillnitz. In: Rheinische Monatsschrift 2/1997, S. 88–89.

GRAF B. et al.: Apfelsägewespe: Korrekte Überwachung verhindert Fehlentscheide. In: Obst- und Weinbau 7/1996, S. 177–179.

GRUNOW J., GÖRGENS M.: Bericht über eine 1983 gepflanzte „Conference"-Birnenanlage auf der Unterlage „Quitte C" im V-Spaliersystem. In: Mitteilungen des Obstbauversuchsringes Jork, S. 405–411.

HABBEN J.: Sortenschutz bei den Obstarten. In: Obstbau 9/1997.

HÄBERRLI: Dokumentation Erwerbsanbau 97/1998.

HARRIS V. et. al.: Resistenzen bei Spinnmilben vermeiden. In: Obstbau 4/1996, S. 187–188.

JÄGER W.: Johannisbeere – Erfolg mit der richtigen Sorte. In: Obst und Garten 11/1996, S. 461–461.

JAKOB H.: Pyrodwarf – eine neue Birnenunterlage mit hoher obstbaulicher Leistungsfähigkeit und schwachem Wuchs. In: Obstbau 1/1997, S. 12–14.

KEPPEL H.: Degustativer Vergleich neuer resistenter Apfelsorten mittels einer bewertenden Prüfmethode mit unstruktuierter Skala. In: Mitteilungen Klosterneuburg 4/1997, S. 124–135.

KNOPF C.: Senken und Spreizen von Seitentrieben an Obstbäumen. In: Obstbau 6/1993, S. 294–295.

KREBS C., WIDMER A., BÜCHELER A.: Positive Erfahrungen mit Mikado- und Drillings-Anbausystemen. In: Obst-Wein-Garten 10/1996, S. 238–239.

KRÜGER E.: 3. Internationaler Erdbeerkongress. In: Rheinische Monatsschrift 6/1996, S. 388–389.

LANG W.: Die Apfelsägewespe. In: Obstbau Weinbau 4/1995, S. 113.

LUTZ M., KONRAD P.: Abdeckflies im Vergleich zu Lochfolie im Erdbeeranbau. In: Schweizer Zeitschrift Obst- und Weinbau 24/1981, S. 694–699.

MANTINGER H.: Eine neue Unterlagenserie aus der Tschechei. In: Obstbau-Weinbau 10/1996, S. 255–256.

MANTINGER H.: Neue schwachwachsende Apfelunterlagen. In: Obstbau-Weinbau 11/1996, S. 278–281.
MANTINGER H., STAINER R.: Ist M9 gleich M9? In: Obstbau-Weinbau 11/1996, S. 282–283.
MONNEY P., BLASER C., WIDMER A., KREBS C.: Elaboré par les fédérales de recherches de Changins, In: Revue siusse de Viticulture, Arboriculture et Horticulture 3/1993.
NEUWEILER R.: Erziehung und Pflege bei Johannisbeeren. In: Schweiz. Zeitschrift für Obst- und Weinbau 7/1995, S. 171–172.
NEUWEILER R.: Himbeeren eine Nischenkultur für die Zukunft. In: Besseres Obst 8/1995, S. 9–12.
NEUWEILER R.: Verfrühung und Verspätung der Erdbeerernte. Vortrag am Erdbeerbauernseminar am 12. 2. 1996, Graz.
NEUWEILER R.: Himbeeren, Sortenwahl auf den Standort abstimmen. In: Obstbau 6/1996, S. 274–278.
NEUWEILER R.: Neue Beerensorten auf dem Prüfstand, Erfahrungen aus der Schweiz. In: Obstbau 3/1996, S. 129–132.
NEUWEILER R.: Stickstoffdüngung: neue Strategien bei Erdbeeren, Erfahrungen aus der Schweiz. In: Obstbau 3/1997, S. 128–133.
NEUWEILER R.: Jungtriebregulierung bei Autumn Bliss. In: Schweiz. Zeitsch. für Obst- und Weinbau 10/1996, S. 277–29.
RASS: FSW Bekämpfung. In: Obstbau Weinbau 10/1996.
RIESEN W.: Apfelunterlagen: Zwischenergebnisse deutsch- und westschweizerischer Versuche. In: Schweiz. Zeitsch. für Obst- und Weinbau 21/1996, S. 548–552.
RÖSER I., MUSTER G.: Krümelfrüchtigkeit bei Himbeeren. In: Obst- und Garten 6/1996, S. 287–288.
SCHULTE-KARRING H.: Tiefgreifende Bodenmelioration. Teil 1: Die Technik der Tieflockerung. In: Besseres Obst 3/1997, S. 15–20.
STERK G.: Control of the Fruit Tree Red Spiter Mite and the Apple Rust Mite in Apple Orchards. Referat Brighton Crop Protection Conference 1994.
VERCAMMEN J.: Birnensorten; zitiert in: BUCHTER-WEISBRODT H.: Zukunft der Birne, Chancen, Trends und Anbautips von der Birnentagung am 15. Dezember in Ahrweiler. In: Obstbau 3/1995, S. 118–122.
WALDNER W.: Leitfaden 1997. Südtiroler Beratungsring für den Obst- und Weinbau, Lana 1997.
WEBER H. J.: Unterlagen und Erziehung; zitiert in: BUCHTER-WEISBRODT H.: Zukunft der Birne, Chancen. Trends und Anbautips von der Birnentagung am 15. Dezember in Ahrweiler. In: Obstbau 3/1995, S. 118–122.

Weitere Literatur zur Neuauflage

ADAMS, M.: www.pomologen-verein.de/ [13.03.2012, 14:50].
ANONYM: Allergen. de.wikipedia.org/wiki/Allergen [25.08.2017, 09:53].
ANONYM: Bio-Bauern. www.bio-austria.at [25.08.2017, 11:06].
ANONYM: Cisgen. www.pflanzenforschung.de [11.03.2012, 11:00].
ANONYM: Einführung in die Knospenanalyse. In: Flugschrift der Eidgenössischen Forschungsanstalt für Obst-, Wein- und Gartenbau Wädenswil.
ANONYM: Erdbeerfäulen. In: Besseres Obst 2/2005.
ANONYM: Fußabdruckrechner. www.mein-fussabdruck.at [25.08.2017, 09:49].
ANONYM: HAACP: de.wikipedia.org/wiki/Hazard_Analysis_and_Critical_Control_Points [10.04.2012, 11:02].
ANONYM: Himbeersorten. In: Besseres Obst 2/2005.
ANONYM: Informatives Welttreffen Wein- und Obstbranche. In: Besseres Obst 4/2007.
ANONYM: Infrarotspektroskopie. de.wikipedia.org/wiki/Infrarotspektroskopie [25.08.2017, 09:55].
ANONYM: Isotop. de.wikipedia.org/wiki/Isotop [08.03.2012, 14:08].
ANONYM: Mehrfachrückstände. Besteht ein Risiko für den Verbraucher? In: Obstbau 1/2007.
ANONYM: MAT TIEMPO: http://www.jannymt.com/conservation/fiche/tiempo_cap2.htm [25.08.2017, 09:47].
ANONYM: Nachernteschnitt/Steinobst, Kern-Thema. In: Kernobst-Steinobst-INFO 9/2012.
ANONYM: Pflanzenkoeffizient. de.wikipedia.org/wiki/Pflanzenkoeffizient [20.03.2012, 10:24].
ANONYM: Rankenentfernung bei Erdbeeren. Informatives Welttreffen der Wein- und Obstbranche. In: Besseres Obst 4/2007.
ANONYM: Ribisel Rovada. In: Besseres Obst 1/2005.
ANONYM: Unglaublich aber wahr: Äpfel – genetische Zuckerreduktion. In: Profil 9/2006.
ANONYM: www.ama.at [09.04.2012, 10:57].
ANONYM: www.beerendoktor.de [07.07.2012].
ANONYM: www.bewusstkaufen.at [25.02.2013, 12:34].
ANONYM: www.firmyieldpollen.com/beebooster [25.08.2017].
ANONYM: www.maronihandel.de/ [18.04.2012].
ANONYM: www.spar.at [25.02.2013, 12:21].
ANONYM: www.umweltbundesamt.at/umweltsituation/gentechnik/zulassungen [12 und 13.03.2012, 14:07].
ANONYM: www.zueruckzumursprung.at [25.02.2013, 12:03].
BAAB G.: Die Fruchtwand – Le Mur Fruitière. In: EFM 9, 10, 11/2011.
BAAB G., GAGLIARDI F., GREGORINCIC S.: Die Fruchtbarkeit von Birnen – Überlegungen zum sortenspezifischen Schnitt. In: EFM 1/2011.
BENJAAKOW: www.benjaakow.de/downloads/BJ_Tensiometer.pdf [20.03.2012, 10:04].
DEGENBECK M.: Mühsames leicht und schnell erledigen. In: Besseres Obst 6/2007.
BLANKE M.: Cranberry-Anbau in den USA. In: Obstbau 1/2010.
BRUNMAYER R.: Der Einfluß von radiästhtetisch gemuteten Mikrostandorten auf die Vitalaktivität von Erdbeeren. Diplomarbeit, Universität für Bodenkultur, Wien 2004.
CLEVER R.: Ein- und dreitriebige Erziehung bei roten Johannisbeeren mit unterschiedlichen Pflanzabständen.

In: OVR – Mitteilungen des Obstbauversuchsringes des Alten Landes e. V. und Obstbau Versuchs- und Beratungszentrum Jork 1/2010.
DAMPFHOFER, G.: Methode der Behangsregulierung im Intensivanbau am Beispiel Apfel. Seminararbeit, Universität für Bodenkultur, Wien 2009.
DUHAN K.: Obstbauskriptum des Instituts für Obstbau der Universität für Bodenkultur, Wien 1962.
ENGEL A.: Feldmausbekämpfung, eine Daueraufgabe. In: Rhein. Monatsschrift 10/2007.
ENTROP A.-P.: Möglichkeiten und Grenzen der thermischen Unkraut- und Ausläuferregulierung in Erdbeeren. In: OVR 8/2007, 6/2005.
ENTROP A.-P.: Der Verjüngungsschnitt in Kulturheidelbeeren. In: OVR 12/2005.
FELLNER M., PLATZER J.: Eine Saison mit dem neuen Raupen-Knick-Traktor. In: Haidegger Perspektiven 4/2011, S. 18–19.
FELLNER M.: Gärstoffuntersuchungen beim Apfel. In: Haidegger Perspektiven 1/2010, S. 15–16.
FISCHER-COLBRIE P., HULES G., BRUDNY K.: Kraftplatz Garten – Energien zum Wohlfühlen. AVBuch, 2007.
FOITH T.: Entwicklung von Kenngrößen zur Bestandescharakterisierung und Sicherung von Streuobstbeständen unter besonderer Berücksichtigung des Bundeslandes Kärnten. Dissertation, Institut für Garten-, Obst- und Weinbau, Universität für Bodenkultur, Wien 2012.
FRÜH S.: Weder „zu Tode tröpfeln" noch verdursten lassen. In: Besseres Obst 7/2009.
FRÜH S.: Himbeerneuanlagen mit Grünpflanzen. In: Besseres Obst 3/2009.
FUNKE K., KUNZ A., BACKES M., BLANKE M.: Nanotechnik bei der Obstsortierung: Fruchtqualität zerstörungsfrei messen. In: Obstbau 7/2005.
GASSER F.: Steinobstlagerung Kirschen und Zwetschgen. Referat LFS Gleisdorf am 24. 11. 2011.
GASSER F., GABROUD S., NISING A. B.: Lagerung von Äpfeln: Mit DCA oder 1-MCP? In: Besseres Obst 9/2009.
GLOBAL-GAP: www.globalgap.org. [09.04.2012, 10:40].
GÖDING H., SCHRAMM A.: Sichtung von Quittensorten. In: Obstbau 2/2012.
GRILL D., KEPPEL H.: INTERREG-IIIA-Projekt der ALPE-ADRIA „Genetische Charakterisierung alter Kernobstsorten in der südlichen Steiermark und angrenzender Gebiete, INTERREG IIIA 2004.
GRILL D., KEPPEL H.: Alte Apfel- und Birnensorten für den Streuobstbau. 3. Auflage. Leopold Stocker, Graz–Stuttgart 2014.
GUERRA W.: Rotfleischige Apfelsorten für den Frischverzehr? In: Obstbau Weinbau 12/2012.
HILSENDEGEN P.: 10 Jahre „Kirschwingert". In: Obstbau 6/2009.
HINOWA: Firmenprospekt Minitraktor-Transporter. OGA 2012.
HOCHFILZER: Werbeprospekt für Kleinmotorsägen für den Obstbau, 2008.
HÖRNER M: Kreuzallergie. www.hautarzt-hoerner.at/0305kreuzallergie.htm, [20.04.2012, 13:14].
HOFFELNER A.: Vergleich zweier Verfrühungssysteme bei der Erdbeerkultur im Hinblick auf die Wirtschaftlichkeit. Diplomarbeit, HBLA St. Florian, 2009.
HOYER C.: Glasigkeit (Foto). http://pflanzenschutzdienst.rp-giessen.de/pflanzenschutzinfothek/obst/apfel/schaeden-an-fruechten/glasigkeit/ [25.08.2017, 10:50].
INNERHOFER G., SIEGMUND B.: Aromakomponenten in Holunderblüten. In: Haidegger Perspektiven 1/2011, S. 6–7.
INNERHOFER G.: Rote Ribisel – die Qual der Wahl. In: Besseres Obst 1/2005.
INNERHOFER G.: Neue Himbeersorten auf dem Prüfstand. In: Besseres Obst 2/2005.
INNERHOFER G.: Verbesserte Erntezeitbestimmung bei Roten Ribiseln. In: Besseres Obst 7/2009.
JACOBSEN T.: Appeldag 2007. In: Rhein. Monatsschrift 8/2007.
KAUSS Maschinenbau: Firmenprospekt, OGA 2012.
KEPPEL H.: Lebensmittelqualität unter besonderer Berücksichtigung feinstofflicher Energien. Vortrag am 22.05.2004 in Ottobrunn/München.
KEPPEL H.: Degustativer Vergleich neuer resistenter Apfelsorten mittels einer bewertenden Prüfmethode mit unstrukturierter Skala. In: Mitteilungen Klosterneuburg 47, 4/1997, S. 124–135.
KEPPEL H.: Radiästhesie und Pflanze. Vortrag an der Humboldt Universität Berlin am 24.04.2007.
KERS M.: Vorhersage von Krankheiten, Schädlingen und Lagerproblemen anhand der Sonnenaktivität. In: EFM 10/2009.
KLEIN D.: Nutzung von Folientunneln im ökologischen Erdbeeranbau – Überlegungen zur Wirtschaftlichkeit. In: Öko-Obstbau 4/2011, S. 6–9.
KÖPCKE D.: Kirschenlagerung in selbst regulierenden Folienbeutel In: OVR 6/2007.
KRAEGE: Folder Erdbeerpflanzen, 2008.
LAFER G.: Parthenocarpie. In: Besseres Obst 5/2007.
LAFER G.: Lagertagung. In: Haidegger Perspektiven 3/2010, S. 16–18.
LESPINASSE J. M.: Delort, The Solen, a pedestrian orchard. Hrsg. v. Revue Fruits et Legumes.
LIETEN P.: Wasserbedarf von Erdbeeren. In: Spargel und Erdbeerprofi 67, 1/2006; zitiert in: HOFFELNER, 2009.
LINNEMANNSTÖNS L.: Die frühen Roten. In: Obstbau 7/2005.
LITTERST M.: Frühe Ernte – gute Preise. In: Besseres Obst 2/2010.
MELTSCH B.: Sensorische, elektrochemische und analytische Qualitätsparameter von Erdbeeren aus unterschiedlichen Produktionssystemen. Dissertation, Department für angewandte Pflanzenwissenschaften und Pflanzenbiotechnologie, Universität für Bodenkultur, Wien 2006.
MOH D., KIRCHHOF R.: Süßkirschenlagerung im „kleinen Beutel". In: Schweiz. Zeitschrift für Obst- und Weinbau 19/2006, S. 10–11.
MUSTER G.: Verlängern neue Züchtungen die Himbeersaison? In: Besseres Obst 4/2006.

NEUMÜLLER M.: Innovative Apfel- und Birnenzüchtung in Bayern. Vortrag am Steirischen Kernobstseminar 29.–30. Jänner 2013, St. Kathrein a. O.
POLDERVAART G.: Achtung, die Roboter kommen. Foto: Allround Fruit. In: EFM 4/2009.
POLDERVAART G.: Temperatursumme, praktisches Hilfsmittel zur Bestimmung des Erntezeitpunkts. In: EFM 6/2011, S. 21.
POLDERVAART G.: Obstverkauf über Handelsplattformen im Internet. In: EFM 11/2011.
POLDERVAART G.: Mehr ausgefärbte Äpfel dank lichtreflektierender Folie. In: EFM 05/2012.
POLDERVAART G.: Versuche mit neuen Unterlagen und Erziehungssystemen für Kirschen in deutschen Versuchsanlagen. In: EFM 08/2012.
POPP F. A. P.: Biophotonik. www.biophotonik.de [14.05.2004]
RALF S.: Möglichkeiten und Grenzen der thermischen Unkraut- und Ausläuferregulierung in Erdbeeren. In: OVR 6/2005.
RENNER: Junifruchtfallprognosen. In: Besseres Obst 5/2010.
RINGSWALD T.: Inhaltsstofffeststellungen von Tafeläpfeln 2012. Labor des Instituts für Garten-, Obst- und Weinbau, Universität für Bodenkultur Wien, unveröffentlicht.
RUEGG J.: Johannisbeeren – Graufäuleinfektionen schon während der Blüte? In: Schweiz. Zeitschrift für Obst- und Weinbau 15/2010.
RUEEG P.: Vom Apfel für den Apfel. www.ethlife.ethz.ch/archive_articles/080616-feuerbrand/ [veröffentlicht 16.06.2008, abgerufen 25.08.2017, 11:02].
SAMATEC: Hebebühnen, Firmenprospekt, November 2010, OGA 2012.
SCHARNHÖLZ A.: Ein Roboter für die Erdbeerernte. In: Spargel & Erdbeerprofi 2011.
SCHILLING K:. Erdbeeren unter Antitau-Folien. In: Besseres Obst 2/2009.
SCHMITZ-EIBERGER M.: Apfelallergie – Ursachen, Hintergründe, bisherige Resultate. In: EFM 6/2011.
SCHOLTEN H:. Obst kommt in Zukunft von einer „Mauer“. In: EFM 1/2010.
SCHOLTEN H.: Sortenauswahl japanischer Pflaumen. In: EFM 01/2011.
SCHOLTEN H.: Sortenauswahl japanischer Pflaumen. In: EFM 4/2011.
SCHRÖDINGER: What is Life? 1945.
SIEGLER: Kirschentag in Veitshöchheim. www.lwg.bayern.de/gartenbau/obstbau/31458/ [28.02.2012, 17:20].
SOMIA: Umfassendes Angebot – 9. Europäische Spargel- und Erdbeerbörse, Pflegegeräte Erdbeeren. In: Obstbau 1/2005.
STEINBAUER L.: Stiefkind Birne. In: Haidegger Perspektiven 4/2011, S. 15.
STREBL H.: Erdbeerbestände optimal führen. In: Besseres Obst 2/2005.
STREIF J.: Physiologische Erkrankungen von Kernobst während der Lagerung. Stippigkeit (bitter pit) und Lentizellenflecken (lenticel blotch pit). In: EFM 1/2011, S. 6–7.
STREIF J.: Physiologische Erkrankungen von Kernobst während der Lagerung Schalenbräune (scald). In: EFM 2/2011.
STREIF J.: Physiologische Erkrankungen von Kernobst während der Lagerung: Weiche Schalenbräune (soft scald). In: EFM 4/2011.
STREIF J.: Äußere und innere Kohlendioxidschäden. In: EFM 6/2011.
STREIF J.: Lagerung mit Smartfresh. In: Besseres Obst 7/2007.
STREIF J.: Verbesserung der Haltbarkeit von Zwetschen durch den Einsatz von CA-Lagerung bzw. MCP-Behandlungen. In: Obstbau 7/2005.
STREIF J.: Aktuelles zur Lagerung von Süßkirschen und Zwetschken. In: Besseres Obst 7/07.
STREMER P., LINNEMANNSTÖNS L.: Erfahrungen mit dem verfrühten Anbau von Heidelbeeren. In: Obstbau 12/2009.
STROBL U.: Mit neuen Stachelbeersorten zu Toperträgen? In: Besseres Obst 6/2006.
STUMPF W.: Qualitätsmessung mit Biophotonen, 2012, unveröffentlicht.
URBANITZ A. Erdbeeranbau im Folientunnel – was ist die beste Methode? In: Obstbau 7/2005.
URBANITZ A.: Obst und Gemüse sind gesund. DGE-Tagung 2007. In: Obstbau 11/2007.
VAN ARKEL P.: Vom Klick-Schnitt zum mechanischen Schnitt. Kernobstfachtag, Seminar des LFI, Landwirtschaftskammer Steiermark am 24. 11. 2011, LFS Gleisdorf.
VELIMIROV A.: Vergleichende Qualitätsuntersuchungen mittels Fütterungs- und Futterwahlversuchen. 2002, mündlich.
VIETMEIER A.: Stippigkeit (Stippe) beim Apfel. Landwirtschaftskammer Nordrhein-Westfalen. http://www.landwirtschaftskammer.de/landwirtschaft/pflanzenschutz/hausgarten/obst/apfelstippigkeit.htm [25.08.2017, 11:16]
VIGL J.: Mechanisch vorschneiden, händisch korrigieren – Erfahrungen mit dem mechanischen Schnitt in Südtirol. Kernobstfachtag, Seminar des LFI, Landwirtschaftskammer Steiermark am 24.11.2011, LFS Gleisdorf.
WICKE M.: Steinobst: Mit neuer Pflückhilfe die Ernte optimieren. In: Obstbau 7/2009, S. 381.
WIDMER A. et al.: Behangsregulierung durch Beschattung bei Apfelbäumen (II). http://www.obstwein-technik.eu/1020/Details?fachbeitragID=130 [25.08.2017, 11:19].
WIDMER A., GÖLLES M., LEUMANN R.: Mechanische Ausdünnung im Obstbau. Merkblatt 1-02-001, Schweizerische Eidgenossenschaft, Forschungsanstalt Agroscope Changins-Wädenswil ACW.
WIESENHOFER, M.: Technische und wirtschaftliche Aspekte des geschützten Anbaus. In: Besseres Obst 2/2007.
WIESENHOFER, M.: Strohmaschine bei Erdbeeren (Titelbild). In: Besseres Obst 2/2009.
WURM L., BACHINGER K., RÖGNER J., SCHREIBER R., PIEBER K., SPORNBERGER A.: Marillen: Anbau, Pflege, Verarbeitung. Österreichischer Agrarverlag, Leopoldsdorf 2002.
ZÖSCHG: Überkronenbewässerung. In: Obstbau Weinbau Südtirol 6/2010.

STICHWORTVERZEICHNIS

F

G

H

I

T

U

V

Aus unserem Programm

ISBN 978-3-7020-1432-2

ISBN 978-3-7020-1087-4

Leopold Stocker Verlag
Graz – Stuttgart
www.stocker-verlag.com